原子嵌入式
Linux
驱动开发详解与实战

（ARM Linux驱动）

左忠凯　编著

清华大学出版社

北京

内 容 简 介

随着半导体技术和芯片技术的飞速发展,能运行嵌入式 Linux 系统的 MPU 芯片价格也在不断降低,ARM 架构的芯片在手机、工业控制、物联网、自动驾驶等领域得到了广泛应用。以前大量使用 MCU 的地方也开始使用嵌入式 Linux 系统。

地铁刷卡的闸机、汽车充电桩的操作面板、物联网网关等都有嵌入式 Linux 的身影,各企业对嵌入式 Linux 开发人才的需求也急剧增加。相比单片机开发,嵌入式 Linux 开发难度要大很多。尤其是最重要的驱动开发,嵌入式 Linux 内核采用面向对象思路设计,且已开发大量驱动框架,开发人员需要掌握这些驱动框架的使用,编写出符合嵌入式 Linux 要求的驱动。

本书从最基本的点灯程序到网络驱动的编写,涵盖了 Linux 开发的三大驱动类型:字符设备驱动、块设备驱动和网络设备驱动。本书的一大特色就是涵盖了全设备树开发,除了最开始的几个为了讲解嵌入式 Linux 如何操作芯片寄存器的例程没有采用设备树外,其他的例程都采用设备树,基本涵盖了嵌入式 Linux 驱动开发中的常用外设。

本书可作为广大从事嵌入式开发、物联网、工业控制开发等工程技术人员的学习和参考用书,也可作为高等学校计算机、电子、自动化等专业嵌入式系统、微机接口、物联网等课程的教材。

图书在版编目(CIP)数据

原子嵌入式 Linux 驱动开发详解与实战:ARM Linux 驱动/左忠凯编著.—北京:清华大学出版社,2023.5 (2024.2重印)

ISBN 978-7-302-63199-6

Ⅰ. ①原… Ⅱ. ①左… Ⅲ. ①Linux 操作系统—程序设计 Ⅳ. ①TP316.85

中国国家版本馆 CIP 数据核字(2023)第 052484 号

责任编辑:杨迪娜
封面设计:徐 超
责任校对:韩天竹
责任印制:杨 艳

出版发行:清华大学出版社
   网 址:https://www.tup.com.cn,https://www.wqxuetang.com
   地 址:北京清华大学学研大厦 A 座 邮 编:100084
   社 总 机:010-83470000 邮 购:010-62786544
   投稿与读者服务:010-62776969,c-service@tup.tsinghua.edu.cn
   质量反馈:010-62772015,zhiliang@tup.tsinghua.edu.cn
   课件下载:https://www.tup.com.cn,010-83470236
印 装 者:三河市人民印务有限公司
经 销:全国新华书店
开 本:203mm×260mm 印 张:48.5 字 数:1242 千字
版 次:2023 年 5 月第 1 版 印 次:2024 年 2 月第 2 次印刷
定 价:178.00 元

————————————————————————————————————

产品编号:090585-01

本书和清华大学出版社已出版的《原子嵌入式 Linux 驱动开发详解》是一套书籍,在《原子嵌入式 Linux 驱动开发详解》这本书的前 3 篇中,详细讲解了 ARM 裸机开发、Uboot、Linux 内核和根文件系统的移植,为我们学习嵌入式 Linux 驱动开发打下了坚实的基础。本书是第四篇——ARM Linux 驱动开发篇,专门讲解嵌入式 Linux 驱动开发,涵盖了 Linux 开发的三大驱动类型:字符设备驱动、块设备驱动、网络设备驱动。本书使用的 Linux 内核版本为 4.1.15,其支持设备树(Device tree),所以本篇所有例程均采用设备树开发。

嵌入式 Linux 学习的难点在于:

(1)基础要求高

嵌入式 Linux 对于学习者的基础要求比较高,需要从事过或学习过 32 位 ARM 单片机的开发。掌握 32 位微控制器架构的基础知识,了解 32 位微控制器的寄存器操作方法,掌握常用的通信协议,比如串口、I^2C、SPI、RGB 屏幕、SAI、网络等。零基础学习嵌入式 Linux 驱动开发难度很大,笔者不建议直接上手。就跟我们上学一样:小学—初中—高中—大学,是一个循序渐进的过程。不可能小学、初中都不上,等到了年龄以后直接上高中,一次性把小学、初中和高中的知识全学了,这个难度是很大的。

(2)驱动框架多

嵌入式 Linux 为了兼容众多的芯片,开发了大量的驱动框架,我们要根据这些驱动框架来编写驱动。比如一个简单的 LED 灯驱动程序,单片机用十几行代码就可以实现,但是在嵌入式 Linux 环境下可能就要几十行了。而且不同的外设,驱动框架不同,如 I^2C、SPI、按键输入等。嵌入式 Linux 驱动学习的一大内容就是学习掌握大量的驱动框架。

(3)C 语言基础要求高

嵌入式 Linux 内核采用 C 语言开发,在内核中充斥着大量的 C 语言高级用法,像指针、结构体这种都是很常见的。C 语言基础薄弱的同学上手难度也很大,所以要加强和巩固 C 语言的基础知识。

(4)设备树开发方式

嵌入式 Linux 内核早就采用设备树进行驱动开发了,和单片机直接编写 C 文件开发驱动相比,设备树的引入无疑又增加了学习难度,毕竟要多学习一门技术。设备树贯穿于整个嵌入式 Linux 驱动开发始终,是必须熟练掌握的技术。

本书采用循序渐进、由浅入深的方式进行章节编排,先是字符设备,再是块设备,最后是网络设备。

(1)字符设备驱动

字符设备是 Linux 驱动开发中最杂、最多的一类设备,小到 LED 点灯,大到 USB、音频都属于字符设备驱动。在实际的工作中，大部分工作都是处理字符设备驱动。本书首先从一个虚拟的字符设备驱动开始，讲解字符设备基础驱动框架的使用。然后再慢慢引入设备树、GPIO、输入输出子系统、I^2C、SPI等其他框架。

（2）块设备驱动

采用内存模拟一个物理存储设备的方式，重点讲解块设备框架的使用，编写一个采用内存模拟的块设备驱动。

（3）网络设备驱动

在实际的项目开发中，网络设备驱动也是很重要的一点，比如我们更换网络 PHY 以后如何调试网络驱动。本书花了大量篇幅来详细讲解嵌入式 Linux 的网络设备开发流程，从 PHY 芯片到网络驱动架构，尤其是 PHY 芯片的讲解。因为在真正做项目的时候，打交道的就是 PHY 芯片，主控端的驱动是不需要修改的，我们要做的就是驱动起来所选择的 PHY 芯片，让网络正常工作。

（4）全设备树开发方式

基本上所有的例程都采用设备树的开发方式，从基本的 GPIO 到网络驱动。每个例程都有详细的设备树讲解，真正让读者深入掌握设备树原理。

嵌入式 Linux 的驱动开发学习是需要不断练习的，尤其是相比单片机开发，引入了很多复杂的知识体系。比如搭建驱动框架和设备树，很多初学者第一遍学习的感觉就是稀里糊涂的，这是因为练习得少，对这些新知识还不熟悉，这是很正常的。笔者在学习嵌入式 Linux 驱动开发的时候，学习了好几遍才有感觉。这里可以教大家一个方法，先用一个开发板跟着教程学习一遍，比如使用正点原子的 I.MX6UL 开发板。当学完了以后，再换另外一个型号的开发板，比如 STM32MP157、RV1126 等，将自己学过的东西在新的开发板上实践，这样就能巩固好已有的知识。

最后，祝愿大家学习顺利。

作者

2023 年 5 月

CONTENTS

第四篇　ARM Linux 驱动开发篇

第四篇　ARM Linux驱动开发篇

第1章

字符设备驱动开发

本章我们从 Linux 驱动开发中最基础的字符设备驱动开始,重点学习 Linux 下字符设备驱动开发框架。本章以一个虚拟的设备为例,讲解如何进行字符设备驱动开发,以及如何编写测试 App 来测试驱动工作是否正常,为以后的学习打下坚实的基础。

1.1 字符设备驱动简介

字符设备驱动是 Linux 驱动中最基本的一类设备驱动。字符设备就是一个一个字节,按照字节流进行读写操作的设备,读写数据是分先后顺序的。比如最常见的点灯、按键、I^{2}C、SPI、LCD 等都是字符设备,这些设备的驱动就叫作字符设备驱动。

在详细学习字符设备驱动架构之前,先来简单了解一下 Linux 下的应用程序是如何调用驱动程序的。Linux 应用程序对驱动程序的调用如图 1-1 所示。

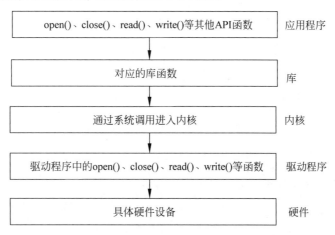

图 1-1　Linux 应用程序对驱动程序的调用流程

在 Linux 中一切皆为文件,驱动加载成功以后会在/dev 目录下生成一个相应的文件,应用程序通过对这个名为/dev/xxx(xxx 是具体的驱动文件名字)的文件进行相应的操作即可实现对硬件的操作。比如现在有个叫作/dev/led 的驱动文件,此文件是 LED 灯的驱动文件。应用程序使用

open()函数来打开文件/dev/led,使用完成以后使用 close()函数关闭/dev/led 这个文件。open()和 close()就是打开和关闭 LED 驱动的函数。如果要点亮或关闭 LED,那么就使用 write()函数来操作,也就是向此驱动写入数据,这个数据就是要关闭还是要打开 LED 的控制参数。如果要获取 LED 灯的状态,则用 read()函数从驱动中读取相应的状态。

应用程序运行在用户空间,而 Linux 驱动属于内核的一部分,因此驱动运行于内核空间。当我们在用户空间想要实现对内核的操作时(比如使用 open()函数打开/dev/led 这个驱动),因为用户空间不能直接对内核进行操作,因此必须使用一个叫作"系统调用"的方法来实现从用户空间"陷入"到内核空间,这样才能实现对底层驱动的操作。open()、close()、write()和 read()等函数是由 C库提供的,在 Linux 系统中,系统调用作为 C 库的一部分。open()函数的调用流程如图 1-2 所示。

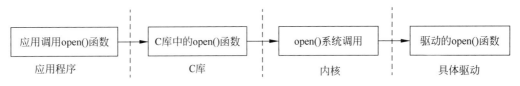

图 1-2 open()函数的调用流程

其中关于 C 库以及如何通过系统调用"陷入"到内核空间这部分我们不用去管,我们重点关注的是应用程序和具体的驱动。应用程序使用到的函数在具体驱动程序中都有与之对应的函数,比如应用程序中调用了 open()函数,那么在驱动程序中也得有一个 open()函数。每一个系统调用,在驱动中都有与之对应的一个驱动函数,在 Linux 内核文件 include/linux/fs. h 中有个叫作 file_operations 的结构体,此结构体就是 Linux 内核驱动操作函数集合,内容如下所示:

```
                     示例代码 1-1  file_operations 结构体
1588 struct file_operations {
1589    struct module * owner;
1590    loff_t ( * llseek) (struct file *, loff_t, int);
1591    ssize_t ( * read) (struct file *, char __user *, size_t, loff_t *);
1592    ssize_t ( * write) (struct file *, const char __user *, size_t, loff_t *);
1593    ssize_t ( * read_iter) (struct kiocb *, struct iov_iter *);
1594    ssize_t ( * write_iter) (struct kiocb *, struct iov_iter *);
1595    int ( * iterate) (struct file *, struct dir_context *);
1596    unsigned int ( * poll) (struct file *, struct poll_table_struct *);
1597    long ( * unlocked_ioctl) (struct file *, unsigned int, unsigned long);
1598    long ( * compat_ioctl) (struct file *, unsigned int, unsigned long);
1599    int ( * mmap) (struct file *, struct vm_area_struct *);
1600    int ( * mremap)(struct file *, struct vm_area_struct *);
1601    int ( * open) (struct inode *, struct file *);
1602    int ( * flush) (struct file *, fl_owner_t id);
1603    int ( * release) (struct inode *, struct file *);
1604    int ( * fsync) (struct file *, loff_t, loff_t, int datasync);
1605    int ( * aio_fsync) (struct kiocb *, int datasync);
1606    int ( * fasync) (int, struct file *, int);
1607    int ( * lock) (struct file *, int, struct file_lock *);
1608    ssize_t ( * sendpage) (struct file *, struct page *, int, size_t, loff_t *, int);
1609    unsigned long ( * get_unmapped_area)(struct file *, unsigned long, unsigned long, unsigned long,
           unsigned long);
1610    int ( * check_flags)(int);
```

```
1611    int ( * flock) (struct file *, int, struct file_lock *);
1612    ssize_t ( * splice_write)(struct pipe_inode_info *, struct file *, loff_t *, size_t,
        unsigned int);
1613    ssize_t ( * splice_read)(struct file *, loff_t *, struct pipe_inode_info *, size_t,
        unsigned int);
1614    int ( * setlease)(struct file *, long, struct file_lock **, void **);
1615    long ( * fallocate)(struct file * file, int mode, loff_t offset,
1616            loff_t len);
1617    void ( * show_fdinfo)(struct seq_file * m, struct file * f);
1618 # ifndef CONFIG_MMU
1619    unsigned ( * mmap_capabilities)(struct file *);
1620 # endif
1621 };
```

下面简单介绍一下 file_operations 结构体中比较重要的、常用的函数：

第 1589 行，owner 拥有该结构体的模块的指针，一般设置为 THIS_MODULE。

第 1590 行，llseek()函数用于修改文件当前的读写位置。

第 1591 行，read()函数用于读取设备文件。

第 1592 行，write()函数用于向设备文件写入(发送)数据。

第 1596 行，poll()是一个轮询函数，用于查询设备是否可以进行非阻塞的读写。

第 1597 行，unlocked_ioctl()函数提供对于设备的控制功能，与应用程序中的 ioctl()函数对应。

第 1598 行，compat_ioctl()函数与 unlocked_ioctl()函数功能一样，区别在于：在 64 位系统上，32 位的应用程序调用将会使用此函数；在 32 位系统上运行 32 位的应用程序调用的是 unlocked_ioctl。

第 1599 行，mmap()函数用于将设备的内存映射到进程空间中(也就是用户空间)，一般帧缓冲设备会使用此函数，比如 LCD 驱动的显存，将帧缓冲(LCD 显存)映射到用户空间中以后应用程序就可以直接操作显存，这样就不用在用户空间和内核空间之间来回复制了。

第 1601 行，open()函数用于打开设备文件。

第 1603 行，release()函数用于释放(关闭)设备文件，与应用程序中的 close()函数对应。

第 1604 行，fsync()函数用于刷新待处理的数据，将缓冲区中的数据刷新到磁盘中。

第 1605 行，aio_fsync()函数与 fsync()函数的功能类似，只是 aio_fsync()是异步刷新待处理的数据。

在字符设备驱动开发中最常用的就是上面这些函数，关于其他的函数大家可以查阅相关文档。我们在字符设备驱动开发中最主要的工作就是实现上面这些函数，不一定全部都要实现，但是像 open()、release()、write()、read()等都是需要实现的。当然，具体需要实现哪些函数还是要看具体的驱动要求。

1.2 字符设备驱动开发步骤

1.1 节我们简单地介绍了一下字符设备驱动，那么字符设备驱动开发有哪些步骤呢？我们在学习裸机或者 STM32 的时候关于驱动的开发就是初始化相应的外设寄存器，在 Linux 驱动开发中肯定也是要初始化相应的外设寄存器，这是毫无疑问的。只是在 Linux 驱动开发中需要按照其规定的框架来编写驱动，所以说学习 Linux 驱动开发的重点是学习其驱动框架。

1.2.1 驱动模块的加载和卸载

Linux 驱动有两种运行方式：第一种就是将驱动编译进 Linux 内核中，这样当 Linux 内核启动的时候就会自动运行驱动程序；第二种就是将驱动编译成模块(Linux 下模块扩展名为. ko)，在 Linux 内核启动以后使用 insmod 命令加载驱动模块。在调试驱动的时候一般选择将其编译为模块，这样修改驱动以后只需要编译一下驱动代码即可，不需要编译整个 Linux 代码。而且在调试的时候只需要加载或者卸载驱动模块即可，不需要重启整个系统。总之，将驱动编译为模块最大的好处就是便于开发，当驱动开发完成，确定没有问题以后就可以将驱动编译进 Linux 内核中。当然也可以不编译进 Linux 内核中，在系统启动以后自动加载对应的驱动模块，具体方法看自己的需求。

模块有加载和卸载两种操作，我们在编写驱动的时候需要注册这两种操作函数，模块的加载和卸载注册函数如下：

```
module_init(xxx_init);        //注册模块加载函数
module_exit(xxx_exit);        //注册模块卸载函数
```

module_init()函数用来向 Linux 内核注册一个模块加载函数，参数 xxx_init 就是需要注册的具体函数，当使用 insmod 命令加载驱动的时候，xxx_init()函数就会被调用。module_exit()函数用来向 Linux 内核注册一个模块卸载函数，参数 xxx_exit 就是需要注册的具体函数，当使用 rmmod 命令卸载具体驱动的时候 xxx_exit()函数就会被调用。字符设备驱动模块加载和卸载模板如下所示：

```
                    示例代码 1-2  字符设备驱动模块加载和卸载函数模板
1   /* 驱动入口函数 */
2   static int __init xxx_init(void)
3   {
4       /* 入口函数具体内容 */
5       return 0;
6   }
7
8   /* 驱动出口函数 */
9   static void __exit xxx_exit(void)
10  {
11      /* 出口函数具体内容 */
12  }
13
14  /* 将上面两个函数指定为驱动的入口和出口函数 */
15  module_init(xxx_init);
16  module_exit(xxx_exit);
```

第 2 行，定义了一个名为 xxx_init 的驱动入口函数，并且使用__init 来修饰。

第 9 行，定义了一个名为 xxx_exit 的驱动出口函数，并且使用__exit 来修饰。

第 15 行，调用函数 module_init()来声明 xxx_init()为驱动入口函数，当加载驱动的时候 xxx_init()函数就会被调用。

第 16 行，调用函数 module_exit()来声明 xxx_exit()为驱动出口函数，当卸载驱动的时候 xxx_exit()函数就会被调用。

驱动编译完成以后扩展名为.ko,有两种命令可以加载驱动模块：insmod 和 modprobe,insmod 是最简单的模块加载命令,此命令用于加载指定的.ko 模块,比如加载 drv.ko 驱动模块,命令如下：

```
insmod drv
```

insmod 命令不能解决模块的依赖关系,比如 drv.ko 依赖 first.ko 模块,就必须先使用 insmod 命令加载 first.ko 模块,然后再加载 drv.ko 模块。但是 modprobe 就不会存在这个问题,modprobe 会分析模块的依赖关系,然后将所有的依赖模块都加载到内核中,因此 modprobe 命令相比 insmod 要智能一些。modprobe 命令的智能体现在提供了模块的依赖性分析、错误检查、错误报告等功能,推荐使用 modprobe 命令来加载驱动。modprobe 命令默认会在/lib/modules/< kernel-version >目录中查找模块,比如本书使用的 Linux 内核的版本号为 4.1.15,因此 modprobe 命令默认会在/lib/modules/4.1.15 目录中查找相应的驱动模块,一般自己制作的根文件系统中是不会有这个目录的,所以需要自己手动创建。

驱动模块的卸载使用命令 rmmod 即可,比如要卸载 drv.ko,使用如下命令即可：

```
rmmod drv
```

也可以使用 modprobe -r 命令卸载驱动,比如要卸载 drv.ko,命令如下：

```
modprobe - r drv
```

使用 modprobe 命令可以卸载驱动模块所依赖的其他模块,前提是这些依赖模块没有被其他模块所使用,否则就不能使用 modprobe 来卸载驱动模块。所以对于模块的卸载,还是推荐使用 rmmod 命令。

1.2.2　字符设备注册与注销

对于字符设备驱动而言,当驱动模块加载成功以后需要注册字符设备。同样,卸载驱动模块的时候也需要注销掉字符设备。字符设备的注册和注销函数原型如下：

```
static inline int register_chrdev(unsigned int major, const char * name,
                        const struct file_operations * fops)
static inline void unregister_chrdev(unsigned int major, const char * name)
```

register_chrdev()函数用于注册字符设备,该函数一共有 3 个参数,这 3 个参数的含义如下：

major——主设备号,Linux 下每个设备都有一个设备号,设备号分为主设备号和次设备号两部分,关于设备号的详细内容后面会在 1.3 节详细讲解。

name——设备名字,指向一串字符串。

fops——结构体 file_operations 类型指针,指向设备的操作函数集合变量。

unregister_chrdev()函数用于注销字符设备,该函数有两个参数,这两个参数的含义如下：

major——要注销的设备对应的主设备号。

name——要注销的设备对应的设备名。

一般字符设备的注册在驱动模块的入口函数 xxx_init()中进行,字符设备的注销在驱动模块的出口函数 xxx_exit()中进行。在示例代码 1-3 中字符设备的注册和注销,内容如下所示：

示例代码 1-3　加入字符设备注册和注销

```
1  static struct file_operations test_fops;
2
3  /* 驱动入口函数 */
4  static int __init xxx_init(void)
5  {
6      /* 入口函数具体内容 */
7      int retvalue = 0;
8
9      /* 注册字符设备驱动 */
10     retvalue = register_chrdev(200, "chrtest", &test_fops);
11     if(retvalue < 0){
12         /* 字符设备注册失败,自行处理 */
13     }
14     return 0;
15 }
16
17 /* 驱动出口函数 */
18 static void __exit xxx_exit(void)
19 {
20     /* 注销字符设备驱动 */
21     unregister_chrdev(200, "chrtest");
22 }
23
24 /* 将上面两个函数指定为驱动的入口和出口函数 */
25 module_init(xxx_init);
26 module_exit(xxx_exit);
```

第 1 行,定义了一个 file_operations 结构体变量 test_fops,test_fops 就是设备的操作函数集合,只是此时我们还没有初始化 test_fops 中的 open、release 这些成员变量,所以这个操作函数集合还是空的。

第 10 行,调用函数 register_chrdev()注册字符设备,主设备号为 200,设备名字为"chrtest",设备操作函数集合就是第 1 行定义的 test_fops。需要注意的一点就是,选择没有被使用的主设备号,输入命令"cat /proc/devices"可以查看当前已经被使用掉的设备号,如图 1-3 所示(限于篇幅原因,只展示一部分)。

```
/ # cat /proc/devices
Character devices:
  1 mem
  4 /dev/vc/0
  4 tty
  5 /dev/tty
  5 /dev/console
  5 /dev/ptmx
  7 vcs
 10 misc
 13 input
 14 sound
 29 fb
```

图 1-3　查看当前设备

在图 1-3 中列出当前系统中所有的字符设备和块设备,其中第 1 列就是设备对应的主设备号。200 这个主设备号在我的开发板中并没有被使用,所以这里就用了 200 这个主设备号。

第 21 行,调用函数 unregister_chrdev()注销主设备号为 200 的这个设备。

1.2.3　实现设备的具体操作函数

file_operations 结构体就是设备的具体操作函数,在示例代码 1-3 中我们定义了 file_operations 结构体类型的变量 test_fops,但是还没对其进行初始化,也就是初始化其中的 open()、release()、read() 和 write() 等具体的设备操作函数。本节就完成变量 test_fops 的初始化,设置好针对 chrtest 设备的操作函数。在初始化 test_fops 之前我们要分析一下需求,也就是要对 chrtest 设备进行哪些操作,只有确定了需求以后才知道应该实现哪些操作函数。假设对 chrtest 设备有如下两个要求。

1. 能够对 chrtest 进行打开和关闭操作

设备打开和关闭是最基本的要求,几乎所有的设备都得提供打开和关闭的功能。因此我们需要实现 file_operations 中的 open() 和 release() 这两个函数。

2. 对 chrtest 进行读写操作

假设 chrtest 设备控制着一段缓冲区(内存),应用程序需要通过 read() 和 write() 这两个函数对 chrtest 的缓冲区进行读写操作。所以需要实现 file_operations 中的 read() 和 write() 这两个函数。

现在需求已经很清晰了。修改示例代码 1-3,在其中加入 test_fops 这个结构体变量的初始化操作,完成以后的内容如下所示:

示例代码 1-4　加入设备操作函数

```
1  /* 打开设备 */
2  static int chrtest_open(struct inode * inode, struct file * filp)
3  {
4      /* 用户实现具体功能 */
5      return 0;
6  }
7
8  /* 从设备读取 */
9  static ssize_t chrtest_read(struct file * filp, char __user * buf,
                               size_t cnt, loff_t * offt)
10 {
11     /* 用户实现具体功能 */
12     return 0;
13 }
14
15 /* 向设备写数据 */
16 static ssize_t chrtest_write(struct file * filp,
                                const char __user * buf,
                                size_t cnt, loff_t * offt)
17 {
18     /* 用户实现具体功能 */
19     return 0;
20 }
21
22 /* 关闭/释放设备 */
23 static int chrtest_release(struct inode * inode, struct file * filp)
24 {
25     /* 用户实现具体功能 */
26     return 0;
27 }
```

```
28
29 static struct file_operations test_fops = {
30     .owner       = THIS_MODULE,
31     .open        = chrtest_open,
32     .read        = chrtest_read,
33     .write       = chrtest_write,
34     .release     = chrtest_release,
35 };
36
37 /* 驱动入口函数 */
38 static int __init xxx_init(void)
39 {
40     /* 入口函数具体内容 */
41     int retvalue = 0;
42
43     /* 注册字符设备驱动 */
44     retvalue = register_chrdev(200, "chrtest", &test_fops);
45     if(retvalue < 0){
46         /* 字符设备注册失败,自行处理 */
47     }
48     return 0;
49 }
50
51 /* 驱动出口函数 */
52 static void __exit xxx_exit(void)
53 {
54     /* 注销字符设备驱动 */
55     unregister_chrdev(200, "chrtest");
56 }
57
58 /* 将上面两个函数指定为驱动的入口和出口函数 */
59 module_init(xxx_init);
60 module_exit(xxx_exit);
```

在示例代码 1-4 中,我们一开始编写了 4 个函数：chrtest_open()、chrtest_read()、chrtest_write()和 chrtest_release()。这 4 个函数就是 chrtest 设备的 open()、read()、write()和 release()操作函数。第 29～35 行初始化 test_fops 的 open、read、write 和 release 这 4 个成员变量。

1.2.4 添加 LICENSE 和作者信息

最后需要在驱动中加入 LICENSE 信息和作者信息,其中 LICENSE 是必须添加的,否则编译的时候会报错;作者信息可以添加也可以不添加。LICENSE 和作者信息的添加使用如下两个函数：

```
MODULE_LICENSE( )        //添加模块 LICENSE 信息
MODULE_AUTHOR( )         //添加模块作者信息
```

最后给示例代码 1-5 加入 LICENSE 和作者信息,完成以后的内容如下：

示例代码 1-5 字符设备驱动最终的模板
```
1 /* 打开设备 */
2 static int chrtest_open(struct inode * inode, struct file * filp)
```

```
 3  {
 4      /* 用户实现具体功能 */
 5      return 0;
 6  }
 ...
57
58  /* 将上面两个函数指定为驱动的入口和出口函数 */
59  module_init(xxx_init);
60  module_exit(xxx_exit);
61
62  MODULE_LICENSE("GPL");
63  MODULE_AUTHOR("zuozhongkai");
```

第 62 行,LICENSE 采用 GPL 协议。

第 63 行,添加作者名字。

至此,字符设备驱动开发的完整步骤就讲解完了,而且也编写好了一个完整的字符设备驱动模板,以后字符设备驱动开发都可以在此模板上进行。

1.3 Linux 设备号

1.3.1 设备号的组成

为了方便管理,Linux 中每个设备都有一个设备号,设备号由主设备号和次设备号两部分组成,主设备号表示某一个具体的驱动,次设备号表示使用这个驱动的各个设备。Linux 提供了一个名为 dev_t 的数据类型表示设备号,dev_t 定义在文件 include/linux/types.h 中,定义如下:

示例代码 1-6　设备号 dev_t
```
12  typedef __u32 __kernel_dev_t;
...
15  typedef __kernel_dev_t dev_t;
```

可以看出,dev_t 是 __u32 类型的,而 __u32 定义在文件 include/uapi/asm-generic/int-ll64.h 中,定义如下:

示例代码 1-7　__u32 类型
```
26  typedef unsigned int __u32;
```

综上所述,dev_t 其实就是 unsigned int 类型,是一个无符号 32 位数据类型。这 32 位的数据构成了主设备号和次设备号两部分,其中,高 12 位为主设备号,低 20 位为次设备号。因此,Linux 系统中主设备号范围为 0~4095,所以大家在选择主设备号的时候一定不要超过这个范围。在文件 include/linux/kdev_t.h 中提供了几个关于设备号的操作函数(本质是宏),如下所示:

示例代码 1-8　设备号操作函数
```
 6  #define MINORBITS    20
 7  #define MINORMASK    ((1U << MINORBITS) - 1)
```

```
 8
 9   #define MAJOR(dev)    ((unsigned int) ((dev) >> MINORBITS))
10   #define MINOR(dev)    ((unsigned int) ((dev) & MINORMASK))
11   #define MKDEV(ma,mi) (((ma) << MINORBITS) | (mi))
```

第6行，宏 MINORBITS 表示次设备号位数，一共是 20 位。

第7行，宏 MINORMASK 表示次设备号掩码。

第9行，宏 MAJOR 用于从 dev_t 中获取主设备号，将 dev_t 右移 20 位即可。

第10行，宏 MINOR 用于从 dev_t 中获取次设备号，取 dev_t 的低 20 位的值即可。

第11行，宏 MKDEV 用于将给定的主设备号和次设备号的值组合成 dev_t 类型的设备号。

1.3.2　设备号的分配

1. 静态分配设备号

本节介绍的设备号分配主要是主设备号的分配。前面讲解字符设备驱动的时候说过了，注册字符设备的时候需要给设备指定一个设备号，这个设备号可以是驱动开发者以静态方式指定一个设备号，比如选择 200 这个主设备号。有一些常用的设备号已经被 Linux 内核开发者给分配掉了，具体分配的内容可以查看文档 Documentation/devices.txt。并不是说内核开发者已经分配掉的主设备号就不能用了，具体能不能用还得看我们的硬件平台运行过程中有没有使用这个主设备号，使用"cat /proc/devices"命令即可查看当前系统中所有已经使用了的设备号。

2. 动态分配设备号

静态分配设备号需要我们检查当前系统中所有被使用了的设备号，然后挑选一个没有使用的。静态分配设备号很容易带来冲突问题，Linux 社区推荐使用动态分配设备号，在注册字符设备之前先申请一个设备号，系统会自动给你一个没有被使用的设备号，这样就避免了冲突。卸载驱动的时候释放掉这个设备号即可，设备号的申请函数如下：

```
int alloc_chrdev_region(dev_t * dev, unsigned baseminor, unsigned count, const char * name)
```

函数 alloc_chrdev_region()用于申请设备号，该函数有 4 个参数：

dev——保存申请到的设备号。

baseminor——次设备号起始地址，alloc_chrdev_region()可以申请一段连续的多个设备号，这些设备号的主设备号一样，但是次设备号不同，次设备号以 baseminor 为起始地址开始递增。一般 baseminor 为 0，也就是说，次设备号从 0 开始。

count——要申请的设备号数量。

name——设备名字。

注销字符设备之后要释放掉设备号，设备号释放函数如下：

```
void unregister_chrdev_region(dev_t from, unsigned count)
```

该函数有两个参数：

from——要释放的设备号。

count——表示从 from 开始，要释放的设备号数量。

1.4 chrdevbase 字符设备驱动开发实验

字符设备驱动开发的基本步骤我们已经了解了,本节就以 chrdevbase 这个虚拟设备为例,完整地编写一个字符设备驱动模块。chrdevbase 不是实际存在的一个设备,是笔者为了方便讲解字符设备的开发而引入的一个虚拟设备。chrdevbase 设备有两个缓冲区:一个为读缓冲区,另一个为写缓冲区。这两个缓冲区的大小都为 100 字节。在应用程序中可以向 chrdevbase 设备的写缓冲区中写入数据,从读缓冲区中读取数据。chrdevbase 虚拟设备的功能很简单,但是它包含了字符设备的最基本功能。

1.4.1 实验程序编写

本实验对应的例程路径为"2、Linux 驱动例程→1_chrdevbase"。

应用程序调用 open()函数打开 chrdevbase 这个设备,打开以后可以使用 write()函数向 chrdevbase 的写缓冲区 writebuf 中写入数据(不超过 100 字节),也可以使用 read()函数读取读缓冲区 readbuf 中的数据操作,操作完成以后应用程序使用 close()函数关闭 chrdevbase 设备。

1. 创建 VSCode 工程

在 Ubuntu 中创建一个目录用来存放 Linux 驱动程序,比如这里创建了一个名为 Linux_Drivers 的目录来存放所有的 Linux 驱动。在 Linux_Drivers 目录下新建一个名为 1_chrdevbase 的子目录来存放本实验的所有文件,如图 1-4 所示。

图 1-4　Linux 实验程序目录

在 1_chrdevbase 目录中新建 VSCode 工程,并且新建 chrdevbase.c 文件,完成以后 1_chrdevbase 目录中的文件如图 1-5 所示。

图 1-5　1_chrdevbase 目录文件

2. 添加头文件路径

因为是编写 Linux 驱动,因此会用到 Linux 源码中的函数。我们需要在 VSCode 中添加 Linux 源码中的头文件路径。打开 VSCode,按下 Ctrl+Shift+P 键打开 VSCode 的控制台,然后输入"C/C++:Edit configurations(JSON)",打开 C/C++编辑配置文件,如图 1-6 所示。

图 1-6　C/C++编辑配置文件

打开以后会自动在.vscode 目录下生成一个名为 c_cpp_properties.json 的文件,此文件默认内容如下所示:

示例代码1-9　c_cpp_properties.json 文件原内容

```
1  {
2      "configurations": [
3          {
4              "name": "Linux",
5              "includePath": [
6                  "${workspaceFolder}/**",
7                  ],
8              "defines": [],
9              "compilerPath": "/usr/bin/clang",
10             "cStandard": "c11",
11             "cppStandard": "c++17",
12             "intelliSenseMode": "clang-x64"
13         }
14     ],
15     "version": 4
16 }
```

第 5 行的 includePath 表示头文件路径,需要将 Linux 源码中的头文件路径添加进来,也就是我们前面移植的 Linux 源码中的头文件路径。添加头文件路径以后的 c_cpp_properties.json 的文件内容如下所示:

示例代码1-10　添加头文件路径后的 c_cpp_properties.json

```
1  {
2      "configurations": [
3          {
4              "name": "Linux",
5              "includePath": [
6                  "${workspaceFolder}/**",
7
                   "/home/zuozhongkai/linux/IMX6ULL/linux/temp/linux-imx-rel_imx_4.1.15_2.1.0_
                   ga_alientek/include",
8
                   "/home/zuozhongkai/linux/IMX6ULL/linux/temp/linux-imx-rel_imx_4.1.15_2.1.0_
                   ga_alientek/arch/arm/include",
9
                   "/home/zuozhongkai/linux/IMX6ULL/linux/temp/linux-imx-rel_imx_4.1.15_2.1.0_
                   ga_alientek/arch/arm/include/generated/"
10                 ],
11             "defines": [],
...
16         }
17     ],
18     "version": 4
19 }
```

第 7～9 行就是添加好的 Linux 头文件路径。分别是开发板所使用的 Linux 源码下的 include、arch/arm/include 和 arch/arm/include/generated 这 3 个目录的路径。注意,这里使用了绝对路径。

3. 编写实验程序

工程建立好以后就可以开始编写驱动程序了,新建 chrdevbase.c,然后在里面输入如下内容:

示例代码 1-11 chrdevbase.c 文件

```
1    # include < linux/types. h >
2    # include < linux/kernel. h >
3    # include < linux/delay. h >
4    # include < linux/ide. h >
5    # include < linux/init. h >
6    # include < linux/module. h >
7    / *********************************************************
8    Copyright © ALIENTEK Co., Ltd. 1998 − 2029. All rights reserved.
9    文件名      : chrdevbase.c
10   作者        : 左忠凯
11   版本        : V1.0
12   描述        : chrdevbase 驱动文件
13   其他        : 无
14   论坛        : www. openedv. com
15   日志        : 初版 V1.0 2019/1/30 左忠凯创建
16   ********************************************************* /
17
18   # define CHRDEVBASE_MAJOR     200              / * 主设备号    * /
19   # define CHRDEVBASE_NAME      "chrdevbase"     / * 设备名      * /
20
21   static char readbuf[100];                      / * 读缓冲区    * /
22   static char writebuf[100];                     / * 写缓冲区    * /
23   static char kerneldata[ ] = {"kernel data!"};
24
25   / *
26    * @description    : 打开设备
27    * @param - inode  : 传递给驱动的 inode
28    * @param - filp   : 设备文件,file 结构体有个叫作 private_data 的成员变量,
29    *                   一般在 open 的时候将 private_data 指向设备结构体
30    * @return         : 0,成功;其他,失败
31    * /
32   static int chrdevbase_open(struct inode * inode, struct file * filp)
33   {
34       //printk("chrdevbase open!\r\n");
35       return 0;
36   }
37
38   / *
39    * @description    : 从设备读取数据
40    * @param - filp   : 要打开的设备文件(文件描述符)
41    * @param - buf    : 返回给用户空间的数据缓冲区
42    * @param - cnt    : 要读取的数据长度
43    * @param - offt   : 相对于文件首地址的偏移
44    * @return         : 读取的字节数,如果为负值,则表示读取失败
45    * /
46   static ssize_t chrdevbase_read(struct file * filp, char __user * buf, size_t cnt, loff_t * offt)
47   {
48       int retvalue = 0;
49
50       / * 向用户空间发送数据 * /
51       memcpy(readbuf, kerneldata, sizeof(kerneldata));
```

```
52         retvalue = copy_to_user(buf, readbuf, cnt);
53         if(retvalue == 0){
54             printk("kernel senddata ok!\r\n");
55         } else {
56             printk("kernel senddata failed!\r\n");
57         }
58
59         //printk("chrdevbase read!\r\n");
60         return 0;
61  }
62
63  /*
64   * @description    : 向设备写数据
65   * @param - filp   : 设备文件,表示打开的文件描述符
66   * @param - buf    : 要给设备写入的数据
67   * @param - cnt    : 要写入的数据长度
68   * @param - offt   : 相对于文件首地址的偏移
69   * @return         : 写入的字节数,如果为负值,则表示写入失败
70   */
71  static ssize_t chrdevbase_write (struct file * filp,
                                     const char __user * buf,
                                     size_t cnt, loff_t * offt)
72  {
73         int retvalue = 0;
74         /* 接收用户空间传递给内核的数据并且打印出来 */
75         retvalue = copy_from_user(writebuf, buf, cnt);
76         if(retvalue == 0){
77             printk("kernel recevdata: % s\r\n", writebuf);
78         } else {
79             printk("kernel recevdata failed!\r\n");
80         }
81
82         //printk("chrdevbase write!\r\n");
83         return 0;
84  }
85
86  /*
87   * @description    : 关闭/释放设备
88   * @param - filp   : 要关闭的设备文件(文件描述符)
89   * @return         : 0,成功;其他,失败
90   */
91  static int chrdevbase_release (struct inode * inode,
                                   struct file * filp)
92  {
93         //printk("chrdevbase release!\r\n");
94         return 0;
95  }
96
97  /*
98   * 设备操作函数结构体
99   */
100 static struct file_operations chrdevbase_fops = {
```

```
101     .owner = THIS_MODULE,
102     .open = chrdevbase_open,
103     .read = chrdevbase_read,
104     .write = chrdevbase_write,
105     .release = chrdevbase_release,
106 };
107
108 /*
109  * @description    : 驱动入口函数
110  * @param          : 无
111  * @return         : 0,成功;其他,失败
112  */
113 static int __init chrdevbase_init(void)
114 {
115     int retvalue = 0;
116
117     /* 注册字符设备驱动 */
118     retvalue = register_chrdev(CHRDEVBASE_MAJOR, CHRDEVBASE_NAME,
                                    &chrdevbase_fops);
119     if(retvalue < 0){
120         printk("chrdevbase driver register failed\r\n");
121     }
122     printk("chrdevbase_init()\r\n");
123     return 0;
124 }
125
126 /*
127  * @description    : 驱动出口函数
128  * @param          : 无
129  * @return         : 无
130  */
131 static void __exit chrdevbase_exit(void)
132 {
133     /* 注销字符设备驱动 */
134     unregister_chrdev(CHRDEVBASE_MAJOR, CHRDEVBASE_NAME);
135     printk("chrdevbase_exit()\r\n");
136 }
137
138 /*
139  * 将上面两个函数指定为驱动的入口函数和出口函数
140  */
141 module_init(chrdevbase_init);
142 module_exit(chrdevbase_exit);
143
144 /*
145  * LICENSE 和作者信息
146  */
147 MODULE_LICENSE("GPL");
148 MODULE_AUTHOR("zuozhongkai");
```

第32～36行,chrdevbase_open()函数,当应用程序调用 open()函数的时候就会调用此函数,本例程中我们没有做任何工作,只是输出一串字符,用于调试。这里使用了 printk()来输出信息,而不

是 printf()。因为在 Linux 内核中没有 printf()这个函数。printk()相当于 printf()的孪生兄妹,printf()运行在用户态,printk()运行在内核态。在内核中想要向控制台输出或显示一些内容,必须使用 printk()这个函数。不同之处在于,printk()可以根据日志级别对消息进行分类,一共有 8 个消息级别,这 8 个消息级别定义在文件 include/linux/kern_levels.h 中,具体如下:

```
#define KERN_SOH        "\001"
#define KERN_EMERG      KERN_SOH "0"    /* 紧急事件,一般是内核崩溃 */
#define KERN_ALERT      KERN_SOH "1"    /* 必须立即采取行动 */
#define KERN_CRIT       KERN_SOH "2"    /* 临界条件,严重的软件或硬件错误 */
#define KERN_ERR        KERN_SOH "3"    /* 错误状态,一般设备驱动程序中使用
                                           KERN_ERR 报告硬件错误 */
#define KERN_WARNING    KERN_SOH "4"    /* 警告信息,不会对系统造成严重影响 */
#define KERN_NOTICE     KERN_SOH "5"    /* 有必要进行提示的一些信息 */
#define KERN_INFO       KERN_SOH "6"    /* 提示性的信息 */
#define KERN_DEBUG      KERN_SOH "7"    /* 调试信息 */
```

一共定义了 8 个级别,其中 0 的优先级最高,7 的优先级最低。如果要设置消息级别,参考如下示例:

```
printk(KERN_EMERG "gsmi: Log Shutdown Reason\n");
```

上述代码就是设置"gsmi: Log Shutdown Reason\n"这行消息的级别为 KERN_EMERG。在具体的消息前面加上 KERN_EMERG 就可以将这条消息的级别设置为 KERN_EMERG。如果使用 printk()的时候不显示地设置消息级别,那么 printk()将会采用默认级别 MESSAGE_LOGLEVEL_DEFAULT,MESSAGE_LOGLEVEL_DEFAULT 默认为 4。

在 include/linux/printk.h 中有个宏 CONSOLE_LOGLEVEL_DEFAULT,定义如下:

```
#define CONSOLE_LOGLEVEL_DEFAULT  7
```

CONSOLE_LOGLEVEL_DEFAULT 控制着哪些级别的消息可以显示在控制台上,此宏默认为 7,意味着只有优先级高于 7 的消息才能显示在控制台上。

这就是 printk()和 printf()的最大区别,可以通过消息级别来决定哪些消息可以显示在控制台上。默认消息级别为 4,4 的级别比 7 高,所以直接使用 printk()输出的信息是可以显示在控制台上的。

参数 filp 有个叫作 private_data 的成员变量,private_data 是一个 void 指针,一般在驱动中将 private_data 指向设备结构体,设备结构体会存放设备的一些属性。

第 46~61 行,chrdevbase_read()函数,应用程序调用 read()函数从设备中读取数据的时候此函数会执行。参数 buf 是用户空间的内存,读取到的数据存储在 buf 中,参数 cnt 是要读取的字节数,参数 offt 是相对于文件首地址的偏移。kerneldata 中保存着用户空间要读取的数据,第 51 行先将 kerneldata 数组中的数据复制到读缓冲区 readbuf 中,第 52 行通过函数 copy_to_user()将 readbuf 中的数据复制到参数 buf 中。因为内核空间不能直接操作用户空间的内存,因此需要借助 copy_to_user()函数来完成内核空间的数据到用户空间的复制。copy_to_user()函数原型如下:

```
static inline long copy_to_user(void __user * to, const void * from, unsigned long n)
```

参数 to 表示目的,参数 from 表示源,参数 n 表示要复制的数据长度。如果复制成功,则返回值为 0;如果复制失败,则返回负数。

第 71~84 行,chrdevbase_write()函数,应用程序调用 write()函数向设备写数据的时候此函数会执行。参数 buf 就是应用程序要写入设备的数据,也是用户空间的内存,参数 cnt 是要写入的数据长度,参数 offt 是相对文件首地址的偏移。第 75 行通过函数 copy_from_user()将 buf 中的数据复制到写缓冲区 writebuf 中,因为用户空间内存不能直接访问内核空间的内存,所以需要借助函数 copy_from_user()将用户空间的数据复制到 writebuf 内核空间中。

第 91~95 行,chrdevbase_release()函数,应用程序调用 close 关闭设备文件的时候此函数会执行,一般会在此函数中执行一些释放操作。如果在 open()函数中设置了 filp 的 private_data 成员变量指向设备结构体,那么在 release()函数最终就要释放掉。

第 100~106 行,新建 chrdevbase 的设备文件操作结构体 chrdevbase_fops,初始化 chrdevbase_fops。

第 113~124 行,驱动入口函数 chrdevbase_init(),第 118 行调用函数 register_chrdev()来注册字符设备。

第 131~136 行,驱动出口函数 chrdevbase_exit(),第 134 行调用函数 unregister_chrdev()来注销字符设备。

第 141~142 行,通过 module_init()和 module_exit()这两个函数来指定驱动的入口和出口函数。

第 147~148 行,添加 LICENSE 和作者信息。

1.4.2 编写测试 App

1. C 库文件操作基本函数

编写测试 App 就是编写 Linux 应用,需要用到 C 库中与文件操作有关的一些函数,比如 open()、read()、write()和 close()这 4 个函数。

1) open()函数

open()函数原型如下:

```
int open(const char * pathname, int flags)
```

open()函数参数含义如下:

pathname——要打开的设备或者文件名。

flags——文件打开模式,以下 3 种模式必选其一:

- **O_RDONLY**——只读模式。
- **O_WRONLY**——只写模式。
- **O_RDWR**——读写模式。

因为我们要对 chrdevbase 设备进行读写操作,所以选择 O_RDWR。除了上述 3 种模式以外还有其他的可选模式,可通过逻辑或操作来选择多种模式。

O_AppEND——每次写操作都写入文件的末尾。

O_CREAT——如果指定文件不存在,则创建这个文件。

O_EXCL——如果要创建的文件已存在,则返回 −1,并且修改 errno 的值。

O_TRUNC——如果文件存在,并且以只写/读写方式打开,则清空文件全部内容。

O_NOCTTY——如果路径名指向终端设备,不要把这个设备用作控制终端。

O_NONBLOCK——如果路径名指向 FIFO/块文件/字符文件,则把文件打开后的 I/O 设置为非阻塞。

DSYNC——等待物理 I/O 结束后再写。在不影响读取新写入的数据的前提下,不等待文件属性更新。

O_RSYNC——等待所有写入同一区域的写操作完成后再读取。

O_SYNC——等待物理 I/O 结束后再写,包括更新文件属性的 I/O。

返回值——如果文件打开成功,则返回文件的文件描述符。

在 Ubuntu 中输入"man 2 open"即可查看 open()函数的详细内容,如图 1-7 所示。

```
OPEN(2)                                        Linux Programmer's Manual
                              OPEN(2)

NAME
       open, openat, creat - open and possibly create a file

SYNOPSIS
       #include <sys/types.h>
       #include <sys/stat.h>
       #include <fcntl.h>

       int open(const char *pathname, int flags);
       int open(const char *pathname, int flags, mode_t mode);

       int creat(const char *pathname, mode_t mode);

       int openat(int dirfd, const char *pathname, int flags);
       int openat(int dirfd, const char *pathname, int flags, mode_t mode);

   Feature Test Macro Requirements for glibc (see feature_test_macros(7)):

       openat():
           Since glibc 2.10:
Manual page open(2) line 1 (press h for help or q to quit)
```

图 1-7 open()函数帮助信息

2) read()函数

read()函数原型如下:

```
ssize_t read(int fd, void * buf, size_t count)
```

read()函数参数含义如下:

fd——要读取的文件描述符,读取文件之前要先用 open()函数打开文件,open()函数打开文件成功以后会得到文件描述符。

buf——数据读取到此 buf 中。

count——要读取的数据长度,也就是字节数。

返回值——若读取成功则返回读取到的字节数。如果返回 0,则表示读取到了文件末尾;如果返回负值,则表示读取失败。在 Ubuntu 中输入"man 2 read"命令即可查看 read()函数的详细内容。

3) write()函数

write()函数原型如下:

```
ssize_t write(int fd, const void * buf, size_t count);
```

write()函数参数含义如下：

fd——要进行写操作的文件描述符，写文件之前要先用 open()函数打开文件，open()函数打开文件成功以后会得到文件描述符。

buf——要写入的数据。

count——要写入的数据长度，也就是字节数。

返回值——若写入成功则返回写入的字节数。如果返回 0，则表示没有写入任何数据；如果返回负值，表示写入失败。在 Ubuntu 中输入"man 2 write"命令即可查看 write()函数的详细内容。

4) close()函数

close()函数原型如下：

```
int close( int fd);
```

close()函数参数含义如下：

fd——要关闭的文件描述符。

返回值——0 表示关闭成功，负值表示关闭失败。在 Ubuntu 中输入"man 2 close"命令即可查看 close()函数的详细内容。

2. 编写测试 App 程序

驱动编写好以后是需要测试的，一般编写一个简单的测试 App，测试 App 运行在用户空间。测试 App 很简单通过输入相应的指令来对 chrdevbase 设备执行读或者写操作。在 1_chrdevbase 目录中新建 chrdevbaseApp.c 文件，在此文件中输入如下内容：

示例代码 1-12 chrdevbaseApp.c 文件

```
1   # include "stdio.h"
2   # include "unistd.h"
3   # include "sys/types.h"
4   # include "sys/stat.h"
5   # include "fcntl.h"
6   # include "stdlib.h"
7   # include "string.h"
8   /************************************************************
9   Copyright © ALIENTEK Co., Ltd. 1998－2029. All rights reserved.
10  文件名      :chrdevbaseApp.c
11  作者        :左忠凯
12  版本        :V1.0
13  描述        :chrdevbase 驱动测试 App
14  其他        :使用方法:./chrdevbaseApp /dev/chrdevbase <1>|<2>
15              argv[2] 1:读文件
16              argv[2] 2:写文件
17  论坛        :www.openedv.com
18  日志        :初版 V1.0 2019/1/30 左忠凯创建
19  ************************************************************ /
20
21  static char usrdata[] = {"usr data!"};
22
23  / *
24   *  @description      :main 主程序
```

```
25   *  @param - argc : argv 数组元素个数
26   *  @param - argv : 具体参数
27   *  @return        : 0,成功;其他,失败
28   */
29  int main(int argc, char * argv[])
30  {
31      int fd, retvalue;
32      char * filename;
33      char readbuf[100], writebuf[100];
34
35      if(argc != 3){
36          printf("Error Usage!\r\n");
37          return -1;
38      }
39
40      filename = argv[1];
41
42      /* 打开驱动文件 */
43      fd  = open(filename, O_RDWR);
44      if(fd < 0){
45          printf("Can't open file %s\r\n", filename);
46          return -1;
47      }
48
49      if(atoi(argv[2]) == 1){        /* 从驱动文件读取数据 */
50          retvalue = read(fd, readbuf, 50);
51          if(retvalue < 0){
52              printf("read file %s failed!\r\n", filename);
53          } else {
54              /*  读取成功,打印出读取成功的数据 */
55              printf("read data:%s\r\n",readbuf);
56          }
57      }
58
59      if(atoi(argv[2]) == 2){
60          /* 向设备驱动写数据 */
61          memcpy(writebuf, usrdata, sizeof(usrdata));
62          retvalue = write(fd, writebuf, 50);
63          if(retvalue < 0){
64              printf("write file %s failed!\r\n", filename);
65          }
66      }
67
68      /* 关闭设备 */
69      retvalue = close(fd);
70      if(retvalue < 0){
71          printf("Can't close file %s\r\n", filename);
72          return -1;
73      }
74
75      return 0;
76  }
```

第 21 行，数组 usrdata 用于测试 App 要向 chrdevbase 设备写入的数据。

第 35 行，判断运行测试 App 的时候输入的参数是不是为 3 个，main() 函数的 argc 参数表示参数数量，argv[] 保存着具体的参数，如果参数不是 3 个，则表示测试 App 用法错误。比如，现在要从 chrdevbase 设备中读取数据，需要输入如下命令：

```
./chrdevbaseApp /dev/chrdevbase 1
```

上述命令一共有 3 个参数. /chrdevbaseApp、/dev/chrdevbase 和 1，这 3 个参数分别对应 argv[0]、argv[1] 和 argv[2]。第一个参数表示运行 chrdevbaseApp 这个软件，第二个参数表示测试 App 要打开 /dev/chrdevbase 这个设备。第三个参数就是要执行的操作，1 表示从 chrdevbase 中读取数据，2 表示向 chrdevbase 写数据。

第 40 行，获取要打开的设备文件名字，argv[1] 保存着设备名字。

第 43 行，调用 C 库中的 open() 函数打开设备文件：/dev/chrdevbase。

第 49 行，判断 argv[2] 参数的值是 1 还是 2，因为输入命令的时候其参数都是字符串格式的，因此需要借助 atoi() 函数将字符串格式的数字转换为真实的数字。

第 50 行，当 argv[2] 为 1 时表示要从 chrdevbase 设备中读取数据，一共读取 50 字节的数据，读取到的数据保存在 readbuf 中，读取成功以后就在终端上打印出读取到的数据。

第 59 行，当 argv[2] 为 2 时表示要向 chrdevbase 设备写数据。

第 69 行，对 chrdevbase 设备操作完成以后就关闭设备。

chrdevbaseApp.c 的内容还是很简单的，就是最普通的文件打开、关闭和读写操作。

1.4.3　编译驱动程序和测试 App

1. 编译驱动程序

首先编译驱动程序，也就是 chrdevbase.c 这个文件，我们需要将其编译为 .ko 模块，创建 Makefile 文件，然后在其中输入如下内容：

```
                        示例代码 1-13  Makefile 文件
1  KERNELDIR := /home/zuozhongkai/linux/IMX6ULL/linux/temp/linux-imx-rel_imx_4.1.15_2.1.0_ga_alientek
2  CURRENT_PATH := $(shell pwd)
3  obj-m := chrdevbase.o
4
5  build: kernel_modules
6
7  kernel_modules:
8      $(MAKE) -C $(KERNELDIR) M=$(CURRENT_PATH) modules
9  clean:
10     $(MAKE) -C $(KERNELDIR) M=$(CURRENT_PATH) clean
```

第 1 行，KERNELDIR 表示开发板所使用的 Linux 内核源码目录，使用绝对路径，大家根据自己的实际情况填写即可。

第 2 行，CURRENT_PATH 表示当前路径，直接通过运行 pwd 命令来获取当前所处路径。

第 3 行，obj-m 表示将 chrdevbase.c 文件编译为 chrdevbase.ko 模块。

第 8 行，具体的编译命令，后面的 modules 表示编译模块，-C 表示将当前的工作目录切换到指定目录中，也就是 KERNERLDIR 目录。M 表示模块源码目录，"make modules"命令中加入 M＝dir 以后程序会自动到指定的 dir 目录中读取模块的源码并将其编译为.ko 文件。

Makefile 编写好以后输入 make 命令编译驱动模块，编译过程如图 1-8 所示。

```
zuozhongkai@ubuntu:~/linux/IMX6ULL/Drivers/Linux_Drivers/1_chrdevbase$ ls
1_chrdevbase.code-workspace  chrdevbaseApp.c  chrdevbase.c  Makefile
zuozhongkai@ubuntu:~/linux/IMX6ULL/Drivers/Linux_Drivers/1_chrdevbase$ make -j32
make -C /home/zuozhongkai/linux/IMX6ULL/linux/temp/linux-imx-rel_imx_4.1.15_2.1.0_ga_alientek M=/home/zuozhongkai/li
nux/IMX6ULL/Drivers/Linux_Drivers/1_chrdevbase modules
make[1]: Entering directory '/home/zuozhongkai/linux/IMX6ULL/linux/temp/linux-imx-rel_imx_4.1.15_2.1.0_ga_alientek'
  CC [M]  /home/zuozhongkai/linux/IMX6ULL/Drivers/Linux_Drivers/1_chrdevbase/chrdevbase.o
  Building modules, stage 2.
  MODPOST 1 modules
  CC      /home/zuozhongkai/linux/IMX6ULL/Drivers/Linux_Drivers/1_chrdevbase/chrdevbase.mod.o
  LD [M]  /home/zuozhongkai/linux/IMX6ULL/Drivers/Linux_Drivers/1_chrdevbase/chrdevbase.ko
make[1]: Leaving directory '/home/zuozhongkai/linux/IMX6ULL/linux/temp/linux-imx-rel_imx_4.1.15_2.1.0_ga_alientek'
zuozhongkai@ubuntu:~/linux/IMX6ULL/Drivers/Linux_Drivers/1_chrdevbase$
```

图 1-8　驱动模块编译过程

编译成功以后就会生成一个叫作 chrdevbase.ko 的文件，此文件就是 chrdevbase 设备的驱动模块。至此，chrdevbase 设备的驱动就编译成功了。

2. 编译测试 App

测试 App 比较简单，只有一个文件，因此就不需要编写 Makefile 了，直接输入命令编译。因为测试 App 是要在 ARM 开发板上运行的，所以需要使用 arm-linux-gnueabihf-gcc 来编译，输入如下命令：

```
arm-linux-gnueabihf-gcc chrdevbaseApp.c -o chrdevbaseApp
```

编译完成以后会生成一个叫作 chrdevbaseApp 的可执行程序，输入如下命令查看 chrdevbaseApp 程序的文件信息：

```
file chrdevbaseApp
```

结果如图 1-9 所示。

```
zuozhongkai@ubuntu:~/linux/IMX6ULL/Drivers/Linux_Drivers/1_chrdevbase$ file chrdevbaseApp
chrdevbaseApp: ELF 32-bit LSB executable, ARM, EABI5 version 1 (SYSV), dynamically linked, interpr
eter /lib/ld-, for GNU/Linux 2.6.31, BuildID[sha1]=5d017375992cf6c40e8fccb19a238dfd552ca7b6, not s
tripped
zuozhongkai@ubuntu:~/linux/IMX6ULL/Drivers/Linux_Drivers/1_chrdevbase$
```

图 1-9　chrdevbaseApp 文件信息

从图 1-9 可以看出，chrdevbaseApp 可执行文件是 32 位 LSB 格式、ARM 版本的，因此 chrdevbaseApp 只能在 ARM 芯片下运行。

1.4.4　运行测试

1. 加载驱动模块

驱动模块 chrdevbase.ko 和测试软件 chrdevbaseApp 都已经准备好了，接下来就是运行测试。为了方便测试，Linux 系统选择通过 TFTP 从网络启动，并且使用 NFS 挂载网络根文件系统，确保 uboot 中 bootcmd 环境变量的值为：

```
tftp 80800000 zImage;tftp 83000000 imx6ull-alientek-emmc.dtb;bootz 80800000 - 83000000
```

bootargs 环境变量的值为：

```
console = ttymxc0,115200 root = /dev/nfs rw nfsroot = 192.168.1.250:/home/zuozhongkai/linux/nfs/
rootfs ip = 192.168.1.251:192.168.1.250:192.168.1.1:255.255.255.0::eth0:off
```

设置好以后启动 Linux 系统，检查开发板根文件系统中有没有/lib/modules/4.1.15 目录，如果没有则自行创建。注意，/lib/modules/4.1.15 目录用来存放驱动模块，使用 modprobe 命令加载驱动模块的时候，驱动模块要存放在此目录下。/lib/modules 是通用的，不管你用的什么板子、什么内核，这部分是一样的。不一样的是后面的 4.1.15，这里要根据你所使用的 Linux 内核版本来设置，比如 ALPHA 开发板现在用的是 4.1.15 版本的 Linux 内核，因此就是/lib/modules/4.1.15。如果使用其他版本内核，比如 5.14.31，那么就应该创建/lib/modules/5.14.31 目录，否则 modprobe 命令无法加载驱动模块。

因为是通过 NFS 将 Ubuntu 中的 rootfs 目录挂载为根文件系统，所以可以很方便地将 chrdevbase.ko 和 chrdevbaseApp 复制到 rootfs/lib/modules/4.1.15 目录中，命令如下：

```
sudo cp chrdevbase.ko chrdevbaseApp /home/zuozhongkai/linux/nfs/rootfs/lib/modules/4.1.15/ -f
```

复制完成以后就会在开发板的/lib/modules/4.1.15 目录下存在 chrdevbase.ko 和 chrdevbaseApp 这两个文件，如图 1-10 所示。

```
/lib/modules/4.1.15 # ls chrdevbase*
chrdevbase.ko   chrdevbaseApp
```

图 1-10　驱动和测试文件

输入如下命令加载 chrdevbase.ko 驱动文件：

```
modprobe chrdevbase
```

如果使用 modprobe 加载驱动，则可能会出现如图 1-11 所示的提示。

```
/lib/modules/4.1.15 # modprobe chrdevbase
modprobe: can't open 'modules.dep': No such file or directory
/lib/modules/4.1.15 #
```

图 1-11　modprobe 错误提示

从图 1-11 可以看出，modprobe 提示无法打开 modules.dep 这个文件，因此驱动挂载失败了。我们不用手动创建 modules.dep 文件，直接输入 depmod 命令即可自动生成 modules.dep，有些根文件系统可能没有 depmod 命令，如果没有这个命令就只能重新配置 busybox，使能此命令，然后重新编译 busybox。输入 depmod 命令以后会自动生成 modules.alias、modules.symbols 和 modules.dep 这 3 个文件，如图 1-12 所示。

```
/lib/modules/4.1.15 # ls module*
modules.alias    modules.dep      modules.symbols
/lib/modules/4.1.15 #
```

图 1-12　depmod 命令执行结果

重新使用 modprobe 加载 chrdevbase.ko，结果如图 1-13 所示。

从图 1-13 可以看到"chrdevbase init!"这一行，这一行正是 chrdevbase.c 中模块入口函数 chrdevbase_init()输出的信息，说明模块加载成功。

```
/lib/modules/4.1.15 # modprobe chrdevbase
chrdevbase init!
/lib/modules/4.1.15 #
```

图 1-13　驱动加载成功

输入 lsmod 命令即可查看当前系统中存在的模块,结果如图 1-14 所示。

```
/lib/modules/4.1.15 # lsmod
Module                  Size  Used by     Tainted: G
chrdevbase              1884  0
/lib/modules/4.1.15 #
```

图 1-14　当前系统中的模块

从图 1-14 可以看出,当前系统只有 chrdevbase 一个模块。输入如下命令查看当前系统中有没有 chrdevbase 设备:

cat /proc/devices

结果如图 1-15 所示。

```
/lib/modules/4.1.15 # cat /proc/devices
Character devices:
    1 mem                          查看当前系统中的所有设备
    4 /dev/vc/0
    4 tty
    5 /dev/tty
    5 /dev/console
    5 /dev/ptmx
    7 vcs
   10 misc
   13 input
   14 sound
   29 fb
   81 video4linux
   89 i2c
   90 mtd
  108 ppp
  116 alsa
  128 ptm
  136 pts
  166 ttyACM
  180 usb
  188 ttyUSB
  189 usb device
  200 chrdevbase                   主设备号为200的chrdevbase设备
  207 ttymxc
```

图 1-15　当前系统设备

从图 1-15 可以看出,当前系统存在 chrdevbase 设备,主设备号为 200,与我们设置的主设备号一致。

2. 创建设备节点文件

驱动加载成功需要在/dev 目录下创建一个与之对应的设备节点文件,应用程序就是通过操作这个设备节点文件来完成对具体设备的操作。输入如下命令创建/dev/chrdevbase 设备节点文件:

mknod /dev/chrdevbase c 200 0

其中,mknod 是创建节点命令,/dev/chrdevbase 是要创建的节点文件,c 表示这是个字符设备,200是设备的主设备号,0 是设备的次设备号。创建完成以后就会存在/dev/chrdevbase 文件,可以使用"ls /dev/chrdevbase -l"命令查看,结果如图 1-16 所示。

```
/lib/modules/4.1.15 # ls /dev/chrdevbase -l
crw-r--r--    1 root     0          200,   0 Jan  1 05:30 /dev/chrdevbase
/lib/modules/4.1.15 #
```

图 1-16　/dev/chrdevbase 文件

如果 chrdevbaseApp 想要读写 chrdevbase 设备,那么直接对/dev/chrdevbase 进行读写操作即可。相当于/dev/chrdevbase 这个文件是 chrdevbase 设备在用户空间中的实现。前面一直说 Linux 下一切皆文件,包括设备也是文件,现在大家应该有这个概念了吧?

3. chrdevbase 设备操作测试

一切准备就绪,接下来就是"大考"的时刻了。使用 chrdevbaseApp 软件操作 chrdevbase 设备,看看读写是否正常,首先进行读操作,输入如下命令:

```
./chrdevbaseApp /dev/chrdevbase 1
```

结果如图 1-17 所示。

```
/lib/modules/4.1.15 # ./chrdevbaseApp /dev/chrdevbase 1
kernel senddata ok!        ——— 驱动程序中chrdevbase_read函数输出的信息
read data:kernel data!     ——— 测试App中输出的接收到的数据:kernel data!
/lib/modules/4.1.15 #
```

图 1-17 读操作结果

从图 1-17 可以看出,首先输出"kernel senddata ok!"这一行信息,这是驱动程序中 chrdevbase_read()函数输出的信息,因为 chrdevbaseApp 使用 read()函数从 chrdevbase 设备读取数据,因此 chrdevbase_read()函数就会执行。chrdevbase_read()函数向 chrdevbaseApp 发送"kernel data!"数据,chrdevbaseApp 接收到以后就打印出来。"read data:kernel data!"就是 chrdevbaseApp 打印出来的接收到的数据。说明对 chrdevbase 的读操作正常,接下来测试对 chrdevbase 设备的写操作,输入如下命令:

```
./chrdevbaseApp /dev/chrdevbase 2
```

结果如图 1-18 所示。

```
/lib/modules/4.1.15 # ./chrdevbaseApp /dev/chrdevbase 2
kernel recevdata:usr data!
/lib/modules/4.1.15 #
```

图 1-18 写操作结果

只有一行"kernel recevdata:usr data!",这个是驱动程序中的 chrdevbase_write()函数输出的。chrdevbaseApp 使用 write()函数向 chrdevbase 设备写入数据"usr data!"。chrdevbase_write()函数接收到以后将其打印出来。说明对 chrdevbase 的写操作正常,既然读写都没问题,说明我们编写的 chrdevbase 驱动是没有问题的。

4. 卸载驱动模块

如果不再使用某个设备,可以将其驱动卸载掉,比如输入如下命令卸载掉 chrdevbase 设备:

```
rmmod chrdevbase.ko
```

卸载以后使用 lsmod 命令查看 chrdevbase 模块是否不存在,结果如图 1-19 所示。

```
/lib/modules/4.1.15 # lsmod
Module                 Size  Used by      Tainted: G
/lib/modules/4.1.15 #
```

图 1-19 系统中当前模块

从图 1-19 可以看出，此时系统已经没有任何模块了，chrdevbase 模块也不存在了，说明模块卸载成功。

至此，chrdevbase 这个设备的整个驱动就验证完成了，驱动工作正常。本章我们详细地讲解了字符设备驱动的开发步骤，并且以一个虚拟的 chrdevbase 设备为例，带领大家完成了第一个字符设备驱动的开发，掌握了字符设备驱动的开发框架以及测试方法，以后的字符设备驱动实验基本都以此为蓝本。

## 第2章

嵌入式Linux LED灯驱动开发实验

第 1 章详细讲解了字符设备驱动开发步骤,并且用一个虚拟的 chrdevbase 设备为例带领大家完成了第一个字符设备驱动的开发。本章开始编写第一个真正的 Linux 字符设备驱动。在 I. MX6U-ALPHA 开发板上有一个 LED 灯,我们在裸机篇中已经编写过此 LED 灯的裸机驱动,本章就来学习一下如何编写 Linux 下的 LED 灯驱动。

2.1 Linux 下 LED 灯驱动原理

Linux 下的任何外设驱动,最终都是要配置相应的硬件寄存器。所以本章的 LED 灯驱动最终也是对 I. MX6ULL 的 I/O 口进行配置,与裸机实验不同的是,在 Linux 下编写驱动要符合 Linux 的驱动框架。I. MX6U-ALPHA 开发板上的 LED 连接到 I. MX6ULL 的 GPIO1_IO03 这个引脚上,因此本章实验的重点就是编写 Linux 下 I. MX6ULL 引脚控制驱动。关于 I. MX6ULL 的 GPIO 详细讲解请参考《原子嵌入式 Linux 驱动开发详解》第 4 章。

2.1.1 地址映射

在编写驱动之前,我们需要先简单了解 MMU 这个神器,MMU 全称叫作 Memory Manage Unit,也就是内存管理单元。在老版本的 Linux 中要求处理器必须有 MMU,但是现在 Linux 内核已经支持无 MMU 的处理器了。MMU 主要完成如下功能:

(1) 完成虚拟空间到物理空间的映射。

(2) 内存保护,设置存储器的访问权限,设置虚拟存储空间的缓冲特性。

我们重点来看一下第(1)点,也就是虚拟空间到物理空间的映射,也叫作地址映射。首先了解两个地址概念:虚拟地址(Virtual Address,VA)、物理地址(Physical Address,PA)。对于 32 位的处理器来说,虚拟地址范围是 $2^{32}=4GB$,我们的开发板上有 512MB 的 DDR3,这 512MB 的内存就是物理内存,经过 MMU 可以将其映射到整个 4GB 的虚拟空间,如图 2-1 所示。

物理内存只有 512MB,虚拟内存有 4GB,那么肯定存在多个虚拟地址映射到同一个物理地址的情况,虚拟地址范围比物理地址范围大的问题处理器自会处理,这里我们不要去深究。

Linux 内核启动的时候会初始化 MMU,设置好内存映射。设置好以后 CPU 访问的都是虚拟

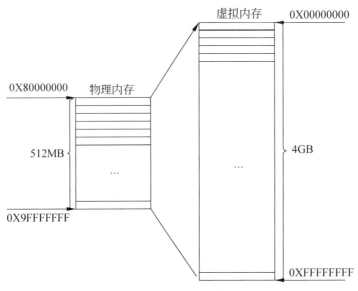

图 2-1　内存映射

地址。比如 I. MX6ULL 的 GPIO1_IO03 引脚的复用寄存器 IOMUXC_SW_MUX_CTL_PAD_
GPIO1_IO03 的地址为 0X020E0068。如果没有开启 MMU,则直接向 0X020E0068 寄存器地址写
入数据就可以配置 GPIO1_IO03 的复用功能。现在开启了 MMU,并且设置了内存映射,因此就不
能直接向 0X020E0068 地址写入数据了。我们必须得到 0X020E0068 物理地址在 Linux 系统中对
应的虚拟地址,这就涉及物理内存和虚拟内存之间的转换,需要用到两个函数:ioremap( )和
iounmap( )。

1. ioremap( )函数

ioremap( )函数用于获取指定物理地址空间对应的虚拟地址空间,定义在 arch/arm/include/
asm/io. h 文件中,定义如下:

```
                        示例代码 2-1   ioremap( )函数
1 #define ioremap(cookie,size) __arm_ioremap((cookie), (size),
                                        MT_DEVICE)
2
3 void __iomem * __arm_ioremap(phys_addr_t phys_addr, size_t size,
                            unsigned int mtype)
4 {
5     return arch_ioremap_caller (phys_addr, size, mtype,
                            __builtin_return_address(0));
6 }
```

ioremap( )是一个宏,有两个参数:cookie 和 size,真正起作用的是函数 __arm_ioremap( ),此函
数有 3 个参数和 1 个返回值。

这些参数的含义如下:

phys_addr——要映射的物理起始地址。

size——要映射的内存空间大小。

mtype——ioremap 的类型,可以选择 MT_DEVICE、MT_DEVICE_NONSHARED、MT_

DEVICE_CACHED 和 MT_DEVICE_WC,ioremap()函数选择 MT_DEVICE。

返回值——__iomem 类型的指针,指向映射后的虚拟空间首地址。

假如要获取 I.MX6ULL 的 IOMUXC_SW_MUX_CTL_PAD_GPIO1_IO03 寄存器对应的虚拟地址,使用如下代码即可:

```
#define SW_MUX_GPIO1_IO03_BASE    (0X020E0068)
static void __iomem *  SW_MUX_GPIO1_IO03;
SW_MUX_GPIO1_IO03 = ioremap(SW_MUX_GPIO1_IO03_BASE, 4);
```

宏 SW_MUX_GPIO1_IO03_BASE 是寄存器物理地址,SW_MUX_GPIO1_IO03 是映射后的虚拟地址。对于 I.MX6ULL 来说,一个寄存器是 4 字节(32 位)的,因此映射的内存长度为 4。映射完成以后直接对 SW_MUX_GPIO1_IO03 进行读写操作即可。

2. iounmap()函数

卸载驱动的时候需要使用 iounmap()函数释放掉 ioremap()函数所做的映射,iounmap()函数原型如下:

示例代码 2-2　iounmap()函数原型
```
void iounmap (volatile void __iomem * addr)
```

iounmap()只有一个参数 addr,此参数就是要取消映射的虚拟地址空间首地址。假如我们现在要取消掉 IOMUXC_SW_MUX_CTL_PAD_GPIO1_IO03 寄存器的地址映射,使用如下代码即可:

```
iounmap(SW_MUX_GPIO1_IO03);
```

2.1.2　I/O 内存访问函数

这里说的 I/O 是输入/输出的意思,并不是我们学习单片机的时候讲的 GPIO 引脚。这里涉及两个概念:I/O 端口和 I/O 内存。当外部寄存器或内存映射到 I/O 空间时,称为 I/O 端口。当外部寄存器或内存映射到内存空间时,称为 I/O 内存。但是对于 ARM 来说没有 I/O 空间这个概念,因此 ARM 体系下只有 I/O 内存(可以直接理解为内存)。使用 ioremap()函数将寄存器的物理地址映射到虚拟地址以后,就可以直接通过指针访问这些地址,但是 Linux 内核不建议这么做,而是推荐使用一组操作函数来对映射后的内存进行读写操作。

1. 读操作函数

读操作函数有如下几个:

示例代码 2-3　读操作函数
```
1 u8  readb(const volatile void __iomem * addr)
2 u16 readw(const volatile void __iomem * addr)
3 u32 readl(const volatile void __iomem * addr)
```

readb()、readw()和 readl()这 3 个函数分别对应 8bit、16bit 和 32bit 读操作,参数 addr 就是要读取写内存地址,返回值就是读取到的数据。

2. 写操作函数

写操作函数有如下几个:

示例代码2-4　写操作函数

```
1 void writeb(u8 value, volatile void __iomem * addr)
2 void writew(u16 value, volatile void __iomem * addr)
3 void writel(u32 value, volatile void __iomem * addr)
```

writeb()、writew()和 writel()这 3 个函数分别对应 8bit、16bit 和 32bit 写操作,参数 value 是要写入的数值,addr 是要写入的地址。

2.2　硬件原理图分析

本章实验硬件原理图参考《原子嵌入式 Linux 驱动开发详解》4.2 节即可。

2.3　实验程序编写

本实验对应的例程路径为"2、Linux 驱动例程→2_led"。

本章实验编写 Linux 下的 LED 灯驱动,可以通过应用程序对 I. MX6U-ALPHA 开发板上的 LED 灯进行开关操作。

2.3.1　LED 灯驱动程序编写

新建名为 2_led 的文件夹,然后在 2_led 文件夹中创建 VSCode 工程,工作区命名为 led。工程创建好以后新建 led. c 文件,此文件就是 LED 灯的驱动文件,在 led. c 中输入如下内容:

示例代码2-5　led.c 驱动文件代码

```
1   # include < linux/types. h>
2   # include < linux/kernel. h>
3   # include < linux/delay. h>
4   # include < linux/ide. h>
5   # include < linux/init. h>
6   # include < linux/module. h>
7   # include < linux/errno. h>
8   # include < linux/gpio. h>
9   # include < asm/mach/map. h>
10  # include < asm/uaccess. h>
11  # include < asm/io. h>
12  /*********************************************************
13  Copyright © ALIENTEK Co., Ltd. 1998 – 2029. All rights reserved.
14  文件名    : led. c
15  作者      : 左忠凯
16  版本      : V1.0
17  描述      : LED 驱动文件.
18  其他      : 无
19  论坛      : www. openedv. com
20  日志      : 初版 V1.0 2019/1/30 左忠凯创建
21  *********************************************************/
22  # define LED_MAJOR    200      /* 主设备号   */
23  # define LED_NAME     "led"    /* 设备名字   */
```

```
24
25   #define LEDOFF          0      /* 关灯 */
26   #define LEDON           1      /* 开灯 */
27
28   /* 寄存器物理地址 */
29   #define CCM_CCGR1_BASE              (0X020C406C)
30   #define SW_MUX_GPIO1_IO03_BASE      (0X020E0068)
31   #define SW_PAD_GPIO1_IO03_BASE      (0X020E02F4)
32   #define GPIO1_DR_BASE               (0X0209C000)
33   #define GPIO1_GDIR_BASE             (0X0209C004)
34
35   /* 映射后的寄存器虚拟地址指针 */
36   static void __iomem *IMX6U_CCM_CCGR1;
37   static void __iomem *SW_MUX_GPIO1_IO03;
38   static void __iomem *SW_PAD_GPIO1_IO03;
39   static void __iomem *GPIO1_DR;
40   static void __iomem *GPIO1_GDIR;
41
42   /*
43    * @description  : LED 打开/关闭
44    * @param - sta  : LEDON(0) 打开 LED, LEDOFF(1) 关闭 LED
45    * @return       : 无
46    */
47   void led_switch(u8 sta)
48   {
49       u32 val = 0;
50       if(sta == LEDON) {
51           val = readl(GPIO1_DR);
52           val &= ~(1 << 3);
53           writel(val, GPIO1_DR);
54       } else if(sta == LEDOFF) {
55           val = readl(GPIO1_DR);
56           val |= (1 << 3);
57           writel(val, GPIO1_DR);
58       }
59   }
60
61   /*
62    * @description  : 打开设备
63    * @param - inode : 传递给驱动的 inode
64    * @param - filp  : 设备文件, file 结构体有个叫作 private_data 的成员变量,
65    *                  一般在 open 的时候将 private_data 指向设备结构体
66    * @return        : 0, 成功; 其他, 失败
67    */
68   static int led_open(struct inode *inode, struct file *filp)
69   {
70       return 0;
71   }
72
73   /*
74    * @description  : 从设备读取数据
75    * @param - filp : 要打开的设备文件(文件描述符)
```

```
76    *  @param － buf    : 返回给用户空间的数据缓冲区
77    *  @param － cnt    : 要读取的数据长度
78    *  @param － offt   : 相对于文件首地址的偏移
79    *  @return          : 读取的字节数,如果为负值,则表示读取失败
80    */
81   static ssize_t led_read(struct file * filp, char __user * buf,
                             size_t cnt, loff_t * offt)
82   {
83       return 0;
84   }
85
86   /*
87    *  @description     : 向设备写数据
88    *  @param － filp   : 设备文件,表示打开的文件描述符
89    *  @param － buf    : 保存着要向设备写入的数据
90    *  @param － cnt    : 要写入的数据长度
91    *  @param － offt   : 相对于文件首地址的偏移
92    *  @return          : 写入的字节数,如果为负值,则表示写入失败
93    */
94   static ssize_t led_write (struct file * filp, const char __user * buf,
                              size_t cnt, loff_t * offt)
95   {
96       int retvalue;
97       unsigned char databuf[1];
98       unsigned char ledstat;
99
100      retvalue = copy_from_user(databuf, buf, cnt);
101      if(retvalue < 0) {
102          printk("kernel write failed! \r\n");
103          return － EFAULT;
104      }
105
106      ledstat = databuf[0];             /* 获取状态值    */
107
108      if(ledstat = = LEDON) {
109          led_switch(LEDON);           /* 打开 LED 灯    */
110      } else if(ledstat = = LEDOFF) {
111          led_switch(LEDOFF);          /* 关闭 LED 灯    */
112      }
113      return 0;
114  }
115
116  /*
117   *  @description     : 关闭/释放设备
118   *  @param － filp   : 要关闭的设备文件(文件描述符)
119   *  @return          : 0,成功;其他,失败
120   */
121  static int led_release(struct inode * inode, struct file * filp)
122  {
123      return 0;
124  }
125
```

```
126  /* 设备操作函数 */
127  static struct file_operations led_fops = {
128       .owner = THIS_MODULE,
129       .open = led_open,
130       .read = led_read,
131       .write = led_write,
132       .release = led_release,
133  };
134
135  /*
136   * @description   :驱动入口函数
137   * @param         :无
138   * @return        :无
139   */
140  static int __init led_init(void)
141  {
142       int retvalue = 0;
143       u32 val = 0;
144
145       /* 初始化 LED */
146       /* 1、寄存器地址映射 */
147       IMX6U_CCM_CCGR1 = ioremap(CCM_CCGR1_BASE, 4);
148       SW_MUX_GPIO1_IO03 = ioremap(SW_MUX_GPIO1_IO03_BASE, 4);
149       SW_PAD_GPIO1_IO03 = ioremap(SW_PAD_GPIO1_IO03_BASE, 4);
150       GPIO1_DR = ioremap(GPIO1_DR_BASE, 4);
151       GPIO1_GDIR = ioremap(GPIO1_GDIR_BASE, 4);
152
153       /* 2、使能 GPIO1 时钟 */
154       val = readl(IMX6U_CCM_CCGR1);
155       val &= ~(3 << 26);       /* 清除以前的设置 */
156       val |= (3 << 26);        /* 设置新值 */
157       writel(val, IMX6U_CCM_CCGR1);
158
159       /* 3、设置 GPIO1_IO03 的复用功能,将其复用为
160        *    GPIO1_IO03,最后设置 I/O 属性
161        */
162       writel(5, SW_MUX_GPIO1_IO03);
163
164       /* 寄存器 SW_PAD_GPIO1_IO03 设置 I/O 属性 */
165       writel(0x10B0, SW_PAD_GPIO1_IO03);
166
167       /* 4、设置 GPIO1_IO03 为输出功能 */
168       val = readl(GPIO1_GDIR);
169       val &= ~(1 << 3);        /* 清除以前的设置 */
170       val |= (1 << 3);         /* 设置为输出 */
171       writel(val, GPIO1_GDIR);
172
173       /* 5、默认关闭 LED */
174       val = readl(GPIO1_DR);
175       val |= (1 << 3);
176       writel(val, GPIO1_DR);
177
```

```
178      /* 6、注册字符设备驱动 */
179      retvalue = register_chrdev(LED_MAJOR, LED_NAME, &led_fops);
180      if(retvalue < 0){
181          printk("register chrdev failed!\r\n");
182          return - EIO;
183      }
184      return 0;
185  }
186
187  /*
188   * @description    :驱动出口函数
189   * @param          :无
190   * @return         :无
191   */
192  static void __exit led_exit(void)
193  {
194      /* 取消映射 */
195      iounmap(IMX6U_CCM_CCGR1);
196      iounmap(SW_MUX_GPIO1_IO03);
197      iounmap(SW_PAD_GPIO1_IO03);
198      iounmap(GPIO1_DR);
199      iounmap(GPIO1_GDIR);
200
201      /* 注销字符设备驱动 */
202      unregister_chrdev(LED_MAJOR, LED_NAME);
203  }
204
205  module_init(led_init);
206  module_exit(led_exit);
207  MODULE_LICENSE("GPL");
208  MODULE_AUTHOR("zuozhongkai");
```

第 22~26 行,定义了一些宏,包括主设备号、设备名字、LED 开/关宏。

第 29~33 行,本实验要用到的寄存器宏定义。

第 36~40 行,经过内存映射以后的寄存器地址指针。

第 47~59 行,led_switch()函数,用于控制开发板上的 LED 灯亮灭,当参数 sta 为 LEDON(1) 时打开 LED 灯,sta 为 LEDOFF(0)时关闭 LED 灯。

第 68~71 行,led_open()函数,为空函数,可以自行在此函数中添加相关内容,一般在此函数中将设备结构体作为参数 filp 的私有数据(filp→private_data)。

第 81~84 行,led_read()函数,为空函数,如果想在应用程序中读取 LED 的状态,那么就可以在此函数中添加相应的代码,比如读取 GPIO1_DR 寄存器的值,然后返回给应用程序。

第 94~114 行,led_write()函数,实现对 LED 灯的开关操作,当应用程序调用 write()函数向 LED 设备写数据的时候此函数就会执行。首先通过函数 copy_from_user()获取应用程序发送过来的操作信息(打开还是关闭 LED),最后根据应用程序的操作信息打开或关闭 LED 灯。

第 121~124 行,led_release()函数,为空函数,可以自行在此函数中添加相关内容,一般关闭设备的时候会释放 led_open()函数中添加的私有数据。

第 127~133 行,设备文件操作结构体 led_fops 的定义和初始化。

第 140～185 行,驱动入口函数 led_init(),此函数实现了 LED 的初始化工作,147～151 行通过 ioremap()函数获取物理寄存器地址映射后的虚拟地址,得到寄存器对应的虚拟地址以后就可以完成相关初始化工作了。比如使能 GPIO1 时钟、设置 GPIO1_IO03 复用功能、配置 GPIO1_IO03 的属性等。最后,最重要的一步:使用 register_chrdev()函数注册 LED 字符设备。

第 192～202 行,驱动出口函数 led_exit(),首先使用函数 iounmap()取消内存映射,最后使用函数 unregister_chrdev()注销 LED 字符设备。

第 205～206 行,使用 module_init()和 module_exit()这两个函数指定 LED 设备驱动加载和卸载函数。

第 207～208 行,添加 LICENSE 和作者信息。

2.3.2 编写测试 App

编写测试 App,LED 驱动加载成功以后手动创建/dev/led 节点,应用 App 通过操作/dev/led 文件来完成对 LED 设备的控制。向/dev/led 文件写 0 表示关闭 LED 灯,写 1 表示打开 LED 灯。新建 ledApp.c 文件,在里面输入如下内容:

示例代码 2-6 ledApp.c 文件代码

```
1   # include "stdio.h"
2   # include "unistd.h"
3   # include "sys/types.h"
4   # include "sys/stat.h"
5   # include "fcntl.h"
6   # include "stdlib.h"
7   # include "string.h"
8   /***************************************************************
9   Copyright © ALIENTEK Co., Ltd. 1998 - 2029. All rights reserved.
10  文件名      : ledApp.c
11  作者        : 左忠凯
12  版本        : V1.0
13  描述        : LED 驱动测试 App
14  其他        : 无
15  使用方法    :./ledtest /dev/led   0 关闭 LED
16             ./ledtest /dev/led   1 打开 LED
17  论坛        : www.openedv.com
18  日志        : 初版 V1.0 2019/1/30 左忠凯创建
19  ************************************************************* /
20
21  # define LEDOFF    0
22  # define LEDON     1
23
24  /*
25   * @description    : main 主程序
26   * @param - argc   : argv 数组元素个数
27   * @param - argv   : 具体参数
28   * @return         : 0,成功;其他,失败
29   */
30  int main(int argc, char * argv[])
31  {
```

```
32      int fd, retvalue;
33      char *filename;
34      unsigned char databuf[1];
35
36      if(argc != 3){
37          printf("Error Usage!\r\n");
38          return -1;
39      }
40
41       filename = argv[1];
42
43      /* 打开 LED 驱动 */
44      fd = open(filename, O_RDWR);
45      if(fd < 0){
46          printf("file %s open failed!\r\n", argv[1]);
47          return -1;
48      }
49
50      databuf[0] = atoi(argv[2]);          /* 要执行的操作:打开或关闭 */
51
52      /* 向/dev/led 文件写入数据 */
53      retvalue = write(fd, databuf, sizeof(databuf));
54      if(retvalue < 0){
55          printf("LED Control Failed!\r\n");
56          close(fd);
57          return -1;
58      }
59
60      retvalue = close(fd);               /* 关闭文件 */
61      if(retvalue < 0){
62          printf("file %s close failed!\r\n", argv[1]);
63          return -1;
64      }
65      return 0;
66  }
```

ledApp.c 的内容还是很简单的,就是对 LED 的驱动文件进行最基本的打开、关闭、写操作等。

2.4 运行测试

2.4.1 编译驱动程序和测试 App

1. 编译驱动程序

编写 Makefile 文件,本章实验的 Makefile 文件和第 1 章的基本一样,只是将 obj-m 变量的值改为 led.o,Makefile 内容如下所示:

示例代码 2-7　Makefile 文件

```
1   KERNELDIR := /home/zuozhongkai/linux/IMX6ULL/linux/temp/linux-imx-rel_imx_4.1.15_2.1.0_
              ga_alientek
```

```
...
4  obj - m : = led.o
...
11 clean:
12    $ (MAKE) - C $ (KERNELDIR) M = $ (CURRENT_PATH) clean
```

第 4 行,设置 obj-m 变量的值为 led. o。

输入如下命令编译出驱动模块文件:

```
make - j32
```

编译成功以后就会生成一个名为 led. ko 的驱动模块文件。

2. 编译测试 App

输入如下命令编译测试 ledApp. c 这个测试程序:

```
arm - linux - gnueabihf - gcc ledApp.c - o ledApp
```

编译成功以后就会生成 ledApp 这个应用程序。

2.4.2　运行测试

注意,如果大家使用正点原子出厂系统来做本实验,那么会发现 LED 灯一直闪烁。这是因为正点原子出厂系统默认将 LED 灯作为心跳灯,因此系统启动以后 LED 灯就会自动闪烁,这样会影响大家做实验。如果是完全按照本书自行移植的内核和根文件系统操作,就不会遇到此问题。如果直接使用出厂系统来做实验,那么我们需要关闭 LED 灯的心跳功能,关闭方法参考《正点原子 I. MX6U 用户快速体验》3.1 节,或者输入如下命令即可:

```
echo none > /sys/class/leds/sys - led/trigger        // 改变 LED 的触发模式
```

将 2.4.1 节编译出来的 led. ko 和 ledApp 这两个文件复制到 rootfs/lib/modules/4.1.15 目录中,重启开发板,进入目录 lib/modules/4.1.15 中,输入如下命令加载 led. ko 驱动模块:

```
depmod                      //第一次加载驱动的时候需要运行此命令
modprobe led.ko             //加载驱动
```

驱动加载成功以后创建/dev/led 设备节点,命令如下:

```
mknod /dev/led c 200 0
```

驱动节点创建成功以后就可以使用 ledApp 软件来测试驱动是否工作正常,输入如下命令打开 LED 灯:

```
./ledApp /dev/led 1        //打开 LED 灯
```

输入上述命令以后观察 I. MX6U-ALPHA 开发板上的红色 LED 灯是否点亮,如果点亮,则说明驱动工作正常。再输入如下命令关闭 LED 灯:

```
./ledApp /dev/led 0        //关闭 LED 灯
```

输入上述命令以后观察 I. MX6U-ALPHA 开发板上的红色 LED 灯是否熄灭,如果熄灭,则说明我们编写的 LED 驱动工作完全正常。至此,我们成功编写了第一个真正的 Linux 驱动设备程序。

如果要卸载驱动,则输入如下命令:

```
rmmod led.ko
```

## 第3章

新字符设备驱动实验

经过前两章实验的实战操作,我们已经掌握了 Linux 字符设备驱动开发的基本步骤,字符设备驱动开发重点是使用 register_chrdev( )函数注册字符设备,当不再使用设备的时候就使用 unregister_chrdev( )函数注销字符设备,驱动模块加载成功以后还需要手动使用 mknod 命令创建设备节点。register_chrdev( )和 unregister_chrdev( )这两个函数是老版本驱动使用的函数,现在新的字符设备驱动已经不再使用这两个函数,而是使用 Linux 内核推荐的新字符设备驱动 API 函数。本章就来学习如何编写新字符设备驱动,并且在驱动模块加载的时候自动创建设备节点文件。

3.1 新字符设备驱动原理

3.1.1 分配和释放设备号

使用 register_chrdev( )函数注册字符设备的时候只需要给定一个主设备号即可,但是这样会带来两个问题:

(1) 需要事先确定好哪些主设备号没有使用。

(2) 会将一个主设备号下的所有次设备号都使用掉,比如现在设置 LED 主设备号为 200,那么 $0 \sim 1048575(2^{20}-1)$ 区间的次设备号就全部都被 LED 一个设备分走了。这样太浪费次设备号了。一个 LED 设备肯定只能有一个主设备号、一个次设备号。

解决这两个问题最好的方法就是要使用设备号的时候向 Linux 内核申请,需要几个就申请几个,由 Linux 内核分配设备可以使用的设备号。这就是我们在 1.3.2 节讲解的设备号的分配,如果没有指定设备号,则使用如下函数来申请设备号:

```
int alloc_chrdev_region(dev_t * dev, unsigned baseminor, unsigned count, const char * name)
```

如果给定了设备的主设备号和次设备号则使用如下函数来注册设备号:

```
int register_chrdev_region(dev_t from, unsigned count, const char * name)
```

参数 from 是要申请的起始设备号,也就是给定的设备号;参数 count 是要申请的数量,一般都是一个；参数 name 是设备名字。

注销字符设备之后要释放掉设备号，不管是通过 alloc_chrdev_region() 函数还是 register_chrdev_region() 函数申请的设备号，统一使用如下释放函数：

```
void unregister_chrdev_region(dev_t from, unsigned count)
```

新字符设备驱动下，设备号分配示例代码如下：

```
                          示例代码 3-1  新字符设备驱动下设备号分配
1  int major;                          /* 主设备号                    */
2  int minor;                          /* 次设备号                    */
3  dev_t devid;                        /* 设备号                      */
4
5  if (major) {                        /* 定义了主设备号               */
6      devid = MKDEV(major, 0);        /* 大部分驱动次设备号都选择 0   */
7      register_chrdev_region(devid, 1, "test");
8  } else {                            /* 没有定义设备号               */
9      alloc_chrdev_region(&devid, 0, 1, "test");      /* 申请设备号   */
10     major = MAJOR(devid);           /* 获取分配号的主设备号         */
11     minor = MINOR(devid);           /* 获取分配号的次设备号         */
12 }
```

第 1～3 行，定义了主/次设备号变量 major 和 minor，以及设备号变量 devid。

第 5 行，判断主设备号 major 是否有效，在 Linux 驱动中一般给出主设备号就表示这个设备的设备号已经确定了，因为次设备号基本上都选择 0，这算是 Linux 驱动开发中约定俗成的一种规定了。

第 6 行，如果 major 有效，则使用 MKDEV() 来构建设备号，次设备号选择 0。

第 7 行，使用 register_chrdev_region() 函数来注册设备号。

第 9～11 行，如果 major 无效，那就表示没有给定设备号。此时就要使用 alloc_chrdev_region() 函数来申请设备号。设备号申请成功以后使用 MAJOR 和 MINOR 来提取主设备号和次设备号。当然了，第 10 行和第 11 行提取主设备号和次设备号的代码可以不要。

如果要注销设备号，则使用如下代码：

```
                          示例代码 3-2  注销设备号函数
1 unregister_chrdev_region(devid, 1);              /* 注销设备号 */
```

注销设备号的代码很简单。

3.1.2　新的字符设备注册方法

1. 字符设备结构

在 Linux 中使用 cdev 结构体表示一个字符设备，cdev 结构体在 include/linux/cdev.h 文件中的定义如下：

```
                          示例代码 3-3  cdev 结构体
1 struct cdev {
2     struct kobject      kobj;
```

```
3       struct module          * owner;
4       const struct file_operations * ops;
5       struct list_head       list;
6       dev_t                  dev;
7       unsigned int           count;
8   };
```

在 cdev 中有两个重要的成员变量：ops 和 dev，这两个就是字符设备文件操作函数集合 file_operations 以及设备号 dev_t。编写字符设备驱动之前需要定义一个 cdev 结构体变量，这个变量就表示一个字符设备，如下所示：

```
struct cdev test_cdev;
```

2. cdev_init 函数

定义好 cdev 变量以后就要使用 cdev_init()函数对其进行初始化，cdev_init()函数原型如下：

```
void cdev_init(struct cdev * cdev, const struct file_operations * fops)
```

参数 cdev 就是要初始化的 cdev 结构体变量，参数 fops 就是字符设备文件操作函数集合。使用 cdev_init()函数初始化 cdev 变量的示例代码如下：

示例代码 3-4　cdev_init()函数使用示例代码

```
1   struct cdev testcdev;
2
3   /* 设备操作函数 */
4   static struct file_operations test_fops = {
5       .owner = THIS_MODULE,
6       /* 其他具体的初始项 */
7   };
8
9   testcdev.owner = THIS_MODULE;
10  cdev_init(&testcdev, &test_fops);      /* 初始化 cdev 结构体变量 */
```

3. cdev_add()函数

cdev_add()函数用于向 Linux 系统添加字符设备（cdev 结构体变量），首先使用 cdev_init()函数完成对 cdev 结构体变量的初始化，然后使用 cdev_add()函数向 Linux 系统添加这个字符设备。cdev_add()函数原型如下：

```
int cdev_add(struct cdev * p, dev_t dev, unsigned count)
```

参数 p 指向要添加的字符设备（cdev 结构体变量），参数 dev 就是设备所使用的设备号，参数 count 是要添加的设备数量。完善示例代码 3-4，加入 cdev_add()函数，内容如下所示：

示例代码 3-5　cdev_add()函数使用示例

```
1   struct cdev testcdev;
2
3   /* 设备操作函数 */
```

```
4  static struct file_operations test_fops = {
5    .owner = THIS_MODULE,
6    /* 其他具体的初始项 */
7  };
8
9  testcdev.owner = THIS_MODULE;
10 cdev_init(&testcdev, &test_fops);      /* 初始化 cdev 结构体变量    */
11 cdev_add(&testcdev, devid, 1);         /* 添加字符设备             */
```

示例代码 3-5 就是新的注册字符设备代码段,Linux 内核中大量的字符设备驱动都是采用这种方法向 Linux 内核添加字符设备的。如果再加上示例代码 3-1 中分配设备号的程序,那么它们一起实现的就是函数 register_chrdev() 的功能。

4. cdev_del() 函数

卸载驱动的时候一定要使用 cdev_del() 函数从 Linux 内核中删除相应的字符设备,cdev_del() 函数原型如下:

```
void cdev_del(struct cdev * p)
```

参数 p 就是要删除的字符设备。如果要删除字符设备,参考如下代码:

```
                     示例代码 3-6  cdev_del()函数使用示例
1 cdev_del(&testcdev);            /* 删除 cdev */
```

cdev_del() 和 unregister_chrdev_region() 这两个函数合起来的功能相当于 unregister_chrdev() 函数。

3.2 自动创建设备节点

在前面的 Linux 驱动实验中,当我们使用 modprobe 命令加载驱动程序以后,还需要使用 mknod 命令手动创建设备节点,本节就来讲解一下如何实现自动创建设备节点。在驱动中实现自动创建设备节点的功能以后,使用 modprobe 命令加载驱动模块成功后就会自动在/dev 目录下创建对应的设备文件。

3.2.1 mdev 机制

udev 是一个用户程序,在 Linux 下通过 udev 来实现设备文件的创建与删除,udev 可以检测系统中硬件设备状态,可以根据系统中硬件设备状态来创建或者删除设备文件。比如使用 modprobe 命令成功加载驱动模块以后就自动在/dev 目录下创建对应的设备节点文件,使用 rmmod 命令卸载驱动模块以后就删除掉/dev 目录下的设备节点文件。使用 busybox 构建根文件系统的时候, busybox 会创建一个 udev 的简化版本——mdev,所以在嵌入式 Linux 中我们使用 mdev 来实现设备节点文件的自动创建与删除,Linux 系统中的热插拔事件也由 mdev 管理,在/etc/init.d/rcS 文件中有如下语句:

```
echo /sbin/mdev > /proc/sys/kernel/hotplug
```

上述命令设置热插拔事件由 mdev 来管理,关于 udev 或 mdev 更加详细的工作原理这里就不详细探讨了,我们重点来学习一下如何通过 mdev 来实现设备文件节点的自动创建与删除。

3.2.2 创建和删除类

自动创建设备节点的工作是在驱动程序的入口函数中完成的,一般在 cdev_add()函数后面添加自动创建设备节点相关代码。首先要创建一个 class 类,class 是一个结构体,定义在文件 include/linux/device.h 中。class_create()是类创建函数,也是一个宏定义,内容如下:

```
                        示例代码 3-7   class_create()函数
1 #define class_create(owner, name)      \
2 ({                                      \
3    static struct lock_class_key __key; \
4    __class_create(owner, name, &__key);    \
5 })
6
7 struct class * __class_create(struct module * owner, const char * name,
8                               struct lock_class_key * key)
```

根据上述代码,将 class_create()展开以后内容如下:

```
struct class * class_create (struct module * owner, const char * name)
```

class_create()一共有两个参数:参数 owner 一般为 THIS_MODULE,参数 name 是类名。返回值是一个指向结构体 class 的指针,也就是创建的类。

卸载驱动程序的时候需要删除掉类,类删除函数为 class_destroy(),函数原型如下:

```
void class_destroy(struct class * cls);
```

参数 cls 就是要删除的类。

3.2.3 创建设备

3.2.1 节创建好类以后还不能实现自动创建设备节点,还需要在这个类下创建一个设备。使用 device_create()函数在类下面创建设备,device_create()函数原型如下:

```
struct device * device_create(struct class   * class,
                              struct device   * parent,
                              dev_t           devt,
                              void            * drvdata,
                              const char      * fmt, ...)
```

device_create()是一个可变参数函数,参数 class 是设备要创建在哪个类下面;参数 parent 是父设备,一般为 NULL,也就是没有父设备;参数 devt 是设备号;参数 drvdata 是设备可能会使用的一些数据,一般为 NULL;参数 fmt 是设备名字,如果设置 fmt=xxx,则会生成/dev/xxx 这个设备文件。返回值就是创建好的设备。

同样,卸载驱动的时候需要删除掉创建的设备,设备删除函数为 device_destroy(),函数原型如下:

```
void device_destroy(struct class * class, dev_t devt)
```

参数 class 是要删除的设备所处的类,参数 devt 是要删除的设备号。

3.2.4　参考示例

在驱动入口函数中创建类和设备,在驱动出口函数中删除类和设备,参考示例如下:

示例代码3-8　创建/删除类/设备参考代码

```
1   struct class * class;       /* 类       */
2   struct device * device;     /* 设备      */
3   dev_t devid;                /* 设备号 */
4
5   /* 驱动入口函数 */
6   static int __init led_init(void)
7   {
8       /* 创建类   */
9       class = class_create(THIS_MODULE, "xxx");
10      /* 创建设备 */
11      device = device_create(class, NULL, devid, NULL, "xxx");
12      return 0;
13  }
14
15  /* 驱动出口函数 */
16  static void __exit led_exit(void)
17  {
18      /* 删除设备 */
19      device_destroy(newchrled.class, newchrled.devid);
20      /* 删除类   */
21      class_destroy(newchrled.class);
22  }
23
24  module_init(led_init);
25  module_exit(led_exit);
```

3.3　设置文件私有数据

每个硬件设备都有一些属性,比如主设备号(dev_t)、类(class)、设备(device)、开关状态(state)等。在编写驱动时可以将这些属性全部写成变量的形式,如下所示:

示例代码3-9　变量形式的设备属性

```
dev_t devid;                /* 设备号   */
struct cdev cdev;           /* cdev    */
struct class * class;       /* 类       */
struct device * device;     /* 设备      */
int major;                  /* 主设备号 */
int minor;                  /* 次设备号 */
```

这样写肯定没有问题,但是这样写不专业。对于一个设备的所有属性信息,最好将其做成一个结构体。编写驱动 open()函数的时候将设备结构体作为私有数据添加到设备文件中,如下所示:

示例代码 3-10 设备结构体作为私有数据

```
/* 设备结构体 */
1   struct test_dev{
2       dev_t devid;                    /* 设备号        */
3       struct cdev cdev;               /* cdev          */
4       struct class * class;           /* 类            */
5       struct device * device;         /* 设备          */
6       int major;                      /* 主设备号      */
7       int minor;                      /* 次设备号      */
8   };
9
10  struct test_dev testdev;
11
12  /* open 函数 */
13  static int test_open(struct inode * inode, struct file * filp)
14  {
15      filp -> private_data = &testdev;    /* 设置私有数据 */
16      return 0;
17  }
```

在 open()函数中设置好私有数据以后,在 write()、read()、close()等函数中直接读取 private_data 即可得到设备结构体。

3.4 硬件原理图分析

本章实验硬件原理图参考《原子嵌入式 Linux 驱动开发详解》4.2 节即可。

3.5 实验程序编写

本实验对应的例程路径为"2、Linux 驱动例程→3_newchrled"。

本章实验在第 2 章实验的基础上完成,重点是使用了新的字符设备驱动、设置了文件私有数据、添加了自动创建设备节点相关内容。

3.5.1 LED 灯驱动程序编写

新建名为"3_newchrled"的文件夹,然后在 3_newchrled 文件夹中创建 vscode 工程,工作区命名为 newchrled。工程创建好以后新建 newchrled.c 文件,在 newchrled.c 中输入如下内容:

示例代码 3-11 newchrled.c 文件

```
1   # include < linux/types.h >
2   # include < linux/kernel.h >
3   # include < linux/delay.h >
4   # include < linux/ide.h >
```

```
5   # include < linux/init. h >
6   # include < linux/module. h >
7   # include < linux/errno. h >
8   # include < linux/gpio. h >
9   # include < linux/cdev. h >
10  # include < linux/device. h >
11  # include < asm/mach/map. h >
12  # include < asm/uaccess. h >
13  # include < asm/io. h >
14
15  / ****************************************************************
16  Copyright © ALIENTEK Co., Ltd. 1998 - 2029. All rights reserved.
17  文件名      : newchrled. c
18  作者        : 左忠凯
19  版本        : V1.0
20  描述        : LED 驱动文件
21  其他        : 无
22  论坛        : www. openedv. com
23  日志        : 初版 V1.0 2019/6/27 左忠凯创建
24  **************************************************************** /
25  # define NEWCHRLED_CNT        1               / * 设备号个数   * /
26  # define NEWCHRLED_NAME       "newchrled"      / * 名字        * /
27  # define LEDOFF               0               / * 关灯        * /
28  # define LEDON                1               / * 开灯        * /
29
30  / * 寄存器物理地址 * /
31  # define CCM_CCGR1_BASE          (0X020C406C)
32  # define SW_MUX_GPIO1_IO03_BASE  (0X020E0068)
33  # define SW_PAD_GPIO1_IO03_BASE  (0X020E02F4)
34  # define GPIO1_DR_BASE           (0X0209C000)
35  # define GPIO1_GDIR_BASE         (0X0209C004)
36
37  / * 映射后的寄存器虚拟地址指针 * /
38  static void __iomem * IMX6U_CCM_CCGR1;
39  static void __iomem * SW_MUX_GPIO1_IO03;
40  static void __iomem * SW_PAD_GPIO1_IO03;
41  static void __iomem * GPIO1_DR;
42  static void __iomem * GPIO1_GDIR;
43
44  / * newchrled 设备结构体 * /
45  struct newchrled_dev{
46      dev_t devid;                / * 设备号     * /
47      struct cdev cdev;           / * cdev       * /
48      struct class * class;        / * 类         * /
49      struct device * device;      / * 设备       * /
50      int major;                  / * 主设备号   * /
51      int minor;                  / * 次设备号   * /
52  };
53
54  struct newchrled_dev newchrled;  / * led 设备 * /
55
56  / *
```

```
57    * @description  :LED 打开/关闭
58    * @param - sta  :LEDON(0),打开 LED;LEDOFF(1),关闭 LED
59    * @return       :无
60    */
61   void led_switch(u8 sta)
62   {
63       u32 val = 0;
64       if(sta == LEDON) {
65           val = readl(GPIO1_DR);
66           val &= ~(1 << 3);
67           writel(val, GPIO1_DR);
68       }else if (sta == LEDOFF) {
69           val = readl(GPIO1_DR);
70           val |= (1 << 3);
71           writel(val, GPIO1_DR);
72       }
73   }
74
75   /*
76    * @description  :打开设备
77    * @param - inode :传递给驱动的 inode
78    * @param - filp  :设备文件,file 结构体有个叫作 private_data 的成员变量,
79    *                  一般在 open 的时候将 private_data 指向设备结构体
80    * @return        :0,成功;其他,失败
81    */
82   static int led_open(struct inode * inode, struct file * filp)
83   {
84       filp -> private_data = &newchrled;        /* 设置私有数据 */
85       return 0;
86   }
87
88   /*
89    * @description  :从设备读取数据
90    * @param - filp  :要打开的设备文件(文件描述符)
91    * @param - buf   :返回给用户空间的数据缓冲区
92    * @param - cnt   :要读取的数据长度
93    * @param - offt  :相对于文件首地址的偏移
94    * @return        :读取的字节数,如果为负值,则表示读取失败
95    */
96   static ssize_t led_read(struct file * filp, char __user * buf,
                            size_t cnt, loff_t * offt)
97   {
98       return 0;
99   }
100
101  /*
102   * @description  :向设备写数据
103   * @param - filp  :设备文件,表示打开的文件描述符
104   * @param - buf   :保存着要向设备写入的数据
105   * @param - cnt   :要写入的数据长度
106   * @param - offt  :相对于文件首地址的偏移
107   * @return        :写入的字节数,如果为负值,则表示写入失败
```

```
108  */
109  static ssize_t led_write(struct file * filp, const char __user * buf,
                                  size_t cnt, loff_t * offt)
110  {
111      int retvalue;
112      unsigned char databuf[1];
113      unsigned char ledstat;
114
115      retvalue = copy_from_user(databuf, buf, cnt);
116      if(retvalue < 0) {
117          printk("kernel write failed!\r\n");
118          return - EFAULT;
119      }
120
121      ledstat = databuf[0];              /* 获取状态值   */
122
123      if(ledstat == LEDON) {
124          led_switch(LEDON);             /* 打开 LED 灯   */
125      } else if(ledstat == LEDOFF) {
126          led_switch(LEDOFF);            /* 关闭 LED 灯   */
127      }
128      return 0;
129  }
130
131  /*
132   * @description    :关闭/释放设备
133   * @param - filp   :要关闭的设备文件(文件描述符)
134   * @return         :0,成功;其他,失败
135   */
136  static int led_release(struct inode * inode, struct file * filp)
137  {
138      return 0;
139  }
140
141  /* 设备操作函数 */
142  static struct file_operations newchrled_fops = {
143      .owner = THIS_MODULE,
144      .open = led_open,
145      .read = led_read,
146      .write = led_write,
147      .release = led_release,
148  };
149
150  /*
151   * @description    :驱动入口函数
152   * @param          :无
153   * @return         :无
154   */
155  static int __init led_init(void)
156  {
157      u32 val = 0;
158
```

```
159     /* 初始化 LED */
160     /* 1、寄存器地址映射 */
161     IMX6U_CCM_CCGR1 = ioremap(CCM_CCGR1_BASE, 4);
162     SW_MUX_GPIO1_IO03 = ioremap(SW_MUX_GPIO1_IO03_BASE, 4);
163     SW_PAD_GPIO1_IO03 = ioremap(SW_PAD_GPIO1_IO03_BASE, 4);
164     GPIO1_DR = ioremap(GPIO1_DR_BASE, 4);
165     GPIO1_GDIR = ioremap(GPIO1_GDIR_BASE, 4);
166
167     /* 2、使能 GPIO1 时钟 */
168     val = readl(IMX6U_CCM_CCGR1);
169     val &= ~(3 << 26);            /* 清除以前的设置 */
170     val |= (3 << 26);             /* 设置新值 */
171     writel(val, IMX6U_CCM_CCGR1);
172
173     /* 3、设置 GPIO1_IO03 的复用功能,将其复用为
174      *    GPIO1_IO03,最后设置 I/O 属性
175      */
176     writel(5, SW_MUX_GPIO1_IO03);
177
178     /* 寄存器 SW_PAD_GPIO1_IO03 设置 I/O 属性 */
179     writel(0x10B0, SW_PAD_GPIO1_IO03);
180
181     /* 4、设置 GPIO1_IO03 为输出功能 */
182     val = readl(GPIO1_GDIR);
183     val &= ~(1 << 3);            /* 清除以前的设置 */
184     val |= (1 << 3);             /* 设置为输出 */
185     writel(val, GPIO1_GDIR);
186
187     /* 5、默认关闭 LED */
188     val = readl(GPIO1_DR);
189     val |= (1 << 3);
190     writel(val, GPIO1_DR);
191
192     /* 注册字符设备驱动 */
193     /* 1、创建设备号 */
194     if (newchrled.major) {        /*  定义了设备号 */
195         newchrled.devid = MKDEV(newchrled.major, 0);
196         register_chrdev_region(newchrled.devid, NEWCHRLED_CNT,
                            NEWCHRLED_NAME);
197     } else {                      /* 没有定义设备号 */
198         alloc_chrdev_region(&newchrled.devid, 0, NEWCHRLED_CNT,
                            NEWCHRLED_NAME);       /* 申请设备号 */
199         newchrled.major = MAJOR(newchrled.devid);    /* 获取主设备号 */
200         newchrled.minor = MINOR(newchrled.devid);    /* 获取次设备号 */
201     }
202     printk("newcheled major = % d,minor = % d\r\n",newchrled.major,
            newchrled.minor);
203
204     /* 2、初始化 cdev */
205     newchrled.cdev.owner = THIS_MODULE;
206     cdev_init(&newchrled.cdev, &newchrled_fops);
207
```

```
208     /* 3、添加一个 cdev */
209     cdev_add(&newchrled.cdev, newchrled.devid, NEWCHRLED_CNT);
210
211     /* 4、创建类 */
212     newchrled.class = class_create(THIS_MODULE, NEWCHRLED_NAME);
213     if (IS_ERR(newchrled.class)) {
214         return PTR_ERR(newchrled.class);
215     }
216
217     /* 5、创建设备 */
218     newchrled.device = device_create(newchrled.class, NULL,
                                newchrled.devid, NULL, NEWCHRLED_NAME);
219     if (IS_ERR(newchrled.device)) {
220         return PTR_ERR(newchrled.device);
221     }
222
223     return 0;
224 }
225
226 /*
227  * @description  : 驱动出口函数
228  * @param        : 无
229  * @return       : 无
230  */
231 static void __exit led_exit(void)
232 {
233     /* 取消映射 */
234     iounmap(IMX6U_CCM_CCGR1);
235     iounmap(SW_MUX_GPIO1_IO03);
236     iounmap(SW_PAD_GPIO1_IO03);
237     iounmap(GPIO1_DR);
238     iounmap(GPIO1_GDIR);
239
240     /* 注销字符设备 */
241     cdev_del(&newchrled.cdev);            /* 删除 cdev */
242     unregister_chrdev_region(newchrled.devid, NEWCHRLED_CNT);
243
244     device_destroy(newchrled.class, newchrled.devid);
245     class_destroy(newchrled.class);
246 }
247
248 module_init(led_init);
249 module_exit(led_exit);
250 MODULE_LICENSE("GPL");
251 MODULE_AUTHOR("zuozhongkai");
```

第 25 行，宏 NEWCHRLED_CNT 表示设备数量，在申请设备号或者向 Linux 内核添加字符设备的时候需要设置设备数量，一般一个驱动对应一个设备，所以这个宏为 1。

第 26 行，宏 NEWCHRLED_NAME 表示设备名字，本实验的设备名为 newchrdev，为了方便管理，所有使用到设备名字的地方统一使用此宏，当驱动加载成功以后就生成/dev/newchrled 设备文件。

第44～52行,创建设备结构体 newchrled_dev。

第54行,定义一个设备结构体变量 newchrdev,此变量表示 LED 设备。

第82～86行,在 led_open()函数中设置文件的私有数据 private_data 指向 newchrdev。

第194～221行,根据前面讲解的方法在驱动入口函数 led_init()中申请设备号、添加字符设备、创建类和设备。本实验采用动态申请设备号的方法,第202行使用 printk()在终端上显示出申请到的主设备号和次设备号。

第241～245行,根据前面讲解的方法,在驱动出口函数 led_exit()中注销字符新设备,删除类和设备。

总体来说,newchrled.c 文件中的内容不复杂,LED 灯驱动部分的程序和第2章一样。重点就是使用了新的字符设备驱动方法。

3.5.2　编写测试 App

本章直接使用第2章的测试 App,将第2章的 ledApp.c 文件复制到本章实验工程下即可。

3.6　运行测试

3.6.1　编译驱动程序和测试 App

1. 编译驱动程序

编写 Makefile 文件,本章实验的 Makefile 文件和第1章的实验基本一样,只是将 obj-m 变量的值改为 newchrled.o。Makefile 内容如下所示:

```
                         示例代码 3-12  Makefile 文件
1  KERNELDIR : = /home/zuozhongkai/linux/IMX6ULL/linux/temp/linux - imx - rel_imx_4.1.15_2.1.0_
            ga_alientek
...
4  obj - m : = newchrled.o
...
11 clean:
12    $ (MAKE) - C $ (KERNELDIR) M = $ (CURRENT_PATH) clean
```

第4行,设置 obj-m 变量的值为 newchrled.o。

输入如下命令编译出驱动模块文件:

```
make - j32
```

编译成功以后就会生成一个名为 newchrled.ko 的驱动模块文件。

2. 编译测试 App

输入如下命令编译测试 ledApp.c 测试程序:

```
arm - linux - gnueabihf - gcc ledApp.c - o ledApp
```

编译成功以后就会生成 ledApp 应用程序。

3.6.2 运行测试

将3.6.1节编译出来的newchrled.ko和ledApp两个文件复制到rootfs/lib/modules/4.1.15目录中,重启开发板,进入目录lib/modules/4.1.15中,输入如下命令加载newchrled.ko驱动模块:

```
depmod                          //第一次加载驱动的时候需要运行此命令
modprobe newchrled.ko           //加载驱动
```

驱动加载成功以后会输出申请到的主设备号和次设备号,如图3-1所示。

```
/lib/modules/4.1.15 # modprobe newchrled
newcheled major=248,minor=0
/lib/modules/4.1.15 #
```

图 3-1　申请到的主设备号和次设备号

从图3-1可以看出,申请到的主设备号为248,次设备号为0。驱动加载成功以后会自动在/dev目录下创建设备节点文件/dev/newchrdev,输入如下命令查看/dev/newchrdev这个设备节点文件是否存在:

```
ls /dev/newchrled -l
```

结果如图3-2所示。

```
/lib/modules/4.1.15 # ls /dev/newchrled -l
crw-rw----   1 root     0         248,   0 Jan  1 23:56 /dev/newchrled
/lib/modules/4.1.15 #
```

图 3-2　/dev/newchrled 设备节点文件

从图3-2中可以看出,/dev/newchrled设备文件存在,而且主设备号为248,次设备号为0,说明设备节点文件创建成功。

驱动节点创建成功以后就可以使用ledApp软件来测试驱动是否正常工作,输入如下命令打开LED灯:

```
./ledApp /dev/newchrled 1            //打开 LED 灯
```

输入上述命令以后观察I.MX6U-ALPHA开发板上的红色LED灯是否点亮,如果点亮,则说明驱动工作正常。再输入如下命令关闭LED灯:

```
./ledApp  /dev/newchrled 0           //关闭 LED 灯
```

输入上述命令以后观察I.MX6U-ALPHA开发板上的红色LED灯是否熄灭。如果要卸载驱动,则输入如下命令:

```
rmmod newchrled.ko
```

## 第4章

Linux设备树

在前面的学习中我们多次提到"设备树"概念,因为时机未到,所以当时并没有详细地讲解什么是"设备树",本章我们就来详细地谈一谈设备树。掌握设备树是 Linux 驱动开发人员必备的技能。因为在新版本的 Linux 中,ARM 相关的驱动全部采用了设备树(也有支持老式驱动的,但比较少),最新出的 CPU 其驱动开发也基本都是基于设备树的,比如 ST 新出的 STM32MP157、NXP 的 I. MX8 系列等。我们所使用的 Linux 版本为 4.1.15,其支持设备树,所以正点原子 I. MX6U-ALPHA 开发板的所有Linux 驱动都是基于设备树的。本章就来了解一下设备树的起源,重点学习设备树的语法。

4.1　什么是设备树

将设备树(Device Tree)这个词分开就是"设备"和"树",描述设备树的文件叫作 DTS(Device Tree Source)。这个 DTS 文件采用树形结构描述板级设备,也就是开发板上的设备信息,比如 CPU 数量、内存基地址、I^2C 接口上接了哪些设备、SPI 接口上接了哪些设备,等等,如图 4-1 所示。

在图 4-1 中,树的主干就是系统总线,I^2C 控制器、GPIO 控制器、SPI 控制器等都是接到系统主线上的分支。I^2C 控制器又分为 I^2C1 和 I^2C2 两种,其中 I^2C1 上接了 FT5206 和 AT24C02 这两个 I^2C 设备,I^2C2 上只接了 MPU6050 这个设备。DTS 文件的主要功能就是按照如图 4-1 所示的结构来描述板子上的设备信息,DTS 文件描述设备信息是有相应的语法规则要求的,稍后我们会详细地讲解 DTS 语法规则。

在 3. x 版本(具体哪个版本笔者无从考证)以前的 Linux 内核中 ARM 架构并没有采用设备树。在没有设备树的时候 Linux 是如何描述 ARM 架构中的板级信息呢? 在 Linux 内核源码中有大量的 arch/arm/mach-xxx 和 arch/arm/plat-xxx 文件夹,这些文件夹中的文件就是对应平台下的板级信息。比如在 arch/arm/mach-smdk2440. c 中有如下内容(有省略):

```
              示例代码 4-1  mach-smdk2440.c 文件代码段
90   static struct s3c2410fb_display smdk2440_lcd_cfg __initdata = {
91
92      .lcdcon5    = S3C2410_LCDCON5_FRM565 |
93                    S3C2410_LCDCON5_INVVLINE |
```

```
94                 S3C2410_LCDCON5_INVVFRAME |
95                 S3C2410_LCDCON5_PWREN |
96                 S3C2410_LCDCON5_HWSWP,
...
113 };
114
115 static struct s3c2410fb_mach_info smdk2440_fb_info __initdata = {
116     .displays      = &smdk2440_lcd_cfg,
117     .num_displays  = 1,
118     .default_display = 0,
...
133 };
134
135 static struct platform_device * smdk2440_devices[] __initdata = {
136     &s3c_device_ohci,
137     &s3c_device_lcd,
138     &s3c_device_wdt,
139     &s3c_device_i2c0,
140     &s3c_device_iis,
141 };
```

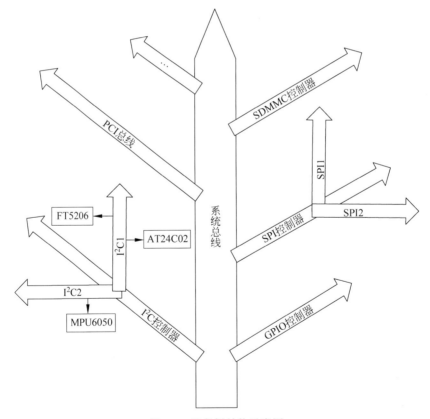

图 4-1　设备树结构示意图

上述代码中的结构体变量 smdk2440_fb_info 就是描述 SMDK2440 这个开发板上的 LCD 信息的，结构体指针数组 smdk2440_devices 描述 SMDK2440 这个开发板上的所有平台相关信息。这个仅仅是使用 2440 芯片的 SMDK2440 开发板下的 LCD 信息，SMDK2440 开发板还有很多的其他外设硬件和平台硬件信息。使用 2440 这个芯片的板子有很多，每个板子都有描述相应板级信息的文件，这仅仅只是一个 2440 芯片。随着智能手机的发展，每年新出的 ARM 架构芯片少说都在数十、数百款，Linux 内核下板级信息文件将会呈指数级增长。这些板级信息文件都是.c 或.h 文件，都会被硬编码进 Linux 内核中，导致 Linux 内核"虚胖"。就好比你喜欢吃自助餐，然后花了几百块钱到一家宣传很不错的自助餐厅，结果你想吃的牛排、海鲜、烤肉基本没多少，全都是一些凉菜、炒面、西瓜、饮料等，相信你马上意识到这是虚假宣传。同样，当 Linux 之父 Linus 看到 ARM 社区向 Linux 内核添加了大量无用、冗余的板级信息文件，也很气愤。从此以后 ARM 社区就引入了 PowerPC 等架构已经采用的设备树（Flattened Device Tree），将这些描述板级硬件信息的内容都从 Linux 内中分离开来，用一个专属的文件格式来描述，这个专属的文件就叫作设备树，文件扩展名为.dts。

一个 SOC 可以做出很多不同的板子，这些不同的板子肯定是有共同的信息的，将这些共同的信息提取出来作为一个通用的文件，其他的.dts 文件直接引用这个通用文件即可，这个通用文件就是.dtsi 文件，类似于 C 语言中的头文件。一般.dts 描述板级信息（也就是开发板上有哪些 I^2C 设备、SPI 设备等），.dtsi 描述 SOC 级信息（也就是 SOC 有几个 CPU、主频是多少、各个外设控制器信息等）。

这个就是设备树的由来，简言之，Linux 内核中 ARM 架构下有太多冗余的垃圾板级信息文件，Linus 觉得欠妥，向 ARM 社区引入了设备树。

4.2　DTS、DTB 和 DTC

4.1 节说了，设备树源文件扩展名为.dts，但是我们在前面移植 Linux 的时候却一直在使用.dtb 文件，那么 DTS 和 DTB 这两个文件是什么关系呢？ DTS 是设备树源码文件，DTB 是将 DTS 编译以后得到的二进制文件。将.c 文件编译为.o 需要用到 gcc 编译器，那么将.dts 编译为.dtb 需要什么工具呢？需要用到 DTC 工具。DTC 工具源码在 Linux 内核的 scripts/dtc 目录下，scripts/dtc/Makefile 文件内容如下：

```
                 示例代码4-2　scripts/dtc/Makefile 文件代码段
1 hostprogs-y   : = dtc
2 always        : = $(hostprogs-y)
3
4 dtc-objs: = dtc.o flattree.o fstree.o data.o livetree.o treesource.o \
5         srcpos.o checks.o util.o
6 dtc-objs  + = dtc-lexer.lex.o dtc-parser.tab.o
...
```

可以看出，DTC 工具依赖于 dtc.c、flattree.c、fstree.c 等文件，最终编译并链接出 DTC 主机文件。如果要编译 DTS 文件，只需要进入 Linux 源码根目录下，然后执行如下命令：

```
make all
```

或者

```
make dtbs
```

"make all"命令是编译 Linux 源码中的所有东西,包括 zImage、.ko 驱动模块以及设备树,如果只是编译设备树建议使用"make dtbs"命令。

基于 ARM 架构的 SOC 有很多种,一种 SOC 又可以制作出很多款板子,每个板子都有一个对应的 DTS 文件,那么如何确定编译哪一个 DTS 文件呢? 我们就以 I.MX6ULL 这款芯片对应的板子为例来看一下。打开 arch/arm/boot/dts/Makefile,有如下内容:

```
                    示例代码 4-3    arch/arm/boot/dts/Makefile 文件代码段
381 dtb - $ (CONFIG_SOC_IMX6UL) + = \
382     imx6ul - 14x14 - ddr3 - arm2.dtb \
383     imx6ul - 14x14 - ddr3 - arm2 - emmc.dtb \
...
400 dtb - $ (CONFIG_SOC_IMX6ULL) + = \
401     imx6ull - 14x14 - ddr3 - arm2.dtb \
402     imx6ull - 14x14 - ddr3 - arm2 - adc.dtb \
403     imx6ull - 14x14 - ddr3 - arm2 - cs42888.dtb \
404     imx6ull - 14x14 - ddr3 - arm2 - ecspi.dtb \
405     imx6ull - 14x14 - ddr3 - arm2 - emmc.dtb \
406     imx6ull - 14x14 - ddr3 - arm2 - epdc.dtb \
407     imx6ull - 14x14 - ddr3 - arm2 - flexcan2.dtb \
408     imx6ull - 14x14 - ddr3 - arm2 - gpmi - weim.dtb \
409     imx6ull - 14x14 - ddr3 - arm2 - lcdif.dtb \
410     imx6ull - 14x14 - ddr3 - arm2 - ldo.dtb \
411     imx6ull - 14x14 - ddr3 - arm2 - qspi.dtb \
412     imx6ull - 14x14 - ddr3 - arm2 - qspi - all.dtb \
413     imx6ull - 14x14 - ddr3 - arm2 - tsc.dtb \
414     imx6ull - 14x14 - ddr3 - arm2 - uart2.dtb \
415     imx6ull - 14x14 - ddr3 - arm2 - usb.dtb \
416     imx6ull - 14x14 - ddr3 - arm2 - wm8958.dtb \
417     imx6ull - 14x14 - evk.dtb \
418     imx6ull - 14x14 - evk - btwifi.dtb \
419     imx6ull - 14x14 - evk - emmc.dtb \
420     imx6ull - 14x14 - evk - gpmi - weim.dtb \
421     imx6ull - 14x14 - evk - usb - certi.dtb \
422     imx6ull - alientek - emmc.dtb \
423     imx6ull - alientek - nand.dtb \
424     imx6ull - 9x9 - evk.dtb \
425     imx6ull - 9x9 - evk - btwifi.dtb \
426     imx6ull - 9x9 - evk - ldo.dtb
427 dtb - $ (CONFIG_SOC_IMX6SLL) + = \
428     imx6sll - lpddr2 - arm2.dtb \
429     imx6sll - lpddr3 - arm2.dtb \
...
```

可以看出,当选中 I.MX6ULL 这个 SOC 以后(CONFIG_SOC_IMX6ULL = y),所有使用到 I.MX6ULL 这个 SOC 的板子对应的.dts 文件都会被编译为.dtb。如果使用 I.MX6ULL 新做了一个板子,那么只需要新建一个此板子对应的.dts 文件,然后将对应的.dtb 文件名添加到 dtb-$ (CONFIG_SOC_IMX6ULL)下,这样在编译设备树的时候就会将对应的.dts 编译为二进制的.dtb 文件。

示例代码 4-3 中第 422 行和第 423 行就是我们在给正点原子的 I.MX6U-ALPHA 开发板移植 Linux 系统的时候添加的设备树。关于.dtb 文件怎么使用这里就不多说了,前面讲解 Uboot 移植、

Linux 内核移植的时候已经无数次提到如何使用. dtb 文件[Uboot 中使用 bootz 或 bootm 命令向 Linux 内核传递二进制设备树文件(. dtb)]。

4.3　DTS 语法

虽然我们基本上不会从头到尾重写一个. dts 文件,大多时候是直接在 SOC 厂商提供的. dts 文件上进行修改,但是 DTS 文件语法我们还是需要详细地学习一遍,因为在后面学习中要修改. dts 文件。大家不要看到要学习新的语法就觉得会很复杂,DTS 语法非常人性化,是一种 ASCII 文本文件,不管是阅读还是修改都很方便。

本节就以 imx6ull-alientek-emmc. dts 文件为例来讲解一下 DTS 语法。关于设备树详细的语法规则请参考 *Devicetree SpecificationV*0. 2 全书和 *Power_ePAPR_AppROVED_v*1. 12 全书,这两份文档路径为“4、参考资料→Devicetree SpecificationV0. 2”和“4、参考资料→ Power_ePAPR_ AppROVED_v1. 12”。

4.3.1　. dtsi 头文件

和 C 语言一样,设备树也支持头文件,设备树的头文件扩展名为. dtsi。在 imx6ull-alientek-emmc. dts 中有如下所示内容:

```
                示例代码 4-4    imx6ull-alientek-emmc.dts 文件代码段
12  # include < dt - bindings/input/input. h >
13  # include "imx6ull.dtsi"
```

第 12 行,使用♯include 来引用 input. h 这个. h 头文件。

第 13 行,使用♯include 来引用 imx6ull. dtsi 这个. dtsi 头文件。

看到这里,大家可能会疑惑,不是说设备树的扩展名是. dtsi 吗? 为什么也可以直接引用 C 语言中的. h 头文件呢? 这里并没有错,. dts 文件可以引用 C 语言中的. h 文件,甚至也可以引用. dts 文件,打开 imx6ull-14x14-evk-gpmi-weim. dts 文件,此文件中有如下内容:

```
                示例代码 4-5    imx6ull-14x14-evk-gpmi-weim.dts 文件代码段
9  # include "imx6ull - 14x14 - evk.dts"
```

可以看出,示例代码 4-5 中直接引用了. dts 文件,因此在. dts 设备树文件中,可以通过♯include 来引用. h、. dtsi 和. dts 文件。只是,我们在编写设备树头文件的时候最好选择. dtsi 作为扩展名。

一般. dtsi 文件用于描述 SOC 的内部外设信息,比如 CPU 架构、主频、外设寄存器地址范围,比如 UART、I^2C 等。比如 imx6ull. dtsi 就是描述 I. MX6ULL 的内部外设情况信息的,内容如下:

```
                示例代码 4-6    imx6ull.dtsi 文件代码段
10   # include < dt - bindings/clock/imx6ul - clock. h >
11   # include < dt - bindings/gpio/gpio. h >
12   # include < dt - bindings/interrupt - controller/arm - gic. h >
13   # include "imx6ull - pinfunc. h"
14   # include "imx6ull - pinfunc - snvs. h"
15   # include "skeleton. dtsi"
```

```
16
17    / {
18        aliases {
19            can0 = &flexcan1;
...
48        };
49
50        cpus {
51            #address-cells = <1>;
52            #size-cells = <0>;
53
54            cpu0: cpu@0 {
55                compatible = "arm,cortex-a7";
56                device_type = "cpu";
...
89            };
90        };
91
92        intc: interrupt-controller@00a01000 {
93            compatible = "arm,cortex-a7-gic";
94            #interrupt-cells = <3>;
95            interrupt-controller;
96            reg = <0x00a01000 0x1000>,
97                  <0x00a02000 0x100>;
98        };
99
100       clocks {
101           #address-cells = <1>;
102           #size-cells = <0>;
103
104           ckil: clock@0 {
105               compatible = "fixed-clock";
106               reg = <0>;
107               #clock-cells = <0>;
108               clock-frequency = <32768>;
109               clock-output-names = "ckil";
110           };
...
135       };
136
137       soc {
138           #address-cells = <1>;
139           #size-cells = <1>;
140           compatible = "simple-bus";
141           interrupt-parent = <&gpc>;
142           ranges;
143
144           busfreq {
145               compatible = "fsl,imx_busfreq";
...
162           };
197
```

```
198         gpmi: gpmi-nand@01806000{
199             compatible = "fsl,imx6ull-gpmi-nand", "fsl, imx6ul-gpmi-nand";
200             #address-cells = <1>;
201             #size-cells = <1>;
202             reg = <0x01806000 0x2000>, <0x01808000 0x4000>;
...
216         };
...
1177    };
1178 };
```

示例代码 4-6 中第 54～89 行就是 cpu0 设备节点信息,这个节点信息描述了 I. MX6ULL 这颗
SOC 所使用的 CPU 信息,比如架构是 Cortex-A7,频率支持 996MHz、792MHz、528MHz、396MHz
和 198MHz 等。在 imx6ull. dtsi 文件中不仅描述了 cpu0 这一个节点信息,I. MX6ULL 这颗 SOC
所有的外设都描述得清清楚楚,比如 ecspi1～ecspi4、uart1～uart8、usbphy1 和 usbphy2、i2c1～i2c4
等,关于这些设备节点信息的具体内容稍后再详细讲解。

4.3.2 设备节点

设备树是采用树状结构来描述板子上的设备信息的文件,每个设备都是一个节点,叫作设备节
点,每个节点都通过一些属性信息来描述节点信息,属性就是键-值对。以下是从 imx6ull. dtsi 文件
中提取出来的设备树文件内容:

示例代码 4-7 设备树模板

```
1  / {
2      aliases {
3          can0 = &flexcan1;
4      };
5
6      cpus {
7          #address-cells = <1>;
8          #size-cells = <0>;
9
10         cpu0: cpu@0 {
11             compatible = "arm,cortex-a7";
12             device_type = "cpu";
13             reg = <0>;
14         };
15     };
16
17     intc: interrupt-controller@00a01000 {
18         compatible = "arm,cortex-a7-gic";
19         #interrupt-cells = <3>;
20         interrupt-controller;
21         reg = <0x00a01000 0x1000>,
22               <0x00a02000 0x100>;
23     };
24 }
```

第 1 行,“/”是根节点,每个设备树文件只有一个根节点。细心的读者应该会发现,imx6ull. dtsi

和 imx6ull-alientek-emmc. dts 这两个文件都有一个"/"根节点,这样不会出错吗? 不会的,因为这两个"/"根节点的内容会合并成一个根节点。

第 2 行、第 6 行和第 17 行,aliases、cpus 和 intc 是 3 个子节点,在设备树中节点命名格式如下:

```
node-name@unit-address
```

其中,node-name 是节点名字,为 ASCII 字符串,节点名字应该能够清晰地描述出节点的功能,比如 uart1 就表示这个节点是 UART1 外设。unit-address 一般表示设备的地址或寄存器首地址,如果某个节点没有地址或者寄存器,那么,可以不要 unit-address,比如 cpu@0、interrupt-controller @00a01000。

在示例代码 4-7 中看到的节点命名如下所示:

```
cpu0:cpu@0
```

上述命令并不是 node-name@unit-address 这样的格式,而是用":"隔开成了两部分,":"前面的是节点标签(label),":"后面的才是节点名字,格式如下所示:

```
label: node-name@unit-address
```

引入 label 的目的就是便于访问节点,可以直接通过 &label 来访问这个节点,比如通过 &cpu0 就可以访问 cpu@0 这个节点,而不需要输入完整的节点名字。再比如节点"intc: interrupt-controller@00a01000",节点 label 是 intc,而节点名字就很长了,为 interrupt-controller@00a01000。很明显,通过 &intc 来访问 interrupt-controller@00a01000 这个节点要方便很多。

第 10 行,cpu0 也是一个节点,只是 cpu0 是 cpus 的子节点。

每个节点都有不同属性,不同的属性又有不同的内容,属性都是键-值对,值可以为空或任意的字节流。设备树源码中常用的几种数据形式如下所示:

(1) 字符串。

```
compatible = "arm,cortex-a7";
```

上述代码设置 compatible 属性的值为字符串"arm,cortex-a7"。

(2) 32 位无符号整数。

```
reg = <0>;
```

上述代码设置 reg 属性的值为 0,reg 的值也可以设置为一组值,比如:

```
reg = <0 0x123456 100>;
```

(3) 字符串列表。

属性值也可以为字符串列表,字符串和字符串之间采用","隔开,如下所示:

```
compatible = "fsl,imx6ull-gpmi-nand", "fsl, imx6ul-gpmi-nand";
```

上述代码设置属性 compatible 的值为"fsl,imx6ull-gpmi-nand"和"fsl, imx6ul-gpmi-nand"。

4.3.3 标准属性

节点是由一系列的属性组成的，节点都是具体的设备，不同的设备需要的属性不同，用户可以自定义属性。除了用户自定义属性，有很多属性是标准属性，Linux下的很多外设驱动都会使用这些标准属性，本节就来学习几个常用的标准属性。

1. compatible 属性

compatible 属性也叫作"兼容性"属性，这是非常重要的一个属性。compatible 属性的值是一个字符串列表，compatible 属性用于将设备和驱动绑定起来。字符串列表用于选择设备所要使用的驱动程序，compatible 属性的值格式如下所示：

```
"manufacturer,model"
```

其中，manufacturer 表示厂商，model 一般是模块对应的驱动名字。比如 imx6ull-alientek-emmc.dts 中 sound 节点是 I. MX6U-ALPHA 开发板的音频设备节点，I. MX6U-ALPHA 开发板上的音频芯片采用的欧胜（WOLFSON）出品的 WM8960，sound 节点的 compatible 属性值如下：

```
compatible = "fsl,imx6ul - evk - wm8960","fsl,imx - audio - wm8960";
```

属性值有两个，分别为"fsl,imx6ul-evk-wm8960"和"fsl,imx-audio-wm8960"，其中 fsl 表示厂商是飞思卡尔，imx6ul-evk-wm8960 和 imx-audio-wm8960 表示驱动模块名字。sound 这个设备首先使用第一个兼容值在 Linux 内核中查找，看看能不能找到与之匹配的驱动文件，如果没有找到，则使用第二个兼容值查找。

一般驱动程序文件都会有一个 OF 匹配表，此 OF 匹配表保存着一些 compatible 值，如果设备节点的 compatible 属性值和 OF 匹配表中的任何一个值相等，那么就表示设备可以使用这个驱动。比如在文件 imx-wm8960. c 中有如下内容：

示例代码 4-8　imx-wm8960.c 文件代码段

```
632 static const struct of_device_id imx_wm8960_dt_ids[] = {
633     { .compatible = "fsl,imx - audio - wm8960", },
634     { /* sentinel */ }
635 };
636 MODULE_DEVICE_TABLE(of, imx_wm8960_dt_ids);
637
638 static struct platform_driver imx_wm8960_driver = {
639     .driver = {
640         .name = "imx - wm8960",
641         .pm = &snd_soc_pm_ops,
642         .of_match_table = imx_wm8960_dt_ids,
643     },
644     .probe = imx_wm8960_probe,
645     .remove = imx_wm8960_remove,
646 };
```

第 632～635 行的数组 imx_wm8960_dt_ids 就是 imx-wm8960. c 驱动文件的匹配表，此匹配表只有一个匹配值"fsl,imx-audio-wm8960"。如果在设备树中有哪个节点的 compatible 属性值与此相等,那么这个节点就会使用此驱动文件。

第 642 行,wm8960 采用了 platform_driver 驱动模式,关于 platform_driver 驱动后面会讲解。此行设置.of_match_table 为 imx_wm8960_dt_ids,也就是设置这个 platform_driver 所使用的 OF 匹配表。

2. model 属性

model 属性值也是一个字符串,一般 model 属性描述设备模块信息,比如名字之类,比如:

```
model = "wm8960 - audio";
```

3. status 属性

status 属性看名字就知道是和设备状态有关的,status 属性值也是字符串,字符串是设备的状态信息,可选的状态如表 4-1 所示。

表 4-1　status 属性值表

值	描　　述
"okay"	表明设备是可操作的
"disabled"	表明设备当前是不可操作的,但是在未来可以变为可操作的,比如热插拔设备插入以后。至于 disabled 的具体含义还要看设备的绑定文档
"fail"	表明设备不可操作,设备检测到了一系列的错误,而且设备也不大可能变得可操作
"fail-sss"	含义和"fail"相同,后面的 sss 部分是检测到的错误内容

4. ♯address-cells 和 ♯size-cells 属性

这两个属性的值都是无符号 32 位整型数据,♯address-cells 和 ♯size-cells 这两个属性可以用在任何拥有子节点的设备中,用于描述子节点的地址信息。♯address-cells 属性值决定了子节点 reg 属性中地址信息所占用的字长(32 位),♯size-cells 属性值决定了子节点 reg 属性中长度信息所占的字长(32 位)。♯address-cells 和 ♯size-cells 表明了子节点应该如何编写 reg 属性值,一般 reg 属性都是和地址有关的内容,和地址相关的信息有两种:起始地址和地址长度,reg 属性的格式为:

```
reg = <address1 length1 address2 length2 address3 length3 …>
```

每个"address length"组合表示一个地址范围,其中 address 是起始地址,length 是地址长度,♯address-cells 表明 address 这个数据所占用的字长,♯size-cells 表明 length 这个数据所占用的字长,比如:

示例代码 4-9　♯address-cells 和 ♯size-cells 属性

```
1   spi4 {
2       compatible = "spi - gpio";
3       ♯address - cells = <1>;
4       ♯size - cells = <0>;
5
6       gpio_spi: gpio_spi@0 {
7           compatible = "fairchild,74hc595";
8           reg = <0>;
9       };
10  };
11
```

```
12 aips3: aips-bus@02200000 {
13     compatible = "fsl,aips-bus", "simple-bus";
14     #address-cells = <1>;
15     #size-cells = <1>;
16
17     dcp: dcp@02280000 {
18         compatible = "fsl,imx6sl-dcp";
19         reg = <0x02280000 0x4000>;
20     };
21 };
```

第 3 行和第 4 行,节点 spi4 的 #address-cells = <0>,#size-cells = <0>,说明 spi4 的子节点 reg 属性中起始地址所占用的字长为 1,地址长度所占用的字长为 0。

第 8 行,子节点 gpio_spi: gpio_spi@0 的 reg 属性值为 <0>,因为父节点设置了 #address-cells = <1>,#size-cells = <0>,因此 addres=0,没有 length 的值,相当于设置了起始地址,而没有设置地址长度。

第 14 行和第 15 行,设置 aips3: aips-bus@02200000 节点 #address-cells = <1>,#size-cells = <1>,说明"aips3: aips-bus@02200000"节点起始地址长度所占用的字长为 1,地址长度所占用的字长也为 1。

第 19 行,子节点 dcp: dcp@02280000 的 reg 属性值为 <0x02280000 0x4000>,因为父节点设置了 #address-cells = <1>,#size-cells = <1>,因此 address= 0x02280000,length= 0x4000,相当于设置了起始地址为 0x02280000,地址长度为 0x40000。

5. reg 属性

reg 属性前面已经提到过了,reg 属性的值一般是(address,length)对形式。reg 属性用于描述设备地址空间资源信息,都是某个外设的寄存器地址范围信息,比如在 imx6ull. dtsi 中有如下内容:

示例代码 4-10　uart1 节点信息
```
323 uart1: serial@02020000 {
324     compatible = "fsl,imx6ul-uart",
325             "fsl,imx6q-uart", "fsl,imx21-uart";
326     reg = <0x02020000 0x4000>;
327     interrupts = <GIC_SPI 26 IRQ_TYPE_LEVEL_HIGH>;
328     clocks = <&clks IMX6UL_CLK_UART1_IPG>,
329         <&clks IMX6UL_CLK_UART1_SERIAL>;
330     clock-names = "ipg", "per";
331     status = "disabled";
332 };
```

上述代码给出了节点 uart1 的相关信息,uart1 节点描述了 I. MX6ULL 的 UART1 相关信息,重点是第 326 行的 reg 属性。其中 uart1 的父节点 aips1: aips-bus@02000000 设置了 #address-cells = <1>、#size-cells = <1>,因此 reg 属性中 address=0x02020000,length=0x4000。查阅《I. MX6ULL 参考手册》可知,I. MX6ULL 的 UART1 寄存器首地址为 0x02020000,但是 UART1 的地址长度(范围)并没有 0x4000 这么多,这里重点是获取 UART1 寄存器首地址。

6. ranges 属性

ranges 属性值可以为空或者是按照(child-bus-address,parent-bus-address,length)格式编写的

数字矩阵,ranges 是一个地址映射/转换表,ranges 属性每个项目由子地址、父地址和地址空间长度这 3 部分组成。

child-bus-address——子总线地址空间的物理地址,由父节点的 #address-cells 确定此物理地址所占用的字长。

parent-bus-address——父总线地址空间的物理地址,同样由父节点的 #address-cells 确定此物理地址所占用的字长。

length——子地址空间的长度,由父节点的 #size-cells 确定此地址长度所占用的字长。

如果 ranges 属性值为空,则说明子地址空间和父地址空间完全相同,不需要进行地址转换,对于我们所使用的 I. MX6ULL 来说,子地址空间和父地址空间完全相同,因此会在 imx6ull. dtsi 中找到大量的值为空的 ranges 属性,如下所示:

```
                        示例代码4-11   imx6ull.dtsi 文件代码段
137 soc {
138     #address - cells = <1>;
139     #size - cells = <1>;
140     compatible = "simple - bus";
141     interrupt - parent = <&gpc>;
142     ranges;
...
1177 }
```

第 142 行定义了 ranges 属性,但是 ranges 属性值为空。

ranges 属性不为空的示例代码如下所示:

```
                        示例代码4-12   ranges 属性不为空
1   soc {
2       compatible = "simple - bus";
3       #address - cells = <1>;
4       #size - cells = <1>;
5       ranges = < 0x0 0xe0000000 0x00100000 >;
6
7       serial {
8           device_type = "serial";
9           compatible = "ns16550";
10          reg = < 0x4600 0x100 >;
11          clock - frequency = <0>;
12          interrupts = < 0xA 0x8 >;
13          interrupt - parent = < &ipic >;
14      };
15  };
```

第 5 行,节点 soc 定义的 ranges 属性,值为< 0x0 0xe0000000 0x00100000 >,此属性值指定了一个 1024KB(0x00100000)的地址范围,子地址空间的物理起始地址为 0x0,父地址空间的物理起始地址为 0xe0000000。

第 10 行,serial 是串口设备节点,reg 属性定义了 serial 设备寄存器的起始地址为 0x4600,寄存器长度为 0x100。经过地址转换,serial 设备可以从 0xe0004600 开始进行读写操作,0xe0004600＝0x4600＋0xe0000000。

7. name 属性

name 属性值为字符串,name 属性用于记录节点名字,name 属性已经被弃用,不推荐使用 name 属性,一些老的设备树文件可能会使用此属性。

8. device_type 属性

device_type 属性值为字符串,IEEE 1275 会用到此属性,用于描述设备的 FCode,但是设备树没有 FCode,所以此属性也被抛弃了。此属性只能用于 cpu 节点或者 memory 节点。imx6ull.dtsi 的 cpu0 节点用到了此属性,内容如下所示:

```
                     示例代码 4-13   imx6ull.dtsi 文件代码段
54 cpu0: cpu@0 {
55     compatible = "arm,cortex - a7";
56     device_type = "cpu";
57     reg = < 0 >;
...
89 };
```

关于标准属性就讲解这么多,其他比如中断、I^2C、SPI 等使用的标准属性等到具体的例程再讲解。

4.3.4 根节点 compatible 属性

每个节点都有 compatible 属性,根节点"/"也不例外,imx6ull-alientek-emmc.dts 文件中根节点的 compatible 属性内容如下所示:

```
              示例代码 4-14   imx6ull-alientek-emmc.dts 根节点 compatible 属性
14 / {
15     model = "Freescale i.MX6 ULL 14x14 EVK Board";
16     compatible = "fsl,imx6ull - 14x14 - evk", "fsl,imx6ull";
...
148 }
```

可以看出,compatible 有两个值:"fsl,imx6ull-14x14-evk"和"fsl,imx6ull"。前面我们说了,设备节点的 compatible 属性值是为了匹配 Linux 内核中的驱动程序,那么根节点中的 compatible 属性是为了做什么工作的?通过根节点的 compatible 属性可以知道我们所使用的设备,一般第一个值描述了所使用的硬件设备名字,比如这里使用的是 imx6ull-14x14-evk 设备,第二个值描述了设备所使用的 SOC,比如这里使用的是 IMX6ULL 这颗 SOC。Linux 内核会通过根节点的 compatible 属性查看是否支持此设备,如果支持,则设备会启动 Linux 内核。接下来学习 Linux 内核在使用设备树前后是如何判断是否支持某款设备的。

1. 使用设备树之前设备匹配方法

在没有使用设备树以前,Uboot 会向 Linux 内核传递一个叫作 machine id 的值,machine id 也就是设备 ID,告诉 Linux 内核自己是什么设备,看看 Linux 内核是否支持。Linux 内核支持很多设备。针对每一种设备(板子),Linux 内核都用 MACHINE_START 和 MACHINE_END 来定义一个 machine_desc 结构体来描述这个设备,比如在文件 arch/arm/mach-imx/mach-mx35_3ds.c 中有如下定义:

```
                          示例代码 4-15   MX35_3DS 设备
613 MACHINE_START(MX35_3DS, "Freescale MX35PDK")
614     /* Maintainer: Freescale Semiconductor, Inc */
615     .atag_offset = 0x100,
616     .map_io = mx35_map_io,
617     .init_early = imx35_init_early,
618     .init_irq = mx35_init_irq,
619     .init_time = mx35pdk_timer_init,
620     .init_machine = mx35_3ds_init,
621     .reserve = mx35_3ds_reserve,
622     .restart    = mxc_restart,
623 MACHINE_END
```

上述代码定义了"Freescale MX35PDK"设备,其中 MACHINE_START 和 MACHINE_END 定义在文件 arch/arm/include/asm/mach/arch.h 中,内容如下:

```
                示例代码 4-16   MACHINE_START 和 MACHINE_END 宏定义
#define MACHINE_START(_type,_name)                \
static const struct machine_desc __mach_desc_##_type   \
 __used                                    \
 __attribute__((__section__(".arch.info.init"))) = {    \
  .nr     = MACH_TYPE_##_type,          \
  .name         = _name,

#define MACHINE_END                    \
};
```

根据 MACHINE_START 和 MACHINE_END 的宏定义,将示例代码 4-16 展开后如下所示:

```
                         示例代码 4-17   展开以后
1   static const struct machine_desc __mach_desc_MX35_3DS     \
2     __used                                      \
3     __attribute__((__section__(".arch.info.init"))) = {
4    .nr     = MACH_TYPE_MX35_3DS,
5    .name       = "Freescale MX35PDK",
6    /* Maintainer: Freescale Semiconductor, Inc */
7    .atag_offset = 0x100,
8    .map_io = mx35_map_io,
9    .init_early = imx35_init_early,
10    .init_irq = mx35_init_irq,
11    .init_time  = mx35pdk_timer_init,
12    .init_machine = mx35_3ds_init,
13    .reserve = mx35_3ds_reserve,
14    .restart    = mxc_restart,
15 };
```

从示例代码 4-17 中可以看出,这里定义了一个 machine_desc 类型的结构体变量 __mach_desc_ MX35_3DS,这个变量存储在 .arch.info.init 段中。第 4 行的 MACH_TYPE_MX35_3DS 就是 "Freescale MX35PDK"板子的 machine id。MACH_TYPE_MX35_3DS 定义在文件 include/ generated/mach-types.h 中,此文件定义了大量的 machine id,内容如下所示:

```
                    示例代码 4-18   mach-types.h 文件中的 machine id
15    #define MACH_TYPE_EBSA110              0
16    #define MACH_TYPE_RISCPC              1
17    #define MACH_TYPE_EBSA285             4
18    #define MACH_TYPE_NETWINDER           5
19    #define MACH_TYPE_CATS                6
20    #define MACH_TYPE_SHARK              15
21    #define MACH_TYPE_BRUTUS             16
22    #define MACH_TYPE_PERSONAL_SERVER    17
...
287   #define MACH_TYPE_MX35_3DS          1645
...
1000  #define MACH_TYPE_PFLA03            4575
```

第 287 行就是 MACH_TYPE_MX35_3DS 的值，为 1645。

前面说了，Uboot 会给 Linux 内核传递 machine id 参数，Linux 内核会检查这个 machine id，其实就是将 machine id 与示例代码 4-18 中的这些 MACH_TYPE_XXX 宏进行对比，看看有没有相等的，如果相等则表示 Linux 内核支持这个设备，如果不支持，那么这个设备就无法启动 Linux 内核。

2. 使用设备树以后的设备匹配方法

当 Linux 内核引入设备树以后就不再使用 MACHINE_START 了，而是换为了 DT_MACHINE_START。DT_MACHINE_START 也定义在文件 arch/arm/include/asm/mach/arch.h 中，定义如下：

```
                    示例代码 4-19   DT_MACHINE_START 宏
#define DT_MACHINE_START(_name, _namestr)              \
static const struct machine_desc __mach_desc_##_name  \
 __used                                                \
 __attribute__((__section__(".arch.info.init"))) = {  \
  .nr       = ~0,                                       \
  .name     = _namestr,
```

可以看出，DT_MACHINE_START 和 MACHINE_START 基本相同，只是.nr 的设置不同，在 DT_MACHINE_START 里面直接将.nr 设置为~0。说明引入设备树以后不会再根据 machine id 来检查 Linux 内核是否支持某个设备了。

打开文件 arch/arm/mach-imx/mach-imx6ul.c，有如下所示内容：

```
                    示例代码 4-20   imx6ull 设备
208 static const char * imx6ul_dt_compat[] __initconst = {
209     "fsl,imx6ul",
210     "fsl,imx6ull",
211     NULL,
212 };
213
214 DT_MACHINE_START(IMX6UL, "Freescale i.MX6 Ultralite (Device Tree)")
215     .map_io       = imx6ul_map_io,
216     .init_irq     = imx6ul_init_irq,
217     .init_machine = imx6ul_init_machine,
218     .init_late    = imx6ul_init_late,
```

```
219      .dt_compat    = imx6ul_dt_compat,
220 MACHINE_END
```

machine_desc 结构体中有个 .dt_compat 成员变量,此成员变量保存着本设备兼容属性,示例代码 4-20 中设置 .dt_compat = imx6ul_dt_compat,imx6ul_dt_compat 表中有"fsl,imx6ul"和"fsl,imx6ull"这两个兼容值。只要某个设备(板子)根节点"/"的 compatible 属性值与 imx6ul_dt_compat 表中的任何一个值相等,那么就表示 Linux 内核支持此设备。imx6ull-alientek-emmc.dts 中根节点的 compatible 属性值如下:

```
compatible = "fsl,imx6ull-14x14-evk", "fsl,imx6ull";
```

其中,"fsl,imx6ull"与 imx6ul_dt_compat 中的"fsl,imx6ull"匹配,因此 I.MX6U-ALPHA 开发板可以正常启动 Linux 内核。如果将 imx6ull-alientek-emmc.dts 根节点的 compatible 属性改为其他的值,比如:

```
compatible = "fsl,imx6ull-14x14-evk", "fsl,imx6ullll"
```

重新编译 DTS,并用新的 DTS 启动 Linux 内核,可以看到如图 4-2 所示的错误提示。

```
done
Bytes transferred = 39116 (98cc hex)
Kernel image @ 0x80800000 [ 0x000000 - 0x5a7fe8 ]
## Flattened Device Tree blob at 83000000
   Booting using the fdt blob at 0x83000000
   Using Device Tree in place at 83000000, end 8300c8cb

Starting kernel ...
```
输出 Starting kernel…以后再无任何信息输出,
Linux Kernel 启动失败

图 4-2　系统启动信息

当我们修改了根节点 compatible 属性内容以后,因为 Linux 内核找不到对应的设备,因此 Linux 内核无法启动。在 Uboot 输出 Starting kernel…以后就再也没有其他信息输出了。

接下来我们简单看一下 Linux 内核如何根据设备树根节点的 compatible 属性来匹配出对应的 machine_desc,Linux 内核调用 start_kernel()函数来启动内核,start_kernel()函数会调用 setup_arch()函数来匹配 machine_desc,setup_arch()函数定义在文件 arch/arm/kernel/setup.c 中,函数内容如下(有省略):

```
                        示例代码 4-21    setup_arch()函数内容
913 void __init setup_arch(char * * cmdline_p)
914 {
915     const struct machine_desc * mdesc;
916
917     setup_processor();
918     mdesc = setup_machine_fdt(__atags_pointer);
919     if (!mdesc)
920         mdesc = setup_machine_tags(__atags_pointer,
                                        __machine_arch_type);
921     machine_desc = mdesc;
922     machine_name = mdesc->name;
...
986 }
```

第 918 行,调用 setup_machine_fdt()函数来获取匹配的 machine_desc,参数就是 atags 的首地址,也就是 Uboot 传递给 Linux 内核的 dtb 文件首地址,setup_machine_fdt 函数的返回值就是找到的最匹配的 machine_desc。

函数 setup_machine_fdt()定义在文件 arch/arm/kernel/devtree.c 中,内容如下(有省略):

示例代码 4-22　setup_machine_fdt()函数内容

```
204 const struct machine_desc * __init setup_machine_fdt(unsigned int dt_phys)
205 {
206     const struct machine_desc * mdesc, * mdesc_best = NULL;
...
214
215     if (!dt_phys || !early_init_dt_verify(phys_to_virt(dt_phys)))
216         return NULL;
217
218     mdesc = of_flat_dt_match_machine(mdesc_best, arch_get_next_mach);
219
...
247     __machine_arch_type = mdesc->nr;
248
249     return mdesc;
250 }
```

第 218 行,调用函数 of_flat_dt_match_machine()来获取匹配的 machine_desc,参数 mdesc_best 是默认的 machine_desc,参数 arch_get_next_mach 是一个函数,此函数定义在 arch/arm/kernel/devtree.c 文件中。找到匹配的 machine_desc 的过程就是用设备树根节点的 compatible 属性值和 Linux 内核中 machine_desc 下.dt_compat 的值比较,看看哪个相等,如果相等,则表示找到匹配的 machine_desc。arch_get_next_mach()函数的工作就是获取 Linux 内核中下一个 machine_desc 结构体。

最后再来看一下 of_flat_dt_match_machine()函数,此函数定义在文件 drivers/of/fdt.c 中,内容如下(有省略):

示例代码 4-23　of_flat_dt_match_machine()函数内容

```
705 const void * __init of_flat_dt_match_machine(
        const void * default_match,
706         const void * (*get_next_compat)(const char * const * *))
707 {
708     const void * data = NULL;
709     const void * best_data = default_match;
710     const char * const * compat;
711     unsigned long dt_root;
712     unsigned int best_score = ~1, score = 0;
713
714     dt_root = of_get_flat_dt_root();
715     while ((data = get_next_compat(&compat))) {
716         score = of_flat_dt_match(dt_root, compat);
717         if (score > 0 && score < best_score) {
718             best_data = data;
719             best_score = score;
```

```
720              }
721        }
...
739
740        pr_info("Machine model: % s\n", of_flat_dt_get_machine_name());
741
742        return best_data;
743 }
```

第 714 行,通过函数 of_get_flat_dt_root()获取设备树根节点。

第 715～720 行,此循环就是查找匹配的 machine_desc 过程,第 716 行的 of_flat_dt_match()函数会将根节点 compatible 属性的值和每个 machine_desc 结构体中. dt_compat 的值进行比较,直至找到匹配的那个 machine_desc。

总结一下,Linux 内核通过根节点 compatible 属性找到对应的设备的函数调用过程,如图 4-3 所示。

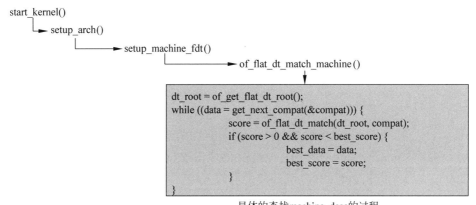

图 4-3　查找匹配设备的过程

4.3.5　向节点追加或修改内容

产品开发过程中可能面临频繁的需求更改,比如第一版硬件上有一个 I^2C 接口的六轴芯片 MPU6050,第二版硬件又要把这个 MPU6050 更换为 MPU9250 等。一旦硬件修改了,我们就要同步地修改设备树文件,毕竟设备树是描述板子硬件信息的文件。假设现在有个六轴芯片 fxls8471,fxls8471 要接到 I.MX6U-ALPHA 开发板的 I2C1 接口上,那么相当于需要在 i2c1 节点上添加一个 fxls8471 子节点。先看一下 I2C1 接口对应的节点,打开 imx6ull.dtsi 文件,找到如下所示内容:

示例代码4-24　i2c1 节点
```
937 i2c1: i2c@021a0000 {
938        #address-cells = <1>;
939        #size-cells = <0>;
940        compatible = "fsl,imx6ul-i2c", "fsl,imx21-i2c";
941        reg = <0x021a0000 0x4000>;
942        interrupts = <GIC_SPI 36 IRQ_TYPE_LEVEL_HIGH>;
943        clocks = <&clks IMX6UL_CLK_I2C1>;
```

```
944        status = "disabled";
945 };
```

示例代码 4-24 就是 I.MX6ULL 的 I2C1 节点,现在要在 i2c1 节点下创建一个子节点,这个子节点就是 fxls8471,最简单的方法就是在 i2c1 下直接添加一个名为 fxls8471 的子节点,如下所示:

示例代码 4-25 添加 fxls8471 子节点

```
937 i2c1: i2c@021a0000 {
938        #address – cells = <1>;
939        #size – cells = <0>;
940        compatible = "fsl,imx6ul – i2c", "fsl,imx21 – i2c";
941        reg = <0x021a0000 0x4000>;
942        interrupts = <GIC_SPI 36 IRQ_TYPE_LEVEL_HIGH>;
943        clocks = <&clks IMX6UL_CLK_I2C1>;
944        status = "disabled";
945
946        //fxls8471 子节点
947        fxls8471@1e {
948            compatible = "fsl,fxls8471";
949            reg = <0x1e>;
950        };
951 };
```

第 947~950 行就是添加的 fxls8471 芯片对应的子节点。但是这样会有个问题。i2c1 节点是定义在 imx6ull.dtsi 文件中的,而 imx6ull.dtsi 是设备树头文件,其他所有使用到 I.MX6ULL 的板子都会引用 imx6ull.dtsi 这个文件。直接在 i2c1 节点中添加 fxls8471 就相当于在其他的所有板子上都添加了 fxls8471 这个设备,但是其他的板子并没有这个设备啊。因此,按照示例代码 4-25 这样写肯定是不行的。

这里就要引入另外一个内容,那就是如何向节点追加数据,我们现在要做的就是向 i2c1 节点追加一个名为 fxls8471 的子节点,而且不能影响到其他使用到 I.MX6ULL 的板子。I.MX6U-ALPHA 开发板使用的设备树文件为 imx6ull-alientek-emmc.dts,因此需要在 imx6ull-alientek-emmc.dts 文件中完成数据追加的内容,方式如下:

示例代码 4-26 节点追加数据方法

```
1 &i2c1 {
2    /* 要追加或修改的内容 */
3 };
```

第 1 行,&i2c1 表示要访问 i2c1 这个 label 所对应的节点,也就是 imx6ull.dtsi 中的"i2c1:i2c@021a0000"。

第 2 行,花括号内就是要向 i2c1 这个节点添加的内容,包括修改某些属性的值。

打开 imx6ull-alientek-emmc.dts,找到如下所示内容:

示例代码 4-27 向 i2c1 节点追加数据

```
224 &i2c1 {
225        clock – frequency = <100000>;
226        pinctrl – names = "default";
```

```
227        pinctrl - 0 = <&pinctrl_i2c1>;
228        status = "okay";
229
230        mag3110@0e {
231            compatible = "fsl,mag3110";
232            reg = <0x0e>;
233            position = <2>;
234        };
235
236        fxls8471@1e {
237            compatible = "fsl,fxls8471";
238            reg = <0x1e>;
239            position = <0>;
240            interrupt - parent = <&gpio5>;
241            interrupts = <0 8>;
242        };
243    };
```

示例代码 4-27 就是向 i2c1 节点添加/修改数据,比如第 225 行的属性 clock-frequency 就表示 i2c1 时钟为 100kHz。clock-frequency 就是新添加的属性。

第 228 行,将 status 属性的值由原来的"disabled"改为"okay"。

第 230～234 行,i2c1 子节点 mag3110,因为 NXP 官方开发板在 I2C1 上接了一个磁力计芯片 mag3110,正点原子的 I. MX6U-ALPHA 开发板并没有使用 MAG3110。

第 236～242 行,i2c1 子节点为 fxls8471,同样是因为 NXP 官方开发板在 I2C1 上接了 FXLS8471 这颗六轴芯片。

因为示例代码 4-27 中的内容是 imx6ull-alientek-emmc. dts 文件内的,所以不会对使用 I. MX6ULL 的其他板子造成任何影响。这个就是向节点追加或修改内容,重点就是通过 &label 来访问节点,然后直接在里面编写要追加或者修改的内容。

4.4　创建小型模板设备树

4.3 节已经对 DTS 的语法做了比较详细的讲解,本节就根据前面讲解的语法,从头到尾编写一个小型的设备树文件。当然了,这个小型设备树没有实际的意义,做这个的目的是掌握设备树的语法。在实际产品开发中,我们不需要完完全全地重写一个. dts 设备树文件,一般都是使用 SOC 厂商提供好的. dts 文件,我们只需要在上面根据自己的实际情况做相应的修改即可。在编写设备树之前要先定义一个设备,就以 I. MX6ULL 为例,我们需要在设备树中描述的内容如下:

(1) I. MX6ULL 这个 Cortex-A7 架构的 32 位 CPU。

(2) I. MX6ULL 内部 ocram,起始地址为 0x00900000,大小为 128KB(0x20000)。

(3) I. MX6ULL 内部 aips1 域下的 ecspi1 外设控制器,寄存器起始地址为 0x02008000,大小为 0x4000。

(4) I. MX6ULL 内部 aips2 域下的 usbotg1 外设控制器,寄存器起始地址为 0x02184000,大小为 0x4000。

(5) I. MX6ULL 内部 aips3 域下的 rngb 外设控制器,寄存器起始地址为 0x02284000,大小为 0x4000。

为了简单起见,我们就在设备树中实现这些内容。首先,搭建一个仅含有根节点"/"的基础的框架,新建一个名为 myfirst.dts 的文件,在里面输入如下所示内容:

示例代码 4-28　设备树基础框架
```
1 / {
2     compatible = "fsl,imx6ull - alientek - evk", "fsl,imx6ull";
3 }
```

设备树框架很简单,就一个根节点"/",根节点中只有一个 compatible 属性。我们就在这个基础框架上面将上面列出的内容一点点添加进来。

1. 添加 cpus 节点

首先添加 cpu 节点,I.MX6ULL 采用 Cortex-A7 架构,而且只有一个 CPU,因此只有一个 cpu0 节点,完成以后如下所示:

示例代码 4-29　添加 cpu0 节点
```
1  / {
2      compatible = "fsl,imx6ull - alientek - evk", "fsl,imx6ull";
3
4      cpus {
5          #address - cells = <1>;
6          #size - cells = <0>;
7
8          //cpu0 节点
9          cpu0: cpu@0 {
10             compatible = "arm,cortex - a7";
11             device_type = "cpu";
12             reg = <0>;
13         };
14     };
15 }
```

第 4~14 行,cpus 节点,此节点用于描述 SOC 内部的所有 CPU,因为 I.MX6ULL 只有一个 CPU,因此只有一个 cpu0 子节点。

2. 添加 soc 节点

像 UART、I^2C 控制器等这些都属于 SOC 芯片内部外设,因此一般会创建一个叫作 soc 的父节点来管理这些 soc 内部外设的子节点,添加 soc 节点以后的 myfirst.dts 文件内容如下所示:

示例代码 4-30　添加 soc 节点
```
1  / {
2      compatible = "fsl,imx6ull - alientek - evk", "fsl,imx6ull";
3
4      cpus {
5          #address - cells = <1>;
6          #size - cells = <0>;
7
8          //CPU0 节点
9          cpu0: cpu@0 {
```

```
10              compatible = "arm,cortex - a7";
11              device_type = "cpu";
12              reg = <0>;
13          };
14      };
15
16      //soc 节点
17      soc {
18          #address - cells = <1>;
19          #size - cells = <1>;
20          compatible = "simple - bus";
21          ranges;
22      }
23 }
```

第 17~22 行，soc 节点，soc 节点设置 #address-cells = <1>，#size-cells = <1>，这样 soc 子节点的 reg 属性中起始地址占用一个字长，地址空间长度也占用一个字长。

第 21 行，ranges 属性，ranges 属性为空，说明子空间和父空间地址范围相同。

3. 添加 ocram 节点

根据 soc 节点的要求，添加 ocram 节点，ocram 是 I. MX6ULL 内部 RAM，因此 ocram 节点应该是 soc 节点的子节点。ocram 起始地址为 0x00900000，大小为 128KB(0x20000)，添加 ocram 节点以后 myfirst. dts 文件内容如下所示：

示例代码4-31　添加 ocram 节点

```
1  / {
2      compatible = "fsl,imx6ull - alientek - evk", "fsl,imx6ull";
3
4      cpus {
5          #address - cells = <1>;
6          #size - cells = <0>;
7
8          //cpu0 节点
9          cpu0: cpu@0 {
10              compatible = "arm,cortex - a7";
11              device_type = "cpu";
12              reg = <0>;
13          };
14      };
15
16      //soc 节点
17      soc {
18          #address - cells = <1>;
19          #size - cells = <1>;
20          compatible = "simple - bus";
21          ranges;
22
23          //ocram 节点
24          ocram: sram@00900000 {
25              compatible = "fsl,lpm - sram";
```

```
26              reg = <0x00900000 0x20000>;
27          };
28      }
29  }
```

第24~27行,ocram节点,第24行节点名字@后面的0x00900000就是ocram的起始地址。第26行的reg属性也指明了ocram内存的起始地址为0x00900000,大小为0x20000。

4. 添加aips1、aips2和aips3这3个子节点

I. MX6ULL内部分为3个域:aips1~aips3,这3个域分管不同的外设控制器,aips1~aips3这3个域对应的内存范围如表4-2所示。

表4-2 aips1~aips3地址范围

域	起始地址	大小(十六进制)
AIPS1	0x02000000	0x100000
AIPS2	0x02100000	0x100000
AIPS3	0x02200000	0x100000

我们先在设备树中添加这3个域对应的子节点。aips1~aips3这3个域都属于soc节点的子节点,完成以后的myfirst.dts文件内容如下所示:

示例代码4-32 添加aips1~aips3节点

```
1   / {
2       compatible = "fsl,imx6ull-alientek-evk", "fsl,imx6ull";
3
4       cpus {
5           #address-cells = <1>;
6           #size-cells = <0>;
7
8           //cpu0节点
9           cpu0: cpu@0 {
10              compatible = "arm,cortex-a7";
11              device_type = "cpu";
12              reg = <0>;
13          };
14      };
15
16      //soc节点
17      soc {
18          #address-cells = <1>;
19          #size-cells = <1>;
20          compatible = "simple-bus";
21          ranges;
22
23          //ocram节点
24          ocram: sram@00900000 {
25              compatible = "fsl,lpm-sram";
26              reg = <0x00900000 0x20000>;
27          };
28
```

```
29          //aips1 节点
30          aips1: aips - bus@02000000 {
31              compatible = "fsl,aips - bus", "simple - bus";
32              # address - cells = <1>;
33              # size - cells = <1>;
34              reg = <0x02000000 0x100000>;
35              ranges;
36          }
37
38          //aips2 节点
39          aips2: aips - bus@02100000 {
40              compatible = "fsl,aips - bus", "simple - bus";
41              # address - cells = <1>;
42              # size - cells = <1>;
43              reg = <0x02100000 0x100000>;
44              ranges;
45          }
46
47          //aips3 节点
48          aips3: aips - bus@02200000 {
49              compatible = "fsl,aips - bus", "simple - bus";
50              # address - cells = <1>;
51              # size - cells = <1>;
52              reg = <0x02200000 0x100000>;
53              ranges;
54          }
55      }
56  }
```

第 30~36 行,aips1 节点。

第 39~45 行,aips2 节点。

第 48~54 行,aips3 节点。

5. 添加 ecspi1、usbotg1 和 rngb 这 3 个外设控制器节点

最后我们在 myfirst.dts 文件中加入 ecspi1、usbotg1 和 rngb 这 3 个外设控制器对应的节点,其中 ecspi1 属于 aips1 的子节点,usbotg1 属于 aips2 的子节点,rngb 属于 aips3 的子节点。最终的 myfirst.dts 文件内容如下:

示例代码 4-33　添加 ecspi1、usbotg1 和 rngb 这 3 个节点

```
1  / {
2      compatible = "fsl,imx6ull - alientek - evk", "fsl,imx6ull";
3
4      cpus {
5          # address - cells = <1>;
6          # size - cells = <0>;
7
8          //cpu0 节点
9          cpu0: cpu@0 {
10             compatible = "arm,cortex - a7";
11             device_type = "cpu";
```

```
12              reg = < 0 >;
13          };
14      };
15
16      //soc 节点
17      soc {
18          #address - cells = <1>;
19          #size - cells = <1>;
20          compatible = "simple - bus";
21          ranges;
22
23          //ocram 节点
24          ocram: sram@00900000 {
25              compatible = "fsl,lpm - sram";
26              reg = < 0x00900000 0x20000 >;
27          };
28
29          //aips1 节点
30          aips1: aips - bus@02000000 {
31              compatible = "fsl,aips - bus", "simple - bus";
32              #address - cells = <1>;
33              #size - cells = <1>;
34              reg = < 0x02000000 0x100000 >;
35              ranges;
36
37              //ecspi1 节点
38              ecspi1: ecspi@02008000 {
39                  #address - cells = < 1 >;
40                  #size - cells = < 0 >;
41                  compatible = "fsl,imx6ul - ecspi", "fsl,imx51 - ecspi";
42                  reg = < 0x02008000 0x4000 >;
43                  status = "disabled";
44              };
45          }
46
47          //aips2 节点
48          aips2: aips - bus@02100000 {
49              compatible = "fsl,aips - bus", "simple - bus";
50              #address - cells = <1>;
51              #size - cells = <1>;
52              reg = < 0x02100000 0x100000 >;
53              ranges;
54
55              //usbotg1 节点
56              usbotg1: usb@02184000 {
57                  compatible = "fsl,imx6ul - usb", "fsl,imx27 - usb";
58                  reg = < 0x02184000 0x4000 >;
59                  status = "disabled";
60              };
61          }
62
63          //aips3 节点
```

```
64          aips3: aips-bus@02200000 {
65              compatible = "fsl,aips-bus", "simple-bus";
66              #address-cells = <1>;
67              #size-cells = <1>;
68              reg = <0x02200000 0x100000>;
69              ranges;
70
71              //rngb 节点
72              rngb: rngb@02284000 {
73                  compatible = "fsl,imx6sl-rng", "fsl,imx-rng", "imx-rng";
74                  reg = <0x02284000 0x4000>;
75              };
76          }
77      }
78 }
```

第 38~44 行,ecspi1 外设控制器节点。

第 56~60 行,usbotg1 外设控制器节点。

第 72~75 行,rngb 外设控制器节点。

至此,myfirst. dts 这个小型的模板设备树就编写好了。基本和 imx6ull. dtsi 很像,可以看作是 imx6ull. dtsi 的缩小版。在 myfirst. dts 中我们仅仅是编写了 I. MX6ULL 的外设控制器节点,像 I^2C 接口、SPI 接口下所连接的具体设备我们并没有写,因为具体的设备其设备树属性内容不同,这些内容等到进行具体实验时再详细讲解。

4.5 设备树在系统中的体现

Linux 内核启动的时候会解析设备树中各个节点的信息,并且在根文件系统的/proc/device-tree 目录下根据节点名字创建不同文件夹,如图 4-4 所示。

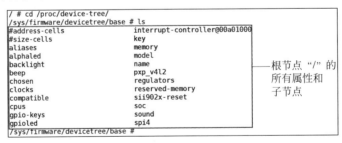

图 4-4　根节点"/"的属性以及子节点

图 4-4 就是目录/proc/device-tree 目录下的内容,/proc/device-tree 目录下是根节点"/"的所有属性和子节点,我们依次来看一下这些属性和子节点。

1. 根节点"/"各个属性

在图 4-4 中,根节点属性表现为一个个的文件,比如图 4-4 中的 #address-cells、#size-cells、compatible、model 和 name 这 5 个文件,它们在设备树中就是根节点的 5 个属性。既然是文件,那么肯定可以查看其内容,输入 cat 命令来查看 model 和 compatible 这两个文件的内容,结果如图 4-5 所示。

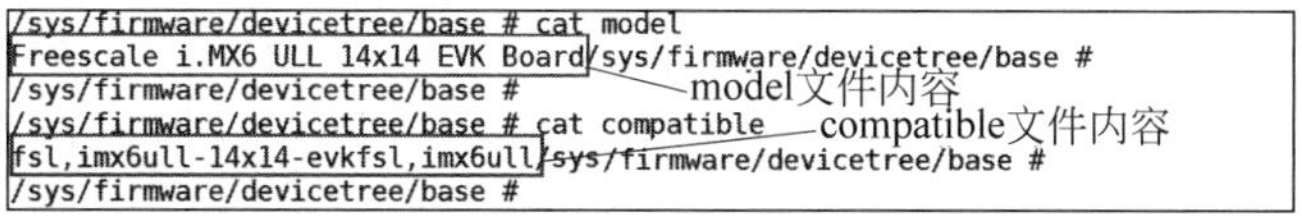

```
/sys/firmware/devicetree/base # cat model
Freescale i.MX6 ULL 14x14 EVK Board/sys/firmware/devicetree/base #
/sys/firmware/devicetree/base #                     model文件内容
/sys/firmware/devicetree/base # cat compatible      compatible文件内容
fsl,imx6ull-14x14-evkfsl,imx6ull/sys/firmware/devicetree/base #
/sys/firmware/devicetree/base #
```

图 4-5　model 和 compatible 文件内容

从图 4-5 可以看出，文件 model 的内容是"Freescale i. MX6 ULL 14x14 EVK Board"，文件 compatible 的内容为"fsl,imx6ull-14x14-evkfsl,imx6ull"。打开文件 imx6ull-alientek-emmc.dts 查看一下，这不正是根节点"/"的 model 和 compatible 属性值吗。

2. 根节点"/"各子节点

图 4-4 中各个文件夹就是根节点"/"的各个子节点，比如 aliases、backlight、chosen 和 clocks 等。大家可以查看一下 imx6ull-alientek-emmc.dts 和 imx6ull.dtsi 这两个文件，看看根节点的子节点都有哪些，看看是否和图 4-4 中的一致。

/proc/device-tree 目录就是设备树在根文件系统中的体现，同样是按照树状结构组织的，进入 /proc/device-tree/soc 目录中就可以看到 soc 节点的所有子节点，如图 4-6 所示。

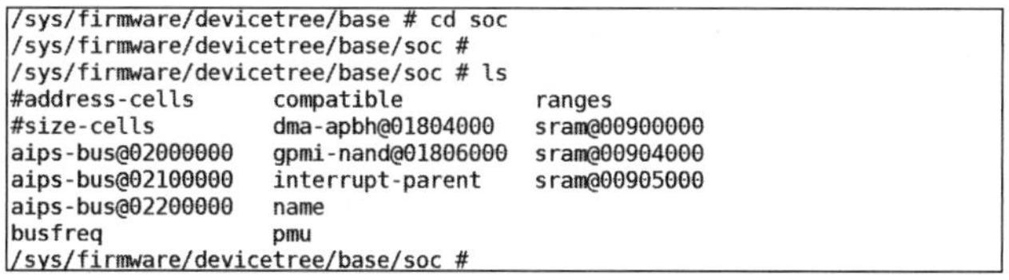

```
/sys/firmware/devicetree/base # cd soc
/sys/firmware/devicetree/base/soc #
/sys/firmware/devicetree/base/soc # ls
#address-cells        compatible          ranges
#size-cells           dma-apbh@01804000   sram@000900000
aips-bus@02000000     gpmi-nand@01806000  sram@000904000
aips-bus@02100000     interrupt-parent    sram@000905000
aips-bus@02200000     name
busfreq               pmu
/sys/firmware/devicetree/base/soc #
```

图 4-6　soc 节点的所有属性和子节点

和根节点"/"一样，图 4-6 中的所有文件分别为 soc 节点的属性文件和子节点文件夹。大家可以自行查看一下这些属性文件的内容是否和 imx6ull. dtsi 中 soc 节点的属性值相同，也可以进入 busfreq 文件夹中查看 soc 节点的子节点信息。

4.6　特殊节点

在根节点"/"中有两个特殊的子节点：aliases 和 chosen，接下来看一下这两个特殊的子节点。

4.6.1　aliases 子节点

打开 imx6ull. dtsi 文件，aliases 节点内容如下所示：

示例代码 4-34　aliases 子节点

```
18 aliases {
19    can0 = &flexcan1;
20    can1 = &flexcan2;
21    ethernet0 = &fec1;
22    ethernet1 = &fec2;
23    gpio0 = &gpio1;
24    gpio1 = &gpio2;
......
42    spi0 = &ecspi1;
43    spi1 = &ecspi2;
```

```
44      spi2 = &ecspi3;
45      spi3 = &ecspi4;
46      usbphy0 = &usbphy1;
47      usbphy1 = &usbphy2;
48  };
```

单词 aliases 的意思是"别名",因此 aliases 节点的主要功能就是定义别名,定义别名的目的就是为了方便访问节点。不过我们一般会在节点命名的时候加上 label,然后通过 &label 来访问节点,这样也很方便,而且设备树中大量地使用 &label 的形式来访问节点。

4.6.2 chosen 子节点

chosen 并不是一个真实的设备,chosen 节点主要是为了 Uboot 向 Linux 内核传递数据,重点是 bootargs 参数。一般.dts 文件中 chosen 节点通常为空或者内容很少,imx6ull-alientek-emmc.dts 中 chosen 节点内容如下所示:

示例代码 4-35 chosen 节点

```
18 chosen {
19      stdout - path = &uart1;
20 };
```

从示例代码 4-35 中可以看出,chosen 节点仅仅设置了属性 stdout-path,表示标准输出使用 uart1。但是当我们进入/proc/device-tree/chosen 目录中时,会发现多了 bootargs 这个属性,如图 4-7 所示。

```
/sys/firmware/devicetree/base/chosen # ls
bootargs      name        stdout-path
/sys/firmware/devicetree/base/chosen #
```

图 4-7 chosen 节点目录

输入 cat 命令查看 bootargs 中的内容,结果如图 4-8 所示。

```
/sys/firmware/devicetree/base/chosen # cat bootargs
console=ttymxc0,115200 root=/dev/nfs nfsroot=192.168.1.130:/home/zuozhongkai/linux/nfs/rootfs,
proto=tcp rw ip=192.168.1.137:192.168.1.130:192.168.1.1:255.255.255.0::eth0:off/sys/firmware/d
evicetree/base/chosen #
/sys/firmware/devicetree/base/chosen #
```

图 4-8 bootargs 的内容

从图 4-8 可以看出,bootargs 的内容为"console＝ttymxc0,115200…",这不就是我们在 Uboot 中设置的 bootargs 环境变量的值吗? 现在有两个疑点:

(1)我们并没有在设备树中设置 chosen 节点的 bootargs 属性,那么图 4-7 中 bootargs 属性是怎么产生的?

(2)为何 bootargs 的内容和 Uboot 中 bootargs 环境变量的值一样? 它们之间有什么关系?

前面讲解 Uboot 的时候说过,Uboot 在启动 Linux 内核的时候会将 bootargs 的值传递给 Linux 内核,bootargs 会作为 Linux 内核的命令行参数,Linux 内核启动的时候会打印出命令行参数(也就是 Uboot 传递进来的 bootargs 的值),如图 4-9 所示。

既然 chosen 节点的 bootargs 属性不是我们在设备树中设置的,那么只有一种可能,那就是 Uboot 自己在 chosen 节点里面添加了 bootargs 属性。并且设置 bootargs 属性的值为 bootargs 环

```
Built 1 zonelists in Zone order, mobility grouping on.  Total pages: 130048
Kernel command line: console=ttymxc0,115200 root=/dev/nfs nfsroot=192.168.1.130:/home/zuozhongkai/linux/nfs/r
ootfs,proto=tcp rw ip=192.168.1.137:192.168.1.130:192.168.1.1:255.255.255.0::eth0:off
PID hash table entries: 2048 (order: 1, 8192 bytes)
Dentry cache hash table entries: 65536 (order: 6, 262144 bytes)
Inode-cache hash table entries: 32768 (order: 5, 131072 bytes)
Memory: 180176K/524288K available (7345K kernel code, 334K rwdata, 2532K rodata, 392K init, 441K bss, 16432K
reserved, 327680K cma-reserved, 0K highmem)
```
命令行参数

图 4-9　命令行参数

境变量的值。因为在启动 Linux 内核之前，只有 Uboot 知道 bootargs 环境变量的值，并且 Uboot 也知道.dtb 设备树文件在 DRAM 中的位置，因此 Uboot 的"作案"嫌疑最大。在 Uboot 源码中全局搜索 chosen 这个字符串，看看能不能找到一些蛛丝马迹。果然不出所料，在 common/fdt_support. c 文件中发现了 chosen 的身影，fdt_support. c 文件中有个 fdt_chosen() 函数，此函数内容如下所示：

示例代码 4-36　Uboot 源码中的 fdt_chosen()函数

```
275  int fdt_chosen(void * fdt)
276  {
277      int    nodeoffset;
278      int    err;
279      char   * str;      /* used to set string properties */
280
281      err = fdt_check_header(fdt);
282      if (err < 0) {
283          printf("fdt_chosen: % s\n", fdt_strerror(err));
284          return err;
285      }
286
287      /* find or create "/chosen" node. */
288      nodeoffset = fdt_find_or_add_subnode(fdt, 0, "chosen");
289      if (nodeoffset < 0)
290          return nodeoffset;
291
292      str = getenv("bootargs");
293      if (str) {
294          err = fdt_setprop(fdt, nodeoffset, "bootargs", str,
295                  strlen(str) + 1);
296          if (err < 0) {
297              printf("WARNING: could not set bootargs % s. \n",
298                  fdt_strerror(err));
299              return err;
300          }
301      }
302
303      return fdt_fixup_stdout(fdt, nodeoffset);
304  }
```

第 288 行，调用函数 fdt_find_or_add_subnode()从设备树(.dtb)中找到 chosen 节点，如果没有找到，则自己创建一个 chosen 节点。

第 292 行，读取 Uboot 中 bootargs 环境变量的内容。

第 294 行，调用函数 fdt_setprop 向 chosen 节点添加 bootargs 属性，并且 bootargs 属性的值就是环境变量 bootargs 的内容。

证据"实锤"了，就是 Uboot 中的 fdt_chosen()函数在设备树的 chosen 节点中加入了 bootargs

属性,并且还设置了 bootargs 属性值。接下来顺着 fdt_chosen()函数一点点地抽丝剥茧,看看都有哪些函数调用了 fdt_chosen(),一直找到最终的源头。这里就不卖关子了,直接告诉大家整个流程是怎么样的,见图 4-10。

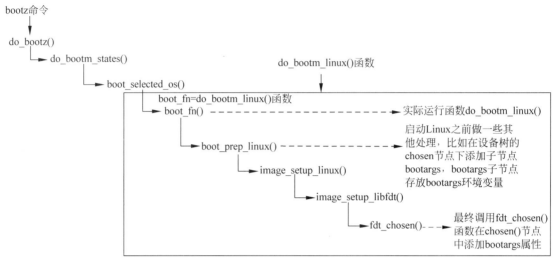

图 4-10 fdt_chosen()函数调用流程

图 4-10 中框起来的部分就是 do_bootm_linux()函数的执行流程,也就是说,do_bootm_linux()函数会通过一系列复杂的调用,最终通过 fdt_chosen()函数在 chosen 节点中加入了 bootargs 属性。而我们通过 bootz 命令启动 Linux 内核的时候会运行 do_bootm_linux()函数,至此,真相大白,一切事情的源头都源于如下命令:

```
bootz 80800000 - 83000000
```

当我们输入上述命令并执行以后,do_bootz()函数就会执行,然后一切就按照图 4-10 中所示的流程开始运行。

4.7 Linux 内核解析 DTB 文件

Linux 内核在启动的时候会解析 DTB 文件,然后在/proc/device-tree 目录下生成相应的设备树节点文件。接下来简单分析一下 Linux 内核是如何解析 DTB 文件的,流程如图 4-11 所示。

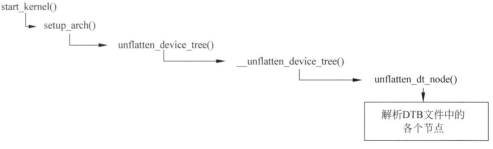

图 4-11 设备树节点解析流程

从图 4-11 中可以看出,在 start_kernel 函数中完成了设备树节点解析的工作,最终实际工作的函数为 unflatten_dt_node。

4.8 绑定信息文档

设备树是用来描述板子上的设备信息的,不同的设备其信息不同,反映到设备树中就是属性不同。那么我们在设备树中添加一个硬件对应的节点的时候从哪里查阅相关的说明呢? 在 Linux 内核源码中有详细的.txt 文档描述了如何添加节点,这些.txt 文档叫作绑定文档,路径为:Linux 源码目录/Documentation/devicetree/bindings,如图 4-12 所示。

图 4-12 绑定文档

比如现在要想在 I. MX6ULL 的 I^2C 下添加一个节点,那么就可以查看 Documentation/devicetree/bindings/i2c/i2c-imx. txt,此文档详细地描述了 I. MX 系列的 SOC 如何在设备树中添加 I^2C 设备节点,文档内容如下所示:

```
* Freescale Inter IC (I2C) and High Speed Inter IC (HS-I2C) for i.MX

Required properties:
- compatible :
  - "fsl,imx1-i2c" for I2C compatible with the one integrated on i.MX1 SoC
  - "fsl,imx21-i2c" for I2C compatible with the one integrated on i.MX21 SoC
  - "fsl,vf610-i2c" for I2C compatible with the one integrated on Vybrid vf610 SoC
- reg : Should contain I2C/HS-I2C registers location and length
- interrupts : Should contain I2C/HS-I2C interrupt
- clocks : Should contain the I2C/HS-I2C clock specifier

Optional properties:
- clock-frequency : Constains desired I2C/HS-I2C bus clock frequency in Hz.
  The absence of the propoerty indicates the default frequency 100 kHz.
- dmas: A list of two dma specifiers, one for each entry in dma-names.
- dma-names: should contain "tx" and "rx".
```

```
Examples:

i2c@83fc4000 { /* I2C2 on i.MX51 */
    compatible = "fsl,imx51 - i2c", "fsl,imx21 - i2c";
    reg = < 0x83fc4000 0x4000 >;
    interrupts = < 63 >;
};

i2c@70038000 { /* HS - I2C on i.MX51 */
    compatible = "fsl,imx51 - i2c", "fsl,imx21 - i2c";
    reg = < 0x70038000 0x4000 >;
    interrupts = < 64 >;
    clock - frequency = < 400000 >;
};

i2c0: i2c@40066000 { /* i2c0 on vf610 */
    compatible = "fsl,vf610 - i2c";
    reg = < 0x40066000 0x1000 >;
    interrupts = < 0  71  0x04 >;
    dmas = < &edma0 0 50 >,
        < &edma0 0 51 >;
    dma - names = "rx","tx";
};
```

有时一些芯片在 Documentation/devicetree/bindings 目录下找不到对应的文档，这个时候就要咨询芯片的提供商，请他们提供参考的设备树文件。

4.9 设备树常用 OF 操作函数

设备树描述了设备的详细信息，这些信息包括数字类型的、字符串类型的、数组类型的，我们在编写驱动的时候需要获取到这些信息。比如设备树使用 reg 属性描述了某个外设的寄存器地址为 0x02005482，长度为 0x400，我们在编写驱动的时候需要获取到 reg 属性的 0x02005482 和 0x400 这两个值，然后初始化外设。Linux 内核给我们提供了一系列的函数来获取设备树中的节点或者属性信息，这一系列函数都有一个统一的前缀 of_，所以在很多资料里面也被叫作 OF 函数。这些 OF 函数原型都定义在 include/linux/of.h 文件中。

4.9.1 查找节点的 OF 函数

设备都是以节点的形式"挂"到设备树上的，因此要想获取这个设备的其他属性信息，必须先获取到这个设备的节点。Linux 内核使用 device_node 结构体来描述一个节点，此结构体定义在文件 include/linux/of.h 中，定义如下：

示例代码 4-37　device_node 节点

```
49 struct device_node {
50     const char * name;              /* 节点名字      */
51     const char * type;              /* 设备类型      */
52     phandle phandle;
```

```
53      const char * full_name;              /* 节点全名          */
54      struct fwnode_handle fwnode;
55
56      struct   property * properties;      /* 属性            */
57      struct   property * deadprops;       /* removed 属性     */
58      struct   device_node * parent;       /* 父节点          */
59      struct   device_node * child;        /* 子节点          */
60      struct   device_node * sibling;
61      struct   kobject kobj;
62      unsigned long _flags;
63      void     * data;
64  #if defined(CONFIG_SPARC)
65      const char * path_component_name;
66      unsigned int unique_id;
67      struct of_irq_controller * irq_trans;
68  #endif
69  };
```

与查找节点有关的 OF 函数有 5 个，下面依次介绍。

1. of_find_node_by_name()函数

of_find_node_by_name()函数通过节点名字查找指定的节点，函数原型如下：

```
struct device_node * of_find_node_by_name (struct device_node    * from,
                                            const char            * name);
```

函数参数含义如下：

from——开始查找的节点，如果为 NULL 表示从根节点开始查找整个设备树。

name——要查找的节点名字。

返回值——找到的节点，如果为 NULL，则表示查找失败。

2. of_find_node_by_type()函数

of_find_node_by_type()函数通过 device_type 属性查找指定的节点，函数原型如下：

```
struct device_node * of_find_node_by_type(struct device_node * from, const char * type)
```

函数参数含义如下：

from——开始查找的节点，如果为 NULL 表示从根节点开始查找整个设备树。

type——要查找的节点对应的 type 字符串，也就是 device_type 属性值。

返回值——找到的节点，如果为 NULL，则表示查找失败。

3. of_find_compatible_node()函数

of_find_compatible_node()函数根据 device_type 和 compatible 这两个属性查找指定的节点，函数原型如下：

```
struct device_node * of_find_compatible_node (struct device_node    * from,
                                               const char            * type,
                                               const char            * compatible)
```

函数参数含义如下：

from——开始查找的节点，如果为 NULL 表示从根节点开始查找整个设备树。

type——要查找的节点对应的 type 字符串，也就是 device_type 属性值，可以为 NULL，表示忽略掉 device_type 属性。

compatible——要查找的节点所对应的 compatible 属性列表。

返回值——找到的节点，如果为 NULL，则表示查找失败。

4. of_find_matching_node_and_match()函数

of_find_matching_node_and_match()函数通过 of_device_id 匹配表来查找指定的节点，函数原型如下：

```
struct device_node * of_find_matching_node_and_match(struct device_node   * from,
                                const struct of_device_id    * matches,
                                const struct of_device_id    ** match)
```

函数参数含义如下：

from——开始查找的节点，如果为 NULL 表示从根节点开始查找整个设备树。

matches——of_device_id 匹配表，也就是在此匹配表里面查找节点。

match——找到的匹配的 of_device_id。

返回值——找到的节点，如果为 NULL，则表示查找失败。

5. of_find_node_by_path()函数

of_find_node_by_path()函数通过路径来查找指定的节点，函数原型如下：

```
inline struct device_node * of_find_node_by_path(const char * path)
```

函数参数含义如下：

path——带有全路径的节点名，可以使用节点的别名，比如"/backlight"就是 backlight 这个节点的全路径。

返回值——找到的节点，如果为 NULL，则表示查找失败。

4.9.2　查找父/子节点的 OF 函数

Linux 内核提供了几个查找节点对应的父节点或子节点的 OF 函数，下面依次介绍。

1. of_get_parent()函数

of_get_parent()函数用于获取指定节点的父节点(如果有父节点的话)，函数原型如下：

```
struct device_node * of_get_parent(const struct device_node * node)
```

函数参数含义如下：

node——要查找的父节点。

返回值——找到的父节点。

2. of_get_next_child()函数

of_get_next_child()函数用迭代的方式查找子节点，函数原型如下：

88

```
struct device_node * of_get_next_child (const struct device_node    * node,
                                        struct device_node           * prev)
```

函数参数含义如下：

node——父节点。

prev——前一个子节点，也就是从哪一个子节点开始迭代地查找下一个子节点。可以设置为NULL，表示从第一个子节点开始。

返回值——找到的下一个子节点。

4.9.3 提取属性值的 OF 函数

节点的属性信息里面保存了驱动所需的内容，因此对于属性值的提取非常重要，Linux 内核中使用结构体 property 表示属性，此结构体同样定义在文件 include/linux/of. h 中，内容如下：

示例代码 4-38 property 结构体

```
35 struct property {
36    char   * name;          /* 属性名字      */
37    int length;             /* 属性长度      */
38    void   * value;         /* 属性值        */
39    struct property * next; /* 下一个属性    */
40    unsigned long _flags;
41    unsigned int unique_id;
42    struct bin_attribute attr;
43 };
```

Linux 内核也提供了提取属性值的 OF 函数，下面依次介绍。

1. of_find_property()函数

of_find_property()函数用于查找指定的属性，函数原型如下：

```
property * of_find_property(const struct device_node   * np,
                           const char                  * name,
                           int                         * lenp)
```

函数参数含义如下：

np——设备节点。

name——属性名字。

lenp——属性值的字节数。

返回值——找到的属性。

2. of_property_count_elems_of_size()函数

of_property_count_elems_of_size()函数用于获取属性中元素的数量，比如 reg 属性值是一个数组，那么使用此函数可以获取这个数组的大小，此函数原型如下：

```
int of_property_count_elems_of_size (const struct device_node   * np,
                                     const char                 * propname,
                                     int                        elem_size)
```

函数参数含义如下：

np——设备节点。

propname——需要统计元素数量的属性名字。

elem_size——元素长度。

返回值——得到的属性元素数量。

3. of_property_read_u32_index()函数

of_property_read_u32_index()函数用于从属性中获取指定标号的 u32 类型数据值(无符号 32 位)，比如某个属性有多个 u32 类型的值，那么就可以使用此函数来获取指定标号的数据值，此函数原型如下：

```
int of_property_read_u32_index (const struct device_node  * np,
                                const char                * propname,
                                u32                       index,
                                u32                       * out_value)
```

函数参数含义如下：

np——设备节点。

propname——要读取的属性名字。

index——要读取的值标号。

out_value——读取到的值。

返回值——0 表示读取成功，负值表示读取失败，-EINVAL 表示属性不存在，-ENODATA 表示没有要读取的数据，-EOVERFLOW 表示属性值列表太小。

4. of_property_read_u8_array()函数
of_property_read_u16_array()函数
of_property_read_u32_array()函数
of_property_read_u64_array()函数

这 4 个函数分别是读取属性中 u8、u16、u32 和 u64 类型的数组数据，比如大多数的 reg 属性都是数组数据，可以使用这 4 个函数一次读取出 reg 属性中的所有数据。这 4 个函数的原型如下：

```
int of_property_read_u8_array (const struct device_node  * np,
                               const char                * propname,
                               u8                         * out_values,
                               size_t                     sz)
int of_property_read_u16_array (const struct device_node  * np,
                                const char                * propname,
                                u16                        * out_values,
                                size_t                     sz)
int of_property_read_u32_array (const struct device_node  * np,
                                const char                * propname,
                                u32                        * out_values,
                                size_t                     sz)
int of_property_read_u64_array (const struct device_node  * np,
                                const char                * propname,
                                u64                        * out_values,
                                size_t                     sz)
```

函数参数含义如下：

np——设备节点。

propname——要读取的属性名字。

out_value——读取到的数组值，分别为 u8、u16、u32 和 u64。

sz——要读取的数组元素数量。

返回值——0 表示读取成功，负值表示读取失败，-EINVAL 表示属性不存在，-ENODATA 表示没有要读取的数据，-EOVERFLOW 表示属性值列表太小。

5. **of_property_read_u8()函数**
   of_property_read_u16()函数
   of_property_read_u32()函数
   of_property_read_u64()函数

有些属性只有一个整型值，这 4 个函数就是用于读取这种只有一个整型值的属性，分别用于读取 u8、u16、u32 和 u64 类型属性值，函数原型如下：

```
int of_property_read_u8(const struct device_node      * np,
                        const char                    * propname,
                        u8                            * out_value)
int of_property_read_u16(const struct device_node     * np,
                        const char                    * propname,
                        u16                           * out_value)
int of_property_read_u32(const struct device_node     * np,
                        const char                    * propname,
                        u32                           * out_value)
int of_property_read_u64(const struct device_node     * np,
                        const char                    * propname,
                        u64                           * out_value)
```

函数参数含义如下：

np——设备节点。

propname——要读取的属性名字。

out_value——读取到的数组值。

返回值——0 表示读取成功，负值表示读取失败，-EINVAL 表示属性不存在，-ENODATA 表示没有要读取的数据，-EOVERFLOW 表示属性值列表太小。

6. **of_property_read_string()函数**

of_property_read_string()函数用于读取属性中字符串值，函数原型如下：

```
int of_property_read_string (struct device_node       * np,
                        const char                    * propname,
                        const char                    ** out_string)
```

函数参数含义如下：

np——设备节点。

propname——要读取的属性名字。

out_string——读取到的字符串值。

返回值——0 表示读取成功,负值表示读取失败。

7. of_n_addr_cells()函数

of_n_addr_cells()函数用于获取♯address-cells 属性值,函数原型如下:

```
int of_n_addr_cells(struct device_node * np)
```

函数参数含义如下:

np——设备节点。

返回值——获取到的♯address-cells 属性值。

8. of_n_size_cells()函数

of_size_cells()函数用于获取♯size-cells 属性值,函数原型如下:

```
int of_n_size_cells(struct device_node * np)
```

函数参数含义如下:

np——设备节点。

返回值——获取到的♯size-cells 属性值。

4.9.4 其他常用的 OF 函数

1. of_device_is_compatible()函数

of_device_is_compatible()函数用于查看节点的 compatible 属性是否包含 compat 指定的字符串,也就是检查设备节点的兼容性,函数原型如下:

```
int of_device_is_compatible (const struct device_node  * device,
                             const char              * compat)
```

函数参数含义如下:

device——设备节点。

compat——要查看的字符串。

返回值——0,节点的 compatible 属性中不包含 compat 指定的字符串;正数,节点的 compatible 属性中包含 compat 指定的字符串。

2. of_get_address()函数

of_get_address()函数用于获取地址相关属性,主要是"reg"或者"assigned-addresses"属性值,函数原型如下:

```
const __be32 * of_get_address(struct device_node * dev,
                              int               index,
                              u64               * size,
                              unsigned int      * flags)
```

函数参数含义如下:

dev——设备节点。

index——要读取的地址标号。

size——地址长度。

flags——参数,比如 IORESOURCE_IO、IORESOURCE_MEM 等

返回值——读取到的地址数据首地址,若为 NULL,则表示读取失败。

3. of_translate_address()函数

of_translate_address()函数负责将从设备树读取到的地址转换为物理地址,函数原型如下:

```
u64 of_translate_address (struct device_node    * dev,
                          const __be32           * in_addr)
```

函数参数含义如下:

dev——设备节点。

in_addr——要转换的地址。

返回值——得到的物理地址,如果为 OF_BAD_ADDR,则表示转换失败。

4. of_address_to_resource()函数

I^2C、SPI、GPIO 等这些外设都有对应的寄存器,这些寄存器其实就是一组内存空间,Linux 内核使用 resource 结构体来描述一段内存空间,resource 翻译出来就是"资源",因此用 resource 结构体描述的都是设备资源信息,resource 结构体定义在文件 include/linux/ioport.h 中,定义如下:

```
                    示例代码 4-39   resource 结构体
18 struct resource {
19     resource_size_t start;
20     resource_size_t end;
21     const char * name;
22     unsigned long flags;
23     struct resource * parent, * sibling, * child;
24 };
```

对于 32 位的 SOC 来说,resource_size_t 是 u32 类型的。其中 start 表示开始地址,end 表示结束地址,name 是这个资源的名字,flags 是资源标志位,一般表示资源类型,可选的资源标志定义在文件 include/linux/ioport.h 中,如下所示:

```
                        示例代码 4-40  资源标志
1   # define IORESOURCE_BITS          0x000000ff
2   # define IORESOURCE_TYPE_BITS     0x00001f00
3   # define IORESOURCE_IO            0x00000100
4   # define IORESOURCE_MEM           0x00000200
5   # define IORESOURCE_REG           0x00000300
6   # define IORESOURCE_IRQ           0x00000400
7   # define IORESOURCE_DMA           0x00000800
8   # define IORESOURCE_BUS           0x00001000
9   # define IORESOURCE_PREFETCH      0x00002000
10  # define IORESOURCE_READONLY      0x00004000
11  # define IORESOURCE_CACHEABLE     0x00008000
12  # define IORESOURCE_RANGELENGTH   0x00010000
13  # define IORESOURCE_SHADOWABLE    0x00020000
14  # define IORESOURCE_SIZEALIGN     0x00040000
```

```
15  # define IORESOURCE_STARTALIGN    0x00080000
16  # define IORESOURCE_MEM_64         0x00100000
17  # define IORESOURCE_WINDOW         0x00200000
18  # define IORESOURCE_MUXED          0x00400000
19  # define IORESOURCE_EXCLUSIVE      0x08000000
20  # define IORESOURCE_DISABLED       0x10000000
21  # define IORESOURCE_UNSET          0x20000000
22  # define IORESOURCE_AUTO           0x40000000
23  # define IORESOURCE_BUSY           0x80000000
```

一般最常见的资源标志就是 IORESOURCE_MEM、IORESOURCE_REG 和 IORESOURCE_ IRQ 等。接下来我们回到 of_address_to_resource() 函数,此函数看名字像是从设备树里面提取资源值,但是本质上就是将 reg 属性值,然后将其转换为 resource 结构体类型,函数原型如下所示

```
int of_address_to_resource (struct device_node  * dev,
                            int                 index,
                            struct resource     * r)
```

函数参数含义如下:

dev——设备节点。

index——地址资源标号。

r——得到的 resource 类型的资源值。

返回值——0,成功;负值,失败。

5. of_iomap()函数

of_iomap() 函数用于直接内存映射,以前我们会通过 ioremap() 函数来完成物理地址到虚拟地址的映射,采用设备树以后就可以直接通过 of_iomap() 函数来获取内存地址所对应的虚拟地址,不需要使用 ioremap() 函数了。当然了,也可以使用 ioremap() 函数来完成物理地址到虚拟地址的内存映射,只是在采用设备树以后,大部分的驱动都使用 of_iomap() 函数了。of_iomap() 函数本质上也是将 reg 属性中地址信息转换为虚拟地址,如果 reg 属性有多段,那么可以通过 index 参数指定要完成内存映射的是哪一段,of_iomap() 函数原型如下:

```
void __iomem * of_iomap (struct device_node  * np,
                         int                 index)
```

函数参数含义如下:

np——设备节点。

index——reg 属性中要完成内存映射的段,如果 reg 属性只有一段,则 index 设置为 0。

返回值——经过内存映射后的虚拟内存首地址,如果为 NULL,则表示内存映射失败。

关于设备树常用的 OF 函数就先讲解到这里。Linux 内核中关于设备树的 OF 函数不仅仅只有前面讲的这几个,其他 OF 函数在后面的驱动实验中再详细地讲解,这些 OF 函数要结合具体的驱动,比如获取中断号的 OF 函数、获取 GPIO 的 OF 函数等。

关于设备树就讲解到这里。关于设备树重点要了解以下几点内容:

(1) DTS、DTB 和 DTC 之间的区别,如何将 .dts 文件编译为 .dtb 文件。

（2）设备树语法，这个是重点，因为在实际工作中是需要修改设备树的。

（3）设备树的几个特殊子节点。

（4）关于设备树的 OF 操作函数，也是重点，因为设备树最终是被驱动文件所使用的，而驱动文件必须要读取设备树中的属性信息，比如内存信息、GPIO 信息、中断信息等。要想在驱动中读取设备树的属性值，那么就必须使用 Linux 内核提供的众多 OF 函数。

从第 5 章开始所有的 Linux 驱动实验都将采用设备树，从最基本的点灯，到复杂的音频、网络或块设备等驱动。后面将会带领大家由浅入深，深度剖析设备树，最终掌握基于设备树的驱动开发技能。

设备树下的LED灯驱动实验

第 4 章详细讲解了设备树语法以及在驱动开发中常用的 OF 函数,本章开始第一个基于设备树的 Linux 驱动实验。本章在第 3 章实验的基础上完成,只是将其驱动开发改为设备树形式而已。

5.1 设备树 LED 驱动原理

在第 3 章中,我们直接在驱动文件 newchrled.c 中定义了有关寄存器物理地址,然后使用 io_remap()函数进行内存映射,得到对应的虚拟地址,最后操作寄存器对应的虚拟地址完成对 GPIO 的初始化。本章在第 3 章实验基础上完成,本章使用设备树来向 Linux 内核传递相关的寄存器物理地址,Linux 驱动文件使用第 4 章讲解的 OF 函数从设备树中获取所需的属性值,然后使用获取到的属性值来初始化相关的 I/O。本章实验还是比较简单的,本章实验重点内容如下:

(1) 在 imx6ull-alientek-emmc.dts 文件中创建相应的设备节点。

(2) 编写驱动程序(在第 3 章实验基础上完成),获取设备树中的相关属性值。

(3) 使用获取到的有关属性值来初始化 LED 所使用的 GPIO。

5.2 硬件原理图分析

本章实验硬件原理图参考《原子嵌入式 Linux 驱动开发详解》4.2 节。

5.3 实验程序编写

本实验对应的例程路径为"2、Linux 驱动例程→4_dtsled"。

本章实验在第 3 章实验的基础上完成,重点是将驱动改为基于设备树的形式。

5.3.1 修改设备树文件

在根节点"/"下创建一个名为 alphaled 的子节点,打开 imx6ull-alientek-emmc.dts 文件,在根节点"/"最后面输入如下所示内容:

```
                          示例代码 5-1   alphaled 节点
 1 alphaled {
 2      #address - cells = <1>;
 3      #size - cells = <1>;
 4      compatible = "atkalpha - led";
 5      status = "okay";
 6      reg = <  0X020C406C 0X04         / * CCM_CCGR1_BASE          * /
 7               0X020E0068 0X04         / * SW_MUX_GPIO1_IO03_BASE  * /
 8               0X020E02F4 0X04         / * SW_PAD_GPIO1_IO03_BASE  * /
 9               0X0209C000 0X04         / * GPIO1_DR_BASE           * /
10               0X0209C004 0X04 >;      / * GPIO1_GDIR_BASE         * /
11 };
```

第 2 行和第 3 行,属性♯address-cells 和♯size-cells 都为 1,表示 reg 属性中起始地址占用一个字长(cell),地址长度也占用一个字长(cell)。

第 4 行,属性 compatbile 设置 alphaled 节点兼容性为"atkalpha-led"。

第 5 行,属性 status 设置状态为"okay"。

第 6~10 行,reg 属性,它非常重要。reg 属性设置了驱动中所要使用的寄存器物理地址,比如第 6 行的"0X020C406C 0X04"表示 I.MX6ULL 的 CCM_CCGR1 寄存器,其中寄存器首地址为0X020C406C,长度为 4 字节。

设备树修改完成以后输入如下命令,再重新编译一下 imx6ull-alientek-emmc.dts:

```
make dtbs
```

编译完成以后得到 imx6ull-alientek-emmc.dtb,使用新的 imx6ull-alientek-emmc.dtb 启动Linux 内核。Linux 启动成功以后进入/proc/device-tree/目录中查看是否有 alphaled 节点,结果如图 5-1 所示。

```
/lib/modules/4.1.15 # cd /proc/device-tree/
/sys/firmware/devicetree/base # ls
#address-cells              interrupt-controller@00a01000
#size-cells                 key
aliases        alphaled节点  memory
alphaled                    model
backlight                   name
beep                        pxp_v4l2
chosen                      regulators
```

图 5-1   alphaled 节点

如果没有 alphaled 节点,则应重点查看下面两点:

(1)检查设备树修改是否成功,也就是 alphaled 节点是否为根节点"/"的子节点。

(2)检查是否使用新的设备树启动的 Linux 内核。

可以进入图 5-1 中的 alphaled 目录中,查看一下有哪些属性文件,结果如图 5-2 所示。

```
/sys/firmware/devicetree/base # cd alphaled/
/sys/firmware/devicetree/base/alphaled # ls
#address-cells    compatible    reg
#size-cells       name          status
/sys/firmware/devicetree/base/alphaled #
```

图 5-2   alphaled 节点文件

大家可以查看一下 compatible、status 等属性值是否和我们设置的一致。

5.3.2 LED 灯驱动程序编写

设备树准备好以后就可以编写驱动程序了,本章实验在第 3 章实验驱动文件 newchrled.c 的基础上修改而来。新建名为 4_dtsled 的文件夹,然后在 4_dtsled 文件夹中创建 vscode 工程,工作区命名为 dtsled。工程创建好以后新建 dtsled.c 文件,在 dtsled.c 中输入如下内容:

示例代码 5-2　dtsled.c 文件内容

```
1   # include < linux/types.h >
2   # include < linux/kernel.h >
3   # include < linux/delay.h >
4   # include < linux/ide.h >
5   # include < linux/init.h >
6   # include < linux/module.h >
7   # include < linux/errno.h >
8   # include < linux/gpio.h >
9   # include < linux/cdev.h >
10  # include < linux/device.h >
11  # include < linux/of.h >
12  # include < linux/of_address.h >
13  # include < asm/mach/map.h >
14  # include < asm/uaccess.h >
15  # include < asm/io.h >
16  /***********************************************************
17  Copyright © ALIENTEK Co., Ltd. 1998 - 2029. All rights reserved.
18  文件名      : dtsled.c
19  作者        : 左忠凯
20  版本        : V1.0
21  描述        : LED 驱动文件
22  其他        : 无
23  论坛        : www.openedv.com
24  日志        : 初版 V1.0 2019/7/9 左忠凯创建
25  ***********************************************************/
26  # define DTSLED_CNT      1              /* 设备号个数  */
27  # define DTSLED_NAME     "dtsled"       /* 名字        */
28  # define LEDOFF          0              /* 关灯        */
29  # define LEDON           1              /* 开灯        */
30
31  /* 映射后的寄存器虚拟地址指针 */
32  static void __iomem * IMX6U_CCM_CCGR1;
33  static void __iomem * SW_MUX_GPIO1_IO03;
34  static void __iomem * SW_PAD_GPIO1_IO03;
35  static void __iomem * GPIO1_DR;
36  static void __iomem * GPIO1_GDIR;
37
38  /* dtsled 设备结构体 */
39  struct dtsled_dev{
40      dev_t devid;                /* 设备号      */
41      struct cdev cdev;           /* cdev        */
42      struct class * class;       /* 类          */
43      struct device * device;     /* 设备        */
44      int major;                  /* 主设备号    */
```

```
45        int minor;                    /* 次设备号       */
46        struct device_node  *nd;      /* 设备节点       */
47    };
48
49    struct dtsled_dev dtsled;          /* LED 设备 */
50
51    /*
52     * @description    : LED 打开/关闭
53     * @param - sta    : LEDON(0) 打开 LED, LEDOFF(1) 关闭 LED
54     * @return         : 无
55     */
56    void led_switch(u8 sta)
57    {
58        u32 val = 0;
59        if(sta == LEDON) {
60            val = readl(GPIO1_DR);
61            val &= ~(1 << 3);
62            writel(val, GPIO1_DR);
63        }else if(sta == LEDOFF) {
64            val = readl(GPIO1_DR);
65            val |= (1 << 3);
66            writel(val, GPIO1_DR);
67        }
68    }
69
70    /*
71     * @description    : 打开设备
72     * @param - inode  : 传递给驱动的 inode
73     * @param - filp   : 设备文件,file 结构体有个叫作 private_data 的成员变量,
74     *                   一般在 open 的时候将 private_data 指向设备结构体
75     * @return         : 0,成功;其他,失败
76     */
77    static int led_open(struct inode *inode, struct file *filp)
78    {
79        filp->private_data = &dtsled;     /* 设置私有数据 */
80        return 0;
81    }
82
83    /*
84     * @description    : 从设备读取数据
85     * @param - filp   : 要打开的设备文件(文件描述符)
86     * @param - buf    : 返回给用户空间的数据缓冲区
87     * @param - cnt    : 要读取的数据长度
88     * @param - offt   : 相对于文件首地址的偏移
89     * @return         : 读取的字节数,如果为负值,则表示读取失败
90     */
91    static ssize_t led_read(struct file *filp, char __user *buf,
                            size_t cnt, loff_t *offt)
92    {
93        return 0;
94    }
95
```

```
96   /*
97    *  @description      :向设备写数据
98    *  @param  -  filp   :设备文件,表示打开的文件描述符
99    *  @param  -  buf    :给设备写入的数据
100   *  @param  -  cnt    :要写入的数据长度
101   *  @param  -  offt   :相对于文件首地址的偏移
102   *  @return           :写入的字节数,如果为负值,表示写入失败
103   */
104  static ssize_t led_write(struct file * filp, const char __user * buf, size_t cnt, loff_t * offt)
105  {
106      int retvalue;
107      unsigned char databuf[1];
108      unsigned char ledstat;
109
110      retvalue = copy_from_user(databuf, buf, cnt);
111      if(retvalue < 0) {
112          printk("kernel write failed!\r\n");
113          return - EFAULT;
114      }
115
116      ledstat = databuf[0];          /* 获取状态值     */
117
118      if(ledstat == LEDON) {
119          led_switch(LEDON);         /* 打开 LED 灯    */
120      } else if(ledstat == LEDOFF) {
121          led_switch(LEDOFF);        /* 关闭 LED 灯    */
122      }
123      return 0;
124  }
125
126  /*
127   *  @description      :关闭/释放设备
128   *  @param  -  filp   :要关闭的设备文件(文件描述符)
129   *  @return           :0,成功;其他,失败
130   */
131  static int led_release(struct inode * inode, struct file * filp)
132  {
133      return 0;
134  }
135
136  /* 设备操作函数 */
137  static struct file_operations dtsled_fops = {
138      .owner = THIS_MODULE,
139      .open = led_open,
140      .read = led_read,
141      .write = led_write,
142      .release = led_release,
143  };
144
145  /*
146   *  @description :驱动入口函数
147   *  @param        :无
```

```
148      * @return    :无
149      */
150     static int __init led_init(void)
151     {
152         u32 val = 0;
153         int ret;
154         u32 regdata[14];
155         const char * str;
156         struct property * proper;
157
158         /* 获取设备树中的属性数据 */
159         /* 1、获取设备节点:alphaled */
160         dtsled.nd = of_find_node_by_path("/alphaled");
161         if(dtsled.nd == NULL) {
162             printk("alphaled node can not found!\r\n");
163             return - EINVAL;
164         } else {
165             printk("alphaled node has been found!\r\n");
166         }
167
168         /* 2、获取 compatible 属性内容 */
169         proper = of_find_property(dtsled.nd, "compatible", NULL);
170         if(proper == NULL) {
171             printk("compatible property find failed\r\n");
172         } else {
173             printk("compatible = % s\r\n", (char * )proper -> value);
174         }
175
176         /* 3、获取 status 属性内容 */
177         ret = of_property_read_string(dtsled.nd, "status", &str);
178         if(ret < 0){
179             printk("status read failed!\r\n");
180         } else {
181             printk("status = % s\r\n",str);
182         }
183
184         /* 4、获取 reg 属性内容 */
185         ret = of_property_read_u32_array(dtsled.nd, "reg", regdata, 10);
186         if(ret < 0) {
187             printk("reg property read failed!\r\n");
188         } else {
189             u8 i = 0;
190             printk("reg data:\r\n");
191             for(i = 0; i < 10; i++)
192                 printk("% #X ", regdata[i]);
193             printk("\r\n");
194         }
195
196         /* 初始化 LED */
197     #if 0
198         /* 1、寄存器地址映射 */
199         IMX6U_CCM_CCGR1 = ioremap(regdata[0], regdata[1]);
```

```
200     SW_MUX_GPIO1_IO03 = ioremap(regdata[2], regdata[3]);
201     SW_PAD_GPIO1_IO03 = ioremap(regdata[4], regdata[5]);
202     GPIO1_DR = ioremap(regdata[6], regdata[7]);
203     GPIO1_GDIR = ioremap(regdata[8], regdata[9]);
204 #else
205     IMX6U_CCM_CCGR1 = of_iomap(dtsled.nd, 0);
206     SW_MUX_GPIO1_IO03 = of_iomap(dtsled.nd, 1);
207     SW_PAD_GPIO1_IO03 = of_iomap(dtsled.nd, 2);
208     GPIO1_DR = of_iomap(dtsled.nd, 3);
209     GPIO1_GDIR = of_iomap(dtsled.nd, 4);
210 #endif
211
212     /* 2、使能 GPIO1 时钟 */
213     val = readl(IMX6U_CCM_CCGR1);
214     val &= ~(3 << 26);              /* 清除以前的设置 */
215     val |= (3 << 26);              /* 设置新值 */
216     writel(val, IMX6U_CCM_CCGR1);
217
218     /* 3、设置 GPIO1_IO03 的复用功能,将其复用为
219      *    GPIO1_IO03,最后设置 I/O 属性
220      */
221     writel(5, SW_MUX_GPIO1_IO03);
222
223     /* 寄存器 SW_PAD_GPIO1_IO03 设置 I/O 属性 */
224     writel(0x10B0, SW_PAD_GPIO1_IO03);
225
226     /* 4、设置 GPIO1_IO03 为输出功能 */
227     val = readl(GPIO1_GDIR);
228     val &= ~(1 << 3);              /* 清除以前的设置 */
229     val |= (1 << 3);              /* 设置为输出 */
230     writel(val, GPIO1_GDIR);
231
232     /* 5、默认关闭 LED */
233     val = readl(GPIO1_DR);
234     val |= (1 << 3);
235     writel(val, GPIO1_DR);
236
237     /* 注册字符设备驱动 */
238     /* 1、创建设备号 */
239     if (dtsled.major) {            /*  定义了设备号 */
240         dtsled.devid = MKDEV(dtsled.major, 0);
241         register_chrdev_region(dtsled.devid, DTSLED_CNT,DTSLED_NAME);
242     } else {                       /* 没有定义设备号 */
243         alloc_chrdev_region(&dtsled.devid, 0, DTSLED_CNT,
                            DTSLED_NAME);              /* 申请设备号 */
244         dtsled.major = MAJOR(dtsled.devid);        /* 获取分配号的主设备号 */
245         dtsled.minor = MINOR(dtsled.devid);        /* 获取分配号的次设备号 */
246     }
247     printk("dtsled major = %d,minor = %d\r\n",dtsled.major, dtsled.minor);
248
249     /* 2、初始化 cdev */
250     dtsled.cdev.owner = THIS_MODULE;
```

```
251        cdev_init(&dtsled.cdev, &dtsled_fops);
252
253        /* 3、添加一个 cdev */
254        cdev_add(&dtsled.cdev, dtsled.devid, DTSLED_CNT);
255
256        /* 4、创建类 */
257        dtsled.class = class_create(THIS_MODULE, DTSLED_NAME);
258        if (IS_ERR(dtsled.class)) {
259            return PTR_ERR(dtsled.class);
260        }
261
262        /* 5、创建设备 */
263        dtsled.device = device_create(dtsled.class, NULL, dtsled.devid,
                             NULL, DTSLED_NAME);
264        if (IS_ERR(dtsled.device)) {
265            return PTR_ERR(dtsled.device);
266        }
267
268        return 0;
269 }
270
271 /*
272  * @description  : 驱动出口函数
273  * @param        : 无
274  * @return       : 无
275  */
276 static void __exit led_exit(void)
277 {
278        /* 取消映射 */
279        iounmap(IMX6U_CCM_CCGR1);
280        iounmap(SW_MUX_GPIO1_IO03);
281        iounmap(SW_PAD_GPIO1_IO03);
282        iounmap(GPIO1_DR);
283        iounmap(GPIO1_GDIR);
284
285        /* 注销字符设备驱动 */
286        cdev_del(&dtsled.cdev);/* 删除 cdev */
287        unregister_chrdev_region(dtsled.devid, DTSLED_CNT);
288
289        device_destroy(dtsled.class, dtsled.devid);
290        class_destroy(dtsled.class);
291 }
292
293 module_init(led_init);
294 module_exit(led_exit);
295 MODULE_LICENSE("GPL");
296 MODULE_AUTHOR("zuozhongkai");
```

dtsled.c 文件中的内容和第 3 章的 newchrled.c 文件中的内容基本一样，只是 dtsled.c 中包含了处理设备树的代码，我们重点来看一下这部分代码。

第 46 行，在设备结构体 dtsled_dev 中添加了成员变量 nd，nd 是 device_node 结构体类型指针，表示设备节点。如果要读取设备树某个节点的属性值,则首先要先得到这个节点,一般在设备结构体中添加 device_node 指针变量来存放这个节点。

第 160~166 行,通过 of_find_node_by_path()函数得到 alphaled 节点,后续其他的 OF 函数要使用 device_node。

第 169~174 行,通过 of_find_property()函数获取 alphaled 节点的 compatible 属性,返回值为 property 结构体类型指针变量,property 的成员变量 value 表示属性值。

第 177~182 行,通过 of_property_read_string()函数获取 alphaled 节点的 status 属性值。

第 185~194 行,通过 of_property_read_u32_array()函数获取 alphaled 节点的 reg 属性所有值,并且将获取到的值都存放到 regdata 数组中。第 192 行将获取到的 reg 属性值依次输出到终端上。

第 199~203 行,使用"古老"的 ioremap()函数完成内存映射,将获取的 regdata 数组中的寄存器物理地址转换为虚拟地址。

第 205~209 行,使用 of_iomap()函数一次性完成读取 reg 属性以及内存映射,of_iomap()函数是设备树推荐使用的 OF 函数。

5.3.3 编写测试 App

本章直接使用第 4 章的测试 App,将第 4 章的 ledApp.c 文件复制到本章实验工程下即可。

5.4 运行测试

5.4.1 编译驱动程序和测试 App

1. 编译驱动程序

编写 Makefile 文件,本章实验的 Makefile 文件和第 1 章实验基本一样,只是将 obj-m 变量的值改为 dtsled.o,Makefile 内容如下所示:

```
                   示例代码5-3  Makefile 文件
1  KERNELDIR := /home/zuozhongkai/linux/IMX6ULL/linux/temp/linux-imx-rel_imx_4.1.15_2.1.0_ga_alientek
...
4  obj-m := dtsled.o
...
11 clean:
12    $(MAKE) -C $(KERNELDIR) M=$(CURRENT_PATH) clean
```

第 4 行,设置 obj-m 变量的值为 dtsled.o。

输入如下命令编译出驱动模块文件:

```
make -j32
```

编译成功以后就会生成一个名为 dtsled.ko 的驱动模块文件。

2. 编译测试 App

输入如下命令编译测试 ledApp.c 测试程序:

```
arm－linux－gnueabihf－gcc ledApp.c －o ledApp
```

编译成功以后就会生成 ledApp 应用程序。

5.4.2 运行测试

将 5.4.1 节编译出来的 dtsled.ko 和 ledApp 这两个文件复制到 rootfs/lib/modules/4.1.15 目录中,重启开发板,进入目录 lib/modules/4.1.15 中,输入如下命令加载 dtsled.ko 驱动模块:

```
depmod                  //第一次加载驱动的时候需要运行此命令
modprobe dtsled.ko      //加载驱动
```

驱动加载成功以后会在终端中输出一些信息,如图 5-3 所示。

```
/lib/modules/4.1.15 # depmod
/lib/modules/4.1.15 # modprobe dtsled
alphaled node find!
compatible = atkalpha-led
status = okay
reg data:
0X20C406C 0X4 0X20E0068 0X4 0X20E02F4 0X4 0X209C000 0X4 0X209C004 0X4
dtsled major=247,minor=0
/lib/modules/4.1.15 #
```

图 5-3 驱动加载成功以后输出的信息

从图 5-3 可以看出,alpahled 这个节点找到了,并且 compatible 属性值为 atkalpha-led,status 属性值为 okay,reg 属性的值为"0X20C406C 0X4 0X20E0068 0X4 0X20E02F4 0X4 0X209C000 0X4 0X209C004 0X4",这些都和我们设置的设备树一致。

驱动加载成功以后就可以使用 ledApp 软件来测试驱动是否工作正常,输入如下命令打开 LED 灯:

```
./ledApp /dev/dtsled 1        //打开 LED 灯
```

输入上述命令以后观察 I. MX6U-ALPHA 开发板上的红色 LED 灯是否点亮,如果点亮,则说明驱动工作正常。再输入如下命令关闭 LED 灯:

```
./ledApp  /dev/dtsled 0       //关闭 LED 灯
```

输入上述命令以后观察 I. MX6U-ALPHA 开发板上的红色 LED 灯是否熄灭。如果要卸载驱动,则输入如下命令:

```
rmmod dtsled.ko
```

pinctrl和gpio子系统实验

第 5 章我们编写了基于设备树的 LED 驱动,但是驱动的本质还是没变,都是配置 LED 灯所使用的 GPIO 寄存器,驱动开发方式和裸机基本没有区别。Linux 是一个庞大而完善的系统,尤其是驱动框架,像 GPIO 这种最基本的驱动不可能采用"原始"的裸机驱动开发方式,否则相当于买了一辆车,结果每天推着车去上班。Linux 内核提供了 pinctrl 和 gpio 子系统用于 GPIO 驱动,本章就来学习如何借助 pinctrl 和 gpio 子系统来简化 GPIO 驱动开发。

6.1　pinctrl 子系统

6.1.1　pinctrl 子系统简介

Linux 驱动讲究驱动分离与分层,pinctrl 和 gpio 子系统就是驱动分离与分层思想下的产物,驱动分离与分层其实就是按照面向对象编程的设计思想而设计的设备驱动框架,关于驱动的分离与分层我们后面会讲。本来 pinctrl 和 gpio 子系统应该放到驱动分离与分层章节后面讲解,但是不管什么外设驱动,GPIO 驱动基本都是必需的,而 pinctrl 和 gpio 子系统又是 GPIO 驱动必须使用的,所以就将 pinctrl 和 gpio 子系统的相关内容提前了。

我们先来回顾一下第 5 章是怎么初始化 LED 灯所使用的 GPIO 的,步骤如下:

(1) 修改设备树,添加相应的节点,节点里面重点是设置 reg 属性,reg 属性包括了 GPIO 相关寄存器。

(2) 获取 reg 属性中 IOMUXC_SW_MUX_CTL_PAD_GPIO1_IO03 和 IOMUXC_SW_PAD_CTL_PAD_GPIO1_IO03 这两个寄存器地址,并且初始化这两个寄存器,这两个寄存器用于设置 GPIO1_IO03 这个 PIN 的复用功能、上/下拉、速度等。

(3) 在(2)里面将 GPIO1_IO03 这个 PIN 复用为了 GPIO 功能,因此需要设置 GPIO1_IO03 这个 GPIO 相关的寄存器,也就是 GPIO1_DR 和 GPIO1_GDIR 这两个寄存器。

总结一下,(2)中完成对 GPIO1_IO03 这个 PIN 的初始化,设置这个 PIN 的复用功能、上下拉等,比如将 GPIO_IO03 这个 PIN 设置为 GPIO 功能。(3)中完成对 GPIO 的初始化,设置 GPIO 为输入/输出等。如果使用过 STM32 应该都记得,STM32 也是要先设置某个 PIN 的复用功能、速度、上/下拉等,然后再设置 PIN 所对应的 GPIO。其实对于大多数的 32 位 SOC 而言,引脚的设置基本都是这两方面,因此 Linux 内核针对 PIN 的配置推出了 pinctrl 子系统,对于 GPIO 的配置推出了 gpio 子系统。本节学习 pinctrl 子系统,6.2 节再学习 gpio 子系统。

大多数 SOC 的 PIN 都是支持复用的,比如 I. MX6ULL 的 GPIO1_IO03 既可以作为普通的 GPIO 使用,也可以作为 I2C1 的 SDA,等等。此外,我们还需要配置 PIN 的电气特性,比如上/下拉、速度、驱动能力等。传统的配置 PIN 的方式就是直接操作相应的寄存器,但是这种配置方式比较烦琐,而且容易出问题(比如 PIN 功能冲突)。pinctrl 子系统就是为了解决这个问题而引入的,pinctrl 子系统主要工作内容如下:

(1) 获取设备树中 PIN 信息。

(2) 根据获取到的 PIN 信息来设置 PIN 的复用功能。

(3) 根据获取到的 PIN 信息来设置 PIN 的电气特性,比如上/下拉、速度、驱动能力等。

对于使用者来讲,只需要在设备树中设置好某个 PIN 的相关属性即可,其他的初始化工作均由 pinctrl 子系统来完成,pinctrl 子系统源码目录为 drivers/pinctrl。

6.1.2 I. MX6ULL 的 pinctrl 子系统驱动

1. PIN 配置信息详解

要使用 pinctrl 子系统,我们需要在设备树中设置 PIN 的配置信息,毕竟 pinctrl 子系统要根据你提供的信息来配置 PIN 功能,一般会在设备树里面创建一个节点来描述 PIN 的配置信息。打开 imx6ull. dtsi 文件,找到一个叫作 iomuxc 的节点,如下所示:

示例代码 6-1　iomuxc 节点内容 1

```
756 iomuxc: iomuxc@020e0000 {
757         compatible = "fsl,imx6ul - iomuxc";
758         reg = <0x020e0000 0x4000>;
759     };
```

iomuxc 节点就是 I. MX6ULL 的 IOMUXC 外设对应的节点,看起来内容很少,没看出什么跟 PIN 的配置有关的内容啊。别急,打开 imx6ull-alientek-emmc. dts,找到如下所示内容:

示例代码 6-2　iomuxc 节点内容 2

```
311 &iomuxc {
312     pinctrl - names = "default";
313     pinctrl - 0 = <&pinctrl_hog_1>;
314     imx6ul - evk {
315         pinctrl_hog_1: hoggrp - 1 {
316             fsl,pins = <
317                 MX6UL_PAD_UART1_RTS_B__GPIO1_IO19      0x17059
318                 MX6UL_PAD_GPIO1_IO05__USDHC1_VSELECT   0x17059
319                 MX6UL_PAD_GPIO1_IO09__GPIO1_IO09       0x17059
320                 MX6UL_PAD_GPIO1_IO00__ANATOP_OTG1_ID   0x13058
321             >;
322         };
...
371         pinctrl_flexcan1: flexcan1grp{
372             fsl,pins = <
```

```
373                    MX6UL_PAD_UART3_RTS_B__FLEXCAN1_RX      0x1b020
374                    MX6UL_PAD_UART3_CTS_B__FLEXCAN1_TX      0x1b020
375            >;
376        };
...
587        pinctrl_wdog: wdoggrp {
588            fsl,pins = <
589                MX6UL_PAD_LCD_RESET__WDOG1_WDOG_ANY      0x30b0
590            >;
591        };
592    };
593 };
```

示例代码 6-2 就是向 iomuxc 节点追加数据,不同的外设使用的 PIN 不同,其配置也不同,因此一个萝卜一个坑,将某个外设所使用的所有 PIN 都组织在一个子节点里面。示例代码 6-2 中 pinctrl_hog_1 子节点就是和热插拔有关的 PIN 集合,比如 USB OTG 的 ID 引脚。pinctrl_flexcan1 子节点是 flexcan1 这个外设所使用的 PIN,pinctrl_wdog 子节点是 wdog 外设所使用的 PIN。如果需要在 iomuxc 中添加我们自定义外设的 PIN,那么需要新建一个子节点,然后将这个自定义外设的所有 PIN 配置信息都放到这个子节点中。

将其与示例代码 6-1 结合起来就可以得到完成的 iomuxc 节点,如下所示:

示例代码 6-3   完整的 iomuxc 节点

```
1  iomuxc: iomuxc@020e0000 {
2      compatible = "fsl,imx6ul-iomuxc";
3      reg = <0x020e0000 0x4000>;
4      pinctrl-names = "default";
5      pinctrl-0 = <&pinctrl_hog_1>;
6      imx6ul-evk {
7          pinctrl_hog_1: hoggrp-1 {
8              fsl,pins = <
9                  MX6UL_PAD_UART1_RTS_B__GPIO1_IO19      0x17059
10                 MX6UL_PAD_GPIO1_IO05__USDHC1_VSELECT   0x17059
11                 MX6UL_PAD_GPIO1_IO09__GPIO1_IO09       0x17059
12                 MX6UL_PAD_GPIO1_IO00__ANATOP_OTG1_ID   0x13058
13             >;
...
16         };
17     };
18 };
```

第 2 行,compatible 属性值为"fsl,imx6ul-iomuxc",前面讲解设备树的时候说过,Linux 内核会根据 compatbile 属性值来查找对应的驱动文件,所以在 Linux 内核源码中全局搜索字符串"fsl,imx6ul-iomuxc"就会找到 I. MX6ULL 的 pinctrl 驱动文件。稍后我们会讲解这个 pinctrl 驱动文件。

第 9~12 行,pinctrl_hog_1 子节点所使用的 PIN 配置信息,我们就以第 9 行的 UART1_RTS_B 这个 PIN 为例,讲解一下如何添加 PIN 的配置信息,UART1_RTS_B 的配置信息如下:

```
MX6UL_PAD_UART1_RTS_B__GPIO1_IO19      0x17059
```

首先说明一下，UART1_RTS_B这个PIN是作为SD卡的检测引脚，也就是通过此PIN就可以检测到SD卡是否插入。UART1_RTS_B的配置信息分为两部分：MX6UL_PAD_UART1_RTS_B__GPIO1_IO19和0x17059。

　　我们重点来看一下这两部分是什么含义。前面说了，对于一个PIN的配置主要包括两方面：一个是设置这个PIN的复用功能，另一个就是设置这个PIN的电气特性。所以我们可以大胆地猜测UART1_RTS_B的这两部分配置信息，一个是设置UART1_RTS_B的复用功能，另一个是设置UART1_RTS_B的电气特性。

　　首先来看一下MX6UL_PAD_UART1_RTS_B__GPIO1_IO19，这是一个宏定义，定义在文件arch/arm/boot/dts/imx6ul-pinfunc.h中，imx6ull.dtsi会引用imx6ull-pinfunc.h这个头文件，而imx6ull-pinfunc.h又会引用imx6ul-pinfunc.h这个头文件。从这里可以看出，可以在设备树中引用C语言中.h文件中的内容。MX6UL_PAD_UART1_RTS_B__GPIO1_IO19的宏定义内容如下：

```
                    示例代码6-4　UART1_RTS_B引脚定义
190  #define MX6UL_PAD_UART1_RTS_B__UART1_DCE_RTS        0x0090 0x031C 0x0620  0x0 0x3
191  #define MX6UL_PAD_UART1_RTS_B__UART1_DTE_CTS        0x0090 0x031C 0x0000  0x0 0x0
192  #define MX6UL_PAD_UART1_RTS_B__ENET1_TX_ER          0x0090 0x031C 0x0000  0x1 0x0
193  #define MX6UL_PAD_UART1_RTS_B__USDHC1_CD_B          0x0090 0x031C 0x0668  0x2 0x1
194  #define MX6UL_PAD_UART1_RTS_B__CSI_DATA05           0x0090 0x031C 0x04CC  0x3 0x1
195  #define MX6UL_PAD_UART1_RTS_B__ENET2_1588_EVENT1_OUT   0x0090 0x031C 0x0000 0x4 0x0
196  #define MX6UL_PAD_UART1_RTS_B__GPIO1_IO19           0x0090 0x031C 0x0000  0x5 0x0
197  #define MX6UL_PAD_UART1_RTS_B__USDHC2_CD_B          0x0090 0x031C 0x0674  0x8 0x2
```

　　示例代码6-4中一共有8个以MX6UL_PAD_UART1_RTS_B开头的宏定义，大家仔细观察应该就能发现，这8个宏定义分别对应UART1_RTS_B这个PIN的8个复用I/O。查阅《I.MX6ULL参考手册》可以知UART1_RTS_B的可选复用I/O如图6-1所示。

```
MUX_MODE    MUX Mode Select Field.

            Select 1 of 10 iomux modes to be used for pad: UART1_RTS_B.

            0000  ALT0 — Select mux mode: ALT0 mux port: UART1_RTS_B of instance: uart1
            0001  ALT1 — Select mux mode: ALT1 mux port: ENET1_TX_ER of instance: enet1
            0010  ALT2 — Select mux mode: ALT2 mux port: USDHC1_CD_B of instance: usdhc1
            0011  ALT3 — Select mux mode: ALT3 mux port: CSI_DATA05 of instance: csi
            0100  ALT4 — Select mux mode: ALT4 mux port: ENET2_1588_EVENT1_OUT of instance: enet2
            0101  ALT5 — Select mux mode: ALT5 mux port: GPIO1_IO19 of instance: gpio1
            1000  ALT8 — Select mux mode: ALT8 mux port: USDHC2_CD_B of instance: usdhc2
            1001  ALT9 — Select mux mode: ALT9 mux port: UART5_RTS_B of instance: uart5
```

图6-1　UART1_RTS_B引脚复用

　　示例代码第196行的宏定义MX6UL_PAD_UART1_RTS_B__GPIO1_IO19表示将UART1_RTS_B这个I/O复用为GPIO1_IO19。此宏定义后面跟着5个数字，也就是这个宏定义的具体值，如下所示：

```
0x0090 0x031C 0x0000 0x5 0x0
```

　　这5个值的含义如下所示：

```
<mux_reg  conf_reg  input_reg  mux_mode  input_val>
```

综上所述可知:

0x0090——mux_reg 寄存器偏移地址,设备树中的 iomuxc 节点就是 IOMUXC 外设对应的节点,根据其 reg 属性可知 IOMUXC 外设寄存器起始地址为 0x020e0000。因此 0x020e0000＋0x0090 ＝0x020e0090,IOMUXC_SW_MUX_CTL_PAD_UART1_RTS_B 寄存器地址正好是 20E_0000h base + 90h offset = 20E_0090h,大家可以在《IMX6ULL 参考手册》中找到 IOMUXC_SW_MUX_CTL_PAD_UART1_RTS_B 这个寄存器的位域图,如图 6-2 所示。

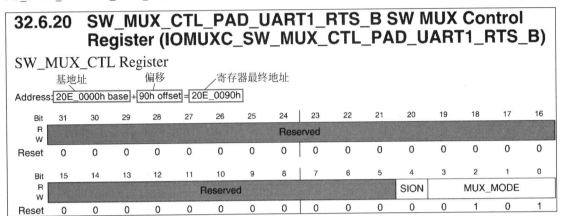

图 6-2　寄存器位域图

因此可知,0x020e0000＋mux_reg 就是 PIN 的复用寄存器地址。

0x031C——conf_reg 寄存器偏移地址,和 mux_reg 一样,0x020e0000＋0x031c＝0x020e031c,这个就是寄存器 IOMUXC_SW_PAD_CTL_PAD_UART1_RTS_B 的地址。

0x0000——input_reg 寄存器偏移地址,有些外设有 input_reg 寄存器,有 input_reg 寄存器的外设需要配置 input_reg 寄存器。若没有就不需要设置,UART1_RTS_B 这个 PIN 在做 GPIO1_IO19 的时候是没有 input_reg 寄存器的,因此这里 intput_reg 是无效的。

0x5——mux_reg 寄存器值,在这里就相当于设置 IOMUXC_SW_MUX_CTL_PAD_UART1_RTS_B 寄存器为 0x5,也就是设置 UART1_RTS_B 这个 PIN 复用为 GPIO1_IO19。

0x0——input_reg 寄存器值,在这里无效。

这就是宏 MX6UL_PAD_UART1_RTS_B__GPIO1_IO19 的含义,看得比较仔细的读者应该会发现并没有 conf_reg 寄存器的值,config_reg 寄存器是用来设置 PIN 的电气特性的,这么重要的寄存器怎么没有值呢? 回到示例代码 6-3 中,第 9 行的内容如下所示:

```
MX6UL_PAD_UART1_RTS_B__GPIO1_IO190x17059
```

对 MX6UL_PAD_UART1_RTS_B__GPIO1_IO19 上面已经分析了,就剩下了一个 0x17059,反应快的读者应该已经猜出来了,0x17059 就是 conf_reg 寄存器值。此值由用户自行设置,通过此值来设置一个 IO 的上/下拉、驱动能力和速度等。在这里就相当于设置寄存器 IOMUXC_SW_PAD_CTL_PAD_UART1_RTS_B 的值为 0x17059。

2. PIN 驱动程序讲解

本部分涉及 Linux 驱动分层与分离、平台设备驱动等还未讲解的知识,所以可以略过本部分,不会影响后续的实验。如果对 Linux 内核的 pinctrl 子系统实现原理感兴趣,可以看本部分内容。

所有准备工作已经完成,包括寄存器地址和寄存器值,Linux 内核相应的驱动文件就会根据这些值来做相应的初始化。接下来就找一下哪个驱动文件来做这一件事情,iomuxc 节点中 compatible 属性的值为"fsl,imx6ul-iomuxc",在 Linux 内核中全局搜索"fsl,imx6ul-iomuxc"字符串就会找到对应的驱动文件。在文件 drivers/pinctrl/freescale/pinctrl-imx6ul.c 中有如下内容:

示例代码 6-5 pinctrl-imx6ul.c 文件代码段

```
326 static struct of_device_id imx6ul_pinctrl_of_match[] = {
327     { .compatible = "fsl,imx6ul - iomuxc", .data =
                        &imx6ul_pinctrl_info, },
328     { .compatible = "fsl,imx6ull - iomuxc - snvs", .data =
                        &imx6ull_snvs_pinctrl_info, },
329     { /* sentinel */ }
330 };
331
332 static int imx6ul_pinctrl_probe(struct platform_device * pdev)
333 {
334     const struct of_device_id * match;
335     struct imx_pinctrl_soc_info * pinctrl_info;
336
337     match = of_match_device(imx6ul_pinctrl_of_match, &pdev -> dev);
338
339     if (!match)
340         return - ENODEV;
341
342     pinctrl_info = (struct imx_pinctrl_soc_info * ) match -> data;
343
344     return imx_pinctrl_probe(pdev, pinctrl_info);
345 }
346
347 static struct platform_driver imx6ul_pinctrl_driver = {
348     .driver = {
349         .name = "imx6ul - pinctrl",
350         .owner = THIS_MODULE,
351         .of_match_table = of_match_ptr(imx6ul_pinctrl_of_match),
352     },
353     .probe = imx6ul_pinctrl_probe,
354     .remove = imx_pinctrl_remove,
355 };
```

第 326~330 行,of_device_id 结构体数组,第 4 章讲解设备树的时候说过了,of_device_id 中保存着这个驱动文件的兼容性值,设备树中的 compatible 属性值会和 of_device_id 中的所有兼容字符串比较,查看是否可以使用此驱动。imx6ul_pinctrl_of_match 结构体数组一共有两个兼容性字符串,分别为"fsl,imx6ul-iomuxc"和"fsl,imx6ull-iomuxc-snvs",因此 iomuxc 节点与此驱动匹配,所以 pinctrl-imx6ul.c 会完成 I.MX6ULL 的 PIN 配置工作。

第 347~355 行,platform_driver 是平台设备驱动,这是后面章节要讲解的内容,platform_driver 是一个结构体,有一个 probe 成员变量。在这里大家只需要知道,当设备和驱动匹配成功以后 platform_driver 的 probe 成员变量所代表的函数就会执行,在 353 行设置 probe 成员变量为

imx6ul_pinctrl_probe()函数,因此在本章实验中 imx6ul_pinctrl_probe()函数就会执行,可以认为
imx6ul_pinctrl_probe()函数就是 I.MX6ULL 的 PIN 配置入口函数。以此为入口,函数调用路径如
图 6-3 所示。

```
imx6ul_pinctrl_probe()
    imx_pinctrl_probe()
        imx_pinctrl_probe_dt()
            imx_pinctrl_parse_functions()
                imx_pinctrl_parse_groups() ─ ─ ─ ─ ─ ─ ─ ─ ─ ─▶  解析设备树中关于PIN的配置信息,
                                                                也就是6个u32类型的数据值, 也就
                                                                是mux_reg、conf_reg、input_reg、
                                                                mux_mode、input_val和config值
        pinctrl_register() ─ ─ ─ ─ ─ ─ ─ ─ ─ ─ ─ ─ ─ ─ ─ ─ ─▶  向Linux内核注册pinctrl
```

图 6-3　imx6ul_pinctrl_probe()函数执行流程

在图 6-3 中函数 imx_pinctrl_parse_groups()负责获取设备树中关于 PIN 的配置信息,也就是
前面分析的那 6 个 u32 类型的值。处理过程如下所示:

示例代码6-6　imx_pinctrl_parse_groups()函数代码段

```
488 /*
489  * Each pin represented in fsl,pins consists of 5 u32 PIN_FUNC_ID
490  * and 1 u32 CONFIG, so 24 types in total for each pin.
491  */
492 #define FSL_PIN_SIZE 24
493 #define SHARE_FSL_PIN_SIZE 20
494
495 static int imx_pinctrl_parse_groups(struct device_node * np,
496                 struct imx_pin_group * grp,
497                 struct imx_pinctrl_soc_info * info,
498                     u32 index)
499 {
500     int size, pin_size;
501     const __be32 * list;
502     int i;
503     u32 config;
...
537
538     for (i = 0; i < grp->npins; i++) {
539         u32 mux_reg = be32_to_cpu(* list++);
540         u32 conf_reg;
541         unsigned int pin_id;
542         struct imx_pin_reg * pin_reg;
543         struct imx_pin * pin = &grp->pins[i];
544
...
555
556         pin_id = (mux_reg != -1) ? mux_reg / 4 : conf_reg / 4;
557         pin_reg = &info->pin_regs[pin_id];
558         pin->pin = pin_id;
559         grp->pin_ids[i] = pin_id;
560         pin_reg->mux_reg = mux_reg;
561         pin_reg->conf_reg = conf_reg;
```

```
562        pin->input_reg = be32_to_cpu(*list++);
563        pin->mux_mode = be32_to_cpu(*list++);
564        pin->input_val = be32_to_cpu(*list++);
565
566        /* SION bit is in mux register */
567        config = be32_to_cpu(*list++);
568        if (config & IMX_PAD_SION)
569            pin->mux_mode |= IOMUXC_CONFIG_SION;
570        pin->config = config & ~IMX_PAD_SION;
...
574    }
575
576    return 0;
577 }
```

第 496 行和第 497 行,设备树中的 mux_reg 和 conf_reg 值会保存在 info 参数中,input_reg、mux_mode、input_val 和 config 值会保存在 grp 参数中。

第 560～564 行,获取 mux_reg、conf_reg、input_reg、mux_mode 和 input_val 值。

第 570 行,获取 config 值。

接下来看一下函数 pinctrl_register(),此函数用于向 Linux 内核注册一个 PIN 控制器,此函数原型如下:

```
struct pinctrl_dev *pinctrl_register (struct pinctrl_desc    *pctldesc,
                                      struct device          *dev,
                                      void                   *driver_data)
```

参数 pctldesc 非常重要,因为此参数就是要注册的 PIN 控制器,PIN 控制器用于配置 SOC 的 PIN 复用功能和电气特性。参数 pctldesc 是 pinctrl_desc 结构体类型指针,pinctrl_desc 结构体如下所示:

示例代码6-7　pinctrl_desc 结构体

```
128 struct pinctrl_desc {
129    const char *name;
130    struct pinctrl_pin_desc const *pins;
131    unsigned int npins;
132    const struct pinctrl_ops *pctlops;
133    const struct pinmux_ops *pmxops;
134    const struct pinconf_ops *confops;
135    struct module *owner;
136 #ifdef CONFIG_GENERIC_PINCONF
137    unsigned int num_custom_params;
138    const struct pinconf_generic_params *custom_params;
139    const struct pin_config_item *custom_conf_items;
140 #endif
141 };
```

第 132～134 行,这 3 个_ops 结构体指针非常重要。因为这 3 个结构体就是 PIN 控制器的"工具",其中包含了很多操作函数,通过这些操作函数就可以完成对某一个 PIN 的配置。pinctrl_desc

113

结构体需要由用户提供,结构体里面的成员变量也是用户提供的。但是这个用户并不是我们这些使用芯片的程序员,而是半导体厂商,半导体厂商发布的 Linux 内核源码中已经把这些工作做完了。比如在 imx_pinctrl_probe()函数中可以找到如下所示代码:

```
            示例代码 6-8  imx_pinctrl_probe()函数代码段
648 int imx_pinctrl_probe(struct platform_device * pdev,
649             struct imx_pinctrl_soc_info * info)
650 {
651     struct device_node * dev_np = pdev->dev.of_node;
652     struct device_node * np;
653     struct imx_pinctrl * ipctl;
654     struct resource * res;
655     struct pinctrl_desc * imx_pinctrl_desc;
...
663
664     imx_pinctrl_desc = devm_kzalloc(&pdev->dev,
                                        sizeof( * imx_pinctrl_desc),
665                                     GFP_KERNEL);
666     if (!imx_pinctrl_desc)
667         return - ENOMEM;
...
705
706     imx_pinctrl_desc->name = dev_name(&pdev->dev);
707     imx_pinctrl_desc->pins = info->pins;
708     imx_pinctrl_desc->npins = info->npins;
709     imx_pinctrl_desc->pctlops = &imx_pctrl_ops;
710     imx_pinctrl_desc->pmxops = &imx_pmx_ops;
711     imx_pinctrl_desc->confops = &imx_pinconf_ops;
712     imx_pinctrl_desc->owner = THIS_MODULE;
...
723     ipctl->pctl = pinctrl_register(imx_pinctrl_desc, &pdev->dev, ipctl);
...
732 }
```

第 655 行,定义结构体指针变量 imx_pinctrl_desc。

第 664 行,向指针变量 imx_pinctrl_desc 分配内存。

第 706~712 行,初始化 imx_pinctrl_desc 结构体指针变量,重点是 pctlops、pmxops 和 confops 这 3 个成员变量,分别对应 imx_pctrl_ops、imx_pmx_ops 和 imx_pinconf_ops 这 3 个结构体。

第 723 行,调用函数 pinctrl_register()向 Linux 内核注册 imx_pinctrl_desc,注册以后 Linux 内核就有了对 I.MX6ULL 的 PIN 进行配置的工具。

imx_pctrl_ops、imx_pmx_ops 和 imx_pinconf_ops 这 3 个结构体定义如下:

```
          示例代码 6-9  imx_pctrl_ops、imx_pmx_ops 和 imx_pinconf_ops 结构体
174 static const struct pinctrl_ops imx_pctrl_ops = {
175     .get_groups_count = imx_get_groups_count,
176     .get_group_name = imx_get_group_name,
177     .get_group_pins = imx_get_group_pins,
178     .pin_dbg_show = imx_pin_dbg_show,
179     .dt_node_to_map = imx_dt_node_to_map,
```

```
180      .dt_free_map = imx_dt_free_map,
181
182 };
...
374 static const struct pinmux_ops imx_pmx_ops = {
375      .get_functions_count = imx_pmx_get_funcs_count,
376      .get_function_name = imx_pmx_get_func_name,
377      .get_function_groups = imx_pmx_get_groups,
378      .set_mux = imx_pmx_set,
379      .gpio_request_enable = imx_pmx_gpio_request_enable,
380      .gpio_set_direction = imx_pmx_gpio_set_direction,
381 };
...
481 static const struct pinconf_ops imx_pinconf_ops = {
482      .pin_config_get = imx_pinconf_get,
483      .pin_config_set = imx_pinconf_set,
484      .pin_config_dbg_show = imx_pinconf_dbg_show,
485      .pin_config_group_dbg_show = imx_pinconf_group_dbg_show,
486 };
```

在示例代码 6-9 中,这 3 个结构体下的所有函数就是 I.MX6ULL 的 PIN 配置函数。关于这些函数的详细分析,有兴趣的读者可以去查阅相关资料。

6.1.3 设备树中添加 pinctrl 节点模板

我们已经对 pinctrl 有了比较深入的了解,接下来学习如何在设备树中添加某个外设的 PIN 信息。关于 I.MX 系列 SOC 的 pinctrl 设备树绑定信息可以参考文档"Documentation/devicetree/bindings/pinctrl/fsl,imx-pinctrl.txt"。这里虚拟一个名为 test 的设备,test 使用了 GPIO1_IO00 这个 PIN 的 GPIO 功能,pinctrl 节点添加过程如下。

1. 创建对应的节点

同一个外设的 PIN 都放到一个节点里面,打开 imx6ull-alientek-emmc.dts,在 iomuxc 节点中的 imx6ul-evk 子节点下添加 pinctrl_test 节点,添加完成以后如下所示:

示例代码 6-10   test 设备 pinctrl 节点

```
1 pinctrl_test: testgrp {
2   /* 具体的 PIN 信息 */
3 };
```

2. 添加"fsl,pins"属性

设备树是通过属性来保存信息的,因此我们需要添加一个属性,属性名字一定要为"fsl,pins",因为对于 I.MX 系列 SOC 而言,pinctrl 驱动程序是通过读取"fsl,pins"属性值来获取 PIN 的配置信息,完成以后如下所示:

示例代码 6-11   添加"fsl,pins"属性

```
1 pinctrl_test: testgrp {
2     fsl,pins = <
3       /* 设备所使用的 PIN 配置信息 */
```

```
4        >;
5 };
```

3. 在"fsl,pins"属性中添加 PIN 配置信息

最后在"fsl,pins"属性中添加具体的 PIN 配置信息,完成以后如下所示:

示例代码 6-12　完整的 test 设备 pinctrl 子节点

```
1 pinctrl_test: testgrp {
2    fsl,pins = <
3       MX6UL_PAD_GPIO1_IO00__GPIO1_IO00   config /*config 是具体设置值*/
4        >;
5 };
```

至此,我们已经在 imx6ull-alientek-emmc.dts 文件中添加好了 test 设备所使用的 PIN 配置信息。

6.2　gpio 子系统

6.2.1　gpio 子系统简介

6.1 节讲解了 pinctrl 子系统,pinctrl 子系统重点是设置 PIN(有的 SOC 叫作 PAD)的复用和电气属性,如果 pinctrl 子系统将一个 PIN 复用为 GPIO,那么接下来就要用到 gpio 子系统了。顾名思义,gpio 子系统就是用于初始化 GPIO 并且提供相应的 API 函数,比如设置 GPIO 为输入/输出,读取 GPIO 的值等。gpio 子系统的主要目的就是方便驱动开发者使用 GPIO,驱动开发者在设备树中添加 GPIO 相关信息,然后就可以在驱动程序中使用 gpio 子系统提供的 API 函数来操作 GPIO,Linux 内核向驱动开发者屏蔽掉了 GPIO 的设置过程,极大地方便了驱动开发者使用 GPIO。

6.2.2　I.MX6ULL 的 gpio 子系统驱动

1. 设备树中的 GPIO 信息

I.MX6ULL-ALPHA 开发板上的 UART1_RTS_B 作为 SD 卡的检测引脚,UART1_RTS_B 复用为 GPIO1_IO19,通过读取这个 GPIO 的高低电平就可以知道 SD 卡有没有插入。首先肯定是将 UART1_RTS_B 这个 PIN 复用为 GPIO1_IO19,并且设置电气属性,也就是 6.1 节讲的 pinctrl 节点。打开 imx6ull-alientek-emmc.dts,UART1_RTS_B 这个 PIN 的 pinctrl 设置如下:

示例代码 6-13　SD 卡 CD 引脚 PIN 配置参数

```
316 pinctrl_hog_1: hoggrp-1 {
317    fsl,pins = <
318       MX6UL_PAD_UART1_RTS_B__GPIO1_IO19   0x17059 /* SD1 CD */
...
322    >;
323 };
```

第 318 行,设置 UART1_RTS_B 这个 PIN 为 GPIO1_IO19。

pinctrl 配置好以后就是设置 gpio 了,SD 卡驱动程序通过读取 GPIO1_IO19 的值来判断 SD 卡

有没有插入,但是 SD 卡驱动程序怎么知道 CD 引脚连接的 GPIO1_IO19 呢? 肯定是需要设备树告诉驱动。在设备树中 SD 卡节点下添加一个属性来描述 SD 卡的 CD 引脚就行了,SD 卡驱动直接读取这个属性值就知道 SD 卡的 CD 引脚使用的是哪个 GPIO 了。SD 卡连接在 I. MX6ULL 的 usdhc1 接口上,在 imx6ull-alientek-emmc. dts 中找到名为 usdhc1 的节点,这个节点就是 SD 卡设备节点,如下所示:

```
示例代码 6-14    设备树中 SD 卡节点
760 &usdhc1 {
761     pinctrl - names = "default", "state_100mhz", "state_200mhz";
762     pinctrl - 0 = < &pinctrl_usdhc1 >;
763     pinctrl - 1 = < &pinctrl_usdhc1_100mhz >;
764     pinctrl - 2 = < &pinctrl_usdhc1_200mhz >;
765     /* pinctrl - 3 = < &pinctrl_hog_1 >; */
766     cd - gpios = < &gpio1 19 GPIO_ACTIVE_LOW >;
767     keep - power - in - suspend;
768     enable - sdio - wakeup;
769     vmmc - supply = < &reg_sd1_vmmc >;
770     status = "okay";
771 };
```

第 765 行,此行本来没有,是作者添加的,usdhc1 节点作为 SD 卡设备总节点,usdhc1 节点需要描述 SD 卡所有的信息,因为驱动要使用。本行就是描述 SD 卡的 CD 引脚 pinctrl 信息所在的子节点,因为 SD 卡驱动需要根据 pinctrl 节点信息来设置 CD 引脚的复用功能等。第 762~764 行的 pinctrl-0~pinctrl-2 都是 SD 卡其他 PIN 的 pinctrl 节点信息。但是大家会发现,其实在 usdhc1 节点中并没有"pinctrl-3 = < &pinctrl_hog_1 >"这一行,也就是说,并没有指定 CD 引脚的 pinctrl 信息,那么 SD 卡驱动就没法设置 CD 引脚的复用功能啊? 这个不用担心,因为在 iomuxc 节点下引用了 pinctrl_hog_1 节点,所以 Linux 内核中的 iomuxc 驱动就会自动初始化 pinctrl_hog_1 节点下的所有 PIN。

第 766 行,属性 cd-gpios 描述了 SD 卡的 CD 引脚使用的哪个 I/O。属性值一共有 3 个,我们来看一下这 3 个属性值的含义,&gpio1 表示 CD 引脚所使用的 I/O 属于 GPIO1 组,19 表示 GPIO1 组的第 19 号 I/O,通过这两个值,SD 卡驱动程序就知道 CD 引脚使用了 GPIO1_IO19 这 GPIO。GPIO_ACTIVE_LOW 表示低电平有效,如果改为 GPIO_ACTIVE_HIGH,则表示高电平有效。

根据上面这些信息,SD 卡驱动程序就可以使用 GPIO1_IO19 来检测 SD 卡的 CD 信号了,打开 imx6ull. dtsi,在里面找到如下所示内容:

```
示例代码 6-15    gpio1 节点
504 gpio1: gpio@0209c000 {
505     compatible = "fsl,imx6ul - gpio", "fsl,imx35 - gpio";
506     reg = < 0x0209c000 0x4000 >;
507     interrupts = < GIC_SPI 66 IRQ_TYPE_LEVEL_HIGH >,
508                  < GIC_SPI 67 IRQ_TYPE_LEVEL_HIGH >;
509     gpio - controller;
510     #gpio - cells = < 2 >;
511     interrupt - controller;
512     # interrupt - cells = < 2 >;
513 };
```

gpio1 节点信息描述了 GPIO1 控制器的所有信息,重点就是 GPIO1 外设寄存器基地址以及兼容属性。关于 I. MX 系列 SOC 的 GPIO 控制器绑定信息请查看文档 Documentation/devicetree/bindings/gpio/ fsl-imx-gpio. txt。

第 505 行,设置 gpio1 节点的 compatible 属性有两个,分别为"fsl,imx6ul-gpio"和"fsl,imx35-gpio",在 Linux 内核中搜索这两个字符串就可以找到 I. MX6UL 的 GPIO 驱动程序。

第 506 行,reg 属性设置了 GPIO1 控制器的寄存器基地址为 0X0209C000,大家可以打开《I. MX6ULL 参考手册》找到"Chapter 28:General Purpose Input/Output(GPIO)"的 28. 5 节,可以看到如表 6-1 所示的寄存器地址表。

表 6-1　GPIO1 寄存器表

Absolute address (hex)	Register name	Width (in bits)	Access	Reset value	Section/page
209_C000	GPIO data register (GPIO1_DR)	32	R/W	0000_0000h	28. 5. 1/1358
209_C004	GPIO direction register (GPIO1_GDIR)	32	R/W	0000_0000h	28. 5. 2/1359
209_C008	GPIO pad status register (GPIO1_PSR)	32	R	0000_0000h	28. 5. 3/1359
209_C00C	GPIO interrupt configuration register1 (GPIO1_ICR1)	32	R/W	0000_0000h	28. 5. 4/1360
209_C010	GPIO interrupt configuration register2 (GPIO1_ICR2)	32	R/W	0000_0000h	28. 5. 5/1364
209_C014	GPIO interrupt mask register (GPIO1_IMR)	32	R/W	0000_0000h	28. 5. 6/1367
209_C018	GPIO interrupt status register (GPIO1_ISR)	32	w1c	0000_0000h	28. 5. 7/1368
209_C01C	GPIO edge select register (GPIO1_ EDGE_ SEL)	32	R/W	0000_0000h	28. 5. 8/1369

从表 6-1 可以看出,GPIO1 控制器的基地址就是 0X0209C000。

第 509 行,gpio-controller 表示 gpio1 节点是个 GPIO 控制器。

第 510 行,♯ gpio-cells 属性和 ♯ address-cells 类似,♯ gpio-cells 应该为 2,表示一共有两个 cell。第一个 cell 为 GPIO 编号,比如"& gpio1 3"就表示 GPIO1_IO03;第二个 cell 表示 GPIO 极性,如果为 0(GPIO_ACTIVE_HIGH),则表示高电平有效;如果为 1(GPIO_ACTIVE_LOW),则表示低电平有效。

2. GPIO 驱动程序简介

本部分会涉及 Linux 驱动分层与分离、平台设备驱动等还未讲解的知识,所以可以略过本部分,不会影响后续的实验。如果对 Linux 内核的 GPIO 子系统实现原理感兴趣,可以看本部分内容。

gpio1 节点的 compatible 属性描述了兼容性,在 Linux 内核中搜索"fsl,imx6ul-gpio"和"fsl,imx35-gpio"这两个字符串,查找 GPIO 驱动文件。drivers/gpio/gpio-mxc. c 就是 I. MX6ULL 的 GPIO 驱动文件,在此文件中有如下所示的 of_device_id 匹配表。

```
                      示例代码6-16　of_device_id 匹配表
152 static const struct of_device_id mxc_gpio_dt_ids[] = {
153     { .compatible = "fsl,imx1 - gpio", .data = &mxc_gpio_devtype[IMX1_GPIO], },
154     { .compatible = "fsl,imx21 - gpio", .data = &mxc_gpio_devtype[IMX21_GPIO], },
155     { .compatible = "fsl,imx31 - gpio", .data = &mxc_gpio_devtype[IMX31_GPIO], },
156     { .compatible = "fsl,imx35 - gpio", .data = &mxc_gpio_devtype[IMX35_GPIO], },
157     { /* sentinel */ }
158 };
```

第 156 行的 compatible 值为"fsl,imx35-gpio",和 gpio1 的 compatible 属性匹配,因此 gpio-mxc. c

就是 I.MX6ULL 的 GPIO 控制器驱动文件。gpio-mxc.c 所在的目录为 drivers/gpio,打开这个目录可以看到很多芯片的 gpio 驱动文件,gpiolib 开始的文件是 GPIO 驱动的核心文件,如图 6-4 所示。

c	gpiolib.c	2019-08-27 11:36	C Source file	64 KB
h	gpiolib.h	2019-08-27 11:36	C++ Header file	6 KB
c	gpiolib-acpi.c	2019-08-27 11:36	C Source file	20 KB
c	gpiolib-legacy.c	2019-08-27 11:36	C Source file	3 KB
c	gpiolib-of.c	2019-08-27 11:36	C Source file	11 KB
c	gpiolib-sysfs.c	2019-08-27 11:36	C Source file	20 KB

图 6-4　gpio 核心驱动文件

我们重点来看一下 gpio-mxc.c 这个文件,在 gpio-mxc.c 文件中有如下所示内容:

```
              示例代码 6-17  mxc_gpio_driver 结构体
496 static struct platform_driver mxc_gpio_driver = {
497     .driver      = {
498         .name     = "gpio-mxc",
499         .of_match_table = mxc_gpio_dt_ids,
500     },
501     .probe       = mxc_gpio_probe,
502     .id_table    = mxc_gpio_devtype,
503 };
```

可以看出 GPIO 驱动也是一个平台设备驱动,因此当设备树中的设备节点与驱动的 of_device_id 匹配以后就会执行 probe()函数,在这里就是 mxc_gpio_probe()函数,这个函数就是 I.MX6ULL 的 GPIO 驱动入口函数。我们简单分析一下 mxc_gpio_probe()函数,函数内容如下:

```
              示例代码 6-18  mxc_gpio_probe()函数
403 static int mxc_gpio_probe(struct platform_device * pdev)
404 {
405     struct device_node * np = pdev->dev.of_node;
406     struct mxc_gpio_port * port;
407     struct resource * iores;
408     int irq_base;
409     int err;
410
411     mxc_gpio_get_hw(pdev);
412
413     port = devm_kzalloc(&pdev->dev, sizeof( * port), GFP_KERNEL);
414     if (!port)
415         return -ENOMEM;
416
417     iores = platform_get_resource(pdev, IORESOURCE_MEM, 0);
418     port->base = devm_ioremap_resource(&pdev->dev, iores);
419     if (IS_ERR(port->base))
420         return PTR_ERR(port->base);
421
422     port->irq_high = platform_get_irq(pdev, 1);
423     port->irq = platform_get_irq(pdev, 0);
424     if (port->irq < 0)
```

```
425        return port->irq;
426
427    /* disable the interrupt and clear the status */
428    writel(0, port->base + GPIO_IMR);
429    writel(~0, port->base + GPIO_ISR);
430
431    if (mxc_gpio_hwtype == IMX21_GPIO) {
432        /*
433         * Setup one handler for all GPIO interrupts. Actually
434         * setting the handler is needed only once, but doing it for
435         * every port is more robust and easier.
436         */
437        irq_set_chained_handler(port->irq, mx2_gpio_irq_handler);
438    } else {
439        /* setup one handler for each entry */
440        irq_set_chained_handler(port->irq, mx3_gpio_irq_handler);
441        irq_set_handler_data(port->irq, port);
442        if (port->irq_high > 0) {
443            /* setup handler for GPIO 16 to 31 */
444            irq_set_chained_handler(port->irq_high,
445                        mx3_gpio_irq_handler);
446            irq_set_handler_data(port->irq_high, port);
447        }
448    }
449
450    err = bgpio_init(&port->bgc, &pdev->dev, 4,
451            port->base + GPIO_PSR,
452            port->base + GPIO_DR, NULL,
453            port->base + GPIO_GDIR, NULL, 0);
454    if (err)
455        goto out_bgio;
456
457    port->bgc.gc.to_irq = mxc_gpio_to_irq;
458    port->bgc.gc.base = (pdev->id < 0) ? of_alias_get_id(np, "gpio")
459                        * 32 : pdev->id * 32;
460
461    err = gpiochip_add(&port->bgc.gc);
462    if (err)
463        goto out_bgpio_remove;
464
465    irq_base = irq_alloc_descs(-1, 0, 32, numa_node_id());
466    if (irq_base < 0) {
467        err = irq_base;
468        goto out_gpiochip_remove;
469    }
470
471    port->domain = irq_domain_add_legacy(np, 32, irq_base, 0,
472                        &irq_domain_simple_ops, NULL);
473    if (!port->domain) {
474        err = -ENODEV;
475        goto out_irqdesc_free;
476    }
```

```
477
478     /* gpio - mxc can be a generic irq chip */
479     mxc_gpio_init_gc(port, irq_base);
480
481     list_add_tail(&port - > node, &mxc_gpio_ports);
482
483     return 0;
...
494 }
```

第405行,设备树节点指针。

第406行,定义一个结构体指针port,结构体类型为mxc_gpio_port。gpio-mxc.c的重点工作就是维护mxc_gpio_port,mxc_gpio_port就是对I.MX6ULL GPIO的抽象。mxc_gpio_port结构体定义如下:

示例代码6-19   mxc_gpio_port结构体
```
61 struct mxc_gpio_port {
62     struct list_head node;
63     void __iomem * base;
64     int irq;
65     int irq_high;
66     struct irq_domain * domain;
67     struct bgpio_chip bgc;
68     u32 both_edges;
69 };
```

mxc_gpio_port的bgc成员变量很重要,因为稍后的重点就是初始化bgc。

继续回到mxc_gpio_probe函数,第411行调用mxc_gpio_get_hw()函数获取gpio的硬件相关数据,其实就是gpio的寄存器组,函数mxc_gpio_get_hw()中有如下代码:

示例代码6-20   mxc_gpio_get_hw()函数
```
364 static void mxc_gpio_get_hw(struct platform_device * pdev)
365 {
366     const struct of_device_id * of_id =
367             of_match_device(mxc_gpio_dt_ids, &pdev - > dev);
368     enum mxc_gpio_hwtype hwtype;
...
383
384     if (hwtype == IMX35_GPIO)
385         mxc_gpio_hwdata = &imx35_gpio_hwdata;
386     else if (hwtype == IMX31_GPIO)
387         mxc_gpio_hwdata = &imx31_gpio_hwdata;
388     else
389         mxc_gpio_hwdata = &imx1_imx21_gpio_hwdata;
390
391     mxc_gpio_hwtype = hwtype;
392 }
```

注意第385行,mxc_gpio_hwdata是一个全局变量,如果硬件类型是IMX35_GPIO,则设置mxc_gpio_hwdata为imx35_gpio_hwdata。对于I.MX6ULL而言,硬件类型就是IMX35_GPIO, imx35_gpio_hwdata 是一个结构体变量,描述了 GPIO 寄存器组,内容如下:

示例代码6-21　imx35_gpio_hwdata 结构体

```
101 static struct mxc_gpio_hwdata imx35_gpio_hwdata = {
102     .dr_reg        = 0x00,
103     .gdir_reg      = 0x04,
104     .psr_reg       = 0x08,
105     .icr1_reg      = 0x0c,
106     .icr2_reg      = 0x10,
107     .imr_reg       = 0x14,
108     .isr_reg       = 0x18,
109     .edge_sel_reg  = 0x1c,
110     .low_level     = 0x00,
111     .high_level    = 0x01,
112     .rise_edge     = 0x02,
113     .fall_edge     = 0x03,
114 };
```

大家将 imx35_gpio_hwdata 中的各个成员变量和表 6-1 中的 GPIO 寄存器表对比就会发现,imx35_gpio_hwdata 结构体就是 GPIO 寄存器组结构。这样我们后面就可以通过 mxc_gpio_hwdata 全局变量来访问 GPIO 的相应寄存器了。

继续回到示例代码 6-18 的 mxc_gpio_probe()函数中,第 417 行,调用函数 platform_get_resource()获取设备树中内存资源信息,也就是 reg 属性值。前面说了,reg 属性指定了 GPIO1 控制器的寄存器基地址为 0x0209C000,再配合前面已经得到的 mxc_gpio_hwdata,这样 Linux 内核就可以访问 GPIO1 的所有寄存器了。

第 418 行,调用 devm_ioremap_resource()函数进行内存映射,得到 0x0209C000 在 Linux 内核中的虚拟地址。

第 422 行和第 423 行,通过 platform_get_irq()函数获取中断号,第 422 行获取高 16 位 GPIO 的中断号,第 423 行获取低 16 位 GPIO 中断号。

第 428 行和第 429 行,操作 GPIO1 的 IMR 和 ISR 这两个寄存器,关闭 GPIO1 所有 IO 中断,并且清除状态寄存器。

第 438～448 行,设置对应 GPIO 的中断服务函数,不管是高 16 位还是低 16 位,中断服务函数都是 mx3_gpio_irq_handler()。

第 450～453 行,bgpio_init()函数第一个参数为 bgc,是 bgpio_chip 结构体指针。bgpio_chip 结构体有一个 gc 成员变量,gc 是一个 gpio_chip 结构体类型的变量。gpio_chip 结构体是抽象出来的 GPIO 控制器,gpio_chip 结构体如下所示(有省略):

示例代码6-22　gpio_chip 结构体

```
74 struct gpio_chip {
75     const char        * label;
76     struct device     * dev;
77     struct module     * owner;
78     struct list_head  list;
79
80     int               ( * request)(struct gpio_chip * chip,
81                          unsigned offset);
```

```
82      void        (*free)(struct gpio_chip *chip,
83                  unsigned offset);
84      int         (*get_direction)(struct gpio_chip *chip,
85                  unsigned offset);
86      int         (*direction_input)(struct gpio_chip *chip,
87                      unsigned offset);
88      int         (*direction_output)(struct gpio_chip *chip,
89                      unsigned offset, int value);
90      int         (*get)(struct gpio_chip *chip,
91                          unsigned offset);
92      void        (*set)(struct gpio_chip *chip,
93                          unsigned offset, int value);
...
145 };
```

可以看出,gpio_chip 大量的成员都是函数,这些函数就是 GPIO 操作函数。bgpio_init()函数的主要任务就是初始化 bgc->gc。bgpio_init()中有 3 个 setup 函数:bgpio_setup_io()、bgpio_setup_accessors()和 bgpio_setup_direction()。这 3 个函数就是初始化 bgc->gc 中的各种有关GPIO 的操作,比如输出、输入等。第 451～453 行的 GPIO_PSR、GPIO_DR 和 GPIO_GDIR 都是 I.MX6ULL 的 GPIO 寄存器。这些寄存器地址会赋值给 bgc 参数的 reg_dat、reg_set、reg_clr 和 reg_dir 成员变量。至此,bgc 既有了对 GPIO 的操作函数,又有了 I.MX6ULL 有关 GPIO 的寄存器,那么只要得到 bgc 就可以对 I.MX6ULL 的 GPIO 进行操作了。

继续回到 mxc_gpio_probe()函数,第 461 行调用函数 gpiochip_add()向 Linux 内核注册 gpio_chip,也就是 port->bgc.gc。注册完成以后我们就可以在驱动中使用 gpiolib 提供的各个 API 函数。

6.2.3 gpio 子系统 API 函数

对于驱动开发人员,设置好设备树以后就可以使用 gpio 子系统提供的 API 函数来操作指定的GPIO,gpio 子系统向驱动开发人员屏蔽了具体的读写寄存器过程。这就是驱动分层与分离的好处,大家各司其职,做好自己的本职工作即可。gpio 子系统提供的常用的 API 函数有下面几个。

1. gpio_request()函数

gpio_request()函数用于申请一个 GPIO 引脚,在使用一个 GPIO 之前一定要使用 gpio_request进行申请,函数原型如下:

```
int gpio_request(unsigned gpio,  const char *label)
```

函数参数含义如下:

gpio——要申请的 GPIO 标号,使用 of_get_named_gpio()函数从设备树获取指定 GPIO 属性信息,此函数会返回这个 GPIO 的标号。

label——给 gpio 设置一个名字。

返回值——0,申请成功;其他值,申请失败。

2. gpio_free()函数

如果不使用某个 GPIO 了,那么就可以调用 gpio_free()函数进行释放。函数原型如下:

```
void gpio_free(unsigned gpio)
```

函数参数含义如下：

gpio——要释放的 GPIO 标号。

返回值——无。

3. gpio_direction_input()函数

此函数用于设置某个 GPIO 为输入，函数原型如下所示：

```
int gpio_direction_input(unsigned gpio)
```

函数参数含义如下：

gpio——要设置为输入的 GPIO 标号。

返回值——0,设置成功；负值,设置失败。

4. gpio_direction_output()函数

此函数用于设置某个 GPIO 为输出，并且设置默认输出值，函数原型如下：

```
int gpio_direction_output(unsigned gpio, int value)
```

函数参数含义如下：

gpio——要设置为输出的 GPIO 标号。

value——GPIO 默认输出值。

返回值——0,设置成功；负值,设置失败。

5. gpio_get_value()函数

此函数用于获取某个 GPIO 的值(0 或 1),此函数是一个宏,定义如下：

```
#define gpio_get_value  __gpio_get_value
int __gpio_get_value(unsigned gpio)
```

函数参数含义如下：

gpio——要获取的 GPIO 标号。

返回值——非负值,得到的 GPIO 值；负值,获取失败。

6. gpio_set_value()函数

此函数用于设置某个 GPIO 的值,此函数是一个宏,定义如下：

```
#define gpio_set_value  __gpio_set_value
void __gpio_set_value(unsigned gpio, int value)
```

函数参数含义如下：

gpio——要设置的 GPIO 标号。

value——要设置的值。

返回值——无。

关于 gpio 子系统常用的 API 函数就讲这些,这些是我们用得最多的。

6.2.4　设备树中添加 gpio 节点模板

继续完成 6.1.3 节中的 test 设备,在 6.1.3 节中我们已经讲解了如何创建 test 设备的 pinctrl

节点。本节学习如何创建 test 设备的 GPIO 节点。

1. 创建 test 设备节点

在根节点"/"下创建 test 设备子节点,如下所示:

示例代码6-23　test设备节点

```
1 test {
2   /* 节点内容 */
3 };
```

2. 添加 pinctrl 信息

在 6.1.3 节中我们创建了 pinctrl_test 节点,此节点描述了 test 设备所使用的 GPIO1_IO00 这个 PIN 的信息,我们要将这节点添加到 test 设备节点中,如下所示:

示例代码6-24　向test节点添加pinctrl信息

```
1 test {
2   pinctrl - names = "default";
3   pinctrl - 0 = <&pinctrl_test>;
4   /* 其他节点内容 */
5 };
```

第 2 行,添加 pinctrl-names 属性,此属性描述 pinctrl 名字为"default"。

第 3 行,添加 pinctrl-0 节点,此节点引用 6.1.3 节中创建的 pinctrl_test 节点,表示 test 设备的所使用的 PIN 信息保存在 pinctrl_test 节点中。

3. 添加 GPIO 属性信息

最后需要在 test 节点中添加 GPIO 属性信息,表明 test 所使用的 GPIO 是哪个引脚,添加完成以后如下所示:

示例代码6-25　向test节点添加gpio属性

```
1 test {
2   pinctrl - names = "default";
3   pinctrl - 0 = <&pinctrl_test>;
4   gpio = < &gpio1 0 GPIO_ACTIVE_LOW >;
5 };
```

第 4 行,test 设备所使用的 GPIO。

关于 pinctrl 子系统和 gpio 子系统就讲解到这里,接下来使用 pinctrl 和 gpio 子系统来驱动 I. MX6ULL-ALPHA 开发板上的 LED 灯。

6.2.5　与 GPIO 相关的 OF 函数

在示例代码 6-25 中,我们定义了一个名为 gpio 的属性,gpio 属性描述了 test 这个设备所使用的 GPIO。在驱动程序中需要读取 gpio 属性内容,Linux 内核提供了几个与 GPIO 有关的 OF 函数,常用的几个 OF 函数如下所示。

1. of_gpio_named_count()函数

of_gpio_named_count()函数用于获取设备树某个属性里面定义了几个 GPIO 信息,要注意的是空的 GPIO 信息也会被统计到,比如:

```
gpios = < 0
        &gpio1 1 2
        0
        &gpio2 3 4 >;
```

上述代码的 gpios 节点一共定义了 4 个 GPIO,但是有两个是空的,没有实际的含义。通过 of_gpio_named_count()函数统计出来的 GPIO 数量就是 4 个,此函数原型如下:

```
int of_gpio_named_count( struct device_node * np, const char   * propname)
```

函数参数含义如下:

np——设备节点。

propname——要统计的 GPIO 属性。

返回值——正值,统计到的 GPIO 数量;负值,失败。

2. of_gpio_count()函数

和 of_gpio_named_count()函数一样,但是不同的地方在于,此函数统计的是 gpios 这个属性的 GPIO 数量,而 of_gpio_named_count()函数可以统计任意属性的 GPIO 信息,函数原型如下所示:

```
int of_gpio_count( struct device_node * np)
```

函数参数含义如下:

np——设备节点。

返回值——正值,统计到的 GPIO 数量;负值,失败。

3. of_get_named_gpio()函数

此函数获取 GPIO 编号,因为 Linux 内核中关于 GPIO 的 API 函数都要使用 GPIO 编号,此函数会将设备树中类似< &gpio5 7 GPIO_ACTIVE_LOW >的属性信息转换为对应的 GPIO 编号,此函数在驱动中使用很频繁。函数原型如下:

```
int of_get_named_gpio( struct device_node    * np,
                      const char             * propname,
                      int                    index)
```

函数参数含义如下:

np——设备节点。

propname——包含要获取 GPIO 信息的属性名。

index——GPIO 索引,因为一个属性里面可能包含多个 GPIO,此参数指定要获取哪个 GPIO 的编号,如果只有一个 GPIO 信息,则此参数为 0。

返回值——正值,获取到的 GPIO 编号;负值,失败。

6.3　硬件原理图分析

本章实验硬件原理图参考《原子嵌入式 Linux 驱动开发详解》4.2 节即可。

6.4 实验程序编写

本实验对应的例程路径为"2、Linux 驱动例程→5_gpioled"。

本章实验我们继续研究 LED 灯,在第 5 章实验中我们通过设备树向 dtsled.c 文件传递相应的寄存器物理地址,然后在驱动文件中配置寄存器。本章实验使用 pinctrl 和 gpio 子系统来完成 LED 灯驱动。

6.4.1 修改设备树文件

1. 添加 pinctrl 节点

I.MX6U-ALPHA 开发板上的 LED 灯使用了 GPIO1_IO03 这个 PIN,打开 imx6ull-alientek-emmc.dts,在 iomuxc 节点的 imx6ul-evk 子节点下创建一个名为 pinctrl_led 的子节点,节点内容如下:

```
                         示例代码 6-26   GPIO1_IO03 pinctrl 节点
1 pinctrl_led: ledgrp {
2     fsl,pins = <
3         MX6UL_PAD_GPIO1_IO03__GPIO1_IO03          0x10B0 / * LED0 * /
4     >;
5 };
```

第 3 行,将 GPIO1_IO03 这个 PIN 复用为 GPIO1_IO03,电气属性值为 0x10B0。

2. 添加 LED 设备节点

在根节点"/"下创建 LED 灯节点,节点名为 gpioled,节点内容如下:

```
                         示例代码 6-27   创建 LED 灯节点
1 gpioled {
2     #address-cells = <1>;
3     #size-cells = <1>;
4     compatible = "atkalpha-gpioled";
5     pinctrl-names = "default";
6     pinctrl-0 = <&pinctrl_led>;
7     led-gpio = <&gpio1 3 GPIO_ACTIVE_LOW>;
8     status = "okay";
9 };
```

第 6 行,pinctrl-0 属性设置 LED 灯所使用的 PIN 对应的 pinctrl 节点。

第 7 行,led-gpio 属性指定了 LED 灯所使用的 GPIO,在这里就是 GPIO1 的 IO03,低电平有效。稍后编写驱动程序的时候会获取 led-gpio 属性的内容来得到 GPIO 编号,因为 GPIO 子系统的 API 操作函数需要 GPIO 编号。

3. 检查 PIN 是否被其他外设使用

这一点非常重要。

很多初次接触设备树的驱动开发人员很容易因为这个小问题栽了大跟头。因为我们所使用的设备树基本都是在半导体厂商提供的设备树文件基础上修改而来的,而半导体厂商提供的设备树是根据自己官方开发板编写的,很多 PIN 的配置和我们所使用的开发板不一样。比如 A 这个引脚在官方开发板接的是 I²C 的 SDA,而我们所使用的硬件可能将 A 这个引脚接到了其他的外设,比如 LED 灯上。接不同的外设,A 这个引脚的配置就不同。一个引脚一次只能实现一个功能,如果 A 引脚在设备树中配置为了 I²C 的 SDA 信号,那么 A 引脚就不能再配置为 GPIO,否则驱动程序在申请 GPIO 的时候就会失败。检查 PIN 有没有被其他外设使用包括两方面:

(1)检查 pinctrl 设置。

(2)如果这个 PIN 配置为 GPIO,则检查这个 GPIO 有没有被其他外设使用。

在本章实验中 LED 灯使用的 PIN 为 GPIO1_IO03,因此先检查 GPIO_IO03 这个 PIN 有没有被其他的 pinctrl 节点使用,在 imx6ull-alientek-emmc.dts 中找到如下内容:

示例代码6-28　pinctrl_tsc 节点

```
480 pinctrl_tsc: tscgrp {
481     fsl,pins = <
482         MX6UL_PAD_GPIO1_IO01__GPIO1_IO01    0xb0
483         MX6UL_PAD_GPIO1_IO02__GPIO1_IO02    0xb0
484         MX6UL_PAD_GPIO1_IO03__GPIO1_IO03    0xb0
485         MX6UL_PAD_GPIO1_IO04__GPIO1_IO04    0xb0
486     >;
487 };
```

pinctrl_tsc 节点是 TSC(电阻触摸屏接口)的 pinctrl 节点,从第 484 行可以看出,默认情况下 GPIO1_IO03 作为了 TSC 外设的 PIN。所以需要将第 484 行屏蔽掉。和 C 语言一样,在要屏蔽的内容前后加上"/ * "和" * /"符号即可。其实在 I.MX6U-ALPHA 开发板上并没有用到 TSC 接口,所以第 482~485 行的内容可以全部屏蔽掉。

因为本章将 GPIO1_IO03 这个 PIN 配置为了 GPIO,所以还需要查找一下有没有其他的外设使用了 GPIO1_IO03,在 imx6ull-alientek-emmc.dts 中搜索"gpio1 3",找到如下内容:

示例代码6-29　tsc 节点

```
723 &tsc {
724     pinctrl-names = "default";
725     pinctrl-0 = <&pinctrl_tsc>;
726     xnur-gpio = <&gpio1 3 GPIO_ACTIVE_LOW>;
727     measure-delay-time = <0xffff>;
728     pre-charge-time = <0xfff>;
729     status = "okay";
730 };
```

tsc 是 TSC 的外设节点,从第 726 行可以看出,tsc 外设也使用了 GPIO1_IO03,同样我们需要将这一行屏蔽掉。然后再继续搜索"gpio1 3",看看除了本章的 LED 灯以外还有没有其他的地方也使用了 GPIO1_IO03,找到一个屏蔽一个。

设备树编写完成以后使用"make dtbs"命令重新编译设备树,然后使用新编译出来的 imx6ull-alientek-emmc.dtb 文件启动 Linux 系统。启动成功以后进入/proc/device-tree 目录中查看 gpioled 节点是否存在,如果存在,则说明设备树基本修改成功(具体还要驱动验证),结果如图 6-5 所示。

6.4.2　LED 灯驱动程序编写

设备树准备好以后就可以编写驱动程序了,本章实验在第 5 章实验驱动文件 dtsled.c 的基础上

```
/lib/modules/4.1.15 # cd /proc/device-tree/
/sys/firmware/devicetree/base # ls
#address-cells              interrupt-controller@00a01000
#size-cells                 key
aliases                     memory
alphaled                    model
backlight                   name
beep                        pxp_v4l2
chosen                      regulators
clocks                      reserved-memory
compatible                  sii902x-reset
cpus                        soc
gpio-keys                   sound
gpioled                     spi4
/sys/firmware/devicetree/base #
```
gpioled子节点

图 6-5 gpioled 子节点

修改而来。新建名为 5_gpioled 的文件夹,然后在 5_gpioled 文件夹里面创建 vscode 工程,工作区命名为 gpioled。工程创建好以后新建 gpioled.c 文件,在 gpioled.c 中输入如下内容:

示例代码 6-30 gpioled.c 驱动文件代码

```
1   # include < linux/types. h>
2   # include < linux/kernel. h>
3   # include < linux/delay. h>
4   # include < linux/ide. h>
5   # include < linux/init. h>
6   # include < linux/module. h>
7   # include < linux/errno. h>
8   # include < linux/gpio. h>
9   # include < linux/cdev. h>
10  # include < linux/device. h>
11  # include < linux/of. h>
12  # include < linux/of_address. h>
13  # include < linux/of_gpio. h>
14  # include < asm/mach/map. h>
15  # include < asm/uaccess. h>
16  # include < asm/io. h>
17  /***************************************************************
18  Copyright ALIENTEK Co. , Ltd. 1998 - 2029. All rights reserved.
19  文件名     : gpioled. c
20  作者       : 左忠凯
21  版本       : V1.0
22  描述       : 采用 pinctrl 和 gpio 子系统驱动 LED 灯
23  其他       : 无
24  论坛       : www. openedv. com
25  日志       : 初版 V1.0 2019/7/13 左忠凯创建
26  ***************************************************************/
27  # define GPIOLED_CNT     1           /* 设备号个数   */
28  # define GPIOLED_NAME    "gpioled"   /* 名字        */
29  # define LEDOFF          0           /* 关灯        */
30  # define LEDON           1           /* 开灯        */
31
32  /* gpioled 设备结构体 */
33  struct gpioled_dev{
34      dev_t devid;                     /* 设备号      */
35      struct cdev cdev;                /* cdev       */
36      struct class * class;            /* 类         */
```

```
37      struct device * device;        / *  设备       * /
38      int major;                     / *  主设备号    * /
39      int minor;                     / *  次设备号    * /
40      struct device_node   * nd;     / *  设备节点    * /
41      int led_gpio;                  / *  LED 所使用的 GPIO 编号      * /
42  };
43
44  struct gpioled_dev gpioled;        / *  LED 设备  * /
45
46  / *
47   *  @description    : 打开设备
48   *  @param - inode  : 传递给驱动的 inode
49   *  @param - filp   : 设备文件,file 结构体有个叫作 private_data 的成员变量,
50   *                    一般在 open 的时候将 private_data 指向设备结构体
51   *  @return         : 0,成功;其他,失败
52   * /
53  static int led_open(struct inode * inode, struct file * filp)
54  {
55      filp - > private_data = &gpioled;   / *  设置私有数据 * /
56      return 0;
57  }
58
59  / *
60   *  @description    : 从设备读取数据
61   *  @param - filp   : 要打开的设备文件(文件描述符)
62   *  @param - buf    : 返回给用户空间的数据缓冲区
63   *  @param - cnt    : 要读取的数据长度
64   *  @param - offt   : 相对于文件首地址的偏移
65   *  @return         : 读取的字节数,如果为负值,则表示读取失败
66   * /
67  static ssize_t led_read (struct file * filp, char __user * buf,
                        size_t cnt, loff_t * offt)
68  {
69      return 0;
70  }
71
72  / *
73   *  @description    : 向设备写数据
74   *  @param - filp   : 设备文件,表示打开的文件描述符
75   *  @param - buf    : 保存着要向设备写入的数据
76   *  @param - cnt    : 要写入的数据长度
77   *  @param - offt   : 相对于文件首地址的偏移
78   *  @return         : 写入的字节数,如果为负值,则表示写入失败
79   * /
80  static ssize_t led_write(struct file * filp, const char __user * buf,
                        size_t cnt, loff_t * offt)
81  {
82      int retvalue;
83      unsigned char databuf[1];
84      unsigned char ledstat;
85      struct gpioled_dev * dev = filp - > private_data;
86
```

```
87          retvalue = copy_from_user(databuf, buf, cnt);
88          if(retvalue < 0) {
89              printk("kernel write failed!\r\n");
90              return - EFAULT;
91          }
92
93          ledstat = databuf[0];                          /* 获取状态值   */
94
95          if(ledstat == LEDON) {
96              gpio_set_value(dev -> led_gpio, 0);        /* 打开 LED 灯   */
97          } else if(ledstat == LEDOFF) {
98              gpio_set_value(dev -> led_gpio, 1);        /* 关闭 LED 灯   */
99          }
100         return 0;
101     }
102
103     /*
104      * @description    : 关闭/释放设备
105      * @param - filp   : 要关闭的设备文件(文件描述符)
106      * @return         : 0,成功;其他,失败
107      */
108     static int led_release(struct inode * inode, struct file * filp)
109     {
110         return 0;
111     }
112
113     /* 设备操作函数 */
114     static struct file_operations gpioled_fops = {
115         .owner = THIS_MODULE,
116         .open = led_open,
117         .read = led_read,
118         .write = led_write,
119         .release = led_release,
120     };
121
122     /*
123      * @description    : 驱动入口函数
124      * @param          : 无
125      * @return         : 无
126      */
127     static int __init led_init(void)
128     {
129         int ret = 0;
130
131         /* 设置 LED 所使用的 GPIO */
132         /* 1、获取设备节点:gpioled */
133         gpioled.nd = of_find_node_by_path("/gpioled");
134         if(gpioled.nd == NULL) {
135             printk("gpioled node cant not found!\r\n");
136             return - EINVAL;
137         } else {
138             printk("gpioled node has been found!\r\n");
```

```
139        }
140
141        /* 2、获取设备树中的 gpio 属性,得到 LED 所使用的 LED 编号 */
142        gpioled.led_gpio = of_get_named_gpio(gpioled.nd, "led-gpio", 0);
143        if(gpioled.led_gpio < 0) {
144            printk("can't get led-gpio");
145            return -EINVAL;
146        }
147        printk("led-gpio num = %d\r\n", gpioled.led_gpio);
148
149        /* 3、设置 GPIO1_IO03 为输出,并且输出高电平,默认关闭 LED 灯 */
150        ret = gpio_direction_output(gpioled.led_gpio, 1);
151        if(ret < 0) {
152            printk("can't set gpio!\r\n");
153        }
154
155        /* 注册字符设备驱动 */
156        /* 1、创建设备号 */
157        if (gpioled.major) {                         /* 定义了设备号    */
158            gpioled.devid = MKDEV(gpioled.major, 0);
159            register_chrdev_region(gpioled.devid, GPIOLED_CNT, GPIOLED_NAME);
160        } else {                                     /* 没有定义设备号 */
161            alloc_chrdev_region(&gpioled.devid, 0, GPIOLED_CNT, GPIOLED_NAME);
                                                        /* 申请设备号       */
162            gpioled.major = MAJOR(gpioled.devid);    /* 获取分配号的主设备号 */
163            gpioled.minor = MINOR(gpioled.devid);    /* 获取分配号的次设备号 */
164        }
165        printk("gpioled major = %d,minor = %d\r\n",gpioled.major, gpioled.minor);
166
167        /* 2、初始化 cdev */
168        gpioled.cdev.owner = THIS_MODULE;
169        cdev_init(&gpioled.cdev, &gpioled_fops);
170
171        /* 3、添加一个 cdev */
172        cdev_add(&gpioled.cdev, gpioled.devid, GPIOLED_CNT);
173
174        /* 4、创建类 */
175        gpioled.class = class_create(THIS_MODULE, GPIOLED_NAME);
176        if (IS_ERR(gpioled.class)) {
177            return PTR_ERR(gpioled.class);
178        }
179
180        /* 5、创建设备 */
181        gpioled.device = device_create(gpioled.class, NULL, gpioled.devid, NULL, GPIOLED_NAME);
182        if (IS_ERR(gpioled.device)) {
183            return PTR_ERR(gpioled.device);
184        }
185        return 0;
186    }
187
188    /*
189     * @description    :驱动出口函数
```

```
190   *  @param     : 无
191   *  @return    : 无
192   */
193 static void __exit led_exit(void)
194 {
195     /* 注销字符设备驱动 */
196     cdev_del(&gpioled.cdev);                        /* 删除 cdev */
197     unregister_chrdev_region(gpioled.devid, GPIOLED_CNT);   /* 注销 */
198
199     device_destroy(gpioled.class, gpioled.devid);
200     class_destroy(gpioled.class);
201 }
202
203 module_init(led_init);
204 module_exit(led_exit);
205 MODULE_LICENSE("GPL");
206 MODULE_AUTHOR("zuozhongkai");
```

第 41 行，在设备结构体 gpioled_dev 中加入 led_gpio 成员变量，此成员变量保存 LED 等所使用的 GPIO 编号。

第 55 行，将设备结构体变量 gpioled 设置为 filp 的私有数据 private_data。

第 85 行，通过读取 filp 的 private_data 成员变量来得到设备结构体变量，也就是 gpioled-dev。这种将设备结构体设置为 filp 私有数据的方法在 Linux 内核驱动中非常常见。

第 96 行和第 97 行，直接调用 gpio_set_value() 函数来向 GPIO 写入数据，实现开/关 LED 的效果，不需要我们直接操作相应的寄存器。

第 133 行，获取节点"/gpioled"。

第 142 行，通过 of_get_named_gpio() 函数获取 LED 所使用的 LED 编号。相当于将 gpioled 节点中的"led-gpio"属性值转换为对应的 LED 编号。

第 150 行，调用函数 gpio_direction_output() 设置 GPIO1_IO03 这个 GPIO 为输出，并且默认高电平，这样默认就会关闭 LED 灯。

可以看出 gpioled.c 文件中的内容和第 5 章的 dtsled.c 差不多，只是取消掉了配置寄存器的过程，改为使用 Linux 内核提供的 API 函数。在 GPIO 操作上更加规范，符合 Linux 代码框架，而且也简化了 GPIO 驱动开发的难度，以后我们所有例程用到 GPIO 的地方都采用此方法。

6.4.3　编写测试 App

本章直接使用第 3 章的测试 App，将第 5 章的 ledApp.c 文件复制到本章实验工程下即可。

6.5　运行测试

6.5.1　编译驱动程序和测试 App

1. 编译驱动程序

编写 Makefile 文件，本章实验的 Makefile 文件和第 1 章实验基本一样，只是将 obj-m 变量的值改为 gpioled.o，Makefile 内容如下所示：

```
                        示例代码 6-31   Makefile 文件
1   KERNELDIR : = /home/zuozhongkai/linux/IMX6ULL/linux/temp/linux - imx - rel_imx_4.1.15_2.1.0_ga_alientek
...
4   obj - m : = gpioled.o
...
11 clean:
12   $ (MAKE) - C $ (KERNELDIR) M = $ (CURRENT_PATH) clean
```

第 4 行,设置 obj-m 变量的值为 gpioled. o。

输入如下命令编译出驱动模块文件:

```
make - j32
```

编译成功以后就会生成一个名为 gpioled. ko 的驱动模块文件。

2. 编译测试 App

输入如下命令编译测试 ledApp. c 测试程序:

```
arm - linux - gnueabihf - gcc ledApp.c - o ledApp
```

编译成功以后就会生成 ledApp 应用程序。

6.5.2 运行测试

将 6.5.1 节编译出来的 gpioled. ko 和 ledApp 这两个文件复制到 rootfs/lib/modules/4. 1. 15
目录中,重启开发板,进入目录 lib/modules/4. 1. 15 中,输入如下命令加载 gpioled. ko 驱动模块:

```
depmod             //第一次加载驱动的时候需要运行此命令
modprobe gpioled.ko    //加载驱动
```

驱动加载成功以后会在终端中输出一些信息,如图 6-6 所示。

```
/lib/modules/4.1.15 # depmod
/lib/modules/4.1.15 # modprobe gpioled
gpioled node find!
led-gpio num = 3
gpioled major=246,minor=0
/lib/modules/4.1.15 #
```

图 6-6 驱动加载成功以后输出的信息

从图 6-6 可以看出,gpioled 节点找到了,并且 GPIO1_IO03 这个 GPIO 的编号为 3。驱动加载
成功以后就可以使用 ledApp 软件来测试驱动是否工作正常,输入如下命令打开 LED 灯:

```
./ledApp /dev/gpioled 1         //打开 LED 灯
```

输入上述命令以后观察 I. MX6U-ALPHA 开发板上的红色 LED 灯是否点亮,如果点亮,则说
明驱动工作正常。再输入如下命令关闭 LED 灯:

```
./ledApp  /dev/gpioled 0         //关闭 LED 灯
```

输入上述命令以后观察 I. MX6U-ALPHA 开发板上的红色 LED 灯是否熄灭。如果要卸载驱
动,则输入如下命令:

```
rmmod gpioled.ko
```

第7章

Linux蜂鸣器实验

第 6 章实验中借助 pinctrl 和 gpio 子系统编写了 LED 灯驱动,I. MX6U-ALPHA 开发板上还有一个蜂鸣器,从软件的角度考虑,蜂鸣器驱动和 LED 灯驱动其实是一模一样的,都是控制 I/O 输出高低电平。本章就来学习编写蜂鸣器的 Linux 驱动,也算是对第 6 章讲解的 pinctrl 和 gpio 子系统的巩固。

7.1 蜂鸣器驱动原理

蜂鸣器驱动原理已经有了详细的讲解,I. MX6U-ALPHA 开发板上的蜂鸣器通过 SNVS_TAMPER1 引脚来控制,本节来看一下如果在 Linux 下编写蜂鸣器驱动需要做哪些工作:

（1）在设备树中添加 SNVS_TAMPER1 引脚的 pinctrl 信息。

（2）在设备树中创建蜂鸣器节点,在蜂鸣器节点中加入 GPIO 信息。

（3）编写驱动程序和测试 App,和第 6 章的 LED 驱动程序和测试 App 基本一样。

接下来就根据上面这 3 步来编写蜂鸣器 Linux 驱动。

7.2 硬件原理图分析

本章实验硬件原理图参考《原子嵌入式 Linux 驱动开发详解》10.2 节。

7.3 实验程序编写

本实验对应的例程路径为"2、Linux 驱动例程→6_beep"。

本章实验在第 3 章实验的基础上完成,重点是将驱动改为基于设备树的。

7.3.1 修改设备树文件

1. 添加 pinctrl 节点

I. MX6U-ALPHA 开发板上的 BEEP 使用了 SNVS_TAMPER1 这个 PIN,打开 imx6ullalientek-emmc.dts,这里要在 iomuxc_snvs 节点下添加引脚信息,因为 SNVS_TAMPER1 属于 SNVS 域,因此要放到 iomuxc_snvs 节点下。在 iomuxc_snvs 下的 imx6ul-evk 子节点创建一个名为 pinctrl_beep 的子节点,节点内容如下所示:

```
                     示例代码7-1  SNVS_TAMPER1 pinctrl 节点
1 pinctrl_beep: beepgrp {
2     fsl,pins = <
3         MX6ULL_PAD_SNVS_TAMPER1__GPIO5_IO01      0x10B0 /* beep */
4     >;
5 };
```

第 3 行,将 SNVS_TAMPER1 这个 PIN 复用为 GPIO5_IO01,宏 MX6ULL_PAD_SNVS_TAMPER1__GPIO5_IO01 定义在 arch/arm/boot/dts/imx6ull-pinfunc-snvs.h 文件中。

2. 添加 BEEP 设备节点

在根节点"/"下创建 BEEP 设备节点,节点名为 beep,节点内容如下:

```
                      示例代码7-2  创建 BEEP 设备节点
1 beep {
2     #address-cells = <1>;
3     #size-cells = <1>;
4     compatible = "atkalpha-beep";
5     pinctrl-names = "default";
6     pinctrl-0 = <&pinctrl_beep>;
7     beep-gpio = <&gpio5 1 GPIO_ACTIVE_HIGH>;
8     status = "okay";
9 };
```

第 6 行,pinctrl-0 属性设置蜂鸣器所使用的 PIN 对应的 pinctrl 节点。

第 7 行,beep-gpio 属性指定了蜂鸣器所使用的 GPIO。

3. 检查 PIN 是否被其他外设使用

在本章实验中蜂鸣器使用的 PIN 为 SNVS_TAMPER1,因此先检查 SNVS_TAMPER1 这个 PIN 有没有被其他的 pinctrl 节点使用,如果有使用则要屏蔽掉,然后再检查 GPIO5_IO01 这个 GPIO 有没有被其他外设使用,如果有也要屏蔽掉。

设备树编写完成以后使用"make dtbs"命令重新编译设备树,然后使用新编译出来的 imx6ull-alientek-emmc.dtb 文件启动 Linux 系统。启动成功以后进入/proc/device-tree 目录中查看 beep 子节点是否存在,如果存在就说明设备树基本修改成功(具体还要驱动验证),结果如图 7-1 所示。

```
/lib/modules/4.1.15 # cd /proc/device-tree/
/sys/firmware/devicetree/base # ls
#address-cells            interrupt-controller@00a01000
#size-cells               key
aliases        beep子节点  memory
alphaled                  model
backlight                 name
beep                      pxp_v4l2
chosen                    regulators
clocks                    reserved-memory
compatible                sii902x-reset
cpus                      soc
gpio-keys                 sound
gpioled                   spi4
/sys/firmware/devicetree/base #
```

图 7-1 beep 子节点

7.3.2 蜂鸣器驱动程序编写

设备树准备好以后就可以编写驱动程序了,本章实验在第 6 章实验驱动文件 gpioled.c 的基础上修改而来。新建名为 6_beep 的文件夹,然后在 6_beep 文件夹中创建 vscode 工程,工作区命名为beep。工程创建好以后新建 beep.c 文件,在 beep.c 中输入如下内容:

示例代码 7-3 beep.c 文件代码段

```
1    # include < linux/types. h >
2    # include < linux/kernel. h >
3    # include < linux/delay. h >
4    # include < linux/ide. h >
5    # include < linux/init. h >
6    # include < linux/module. h >
7    # include < linux/errno. h >
8    # include < linux/gpio. h >
9    # include < linux/cdev. h >
10   # include < linux/device. h >
11   # include < linux/of. h >
12   # include < linux/of_address. h >
13   # include < linux/of_gpio. h >
14   # include < asm/mach/map. h >
15   # include < asm/uaccess. h >
16   # include < asm/io. h >
17   / ********************************************************
18   Copyright © ALIENTEK Co., Ltd. 1998 - 2029. All rights reserved.
19   文件名    : beep.c
20   作者      : 左忠凯
21   版本      : V1.0
22   描述      : 蜂鸣器驱动程序
23   其他      : 无
24   论坛      : www.openedv.com
25   日志      : 初版 V1.0 2019/7/15 左忠凯创建
26   ******************************************************** /
27   # define BEEP_CNT      1              / * 设备号个数   * /
28   # define BEEP_NAME     "beep"         / * 名字        * /
29   # define BEEPOFF       0              / * 关闭蜂鸣器   * /
30   # define BEEPON        1              / * 打开蜂鸣器   * /
31
32
33   / * beep 设备结构体 * /
34   struct beep_dev{
35       dev_t devid;               / * 设备号              * /
36       struct cdev cdev;          / * cdev               * /
37       struct class * class;      / * 类                 * /
38       struct device * device;    / * 设备               * /
39       int major;                 / * 主设备号            * /
40       int minor;                 / * 次设备号            * /
41       struct device_node   * nd; / * 设备节点            * /
42       int beep_gpio;             / * 蜂鸣器所使用的GPIO编号 * /
43   };
44
```

```
45  struct beep_dev beep;                        /* 蜂鸣器设备 */
46
47  /*
48   * @description   :打开设备
49   * @param - inode :传递给驱动的 inode
50   * @param - filp  :设备文件,file 结构体有个叫作 private_data 的成员变量,
51   *                  一般在 open 的时候将 private_data 指向设备结构体
52   * @return         :0,成功;其他,失败
53   */
54  static int beep_open(struct inode * inode, struct file * filp)
55  {
56      filp -> private_data = &beep;        /* 设置私有数据 */
57      return 0;
58  }
59
60  /*
61   * @description   :向设备写数据
62   * @param - filp :设备文件,表示打开的文件描述符
63   * @param - buf  :保存着要向设备写入的数据
64   * @param - cnt  :要写入的数据长度
65   * @param - offt :相对于文件首地址的偏移
66   * @return        :写入的字节数,如果为负值,则表示写入失败
67   */
68  static ssize_t beep_write(struct file * filp, const char __user * buf,
                              size_t cnt, loff_t * offt)
69  {
70      int retvalue;
71      unsigned char databuf[1];
72      unsigned char beepstat;
73      struct beep_dev * dev = filp -> private_data;
74
75      retvalue = copy_from_user(databuf, buf, cnt);
76      if(retvalue < 0) {
77          printk("kernel write failed!\r\n");
78          return - EFAULT;
79      }
80
81      beepstat = databuf[0];                        /* 获取状态值 */
82
83      if(beepstat == BEEPON) {
84          gpio_set_value(dev -> beep_gpio, 0);    /* 打开蜂鸣器 */
85      } else if(beepstat ==  BEEPOFF) {
86          gpio_set_value(dev -> beep_gpio, 1);    /* 关闭蜂鸣器 */
87      }
88      return 0;
89  }
90
91  /*
92   * @description   :关闭/释放设备
93   * @param - filp :要关闭的设备文件(文件描述符)
94   * @return        :0,成功;其他,失败
95   */
```

```
96  static int beep_release(struct inode * inode, struct file * filp)
97  {
98      return 0;
99  }
100
101 /* 设备操作函数 */
102 static struct file_operations beep_fops = {
103     .owner = THIS_MODULE,
104     .open = beep_open,
105     .write = beep_write,
106     .release =  beep_release,
107 };
108
109 /*
110  * @description    :驱动入口函数
111  * @param          :无
112  * @return         :无
113  */
114 static int __init beep_init(void)
115 {
116     int ret = 0;
117
118     /* 设置蜂鸣器所使用的 GPIO */
119     /* 1、获取设备节点:beep */
120     beep.nd = of_find_node_by_path("/beep");
121     if(beep.nd == NULL) {
122         printk("beep node not find!\r\n");
123         return - EINVAL;
124     } else {
125         printk("beep node find!\r\n");
126     }
127
128     /* 2、获取设备树中的 GPIO 属性,得到蜂鸣器所使用的 GPIO 编号 */
129     beep.beep_gpio = of_get_named_gpio(beep.nd, "beep - gpio", 0);
130     if(beep.beep_gpio < 0) {
131         printk("can't get beep - gpio");
132         return - EINVAL;
133     }
134     printk("led - gpio num = % d\r\n", beep.beep_gpio);
135
136     /* 3、设置 GPIO5_IO01 为输出,并且输出高电平,默认关闭蜂鸣器 */
137     ret = gpio_direction_output(beep.beep_gpio, 1);
138     if(ret < 0) {
139         printk("can't set gpio!\r\n");
140     }
141
142     /* 注册字符设备驱动 */
143     /* 1、创建设备号 */
144     if (beep.major) {                  /* 定义了设备号 */
145         beep.devid = MKDEV(beep.major, 0);
146         register_chrdev_region(beep.devid, BEEP_CNT, BEEP_NAME);
147     } else {                           /* 没有定义设备号 */
```

```
148          alloc_chrdev_region(&beep.devid, 0, BEEP_CNT, BEEP_NAME);
149          beep.major = MAJOR(beep.devid);          /* 获取分配号的主设备号 */
150          beep.minor = MINOR(beep.devid);          /* 获取分配号的次设备号 */
151      }
152      printk("beep major = %d,minor = %d\r\n",beep.major, beep.minor);
153
154      /* 2、初始化 cdev */
155      beep.cdev.owner = THIS_MODULE;
156      cdev_init(&beep.cdev, &beep_fops);
157
158      /* 3、添加一个 cdev */
159      cdev_add(&beep.cdev, beep.devid, BEEP_CNT);
160
161      /* 4、创建类 */
162      beep.class = class_create(THIS_MODULE, BEEP_NAME);
163      if (IS_ERR(beep.class)) {
164          return PTR_ERR(beep.class);
165      }
166
167      /* 5、创建设备 */
168      beep.device = device_create(beep.class, NULL, beep.devid, NULL,BEEP_NAME);
169      if (IS_ERR(beep.device)) {
170          return PTR_ERR(beep.device);
171      }
172
173      return 0;
174 }
175
176 /*
177  * @description    : 驱动出口函数
178  * @param          : 无
179  * @return         : 无
180  */
181 static void __exit beep_exit(void)
182 {
183      /* 注销字符设备驱动 */
184      cdev_del(&beep.cdev);                    /* 删除 cdev */
185      unregister_chrdev_region(beep.devid, BEEP_CNT);
186
187      device_destroy(beep.class, beep.devid);
188      class_destroy(beep.class);
189 }
190
191 module_init(beep_init);
192 module_exit(beep_exit);
193 MODULE_LICENSE("GPL");
194 MODULE_AUTHOR("zuozhongkai");
```

beep.c 中的内容和第 6 章的 gpioled.c 中的内容基本一样,只是换为了初始化 SNVS_TAMPER1 这个 PIN,这里就不详细讲解了。

7.3.3　编写测试 App

测试 App 在第 6 章实验的 ledApp.c 文件的基础上完成,新建名为 beepApp.c 的文件,然后输入如下所示内容:

示例代码 7-4　beepApp.c 文件

```
1   # include "stdio.h"
2   # include "unistd.h"
3   # include "sys/types.h"
4   # include "sys/stat.h"
5   # include "fcntl.h"
6   # include "stdlib.h"
7   # include "string.h"
8   /***********************************************************
9   Copyright © ALIENTEK Co., Ltd. 1998 – 2029. All rights reserved.
10  文件名       : beepApp.c
11  作者         : 左忠凯
12  版本         : V1.0
13  描述         : beep 测试 App
14  其他         : 无
15  使用方法     : ./beepApp /dev/beep  0  关闭蜂鸣器
16                ./beepApp /dev/beep  1  打开蜂鸣器
17  论坛         : www.openedv.com
18  日志         : 初版 V1.0 2019/7/15 左忠凯创建
19  *********************************************************** /
20
21  # define BEEPOFF    0
22  # define BEEPON     1
23
24  /*
25   * @description    : main 主程序
26   * @param – argc    : argv 数组元素个数
27   * @param – argv    : 具体参数
28   * @return          : 0,成功;其他,失败
29   */
30  int main(int argc, char * argv[])
31  {
32      int fd, retvalue;
33      char * filename;
34      unsigned char databuf[1];
35
36      if(argc ! = 3){
37          printf("Error Usage!\r\n");
38          return – 1;
39      }
40
41      filename = argv[1];
42
43      /* 打开 beep 驱动 */
44      fd = open(filename, O_RDWR);
45      if(fd < 0){
```

141

```
46              printf("file % s open failed!\r\n", argv[1]);
47              return -1;
48          }
49
50      databuf[0] = atoi(argv[2]);          /* 要执行的操作:打开或关闭 */
51
52      /* 向/dev/beep 文件写入数据 */
53      retvalue = write(fd, databuf, sizeof(databuf));
54      if(retvalue < 0){
55              printf("BEEP Control Failed!\r\n");
56          close(fd);
57              return -1;
58          }
59
60      retvalue = close(fd);                /* 关闭文件 */
61      if(retvalue < 0){
62          printf("file % s close failed!\r\n", argv[1]);
63              return -1;
64          }
65      return 0;
66  }
```

beepApp.c 的文件内容和 ledApp.c 文件内容基本一样,也是对文件进行打开、写、关闭等操作。

7.4 运行测试

7.4.1 编译驱动程序和测试 App

1. 编译驱动程序

编写 Makefile 文件,本章实验的 Makefile 文件和第 1 章实验基本一样,只是将 obj-m 变量的值改为 beep.o,Makefile 内容如下所示:

```
                    示例代码 7-5  Makefile 文件
1   KERNELDIR := /home/zuozhongkai/linux/IMX6ULL/linux/temp/linux-imx-rel_imx_4.1.15_2.1.0_ga_alientek
...
4   obj-m := beep.o
...
11  clean:
12      $(MAKE) -C $(KERNELDIR) M=$(CURRENT_PATH) clean
```

第 4 行,设置 obj-m 变量的值为 beep.o。
输入如下命令编译出驱动模块文件:

```
make -j32
```

编译成功以后就会生成一个名为 beep.ko 的驱动模块文件。

2. 编译测试 App

输入如下命令编译测试 beepApp.c 测试程序:

```
arm-linux-gnueabihf-gcc beepApp.c -o beepApp
```

编译成功以后就会生成 beepApp 应用程序。

7.4.2 运行测试

将 7.4.1 节编译出来的 beep.ko 和 beepApp 这两个文件复制到 rootfs/lib/modules/4.1.15 目录中,重启开发板,进入目录 lib/modules/4.1.15 中,输入如下命令加载 beep.ko 驱动模块:

```
depmod                  //第一次加载驱动的时候需要运行此命令
modprobe beep.ko        //加载驱动
```

驱动加载成功以后会在终端中输出一些信息,如图 7-2 所示。

```
/lib/modules/4.1.15 # depmod
/lib/modules/4.1.15 # modprobe beep
beep node find!
led-gpio num = 129
beep major=245,minor=0
/lib/modules/4.1.15 #
```

图 7-2 驱动加载成功以后输出的信息

从图 7-2 可以看出,beep 节点找到了,并且 GPIO5_IO01 这个 GPIO 的编号为 129。使用 beepApp 软件来测试驱动是否工作正常,输入如下命令打开蜂鸣器:

```
./beepApp  /dev/beep 1        //打开蜂鸣器
```

输入上述命令,查看 I.MX6U-ALPHA 开发板上的蜂鸣器是否有鸣叫,如果鸣叫,则说明驱动工作正常。再输入如下命令关闭蜂鸣器:

```
./beepApp  /dev/beep 0        //关闭蜂鸣器
```

输入上述命令以后观察 I.MX6U-ALPHA 开发板上的蜂鸣器是否停止鸣叫。如果要卸载驱动,则输入如下命令:

```
rmmod beep.ko
```

第8章

Linux并发与竞争

Linux是一个多任务操作系统,肯定会存在多个任务共同操作同一段内存或者设备的情况,多个任务甚至中断都能访问的资源叫作共享资源,就和共享单车一样。在驱动开发中要注意对共享资源的保护,也就是要处理对共享资源的并发访问。比如共享单车,大家按照谁扫谁骑走的原则来共用这个单车,如果没有这个并发访问共享单车的原则存在,只怕到时候为了一辆单车要打起来了。在Linux驱动编写过程中对于并发控制的管理非常重要,本章就来学习如何在Linux驱动中处理并发。

8.1 并发与竞争

1. 并发与竞争简介

并发就是多个"用户"同时访问同一个共享资源,比如你们公司有一台打印机,公司的所有人都可以使用。现在小李和小王要同时使用这一台打印机,都要打印一份文件。小李要打印的文件内容如下:

示例代码8-1　小李要打印的内容

我叫小李
电话:123456
工号:16

小王要打印的内容如下:

示例代码8-2　小王要打印的内容

我叫小王
电话:678910
工号:20

这两份文档肯定是各自打印出来的,不能相互影响。当两个人同时打印时如果打印机不做处理,就可能会出现小李的文档打印了一行,然后开始打印小王的文档,这样打印出来的文档就错乱了,可能会出现如下的错误文档内容:

示例代码8-3 小王打印出来的错误文档

我叫小王
电话:123456
工号:20

可以看出,小王打印出来的文档中电话号码错误了,变成小李的了,这是绝对不允许的。如果有多人同时向打印机发送了多份文档,打印机必须保证一次只能打印一份文档,只有打印完成以后才能打印其他的文档。

Linux 系统是个多任务操作系统,会存在多个任务同时访问同一片内存区域,这些任务可能会相互覆盖这段内存中的数据,造成内存数据混乱。针对这个问题必须要做处理,严重的话可能会导致系统崩溃。现在的 Linux 系统并发产生的原因很复杂,总结一下有下面几个主要原因:

(1)多线程并发访问,Linux 是多任务(线程)的系统,所以多线程访问是最基本的原因。

(2)抢占式并发访问,从 2.6 版本内核开始,Linux 内核支持抢占,也就是说,调度程序可以在任意时刻抢占正在运行的线程,从而运行其他的线程。

(3)中断程序并发访问,这个无须多说,学过 STM32 的读者应该知道,硬件中断的权利可是很大的。

(4)SMP(多核)核间并发访问,现在 ARM 架构的多核 SOC 很常见,多核 CPU 存在核间并发访问。

并发访问带来的问题就是竞争,学过 FreeRTOS 和 μCOS 的读者应该知道临界区这个概念。所谓临界区,就是共享数据段,对于临界区必须保证一次只有一个线程访问,也就是要保证临界区是原子访问的。我们都知道,原子是化学反应不可再分的基本微粒,这里的原子访问就表示这一个访问是一个步骤,不能再进行拆分。如果多个线程同时操作临界区就表示存在竞争,我们在编写驱动的时候一定要注意避免并发和防止竞争访问。很多 Linux 驱动初学者往往不注意这一点,在驱动程序中埋下了隐患,这类问题往往又很不容易查找,导致驱动调试难度加大、费时费力。所以我们一般在编写驱动的时候就要考虑到并发与竞争,而不是驱动都编写完了再解决并发与竞争问题。

2. 保护内容是什么

前面一直说要防止并发访问共享资源,换句话说就是要保护共享资源,防止进行并发访问。那么问题来了,什么是共享资源?现实生活中的公共电话、共享单车这些是共享资源,我们都很容易理解,那么在程序中什么是共享资源?也就是保护什么内容?我们保护的不是代码,而是数据。某个线程的局部变量不需要保护,我们要保护的是多个线程都会访问的共享数据。一个整型的全局变量 a 是数据,一份要打印的文档也是数据,虽然我们知道了要对共享数据进行保护,那么怎么判断哪些共享数据要保护呢?找到要保护的数据才是重点,而这个也是难点。因为驱动程序各不相同,那么数据也千变万化,一般像全局变量,设备结构体这些肯定是要保护的,至于其他的数据就要根据实际的驱动程序而定了。

当我们发现驱动程序中存在并发和竞争的时候一定要处理掉,接下来我们依次来学习一下Linux 内核提供的几种并发和竞争的处理方法。

8.2 原子操作

8.2.1 原子操作简介

首先看一下原子操作,原子操作就是指不能再进一步分割的操作,一般原子操作用于变量或者

位操作。假如现在要对无符号整型变量 a 赋值,值为 3,对于 C 语言来讲很简单,直接就是:

```
a = 3
```

但是 C 语言要先被编译成汇编指令,ARM 架构不支持直接对寄存器进行读写操作,比如要借助寄存器 R0、R1 等来完成赋值操作。假设变量 a 的地址为 0X3000000,"a=3"这一行 C 语言可能会被编译为如下所示的汇编代码:

```
                    示例代码 8-4   汇编示例代码
1 ldr r0, = 0X30000000    /* 变量a地址          */
2 ldr r1, = 3             /* 要写入的值          */
3 str r1, [r0]            /* 将3写入到a变量中     */
```

示例代码 8-4 只是一个简单的举例说明,实际的结果要比示例代码复杂得多。从上述代码可以看出,C 语言里面简简单单的一句"a=3",编译成汇编文件以后变成了 3 句,那么程序在执行的时候肯定是按照示例代码 8-4 中的汇编语句一条一条地执行。假设现在线程 A 要向 a 变量写入 10 这个值,而线程 B 也要向 a 变量写入 20 这个值,我们理想中的执行顺序如图 8-1 所示。

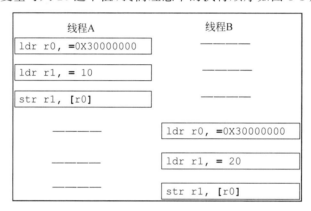

图 8-1　理想的执行流程

按照图 8-1 所示的流程,确实可以实现线程 A 将 a 变量设置为 10,线程 B 将 a 变量设置为 20。但是实际的执行流程可能如图 8-2 所示。

图 8-2　可能的执行流程

按照图 8-2 所示的流程,线程 A 最终将变量 a 设置为了 20,而并不是要求的 10,线程 B 没有问题。这就是一个最简单的设置变量值的并发与竞争的例子,要解决这个问题就要保证示例代码 8-4

中的 3 行汇编指令作为一个整体运行,也就是作为一个原子存在。Linux 内核提供了一组原子操作 API 函数来完成此功能,Linux 内核提供了两组原子操作 API 函数:一组是对整型变量进行操作的,一组是对位进行操作的。接下来看一下这些 API 函数。

8.2.2 原子整型数据操作 API 函数

Linux 内核定义了叫作 atomic_t 的结构体来完成整型数据的原子操作,在使用中用原子变量来代替整型变量,此结构体定义在 include/linux/types.h 文件中,定义如下:

示例代码 8-5 atomic_t 结构体
```
175 typedef struct {
176     int counter;
177 } atomic_t;
```

如果要使用原子操作 API 函数,首先要先定义一个名为 atomic_t 的变量,如下所示:

```
atomic_t  a;           //定义 a
```

也可以在定义原子变量的时候给原子变量赋初值,如下所示:

```
atomic_t b = ATOMIC_INIT(0);        //定义原子变量 b 并赋初值为 0
```

可以通过宏 ATOMIC_INIT 向原子变量赋初值。

原子变量有了,接下来就是对原子变量进行操作,比如读、写、增加、减少等,Linux 内核提供了大量的原子操作 API 函数,如表 8-1 所示。

表 8-1 原子整型数据操作 API 函数表

函　　　数	描　　　述
ATOMIC_INIT(int i)	定义原子变量的时候对其初始化
int atomic_read(atomic_t * v)	读取 v 的值,并且返回
void atomic_set(atomic_t * v, int i)	向 v 写入 i 的值
void atomic_add(int i, atomic_t * v)	给 v 加上 i 的值
void atomic_sub(int i, atomic_t * v)	从 v 减去 i 的值
void atomic_inc(atomic_t * v)	给 v 加 1,也就是自增
void atomic_dec(atomic_t * v)	从 v 减 1,也就是自减
int atomic_dec_return(atomic_t * v)	从 v 减 1,并且返回 v 的值
int atomic_inc_return(atomic_t * v)	给 v 加 1,并且返回 v 的值
int atomic_sub_and_test(int i, atomic_t * v)	从 v 减 i,如果结果为 0 就返回真,否则返回假
int atomic_dec_and_test(atomic_t * v)	从 v 减 1,如果结果为 0 就返回真,否则返回假
int atomic_inc_and_test(atomic_t * v)	给 v 加 1,如果结果为 0 就返回真,否则返回假
int atomic_add_negative(int i, atomic_t * v)	给 v 加 i,如果结果为负就返回真,否则返回假

如果使用 64 位的 SOC,则要用到 64 位的原子变量,Linux 内核也定义了 64 位原子结构体,如下所示:

示例代码 8-6 atomic64_t 结构体
```
typedef struct {
```

```
    long long counter;
} atomic64_t;
```

相应地也提供了 64 位原子变量的操作 API 函数,这里我们就不详细讲解了,和表 8-1 中的 API 函数用法一样,只是将 atomic_前缀换为 atomic64_,将 int 换为 long long。如果使用的是 64 位的 SOC,那么就要使用 64 位的原子操作函数。Cortex-A7 是 32 位的架构,所以本书中只使用表 8-1 中的 32 位原子操作函数。原子变量和相应的 API 函数使用起来很简单,参考如下示例:

```
                      示例代码 8-7  原子变量和 API 函数使用
atomic_t v = ATOMIC_INIT(0);        /* 定义并初始化原子变零 v = 0      */
atomic_set(&v, 10);                 /* 设置 v = 10                     */
atomic_read(&v);                    /* 读取 v 的值,肯定是 10           */
atomic_inc(&v);                     /* v 的值加 1,v = 11               */
```

8.2.3 原子位操作 API 函数

位操作也是很常用的操作,Linux 内核也提供了一系列的原子位操作 API 函数,只不过原子位操作不像原子整型变量那样有个 atomic_t 的数据结构,原子位操作是直接对内存进行操作,API 函数如表 8-2 所示。

表 8-2 原子位操作函数表

函　　数	描　　述
void set_bit(int nr, void * p)	将 p 地址的第 nr 位置 1
void clear_bit(int nr,void * p)	将 p 地址的第 nr 位清零
void change_bit(int nr, void * p)	将 p 地址的第 nr 位进行翻转
int test_bit(int nr, void * p)	获取 p 地址的第 nr 位的值
int test_and_set_bit(int nr, void * p)	将 p 地址的第 nr 位置 1,并且返回 nr 位原来的值
int test_and_clear_bit(int nr, void * p)	将 p 地址的第 nr 位清零,并且返回 nr 位原来的值
int test_and_change_bit(int nr, void * p)	将 p 地址的第 nr 位翻转,并且返回 nr 位原来的值

8.3 自旋锁

8.3.1 自旋锁简介

原子操作只能对整型变量或者位进行保护。但是,在实际的使用环境中不可能只有整型变量或位这么简单的临界区。举个最简单的例子,设备结构体变量就不是整型变量,我们对于结构体中成员变量的操作也要保证原子性,在线程 A 对结构体变量使用期间,应该禁止其他的线程来访问此结构体变量,这些工作原子操作都不能胜任,需要本节要介绍的锁机制,在 Linux 内核中就是自旋锁。

当一个线程要访问某个共享资源的时候首先要获取相应的锁,锁只能被一个线程持有,只要此线程不释放所持有的锁,那么其他的线程就不能获取此锁。对于自旋锁而言,如果自旋锁正在被线程 A 持有,线程 B 想要获取自旋锁,那么线程 B 就会处于忙循环—旋转—等待状态,线程 B 不会进入休眠状态或者去做其他的处理,而是会一直傻傻地在那里“转圈圈”的等待锁可用。比如现在有个公用电话亭,一次肯定只能进去一个人打电话,现在电话亭里面有人正在打电话(相当于获得了自旋锁)。此时你到了电话亭门口,因为里面有人,所以你不能进去打电话(相当于没有获取自旋锁),这个时候你肯定是站在原地等待,你可能因为无聊地等待而转圈圈消遣时光,反正就是哪里也不能去,要一直等到里面的人打完电话出来。终于,里面的人打完电话出来了(相当于释放了自旋锁),这个时候你就可以进入电话亭打电话了(相当于获取到了自旋锁)。

自旋锁的"自旋"也就是"原地打转"的意思,"原地打转"的目的是等待自旋锁可以用,可以访问共享资源。把自旋锁比作一个变量 a,变量 a=1 的时候表示共享资源可用,当 a=0 的时候表示共享资源不可用。现在线程 A 要访问共享资源,发现 a=0(自旋锁被其他线程持有),那么线程 A 就会不断的查询 a 的值,直到 a=1。从这里我们可以看到自旋锁的一个缺点:等待自旋锁的线程会一直处于自旋状态,这样会浪费处理器时间,降低系统性能,所以自旋锁的持有时间不能太长。因此自旋锁适用于短时期的轻量级加锁,如果遇到需要长时间持有锁的场景那就需要换其他的方法了,这个我们后面会讲解。

Linux 内核使用结构体 spinlock_t 表示自旋锁,结构体定义如下所示:

```
                   示例代码 8-8   spinlock_t 结构体
64  typedef struct spinlock {
65      union {
66          struct raw_spinlock rlock;
67
68  # ifdef CONFIG_DEBUG_LOCK_ALLOC
69  #  define LOCK_PADSIZE (offsetof(struct raw_spinlock, dep_map))
70          struct {
71              u8 __padding[LOCK_PADSIZE];
72              struct lockdep_map dep_map;
73          };
74  # endif
75      };
76  } spinlock_t;
```

在使用自旋锁之前,肯定要先定义一个自旋锁变量,定义方法如下所示:

```
spinlock_t   lock;        //定义自旋锁
```

定义好自旋锁变量以后就可以使用相应的 API 函数来操作自旋锁了。

8.3.2 自旋锁 API 函数

最基本的自旋锁 API 函数如表 8-3 所示。

表 8-3 自旋锁基本 API 函数表

函　　数	描　　述
DEFINE_SPINLOCK(spinlock_t lock)	定义并初始化一个自选变量
int spin_lock_init(spinlock_t * lock)	初始化自旋锁
void spin_lock(spinlock_t * lock)	获取指定的自旋锁,也叫作加锁
void spin_unlock(spinlock_t * lock)	释放指定的自旋锁
int spin_trylock(spinlock_t * lock)	尝试获取指定的自旋锁,如果没有获取到就返回 0
int spin_is_locked(spinlock_t * lock)	检查指定的自旋锁是否被获取,如果没有被获取就返回非 0,否则返回 0

表 8-3 中的自旋锁 API 函数适用于 SMP 或支持抢占的单 CPU 下线程之间的并发访问,也就是用于线程与线程之间的锁保护,被自旋锁保护的临界区一定不能调用任何能够引起睡眠和阻塞的 API 函数,否则可能会导致死锁现象的发生。自旋锁会自动禁止抢占,也就是说,当线程 A 得到锁以后会暂时禁止内核抢占。如果线程 A 在持有锁期间进入了休眠状态,那么线程 A 会自动放弃 CPU 使用权。线程 B 开始运行,线程 B 也想要获取锁,但是此时锁被 A 线程持有,而且内核抢占还被禁止了。线程 B 无法被调度出去,那么线程 A 就无法运行,锁也就无法释放。这样死锁就发生了。

表 8-3 中的 API 函数用于线程之间的并发访问,如果此时中断也想访问共享资源,那该怎么办呢? 首先可以肯定的是,中断里面可以使用自旋锁,但是在中断里面使用自旋锁的时候,在获取锁之前一定要先禁止本地中断(也就是本 CPU 中断,对于多核 SOC 来说会有多个 CPU 核),否则可能导致锁死现象的发生,如图 8-3 所示。

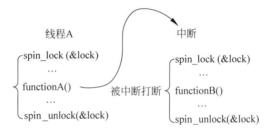

图 8-3 中断打断线程

在图 8-3 中,线程 A 先运行,并且获取到了 lock 这个锁,当线程 A 运行 functionA() 函数的时候中断发生了,中断抢走了 CPU 使用权。右边的中断服务函数也要获取 lock 这个锁,但是这个锁被线程 A 占有着,中断就会一直自旋,等待锁有效。但是在中断服务函数执行完之前,线程 A 是不可能执行的,线程 A 说"你先放手",中断说"你先放手",场面就这么僵持着,于是死锁发生。

最好的解决方法就是获取锁之前关闭本地中断,Linux 内核提供了相应的 API 函数,如表 8-4 所示。

表 8-4 线程与中断并发访问处理 API 函数

函　　数	描　　述
void spin_lock_irq(spinlock_t * lock)	禁止本地中断,并获取自旋锁
void spin_unlock_irq(spinlock_t * lock)	激活本地中断,并释放自旋锁
void spin_lock_irqsave(spinlock_t * lock, unsigned long flags)	保存中断状态,禁止本地中断,并获取自旋锁
void spin_unlock_irqrestore(spinlock_t * lock, unsigned long flags)	将中断状态恢复到以前的状态,并且激活本地中断,释放自旋锁

使用 spin_lock_irq()/spin_unlock_irq() 的时候需要用户能够确定加锁之前的中断状态,但实际上内核很庞大,运行也是"千变万化",我们很难确定某个时刻的中断状态,因此不推荐使用 spin_lock_irq()/spin_unlock_irq()。建议使用 spin_lock_irqsave()/spin_unlock_irqrestore(),因为这组函数会保存中断状态,在释放锁的时候会恢复中断状态。一般在线程中使用 spin_lock_irqsave()/spin_unlock_irqrestore(),在中断中使用 spin_lock()/spin_unlock()。示例代码如下所示:

```
                    示例代码8-9    自旋锁使用示例
1   DEFINE_SPINLOCK(lock)                /* 定义并初始化一个锁    */
2
3   /* 线程 A */
4   void functionA (){
5      unsigned long flags;              /* 中断状态            */
6      spin_lock_irqsave(&lock, flags)   /* 获取锁              */
7      /* 临界区 */
8      spin_unlock_irqrestore(&lock, flags) /* 释放锁          */
9   }
10
11  /* 中断服务函数 */
12  void irq() {
13     spin_lock(&lock)                  /* 获取锁              */
14     /* 临界区 */
15     spin_unlock(&lock)                /* 释放锁              */
16  }
```

下半部(BH)也会竞争共享资源,有些资料也会将下半部叫作底半部。关于下半部后面会讲解。如果要在下半部里面使用自旋锁,则可以使用表 8-5 中的 API 函数。

表 8-5　下半部竞争处理函数

函　　数	描　　述
void spin_lock_bh(spinlock_t * lock)	关闭下半部,并获取自旋锁
void spin_unlock_bh(spinlock_t * lock)	打开下半部,并释放自旋锁

8.3.3　其他类型的锁

在自旋锁的基础上还衍生出了其他特定场合使用的锁,这些锁在驱动中其实用的不多,更多的是在 Linux 内核中使用。本节就来简单了解一下这些衍生出来的锁。

1. 读写自旋锁

现在有个学生信息表,此表存放着学生的年龄、家庭住址、班级等信息,此表可以随时被修改和读取。此表肯定属于数据,所以必须要对其进行保护。如果现在使用自旋锁对其进行保护,那么每次只能一个读操作或者写操作,但是,实际上此表是可以并发读取的。只需要保证在修改此表的时候没人读取,或者在其他人读取此表的时候没有人修改此表就行了。也就是此表的读和写不能同时进行,但是可以多人并发地读取此表。像这样,当某个数据结构符合读/写或生产者/消费者模型的时候就可以使用读写自旋锁。

读写自旋锁为读和写操作提供了不同的锁,一次只能允许一个写操作,也就是只能一个线程持有写锁,而且不能进行读操作。但是当没有写操作的时候允许一个或多个线程持有读锁,可以进行并发的读操作。Linux 内核使用 rwlock_t 结构体表示读写锁,结构体定义如下(删除了条件编译):

```
                    示例代码8-10   rwlock_t 结构体
typedef struct {
    arch_rwlock_t raw_lock;
} rwlock_t;
```

读写锁操作 API 函数分为两部分：一个是给读操作使用的，一个是给写操作使用的，这些 API 函数如表 8-6 所示。

表 8-6　读写锁 API 函数

函　　　数	描　　　述
DEFINE_RWLOCK(rwlock_t lock)	定义并初始化读写锁
void rwlock_init(rwlock_t * lock)	初始化读写锁
读　　锁	
void read_lock(rwlock_t * lock)	获取读锁
void read_unlock(rwlock_t * lock)	释放读锁
void read_lock_irq(rwlock_t * lock)	禁止本地中断，并且获取读锁
void read_unlock_irq(rwlock_t * lock)	打开本地中断，并且释放读锁
void read_lock_irqsave (rwlock_t * lock, unsigned long flags)	保存中断状态，禁止本地中断，并获取读锁
void read_unlock_irqrestore (rwlock_t * lock, unsigned long flags)	将中断状态恢复到以前的状态，并且激活本地中断，释放读锁
void read_lock_bh(rwlock_t * lock)	关闭下半部，并获取读锁
void read_unlock_bh(rwlock_t * lock)	打开下半部，并释放读锁
写　　锁	
void write_lock(rwlock_t * lock)	获取写锁
void write_unlock(rwlock_t * lock)	释放写锁
void write_lock_irq(rwlock_t * lock)	禁止本地中断，并且获取写锁
void write_unlock_irq(rwlock_t * lock)	打开本地中断，并且释放写锁
void write_lock_irqsave (rwlock_t * lock, unsigned long flags)	保存中断状态，禁止本地中断，并获取写锁
void write_unlock_irqrestore (rwlock_t * lock, unsigned long flags)	将中断状态恢复到以前的状态，并且激活本地中断，释放读锁
void write_lock_bh(rwlock_t * lock)	关闭下半部，并获取读锁
void write_unlock_bh(rwlock_t * lock)	打开下半部，并释放读锁

2. 顺序锁

顺序锁是在读写锁的基础上衍生而来的。使用读写锁的时候读操作和写操作不能同时进行，使用顺序锁的话允许在写的时候进行读操作，也就是实现同时读写，但是不允许同时进行并发的写操作。虽然顺序锁的读操作和写操作可以同时进行，但是如果在读的过程中发生了写操作，最好重新进行读取，保证数据完整性。顺序锁保护的资源不能是指针，因为如果在写操作的时候可能会导致指针无效，而这个时候恰巧有读操作访问指针的话就可能导致意外发生，比如读取写指针导致系统崩溃。Linux 内核使用 seqlock_t 结构体表示顺序锁，结构体定义如下：

示例代码 8-11　seqlock_t 结构体

```
typedef struct {
    struct seqcount seqcount;
    spinlock_t lock;
} seqlock_t;
```

关于顺序锁的 API 函数如表 8-7 所示。

表 8-7　顺序锁 API 函数表

函　　数	描　　述
DEFINE_SEQLOCK(seqlock_t sl)	定义并初始化顺序锁
void seqlock_iniseqlock_t * sl)	初始化顺序锁
顺序锁写操作	
void write_seqlock(seqlock_t * sl)	获取写顺序锁
void write_sequnlock(seqlock_t * sl)	释放写顺序锁
void write_seqlock_irq(seqlock_t * sl)	禁止本地中断,并且获取写顺序锁
void write_sequnlock_irq(seqlock_t * sl)	打开本地中断,并且释放写顺序锁
void write_seqlock_irqsave(seqlock_t * sl, unsigned long flags)	保存中断状态,禁止本地中断,并获取写顺序锁
void write_sequnlock_irqrestore(seqlock_t * sl, unsigned long flags)	将中断状态恢复到以前的状态,并且激活本地中断,释放写顺序锁
void write_seqlock_bh(seqlock_t * sl)	关闭下半部,并获取写读锁
void write_sequnlock_bh(seqlock_t * sl)	打开下半部,并释放写读锁
顺序锁读操作	
unsigned read_seqbegin(const seqlock_t * sl)	读单元访问共享资源的时候调用此函数,此函数会返回顺序锁的顺序号
unsigned read_seqretry(const seqlock_t * sl, unsigned start)	读结束以后调用此函数检查在读的过程中有没有对资源进行写操作,如果有的话就要重读

8.3.4　自旋锁使用注意事项

综合前面关于自旋锁的信息,在使用自旋锁的时候应注意以下几点:

(1)因为在等待自旋锁的时候处于"自旋"状态,因此锁的持有时间不能太长,一定要短,否则会降低系统性能。如果临界区比较大,运行时间比较长,则要选择其他的并发处理方式,比如稍后要讲的信号量和互斥体。

(2)自旋锁保护的临界区内不能调用任何可能导致线程休眠的 API 函数,否则可能导致死锁。

(3)不能递归申请自旋锁,因为一旦通过递归的方式申请一个你正在持有的锁,那么你就必须"自旋",等待锁被释放,然而你正处于"自旋"状态,根本无法释放锁。结果就是自己把自己锁死了。

(4)在编写驱动程序的时候必须考虑到驱动的可移植性,因此不管你用的是单核的还是多核的SOC,都将其当作多核 SOC 来编写驱动程序。

8.4　信号量

8.4.1　信号量简介

如果大家学习过 FreeRTOS 或者 UCOS 就应该对信号量很熟悉,因为信号量是同步的一种方式。Linux 内核也提供了信号量机制,信号量常常用于控制对共享资源的访问。举一个很常见的例子,某个停车场有 100 个停车位,这 100 个停车位大家都可以用,对于大家来说这 100 个停车位就是共享资源。假设现在这个停车场正常运行,你要把车停到这个停车场肯定要先看一下现在停了多少车,还有没有停车位。当前停车数量就是一个信号量,具体的停车数量就是这个信号量值,当这个值到 100 的时候说明停车场满了。停车场满的时候你可以等一会儿看看有没有其他的车开出停车场,当有车开出停车场的时候停车数量就会减 1,也就是说,信号量减 1,此时你就可以把车停进去了,你把车停进去以后停车数量就会加 1,也就是信号量加 1。这就是一个典型的使用信号量进行共享资源管理的案例,在这个案例中使用的就是计数型信号量。

与自旋锁相比,信号量可以使线程进入休眠状态,比如 A 与 B、C 合租了一套房子,这个房子只有一个厕所,一次只能一个人使用。某一天早上 A 去上厕所了,过了一会儿 B 也想用厕所,因为 A 在厕所里面,所以 B 只能等到 A 用来了才能进去。B 要么就一直在厕所门口等着,等 A 出来,这个时候就相当于自旋锁。B 也可以告诉 A,让 A 出来以后通知他一下,然后 B 继续回房间睡觉,这个时候相当于信号量。可以看出,使用信号量会提高处理器的使用效率,毕竟不用一直傻乎乎地在那里"自旋"等待。但是,信号量的开销要比自旋锁大,因为信号量使线程进入休眠状态以后会切换线程,切换线程就会有开销。总体来说,信号量具有如下特点:

(1) 因为信号量可以使等待资源线程进入休眠状态,因此适用于那些占用资源比较久的场合。

(2) 信号量不能用于中断中,因为信号量会引起休眠,中断不能休眠。

(3) 如果共享资源的持有时间比较短,那就不适合使用信号量了,因为频繁地休眠、切换线程引起的开销要远大于信号量带来的那点优势。

信号量有一个信号量值,相当于一个房子有 10 把钥匙,这 10 把钥匙就相当于信号量值为 10。因此,可以通过信号量来控制访问共享资源的访问数量,如果要想进房间,那就要先获取一把钥匙,信号量值减 1,直到 10 把钥匙都被拿走,信号量值为 0,这个时候就不允许任何人进入房间了,因为没钥匙了。如果有人从房间出来,那么他要归还他所持有的那把钥匙,信号量值加 1,此时有 1 把钥匙了,允许进去一个人。相当于通过信号量控制访问资源的线程数,在初始化的时候将信号量值设置得大于 1,那么这个信号量就是计数型信号量,计数型信号量不能用于互斥访问,因为它允许多个线程同时访问共享资源。如果要互斥地访问共享资源那么信号量的值就不能大于 1,此时的信号量就是一个二值信号量。

8.4.2 信号量 API 函数

Linux 内核使用 semaphore 结构体表示信号量,结构体内容如下所示:

示例代码8-12　semaphore 结构体
```
struct semaphore {
    raw_spinlock_t      lock;
    unsigned int        count;
    struct list_head    wait_list;
};
```

要想使用信号量就得先定义,然后初始化信号量。有关信号量的 API 函数如表 8-8 所示。

表 8-8　信号量 API 函数

函　　数	描　　述
DEFINE_SEAMPHORE(name)	定义一个信号量,并且设置信号量的值为 1
void sema_init(struct semaphore * sem, int val)	初始化信号量 sem,设置信号量值为 val

函　　数	描　　述
void down(struct semaphore * sem)	获取信号量,因为会导致休眠,因此不能在中断中使用
int down_trylock(struct semaphore * sem);	尝试获取信号量,如果能获取到信号量就获取,并且返回 0。如果不能就返回非 0,并且不会进入休眠
int down_interruptible(struct semaphore * sem)	获取信号量,和 down 类似,只是使用 down 进入休眠状态的线程不能被信号打断。而使用此函数进入休眠以后是可以被信号打断的
void up(struct semaphore * sem)	释放信号量

信号量的使用如下所示:

```
                    示例代码 8-13　信号量使用示例
struct semaphore sem;        /* 定义信号量    */
sema_init(&sem, 1);          /* 初始化信号量 */
down(&sem);                  /* 申请信号量    */
/* 临界区 */
up(&sem);                    /* 释放信号量    */
```

8.5　互斥体

8.5.1　互斥体简介

在 FreeRTOS 和 μCOS 中也有互斥体,将信号量的值设置为 1 就可以使用信号量进行互斥访问了,虽然可以通过信号量实现互斥,但是 Linux 提供了一个比信号量更专业的机制来进行互斥,它就是互斥体型——mutex。互斥访问表示一次只有一个线程可以访问共享资源,不能递归申请互斥体。在我们编写 Linux 驱动的时候遇到需要互斥访问的地方建议使用 mutex。Linux 内核使用 mutex 结构体表示互斥体,定义如下(省略了条件编译部分):

```
                    示例代码 8-14　mutex 结构体
struct mutex {
    /* 1: unlocked, 0: locked, negative: locked, possible waiters */
    atomic_t        count;
    spinlock_t      wait_lock;
};
```

在使用 mutex 之前要先定义一个 mutex 变量。在使用 mutex 的时候要注意如下几点:

(1) mutex 可以导致休眠,因此不能在中断中使用 mutex,中断中只能使用自旋锁。

(2) 和信号量一样,mutex 保护的临界区可以调用引起阻塞的 API 函数。

(3) 因为一次只有一个线程可以持有 mutex,因此,必须由 mutex 的持有者释放 mutex。并且 mutex 不能递归上锁和解锁。

8.5.2　互斥体 API 函数

有关互斥体的 API 函数如表 8-9 所示。

表 8-9　互斥体 API 函数

函　　数	描　　述
DEFINE_MUTEX(name)	定义并初始化一个 mutex 变量
void mutex_init(mutex * lock)	初始化 mutex
void mutex_lock(struct mutex * lock)	获取 mutex,也就是给 mutex 上锁。如果获取不到则进入休眠状态
void mutex_unlock(struct mutex * lock)	释放 mutex,也就给 mutex 解锁
int mutex_trylock(struct mutex * lock)	尝试获取 mutex,如果成功则返回 1,如果失败则返回 0
int mutex_is_locked(struct mutex * lock)	判断 mutex 是否被获取,如果是则返回 1,否则返回 0
int mutex_lock_interruptible(struct mutex * lock)	使用此函数获取信号量失败进入休眠状态以后可以被信号打断

互斥体的使用如下所示:

示例代码8-15　互斥体使用示例

```
1 struct mutex lock;        /* 定义一个互斥体      */
2 mutex_init(&lock);        /* 初始化互斥体        */
3
4 mutex_lock(&lock);        /* 上锁               */
5 /* 临界区 */
6 mutex_unlock(&lock);      /* 解锁               */
```

关于 Linux 中的并发和竞争就讲解到这里,Linux 内核还有很多其他的处理并发和竞争的机制,本章主要讲解了常用的原子操作、自旋锁、信号量和互斥体。以后在编写 Linux 驱动的时候会频繁地使用到这几种机制,希望大家能够深入理解这几个常用的机制。

第9章

Linux并发与竞争实验

在第 8 章中我们学习了 Linux 下的并发与竞争,并且学习了 4 种常用的处理并发和竞争的机制:原子操作、自旋锁、信号量和互斥体。本章就通过 4 个实验来学习如何在驱动中使用这 4 种机制。

9.1　原子操作实验

本实验对应的例程路径为"2、Linux 驱动例程→7_atomic"。

本例程在第 6 章的 gpioled.c 文件基础上完成。本节使用原子操作来实现对 LED 这个设备的互斥访问,也就是一次只允许一个应用程序可以使用 LED 灯。

9.1.1　实验程序编写

1. 修改设备树文件

因为本章实验是在第 6 章实验的基础上完成的,因此不需要对设备树做任何的修改。

2. LED 驱动修改

本节实验在第 6 章实验驱动文件 gpioled.c 的基础上修改而来。新建名为 7_atomic 的文件夹,然后在 7_atomic 文件夹中创建 vscode 工程,工作区命名为 atomic。将 5_gpioled 实验中的 gpioled.c 复制到 7_atomic 文件夹中,并且重命名为 atomic.c。本节实验的重点就是使用 atomic 来实现一次只能允许一个应用访问 LED,所以只需要在 atomic.c 文件源码的基础上添加 atomic 相关代码即可,完成以后的 atomic.c 文件内容如下所示:

示例代码9-1　atomic.c 文件代码段

```
1    # include < linux/types.h >
2    # include < linux/kernel.h >
3    # include < linux/delay.h >
4    # include < linux/ide.h >
5    # include < linux/init.h >
6    # include < linux/module.h >
7    # include < linux/errno.h >
8    # include < linux/gpio.h >
```

```
9   # include < linux/cdev.h >
10  # include < linux/device.h >
11  # include < linux/of.h >
12  # include < linux/of_address.h >
13  # include < linux/of_gpio.h >
14  # include < asm/mach/map.h >
15  # include < asm/uaccess.h >
16  # include < asm/io.h >
17  / ****************************************************************
18  Copyright © ALIENTEK Co., Ltd. 1998 - 2029. All rights reserved.
19  文件名     : atomic.c
20  作者       : 左忠凯
21  版本       : V1.0
22  描述       : 原子操作实验,使用原子变量来实现对实现设备的互斥访问
23  其他       : 无
24  论坛       : www.openedv.com
25  日志       : 初版 V1.0 2019/7/18 左忠凯创建
26  ***************************************************************** /
27  # define GPIOLED_CNT        1              / * 设备号个数    * /
28  # define GPIOLED_NAME       "gpioled"      / * 名字          * /
29  # define LEDOFF             0              / * 关灯          * /
30  # define LEDON              1              / * 开灯          * /
31
32  / * gpioled 设备结构体 * /
33  struct gpioled_dev{
34      dev_t devid;                / * 设备号          * /
35      struct cdev cdev;           / * cdev            * /
36      struct class * class;       / * 类              * /
37      struct device * device;     / * 设备            * /
38      int major;                  / * 主设备号        * /
39      int minor;                  / * 次设备号        * /
40      struct device_node  * nd;   / * 设备节点        * /
41      int led_gpio;               / * LED 所使用的 GPIO 编号 * /
42      atomic_t lock;              / * 原子变量        * /
43  };
44
45  struct gpioled_dev gpioled;     / * LED 设备              * /
46
47  / *
48   * @description    : 打开设备
49   * @param - inode  : 传递给驱动的 inode
50   * @param - filp   : 设备文件,file 结构体有个叫作 private_data 的成员变量,
51   *                   一般在 open 的时候将 private_data 指向设备结构体
52   * @return         : 0,成功;其他,失败
53   * /
54  static int led_open(struct inode * inode, struct file * filp)
55  {
56      / * 通过判断原子变量的值来检查 LED 有没有被其他应用使用 * /
57      if (!atomic_dec_and_test(&gpioled.lock)) {
58          atomic_inc(&gpioled.lock);          / * 小于 0 的话就加 1,使其原子变量等于 0 * /
59          return - EBUSY;                     / * LED 被使用,返回忙 * /
60      }
```

```
61
62        filp->private_data = &gpioled;              /* 设置私有数据 */
63        return 0;
64   }
65
66   /*
67    * @description      :从设备读取数据
68    * @param - filp     :要打开的设备文件(文件描述符)
69    * @param - buf      :返回给用户空间的数据缓冲区
70    * @param - cnt      :要读取的数据长度
71    * @param - offt     :相对于文件首地址的偏移
72    * @return           :读取的字节数,如果为负值,则表示读取失败
73    */
74   static ssize_t led_read(struct file *filp, char __user *buf,
                             size_t cnt, loff_t *offt)
75   {
76        return 0;
77   }
78
79   /*
80    * @description      :向设备写数据
81    * @param - filp     :设备文件,表示打开的文件描述符
82    * @param - buf      :保存着要向设备写入的数据
83    * @param - cnt      :要写入的数据长度
84    * @param - offt     :相对于文件首地址的偏移
85    * @return           :写入的字节数,如果为负值,则表示写入失败
86    */
87   static ssize_t led_write(struct file *filp, const char __user *buf,
                              size_t cnt, loff_t *offt)
88   {
89        int retvalue;
90        unsigned char databuf[1];
91        unsigned char ledstat;
92        struct gpioled_dev *dev = filp->private_data;
93
94        retvalue = copy_from_user(databuf, buf, cnt);
95        if(retvalue < 0) {
96            printk("kernel write failed!\r\n");
97            return -EFAULT;
98        }
99
100       ledstat = databuf[0];                        /* 获取状态值   */
101
102       if(ledstat == LEDON) {
103           gpio_set_value(dev->led_gpio, 0);        /* 打开 LED 灯  */
104       } else if(ledstat == LEDOFF) {
105           gpio_set_value(dev->led_gpio, 1);        /* 关闭 LED 灯  */
106       }
107       return 0;
108  }
109
110  /*
```

```
111  *  @description     :关闭/释放设备
112  *  @param - filp    :要关闭的设备文件(文件描述符)
113  *  @return          :0,成功;其他,失败
114  */
115  static int led_release(struct inode * inode, struct file * filp)
116  {
117      struct gpioled_dev * dev = filp-> private_data;
118
119      /* 关闭驱动文件的时候释放原子变量 */
120      atomic_inc(&dev -> lock);
121      return 0;
122  }
123
124  /* 设备操作函数 */
125  static struct file_operations gpioled_fops = {
126      .owner = THIS_MODULE,
127      .open = led_open,
128      .read = led_read,
129      .write = led_write,
130      .release =  led_release,
131  };
132
133  /*
134   *  @description  :驱动入口函数
135   *  @param        :无
136   *  @return       :无
137   */
138  static int __init led_init(void)
139  {
140      int ret = 0;
141
142      /* 初始化原子变量 */
143      atomic_set(&gpioled.lock, 1);          /* 原子变量初始值为 1 */
144
145      /* 设置 LED 所使用的 GPIO */
146      /* 1、获取设备节点:gpioled */
147      gpioled.nd = of_find_node_by_path("/gpioled");
148      if(gpioled.nd == NULL) {
149          printk("gpioled node not find!\r\n");
150          return - EINVAL;
151      } else {
152          printk("gpioled node find!\r\n");
153      }
154
155      /* 2、获取设备树中的 GPIO 属性,得到 LED 所使用的 LED 编号 */
156      gpioled.led_gpio = of_get_named_gpio(gpioled.nd, "led - gpio", 0);
157      if(gpioled.led_gpio < 0) {
158          printk("can't get led - gpio");
159          return - EINVAL;
160      }
161      printk("led - gpio num =  % d\r\n", gpioled.led_gpio);
162
```

```
163        /* 3、设置 GPIO1_IO03 为输出,并且输出高电平,默认关闭 LED 灯 */
164        ret = gpio_direction_output(gpioled.led_gpio, 1);
165        if(ret < 0) {
166            printk("can't set gpio!\r\n");
167        }
168
169        /* 注册字符设备驱动 */
170        /* 1、创建设备号 */
171        if (gpioled.major) {                                    /*    定义了设备号 */
172            gpioled.devid = MKDEV(gpioled.major, 0);
173            register_chrdev_region(gpioled.devid, GPIOLED_CNT, GPIOLED_NAME);
174        } else {                                                /*    没有定义设备号 */
175            alloc_chrdev_region(&gpioled.devid, 0, GPIOLED_CNT, GPIOLED_NAME);  /* 申请设备号 */
176            gpioled.major = MAJOR(gpioled.devid);               /* 获取分配号的主设备号 */
177            gpioled.minor = MINOR(gpioled.devid);               /* 获取分配号的次设备号 */
178        }
179        printk("gpioled major = %d, minor = %d\r\n", gpioled.major, gpioled.minor);
180
181        /* 2、初始化 cdev */
182        gpioled.cdev.owner = THIS_MODULE;
183        cdev_init(&gpioled.cdev, &gpioled_fops);
184
185        /* 3、添加一个 cdev */
186        cdev_add(&gpioled.cdev, gpioled.devid, GPIOLED_CNT);
187
188        /* 4、创建类 */
189        gpioled.class = class_create(THIS_MODULE, GPIOLED_NAME);
190        if (IS_ERR(gpioled.class)) {
191            return PTR_ERR(gpioled.class);
192        }
193
194        /* 5、创建设备 */
195        gpioled.device = device_create(gpioled.class, NULL,
196                                       gpioled.devid, NULL, GPIOLED_NAME);
196        if (IS_ERR(gpioled.device)) {
197            return PTR_ERR(gpioled.device);
198        }
199
200        return 0;
201    }
202
203    /*
204     * @description    : 驱动出口函数
205     * @param          : 无
206     * @return         : 无
207     */
208    static void __exit led_exit(void)
209    {
210        /* 注销字符设备驱动 */
211        cdev_del(&gpioled.cdev);        /*    删除 cdev */
212        unregister_chrdev_region(gpioled.devid, GPIOLED_CNT);
213
```

```
214        device_destroy(gpioled.class, gpioled.devid);
215        class_destroy(gpioled.class);
216 }
217
218 module_init(led_init);
219 module_exit(led_exit);
220 MODULE_LICENSE("GPL");
221 MODULE_AUTHOR("zuozhongkai");
```

第42行,原子变量 lock,用来实现一次只能允许一个应用访问 LED 灯,led_init()驱动入口函数会将 lock 的值设置为1。

第57~60行,每次调用 open()函数打开驱动设备的时候先申请 lock,如果申请成功,则表示 LED 灯还没有被其他的应用使用;如果申请失败,则表示 LED 灯正在被其他的应用程序使用。每次打开驱动设备的时候先使用 atomic_dec_and_test()函数将 lock 减1,如果 atomic_dec_and_test()函数返回值为真,则表示 lock 当前值为0,说明设备可以使用。如果 atomic_dec_and_test()函数返回值为假,则表示 lock 当前值为负数(lock 值默认是1),lock 值为负数的可能性只有一个,那就是其他设备正在使用 LED。其他设备正在使用 LED 灯,那么就只能退出了,在退出之前调用函数 atomic_inc()将 lock 加1,因为此时 lock 的值被减成了负数,必须要对其加1,将 lock 的值变为0。

第120行,LED 灯使用完毕,应用程序调用 close()函数关闭的驱动文件,led_release()函数执行,调用 atomic_inc()函数释放 lock,也就是将 lock 加1。

第143行,初始化原子变量 lock,初始值设置为1,这样每次就只允许一个应用使用 LED 灯。

3. 编写测试 App

新建名为 atomicApp.c 的测试 App,在里面输入如下所示内容:

示例代码9-2　atomicApp.c 文件代码

```
1  # include "stdio.h"
2  # include "unistd.h"
3  # include "sys/types.h"
4  # include "sys/stat.h"
5  # include "fcntl.h"
6  # include "stdlib.h"
7  # include "string.h"
8  /*************************************************************
9  Copyright © ALIENTEK Co., Ltd. 1998 - 2029. All rights reserved.
10 文件名     : atomicApp.c
11 作者       : 左忠凯
12 版本       : V1.0
13 描述       : 原子变量测试 App,测试原子变量能不能实现一次
14             只允许一个应用程序使用 LED
15 其他       : 无
16 使用方法   : ./atomicApp /dev/gpioled  0  关闭 LED 灯
17             ./atomicApp /dev/gpioled  1  打开 LED 灯
18 论坛       : www.openedv.com
19 日志       : 初版 V1.0 2019/1/30 左忠凯创建
20 *************************************************************/
21
```

```
22  #define LEDOFF        0
23  #define LEDON         1
24
25  /*
26   * @description     : main 主程序
27   * @param - argc    : argv 数组元素个数
28   * @param - argv    : 具体参数
29   * @return          : 0,成功;其他,失败
30   */
31  int main(int argc, char *argv[])
32  {
33      int fd, retvalue;
34      char *filename;
35      unsigned char cnt = 0;
36      unsigned char databuf[1];
37
38      if(argc != 3){
39          printf("Error Usage!\r\n");
40          return -1;
41      }
42
43      filename = argv[1];
44
45      /* 打开 LED 驱动 */
46      fd = open(filename, O_RDWR);
47      if(fd < 0){
48          printf("file %s open failed!\r\n", argv[1]);
49          return -1;
50      }
51
52      databuf[0] = atoi(argv[2]);      /* 要执行的操作:打开或关闭 */
53
54      /* 向/dev/gpioled 文件写入数据 */
55      retvalue = write(fd, databuf, sizeof(databuf));
56      if(retvalue < 0){
57          printf("LED Control Failed!\r\n");
58          close(fd);
59          return -1;
60      }
61
62      /* 模拟占用 25s LED */
63      while(1) {
64          sleep(5);
65          cnt++;
66          printf("App running times: %d\r\n", cnt);
67          if(cnt >= 5) break;
68      }
69
70      printf("App running finished!");
71      retvalue = close(fd);      /* 关闭文件 */
72      if(retvalue < 0){
73          printf("file %s close failed!\r\n", argv[1]);
```

```
74        return - 1;
75    }
76    return 0;
77 }
```

atomicApp.c 中的内容就是在第 6 章的 ledApp.c 的基础上修改而来的,重点是加入了第 63~68 行的模拟占用 25s LED 的代码。测试 App 在获取到 LED 灯驱动的使用权以后会使用 25s,在使用的这段时间如果有其他的应用也去获取 LED 灯使用权的话肯定会失败。

9.1.2　运行测试

1. 编译驱动程序

编写 Makefile 文件,本章实验的 Makefile 文件和第 1 章实验基本一样,只是将 obj-m 变量的值改为 atomic.o,Makefile 内容如下所示:

```
                            示例代码 9-3    Makefile 文件
1  KERNELDIR : = /home/zuozhongkai/linux/IMX6ULL/linux/temp/linux - imx - rel_imx_4.1.15_2.1.0_ga_alientek
...
4  obj - m : = atomic.o
...
11 clean:
12   $ (MAKE) - C $ (KERNELDIR) M = $ (CURRENT_PATH) clean
```

第 4 行,设置 obj-m 变量的值为 atomic.o。

输入如下命令编译出驱动模块文件:

```
make - j32
```

编译成功以后就会生成一个名为 atomic.ko 的驱动模块文件。

2. 编译测试 App

输入如下命令编译测试 atomicApp.c 测试程序:

```
arm - linux - gnueabihf - gcc atomicApp.c - o atomicApp
```

编译成功以后就会生成 atomicApp 应用程序。

3. 运行测试

将 9.1.1 节编译出来的 atomic.ko 和 atomicApp 这两个文件复制到 rootfs/lib/modules/4.1.15 目录中,重启开发板,进入目录 lib/modules/4.1.15 中,输入如下命令加载 atomic.ko 驱动模块:

```
depmod                //第一次加载驱动的时候需要运行此命令
modprobe atomic.ko //加载驱动
```

驱动加载成功以后就可以使用 atomicApp 软件来测试驱动是否工作正常,输入如下命令以后台运行模式打开 LED 灯,"&"表示在后台运行 atomicApp 软件:

```
./atomicApp /dev/gpioled 1&          //打开 LED 灯
```

输入上述命令以后观察开发板上的红色 LED 灯是否点亮,然后每隔 5s 都会输出一行"App running times",如图 9-1 所示。

```
/lib/modules/4.1.15 # ./atomicApp /dev/gpioled 1&
/lib/modules/4.1.15 # App running times:1
App running times:2
```

图 9-1 打开 LED 灯

从图 9-1 可以看出,atomicApp 运行正常,输出了"App running times:1"和"App running times:2",这就是模拟 25s 占用,说明 atomicApp 软件正在使用 LED 灯。此时再输入如下命令关闭 LED 灯:

./atomicApp /dev/gpioled 0   //关闭 LED 灯

输入上述命令以后会发现如图 9-2 所示的提示信息。

```
/lib/modules/4.1.15 # ./atomicApp /dev/gpioled 1&
/lib/modules/4.1.15 # file /dev/gpioled open failed!
```

图 9-2 关闭 LED 灯

从图 9-2 可以看出,打开/dev/gpioled 失败。原因是在图 9-1 中运行的 atomicApp 软件正在占用/dev/gpioled,如果再次运行 atomicApp 软件去操作/dev/gpioled 肯定会失败。必须等待图 9-1 中的 atomicApp 运行结束,也就是 25s 结束以后其他软件才能去操作/dev/gpioled。这个就是采用原子变量实现一次只能有一个应用程序访问 LED 灯。

如果要卸载驱动,则输入如下命令:

rmmod atomic.ko

9.2 自旋锁实验

9.1 节使用原子变量实现了一次只能有一个应用程序访问 LED 灯,本节使用自旋锁来实现此功能。在使用自旋锁之前,先回顾一下自旋锁的使用注意事项。

(1) 自旋锁保护的临界区要尽可能短,因此在 open()函数中申请自旋锁,然后在 release()函数中释放自旋锁的方法就不可取。我们可以使用一个变量来表示设备的使用情况,如果设备被使用了那么变量就加 1,设备被释放以后变量就减 1,我们只需要使用自旋锁保护这个变量即可。

(2) 考虑驱动的兼容性,合理地选择 API 函数。

综上所述,在本节例程中,我们通过定义一个变量 dev_stats 表示设备的使用情况,dev_stats 为 0 时表示设备没有被使用,dev_stats 大于 0 时表示设备被使用。驱动 open 函数中先判断 dev_stats 是否为 0,也就是判断设备是否可用。如果为 0,则使用设备,并且将 dev_stats 加 1,表示设备被使用了。使用完以后在 release()函数中将 dev_stats 减 1,表示设备没有被使用了。因此真正实现设备互斥访问的是变量 dev_stats,但是我们要使用自旋锁对 dev_stats 做保护。

9.2.1 实验程序编写

1. 修改设备树文件

本章实验是在 9.1 节实验的基础上完成的,同样不需要对设备树做任何修改。

2. LED 驱动修改

本节实验在 9.1 节实验驱动文件 atomic.c 的基础上修改而来。新建名为 8_spinlock 的文件夹,然后在 8_spinlock 文件夹中创建 vscode 工程,工作区命名为 spinlock。将 7_atomic 实验中的 atomic.c 复制到 8_spinlock 文件夹中,并且重命名为 spinlock.c。将原来使用 atomic 的地方换为 spinlock 即可,其他代码不需要修改,完成以后的 spinlock.c 文件内容如下所示(有省略):

示例代码 9-4 spinlock.c 文件代码

```
1   # include < linux/types.h >
2   # include < linux/kernel.h >
3   # include < linux/delay.h >
4   # include < linux/ide.h >
5   # include < linux/init.h >
...
17  /********************************************************
18  Copyright © ALIENTEK Co., Ltd. 1998 - 2029. All rights reserved.
19  文件名     : spinlock.c
20  作者       : 左忠凯
21  版本       : V1.0
22  描述       : 自旋锁实验,使用自旋锁实现对设备的互斥访问
23  其他       : 无
24  论坛       : www.openedv.com
25  日志       : 初版 V1.0 2019/7/18 左忠凯创建
26  ******************************************************** /
27  #define GPIOLED_CNT          1              /* 设备号个数  */
28  #define GPIOLED_NAME         "gpioled"      /* 名字       */
29  #define LEDOFF               0              /* 关灯       */
30  #define LEDON                1              /* 开灯       */
31
32
33  /* gpioled 设备结构体 */
34  struct gpioled_dev{
35      dev_t devid;                /* 设备号      */
36      struct cdev cdev;           /* cdev       */
37      struct class *class;        /* 类         */
38      struct device *device;      /* 设备       */
39      int major;                  /* 主设备号    */
40      int minor;                  /* 次设备号    */
41      struct device_node *nd;     /* 设备节点    */
42      int led_gpio;               /* LED 所使用的 GPIO 编号   */
43      int dev_stats;              /* 设备状态,0,设备未使用;>0,设备已经被使用 */
44      spinlock_t lock;            /* 自旋锁      */
45  };
46
47  struct gpioled_dev gpioled;     /* LED 设备 */
48
49  /*
50   * @description    : 打开设备
51   * @param - inode  : 传递给驱动的 inode
52   * @param - filp   : 设备文件,file 结构体有个叫作 private_data 的成员变量,
53   *                   一般在 open 的时候将 private_data 指向设备结构体
```

166

```
54      * @return              : 0,成功;其他,失败
55      */
56   static int led_open(struct inode * inode, struct file * filp)
57   {
58       unsigned long flags;
59       filp->private_data = &gpioled;                        /* 设置私有数据 */
60
61       spin_lock_irqsave(&gpioled.lock, flags);           /* 上锁            */
62       if (gpioled.dev_stats) {                            /* 如果设备被使用了 */
63           spin_unlock_irqrestore(&gpioled.lock, flags);  /* 解锁 */
64           return - EBUSY;
65       }
66       gpioled.dev_stats++;      /* 如果设备没有打开,那么就标记已经打开了 */
67       spin_unlock_irqrestore(&gpioled.lock, flags);       /* 解锁 */
68
69       return 0;
70   }
...
116  /*
117   * @description  : 关闭/释放设备
118   * @param - filp : 要关闭的设备文件(文件描述符)
119   * @return       : 0,成功;其他,失败
120   */
121  static int led_release(struct inode * inode, struct file * filp)
122  {
123      unsigned long flags;
124      struct gpioled_dev * dev = filp->private_data;
125
126      /* 关闭驱动文件的时候将 dev_stats 减 1 */
127      spin_lock_irqsave(&dev->lock, flags);           /* 上锁 */
128      if (dev->dev_stats) {
129          dev->dev_stats--;
130      }
131      spin_unlock_irqrestore(&dev->lock, flags);   /* 解锁 */
132
133      return 0;
134  }
135
136  /* 设备操作函数 */
137  static struct file_operations gpioled_fops = {
138      .owner = THIS_MODULE,
139      .open = led_open,
140      .read = led_read,
141      .write = led_write,
142      .release =  led_release,
143  };
144
145  /*
146   * @description  :驱动入口函数
147   * @param        :无
148   * @return       :无
149   */
```

```
150 static int __init led_init(void)
151 {
152     int ret = 0;
153
154     /*   初始化自旋锁 */
155     spin_lock_init(&gpioled.lock);
...
212     return 0;
213 }
214
215 /*
216  * @description     : 驱动出口函数
217  * @param           : 无
218  * @return          : 无
219  */
220 static void __exit led_exit(void)
221 {
222     /* 注销字符设备驱动 */
223     cdev_del(&gpioled.cdev);             /*   删除 cdev */
224     unregister_chrdev_region(gpioled.devid, GPIOLED_CNT);
225
226     device_destroy(gpioled.class, gpioled.devid);
227     class_destroy(gpioled.class);
228 }
229
230 module_init(led_init);
231 module_exit(led_exit);
232 MODULE_LICENSE("GPL");
233 MODULE_AUTHOR("zuozhongkai");
```

第 43 行,dev_stats 表示设备状态,如果为 0,则表示设备还没有被使用;如果大于 0,则表示设备已经被使用了。

第 44 行,定义自旋锁变量 lock。

第 61~67 行,使用自旋锁实现对设备的互斥访问,第 61 行调用 spin_lock_irqsave()函数获取锁,为了考虑到驱动兼容性,这里并没有使用 spin_lock()函数来获取锁。第 62 行判断 dev_stats 是否大于 0,如果是,则表示设备已经被使用了,可调用 spin_unlock_irqrestore()函数释放锁,并且返回-EBUSY。如果设备没有被使用,则在第 66 行将 dev_stats 加 1,表示设备要被使用了,然后调用 spin_unlock_irqrestore()函数释放锁。自旋锁的工作就是保护 dev_stats 变量,真正实现对设备互斥访问的是 dev_stats。

第 126~131 行,在 release()函数中将 dev_stats 减 1,表示设备被释放了,可以被其他的应用程序使用。将 dev_stats 减 1 的时候需要自旋锁对其进行保护。

第 155 行,在驱动入口函数 led_init()中调用 spin_lock_init()函数初始化自旋锁。

3. 编写测试 App

测试 App 使用 9.1.1 节中的 atomicApp.c 即可,将 7_atomic 中的 atomicApp.c 文件复制到本例程中,并将 atomicApp.c 重命名为 spinlockApp.c 即可。

9.2.2 运行测试

1. 编译驱动程序

编写 Makefile 文件,本章实验的 Makefile 文件和第 1 章实验基本一样,只是将 obj-m 变量的值改为 spinlock.o,Makefile 内容如下所示:

```
                        示例代码 9-5  Makefile 文件
1  KERNELDIR : = /home/zuozhongkai/linux/IMX6ULL/linux/temp/linux - imx - rel_imx_4.1.15_2.1.0_ga_alientek
...
4  obj - m : = spinlock.o
...
11 clean:
12   $ (MAKE) - C $ (KERNELDIR) M = $ (CURRENT_PATH) clean
```

第 4 行,设置 obj-m 变量的值为 spinlock.o。
输入如下命令编译出驱动模块文件:

```
make - j32
```

编译成功以后就会生成一个名为 spinlock.ko 的驱动模块文件。

2. 编译测试 App

输入如下命令编译测试 spinlockApp.c 测试程序:

```
arm - linux - gnueabihf - gcc spinlockApp.c - o spinlockApp
```

编译成功以后就会生成 spinlockApp 应用程序。

3. 运行测试

将 9.2.1 节编译出来的 spinlock.ko 和 spinlockApp 这两个文件复制到 rootfs/lib/modules/4.1.15 目录中,重启开发板,进入目录 lib/modules/4.1.15 中,输入如下命令加载 spinlock.ko 驱动模块:

```
depmod                      //第一次加载驱动的时候需要运行此命令
modprobe spinlock.ko        //加载驱动
```

驱动加载成功以后就可以使用 spinlockApp 软件测试驱动是否工作正常,测试方法和 9.1.2 节中一样,先输入如下命令让 spinlockApp 软件模拟占用 25s 的 LED 灯:

```
./spinlockApp /dev/gpioled 1&       //打开 LED 灯
```

紧接着再输入如下命令关闭 LED 灯:

```
./spinlockApp  /dev/gpioled 0        //关闭 LED 灯
```

看一下能不能关闭 LED 灯,驱动正常工作的话并不会马上关闭 LED 灯,会提示你"file/dev/gpioled open failed!",必须等待第一个 spinlockApp 软件运行完成(25s 计时结束)才可以再次操作 LED 灯。

如果要卸载驱动,则输入如下命令即可:

```
rmmod spinlock.ko
```

9.3 信号量实验

本节使用信号量实现一次只能有一个应用程序访问 LED 灯,信号量可以导致休眠,因此信号量保护的临界区没有运行时间限制,可以在驱动的 open()函数中申请信号量,然后在 release()函数中释放信号量。但是信号量不能用在中断中,本节实验不会在中断中使用信号量。

9.3.1 实验程序编写

1. 修改设备树文件

本章实验是在 9.2 节实验的基础上完成的,同样不需要对设备树做任何的修改。

2. LED 驱动修改

本节实验在 9.2 节实验驱动文件 spinlock.c 的基础上修改而来。新建名为 9_semaphore 的文件夹,然后在 9_semaphore 文件夹中创建 vscode 工程,工作区命名为 semaphore。将 8_spinlock 实验中的 spinlock.c 复制到 9_semaphore 文件夹中,并且重命名为 semaphore.c。将原来使用到自旋锁的地方换为信号量即可,其他的内容基本不变,完成以后的 semaphore.c 文件内容如下所示(有省略):

示例代码 9-6 semaphore.c 文件代码

```
1   # include < linux/types.h >
...
14   # include < linux/semaphore.h >
15   # include < asm/mach/map.h >
16   # include < asm/uaccess.h >
17   # include < asm/io.h >
18   / *******************************************************
19   Copyright © ALIENTEK Co., Ltd. 1998 - 2029. All rights reserved.
20   文件名      : semaphore.c
21   作者        : 左忠凯
22   版本        : V1.0
23   描述        : 信号量实验,使用信号量来实现对设备的互斥访问
24   其他        : 无
25   论坛        : www.openedv.com
26   日志        : 初版 V1.0 2019/7/18 左忠凯创建
27   ******************************************************* /
28   # define GPIOLED_CNT      1           / * 设备号个数      * /
29   # define GPIOLED_NAME     "gpioled"   / * 名字           * /
30   # define LEDOFF           0           / * 关灯           * /
31   # define LEDON            1           / * 开灯           * /
32
33   / * gpioled 设备结构体 * /
34   struct gpioled_dev{
35       dev_t devid;                     / * 设备号          * /
36       struct cdev cdev;                / * cdev           * /
```

```
37      struct class * class;           / * 类                    * /
38      struct device * device;         / * 设备                  * /
39      int major;                      / * 主设备号              * /
40      int minor;                      / * 次设备号              * /
41      struct device_node    * nd;     / * 设备节点              * /
42      int led_gpio;                   / * LED 所使用的 GPIO 编号 * /
43      struct semaphore sem;           / * 信号量                * /
44  };
45
46  struct gpioled_dev gpioled;     / * LED 设备 * /
47
48  / *
49   * @description    : 打开设备
50   * @param - inode: 传递给驱动的 inode
51   * @param - filp : 设备文件,file 结构体有个叫作 private_data 的成员变量,
52   *                  一般在 open 的时候将 private_data 指向设备结构体
53   * @return         : 0,成功;其他,失败
54   * /
55  static int led_open(struct inode * inode, struct file * filp)
56  {
57      filp->private_data = &gpioled;          / * 设置私有数据 * /
58
59      / * 获取信号量,进入休眠状态的进程可以被信号打断 * /
60      if (down_interruptible(&gpioled.sem)) {
61          return - ERESTARTSYS;
62      }
63  #if 0
64      down(&gpioled.sem);                      / * 不能被信号打断 * /
65  #end if
66
67      return 0;
68  }
...
114 / *
115  * @description    :关闭/释放设备
116  * @param - filp   :要关闭的设备文件(文件描述符)
117  * @return         :0,成功;其他,失败
118  * /
119 static int led_release(struct inode * inode, struct file * filp)
120 {
121     struct gpioled_dev * dev = filp->private_data;
122
123     up(&dev->sem);          / * 释放信号量,信号量值加 1 * /
124
125     return 0;
126 }
127
128 / * 设备操作函数 * /
129 static struct file_operations gpioled_fops = {
130     .owner = THIS_MODULE,
131     .open = led_open,
132     .read = led_read,
```

```
133        .write = led_write,
134        .release =  led_release,
135 };
136
137 /*
138  * @description    : 驱动入口函数
139  * @param         : 无
140  * @return        : 无
141  */
142 static int __init led_init(void)
143 {
144     int ret = 0;
145
146     /* 初始化信号量 */
147     sema_init(&gpioled.sem, 1);
...
204     return 0;
205 }
206
207 /*
208  * @description    : 驱动出口函数
209  * @param         : 无
210  * @return        : 无
211  */
212 static void __exit led_exit(void)
213 {
214     /* 注销字符设备驱动 */
215     cdev_del(&gpioled.cdev);/*   删除 cdev */
216     unregister_chrdev_region(gpioled.devid, GPIOLED_CNT);
217
218     device_destroy(gpioled.class, gpioled.devid);
219     class_destroy(gpioled.class);
220 }
221
222 module_init(led_init);
223 module_exit(led_exit);
224 MODULE_LICENSE("GPL");
225 MODULE_AUTHOR("zuozhongkai");
```

第 14 行,要使用信号量必须添加< linux/semaphore. h >头文件。

第 43 行,在设备结构体中添加一个信号量成员变量 sem。

第 60～65 行,在 open() 函数中申请信号量,可以使用 down() 函数,也可以使用 down_interruptible()函数。如果信号量值大于或等于 1,则表示可用,此时应用程序就会开始使用 LED 灯。如果信号量值为 0,则表示应用程序不能使用 LED 灯,此时应用程序就会进入到休眠状态。等到信号量值大于 1 的时候应用程序就会唤醒,申请信号量,获取 LED 灯的使用权。

第 123 行,在 release()函数中调用 up()函数释放信号量,这样其他因为没有得到信号量而进入休眠状态的应用程序就会唤醒,获取信号量。

第 147 行,在驱动入口函数中调用 sema_init()函数初始化信号量 sem 的值为 1,sem 相当于一个二值信号量。

总结一下,当信号量 sem 为 1 的时候表示 LED 灯还没有被使用,如果应用程序 A 要使用 LED 灯,那么先调用 open()函数打开/dev/gpioled,这个时候会获取信号量 sem,获取成功以后 sem 的值减 1 变为 0。如果此时应用程序 B 也要使用 LED 灯,调用 open()函数打开/dev/gpioled 就会因为信号量无效(值为 0)而进入休眠状态。当应用程序 A 运行完毕,调用 close()函数关闭/dev/gpioled 的时候就会释放信号量 sem,此时信号量 sem 的值就会加 1,变为 1。信号量 sem 再次有效,表示其他应用程序可以使用 LED 灯了,此时在休眠状态的应用程序 B 就会获取到信号量 sem,获取成功以后就开始使用 LED 灯。

3. 编写测试 App

测试 App 使用 9.1.1 节中的 atomicApp.c 即可,将 7_atomic 中的 atomicApp.c 文件复制到本例程中,并将 atomicApp.c 重命名为 semaApp.c 即可。

9.3.2 运行测试

1. 编译驱动程序

编写 Makefile 文件,本章实验的 Makefile 文件和第 1 章实验基本一样,只是将 obj-m 变量的值改为 semaphore.o,Makefile 内容如下所示:

```
                          示例代码9-7  Makefile 文件
1  KERNELDIR := /home/zuozhongkai/linux/IMX6ULL/linux/temp/linux-imx-rel_imx_4.1.15_2.1.0_ga_alientek
...
4  obj-m := semaphore.o
...
11 clean:
12     $(MAKE) -C $(KERNELDIR) M=$(CURRENT_PATH) clean
```

第 4 行,设置 obj-m 变量的值为 semaphore.o。

输入如下命令编译出驱动模块文件:

```
make -j32
```

编译成功以后就会生成一个名为 semaphore.ko 的驱动模块文件。

2. 编译测试 App

输入如下命令编译测试 semaApp.c 测试程序:

```
arm-linux-gnueabihf-gcc semaApp.c -o semaApp
```

编译成功以后就会生成 semaApp 应用程序。

3. 运行测试

将 9.3.1 节编译出来的 semaphore.ko 和 semaApp 这两个文件复制到 rootfs/lib/modules/4.1.15 目录中,重启开发板,进入目录 lib/modules/4.1.15 中,输入如下命令加载 semaphore.ko 驱动模块:

```
depmod                    //第一次加载驱动的时候需要运行此命令
modprobe semaphore.ko     //加载驱动
```

驱动加载成功以后就可以使用 semaApp 软件测试驱动是否工作正常,测试方法和 9.1.2 节中一样,先输入如下命令让 semaApp 软件模拟占用 25s 的 LED 灯:

```
./semaApp /dev/gpioled 1&          //打开 LED 灯
```

紧接着再输入如下命令关闭 LED 灯:

```
./semaApp /dev/gpioled 0&          //关闭 LED 灯
```

注意,两条命令都运行在后台,第一条命令先获取到信号量,因此可以操作 LED 灯,将 LED 灯打开,并且占有 25s;第二条命令因为获取信号量失败而进入休眠状态,等待第一条命令运行完毕并释放信号量以后才拥有 LED 灯使用权,将 LED 灯关闭,运行结果如图 9-3 所示。

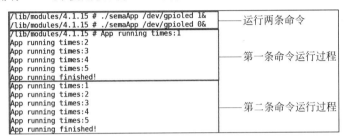

图 9-3　命令运行过程

如果要卸载驱动,则输入如下命令即可:

```
rmmod semaphore.ko
```

9.4　互斥体实验

前面使用原子操作、自旋锁和信号量实现了对 LED 灯的互斥访问,但是最适合互斥的就是互斥体 mutex 了。本节我们来学习一下如何使用 mutex 实现对 LED 灯的互斥访问。

9.4.1　实验程序编写

1. 修改设备树文件

本章实验是在 9.3 节实验的基础上完成的,同样不需要对设备树做任何的修改。

2. LED 驱动修改

本节实验在 9.3 节实验驱动文件 semaphore.c 的基础上修改而来。新建名为 10_mutex 的文件夹,然后在 10_mutex 文件夹中创建 vscode 工程,工作区命名为 mutex。将 9_semaphore 实验中的 semaphore.c 复制到 10_mutex 文件夹中,并且重命名为 mutex.c。将原来使用到信号量的地方换为 mutex 即可,其他的内容基本不变,完成以后的 mutex.c 文件内容如下所示(有省略):

示例代码9-8　mutex.c 文件代码
```
1    #include<linux/types.h>
...
```

```
17  # include < asm/io. h>
18  /***************************************************************
19  Copyright © ALIENTEK Co., Ltd. 1998 - 2029. All rights reserved.
20  文件名     : mutex.c
21  作者       : 左忠凯
22  版本       : V1.0
23  描述       : 互斥体实验,使用互斥体来实现对设备的互斥访问
24  其他       : 无
25  论坛       : www.openedv.com
26  日志       : 初版 V1.0 2019/7/18 左忠凯创建
27  ***************************************************************/
28  # define GPIOLED_CNT         1              /* 设备号个数    */
29  # define GPIOLED_NAME        "gpioled"      /* 名字          */
30  # define LEDOFF              0              /* 关灯          */
31  # define LEDON               1              /* 开灯          */
32
33  /* gpioled 设备结构体 */
34  struct gpioled_dev{
35      dev_t devid;                /* 设备号                      */
36      struct cdev cdev;           /* cdev                        */
37      struct class * class;       /* 类                          */
38      struct device * device;     /* 设备                        */
39      int major;                  /* 主设备号                    */
40      int minor;                  /* 次设备号                    */
41      struct device_node  * nd;   /* 设备节点                    */
42      int led_gpio;               /* LED 所使用的 GPIO 编号      */
43      struct mutex lock;          /* 互斥体                      */
44  };
45
46  struct gpioled_dev gpioled;     /* LED 设备 */
47
48  /*
49   * @description   : 打开设备
50   * @param - inode : 传递给驱动的 inode
51   * @param - filp  : 设备文件,file 结构体有个叫作 private_data 的成员变量,
52   *                  一般在 open 的时候将 private_data 指向设备结构体
53   * @return        : 0,成功;其他,失败
54   */
55  static int led_open(struct inode * inode, struct file * filp)
56  {
57      filp -> private_data = &gpioled;         /* 设置私有数据 */
58
59      /* 获取互斥体,可以被信号打断 */
60      if (mutex_lock_interruptible(&gpioled.lock)) {
61          return - ERESTARTSYS;
62      }
63  # if 0
64      mutex_lock(&gpioled.lock);                /* 不能被信号打断 */
65  # endif
66
67      return 0;
68  }
```

```
...
114 /*
115  * @description   :关闭/释放设备
116  * @param - filp  :要关闭的设备文件(文件描述符)
117  * @return        : 0,成功;其他,失败
118  */
119 static int led_release(struct inode * inode, struct file * filp)
120 {
121     struct gpioled_dev * dev = filp->private_data;
122
123     /* 释放互斥锁 */
124     mutex_unlock(&dev->lock);
125
126     return 0;
127 }
128
129 /* 设备操作函数 */
130 static struct file_operations gpioled_fops = {
131     .owner = THIS_MODULE,
132     .open = led_open,
133     .read = led_read,
134     .write = led_write,
135     .release =  led_release,
136 };
137
138 /*
139  * @description   :驱动入口函数
140  * @param         :无
141  * @return        :无
142  */
143 static int __init led_init(void)
144 {
145     int ret = 0;
146
147     /* 初始化互斥体 */
148     mutex_init(&gpioled.lock);
...
205     return 0;
206 }
...
223 module_init(led_init);
224 module_exit(led_exit);
225 MODULE_LICENSE("GPL");
226 MODULE_AUTHOR("zuozhongkai");
```

第 43 行,定义互斥体 lock。

第 60~65 行,在 open() 函数中调用 mutex_lock_interruptible() 或者 mutex_lock() 获取 mutex,若成功则表示可以使用 LED 灯,否则进入休眠状态,和信号量一样。

第 124 行,在 release() 函数中调用 mutex_unlock() 函数释放 mutex,这样其他应用程序就可以获取 mutex 了。

第 148 行,在驱动入口函数中调用 mutex_init()初始化 mutex。

互斥体和二值信号量类似,只不过互斥体是专门用于互斥访问的。

3. 编写测试 App

测试 App 使用 9.1.1 节中的 atomicApp.c 即可,将 7_atomic 中的 atomicApp.c 文件复制到本例程中,并将 atomicApp.c 重命名为 mutexApp.c 即可。

9.4.2 运行测试

1. 编译驱动程序

编写 Makefile 文件,本章实验的 Makefile 文件和第 1 章实验基本一样,只是将 obj-m 变量的值改为 mutex.o,Makefile 内容如下所示:

```
                      示例代码 9-9    Makefile 文件
1  KERNELDIR : = /home/zuozhongkai/linux/IMX6ULL/linux/temp/linux-imx-rel_imx_4.1.15_2.1.0_ga_alientek
...
4  obj-m : = mutex.o
...
11 clean:
12    $(MAKE) -C $(KERNELDIR) M = $(CURRENT_PATH) clean
```

第 4 行,设置 obj-m 变量的值为 mutex.o。

输入如下命令编译出驱动模块文件:

```
make -j32
```

编译成功以后就会生成一个名为 mutex.ko 的驱动模块文件。

2. 编译测试 App

输入如下命令编译测试 mutexApp.c 测试程序:

```
arm-linux-gnueabihf-gcc mutexApp.c -o mutexApp
```

编译成功以后就会生成 mutexApp 应用程序。

3. 运行测试

将 9.4.1 节编译出来的 mutex.ko 和 mutexApp 这两个文件复制到 rootfs/lib/modules/4.1.15 目录中,重启开发板,进入到目录 lib/modules/4.1.15 中,输入如下命令加载 mutex.ko 驱动模块:

```
depmod                //第一次加载驱动的时候需要运行此命令
modprobe mutex        //加载驱动
```

驱动加载成功以后就可以使用 mutexApp 软件测试驱动是否工作正常,测试方法和 9.3.2 节中测试信号量的方法一样。

如果要卸载驱动,则输入如下命令:

```
rmmod mutex
```

## 第10章

Linux按键输入实验

在前几章我们都是使用 GPIO 输出功能,还没有用过 GPIO 输入功能,本章就来学习一下如何在 Linux 下编写 GPIO 输入驱动程序。I. MX6U-ALPHA 开发板上有一个按键,我们就使用此按键来完成 GPIO 输入驱动程序,同时利用第 8 章介绍的原子操作来对按键值进行保护。

10.1　Linux 下按键驱动原理

按键驱动和 LED 驱动原理上来讲基本都是一样的,都是操作 GPIO,只不过一个是读取 GPIO 的高低电平,一个是从 GPIO 输出高低电平。本章我们实现按键输入,在驱动程序中使用一个整型变量来表示按键值,应用程序通过 read()函数来读取按键值,判断按键有没有按下。在这里,这个保存按键值的变量就是个共享资源,驱动程序要向其写入按键值,应用程序要读取按键值。所以我们要对其进行保护,对于整型变量而言首选的就是原子操作,使用原子操作对变量进行赋值以及读取。Linux 下的按键驱动原理很简单,接下来开始编写驱动。

注意,本章例程只是为了演示 Linux 下 GPIO 输入驱动的编写,实际中的按键驱动并不会采用本章中所讲解的方法,Linux 下的 input 子系统专门用于输入设备。

10.2　硬件原理图分析

本章实验硬件原理图参考《原子嵌入式 Linux 驱动开发详解》11.2 节。

10.3　实验程序编写

本实验对应的例程路径为"2、Linux 驱动例程→11_key"。

10.3.1　修改设备树文件

1. 添加 pinctrl 节点

I. MX6U-ALPHA 开发板上的 KEY 使用了 UART1_CTS_B 这个 PIN,打开 imx6ull-alientek-emmc.dts,在iomuxc节点的imx6ul-evk子节点下创建一个名为pinctrl_key的子节点,节点内容如下所示:

```
                    示例代码10-1  按键pinctrl节点
1 pinctrl_key: keygrp {
2     fsl,pins = <
3         MX6UL_PAD_UART1_CTS_B__GPIO1_IO18        0xF080  /* KEY0 */
4     >;
5 };
```

第3行,将GPIO_IO18这个PIN复用为GPIO1_IO18。

2. 添加KEY设备节点

在根节点"/"下创建KEY设备节点,节点名为key,节点内容如下:

```
                    示例代码10-2  创建KEY设备节点
1 key {
2     #address-cells = <1>;
3     #size-cells = <1>;
4     compatible = "atkalpha-key";
5     pinctrl-names = "default";
6     pinctrl-0 = <&pinctrl_key>;
7     key-gpio = <&gpio1 18 GPIO_ACTIVE_LOW>;        /* KEY0 */
8     status = "okay";
9 };
```

第6行,pinctrl-0属性设置KEY设备所使用的PIN对应的pinctrl节点。

第7行,key-gpio属性指定了KEY设备所使用的GPIO。

3. 检查PIN是否被其他外设使用

在本章实验中蜂鸣器使用的PIN为UART1_CTS_B,因此先检查UART1_CTS_B这个PIN有没有被其他的pinctrl节点使用,如果被使用则屏蔽掉;然后再检查GPIO1_IO18这个GPIO有没有被其他外设使用,如果被使用也要屏蔽掉。

设备树编写完成以后使用"make dtbs"命令重新编译设备树,然后使用新编译出来的imx6ull-alientek-emmc.dtb文件启动Linux系统。启动成功以后进入/proc/device-tree目录中查看key子节点是否存在,如果存在的话就说明设备树基本修改成功(具体还要驱动验证),结果如图10-1所示。

图10-1 key子节点

10.3.2 按键驱动程序编写

设备树准备好以后就可以编写驱动程序了,新建名为11_key的文件夹,然后在11_key文件夹中创建vscode工程,工作区命名为key。工程创建好以后新建key.c文件,在key.c中输入如下内容:

示例代码10-3　key.c文件代码

```
1   # include < linux/types.h >
2   # include < linux/kernel.h >
3   # include < linux/delay.h >
4   # include < linux/ide.h >
5   # include < linux/init.h >
6   # include < linux/module.h >
7   # include < linux/errno.h >
8   # include < linux/gpio.h >
9   # include < linux/cdev.h >
10  # include < linux/device.h >
11  # include < linux/of.h >
12  # include < linux/of_address.h >
13  # include < linux/of_gpio.h >
14  # include < linux/semaphore.h >
15  # include < asm/mach/map.h >
16  # include < asm/uaccess.h >
17  # include < asm/io.h >
18  / ***********************************************************
19  Copyright © ALIENTEK Co., Ltd. 1998 - 2029. All rights reserved.
20  文件名   : key.c
21  作者     : 左忠凯
22  版本     : V1.0
23  描述     : Linux 按键输入驱动实验
24  其他     : 无
25  论坛     : www.openedv.com
26  日志     : 初版 V1.0 2019/7/18 左忠凯创建
27  *********************************************************** /
28  # define KEY_CNT        1            / * 设备号个数     * /
29  # define KEY_NAME       "key"        / * 名字         * /
30
31  / * 定义按键值 * /
32  # define KEY0VALUE      0XF0         / * 按键值       * /
33  # define INVAKEY        0X00         / * 无效的按键值 * /
34
35  / * key 设备结构体 * /
36  struct key_dev{
37      dev_t devid;                    / * 设备号        * /
38      struct cdev cdev;               / * cdev         * /
39      struct class * class;           / * 类           * /
40      struct device * device;         / * 设备          * /
41      int major;                      / * 主设备号      * /
42      int minor;                      / * 次设备号      * /
43      struct device_node  * nd;       / * 设备节点      * /
44      int key_gpio;                   / * key 所使用的 GPIO 编号   * /
45      atomic_t keyvalue;              / * 按键值        * /
46  };
47
48  struct key_dev keydev;              / * key 设备 * /
49
50  / *
51   * @description    : 初始化按键 I/O,open 函数打开驱动的时候
```

```
52   *                初始化按键所使用的 GPIO 引脚
53   * @param    :无
54   * @return   :无
55   */
56   static int keyio_init(void)
57   {
58       keydev.nd = of_find_node_by_path("/key");
59       if (keydev.nd == NULL) {
60           return - EINVAL;
61       }
62
63       keydev.key_gpio = of_get_named_gpio(keydev.nd ,"key - gpio", 0);
64       if (keydev.key_gpio < 0) {
65           printk("can't get key0\r\n");
66           return - EINVAL;
67       }
68       printk("key_gpio = % d\r\n", keydev.key_gpio);
69
70       /* 初始化 key 所使用的 I/O */
71       gpio_request(keydev.key_gpio, "key0");          /* 请求 I/O      */
72       gpio_direction_input(keydev.key_gpio);          /* 设置为输入   */
73       return 0;
74   }
75
76   /*
77    * @description   :打开设备
78    * @param - inode :传递给驱动的 inode
79    * @param - filp  :设备文件,file 结构体有个叫作 private_data 的成员变量,
80    *                  一般在 open 的时候将 private_data 指向设备结构体
81    * @return        :0,成功;其他,失败
82    */
83   static int key_open(struct inode * inode, struct file * filp)
84   {
85       int ret = 0;
86       filp - > private_data = &keydev;              /* 设置私有数据     */
87
88       ret = keyio_init();                           /* 初始化按键 I/O   */
89       if (ret < 0) {
90           return ret;
91       }
92
93       return 0;
94   }
95
96   /*
97    * @description  :从设备读取数据
98    * @param - filp :要打开的设备文件(文件描述符)
99    * @param - buf  :返回给用户空间的数据缓冲区
100   * @param - cnt  :要读取的数据长度
101   * @param - offt :相对于文件首地址的偏移
102   * @return       :读取的字节数,如果为负值,则表示读取失败
103   */
```

```
104 static ssize_t key_read(struct file * filp, char __user * buf,
                            size_t cnt, loff_t * offt)
105 {
106     int ret = 0;
107     unsigned char value;
108     struct key_dev * dev = filp->private_data;
109
110     if (gpio_get_value(dev->key_gpio) == 0) {          /* key0 按下    */
111         while(!gpio_get_value(dev->key_gpio));         /* 等待按键释放    */
112         atomic_set(&dev->keyvalue, KEY0VALUE);
113     } else {                                           /* 无效的按键值    */
114         atomic_set(&dev->keyvalue, INVAKEY);
115     }
116
117     value = atomic_read(&dev->keyvalue);               /* 保存按键值    */
118     ret = copy_to_user(buf, &value, sizeof(value));
119     return ret;
120 }
121
122
123 /* 设备操作函数 */
124 static struct file_operations key_fops = {
125     .owner = THIS_MODULE,
126     .open = key_open,
127     .read = key_read,
128 };
129
130 /*
131  * @description    : 驱动入口函数
132  * @param          : 无
133  * @return         : 无
134  */
135 static int __init mykey_init(void)
136 {
137     /* 初始化原子变量 */
138     atomic_set(&keydev.keyvalue, INVAKEY);
139
140     /* 注册字符设备驱动   */
141     /* 1、创建设备号   */
142     if (keydev.major) {              /*   定义了设备号    */
143         keydev.devid = MKDEV(keydev.major, 0);
144         register_chrdev_region(keydev.devid, KEY_CNT, KEY_NAME);
145     } else {                         /* 没有定义设备号    */
146         alloc_chrdev_region(&keydev.devid, 0, KEY_CNT, KEY_NAME);
147         keydev.major = MAJOR(keydev.devid);    /* 获取分配号的主设备号 */
148         keydev.minor = MINOR(keydev.devid);    /* 获取分配号的次设备号 */
149     }
150
151     /* 2、初始化 cdev */
152     keydev.cdev.owner = THIS_MODULE;
153     cdev_init(&keydev.cdev, &key_fops);
154
```

```
155        /* 3、添加一个 cdev */
156        cdev_add(&keydev.cdev, keydev.devid, KEY_CNT);
157
158        /* 4、创建类 */
159        keydev.class = class_create(THIS_MODULE, KEY_NAME);
160        if (IS_ERR(keydev.class)) {
161            return PTR_ERR(keydev.class);
162        }
163
164        /* 5、创建设备 */
165        keydev.device = device_create(keydev.class, NULL, keydev.devid, NULL, KEY_NAME);
166        if (IS_ERR(keydev.device)) {
167            return PTR_ERR(keydev.device);
168        }
169
170        return 0;
171 }
172
173 /*
174  * @description  : 驱动出口函数
175  * @param        : 无
176  * @return       : 无
177  */
178 static void __exit mykey_exit(void)
179 {
180        /* 注销字符设备驱动 */
181     gpio_free(keydev.key_gpio);                        /* 释放 I/O    */
182        cdev_del(&keydev.cdev);                         /* 删除 cdev   */
183        unregister_chrdev_region(keydev.devid, KEY_CNT);  /* 注销设备号 */
184
185        device_destroy(keydev.class, keydev.devid);
186        class_destroy(keydev.class);
187 }
188
189 module_init(mykey_init);
190 module_exit(mykey_exit);
191 MODULE_LICENSE("GPL");
192 MODULE_AUTHOR("zuozhongkai");
```

第 36～46 行,结构体 key_dev 为按键的设备结构体,第 45 行的原子变量 keyvalue 用于记录按键值。

第 56～74 行,函数 keyio_init()用于初始化按键,从设备树中获取按键的 gpio 信息,然后设置为输入。将按键的初始化代码提取出来,将其作为独立的一个函数有利于提高程序的模块化设计。

第 83～94 行,key_open()函数通过调用 keyio_init()函数来始化按键所使用的 I/O,应用程序每次打开按键驱动文件的时候都会初始化一次按键 I/O。

第 104～120 行,key_read()函数,应用程序通过 read()函数读取按键值的时候此函数就会执行。第 110 行读取按键 I/O 的电平,如果为 0 则表示按键被按下,如果按键被按下,那么第 111 行就等待按键释放。按键释放以后标记按键值为 KEY0VALUE。

第 135～171 行,驱动入口函数,第 138 行调用 atomic_set()函数初始化原子变量默认为无效值。

第 178~187 行,驱动出口函数。

key.c 文件代码很简单,重点就是 key_read() 函数读取按键值,要对 keyvalue 进行保护。

10.3.3 编写测试 App

新建名为 keyApp.c 的文件,然后输入如下所示内容:

示例代码 10-4 keyApp.c 文件代码

```
1   #include "stdio.h"
2   #include "unistd.h"
3   #include "sys/types.h"
4   #include "sys/stat.h"
5   #include "fcntl.h"
6   #include "stdlib.h"
7   #include "string.h"
8   /***************************************************************
9   Copyright © ALIENTEK Co., Ltd. 1998 - 2029. All rights reserved.
10  文件名      : keyApp.c
11  作者        : 左忠凯
12  版本        : V1.0
13  描述        : 按键输入测试应用程序
14  其他        : 无
15  使用方法     : ./keyApp /dev/key
16  论坛        : www.openedv.com
17  日志        : 初版 V1.0 2019/1/30 左忠凯创建
18  ***************************************************************/
19
20  /* 定义按键值 */
21  #define KEY0VALUE        0XF0
22  #define INVAKEY          0X00
23
24  /*
25   * @description    : main 主程序
26   * @param - argc   : argv 数组元素个数
27   * @param - argv   : 具体参数
28   * @return         : 0,成功;其他,失败
29   */
30  int main(int argc, char * argv[])
31  {
32      int fd, ret;
33      char * filename;
34      unsigned char keyvalue;
35
36      if(argc != 2){
37          printf("Error Usage!\r\n");
38          return -1;
39      }
40
41      filename = argv[1];
42
```

```
43      /* 打开 key 驱动 */
44      fd = open(filename, O_RDWR);
45      if(fd < 0){
46          printf("file %s open failed!\r\n", argv[1]);
47          return -1;
48      }
49
50      /* 循环读取按键值数据! */
51      while(1) {
52          read(fd, &keyvalue, sizeof(keyvalue));
53          if (keyvalue == KEY0VALUE) {     /* KEY0 */
54              printf("KEY0 Press, value = %#X\r\n", keyvalue);     /* 按下 */
55          }
56      }
57
58      ret = close(fd);              /* 关闭文件 */
59      if(ret < 0){
60          printf("file %s close failed!\r\n", argv[1]);
61          return -1;
62      }
63      return 0;
64  }
```

第 51～56 行,循环读取/dev/key 文件,也就是循环读取按键值,并且将按键值打印出来。

10.4 运行测试

10.4.1 编译驱动程序和测试 App

1. 编译驱动程序

编写 Makefile 文件,本章实验的 Makefile 文件和第 1 章实验基本一样,只是将 obj-m 变量的值改为 key.o,Makefile 内容如下所示:

示例代码 10-5　Makefile 文件

```
1  KERNELDIR := /home/zuozhongkai/linux/IMX6ULL/linux/temp/linux-imx-rel_imx_4.1.15_2.1.0_ga_alientek
...
4  obj-m := key.o
...
11 clean:
12  $(MAKE) -C $(KERNELDIR) M=$(CURRENT_PATH) clean
```

第 4 行,设置 obj-m 变量的值为 key.o。

输入如下命令编译出驱动模块文件:

```
make -j32
```

编译成功以后就会生成一个名为 key.ko 的驱动模块文件。

2. 编译测试 App

输入如下命令编译测试 keyApp.c 测试程序：

```
arm - linux - gnueabihf - gcc keyApp.c - o keyApp
```

编译成功以后就会生成 keyApp 应用程序。

10.4.2 运行测试

将 10.4.1 节编译出来的 key.ko 和 keyApp 这两个文件复制到 rootfs/lib/modules/4.1.15 目录中，重启开发板，进入目录 lib/modules/4.1.15 中，输入如下命令加载 key.ko 驱动模块：

```
depmod              //第一次加载驱动的时候需要运行此命令
modprobe key        //加载驱动
```

驱动加载成功以后输入如下命令来测试：

```
./keyApp   /dev/key
```

输入上述命令以后终端显示如图 10-2 所示。

```
/lib/modules/4.1.15 # ./keyApp /dev/key
key_gpio=18
```

图 10-2 测试 App 运行界面

按下开发板上的 KEY0 按键，keyApp 就会获取并且输出按键信息，如图 10-3 所示。

```
/lib/modules/4.1.15 # ./keyApp /dev/key
key_gpio=18
KEY0 Press, value = 0XF0
KEY0 Press, value = 0XF0
KEY0 Press, value = 0XF0
```

图 10-3 按键运行结果

从图 10-3 可以看出，当我们按下 KEY0 按键以后就会打印出"KEY0 Press，value＝0XF0"，表示按键按下。但是大家可能会发现，有时候按下一次 KEY0 按键但是会输出好几行"KEY0 Press，value＝0XF0"，这是因为我们的代码没有做按键消抖处理。

如果要卸载驱动，则输入如下命令：

```
rmmod key
```

第**11**章

Linux内核定时器实验

定时器是我们最常用到的功能,一般用来完成定时功能。本章就来学习一下 Linux 内核提供的定时器 API 函数,通过这些定时器 API 函数可以完成很多要求定时的应用。Linux 内核也提供了短延时函数,比如微秒、纳秒、毫秒延时函数,本章就来实现这些和时间有关的功能。

11.1 Linux 时间管理和内核定时器简介

11.1.1 内核时间管理简介

Linux 内核中有大量的函数需要时间管理,比如周期性的调度程序、延时程序、对于驱动程序编写者来说最常用的定时器。硬件定时器提供时钟源,时钟源的频率可以设置,设置好以后就周期性地产生定时中断,系统使用定时中断来计时。中断周期性产生的频率就是系统频率,也叫作系统节拍率(tick rate)(有的资料也叫系统频率),单位是 Hz,比如 1000Hz、100Hz 等就是指系统节拍率。系统节拍率是可以设置的,我们在编译 Linux 内核的时候可以通过图形化界面设置系统节拍率,按照如下路径打开配置界面:

```
-> Kernel Features
  -> Timer frequency (<choice> [ = y])
```

选中"Timer frequency",打开以后如图 11-1 所示。

从图 11-1 可以看出,可选的系统节拍率为 100Hz、200Hz、250Hz、300Hz、500Hz 和 1000Hz,默认情况下选择 100Hz。设置好以后打开 Linux 内核源码根目录下的 .config 文件,在此文件中有如图 11-2 所示的定义。

图 11-2 中的 CONFIG_HZ 为 100,Linux 内核会使用 CONFIG_HZ 来设置自己的系统时钟。打开文件 include/asm-generic/param.h,有如下内容:

示例代码 11-1　include/asm-generic/param.h 文件代码段

```
6  # undef HZ
7  # define HZ          CONFIG_HZ
8  # define USER_HZ      100
9  # define CLOCKS_PER_SEC (USER_HZ)
```

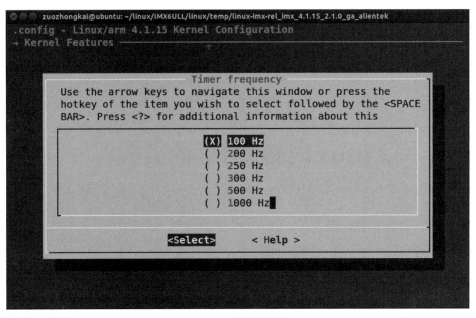

图 11-1　系统节拍率设置

```
508 CONFIG_PREEMPT_COUNT=y
509 CONFIG_HZ_FIXED=0
510 CONFIG_HZ_100=y
511 # CONFIG_HZ_200 is not set
512 # CONFIG_HZ_250 is not set
513 # CONFIG_HZ_300 is not set
514 # CONFIG_HZ_500 is not set
515 # CONFIG_HZ_1000 is not set
516 CONFIG_HZ=100                    系统节拍率
517 CONFIG_SCHED_HRTICK=y
518 CONFIG_AEABI=y
519 # CONFIG_OABI_COMPAT is not set
                                    508,13        14%
```

图 11-2　系统节拍率

第 7 行定义了一个宏 HZ,宏 HZ 就是 CONFIG_HZ,因此代码中 HZ=100,我们后面编写 Linux 驱动的时候会常常用到 HZ,因为 HZ 表示一秒的节拍数,也就是频率。

大多数初学者看到系统节拍率默认为 100Hz 的时候都会有疑问:怎么这么小? 100Hz 是可选的节拍率里面最小的。为什么不选择大一点的呢? 这里就引出了一个问题:高节拍率和低节拍率的优缺点。

(1) 高节拍率会提高系统时间精度,如果采用 100Hz 的节拍率,时间精度就是 10ms,采用 1000Hz 的话时间精度就是 1ms,精度提高了 10 倍。高精度时钟的好处有很多,对于那些对时间要求严格的函数来说,能够以更高的精度运行,时间测量也更加准确。

(2) 高节拍率会导致中断的产生更加频繁,频繁的中断会加剧系统的负担,1000Hz 和 100Hz 的系统节拍率相比,系统要花费 10 倍的"精力"去处理中断。中断服务函数占用处理器的时间增加,但是现在的处理器性能都很强大,所以采用 1000Hz 的系统节拍率并不会增加太大的负载压力。根据自己的实际情况,选择合适的系统节拍率,本书全部采用默认的 100Hz 系统节拍率。

Linux 内核使用全局变量 jiffies 来记录系统从启动以来的系统节拍数,系统启动的时候会将 jiffies 初始化为 0,jiffies 定义在文件 include/linux/jiffies.h 中,定义如下:、

示例代码 11-2　include/jiffies.h 文件代码段
```
76 extern u64 __jiffy_data jiffies_64;
77 extern unsigned long volatile __jiffy_data jiffies;
```

第 76 行,定义了一个 64 位的 jiffies_64。

第 77 行,定义了一个 unsigned long 类型的 32 位的 jiffies。

jiffies_64 和 jiffies 其实是同一个东西,jiffies_64 用于 64 位系统,jiffies 用于 32 位系统。为了兼容不同的硬件,jiffies 其实就是 jiffies_64 的低 32 位,jiffies_64 和 jiffies 的结构如图 11-3 所示。

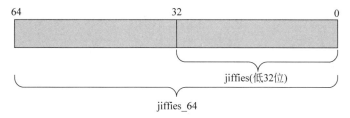

图 11-3　jiffies_64 和 jiffies 结构图

当我们访问 jiffies 的时候其实访问的是 jiffies_64 的低 32 位,使用 get_jiffies_64()这个函数可以获取 jiffies_64 的值。在 32 位的系统中读取 jiffies 的值,在 64 位的系统上 jiffes 和 jiffies_64 表示同一个变量,因此也可以直接读取 jiffies 的值。所以不管是 32 位的系统还是 64 位系统,都可以使用 jiffies。

前面说了 HZ 表示每秒的节拍数,jiffies 表示系统运行的 jiffies 节拍数,所以 jiffies/HZ 就是系统运行时间,单位为秒。不管是 32 位还是 64 位的 jiffies,都有溢出的风险,溢出以后会重新从 0 开始计数,相当于绕回来了,因此有些资料也将这个现象也叫作绕回。假如 HZ 为最大值 1000 的时候,32 位的 jiffies 只需要 49.7 天就发生了绕回,对于 64 位的 jiffies 来说大概需要 5.8 亿年才能绕回,因此 jiffies_64 的绕回可以忽略不计。处理 32 位 jiffies 的绕回显得尤为重要,Linux 内核提供了如表 11-1 所示的几个 API 函数来处理绕回。

表 11-1　处理绕回的 API 函数

函　　数	描　　述
time_after(unknown, known)	unknown 通常为 jiffies,known 通常是需要对比的值
time_before(unknown, known)	
time_after_eq(unknown, known)	
time_before_eq(unknown, known)	

如果 unknown 超过 known,则 time_after()函数返回真,否则返回假。如果 unknown 没有超过 known,则 time_before()函数返回真,否则返回假。time_after_eq()函数和 time_after()函数类似,只是多了判断等于这个条件。同理,time_before_eq()函数和 time_before()函数也类似。比如我们要判断某段代码执行时间有没有超时,此时就可以使用如下所示代码:

示例代码 11-3　使用 jiffies 判断超时
```
1  unsigned long timeout;
```

```
2   timeout = jiffies + (2 * HZ);          /* 超时的时间点 */
3
4   /**********************************
5      具体的代码
6      **********************************/
7
8   /* 判断有没有超时 */
9   if(time_before(jiffies, timeout)) {
10     /* 超时未发生 */
11  } else {
12     /* 超时发生 */
13  }
```

timeout 就是超时时间点,比如我们要判断代码执行时间是不是超过了 2s,那么超时时间点就是 jiffies+(2 * HZ),如果 jiffies 大于 timeout 则表示超时,否则就是没有超时。第 4～6 行就是具体的代码段。第 9 行通过函数 time_before() 来判断 jiffies 是否小于 timeout,如果小于则表示没有超时。

为了方便开发,Linux 内核提供了几个 jiffies 和 ms、us、ns 之间的转换函数,如表 11-2 所示。

表 11-2　jiffies 和 ms、us、ns 之间的转换函数

函　　数	描　　述
int jiffies_to_msecs(const unsigned long j)	将 jiffies 类型的参数 j 分别转换为对应的毫秒、微秒、纳秒
int jiffies_to_usecs(const unsigned long j)	
u64 jiffies_to_nsecs(const unsigned long j)	
long msecs_to_jiffies(const unsigned int m)	将毫秒、微秒、纳秒转换为 jiffies 类型
long usecs_to_jiffies(const unsigned int u)	
unsigned long nsecs_to_jiffies(u64 n)	

11.1.2　内核定时器简介

定时器是一个很常用的功能,需要周期性处理的工作都要用到定时器。Linux 内核定时器采用系统时钟来实现,并不是我们在裸机篇中讲解的 PIT 等硬件定时器。Linux 内核定时器使用很简单,只需要提供超时时间(相当于定时值)和定时处理函数即可,当超时时间到了以后设置的定时处理函数就会执行,和我们使用硬件定时器的套路一样,只是使用内核定时器不需要做一大堆的寄存器初始化工作。在使用内核定时器的时候要注意一点:内核定时器并不是周期性运行的,超时以后就会自动关闭,因此如果想要实现周期性定时,那么就需要在定时处理函数中重新开启定时器。Linux 内核使用 timer_list 结构体表示内核定时器,timer_list 定义在文件 include/linux/timer.h 中,定义如下(省略掉了条件编译):

```
                    示例代码 11-4　timer_list 结构体
struct timer_list {
    struct list_head entry;
    unsigned long expires;              /* 定时器超时时间,单位是节拍数   */
    struct tvec_base * base;

    void ( * function)(unsigned long);    /* 定时处理函数                */
```

```
    unsigned long data;              /* 要传递给 function 函数的参数      */

    int slack;
};
```

要使用内核定时器首先要先定义一个 timer_list 变量，表示定时器，tiemr_list 结构体中的成员变量 expires 表示超时时间，单位为节拍数。比如现在需要定义一个周期为 2s 的定时器，那么这个定时器的超时时间就是 jiffies＋(2 * HZ)，因此 expires＝jiffies＋(2 * HZ)。function() 就是定时器超时以后的定时处理函数，我们要做的工作就放到这个函数里面，需要我们编写这个定时处理函数。

定义好定时器以后还需要通过一系列的 API 函数来初始化此定时器，这些函数如下：

1．init_timer() 函数

init_timer() 函数负责初始化 timer_list 类型变量，当我们定义了一个 timer_list 变量以后一定要先用 init_timer() 初始化。init_timer() 函数原型如下：

```
void init_timer(struct timer_list * timer)
```

函数参数含义如下：

timer——要初始化定时器。

返回值——无。

2．add_timer() 函数

add_timer() 函数用于向 Linux 内核注册定时器，使用 add_timer() 函数向内核注册定时器以后，定时器就会开始运行，函数原型如下：

```
void add_timer(struct timer_list * timer)
```

函数参数含义如下：

timer——要注册的定时器。

返回值——没有返回值。

3．del_timer() 函数

del_timer() 函数用于删除一个定时器，不管定时器有没有被激活，都可以使用此函数删除。在多处理器系统上，定时器可能会在其他的处理器上运行，因此在调用 del_timer() 函数删除定时器之前要先等待其他处理器的定时处理器函数退出。del_timer() 函数原型如下：

```
int del_timer(struct timer_list * timer)
```

函数参数含义如下：

timer——要删除的定时器。

返回值——0，定时器还没被激活；1，定时器已经激活。

4．del_timer_sync() 函数

del_timer_sync() 函数是 del_timer() 函数的同步版，会等待其他处理器使用完定时器再删除，del_timer_sync() 不能使用在中断上下文中。del_timer_sync() 函数原型如下所示：

```
int del_timer_sync(struct timer_list * timer)
```

函数参数含义如下：

timer——要删除的定时器。

返回值——0，定时器还没被激活；1，定时器已经激活。

5. mod_timer()函数

mod_timer()函数用于修改定时值，如果定时器还没有激活，那么 mod_timer()函数会激活定时器。函数原型如下：

```
int mod_timer(struct timer_list * timer, unsigned long expires)
```

函数参数含义如下：

timer——要修改超时时间（定时值）的定时器。

expires——修改后的超时时间。

返回值——0，调用 mod_timer()函数前定时器未被激活；1，调用 mod_timer()函数前定时器已被激活。

关于内核定时器常用的 API 函数就讲这些。内核定时器一般的使用流程如下所示。

示例代码 11-5　内核定时器使用方法演示

```
1   struct timer_list timer;    /* 定义定时器  */
2
3   /* 定时器回调函数 */
4   void function(unsigned long arg)
5   {
6      /*
7       * 定时器处理代码
8       */
9
10     /* 如果需要定时器周期性运行,则使用 mod_timer
11      * 函数重新设置超时值并且启动定时器.
12      */
13     mod_timer(&dev->timertest, jiffies + msecs_to_jiffies(2000));
14  }
15
16  /* 初始化函数 */
17  void init(void)
18  {
19     init_timer(&timer);                          /* 初始化定时器        */
20
21     timer.function = function;                   /* 设置定时处理函数     */
22     timer.expires = jffies + msecs_to_jiffies(2000); /* 超时时间 2s      */
23     timer.data = (unsigned long)&dev;            /* 将设备结构体作为参数 */
24
25     add_timer(&timer);                           /* 启动定时器          */
26  }
27
28  /* 退出函数 */
29  void exit(void)
```

```
30 {
31     del_timer(&timer);              /* 删除定时器    */
32     /* 或者使用 */
33     del_timer_sync(&timer);
34 }
```

11.1.3　Linux 内核短延时函数

有时候我们需要在内核中实现短延时，尤其是在 Linux 驱动中。Linux 内核提供了毫秒、微秒和纳秒延时函数，这 3 个函数如表 11-3 所示。

表 11-3　内核短延时函数

函　　数	描　　述
void ndelay(unsigned long nsecs)	纳秒、微秒和毫秒延时函数
void udelay(unsigned long usecs)	
void mdelay(unsigned long msecs)	

11.2　硬件原理图分析

本章通过设置一个定时器来实现周期性的闪烁 LED 灯，因此本章例程就使用到了一个 LED 灯，关于 LED 灯的硬件原理图参考《原子嵌入式 Linux 驱动开发详解》4.2 节。

11.3　实验程序编写

本实验对应的例程路径为"2、Linux 驱动例程→12_timer"。

本章实验我们使用内核定时器周期性地点亮和熄灭开发板上的 LED 灯，LED 灯的闪烁周期由内核定时器来设置，测试应用程序可以控制内核定时器周期。

11.3.1　修改设备树文件

本章实验使用到了 LED 灯，LED 灯的设备树节点信息使用 6.4.1 节创建的即可。

11.3.2　定时器驱动程序编写

新建名为 12_timer 的文件夹，然后在 12_timer 文件夹中创建 vscode 工程，工作区命名为 timer。工程创建好以后新建 timer.c 文件，在 timer.c 中输入如下内容：

示例代码 11-6　timer.c 文件代码段

```
1    # include < linux/types.h>
2    # include < linux/kernel.h>
3    # include < linux/delay.h>
4    # include < linux/ide.h>
5    # include < linux/init.h>
```

```
6     # include < linux/module. h>
7     # include < linux/errno. h>
8     # include < linux/gpio. h>
9     # include < linux/cdev. h>
10    # include < linux/device. h>
11    # include < linux/of. h>
12    # include < linux/of_address. h>
13    # include < linux/of_gpio. h>
14    # include < linux/semaphore. h>
15    # include < linux/timer. h>
16    # include < asm/mach/map. h>
17    # include < asm/uaccess. h>
18    # include < asm/io. h>
19    /************************************************************
20    Copyright © ALIENTEK Co., Ltd. 1998 - 2029. All rights reserved.
21    文件名      : timer.c
22    作者        : 左忠凯
23    版本        : V1.0
24    描述        : Linux 内核定时器实验
25    其他        : 无
26    论坛        : www. openedv. com
27    日志        : 初版 V1.0 2019/7/24 左忠凯创建
28    ************************************************************ /
29    # define TIMER_CNT          1                /* 设备号个数             */
30    # define TIMER_NAME         "timer"          /* 名字                  */
31    # define CLOSE_CMD          (_IO(0XEF, 0x1)) /* 关闭定时器             */
32    # define OPEN_CMD           (_IO(0XEF, 0x2)) /* 打开定时器             */
33    # define SETPERIOD_CMD      (_IO(0XEF, 0x3)) /* 设置定时器周期命令      */
34    # define LEDON              1                /* 开灯                  */
35    # define LEDOFF             0                /* 关灯                  */
36
37    /* timer 设备结构体 */
38    struct timer_dev{
39        dev_t devid;              /* 设备号                   */
40        struct cdev cdev;         /* cdev                    */
41        struct class * class;     /* 类                      */
42        struct device * device;   /* 设备                    */
43        int major;                /* 主设备号                 */
44        int minor;                /* 次设备号                 */
45        struct device_node  * nd; /* 设备节点                 */
46        int led_gpio;             /* key 所使用的 GPIO 编号    */
47        int timeperiod;           /* 定时周期,单位为 ms        */
48        struct timer_list timer;  /* 定义一个定时器            */
49        spinlock_t lock;          /* 定义自旋锁               */
50    };
51
52    struct timer_dev timerdev;    /* timer 设备              */
53
54    /*
55     * @description    : 初始化 LED 灯 I/O,用 open()函数打开驱动的时候
56     *                   初始化 LED 灯所使用的 GPIO 引脚
57     * @param          : 无
```

```
58      *  @return     : 无
59      */
60    static int led_init(void)
61    {
62        int ret = 0;
63
64        timerdev.nd = of_find_node_by_path("/gpioled");
65        if (timerdev.nd == NULL) {
66            return -EINVAL;
67        }
68
69        timerdev.led_gpio = of_get_named_gpio(timerdev.nd, "led-gpio", 0);
70        if (timerdev.led_gpio < 0) {
71            printk("can't get led\r\n");
72            return -EINVAL;
73        }
74
75        /* 初始化 LED 所使用的 I/O */
76        gpio_request(timerdev.led_gpio, "led");          /* 请求 I/O    */
77        ret = gpio_direction_output(timerdev.led_gpio, 1);
78        if(ret < 0) {
79            printk("can't set gpio!\r\n");
80        }
81        return 0;
82    }
83
84    /*
85     *  @description    : 打开设备
86     *  @param - inode : 传递给驱动的 inode
87     *  @param - filp  : 设备文件,file 结构体有个叫作 private_data 的成员变量,
88     *                    一般在 open 的时候将 private_data 指向设备结构体
89     *  @return        : 0,成功;其他,失败
90     */
91    static int timer_open(struct inode * inode, struct file * filp)
92    {
93        int ret = 0;
94        filp->private_data = &timerdev;       /* 设置私有数据      */
95
96        timerdev.timeperiod = 1000;           /* 默认周期为 1s     */
97        ret = led_init();                     /* 初始化 LED I/O    */
98        if (ret < 0) {
99            return ret;
100       }
101       return 0;
102   }
103
104   /*
105    *  @description    : ioctl 函数,
106    *  @param - filp  : 要打开的设备文件(文件描述符)
107    *  @param - cmd   : 应用程序发送过来的命令
108    *  @param - arg   : 参数
109    *  @return        : 0,成功;其他,失败
```

```
110  */
111  static long timer_unlocked_ioctl (struct file * filp,
                              unsigned int cmd, unsigned long arg)
112  {
113      struct timer_dev * dev =  (struct timer_dev * )filp->private_data;
114      int timerperiod;
115      unsigned long flags;
116
117      switch (cmd) {
118          case CLOSE_CMD:              /* 关闭定时器      */
119              del_timer_sync(&dev->timer);
120              break;
121          case OPEN_CMD:              /* 打开定时器      */
122              spin_lock_irqsave(&dev->lock, flags);
123              timerperiod = dev->timeperiod;
124              spin_unlock_irqrestore(&dev->lock, flags);
125              mod_timer(&dev->timer, jiffies +
                          msecs_to_jiffies(timerperiod));
126              break;
127          case SETPERIOD_CMD:          /* 设置定时器周期  */
128              spin_lock_irqsave(&dev->lock, flags);
129              dev->timeperiod = arg;
130              spin_unlock_irqrestore(&dev->lock, flags);
131              mod_timer(&dev->timer, jiffies + msecs_to_jiffies(arg));
132              break;
133          default:
134              break;
135      }
136      return 0;
137  }
138
139  /* 设备操作函数 */
140  static struct file_operations timer_fops = {
141      .owner = THIS_MODULE,
142      .open = timer_open,
143      .unlocked_ioctl = timer_unlocked_ioctl,
144  };
145
146  /* 定时器回调函数 */
147  void timer_function(unsigned long arg)
148  {
149      struct timer_dev * dev = (struct timer_dev * )arg;
150      static int sta = 1;
151      int timerperiod;
152      unsigned long flags;
153
154      sta = !sta;        /* 每次都取反,实现 LED 灯反转 */
155      gpio_set_value(dev->led_gpio, sta);
156
157      /* 重启定时器 */
158      spin_lock_irqsave(&dev->lock, flags);
159      timerperiod = dev->timeperiod;
```

```
160         spin_unlock_irqrestore(&dev->lock, flags);
161         mod_timer(&dev->timer, jiffies +
162                     msecs_to_jiffies(dev->timeperiod));
163    }
164
165    /*
166     * @description    : 驱动入口函数
167     * @param          : 无
168     * @return         : 无
169     */
170    static int __init timer_init(void)
171    {
172         /* 初始化自旋锁 */
173         spin_lock_init(&timerdev.lock);
174
175         /* 注册字符设备驱动 */
176         /* 1、创建设备号 */
177         if (timerdev.major) {                              /*   定义了设备号 */
178             timerdev.devid = MKDEV(timerdev.major, 0);
179             register_chrdev_region(timerdev.devid, TIMER_CNT,TIMER_NAME);
180         } else {                                           /* 没有定义设备号 */
181             alloc_chrdev_region(&timerdev.devid, 0, TIMER_CNT,TIMER_NAME);
182             timerdev.major = MAJOR(timerdev.devid);        /* 获取主设备号 */
183             timerdev.minor = MINOR(timerdev.devid);        /* 获取次设备号 */
184         }
185
186         /* 2、初始化 cdev */
187         timerdev.cdev.owner = THIS_MODULE;
188         cdev_init(&timerdev.cdev, &timer_fops);
189
190         /* 3、添加一个 cdev */
191         cdev_add(&timerdev.cdev, timerdev.devid, TIMER_CNT);
192
193         /* 4、创建类 */
194         timerdev.class = class_create(THIS_MODULE, TIMER_NAME);
195         if (IS_ERR(timerdev.class)) {
196             return PTR_ERR(timerdev.class);
197         }
198
199         /* 5、创建设备 */
200         timerdev.device = device_create(timerdev.class, NULL,
201                             timerdev.devid, NULL, TIMER_NAME);
202         if (IS_ERR(timerdev.device)) {
203             return PTR_ERR(timerdev.device);
204         }
205
206         /* 6、初始化 timer,设置定时器处理函数,还未设置周期,所以不会激活定时器 */
207         init_timer(&timerdev.timer);
208         timerdev.timer.function = timer_function;
209         timerdev.timer.data = (unsigned long)&timerdev;
           return 0;
       }
```

```
210
211  /*
212   * @description  : 驱动出口函数
213   * @param        : 无
214   * @return       : 无
215   */
216  static void __exit timer_exit(void)
217  {
218
219      gpio_set_value(timerdev.led_gpio, 1);        /* 卸载驱动的时候关闭 LED */
220      del_timer_sync(&timerdev.timer);             /* 删除 timer   */
221  #if 0
222      del_timer(&timerdev.timer);
223  #endif
224
225      /* 注销字符设备驱动 */
226      gpio_free(timerdev.led_gpio);
227      cdev_del(&timerdev.cdev);                    /*    删除 cdev */
228      unregister_chrdev_region(timerdev.devid, TIMER_CNT);
229
230      device_destroy(timerdev.class, timerdev.devid);
231      class_destroy(timerdev.class);
232  }
233
234  module_init(timer_init);
235  module_exit(timer_exit);
236  MODULE_LICENSE("GPL");
237  MODULE_AUTHOR("zuozhongkai");
```

第 38~50 行,定时器设备结构体,在第 48 行定义了一个定时器成员变量 timer。

第 60~82 行,LED 灯初始化函数,从设备树中获取 LED 灯信息,然后初始化相应的 I/O。

第 91~102 行,函数 timer_open(),对应应用程序的 open()函数,应用程序调用 open()函数打开/dev/timer 驱动文件的时候此函数就会执行。此函数设置文件私有数据为 timerdev,并且初始化定时周期默认为 1s,最后调用 led_init()函数初始化 LED 所使用的 I/O。

第 111~137 行,函数 timer_unlocked_ioctl(),对应应用程序的 ioctl()函数,应用程序调用 ioctl()函数向驱动发送控制信息,此函数响应并执行。此函数有 3 个参数:filp、cmd 和 arg,其中 filp 是对应的设备文件,cmd 是应用程序发送过来的命令信息,arg 是应用程序发送过来的参数,在本章例程中 arg 参数表示定时周期。

一共有 3 种命令:CLOSE_CMD、OPEN_CMD 和 SETPERIOD_CMD,这 3 个命令分别为关闭定时器、打开定时器、设置定时周期。这 3 个命令的作用如下:

CLOSE_CMD——关闭定时器命令,调用 del_timer_sync()函数关闭定时器。

OPEN_CMD——打开定时器命令,调用 mod_timer()函数打开定时器,定时周期为 timerdev 的 timeperiod 成员变量,定时周期默认是 1s。

SETPERIOD_CMD——设置定时器周期命令,参数 arg 就是新的定时周期,设置 timerdev 的 timeperiod 成员变量为 arg 所表示定时周期。并且使用 mod_timer()重新打开定时器,使定时器以新的周期运行。

第 140～144 行,定时器驱动操作函数集 timer_fops。

第 147～162 行,函数 timer_function(),定时器服务函数,此函数有一个参数 arg,在本例程中 arg 参数就是 timerdev 的地址,这样通过 arg 参数就可以访问到设备结构体。当定时周期到了以后此函数就会被调用。在此函数中将 LED 灯的状态取反,实现 LED 灯闪烁的效果。因为内核定时器不是循环的定时器,执行一次以后就结束了,因此在第 161 行又调用了 mod_timer() 函数重新开启定时器。

第 169～209 行,函数 timer_init(),驱动入口函数。在第 205～207 行初始化定时器,设置定时器的定时处理函数为 timer_function(),另外设置要传递给 timer_function() 函数的参数为 timerdev 的地址。在此函数中并没有调用 timer_add() 函数来开启定时器,因此定时器默认是关闭的,除非应用程序发送打开命令。

第 216～231 行,驱动出口函数,在第 219 行关闭 LED,也就是卸载驱动以后 LED 处于熄灭状态。第 220 行调用 del_timer_sync() 函数删除定时器,也可以使用 del_timer() 函数。

11.3.3 编写测试 App

测试 App 要实现的内容如下:

(1) 运行 App 以后提示我们输入要测试的命令,输入 1 表示关闭定时器,输入 2 表示打开定时器,输入 3 设置定时器周期。

(2) 如果要设置定时器周期,则需要让用户输入要设置的周期值,单位为 ms。

新建名为 timerApp.c 的文件,然后输入如下所示内容:

示例代码 11-7　timerApp.c 文件代码段

```
1   # include "stdio.h"
2   # include "unistd.h"
3   # include "sys/types.h"
4   # include "sys/stat.h"
5   # include "fcntl.h"
6   # include "stdlib.h"
7   # include "string.h"
8   # include "linux/ioctl.h"
9   /**********************************************************
10  Copyright © ALIENTEK Co., Ltd. 1998 - 2029. All rights reserved.
11  文件名       :timerApp.c
12  作者         :左忠凯
13  版本         :V1.0
14  描述         :定时器测试应用程序
15  其他         :无
16  使用方法     :./timertest /dev/timer 打开测试 App
17  论坛         :www.openedv.com
18  日志         :初版 V1.0 2019/7/24 左忠凯创建
19  **********************************************************/
20
21  /* 命令值 */
22  # define CLOSE_CMD        (_IO(0XEF, 0x1))    /* 关闭定时器        */
23  # define OPEN_CMD         (_IO(0XEF, 0x2))    /* 打开定时器        */
24  # define SETPERIOD_CMD    (_IO(0XEF, 0x3))    /* 设置定时器周期命令 */
```

```
25
26  /*
27   * @description    : main 主程序
28   * @param - argc   : argv 数组元素个数
29   * @param - argv   : 具体参数
30   * @return         : 0,成功;其他,失败
31   */
32  int main(int argc, char * argv[])
33  {
34      int fd, ret;
35      char * filename;
36      unsigned int cmd;
37      unsigned int arg;
38      unsigned char str[100];
39
40      if (argc != 2) {
41          printf("Error Usage!\r\n");
42          return -1;
43      }
44
45      filename = argv[1];
46
47      fd = open(filename, O_RDWR);
48      if (fd < 0) {
49          printf("Can't open file % s\r\n", filename);
50          return -1;
51      }
52
53      while (1) {
54          printf("Input CMD:");
55          ret = scanf("% d", &cmd);
56          if (ret != 1) {                 /* 参数输入错误        */
57              gets(str);                  /* 防止卡死            */
58          }
59
60          if(cmd == 1)                    /* 关闭 LED 灯        */
61              cmd = CLOSE_CMD;
62          else if(cmd == 2)               /* 打开 LED 灯        */
63              cmd = OPEN_CMD;
64          else if(cmd == 3) {
65              cmd = SETPERIOD_CMD;        /* 设置周期值          */
66              printf("Input Timer Period:");
67              ret = scanf("% d", &arg);
68              if (ret != 1) {             /* 参数输入错误        */
69                  gets(str);              /* 防止卡死            */
70              }
71          }
72          ioctl(fd, cmd, arg);            /* 控制定时器的打开和关闭 */
73      }
74      close(fd);
75  }
```

第22~24行,命令值。

第53~73行,while(1)循环,让用户输入要测试的命令,然后通过第72行的ioctl()函数发送给驱动程序。如果是设置定时器周期命令SETPERIOD_CMD,那么ioctl()函数的arg参数就是用户输入的周期值。

11.4 运行测试

11.4.1 编译驱动程序和测试App

1. 编译驱动程序

编写 Makefile 文件,本章实验的 Makefile 文件和第1章实验基本一样,只是将 obj-m 变量的值改为 timer.o,Makefile 内容如下所示:

```
                    示例代码11-8  Makefile文件
1  KERNELDIR : = /home/zuozhongkai/linux/IMX6ULL/linux/temp/linux - imx - rel_imx_4.1.15_2.1.0_ga_alientek
...
4  obj - m := timer.o
...
11 clean:
12    $ (MAKE) - C $ (KERNELDIR) M = $ (CURRENT_PATH) clean
```

第4行,设置 obj-m 变量的值为 timer.o。

输入如下命令编译出驱动模块文件:

```
make - j32
```

编译成功以后就会生成一个名为 timer.ko 的驱动模块文件。

2. 编译测试App

输入如下命令编译测试 timerApp.c 测试程序:

```
arm - linux - gnueabihf - gcc timerApp.c - o timerApp
```

编译成功以后就会生成 timerApp 应用程序。

11.4.2 运行测试

将11.4.1节编译出来的 timer.ko 和 timerApp 这两个文件复制到 rootfs/lib/modules/4.1.15 目录中,重启开发板,进入目录 lib/modules/4.1.15 中,输入如下命令加载 timer.ko 驱动模块:

```
depmod              //第一次加载驱动的时候需要运行此命令
modprobe timer      //加载驱动
```

驱动加载成功以后输入如下命令来测试:

```
./timerApp  /dev/timer
```

输入上述命令以后终端提示输入命令,如图 11-4 所示。

```
/lib/modules/4.1.15 # ./timerApp /dev/timer
Input CMD:
```

图 11-4　输入命令

输入 2,打开定时器,此时 LED 灯就会以默认的 1s 周期开始闪烁。再输入 3 来设置定时周期,根据提示输入要设置的周期值,如图 11-5 所示。

```
Input CMD:3
Input Timer Period:
```

图 11-5　设置周期值

输入 500,表示设置定时器周期值为 500ms,设置好以后 LED 灯就会以 500ms 为间隔,开始闪烁。最后可以通过输入 1 来关闭定时器。如果要卸载驱动,则输入如下命令:

```
rmmod timer
```

第12章

Linux中断实验

不管是裸机实验还是 Linux 下的驱动实验,中断都是频繁使用的功能,关于 I. MX6U 的中断原理已经在《原子嵌入式 Linux 驱动开发详解》一书中做了详细的讲解,在裸机中使用中断需要做许多工作,比如配置寄存器、使能 IRQ 等。Linux 内核提供了完善的中断框架,我们只需要申请中断,然后注册中断处理函数即可,使用非常方便,不需要一系列复杂的寄存器配置。本章就来学习如何在 Linux 下使用中断。

12.1 Linux 中断简介

12.1.1 Linux 中断 API 函数

先来回顾一下裸机实验中中断的处理方法:

(1) 使能中断,初始化相应的寄存器。

(2) 注册中断服务函数,也就是向 irqTable 数组的指定标号处写入中断服务函数。

(3) 中断发生以后进入 IRQ 中断服务函数,在 IRQ 中断服务函数在数组 irqTable 中查找具体的中断处理函数,找到以后执行相应的中断处理函数。

在 Linux 内核中也提供了大量的中断相关的 API 函数,下面来看一下这些与中断有关的 API 函数。

1. 中断号

每个中断都有一个中断号,通过中断号即可区分不同的中断,有的资料也把中断号叫作中断线。在 Linux 内核中使用一个 int 变量表示中断号。

2. request_irq()函数

在 Linux 内核中要想使用某个中断是需要申请的,request_irq()函数用于申请中断,request_irq()函数可能会导致睡眠,因此不能在中断上下文或者其他禁止睡眠的代码段中使用 request_irq()函数。request_irq()函数会激活(使能)中断,所以不需要我们手动去使能中断,request_irq()函数原型如下:

```
int request_irq(unsigned int    irq,
                irq_handler_t    handler,
                unsigned long    flags,
                const char       * name,
                void             * dev)
```

函数参数含义如下：

irq——要申请中断的中断号。

handler——中断处理函数，当中断发生以后就会执行此中断处理函数。

flags——中断标志，可以在文件 include/linux/interrupt.h 里面查看所有的中断标志，这里我们介绍几个常用的中断标志，如表 12-1 所示。

表 12-1　常用的中断标志

标　　志	描　　述
IRQF_SHARED	多个设备共享一个中断线，共享的所有中断都必须指定此标志。如果使用共享中断，那么 request_irq()函数的 dev 参数就是区分它们的唯一标志
IRQF_ONESHOT	单次中断，中断执行一次就结束
IRQF_TRIGGER_NONE	无触发
IRQF_TRIGGER_RISING	上升沿触发
IRQF_TRIGGER_FALLING	下降沿触发
IRQF_TRIGGER_HIGH	高电平触发
IRQF_TRIGGER_LOW	低电平触发

比如 I.MX6U-ALPHA 开发板上的 KEY0 使用 GPIO1_IO18，按下 KEY0 以后为低电平，因此可以设置为下降沿触发，也就是将 flags 设置为 IRQF_TRIGGER_FALLING。表 12-1 中的这些标志可以通过"|"来实现多种组合。

name——中断名字，设置以后可以在/proc/interrupts 文件中看到对应的中断名字。

dev——如果将 flags 设置为 IRQF_SHARED，那么 dev 用来区分不同的中断，一般情况下，将 dev 设置为设备结构体，dev 会传递给中断处理函数 irq_handler_t 的第二个参数。

返回值——如果返回 0，则表示中断申请成功；如果返回－EBUSY 则表示中断已经被申请了；如果是其他负值，则表示中断申请失败。

3. free_irq()函数

使用中断的时候需要通过 request_irq()函数申请，使用完成以后就要通过 free_irq()函数释放掉相应的中断。如果中断不是共享的，那么 free_irq()会删除中断处理函数并且禁止中断。free_irq()函数原型如下所示：

```
void free_irq(unsigned int    irq,
              void            * dev)
```

函数参数含义如下：

irq——要释放的中断。

dev——如果中断设置为共享(IRQF_SHARED)，那么此参数用来区分具体的中断。共享中断只有在释放最后中断处理函数的时候才会被禁止掉。

返回值——无。

4. 中断处理函数

使用 request_irq() 函数申请中断的时候需要设置中断处理函数,中断处理函数格式如下所示:

```
irqreturn_t ( * irq_handler_t) (int, void * )
```

第一个参数是要中断处理函数要响应的中断号。第二个参数是一个指向 void 的指针,也就是一个通用指针,需要与 request_irq() 函数的 dev 参数保持一致。用于区分同一个共享中断的所有不同设备,dev 也可以指向设备数据结构。中断处理函数的返回值为 irqreturn_t 类型,irqreturn_t 类型定义如下所示:

```
                    示例代码 12-1   irqreturn_t 结构
10 enum irqreturn {
11    IRQ_NONE           = (0 << 0),
12    IRQ_HANDLED        = (1 << 0),
13    IRQ_WAKE_THREAD    = (1 << 1),
14 };
15
16 typedef enum irqreturn irqreturn_t;
```

可以看出 irqreturn_t 是一个枚举类型,一共有 3 种返回值。一般中断服务函数的返回值使用如下形式:

```
return IRQ_RETVAL(IRQ_HANDLED)
```

5. 中断使能与禁止函数

常用的中断使能和禁止函数如下所示:

```
void enable_irq(unsigned int irq)
void disable_irq(unsigned int irq)
```

enable_irq() 和 disable_irq() 用于使能和禁止指定的中断,irq 就是要禁止的中断号。disable_irq() 函数要等到当前正在执行的中断处理函数执行完才返回,因此使用者需要保证不会产生新的中断,并且确保所有已经开始执行的中断处理程序已经全部退出。在这种情况下,可以使用另外一个中断禁止函数:

```
void disable_irq_nosync(unsigned int irq)
```

disable_irq_nosync() 函数调用以后立即返回,不会等待当前中断处理程序执行完毕。上面 3 个函数都是使能或者禁止某一个中断,有时候我们需要关闭当前处理器的整个中断系统,也就是在学习 STM32 的时候常说的关闭全局中断,这个时候可以使用如下两个函数:

```
local_irq_enable()
local_irq_disable()
```

local_irq_enable() 用于使能当前处理器中断系统,local_irq_disable() 用于禁止当前处理器中断系统。假如 A 任务调用 local_irq_disable() 关闭全局中断 10s,当关闭了 2s 的时候 B 任务开始运行,B任务也调用 local_irq_disable()关闭全局中断 3s,3s 以后 B任务调用 local_irq_enable()函数将全局中断打开了。此时才过去 2+3=5s 的时间,然后全局中断就被打开了,此时 A 任务要关闭 10s 全局中断的愿望就破灭了,然后 A 任务就"生气了",后果很严重——可能系统都要被 A 任务整崩溃。为了解决这个问题,B 任务不能直接简单粗暴地通过 local_irq_enable()函数来打开全局中断,而是将中断状态恢复到以前的状态,要考虑到其他任务的感受,就要用到下面两个函数:

```
local_irq_save(flags)
local_irq_restore(flags)
```

这两个函数是一对,local_irq_save()函数用于禁止中断,并且将中断状态保存在 flags 中;local_irq_restore()用于恢复中断,将中断到 flags 状态。

12.1.2 上半部与下半部

在有些资料中也将上半部和下半部称为顶半部和底半部,都是一个意思。我们在使用 request_irq()申请中断的时候注册的中断服务函数属于中断处理的上半部,只要中断触发,那么中断处理函数就会执行。我们都知道中断处理函数一定要快点执行完毕,时间越短越好,但是现实往往是残酷的,有些中断处理过程就是比较费时间,我们必须要对其进行处理,缩小中断处理函数的执行时间。比如电容触摸屏通过中断通知 SOC 有触摸事件发生,SOC 响应中断,然后通过 I^2C 接口读取触摸坐标值并将其上报给系统。但是我们都知道 I^2C 的速度最高也只有 400kbps,所以在中断中通过 IIC 读取数据就会浪费时间。我们可以将通过 I^2C 读取触摸数据的操作暂后执行,中断处理函数仅仅响应中断,然后清除中断标志位即可。这个时候中断处理过程就分为了两部分。

- 上半部:上半部就是中断处理函数,那些处理过程比较快,不会占用很长时间的处理就可以放在上半部完成。
- 下半部:如果中断处理过程比较耗时,那么就将这些比较耗时的代码提出来,交给下半部去执行,这样中断处理函数就会快进快出。

因此,Linux 内核将中断分为上半部和下半部的主要目的就是实现中断处理函数的快进快出,那些对时间敏感、执行速度快的操作可以放到中断处理函数中,也就是上半部。剩下的所有工作都可以放到下半部去执行,比如在上半部将数据复制到内存中,关于数据的具体处理就可以放到下半部去执行。至于哪些代码属于上半部,哪些代码属于下半部并没有明确的规定,一切根据实际使用情况去判断,这个就很考验驱动编写人员的技术功底了。这里有一些可以借鉴的参考点:

(1) 如果要处理的内容不希望被其他中断打断,那么可以放到上半部。

(2) 如果要处理的任务对时间敏感,可以放到上半部。

(3) 如果要处理的任务与硬件有关,可以放到上半部。

(4) 除了上述 3 点以外的其他任务,优先考虑放到下半部。

上半部处理很简单,直接编写中断处理函数就行了,关键是下半部该怎么做呢? Linux 内核提供了多种下半部机制。接下来介绍这些下半部机制。

1. 软中断

一开始 Linux 内核提供了"bottom half"机制来实现下半部,简称 BH。后面引入了软中断和 tasklet 来替代 BH 机制,完全可以使用软中断和 tasklet 来替代 BH,从 2.5 版本的 Linux 内核开始

BH 已经被抛弃了。Linux 内核使用结构体 softirq_action 表示软中断，softirq_action 结构体定义在文件 include/linux/interrupt.h 中，内容如下：

示例代码 12-2 softirq_action 结构体

```
433 struct softirq_action
434 {
435     void    ( * action)(struct softirq_action * );
436 };
```

在 kernel/softirq.c 文件中一共定义了 10 个软中断，如下所示：

示例代码 12-3 softirq_vec 数组

```
static struct softirq_action softirq_vec[NR_SOFTIRQS];
```

NR_SOFTIRQS 是枚举类型，定义在文件 include/linux/interrupt.h 中，定义如下：

示例代码 12-4 softirq_vec 数组

```
enum
{
    HI_SOFTIRQ = 0,                     /* 高优先级软中断        */
    TIMER_SOFTIRQ,                      /* 定时器软中断          */
    NET_TX_SOFTIRQ,                     /* 网络数据发送软中断     */
    NET_RX_SOFTIRQ,                     /* 网络数据接收软中断     */
    BLOCK_SOFTIRQ,
    BLOCK_IOPOLL_SOFTIRQ,
    TASKLET_SOFTIRQ,                    /* tasklet 软中断        */
    SCHED_SOFTIRQ,                      /* 调度软中断            */
    HRTIMER_SOFTIRQ,                    /* 高精度定时器软中断     */
    RCU_SOFTIRQ,                        /* RCU 软中断            */
    NR_SOFTIRQS
};
```

可以看出，一共有 10 个软中断，因此 NR_SOFTIRQS 为 10，因此数组 softirq_vec 有 10 个元素。softirq_action 结构体中的 action 成员变量就是软中断的服务函数，数组 softirq_vec 是个全局数组，因此所有的 CPU（对于 SMP 系统而言）都可以访问到，每个 CPU 都有自己的触发和控制机制，并且只执行自己所触发的软中断。但是各个 CPU 所执行的软中断服务函数却是相同的，都是数组 softirq_vec 中定义的 action() 函数。要使用软中断，必须先使用 open_softirq() 函数注册对应的软中断处理函数，open_softirq() 函数原型如下：

```
void open_softirq(int nr,  void ( * action)(struct softirq_action * ))
```

函数参数含义如下：

nr——要开启的软中断，在示例代码 12-4 中选择一个。

action——软中断对应的处理函数。

返回值——无。

注册好软中断以后需要通过 raise_softirq() 函数触发，raise_softirq() 函数原型如下：

```
void raise_softirq(unsigned int nr)
```

函数参数含义如下：

nr——要触发的软中断，在示例代码 12-4 中选择一个。

返回值——无。

软中断必须在编译的时候静态注册。Linux 内核使用 softirq_init()函数初始化软中断，softirq_init()函数定义在 kernel/softirq.c 文件中，函数内容如下：

示例代码 12-5　softirq_init()函数内容

```
634 void __init softirq_init(void)
635 {
636     int cpu;
637
638     for_each_possible_cpu(cpu) {
639         per_cpu(tasklet_vec, cpu).tail =
640             &per_cpu(tasklet_vec, cpu).head;
641         per_cpu(tasklet_hi_vec, cpu).tail =
642             &per_cpu(tasklet_hi_vec, cpu).head;
643     }
644
645     open_softirq(TASKLET_SOFTIRQ, tasklet_action);
646     open_softirq(HI_SOFTIRQ, tasklet_hi_action);
647 }
```

从示例代码 12-5 可以看出，softirq_init()函数默认会打开 TASKLET_SOFTIRQ 和 HI_SOFTIRQ。

2. tasklet

tasklet 是利用软中断来实现的另外一种下半部机制，在软中断和 tasklet 之间，建议大家使用 tasklet。Linux 内核使用 tasklet_struct 结构体来表示 tasklet：

示例代码 12-6　tasklet_struct 结构体

```
484 struct tasklet_struct
485 {
486     struct tasklet_struct * next;        /* 下一个 tasklet      */
487     unsigned long state;                 /* tasklet 状态        */
488     atomic_t count;                      /* 计数器,记录对 tasklet 的引用数  */
489     void ( * func)(unsigned long);       /* tasklet 执行的函数   */
490     unsigned long data;                  /* 函数 func 的参数      */
491 };
```

第 489 行的 func()函数就是 tasklet 要执行的处理函数，用户定义函数内容，相当于中断处理函数。如果要使用 tasklet，必须先定义一个 tasklet，然后使用 tasklet_init()函数初始化 tasklet，tasklet_init()函数原型如下：

```
void tasklet_init(struct tasklet_struct * t,
                  void ( * func)(unsigned long),
                  unsigned long          data);
```

函数参数含义如下：

t——要初始化的 tasklet

func——tasklet 的处理函数。

data——要传递给 func()函数的参数。

返回值——无。

也可以使用宏 DECLARE_TASKLET 来一次性完成 tasklet 的定义和初始化，DECLARE_TASKLET 定义在 include/linux/interrupt.h 文件中，定义如下：

```
DECLARE_TASKLET(name, func, data)
```

其中，name 为要定义的 tasklet 名字，这个名字就是一个 tasklet_struct 类型变量，func()就是 tasklet 的处理函数，data 是传递给 func()函数的参数。

在上半部，也就是中断处理函数中调用 tasklet_schedule()函数就能使 tasklet 在合适的时间运行，tasklet_schedule()函数原型如下：

```
void tasklet_schedule(struct tasklet_struct * t)
```

函数参数含义如下：

t——要调度的 tasklet，也就是 DECLARE_TASKLET 宏里面的 name。

返回值——无。

关于 tasklet 的参考使用示例如下所示。

示例代码 12-7　tasklet 使用示例

```
/* 定义 tasklet            */
struct tasklet_struct testtasklet;

/* tasklet 处理函数        */
void testtasklet_func(unsigned long data)
{
    /* tasklet 具体处理内容    */
}

/* 中断处理函数 */
irqreturn_t test_handler(int irq, void * dev_id)
{
    ...
    /* 调度 tasklet            */
    tasklet_schedule(&testtasklet);
    ...
}

/* 驱动入口函数             */
static int __init xxxx_init(void)
{
    ...
    /* 初始化 tasklet          */
    tasklet_init(&testtasklet, testtasklet_func, data);
    /* 注册中断处理函数        */
    request_irq(xxx_irq, test_handler, 0, "xxx", &xxx_dev);
    ...
}
```

3．工作队列

工作队列是另外一种下半部执行方式。工作队列在进程上下文执行，工作队列将要推后的工作交给一个内核线程去执行，因为工作队列工作在进程上下文，因此工作队列允许睡眠或重新调度。因此如果你要推后的工作可以睡眠，那么就可以选择工作队列，否则就只能选择软中断或 tasklet。

Linux 内核使用 work_struct 结构体表示一个工作，内容如下（省略掉条件编译）：

示例代码 12-8　work_struct 结构体

```
struct work_struct {
    atomic_long_t data;
    struct list_head entry;
    work_func_t func;          /* 工作队列处理函数    */
};
```

这些工作组织成工作队列，工作队列使用 workqueue_struct 结构体表示，内容如下（省略掉了条件编译部分）：

示例代码 12-9　workqueue_struct 结构体

```
struct workqueue_struct {
    struct list_head      pwqs;
    struct list_head      list;
    struct mutex          mutex;
    int           work_color;
    int           flush_color;
    atomic_t          nr_pwqs_to_flush;
    struct wq_flusher     * first_flusher;
    struct list_head      flusher_queue;
    struct list_head      flusher_overflow;
    struct list_head      maydays;
    struct worker         * rescuer;
    int           nr_drainers;
    int           saved_max_active;
    struct workqueue_attrs    * unbound_attrs;
    struct pool_workqueue     * dfl_pwq;
    char              name[WQ_NAME_LEN];
    struct rcu_head       rcu;
    unsigned int          flags ____cacheline_aligned;
    struct pool_workqueue __percpu * cpu_pwqs;
    struct pool_workqueue __rcu * numa_pwq_tbl[];
};
```

Linux 内核使用工作者线程（worker thread）来处理工作队列中的各个工作。Linux 内核使用 worker 结构体表示工作者线程，worker 结构体内容如下：

示例代码 12-10　worker 结构体

```
struct worker {
    union {
        struct list_head     entry;
        struct hlist_node    entry;
    };
    struct work_struct * current_work;
    work_func_t       current_func;
```

```
    struct pool_workqueue    * current_pwq;
    bool                     desc_valid;
    struct list_head         scheduled;
    struct task_struct       * task;
    struct worker_pool       * pool;
    struct list_head         node;
    unsigned long            last_active;
    unsigned int             flags;
    int                      id;
    char                     desc[WORKER_DESC_LEN];
    struct workqueue_struct * rescue_wq;
};
```

从示例代码 12-10 可以看出，每个 worker 都有一个工作队列，工作者线程处理自己工作队列中的所有工作。在实际的驱动开发中，只需要定义工作(work_struct)即可，关于工作队列和工作者线程我们基本不用去管。简单创建工作很简单，直接定义一个 work_struct 结构体变量即可，然后使用 INIT_WORK 宏来初始化工作，INIT_WORK 宏定义如下：

```
#define INIT_WORK(_work, _func)
```

_work 表示要初始化的工作，_func 是工作对应的处理函数。

也可以使用 DECLARE_WORK 宏一次性完成工作的创建和初始化，宏定义如下：

```
#define DECLARE_WORK(n, f)
```

n 表示定义的工作(work_struct)，f 表示工作对应的处理函数。

和 tasklet 一样，工作也是需要调度才能运行的，工作的调度函数为 schedule_work()，函数原型如下所示：

```
bool schedule_work(struct work_struct * work)
```

函数参数含义如下：

work——要调度的工作。

返回值——0，成功；其他值，失败。

关于工作队列的参考使用示例如下所示：

示例代码 12-11　工作队列使用示例

```
/* 定义工作(work)            */
struct  work_struct testwork;

/* work 处理函数             */
void testwork_func_t(struct work_struct * work);
{
    /* work 具体处理内容      */
}

/* 中断处理函数              */
```

```
irqreturn_t test_handler(int irq, void * dev_id)
{
    ...
    /* 调度 work            */
    schedule_work(&testwork);
    ...
}

/* 驱动入口函数              */
static int __init xxxx_init(void)
{
    ...
    /* 初始化 work           */
    INIT_WORK(&testwork, testwork_func_t);
    /* 注册中断处理函数        */
    request_irq(xxx_irq, test_handler, 0, "xxx", &xxx_dev);
    ...
}
```

12.1.3　设备树中断信息节点

如果使用设备树,则需要在设备树中设置好中断属性信息。Linux 内核通过读取设备树中的中断属性信息来配置中断。对于中断控制器而言,设备树绑定信息参考文档 Documentation/devicetree/bindings/arm/gic.txt。打开 imx6ull.dtsi 文件,其中的 intc 节点就是 I.MX6ULL 的中断控制器节点,节点内容如下所示:

示例代码12-12　中断控制器 intc 节点

```
1 intc: interrupt-controller@00a01000 {
2     compatible = "arm,cortex-a7-gic";
3     #interrupt-cells = <3>;
4     interrupt-controller;
5     reg = <0x00a01000 0x1000>,
6           <0x00a02000 0x100>;
7 };
```

第 2 行,compatible 属性值为"arm,cortex-a7-gic"。在 Linux 内核源码中搜索"arm,cortex-a7-gic"即可找到 GIC 中断控制器驱动文件。

第 3 行,#interrupt-cells 和 #address-cells、#size-cells 一样。表示此中断控制器下设备的 cells 大小,对于设备而言,会使用 interrupts 属性描述中断信息,#interrupt-cells 描述了 interrupts 属性的 cells 大小,也就是一条信息有几个 cells。每个 cells 都是 32 位整型值,对于 ARM 处理的 GIC 来说,一共有 3 个 cells,这 3 个 cells 的含义如下:

第一个 cells——中断类型,0 表示 SPI 中断,1 表示 PPI 中断。

第二个 cells——中断号,对于 SPI 中断来说中断号的范围为 0~987,对于 PPI 中断来说中断号的范围为 0~15。

第三个 cells——标志,bit[3:0]表示中断触发类型,为 1 的时候表示上升沿触发,为 2 的时候表示下降沿触发,为 4 的时候表示高电平触发,为 8 的时候表示低电平触发。bit[15:8]为 PPI 中断的

CPU 掩码。

第 4 行，interrupt-controller 节点为空，表示当前节点是中断控制器。

对于 GPIO 来说，gpio 节点也可以作为中断控制器，比如 imx6ull. dtsi 文件中的 gpio5 节点内容如下所示：

示例代码 12-13 gpio5 设备节点
```
1  gpio5: gpio@020ac000 {
2      compatible = "fsl,imx6ul-gpio", "fsl,imx35-gpio";
3      reg = <0x020ac000 0x4000>;
4      interrupts = <GIC_SPI 74 IRQ_TYPE_LEVEL_HIGH>,
5                   <GIC_SPI 75 IRQ_TYPE_LEVEL_HIGH>;
6      gpio-controller;
7      #gpio-cells = <2>;
8      interrupt-controller;
9      #interrupt-cells = <2>;
10 };
```

第 4 行，interrupts 描述中断源信息，对于 gpio5 来说一共有两条信息，中断类型都是 SPI，触发电平都是 IRQ_TYPE_LEVEL_HIGH。不同之处在于中断源，一个是 74，一个是 75，打开《IMX6ULL 参考手册》的"Chapter 3 Interrupts and DMA Events"章节，可以看到如图 12-1 所示的内容。

IRQ	Interrupt Source	LOGIC	Interrupt Description
74	gpio5	-	Combined interrupt indication for GPIO5 signal 0 throughout 15
75	gpio5	-	Combined interrupt indication for GPIO5 signal 16 throughout 31

图 12-1 中断表

从图 12-1 可以看出，gpio5 一共用了 2 个中断号：一个是 74，一个是 75。其中 74 对应 GPIO5_IO00～GPIO5_IO15 低 16 位 I/O，75 对应 GPIO5_IO16～GPIOI5_IO31 高 16 位 I/O。

第 8 行，interrupt-controller 表明了 gpio5 节点也是个中断控制器，用于控制 gpio5 所有 I/O 的中断。

第 9 行，将 #interrupt-cells 修改为 2。

打开 imx6ull-alientek-emmc. dts 文件，找到如下所示内容：

示例代码 12-14 fxls8471 设备节点
```
1 fxls8471@1e {
2     compatible = "fsl,fxls8471";
3     reg = <0x1e>;
4     position = <0>;
5     interrupt-parent = <&gpio5>;
6     interrupts = <0 8>;
7 };
```

fxls8471 是 NXP 官方的 6ULL 开发板上的一个磁力计芯片，fxls8471 有一个中断引脚链接到了 I.MX6ULL 的 SNVS_TAMPER0 引脚上，这个引脚可以复用为 GPIO5_IO00。

第 5 行,interrupt-parent 属性设置中断控制器,这里使用 gpio5 作为中断控制器。

第 6 行,interrupts 设置中断信息,0 表示 GPIO5_IO00,8 表示低电平触发。

下面简单总结一下与中断有关的设备树属性信息:

(1) ♯interrupt-cells,指定中断源的信息 cells 个数。

(2) interrupt-controller,表示当前节点为中断控制器。

(3) interrupts,指定中断号、触发方式等。

(4) interrupt-parent,指定父中断,也就是中断控制器。

12.1.4 获取中断号

编写驱动的时候需要用到中断号,我们用到的中断号以及中断信息已经写到了设备树中,因此可以通过 irq_of_parse_and_map() 函数从 interrupts 属性中提取到对应的设备号,函数原型如下:

```
unsigned int irq_of_parse_and_map (struct device_node    * dev,
                                    int                   index)
```

函数参数含义如下:

dev——设备节点。

index——索引号,interrupts 属性可能包含多条中断信息,通过 index 指定要获取的信息。

返回值——中断号。

如果使用 GPIO,则可以使用 gpio_to_irq() 函数来获取 GPIO 对应的中断号,函数原型如下:

```
int gpio_to_irq(unsigned int gpio)
```

函数参数含义如下:

gpio——要获取的 GPIO 编号。

返回值——GPIO 对应的中断号。

12.2 硬件原理图分析

本章实验硬件原理图参考《原子嵌入式 Linux 驱动开发详解》11.2 节。

12.3 实验程序编写

本实验对应的例程路径为"2、Linux 驱动例程→13_irq"。

本章实验驱动 I.MX6U-ALPHA 开发板上的 KEY0 按键,不过我们采用中断的方式,并且采用定时器来实现按键消抖,应用程序读取按键值并且通过终端打印出来。通过本章可以学习到 Linux 内核中断的使用方法,以及对 Linux 内核定时器的回顾。

12.3.1 修改设备树文件

本章实验使用到了按键 KEY0,按键 KEY0 使用中断模式,因此需要在 key 节点下添加中断相

关属性,添加完成以后的 key 节点内容如下所示:

示例代码 12-15 key 节点信息

```
1   key {
2       #address - cells = <1>;
3       #size - cells = <1>;
4       compatible = "atkalpha - key";
5       pinctrl - names = "default";
6       pinctrl - 0 = <&pinctrl_key>;
7       key - gpio = <&gpio1 18 GPIO_ACTIVE_LOW>;    /* KEY0 */
8       interrupt - parent = <&gpio1>;
9       interrupts = <18 IRQ_TYPE_EDGE_BOTH>;         /* FALLING RISING */
10      status = "okay";
11  };
```

第 8 行,设置 interrupt-parent 属性值为 gpio1,因为 KEY0 所使用的 GPIO 为 GPIO1_IO18,也就是设置 KEY0 的 GPIO 中断控制器为 gpio1。

第 9 行,设置 interrupts 属性,也就是设置中断源,第一个 cells 的 18 表示 GPIO1 组的 18 号 I/O。IRQ_TYPE_EDGE_BOTH 定义在文件 include/linux/irq.h 中,定义如下:

示例代码 12-16   中断线状态

```
76   enum {
77       IRQ_TYPE_NONE          = 0x00000000,
78       IRQ_TYPE_EDGE_RISING   = 0x00000001,
79       IRQ_TYPE_EDGE_FALLING  = 0x00000002,
80       IRQ_TYPE_EDGE_BOTH     = (IRQ_TYPE_EDGE_FALLING |
                                    IRQ_TYPE_EDGE_RISING),
81       IRQ_TYPE_LEVEL_HIGH    = 0x00000004,
82       IRQ_TYPE_LEVEL_LOW     = 0x00000008,
83       IRQ_TYPE_LEVEL_MASK    = (IRQ_TYPE_LEVEL_LOW |
                                    IRQ_TYPE_LEVEL_HIGH),
...
100  };
```

从示例代码 12-16 中可以看出,IRQ_TYPE_EDGE_BOTH 表示上升沿和下降沿同时有效,相当于 KEY0 按下和释放都会触发中断。

设备树编写完成以后使用"make dtbs"命令重新编译设备树,然后使用新编译出来的 imx6ull-alientek-emmc.dtb 文件启动 Linux 系统。

12.3.2 按键中断驱动程序编写

新建名为 13_irq 的文件夹,然后在 13_irq 文件夹中创建 vscode 工程,工作区命名为 imx6uirq。工程创建好以后新建 imx6uirq.c 文件,在 imx6uirq.c 中输入如下内容:

示例代码 12-17   imx6uirq.c 文件代码

```
1   # include < linux/types.h>
2   # include < linux/kernel.h>
3   # include < linux/delay.h>
4   # include < linux/ide.h>
```

```
5    # include < linux/init.h >
6    # include < linux/module.h >
7    # include < linux/errno.h >
8    # include < linux/gpio.h >
9    # include < linux/cdev.h >
10   # include < linux/device.h >
11   # include < linux/of.h >
12   # include < linux/of_address.h >
13   # include < linux/of_gpio.h >
14   # include < linux/semaphore.h >
15   # include < linux/timer.h >
16   # include < linux/of_irq.h >
17   # include < linux/irq.h >
18   # include < asm/mach/map.h >
19   # include < asm/uaccess.h >
20   # include < asm/io.h >
21   / * * * * * * * * * * * * * * * * * * * * * * * * * * * * * * * * * * * * * * * * * * * * * * * * * * * * * * * * *
22   Copyright © ALIENTEK Co., Ltd. 1998 - 2029. All rights reserved.
23   文件名   : imx6uirq.c
24   作者    : 左忠凯
25   版本    : V1.0
26   描述    : Linux 中断驱动实验
27   其他    : 无
28   论坛    : www.openedv.com
29   日志    : 初版 V1.0 2019/7/26 左忠凯创建
30   * * * * * * * * * * * * * * * * * * * * * * * * * * * * * * * * * * * * * * * * * * * * * * * * * * * * * * * * /
31   # define IMX6UIRQ_CNT        1                    / * 设备号个数      * /
32   # define IMX6UIRQ_NAME       "imx6uirq"           / * 名字           * /
33   # define KEY0VALUE           0X01                 / * KEY0 按键值     * /
34   # define INVAKEY             0XFF                 / * 无效的按键值     * /
35   # define KEY_NUM             1                    / * 按键数量        * /
36
37   / * 中断 IO 描述结构体 * /
38   struct irq_keydesc {
39       int gpio;                                    / * gpio          * /
40       int irqnum;                                  / * 中断号         * /
41       unsigned char value;                         / * 按键对应的键值   * /
42       char name[10];                               / * 名字           * /
43       irqreturn_t ( * handler)(int, void * );      / * 中断服务函数     * /
44   };
45
46   / * imx6uirq 设备结构体 * /
47   struct imx6uirq_dev{
48       dev_t devid;                                 / * 设备号         * /
49       struct cdev cdev;                            / * cdev          * /
50       struct class * class;                        / * 类            * /
51       struct device * device;                      / * 设备           * /
52       int major;                                   / * 主设备号        * /
53       int minor;                                   / * 次设备号        * /
54       struct device_node   * nd;                   / * 设备节点        * /
55       atomic_t keyvalue;                           / * 有效的按键键值   * /
56       atomic_t releasekey;                         / * 标记是否完成一次完成的按键  * /
```

```
57          struct timer_list timer;                        /* 定义一个定时器 */
58          struct irq_keydesc irqkeydesc[KEY_NUM];         /* 按键描述数组 */
59          unsigned char curkeynum;                        /* 当前的按键号 */
60      };
61
62      struct imx6uirq_dev imx6uirq;                       /* irq 设备 */
63
64      /* @description        : 中断服务函数,开启定时器,延时 10ms,
65       *                       定时器用于按键消抖
66       * @param - irq        : 中断号
67       * @param - dev_id     : 设备结构
68       * @return             : 中断执行结果
69       */
70      static irqreturn_t key0_handler(int irq, void * dev_id)
71      {
72          struct imx6uirq_dev * dev = (struct imx6uirq_dev * )dev_id;
73
74          dev -> curkeynum = 0;
75          dev -> timer.data = (volatile long)dev_id;
76          mod_timer(&dev -> timer, jiffies + msecs_to_jiffies(10));
77          return IRQ_RETVAL(IRQ_HANDLED);
78      }
79
80      /* @description    : 定时器服务函数,用于按键消抖,定时器到了以后
81       *                   再次读取按键值,如果按键还是处于按下状态就表示按键有效
82       * @param - arg     : 设备结构变量
83       * @return          : 无
84       */
85      void timer_function(unsigned long arg)
86      {
87          unsigned char value;
88          unsigned char num;
89          struct irq_keydesc * keydesc;
90          struct imx6uirq_dev * dev = (struct imx6uirq_dev * )arg;
91
92          num = dev -> curkeynum;
93          keydesc = &dev -> irqkeydesc[num];
94
95          value = gpio_get_value(keydesc -> gpio);         /* 读取 I/O 值   */
96          if(value == 0){                                  /* 按下按键      */
97              atomic_set(&dev -> keyvalue, keydesc -> value);
98          }
99          else{                                            /* 按键松开      */
100             atomic_set(&dev -> keyvalue, 0x80 | keydesc -> value);
101             atomic_set(&dev -> releasekey, 1);           /* 标记松开按键 */
102         }
103     }
104
105     /*
106      * @description :按键 I/O 初始化
107      * @param       :无
108      * @return      :无
```

```
109    */
110  static int keyio_init(void)
111  {
112      unsigned char i = 0;
113
114      int ret = 0;
115
116      imx6uirq.nd = of_find_node_by_path("/key");
117      if (imx6uirq.nd == NULL){
118          printk("key node not find!\r\n");
119          return -EINVAL;
120      }
121
122      /* 提取 GPIO */
123      for (i = 0; i < KEY_NUM; i++) {
124          imx6uirq.irqkeydesc[i].gpio = of_get_named_gpio(imx6uirq.nd,"key-gpio", i);
125          if (imx6uirq.irqkeydesc[i].gpio < 0) {
126              printk("can't get key%d\r\n", i);
127          }
128      }
129
130      /* 初始化 key 所使用的 I/O,并且设置成中断模式 */
131      for (i = 0; i < KEY_NUM; i++) {
132          memset(imx6uirq.irqkeydesc[i].name, 0,
133                      sizeof(imx6uirq.irqkeydesc[i].name));
134          sprintf(imx6uirq.irqkeydesc[i].name, "KEY%d", i);
135          gpio_request(imx6uirq.irqkeydesc[i].gpio,
136                      imx6uirq.irqkeydesc[i].name);
137          gpio_direction_input(imx6uirq.irqkeydesc[i].gpio);
138          imx6uirq.irqkeydesc[i].irqnum = irq_of_parse_and_map(imx6uirq.nd, i);
137  #if 0
138          imx6uirq.irqkeydesc[i].irqnum = gpio_to_irq(imx6uirq.irqkeydesc[i].gpio);
139  #endif
140          printk("key%d:gpio=%d, irqnum=%d\r\n",i,
141                  imx6uirq.irqkeydesc[i].gpio,
                    imx6uirq.irqkeydesc[i].irqnum);
142      }
143      /* 申请中断 */
144      imx6uirq.irqkeydesc[0].handler = key0_handler;
145      imx6uirq.irqkeydesc[0].value = KEY0VALUE;
146
147      for (i = 0; i < KEY_NUM; i++) {
148          ret = request_irq(imx6uirq.irqkeydesc[i].irqnum,
                        imx6uirq.irqkeydesc[i].handler,
                        IRQF_TRIGGER_FALLING|IRQF_TRIGGER_RISING,
                        imx6uirq.irqkeydesc[i].name, &imx6uirq);
149          if(ret < 0){
150              printk("irq %d request failed!\r\n",
                        imx6uirq.irqkeydesc[i].irqnum);
151              return -EFAULT;
152          }
```

```
153         }
154
155         /* 创建定时器 */
156         init_timer(&imx6uirq.timer);
157         imx6uirq.timer.function = timer_function;
158         return 0;
159 }
160
161 /*
162  * @description      : 打开设备
163  * @param - inode    : 传递给驱动的 inode
164  * @param - filp     : 设备文件,file 结构体有个叫作 private_data 的成员变量
165  *                     一般在 open 的时候将 private_data 指向设备结构体
166  * @return           : 0,成功;其他,失败
167  */
168 static int imx6uirq_open(struct inode * inode, struct file * filp)
169 {
170     filp->private_data = &imx6uirq;        /* 设置私有数据 */
171     return 0;
172 }
173
174 /*
175  * @description      : 从设备读取数据
176  * @param - filp     : 要打开的设备文件(文件描述符)
177  * @param - buf      : 返回给用户空间的数据缓冲区
178  * @param - cnt      : 要读取的数据长度
179  * @param - offt     : 相对于文件首地址的偏移
180  * @return           : 读取的字节数,如果为负值,表示读取失败
181  */
182 static ssize_t imx6uirq_read (struct file * filp, char __user * buf,
                                 size_t cnt, loff_t * offt)
183 {
184     int ret = 0;
185     unsigned char keyvalue = 0;
186     unsigned char releasekey = 0;
187     struct imx6uirq_dev * dev = (struct imx6uirq_dev * )
                                    filp->private_data;
188
189     keyvalue = atomic_read(&dev->keyvalue);
190     releasekey = atomic_read(&dev->releasekey);
191
192     if (releasekey) {                          /* 有按键按下    */
193         if (keyvalue & 0x80) {
194             keyvalue &= ~0x80;
195             ret = copy_to_user(buf, &keyvalue, sizeof(keyvalue));
196         } else {
197             goto data_error;
198         }
199         atomic_set(&dev->releasekey, 0);    /* 按下标志清零    */
200     } else {
201         goto data_error;
202     }
```

```
203        return 0;
204
205 data_error:
206        return − EINVAL;
207 }
208
209 /* 设备操作函数 */
210 static struct file_operations imx6uirq_fops = {
211        .owner = THIS_MODULE,
212        .open = imx6uirq_open,
213        .read = imx6uirq_read,
214 };
215
216 /*
217  * @description    : 驱动入口函数
218  * @param          : 无
219  * @return         : 无
220  */
221 static int __init imx6uirq_init(void)
222 {
223        /* 1、构建设备号 */
224        if (imx6uirq.major) {
225            imx6uirq.devid = MKDEV(imx6uirq.major, 0);
226            register_chrdev_region(imx6uirq.devid, IMX6UIRQ_CNT, IMX6UIRQ_NAME);
227        } else {
228            alloc_chrdev_region(&imx6uirq.devid, 0, IMX6UIRQ_CNT, IMX6UIRQ_NAME);
229            imx6uirq.major = MAJOR(imx6uirq.devid);
230            imx6uirq.minor = MINOR(imx6uirq.devid);
231        }
232
233        /* 2、注册字符设备    */
234        cdev_init(&imx6uirq.cdev, &imx6uirq_fops);
235        cdev_add(&imx6uirq.cdev, imx6uirq.devid, IMX6UIRQ_CNT);
236
237        /* 3、创建类        */
238        imx6uirq.class = class_create(THIS_MODULE, IMX6UIRQ_NAME);
239        if (IS_ERR(imx6uirq.class)) {
240            return PTR_ERR(imx6uirq.class);
241        }
242
243        /* 4、创建设备      */
244        imx6uirq.device = device_create(imx6uirq.class, NULL, imx6uirq.devid, NULL, IMX6UIRQ_NAME);
245        if (IS_ERR(imx6uirq.device)) {
246            return PTR_ERR(imx6uirq.device);
247        }
248
249        /* 5、初始化按键       */
250        atomic_set(&imx6uirq.keyvalue, INVAKEY);
251        atomic_set(&imx6uirq.releasekey, 0);
252        keyio_init();
253        return 0;
```

```
254 }
255
256 /*
257  * @description  : 驱动出口函数
258  * @param        : 无
259  * @return       : 无
260  */
261 static void __exit imx6uirq_exit(void)
262 {
263     unsigned int i = 0;
264     /* 删除定时器 */
265     del_timer_sync(&imx6uirq.timer);
266
267     /* 释放中断 */
268     for (i = 0; i < KEY_NUM; i++) {
269         free_irq(imx6uirq.irqkeydesc[i].irqnum, &imx6uirq);
270         gpio_free(imx6uirq.irqkeydesc[i].gpio);
271     }
272     cdev_del(&imx6uirq.cdev);
273     unregister_chrdev_region(imx6uirq.devid, IMX6UIRQ_CNT);
274     device_destroy(imx6uirq.class, imx6uirq.devid);
275     class_destroy(imx6uirq.class);
276 }
277
278 module_init(imx6uirq_init);
279 module_exit(imx6uirq_exit);
280 MODULE_LICENSE("GPL");
281 MODULE_AUTHOR("zuozhongkai");
```

第38～43行,结构体irq_keydesc为按键的中断描述结构体,gpio为按键GPIO编号,irqnum为按键I/O对应的中断号,value为按键对应的键值,name为按键名字,handler()为按键中断服务函数。使用irq_keydesc结构体即可描述一个按键中断。

第47～60行,结构体imx6uirq_dev为本例程设备结构体,第55行的keyvalue保存按键值,第56行的releasekey表示按键是否被释放,如果按键被释放表示发生了一次完整的按键过程。第57行的timer为按键消抖定时器,使用定时器进行按键消抖的原理已经讲解过了。第58行的数组irqkeydesc为按键信息数组,数组元素个数就是开发板上的按键个数,I.MX6U-ALIPHA开发板上只有一个按键,因此irqkeydesc数组只有一个元素。第59行的curkeynum表示当前按键。

第62行,定义设备结构体变量imx6uirq。

第70～78行,key0_handler()函数,按键KEY0中断处理函数,参数dev_id为设备结构体,也就是imx6uirq。第74行设置curkeynum=0,表示当前按键为KEY0,第76行使用mod_timer()函数启动定时器,定时器周期为10ms。

第85～103,timer_function()函数,定时器定时处理函数,参数arg是设备结构体,也就是imx6uirq,在此函数中读取按键值。第95行通过gpio_get_value()函数读取按键值。如果为0,则表示按键被按下去了,这时就设置imx6uirq结构体的keyvalue成员变量为按键的键值,比如KEY0按键的话按键值就是KEY0VALUE=0。如果按键值为1,则表示按键被释放了,这时就将imx6uirq结构体的keyvalue成员变量的最高位置1,表示按键值有效,也就是将keyvalue与0x80

进行或运算,表示按键松开了,并且设置 imx6uirq 结构体的 releasekey 成员变量为 1,表示按键释放,一次有效的按键过程发生。

第 110~159 行,keyio_init()函数,按键 I/O 初始化函数,在驱动入口函数里面会调用 keyio_init()来初始化按键 I/O。第 131~142 行轮流初始化所有的按键,包括申请 I/O、设置 I/O 为输入模式、从设备树中获取 I/O 的中断号等等。第 136 行通过 irq_of_parse_and_map()函数从设备树中获取按键 I/O 对应的中断号。也可以使用 gpio_to_irq()函数将某个 I/O 设置为中断状态,并且返回其中断号。第 144 行和第 145 行设置 KEY0 按键对应的按键中断处理函数为 key0_handler、KEY0 的按键值为 KEY0VALUE。第 147~153 行轮流调用 request_irq()函数申请中断号,设置中断触发模式为 IRQF_TRIGGER_FALLING 和 IRQF_TRIGGER_RISING,也就是上升沿和下降沿都可以触发中断。最后,第 156 行初始化定时器,并且设置定时器的定时处理函数。

第 168~172 行,imx6uirq_open()函数,对应应用程序的 open()函数。

第 182~207 行,imx6uirq_read()函数,对应应用程序的 read()函数。此函数向应用程序返回按键值。首先判断 imx6uirq 结构体的 releasekey 成员变量值是否为 1,如果为 1,则表示有一次有效按键发生,否则直接返回-EINVAL。当有按键事件发生时就要向应用程序发送按键值,首先判断按键值的最高位是否为 1,如果为 1 则表示按键值有效。如果按键值有效,则将最高位清除,得到真实的按键值,然后通过 copy_to_user()函数返回给应用程序。向应用程序发送按键值完成以后就将 imx6uirq 结构体的 releasekey 成员变量清零,准备下一次按键操作。

第 210~214 行,按键中断驱动操作函数集 imx6uirq_fops。

第 221~253 行,驱动入口函数,第 250 行和第 251 行分别初始化 imx6uirq 结构体中的原子变量 keyvalue 和 releasekey,第 252 行调用 keyio_init()函数初始化按键所使用的 I/O。

第 261~276 行,驱动出口函数,第 265 行调用 del_timer_sync()函数删除定时器,第 268~270 行轮流释放申请的所有按键中断。

12.3.3 编写测试 App

测试 App 要实现的内容很简单,通过不断地读取/dev/imx6uirq 文件来获取按键值,当按键按下以后就会将获取到的按键值输出到终端上,新建名为 imx6uirqApp.c 的文件,然后输入如下所示内容:

示例代码 12-18　imx6uirqApp.c 文件代码

```
1  # include "stdio.h"
2  # include "unistd.h"
3  # include "sys/types.h"
4  # include "sys/stat.h"
5  # include "fcntl.h"
6  # include "stdlib.h"
7  # include "string.h"
8  # include "linux/ioctl.h"
9  /*****************************************************
10 Copyright © ALIENTEK Co., Ltd. 1998 - 2029. All rights reserved.
11 文件名    : imx6uirqApp.c
12 作者      : 左忠凯
13 版本      : V1.0
14 描述      : 定时器测试应用程序
15 其他      : 无
```

```
16 使用方法  :./imx6uirqApp /dev/imx6uirq 打开测试 App
17 论坛    : www.openedv.com
18 日志    初版 V1.0 2019/7/26 左忠凯创建
19 ******************************************************** */
20
21 /*
22 * @description    : main 主程序
23 * @param - argc : argv 数组元素个数
24 * @param - argv : 具体参数
25 * @return        : 0,成功;其他,失败
26 */
27 int main(int argc, char * argv[])
28 {
29   int fd;
30   int ret = 0;
31   char * filename;
32    unsigned char data;
33   if (argc != 2) {
34     printf("Error Usage!\r\n");
35     return -1;
36   }
37
38   filename = argv[1];
39   fd = open(filename, O_RDWR);
40   if (fd < 0) {
41     printf("Can't open file % s\r\n", filename);
42     return -1;
43   }
44
45   while (1) {
46     ret = read(fd, &data, sizeof(data));
47     if (ret < 0) {      /* 数据读取错误或者无效   */
48
49     } else {           /* 数据读取正确        */
50       if (data)    /* 读取到数据          */
51         printf("key value = % #X\r\n", data);
52     }
53   }
54   close(fd);
55   return ret;
56 }
```

第 45～53 行的 while 循环用于不断读取按键值,如果读取到有效的按键值,就将其输出到终端上。

12.4 运行测试

12.4.1 编译驱动程序和测试 App

1. 编译驱动程序

编写 Makefile 文件,本章实验的 Makefile 文件和第 1 章实验基本一样,只是将 obj-m 变量的值

改为 imx6uirq. o，Makefile 内容如下所示：

```
                     示例代码12-19   Makefile 文件
1  KERNELDIR : = /home/zuozhongkai/linux/IMX6ULL/linux/temp/linux - imx - rel_imx_4.1.15_2.1.0_ga_alientek
...
4  obj - m : = imx6uirq.o
...
11 clean:
12   $ (MAKE) - C $ (KERNELDIR) M = $ (CURRENT_PATH) clean
```

第 4 行，设置 obj-m 变量的值为 imx6uirq. o。

输入如下命令编译出驱动模块文件：

```
make - j32
```

编译成功以后就会生成一个名为 imx6uirq. ko 的驱动模块文件。

2. 编译测试 App

输入如下命令编译测试 imx6uirqApp. c 这个测试程序：

```
arm - linux - gnueabihf - gcc imx6uirqApp.c - o imx6uirqApp
```

编译成功以后就会生成 imx6uirqApp 这个应用程序。

12.4.2 运行测试

将 12.4.1 节编译出来 imx6uirq. ko 和 imx6uirqApp 这两个文件复制到 rootfs/lib/modules/4.1.15 目录中，重启开发板，进入目录 lib/modules/4.1.15 中，输入如下命令加载 imx6uirq. ko 驱动模块：

```
depmod                  //第一次加载驱动的时候需要运行此命令
modprobe imx6uirq       //加载驱动
```

驱动加载成功以后可以通过查看/proc/interrupts 文件来检查一下对应的中断有没有被注册上，输入如下命令：

```
cat /proc/interrupts
```

结果如图 12-2 所示。

```
/lib/modules/4.1.15 # cat /proc/interrupts
         CPU0
  16:     2097      GPC  55 Level     i.MX Timer Tick
  18:        0      GPC  33 Level     2010000.ecspi
  19:      312      GPC  26 Level     2020000.serial
  20:        0      GPC  98 Level     sai
  21:        0      GPC  50 Level     2034000.asrc          KEY0中断
  46:        0  gpio-mxc  18 Edge     KEY0
  47:        0  gpio-mxc  19 Edge     2190000.usdhc cd
 196:        0      GPC   4 Level     20cc000.snvs:snvs-powerkey
 197:    17179      GPC 120 Level     20b4000.ethernet
```

图 12-2   proc/interrupts 文件内容

从图 12-2 可以看出 imx6uirq. c 驱动文件中的 KEY0 中断已经存在了，触发方式为跳边沿（Edge），中断号为 46（中断号以实际结果为准）。

接下来使用如下命令来测试中断：

```
./imx6uirqApp /dev/imx6uirq
```

按下开发板上的 KEY0 键，终端就会输出按键值，如图 12-3 所示。

```
/lib/modules/4.1.15 # ./imx6uirqApp /dev/imx6uirq
key value = 0X1
key value = 0X1
key value = 0X1
key value = 0X1
```

图 12-3　读取到的按键值

从图 12-3 可以看出，按键值获取成功，并且不会有按键抖动导致的误判发生，说明按键消抖工作正常。如果要卸载驱动，则输入如下命令：

```
rmmod imx6uirq
```

## 第13章

Linux阻塞和非阻塞I/O实验

阻塞和非阻塞 I/O 是 Linux 驱动开发里面很常见的两种设备访问模式,在编写驱动的时候一定要考虑到阻塞和非阻塞。本章就来学习阻塞和非阻塞 I/O、如何在驱动程序中处理阻塞与非阻塞以及如何在驱动程序使用等待队列和 poll 机制。

13.1 阻塞和非阻塞 I/O

13.1.1 阻塞和非阻塞简介

这里的 I/O 并不是我们学习 STM32 或者其他单片机的时候所说的"GPIO"(也就是引脚)。这里的 I/O 指的是 Input/Output,也就是输入/输出,是应用程序对驱动设备的输入/输出操作。当应用程序对设备驱动进行操作的时候,如果不能获取到设备资源,那么阻塞式 I/O 就会将应用程序对应的线程挂起,直到设备资源可以获取为止。对于非阻塞 I/O,应用程序对应的线程不会挂起,它要么一直轮询等待,直到设备资源可以使用,要么直接放弃。阻塞式 I/O 如图 13-1 所示。

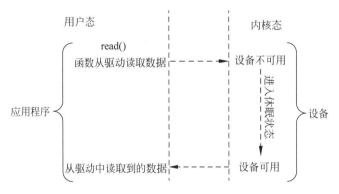

图 13-1　阻塞 I/O 访问示意图

图 13-1 中应用程序调用 read()函数从设备中读取数据,当设备不可用或数据未准备好的时候就会进入到休眠状态。等设备可用的时候就会从休眠状态唤醒,然后从设备中读取数据返回给应用程序。非阻塞 I/O 如图 13-2 所示。

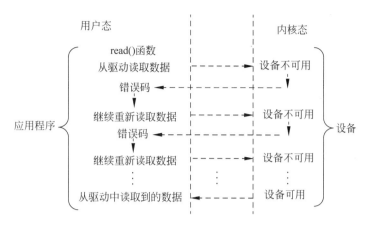

图 13-2　非阻塞 I/O 访问示意图

从图 13-2 可以看出,应用程序使用非阻塞访问方式从设备读取数据,当设备不可用或数据未准备好的时候会立即向内核返回一个错误码,表示数据读取失败。应用程序会重新读取数据,这样一直往复循环,直到数据读取成功。

应用程序可以使用如下所示示例代码来实现阻塞访问:

```
                    示例代码 13-1　应用程序阻塞读取数据
1 int fd;
2 int data = 0;
3
4 fd = open("/dev/xxx_dev", O_RDWR);              /* 阻塞方式打开    */
5 ret = read(fd, &data, sizeof(data));           /* 读取数据        */
```

从示例代码 13-1 可以看出,对于设备驱动文件的默认读取方式就是阻塞式的,所以我们前面所有的例程测试 App 都是采用阻塞 I/O。

如果应用程序要采用非阻塞的方式来访问驱动设备文件,可以使用如下所示代码:

```
                    示例代码 13-2　应用程序非阻塞读取数据
1 int fd;
2 int data = 0;
3
4 fd = open("/dev/xxx_dev", O_RDWR | O_NONBLOCK);    /* 非阻塞方式打开 */
5 ret = read(fd, &data, sizeof(data));              /* 读取数据        */
```

第 4 行使用 open()函数打开/dev/xxx_dev 设备文件的时候添加了参数 O_NONBLOCK,表示以非阻塞方式打开设备,这样从设备中读取数据的时候就是非阻塞方式的了。

13.1.2　等待队列

1. 等待队列头

阻塞访问最大的好处就是当设备文件不可操作的时候进程可以进入休眠状态,这样可以将CPU 资源让出来。但是,当设备文件可以操作的时候就必须唤醒进程,一般在中断函数中完成唤醒工作。Linux 内核提供了等待队列(wait queue)来实现阻塞进程的唤醒工作,如果我们要在驱动中使用等待队列,则必须创建并初始化一个等待队列头,等待队列头使用结构体 wait_queue_head_t 表示,wait_queue_head_t 结构体定义在文件 include/linux/wait.h 中,内容如下所示。

示例代码13-3 wait_queue_head_t 结构体

```
39 struct __wait_queue_head {
40   spinlock_t        lock;
41   struct list_head   task_list;
42 };
43 typedef struct __wait_queue_head wait_queue_head_t;
```

定义好等待队列头以后需要初始化,使用 init_waitqueue_head()函数初始化等待队列头,函数原型如下:

```
void init_waitqueue_head(wait_queue_head_t * q)
```

参数 q 就是要初始化的等待队列头。

也可以使用宏 DECLARE_WAIT_QUEUE_HEAD 来一次性完成等待队列头的定义的初始化。

2. 等待队列项

等待队列头就是一个等待队列的头部,每个访问设备的进程都是一个队列项,当设备不可用的时候就要将这些进程对应的等待队列项添加到等待队列中。结构体 wait_queue_t 表示等待队列项,结构体内容如下:

示例代码13-4 wait_queue_t 结构体

```
struct __wait_queue {
    unsigned int        flags;
    void               * private;
    wait_queue_func_t   func;
    struct list_head    task_list;
};
typedef struct __wait_queue wait_queue_t;
```

使用宏 DECLARE_WAITQUEUE 定义并初始化一个等待队列项,宏的内容如下:

```
DECLARE_WAITQUEUE(name, tsk)
```

name 就是等待队列项的名字,tsk 表示这个等待队列项属于哪个任务(进程),一般设置为 current。在 Linux 内核中 current 相当于一个全局变量,表示当前进程。因此宏 DECLARE_WAITQUEUE 就是给当前正在运行的进程创建并初始化了一个等待队列项。

3. 将队列项添加/移除等待队列头

当设备不可访问的时候就需要将进程对应的等待队列项添加到前面创建的等待队列头中,只有添加到等待队列头中以后进程才能进入休眠状态。当设备可以访问以后再将进程对应的等待队列项从等待队列头中移除即可,等待队列项添加 API 函数如下:

```
void add_wait_queue(wait_queue_head_t    * q,
                    wait_queue_t          * wait)
```

函数参数含义如下：

q——等待队列项要加入的等待队列头。

wait——要加入的等待队列项。

返回值——无。

等待队列项移除 API 函数如下：

```
void remove_wait_queue(wait_queue_head_t    * q,
                       wait_queue_t          * wait)
```

函数参数含义如下：

q——要删除的等待队列项所处的等待队列头。

wait——要删除的等待队列项。

返回值——无。

4. 等待唤醒

当设备可以使用的时候就要唤醒进入休眠状态的进程，唤醒可以使用如下两个函数：

```
void wake_up(wait_queue_head_t * q)
void wake_up_interruptible(wait_queue_head_t * q)
```

参数 q 就是要唤醒的等待队列头，这两个函数会将这个等待队列头中的所有进程都唤醒。wake_up()函数可以唤醒处于 TASK_INTERRUPTIBLE 和 TASK_UNINTERRUPTIBLE 状态的进程，而 wake_up_interruptible()函数只能唤醒处于 TASK_INTERRUPTIBLE 状态的进程。

5. 等待事件

除了主动唤醒以外，也可以设置等待队列等待某个事件，当这个事件满足以后就自动唤醒等待队列中的进程，与等待事件有关的 API 函数如表 13-1 所示。

表 13-1　与等待事件有关的 API 函数

函　　数	描　　述
wait_event(wq, condition)	等待以 wq 为等待队列头的等待队列被唤醒，前提是 condition 条件必须满足(为真)，否则一直阻塞。此函数会将进程设置为 TASK_UNINTERRUPTIBLE 状态
wait_event_timeout(wq, condition, timeout)	功能和 wait_event()类似，但是此函数可以添加超时时间，以 jiffies 为单位。此函数有返回值，如果返回 0 则表示超时时间到，而且 condition 为假。若为 1 则表示 condition 为真，也就是条件满足了
wait_event_interruptible(wq, condition)	与 wait_event()函数类似，但是此函数将进程设置为 TASK_INTERRUPTIBLE，就是可以被信号打断
wait_event_interruptible_timeout(wq, condition, timeout)	与 wait_event_timeout()函数类似，此函数也将进程设置为 TASK_INTERRUPTIBLE，可以被信号打断

13.1.3　轮询

如果用户应用程序以非阻塞的方式访问设备，设备驱动程序就要提供非阻塞的处理方式，也就是轮询。poll()、epoll()和 select()可以用于处理轮询，应用程序通过 select()、epoll()或 poll()函数来查询设备是否可以操作,如果可以操作的话就从设备读取或者向设备写入数据。当应用程序调用 select()、epoll()或 poll()函数的时候设备驱动程序中的 poll()函数就会执行,因此需要在设备驱动程序中编写 poll()函数。我们先来看一下应用程序中使用的 select()、poll()和 epoll()这 3 个函数。

1. select()函数

select()函数原型如下:

```
int select(int              nfds,
           fd_set          * readfds,
           fd_set          * writefds,
           fd_set          * exceptfds,
           struct timeval  * timeout)
```

函数参数含义如下:

nfds——所要监视的这 3 类文件描述集合中,最大文件描述符加 1。

readfds、writefds 和 exceptfds——这 3 个指针指向描述符集合,这 3 个参数指明了关心哪些描述符、需要满足哪些条件等等。这 3 个参数都是 fd_set 类型的,fd_set 类型变量的每一个位都代表了一个文件描述符。readfds 用于监视指定描述符集的读变化,也就是监视这些文件是否可以读取,只要这些集合中有一个文件可以读取,seclect()就会返回一个大于 0 的值表示文件可以读取。如果没有文件可以读取,那么就会根据 timeout 参数来判断是否超时。可以将 readfs 设置为 NULL,表示不关心任何文件的读变化。writefds 与 readfs 类似,只是 writefs 用于监视这些文件是否可以进行写操作。exceptfds 用于监视这些文件的异常。

比如现在要从一个设备文件中读取数据,那么就可以定义一个 fd_set 变量,这个变量要传递给参数 readfds。在定义好一个 fd_set 变量以后就可以使用如下所示的宏进行操作了:

```
void FD_ZERO(fd_set * set)
void FD_SET(int fd, fd_set * set)
void FD_CLR(int fd, fd_set * set)
int  FD_ISSET(int fd, fd_set * set)
```

FD_ZERO 用于将 fd_set 变量的所有位都清零,FD_SET 用于将 fd_set 变量的某个位置 1,也就是向 fd_set 添加一个文件描述符,参数 fd 就是要加入的文件描述符。FD_CLR 用于将 fd_set 变量的某个位清零,也就是将一个文件描述符从 fd_set 中删除,参数 fd 就是要删除的文件描述符。FD_ISSET 用于测试一个文件是否属于某个集合,参数 fd 就是要判断的文件描述符。

timeout——超时时间,当我们调用 select()函数等待某些文件描述符时,可以设置超时时间,超时时间使用结构体 timeval 表示,结构体定义如下所示:

```
struct timeval {
    long    tv_sec;      /* 秒    */
    long    tv_usec;     /* 微秒  */
};
```

当 timeout 为 NULL 时就表示无限期的等待。

返回值——0 表示超时发生,但是没有任何文件描述符可以进行操作;—1 表示发生错误;其他值表示可以进行操作的文件描述符个数。

使用 select() 函数对某个设备驱动文件进行读非阻塞访问的操作示例如下所示：

示例代码 13-5　select() 函数非阻塞访问示例

```
1   void main(void)
2   {
3       int ret, fd;                      /* 要监视的文件描述符        */
4       fd_set readfds;                   /* 读操作文件描述符集        */
5       struct timeval timeout;           /* 超时结构体               */
6
7       fd = open("dev_xxx", O_RDWR | O_NONBLOCK);       /* 非阻塞访问 */
8
9       FD_ZERO(&readfds);                /* 清除 readfds            */
10      FD_SET(fd, &readfds);             /* 将 fd 添加到 readfds 中 */
11
12      /* 构造超时时间 */
13      timeout.tv_sec = 0;
14      timeout.tv_usec = 500000;         /* 500ms    */
15
16      ret = select(fd + 1, &readfds, NULL, NULL, &timeout);
17      switch (ret) {
18          case 0:                       /* 超时        */
19              printf("timeout!\r\n");
20              break;
21          case -1:                      /* 错误        */
22              printf("error!\r\n");
23              break;
24          default:                      /* 可以读取数据 */
25              if(FD_ISSET(fd, &readfds)) {       /* 判断是否为 fd 文件描述符 */
26                  /* 使用 read 函数读取数据 */
27              }
28              break;
29      }
30  }
```

2. poll() 函数

在单个线程中，select() 函数能够监视的文件描述符数量有最大的限制，一般为 1024，可以修改内核将监视的文件描述符数量改大，但是这样会降低效率！这个时候就可以使用 poll() 函数，poll() 函数本质上和 select 没有太大的差别，但是 poll() 函数没有最大文件描述符限制，Linux 应用程序中 poll() 函数原型如下所示：

```
int poll(struct pollfd  * fds,
         nfds_t          nfds,
         int             timeout)
```

函数参数含义如下：

fds——要监视的文件描述符集合以及要监视的事件，为一个数组，数组元素都是结构体 pollfd 类型的，pollfd 结构体如下所示：

```
struct pollfd {
    int    fd;        /* 文件描述符      */
    short events;     /* 请求的事件      */
    short revents;    /* 返回的事件      */
};
```

fd 是要监视的文件描述符,如果 fd 无效,那么 events 监视事件也就无效,并且 revents 返回 0。events 是要监视的事件,可监视的事件类型如下所示:

```
POLLIN        有数据可以读取
POLLPRI       有紧急的数据需要读取
POLLOUT       可以写数据
POLLERR       指定的文件描述符发生错误
POLLHUP       指定的文件描述符挂起
POLLNVAL      无效的请求
POLLRDNORM    等同于 POLLIN
```

revents 是返回参数,也就是返回的事件,由 Linux 内核设置具体的返回事件。

nfds——poll()函数要监视的文件描述符数量。

timeout——超时时间,单位为 ms。

返回值——返回 revents 域中不为 0 的 pollfd 结构体个数,也就是发生事件或错误的文件描述符数量;0,超时;−1,发生错误,并且设置 errno 为错误类型。

使用 poll()函数对某个设备驱动文件进行读非阻塞访问的操作示例如下所示:

示例代码13-6　poll()函数读非阻塞访问示例
```
1  void main(void)
2  {
3      int ret;
4      int fd;                         /* 要监视的文件描述符        */
5      struct pollfd fds;
6
7      fd = open(filename, O_RDWR | O_NONBLOCK);      /* 非阻塞访问 */
8
9      /* 构造结构体   */
10      fds.fd = fd;
11     fds.events = POLLIN;           /* 监视数据是否可以读取 */
12
13     ret = poll(&fds, 1, 500);      /* 轮询文件是否可操作,超时 500ms */
14     if (ret) {                     /* 数据有效              */
15         ...
16         /* 读取数据 */
17         ...
18     } else if (ret == 0) {         /* 超时                  */
19         ...
20     } else if (ret < 0) {          /* 错误                  */
21         ...
22     }
23 }
```

3．epoll( )函数

传统的 selcet( )和 poll( )函数都会随着所监听的 fd 数量的增加，出现效率低下的问题，而且 poll( )函数每次必须遍历所有的描述符来检查就绪的描述符，这个过程很浪费时间。为此，epoll( ) 应运而生，epoll( )就是为处理大规模并发而准备的，一般常常在网络编程中使用 epoll( )函数。应用 程序需要先使用 epoll_create( )函数创建一个 epoll 句柄，epoll_create( )函数原型如下：

```
int epoll_create(int size)
```

函数参数含义如下：

size——从 Linux 2.6.8 开始此参数已经没有意义了，随便填写一个大于 0 的值就可以。

返回值——epoll 句柄，如果为−1，则表示创建失败。

epoll 句柄创建成功以后使用 epoll_ctl( )函数向其中添加要监视的文件描述符以及监视的事件，epoll_ctl( )函数原型如下所示：

```
int epoll_ctl (int          epfd,
               int          op,
               int          fd,
               struct epoll_event  * event)
```

函数参数含义如下：

epfd——要操作的 epoll 句柄，也就是使用 epoll_create( )函数创建的 epoll 句柄。

op——表示要对 epfd(epoll 句柄)进行的操作，可以设置为：

```
EPOLL_CTL_ADD        向 epfd 添加文件参数 fd 表示的描述符.
EPOLL_CTL_MOD        修改参数 fd 的 event 事件.
EPOLL_CTL_DEL        从 epfd 中删除 fd 描述符.
```

fd——要监视的文件描述符。

event——要监视的事件类型，为 epoll_event 结构体类型指针，epoll_event 结构体类型如下 所示：

```
struct epoll_event {
    uint32_t    events;    /* epoll 事件    */
    epoll_data_t data;     /* 用户数据      */
};
```

结构体 epoll_event 的 events 成员变量表示要监视的事件，可选的事件如下所示：

```
EPOLLIN          有数据可以读取.
EPOLLOUT         可以写数据.
EPOLLPRI         有紧急的数据需要读取.
EPOLLERR         指定的文件描述符发生错误.
EPOLLHUP         指定的文件描述符挂起.
EPOLLET          设置 epoll 为边沿触发,默认触发模式为水平触发.
EPOLLONESHOT 一次性的监视,当监视完成以后还需要再次监视某个 fd,这时需要将 fd 重新添加到 epoll 里面.
```

上面这些事件可以进行"或"操作，也就是说，可以设置监视多个事件。

返回值：0，成功；−1，失败，并且设置 errno 的值为相应的错误码。

一切都设置好以后应用程序就可以通过 epoll_wait() 函数来等待事件的发生，类似 select 函数。epoll_wait() 函数原型如下所示：

```
int epoll_wait(int              epfd,
               struct epoll_event * events,
               int              maxevents,
               int              timeout)
```

函数参数含义如下：

epfd——要等待的 epoll。

events——指向 epoll_event 结构体的数组，当有事件发生的时候 Linux 内核会填写 events，调用者可以根据 events 判断发生了哪些事件。

maxevents——events 数组大小，必须大于 0。

timeout——超时时间，单位为 ms。

返回值——0，超时；−1，错误；其他值，准备就绪的文件描述符数量。

epoll() 更多的是用在大规模的并发服务器上，因为在这种场合下 select() 和 poll() 并不适合。当设计到的文件描述符(fd)比较少的时候就适合用 select() 和 poll()，本章就使用 select() 和 poll() 这两个函数。

13.1.4　Linux 驱动下的 poll 操作函数

当应用程序调用 select() 或 poll() 函数来对驱动程序进行非阻塞访问的时候，驱动程序 file_operations 操作集中的 poll() 函数就会执行。所以驱动程序的编写者需要提供对应的 poll() 函数，poll() 函数原型如下所示：

```
unsigned int ( * poll) (struct file * filp, struct poll_table_struct * wait)
```

函数参数含义如下：

filp——要打开的设备文件(文件描述符)。

wait——结构体 poll_table_struct 类型指针，由应用程序传递进来的。一般将此参数传递给 poll_wait() 函数。

返回值——向应用程序返回设备或者资源状态。可以返回的资源状态如下：

```
POLLIN          有数据可以读取.
POLLPRI         有紧急的数据需要读取.
POLLOUT         可以写数据.
POLLERR         指定的文件描述符发生错误.
POLLHUP         指定的文件描述符挂起.
POLLNVAL        无效的请求.
POLLRDNORM      等同于 POLLIN,普通数据可读.
```

我们需要在驱动程序的 poll() 函数中调用 poll_wait() 函数，poll_wait() 函数不会引起阻塞，只是将应用程序添加到 poll_table 中，poll_wait() 函数原型如下：

```
void poll_wait(struct file * filp, wait_queue_head_t * wait_address, poll_table * p)
```

参数 wait_address 是要添加到 poll_table 中的等待队列头，参数 p 就是 poll_table，就是 file_operations 中 poll() 函数的 wait 参数。

13.2　阻塞 I/O 实验

在第 12 章的 Linux 中断实验中，我们直接在应用程序中通过 read() 函数不断地读取按键状态，当按键有效的时候就打印出按键值。这种方法有个缺点，那就是 imx6uirqApp 这个测试应用程序拥有很高的 CPU 占用率，大家可以在开发板中加载第 12 章的驱动程序模块 imx6uirq. ko，然后以后台运行模式打开 imx6uirqApp 这个测试软件，命令如下：

```
./imx6uirqApp /dev/imx6uirq &
```

测试驱动是否正常工作，如果驱动工作正常，则输入 top 命令查看 imx6uirqApp 这个应用程序的 CPU 使用率，结果如图 13-3 所示。

```
Mem: 61180K used, 447116K free, 0K shrd, 0K buff, 12404K cached
CPU: 25.6% usr 74.1% sys  0.0% nic  0.0% idle  0.0% io  0.0% irq  0.1% sirq
Load average: 0.29 0.08 0.07 2/46 328
  PID  PPID USER     STAT   VSZ %VSZ CPU %CPU COMMAND
  326    72 root     R     1220  0.2   0 99.6 ./imx6uirqApp /dev/imx6uirq       CPU使用率
  328    72 root     R     1728  0.3   0  0.2 top                               达99.6%
   74     1 root     S     4980  0.9   0  0.0 sshd: /sbin/sshd [listener] 0 of 1
   72     1 root     S     1728  0.3   0  0.0 -/bin/sh
    1     0 root     S     1724  0.3   0  0.0 init
```

图 13-3　CPU 使用率

从图 13-3 可以看出，imx6uirqApp 这个应用程序的 CPU 使用率竟然高达 99.6%，这仅仅是一个读取按键值的应用程序，这么高的 CPU 使用率显然是有问题的。原因就在于我们是直接在 while 循环中通过 read() 函数读取按键值，因此 imx6uirqApp 这个软件会一直运行，一直读取按键值，CPU 使用率肯定就会很高。最好的方法就是在没有有效的按键事件发生的时候，imx6uirqApp 这个应用程序应该处于休眠状态，当有按键事件发生以后 imx6uirqApp 这个应用程序才运行，打印出按键值，这样就会降低 CPU 使用率，本节就使用阻塞 I/O 来实现此功能。

13.2.1　硬件原理图分析

本章实验硬件原理图参考《原子嵌入式 Linux 驱动开发详解》11.2 节。

13.2.2　实验程序编写

1. 驱动程序编写

本实验对应的例程路径为"2、Linux 驱动例程→14_blockio"。

本章实验在第 12 章的"13_irq"实验的基础上完成，主要是对其添加阻塞访问相关的代码。新建名为 14_blockio 的文件夹，然后在 14_blockio 文件夹中创建 vscode 工程，工作区命名为 blockio。将 13_irq 实验中的 imx6uirq. c 复制到 14_blockio 文件夹中，并重命名为 blockio. c。接下来就修改 blockio. c 这个文件，在其中添加阻塞相关的代码，完成以后的 blockio. c 内容如下所示（因为是在第 12 章实验的 imx6uirq. c 文件的基础上修改的，为了减少篇幅，下面的代码有省略）：

示例代码 13-7　blockio.c 文件代码(有省略)

```
1    # include < linux/types. h>
2    # include < linux/kernel. h>
...
18   # include < asm/mach/map. h>
19   # include < asm/uaccess. h>
20   # include < asm/io. h>
21   /****************************************************
22   Copyright © ALIENTEK Co., Ltd. 1998 - 2029. All rights reserved.
23   文件名       : block. c
24   作者        : 左忠凯
25   版本        : V1.0
26   描述        : 阻塞 IO 访问
27   其他        : 无
28   论坛        : www. openedv. com
29   日志        : 初版 V1.0 2019/7/26 左忠凯创建
30   **************************************************** /
31   # define IMX6UIRQ_CNT      1              /* 设备号个数      */
32   # define IMX6UIRQ_NAME     "blockio"      /* 名字          */
33   # define KEY0VALUE         0X01           /* KEY0 按键值     */
34   # define INVAKEY           0XFF           /* 无效的按键值    */
35   # define KEY_NUM           1              /* 按键数量        */
36
37   /* 中断 IO 描述结构体 */
38   struct irq_keydesc {
39       int gpio;                            /* gpio         */
40       int irqnum;                          /* 中断号        */
41       unsigned char value;                 /* 按键对应的键值  */
42       char name[10];                       /* 名字          */
43       irqreturn_t ( * handler)(int, void * );   /* 中断服务函数 */
44   };
45
46   /* imx6uirq 设备结构体 */
47   struct imx6uirq_dev{
48       dev_t devid;              /* 设备号                    */
49       struct cdev cdev;         /* cdev                    */
50       struct class * class;     /* 类                       */
51       struct device * device;   /* 设备                     */
52       int major;               /* 主设备号                  */
53       int minor;               /* 次设备号                  */
54       struct device_node  * nd; /* 设备节点                 */
55       atomic_t keyvalue;        /* 有效的按键键值            */
56       atomic_t releasekey;      /* 标记是否完成一次完成的按键  */
57       struct timer_list timer;  /* 定义一个定时器 */
58       struct irq_keydesc irqkeydesc[KEY_NUM];   /* 按键 init 数数组   */
59       unsigned char curkeynum;                  /* 当前 init 按键号    */
60
61       wait_queue_head_t r_wait;                 /* 读等待队列头 */
62   };
63
64   struct imx6uirq_dev imx6uirq;                 /* irq 设备    */
65
```

```
66  /* @description        :中断服务函数,开启定时器
67   *                       定时器用于按键消抖
68   * @param - irq        :中断号
69   * @param - dev_id     :设备结构
70   * @return             :中断执行结果
71   */
72  static irqreturn_t key0_handler(int irq, void * dev_id)
73  {
74      struct imx6uirq_dev * dev = (struct imx6uirq_dev * )dev_id;
75
76      dev -> curkeynum = 0;
77      dev -> timer.data = (volatile long)dev_id;
78      mod_timer(&dev -> timer, jiffies + msecs_to_jiffies(10));
79      return IRQ_RETVAL(IRQ_HANDLED);
80  }
81
82  /* @description        :定时器服务函数,用于按键消抖,定时器到了以后
83   *                       再次读取按键值,如果按键还是处于按下状态就表示按键有效
84   * @param - arg        :设备结构变量
85   * @return             :无
86   */
87  void timer_function(unsigned long arg)
88  {
89      unsigned char value;
90      unsigned char num;
91      struct irq_keydesc * keydesc;
92      struct imx6uirq_dev * dev = (struct imx6uirq_dev * )arg;
93
94      num = dev -> curkeynum;
95      keydesc = &dev -> irqkeydesc[num];
96
97      value = gpio_get_value(keydesc -> gpio);        /* 读取 I/O 值     */
98      if(value == 0){                                  /* 按下按键        */
99          atomic_set(&dev -> keyvalue, keydesc -> value);
100     }
101     else{                                            /* 按键松开        */
102         atomic_set(&dev -> keyvalue, 0x80 | keydesc -> value);
103         atomic_set(&dev -> releasekey, 1);
104     }
105
106     /* 唤醒进程 */
107     if(atomic_read(&dev -> releasekey)) {            /* 完成一次按键过程 */
108         /* wake_up(&dev -> r_wait); */
109         wake_up_interruptible(&dev -> r_wait);
110     }
111 }
112
113 /*
114  * @description        :按键 I/O 初始化
115  * @param             :无
116  * @return            :无
117  */
```

```
118  static int keyio_init(void)
119  {
120      unsigned char i = 0;
121      char name[10];
122      int ret = 0;
...
163      /* 创建定时器 */
164      init_timer(&imx6uirq.timer);
165      imx6uirq.timer.function = timer_function;
166
167      /* 初始化等待队列头 */
168      init_waitqueue_head(&imx6uirq.r_wait);
169      return 0;
170  }
171
172  /*
173   * @description    : 打开设备
174   * @param - inode : 传递给驱动的 inode
175   * @param - filp  : 设备文件,file 结构体有个叫作 private_data 的成员变量
176   *                  一般在 open 的时候将 private_data 指向设备结构体
177   * @return         : 0,成功;其他,失败
178   */
179  static int imx6uirq_open(struct inode * inode, struct file * filp)
180  {
181      filp->private_data = &imx6uirq;        /* 设置私有数据 */
182      return 0;
183  }
184
185  /*
186   * @description      : 从设备读取数据
187   * @param - filp    : 要打开的设备文件(文件描述符)
188   * @param - buf     : 返回给用户空间的数据缓冲区
189   * @param - cnt     : 要读取的数据长度
190   * @param - offt    : 相对于文件首地址的偏移
191   * @return           : 读取的字节数,如果为负值,则表示读取失败
192   */
193  static ssize_t imx6uirq_read(struct file * filp, char __user * buf,
                                 size_t cnt, loff_t * offt)
194  {
195      int ret = 0;
196      unsigned char keyvalue = 0;
197      unsigned char releasekey = 0;
198      struct imx6uirq_dev * dev = (struct imx6uirq_dev * )
                                    filp->private_data;
199
200  #if 0
201      /* 加入等待队列,等待被唤醒,也就是有按键按下 */
202      ret = wait_event_interruptible(dev->r_wait,
                                  atomic_read(&dev->releasekey));
203      if (ret) {
204          goto wait_error;
205      }
```

```
206  #endif
207
208      DECLARE_WAITQUEUE(wait, current);                /* 定义一个等待队列 */
209      if(atomic_read(&dev->releasekey) == 0) {        /* 没有按键按下 */
210          add_wait_queue(&dev->r_wait, &wait);        /* 添加到等待队列头 */
211          __set_current_state(TASK_INTERRUPTIBLE);    /* 设置任务状态 */
212          schedule();                                 /* 进行一次任务切换 */
213          if(signal_pending(current)) {               /* 判断是否为信号引起的唤醒 */
214              ret = -ERESTARTSYS;
215              goto wait_error;
216          }
217       __set_current_state(TASK_RUNNING);             /* 设置为运行状态 */
218          remove_wait_queue(&dev->r_wait, &wait);     /* 将等待队列移除 */
219      }
220      keyvalue = atomic_read(&dev->keyvalue);
221      releasekey = atomic_read(&dev->releasekey);
...
234      return 0;
235
236  wait_error:
237      set_current_state(TASK_RUNNING);                /* 设置任务为运行状态 */
238      remove_wait_queue(&dev->r_wait, &wait);         /* 将等待队列移除 */
239      return ret;
240
241  data_error:
242      return -EINVAL;
243  }
244
245  /* 设备操作函数 */
246  static struct file_operations imx6uirq_fops = {
247      .owner = THIS_MODULE,
248      .open = imx6uirq_open,
249      .read = imx6uirq_read,
250  };
251
252  /*
253   * @description     : 驱动入口函数
254   * @param           : 无
255   * @return          : 无
256   */
257  static int __init imx6uirq_init(void)
258  {
259      /* 1、构建设备号 */
260      if (imx6uirq.major) {
261          imx6uirq.devid = MKDEV(imx6uirq.major, 0);
262          register_chrdev_region(imx6uirq.devid, IMX6UIRQ_CNT,IMX6UIRQ_NAME);
263      } else {
264          alloc_chrdev_region(&imx6uirq.devid, 0, IMX6UIRQ_CNT,IMX6UIRQ_NAME);
265          imx6uirq.major = MAJOR(imx6uirq.devid);
266          imx6uirq.minor = MINOR(imx6uirq.devid);
267      }
...
```

```
284
285        /* 5、始化按键 */
286        atomic_set(&imx6uirq.keyvalue, INVAKEY);
287        atomic_set(&imx6uirq.releasekey, 0);
288        keyio_init();
289        return 0;
290    }
291
292    /*
293     * @description    : 驱动出口函数
294     * @param          : 无
295     * @return         : 无
296     */
297    static void __exit imx6uirq_exit(void)
298    {
299        unsigned i = 0;
300
301        del_timer_sync(&imx6uirq.timer);              /* 删除定时器 */
...
310        class_destroy(imx6uirq.class);
311    }
312
313    module_init(imx6uirq_init);
314    module_exit(imx6uirq_exit);
315    MODULE_LICENSE("GPL");
```

第 32 行,修改设备文件名字为 blockio,当驱动程序加载成功以后就会在根文件系统中出现一个名为/dev/blockio 的文件。

第 61 行,在设备结构体中添加一个等待队列头 r_wait,因为在 Linux 驱动中处理阻塞 I/O 需要用到等待队列。

第 107～110 行,定时器中断处理函数执行,表示有按键按下,先在第 107 行判断一下是否是一次有效的按键,如果是则通过 wake_up() 或者 wake_up_interruptible() 函数来唤醒等待队列 r_wait。

第 168 行,调用 init_waitqueue_head() 函数初始化等待队列头 r_wait。

第 200～206 行,采用等待事件来处理 read 的阻塞访问,wait_event_interruptible() 函数等待 releasekey 有效,也就是有按键按下。如果按键没有按下,则进程进入休眠状态。因为采用了 wait_event_interruptible() 函数,因此进入休眠状态的进程可以被信号打断。

第 208～218 行,首先使用 DECLARE_WAITQUEUE 宏定义一个等待队列,如果没有按键按下,则使用 add_wait_queue() 函数将当前任务的等待队列添加到等待队列头 r_wait 中。随后调用 __set_current_state() 函数设置当前进程的状态为 TASK_INTERRUPTIBLE,也就是可以被信号打断。接下来调用 schedule() 函数进行一次任务切换,当前进程就会进入到休眠状态。如果有按键按下,那么进入休眠状态的进程就会被唤醒,然后接着从休眠点开始运行。在这里也就是从第 213 行开始运行,首先通过 signal_pending() 函数判断一下进程是不是由信号唤醒的,如果是由信号唤醒的话就直接返回-ERESTARTSYS 这个错误码。如果不是由信号唤醒的(也就是被按键唤醒的),那么就在第 217 行调用 __set_current_state() 函数将任务状态设置为 TASK_RUNNING,然后在第 218 行调用 remove_wait_queue() 函数将进程从等待队列中删除。

使用等待队列实现阻塞访问主要注意两点：

（1）将任务或者进程加入到等待队列头，

（2）在合适的点唤醒等待队列，一般都是中断处理函数中。

2. 编写测试 App

本节实验的测试 App 直接使用 12.3.3 节所编写的 imx6uirqApp. c，将 imx6uirqApp. c 复制到本节实验文件夹下，并且重命名为 blockioApp. c，不需要修改任何内容。

13.2.3 运行测试

1. 编译驱动程序和测试 App

1）编译驱动程序

编写 Makefile 文件，本章实验的 Makefile 文件和第 1 章实验基本一样，只是将 obj-m 变量的值改为 blockio. o，Makefile 内容如下所示：

```
                          示例代码13-8  Makefile 文件
1  KERNELDIR : = /home/zuozhongkai/linux/IMX6ULL/linux/temp/linux - imx - rel_imx_4.1.15_2.1.0_ga_alientek
...
4  obj - m : = blockio.o
...
11 clean:
12   $ (MAKE) - C $ (KERNELDIR) M = $ (CURRENT_PATH) clean
```

第 4 行，设置 obj-m 变量的值为 blockio. o。

输入如下命令编译出驱动模块文件：

```
make - j32
```

编译成功以后就会生成一个名为 blockio. ko 的驱动模块文件。

2）编译测试 App

输入如下命令编译测试 noblockioApp. c 这个测试程序：

```
arm - linux - gnueabihf - gcc blockioApp.c - o blockioApp
```

编译成功以后就会生成 blockioApp 这个应用程序。

2. 运行测试

将 13.2.1 节编译出来 blockio. ko 和 blockioApp 这两个文件复制到 rootfs/lib/modules/4. 1. 15 目录中，重启开发板，进入目录 lib/modules/4. 1. 15 中，输入如下命令加载 blockio. ko 驱动模块：

```
depmod            //第一次加载驱动的时候需要运行此命令
modprobe blockio  //加载驱动
```

驱动加载成功以后使用如下命令打开 blockioApp 这个测试 App，并且以后台模式运行：

```
./blockioApp /dev/blockio &
```

按下开发板上的 KEY0 按键，结果如图 13-4 所示。

```
/lib/modules/4.1.15 # ./blockioApp /dev/blockio &
/lib/modules/4.1.15 # key value = 0X1
key value = 0X1
key value = 0X1
key value = 0X1
```

图 13-4　测试 App 运行测试

当按下 KEY0 按键以后 blockioApp 这个测试 App 就会打印出按键值。输入 top 命令，查看 blockioApp 这个应用 App 的 CPU 使用率，如图 13-5 所示。

```
Mem: 59232K used, 449064K free, 0K shrd, 0K buff, 12392K cached
CPU: 10.0% usr  0.0% sys  0.0% nic 90.0% idle  0.0% io  0.0% irq  0.0% sirq
Load average: 0.00 0.01 0.02 1/46 93
  PID  PPID USER     STAT   VSZ %VSZ CPU %CPU COMMAND
   74     1 root     S     4968  0.9   0  0.0 sshd: /sbin/sshd [listener] 0 of 1
   72     1 root     S     1728  0.3   0  0.0 -/bin/sh
    1     0 root     S     1724  0.3   0  0.0 init
   93    72 root     R     1724  0.3   0  0.0 top
   73     1 root     S     1724  0.3   0  0.0 init              CPU使用率0.0%
   69     1 root     S     1692  0.3   0  0.0 vsftpd
   90    72 root     S     1224  0.2   0  0.0 ./blockioApp /dev/blockio
   62     2 root     SW<      0  0.0   0  0.0 [kworker/0:1H]
    7     2 root     SW       0  0.0   0  0.0 [rcu preempt]
```

图 13-5　应用程序 CPU 使用率

从图 13-5 可以看出，当我们在按键驱动程序中加入阻塞访问以后，blockioApp 这个应用程序的 CPU 使用率从图 13-3 中的 99.6% 降低到了 0.0%。大家注意，这里的 0.0% 并不是说 blockioApp 这个应用程序不使用 CPU 了，只是因为使用率太小了，CPU 使用率可能为 0.00001%，但是图 13-5 只能显示出小数点后一位，因此就显示成了 0.0%。

我们可以使用 kill 命令关闭后台运行的应用程序，比如关闭掉 blockioApp 这个后台运行的应用程序。首先按下键盘上的 Ctrl+C 按键，关闭 top 命令界面，进入到命令行模式。然后使用 ps 命令查看一下 blockioApp 这个应用程序的 PID，如图 13-6 所示。

```
   72 root      0:00 -/bin/sh
   73 root      0:00 init
   74 root      0:00 sshd: /sbin/sshd [listener] 0 of 10-100 startups
   90 root      0:00 ./blockioApp /dev/blockio        blockioApp这个应用
   91 root      0:00 [kworker/0:0]                    程序的PID为90
   92 root      0:00 [kworker/0:1]
```

图 13-6　当前系统所有进程的 ID

从图 13-6 可以看出，blockioApp 这个应用程序的 PID 为 90，使用"kill-9 PID"即可"杀死"指定 PID 的进程，比如我们现在要"杀死"PID 为 90 的 blockioApp 应用程序，可是使用如下命令：

```
kill - 9 90
```

输入上述命令以后终端显示如图 13-7 所示。

```
/lib/modules/4.1.15 # kill -9 90
[1]+  Killed                    ./blockioApp /dev/blockio
/lib/modules/4.1.15 #
```

图 13-7　kill 命令输出结果

从图 13-7 可以看出，"./blockioApp /dev/blockio"这个应用程序已经被"杀掉"了，在此输入 ps 命令查看当前系统运行的进程，会发现 blockioApp 已经不见了。这就是使用 kill 命令"杀掉"指定进程的方法。

13.3 非阻塞 I/O 实验

13.3.1 硬件原理图分析

本章实验硬件原理图参考《原子嵌入式 Linux 驱动开发详解》11.2 节。

13.3.2 实验程序编写

1. 驱动程序编写

本实验对应的例程路径为"2、Linux 驱动例程→15_noblockio"。

本章实验我们在 13.2 节中的"14_blockio"实验的基础上完成,在 13.2 节的实验中我们已经在驱动中添加了阻塞 I/O 的代码,本节继续完善驱动,加入非阻塞 I/O 驱动代码。新建名为"15_noblockio"的文件夹,然后在 15_noblockio 文件夹中创建 vscode 工程,工作区命名为 noblockio。将 14_blockio 实验中的 blockio.c 复制到 15_noblockio 文件夹中,并重命名为 noblockio.c。接下来修改 noblockio.c 这个文件,在其中添加非阻塞相关的代码,完成以后的 noblockio.c 内容如下所示(因为是在 13.2 节实验的 blockio.c 文件的基础上修改的。为了减少篇幅,下面的代码有省略):

示例代码13-9 noblockio.c 文件(有省略)

```
1    # include < linux/types.h >
2    # include < linux/kernel.h >
...
18   # include < linux/wait.h >
19   # include < linux/poll.h >
20   # include < asm/mach/map.h >
21   # include < asm/uaccess.h >
22   # include < asm/io.h >
23   /***************************************************************
24   Copyright © ALIENTEK Co., Ltd. 1998 - 2029. All rights reserved.
25   文件名      : noblock.c
26   作者        : 左忠凯
27   版本        : V1.0
28   描述        : 非阻塞 I/O 访问
29   其他        : 无
30   论坛        : www.openedv.com
31   日志        : 初版 V1.0 2019/7/26 左忠凯创建
32   ***************************************************************/
31   # define IMX6UIRQ_CNT            1            /* 设备号个数      */
32   # define IMX6UIRQ_NAME          "noblockio"   /* 名字          */
...
187  /*
188   * @description      :从设备读取数据
189   * @param - filp     :要打开的设备文件(文件描述符)
190   * @param - buf      :返回给用户空间的数据缓冲区
191   * @param - cnt      :要读取的数据长度
192   * @param - offt     :相对于文件首地址的偏移
193   * @return           :读取的字节数,如果为负值,则表示读取失败
194   */
```

```
195 static ssize_t imx6uirq_read(struct file * filp, char __user * buf,
                                  size_t cnt, loff_t * offt)
196 {
197     int ret = 0;
198     unsigned char keyvalue = 0;
199     unsigned char releasekey = 0;
200     struct imx6uirq_dev * dev = (struct imx6uirq_dev * )
                                   filp->private_data;
201
202     if (filp->f_flags & O_NONBLOCK) {              /* 非阻塞访问    */
203         if(atomic_read(&dev->releasekey) == 0)     /* 没有按键按下 */
204             return -EAGAIN;
205     } else {                                       /* 阻塞访问      */
206         /* 加入等待队列,等待被唤醒,也就是有按键按下 */
207         ret = wait_event_interruptible(dev->r_wait,
                        atomic_read(&dev->releasekey));
208         if (ret) {
209             goto wait_error;
210         }
211     }
......
229 wait_error:
230     return ret;
231 data_error:
232     return -EINVAL;
233 }
234
235 /*
236  * @description     : poll 函数,用于处理非阻塞访问
237  * @param - filp    : 要打开的设备文件(文件描述符)
238  * @param - wait    : 等待列表(poll_table)
239  * @return          : 设备或者资源状态,
240  */
241 unsigned int imx6uirq_poll(struct file * filp,
                              struct poll_table_struct * wait)
242 {
243     unsigned int mask = 0;
244     struct imx6uirq_dev * dev = (struct imx6uirq_dev * )
                                   filp->private_data;
245
246     poll_wait(filp, &dev->r_wait, wait);
247
248     if(atomic_read(&dev->releasekey)) {       /* 按键按下      */
249         mask = POLLIN | POLLRDNORM;           /* 返回 PLLIN    */
250     }
251     return mask;
252 }
253
254 /* 设备操作函数 */
255 static struct file_operations imx6uirq_fops = {
256     .owner = THIS_MODULE,
257     .open = imx6uirq_open,
```

244

```
258        .read = imx6uirq_read,
259        .poll = imx6uirq_poll,
260 };
261
262 /*
263  * @description    :驱动入口函数
264  * @param          :无
265  * @return         :无
266  */
267 static int __init imx6uirq_init(void)
268 {
...
298        keyio_init();
299        return 0;
300 }
301
302 /*
303  * @description    :驱动出口函数
304  * @param          :无
305  * @return         :无
306  */
307 static void __exit imx6uirq_exit(void)
308 {
309        unsigned i = 0;
310        /* 删除定时器 */
311        del_timer_sync(&imx6uirq.timer);        /* 删除定时器 */
...
320        class_destroy(imx6uirq.class);
321 }
322
323 module_init(imx6uirq_init);
324 module_exit(imx6uirq_exit);
325 MODULE_LICENSE("GPL");
```

第32行,修改设备文件名称为 noblockio,当驱动程序加载成功以后就会在根文件系统中出现一个名为/dev/noblockio 的文件。

第202～204行,判断是否为非阻塞式读取访问,如果是则判断按键是否有效,也就是判断一下有没有按键按下,如果没有按键被按下则返回-EAGAIN。

第241～252行,imx6uirq_poll()函数就是 file_operations 驱动操作集中的 poll()函数,当应用程序调用 select()或者 poll()函数的时候 imx6uirq_poll()函数就会执行。第246行调用 poll_wait()函数将等待队列头添加到 poll_table 中,第248～250行判断按键是否有效,如果按键有效,则向应用程序返回 POLLIN 事件,表示有数据可以读取。

第259行,设置 file_operations 的 poll 成员变量为 imx6uirq_poll。

2. 编写测试 App

新建名为 noblockioApp.c 测试 App 文件,然后在其中输入如下所示内容:

示例代码 13-10　noblockioApp.c 文件代码

```
1    # include "stdio.h"
```

```
2    # include "unistd.h"
3    # include "sys/types.h"
4    # include "sys/stat.h"
5    # include "fcntl.h"
6    # include "stdlib.h"
7    # include "string.h"
8    # include "poll.h"
9    # include "sys/select.h"
10   # include "sys/time.h"
11   # include "linux/ioctl.h"
12   /* **********************************************************
13   Copyright © ALIENTEK Co., Ltd. 1998 - 2029. All rights reserved.
14   文件名      : noblockApp.c
15   作者        : 左忠凯
16   版本        : V1.0
17   描述        : 非阻塞访问测试 App
18   其他        : 无
19   使用方法    : ./blockApp /dev/blockio 打开测试 App
20   论坛        : www.openedv.com
21   日志        : 初版 V1.0 2019/9/8 左忠凯创建
22   ********************************************************** */
23
24   /*
25    * @description      : main 主程序
26    * @param - argc     : argv 数组元素个数
27    * @param - argv     : 具体参数
28    * @return           : 0,成功;其他,失败
29    */
30   int main(int argc, char * argv[])
31   {
32       int fd;
33       int ret = 0;
34       char * filename;
35       struct pollfd fds;
36       fd_set readfds;
37       struct timeval timeout;
38       unsigned char data;
39
40       if (argc != 2) {
41           printf("Error Usage!\r\n");
42           return -1;
43       }
44
45       filename = argv[1];
46       fd = open(filename, O_RDWR | O_NONBLOCK);       /* 非阻塞访问 */
47       if (fd < 0) {
48           printf("Can't open file % s\r\n", filename);
49           return -1;
50       }
51
52   # if 0
53       /* 构造结构体 */
```

```
54          fds.fd = fd;
55          fds.events = POLLIN;
56
57          while (1) {
58              ret = poll(&fds, 1, 500);
59              if (ret) {          /* 数据有效 */
60                  ret = read(fd, &data, sizeof(data));
61                  if(ret < 0) {
62                      /* 读取错误 */
63                  } else {
64                      if(data)
65                          printf("key value = %d \r\n", data);
66                  }
67              } else if (ret == 0) {          /* 超时 */
68                  /* 用户自定义超时处理 */
69              } else if (ret < 0) {          /* 错误 */
70                  /* 用户自定义错误处理 */
71              }
72          }
73  #endif
74
75      while (1) {
76          FD_ZERO(&readfds);
77          FD_SET(fd, &readfds);
78          /* 构造超时时间 */
79          timeout.tv_sec = 0;
80          timeout.tv_usec = 500000; /* 500ms */
81          ret = select(fd + 1, &readfds, NULL, NULL, &timeout);
82          switch (ret) {
83              case 0:                  /* 超时 */
84                  /* 用户自定义超时处理 */
85                  break;
86              case -1:                 /* 错误 */
87                  /* 用户自定义错误处理 */
88                  break;
89              default:                 /* 可以读取数据 */
90                  if(FD_ISSET(fd, &readfds)) {
91                      ret = read(fd, &data, sizeof(data));
92                      if (ret < 0) {
93                          /* 读取错误 */
94                      } else {
95                          if (data)
96                              printf("key value = %d\r\n", data);
97                      }
98                  }
99                  break;
100         }
101     }
102
103     close(fd);
104     return ret;
105 }
```

第 52～73 行,这段代码使用 poll()函数来实现非阻塞访问,在 while 循环中使用 poll()函数不断地轮询,检查驱动程序是否有数据可以读取,如果可以读取则调用 read()函数读取按键数据。

第 75～101 行,这段代码使用 select()函数来实现非阻塞访问。

13.3.3 运行测试

1. 编译驱动程序和测试 App

1)编译驱动程序

编写 Makefile 文件,本章实验的 Makefile 文件和第 1 章实验基本一样,只是将 obj-m 变量的值改为 noblockio.o,Makefile 内容如下所示:

```
                        示例代码13-11  Makefile 文件
1  KERNELDIR := /home/zuozhongkai/linux/IMX6ULL/linux/temp/linux-imx-rel_imx_4.1.15_2.1.0_ga_alientek
...
4  obj-m := noblockio.o
...
11 clean:
12  $(MAKE) -C $(KERNELDIR) M=$(CURRENT_PATH) clean
```

第 4 行,设置 obj-m 变量的值为 noblockio.o。

输入如下命令编译出驱动模块文件:

```
make -j32
```

编译成功以后就会生成一个名为 noblockio.ko 的驱动模块文件。

2)编译测试 App

输入如下命令编译测试 noblockioApp.c 这个测试程序:

```
arm-linux-gnueabihf-gcc noblockioApp.c -o noblockioApp
```

编译成功以后就会生成 noblockioApp 这个应用程序。

2. 运行测试

将前面编译出来的 noblockio.ko 和 noblockioApp 这两个文件复制到 rootfs/lib/modules/4.1.15 目录中,重启开发板,进入目录 lib/modules/4.1.15 中,输入如下命令加载 blockio.ko 驱动模块:

```
depmod                //第一次加载驱动的时候需要运行此命令
modprobe noblockio    //加载驱动
```

驱动加载成功以后使用如下命令打开 noblockioApp 这个测试 App,并且以后台模式运行:

```
./noblockioApp /dev/noblockio &
```

按下开发板上的 KEY0 按键,结果如图 13-8 所示。

当按下 KEY0 按键以后 noblockioApp 这个测试 App 就会打印出按键值。输入 top 命令,查看 noblockioApp 这个应用 App 的 CPU 使用率,如图 13-9 所示。

从图 13-9 可以看出,采用非阻塞方式读处理以后,noblockioApp 的 CPU 占用率也低至 0.0%,

```
/lib/modules/4.1.15 # ./noblockApp /dev/noblockio &
/lib/modules/4.1.15 # key value=1
key value=1
key value=1
key value=1
```

图 13-8 测试 App 运行测试

```
Mem: 51796K used, 456500K free, 0K shrd, 0K buff, 6724K cached
CPU:  8.3% usr  8.3% sys  0.0% nic 83.3% idle  0.0% io  0.0% irq  0.0% sirq
Load average: 0.01 0.02 0.01 1/49 92
  PID  PPID USER     STAT    VSZ %VSZ CPU %CPU COMMAND
   92    72 root     R      1724  0.3   0 16.6 top
   74     1 root     S      4968  0.9   0  0.0 sshd: /sbin/sshd [listener] 0 of 1
   72     1 root     S      1728  0.3   0  0.0 -/bin/sh
    1     0 root     S      1724  0.3   0  0.0 init
   73     1 root     S      1724  0.3   0  0.0 init
   69     1 root     S      1692  0.3   0  0.0 vsftpd
   91    72 root     S      1224  0.2   0  0.0 ./noblockApp /dev/noblockio
   62     2 root     SW<       0  0.0   0  0.0 [kworker/0:1H]
   47     2 root     SW        0  0.0   0  0.0 [kworker/0:2]
```
CPU使用率0.0%

图 13-9 应用程序 CPU 使用率

和图 13-5 中的 blockioApp 一样,这里的 0.0% 并不是说 noblockioApp 这个应用程序不使用 CPU 了,只是因为使用率太小了,而图中只能显示出小数点后一位,因此就显示成了 0.0%。

如果要"杀掉"处于后台运行模式的 noblockioApp 这个应用程序,可以参考 13.2.3 节讲解的方法。

第14章

异步通知实验

在前面使用阻塞或者非阻塞的方式来读取驱动中按键值都是应用程序主动读取的,对于非阻塞方式来说还需要应用程序通过 poll() 函数不断地轮询。最好的方式就是驱动程序能主动向应用程序发出通知,报告自己可以访问,然后应用程序在从驱动程序中读取或写入数据,类似于我们在裸机例程中讲解的中断。Linux 提供了异步通知这个机制来完成此功能,本章就来学习异步通知以及如何在驱动中添加异步通知相关处理代码。

14.1 异步通知

14.1.1 异步通知简介

我们首先来回顾一下“中断”。中断是处理器提供的一种异步机制,我们配置好中断以后就可以让处理器去处理其他的事情了,当中断发生以后会触发我们事先设置好的中断服务函数,在中断服务函数中做具体的处理。比如我们在裸机实验中编写的 GPIO 按键中断实验,我们通过按键去开关蜂鸣器,采用中断以后处理器就不需要时刻去查看按键有没有被按下,因为按键按下以后会自动触发中断。同样,Linux 应用程序可以通过阻塞或者非阻塞这两种方式来访问驱动设备,若通过阻塞方式访问的话应用程序会处于休眠状态,等待驱动设备可以使用;若采用非阻塞方式的话会通过poll() 函数来不断地轮询,查看驱动设备文件是否可以使用。这两种方式都需要应用程序主动查询设备的使用情况,最好能提供一种与中断类似的机制,当驱动程序可以访问的时候主动告诉应用程序。

“信号”由此而生。信号类似于硬件上使用的“中断”,只不过信号是软件层次上的,算是在软件层次上对中断的一种模拟。驱动可以通过主动向应用程序发送信号的方式来报告自己可以访问了,应用程序获取到信号以后就可以从驱动设备中读取或者写入数据了。整个过程就相当于应用程序收到了驱动发送过来的一个中断,然后应用程序去响应这个中断,在整个处理过程中应用程序并没有去查询驱动设备是否可以访问,一切都是由驱动设备自己告诉给应用程序的。

阻塞、非阻塞、异步通知是针对不同的场合提出来的 3 种解决方法,没有优劣之分,在实际的工作和学习中,根据自己的实际需求选择合适的处理方法即可。

异步通知的核心就是信号,在 arch/xtensa/include/uapi/asm/signal.h 文件中定义了 Linux 所支持的所有信号,这些信号如下所示:

示例代码 14-1　Linux 信号

```
34  #define SIGHUP        1       /* 终端挂起或控制进程终止              */
35  #define SIGINT        2       /* 终端中断(Ctrl+C组合键)            */
36  #define SIGQUIT       3       /* 终端退出(Ctrl+\组合键)            */
37  #define SIGILL        4       /* 非法指令                          */
38  #define SIGTRAP       5       /* debug使用,有断点指令产生           */
39  #define SIGABRT       6       /* 由 abort(3)发出的退出指令          */
40  #define SIGIOT        6       /* IOT 指令                          */
41  #define SIGBUS        7       /* 总线错误                          */
42  #define SIGFPE        8       /* 浮点运算错误                      */
43  #define SIGKILL       9       /* 杀死、终止进程                    */
44  #define SIGUSR1       10      /* 用户自定义信号1                   */
45  #define SIGSEGV       11      /* 段违例(无效的内存段)              */
46  #define SIGUSR2       12      /* 用户自定义信号2                   */
47  #define SIGPIPE       13      /* 向非读管道写入数据                */
48  #define SIGALRM       14      /* 闹钟                             */
49  #define SIGTERM       15      /* 软件终止                         */
50  #define SIGSTKFLT     16      /* 栈异常                           */
51  #define SIGCHLD       17      /* 子进程结束                        */
52  #define SIGCONT       18      /* 进程继续                         */
53  #define SIGSTOP       19      /* 停止进程的执行,只是暂停           */
54  #define SIGTSTP       20      /* 停止进程的运行(Ctrl+Z组合键)      */
55  #define SIGTTIN       21      /* 后台进程需要从终端读取数据         */
56  #define SIGTTOU       22      /* 后台进程需要向终端写数据           */
57  #define SIGURG        23      /* 有"紧急"数据                      */
58  #define SIGXCPU       24      /* 超过 CPU 资源限制                 */
59  #define SIGXFSZ       25      /* 文件大小超额                      */
60  #define SIGVTALRM     26      /* 虚拟时钟信号                      */
61  #define SIGPROF       27      /* 时钟信号描述                      */
62  #define SIGWINCH      28      /* 窗口大小改变                      */
63  #define SIGIO         29      /* 可以进行输入/输出操作             */
64  #define SIGPOLL       SIGIO
65  /* #define SIGLOS     29      */
66  #define SIGPWR        30      /* 断点重启                         */
67  #define SIGSYS        31      /* 非法的系统调用                   */
68  #define  SIGUNUSED    31      /* 未使用信号                       */
```

在示例代码 14-1 中的这些信号中,除了 SIGKILL(9)和 SIGSTOP(19)这两个信号不能被忽略外,其他的信号都可以忽略。这些信号就相当于中断号,不同的中断号代表了不同的中断,不同的中断所做的处理不同,因此,驱动程序可以通过向应用程序发送不同的信号来实现不同的功能。

我们使用中断的时候需要设置中断处理函数。同样,如果要在应用程序中使用信号,那么就必须设置信号所使用的信号处理函数,在应用程序中使用 signal()函数来设置指定信号的处理函数。signal()函数原型如下所示:

```
sighandler_t signal(int signum, sighandler_t handler)
```

函数参数含义如下：

signum——要设置处理函数的信号。

handler——信号的处理函数。

返回值——若设置成功则返回信号的前一个处理函数；若设置失败则返回 SIG_ERR。

信号处理函数原型如下所示：

```
typedef void ( * sighandler_t)(int)
```

我们前面讲解的使用"kill -9 PID"杀死指定进程的方法就是向指定的进程(PID)发送 SIGKILL 这个信号。当按下键盘上的 Ctrl+C 组合键以后会向当前正在占用终端的应用程序发出 SIGINT 信号，SIGINT 信号默认的动作是关闭当前应用程序。这里我们修改一下 SIGINT 信号的默认处理函数，当按下 Ctrl+C 组合键以后先在终端上打印出"SIGINT signal!"这行字符串，然后再关闭当前应用程序。新建 signaltest.c 文件，然后输入如下所示内容：

示例代码 14-2　信号测试

```
1   # include "stdlib.h"
2   # include "stdio.h"
3   # include "signal.h"
4
5   void sigint_handler(int num)
6   {
7       printf("\r\nSIGINT signal!\r\n");
8       exit(0);
9   }
10
11  int main(void)
12  {
13      signal(SIGINT, sigint_handler);
14      while(1);
15      return 0;
16  }
```

在示例代码 14-2 中我们设置 SIGINT 信号的处理函数为 sigint_handler()，当按下 Ctrl+C 组合键向 signaltest 发送 SIGINT 信号以后，sigint_handler()函数就会执行，此函数先输出一行 "SIGINT signal!"字符串，然后调用 exit()函数关闭 signaltest 应用程序。

使用如下命令编译 signaltest.c：

```
gcc signaltest.c - o signaltest
```

然后输入"./signaltest"命令打开 signaltest 这个应用程序，然后按下键盘上的 Ctrl+C 组合键，结果如图 14-1 所示。

```
zuozhongkai@ubuntu:~$ ./signaltest
^C
SIGINT signal!
zuozhongkai@ubuntu:~$
```

图 14-1　signaltest 软件运行结果

从图 14-1 可以看出,当按下 Ctrl+C 组合键以后 sigint_handler 这个 SIGINT 信号处理函数执行了,并且输出了"SIGINT signal!"这行字符串。

14.1.2 驱动中的信号处理

1. fasync_struct 结构体

首先我们需要在驱动程序中定义一个 fasync_struct 结构体指针变量,fasync_struct 结构体内容如下:

```
                      示例代码 14-3   fasync_struct 结构体
struct fasync_struct {
    spinlock_t           fa_lock;
    int                  magic;
    int                  fa_fd;
    struct fasync_struct  * fa_next;
    struct file           * fa_file;
    struct rcu_head       fa_rcu;
};
```

一般将 fasync_struct 结构体指针变量定义到设备结构体中,比如在第 13 章的 imx6uirq_dev 结构体中添加一个 fasync_struct 结构体指针变量,结果如下所示:

```
                示例代码 14-4    在设备结构体中添加 fasync_struct 类型变量指针
1   struct imx6uirq_dev {
2       struct device * dev;
3       struct class * cls;
4       struct cdev cdev;
...
14      struct fasync_struct * async_queue;      /* 异步相关结构体 */
15  };
```

第 14 行就在 imx6uirq_dev 中添加了一个 fasync_struct 结构体指针变量。

2. fasync() 函数

如果要使用异步通知,需要在设备驱动中实现 file_operations 操作集中的 fasync() 函数,此函数格式如下所示:

```
int ( * fasync) (intfd, struct file * filp, int on)
```

fasync() 函数中一般通过调用 fasync_helper() 函数来初始化前面定义的 fasync_struct 结构体指针。fasync_helper() 函数原型如下:

```
int fasync_helper( int fd, struct file * filp, int on, struct fasync_struct ** fapp)
```

fasync_helper() 函数的前 3 个参数就是 fasync() 函数的那 3 个参数,第 4 个参数就是要初始化的 fasync_struct 结构体指针变量。当应用程序通过"fcntl(fd, F_SETFL, flags | FASYNC)"改变 fasync 标记的时候,驱动程序 file_operations 操作集中的 fasync() 函数就会执行。

驱动程序中的 fasync() 函数参考示例如下:

```
示例代码 14-5   驱动中 fasync() 函数参考示例
1   struct xxx_dev {
2       ...
3       struct fasync_struct * async_queue;      /* 异步相关结构体 */
4   };
5
6   static int xxx_fasync(int fd, struct file * filp, int on)
7   {
8       struct xxx_dev * dev = (xxx_dev)filp -> private_data;
9
10      if (fasync_helper(fd, filp, on, &dev -> async_queue) < 0)
11          return - EIO;
12      return 0;
13  }
14
15  static struct file_operations xxx_ops = {
16      ...
17      .fasync = xxx_fasync,
18      ...
19  };
```

在关闭驱动文件的时候需要在 file_operations 操作集中的 release() 函数中释放 fasync_struct, fasync_struct 的释放函数同样为 fasync_helper。release() 函数参数参考实例如下:

```
示例代码 14-6   释放 fasync_struct 参考示例
1 static int xxx_release(struct inode * inode, struct file * filp)
2 {
3     return xxx_fasync(- 1, filp, 0);        /* 删除异步通知 */
4 }
5
6 static struct file_operations xxx_ops = {
7     ...
8     .release = xxx_release,
9 };
```

第 3 行通过调用示例代码 14-5 中的 xxx_fasync() 函数来完成 fasync_struct 的释放工作,但是, 其最终还是通过 fasync_helper() 函数完成释放工作。

3. kill_fasync() 函数

当设备可以访问的时候,驱动程序需要向应用程序发出信号,相当于产生"中断"。kill_fasync() 函数负责发送指定的信号。kill_fasync() 函数原型如下所示:

```
void kill_fasync(struct fasync_struct ** fp, int sig, int band)
```

函数参数含义如下:

fp——要操作的 fasync_struct。

sig——要发送的信号。

band——可读时设置为 POLL_IN,可写时设置为 POLL_OUT。

返回值　　无。

14.1.3　应用程序对异步通知的处理

应用程序对异步通知的处理包括以下 3 步。

1. 注册信号处理函数

应用程序根据驱动程序所使用的信号来设置信号的处理函数,应用程序使用 signal()函数来设置信号的处理函数。前面已经详细介绍过了,此处不再赘述。

2. 将本应用程序的进程号告知内核

使用 fcntl(fd，F_SETOWN，getpid())将本应用程序的进程号告知内核。

3. 开启异步通知

使用如下两行程序开启异步通知:

```
flags = fcntl(fd, F_GETFL);              /* 获取当前的进程状态      */
fcntl(fd, F_SETFL, flags | FASYNC);      /* 开启当前进程异步通知功能 */
```

重点就是通过 fcntl()函数设置进程状态为 FASYNC,经过这一步,驱动程序中的 fasync()函数就会执行。

14.2　硬件原理图分析

本章实验硬件原理图参考《原子嵌入式 Linux 驱动开发详解》11.2 节。

14.3　实验程序编写

本实验对应的例程路径为"2、Linux 驱动例程→16_asyncnoti"。

本章实验第 13 章实验 15_noblockio 的基础上完成,在其中加入异步通知相关内容即可,当按键按下以后驱动程序向应用程序发送 SIGIO 信号,应用程序获取到 SIGIO 信号以后读取并且打印出按键值。

14.3.1　修改设备树文件

因为是在实验 15_noblockio 的基础上完成的,因此不需要修改设备树。

14.3.2　程序编写

新建名为 16_asyncnoti 的文件夹,然后在 16_asyncnoti 文件夹中创建 vscode 工程,工作区命名为 asyncnoti。将 15_noblockio 实验中的 noblockio.c 复制到 16_asyncnoti 文件夹中,并重命名为 asyncnoti.c。接下来就修改 asyncnoti.c 这个文件,在其中添加异步通知关的代码,完成以后的 asyncnoti.c 内容如下所示(因为是在第 13 章实验的 noblockio.c 文件的基础上修改的,因为了减少篇幅,下面的代码有省略):

示例代码 14-7　asyncnoti.c 文件代码段

```
1    # include < linux/types.h >
...
20   # include < linux/fcntl.h >
21   # include < asm/mach/map.h >
22   # include < asm/uaccess.h >
23   # include < asm/io.h >
24   /* *************************************************************
25   Copyright © ALIENTEK Co., Ltd. 1998 − 2029. All rights reserved.
26   文件名       : asyncnoti.c
27   作者         : 左忠凯
28   版本         : V1.0
29   描述         : 非阻塞 IO 访问
30   其他         : 无
31   论坛         : www.openedv.com
32   日志         : 初版 V1.0 2019/8/13 左忠凯创建
33   ************************************************************* /
34   # define IMX6UIRQ_CNT      1                    /* 设备号个数    */
35   # define IMX6UIRQ_NAME     "asyncnoti"          /* 名字         */
36   # define KEY0VALUE         0X01                 /* KEY0 按键值   */
37   # define INVAKEY           0XFF                 /* 无效的按键值   */
38   # define KEY_NUM           1                    /* 按键数量      */
...
49   /* imx6uirq 设备结构体 */
50   struct imx6uirq_dev{
...
64       struct fasync_struct * async_queue;        /* 异步相关结构体 */
65   };
66
67   struct imx6uirq_dev imx6uirq;                   /* irq 设备 */
68
...
84
85   /* @description    : 定时器服务函数,用于按键消抖,定时器到了以后
86    *                   再次读取按键值,如果按键还是处于按下状态就表示按键有效
87    * @param - arg    : 设备结构变量
88    * @return         : 无
89    */
90   void timer_function(unsigned long arg)
91   {
92       unsigned char value;
93       unsigned char num;
94       struct irq_keydesc * keydesc;
95       struct imx6uirq_dev * dev = (struct imx6uirq_dev * )arg;
...
109      if(atomic_read(&dev - > releasekey)) {       /* 一次完整的按键过程   */
110          if(dev - > async_queue)
111              kill_fasync(&dev - > async_queue, SIGIO, POLL_IN);
112      }
113
114  # if 0
115      /* 唤醒进程 */
```

```
116        if(atomic_read(&dev->releasekey)) {          /* 完成一次按键过程    */
117            /* wake_up(&dev->r_wait); */
118            wake_up_interruptible(&dev->r_wait);
119        }
120 #endif
121 }
...
262 /*
263  * @description    : fasync 函数,用于处理异步通知
264  * @param - fd      : 文件描述符
265  * @param - filp    : 要打开的设备文件(文件描述符)
266  * @param - on      : 模式
267  * @return          : 负数表示函数执行失败
268  */
269 static int imx6uirq_fasync(int fd, struct file * filp, int on)
270 {
271     struct imx6uirq_dev * dev = (struct imx6uirq_dev * )
                                        filp->private_data;
272     return fasync_helper(fd, filp, on, &dev->async_queue);
273 }
274
275 /*
276  * @description    : release 函数,应用程序调用 close 的时候会执行
277  * @param - inode: inode 节点
278  * @param - filp : 要打开的设备文件(文件描述符)
279  * @return          : 负数表示函数执行失败
280  */
281 static int imx6uirq_release(struct inode * inode, struct file * filp)
282 {
283     return imx6uirq_fasync(-1, filp, 0);
284 }
285
286 /* 设备操作函数 */
287 static struct file_operations imx6uirq_fops = {
288     .owner = THIS_MODULE,
289     .open = imx6uirq_open,
290     .read = imx6uirq_read,
291     .poll = imx6uirq_poll,
292     .fasync = imx6uirq_fasync,
293     .release = imx6uirq_release,
294 };
295
296 /*
297  * @description    : 驱动入口函数
298  * @param          : 无
299  * @return          : 无
300  */
301 static int __init imx6uirq_init(void)
302 {
...
328
329     /* 5、始化按键 */
```

```
330      atomic_set(&imx6uirq.keyvalue, INVAKEY);
331      atomic_set(&imx6uirq.releasekey, 0);
332      keyio_init();
333      return 0;
334 }
335
336 /*
337  * @description    : 驱动出口函数
338  * @param          : 无
339  * @return         : 无
340  */
341 static void __exit imx6uirq_exit(void)
342 {
343      unsigned i = 0;
...
354      class_destroy(imx6uirq.class);
355 }
356
357 module_init(imx6uirq_init);
358 module_exit(imx6uirq_exit);
359 MODULE_LICENSE("GPL");
```

第 20 行,添加 fcntl.h 头文件,因为要用到相关的 API 函数。

第 64 行,在设备结构体 imx6uirq_dev 中添加 fasync_struct 指针变量。

第 109～112 行,如果是一次完整的按键过程,那么就通过 kill_fasync()函数发送 SIGIO 信号。

第 114～120 行,屏蔽掉以前的唤醒进程相关程序。

第 269～273 行,imx6uirq_fasync()函数,为 file_operations 操作集中的 fasync()函数,此函数内容很简单,就是调用一下 fasync_helper。

第 281～284 行,release()函数,应用程序调用 close()函数关闭驱动设备文件的时候此函数就会执行,在此函数中释放掉 fasync_struct 指针变量。

第 292～293 行,设置 file_operations 操作集中的 fasync 和 release 这两个成员变量。

14.3.3　编写测试 App

测试 App 要实现的内容很简单,设置 SIGIO 信号的处理函数为 sigio_signal_func(),当驱动程序向应用程序发送 SIGIO 信号以后 sigio_signal_func()函数就会执行。sigio_signal_func()函数内容很简单,就是通过 read()函数读取按键值。新建名为 asyncnotiApp.c 的文件,然后输入如下所示内容:

```
                    示例代码14-8  asyncnotiApp.c 文件代码段
1   # include "stdio.h"
2   # include "unistd.h"
3   # include "sys/types.h"
4   # include "sys/stat.h"
5   # include "fcntl.h"
6   # include "stdlib.h"
7   # include "string.h"
```

```
8   # include "poll.h"
9   # include "sys/select.h"
10  # include "sys/time.h"
11  # include "linux/ioctl.h"
12  # include "signal.h"
13  /***********************************************************************
14  Copyright © ALIENTEK Co., Ltd. 1998－2029. All rights reserved.
15  文件名         : asyncnotiApp.c
16  作者           : 左忠凯
17  版本           : V1.0
18  描述           : 异步通知测试 App
19  其他           : 无
20  使用方法       : ./asyncnotiApp /dev/asyncnoti 打开测试 App
21  论坛           : www.openedv.com
22  日志           : 初版 V1.0 2019/8/13 左忠凯创建
23  ***********************************************************************/
24
25  static int fd = 0;     /* 文件描述符 */
26
27  /*
28   * SIGIO 信号处理函数
29   * @param － signum      :信号值
30   * @return              :无
31   */
32  static void sigio_signal_func(int signum)
33  {
34      int err = 0;
35      unsigned int keyvalue = 0;
36
37      err = read(fd, &keyvalue, sizeof(keyvalue));
38      if(err < 0) {
39          /* 读取错误 */
40      } else {
41          printf("sigio signal! key value = % d\r\n", keyvalue);
42      }
43  }
44
45  /*
46   * @description       : main 主程序
47   * @param － argc      : argv 数组元素个数
48   * @param － argv      : 具体参数
49   * @return            : 0,成功;其他,失败
50   */
51  int main(int argc, char * argv[])
52  {
53      int flags = 0;
54      char * filename;
55
56      if (argc != 2) {
57          printf("Error Usage! \r\n");
58          return － 1;
59      }
```

```
60
61      filename = argv[1];
62      fd = open(filename, O_RDWR);
63      if (fd < 0) {
64          printf("Can't open file % s\r\n", filename);
65          return − 1;
66      }
67
68      /* 设置信号 SIGIO 的处理函数 */
69      signal(SIGIO, sigio_signal_func);
70
71      fcntl(fd, F_SETOWN, getpid());          /* 将当前进程的进程号告诉内核       */
72      flags = fcntl(fd, F_GETFD);             /* 获取当前的进程状态              */
73      fcntl(fd, F_SETFL, flags | FASYNC);     /* 设置进程启用异步通知功能          */
74
75        while(1) {
76            sleep(2);
77        }
78
79      close(fd);
80      return 0;
81  }
```

第 32～43 行,sigio_signal_func()函数,SIGIO 信号的处理函数,当驱动程序有效按键按下以后就会发送 SIGIO 信号,此函数就会执行。此函数通过 read()函数读取按键值,然后通过 printf()函数打印在终端上。

第 69 行,通过 signal()函数设置 SIGIO 信号的处理函数为 sigio_signal_func()。

第 71～73 行,设置当前进程的状态,开启异步通知的功能。

第 75～77 行,while 循环,等待信号产生。

14.4　运行测试

14.4.1　编译驱动程序和测试 App

1. 编译驱动程序

编写 Makefile 文件,本章实验的 Makefile 文件和第 1 章实验基本一样,只是将 obj-m 变量的值改为 asyncnoti.o,Makefile 内容如下所示:

```
                      示例代码14-9   Makefile 文件
1   KERNELDIR : = /home/zuozhongkai/linux/IMX6ULL/linux/temp/linux − imx − rel_imx_4.1.15_2.1.0_ga_alientek
...
4   obj − m : = asyncnoti.o
...
11  clean:
12    $ (MAKE) − C $ (KERNELDIR) M = $ (CURRENT_PATH) clean
```

第 4 行,设置 obj-m 变量的值为 asyncnoti.o。

输入如下命令编译出驱动模块文件：

```
make - j32
```

编译成功以后就会生成一个名为 asyncnoti. ko 的驱动模块文件。

2. 编译测试 App

输入如下命令编译测试 asyncnotiApp. c 这个测试程序：

```
arm - linux - gnueabihf - gcc asyncnotiApp.c - o asyncnotiApp
```

编译成功以后就会生成 asyncnotiApp 这个应用程序。

14.4.2 运行测试

将 14.4.1 节编译出来的 asyncnoti. ko 和 asyncnotiApp 文件复制到 rootfs/lib/modules/4. 1. 15 目录中，重启开发板，进入目录 lib/modules/4. 1. 15 中，输入如下命令加载 asyncnoti. ko 驱动模块：

```
depmod                  //第一次加载驱动的时候需要运行此命令
modprobe asyncnoti      //加载驱动
```

驱动加载成功以后使用如下命令来测试中断：

```
./asyncnotiApp /dev/asyncnoti
```

按下开发板上的 KEY0 键，终端就会输出按键值，如图 14-2 所示。

```
/lib/modules/4.1.15 # ./asyncnotiApp /dev/asyncnoti
sigio signal! key value=1
sigio signal! key value=1
sigio signal! key value=1
```

图 14-2　读取到的按键值

从图 14-2 可以看出，捕获到 SIGIO 信号，并且按键值获取成功，大家可以自行以后台模式运行 asyncnotiApp，查看一下这个应用程序的 CPU 使用率。如果要卸载驱动，则输入如下命令：

```
rmmod asyncnoti
```

第15章

platform设备驱动实验

我们在前面几章编写的设备驱动都非常简单,都是对 I/O 进行最简单的读写操作。像 I^2C、SPI、LCD 等这些复杂外设的驱动就不能这么去写了,Linux 系统要考虑到驱动的可重用性,因此提出了驱动的分离与分层这样的软件思路,在这个思路下诞生了我们将来最常打交道的 platform 设备驱动,也叫作平台设备驱动。本章就来学习 Linux 下的驱动分离与分层,以及 platform 框架下的设备驱动该如何编写。

15.1 Linux 驱动的分离与分层

15.1.1 驱动的分隔与分离

对于 Linux 这样一个成熟、庞大、复杂的操作系统,代码的重用性非常重要,否则就会在 Linux 内核中存在大量无意义的重复代码。尤其是驱动程序,因为驱动程序占用了 Linux 内核代码量的大头,如果不对驱动程序加以管理,任由重复的代码肆意增加,那么用不了多久 Linux 内核的文件数量就庞大到令人无法接受的地步。

假如现在有 3 个平台 A、B 和 C,这 3 个平台(这里的平台说的是 SOC)上都有 MPU6050 这个 I^2C 接口的六轴传感器,按照我们写裸机 I^2C 驱动的时候的思路,每个平台都有一个 MPU6050 的驱动,因此编写出来的最简单的驱动框架如图 15-1 所示。

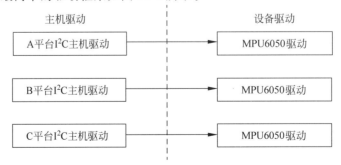

图 15-1 传统的 I^2C 设备驱动

从图 15-1 可以看出,每种平台下都有一个主机驱动和设备驱动,主机驱动肯定是必需的,毕竟不同的平台其 I^2C 控制器不同。但是右侧的设备驱动就没必要每个平台都写一个,因为不管对于哪个 SOC 来说,MPU6050 都是一样,通过 I^2C 接口读写数据就行了,只需要一个 MPU6050 的驱动程序即可。如果再来几个 I^2C 设备,比如 AT24C02、FT5206(电容触摸屏)等,那么按照图 15-1 中的写法,设备端的驱动将会重复编写多次。显然在 Linux 驱动程序中这种写法是不推荐的,最好的做法就是每个平台的 I^2C 控制器都提供一个统一的接口(也叫作主机驱动),每个设备的话也只提供一个驱动程序(设备驱动),每个设备通过统一的 I^2C 接口驱动来访问,这样就可以大大简化驱动文件,比如图 15-1 中 3 种平台下的 MPU6050 驱动框架就可以简化为如图 15-2 所示。

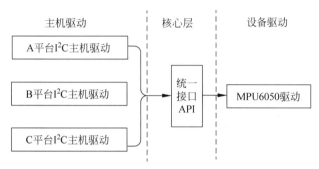

图 15-2　改进后的设备驱动

实际的 I^2C 驱动设备肯定有很多种,不止 MPU6050 这一个,那么实际的驱动架构如图 15-3 所示。

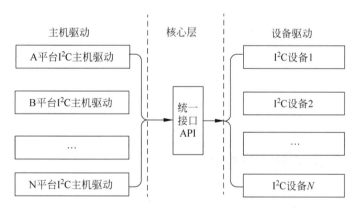

图 15-3　分隔后的驱动框架

这个就是驱动的分隔,也就是将主机驱动和设备驱动分隔开来,比如 I^2C、SPI 等等都会采用驱动分隔的方式来简化驱动的开发。在实际的驱动开发中,一般 I^2C 主机控制器驱动已经由半导体厂家编写好了,设备驱动一般也由设备器件的厂家编写好了,我们只需要提供设备信息即可,比如 I^2C 设备需说明设备连接到了哪个 I^2C 接口上、I^2C 的速度是多少等等。相当于将设备信息从设备驱动中剥离开来,驱动使用标准方法去获取到设备信息(比如从设备树中获取设备信息),然后根据获取到的设备信息来初始化设备。这样就相当于驱动只负责驱动,设备只负责设备,想办法将两者进行匹配即可。这个就是 Linux 中的总线(Bus)、驱动(Driver)和设备(Device)模型,也就是常说的驱动分离。总线就是驱动和设备信息的"月老",负责给两者牵线搭桥,如图 15-4 所示。

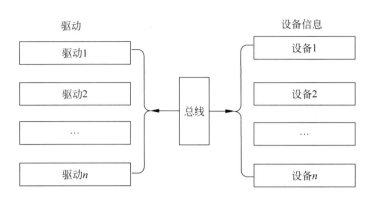

图 15-4　Linux 总线、驱动和设备模式

当我们向系统注册一个驱动的时候,总线就会在右侧的设备中查找,看看有没有与之匹配的设备,如果有则将两者联系起来。同样,当向系统中注册一个设备的时候,总线就会在左侧的驱动中查找看有没有与之匹配的设备,有的话也联系起来。Linux 内核中大量的驱动程序都采用总线、驱动和设备模式,稍后要重点介绍的 platform 驱动就是这一思想下的产物。

15.1.2　驱动的分层

15.1.1 节讲了驱动的分隔与分离,本节来简单看一下驱动的分层,大家应该听说过网络的 7 层模型,不同的层负责不同的内容。同样,Linux 下的驱动往往也是分层的,分层的目的也是为了在不同的层处理不同的内容。以其他书籍或者资料常常使用到的 input(输入子系统,后面会详细介绍)为例,简单介绍一下驱动的分层。input 子系统负责管理所有与输入有关的驱动,包括键盘、鼠标、触摸屏等,最底层的就是设备原始驱动,负责获取输入设备的原始值,获取到的输入事件上报给 input 核心层。input 核心层会处理各种 I/O 模型,并且提供 file_operations 操作集合。我们在编写输入设备驱动的时候只需要完成输入事件的上报即可,至于如何处理这些上报的输入事件那是上层去考虑的,我们不用管。可以看出,借助分层模型可以极大地简化驱动的编写,这对驱动编写人员来说非常友好。

15.2　platform 平台驱动模型简介

前面介绍了设备驱动的分离,并且引出了总线(Bus)、驱动(Driver)和设备(Device)模型,比如 I^2C、SPI、USB 等总线。但是在 SOC 中有些外设是没有总线这个概念的,但是又要使用总线、驱动和设备模型该怎么办呢? 为了解决此问题,Linux 提出了 platform 这种虚拟总线,相应地就有 platform_driver 和 platform_device。

15.2.1　platform 总线

Linux 系统内核使用 bus_type 结构体表示总线,此结构体定义在文件 include/linux/device. h 中,bus_type 结构体内容如下:

示例代码 15-1　bus_type 结构体代码段

```
1  struct bus_type {
```

```
2      const char        * name;                           /* 总线名字    */
3      const char        * dev_name;
4      struct device       * dev_root;
5      struct device_attribute * dev_attrs;
6      const struct attribute_group ** bus_groups;         /* 总线属性    */
7      const struct attribute_group ** dev_groups;         /* 设备属性    */
8      const struct attribute_group ** drv_groups;         /* 驱动属性    */
9
10     int ( * match)(struct device * dev, struct device_driver * drv);
11     int ( * uevent)(struct device * dev, struct kobj_uevent_env * env);
12     int ( * probe)(struct device * dev);
13     int ( * remove)(struct device * dev);
14     void ( * shutdown)(struct device * dev);
15
16     int ( * online)(struct device * dev);
17     int ( * offline)(struct device * dev);
18     int ( * suspend)(struct device * dev, pm_message_t state);
19     int ( * resume)(struct device * dev);
20     const struct dev_pm_ops * pm;
21     const struct iommu_ops * iommu_ops;
22     struct subsys_private * p;
23     struct lock_class_key lock_key;
24 };
```

第 10 行，match()函数，此函数很重要，单词 match 的意思就是"匹配、相配"，因此此函数就是完成设备和驱动之间匹配的，总线就是使用 match()函数来根据注册的设备来查找对应的驱动，或者根据注册的驱动来查找相应的设备，因此每一条总线都必须实现此函数。match()函数有两个参数 dev 和 drv，这两个参数分别为 device 和 device_driver 类型，也就是设备和驱动。

platform 总线是 bus_type 的一个具体实例，定义在文件 drivers/base/platform.c，platform 总线定义如下：

示例代码 15-2　platform 总线实例

```
1 struct bus_type platform_bus_type = {
2    . name          = "platform",
3    . dev_groups    = platform_dev_groups,
4    . match         = platform_match,
5    . uevent        = platform_uevent,
6    . pm            = &platform_dev_pm_ops,
7 };
```

platform_bus_type 就是 platform 平台总线，其中 platform_match()就是匹配函数。我们来看一下驱动和设备是如何匹配的，platform_match()函数定义在文件 drivers/base/platform.c 中，函数内容如下所示：

示例代码 15-3　platform_match()函数定义

```
1  static int platform_match(struct device * dev,
                             struct device_driver * drv)
2  {
3      struct platform_device * pdev = to_platform_device(dev);
```

```
4        struct platform_driver * pdrv = to_platform_driver(drv);
5
6        /* When driver_override is set, only bind to the matching driver */
7        if (pdev - > driver_override)
8          return !strcmp(pdev - > driver_override, drv - > name);
9
10       /* Attempt an OF style match first */
11       if (of_driver_match_device(dev, drv))
12           return 1;
13
14       /* Then try ACPI style match */
15       if (acpi_driver_match_device(dev, drv))
16           return 1;
17
18       /* Then try to match against the id table */
19       if (pdrv - > id_table)
20           return platform_match_id(pdrv - > id_table, pdev) != NULL;
21
22       /* fall - back to driver name match */
23       return (strcmp(pdev - > name, drv - > name) == 0);
24 }
```

驱动和设备的匹配有 4 种方法,我们依次来看一下:

第 11 行和第 12 行为第一种匹配方式——OF 类型的匹配,也就是设备树采用的匹配方式,of_driver_match_device()函数定义在文件 include/linux/of_device. h 中。device_driver 结构体(表示设备驱动)中有个名为 of_match_table 的成员变量,此成员变量保存着驱动的 compatible 匹配表,设备树中的每个设备节点的 compatible 属性会和 of_match_table 表中的所有成员比较,查看是否有相同的条目,如果有则表示设备和此驱动匹配,设备和驱动匹配成功以后 probe()函数就会执行。

第 15 行和第 16 行为第二种匹配方式——ACPI 匹配方式。

第 19 行和第 20 行为第三种匹配方式——id_table 匹配,每个 platform_driver 结构体有一个 id_table 成员变量,顾名思义,其中保存了很多 id 信息。这些 id 信息存放着这个 platformd 驱动所支持的驱动类型。

第 23 行为第四种匹配方式,如果第三种匹配方式的 id_table 不存在,则直接比较驱动和设备的 name 字段,看看是不是相等,如果相等则匹配成功。

对于支持设备树的 Linux 版本号,一般设备驱动为了兼容性都支持设备树和无设备树两种匹配方式。也就是第一种匹配方式一般都会存在,第三种和第四种只要存在一种就可以,一般用得最多的还是第四种,也就是直接比较驱动和设备的 name 字段,因为这种方式最简单。

15. 2. 2 platform 驱动

platform_driver 结构体表示 platform 驱动,此结构体定义在文件 include/linux/platform_device. h 中,内容如下:

示例代码 15-4　platform_driver 结构体

```
1  struct platform_driver {
2      int ( * probe)(struct platform_device * );
```

```
3      int ( * remove)(struct platform_device * );
4      void ( * shutdown)(struct platform_device * );
5      int ( * suspend)(struct platform_device * , pm_message_t state);
6      int ( * resume)(struct platform_device * );
7      struct device_driver driver;
8      const struct platform_device_id * id_table;
9      bool prevent_deferred_probe;
10  };
```

第 2 行，probe()函数，当驱动与设备匹配成功以后 probe()函数就会执行，这是非常重要的函数。一般驱动的提供者会编写，如果自己要编写一个全新的驱动，那么就需要自行实现 probe()。

第 7 行，driver 成员，为 device_driver 结构体变量，Linux 内核里面大量使用到了面向对象的思想，device_driver 相当于基类，提供了最基础的驱动框架。platform_driver 继承了这个基类，然后在此基础上又添加了一些特有的成员变量。

第 8 行，id_table 表，也就是 15.2.1 节介绍 platform 总线匹配驱动和设备的时候采用的第三种方法，id_table 是一个表(也就是数组)，每个元素的类型为 platform_device_id。platform_device_id 结构体内容如下：

示例代码 15-5　platform_device_id 结构体

```
1 struct platform_device_id {
2      char name[PLATFORM_NAME_SIZE];
3      kernel_ulong_t driver_data;
4 };
```

device_driver 结构体定义在 include/linux/device.h 中，device_driver 结构体内容如下：

示例代码 15-6　device_driver 结构体

```
1   struct device_driver {
2   const char              * name;
3   struct bus_type         * bus;
4
5   struct module           * owner;
6   const char              * mod_name;      /* used for built - in modules */
7
8   bool suppress_bind_attrs;               /* disables bind/unbind via sysfs */
9
10  const struct of_device_id        * of_match_table;
11  const struct acpi_device_id      * acpi_match_table;
12
13  int ( * probe) (struct device * dev);
14  int ( * remove) (struct device * dev);
15  void ( * shutdown) (struct device * dev);
16  int ( * suspend) (struct device * dev, pm_message_t state);
17  int ( * resume) (struct device * dev);
18  const struct attribute_group * * groups;
19
20  const struct dev_pm_ops * pm;
21
22  struct driver_private * p;
23  };
```

第 10 行,of_match_table 就是采用设备树的时候驱动所使用的匹配表,同样是数组,每个匹配项都为 of_device_id 结构体类型,此结构体定义在文件 include/linux/mod_devicetable.h 中,内容如下:

示例代码 15-7　of_device_id 结构体

```
1 struct of_device_id {
2   char          name[32];
3   char          type[32];
4   char          compatible[128];
5   const void    * data;
6 };
```

第 4 行的 compatible 非常重要,因为对于设备树而言,就是通过设备节点的 compatible 属性值和 of_match_table 中每个项目的 compatible 成员变量进行比较,如果有相等的就表示设备和此驱动匹配成功。

在编写 platform 驱动的时候,首先定义一个 platform_driver 结构体变量,然后实现结构体中的各个成员变量,重点是实现匹配方法以及 probe() 函数。当驱动和设备匹配成功以后 probe() 函数就会执行,具体的驱动程序在 probe() 函数中编写,比如字符设备驱动等等。

当我们定义并初始化好 platform_driver 结构体变量以后,需要在驱动入口函数中调用 platform_driver_register() 函数向 Linux 内核注册一个 platform 驱动,platform_driver_register() 函数原型如下所示:

```
int platform_driver_register (struct platform_driver * driver)
```

函数参数含义如下:

driver——要注册的 platform 驱动。

返回值——负数,失败;0,成功。

还需要在驱动卸载函数中通过 platform_driver_unregister() 函数卸载 platform 驱动。platform_driver_unregister() 函数原型如下:

```
void platform_driver_unregister(struct platform_driver * drv)
```

函数参数含义如下:

drv——要卸载的 platform 驱动。

返回值——无。

platform 驱动框架如下所示:

示例代码 15-8　platform 驱动框架

```
  /* 设备结构体 */
1 struct xxx_dev{
2   struct cdev cdev;
3   /* 设备结构体其他具体内容 */
4   };
5
6   struct xxx_dev xxxdev;                    /* 定义个设备结构体变量 */
7
```

```
8    static int xxx_open(struct inode * inode, struct file * filp)
9    {
10   /* 函数具体内容 */
11     return 0;
12   }
13
14 static ssize_t xxx_write(struct file * filp, const char __user * buf,
                            size_t cnt, loff_t * offt)
15   {
16   /* 函数具体内容 */
17     return 0;
18   }
19
20 /*
21  * 字符设备驱动操作集
22  */
23   static struct file_operations xxx_fops = {
24    .owner = THIS_MODULE,
25    .open = xxx_open,
26    .write = xxx_write,
27   };
28
29 /*
30  * platform 驱动的 probe 函数
31  * 驱动与设备匹配成功以后此函数就会执行
32  */
33   static int xxx_probe(struct platform_device * dev)
34   {
35   ...
36   cdev_init(&xxxdev.cdev, &xxx_fops);              /* 注册字符设备驱动 */
37   /* 函数具体内容 */
38     return 0;
39   }
40
41   static int xxx_remove(struct platform_device * dev)
42   {
43   ...
44   cdev_del(&xxxdev.cdev);                          /*   删除 cdev */
45   /* 函数具体内容 */
46     return 0;
47   }
48
49 /* 匹配列表 */
50 static const struct of_device_id xxx_of_match[] = {
51    { .compatible = "xxx - gpio" },
52      { /* Sentinel */ }
53 };
54
55 /*
56  * platform 平台驱动结构体
57  */
58   static struct platform_driver xxx_driver = {
```

```
59      . driver = {
60          . name        = "xxx",
61          . of_match_table = xxx_of_match,
62      },
63      . probe        = xxx_probe,
64      . remove       = xxx_remove,
65  };
66
67  /* 驱动模块加载 */
68  static int __init xxxdriver_init(void)
69  {
70      return platform_driver_register(&xxx_driver);
71  }
72
73  /* 驱动模块卸载 */
74  static void __exit xxxdriver_exit(void)
75  {
76          platform_driver_unregister(&xxx_driver);
77  }
78
79  module_init(xxxdriver_init);
80  module_exit(xxxdriver_exit);
81  MODULE_LICENSE("GPL");
82  MODULE_AUTHOR("zuozhongkai");
```

第1～27行,传统的字符设备驱动,platform 驱动并不是独立于字符设备驱动、块设备驱动和网络设备驱动之外的其他种类的驱动。platform 只是为了驱动的分离与分层而提出来的一种框架,其驱动的具体实现还是需要字符设备驱动、块设备驱动或网络设备驱动。

第33～39行,xxx_probe()函数,当驱动和设备匹配成功以后此函数就会执行,以前在驱动入口函数 init()中编写的字符设备驱动程序就全部放到此 probe()函数中,比如注册字符设备驱动、添加 cdev、创建类等等。

第41～47行,xxx_remove()函数,platform_driver 结构体中的 remove 成员变量,当关闭 platform 设备驱动的时候此函数就会执行,以前在驱动卸载函数 exit()中要做的事情就放到此函数中。比如,使用 iounmap 释放内存、删除 cdev、注销设备号等等。

第50～53行,xxx_of_match 匹配表,如果使用设备树,则将通过此匹配表进行驱动和设备的匹配。第51行设置了一个匹配项,此匹配项的 compatible 值为"xxx-gpio",因此当设备树中设备节点的 compatible 属性值为"xxx-gpio"的时候此设备就会与此驱动匹配。第52行是一个标记,of_device_id 表最后一个匹配项必须是空的。

第58～65行,定义一个 platform_driver 结构体变量 xxx_driver,表示 platform 驱动,第59～62行设置 platform_driver 中的 device_driver 成员变量的 name 和 of_match_table 这两个属性。其中 name 属性用于传统的驱动与设备匹配,也就是检查驱动和设备的 name 字段是不是相同。of_match_table 属性用于设备树下的驱动与设备检查。对于一个完整的驱动程序,必须提供有设备树和无设备树两种匹配方法。最后第63行和第64行这两行设置 probe 和 remove 两个成员变量。

第68～71行,驱动入口函数,调用 platform_driver_register()函数向 Linux 内核注册一个 platform 驱动,也就是上面定义的 xxx_driver 结构体变量。

第74~77行,驱动出口函数,调用 platform_driver_unregister()函数卸载前面注册的 platform 驱动。

总体来说,platform 驱动还是传统的字符设备驱动、块设备驱动或网络设备驱动,只是套上了一张"platform"的皮,目的是使用总线、驱动和设备这个驱动模型来实现驱动的分离与分层。

15.2.3 platform 设备

platform 驱动已经准备好了,我们还需要 platform 设备,否则只有一个驱动也做不了什么。platform_device 这个结构体表示 platform 设备,这里要注意,如果内核支持设备树就不要再使用 platform_device 来描述设备了,因为改用设备树去描述了。当然,如果一定要用 platform_device 来描述设备信息也是可以的。platform_device 结构体定义在文件 include/linux/platform_device. h 中,结构体内容如下:

示例代码15-9 platform_device 结构体代码段

```
22 struct platform_device {
23     const char   * name;
24     int      id;
25     bool         id_auto;
26     struct device    dev;
27     u32        num_resources;
28     struct resource * resource;
29
30      const struct platform_device_id * id_entry;
31     char * driver_override; /* Driver name to force a match */
32
33     /* MFD cell pointer */
34     struct mfd_cell * mfd_cell;
35
36     /* arch specific additions */
37     struct pdev_archdata     archdata;
38 };
```

第23行,name 表示设备名字,要与所使用的 platform 驱动的 name 字段相同,否则设备就无法匹配到对应的驱动。比如对应的 platform 驱动的 name 字段为"xxx-gpio",那么此 name 字段也要设置为"xxx-gpio"。

第27行,num_resources 表示资源数量,一般为第28行 resource 资源的大小。

第28行,resource 表示资源,也就是设备信息,比如外设寄存器等。Linux 内核使用 resource 结构体表示资源。resource 结构体内容如下:

示例代码 15-10 resource 结构体代码段

```
18 struct resource {
19     resource_size_t    start;
20     resource_size_t    end;
21     const char      * name;
22     unsigned long     flags;
23     struct resource    * parent, * sibling, * child;
24 };
```

start 和 end 分别表示资源的起始和终止信息,对于内存类的资源,就表示内存起始和终止地址,name 表示资源名字,flags 表示资源类型,可选的资源类型都定义在了文件 include/linux/ioport. h 中,如下所示:

```
                               示例代码 15-11   资源类型
29   #define IORESOURCE_BITS        0x000000ff    /* Bus - specific bits */
30
31   #define IORESOURCE_TYPE_BITS   0x00001f00    /* Resource type    */
32   #define IORESOURCE_IO          0x00000100    /* PCI/ISA I/O ports */
33   #define IORESOURCE_MEM         0x00000200
34   #define IORESOURCE_REG         0x00000300    /* Register offsets */
35   #define IORESOURCE_IRQ         0x00000400
36   #define IORESOURCE_DMA         0x00000800
37   #define IORESOURCE_BUS         0x00001000
...
104  /* PCI control bits.  Shares IORESOURCE_BITS with above PCI ROM.  */
105  #define IORESOURCE_PCI_FIXED     (1 << 4)  /* Do not move resource */
```

在以前不支持设备树的 Linux 版本中,用户需要编写 platform_device 变量来描述设备信息,然后使用 platform_device_register()函数将设备信息注册到 Linux 内核中,此函数原型如下所示:

```
int platform_device_register(struct platform_device * pdev)
```

函数参数含义如下:

pdev——要注册的 platform 设备。

返回值——负数,失败;0,成功。

如果不再使用 platform,则可以通过 platform_device_unregister()函数注销掉相应的 platform 设备。platform_device_unregister()函数原型如下:

```
void platform_device_unregister(struct platform_device * pdev)
```

函数参数含义如下:

pdev——要注销的 platform 设备。

返回值——无。

platform 设备信息框架如下所示:

```
                        示例代码 15-12   platform 设备框架
1   /* 寄存器地址定义 */
2   #define PERIPH1_REGISTER_BASE    (0X20000000)         /* 外设 1 寄存器首地址 */
3   #define PERIPH2_REGISTER_BASE    (0X020E0068)         /* 外设 2 寄存器首地址 */
4   #define REGISTER_LENGTH          4
5
6   /* 资源 */
7   static struct resource xxx_resources[] = {
8     [0] = {
9          .start  = PERIPH1_REGISTER_BASE,
10         .end    = (PERIPH1_REGISTER_BASE + REGISTER_LENGTH - 1),
```

```
11              .flags   = IORESOURCE_MEM,
12       },
13       [1] = {
14              .start   = PERIPH2_REGISTER_BASE,
15              .end     = (PERIPH2_REGISTER_BASE + REGISTER_LENGTH - 1),
16              .flags   = IORESOURCE_MEM,
17       },
18 };
19
20 /* platform 设备结构体 */
21 static struct platform_device xxxdevice = {
22    .name = "xxx-gpio",
23    .id = -1,
24    .num_resources = ARRAY_SIZE(xxx_resources),
25    .resource = xxx_resources,
26 };
27
28 /* 设备模块加载 */
29 static int __init xxxdevice_init(void)
30 {
31    return platform_device_register(&xxxdevice);
32 }
33
34 /* 设备模块注销 */
35 static void __exit xxx_resourcesdevice_exit(void)
36 {
37    platform_device_unregister(&xxxdevice);
38 }
39
40 module_init(xxxdevice_init);
41 module_exit(xxxdevice_exit);
42 MODULE_LICENSE("GPL");
43 MODULE_AUTHOR("zuozhongkai");
```

第7～18行，数组 xxx_resources 表示设备资源，一共有两个资源，分别为外设1和外设2的寄存器信息。因此 flags 都为 IORESOURCE_MEM，表示资源为内存类型的。

第21～26行，platform 设备结构体变量，注意，name 字段要和所使用的驱动中的 name 字段一致，否则驱动和设备无法匹配成功。num_resources 表示资源大小，其实就是数组 xxx_resources 的元素数量，这里用 ARRAY_SIZE 来测量一个数组的元素个数。

第29～32行，设备模块加载函数，在此函数中调用 platform_device_register()向 Linux 内核注册 platform 设备。

第35～38行，设备模块卸载函数，在此函数中调用 platform_device_unregister()从 Linux 内核中卸载 platform 设备。

示例代码 15-12 主要是在不支持设备树的 Linux 版本中使用的，当 Linux 内核支持了设备树以后就不需要用户手动去注册 platform 设备了。因为设备信息都放到了设备树中去描述，Linux 内核启动的时候会从设备树中读取设备信息，然后将其组织成 platform_device 形式，至于设备树到 platform_device 的具体过程这里不做详细介绍，感兴趣的读者可以查阅网上的相关内容。

关于 platform 下的总线、驱动和设备就讲解到这里,接下来就使用 platform 驱动框架来编写一个 LED 灯驱动,本章不使用设备树来描述设备信息,而采用自定义 platform_device 这种"古老"方式来编写 LED 的设备信息。第 16 章我们来编写设备树下的 platform 驱动,这样我们就掌握了无设备树和有设备树这两种 platform 驱动的开发方式。

15.3　硬件原理图分析

本章实验只使用到 IMX6U-ALPHA 开发板上的 LED 灯,因此实验硬件原理图参考《原子嵌入式 Linux 驱动开发详解》4.2 节即可。

15.4　实验程序编写

本实验对应的例程路径为"2、Linux 驱动例程→17_platform"。

本章实验需要编写一个驱动模块和一个设备模块,其中驱动模块是 platform 驱动程序,设备模块是 platform 的设备信息。当这两个模块都加载成功以后就会匹配成功,然后执行 platform 驱动模块中的 probe()函数,probe()函数与传统的字符设备驱动类似。

15.4.1　platform 设备与驱动程序编写

新建名为 17_platform 的文件夹,然后在 17_platform 文件夹中创建 vscode 工程,工作区命名为 platform。新建名为 leddevice.c 和 leddriver.c 这两个文件,这两个文件分别为 LED 灯的 platform 设备文件和 LED 灯的 platform 的驱动文件。在 leddevice.c 中输入如下内容:

示例代码 15-13　leddevice.c 文件代码段

```
1   # include < linux/types. h >
2   # include < linux/kernel. h >
3   # include < linux/delay. h >
4   # include < linux/ide. h >
5   # include < linux/init. h >
6   # include < linux/module. h >
7   # include < linux/errno. h >
8   # include < linux/gpio. h >
9   # include < linux/cdev. h >
10  # include < linux/device. h >
11  # include < linux/of_gpio. h >
12  # include < linux/semaphore. h >
13  # include < linux/timer. h >
14  # include < linux/irq. h >
15  # include < linux/wait. h >
16  # include < linux/poll. h >
17  # include < linux/fs. h >
18  # include < linux/fcntl. h >
19  # include < linux/platform_device. h >
20  # include < asm/mach/map. h >
21  # include < asm/uaccess. h >
22  # include < asm/io. h >
```

```
23   /*******************************************************************
24   Copyright © ALIENTEK Co., Ltd. 1998 - 2029. All rights reserved.
25   文件名        : leddevice.c
26   作者          : 左忠凯
27   版本          : V1.0
28   描述          : platform 设备
29   其他          : 无
30   论坛          : www.openedv.com
31   日志          : 初版 V1.0 2019/8/13 左忠凯创建
32   *******************************************************************/
33
34   /*
35    * 寄存器地址定义
36    */
37   #define CCM_CCGR1_BASE           (0X020C406C)
38   #define SW_MUX_GPIO1_IO03_BASE   (0X020E0068)
39   #define SW_PAD_GPIO1_IO03_BASE   (0X020E02F4)
40   #define GPIO1_DR_BASE            (0X0209C000)
41   #define GPIO1_GDIR_BASE          (0X0209C004)
42   #define REGISTER_LENGTH          4
43
44   /* @description   : 释放 flatform 设备模块的时候此函数会执行
45    * @param - dev   : 要释放的设备
46    * @return        : 无
47    */
48   static void led_release(struct device * dev)
49   {
50       printk("led device released!\r\n");
51   }
52
53   /*
54    * 设备资源信息, 也就是 LED0 所使用的所有寄存器
55    */
56   static struct resource led_resources[] = {
57       [0] = {
58           .start = CCM_CCGR1_BASE,
59           .end   = (CCM_CCGR1_BASE + REGISTER_LENGTH - 1),
60           .flags = IORESOURCE_MEM,
61       },
62       [1] = {
63           .start = SW_MUX_GPIO1_IO03_BASE,
64           .end   = (SW_MUX_GPIO1_IO03_BASE + REGISTER_LENGTH - 1),
65           .flags = IORESOURCE_MEM,
66       },
67       [2] = {
68           .start = SW_PAD_GPIO1_IO03_BASE,
69           .end   = (SW_PAD_GPIO1_IO03_BASE + REGISTER_LENGTH - 1),
70           .flags = IORESOURCE_MEM,
71       },
72       [3] = {
73           .start = GPIO1_DR_BASE,
74           .end   = (GPIO1_DR_BASE + REGISTER_LENGTH - 1),
```

```
75            .flags   = IORESOURCE_MEM,
76        },
77        [4] = {
78            .start  = GPIO1_GDIR_BASE,
79            .end    = (GPIO1_GDIR_BASE + REGISTER_LENGTH - 1),
80            .flags  = IORESOURCE_MEM,
81        },
82  };
83
84
85  /*
86   * platform 设备结构体
87   */
88  static struct platform_device leddevice = {
89      .name = "imx6ul - led",
90      .id = - 1,
91      .dev = {
92          .release = &led_release,
93      },
94      .num_resources = ARRAY_SIZE(led_resources),
95      .resource = led_resources,
96  };
97
98  /*
99   * @description   :设备模块加载
100  * @param         :无
101  * @return        :无
102  */
103 static int __init leddevice_init(void)
104 {
105      return platform_device_register(&leddevice);
106 }
107
108 /*
109  * @description   :设备模块注销
110  * @param         :无
111  * @return        :无
112  */
113 static void __exit leddevice_exit(void)
114 {
115      platform_device_unregister(&leddevice);
116 }
117
118 module_init(leddevice_init);
119 module_exit(leddevice_exit);
120 MODULE_LICENSE("GPL");
121 MODULE_AUTHOR("zuozhongkai");
```

leddevice.c 文件内容就是按照示例代码 15-14 的 platform 设备模板编写的。

第 56～82 行,led_resources 数组,也就是设备资源,描述了 LED 所要使用到的寄存器信息,也就是 IORESOURCE_MEM 资源。

第88～96行，tplatform设备结构体变量leddevice，这里要注意name字段为"imx6ul-led"，所以稍后编写platform驱动中的name字段也要为"imx6ul-led"，否则设备和驱动匹配失败。

第103～106行，设备模块加载函数，在此函数中通过platform_device_register()向Linux内核注册leddevice这个platform设备。

第113～116行，设备模块卸载函数，在此函数中通过platform_device_unregister()从Linux内核中删除掉leddevice这个platform设备。

leddevice.c文件编写完成以后就编写platform驱动文件leddriver.c。在leddriver.c中输入如下内容：

```
                        示例代码15-14   leddriver.c文件代码段
1    # include < linux/types.h >
2    # include < linux/kernel.h >
3    # include < linux/delay.h >
4    # include < linux/ide.h >
5    # include < linux/init.h >
6    # include < linux/module.h >
7    # include < linux/errno.h >
8    # include < linux/gpio.h >
9    # include < linux/cdev.h >
10   # include < linux/device.h >
11   # include < linux/of_gpio.h >
12   # include < linux/semaphore.h >
13   # include < linux/timer.h >
14   # include < linux/irq.h >
15   # include < linux/wait.h >
16   # include < linux/poll.h >
17   # include < linux/fs.h >
18   # include < linux/fcntl.h >
19   # include < linux/platform_device.h >
20   # include < asm/mach/map.h >
21   # include < asm/uaccess.h >
22   # include < asm/io.h >
23   /***********************************************************
24   Copyright © ALIENTEK Co., Ltd. 1998 - 2029. All rights reserved.
25   文件名      : leddriver.c
26   作者        : 左忠凯
27   版本        : V1.0
28   描述        : platform驱动
29   其他        : 无
30   论坛        : www.openedv.com
31   日志        : 初版 V1.0 2019/8/13 左忠凯创建
32   *********************************************************** /
33
34   # define LEDDEV_CNT       1              / * 设备号长度     * /
35   # define LEDDEV_NAME      "platled"      / * 设备名字       * /
36   # define LEDOFF           0
37   # define LEDON            1
38
39   / * 寄存器名 * /
```

```
40   static void __iomem * IMX6U_CCM_CCGR1;
41   static void __iomem * SW_MUX_GPIO1_IO03;
42   static void __iomem * SW_PAD_GPIO1_IO03;
43   static void __iomem * GPIO1_DR;
44   static void __iomem * GPIO1_GDIR;
45
46   /* leddev 设备结构体 */
47   struct leddev_dev{
48       dev_t devid;                /* 设备号      */
49       struct cdev cdev;           /* cdev        */
50       struct class * class;       /* 类          */
51       struct device * device;     /* 设备        */
52       int major;                  /* 主设备号    */
53   };
54
55   struct leddev_dev leddev;       /* LED 设备    */
56
57   /*
58    * @description    : LED 打开/关闭
59    * @param - sta    : LEDON(0),打开 LED;LEDOFF(1),关闭 LED
60    * @return         : 无
61    */
62   void led0_switch(u8 sta)
63   {
64       u32 val = 0;
65       if(sta == LEDON){
66           val = readl(GPIO1_DR);
67           val &= ~(1 << 3);
68           writel(val, GPIO1_DR);
69       }else if(sta == LEDOFF){
70           val = readl(GPIO1_DR);
71           val |= (1 << 3);
72           writel(val, GPIO1_DR);
73       }
74   }
75
76   /*
77    * @description    :打开设备
78    * @param - inode  :传递给驱动的 inode
79    * @param - filp   :设备文件,file 结构体有个叫作 private_data 的成员变量,
80    *                   一般在 open 的时候将 private_data 指向设备结构体
81    * @return         :0,成功;其他,失败
82    */
83   static int led_open(struct inode * inode, struct file * filp)
84   {
85       filp->private_data = &leddev;          /* 设置私有数据    */
86       return 0;
87   }
88
89   /*
90    * @description    :向设备写数据
91    * @param - filp   :设备文件,表示打开的文件描述符
```

```
92   *  @param - buf   :给设备写入的数据
93   *  @param - cnt   :要写入的数据长度
94   *  @param - offt  :相对于文件首地址的偏移
95   *  @return        :写入的字节数,如果为负值,则表示写入失败
96   */
97   static ssize_t led_write(struct file * filp, const char __user * buf,
                        size_t cnt, loff_t * offt)
98   {
99       int retvalue;
100      unsigned char databuf[1];
101      unsigned char ledstat;
102
103      retvalue = copy_from_user(databuf, buf, cnt);
104      if(retvalue < 0) {
105          return - EFAULT;
106      }
107
108      ledstat = databuf[0];           /* 获取状态值     */
109      if(ledstat == LEDON) {
110          led0_switch(LEDON);         /* 打开 LED 灯    */
111      }else if(ledstat == LEDOFF) {
112          led0_switch(LEDOFF);        /* 关闭 LED 灯    */
113      }
114      return 0;
115  }
116
117  /* 设备操作函数 */
118  static struct file_operations led_fops = {
119      .owner = THIS_MODULE,
120      .open = led_open,
121      .write = led_write,
122  };
123
124  /*
125   * @description    : flatform 驱动的 probe 函数,当驱动与设备
126   *                   匹配以后此函数就会执行
127   * @param - dev    : platform 设备
128   * @return         :0,成功;其他负值,失败
129   */
130  static int led_probe(struct platform_device * dev)
131  {
132      int i = 0;
133      int ressize[5];
134      u32 val = 0;
135      struct resource * ledsource[5];
136
137      printk("led driver and device has matched!\r\n");
138      /* 1、获取资源 */
139      for (i = 0; i < 5; i++) {
140          ledsource[i] = platform_get_resource(dev, IORESOURCE_MEM, i);
141          if (!ledsource[i]) {
142              dev_err(&dev - > dev, "No MEM resource for always on\n");
```

```
143              return - ENXIO;
144          }
145          ressize[i] = resource_size(ledsource[i]);
146      }
147
148      /* 2、初始化 LED */
149      /* 寄存器地址映射 */
150      IMX6U_CCM_CCGR1 = ioremap(ledsource[0] -> start, ressize[0]);
151      SW_MUX_GPIO1_IO03 = ioremap(ledsource[1] -> start, ressize[1]);
152      SW_PAD_GPIO1_IO03 = ioremap(ledsource[2] -> start, ressize[2]);
153      GPIO1_DR = ioremap(ledsource[3] -> start, ressize[3]);
154      GPIO1_GDIR = ioremap(ledsource[4] -> start, ressize[4]);
155
156      val = readl(IMX6U_CCM_CCGR1);
157      val & = ~(3 << 26);              /* 清除以前的设置    */
158      val | = (3 << 26);               /* 设置新值          */
159      writel(val, IMX6U_CCM_CCGR1);
160
161      /* 设置 GPIO1_IO03 复用功能,将其复用为 GPIO1_IO03 */
162      writel(5, SW_MUX_GPIO1_IO03);
163      writel(0x10B0, SW_PAD_GPIO1_IO03);
164
165      /* 设置 GPIO1_IO03 为输出功能 */
166      val = readl(GPIO1_GDIR);
167      val & = ~(1 << 3);               /* 清除以前的设置    */
168      val | = (1 << 3);                /* 设置为输出        */
169      writel(val, GPIO1_GDIR);
170
171      /* 默认关闭 LED1 */
172      val = readl(GPIO1_DR);
173      val | = (1 << 3) ;
174      writel(val, GPIO1_DR);
175
176      /* 注册字符设备驱动 */
177      /* 1、创建设备号 */
178      if (leddev.major) {              /* 定义了设备号      */
179          leddev.devid = MKDEV(leddev.major, 0);
180          register_chrdev_region(leddev.devid, LEDDEV_CNT,LEDDEV_NAME);
181      } else {                         /* 没有定义设备号    */
182          alloc_chrdev_region(&leddev.devid, 0, LEDDEV_CNT,LEDDEV_NAME);
183          leddev.major = MAJOR(leddev.devid);
184      }
185
186      /* 2、初始化 cdev */
187      leddev.cdev.owner = THIS_MODULE;
188      cdev_init(&leddev.cdev, &led_fops);
189
190      /* 3、添加一个 cdev */
191      cdev_add(&leddev.cdev, leddev.devid, LEDDEV_CNT);
192
193      /* 4、创建类 */
194      leddev.class = class_create(THIS_MODULE, LEDDEV_NAME);
```

```
195      if (IS_ERR(leddev.class)) {
196          return PTR_ERR(leddev.class);
197      }
198
199      /* 5、创建设备 */
200      leddev.device = device_create(leddev.class, NULL, leddev.devid, NULL, LEDDEV_NAME);
201      if (IS_ERR(leddev.device)) {
202          return PTR_ERR(leddev.device);
203      }
204
205      return 0;
206 }
207
208 /*
209  * @description     :移除 platform 驱动的时候此函数会执行
210  * @param - dev     : platform 设备
211  * @return          : 0,成功;其他负值,失败
212  */
213 static int led_remove(struct platform_device * dev)
214 {
215      iounmap(IMX6U_CCM_CCGR1);
216      iounmap(SW_MUX_GPIO1_IO03);
217      iounmap(SW_PAD_GPIO1_IO03);
218      iounmap(GPIO1_DR);
219      iounmap(GPIO1_GDIR);
220
221      cdev_del(&leddev.cdev);               /*  删除 cdev */
222      unregister_chrdev_region(leddev.devid, LEDDEV_CNT);
223      device_destroy(leddev.class, leddev.devid);
224      class_destroy(leddev.class);
225      return 0;
226 }
227
228 /* platform 驱动结构体 */
229 static struct platform_driver led_driver = {
230      .driver      = {
231          .name    = "imx6ul-led",     /* 驱动名字,用于和设备匹配 */
232      },
233      .probe       = led_probe,
234      .remove      = led_remove,
235 };
236
237 /*
238  * @description     :驱动模块加载函数
239  * @param           :无
240  * @return          :无
241  */
242 static int __init leddriver_init(void)
243 {
244      return platform_driver_register(&led_driver);
245 }
```

```
246
247  / *
248   * @description    : 驱动模块卸载函数
249   * @param          : 无
250   * @return         : 无
251   * /
252  static void __exit leddriver_exit(void)
253  {
254      platform_driver_unregister(&led_driver);
255  }
256
257  module_init(leddriver_init);
258  module_exit(leddriver_exit);
259  MODULE_LICENSE("GPL");
260  MODULE_AUTHOR("zuozhongkai");
```

leddriver.c 文件内容就是按照示例代码 15-8 的 platform 驱动模板编写的。

第 34～122 行,传统的字符设备驱动。

第 130～206 行,probe()函数,当设备和驱动匹配以后此函数就会执行,当匹配成功以后会在终端上输出"led driver and device has matched!"这样语句。在 probe()函数里面初始化 LED、注册字符设备驱动。也就是将原来在驱动加载函数中做的工作全部放到 probe()函数里面完成。

第 213～226 行,remove()函数,当卸载 platform 驱动的时候此函数就会执行。在此函数里面释放内存、注销字符设备等。也就是将原来驱动卸载函数中做的工作全部都放到 remove()函数中完成。

第 229～235 行,platform_driver 驱动结构体,注意 name 字段为"imx6ul-led",和我们在leddevice.c 文件中设置的设备 name 字段一致。

第 242～245 行,驱动模块加载函数,在此函数里面通过 platform_driver_register()向 Linux 内核注册 led_driver 驱动。

第 252～255 行,驱动模块卸载函数,在此函数里面通过 platform_driver_unregister()从 Linux 内核卸载 led_driver 驱动。

15.4.2 编写测试 App

测试 App 的内容很简单,就是打开和关闭 LED 灯,新建 ledApp.c 这个文件,然后在里面输入如下内容:

示例代码 15-15 ledApp.c 文件代码段
```
1   # include "stdio.h"
2   # include "unistd.h"
3   # include "sys/types.h"
4   # include "sys/stat.h"
5   # include "fcntl.h"
6   # include "stdlib.h"
7   # include "string.h"
8   /*****************************************************************
9   Copyright © ALIENTEK Co., Ltd. 1998 - 2029. All rights reserved.
```

```
10  文件名       : ledApp.c
11  作者         : 左忠凯
12  版本         : V1.0
13  描述         : platform 驱动驱测试 App.
14  其他         : 无
15  使用方法     : ./ledApp /dev/platled  0  关闭 LED
16                ./ledApp /dev/platled  1  打开 LED
17  论坛         : www.openedv.com
18  日志         : 初版 V1.0 2019/8/16 左忠凯创建
19  ********************************************************************** /
20  #define LEDOFF    0
21  #define LEDON     1
22
23  /*
24   * @description       : main 主程序
25   * @param - argc      : argv 数组元素个数
26   * @param - argv      : 具体参数
27   * @return            : 0,成功;其他,失败
28   */
29  int main(int argc, char *argv[])
30  {
31      int fd, retvalue;
32      char *filename;
33      unsigned char databuf[2];
34
35      if(argc != 3){
36          printf("Error Usage!\r\n");
37          return -1;
38      }
39
40      filename = argv[1];
41      /* 打开 LED 驱动 */
42      fd = open(filename, O_RDWR);
43      if(fd < 0){
44          printf("file %s open failed!\r\n", argv[1]);
45          return -1;
46      }
47
48      databuf[0] = atoi(argv[2]);            /* 要执行的操作:打开或关闭 */
49      retvalue = write(fd, databuf, sizeof(databuf));
50      if(retvalue < 0){
51          printf("LED Control Failed!\r\n");
52          close(fd);
53          return -1;
54      }
55
56      retvalue = close(fd);                  /* 关闭文件 */
57      if(retvalue < 0){
58          printf("file %s close failed!\r\n", argv[1]);
59          return -1;
60      }
61      return 0;
62  }
```

ledApp.c 文件的内容很简单,就是控制 LED 灯的亮灭,和第 2 章的测试 App 基本一致,这里就不重复讲解了。

15.5 运行测试

15.5.1 编译驱动程序和测试 App

1. 编译驱动程序

编写 Makefile 文件,本章实验的 Makefile 文件和第 1 章实验基本一样,只是将 obj-m 变量的值改为 leddevice.o leddriver.o,Makefile 内容如下所示:

```
                            示例代码 15-16   Makefile 文件
1  KERNELDIR := /home/zuozhongkai/linux/IMX6ULL/linux/temp/linux-imx-rel_imx_4.1.15_2.1.0_ga_alientek
...
4  obj-m := leddevice.o leddriver.o
...
11 clean:
12   $(MAKE) -C $(KERNELDIR) M=$(CURRENT_PATH) clean
```

第 4 行,设置 obj-m 变量的值为"leddevice.o leddriver.o"。

输入如下命令编译出驱动模块文件:

```
make -j32
```

编译成功以后就会生成一个名为"leddevice.ko leddriver.ko"的驱动模块文件。

2. 编译测试 App

输入如下命令编译测试 ledApp.c 这个测试程序:

```
arm-linux-gnueabihf-gcc ledApp.c -o ledApp
```

编译成功以后就会生成 ledApp 这个应用程序。

15.5.2 运行测试

将 15.5.1 节编译出来的 leddevice.ko、leddriver.ko 和 ledApp 这 3 个文件复制到 rootfs/lib/modules/4.1.15 目录中,重启开发板,进入到目录 lib/modules/4.1.15 中,输入如下命令加载 leddevice.ko 设备模块和 leddriver.ko 这个驱动模块。

```
depmod              //第一次加载驱动的时候需要运行此命令
modprobe leddevice //加载设备模块
modprobe leddriver //加载驱动模块
```

根文件系统中/sys/bus/platform/目录下保存着当前板子 platform 总线下的设备和驱动,其中 devices 子目录为 platform 设备,drivers 子目录为 platform 驱动。查看/sys/bus/platform/devices/目录,看看我们的设备是否存在,我们在 leddevice.c 中设置 leddevice(platform_device 类型)的 name 字段为"imx6ul-led",也就是设备名字为 imx6ul-led,因此肯定在/sys/bus/platform/devices/

目录下存在一个名为 imx6ul-led 的文件，否则说明设备模块加载失败，结果如图 15-5 所示。

```
20cc000.snvs:snvs-powerkey          gpioled
20cc000.snvs:snvs-poweroff          imx6q-cpufreq
20cc000.snvs:snvs-rtc-lp            imx6ul-led   设备
20d8000.src                         key
20dc000.gpc                         pxp_v4l2
```

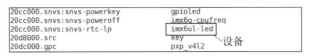

图 15-5 imx6ul-led 设备

同理，查看/sys/bus/platform/drivers/目录，看一下驱动是否存在，我们在 leddriver. c 中设置 led_driver（platform_driver 类型）的 name 字段为"imx6ul-led"，因此会在/sys/bus/platform/drivers/目录下存在名为"imx6ul-led"的文件，结果如图 15-6 所示。

```
generic-bl          imx6sll-pinctrl         smc911x
gpio-keys           imx6sx-pinctrl          smc91x
gpio-mxc            imx6ul-led   驱动       smsc911x
gpio-rc-recv        imx6ul-pinctrl          snd-soc-dummy
gpio-regulator      imx6ul-tsc              snvs_pwrkey
```

图 15-6 imx6ul-led 驱动

驱动模块和设备模块加载成功以后 platform 总线就会进行匹配，当驱动和设备匹配成功以后就会输出如图 15-7 所示一行语句：

```
/lib/modules/4.1.15 # modprobe leddevice
/lib/modules/4.1.15 # modprobe leddriver
led driver and device has matched!      驱动和设备匹配成功
/lib/modules/4.1.15 #
```

图 15-7 驱动和设备匹配成功

驱动和设备匹配成功以后就可以测试 LED 灯驱动了，输入如下命令打开 LED 灯：

```
./ledApp /dev/platled 1            //打开 LED 灯
```

再输入如下命令关闭 LED 灯：

```
./ledApp /dev/platled 0            //关闭 LED 灯
```

观察一下 LED 灯能否打开和关闭，如果可以，则说明驱动工作正常；如果要卸载驱动，则输入如下命令：

```
rmmod leddevice
rmmod leddriver
```

第16章

设备树下的platform驱动编写

第 15 章详细讲解了 Linux 下的驱动分离与分层,以及总线、设备和驱动这样的驱动框架。基于总线、设备和驱动这样的驱动框架,Linux 内核提出来 platform 这个虚拟总线,相应的也有 platform 设备和 platform 驱动。第 15 章我们讲解了传统的、未采用设备树的 platform 设备和驱动编写方法。最新的 Linux 内核已经支持了设备树,因此在设备树下如何编写 platform 驱动就显得尤为重要,本章就来学习如何在设备树下编写 platform 驱动。

16.1 设备树下的 platform 驱动简介

platform 驱动框架分为总线、设备和驱动,其中总线不需要驱动程序员去管理,这是由 Linux 内核提供的,我们在编写驱动的时候只要关注设备和驱动的具体实现即可。在没有设备树的 Linux 内核下,我们需要分别编写并注册 platform_device 和 platform_driver,分别代表设备和驱动。在使用设备树的时候,设备的描述被放到了设备树中,因此 platform_device 就不需要我们去编写了,我们只需要实现 platform_driver 即可。在编写基于设备树的 platform 驱动的时候需要注意以下几点。

1. 在设备树中创建设备节点

毫无疑问,肯定要先在设备树中创建设备节点来描述设备信息,重点是要设置好 compatible 属性的值,因为 platform 总线需要通过设备节点的 compatible 属性值来匹配驱动,这点要切记。比如,我们可以编写如下所示的设备节点来描述本章实验要用到的 LED 设备:

```
                     示例代码 16-1  gpioled 设备节点
1 gpioled {
2        #address-cells = <1>;
3        #size-cells = <1>;
4        compatible = "atkalpha-gpioled";
5        pinctrl-names = "default";
6        pinctrl-0 = <&pinctrl_led>;
7        led-gpio = <&gpio1 3 GPIO_ACTIVE_LOW>;
8        status = "okay";
9 };
```

示例 16-1 中的 gpioled 节点其实就是已创建的 gpioled 设备节点,我们可以直接拿过来用。注意第 4 行的 compatible 属性值为"atkalpha-gpioled",因此稍后在编写 platform 驱动的时候 of_match_table 属性表中要有"atkalpha-gpioled"。

2. 编写 platform 驱动的时候要注意兼容属性

第 15 章已经详细地讲解过了,在使用设备树的时候 platform 驱动会通过 of_match_table 来保存兼容性值,也就是表明此驱动兼容哪些设备。所以,of_match_table 非常重要,比如本例程的 platform 驱动中 platform_driver 就可以设置如下:

```
                        示例代码16-2  of_match_table 匹配表的设置
1    static const struct of_device_id leds_of_match[] = {
2    { .compatible = "atkalpha - gpioled" },          /* 兼容属性 */
3    { /* Sentinel */ }
4    };
5
6    MODULE_DEVICE_TABLE(of, leds_of_match);
7
8    static struct platform_driver leds_platform_driver = {
9    .driver = {
10       .name          = "imx6ul - led",
11       .of_match_table = leds_of_match,
12   },
13   .probe         = leds_probe,
14   .remove        = leds_remove,
15   };
```

第 1~4 行,of_device_id 表,也就是驱动的兼容表,是一个数组,每个数组元素都为 of_device_id 类型,且都是一个兼容属性,表示兼容的设备,一个驱动可以与多个设备匹配。这里我们仅仅匹配了一个设备,那就是示例代码 16-1 中创建的 gpioled 这个设备。第 2 行的 compatible 值为"atkalpha-gpioled",驱动中的 compatible 属性和设备中的 compatible 属性相匹配,因此驱动中对应的 probe()函数就会执行。注意第 3 行是一个空元素,在编写 of_device_id 的时候最后一个元素一定要为空。

第 6 行,通过 MODULE_DEVICE_TABLE 声明 leds_of_match 这个设备匹配表。

第 11 行,设置 platform_driver 中的 of_match_table 匹配表为上面创建的 leds_of_match。

至此,我们就设置好了 platform 驱动的匹配表了。

3. 编写 platform 驱动

基于设备树的 platform 驱动和第 15 章无设备树的 platform 驱动基本一样,都是在驱动和设备匹配成功以后就会执行 probe()函数。我们需要在 probe()函数中执行字符设备驱动类似的操作,当注销驱动模块的时候 remove()函数就会执行,都是大同小异的。

16.2　硬件原理图分析

本章实验我们只使用到 IMX6U-ALPHA 开发板上的 LED 灯,因此实验硬件原理图参考《原子嵌入式 Linux 驱动开发详解》4.2 节即可。

16.3 实验程序编写

本实验对应的例程路径为"2、Linux 驱动例程→18_dtsplatform"。

本章实验编写基于设备树的 platform 驱动,所以需要在设备树中添加设备节点,然后只需要编写 platform 驱动即可。

16.3.1 修改设备树文件

首先修改设备树文件,加上我们需要的设备信息,本章仅使用到一个 LED 灯,因此可以直接使用 6.4.1 节已编写的 gpioled 子节点即可,不需要再重复添加。

16.3.2 platform 驱动程序编写

设备已经准备好了,接下来就要编写相应的 platform 驱动了。新建名为 18_dtsplatform 的文件夹,然后在 18_dtsplatform 文件夹中创建 vscode 工程,工作区命名为 dtsplatform。新建名为 leddriver.c 的驱动文件,在 leddriver.c 中输入如下所示内容:

示例代码 16-3　leddriver.c 文件代码段

```
1   # include < linux/types. h >
2   # include < linux/kernel. h >
3   # include < linux/delay. h >
4   # include < linux/ide. h >
5   # include < linux/init. h >
6   # include < linux/module. h >
7   # include < linux/errno. h >
8   # include < linux/gpio. h >
9   # include < linux/cdev. h >
10  # include < linux/device. h >
11  # include < linux/of_gpio. h >
12  # include < linux/semaphore. h >
13  # include < linux/timer. h >
14  # include < linux/irq. h >
15  # include < linux/wait. h >
16  # include < linux/poll. h >
17  # include < linux/fs. h >
18  # include < linux/fcntl. h >
19  # include < linux/platform_device. h >
20  # include < asm/mach/map. h >
21  # include < asm/uaccess. h >
22  # include < asm/io. h >
23  / ******************************************************
24  Copyright © ALIENTEK Co., Ltd. 1998 - 2029. All rights reserved.
25  文件名    : leddriver. c
26  作者      : 左忠凯
27  版本      : V1.0
28  描述      : 设备树下的 platform 驱动
29  其他      : 无
30  论坛      : www.openedv.com
```

```
31   日志   : 初版 V1.0 2019/8/13 左忠凯创建
32   ***************************************************************/
33   #define LEDDEV_CNT        1                              /* 设备号长度      */
34   #define LEDDEV_NAME       "dtsplatled"                   /* 设备名字        */
35   #define LEDOFF            0
36   #define LEDON             1
37
38   /* leddev 设备结构体 */
39   struct leddev_dev{
40       dev_t         devid;              /* 设备号         */
41       struct cdev   cdev;               /* cdev           */
42       struct class * class;             /* 类             */
43       struct device* device;            /* 设备           */
44       int           major;              /* 主设备号       */
45       struct device_node * node;        /* LED 设备节点   */
46       int           led0;               /* LED 灯 GPIO 标号 */
47   };
48
49   struct leddev_dev leddev;             /* LED 设备        */
50
51   /*
52    * @description     : LED 打开/关闭
53    * @param - sta     : LEDON(0) 打开 LED, LEDOFF(1) 关闭 LED
54    * @return          : 无
55    */
56   void led0_switch(u8 sta)
57   {
58       if (sta == LEDON )
59           gpio_set_value(leddev.led0, 0);
60       else if (sta == LEDOFF)
61           gpio_set_value(leddev.led0, 1);
62   }
63
64   /*
65    * @description     : 打开设备
66    * @param - inode : 传递给驱动的 inode
67    * @param - filp  : 设备文件,file 结构体有个叫作 private_data 的成员变量
68    *                     一般在 open 的时候将 private_data 指向设备结构体
69    * @return          : 0,成功;其他,失败
70    */
71   static int led_open(struct inode * inode, struct file * filp)
72   {
73       filp-> private_data = &leddev;          /* 设置私有数据   */
74       return 0;
75   }
76
77   /*
78    * @description     : 向设备写数据
79    * @param - filp  : 设备文件,表示打开的文件描述符
80    * @param - buf   : 给设备写入的数据
81    * @param - cnt   : 要写入的数据长度
82    * @param - offt  : 相对于文件首地址的偏移
```

```
83    *  @return       :写入的字节数,如果为负值,则表示写入失败
84    */
85  static ssize_t led_write(struct file * filp, const char __user * buf,
                            size_t cnt, loff_t * offt)
86  {
87      int retvalue;
88      unsigned char databuf[2];
89      unsigned char ledstat;
90
91      retvalue = copy_from_user(databuf, buf, cnt);
92      if(retvalue < 0) {
93
94          printk("kernel write failed!\r\n");
95          return - EFAULT;
96      }
97
98      ledstat = databuf[0];
99      if (ledstat == LEDON) {
100         led0_switch(LEDON);
101     } else if (ledstat == LEDOFF) {
102         led0_switch(LEDOFF);
103     }
104     return 0;
105 }
106
107 /* 设备操作函数 */
108 static struct file_operations led_fops = {
109     .owner = THIS_MODULE,
110     .open = led_open,
111     .write = led_write,
112 };
113
114 /*
115  *  @description    : flatform 驱动的 probe 函数,当驱动与
116  *                    设备匹配以后此函数就会执行
117  *  @param - dev    : platform 设备
118  *  @return         : 0,成功;其他负值,失败
119  */
120 static int led_probe(struct platform_device * dev)
121 {
122     printk("led driver and device was matched!\r\n");
123     /* 1、设置设备号 */
124     if (leddev.major) {
125         leddev.devid = MKDEV(leddev.major, 0);
126         register_chrdev_region(leddev.devid, LEDDEV_CNT,
                                   LEDDEV_NAME);
127     } else {
128         alloc_chrdev_region(&leddev.devid, 0, LEDDEV_CNT,
                                LEDDEV_NAME);
129         leddev.major = MAJOR(leddev.devid);
130     }
131
```

```
132        /* 2、注册设备         */
133        cdev_init(&leddev.cdev, &led_fops);
134        cdev_add(&leddev.cdev, leddev.devid, LEDDEV_CNT);
135
136        /* 3、创建类          */
137        leddev.class = class_create(THIS_MODULE, LEDDEV_NAME);
138        if (IS_ERR(leddev.class)) {
139            return PTR_ERR(leddev.class);
140        }
141
142        /* 4、创建设备 */
143        leddev.device = device_create(leddev.class, NULL, leddev.devid, NULL, LEDDEV_NAME);
144        if (IS_ERR(leddev.device)) {
145            return PTR_ERR(leddev.device);
146        }
147
148        /* 5、初始化 I/O */
149        leddev.node = of_find_node_by_path("/gpioled");
150        if (leddev.node == NULL){
151            printk("gpioled node nost find!\r\n");
152            return - EINVAL;
153        }
154
155        leddev.led0 = of_get_named_gpio(leddev.node, "led - gpio", 0);
156        if (leddev.led0 < 0) {
157            printk("can't get led - gpio\r\n");
158            return - EINVAL;
159        }
160
161        gpio_request(leddev.led0, "led0");
162        gpio_direction_output(leddev.led0, 1);              /* 设置为输出,默认高电平 */
163        return 0;
164 }
165
166 /*
167  * @description    : remove 函数,移除 platform 驱动的时候此函数会执行
168  * @param - dev : platform 设备
169  * @return         : 0,成功;其他负值,失败
170  */
171 static int led_remove(struct platform_device * dev)
172 {
173        gpio_set_value(leddev.led0, 1);                      /*  卸载驱动的时候关闭 LED     */
174        gpio_free(leddev.led0);
175        cdev_del(&leddev.cdev);                              /*  删除 cdev                 */
176        unregister_chrdev_region(leddev.devid, LEDDEV_CNT);
177        device_destroy(leddev.class, leddev.devid);
178        class_destroy(leddev.class);
179        return 0;
180 }
181
182 /* 匹配列表 */
```

```
183  static const struct of_device_id led_of_match[] = {
184      { .compatible = "atkalpha - gpioled" },
185      { /* Sentinel */ }
186  };
187
188  /* platform 驱动结构体 */
189  static struct platform_driver led_driver = {
190      .driver      = {
191          .name      = "imx6ul - led",          /* 驱动名字,用于和设备匹配    */
192          .of_match_table = led_of_match,        /* 设备树匹配表               */
193      },
194      .probe       = led_probe,
195      .remove      = led_remove,
196  };
197
198  /*
199   * @description    : 驱动模块加载函数
200   * @param          : 无
201   * @return         : 无
202   */
203  static int __init leddriver_init(void)
204  {
205      return platform_driver_register(&led_driver);
206  }
207
208  /*
209   * @description    : 驱动模块卸载函数
210   * @param          : 无
211   * @return         : 无
212   */
213  static void __exit leddriver_exit(void)
214  {
215      platform_driver_unregister(&led_driver);
216  }
217
218  module_init(leddriver_init);
219  module_exit(leddriver_exit);
220  MODULE_LICENSE("GPL");
221  MODULE_AUTHOR("zuozhongkai");
```

第 33～112 行,传统的字符设备驱动。

第 120～164 行,platform 驱动的 probe()函数,当设备树中的设备节点与驱动之间匹配成功以后此函数就会执行,原来在驱动加载函数中做的工作现在全部放到 probe()函数中完成。

第 171～180 行,remove()函数,当卸载 platform 驱动的时候此函数就会执行。在此函数中释放内存、注销字符设备等,也就是将原来驱动卸载函数中的工作全部都放到 remove()函数中完成。

第 183～186 行,匹配表,描述了此驱动都和什么样的设备匹配,第 184 行添加了一条值为 "atkalpha-gpioled"的 compatible 属性值,当设备树中某个设备节点的 compatible 属性值也为 atkalpha-gpioledn 的时候就会与此驱动匹配。

第 189～196 行,platform_driver 驱动结构体,第 191 行设置这个 platform 驱动的名字为

imx6ul-led,因此,当驱动加载成功以后就会在/sys/bus/platform/drivers/目录下存在一个名为 imx6ul-led 的文件。第 192 行设置 of_match_table 为上面的 led_of_match。

第 203～206 行,驱动模块加载函数,在此函数中通过 platform_driver_register()向 Linux 内核注册 led_driver 驱动。

第 213～216 行,驱动模块卸载函数,在此函数中通过 platform_driver_unregister()从 Linux 内核卸载 led_driver 驱动。

16.3.3 编写测试 App

测试 App 就直接使用 15.4.2 节编写的 ledApp.c 即可。

16.4 运行测试

16.4.1 编译驱动程序和测试 App

1. 编译驱动程序

编写 Makefile 文件,本章实验的 Makefile 文件和第 1 章实验基本一样,只是将 obj-m 变量的值改为 leddriver.o,Makefile 内容如下所示:

```
                        示例代码16-4  Makefile 文件
1  KERNELDIR := /home/zuozhongkai/linux/IMX6ULL/linux/temp/linux-imx-rel_imx_4.1.15_2.1.0_ga_alientek
...
4  obj-m := leddriver.o
...
11 clean:
12    $(MAKE) -C $(KERNELDIR) M=$(CURRENT_PATH) clean
```

第 4 行,设置 obj-m 变量的值为 leddriver.o。

输入如下命令编译出驱动模块文件:

```
make -j32
```

编译成功以后就会生成一个名为 leddriver.o 的驱动模块文件。

2. 编译测试 App

测试 App 直接使用第 15 章的 ledApp 这个测试软件即可。

16.4.2 运行测试

将 16.4.1 节编译出来 leddriver.ko 复制到 rootfs/lib/modules/4.1.15 目录中,重启开发板,进入到目录 lib/modules/4.1.15 中,输入如下命令加载 leddriver.ko 这个驱动模块。

```
depmod              //第一次加载驱动的时候需要运行此命令
modprobe leddriver  //加载驱动模块
```

驱动模块加载完成以后到/sys/bus/platform/drivers/目录下查看驱动是否存在,我们在

leddriver.c 中设置 led_driver（platform_driver 类型）的 name 字段为"imx6ul-led"，因此会在/sys/bus/platform/drivers/目录下存在名为 imx6ul-led 的文件，结果如图 16-1 所示。

gpio-keys	imx6sx-pinctrl	smc91x
gpio-mxc	imx6ul-led	smsc911x
gpio-rc-recv	imx6ul-pinctrl	snd-soc-dummy
gpio-regulator	imx6ul-tsc	snvs_pwrkey
gpio-reset	imx7d-pinctrl	snvs_rtc

图 16-1　imx6ul-led 驱动

同理，在/sys/bus/platform/devices/目录下也存在 LED 的设备文件，也就是设备树中 gpioled 这个节点，如图 16-2 所示。

20ca000.usbphy	ci_hdrc.0	
20cc000.snvs	ci_hdrc.1	
20cc000.snvs:snvs-powerkey	gpioled	——设备
20cc000.snvs:snvs-poweroff	imx6q-cpufreq	
20cc000.snvs:snvs-rtc-lp	key	

图 16-2　gpioled 设备

驱动和模块都存在，当驱动和设备匹配成功以后就会输出如图 16-3 所示的提示。

```
/lib/modules/4.1.15 # modprobe leddriver
led driver and device was matched!          ——驱动和设备匹配成功
/lib/modules/4.1.15 # ls /sys/bus/platform/drivers
```

图 16-3　驱动和设备匹配成功

驱动和设备匹配成功以后就可以测试 LED 灯驱动了，输入如下命令打开 LED 灯：

```
./ledApp /dev/dtsplatled 1          //打开 LED 灯
```

再输入如下命令关闭 LED 灯：

```
./ledApp /dev/dtsplatled 0          //关闭 LED 灯
```

观察一下 LED 灯能否打开和关闭，如果可以，则说明驱动工作正常；如果要卸载驱动，则输入如下命令：

```
rmmod leddriver
```

第17章

Linux自带的LED灯驱动实验

前面我们都是自己编写 LED 灯驱动,其实像 LED 灯这样非常基础的设备驱动,Linux 内核已经集成了。Linux 内核的 LED 灯驱动采用 platform 框架,因此我们只需要按照要求在设备树文件中添加相应的 LED 节点即可。本章就来学习如何使用 Linux 内核自带的 LED 驱动来驱动 I.MX6U-ALPHA 开发板上的 LED0。

17.1　Linux 内核自带 LED 灯驱动使能

第 16 章编写了基于设备树的 platform LED 灯驱动,其实 Linux 内核已经自带了 LED 灯驱动。要使用 Linux 内核自带的 LED 灯驱动首先应配置 Linux 内核,使能自带的 LED 灯驱动,输入如下命令打开 Linux 配置菜单:

```
make menuconfig
```

按照如下路径打开 LED 驱动配置项:

```
-> Device Drivers
    -> LED Support (NEW_LEDS [ = y])
        -> LED Support for GPIO connected LEDs
```

选择"LED Support for GPIO connected LEDs",将其编译进 Linux 内核,也即是在此选项上按下 Y 键,使此选项前面变为"< * >",如图 17-1 所示。

在"LED Support for GPIO connected LEDs"上按下"?"键可以打开此选项的帮助信息,如图 17-2 所示。

从图 17-2 可以看出,把 Linux 内部自带的 LED 灯驱动编译进内核以后,CONFIG_LEDS_GPIO 就会等于 y,Linux 会根据 CONFIG_LEDS_GPIO 的值来选择如何编译 LED 灯驱动,如果为 y 则将其编译进 Linux 内核。

配置好 Linux 内核以后退出配置界面,打开.config 文件,会找到"CONFIG_LEDS_GPIO=y"这一行,如图 17-3 所示。

重新编译 Linux 内核,然后使用新编译出来的 zImage 镜像启动开发板。

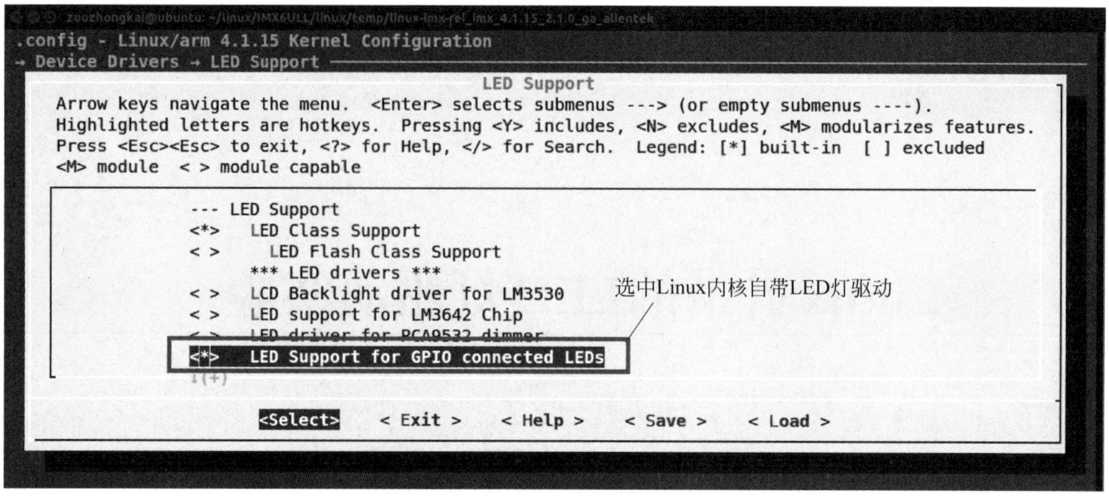

图 17-1　使能 LED 灯驱动

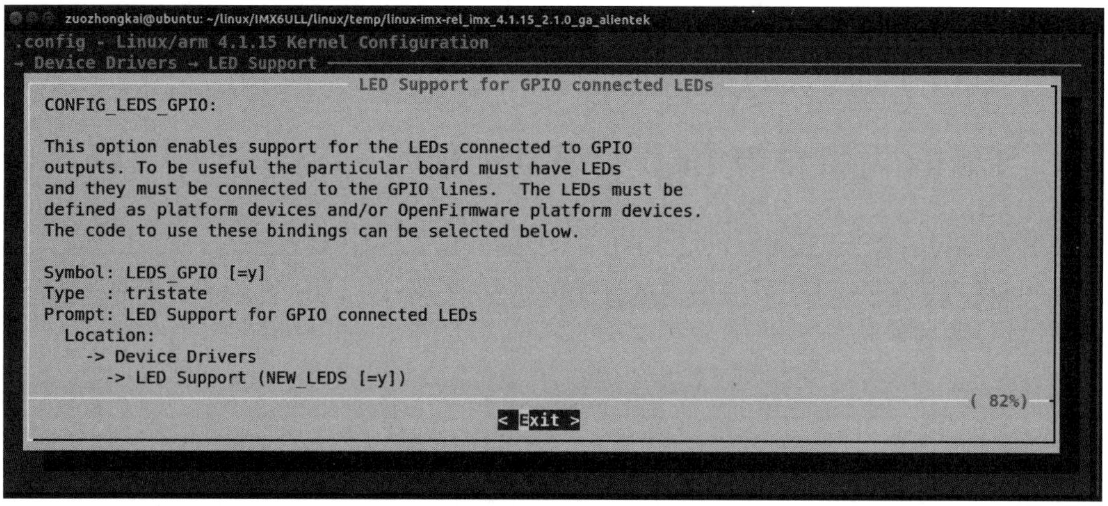

图 17-2　内部 LED 灯驱动帮助信息

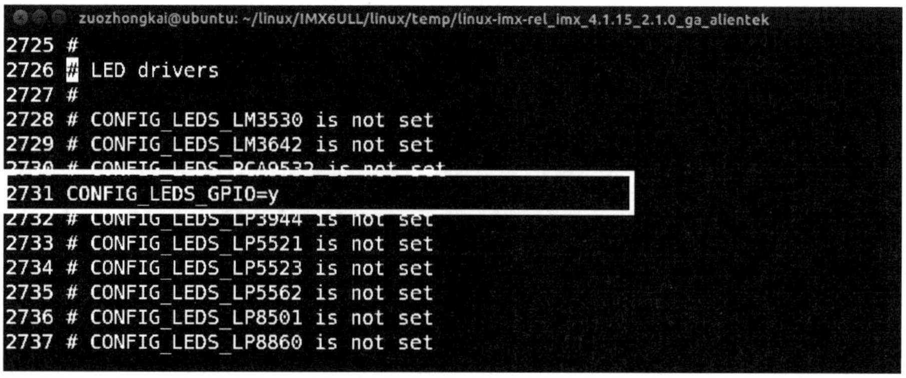

图 17-3　.config 文件内容

17.2 Linux 内核自带 LED 灯驱动简介

17.2.1 LED 灯驱动框架分析

LED 灯驱动文件为/drivers/leds/leds-gpio.c，大家可以打开/drivers/leds/Makefile 这个文件，找到如下所示的内容：

```
                    示例代码 17-1   /drivers/leds/Makefile 文件代码段
2    # LED Core
3    obj-$(CONFIG_NEW_LEDS)              += led-core.o
..
23   obj-$(CONFIG_LEDS_GPIO_REGISTER)   += leds-gpio-register.o
24   obj-$(CONFIG_LEDS_GPIO)            += leds-gpio.o
25   obj-$(CONFIG_LEDS_LP3944)          += leds-lp3944.o
...
```

第 24 行，如果定义了 CONFIG_LEDS_GPIO，则编译 leds-gpio.c 这个文件，在 17.1 节我们选择将 LED 驱动编译进 Linux 内核，在.config 文件中就会有"CONFIG_LEDS_GPIO=y"这一行，因此 leds-gpio.c 驱动文件就会被编译。

接下来看一下 leds-gpio.c 这个驱动文件，找到如下所示的内容：

```
                    示例代码 17-2   leds-gpio.c 文件代码段
236 static const struct of_device_id of_gpio_leds_match[] = {
237     { .compatible = "gpio-leds", },
238     {},
239 };
...
290 static struct platform_driver gpio_led_driver = {
291     .probe      = gpio_led_probe,
292     .remove     = gpio_led_remove,
293     .driver     = {
294         .name          = "leds-gpio",
295         .of_match_table = of_gpio_leds_match,
296     },
297 };
298
299 module_platform_driver(gpio_led_driver);
```

第 236~239 行，LED 驱动的匹配表，此表只有一个匹配项，compatible 内容为"gpio-leds"，因此设备树中的 LED 灯设备节点的 compatible 属性值也要为"gpio-leds"，否则设备和驱动匹配不成功，驱动就无法工作。

第 290~296 行，platform_driver 驱动结构体变量，可以看出，Linux 内核自带的 LED 驱动采用了 platform 框架。由第 291 行可知在驱动和设备匹配成功以后 gpio_led_probe()函数就会执行。从第 294 行可以看出，驱动名为"leds-gpio"，因此会在/sys/bus/platform/drivers 目录下存在一个名为 leds-gpio 的文件，如图 17-4 所示。

第 299 行通过 module_platform_driver()函数向 Linux 内核注册 gpio_led_driver 这个 platform 驱动。

gpmi-nand	imx_thermal	spi_imx
imx-audmux	imx_usb 自带LED灯驱动	sram
imx-ddrc	ldo2p5-dummy	stmpe-ts
imx-gpc	leds-gpio	syscon
imx-gpcv2	mc13783-regulator	usb_phy_generic

图 17-4　leds-gpio 驱动文件

17.2.2　module_platform_driver()函数简介

在 17.2.1 节中我们知道 LED 驱动会采用 module_platform_driver()函数向 Linux 内核注册 platform 驱动,其实在 Linux 内核中会大量采用 module_platform_driver()来完成向 Linux 内核注册 platform 驱动的操作。module_platform_driver()定义在 include/linux/platform_device.h 文件中,为一个宏,定义如下:

示例代码 17-3　module_platform_driver()函数
```
221 #define module_platform_driver(__platform_driver) \
222    module_driver(__platform_driver, platform_driver_register, \
223           platform_driver_unregister)
```

可以看出,module_platform_driver()依赖 module_driver(),module_driver()也是一个宏,定义在 include/linux/device.h 文件中,内容如下:

示例代码 17-4　module_driver()函数
```
1260 #define module_driver(__driver, __register, __unregister, ...) \
1261 static int __init __driver##_init(void) \
1262 { \
1263    return __register(&(__driver), ##__VA_ARGS__); \
1264 } \
1265 module_init(__driver##_init); \
1266 static void __exit __driver##_exit(void) \
1267 { \
1268    __unregister(&(__driver), ##__VA_ARGS__); \
1269 } \
1270 module_exit(__driver##_exit);
```

借助示例代码 17-3 和示例代码 17-4,将

```
module_platform_driver(gpio_led_driver)
```

展开以后就得到

```
static int __init gpio_led_driver_init(void)
{
    return platform_driver_register (&(gpio_led_driver));
}
module_init(gpio_led_driver_init);

static void __exit gpio_led_driver_exit(void)
{
    platform_driver_unregister (&(gpio_led_driver) );
}
module_exit(gpio_led_driver_exit);
```

上面的代码不就是标准的注册和删除 platform 驱动吗？因此 module_platform_driver()函数的功能就是完成 platform 驱动的注册和删除。

17.2.3 gpio_led_probe()函数简介

在驱动和设备匹配以后 gpio_led_probe()函数就会执行,此函数主要是从设备树中获取 LED 灯的 GPIO 信息,缩减后的函数内容如下所示:

示例代码 17-5 gpio_led_probe()函数

```
243 static int gpio_led_probe(struct platform_device * pdev)
244 {
245     struct gpio_led_platform_data * pdata = dev_get_platdata(&pdev->dev);
246     struct gpio_leds_priv * priv;
247     int i, ret = 0;
248
249     if (pdata && pdata->num_leds) {        /* 非设备树方式    */
            /* 获取 platform_device 信息 */
            ...
268     } else {                               /* 采用设备树      */
269         priv = gpio_leds_create(pdev);
270         if (IS_ERR(priv))
271             return PTR_ERR(priv);
272     }
273
274     platform_set_drvdata(pdev, priv);
275
276     return 0;
277 }
```

第 269~271 行,如果使用设备树,那么使用 gpio_leds_create()函数从设备树中提取设备信息,获取到的 LED 灯 GPIO 信息保存在返回值中。gpio_leds_create()函数内容如下:

示例代码 17-6 gpio_leds_create()函数

```
167 static struct gpio_leds_priv * gpio_leds_create(struct platform_device * pdev)
168 {
169     struct device * dev = &pdev->dev;
170     struct fwnode_handle * child;
171     struct gpio_leds_priv * priv;
172     int count, ret;
173     struct device_node * np;
174
175     count = device_get_child_node_count(dev);
176     if (!count)
177         return ERR_PTR( - ENODEV);
178
179     priv = devm_kzalloc(dev, sizeof_gpio_leds_priv(count),GFP_KERNEL);
180     if (!priv)
181         return ERR_PTR( - ENOMEM);
182
183     device_for_each_child_node(dev, child) {
184         struct gpio_led led = {};
```

```
185        const char * state = NULL;
186
187        led.gpiod = devm_get_gpiod_from_child(dev, NULL, child);
188        if (IS_ERR(led.gpiod)) {
189            fwnode_handle_put(child);
190            ret = PTR_ERR(led.gpiod);
191            goto err;
192        }
193
194        np = of_node(child);
195
196        if (fwnode_property_present(child, "label")) {
197            fwnode_property_read_string(child, "label", &led.name);
198        } else {
199            if (IS_ENABLED(CONFIG_OF) && !led.name && np)
200                led.name = np->name;
201            if (!led.name)
202                return ERR_PTR(-EINVAL);
203        }
204        fwnode_property_read_string(child, "linux,default-trigger",
205                    &led.default_trigger);
206
207        if (!fwnode_property_read_string(child, "default-state",
208                    &state)) {
209            if (!strcmp(state, "keep"))
210                led.default_state = LEDS_GPIO_DEFSTATE_KEEP;
211            else if (!strcmp(state, "on"))
212                led.default_state = LEDS_GPIO_DEFSTATE_ON;
213            else
214                led.default_state = LEDS_GPIO_DEFSTATE_OFF;
215        }
216
217        if (fwnode_property_present(child, "retain-state-suspended"))
218            led.retain_state_suspended = 1;
219
220        ret = create_gpio_led(&led, &priv->leds[priv->num_leds++],
221                    dev, NULL);
222        if (ret < 0) {
223            fwnode_handle_put(child);
224            goto err;
225        }
226    }
227
228    return priv;
229
230 err:
231    for (count = priv->num_leds - 2; count >= 0; count--)
232        delete_gpio_led(&priv->leds[count]);
233    return ERR_PTR(ret);
234 }
```

第 175 行,调用 device_get_child_node_count()函数统计子节点数量,一般在设备树中创建一个节点表示 LED 灯,然后在这个节点下面为每个 LED 灯创建一个子节点。因此子节点数量也是 LED 灯的数量。

第 183 行,遍历每个子节点,获取每个子节点的信息。

第 187 行,获取 LED 灯所使用的 GPIO 信息。

第 196 行和第 197 行,读取子节点 label 属性值,因为使用 label 属性作为 LED 的名字。

第 204 行和第 205 行,获取"linux,default-trigger"属性值,可以通过此属性设置某个 LED 灯在 Linux 系统中的默认功能,比如作为系统心跳指示灯等。

第 207~215 行,获取"default-state"属性值,也就是 LED 灯的默认状态属性。

第 220 行,调用 create_gpio_led()函数创建 LED 相关的 I/O,其实就是将 LED 所使用的 I/O 设置为输出等。create_gpio_led()函数主要是初始化 led_dat 这个 gpio_led_data 结构体类型变量, led_dat 保存了 LED 的操作函数等内容。

关于 gpio_led_probe()函数就分析到这里。gpio_led_probe()函数的主要功能就是获取 LED 灯的设备信息,然后根据这些信息来初始化对应的 I/O,将之设置为输出等。

17.3 设备树节点编写

打开文档 Documentation/devicetree/bindings/leds/leds-gpio.txt,此文档详细讲解了 Linux 自带驱动对应的设备树节点该如何编写,我们在编写设备节点的时候要注意以下几点:

(1) 创建一个节点表示 LED 灯设备,比如 dtsleds,如果板子上有多个 LED 灯,那么每个 LED 灯都作为 dtsleds 的子节点。

(2) dtsleds 节点的 compatible 属性值一定要为"gpio-leds"。

(3) 设置 label 属性,此属性为可选,每个子节点都有一个 label 属性,label 属性一般表示 LED 灯的名字,比如以颜色区分就是 red、green 等。

(4) 每个子节点必须要设置 gpios 属性值,表示此 LED 所使用的 GPIO 引脚。

(5) 可以设置"linux,default-trigger"属性值,也就是设置 LED 灯的默认功能,可以查阅 Documentation/devicetree/bindings/leds/common.txt 这个文档来查看可选功能,比如:

backlight——LED 灯作为背光。

default-on——LED 灯打开。

heartbeat——LED 灯作为心跳指示灯,可以作为系统运行提示灯。

ide-disk——LED 灯作为硬盘活动指示灯。

timer——LED 灯周期性闪烁,由定时器驱动,闪烁频率可以修改。

(6) 可以设置"default-state"属性值,可以设置为 on、off 或 keep,为 on 的时候 LED 灯默认打开,为 off 的时候 LED 灯默认关闭,为 keep 的时候 LED 灯保持当前模式。

根据上述几条要求在 imx6ull-alientek-emmc.dts 中添加如下所示 LED 灯设备节点:

示例代码17-7 dtsleds设备节点

```
1  dtsleds {
2      compatible = "gpio-leds";
3
```

```
4        led0 {
5            label = "red";
6            gpios = <&gpio1 3 GPIO_ACTIVE_LOW>;
7            default - state = "off";
8        };
9  };
```

因为 I. MX6U-ALPHA 开发板只有一个 LED0,因此在 dtsleds 这个节点下只有一个子节点 led0,LED0 名字为 red,默认关闭。修改完成以后保存并重新编译设备树,然后用新的设备树启动开发板。

17.4 运行测试

用新的 zImage 和 imx6ull-alientek-emmc. dtb 启动开发板,启动以后查看/sys/bus/platform/devices/dtsleds 这个目录是否存在,如果存在,则进入到此目录中,如图 17-5 所示。

```
/ # ls /sys/devices/platform/dtsleds/
driver            leds            of_node         subsystem
driver_override  modalias         power           uevent
/ #
```

图 17-5 dtsleds 目录

leds 目录中的内容如图 17-6 所示。

```
/sys/devices/platform/dtsleds # cd leds/
/sys/devices/platform/dtsleds/leds # ls
red
/sys/devices/platform/dtsleds/leds #
```

图 17-6 leds 目录内容

从图 17-6 可以看出,在 leds 目录下有一个名为 red 的子目录,这个子目录的名字就是我们在设备树中第 5 行设置的 label 属性值。

我们的设置究竟有没有用,最终是要通过测试才能知道。首先查看一下系统中有没有 sys/class/leds/red/brightness 这个文件,如果有,则输入如下命令打开名为 red 的 LED 灯:

```
echo 1 > /sys/class/leds/red/brightness        //打开 LED0
```

关闭 red 这个 LED 灯的命令如下:

```
echo 0 > /sys/class/leds/red/brightness        //关闭 LED0
```

如果能正常打开和关闭 LED 灯,则说明 Linux 内核自带的 LED 灯驱动工作正常。我们一般会使用一个 LED 灯作为系统指示灯。如果系统运行正常,那么这个 LED 指示灯就会一闪一闪的。这里设置 LED0 作为系统指示灯,在 dtsleds 这个设备节点中加入"linux,default-trigger"属性信息即可,属性值为"heartbeat",修改完以后的 dtsleds 节点内容如下:

示例代码17-8 dtsleds 设备节点
```
1  dtsleds {
2      compatible = "gpio - leds";
3
```

```
4      led0 {
5          label = "red";
6          gpios = <&gpio1 3 GPIO_ACTIVE_LOW>;
7          linux,default - trigger = "heartbeat";
8          default - state = "on";
9      };
10 };
```

第 7 行，设置 LED0 为"heartbeat"。

第 8 行，默认打开 LED0。

重新编译设备树并且使用新的设备树启动 Linux 系统，启动以后 LED0 就会闪烁，作为系统心跳指示灯，表示系统正在运行。

第18章

Linux MISC驱动实验

MISC 的意思是混合、杂项的,因此 MISC 驱动也叫作杂项驱动,也就是当板子上的某些外设无法进行分类的时候就可以使用 MISC 驱动。MISC 驱动其实就是最简单的字符设备驱动,通常嵌套在 platform 总线驱动中,实现复杂的驱动。本章就来学习 MISC 驱动的编写。

18.1 MISC 设备驱动简介

所有的 MISC 设备驱动的主设备号都为 10,不同的设备使用不同的从设备号。随着 Linux 字符设备驱动的不断增加,设备号变得越来越稀缺,尤其是主设备号,MISC 设备驱动就用于解决此问题。MISC 设备会自动创建 cdev,不需要像我们以前那样手动创建,因此采用 MISC 设备驱动可以简化字符设备驱动的编写。我们需要向 Linux 注册一个 miscdevice 结构体,定义在文件 include/linux/miscdevice.h 中,内容如下:

```
                        示例代码 18-1   miscdevice 结构体代码
57 struct miscdevice  {
58     int minor;                              /* 子设备号      */
59     const char * name;                      /* 设备名字      */
60     const struct file_operations * fops;    /* 设备操作集    */
61     struct list_head list;
62     struct device * parent;
63     struct device * this_device;
64     const struct attribute_group * * groups;
65     const char * nodename;
66     umode_t mode;
67 };
```

定义一个 MISC 设备(miscdevice 类型)后我们需要设置 minor、name 和 fops 这 3 个成员变量。minor 表示子设备号,MISC 设备的主设备号为 10,这个是固定的,需要用户指定子设备号。Linux 系统已经预定义了一些 MISC 设备的子设备号,这些预定义的子设备号定义在 include/linux/miscdevice.h 文件中,如下所示:

```
                         示例代码 18-2    预定义的 MISC 设备子设备号
13 # define PSMOUSE_MINOR          1
14 # define MS_BUSMOUSE_MINOR      2        /* unused */
15 # define ATIXL_BUSMOUSE_MINOR   3        /* unused */
16 /* # define AMIGAMOUSE_MINOR    4        FIXME OBSOLETE */
17 # define ATARIMOUSE_MINOR       5        /* unused */
18 # define SUN_MOUSE_MINOR        6        /* unused */
...
52 # define MISC_DYNAMIC_MINOR     255
```

我们在使用的时候可以从这些预定义的子设备号中挑选一个,当然也可以自己定义,只要这个子设备号没有被其他设备使用接口即可。

name 就是此 MISC 设备的名字,当此设备注册成功以后就会在/dev 目录下生成一个名为 name 的设备文件。fops 就是字符设备的操作集合,MISC 设备驱动最终是需要使用用户提供的 fops 操作集合。

当设置好 miscdevice 以后就需要使用 misc_register()函数向系统中注册一个 MISC 设备,此函数原型如下:

```
int misc_register(struct miscdevice * misc)
```

函数参数含义如下:

misc——要注册的 MISC 设备。

返回值——负数,失败;0,成功。

以前需要自己调用许多函数去创建设备,比如在以前的字符设备驱动中我们会使用如下几个函数完成设备创建过程:

```
                        示例代码 18-3    传统的创建设备过程
1 alloc_chrdev_region();      /* 申请设备号   */
2 cdev_init();                /* 初始化 cdev  */
3 cdev_add();                 /* 添加 cdev    */
4 class_create();             /* 创建类       */
5 device_create();            /* 创建设备     */
```

现在可以直接使用 misc_register()这个函数来完成示例代码 18-3 中的步骤。当我们卸载设备驱动模块的时候需要调用 misc_deregister()函数来注销掉 MISC 设备,函数原型如下:

```
int misc_deregister(struct miscdevice * misc)
```

函数参数含义如下:

misc——要注销的 MISC 设备。

返回值——负数,失败;0,成功。

以前注销设备驱动的时候,我们需要调用许多函数去删除此前创建的 cdev、设备等内容,如下所示:

```
                        示例代码 18-4    传统的删除设备的过程
1 cdev_del();               /* 删除 cdev  */
```

```
2 unregister_chrdev_region();        /* 注销设备号      */
3 device_destroy();                  /* 删除设备        */
4 class_destroy();                   /* 删除类          */
```

现在只需要一个 misc_deregister() 函数即可完成示例代码 18-4 中的这些工作。关于 MISC 设备驱动就讲解到这里,接下来就使用 platform 加 MISC 驱动框架来编写 beep 蜂鸣器驱动。

18.2　硬件原理图分析

本章实验只使用到 IMX6U-ALPHA 开发板上的蜂鸣器,因此实验硬件原理图参考《原子嵌入式 Linux 驱动开发详解》10.2 节即可。

18.3　实验程序编写

本实验对应的例程路径为"2、Linux 驱动例程→17_misc"。

本章实验采用 platform 加 MISC 的方式编写蜂鸣器驱动,这也是实际的 Linux 驱动中很常用的方法。采用 platform 来实现总线、设备和驱动,misc 主要负责完成字符设备的创建。

18.3.1　修改设备树

本章实验需要用到蜂鸣器,因此需要在 imx6ull-alientek-emmc.dts 文件中创建蜂鸣器设备节点,这里直接使用 7.3.1 节创建的 beep 这个设备节点即可。

18.3.2　beep 驱动程序编写

新建名为 19_miscbeep 的文件夹,然后在 19_miscbeep 文件夹中创建 vscode 工程,工作区命名为 miscbeep。新建名为 miscbeep.c 的驱动文件,在 miscbeep.c 中输入如下所示内容:

示例代码 18-5　miscbeep.c 文件代码段

```
1    # include <linux/types.h>
2    # include <linux/kernel.h>
3    # include <linux/delay.h>
4    # include <linux/ide.h>
5    # include <linux/init.h>
6    # include <linux/module.h>
7    # include <linux/errno.h>
8    # include <linux/gpio.h>
9    # include <linux/cdev.h>
10   # include <linux/device.h>
11   # include <linux/of.h>
12   # include <linux/of_address.h>
13   # include <linux/of_gpio.h>
14   # include <linux/platform_device.h>
15   # include <linux/miscdevice.h>
16   # include <asm/mach/map.h>
17   # include <asm/uaccess.h>
```

```
18   # include < asm/io. h>
19   / **************************************************************
20   Copyright © ALIENTEK Co., Ltd. 1998 - 2029. All rights reserved.
21   文件名     : miscbeep.c
22   作者       : 左忠凯
23   版本       : V1.0
24   描述       : 采用 MISC 的蜂鸣器驱动程序
25   其他       : 无
26   论坛       : www.openedv.com
27   日志       : 初版 V1.0 2019/8/20 左忠凯创建
28   ************************************************************** /
29   # define MISCBEEP_NAME      "miscbeep"        /* 名字         */
30   # define MISCBEEP_MINOR     144               /* 子设备号     */
31   # define BEEPOFF           0                  /* 关闭蜂鸣器   */
32   # define BEEPON            1                  /* 打开蜂鸣器   */
33
34   /* miscbeep 设备结构体 */
35   struct miscbeep_dev{
36       dev_t devid;                     /* 设备号          */
37       struct cdev cdev;                /* cdev            */
38       struct class * class;            /* 类              */
39       struct device * device;          /* 设备            */
40       struct device_node  * nd;        /* 设备节点        */
41       int beep_gpio;                   /* beep 所使用的 GPIO 编号 */
42   };
43
44   struct miscbeep_dev miscbeep;        /* beep 设备                */
45
46   /*
47    * @description     : 打开设备
48    * @param - inode   : 传递给驱动的 inode
49    * @param - filp    : 设备文件,file 结构体有个叫作 private_data 的成员变量
50    *                    一般在 open 的时候将 private_data 指向设备结构体
51    * @return          : 0,成功;其他,失败
52    */
53   static int miscbeep_open(struct inode * inode, struct file * filp)
54   {
55       filp->private_data = &miscbeep;           /* 设置私有数据 */
56       return 0;
57   }
58
59   /*
60    * @description     : 向设备写数据
61    * @param - filp    : 设备文件,表示打开的文件描述符
62    * @param - buf     : 给设备写入的数据
63    * @param - cnt     : 要写入的数据长度
64    * @param - offt    : 相对于文件首地址的偏移
65    * @return          : 写入的字节数,如果为负值,则表示写入失败
66    */
67   static ssize_t miscbeep_write(struct file * filp,
                   const char __user * buf, size_t cnt, loff_t * offt)
68   {
```

```
69       int retvalue;
70       unsigned char databuf[1];
71       unsigned char beepstat;
72       struct miscbeep_dev * dev = filp->private_data;
73
74       retvalue = copy_from_user(databuf, buf, cnt);
75       if(retvalue < 0) {
76           printk("kernel write failed!\r\n");
77           return -EFAULT;
78       }
79
80       beepstat = databuf[0];                         /* 获取状态值    */
81       if(beepstat == BEEPON) {
82           gpio_set_value(dev->beep_gpio, 0);         /* 打开蜂鸣器    */
83       } else if(beepstat == BEEPOFF) {
84           gpio_set_value(dev->beep_gpio, 1);         /* 关闭蜂鸣器    */
85       }
86       return 0;
87   }
88
89   /* 设备操作函数 */
90   static struct file_operations miscbeep_fops = {
91       .owner = THIS_MODULE,
92       .open = miscbeep_open,
93       .write = miscbeep_write,
94   };
95
96   /* MISC 设备结构体 */
97   static struct miscdevice beep_miscdev = {
98       .minor = MISCBEEP_MINOR,
99       .name = MISCBEEP_NAME,
100      .fops = &miscbeep_fops,
101  };
102
103  /*
104   * @description    : flatform 驱动的 probe 函数,当驱动与
105   *                   设备匹配以后此函数就会执行
106   * @param - dev  : platform 设备
107   * @return        : 0,成功;其他负值,失败
108   */
109  static int miscbeep_probe(struct platform_device * dev)
110  {
111      int ret = 0;
112
113      printk("beep driver and device was matched!\r\n");
114      /* 设置 BEEP 所使用的 GPIO */
115      /* 1、获取设备节点:beep */
116      miscbeep.nd = of_find_node_by_path("/beep");
117      if(miscbeep.nd == NULL) {
118          printk("beep node not find!\r\n");
119          return -EINVAL;
120      }
```

```
121
122     /* 2、获取设备树中的gpio属性,得到beep所使用的beep编号 */
123     miscbeep.beep_gpio = of_get_named_gpio(miscbeep.nd, "beep-gpio",    0);
124     if(miscbeep.beep_gpio < 0) {
125         printk("can't get beep-gpio");
126         return -EINVAL;
127     }
128
129     gpio_request(miscbeep.beep_gpio, "beep");
130     ret = gpio_direction_output(miscbeep.beep_gpio, 1);
131     if(ret < 0) {
132         printk("can't set gpio!\r\n");
133     }
134
135     /* 一般情况下会注册对应的字符设备,但是这里使用MISC设备
136      * 所以我们不需要自己注册字符设备驱动,只需要注册MISC设备驱动即可
137      */
138     ret = misc_register(&beep_miscdev);
139     if(ret < 0){
140         printk("misc device register failed!\r\n");
141         return -EFAULT;
142     }
143
144     return 0;
145 }
146
147 /*
148  * @description     : remove函数,移除platform驱动的时候此函数会执行
149  * @param - dev     : platform设备
150  * @return          : 0,成功;其他负值,失败
151  */
152 static int miscbeep_remove(struct platform_device *dev)
153 {
154     /* 注销设备的时候关闭蜂鸣器 */
155     gpio_set_value(miscbeep.beep_gpio, 1);
156     gpio_free(miscbeep.beep_gpio);
157     /* 注销MISC设备驱动 */
158     misc_deregister(&beep_miscdev);
159     return 0;
160 }
161
162 /* 匹配列表 */
163 static const struct of_device_id beep_of_match[] = {
164     { .compatible = "atkalpha-beep" },
165     { /* Sentinel */ }
166 };
167
168 /* platform驱动结构体 */
169 static struct platform_driver beep_driver = {
170     .driver     = {
171         .name   = "imx6ul-beep",              /* 驱动名字      */
172         .of_match_table = beep_of_match,      /* 设备树匹配表 */
```

```
173         },
174         .probe       = miscbeep_probe,
175         .remove      = miscbeep_remove,
176 };
177
178 /*
179  * @description :   驱动入口函数
180  * @param       :无
181  * @return      :无
182  */
183 static int __init miscbeep_init(void)
184 {
185     return platform_driver_register(&beep_driver);
186 }
187
188 /*
189  * @description    :驱动出口函数
190  * @param          :无
191  * @return         :无
192  */
193 static void __exit miscbeep_exit(void)
194 {
195     platform_driver_unregister(&beep_driver);
196 }
197
198 module_init(miscbeep_init);
199 module_exit(miscbeep_exit);
200 MODULE_LICENSE("GPL");
201 MODULE_AUTHOR("zuozhongkai");
```

第 29～94 行,标准的字符设备驱动。

第 97～101 行,MISC 设备 beep_miscdev,第 98 行设置子设备号为 144,第 99 行设置设备名字为 miscbeep,这样当系统启动以后就会在/dev/目录下存在一个名为 miscbeep 的设备文件。第 100 行,设置 MISC 设备的操作函数集合,为 file_operations 类型。

第 109～145 行,platform 框架的 probe()函数,当驱动与设备匹配以后此函数就会执行,首先在此函数中初始化 BEEP 所使用的 I/O。最后在第 138 行通过 misc_register()函数向 Linux 内核注册 MISC 设备,也就是前面定义的 beep_miscdev。

第 152～160 行,platform 框架的 remove()函数,在此函数中调用 misc_deregister()函数来注销 MISC 设备。

第 163～196 行,标准的 platform 驱动。

18.3.3　编写测试 App

新建 miscbeepApp.c 文件,然后在里面输入如下所示内容:

示例代码 18-6　miscbeepApp.c 文件代码段

```
1  # include "stdio.h"
2  # include "unistd.h"
```

```
3  # include "sys/types. h"
4  # include "sys/stat. h"
5  # include "fcntl. h"
6  # include "stdlib. h"
7  # include "string. h"
8  /************************************************************
9  Copyright © ALIENTEK Co., Ltd. 1998 - 2029. All rights reserved.
10 文件名      : miscbeepApp.c
11 作者        : 左忠凯
12 版本        : V1.0
13 描述        : MISC 驱动框架下的 beep 测试 App
14 其他        : 无
15 使用方法    : ./miscbeepApp  /dev/miscbeep  0 关闭蜂鸣器
16               ./miscbeepApp /dev/miscbeep  1 打开蜂鸣器
17 论坛        : www. openedv. com
18 日志        : 初版 V1.0 2019/8/20 左忠凯创建
19 *************************************************************** /
20 # define BEEPOFF   0
21 # define BEEPON    1
22
23 /*
24  * @description    : main 主程序
25  * @param - argc   : argv 数组元素个数
26  * @param - argv   : 具体参数
27  * @return         : 0,成功;其他,失败
28  */
29 int main( int argc, char * argv[ ])
30 {
31     int fd, retvalue;
32     char * filename;
33     unsigned char databuf[1];
34
35     if( argc != 3){
36         printf("Error Usage! \r\n");
37         return - 1;
38     }
39
40     filename = argv[1];
41     fd = open(filename, O_RDWR);              /* 打开 beep 驱动 */
42     if( fd < 0){
43         printf("file % s open failed! \r\n", argv[1]);
44         return - 1;
45     }
46
47     databuf[0] = atoi( argv[2]);              /* 要执行的操作:打开或关闭 */
48     retvalue = write( fd, databuf, sizeof( databuf));
49     if( retvalue < 0){
50         printf("BEEP Control Failed! \r\n");
51         close( fd);
52         return - 1;
53     }
54
```

```
55      retvalue = close(fd);                    /* 关闭文件 */
56      if(retvalue < 0){
57          printf("file % s close failed!\r\n", argv[1]);
58          return − 1;
59      }
60      return 0;
61 }
```

miscbeepApp.c 文件内容和其他例程的测试 App 基本一致,很简单,这里就不讲解了。

18.4　运行测试

18.4.1　编译驱动程序和测试 App

1. 编译驱动程序

编写 Makefile 文件,本章实验的 Makefile 文件和第 1 章实验基本一样,只是将 obj-m 变量的值改为 miscbeep.o,Makefile 内容如下所示:

```
                            示例代码18-7    Makefile 文件
1  KERNELDIR : = /home/zuozhongkai/linux/IMX6ULL/linux/temp/linux − imx − rel_imx_4.1.15_2.1.0_ga_alientek
...
4  obj − m : = miscbeep.o
...
11 clean:
12    $ (MAKE) − C $ (KERNELDIR) M = $ (CURRENT_PATH) clean
```

第 4 行,设置 obj-m 变量的值为 miscbeep.o。
输入如下命令编译出驱动模块文件:

```
make − j32
```

编译成功以后就会生成一个名为 miscbeep.ko 的驱动模块文件。

2. 编译测试 App

输入如下命令编译测试 miscbeepApp.c 测试程序:

```
arm − linux − gnueabihf − gcc miscbeepApp.c − o miscbeepApp
```

编译成功以后就会生成 miscbeepApp 应用程序。

18.4.2　运行测试

将 18.4.1 节编译出来的 miscbeep.ko 和 miscbeepApp 文件复制到 rootfs/lib/modules/4.1.15 目录中,重启开发板,进入到目录 lib/modules/4.1.15 中,输入如下命令加载 miscbeep.ko 这个驱动模块。

```
depmod                      //第一次加载驱动的时候需要运行此命令
modprobe miscbeep.ko        //加载设备模块
```

当驱动模块加载成功以后我们可以在/sys/class/misc这个目录下看到一个名为miscbeep的子目录,如图18-1所示。

```
/lib/modules/4.1.15 # cd /sys/class/misc/
/sys/class/misc # ls
autofs              memory_bandwidth    rfkill
cpu_dma_latency     miscbeep            ubi_ctrl
fuse                mxc_asrc            watchdog
hw_random           network_latency
loop-control        network_throughput
/sys/class/misc #
```

图 18-1　miscbeep 子目录

所有的 misc 设备都属于同一个类,/sys/class/misc 目录下就是 misc 这个类的所有设备,每个设备对应一个子目录。

驱动与设备匹配成功以后就会生成/dev/miscbeep 这个设备驱动文件,输入如下命令查看这个文件的主次设备号:

```
ls /dev/miscbeep -l
```

结果如图 18-2 所示。

```
/sys/class/misc # cd /lib/modules/4.1.15/
/lib/modules/4.1.15 # ls  /dev/miscbeep -l
crw-rw----    1 root     0              10, 144 Jan  1 00:14 /dev/miscbeep
/lib/modules/4.1.15 #
```

图 18-2　/dev/miscbeep 设备文件

从图 18-2 可以看出,/dev/miscbeep 这个设备的主设备号为 10,次设备号为 144,和我们驱动程序里面设置的一致。

输入如下命令打开蜂鸣器:

```
./miscbeepApp /dev/miscbeep 1              //打开蜂鸣器
```

再输入如下命令关闭 LED 灯:

```
./miscbeepApp /dev/miscbeep 0              //关闭蜂鸣器
```

观察一下蜂鸣器能否打开和关闭,如果可以,则说明驱动工作正常;如果要卸载驱动,则输入如下命令:

```
rmmodmiscbeep.ko
```

## 第19章

Linux input 子系统实验

按键、鼠标、键盘、触摸屏等都属于输入(input)设备,Linux 内核为此专门做了一个叫作 input 子系统的框架来处理输入事件。输入设备本质上还是字符设备,只是在此基础上套上了 input 框架,用户只需要负责上报输入事件,比如按键值、坐标等信息,input 核心层负责处理这些事件。本章就来学习一下 Linux 内核中的 input 子系统。

19.1 input 子系统

19.1.1 input 子系统简介

input 就是输入的意思,因此 input 子系统就是管理输入的子系统,和 pinctrl、gpio 子系统一样,都是 Linux 内核针对某一类设备而创建的框架,比如按键输入、键盘、鼠标、触摸屏等等都属于输入设备。不同的输入设备所代表的含义不同,按键和键盘就是代表按键信息,鼠标和触摸屏代表坐标信息,因此在应用层的处理就不同,对于驱动编写者来说不需要去关心应用层的事情,只需要按照要求上报这些输入事件即可。为此 input 子系统分为 input 驱动层、input 核心层、input 事件层,最终给用户空间提供可访问的设备节点,input 子系统框架如图 19-1 所示。

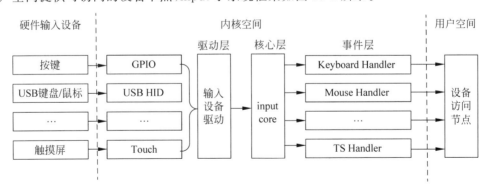

图 19-1 input 子系统结构图

图 19-1 中左边就是最底层的具体设备,比如按键、USB 键盘/鼠标等,中间部分属于 Linux 内核空间,分为驱动层、核心层和事件层,最右边的就是用户空间,所有的输入设备以文件的形式供用

户应用程序使用。可以看出,input 子系统用到了我们前面讲解的驱动分层模型,我们编写驱动程序的时候只需要关注中间的驱动层、核心层和事件层,这 3 个层的分工如下:

驱动层——输入设备的具体驱动程序,比如按键驱动程序,向内核层报告输入内容。

核心层——承上启下,为驱动层提供输入设备注册和操作接口,通知事件层对输入事件进行处理。

事件层——主要和用户空间进行交互。

19.1.2 input 驱动编写流程

input 核心层会向 Linux 内核注册一个字符设备,大家找到 drivers/input/input.c 这个文件,input.c 就是 input 输入子系统的核心层,此文件中有如下所示代码:

```
                示例代码 19-1    input 核心层创建字符设备过程
1767 struct class input_class = {
1768     .name        = "input",
1769     .devnode     = input_devnode,
1770 };
...
2414 static int __init input_init(void)
2415 {
2416     int err;
2417
2418     err = class_register(&input_class);
2419     if (err) {
2420         pr_err("unable to register input_dev class\n");
2421         return err;
2422     }
2423
2424     err = input_proc_init();
2425     if (err)
2426         goto fail1;
2427
2428     err = register_chrdev_region(MKDEV(INPUT_MAJOR, 0),
2429                         INPUT_MAX_CHAR_DEVICES, "input");
2430     if (err) {
2431         pr_err("unable to register char major %d", INPUT_MAJOR);
2432         goto fail2;
2433     }
2434
2435     return 0;
2436
2437 fail2:    input_proc_exit();
2438 fail1:    class_unregister(&input_class);
2439     return err;
2440 }
```

第 2418 行,注册一个 input 类,这样系统启动以后就会在/sys/class 目录下有一个 input 子目录,如图 19-2 所示。

第 2428 行和第 2429 行,注册一个字符设备,主设备号为 INPUT_MAJOR,INPUT_MAJOR

```
/lib/modules/4.1.15 # ls /sys/class/
GobiQMI       firmware    mem          pwm          spi_master
ata_device    gpio        misc         rc           thermal
ata_link      graphics    mmc_host     regulator    tty
ata_port      i2c-dev     mtd          rfkill       ubi
backlight     ieee80211   net          rtc          udc
bdi           input       power_supply scsi_device  vc
block         lcd         ppp          scsi_disk    video4linux
dma           leds        pps          scsi_host    vtconsole
drm           mdio_bus    ptp          sound        watchdog
/lib/modules/4.1.15 #
```

图 19-2　input 类

定义在 include/uapi/linux/major.h 文件中,定义如下:

```
#define INPUT_MAJOR   13
```

因此,input 子系统的所有设备的主设备号都为 13,我们在使用 input 子系统处理输入设备的时候就不需要去注册字符设备了,只需要向系统注册一个 input_device 即可。

1. 注册 input_dev

在使用 input 子系统的时候只需要注册一个 input 设备即可,input_dev 结构体表示 input 设备,此结构体定义在 include/linux/input.h 文件中,定义如下(有省略):

示例代码 19-2　input_dev 结构体
```
121 struct input_dev {
122     const char * name;
123     const char * phys;
124     const char * uniq;
125     struct input_id id;
126
127     unsigned long propbit[BITS_TO_LONGS(INPUT_PROP_CNT)];
128
129     unsigned long evbit[BITS_TO_LONGS(EV_CNT)];      /* 事件类型的位图 */
130     unsigned long keybit[BITS_TO_LONGS(KEY_CNT)];    /* 按键值的位图 */
131     unsigned long relbit[BITS_TO_LONGS(REL_CNT)];    /* 相对坐标的位图 */
132     unsigned long absbit[BITS_TO_LONGS(ABS_CNT)];    /* 绝对坐标的位图 */
133     unsigned long mscbit[BITS_TO_LONGS(MSC_CNT)];    /* 杂项事件的位图 */
134     unsigned long ledbit[BITS_TO_LONGS(LED_CNT)];    /* LED 相关的位图 */
135     unsigned long sndbit[BITS_TO_LONGS(SND_CNT)];    /* sound 有关的位图 */
136     unsigned long ffbit[BITS_TO_LONGS(FF_CNT)];      /* 压力反馈的位图 */
137     unsigned long swbit[BITS_TO_LONGS(SW_CNT)];      /* 开关状态的位图 */
...
189     bool devres_managed;
190 };
```

第 129 行,evbit 表示输入事件类型,可选的事件类型定义在 include/uapi/linux/input.h 文件中,事件类型如下:

示例代码 19-3　事件类型
```
#define EV_SYN        0x00       /* 同步事件       */
#define EV_KEY        0x01       /* 按键事件       */
#define EV_REL        0x02       /* 相对坐标事件 */
#define EV_ABS        0x03       /* 绝对坐标事件 */
```

```
# define EV_MSC          0x04        / * 杂项(其他)事件    * /
# define EV_SW           0x05        / * 开关事件          * /
# define EV_LED          0x11        / * LED               * /
# define EV_SND          0x12        / * sound(声音)       * /
# define EV_REP          0x14        / * 重复事件          * /
# define EV_FF           0x15        / * 压力事件          * /
# define EV_PWR          0x16        / * 电源事件          * /
# define EV_FF_STATUS    0x17        / * 压力状态事件      * /
```

比如本章要使用到按键，那么就需要注册 EV_KEY 事件；如果要使用连按功能，则需要注册 EV_REP 事件。

继续回到示例代码 19-2 中，第 129～137 行的 evbit、keybit、relbit 等都用于存放不同事件对应的值。比如本章要使用按键事件，因此要用到 keybit，keybit 就是按键事件使用的位图。Linux 内核定义了很多按键值，这些按键值定义在 include/uapi/linux/input.h 文件中，按键值如下：

示例代码 19-4　按键值

```
215 # define KEY_RESERVED         0
216 # define KEY_ESC              1
217 # define KEY_1                2
218 # define KEY_2                3
219 # define KEY_3                4
220 # define KEY_4                5
221 # define KEY_5                6
222 # define KEY_6                7
223 # define KEY_7                8
224 # define KEY_8                9
225 # define KEY_9                10
226 # define KEY_0                11
...
794 # define BTN_TRIGGER_HAppY39  0x2e6
795 # define BTN_TRIGGER_HAppY40  0x2e7
```

我们可以将开发板上的按键值设置为示例代码 19-4 中的任意一个，比如本章实验会将 I.MX6U-ALPHA 开发板上的 KEY 按键值设置为 KEY_0。

在编写 input 设备驱动的时候需要先申请一个 input_dev 结构体变量，使用 input_allocate_device() 函数来申请一个 input_dev，此函数原型如下所示：

```
struct input_dev * input_allocate_device(void)
```

参数——无。

返回值——申请到的 input_dev。

如果要注销 input 设备，则需要使用 input_free_device() 函数来释放掉前面申请到的 input_dev。input_free_device() 函数原型如下：

```
void input_free_device(struct input_dev * dev)
```

函数参数含义如下：

dev——需要释放的 input_dev。

返回值——无。

申请好一个 input_dev 以后就需要初始化这个 input_dev，需要初始化的内容主要为事件类型（evbit）和事件值（keybit）这两种。input_dev 初始化完成以后就需要向 Linux 内核注册 input_dev 了，这需要用到 input_register_device()函数。此函数原型如下：

```
int input_register_device(struct input_dev * dev)
```

函数参数含义如下：

dev——要注册的 input_dev。

返回值——0，input_dev 注册成功；负值，input_dev 注册失败。

同样，注销 input 驱动的时候也需要使用 input_unregister_device()函数来注销掉前面注册的 input_dev。input_unregister_device()函数原型如下：

```
void input_unregister_device(struct input_dev * dev)
```

函数参数含义如下：

dev——要注销的 input_dev。

返回值——无。

综上所述，input_dev 注册过程如下：

（1）使用 input_allocate_device()函数申请一个 input_dev。

（2）初始化 input_dev 的事件类型以及事件值。

（3）使用 input_register_device()函数向 Linux 系统注册前面初始化好的 input_dev。

（4）卸载 input 驱动的时候需要先使用 input_unregister_device()函数注销掉注册的 input_dev，然后使用 input_free_device()函数释放掉前面申请的 input_dev。input_dev 注册过程示例代码如下所示：

```
                      示例代码 19-5  input_dev 注册流程
1   struct input_dev * inputdev;              /* input 结构体变量 */
2
3   /* 驱动入口函数 */
4   static int __init xxx_init(void)
5   {
6       ...
7       inputdev = input_allocate_device();      /* 申请 input_dev    */
8       inputdev -> name = "test_inputdev";      /* 设置 input_dev 名字 */
9
10      /********* 第一种设置事件和事件值的方法 ***********/
11      __set_bit(EV_KEY, inputdev -> evbit);    /* 设置产生按键事件  */
12      __set_bit(EV_REP, inputdev -> evbit);    /* 重复事件          */
13      __set_bit(KEY_0, inputdev -> keybit);    /* 设置产生哪些按键值 */
14      /*********************************************/
15
16      /********* 第二种设置事件和事件值的方法 ***********/
```

```
17      keyinputdev.inputdev->evbit[0] = BIT_MASK(EV_KEY) |
                                         BIT_MASK(EV_REP);
18      keyinputdev.inputdev->keybit[BIT_WORD(KEY_0)] |=
                                         BIT_MASK(KEY_0);
19      /************************************************/
20
21      /*********** 第三种设置事件和事件值的方法 **********/
22      keyinputdev.inputdev->evbit[0] = BIT_MASK(EV_KEY) |
                                         BIT_MASK(EV_REP);
23      input_set_capability(keyinputdev.inputdev, EV_KEY, KEY_0);
24      /************************************************/
25
26      /* 注册 input_dev */
27      input_register_device(inputdev);
28      ...
29      return 0;
30  }
31
32  /* 驱动出口函数 */
33  static void __exit xxx_exit(void)
34  {
35      input_unregister_device(inputdev);          /* 注销 input_dev   */
36      input_free_device(inputdev);                /* 删除 input_dev   */
37  }
```

第1行,定义一个 input_dev 结构体指针变量。

第4~30行,驱动入口函数,在此函数中完成 input_dev 的申请、设置、注册等工作。第7行调用 input_allocate_device()函数申请一个 input_dev。第10~23行都是设置 input 设备事件和按键值,这里用了3种方法来设置事件和按键值。第27行调用 input_register_device()函数向 Linux 内核注册 inputdev。

第33~37行,驱动出口函数,第35行调用 input_unregister_device()函数注销前面注册的 input_dev,第36行调用 input_free_device()函数删除前面申请的 input_dev。

2. 上报输入事件

当我们向 Linux 内核注册好 input_dev 以后还不能高枕无忧地使用 input 设备。input 设备都是具有输入功能的,但是具体是什么样的输入值 Linux 内核是不知道的,我们需要获取到具体的输入值,或者说是输入事件,然后将输入事件上报给 Linux 内核。比如按键,我们需要在按键中断处理函数或者消抖定时器中断函数中将按键值上报给 Linux 内核,这样 Linux 内核才能获取到正确的输入值。不同的事件,其上报事件的 API 函数不同,下面依次来看一下一些常用的事件上报 API 函数。

首先是 input_event()函数,此函数用于上报指定的事件以及对应的值,函数原型如下:

```
void input_event(struct input_dev    *dev,
         unsigned int          type,
         unsigned int          code,
         int                   value)
```

函数参数含义如下:

dev——需要上报的 input_dev。

type——上报的事件类型,比如 EV_KEY。

code——事件码,也就是我们注册的按键值,比如 KEY_0、KEY_1 等等。

value——事件值,比如 1 表示按键按下,0 表示按键松开。

返回值——无。

input_event()函数可以上报所有的事件类型和事件值,Linux 内核也提供了其他的针对具体事件的上报函数,这些函数其实都用到了 input_event()函数。比如上报按键所使用的 input_report_key()函数,此函数内容如下:

```
                            示例代码 19-6   input_report_key()函数
static inline void input_report_key(struct input_dev * dev,
                                    unsigned int code, int value)
{
    input_event(dev, EV_KEY, code, !!value);
}
```

从示例代码 19-6 可以看出,input_report_key()函数的本质就是 input_event()函数,如果要上报按键事件的话还是建议大家使用 input_report_key()函数。

同样还有一些其他的事件上报函数,这些函数如下所示:

```
void input_report_rel(struct input_dev * dev, unsigned int code, int value)
void input_report_abs(struct input_dev * dev, unsigned int code, int value)
void input_report_ff_status(struct input_dev * dev, unsigned int code, int value)
void input_report_switch(struct input_dev * dev, unsigned int code, int value)
void input_mt_sync(struct input_dev * dev)
```

当我们上报事件以后还需要使用 input_sync()函数来告诉 Linux 内核 input 子系统上报结束。input_sync()函数本质是上报一个同步事件,此函数原型如下:

```
void input_sync(struct input_dev * dev)
```

函数参数含义如下:

dev——需要上报同步事件的 input_dev。

返回值——无。

综上所述,按键的上报事件的参考代码如下所示:

```
                        示例代码 19-7   事件上报参考代码
1    /* 用于按键消抖的定时器服务函数 */
2    void timer_function(unsigned long arg)
3    {
4        unsigned char value;
5
6        value = gpio_get_value(keydesc -> gpio);        /* 读取 I/O 值      */
7        if(value == 0){                                 /* 按下按键        */
8            /* 上报按键值 */
9            input_report_key(inputdev, KEY_0, 1);       /* 最后一个参数 1,按下 */
10           input_sync(inputdev);                       /* 同步事件        */
11       } else {                                        /* 按键松开        */
```

```
12         input_report_key(inputdev, KEY_0, 0);      /* 最后一个参数 0,松开 */
13         input_sync(inputdev);                      /* 同步事件            */
14    }
15 }
```

第 6 行,获取按键值,判断按键是否按下。

第 9 行和第 10 行,如果按键值为 0,那么表示按键被按下了。如果按键被按下,则要使用 input_report_key()函数向 Linux 系统上报按键值,比如向 Linux 系统通知 KEY_0 这个按键按下了。

第 12 行和第 13 行,如果按键值为 1,则表示按键没有被按下,是松开的。向 Linux 系统通知 KEY_0 这个按键没有被按下或松开了。

19.1.3　input_event 结构体

Linux 内核使用 input_event 这个结构体来表示所有的输入事件,input_envent 结构体定义在 include/uapi/linux/input.h 文件中,结构体内容如下。

示例代码 19-8　input_event 结构体

```
24 struct input_event {
25     struct timeval time;
26     __u16 type;
27     __u16 code;
28     __s32 value;
29 };
```

下面依次来看一下 input_event 结构体中的各个成员变量。

time——时间,也就是此事件发生的时间,为 timeval 结构体类型,timeval 结构体定义如下。

示例代码 19-9　timeval 结构体

```
1 typedef long              __kernel_long_t;
2 typedef __kernel_long_t   __kernel_time_t;
3 typedef __kernel_long_t   __kernel_suseconds_t;
4
5 struct timeval {
6     __kernel_time_t       tv_sec;        /* 秒   */
7     __kernel_suseconds_t  tv_usec;       /* 微秒 */
8 };
```

从示例代码 19-9 可以看出,tv_sec 和 tv_usec 这两个成员变量都为 long 类型,也就是 32 位,这个一定要记住,后面我们分析 event 事件上报数据的时候要用到。继续回到示例代码 19-8 中的 input_event 结构体中。

type——事件类型,比如 EV_KEY,表示此次事件为按键事件,此成员变量为 16 位。

code——事件码,比如在 EV_KEY 事件中 code 就表示具体的按键码,如 KEY_0、KEY_1 等等这些按键。此成员变量为 16 位。

value——值,比如 EV_KEY 事件中 value 就是按键值,表示按键有没有被按下,如果为 1,则说明按键被按下;如果为 0,则说明按键没有被按下或者按键松开了。

input_envent 这个结构体非常重要,因为所有的输入设备最终都是按照 input_event 结构体呈现给用户的,用户应用程序可以通过 input_event 来获取到具体的输入事件或相关的值,比如按键值等。关于 input 子系统就讲解到这里,接下来就以开发板上的 KEY0 按键为例,讲解一下如何编写 input 驱动。

19.2　硬件原理图分析

本章实验硬件原理图参考《原子嵌入式 Linux 驱动开发详解》11.2 节即可。

19.3　实验程序编写

本实验对应的例程路径为"2、Linux 驱动例程→20_input"。

19.3.1　修改设备树文件

直接使用 10.3.1 节创建的 key 节点即可。

19.3.2　按键 input 驱动程序编写

新建名为 20_input 的文件夹,然后在 20_input 文件夹中创建 vscode 工程,工作区命名为 keyinput。工程创建好以后新建 keyinput.c 文件,在 keyinput.c 中输入如下内容:

```
                        示例代码 19-10　keyinput.c 文件代码段
1   # include < linux/types.h >
2   # include < linux/kernel.h >
3   # include < linux/delay.h >
4   # include < linux/ide.h >
5   # include < linux/init.h >
6   # include < linux/module.h >
7   # include < linux/errno.h >
8   # include < linux/gpio.h >
9   # include < linux/cdev.h >
10  # include < linux/device.h >
11  # include < linux/of.h >
12  # include < linux/of_address.h >
13  # include < linux/of_gpio.h >
14  # include < linux/input.h >
15  # include < linux/semaphore.h >
16  # include < linux/timer.h >
17  # include < linux/of_irq.h >
18  # include < linux/irq.h >
19  # include < asm/mach/map.h >
20  # include < asm/uaccess.h >
21  # include < asm/io.h >
22  / ***********************************************************
23  Copyright © ALIENTEK Co., Ltd. 1998 - 2029. All rights reserved.
24  文件名    : keyinput.c
25  作者      : 左忠凯
```

```
26      版本      : V1.0
27      描述      : Linux 按键 input 子系统实验
28      其他      : 无
29      论坛      : www.openedv.com
30      日志      : 初版 V1.0 2019/8/21 左忠凯创建
31      ************************************************************ /
32      #define KEYINPUT_CNT      1                    /* 设备号个数      */
33      #define KEYINPUT_NAME     "keyinput"           /* 名字            */
34      #define KEY0VALUE         0X01                 /* KEY0 按键值     */
35      #define INVAKEY           0XFF                 /* 无效的按键值    */
36      #define KEY_NUM           1                    /* 按键数量        */
37
38      /* 中断 I/O 描述结构体 */
39      struct irq_keydesc {
40          int gpio;                                  /* gpio            */
41          int irqnum;                                /* 中断号          */
42          unsigned char value;                       /* 按键对应的键值  */
43          char name[10];                             /* 名字            */
44          irqreturn_t (*handler)(int, void *);       /* 中断服务函数    */
45      };
46
47      /* keyinput 设备结构体 */
48      struct keyinput_dev{
49          dev_t devid;                               /* 设备号          */
50          struct cdev cdev;                          /* cdev            */
51          struct class *class;                       /* 类              */
52          struct device *device;                     /* 设备            */
53          struct device_node *nd;                    /* 设备节点        */
54          struct timer_list timer;                   /* 定义一个定时器  */
55          struct irq_keydesc irqkeydesc[KEY_NUM];    /* 按键描述数组    */
56          unsigned char curkeynum;                   /* 当前的按键号    */
57          struct input_dev *inputdev;                /* input 结构体    */
58      };
59
60      struct keyinput_dev keyinputdev;               /* keyinput 设备 */
61
62      /* @description        :中断服务函数,开启定时器,延时 10ms,
63       *                       定时器用于按键消抖
64       * @param - irq        :中断号
65       * @param - dev_id     :设备结构
66       * @return             :中断执行结果
67       */
68      static irqreturn_t key0_handler(int irq, void *dev_id)
69      {
70          struct keyinput_dev *dev = (struct keyinput_dev *)dev_id;
71
72          dev->curkeynum = 0;
73          dev->timer.data = (volatile long)dev_id;
74          mod_timer(&dev->timer, jiffies + msecs_to_jiffies(10));
75          return IRQ_RETVAL(IRQ_HANDLED);
76      }
77
```

```
78    /*  @description    :定时器服务函数,用于按键消抖,定时器到了以后
79     *                    再次读取按键值,如果按键还是处于按下状态就表示按键有效
80     *  @param - arg     :设备结构变量
81     *  @return          :无
82     */
83    void timer_function(unsigned long arg)
84    {
85        unsigned char value;
86        unsigned char num;
87        struct irq_keydesc * keydesc;
88        struct keyinput_dev * dev = (struct keyinput_dev * )arg;
89
90        num = dev -> curkeynum;
91        keydesc = &dev -> irqkeydesc[num];
92        value = gpio_get_value(keydesc -> gpio);              /* 读取 I/O 值     */
93        if(value == 0){                                        /* 按下按键        */
94            /* 上报按键值 */
95            //input_event(dev -> inputdev, EV_KEY, keydesc -> value, 1);
96            input_report_key(dev -> inputdev, keydesc -> value, 1);     /* 按下 */
97            input_sync(dev -> inputdev);
98        } else {                                               /* 按键松开 */
99            //input_event(dev -> inputdev, EV_KEY, keydesc -> value, 0);
100           input_report_key(dev -> inputdev, keydesc -> value, 0);
101           input_sync(dev -> inputdev);
102       }
103   }
104
105   /*
106    *  @description    :按键 I/O 初始化
107    *  @param          :无
108    *  @return         :无
109    */
110   static int keyio_init(void)
111   {
112       unsigned char i = 0;
113       char name[10];
114       int ret = 0;
115
116       keyinputdev.nd = of_find_node_by_path("/key");
117       if (keyinputdev.nd == NULL){
118           printk("key node not find!\r\n");
119           return - EINVAL;
120       }
121
122       /* 提取 GPIO */
123       for (i = 0; i < KEY_NUM; i++) {
124           keyinputdev.irqkeydesc[i].gpio =   of_get_named_gpio(keyinputdev.nd,"key - gpio", i);
125           if (keyinputdev.irqkeydesc[i].gpio < 0) {
126               printk("can't get key % d\r\n", i);
127           }
128       }
129
```

```
130     /* 初始化key所使用的I/O,并且设置成中断模式 */
131     for (i = 0; i < KEY_NUM; i++) {
132         memset(keyinputdev.irqkeydesc[i].name, 0, sizeof(name));
133         sprintf(keyinputdev.irqkeydesc[i].name, "KEY%d", i);
134         gpio_request(keyinputdev.irqkeydesc[i].gpio,
                        keyinputdev.irqkeydesc[i].name);
135         gpio_direction_input(keyinputdev.irqkeydesc[i].gpio);
136         keyinputdev.irqkeydesc[i].irqnum =
                    irq_of_parse_and_map(keyinputdev.nd, i);
137     }
138     /* 申请中断 */
139     keyinputdev.irqkeydesc[0].handler = key0_handler;
140     keyinputdev.irqkeydesc[0].value = KEY_0;
141
142     for (i = 0; i < KEY_NUM; i++) {
143         ret = request_irq(keyinputdev.irqkeydesc[i].irqnum,
                            keyinputdev.irqkeydesc[i].handler,
144                     IRQF_TRIGGER_FALLING|IRQF_TRIGGER_RISING,
                keyinputdev.irqkeydesc[i].name, &keyinputdev);
145         if(ret < 0){
146             printk("irq %d request failed!\r\n",
                        keyinputdev.irqkeydesc[i].irqnum);
147             return -EFAULT;
148         }
149     }
150
151     /* 创建定时器 */
152     init_timer(&keyinputdev.timer);
153     keyinputdev.timer.function = timer_function;
154
155     /* 申请input_dev */
156     keyinputdev.inputdev = input_allocate_device();
157     keyinputdev.inputdev->name = KEYINPUT_NAME;
158 #if 0
159     /* 初始化input_dev,设置产生哪些事件 */
160     __set_bit(EV_KEY, keyinputdev.inputdev->evbit);      /* 按键事件   */
161     __set_bit(EV_REP, keyinputdev.inputdev->evbit);      /* 重复事件   */
162
163     /* 初始化input_dev,设置产生哪些按键 */
164     __set_bit(KEY_0, keyinputdev.inputdev->keybit);
165 #endif
166
167 #if 0
168     keyinputdev.inputdev->evbit[0] = BIT_MASK(EV_KEY) | BIT_MASK(EV_REP);
169     keyinputdev.inputdev->keybit[BIT_WORD(KEY_0)] |= BIT_MASK(KEY_0);
170 #endif
171
172     keyinputdev.inputdev->evbit[0] = BIT_MASK(EV_KEY) | BIT_MASK(EV_REP);
173     input_set_capability(keyinputdev.inputdev, EV_KEY, KEY_0);
174
175     /* 注册输入设备 */
176     ret = input_register_device(keyinputdev.inputdev);
```

```
177         if (ret) {
178             printk("register input device failed!\r\n");
179             return ret;
180         }
181     return 0;
182 }
183
184 /*
185  * @description    : 驱动入口函数
186  * @param          : 无
187  * @return         : 无
188  */
189 static int __init keyinput_init(void)
190 {
191     keyio_init();
192     return 0;
193 }
194
195 /*
196  * @description    : 驱动出口函数
197  * @param          : 无
198  * @return         : 无
199  */
200 static void __exit keyinput_exit(void)
201 {
202     unsigned int i = 0;
203     /* 删除定时器 */
204     del_timer_sync(&keyinputdev.timer);
205
206     /* 释放中断 */
207     for (i = 0; i < KEY_NUM; i++) {
208         free_irq(keyinputdev.irqkeydesc[i].irqnum, &keyinputdev);
209     }
210     /* 释放 I/O */
211      for (i = 0; i < KEY_NUM; i++) {
212          gpio_free(keyinputdev.irqkeydesc[i].gpio);
213      }
214     /* 释放 input_dev */
215     input_unregister_device(keyinputdev.inputdev);
216     input_free_device(keyinputdev.inputdev);
217 }
218
219 module_init(keyinput_init);
220 module_exit(keyinput_exit);
221 MODULE_LICENSE("GPL");
222 MODULE_AUTHOR("zuozhongkai");
```

keyinput.c 文件内容其实就是 Linux 中断实验"13_irq"中编写的 imx6uirq.c 文件中修改而来的,只是将其中与字符设备有关的内容进行了删除,加入了 input_dev 相关的内容,我们简单来分析一下示例代码 19-10 中的程序。

第 57 行,在设备结构体中定义一个 input_dev 指针变量。

第93~102行,在按键消抖定时器处理函数中上报输入事件,也就是使用 input_report_key( ) 函数上报按键事件以及按键值,最后使用 input_sync( )函数上报一个同步事件,这一步一定得做!

第156~180行,使用 input_allocate_device( )函数申请 input_dev,然后设置相应的事件以及事件码(也就是 KEY 模拟成哪个按键,这里我们设置为 KEY_0)。最后使用 input_register_device( ) 函数向 Linux 内核注册 input_dev。

第215行和第216行,当注销 input 设备驱动的时候使用 input_unregister_device( )函数注销掉前面注册的 input_dev,最后使用 input_free_device( )函数释放掉前面申请的 input_dev。

19.3.3　编写测试 App

新建 keyinputApp.c 文件,然后在里面输入如下所示内容:

示例代码 19-11　keyinputApp.c 文件代码段

```
1   # include "stdio.h"
2   # include "unistd.h"
3   # include "sys/types.h"
4   # include "sys/stat.h"
5   # include "sys/ioctl.h"
6   # include "fcntl.h"
7   # include "stdlib.h"
8   # include "string.h"
9   # include < poll.h >
10  # include < sys/select.h >
11  # include < sys/time.h >
12  # include < signal.h >
13  # include < fcntl.h >
14  # include < linux/input.h >
15  /***************************************************************
16  Copyright © ALIENTEK Co., Ltd. 1998 - 2029. All rights reserved.
17  文件名      : keyinputApp.c
18  作者        : 左忠凯
19  版本        : V1.0
20  描述        : input 子系统测试 App
21  其他        : 无
22  使用方法    : ./keyinputApp /dev/input/event1
23  论坛        : www.openedv.com
24  日志        : 初版 V1.0 2019/8/26 左忠凯创建
25  ***************************************************************/
26
27  /* 定义一个 input_event 变量,存放输入事件信息 */
28  static struct input_event inputevent;
29
30  /*
31   * @description    : main 主程序
32   * @param - argc   : argv 数组元素个数
33   * @param - argv   : 具体参数
34   * @return         : 0,成功;其他,失败
35   */
36  int main(int argc, char * argv[])
37  {
```

```
38      int fd;
39      int err = 0;
40      char * filename;
41
42      filename = argv[1];
43
44      if(argc != 2) {
45          printf("Error Usage!\r\n");
46          return -1;
47      }
48
49      fd = open(filename, O_RDWR);
50      if (fd < 0) {
51          printf("Can't open file % s\r\n", filename);
52          return -1;
53      }
54
55      while (1) {
56          err = read(fd, &inputevent, sizeof(inputevent));
57          if (err > 0) {              /* 读取数据成功 */
58              switch (inputevent.type) {
59                  case EV_KEY:
60                      if (inputevent.code < BTN_MISC) {           /* 键盘键值 */
61                          printf ("key % d % s\r\n", inputevent.code,
                                  inputevent.value ? "press" : "release");
62                      } else {
63                          printf("button % d % s\r\n", inputevent.code,
                                  inputevent.value ? "press" : "release");
64                      }
65                      break;
66
67                  /* 其他类型的事件,自行处理 */
68                  case EV_REL:
69                      break;
70                  case EV_ABS:
71                      break;
72                  case EV_MSC:
73                      break;
74                  case EV_SW:
75                      break;
76              }
77          } else {
78              printf("读取数据失败\r\n");
79          }
80      }
81      return 0;
82  }
```

19.1.3 节已经介绍过,Linux 内核会使用 input_event 结构体来表示输入事件,所以我们要获取按键输入信息,就必须借助 input_event 结构体。第 28 行定义了一个 inputevent 变量,此变量为 input_event 结构体类型。

第56行,当我们向Linux内核成功注册input_dev设备以后,会在/dev/input目录下生成一个名为eventX(X=0,1,…,n)的文件,这个/dev/input/eventX就是对应的input设备文件。我们读取这个文件就可以获取到输入事件信息,比如按键值等。使用read()函数读取输入设备文件,也就是/dev/input/eventX,读取到的数据按照input_event结构体组织起来。获取到输入事件以后(input_event结构体类型),使用switch case语句来判断事件类型,本章实验设置的事件类型为EV_KEY,因此只需要处理EV_KEY事件即可。比如获取按键编号(KEY_0的编号为11)、获取按键状态——是按下还是松开的。

19.4 运行测试

19.4.1 编译驱动程序和测试 App

1. 编译驱动程序

编写Makefile文件,本章实验的Makefile文件和第1章实验基本一样,只是将obj-m变量的值改为keyinput.o,Makefile内容如下所示:

```
                        示例代码19-12  Makefile 文件
1  KERNELDIR := /home/zuozhongkai/linux/IMX6ULL/linux/temp/linux - imx - rel_imx_4.1.15_2.1.0_ga_alientek
...
4  obj - m := keyinput.o
...
11 clean:
12   $(MAKE) - C $(KERNELDIR) M = $(CURRENT_PATH) clean
```

第4行,设置obj-m变量的值为keyinput.o。

输入如下命令编译出驱动模块文件:

```
make - j32
```

编译成功以后就会生成一个名为keyinput.ko的驱动模块文件。

2. 编译测试 App

输入如下命令编译测试keyinputApp.c测试程序:

```
arm - linux - gnueabihf - gcc keyinputApp.c - o keyinputApp
```

编译成功以后就会生成keyinputApp应用程序。

19.4.2 运行测试

将19.4.1节编译出来的keyinput.ko和keyinputApp文件复制到rootfs/lib/modules/4.1.15目录中,重启开发板,进入到目录lib/modules/4.1.15中。在加载keyinput.ko驱动模块之前,先看一下/dev/input目录下都有哪些文件,结果如图19-3所示。

从图19-3可以看出,当前/dev/input目录只有event0和mice这两个文件。接下来输入如下命令加载keyinput.ko驱动模块。

```
/ # ls /dev/input/ -l
total 0
crw-rw----   1 root      0         13,  64 Jan  1 00:00 event0
crw-rw----   1 root      0         13,  63 Jan  1 00:00 mice
/ #
```

图 19-3　当前/dev/input 目录文件

```
depmod                          //第一次加载驱动的时候需要运行此命令
modprobe keyinput.ko            //加载驱动模块
```

当驱动模块加载成功以后再来看一下/dev/input 目录下有哪些文件,结果如图 19-4 所示。

```
/lib/modules/4.1.15 # ls /dev/input/ -l
total 0
crw-rw----   1 root      0         13,  64 Jan  1 00:00 event0
crw-rw----   1 root      0         13,  65 Jan  1 01:23 event1
crw-rw----   1 root      0         13,  63 Jan  1 00:00 mice
/lib/modules/4.1.15 #
```

图 19-4　加载驱动以后的/dev/input 目录

从图 19-4 可以看出,多了一个 event1 文件,因此/dev/input/event1 就是我们注册的驱动所对应的设备文件。keyinputApp 就是通过读取/dev/input/event1 文件来获取输入事件信息的,输入如下测试命令:

```
./keyinputApp /dev/input/event1
```

然后按下开发板上的 KEY 按键,结果如图 19-5 所示。

```
/lib/modules/4.1.15 # ./keyinputApp /dev/input/event1
key 11 press
key 11 release
key 11 press
key 11 release
```

图 19-5　测试结果

从图 19-5 可以看出,当我们按下或者释放开发板上的按键以后都会在终端上输出相应的内容,提示我们哪个按键按下或释放了,在 Linux 内核中 KEY_0 为 11。

另外,也可以不用 keyinputApp 来测试驱动,可以直接使用 hexdump 命令来查看/dev/input/event1 文件内容,输入如下命令:

```
hexdump /dev/input/event1
```

然后按下按键,终端输出如图 19-6 所示的信息。

```
/lib/modules/4.1.15 # hexdump /dev/input/event1
0000000 1428 0000 2a52 000b 0001 000b 0001 0000
0000010 1428 0000 2a52 000b 0000 0000 0000 0000
0000020 1428 0000 2619 000d 0001 000b 0000 0000
0000030 1428 0000 2619 000d 0000 0000 0000 0000
0000040 142e 0000 b478 0001 0001 000b 0001 0000
0000050 142e 0000 b478 0001 0000 0000 0000 0000
```

图 19-6　原始数据值

图 19-6 就是 input_event 类型的原始事件数据值,采用十六进制表示,这些原始数据的含义如下:

示例代码 19-13 input_event 类型的原始事件值

```
/**************** input_event 类型 *****************/
```

/* 编号 */	/* tv_sec */	/* tv_usec */	/* type */	/* code */	/* value */
1 0000000	1428 0000	2a52 000b	0001	000b	0001 0000
2 0000010	1428 0000	2a52 000b	0000	0000	0000 0000
3 0000020	1428 0000	2619 000d	0001	000b	0000 0000
4 0000030	1428 0000	2619 000d	0000	0000	0000 0000

type 为事件类型,查看示例代码 19-3 可知,EV_KEY 事件值为 1,EV_SYN 事件值为 0。因此第 1 行表示 EV_KEY 事件,第 2 行表示 EV_SYN 事件。code 为事件编码,也就是按键号,查看示例代码 19-4 可以,KEY_0 这个按键编号为 11,对应的十六进制为 0xb,因此第 1 行表示 KEY_0 这个按键事件,最后的 value 就是按键值,为 1 表示按下,为 0 的话表示松开。综上所述,示例代码 19-13 中的原始事件值含义如下:

第 1 行,按键(KEY_0)按下事件。

第 2 行,EV_SYN 同步事件,因为每次上报按键事件以后都要同步的上报一个 EV_SYN 事件。

第 3 行,按键(KEY_0)松开事件。

第 4 行,EV_SYN 同步事件,和第 2 行一样。

19.5 Linux 自带按键驱动程序的使用

19.5.1 自带按键驱动程序源码简介

Linux 内核也自带了 KEY 驱动。如果要使用内核自带的 KEY 驱动,则需要配置 Linux 内核,不过 Linux 内核一般默认已经使能了 KEY 驱动,但是我们还是要检查一下。按照如下路径找到相应的配置选项:

```
-> Device Drivers
    -> Input device support
        -> Generic input layer (needed for keyboard, mouse, ...) (INPUT [ = y])
            -> Keyboards (INPUT_KEYBOARD [ = y])
                -> GPIO Buttons
```

选中"GPIO Buttons"选项,将其编译进 Linux 内核中,如图 19-7 所示。

选中以后就会在 .config 文件中出现"CONFIG_KEYBOARD_GPIO=y"这一行,Linux 内核会根据这一行来将 KEY 驱动文件编译进 Linux 内核。Linux 内核自带的 KEY 驱动文件为 drivers/input/keyboard/gpio_keys.c,gpio_keys.c 采用了 platform 驱动框架,在 KEY 驱动上使用了 input 子系统实现。在 gpio_keys.c 文件中找到如下所示内容:

示例代码 19-14 gpio_keys 文件代码段

```
673 static const struct of_device_id gpio_keys_of_match[] = {
674     { .compatible = "gpio-keys", },
675     { },
676 };
...
```

```
842 static struct platform_driver gpio_keys_device_driver = {
843     .probe      = gpio_keys_probe,
844     .remove     = gpio_keys_remove,
845     .driver     = {
846         .name   = "gpio-keys",
847         .pm = &gpio_keys_pm_ops,
848         .of_match_table = of_match_ptr(gpio_keys_of_match),
849     }
850 };
851
852 static int __init gpio_keys_init(void)
853 {
854     return platform_driver_register(&gpio_keys_device_driver);
855 }
856
857 static void __exit gpio_keys_exit(void)
858 {
859     platform_driver_unregister(&gpio_keys_device_driver);
860 }
```

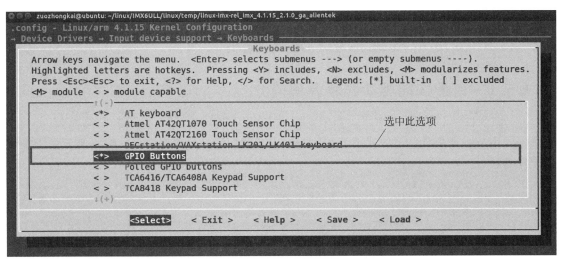

图 19-7 内核自带 KEY 驱动使能选项

从示例代码 19-14 可以看出,这就是一个标准的 platform 驱动框架。如果要使用设备树来描述 KEY 设备信息,那么设备节点的 compatible 属性值要设置为"gpio-keys"。当设备和驱动匹配以后 gpio_keys_probe()函数就会执行。gpio_keys_probe()函数内容如下(限于篇幅,做了缩减):

示例代码 19-15 gpio_keys_probe()函数代码段

```
689 static int gpio_keys_probe(struct platform_device * pdev)
690 {
691     struct device * dev = &pdev->dev;
692     const struct gpio_keys_platform_data * pdata = dev_get_platdata(dev);
693     struct gpio_keys_drvdata * ddata;
694     struct input_dev * input;
695     size_t size;
```

```
696        int i, error;
697        int wakeup = 0;
698
699        if (!pdata) {
700            pdata = gpio_keys_get_devtree_pdata(dev);
701            if (IS_ERR(pdata))
702                return PTR_ERR(pdata);
703        }
...
713        input = devm_input_allocate_device(dev);
714        if (!input) {
715            dev_err(dev, "failed to allocate input device\n");
716            return -ENOMEM;
717        }
718
719        ddata->pdata = pdata;
720        ddata->input = input;
721        mutex_init(&ddata->disable_lock);
722
723        platform_set_drvdata(pdev, ddata);
724        input_set_drvdata(input, ddata);
725
726        input->name = pdata->name ? : pdev->name;
727        input->phys = "gpio-keys/input0";
728        input->dev.parent = &pdev->dev;
729        input->open = gpio_keys_open;
730        input->close = gpio_keys_close;
731
732        input->id.bustype = BUS_HOST;
733        input->id.vendor = 0x0001;
734        input->id.product = 0x0001;
735        input->id.version = 0x0100;
736
737        /* Enable auto repeat feature of Linux input subsystem */
738        if (pdata->rep)
739            __set_bit(EV_REP, input->evbit);
740
741        for (i = 0; i < pdata->nbuttons; i++) {
742            const struct gpio_keys_button *button = &pdata->buttons[i];
743            struct gpio_button_data *bdata = &ddata->data[i];
744
745            error = gpio_keys_setup_key(pdev, input, bdata, button);
746            if (error)
747                return error;
748
749            if (button->wakeup)
750                wakeup = 1;
751        }
....
760        error = input_register_device(input);
761        if (error) {
762            dev_err(dev, "Unable to register input device, error: %d\n",
```

```
763              error);
764          goto err_remove_group;
765      }
...
774 }
```

第700行,调用gpio_keys_get_devtree_pdata()函数从设备树中获取到KEY相关的设备节点信息。

第713行,使用devm_input_allocate_device()函数申请input_dev。

第726～735行,初始化input_dev。

第739行,设置input_dev事件,这里设置了EV_REP事件。

第745行,调用gpio_keys_setup_key()函数继续设置KEY,此函数会设置input_dev的EV_KEY事件已经事件码(也就是KEY模拟为哪个按键)。

第760行,调用input_register_device()函数向Linux系统注册input_dev。

接下来再来看一下gpio_keys_setup_key()函数,此函数内容如下:

示例代码 19-16 gpio_keys_setup_key()函数代码段

```
437 static int gpio_keys_setup_key(struct platform_device * pdev,
438                 struct input_dev * input,
439                 struct gpio_button_data * bdata,
440                 const struct gpio_keys_button * button)
441 {
442     const char * desc = button -> desc ? button -> desc : "gpio_keys";
443     struct device * dev = &pdev -> dev;
444     irq_handler_t isr;
445     unsigned long irqflags;
446     int irq;
447     int error;
448
449     bdata -> input = input;
450     bdata -> button = button;
451     spin_lock_init(&bdata -> lock);
452
453     if (gpio_is_valid(button -> gpio)) {
454
455         error = devm_gpio_request_one(&pdev -> dev, button -> gpio,
456                     GPIOF_IN, desc);
457         if (error < 0) {
458             dev_err(dev, "Failed to request GPIO % d, error % d\n",
459                 button -> gpio, error);
460             return error;
...
488         isr = gpio_keys_gpio_isr;
489         irqflags = IRQF_TRIGGER_RISING | IRQF_TRIGGER_FALLING;
490
491     } else {
492         if (!button -> irq) {
493             dev_err(dev, "No IRQ specified\n");
494             return - EINVAL;
```

```
495              }
496              bdata->irq = button->irq;
...
506
507              isr = gpio_keys_irq_isr;
508              irqflags = 0;
509          }
510
511          input_set_capability(input, button->type ?: EV_KEY, button->code);
...
540          return 0;
541      }
```

第511行，调用input_set_capability()函数设置EV_KEY事件以及KEY的按键类型，也就是KEY作为哪个按键。我们会在设备树里面设置指定的KEY作为哪个按键。

一切都准备就绪以后剩下的就是等待按键按下，然后向Linux内核上报事件，事件上报是在gpio_keys_irq_isr()函数中完成的，此函数内容如下：

示例代码19-17　gpio_keys_irq_isr()函数代码段

```
392 static irqreturn_t gpio_keys_irq_isr(int irq, void *dev_id)
393 {
394     struct gpio_button_data *bdata = dev_id;
395     const struct gpio_keys_button *button = bdata->button;
396     struct input_dev *input = bdata->input;
397     unsigned long flags;
398
399     BUG_ON(irq != bdata->irq);
400
401     spin_lock_irqsave(&bdata->lock, flags);
402
403     if (!bdata->key_pressed) {
404         if (bdata->button->wakeup)
405             pm_wakeup_event(bdata->input->dev.parent, 0);
406
407         input_event(input, EV_KEY, button->code, 1);
408         input_sync(input);
409
410         if (!bdata->release_delay) {
411             input_event(input, EV_KEY, button->code, 0);
412             input_sync(input);
413             goto out;
414         }
415
416         bdata->key_pressed = true;
417     }
418
419     if (bdata->release_delay)
420         mod_timer(&bdata->release_timer,
421             jiffies + msecs_to_jiffies(bdata->release_delay));
422 out:
```

```
423        spin_unlock_irqrestore(&bdata->lock, flags);
424        return IRQ_HANDLED;
425 }
```

gpio_keys_irq_isr 是按键中断处理函数,第 407 行向 Linux 系统上报 EV_KEY 事件,表示按键按下。第 408 行使用 input_sync()函数向系统上报 EV_REP 同步事件。

综上所述,Linux 内核自带的 gpio_keys.c 驱动文件思路和我们前面编写的 keyinput.c 驱动文件基本一致。都是申请和初始化 input_dev、设置事件、向 Linux 内核注册 input_dev。最终在按键中断服务函数或者消抖定时器中断服务函数中上报事件和按键值。

19.5.2　自带按键驱动程序的使用

要使用 Linux 内核自带的按键驱动程序很简单,只需要根据 Documentation/devicetree/bindings/input/gpio-keys.txt 这个文件在设备树中添加指定的设备节点即可,节点要求如下:

(1) 节点名为 gpio-keys。

(2) gpio-keys 节点的 compatible 属性值一定要设置为"gpio-keys"。

(3) 所有的 KEY 都是 gpio-keys 的子节点,每个子节点可以用如下属性描述自己:

gpios——KEY 所连接的 GPIO 信息。

interrupts——KEY 所使用 GPIO 中断信息,不是必需的,可以不写。

label——KEY 名字。

linux,code——KEY 要模拟的按键,也就是示例代码 19-4 中的这些按键。

(4) 如果按键要支持连按,则要加入 autorepeat。

打开 imx6ull-alientek-emmc.dts,根据上面的要求创建对应的设备节点,设备节点内容如下所示:

示例代码 19-18　gpio-keys 节点内容

```
1  gpio-keys {
2      compatible = "gpio-keys";
3      #address-cells = <1>;
4      #size-cells = <0>;
5      autorepeat;
6      key0 {
7          label = "GPIO Key Enter";
8          linux,code = <KEY_ENTER>;
9          gpios = <&gpio1 18 GPIO_ACTIVE_LOW>;
10     };
11 };
```

第 5 行,autorepeat 表示按键支持连按。

第 6~10 行,ALPHA 开发板 KEY 按键信息,名字设置为"GPIO Key Enter",这里我们将开发板上的 KEY 按键设置为 EKY_ENTER 这个按键,也就是回车键,效果和键盘上的回车键一样。后面学习 LCD 驱动的时候需要用到此按键,因为 Linux 内核设计的 10 分钟以后 LCD 关闭,也就是黑屏,就跟我们用计算机或者手机一样,一定时间以后关闭屏幕。这里将开发板上的 KEY 按键注册为回车键,当 LCD 黑屏以后直接按一下 KEY 按键即可唤醒屏幕,就像计算机熄屏以后按下回车键即可重新打开屏幕一样。

最后设置 KEY 所使用的 I/O 为 GPIO1_IO18,一定要检查一下设备树看看此 GPIO 有没有被用到其他外设上,如果有则要删除掉相关代码。

重新编译设备树,然后用新编译出来的 imx6ull-alientek-emmc.dtb 启动 Linux 系统,系统启动以后查看/dev/input 目录,看看都有哪些文件,结果如图 19-8 所示。

```
/ # ls /dev/input/ -l
total 0
crw-rw----    1 root        0        13,  64 Jan  1 00:00 event0
crw-rw----    1 root        0        13,  65 Jan  1 00:00 event1
crw-rw----    1 root        0        13,  63 Jan  1 00:00 mice
/ #
```

图 19-8　/dev/input 目录文件

从图 19-8 可以看出,存在 event1 这个文件,这个文件就是 KEY 对应的设备文件,使用 hexdump 命令来查看/dev/input/event1 文件,输入如下命令:

```
hexdump /dev/input/event1
```

然后按下 ALPHA 开发板上的按键,终端输出图 19-9 所示内容。

```
/ # hexdump /dev/input/event1
0000000 16f6 0000 ff9f 0009 0001 001c 0001 0000
0000010 16f6 0000 ff9f 0009 0000 0000 0000 0000
0000020 16f6 0000 4995 000c 0001 001c 0000 0000
0000030 16f6 0000 4995 000c 0000 0000 0000 0000
0000040 16f7 0000 c268 0001 0001 001c 0001 0000
0000050 16f7 0000 c268 0001 0000 0000 0000 0000
```

图 19-9　按键信息

如果按下 KEY 按键以后会在终端上输出图 19-9 所示的信息,那么就表示 Linux 内核的按键驱动工作正常。至于图 19-9 中内容的含义大家就自行分析,具体已经在 19.4.2 节详细的分析过了,此处不再赘述。

大家如果发现按下 KEY 按键以后没有反应,那么请检查以下 3 方面:

(1) 是否使能 Linux 内核 KEY 驱动。

(2) 设备树中 gpio-keys 节点是否创建成功。

(3) 在设备树中是否有其他外设也使用了 KEY 按键对应的 GPIO,但是我们并没有删除掉这些外设信息。检查 Linux 启动 log 信息,看看是否有类似下面这条信息:

```
gpio-keys gpio_keys:Failed to request GPIO 18, error -16
```

上述信息表示 GPIO 18 申请失败,失败的原因就是有其他的外设正在使用此 GPIO。

## 第20章

Linux PWM驱动实验

在裸机部分我们已经学习了如何使用I.MX6ULL的PWM外设来实现LCD的背光调节,其实在Linux的LCD驱动实验我们也提到过I.MX6ULL的PWM背光调节,但是并没有专门的去讲解PWM部分,本章就来学习Linux下的PWM驱动开发。

20.1 PWM驱动简介

关于PWM原理以及I.MX6ULL的PWM外设已经在《原子嵌入式Linux驱动开发详解》的裸机部分进行了详细的讲解,此处不再赘述。下面重点来看一下NXP原厂提供的Linux内核自带的PWM驱动。

20.1.1 设备树下的PWM控制器节点

I.MX6ULL有8路PWM输出,因此对应8个PWM控制器,所以在设备树下就有8个PWM控制器节点。这8路PWM都属于I.MX6ULL的AIPS-1域,但是在设备树imx6ull.dtsi中分为了两部分:PWM1~PWM4在一起,PWM5~PWM8在一起,这8路PWM并没有全部放到一起,这一点一定要注意。这8路PWM的设备树节点内容都是一样的,除了reg属性不同(毕竟不同的控制器,其地址范围不同)。本章使用GPIO1_IO04这个引脚来完成PWM实验,而GPIO1_IO04就是PWM3的输出引脚,所以这里就以PWM3为例进行讲解,imx6ull.dtsi文件中的pwm3节点信息如下:

示例代码20-1 pwm3节点内容

```
1  pwm3: pwm@02088000 {
2      compatible = "fsl,imx6ul - pwm", "fsl,imx27 - pwm";
3      reg = <0x02088000 0x4000>;
4      interrupts = <GIC_SPI 85 IRQ_TYPE_LEVEL_HIGH>;
5      clocks = <&clks IMX6UL_CLK_PWM3>,
6              <&clks IMX6UL_CLK_PWM3>;
7      clock - names = "ipg", "per";
8      # pwm - cells = <2>;
9  };
```

第2行,compatible属性值有两个:"fsl,imx6ul-pwm"和"fsl,imx27-pwm",所以在整个 Linux 源码中搜索这两个字符串即可找到 I.MX6ULL 的 PWM 驱动文件,这个文件就是 drivers/pwm/pwm-imx.c。

20.1.2 PWM子系统

Linux 内核提供了个 PWM 子系统框架,编写 PWM 驱动的时候一定要符合这个框架。PWM 子系统的核心是 pwm_chip 结构体,定义在文件 include/linux/pwm.h 中,具体内容如下:

示例代码20-2 pwm_chip 结构体

```
1  struct pwm_chip {
2      struct device            * dev;
3      struct list_head         list;
4      const struct pwm_ops     * ops;
5      int                      base;
6      unsigned int             npwm;
7      struct pwm_device        * pwms;
8      struct pwm_device        * ( * of_xlate)(struct pwm_chip * pc,
9                               const struct of_phandle_args * args);
10     unsigned int             of_pwm_n_cells;
11     bool                     can_sleep;
12 };
```

第4行,pwm_ops 结构体就是 PWM 外设的各种操作函数集合,编写 PWM 外设驱动的时候需要开发人员实现。pwm_ops 结构体也定义在 pwm.h 头文件中,具体内容如下:

示例代码20-3 pwm_ops 结构体

```
1  struct pwm_ops {
2      int      ( * request)(struct pwm_chip * chip,        //请求 PWM
3                   struct pwm_device * pwm);
4      void     ( * free)(struct pwm_chip * chip,           //释放 PWM
5                   struct pwm_device * pwm);
6      int      ( * config)(struct pwm_chip * chip,         //配置 PWM 周期和占空比
7                   struct pwm_device * pwm,
8                   int duty_ns, int period_ns);
9      int      ( * set_polarity)(struct pwm_chip * chip,   //设置 PWM 极性
10                  struct pwm_device * pwm,
11                  enum pwm_polarity polarity);
12     int      ( * enable)(struct pwm_chip * chip,         //使能 PWM
13                  struct pwm_device * pwm);
14     void     ( * disable)(struct pwm_chip * chip,        //关闭 PWM
15                  struct pwm_device * pwm);
16     struct module        * owner;
17 };
```

pwm_ops 中的这些函数不一定全部实现,但是像 config、enable 和 disable 这些肯定是需要实现的,否则无法进行打开/关闭 PWM、设置 PWM 的占空比等操作。

PWM 子系统驱动的核心就是初始化 pwm_chip 结构体各成员变量,然后向内核注册初始化完成以后的 pwm_chip。这里就要用到 pwmchip_add()函数,此函数定义在 drivers/pwm/core.c 文件

中,函数原型如下:

```
int pwmchip_add(struct pwm_chip * chip)
```

函数参数含义如下:

chip——要向内核注册的 pwm_chip。

返回值——0,成功;负数,失败。

卸载 PWM 驱动的时候需要将前面注册的 pwm_chip 从内核移除掉,这里要用到 pwmchip_remove()函数,函数原型如下:

```
int pwmchip_remove(struct pwm_chip * chip)
```

函数参数含义如下:

chip——要移除的 pwm_chip。

返回值——0,成功;负数,失败。

20.1.3 PWM 驱动源码分析

我们简单分析一下 Linux 内核自带的 I.MX6ULL PWM 驱动。前面说了,驱动文件是 pwm-imx.c 这个文件。打开这个文件,可以看到,这是一个标准的平台设备驱动文件,如下所示:

示例代码 20-4   I.MX6ULL PWM 平台驱动
```
1  static const struct of_device_id imx_pwm_dt_ids[] = {
2      { .compatible = "fsl,imx1 - pwm", .data = &imx_pwm_data_v1, },
3      { .compatible = "fsl,imx27 - pwm", .data = &imx_pwm_data_v2, },
4      { / * sentinel * / }
5  };
6
7  ...
8
9  static struct platform_driver imx_pwm_driver = {
10     .driver      = {
11         .name     = "imx - pwm",
12         .of_match_table = imx_pwm_dt_ids,
13     },
14     .probe       = imx_pwm_probe,
15     .remove      = imx_pwm_remove,
16 };
17
18 module_platform_driver(imx_pwm_driver);
```

第 3 行,当设备树 PWM 节点的 compatible 属性值为"fsl,imx27-pwm"时就会匹配此驱动,注意后面的.data 为 imx_pwm_data_v2,这是一个 imx_pwm_data 类型的结构体变量,内容如下:

示例代码 20-5   imx_pwm_data_v2 结构体变量
```
1 static struct imx_pwm_data imx_pwm_data_v2 = {
2     .config = imx_pwm_config_v2,
3     .set_enable = imx_pwm_set_enable_v2,
4 };
```

imx_pwm_config_v2就是最终操作 I. MX6ULL 的 PWM 外设寄存器,进行实际配置的函数。imx_pwm_set_enable_v2就是具体使能 PWM 的函数。

第14行,当设备树节点和驱动匹配以后 imx_pwm_probe()函数就会执行。

imx_pwm_probe()函数如下(有省略):

```
示例代码20-6  imx_pwm_probe()函数
1  static int imx_pwm_probe(struct platform_device * pdev)
2  {
3    const struct of_device_id * of_id =
4            of_match_device(imx_pwm_dt_ids, &pdev->dev);
5    const struct imx_pwm_data * data;
6    struct imx_chip * imx;
7    struct resource * r;
8    int ret = 0;
9
10   if (!of_id)
11       return -ENODEV;
12
13   imx = devm_kzalloc(&pdev->dev, sizeof(* imx), GFP_KERNEL);
14   if (imx == NULL)
15       return -ENOMEM;
...
31   imx->chip.ops = &imx_pwm_ops;
32   imx->chip.dev = &pdev->dev;
33   imx->chip.base = -1;
34   imx->chip.npwm = 1;
35   imx->chip.can_sleep = true;
36
37   r = platform_get_resource(pdev, IORESOURCE_MEM, 0);
38   imx->mmio_base = devm_ioremap_resource(&pdev->dev, r);
39   if (IS_ERR(imx->mmio_base))
40       return PTR_ERR(imx->mmio_base);
41
42   data = of_id->data;
43   imx->config = data->config;
44   imx->set_enable = data->set_enable;
45
46   ret = pwmchip_add(&imx->chip);
47   if (ret < 0)
48       return ret;
49
50   platform_set_drvdata(pdev, imx);
51   return 0;
52 }
```

第13行,imx 是一个 imx_chip 类型的结构体指针变量,这里为其申请内存。imx_chip 结构体有一个重要的成员变量 chip,chip 是 pwm_chip 类型的。所以这一行就引出了 PWM 子系统核心部件 pwm_chip,稍后的重点就是初始化 chip。

第31~35行,初始化 imx 的 chip 成员变量,也就是初始化 pwm_chip!第31行设置 pwm_chip 的 ops 操作集为 imx_pwm_ops。imx_pwm_ops 定义如下:

```
                    示例代码 20-7   imx_pwm_ops 操作集合
1  static struct pwm_ops imx_pwm_ops = {
2      .enable = imx_pwm_enable,
3      .disable = imx_pwm_disable,
4      .config = imx_pwm_config,
5      .owner = THIS_MODULE,
6  };
```

imx_pwm_enable、imx_pwm_disable 和 imx_pwm_config 就是使能、关闭和配置 PWM 的函数。

继续回到示例代码 20-6 中的第 37 行和第 38 行,从设备树中获取 PWM 节点中关于 PWM 控制器的地址信息,然后再进行内存映射,这样我们就得到了 PWM 控制器的基地址。

第 43 行和第 44 行,这两行设置 imx 的 config 和 set_enable 这两个成员变量为 data→config 和 data→set_enable,也就是示例代码 20-5 中的 imx_pwm_config_v2() 和 imx_pwm_set_enable_v2() 这两个函数。imx_pwm_enable()、imx_pwm_disable() 和 imx_pwm_config() 这 3 个函数最终调用的就是 imx_pwm_config_v2() 和 imx_pwm_set_enable_v2()。

在整个 pwm-imx.c 文件中,最终和 I.MX6ULL 的 PWM 寄存器打交道的就是 imx_pwm_config_v2() 和 imx_pwm_set_enable_v2() 这两个函数。我们先来看一下 imx_pwm_set_enable_v2() 函数。此函数用于打开或关闭对应的 PWM,函数内容如下:

```
                 示例代码 20-8   imx_pwm_set_enable_v2()函数
1   static void imx_pwm_set_enable_v2(struct pwm_chip * chip, bool enable)
2   {
3       struct imx_chip * imx = to_imx_chip(chip);
4       u32 val;
5
6       val = readl(imx->mmio_base + MX3_PWMCR);
7
8       if (enable)
9           val |= MX3_PWMCR_EN;
10      else
11          val &= ~MX3_PWMCR_EN;
12
13      writel(val, imx->mmio_base + MX3_PWMCR);
14  }
```

第 6 行,读取 PWMCR 寄存器的值。

第 9 行,如果 enable 为真,则表示使能 PWM,将 PWMCR 寄存器的 bit0 置 1 即可,宏 MX3_PWMCR_EN 为($1 \ll 0$)。

第 11 行,如果 enable 不为真,表示关闭 PWM,将 PWMCR 寄存器的 bit0 清 0 即可。

第 13 行,将新的 val 值写入到 PWMCR 寄存器中。

imx_pwm_config_v2() 函数用于设置 PWM 的频率和占空比,相关操作如下:

```
                 示例代码 20-9   imx_pwm_config_v2()函数
1   static int imx_pwm_config_v2(struct pwm_chip * chip,
2       struct pwm_device * pwm, int duty_ns, int period_ns)
3   {
```

```
4      struct imx_chip * imx = to_imx_chip(chip);
5      struct device * dev = chip->dev;
6      unsigned long long c;
7      unsigned long period_cycles, duty_cycles, prescale;
8      unsigned int period_ms;
9      bool enable = test_bit(PWMF_ENABLED, &pwm->flags);
10     int wait_count = 0, fifoav;
11     u32 cr, sr;
12
...
42
43     c = clk_get_rate(imx->clk_per);
44     c = c * period_ns;
45     do_div(c, 1000000000);
46     period_cycles = c;
47
48     prescale = period_cycles / 0x10000 + 1;
49
50     period_cycles /= prescale;
51     c = (unsigned long long)period_cycles * duty_ns;
52     do_div(c, period_ns);
53     duty_cycles = c;
54
55     /*
56      * according to imx pwm RM, the real period value should be
57      * PERIOD value in PWMPR plus 2.
58      */
59     if (period_cycles > 2)
60         period_cycles -= 2;
61     else
62         period_cycles = 0;
63
64     writel(duty_cycles, imx->mmio_base + MX3_PWMSAR);
65     writel(period_cycles, imx->mmio_base + MX3_PWMPR);
66
67     cr = MX3_PWMCR_PRESCALER(prescale) |
68         MX3_PWMCR_DOZEEN | MX3_PWMCR_WAITEN |
69         MX3_PWMCR_DBGEN | MX3_PWMCR_CLKSRC_IPG_HIGH;
70
71     if (enable)
72         cr |= MX3_PWMCR_EN;
73
74     writel(cr, imx->mmio_base + MX3_PWMCR);
75
76     return 0;
77 }
```

第 43～62 行，根据参数 duty_ns 和 period_ns 来计算出应该写入寄存器中的值 duty_cycles 和 period_cycles。

第 64 行，将计算得到的 duty_cycles 写入 PWMSAR 寄存器中，设置 PWM 的占空比。

第 65 行，将计算得到的 period_cycles 写入 PWMPR 寄存器中，设置 PWM 的频率。

至此，I. MX6ULL 的 PWM 驱动就分析完了。

20.2 PWM 驱动编写

20.2.1 修改设备树

PWM 驱动就不需要我们再编写了,NXP 已经写好了。前面我们已经详细分析过这部分的驱动源码。在实际使用的时候只需要修改设备树即可,ALPHA 开发板上的 JP2 排针引出了 GPIO1_IO04 引脚,如图 20-1 所示。

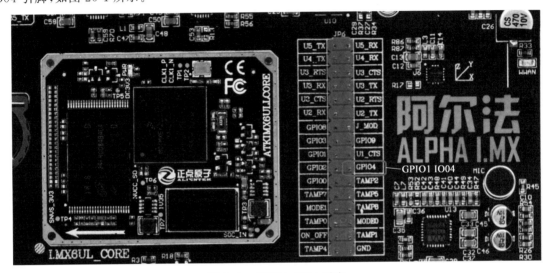

图 20-1　GPIO1_IO04 引脚

GPIO1_IO04 可以作为 PWM3 的输出引脚,所以我们需要在设备树中添加 GPIO1_IO04 的引脚信息以及 PWM3 控制器对应的节点信息。

1. 添加 GPIO1_IO04 引脚信息

打开 imx6ull-alientek-emmc.dts 文件,在 iomuxc 节点下添加 GPIO1_IO04 的引脚信息,如下所示:

```
                        示例代码 20-10　GPIO1_IO04 引脚信息
1 pinctrl_pwm3: pwm3grp {
2     fsl,pins = <
3     MX6UL_PAD_GPIO1_IO04__PWM3_OUT    0x110b0
4     >;
5 };
```

2. 向 pwm3 节点追加信息

前面已经讲过了,imx6ull.dtsi 文件中已经有了 pwm3 节点,但是还不能直接使用,需要在 imx6ull-alientek-emmc.dts 文件中向 pwm3 节点追加一些内容。在 imx6ull-alientek-emmc.dts 文件中加入如下所示内容:

```
                        示例代码 20-11　向 pwm3 添加的内容
1 &pwm3 {
2     pinctrl-names = "default";
```

```
3      pinctrl-0 = <&pinctrl_pwm3>;
4      clocks = <&clks IMX6UL_CLK_PWM3>,
5               <&clks IMX6UL_CLK_PWM3>;
6      status = "okay";
7 };
```

第 3 行,pinctrl-0 属性指定 PWM3 所使用的输出引脚对应的 pinctrl 节点,这里设置为示例代码 20-10 中的 pinctrl_pwm3。

第 4 行和第 5 行,设置时钟,第 4 行设置 ipg 时钟,第 5 行设置 per 时钟。有些 pwm 节点默认时钟源是 IMX6UL_CLK_DUMMY,这里需要将其改为对应的时钟,比如这里设置为 IMX6UL_CLK_PWM3。PWM1～PWM8 分别对应 IMX6UL_CLK_PWM1～ IMX6UL_CLK_PWM8。

3. 屏蔽掉其他复用的 I/O

检查一下设备树中有没有其他外设用到 GPIO1_IO04,如果有的话应屏蔽掉! 注意,不能只屏蔽掉 GPIO1_IO04 的 pinctrl 配置信息,也要搜索一下"gpio1 4",看看有没有哪里用到,如有,也要屏蔽掉。

设备树修改完成以后重新编译设备树,然后使用新的设备树启动系统。

20.2.2　使能 PWM 驱动

NXP 官方的 Linux 内核已经默认使能了 PWM 驱动,所以不需要修改,但是为了学习,我们还是需要知道怎么使能。打开 Linux 内核配置界面,按照如下路径找到配置项:

```
-> Device Drivers
    -> Pulse-Width Modulation (PWM) Support
        -> <*> i.MX PWM support
```

配置如图 20-2 所示。

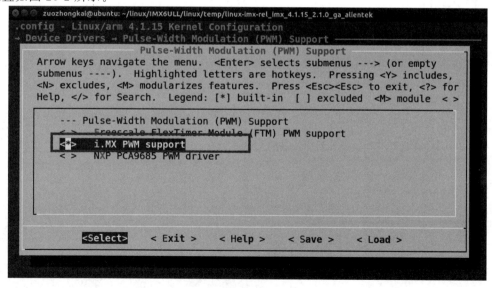

图 20-2　PWM 配置项

20.3　PWM 驱动测试

使用新的设备树启动系统,然后将开发板 JP2 排针上的 GPIO_4(GPIO1_IO04)引脚连接到示波器上,通过示波器来查看 PWM 波形图。我们可以直接在用户层来配置 PWM,进入目录/sys/class/pwm 中,如图 20-3 所示。

```
/sys/class/pwm # ls
pwmchip0  pwmchip2  pwmchip4  pwmchip6
pwmchip1  pwmchip3  pwmchip5  pwmchip7
/sys/class/pwm #
```

图 20-3　各路 PWM

图 20-3 中 pwmchip0 ～ pwmchip7 对应 I. MX6ULL 的 PWM1 ～ PWM8,所以需要用到 pwmchip2。

1. 调出 pwmchip2 的 pwm0 子目录

首先需要调出 pwmchip2 下的 pwm0 目录,否则后续就没法操作了,输入如下命令:

```
echo 0 > /sys/class/pwm/pwmchip2/export
```

执行完成会在 pwmchip2 目录下生成一个名为 pwm0 的子目录,如图 20-4 所示。

```
/ # ls /sys/class/pwm/pwmchip2/
device    npwm     pwm0          uevent          ← 后续操作需要用到的
export    power    subsystem unexport
/ #
```

图 20-4　新生成的 pwm0 子目录

2. 使能 PWM3

输入如下命令使能 PWM3:

```
echo 1 > /sys/class/pwm/pwmchip2/pwm0/enable
```

3. 设置 PWM3 的频率

注意,这里设置的是周期值,单位为 ns,比如 20kHz 频率的周期就是 50000ns,输入如下命令:

```
echo 50000 > /sys/class/pwm/pwmchip2/pwm0/period
```

4. 设置 PWM3 的占空比

这里不能直接设置占空比,而是设置的一个周期的 ON 时间,也就是高电平时间,比如 20kHz 频率下 20%占空比的 ON 时间就是 10000ns,输入如下命令:

```
echo 10000 > /sys/class/pwm/pwmchip2/pwm0/duty_cycle
```

设置完成使用示波器查看波形是否正确,正确波形如图 20-5 所示。

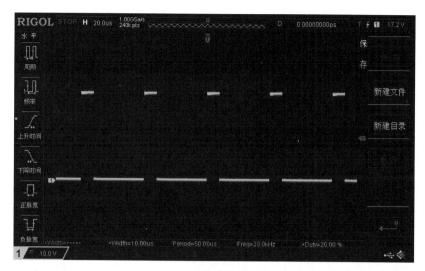

图 20-5 PWM 波形图

　　从图 20-5 可以看出,此时 PWM 频率为 20kHz,占空比为 20％,与我们设置的一致。在修改频率或者占空比时一定要注意这两者的时间值,比如 20kHz 频率的周期值为 50000ns,那么在调整占空比的时候 ON 时间就不能设置大于 50000,否则就会提示参数无效。

## 第21章

Linux LCD驱动实验

LCD 是很常用的一个外设,在裸机篇中我们讲解了如何编写 LCD 裸机驱动,在 Linux 下 LCD 的使用更加广泛,在搭配 QT 这样的 GUI 库下可以制作出非常精美的 UI 界面。本章就来学习如何在 Linux 下驱动 LCD 屏幕。

21.1 Linux 下 LCD 驱动简介

21.1.1 Framebuffer 设备

先来回顾一下裸机情况下的 LCD 驱动是怎么编写的,裸机 LCD 驱动编写流程如下:

(1) 初始化 I.MX6U 的 eLCDIF 控制器,重点是 LCD 屏幕宽(width)、高(height)、hspw、hbp、hfp、vspw、vbp 和 vfp 等信息。

(2) 初始化 LCD 像素时钟。

(3) 设置 RGBLCD 显存。

(4) 应用程序直接通过操作显存来操作 LCD,实现在 LCD 上显示字符、图片等信息。

在 Linux 中,应用程序最终也是通过操作 RGB LCD 的显存来实现在 LCD 上显示字符、图片等信息。在裸机中,我们可以随意地分配显存,但是在 Linux 系统中内存的管理很严格,显存是需要申请的,不是你想用就能用的。而且因为虚拟内存的存在,驱动程序设置的显存和应用程序访问的显存应当是同一片物理内存。

为了解决上述问题,Framebuffer 诞生了。Framebuffer 翻译过来就是帧缓冲,简称 fb,因此大家在以后的 Linux 学习中见到 Framebuffer 或 fb 时第一反应应该是想到 RGB LCD 或者显示设备。fb 是一种机制,将系统中所有与显示有关的硬件以及软件集合起来,虚拟出一个 fb 设备,当我们编写好 LCD 驱动后会生成一个名为/dev/fbX(X=0~n)的设备,应用程序通过访问/dev/fbX 这个设备就可以访问 LCD。NXP 官方的 Linux 内核默认已经开启了 LCD 驱动,因此我们可以看到/dev/fb0 这样一个设备,如图 21-1 所示。

```
/ # ls /dev/fb* -l
crw-rw----    1 root     0          29,   0 Jan  1 00:00 /dev/fb0
/ #
```

图 21-1 /dev/fb0 设备文件

图 21-1 中的/dev/fb0 就是 LCD 对应的设备文件。/dev/fb0 是一个字符设备,因此肯定有 file_operations 操作集,fb 的 file_operations 操作集定义在 drivers/video/fbdev/core/fbmem. c 文件中,如下所示:

```
示例代码 21-1  fb 设备的操作集
1495 static const struct file_operations fb_fops = {
1496    .owner    = THIS_MODULE,
1497    .read     = fb_read,
1498    .write    = fb_write,
1499    .unlocked_ioctl = fb_ioctl,
1500 #ifdef CONFIG_COMPAT
1501    .compat_ioctl = fb_compat_ioctl,
1502 #endif
1503    .mmap     = fb_mmap,
1504    .open     = fb_open,
1505    .release  = fb_release,
1506 #ifdef HAVE_ARCH_FB_UNMAppED_AREA
1507    .get_unmapped_area = get_fb_unmapped_area,
1508 #endif
1509 #ifdef CONFIG_FB_DEFERRED_IO
1510    .fsync    = fb_deferred_io_fsync,
1511 #endif
1512    .llseek   = default_llseek,
1513 };
```

关于 fb 的详细处理过程就不去深究了,本章的重点是驱动 ALPHA 开发板上的 LCD。

21.1.2 LCD 驱动简介

LCD 裸机例程主要分两部分:
(1) 获取 LCD 的屏幕参数。
(2) 根据屏幕参数信息来初始化 eLCDIF 接口控制器。

不同分辨率的 LCD 屏幕的 eLCDIF 控制器驱动代码都是一样的,只需要修改对应的屏幕参数即可。屏幕参数信息属于屏幕设备信息内容,这些肯定是要放到设备树中的,因此本章实验的主要工作就是修改设备树,NXP 官方的设备树已经添加了 LCD 设备节点,只是此节点的 LCD 屏幕信息是针对 NXP 官方 EVK 开发板所使用的 4.3 英寸(分辨率为 480×272 像素)(1 英寸=2.54 厘米)编写的,需要将其改为我们所使用的屏幕参数。

我们简单看一下 NXP 官方编写的 Linux 下的 LCD 驱动。打开 imx6ull.dtsi,然后找到 lcdif 节点内容,如下所示:

```
示例代码 21-2  imx6ull.dtsi 文件中 lcdif 节点内容
1 lcdif: lcdif@021c8000 {
2          compatible = "fsl,imx6ul-lcdif", "fsl,imx28-lcdif";
3          reg = <0x021c8000 0x4000>;
4          interrupts = <GIC_SPI 5 IRQ_TYPE_LEVEL_HIGH>;
5          clocks = <&clks IMX6UL_CLK_LCDIF_PIX>,
6                  <&clks IMX6UL_CLK_LCDIF_APB>,
7                  <&clks IMX6UL_CLK_DUMMY>;
```

```
8              clock - names = "pix", "axi", "disp_axi";
9              status = "disabled";
10 };
```

示例代码 21-2 中的 lcdif 节点信息是所有使用 I.MX6ULL 芯片的板子所共有的,并不是完整的 lcdif 节点信息。像屏幕参数这些需要根据不同的硬件平台去添加,比如向 imx6ull-alientek-emmc.dts 中的 lcdif 节点添加其他的属性信息。从示例代码 21-2 可以看出,lcdif 节点的 compatible 属性值为"fsl,imx6ul-lcdif"和"fsl,imx28-lcdif",因此在 Linux 源码中搜索这两个字符串即可找到 I.MX6ULL 的 LCD 驱动文件,这个文件为 drivers/video/fbdev/mxsfb.c,mxsfb.c 就是 I.MX6ULL 的 LCD 驱动文件,在此文件中找到如下内容:

```
                    示例代码 21-3   platform 下的 LCD 驱动
1362 static const struct of_device_id mxsfb_dt_ids[] = {
1363     { .compatible = "fsl,imx23 - lcdif", .data = &mxsfb_devtype[0], },
1364     { .compatible = "fsl,imx28 - lcdif", .data = &mxsfb_devtype[1], },
1365     { /* sentinel */ }
1366 };
...
1625 static struct platform_driver mxsfb_driver = {
1626     .probe = mxsfb_probe,
1627     .remove = mxsfb_remove,
1628     .shutdown = mxsfb_shutdown,
1629     .id_table = mxsfb_devtype,
1630     .driver = {
1631             .name = DRIVER_NAME,
1632             .of_match_table = mxsfb_dt_ids,
1633             .pm = &mxsfb_pm_ops,
1634     },
1635 };
1636
1637 module_platform_driver(mxsfb_driver);
```

从示例代码 21-3 可以看出,这是一个标准的 platform 驱动,当驱动和设备匹配以后 mxsfb_probe()函数就会执行。在看 mxsfb_probe()函数之前我们先简单了解一下 Linux 下 Framebuffer 驱动的编写流程,Linux 内核将所有的 Framebuffer 抽象为一个叫作 fb_info 的结构体,fb_info 结构体包含了 Framebuffer 设备的完整属性和操作集合,因此每一个 Framebuffer 设备都必须有一个 fb_info。换言之就是,LCD 的驱动就是构建 fb_info,并且向系统注册 fb_info 的过程。fb_info 结构体定义在 include/linux/fb.h 文件中,内容如下(省略掉条件编译):

```
                    示例代码 21-4   fb_info 结构体
448 struct fb_info {
449     atomic_t count;
450     int node;
451     int flags;
452     struct mutex lock;                    /* 互斥锁 */
453     struct mutex mm_lock;                 /* 互斥锁,用于 fb_mmap 和 smem_ * 域 */
454     struct fb_var_screeninfo var;         /* 当前可变参数 */
455     struct fb_fix_screeninfo fix;         /* 当前固定参数 */
```

```
456        struct fb_monspecs monspecs;                /* 当前显示器特性        */
457        struct work_struct queue;                   /* 帧缓冲事件队列        */
458        struct fb_pixmap pixmap;                     /* 图像硬件映射          */
459        struct fb_pixmap sprite;                     /* 光标硬件映射          */
460        struct fb_cmap cmap;                         /* 当前调色板            */
461        struct list_head modelist;                   /* 当前模式列表          */
462        struct fb_videomode * mode;                  /* 当前视频模式          */
463
464 #ifdef CONFIG_FB_BACKLIGHT                          /* 如果 LCD 支持背光      */
465        /* assigned backlight device */
466        /* set before framebuffer registration,
467           remove after unregister */
468        struct backlight_device * bl_dev;            /* 背光设备             */
469
470        /* Backlight level curve */
471        struct mutex bl_curve_mutex;
472        u8 bl_curve[FB_BACKLIGHT_LEVELS];
473 #endif
...
479        struct fb_ops * fbops;                       /* 帧缓冲操作函数集       */
480        struct device * device;                      /* 父设备              */
481        struct device * dev;                         /* 当前 fb 设备         */
482        int class_flag;                              /* 私有 sysfs 标志       */
....
486        char __iomem * screen_base;                  /* 虚拟内存基地址(屏幕显存)  */
487        unsigned long screen_size;                   /* 虚拟内存大小(屏幕显存大小)  */
488        void * pseudo_palette;                       /* 伪 16 位调色板        */
...
507 };
```

fb_info 结构体的成员变量很多,我们重点关注 var、fix、fbops、screen_base、screen_size 和 pseudo_palette。mxsfb_probe()函数的主要工作内容为:

(1) 申请 fb_info。

(2) 初始化 fb_info 结构体中的各个成员变量。

(3) 初始化 eLCDIF 控制器。

(4) 使用 register_framebuffer()函数向 Linux 内核注册初始化好的 fb_info。

register_framebuffer()函数原型如下:

```
int register_framebuffer(struct fb_info * fb_info)
```

函数参数含义如下:

fb_info——需要上报的 fb_info。

返回值——0,成功;负值,失败。

接下来简单看一下 mxsfb_probe()函数,函数内容如下(有省略):

示例代码 21-5　mxsfb_probe()函数

```
1369 static int mxsfb_probe(struct platform_device * pdev)
1370 {
```

```
1371        const struct of_device_id * of_id =
1372                of_match_device(mxsfb_dt_ids, &pdev - > dev);
1373        struct resource * res;
1374        struct mxsfb_info * host;
1375        struct fb_info * fb_info;
1376        struct pinctrl * pinctrl;
1377        int irq = platform_get_irq(pdev, 0);
1378        int gpio, ret;
1379

...
1394

1395        res = platform_get_resource(pdev, IORESOURCE_MEM, 0);
1396        if (!res) {
1397            dev_err(&pdev - > dev, "Cannot get memory IO resource\n");
1398            return - ENODEV;
1399        }
1400

1401        host = devm_kzalloc(&pdev - > dev, sizeof(struct mxsfb_info),GFP_KERNEL);
1402        if (!host) {
1403            dev_err(&pdev - > dev, "Failed to allocate IO resource\n");
1404            return - ENOMEM;
1405        }
1406

1407        fb_info = framebuffer_alloc(sizeof(struct fb_info), &pdev - > dev);
1408        if (!fb_info) {
1409            dev_err(&pdev - > dev, "Failed to allocate fbdev\n");
1410            devm_kfree(&pdev - > dev, host);
1411            return - ENOMEM;
1412        }
1413        host - > fb_info = fb_info;
1414        fb_info - > par = host;
1415

1416        ret = devm_request_irq(&pdev - > dev, irq, mxsfb_irq_handler, 0,
1417                dev_name(&pdev - > dev), host);
1418        if (ret) {
1419            dev_err(&pdev - > dev, "request_irq ( % d) failed with
1420                    error % d\n", irq, ret);
1421            ret = - ENODEV;
1422            goto fb_release;
1423        }
1424

1425        host - > base = devm_ioremap_resource(&pdev - > dev, res);
1426        if (IS_ERR(host - > base)) {
1427            dev_err(&pdev - > dev, "ioremap failed\n");
1428            ret = PTR_ERR(host - > base);
1429            goto fb_release;
1430        }

...
1461

1462        fb_info - > pseudo_palette = devm_kzalloc(&pdev - > dev,
1463                            sizeof(u32) * 16, GFP_KERNEL);
1464        if (!fb_info - > pseudo_palette) {
```

```
1465            ret = - ENOMEM;
1466            goto fb_release;
1467        }
1468
1469        INIT_LIST_HEAD(&fb_info->modelist);
1470
1471        pm_runtime_enable(&host->pdev->dev);
1472
1473        ret = mxsfb_init_fbinfo(host);
1474        if (ret != 0)
1475            goto fb_pm_runtime_disable;
1476
1477        mxsfb_dispdrv_init(pdev, fb_info);
1478
1479        if (!host->dispdrv) {
1480            pinctrl = devm_pinctrl_get_select_default(&pdev->dev);
1481            if (IS_ERR(pinctrl)) {
1482                ret = PTR_ERR(pinctrl);
1483                goto fb_pm_runtime_disable;
1484            }
1485        }
1486
1487        if (!host->enabled) {
1488            writel(0, host->base + LCDC_CTRL);
1489            mxsfb_set_par(fb_info);
1490            mxsfb_enable_controller(fb_info);
1491            pm_runtime_get_sync(&host->pdev->dev);
1492        }
1493
1494        ret = register_framebuffer(fb_info);
1495        if (ret != 0) {
1496            dev_err(&pdev->dev, "Failed to register framebuffer\n");
1497            goto fb_destroy;
1498        }
...
1525        return ret;
1526    }
```

第1374行，host结构体指针变量，表示I.MX6ULL的LCD的主控接口，mxsfb_info结构体是NXP定义的针对I.MX系列SOC的Framebuffer设备结构体。也就是我们前面一直说的设备结构体，此结构体包含了I.MX系列SOC的Framebuffer设备的详细信息，比如时钟、eLCDIF控制器寄存器基地址、fb_info等。

第1395行，从设备树中获取eLCDIF接口控制器的寄存器首地址，设备树中lcdif节点已经设置了eLCDIF寄存器首地址为0X021C8000，因此res=0X021C8000。

第1401行，给host申请内存，host为mxsfb_info类型结构体指针。

第1407行，给fb_info申请内存，也就是申请fb_info。

第1413行和第1414行，设置host的fb_info成员变量为fb_info，设置fb_info的par成员变量为host。通过这一步就将前面申请的host和fb_info联系在了一起。

第 1416 行,申请中断,中断服务函数为 mxsfb_irq_handler。

第 1425 行,对从设备树中获取到的寄存器首地址(res)进行内存映射,得到虚拟地址,并保存到 host 的 base 成员变量。因此通过访问 host 的 base 成员即可访问 I. MX6ULL 的整个 eLCDIF 寄存器。其实在 mxsfb.c 中已经定义了 eLCDIF 各个寄存器相比于基地址的偏移值,如下所示:

示例代码 21-6　eLCDIF 各个寄存器偏移值

```
67  #define LCDC_CTRL                0x00
68  #define LCDC_CTRL1               0x10
69  #define LCDC_V4_CTRL2            0x20
70  #define LCDC_V3_TRANSFER_COUNT   0x20
71  #define LCDC_V4_TRANSFER_COUNT   0x30
...
89  #define LCDC_V4_DEBUG0           0x1d0
90  #define LCDC_V3_DEBUG0           0x1f0
```

大家可以对比着《I. MX6ULL 参考手册》中的 eLCDIF 章节检查一下示例代码 21-6 中的这些寄存器有没有错误。

继续回到示例代码 21-5 中的 mxsfb_probe() 函数,第 1462 行,给 fb_info 中的 pseudo_palette 申请内存。

第 1473 行,调用 mxsfb_init_fbinfo() 函数初始化 fb_info,重点是 fb_info 的 var、fix、fbops、screen_base 和 screen_size。其中 fbops 是 Framebuffer 设备的操作集,NXP 提供的 fbops 为 mxsfb_ops,内容如下:

示例代码 21-7　mxsfb_ops 操作集合

```
987  static struct fb_ops mxsfb_ops = {
988      .owner = THIS_MODULE,
989      .fb_check_var = mxsfb_check_var,
990      .fb_set_par = mxsfb_set_par,
991      .fb_setcolreg = mxsfb_setcolreg,
992      .fb_ioctl = mxsfb_ioctl,
993      .fb_blank = mxsfb_blank,
994      .fb_pan_display = mxsfb_pan_display,
995      .fb_mmap = mxsfb_mmap,
996      .fb_fillrect = cfb_fillrect,
997      .fb_copyarea = cfb_copyarea,
998      .fb_imageblit = cfb_imageblit,
999  };
```

关于 mxsfb_ops 中的各个操作函数这里不做详解介绍。mxsfb_init_fbinfo() 函数通过调用 mxsfb_init_fbinfo_dt() 函数从设备树中获取到 LCD 的各个参数信息。最后,mxsfb_init_fbinfo() 函数会调用 mxsfb_map_videomem() 函数申请 LCD 的帧缓冲内存(也就是显存)。

第 1489 行和第 1490 行,设置 eLCDIF 控制器的相应寄存器。

第 1494 行,最后调用 register_framebuffer() 函数向 Linux 内核注册 fb_info。

mxsfb.c 文件很大,还有一些其他的重要函数,比如 mxsfb_remove()、mxsfb_shutdown() 等,这里只简单介绍了 mxsfb_probe() 函数,至于其他的函数请大家自行查阅相关资料。

21.2 硬件原理图分析

本章实验硬件原理图参考《原子嵌入式 Linux 驱动开发详解》20.2 节即可。

21.3 LCD 驱动程序编写

21.3.1 修改设备树

如前所述,IMX 6ULL 的 eLCDIF 接口驱动程序 NXP 已经编写好了,因此 LCD 驱动部分我们不需要去修改。我们需要做的就是按照所使用的 LCD 来修改设备树。重点要注意 3 个地方:

(1) LCD 所使用的 I/O 配置。

(2) LCD 屏幕节点修改,修改相应的属性值,换成我们所使用的 LCD 屏幕参数。

(3) LCD 背光节点信息修改,要根据实际所使用的背光 I/O 来修改相应的设备节点信息。

接下来依次来看一下上面如何修改这两个节点。

1. LCD 屏幕 I/O 配置

首先要检查一下设备树中 LCD 所使用的 I/O 配置,这个其实 NXP 都已经给我们写好了,不需要修改,不过我们还是要看一下。打开 imx6ull-alientek-emmc.dts 文件,在 iomuxc 节点中找到如下内容:

```
                    示例代码 21-8  设备树 LCD I/O 配置
1  pinctrl_lcdif_dat: lcdifdatgrp {
2      fsl,pins = <
3          MX6UL_PAD_LCD_DATA00__LCDIF_DATA00   0x79
4          MX6UL_PAD_LCD_DATA01__LCDIF_DATA01   0x79
5          MX6UL_PAD_LCD_DATA02__LCDIF_DATA02   0x79
...
23         MX6UL_PAD_LCD_DATA20__LCDIF_DATA20   0x79
24         MX6UL_PAD_LCD_DATA21__LCDIF_DATA21   0x79
25         MX6UL_PAD_LCD_DATA22__LCDIF_DATA22   0x79
26         MX6UL_PAD_LCD_DATA23__LCDIF_DATA23   0x79
27     >;
28 };
29
30 pinctrl_lcdif_ctrl: lcdifctrlgrp {
31     fsl,pins = <
32         MX6UL_PAD_LCD_CLK__LCDIF_CLK         0x79
33         MX6UL_PAD_LCD_ENABLE__LCDIF_ENABLE   0x79
34         MX6UL_PAD_LCD_HSYNC__LCDIF_HSYNC     0x79
35         MX6UL_PAD_LCD_VSYNC__LCDIF_VSYNC     0x79
36     >;
37 pinctrl_pwm1: pwm1grp {
38     fsl,pins = <
39         MX6UL_PAD_GPIO1_IO08__PWM1_OUT       0x110b0
40     >;
41 };
```

第 1～28 行,子节点 pinctrl_lcdif_dat,为 RGB LCD 的 24 根数据线配置项。

第 30～36 行,子节点 pinctrl_lcdif_ctrl,RGB LCD 的 4 根控制线配置项,包括 CLK、ENABLE、VSYNC 和 HSYNC。

第 37～41 行,子节点 pinctrl_pwm1,LCD 背光 PWM 引脚配置项。这个引脚要根据实际情况设置,这里建议大家在以后的学习或工作中,LCD 的背光 I/O 尽量和半导体厂商的官方开发板一致。

注意,示例代码 21-8 中默认将 LCD 的电气属性都设置为 0x79,这里将其都改为 0x49,也就是将 LCD 相关 I/O 的驱动能力改为 R0/R1,也就是降低 LCD 相关 I/O 的驱动能力。因为前面已经说了,正点原子的 ALPHA 开发板上的 LCD 接口用了 3 个 SGM3157 模拟开关。为了防止模拟开关影响到网络,因此这里需要降低 LCD 数据线的驱动能力,如果你所使用的板子没有用到模拟开关,那么就不需要将 0x79 改为 0x49。

2. LCD 屏幕参数节点信息修改

继续在 imx6ull-alientek-emmc.dts 文件中找到 lcdif 节点,节点内容如下所示:

```
                      示例代码 21-9    lcdif 节点默认信息
1  &lcdif {
2      pinctrl - names = "default";
3      pinctrl - 0 = < &pinctrl_lcdif_dat         / * 使用到的 I/O          * /
4               &pinctrl_lcdif_ctrl
5               &pinctrl_lcdif_reset >;
6      display = < &display0 >;
7      status = "okay";
8
9      display0: display {                         / * LCD 属性信息          * /
10         bits - per - pixel = < 16 >;            / * 一个像素占用几个 bit * /
11         bus - width = < 24 >;                    / * 总线宽度              * /
12
13         display - timings {
14             native - mode = < &timing0 >;       / * 时序信息              * /
15             timing0: timing0 {
16             clock - frequency = < 9200000 >;     / * LCD 像素时钟,单位 Hz * /
17             hactive = < 480 >;                   / * LCD X 轴像素个数       * /
18             vactive = < 272 >;                   / * LCD Y 轴像素个数       * /
19             hfront - porch = < 8 >;              / * LCD hfp 参数           * /
20             hback - porch = < 4 >;               / * LCD hbp 参数           * /
21             hsync - len = < 41 >;                / * LCD hspw 参数          * /
22             vback - porch = < 2 >;               / * LCD vbp 参数           * /
23             vfront - porch = < 4 >;              / * LCD vfp 参数           * /
24             vsync - len = < 10 >;                / * LCD vspw 参数          * /
25
26             hsync - active = < 0 >;             / * hsync 数据线极性        * /
27             vsync - active = < 0 >;             / * vsync 数据线极性        * /
28             de - active = < 1 >;                / * de 数据线极性          * /
29             pixelclk - active = < 0 >;          / * clk 数据线先极性       * /
30             };
31         };
32      };
33 };
```

示例代码 21-9 就是向 imx6ull.dtsi 文件中的 lcdif 节点追加的内容。下面依次来看一下示例代码 21-9 中的这些属性都具有什么含义。

第 3 行，pinctrl-0 属性，LCD 所使用的 I/O 信息，这里用到了 pinctrl_lcdif_dat、pinctrl_lcdif_ctrl 和 pinctrl_lcdif_reset 这 3 个 I/O 相关的节点，前两个在示例代码 21-8 中已经讲解了。pinctrl_lcdif_reset 是 LCD 复位 I/O 信息节点，正点原子的 I.MX6U-ALPHA 开发板的 LCD 没有用到复位 I/O，因此 pinctrl_lcdif_reset 可以删除掉。

第 6 行，display 属性，指定 LCD 属性信息所在的子节点，这里为 display0，下面就是 display0 子节点内容。

第 9～32 行，display0 子节点，描述 LCD 的参数信息，第 10 行的 bits-per-pixel 属性用于指明一个像素占用的 bit 数，默认为 16bit。本书将 LCD 配置为 RGB888 模式，因此一个像素点占用 24bit，bits-per-pixel 属性要改为 24。第 11 行的 bus-width 属性用于设置数据线宽度，因为要配置为 RGB888 模式，因此 bus-width 也要设置为 24。

第 13～30 行，这几行非常重要。因为这几行设置了 LCD 的时序参数信息，NXP 官方的 EVK 开发板使用了一个 4.3 英寸(分辨率为 480×272 像素)屏幕，因此这里默认是按照 NXP 官方的那个屏幕参数设置的。每一个属性的含义后面的注释已经写得很详细了，大家自己去看就行了。这些时序参数就是我们重点要修改的，需要根据自己所使用的屏幕去修改。

这里以正点原子的 ATK7016(7 英寸，1024×600 像素)屏幕为例，将 imx6ull-alientek-emmc.dts 文件中的 lcdif 节点改为如下内容：

```
                    示例代码 21-10   针对 ATK7016 LCD 修改后的 lcdif 节点信息
1   &lcdif {
2       pinctrl - names = "default";
3       pinctrl - 0 = <&pinctrl_lcdif_dat          /* 使用到的 I/O           */
4               &pinctrl_lcdif_ctrl >;
5       display = < &display0 >;
6       status = "okay";
7
8       display0: display {                         /* LCD 属性信息           */
9           bits - per - pixel = <24>;              /* 一个像素占用 24bit      */
10          bus - width = <24>;                     /* 总线宽度               */
11
12          display - timings {
13              native - mode = < &timing0 >;        /* 时序信息               */
14              timing0: timing0 {
15                  clock - frequency = <51200000>;  /* LCD 像素时钟,单位为 Hz */
16                  hactive = <1024>;               /* LCD X 轴像素个数        */
17                  vactive = <600>;                /* LCD Y 轴像素个数        */
18                  hfront - porch = <160>;          /* LCD hfp 参数           */
19                  hback - porch = <140>;           /* LCD hbp 参数           */
20                  hsync - len = <20>;              /* LCD hspw 参数          */
21                  vback - porch = <20>;            /* LCD vbp 参数           */
22                  vfront - porch = <12>;           /* LCD vfp 参数           */
23                  vsync - len = <3>;               /* LCD vspw 参数          */
24
25                  hsync - active = <0>;            /* hsync 数据线极性        */
26                  vsync - active = <0>;            /* vsync 数据线极性        */
```

```
27                de - active = <1>;              /* de 数据线极性        */
28                pixelclk - active = <0>;        /* clk 数据线先极性      */
29                };
30          };
31      };
32 };
```

第 3 行,设置 LCD 屏幕所使用的 I/O,删除掉原来的 pinctrl_lcdif_reset,因为没有用到屏幕复位 I/O,其他的 I/O 不变。

第 9 行,使用 RGB888 模式,所以一个像素点是 24bit。

第 15～23 行,ATK7016 屏幕时序参数,根据自己所使用的屏幕修改即可。

21.3.2 LCD 屏幕背光节点信息

1. 背光 PWM 节点设置

LCD 背光使用 PWM 来控制,通过调整 PWM 波形的占空比来调节屏幕亮度。关于 PWM 已经在第 20 章进行了详细的讲解,本节重点来看一下如何将一路 PWM 用于 LCD 背光调节。

正点原子开发板的 LCD 接口背光控制 I/O 连接到了 I.MX6U 的 GPIO1_IO08 引脚上,GPIO1_IO08 复用为 PWM1_OUT。通过 PWM 信号来控制 LCD 屏幕背光的亮度,接着我们来看一下如何在设备树中添加背光节点信息。

首先是 GPIO1_IO08 这个 I/O 的配置,在 imx6ull-alientek-emmc.dts 中找到如下内容:

```
                    示例代码 21-11   GPIO1_IO08 引脚配置
1 pinctrl_pwm1: pwm1grp {
2     fsl,pins = <
3         MX6UL_PAD_GPIO1_IO08__PWM1_OUT    0x110b0
4     >;
5 };
```

pinctrl_pwm1 节点就是 GPIO1_IO08 的配置节点,从第 3 行可以看出,设置 GPIO1_IO08 这个 I/O 复用为 PWM1_OUT,并且设置电气属性值为 0x110b0。

继续在 imx6ull-alientek-emmc.dts 文件中找到向 pwm1 追加如下所示内容:

```
                    示例代码 21-12   向 pwm1 节点追加的内容
1 &pwm1 {
2     pinctrl - names = "default";
3     pinctrl - 0 = <&pinctrl_pwm1>;
4     status = "okay";
5 };
```

第 3 行,设置 pwm1 所使用的 I/O 为 pinctrl_pwm1,也就是示例代码 21-11 所定义的 GPIO1_IO08 这个 I/O。

第 4 行,将 status 设置为 "okay"。

2. backlight 节点设置

到这里,PWM 和相关的 I/O 已经准备好了,但是 Linux 系统怎么知道 PWM1_OUT 就是控制

LCD背光的呢？因此我们还需要一个节点来将LCD背光和PWM1_OUT连接起来。这个节点就是backlight，backlight节点描述可以参考Documentation/devicetree/bindings/video/backlight/pwm-backlight.txt这个文档，此文档详细讲解了backlight节点该如何去创建，这里大概总结一下：

（1）节点名称要为backlight。

（2）节点的compatible属性值要为"pwm-backlight"，因此可以通过在Linux内核中搜索"pwm-backlight"来查找PWM背光控制驱动程序，这个驱动程序文件为drivers/video/backlight/pwm_bl.c，感兴趣的读者可以去看一下这个驱动程序。

（3）pwms属性用于描述背光所使用的PWM的通道以及PWM频率，比如本章要使用pwm1，频率设置为200Hz。

（4）brightness-levels属性描述亮度级别，范围为0～255，0表示PWM占空比为0，也就是亮度最低；255表示100％占空比，也就是亮度最高。至于设置几级亮度，大家可以自行填写此属性。

（5）default-brightness-level是默认的背光等级，也就是brightness-levels属性中第几个值，注意这里是数索引编号，不是具体的数值！

根据上述5点设置backlight节点，我们在根节点下创建一个backlight节点，在imx6ull-alientek-emmc.dts文件中新建内容如下：

```
                        示例代码21-13    pwm背光节点
1 backlight {
2     compatible = "pwm - backlight";
3     pwms = <&pwm1 0 5000000>;
4     brightness - levels = <0 4 8 16 32 64 128 255>;
5     default - brightness - level = <7>;
6     status = "okay";
7 };
```

第2行，compatible属性必须为"pwm-backlight"。

第3行，pwms属性指定背光所使用的pwm通道，第一个参数指定使用pwm1，由于I.MX6ULL的PWM只有一个通道，因此这里为0。最后一个参数是PWM周期，单位为ns，这里PWM周期为5000000ns，频率为200Hz。

第4行，设置8级背光（0～7），分别为0、4、8、16、32、64、128、255，对应占空比为0、1.57％、3.13％、6.27％、12.55％、25.1％、50.19％、100％，如果有需要也可以自行添加一些其他的背光等级值。

第5行，背光默认处于第7等级，也就是255，为100％占空比。

关于背光的设备树节点信息就讲到这里，整个的LCD设备树节点内容也讲完了，按照这些节点内容配置自己的开发板即可。

21.4　运行测试

21.4.1　LCD屏幕基本测试

1. 编译新的设备树

21.3节我们已经配置好了设备树，所以需要输入如下命令重新编译一下设备树：

```
make dtbs
```

等待编译生成新的 imx6ull-alientek-emmc.dtb 设备树文件,稍后要使用新的设备树启动 Linux 内核。

2. 使能 Linux logo 显示

Linux 内核启动的时候可以选择显示小企鹅 logo,只要这个小企鹅 logo 显示没问题,那么我们的 LCD 驱动基本就算工作正常。这个 logo 显示是要配置的,不过 Linux 内核一般都会默认开启 logo 显示,但是出于了解的目的,我们还是来看一下如何使能 Linux logo 显示。打开 Linux 内核图形化配置界面,按下路径找到对应的配置项:

```
-> Device Drivers
    -> Graphics support
        -> Bootup logo (LOGO [ = y])
            -> Standard black and white Linux logo
            -> Standard 16 - color Linux logo
            -> Standard 224 - color Linux logo
```

logo 配置项如图 21-2 所示。

图 21-2 logo 配置项

图 21-2 中这 3 个选项分别对应黑白、16 位、24 位色彩格式的 logo,我们把这 3 个都选中,都编译进 Linux 内核中。设置好以后保存退出,重新编译 Linux 内核,编译完成以后使用新编译出来的 imx6ull-alientek-emmc.dtb 和 zImage 镜像启动系统,如果 LCD 驱动工作正常的话就会在 LCD 屏幕左上角出现一个彩色的小企鹅 logo,屏幕背景色为黑色,如图 21-3 所示。

21.4.2　设置 LCD 作为终端控制台

我们一直使用 MobaXterm 作为 Linux 开发板终端,开发板通过串口和 MobaXterm 进行通信。现在我们已经完成了 LCD 的驱动了,所以可以设置 LCD 作为终端,也就是开发板使用自己的显示设备作为终端,然后在开发板上接上键盘就可以直接在开发板上输入命令了。将 LCD 设置为终端

图 21-3　Linux 启动 logo 显示

控制台的方法如下。

1. 设置 uboot 中的 bootargs

重启开发板,进入 Linux 命令行,重新设置 bootargs 参数的 console 内容,命令如下所示:

```
setenv bootargs 'console = tty1 console = ttymxc0,115200 root = /dev/nfs rw nfsroot = 192.168.1.250:/
home/zuozhongkai/linux/nfs/rootfs ip = 192.168.1.251:192.168.1.250:192.168.1.1:255.255.255.0::
eth0:off'
```

注意,字体部分设置 console。这里设置了两遍 console:第一次设置 console＝tty1,也就是设置 LCD 屏幕为控制台;第二遍又设置"console＝ttymxc0,115200",也就是设置串口也作为控制台。相当于打开了两个 console:一个是 LCD,另一个是串口。大家重启开发板就会发现 LCD 和串口都会显示 Linux 启动日志信息。但是此时我们还不能使用 LCD 作为终端进行交互,因为设置还未完成。

2. 修改/etc/inittab 文件

打开开发板根文件系统中的/etc/inittab 文件,在里面加入下面这一行:

```
tty1::askfirst: - /bin/sh
```

添加完成以后的/etc/inittab 文件内容如图 21-4 所示。

修改完成以后保存/etc/inittab 并退出,然后重启开发板,重启以后开发板 LCD 屏幕最后一行会显示下面的提示信息:

```
Please press Enter to activate this console.
```

上述提示信息说的是:按下回车键使能当前终端,我们在第 19 章已经将 I.MX6U-ALPHA 开

```
etc/inittab
::sysinit:/etc/init.d/rcS
console::askfirst:-/bin/sh
tty1::askfirst:-/bin/sh          打开tty1，也就是设置LCD
::restart:/sbin/init              作为终端
::ctrlaltdel:/sbin/reboot
::shutdown:/bin/umount -a -r
::shutdown:/sbin/swapoff -a
```

图 21-4   修改后的/etc/inittab 文件

发板上的 KEY 按键注册为了回车键,因此按下开发板上的 KEY 按键即可使能 LCD 这个终端。当然了,大家也可以接上一个 USB 键盘,Linux 内核默认已经使能了 USB 键盘驱动了,因此可以直接使用 USB 键盘。

至此,我们就拥有了两套终端:一套是基于串口的 MobaXterm,另一套就是我们开发板的 LCD 屏幕。为了方便调试,我们以后还是以 MobaXterm 为主。我们可以通过下面这一行命令向 LCD 屏幕输出"hello linux!"。

```
echo hello linux > /dev/tty1
```

21.4.3   LCD 背光调节

如 21.3 节所述,背光设备树节点设置了 8 个等级的背光调节,可以设置为 0~7,我们可以通过设置背光等级来实现 LCD 背光亮度的调节,进入如下目录:

```
/sys/devices/platform/backlight/backlight/backlight
```

此目录下的文件如图 21-5 所示。

```
/ # ls /sys/devices/platform/backlight/backlight/backlight/
actual_brightness    device             subsystem
bl_power             max_brightness     type
brightness           power              uevent
/ #
```

图 21-5   目录下的文件和子目录

图 21-5 中的 brightness 表示当前亮度等级,max_brightness 表示最大亮度等级。当前这两个文件内容如图 21-6 所示。

```
/sys/devices/platform/backlight/backlight/backlight # cat max_brightness
7
/sys/devices/platform/backlight/backlight/backlight # cat brightness
6
/sys/devices/platform/backlight/backlight/backlight #
```

图 21-6   brightness 和 max_brightness 文件内容

从图 21-6 可以看出,当前屏幕亮度等级为 6,根据前面的分析可以,这个是 50% 亮度。屏幕最大亮度等级为 7。如果要修改屏幕亮度,那么只需要向 brightness 写入需要设置的屏幕亮度等级即可。比如设置屏幕亮度等级为 7,就可以使用如下命令:

```
echo 7 > brightness
```

输入上述命令以后就会发现屏幕亮度增大了。如果设置 brightness 为 0,则会关闭 LCD 背光,屏幕就会熄灭。

21.4.4　LCD 自动关闭解决方法

默认情况下 10 分钟以后 LCD 就会熄屏，这个并不是代码有问题，而是 Linux 内核设置的，就和我们用手机或者计算机一样，一段时间不操作的话屏幕就会熄灭，以节省电能。解决这个问题有多种方法，我们依次来看一下。

1. 按键盘唤醒

最简单的就是按下回车键唤醒屏幕，我们在第 19 章将 I. MX6U-ALPHA 开发板上的 KEY 按键注册为了回车键，因此按下开发板上的 KEY 按键即可唤醒屏幕。如果开发板上没有按键，则可以外接 USB 键盘，然后按下 USB 键盘上的回车键唤醒屏幕。

2. 关闭 10 分钟熄屏功能

在 Linux 源码中找到 drivers/tty/vt/vt. c 这个文件，在此文件中找到 blankinterval 变量，如下所示：

示例代码 21-14　blankinterval 变量

```
179 static int vesa_blank_mode;
180 static int vesa_off_interval;
181 static int blankinterval = 10 * 60;
```

blankinterval 变量控制着 LCD 关闭时间，默认是 10×60，也就是 10 分钟。将 blankinterval 的值改为 0 即可关闭 10 分钟熄屏的功能，修改完成以后需要重新编译 Linux 内核，得到新的 zImage，然后用新的 zImage 启动开发板。

3. 编写一个 App 来关闭熄屏功能

在 ubuntu 中新建一个名为 lcd_always_on. c 的文件，然后在里面输入如下所示内容：

示例代码 21-15　lcd_always_on. c 文件代码段

```
1   # include < fcntl. h >
2   # include < stdio. h >
3   # include < sys/ioctl. h >
4
5
6   int main(int argc, char * argv[])
7   {
8       int fd;
9       fd = open("/dev/tty1", O_RDWR);
10      write(fd, "\033[9;0]", 8);
11      close(fd);
12      return 0;
13  }
```

使用如下命令编译 lcd_always_on. c 这个文件：

```
arm - linux - gnueabihf - gcc lcd_always_on.c - o lcd_always_on
```

编译生成 lcd_always_on 以后将此可执行文件复制到开发板根文件系统的/usr/bin 目录中，然后给予可执行权限。设置 lcd_always_on 这个软件为开机自启动，打开/etc/init. d/rcS，在此文件最后面加入如下内容：

示例代码 21-16　lcd_always_on 自启动代码

```
1 cd /usr/bin
2 ./lcd_always_on
3 cd ..
```

修改完成以后保存/etc/init.d/rcS 文件,然后重启开发板即可。关于 Linux 下的 LCD 驱动我们就讲到这里。

## 第22章

Linux RTC驱动实验

RTC 也就是实时时钟,用于记录当前系统时间,对于 Linux 系统而言时间是非常重要的,就和我们使用基于 Windows 的计算机或手机查看时间一样,我们在使用 Linux 设备的时候也需要查看时间。本章就来学习如何编写 Linux 下的 RTC 驱动程序。

22.1　Linux 内核 RTC 驱动简介

RTC 设备驱动是一个标准的字符设备驱动,应用程序通过 open、release、read、write 和 ioctl 等函数完成对 RTC 设备的操作,关于 RTC 硬件原理部分我们已经在《原子嵌入式 Linux 驱动开发详解》的裸机篇进行了详细的讲解。

Linux 内核将 RTC 设备抽象为 rtc_device 结构体,因此 RTC 设备驱动就是申请并初始化 rtc_device,最后将 rtc_device 注册到 Linux 内核中,这样 Linux 内核就有了一个 RTC 设备。至于 RTC 设备的操作肯定是用一个操作集合(结构体)来表示的,我们先来看一下 rtc_device 结构体,此结构体定义在 include/linux/rtc.h 文件中,结构体内容如下(删除条件编译):

```
                          示例代码 22-1   rtc_device 结构体
104 struct rtc_device
105 {
106     struct device dev;                    /* 设备              */
107     struct module * owner;
108
109     int id;                               /* ID               */
110     char name[RTC_DEVICE_NAME_SIZE];      /* 名字             */
111
112     const struct rtc_class_ops * ops;     /* RTC 设备底层操作函数  */
113     struct mutex ops_lock;
114
115     struct cdev char_dev;                 /* 字符设备           */
116     unsigned long flags;
117
118     unsigned long irq_data;
119     spinlock_t irq_lock;
```

```
120    wait_queue_head_t irq_queue;
121    struct fasync_struct * async_queue;
122
123    struct rtc_task * irq_task;
124    spinlock_t irq_task_lock;
125    int irq_freq;
126    int max_user_freq;
127
128    struct timerqueue_head timerqueue;
129    struct rtc_timer aie_timer;
130    struct rtc_timer uie_rtctimer;
131    struct hrtimer pie_timer; /* sub second exp, so needs hrtimer */
132    int pie_enabled;
133    struct work_struct irqwork;
134    /* Some hardware can't support UIE mode */
135    int uie_unsupported;
...
147 };
```

我们需要重点关注的是 ops 成员变量,这是一个 rtc_class_ops 类型的指针变量,rtc_class_ops 为 RTC 设备的最底层操作函数集合,包括从 RTC 设备中读取时间、向 RTC 设备写入新的时间值等。因此,rtc_class_ops 是需要用户根据所使用的 RTC 设备编写的,此结构体定义在 include/linux/rtc.h 文件中,内容如下:

示例代码 22-2　rtc_class_ops 结构体

```
71 struct rtc_class_ops {
72   int ( * open)(struct device * );
73   void ( * release)(struct device * );
74   int ( * ioctl)(struct device * , unsigned int, unsigned long);
75   int ( * read_time)(struct device * , struct rtc_time * );
76   int ( * set_time)(struct device * , struct rtc_time * );
77   int ( * read_alarm)(struct device * , struct rtc_wkalrm * );
78   int ( * set_alarm)(struct device * , struct rtc_wkalrm * );
79   int ( * proc)(struct device * , struct seq_file * );
80   int ( * set_mmss64)(struct device * , time64_t secs);
81   int ( * set_mmss)(struct device * , unsigned long secs);
82   int ( * read_callback)(struct device * , int data);
83   int ( * alarm_irq_enable)(struct device * , unsigned int enabled);
84 };
```

看名字就知道 rtc_class_ops 操作集合中的这些函数是做什么的了,但是要注意,rtc_class_ops 中的这些函数只是最底层的 RTC 设备操作函数,并不是提供给应用层的 file_operations 函数操作集。RTC 是个字符设备,那么肯定有字符设备的 file_operations 函数操作集,Linux 内核提供了一个 RTC 通用字符设备驱动文件,文件名为 drivers/rtc/rtc-dev.c,rtc-dev.c 文件提供了所有 RTC 设备通用的 file_operations 函数操作集,如下所示:

示例代码 22-3　RTC 通用 file_operations 函数操作集

```
448 static const struct file_operations rtc_dev_fops = {
449     .owner    = THIS_MODULE,
```

```
450        .llseek        = no_llseek,
451        .read          = rtc_dev_read,
452        .poll          = rtc_dev_poll,
453        .unlocked_ioctl = rtc_dev_ioctl,
454        .open          = rtc_dev_open,
455        .release       = rtc_dev_release,
456        .fasync        = rtc_dev_fasync,
457 };
```

看到示例代码 22-3 是不是感到很熟悉？这是标准的字符设备操作集。应用程序可以通过 ioctl() 函数来设置/读取时间、设置/读取闹钟的操作，对应的 rtc_dev_ioctl() 函数就会执行，rtc_dev_ioctl() 最终会通过操作 rtc_class_ops 中的 read_time()、set_time() 等函数来对具体 RTC 设备的读写操作。我们简单来看一下 rtc_dev_ioctl() 函数，函数内容如下(有省略)：

示例代码 22-4　rtc_dev_ioctl()函数代码段

```
218 static long rtc_dev_ioctl(struct file *file,
219          unsigned int cmd, unsigned long arg)
220 {
221     int err = 0;
222     struct rtc_device *rtc = file->private_data;
223     const struct rtc_class_ops *ops = rtc->ops;
224     struct rtc_time tm;
225     struct rtc_wkalrm alarm;
226     void __user *uarg = (void __user *) arg;
227
228     err = mutex_lock_interruptible(&rtc->ops_lock);
229     if (err)
230         return err;
...
269     switch (cmd) {
...
333     case RTC_RD_TIME:                    /* 读取时间 */
334         mutex_unlock(&rtc->ops_lock);
335
336         err = rtc_read_time(rtc, &tm);
337         if (err < 0)
338             return err;
339
340         if (copy_to_user(uarg, &tm, sizeof(tm)))
341             err = - EFAULT;
342         return err;
343
344     case RTC_SET_TIME:                   /* 设置时间 */
345         mutex_unlock(&rtc->ops_lock);
346
347         if (copy_from_user(&tm, uarg, sizeof(tm)))
348             return - EFAULT;
349
350         return rtc_set_time(rtc, &tm);
...
```

```
401    default:
402        /* Finally try the driver's ioctl interface */
403        if (ops -> ioctl) {
404            err = ops -> ioctl(rtc -> dev.parent, cmd, arg);
405            if (err == - ENOIOCTLCMD)
406                err = -ENOTTY;
407        } else
408            err = -ENOTTY;
409        break;
410    }
411
412 done:
413    mutex_unlock(&rtc -> ops_lock);
414    return err;
415 }
```

第 333 行，RTC_RD_TIME 为时间读取命令。

第 336 行，如果是读取时间命令，则调用 rtc_read_time()函数获取当前 RTC 时钟，rtc_read_time()函数会调用__rtc_read_time()函数，__rtc_read_time()函数内容如下：

示例代码 22-5   __rtc_read_time()函数代码段
```
23 static int __rtc_read_time(struct rtc_device * rtc,
                              struct rtc_time * tm)
24 {
25     int err;
26     if (!rtc -> ops)
27         err = -ENODEV;
28     else if (!rtc -> ops -> read_time)
29         err = -EINVAL;
30     else {
31         memset(tm, 0, sizeof(struct rtc_time));
32         err = rtc -> ops -> read_time(rtc -> dev.parent, tm);
33         if (err < 0) {
34             dev_dbg(&rtc -> dev, "read_time: fail to read: % d\n",
35                 err);
36             return err;
37         }
38
39         err = rtc_valid_tm(tm);
40         if (err < 0)
41             dev_dbg(&rtc -> dev, "read_time: rtc_time isn't valid\n");
42     }
43     return err;
44 }
```

从示例代码 22-5 中的第 32 行可以看出，__rtc_read_time()函数会通过调用 rtc_class_ops 中的 read_time()来从 RTC 设备中获取当前时间。rtc_dev_ioctl()函数对其他的命令处理都是类似的，比如 RTC_ALM_READ 命令会通过 rtc_read_alarm()函数获取闹钟值，而 rtc_read_alarm()函数经过层层调用，最终会调用 rtc_class_ops 中的 read_alarm()函数来获取闹钟值。

至此，Linux 内核中 RTC 驱动调用流程就很清晰了，如图 22-1 所示。

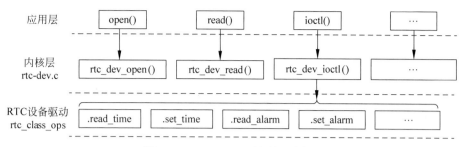

图 22-1　Linux RTC 驱动调用流程

当 rtc_class_ops 准备好以后需要将其注册到 Linux 内核中,这里可以使用 rtc_device_register()函数完成注册工作。此函数会申请一个 rtc_device 并且初始化这个 rtc_device,最后向调用者返回这个 rtc_device()。此函数原型如下:

```
struct rtc_device * rtc_device_register (const char        * name,
                                         struct device      * dev,
                                         const struct rtc_class_ops  * ops,
                                         struct module      * owner)
```

函数参数含义如下:

name——设备名字。

dev——设备。

ops——RTC 底层驱动函数集。

owner——驱动模块拥有者。

返回值——注册成功就返回 rtc_device,注册失败就返回一个负值。

当卸载 RTC 驱动的时候需要调用 rtc_device_unregister()函数来注销注册的 rtc_device。如函数原型如下:

```
void rtc_device_unregister(struct rtc_device  * rtc)
```

函数参数含义如下:

rtc——要删除的 rtc_device。

返回值——无。

还有另外一对 rtc_device 注册函数 devm_rtc_device_register()和 devm_rtc_device_unregister(),分别为注册和注销 rtc_device。

22.2　I. MX6U 内部 RTC 驱动分析

先直接告诉大家,I. MX6U 的 RTC 驱动我们不用自己编写,因为 NXP 已经写好了。其实对于大多数的 SOC 来讲,内部 RTC 驱动都不需要我们去编写,半导体厂商会编写好。但是这不代表我们就可以偷懒了。虽然不用编写 RTC 驱动,但是应看一下这些原厂是怎么编写 RTC 驱动的。

分析驱动,先从设备树入手,打开 imx6ull. dtsi,在里面找到如下 snvs_rtc 设备节点,节点内容如下所示:

示例代码 22-6　imx6ull.dtsi 文件 rtc 设备节点

```
1 snvs_rtc: snvs-rtc-lp {
2     compatible = "fsl,sec-v4.0-mon-rtc-lp";
3     regmap = <&snvs>;
4     offset = <0x34>;
5     interrupts = <GIC_SPI 19 IRQ_TYPE_LEVEL_HIGH>, <GIC_SPI 20 IRQ_TYPE_LEVEL_HIGH>;
6 };
```

第 2 行设置兼容属性 compatible 的值为"fsl,sec-v4.0-mon-rtc-lp",因此在 Linux 内核源码中搜索此字符串即可找到对应的驱动文件,此文件为 drivers/rtc/rtc-snvs.c,在 rtc-snvs.c 文件中找到如下所示内容:

示例代码 22-7　RTC 设备 platform 驱动框架

```
380 static const struct of_device_id snvs_dt_ids[] = {
381     { .compatible = "fsl,sec-v4.0-mon-rtc-lp", },
382     { /* sentinel */ }
383 };
384 MODULE_DEVICE_TABLE(of, snvs_dt_ids);
385
386 static struct platform_driver snvs_rtc_driver = {
387     .driver = {
388         .name   = "snvs_rtc",
389         .pm = SNVS_RTC_PM_OPS,
390         .of_match_table = snvs_dt_ids,
391     },
392     .probe    = snvs_rtc_probe,
393 };
394 module_platform_driver(snvs_rtc_driver);
```

第 380～383 行,设备树 ID 表,有一条 compatible 属性,值为"fsl,sec-v4.0-mon-rtc-lp",因此 imx6ull.dtsi 中的 snvs_rtc 设备节点会和此驱动匹配。

第 386～393 行,标准的 platform 驱动框架,当设备和驱动匹配成功以后 snvs_rtc_probe()函数就会执行。我们来看一下 snvs_rtc_probe()函数,函数内容如下(有省略):

示例代码 22-8　snvs_rtc_probe()函数代码段

```
238 static int snvs_rtc_probe(struct platform_device * pdev)
239 {
240     struct snvs_rtc_data * data;
241     struct resource * res;
242     int ret;
243     void __iomem * mmio;
244
245     data = devm_kzalloc(&pdev->dev, sizeof(* data), GFP_KERNEL);
246     if (!data)
247         return -ENOMEM;
248
249     data->regmap = syscon_regmap_lookup_by_phandle(pdev->dev.of_node, "regmap");
250
251     if (IS_ERR(data->regmap)) {
252         dev_warn(&pdev->dev, "snvs rtc: you use old dts file,
```

```
            please update it\n");
253             res = platform_get_resource(pdev, IORESOURCE_MEM, 0);
254
255             mmio = devm_ioremap_resource(&pdev->dev, res);
256             if (IS_ERR(mmio))
257                 return PTR_ERR(mmio);
258
259             data->regmap = devm_regmap_init_mmio(&pdev->dev, mmio,
                                        &snvs_rtc_config);
260         } else {
261             data->offset = SNVS_LPREGISTER_OFFSET;
262             of_property_read_u32(pdev->dev.of_node, "offset",
                                    &data->offset);
263         }
264
265         if (!data->regmap) {
266             dev_err(&pdev->dev, "Can't find snvs syscon\n");
267             return -ENODEV;
268         }
269
270         data->irq = platform_get_irq(pdev, 0);
271         if (data->irq < 0)
272             return data->irq;
...
285
286         platform_set_drvdata(pdev, data);
287
288         /* Initialize glitch detect */
289         regmap_write(data->regmap, data->offset + SNVS_LPPGDR,
                    SNVS_LPPGDR_INIT);
290
291         /* Clear interrupt status */
292         regmap_write(data->regmap, data->offset + SNVS_LPSR,
                    0xffffffff);
293
294         /* Enable RTC */
295         snvs_rtc_enable(data, true);
296
297         device_init_wakeup(&pdev->dev, true);
298
299         ret = devm_request_irq(&pdev->dev, data->irq,
                        snvs_rtc_irq_handler,
300                         IRQF_SHARED, "rtc alarm", &pdev->dev);
301         if (ret) {
302             dev_err(&pdev->dev, "failed to request irq %d: %d\n",
303                 data->irq, ret);
304             goto error_rtc_device_register;
305         }
306
307         data->rtc = devm_rtc_device_register(&pdev->dev, pdev->name,
308                         &snvs_rtc_ops, THIS_MODULE);
309         if (IS_ERR(data->rtc)) {
```

```
310          ret = PTR_ERR(data->rtc);
311          dev_err(&pdev->dev, "failed to register rtc: %d\n", ret);
312          goto error_rtc_device_register;
313      }
314
315      return 0;
316
317 error_rtc_device_register:
318      if (data->clk)
319          clk_disable_unprepare(data->clk);
320
321      return ret;
322 }
```

第 253 行,调用 platform_get_resource() 函数从设备树中获取到 RTC 外设寄存器基地址。

第 255 行,调用 devm_ioremap_resource() 函数完成内存映射,得到 RTC 外设寄存器物理基地址对应的虚拟地址。

第 259 行,Linux 3.1 引入了一个全新的 regmap 机制。regmap 用于提供一套方便的 API 函数去操作底层硬件寄存器,以提高代码的可重用性。snvs-rtc.c 文件会采用 regmap 机制来读写 RTC 底层硬件寄存器。这里使用 devm_regmap_init_mmio() 函数将 RTC 的硬件寄存器转化为 regmap 形式,这样 regmap 机制的 regmap_write()、regmap_read() 等 API 函数才能操作寄存器。

第 270 行,从设备树中获取 RTC 的中断号。

第 289 行,设置 RTC_LPPGDR 寄存器值为 SNVS_LPPGDR_INIT = 0x41736166,这里采用的就是 regmap 机制的 regmap_write() 函数来完成了对寄存器的写操作。

第 292 行,设置 RTC_LPSR 寄存器,写入 0xffffffff,LPSR 是 RTC 状态寄存器,写 1 清零,因此这一步就是清除 LPSR 寄存器。

第 295 行,调用 snvs_rtc_enable() 函数使能 RTC,此函数会设置 RTC_LPCR 寄存器。

第 299 行,调用 devm_request_irq() 函数请求 RTC 中断,中断服务函数为 snvs_rtc_irq_handler(),用于 RTC 闹钟中断。

第 307 行,调用 devm_rtc_device_register() 函数向系统注册 rtc_device,RTC 底层驱动集为 snvs_rtc_ops。snvs_rtc_ops 操作集包含了读取/设置 RTC 时间,读取/设置闹钟等函数。snvs_rtc_ops 内容如下:

示例代码 22-9　snvs_rtc_ops 操作集

```
200 static const struct rtc_class_ops snvs_rtc_ops = {
201     .read_time = snvs_rtc_read_time,
202     .set_time = snvs_rtc_set_time,
203     .read_alarm = snvs_rtc_read_alarm,
204     .set_alarm = snvs_rtc_set_alarm,
205     .alarm_irq_enable = snvs_rtc_alarm_irq_enable,
206 };
```

我们就以第 201 行的 snvs_rtc_read_time() 函数为例讲解一下 rtc_class_ops 的各个 RTC 底层操作函数该如何去编写。snvs_rtc_read_time() 函数用于读取 RTC 时间值,此函数内容如下所示:

示例代码22-10 snvs_rtc_read_time()函数代码段

```
126 static int snvs_rtc_read_time(struct device * dev,struct rtc_time * tm)
127 {
128     struct snvs_rtc_data * data = dev_get_drvdata(dev);
129     unsigned long time = rtc_read_lp_counter(data);
130
131     rtc_time_to_tm(time, tm);
132
133     return 0;
134 }
```

第129行，调用rtc_read_lp_counter()获取RTC计数值，这个时间值是秒数。

第131行，调用rtc_time_to_tm()函数将获取到的秒数转换为时间值，也就是rtc_time结构体类型，rtc_time结构体定义如下：

示例代码22-11 rtc_time结构体类型

```
20 struct rtc_time {
21     int tm_sec;
22     int tm_min;
23     int tm_hour;
24     int tm_mday;
25     int tm_mon;
26     int tm_year;
27     int tm_wday;
28     int tm_yday;
29     int tm_isdst;
30 };
```

最后来看一下rtc_read_lp_counter()函数，此函数用于读取RTC计数值，函数内容如下（有省略）：

示例代码22-12 rtc_read_lp_counter()函数代码段

```
50 static u32 rtc_read_lp_counter(struct snvs_rtc_data * data)
51 {
52     u64 read1, read2;
53     u32 val;
54
55     do {
56         regmap_read(data -> regmap, data -> offset + SNVS_LPSRTCMR, &val);
57         read1 = val;
58         read1 << = 32;
59         regmap_read(data -> regmap, data -> offset + SNVS_LPSRTCLR, &val);
60         read1 |= val;
61
62         regmap_read(data -> regmap, data -> offset + SNVS_LPSRTCMR, &val);
63         read2 = val;
64         read2 << = 32;
65         regmap_read(data -> regmap, data -> offset + SNVS_LPSRTCLR, &val);
66         read2 |= val;
67     /*
68      * when CPU/BUS are running at low speed, there is chance that
69      * we never get same value during two consecutive read, so here
```

```
70        *  we only compare the second value.
71        */
72   } while ((read1 >> CNTR_TO_SECS_SH) ! = (read2 >>
             CNTR_TO_SECS_SH));
73
74      /* Convert 47 - bit counter to 32 - bit raw second count */
75      return (u32) (read1 >> CNTR_TO_SECS_SH);
76 }
```

第 56~72 行,读取 RTC_LPSRTCMR 和 RTC_LPSRTCLR 这两个寄存器,得到 RTC 的计数值,单位为秒,这个秒数就是当前时间。这里读取了两次 RTC 计数值,因为要读取两个寄存器,可能存在读取第二个寄存器的时候时间数据更新了,导致时间不匹配,因此这里连续读两次。如果两次的时间值相等,那么就表示时间数据有效。

第 75 行,返回时间值,注意,这里将前面读取到的 RTC 计数值右移了 15 位。

这个就是 snvs_rtc_read_time() 函数读取 RTC 时间值的过程,至于其他的底层操作函数大家自行分析即可,都是大同小异的。关于 I.MX6U 内部 RTC 驱动源码就讲解到这里。

22.3 RTC 时间查看与设置

1. 时间 RTC 查看

RTC 是用来计时的,因此最基本的就是查看时间,Linux 内核启动的时候可以看到系统时钟设置信息,如图 22-2 所示。

```
input: EP0820M09 as /devices/platform/soc/2100000.aips-bus/21a4000.i2c/i2c-1/1-0038/input/input1
snvs_rtc 20cc000.snvs:snvs-rtc-lp: rtc core: registered 20cc000.snvs:snvs-r as rtc0
i2c /dev entries driver
IR NEC protocol handler initialized
```

图 22-2　Linux 启动 log 信息

从图 22-2 中可以看出,Linux 内核在启动的时候将 snvs_rtc 设置为 rtc0,大家的启动信息可能会和图 22-1 中的不同,但是内容基本上都是一样的。

如果要查看时间,则输入 date 命令,结果如图 22-3 所示。

```
/ # date
Thu Jan  1 18:32:28 UTC 1970
/ #
```

图 22-3　当前时间值

从图 22-3 可以看出,当前时间为 1970 年 1 月 1 日 18:32:28,很明显时间不对,我们需要重新设置 RTC 时间。

2. 设置 RTC 时间

RTC 时间设置也是使用的 date 命令,输入"date --help"命令即可查看 date 命令如何设置系统时间,结果如图 22-4 所示。

现在设置当前时间为 2019 年 8 月 31 日 18:13:00,因此输入如下命令:

```
date - s "2019 - 08 - 31 18:13:00"
```

设置完成以后再次使用 date 命令查看一下当前时间就会发现时间改过来了,如图 22-5 所示。

```
/ # date --help
BusyBox v1.29.0 (2019-06-13 11:08:23 CST) multi-call binary.

Usage: date [OPTIONS] [+FMT] [TIME]

Display time (using +FMT), or set time

        [-s,--set] TIME Set time to TIME
        -u,--utc        Work in UTC (don't convert to local time)
        -R,--rfc-2822   Output RFC-2822 compliant date string
        -I[SPEC]        Output ISO-8601 compliant date string
                        SPEC='date' (default) for date only,
                        'hours', 'minutes', or 'seconds' for date and
                        time to the indicated precision
        -r,--reference FILE     Display last modification time of FILE
        -d,--date TIME  Display TIME, not 'now'
        -D FMT          Use FMT for -d TIME conversion

Recognized TIME formats:
        hh:mm[:ss]
        [YYYY.]MM.DD-hh:mm[:ss]
        YYYY-MM-DD hh:mm[:ss]
        [[[[[YY]YY]MM]DD]hh]mm[.ss]
        'date TIME' form accepts MMDDhhmm[[YY]YY][.ss] instead
/ #
```

图 22-4   date 命令帮助信息

```
/ # date
Sat Aug 31 18:13:04 UTC 2019
/ #
```

图 22-5   当前时间

注意,我们使用"date -s"命令仅仅是将当前系统时间设置了,此时间还没有写入到 I. MX6U 内部 RTC 中或其他的 RTC 芯片中,因此系统重启以后时间又会丢失。我们需要将当前的时间写入到 RTC 中,这里要用到 hwclock 命令。输入如下命令将系统时间写入 RTC 中:

```
hwclock - w         //将当前系统时间写入 RTC 中
```

时间写入到 RTC 里面以后就不怕系统重启以后时间丢失了,如果 I. MX6U-ALPHA 开发板底板安装了纽扣电池,那么开发板即使断电时间设置也不会丢失。大家可以尝试一下不断电重启和断电重启这两种情况下开发板时间会不会丢失。如果 RTC 安装了纽扣电池,但是 RTC 时间还是不能保存,那可能是纽扣电池没电了。

第23章

Linux I²C驱动实验

I²C是很常用的一个串行通信接口,用于连接各种外设、传感器等器件。本章来学习如何在Linux下开发I²C接口器件驱动,重点是学习Linux下的I²C驱动框架,按照指定的框架去编写I²C设备驱动。本章同样以I.MX6U-ALPHA开发板上的AP3216C这个三合一环境光传感器为例,通过AP3216C讲解一下如何编写Linux下的I²C设备驱动程序。

23.1　Linux I²C 驱动框架简介

回想一下我们在《原子嵌入式Linux驱动开发详解》这本书的裸机篇中是怎么编写AP3216C驱动的,我们编写了4个文件:bsp_i2c.c、bsp_i2c.h、bsp_ap3216c.c和bsp_ap3216c.h。其中前两个是I.MX6U的I²C接口驱动,后两个文件是AP3216C这个I²C设备驱动文件,相当于有两部分驱动:

(1) I²C主机驱动。

(2) I²C设备驱动。

对于I²C主机驱动,一旦编写完成就不需要再做修改,其他的I²C设备直接调用主机驱动提供的API函数完成读写操作即可。这正好符合Linux的驱动分离与分层的思想,因此Linux内核也将I²C驱动分为两部分:

(1) I²C总线驱动,I²C总线驱动就是SOC的I²C控制器驱动,也叫作I²C适配器驱动。

(2) I²C设备驱动,I²C设备驱动就是针对具体的I²C设备而编写的驱动。

23.1.1　I²C 总线驱动

首先来看一下I²C总线。在介绍platform的时候就说过,platform是虚拟出来的一条总线,目的是实现总线、设备、驱动框架。对于I²C而言,不需要虚拟出一条总线,直接使用I²C总线即可。I²C总线驱动重点是I²C适配器(也就是SOC的I²C接口控制器)驱动,这里要用到两个重要的数据结构:i2c_adapter和i2c_algorithm,Linux内核将SOC的I²C适配器(控制器)抽象成i2c_adapter。i2c_adapter结构体定义在include/linux/i2c.h文件中,结构体内容如下:

示例代码 23-1　i2c_adapter 结构体

```
498 struct i2c_adapter {
499     struct module * owner;
500     unsigned int class;                 /* classes to allow probing for */
501     const struct i2c_algorithm * algo;  /* 总线访问算法 */
502     void * algo_data;
503
504     /* data fields that are valid for all devices   */
505     struct rt_mutex bus_lock;
506
507     int timeout;                        /* in jiffies */
508     int retries;
509     struct device dev;                  /* the adapter device */
510
511     int nr;
512     char name[48];
513     struct completion dev_released;
514
515     struct mutex userspace_clients_lock;
516     struct list_head userspace_clients;
517
518     struct i2c_bus_recovery_info * bus_recovery_info;
519     const struct i2c_adapter_quirks * quirks;
520 };
```

第 501 行，i2c_algorithm 类型的指针变量 algo，对于一个 I²C 适配器，肯定要对外提供读写 API 函数，设备驱动程序可以使用这些 API 函数来完成读写操作。i2c_algorithm 就是 I²C 适配器与 I²C 设备进行通信的方法。

i2c_algorithm 结构体定义在 include/linux/i2c.h 文件中，内容如下（删除了条件编译部分）：

示例代码 23-2　i2c_algorithm 结构体

```
391 struct i2c_algorithm {
...
398     int ( * master_xfer)(struct i2c_adapter * adap,
                       struct i2c_msg * msgs,
399             int num);
400     int ( * smbus_xfer) (struct i2c_adapter * adap, u16 addr,
401             unsigned short flags, char read_write,
402             u8 command, int size, union i2c_smbus_data * data);
403
404     /* To determine what the adapter supports */
405     u32 ( * functionality) (struct i2c_adapter * );
...
411 };
```

第 398 行，master_xfer() 就是 I²C 适配器的传输函数，可以通过此函数来完成与 I²C 设备之间的通信。

第 400 行，smbus_xfer() 就是 SMBUS 总线的传输函数。

综上所述，I²C 总线驱动，或者说 I²C 适配器驱动的主要工作就是初始化 i2c_adapter 结构体变量,然后设置 i2c_algorithm 中的 master_xfer() 函数。完成以后通过 i2c_add_numbered_adapter()
或 i2c_add_adapter() 这两个函数向系统注册设置好的 i2c_adapter,这两个函数的原型如下:

```
int i2c_add_adapter(struct i2c_adapter * adapter)
int i2c_add_numbered_adapter(struct i2c_adapter * adap)
```

这两个函数的区别在于:i2c_add_adapter() 使用动态的总线号,而 i2c_add_numbered_adapter() 使
用静态总线号。

函数参数含义如下:

adapter 或 adap——要添加到 Linux 内核中的 i2c_adapter,也就是 I^2C 适配器。

返回值——0,成功;负值,失败。

如果要删除 I^2C 适配器,则使用 i2c_del_adapter() 函数,函数原型如下:

```
void i2c_del_adapter(struct i2c_adapter * adap)
```

函数参数含义如下:

adap——要删除的 I^2C 适配器。

返回值——无。

关于 I^2C 的总线(控制器或适配器)驱动就讲解到这里。一般 SOC 的 I^2C 总线驱动都是由半导
体厂商编写的,比如 I.MX6U 的 I^2C 适配器驱动 NXP 已经编写好了,这个不需要用户去编写。因
此 I^2C 总线驱动对 SOC 使用者来说是被屏蔽掉的,我们只要专注于 I^2C 设备驱动即可。除非你的
工作内容就是写 I^2C 适配器驱动。

23.1.2 I^2C 设备驱动

I^2C 设备驱动重点关注两个数据结构:i2c_client 和 i2c_driver,根据总线、设备和驱动模型,I^2C
总线 23.1.1 节已经讲了。还剩下设备和驱动,i2c_client 就是描述设备信息的,i2c_driver 描述驱动
内容,类似于 platform_driver。

1. i2c_client 结构体

i2c_client 结构体定义在 include/linux/i2c.h 文件中,内容如下:

```
                        示例代码23-3   i2c_client 结构体
217 struct i2c_client {
218     unsigned short flags;           /* 标志                        */
219     unsigned short addr;            /* 芯片地址,7位,存在低7位      */
...
222     char name[I2C_NAME_SIZE];       /* 名字                        */
223     struct i2c_adapter * adapter;   /* 对应的 I²C 适配器           */
224     struct device dev;              /* 设备结构体                  */
225     int irq;                        /* 中断                        */
226     struct list_head detected;
...
230 };
```

一个设备对应一个 i2c_client,每检测到一个 I^2C 设备就会给这个 I^2C 设备分配一个 i2c_client。

2. i2c_driver 结构体

i2c_driver 与 platform_driver 类似，是我们编写 I²C 设备驱动重点要处理的内容，i2c_driver 结构体定义在 include/linux/i2c.h 文件中，内容如下：

示例代码 23-4　i2c_driver 结构体

```
161 struct i2c_driver {
162     unsigned int class;
163
164     /* Notifies the driver that a new bus has appeared. You should
165      * avoid  using this, it will be removed in a near future.
166      */
167     int (*attach_adapter)(struct i2c_adapter *) __deprecated;
168
169     /* Standard driver model interfaces */
170     int (*probe)(struct i2c_client *, const struct i2c_device_id *);
171     int (*remove)(struct i2c_client *);
172
173     /* driver model interfaces that don't relate to enumeration */
174     void (*shutdown)(struct i2c_client *);
175
176     /* Alert callback, for example for the SMBus alert protocol.
177      * The format and meaning of the data value depends on the
178      * protocol.For the SMBus alert protocol, there is a single bit
179      * of data passed  as the alert response's low bit ("event
180      flag"). */
181     void (*alert)(struct i2c_client *, unsigned int data);
182
183     /* a ioctl like command that can be used to perform specific
184      * functions with the device.
185      */
186     int (*command)(struct i2c_client *client, unsigned int cmd,
                                void *arg);
187
188     struct device_driver driver;
189     const struct i2c_device_id *id_table;
190
191     /* Device detection callback for automatic device creation */
192     int (*detect)(struct i2c_client *, struct i2c_board_info *);
193     const unsigned short *address_list;
194     struct list_head clients;
195 };
```

第 170 行，当 I²C 设备和驱动匹配成功以后 probe() 函数就会执行，和 platform 驱动一样。

第 188 行，device_driver 驱动结构体，如果使用设备树，则需要设置 device_driver 的 of_match_table 成员变量，也就是驱动的 compatible 属性。

第 189 行，id_table 是传统的、未使用设备树的设备匹配 ID 表。

对于编写 I²C 设备驱动的人来说，重点工作就是构建 i2c_driver，构建完成以后需要向 Linux 内核注册这个 i2c_driver。i2c_driver 注册函数为 int i2c_register_driver()，此函数原型如下：

```
int i2c_register_driver(struct module    * owner,
                        struct i2c_driver * driver)
```

函数参数含义如下：

owner———一般为 THIS_MODULE。

driver———要注册的 i2c_driver。

返回值———0，成功；负值，失败。

另外 i2c_add_driver 也常常用于注册 i2c_driver，i2c_add_driver 是一个宏，定义如下：

示例代码 23-5　i2c_add_driver 宏

```
587 #define i2c_add_driver(driver) \
588     i2c_register_driver(THIS_MODULE, driver)
```

i2c_add_driver 就是对 i2c_register_driver 做了一个简单的封装，只有一个参数，就是要注册的 i2c_driver。

注销 I²C 设备驱动的时候需要将前面注册的 i2c_driver 从 Linux 内核中注销掉，需要用到 i2c_del_driver()函数，此函数原型如下：

```
void i2c_del_driver(struct i2c_driver * driver)
```

函数参数含义如下：

driver———要注销的 i2c_driver。

返回值———无。

i2c_driver 的注册示例代码如下：

示例代码 23-6　i2c_driver 注册流程

```
1  /* I2C 驱动的 probe 函数 */
2  static int xxx_probe (struct i2c_client * client,
                   const struct i2c_device_id * id)
3  {
4     /* 函数具体程序 */
5     return 0;
6  }
7
8  /* I2C 驱动的 remove 函数 */
9  static int xxx_remove(struct i2c_client * client)
10 {
11    /* 函数具体程序 */
12    return 0;
13 }
14
15 /* 传统匹配方式 ID 列表 */
16 static const struct i2c_device_id xxx_id[] = {
17    {"xxx", 0},
18    {}
19 };
20
```

```
21 /* 设备树匹配列表 */
22 static const struct of_device_id xxx_of_match[] = {
23    { .compatible = "xxx" },
24    { /* Sentinel */ }
25 };
26
27 /* I2C驱动结构体 */
28 static struct i2c_driver xxx_driver = {
29    .probe = xxx_probe,
30    .remove = xxx_remove,
31    .driver = {
32          .owner = THIS_MODULE,
33          .name = "xxx",
34          .of_match_table = xxx_of_match,
35          },
36    .id_table = xxx_id,
37    };
38
39 /* 驱动入口函数 */
40 static int __init xxx_init(void)
41 {
42    int ret = 0;
43
44    ret = i2c_add_driver(&xxx_driver);
45    return ret;
46 }
47
48 /* 驱动出口函数 */
49 static void __exit xxx_exit(void)
50 {
51    i2c_del_driver(&xxx_driver);
52 }
53
54 module_init(xxx_init);
55 module_exit(xxx_exit);
```

第16～19行,i2c_device_id,无设备树的时候匹配ID表。

第22～25行,of_device_id,设备树所使用的匹配表。

第28～37行,i2c_driver,当 I²C 设备和 I²C 驱动匹配成功以后 probe()函数就会执行,probe()函数中的操作与标准的字符设备驱动类似。

23.1.3　I²C 设备和驱动匹配过程

I²C 设备和驱动的匹配过程是由 I²C 核心来完成的,drivers/i2c/i2c-core.c 就是 I²C 的核心部分,I²C 核心提供了一些与具体硬件无关的 API 函数。

1. i2c_adapter 注册/注销函数

int i2c_add_adapter(struct i2c_adapter * adapter)

int i2c_add_numbered_adapter(struct i2c_adapter * adap)

void i2c_del_adapter(struct i2c_adapter * adap)

2. i2c_driver 注册/注销函数

int i2c_register_driver(struct module * owner，struct i2c_driver * driver)

int i2c_add_driver (struct i2c_driver * driver)

void i2c_del_driver(struct i2c_driver * driver)

设备和驱动的匹配过程也是由 I^2C 总线完成的，I^2C 总线的数据结构为 i2c_bus_type，定义在 drivers/i2c/i2c-core.c 文件，i2c_bus_type 内容如下：

示例代码 23-7　i2c_bus_type 总线

```
736 struct bus_type i2c_bus_type = {
737     .name       = "i2c",
738     .match      = i2c_device_match,
739     .probe      = i2c_device_probe,
740     .remove     = i2c_device_remove,
741     .shutdown   = i2c_device_shutdown,
742 };
```

.match 就是 I^2C 总线的设备和驱动匹配函数，在这里就是 i2c_device_match()这个函数。此函数内容如下：

示例代码 23-8　i2c_device_match()函数

```
457 static int i2c_device_match (struct device * dev,
                                struct device_driver * drv)
458 {
459     struct i2c_client   * client = i2c_verify_client(dev);
460     struct i2c_driver   * driver;
461
462     if (!client)
463         return 0;
464
465     /* Attempt an OF style match */
466     if (of_driver_match_device(dev, drv))
467         return 1;
468
469     /* Then ACPI style match */
470     if (acpi_driver_match_device(dev, drv))
471         return 1;
472
473     driver = to_i2c_driver(drv);
474     /* match on an id table if there is one */
475     if (driver -> id_table)
476         return i2c_match_id(driver -> id_table, client) != NULL;
477
478     return 0;
479 }
```

第 466 行，of_driver_match_device()函数用于完成设备和驱动的匹配。比较 I^2C 设备节点的 compatible 属性和 of_device_id 中的 compatible 属性是否相等，如果相等则表示 I^2C 设备和驱动匹配。

第 470 行，acpi_driver_match_device()函数用于 ACPI 形式的匹配。

第 476 行，i2c_match_id()函数用于传统的、无设备树的 I²C 设备和驱动匹配过程。比较 I²C 设备名字和 i2c_device_id 的 name 字段是否相等，如果相等则说明 I²C 设备和驱动匹配。

23.2　I.MX6U 的 I²C 适配器驱动分析

23.1 节我们讲解了 Linux 下的 I²C 驱动框架，重点分为 I²C 适配器驱动和 I²C 设备驱动，其中 I²C 适配器驱动就是 SOC 的 I²C 控制器驱动。I²C 设备驱动是需要用户根据不同的 I²C 设备去编写，而 I²C 适配器驱动一般都是 SOC 厂商编写的，比如 NXP 就编写好了 I.MX6U 的 I²C 适配器驱动。在 imx6ull.dtsi 文件中找到 I.MX6U 的 I2C1 控制器节点，节点内容如下所示：

示例代码 23-9　I2C1 控制器节点

```
1 i2c1: i2c@021a0000 {
2     #address-cells = <1>;
3     #size-cells = <0>;
4     compatible = "fsl,imx6ul-i2c", "fsl,imx21-i2c";
5     reg = <0x021a0000 0x4000>;
6     interrupts = <GIC_SPI 36 IRQ_TYPE_LEVEL_HIGH>;
7     clocks = <&clks IMX6UL_CLK_I2C1>;
8     status = "disabled";
9 };
```

重点关注 i2c1 节点的 compatible 属性值，因为通过 compatible 属性值可以在 Linux 源码里面找到对应的驱动文件。这里 i2c1 节点的 compatible 属性值有两个："fsl,imx6ul-i2c"和"fsl,imx21-i2c"，在 Linux 源码中搜索这两个字符串即可找到对应的驱动文件。I.MX6U 的 I²C 适配器驱动驱动文件为 drivers/i2c/busses/i2c-imx.c，在此文件中有如下内容：

示例代码 23-10　i2c-imx.c 文件代码段

```
244 static struct platform_device_id imx_i2c_devtype[] = {
245     {
246         .name = "imx1-i2c",
247         .driver_data = (kernel_ulong_t)&imx1_i2c_hwdata,
248     }, {
249         .name = "imx21-i2c",
250         .driver_data = (kernel_ulong_t)&imx21_i2c_hwdata,
251     }, {
252         /* sentinel */
253     }
254 };
255 MODULE_DEVICE_TABLE(platform, imx_i2c_devtype);
256
257 static const struct of_device_id i2c_imx_dt_ids[] = {
258     { .compatible = "fsl,imx1-i2c", .data = &imx1_i2c_hwdata, },
259     { .compatible = "fsl,imx21-i2c", .data = &imx21_i2c_hwdata, },
260     { .compatible = "fsl,vf610-i2c", .data = &vf610_i2c_hwdata, },
261     { /* sentinel */ }
262 };
```

```
263 MODULE_DEVICE_TABLE(of, i2c_imx_dt_ids);
...
1119 static struct platform_driver i2c_imx_driver = {
1120     .probe = i2c_imx_probe,
1121     .remove = i2c_imx_remove,
1122     .driver = {
1123         .name = DRIVER_NAME,
1124         .owner = THIS_MODULE,
1125         .of_match_table = i2c_imx_dt_ids,
1126         .pm = IMX_I2C_PM,
1127     },
1128     .id_table    = imx_i2c_devtype,
1129 };
1130
1131 static int __init i2c_adap_imx_init(void)
1132 {
1133     return platform_driver_register(&i2c_imx_driver);
1134 }
1135 subsys_initcall(i2c_adap_imx_init);
1136
1137 static void __exit i2c_adap_imx_exit(void)
1138 {
1139     platform_driver_unregister(&i2c_imx_driver);
1140 }
1141 module_exit(i2c_adap_imx_exit);
```

从示例代码 23-10 可以看出，I.MX6U 的 I^2C 适配器驱动是个标准的 platform 驱动，由此可以看出，虽然 I^2C 总线为其他设备提供了一种总线驱动框架，但是 I^2C 适配器却是 platform 驱动。就像你的部门经理是你的领导，你是他的下属，但是放到整个公司，部门经理也是老板的下属。

第 259 行，"fsl,imx21-i2c"属性值，设备树中 i2c1 节点的 compatible 属性值就是与此匹配上的。因此 i2c-imx.c 文件就是 I.MX6U 的 I^2C 适配器驱动文件。

第 1120 行，当设备和驱动匹配成功以后 i2c_imx_probe()函数就会执行，i2c_imx_probe()函数就会完成 I^2C 适配器初始化工作。

i2c_imx_probe()函数内容如下所示(有省略)：

```
                    示例代码 23-11  i2c_imx_probe()函数代码段
971  static int i2c_imx_probe(struct platform_device * pdev)
972  {
973      const struct of_device_id * of_id =
974                    of_match_device(i2c_imx_dt_ids, &pdev->dev);
975      struct imx_i2c_struct * i2c_imx;
976      struct resource * res;
977      struct imxi2c_platform_data * pdata =
                    dev_get_platdata(&pdev->dev);
978      void __iomem * base;
979      int irq, ret;
980      dma_addr_t phy_addr;
981
982      dev_dbg(&pdev->dev, "<% s>\n", __func__);
```

```
983
984     irq = platform_get_irq(pdev, 0);
...
990     res = platform_get_resource(pdev, IORESOURCE_MEM, 0);
991     base = devm_ioremap_resource(&pdev->dev, res);
992     if (IS_ERR(base))
993         return PTR_ERR(base);
994
995     phy_addr = (dma_addr_t)res->start;
996     i2c_imx = devm_kzalloc(&pdev->dev, sizeof(*i2c_imx),
                           GFP_KERNEL);
997     if (!i2c_imx)
998         return -ENOMEM;
999
1000    if (of_id)
1001        i2c_imx->hwdata = of_id->data;
1002    else
1003        i2c_imx->hwdata = (struct imx_i2c_hwdata *)
1004                platform_get_device_id(pdev)->driver_data;
1005
1006    /* Setup i2c_imx driver structure */
1007    strlcpy(i2c_imx->adapter.name, pdev->name,
                sizeof(i2c_imx->adapter.name));
1008    i2c_imx->adapter.owner       = THIS_MODULE;
1009    i2c_imx->adapter.algo        = &i2c_imx_algo;
1010    i2c_imx->adapter.dev.parent  = &pdev->dev;
1011    i2c_imx->adapter.nr          = pdev->id;
1012    i2c_imx->adapter.dev.of_node     = pdev->dev.of_node;
1013    i2c_imx->base                = base;
1014
1015    /* Get I2C clock */
1016    i2c_imx->clk = devm_clk_get(&pdev->dev, NULL);
...
1022    ret = clk_prepare_enable(i2c_imx->clk);
...
1027    /* Request IRQ */
1028    ret = devm_request_irq(&pdev->dev, irq, i2c_imx_isr,
1029                IRQF_NO_SUSPEND, pdev->name, i2c_imx);
...
1035    /* Init queue */
1036    init_waitqueue_head(&i2c_imx->queue);
1037
1038    /* Set up adapter data */
1039    i2c_set_adapdata(&i2c_imx->adapter, i2c_imx);
1040
1041    /* Set up clock divider */
1042    i2c_imx->bitrate = IMX_I2C_BIT_RATE;
1043    ret = of_property_read_u32(pdev->dev.of_node,
1044                "clock-frequency", &i2c_imx->bitrate);
1045    if (ret < 0 && pdata && pdata->bitrate)
1046        i2c_imx->bitrate = pdata->bitrate;
1047
```

```
1048        /* Set up chip registers to defaults */
1049        imx_i2c_write_reg(i2c_imx->hwdata->i2cr_ien_opcode ^ I2CR_IEN,
1050               i2c_imx, IMX_I2C_I2CR);
1051        imx_i2c_write_reg(i2c_imx->hwdata->i2sr_clr_opcode, i2c_imx,
1052                          IMX_I2C_I2SR);
1052
1053        /* Add I2C adapter */
1054        ret = i2c_add_numbered_adapter(&i2c_imx->adapter);
1055        if (ret < 0) {
1056            dev_err(&pdev->dev, "registration failed\n");
1057            goto clk_disable;
1058        }
1059
1060        /* Set up platform driver data */
1061        platform_set_drvdata(pdev, i2c_imx);
1062        clk_disable_unprepare(i2c_imx->clk);
......
1070        /* Init DMA config if supported */
1071        i2c_imx_dma_request(i2c_imx, phy_addr);
1072
1073        return 0;     /* Return OK */
1074
1075 clk_disable:
1076        clk_disable_unprepare(i2c_imx->clk);
1077        return ret;
1078 }
```

第 984 行,调用 platform_get_irq()函数获取中断号。

第 990～991 行,调用 platform_get_resource()函数从设备树中获取 I2C1 控制器寄存器物理基地址,也就是 0X021A0000。获取到寄存器基地址以后使用 devm_ioremap_resource()函数对其进行内存映射,得到可以在 Linux 内核中使用的虚拟地址。

第 996 行,NXP 使用 imx_i2c_struct 结构体来表示 I. MX 系列 SOC 的 I^2C 控制器,这里使用 devm_kzalloc()函数来申请内存。

第 1008～1013 行,imx_i2c_struct 结构体要有个叫作 adapter 的成员变量,adapter 就是 i2c_adapter,这里初始化 i2c_adapter。第 1009 行设置 i2c_adapter 的 algo 成员变量为 i2c_imx_algo,也就是设置 i2c_algorithm。

第 1028 行和第 1029 行,注册 I^2C 控制器中断,中断服务函数为 i2c_imx_isr()。

第 1042～1044 行,设置 I^2C 频率默认为 IMX_I2C_BIT_RATE＝100kHz,如果设备树节点设置了"clock-frequency"属性则 I^2C 频率就使用 clock-frequency 属性值。

第 1049～1051 行,设置 I2C1 控制的 I2CR 和 I2SR 寄存器。

第 1054 行,调用 i2c_add_numbered_adapter 函数向 Linux 内核注册 i2c_adapter。

第 1071 行,申请 DMA,看来 I. MX 的 I^2C 适配器驱动采用了 DMA 方式。

i2c_imx_probe()函数主要的工作就是以下两点:

(1)初始化 i2c_adapter,设置 i2c_algorithm 为 i2c_imx_algo,最后向 Linux 内核注册 i2c_adapter。

（2）初始化 I2C1 控制器的相关寄存器。

i2c_imx_algo 包含 I2C1 适配器与 I²C 设备的通信函数 master_xfer()，i2c_imx_algo 结构体定义如下：

示例代码23-12　i2c_imx_algo 结构体

```
966 static struct i2c_algorithm i2c_imx_algo = {
967     .master_xfer     = i2c_imx_xfer,
968     .functionality   = i2c_imx_func,
969 };
```

我们先来看一下 functionality。functionality 用于返回此 I²C 适配器支持什么样的通信协议，在这里 functionality 就是 i2c_imx_func() 函数，i2c_imx_func() 函数内容如下：

示例代码23-13　i2c_imx_func()函数

```
static u32 i2c_imx_func(struct i2c_adapter * adapter)
{
    return I2C_FUNC_I2C | I2C_FUNC_SMBUS_EMUL
        | I2C_FUNC_SMBUS_READ_BLOCK_DATA;
}
```

重点来看一下 i2c_imx_xfer() 函数，因为最终就是通过此函数来完成与 I²C 设备通信的，此函数内容如下（有省略）：

示例代码23-14　i2c_imx_xfer()函数

```
888 static int i2c_imx_xfer(struct i2c_adapter * adapter,
889                         struct i2c_msg * msgs, int num)
890 {
891     unsigned int i, temp;
892     int result;
893     bool is_lastmsg = false;
894     struct imx_i2c_struct * i2c_imx = i2c_get_adapdata(adapter);
895
896     dev_dbg(&i2c_imx->adapter.dev, "<%s>\n", __func__);
897
898     /* Start I2C transfer */
899     result = i2c_imx_start(i2c_imx);
900     if (result)
901         goto fail0;
902
903     /* read/write data */
904     for (i = 0; i < num; i++) {
905         if (i == num - 1)
906             is_lastmsg = true;
907
908         if (i) {
909             dev_dbg(&i2c_imx->adapter.dev,
910                 "<%s> repeated start\n", __func__);
911             temp = imx_i2c_read_reg(i2c_imx, IMX_I2C_I2CR);
912             temp |= I2CR_RSTA;
913             imx_i2c_write_reg(temp, i2c_imx, IMX_I2C_I2CR);
914             result =  i2c_imx_bus_busy(i2c_imx, 1);
```

```
915              if (result)
916                  goto fail0;
917          }
918          dev_dbg(&i2c_imx->adapter.dev,
919              "<%s> transfer message: %d\n", __func__, i);
920          /* write/read data */
...
938          if (msgs[i].flags & I2C_M_RD)
939              result = i2c_imx_read(i2c_imx, &msgs[i], is_lastmsg);
940          else {
941              if (i2c_imx->dma && msgs[i].len >= DMA_THRESHOLD)
942                  result = i2c_imx_dma_write(i2c_imx, &msgs[i]);
943              else
944                  result = i2c_imx_write(i2c_imx, &msgs[i]);
945          }
946          if (result)
947              goto fail0;
948      }
949
950 fail0:
951      /* Stop I2C transfer */
952      i2c_imx_stop(i2c_imx);
953
954      dev_dbg(&i2c_imx->adapter.dev, "<%s> exit with: %s: %d\n", __func__,
955          (result < 0) ? "error" : "success msg",
956          (result < 0) ? result : num);
957      return (result < 0) ? result : num;
958 }
```

第 899 行,调用 i2c_imx_start() 函数开启 I^2C 通信。

第 939 行,如果是从 I^2C 设备读数据,则调用 i2c_imx_read() 函数。

第 941~945 行,向 I^2C 设备写数据,如果要用 DMA,则使用 i2c_imx_dma_write() 函数来完成写数据。如果不使用 DMA,则使用 i2c_imx_write() 函数完成写数据。

第 952 行,I^2C 通信完成以后调用 i2c_imx_stop() 函数停止 I^2C 通信。

i2c_imx_start()、i2c_imx_read()、i2c_imx_write() 和 i2c_imx_stop() 等函数就是 I^2C 寄存器的具体操作函数,函数内容基本和我们裸机篇中讲的 I^2C 驱动一样。

23.3 I^2C 设备驱动编写流程

I^2C 适配器驱动 SOC 厂商已经替我们编写好了,我们需要做的就是编写具体的设备驱动,本节就来学习一下 I^2C 设备驱动的详细编写流程。

23.3.1 I^2C 设备信息描述

1. 未使用设备树的时候

首先肯定要描述 I^2C 设备节点信息,先来看一下没有使用设备树的时候是如何在 BSP 中描述 I^2C 设备信息的,在未使用设备树的时候需要在 BSP 中使用 i2c_board_info 结构体来描述一个具体

的 I²C 设备。i2c_board_info 结构体如下:

```
                       示例代码 23-15   i2c_board_info 结构体
295 struct i2c_board_info {
296      char            type[I2C_NAME_SIZE];      /* I²C 设备名字 */
297      unsigned short  flags;                    /* 标志        */
298      unsigned short  addr;                     /* I²C 器件地址 */
299      void            * platform_data;
300      struct dev_archdata * archdata;
301      struct device_node * of_node;
302      struct fwnode_handle * fwnode;
303      int             irq;
304 };
```

type 和 addr 这两个成员变量是必须要设置的:type 是 I²C 设备的名字,addr 是 I²C 设备的器件地址。打开 arch/arm/mach-imx/mach-mx27_3ds.c 文件,此文件中关于 OV2640 的 I²C 设备信息描述如下:

```
                      示例代码 23-16   OV2640 的 I²C 设备信息
392 static struct i2c_board_info mx27_3ds_i2c_camera = {
393      I2C_BOARD_INFO("ov2640", 0x30),
394 };
```

示例代码 23-16 中使用 I2C_BOARD_INFO 来完成 mx27_3ds_i2c_camera 的初始化工作,I2C_BOARD_INFO 是一个宏,定义如下:

```
                         示例代码 23-17   I2C_BOARD_INFO 宏
316 #define I2C_BOARD_INFO(dev_type, dev_addr) \
317      .type = dev_type, .addr = (dev_addr)
```

可以看出,I2C_BOARD_INFO 宏其实就是设置 i2c_board_info 的 type 和 addr 这两个成员变量,因此示例代码 23-16 的主要工作就是设置 I²C 设备名字为 ov2640,ov2640 的器件地址为 0X30。

大家可以在 Linux 源码中全局搜索 i2c_board_info,会找到大量以 i2c_board_info 定义的 I²C 设备信息,这些就是未使用设备树的时候 I²C 设备的描述方式,当采用了设备树以后就不会再使用 i2c_board_info 来描述 I²C 设备了。

2. 使用设备树的时候

使用设备树的时候 I²C 设备信息通过创建相应的节点就行了,比如 NXP 官方的 EVK 开发板在 I2C1 上接了 mag3110 这个磁力计芯片,因此必须在 i2c1 节点下创建 mag3110 子节点,然后在这个子节点内描述 mag3110 这个芯片的相关信息。打开 imx6ull-14x14-evk.dts 这个设备树文件,然后找到如下内容:

```
                         示例代码 23-18   mag3110 子节点
1  &i2c1 {
2      clock - frequency = <100000>;
3      pinctrl - names = "default";
4      pinctrl - 0 = <&pinctrl_i2c1>;
```

```
5        status = "okay";
6
7        mag3110@0e {
8            compatible = "fsl,mag3110";
9            reg = < 0x0e >;
10           position = < 2 >;
11       };
...
20  };
```

第 7～11 行,向 i2c1 添加 mag3110 子节点,第 7 行"mag3110@0e"是子节点名字,"@"后面的 "0e"就是 mag3110 的 I^2C 器件地址。第 8 行设置 compatible 属性值为"fsl,mag3110"。第 9 行的 reg 属性也是设置 mag3110 的器件地址的,因此值为 0x0e。I^2C 设备节点的创建重点是 compatible 属性和 reg 属性的设置,一个用于匹配驱动,一个用于设置器件地址。

23.3.2　I^2C 设备数据收发处理流程

在 23.1.2 节已经说过了,I^2C 设备驱动首先要做的就是初始化 i2c_driver 并向 Linux 内核注 册。当设备和驱动匹配以后 i2c_driver 中的 probe() 函数就会执行,probe() 函数中所做与字符设备 驱动类似。一般需要在 probe() 函数里面初始化 I^2C 设备,要初始化 I^2C 设备就必须能够对 I^2C 设 备寄存器进行读写操作,这里就要用到 i2c_transfer() 函数了。i2c_transfer() 函数最终会调用 I^2C 适配器中 i2c_algorithm 中的 master_xfer() 函数,对于 I.MX6U 而言就是 i2c_imx_xfer() 这个函 数。i2c_transfer() 函数原型如下:

```
int i2c_transfer(struct i2c_adapter   * adap,
                 struct i2c_msg        * msgs,
                 int                   num)
```

函数参数含义如下:

adap——所使用的 I^2C 适配器,i2c_client 会保存其对应的 i2c_adapter。

msgs——I^2C 要发送的一个或多个消息。

num——消息数量,也就是 msgs 的数量。

返回值——负值,失败;其他非负值,发送的 msgs 数量。

我们重点来看一下 msgs 这个参数,这是一个 i2c_msg 类型的指针参数,I^2C 进行数据收发说白 了就是消息的传递,Linux 内核使用 i2c_msg 结构体来描述一个消息。i2c_msg 结构体定义在 include/uapi/linux/i2c.h 文件中,结构体内容如下:

```
                        示例代码 23-19    i2c_msg 结构体
68 struct i2c_msg {
69     __u16 addr;                        /* 从机地址              */
70     __u16 flags;                       /* 标志                  */
71     # define I2C_M_TEN        0x0010
72     # define I2C_M_RD         0x0001
73     # define I2C_M_STOP       0x8000
```

```
74    # define I2C_M_NOSTART              0x4000
75    # define I2C_M_REV_DIR_ADDR         0x2000
76    # define I2C_M_IGNORE_NAK           0x1000
77    # define I2C_M_NO_RD_ACK            0x0800
78    # define I2C_M_RECV_LEN             0x0400
79    __u16 len;                          /* 消息(本 msg)长度   */
80    __u8 * buf;                         /* 消息数据         */
81 };
```

使用 i2c_transfer()函数发送数据之前要先构建好 i2c_msg,使用 i2c_transfer()进行 I²C 数据收发的示例代码如下:

示例代码 23-20 I²C 设备多寄存器数据读写

```
1  /* 设备结构体 */
2  struct xxx_dev {
3      ...
4      void * private_data;      /* 私有数据,一般会设置为 i2c_client */
5  };
6
7  /*
8   * @description : 读取 I²C 设备多个寄存器数据
9   * @param - dev: I²C 设备
10  * @param - reg: 要读取的寄存器首地址
11  * @param - val: 读取到的数据
12  * @param - len: 要读取的数据长度
13  * @return      : 操作结果
14  */
15 static int xxx_read_regs(struct xxx_dev * dev, u8 reg, void * val,int len)
16 {
17     int ret;
18     struct i2c_msg msg[2];
19     struct i2c_client * client = (struct i2c_client * )
                                   dev -> private_data;
20
21     /* msg[0],第一条写消息,发送要读取的寄存器首地址 */
22     msg[0].addr = client -> addr;          /* I²C 器件地址    */
23     msg[0].flags = 0;                      /* 标记为发送数据   */
24     msg[0].buf = &reg;                     /* 读取的首地址     */
25     msg[0].len = 1;                        /* reg 长度        */
26
27     /* msg[1],第二条读消息,读取寄存器数据 */
28     msg[1].addr = client -> addr;          /* I²C 器件地址     */
29     msg[1].flags = I2C_M_RD;               /* 标记为读取数据    */
30     msg[1].buf = val;                      /* 读取数据缓冲区    */
31     msg[1].len = len;                      /* 要读取的数据长度  */
32
33     ret = i2c_transfer(client -> adapter, msg, 2);
34     if(ret == 2) {
35         ret = 0;
36     } else {
37         ret = - EREMOTEIO;
```

```
38      }
39      return ret;
40  }
41
42  /*
43   * @description  : 向 I²C 设备多个寄存器写入数据
44   * @param - dev  : 要写入的设备结构体
45   * @param - reg  : 要写入的寄存器首地址
46   * @param - buf  : 要写入的数据缓冲区
47   * @param - len  : 要写入的数据长度
48   * @return       : 操作结果
49   */
50  static s32 xxx_write_regs(struct xxx_dev * dev, u8 reg, u8 * buf,u8 len)
51  {
52      u8 b[256];
53      struct i2c_msg msg;
54      struct i2c_client * client = (struct i2c_client *)
                                        dev -> private_data;
55
56      b[0] = reg;                      /* 寄存器首地址              */
57      memcpy(&b[1],buf,len);           /* 将要发送的数据复制到数组 b 里面 */
58
59      msg.addr = client -> addr;       /* I²C 器件地址              */
60      msg.flags = 0;                   /* 标记为写数据              */
61
62      msg.buf = b;                     /* 要发送的数据缓冲区        */
63      msg.len = len + 1;               /* 要发送的数据长度          */
64
65      return i2c_transfer(client -> adapter, &msg, 1);
66  }
```

第 2～5 行,设备结构体,在设备结构体里面添加一个指向 void 的指针成员变量 private_data,此成员变量用于保存设备的私有数据。在 I²C 设备驱动中我们一般将其指向 I²C 设备对应的 i2c_client。

第 15～40 行,xxx_read_regs()函数用于读取 I²C 设备多个寄存器数据。第 18 行定义了 1 个 i2c_msg 数组和 2 个数组元素,因为读取 I²C 设备数据的时候要先发送要读取的寄存器地址,然后再读取数据,所以需要准备两个 i2c_msg:一个用于发送寄存器地址,一个用于读取寄存器值。对于 msg[0],将 flags 设置为 0,表示写数据。msg[0]的 addr 是 I²C 设备的器件地址,msg[0]的 buf 成员变量就是要读取的寄存器地址。对于 msg[1],将 flags 设置为 I2C_M_RD,表示读取数据。msg[1]的 buf 成员变量用于保存读取到的数据,len 成员变量就是要读取的数据长度。调用 i2c_transfer()函数完成 I²C 设备数据读操作。

第 50～66 行,xxx_write_regs()函数用于向 I²C 设备多个寄存器写数据,I²C 设备写操作要比读操作简单一点,因此一个 i2c_msg 即可。数组 b 用于存放寄存器首地址和要发送的数据,第 59 行设置 msg 的 addr 为 I²C 器件地址。第 60 行设置 msg 的 flags 为 0,也就是写数据。第 62 行设置要发送的数据,也就是数组 b。第 63 行设置 msg 的 len 为 len+1,因为要加上一个字节的寄存器地址。最后通过 i2c_transfer()函数完成向 I²C 设备的写操作。

另外还有两个 API 函数分别用于 I²C 设备数据的收发操作,这两个函数最终都会调用 i2c_transfer()。首先来看一下 I²C 数据发送函数 i2c_master_send(),函数原型如下:

```
int i2c_master_send(const struct i2c_client    * client,
                    const char                  * buf,
                    int                         count)
```

函数参数含义如下:

client——I²C 设备对应的 i2c_client。

buf——要发送的数据。

count——要发送的数据字节数,要小于 64KB,因为 i2c_msg 的 len 成员变量是一个 u16(无符号 16 位)类型的数据。

返回值——负值,失败;其他非负值,发送的字节数。

I²C 设备数据接收函数为 i2c_master_recv(),函数原型如下:

```
int i2c_master_recv (const struct i2c_client   * client,
                     char                       * buf,
                     int                        count)
```

函数参数含义如下:

client——I²C 设备对应的 i2c_client。

buf——要接收的数据。

count——要接收的数据字节数,要小于 64KB,因为 i2c_msg 的 len 成员变量是一个 u16(无符号 16 位)类型的数据。

返回值——负值,失败;其他非负值,发送的字节数。

关于 Linux 下 I²C 设备驱动的编写流程就讲解到这里,重点就是 i2c_msg 的构建和 i2c_transfer()函数的调用。接下来我们就编写 AP3216C 这个 I²C 设备的 Linux 驱动。

23.4 硬件原理图分析

本章实验硬件原理图参考《原子嵌入式 Linux 驱动开发详解》22.2 节即可。

23.5 实验程序编写

本实验对应的例程路径为"2、Linux 驱动例程→21_iic"。

23.5.1 修改设备树

1. I/O 修改或添加

首先肯定要修改所使用的 I/O,AP3216C 用到了 I2C1 接口,I. MX6U-ALPHA 开发板上的 I2C1 接口使用到了 UART4_TXD 和 UART4_RXD,因此肯定要在设备树里面设置这两个 I/O。如果要用到 AP3216C 的中断功能,那么还需要初始化 AP_INT 对应的 GIO1_IO01 这个 I/O,本章实验不使用中断功能。因此只需要设置 UART4_TXD 和 UART4_RXD 这两个 I/O,NXP 其实已经将这两个 I/O 设置好了。打开 imx6ull-alientek-emmc.dts,然后找到如下内容:

示例代码 23-21 pinctrl_i2c1 子节点

```
1 pinctrl_i2c1: i2c1grp {
2     fsl,pins = <
3         MX6UL_PAD_UART4_TX_DATA__I2C1_SCL 0x4001b8b0
4         MX6UL_PAD_UART4_RX_DATA__I2C1_SDA 0x4001b8b0
5     >;
6 };
```

pinctrl_i2c1 就是 I2C1 的 I/O 节点,这里将 UART4_TXD 和 UART4_RXD 这两个 I/O 分别复用为 I2C1_SCL 和 I2C1_SDA,电气属性都设置为 0x4001b8b0。

2. 在 i2c1 节点追加 ap3216c 子节点

AP3216C 是连接到 I2C1 上的,因此需要在 i2c1 节点下添加设备子节点 ap3216c,在 imx6ull-alientek-emmc.dts 文件中找到 i2c1 节点,此节点默认内容如下:

示例代码 23-22 i2c1 子节点默认内容

```
1 &i2c1 {
2     clock-frequency = <100000>;
3     pinctrl-names = "default";
4     pinctrl-0 = <&pinctrl_i2c1>;
5     status = "okay";
6
7     mag3110@0e {
8         compatible = "fsl,mag3110";
9         reg = <0x0e>;
10        position = <2>;
11    };
12
13    fxls8471@1e {
14        compatible = "fsl,fxls8471";
15        reg = <0x1e>;
16        position = <0>;
17        interrupt-parent = <&gpio5>;
18        interrupts = <0 8>;
19    };
20 };
```

第 2 行,clock-frequency 属性为 I^2C 频率,这里设置为 100kHz。

第 4 行,pinctrl-0 属性指定 I^2C 所使用的 I/O 为示例代码 23-20 中的 pinctrl_i2c1 子节点。

第 7~11 行,mag3110 是个磁力计,NXP 官方的 EVK 开发板上接了 mag3110,因此 NXP 在 i2c1 节点下添加了 mag3110 这个子节点。正点原子的 I.MX6U-ALPHA 开发板上没有用到 mag3110,因此需要将此节点删除掉。

第 13~19 行,NXP 官方 EVK 开发板也接了一个 fxls8471,正点原子的 I.MX6U-ALPHA 开发板同样没有此器件,所以也要将其删除掉。

将 i2c1 节点中原有的 mag3110 和 fxls8471 这两个 I^2C 子节点删除,然后添加 ap3216c 子节点

信息,完成以后的 i2c1 节点内容如下所示:

```
         示例代码 23-23   添加 ap3216c 子节点以后的 i2c1 节点
1   &i2c1 {
2       clock - frequency = < 100000 >;
3       pinctrl - names = "default";
4       pinctrl - 0 = < &pinctrl_i2c1 >;
5       status = "okay";
6
7       ap3216c@1e {
8           compatible = "alientek,ap3216c";
9           reg = < 0x1e >;
10      };
11  };
```

第 7 行,ap3216c 子节点,@后面的"1e"是 AP3216C 的器件地址。

第 8 行,设置 compatible 值为"alientek,ap3216c"。

第 9 行,reg 属性也是设置 AP3216C 器件地址的,因此 reg 设置为 0x1e。

设备树修改完成以后使用"make dtbs"重新编译一下,然后使用新的设备树启动 Linux 内核。/sys/bus/i2c/devices 目录下存放着所有 I²C 设备,如果设备树修改正确,那么会在/sys/bus/i2c/devices 目录下看到一个名为 0-001e 的子目录,如图 23-1 所示。

```
/sys/bus/i2c/devices # ls
0-001e  1-001a  1-0038  i2c-0  i2c-1
/sys/bus/i2c/devices #
/sys/bus/i2c/devices #
```

图 23-1   当前系统 I²C 设备

图 23-1 中的 0-001e 就是 AP3216C 的设备目录,1e 就是 AP3216C 器件地址。进入 0-001e 目录,可以看到 name 文件,name 文件中保存着此设备名字,在这里就是 ap3216c,如图 23-2 所示。

```
/sys/devices/platform/soc/2100000.aips-bus/21a0000.i2c/i2c-0/0-001e # cat name
ap3216c
/sys/devices/platform/soc/2100000.aips-bus/21a0000.i2c/i2c-0/0-001e #
```

图 23-2   AP3216C 器件名字

23.5.2   AP3216C 驱动编写

新建名为 21_iic 的文件夹,然后在 21_iic 文件夹中创建 vscode 工程,工作区命名为 iic。工程创建好以后新建 ap3216c.c 和 ap3216creg.h 这两个文件,ap3216c.c 为 AP3216C 的驱动代码,ap3216creg.h 是 AP3216C 寄存器头文件。先在 ap3216creg.h 中定义好 AP3216C 寄存器,输入如下内容,

```
              示例代码 23-24   ap3216creg.h 文件代码段
1   # ifndef AP3216C_H
2   # define AP3216C_H
3   / ********************************************************
4   Copyright © ALIENTEK Co., Ltd. 1998 - 2029. All rights reserved.
5   文件名      : ap3216creg.h
6   作者        : 左忠凯
7   版本        : V1.0
```

```
 8    描述      : AP3216C 寄存器地址描述头文件
 9    其他      : 无
10    论坛      : www.openedv.com
11    日志      : 初版 V1.0 2019/9/2 左忠凯创建
12  ***************************************************************** /
13  /* AP3316C 寄存器 */
14  #define AP3216C_SYSTEMCONG    0x00    /* 配置寄存器        */
15  #define AP3216C_INTSTATUS     0X01    /* 中断状态寄存器    */
16  #define AP3216C_INTCLEAR      0X02    /* 中断清除寄存器    */
17  #define AP3216C_IRDATALOW     0x0A    /* IR 数据低字节     */
18  #define AP3216C_IRDATAHIGH    0x0B    /* IR 数据高字节     */
19  #define AP3216C_ALSDATALOW    0x0C    /* ALS 数据低字节    */
20  #define AP3216C_ALSDATAHIGH   0X0D    /* ALS 数据高字节    */
21  #define AP3216C_PSDATALOW     0X0E    /* PS 数据低字节     */
22  #define AP3216C_PSDATAHIGH    0X0F    /* PS 数据高字节     */
23
24  #endif
```

ap3216creg.h 中就是一些寄存器宏定义。在 ap3216c.c 输入如下内容：

示例代码 23-25　ap3216c.c 文件代码段

```
 1    #include < linux/types.h >
 2    #include < linux/kernel.h >
 3    #include < linux/delay.h >
 4    #include < linux/ide.h >
 5    #include < linux/init.h >
 6    #include < linux/module.h >
 7    #include < linux/errno.h >
 8    #include < linux/gpio.h >
 9    #include < linux/cdev.h >
10    #include < linux/device.h >
11    #include < linux/of_gpio.h >
12    #include < linux/semaphore.h >
13    #include < linux/timer.h >
14    #include < linux/i2c.h >
15    #include < asm/mach/map.h >
16    #include < asm/uaccess.h >
17    #include < asm/io.h >
18    #include "ap3216creg.h"
19  /*****************************************************************
20  Copyright © ALIENTEK Co., Ltd. 1998 - 2029. All rights reserved.
21   文件名    : ap3216c.c
22   作者      : 左忠凯
23   版本      : V1.0
24   描述      : AP3216C 驱动程序
25   其他      : 无
26   论坛      : www.openedv.com
27   日志      : 初版 V1.0 2019/9/2 左忠凯创建
28  ***************************************************************** /
29    #define AP3216C_CNT       1
30    #define AP3216C_NAME      "ap3216c"
```

```
31
32  struct ap3216c_dev {
33      dev_t devid;                    /* 设备号            */
34      struct cdev cdev;               /* cdev             */
35      struct class * class;           /* 类               */
36      struct device * device;         /* 设备             */
37      struct device_node  * nd;       /* 设备节点          */
38      int major;                      /* 主设备号          */
39      void * private_data;            /* 私有数据          */
40      unsigned short ir, als, ps;     /* 3个光传感器数据    */
41  };
42
43  static struct ap3216c_dev ap3216cdev;
44
45  /*
46   * @description  : 从 AP3216C 读取多个寄存器数据
47   * @param - dev  : AP3216C 设备
48   * @param - reg  : 要读取的寄存器首地址
49   * @param - val  : 读取到的数据
50   * @param - len  : 要读取的数据长度
51   * @return       : 操作结果
52   */
53  static int ap3216c_read_regs(struct ap3216c_dev * dev, u8 reg,
                                  void * val, int len)
54  {
55      int ret;
56      struct i2c_msg msg[2];
57      struct i2c_client * client = (struct i2c_client * )
                                     dev -> private_data;
58
59      /* msg[0]为发送要读取的首地址 */
60      msg[0].addr = client -> addr;      /* AP3216C 地址       */
61      msg[0].flags = 0;                  /* 标记为发送数据      */
62      msg[0].buf = &reg;                 /* 读取的首地址        */
63      msg[0].len = 1;                    /* reg 长度           */
64
65      /* msg[1]读取数据 */
66      msg[1].addr = client -> addr;      /* AP3216C 地址       */
67      msg[1].flags = I2C_M_RD;           /* 标记为读取数据      */
68      msg[1].buf = val;                  /* 读取数据缓冲区      */
69      msg[1].len = len;                  /* 要读取的数据长度 */
70
71      ret = i2c_transfer(client -> adapter, msg, 2);
72      if(ret == 2) {
73          ret = 0;
74      } else {
75          printk("i2c rd failed = % d reg = % 06x len = % d\n", ret, reg, len);
76          ret = - EREMOTEIO;
77      }
78      return ret;
79  }
80
```

```
81  /*
82   * @description  : 向 AP3216C 的多个寄存器写入数据
83   * @param - dev  : AP3216C 设备
84   * @param - reg  : 要写入的寄存器首地址
85   * @param - val  : 要写入的数据缓冲区
86   * @param - len  : 要写入的数据长度
87   * @return       : 操作结果
88   */
89  static s32 ap3216c_write_regs(struct ap3216c_dev * dev, u8 reg,
                                        u8 * buf, u8 len)
90  {
91      u8 b[256];
92      struct i2c_msg msg;
93      struct i2c_client * client = (struct i2c_client *)
                                        dev -> private_data;
94
95      b[0] = reg;                       /* 寄存器首地址               */
96      memcpy(&b[1], buf, len);          /* 将要写入的数据复制到数组 b 里面 */
97
98      msg.addr = client -> addr;        /* AP3216C 地址              */
99      msg.flags = 0;                    /* 标记为写数据               */
100
101     msg.buf = b;                      /* 要写入的数据缓冲区          */
102     msg.len = len + 1;                /* 要写入的数据长度           */
103
104     return i2c_transfer(client -> adapter, &msg, 1);
105 }
106
107 /*
108  * @description  : 读取 AP3216C 指定寄存器值,读取一个寄存器
109  * @param - dev  : AP3216C 设备
110  * @param - reg  : 要读取的寄存器
111  * @return       : 读取到的寄存器值
112  */
113 static unsigned char ap3216c_read_reg(struct ap3216c_dev * dev, u8 reg)
114 {
115     u8 data = 0;
116
117     ap3216c_read_regs(dev, reg, &data, 1);
118     return data;
119
120 #if 0
121     struct i2c_client * client = (struct i2c_client *)
                                        dev -> private_data;
122     return i2c_smbus_read_byte_data(client, reg);
123 #endif
124 }
125
126 /*
127  * @description  : 向 AP3216C 指定寄存器写入指定的值,写一个寄存器
128  * @param - dev  : AP3216C 设备
129  * @param - reg  : 要写的寄存器
```

```
130      *  @param  -  data    : 要写入的值
131      *  @return          : 无
132      */
133  static void ap3216c_write_reg(struct ap3216c_dev * dev, u8 reg,u8 data)
134  {
135      u8 buf = 0;
136      buf = data;
137      ap3216c_write_regs(dev, reg, &buf, 1);
138  }
139
140  /*
141      *  @description     : 读取 AP3216C 的数据,读取原始数据,包括 ALS,PS 和 IR,
142      *                      同时打开 ALS,IR + PS 的话,两次数据读取的间隔要大于 112.5ms
143      *  @param  -  ir     : ir 数据
144      *  @param  -  ps     : ps 数据
145      *  @param  -  ps     : als 数据
146      *  @return          : 无
147      */
148  void ap3216c_readdata(struct ap3216c_dev * dev)
149  {
150      unsigned char i = 0;
151      unsigned char buf[6];
152
153      /* 循环读取所有传感器数据 */
154      for(i = 0; i < 6; i++)
155      {
156          buf[i] = ap3216c_read_reg(dev, AP3216C_IRDATALOW + i);
157      }
158
159      if(buf[0] & 0X80)          /* IR_OF 位为1,则数据无效       */
160          dev -> ir = 0;
161      else                       /* 读取 IR 传感器的数据        */
162          dev -> ir = ((unsigned short)buf[1] << 2) | (buf[0] & 0X03);
163
164      dev -> als = ((unsigned short)buf[3] << 8) | buf[2];   /* ALS 数据 */
165
166      if(buf[4] & 0x40)          /* IR_OF 位为1,则数据无效       */
167          dev -> ps = 0;
168      else                       /* 读取 PS 传感器的数据        */
169          dev -> ps = ((unsigned short)(buf[5] & 0X3F) << 4) |
170                                  (buf[4] & 0X0F);
170  }
171
172  /*
173      *  @description     : 打开设备
174      *  @param  -  inode  : 传递给驱动的 inode
175      *  @param  -  filp   : 设备文件,file 结构体有个叫作 private_data 的成员变量,
176      *                      一般在 open 的时候将 private_data 指向设备结构体
177      *  @return          : 0,成功;其他,失败
178      */
179  static int ap3216c_open(struct inode * inode, struct file * filp)
180  {
```

```
181      filp->private_data = &ap3216cdev;
182
183      /* 初始化 AP3216C */
184      ap3216c_write_reg(&ap3216cdev, AP3216C_SYSTEMCONG, 0x04);
185      mdelay(50);        /* AP3216C 复位最少 10ms   */
186      ap3216c_write_reg(&ap3216cdev, AP3216C_SYSTEMCONG, 0X03);
187      return 0;
188  }
189
190  /*
191   * @description    : 从设备读取数据
192   * @param - filp  : 要打开的设备文件(文件描述符)
193   * @param - buf   : 返回给用户空间的数据缓冲区
194   * @param - cnt   : 要读取的数据长度
195   * @param - offt  : 相对于文件首地址的偏移
196   * @return         : 读取的字节数,如果为负值,表示读取失败
197   */
198  static ssize_t ap3216c_read(struct file * filp, char __user * buf,
                                  size_t cnt, loff_t * off)
199  {
200      short data[3];
201      long err = 0;
202
203      struct ap3216c_dev * dev = (struct ap3216c_dev * )
                                      filp->private_data;
204
205      ap3216c_readdata(dev);
206
207      data[0] = dev->ir;
208      data[1] = dev->als;
209      data[2] = dev->ps;
210      err = copy_to_user(buf, data, sizeof(data));
211      return 0;
212  }
213
214  /*
215   * @description    : 关闭/释放设备
216   * @param - filp : 要关闭的设备文件(文件描述符)
217   * @return         : 0,成功;其他,失败
218   */
219  static int ap3216c_release(struct inode * inode, struct file * filp)
220  {
221      return 0;
222  }
223
224  /* AP3216C 操作函数 */
225  static const struct file_operations ap3216c_ops = {
226      .owner = THIS_MODULE,
227      .open = ap3216c_open,
228      .read = ap3216c_read,
229      .release = ap3216c_release,
230  };
```

```
231
232   /*
233    * @description      : I²C驱动的 probe 函数,当驱动与
234    *                      设备匹配以后此函数就会执行
235    * @param - client   : I²C设备
236    * @param - id       : I²C设备 ID
237    * @return           : 0,成功;其他负值,失败
238    */
239   static int ap3216c_probe(struct i2c_client * client,
                              const struct i2c_device_id * id)
240   {
241       /* 1、构建设备号 */
242       if (ap3216cdev.major) {
243           ap3216cdev.devid = MKDEV(ap3216cdev.major, 0);
244           register_chrdev_region(ap3216cdev.devid, AP3216C_CNT,
                                      AP3216C_NAME);
245       } else {
246           alloc_chrdev_region(&ap3216cdev.devid, 0, AP3216C_CNT,
                                   AP3216C_NAME);
247           ap3216cdev.major = MAJOR(ap3216cdev.devid);
248       }
249
250       /* 2、注册设备 */
251       cdev_init(&ap3216cdev.cdev, &ap3216c_ops);
252       cdev_add(&ap3216cdev.cdev, ap3216cdev.devid, AP3216C_CNT);
253
254       /* 3、创建类 */
255       ap3216cdev.class = class_create(THIS_MODULE, AP3216C_NAME);
256       if (IS_ERR(ap3216cdev.class)) {
257           return PTR_ERR(ap3216cdev.class);
258       }
259
260       /* 4、创建设备 */
261       ap3216cdev.device = device_create(ap3216cdev.class, NULL,
                                            ap3216cdev.devid, NULL, AP3216C_NAME);
262       if (IS_ERR(ap3216cdev.device)) {
263           return PTR_ERR(ap3216cdev.device);
264       }
265
266       ap3216cdev.private_data = client;
267
268       return 0;
269   }
270
271   /*
272    * @description      : I²C驱动的 remove 函数,移除 I²C驱动此函数会执行
273    * @param - client   : I²C设备
274    * @return           : 0,成功;其他负值,失败
275    */
276   static int ap3216c_remove(struct i2c_client * client)
277   {
```

```
278      /* 删除设备 */
279      cdev_del(&ap3216cdev.cdev);
280      unregister_chrdev_region(ap3216cdev.devid, AP3216C_CNT);
281
282      /* 注销掉类和设备 */
283      device_destroy(ap3216cdev.class, ap3216cdev.devid);
284      class_destroy(ap3216cdev.class);
285      return 0;
286  }
287
288  /* 传统匹配方式 ID 列表 */
289  static const struct i2c_device_id ap3216c_id[] = {
290      {"alientek,ap3216c", 0},
291      {}
292  };
293
294  /* 设备树匹配列表 */
295  static const struct of_device_id ap3216c_of_match[] = {
296      { .compatible = "alientek,ap3216c" },
297      { /* Sentinel */ }
298  };
299
300  /* I²C 驱动结构体 */
301  static struct i2c_driver ap3216c_driver = {
302      .probe = ap3216c_probe,
303      .remove = ap3216c_remove,
304      .driver = {
305              .owner = THIS_MODULE,
306              .name = "ap3216c",
307              .of_match_table = ap3216c_of_match,
308          },
309      .id_table = ap3216c_id,
310  };
311
312  /*
313   * @description    : 驱动入口函数
314   * @param          : 无
315   * @return         : 无
316   */
317  static int __init ap3216c_init(void)
318  {
319      int ret = 0;
320
321      ret = i2c_add_driver(&ap3216c_driver);
322      return ret;
323  }
324
325  /*
326   * @description    : 驱动出口函数
327   * @param          : 无
328   * @return         : 无
329   */
```

```
330 static void __exit ap3216c_exit(void)
331 {
332     i2c_del_driver(&ap3216c_driver);
333 }
334
335 /* module_i2c_driver(ap3216c_driver) */
336
337 module_init(ap3216c_init);
338 module_exit(ap3216c_exit);
339 MODULE_LICENSE("GPL");
340 MODULE_AUTHOR("zuozhongkai");
```

第32～41行，AP3216C设备结构体，第39行的private_data成员变量用于存放AP3216C对应的i2c_client。第40行的ir、als和ps分别存储AP3216C的IR、ALS和PS数据。

第43行，定义一个ap3216c_dev类型的设备结构体变量ap3216cdev。

第53～79行，ap3216c_read_regs()函数实现多字节读取，但是AP3216C好像不支持连续多字节读取，此函数在测试其他I²C设备的时候可以实现多字节连续读取，但是在AP3216C上不能连续读取多个字节。不过读取一个字节没有问题的。

第89～105行，ap3216c_write_regs()函数实现连续多字节写操作。

第113～124行，ap3216c_read_reg()函数用于读取AP3216C的指定寄存器数据，用于一个寄存器的数据读取。

第133～138行，ap3216c_write_reg()函数用于向AP3216C的指定寄存器写入数据，用于一个寄存器的数据写操作。

第148～170行，读取AP3216C的PS、ALS和IR等传感器原始数据值。

第179～230行，标准的字符设备驱动框架。

第239～269行，ap3216c_probe()函数，当I²C设备和驱动匹配成功以后此函数就会执行，和platform驱动框架一样。此函数前面都是标准的字符设备注册代码，最后面会将此函数的第一个参数client传递给ap3216cdev的private_data成员变量。

第289～292行，ap3216c_id匹配表，i2c_device_id类型。用于传统的设备和驱动匹配，也就是没有使用设备树的时候。

第295～298行，ap3216c_of_match匹配表，of_device_id类型，用于设备树设备和驱动匹配。这里只写了一个compatible属性，值为"alientek,ap3216c"。

第301～310行，ap3216c_driver结构体变量，i2c_driver类型。

第317～323行，驱动入口函数ap3216c_init()，此函数通过调用i2c_add_driver来向Linux内核注册i2c_driver，也就是ap3216c_driver。

第330～333行，驱动出口函数ap3216c_exit()，此函数通过调用i2c_del_driver来注销掉前面注册的ap3216c_driver。

23.5.3　编写测试App

新建ap3216cApp.c文件，然后在里面输入如下所示内容：

示例代码 23-26　ap3216cApp.c 文件代码段

```
1   # include "stdio.h"
2   # include "unistd.h"
3   # include "sys/types.h"
4   # include "sys/stat.h"
5   # include "sys/ioctl.h"
6   # include "fcntl.h"
7   # include "stdlib.h"
8   # include "string.h"
9   # include < poll.h >
10  # include < sys/select.h >
11  # include < sys/time.h >
12  # include < signal.h >
13  # include < fcntl.h >
14  /******************************************************************
15  Copyright © ALIENTEK Co., Ltd. 1998 - 2029. All rights reserved.
16  文件名      : ap3216cApp.c
17  作者        : 左忠凯
18  版本        : V1.0
19  描述        : AP3216C 设备测试 App
20  其他        : 无
21  使用方      : ./ap3216cApp /dev/ap3216c
22  论坛        : www.openedv.com
23  日志        : 初版 V1.0 2019/9/20 左忠凯创建
24  ****************************************************************** /
25
26  /*
27   * @description   : main 主程序
28   * @param - argc  : argv 数组元素个数
29   * @param - argv  : 具体参数
30   * @return        : 0,成功;其他,失败
31   */
32  int main(int argc, char * argv[])
33  {
34      int fd;
35      char * filename;
36      unsigned short databuf[3];
37      unsigned short ir, als, ps;
38      int ret = 0;
39
40      if (argc != 2) {
41          printf("Error Usage!\r\n");
42          return -1;
43      }
44
45      filename = argv[1];
46      fd = open(filename, O_RDWR);
47      if(fd < 0) {
48          printf("can't open file %s\r\n", filename);
49          return -1;
50      }
51
```

```
52    while (1) {
53        ret = read(fd, databuf, sizeof(databuf));
54        if(ret == 0) {                   /* 数据读取成功     */
55            ir  =  databuf[0];           /* IR 传感器数据    */
56            als = databuf[1];            /* ALS 传感器数据   */
57            ps  =  databuf[2];           /* PS 传感器数据    */
58            printf("ir = % d, als = % d, ps = % d\r\n", ir, als, ps);
59        }
60        usleep(200000);                  /* 200ms            */
61    }
62    close(fd);                           /* 关闭文件         */
63    return 0;
64 }
```

ap3216cApp. c 文件内容很简单,就是在 while 循环中不断地读取 AP3216C 的设备文件,从而得到 ir、als 和 ps 这 3 个数据值,然后将其输出到终端上。

23.6 运行测试

23.6.1 编译驱动程序和测试 App

1. 编译驱动程序

编写 Makefile 文件,本章实验的 Makefile 文件和第 1 章基本一样,只是将 obj-m 变量的值改为 ap3216c. o,Makefile 内容如下所示:

```
                示例代码 23-27  Makefile 文件
1  KERNELDIR : = /home/zuozhongkai/linux/IMX6ULL/linux/temp/linux - imx - rel_imx_4.1.15_2.1.0_ga_alientek
...
4  obj - m : = ap3216c. o
...
11 clean:
12     $ (MAKE) - C $ (KERNELDIR) M = $ (CURRENT_PATH) clean
```

第 4 行,设置 obj-m 变量的值为 ap3216c. o。

输入如下命令编译出驱动模块文件:

```
make - j32
```

编译成功以后就会生成一个名为 ap3216c. ko 的驱动模块文件。

2. 编译测试 App

输入如下命令编译 ap3216cApp. c 这个测试程序:

```
arm - linux - gnueabihf - gcc ap3216cApp. c - o ap3216cApp
```

编译成功以后就会生成 ap3216cApp 这个应用程序。

23.6.2 运行测试

将 23.6.1 节编译出来 ap3216c.ko 和 ap3216cApp 这两个文件复制到 rootfs/lib/modules/4.1.15 目录中,重启开发板,进入到目录 lib/modules/4.1.15 中。输入如下命令加载 ap3216c.ko 这个驱动模块。

```
depmod                  //第一次加载驱动的时候需要运行此命令
modprobe ap3216c.ko     //加载驱动模块
```

当驱动模块加载成功以后使用 ap3216cApp 来测试,输入如下命令:

```
./ap3216cApp /dev/ap3216c
```

测试 App 会不断地从 AP3216C 中读取数据,然后输出到终端上,如图 23-3 所示。

```
/lib/modules/4.1.15 # ./ap3216cApp /dev/ap3216c
ir = 0, als = 0, ps = 0
ir = 0, als = 100, ps = 5
ir = 0, als = 103, ps = 12
ir = 29, als = 117, ps = 31
ir = 0, als = 112, ps = 0
ir = 0, als = 105, ps = 6
```

图 23-3 获取到的 AP3216C 数据

大家可以用手电筒照一下 AP3216C,或者手指靠近 AP3216C 来观察传感器数据有没有变化。

第24章

Linux SPI驱动实验

第 23 章我们讲解了如何编写 Linux 下的 I²C 设备驱动,SPI 也是很常用的串行通信协议,本章就来学习如何在 Linux 下编写 SPI 设备驱动。本章实验的最终目的就是驱动 I.MX6U-ALPHA 开发板上的 ICM-20608 这个 SPI 接口的六轴传感器,可以在应用程序中读取 ICM-20608 的原始传感器数据。

24.1 Linux 下 SPI 驱动框架简介

SPI 驱动框架和 I²C 很类似,都分为主机控制器驱动和设备驱动,主机控制器也就是 SOC 的 SPI 控制器接口。比如在裸机篇中我们编写了 bsp_spi.c 和 bsp_spi.h 这两个文件,这两个文件是 I.MX6U 的 SPI 控制器驱动。编写好 SPI 控制器驱动以后就可以直接使用了,不管是什么 SPI 设备,SPI 控制器部分的驱动都是一样的,因此我们的重点就落在了种类繁多的 SPI 设备驱动上。

24.1.1 SPI 主机驱动

SPI 主机驱动就是 SOC 的 SPI 控制器驱动,类似 I²C 驱动中的适配器驱动。Linux 内核使用 spi_master 表示 SPI 主机驱动,spi_master 是个结构体,定义在 include/linux/spi/spi.h 文件中,内容如下(有省略):

```
                    示例代码 24-1  spi_master 结构体
315 struct spi_master {
316     struct device    dev;
317
318     struct list_head list;
...
326     s16          bus_num;
327
328     /* chipselects will be integral to many controllers; some others
329      * might use board-specific GPIOs.
330      */
331     u16          num_chipselect;
332
```

```
333      /* some SPI controllers pose alignment requirements on DMAable
334       * buffers; let protocol drivers know about these requirements.
335       */
336      u16         dma_alignment;
337
338      /* spi_device.mode flags understood by this controller driver */
339      u16         mode_bits;
340
341      /* bitmask of supported bits_per_word for transfers */
342      u32         bits_per_word_mask;
...
347      /* limits on transfer speed */
348      u32         min_speed_hz;
349      u32         max_speed_hz;
350
351      /* other constraints relevant to this driver */
352      u16         flags;
...
359      /* lock and mutex for SPI bus locking */
360      spinlock_t      bus_lock_spinlock;
361      struct mutex        bus_lock_mutex;
362
363   /* flag indicating that the SPI bus is locked for exclusive use */
364      bool            bus_lock_flag;
...
372      int         (*setup)(struct spi_device *spi);
373
...
393      int         (*transfer)(struct spi_device *spi,
394                      struct spi_message *mesg);
...
434   int (*transfer_one_message)(struct spi_master *master,
435                  struct spi_message *mesg);
...
462 };
```

第 393 行，transfer()函数，和 i2c_algorithm 中的 master_xfer()函数一样，控制器数据传输函数。

第 434 行，transfer_one_message()函数，既用于 SPI 数据发送，也用于发送一个 spi_message，SPI 的数据会打包成 spi_message，然后以队列方式发送出去。

也就是说，SPI 主机端最终会通过 transfer()函数与 SPI 设备进行通信，因此对于 SPI 主机控制器的驱动编写者而言 transfer()函数是需要实现的，因为不同的 SOC 其 SPI 控制器不同，寄存器都不一样。和 I^2C 适配器驱动一样，SPI 主机驱动一般都是 SOC 厂商去编写的，所以我们作为 SOC 的使用者，这一部分的驱动就不用操心了。

SPI 主机驱动的核心就是申请 spi_master，然后初始化 spi_master，最后向 Linux 内核注册 spi_master。

1. spi_master 申请与释放

spi_alloc_master()函数用于申请 spi_master，函数原型如下：

```
struct spi_master * spi_alloc_master (struct device   * dev,
                                      unsigned         size)
```

函数参数含义如下：

dev——设备，一般是 platform_device 中的 dev 成员变量。

size——私有数据大小，可以通过 spi_master_get_devdata()函数获取到这些私有数据。

返回值——申请到的 spi_master。

spi_master 的释放通过 spi_master_put()函数来完成，当我们删除一个 SPI 主机驱动的时候就需要释放掉前面申请的 spi_master。spi_master_put()函数原型如下：

```
void spi_master_put(struct spi_master * master)
```

函数参数含义如下：

master——要释放的 spi_master。

返回值——无。

2. spi_master 的注册与注销

当 spi_master 初始化完成以后就需要将其注册到 Linux 内核，spi_master 注册函数为 spi_register_master()，函数原型如下：

```
int spi_register_master(struct spi_master * master)
```

函数参数含义如下：

master——要注册的 spi_master。

返回值——0，成功；负值，失败。

I. MX6U 的 SPI 主机驱动会采用 spi_bitbang_start()这个 API 函数来完成 spi_master 的注册，spi_bitbang_start()函数内部其实也是通过调用 spi_register_master()函数来完成 spi_master 的注册。

如果要注销 spi_master，则可以使用 spi_unregister_master()函数，此函数原型为：

```
void spi_unregister_master(struct spi_master * master)
```

函数参数含义如下：

master——要注销的 spi_master。

返回值——无。

如果使用 spi_bitbang_start 注册 spi_master，则使用 spi_bitbang_stop()来注销掉 spi_master。

24.1.2　SPI 设备驱动

SPI 设备驱动和 I^2C 设备驱动也很类似，Linux 内核使用 spi_driver 结构体来表示 SPI 设备驱动，我们在编写 SPI 设备驱动的时候需要实现 spi_driver。spi_driver 结构体定义在 include/linux/spi/spi.h 文件中，结构体内容如下：

示例代码24-2 spi_driver 结构体

```
180 struct spi_driver {
181     const struct spi_device_id * id_table;
182     int          ( * probe)(struct spi_device * spi);
183     int          ( * remove)(struct spi_device * spi);
184     void         ( * shutdown)(struct spi_device * spi);
185     struct device_driver    driver;
186 };
```

可以看出，spi_driver 和 i2c_driver、platform_driver 基本一样，当 SPI 设备和驱动匹配成功以后 probe() 函数就会执行。

同样，spi_driver 初始化完成以后需要向 Linux 内核注册，spi_driver 注册函数为 spi_register_driver()，函数原型如下：

```
int spi_register_driver(struct spi_driver * sdrv)
```

函数参数含义如下：

sdrv——要注册的 spi_driver。

返回值——0，注册成功；负值，注册失败。

注销 SPI 设备驱动以后也需要注销掉前面注册的 spi_driver，使用 spi_unregister_driver() 函数完成 spi_driver 的注销，函数原型如下：

```
void spi_unregister_driver(struct spi_driver * sdrv)
```

函数参数含义如下：

sdrv——要注销的 spi_driver。

返回值——无。

spi_driver 注册示例程序如下：

示例代码24-3 spi_driver 注册示例程序

```
1  /* probe 函数 */
2  static int xxx_probe(struct spi_device * spi)
3  {
4      /* 具体函数内容 */
5      return 0;
6  }
7
8  /* remove 函数 */
9  static int xxx_remove(struct spi_device * spi)
10 {
11     /* 具体函数内容 */
12     return 0;
13 }
14 /* 传统匹配方式 ID 列表 */
15 static const struct spi_device_id xxx_id[] = {
16     {"xxx", 0},
17     {}
```

```
18 };
19
20 /* 设备树匹配列表 */
21 static const struct of_device_id xxx_of_match[] = {
22     { .compatible = "xxx" },
23     { /* Sentinel */ }
24 };
25
26 /* SPI驱动结构体 */
27 static struct spi_driver xxx_driver = {
28     .probe = xxx_probe,
29     .remove = xxx_remove,
30     .driver = {
31             .owner = THIS_MODULE,
32             .name = "xxx",
33             .of_match_table = xxx_of_match,
34         },
35     .id_table = xxx_id,
36 };
37
38 /* 驱动入口函数 */
39 static int __init xxx_init(void)
40 {
41     return spi_register_driver(&xxx_driver);
42 }
43
44 /* 驱动出口函数 */
45 static void __exit xxx_exit(void)
46 {
47     spi_unregister_driver(&xxx_driver);
48 }
49
50 module_init(xxx_init);
51 module_exit(xxx_exit);
```

第1～36行，spi_driver结构体，需要SPI设备驱动人员编写，包括匹配表、probe()函数等。和i2c_driver、platform_driver一样，就不详细讲解了。

第39～42行，在驱动入口函数中调用spi_register_driver()来注册spi_driver。

第45～48行，在驱动出口函数中调用spi_unregister_driver()来注销spi_driver。

24.1.3　SPI设备和驱动匹配过程

SPI设备和驱动的匹配过程是由SPI总线来完成的，这点和platform、I^{2}C等驱动一样，SPI总线为spi_bus_type，定义在drivers/spi/spi.c文件中，内容如下：

示例代码24-4　spi_bus_type结构体
```
131 struct bus_type spi_bus_type = {
132     .name       = "spi",
133     .dev_groups = spi_dev_groups,
134     .match      = spi_match_device,
```

```
135      .uevent      = spi_uevent,
136 };
```

可以看出,SPI 设备和驱动的匹配函数为 spi_match_device(),函数内容如下:

示例代码24-5 spi_match_device()函数
```
99   static int spi_match_device(struct device * dev,
                                 struct device_driver * drv)
100  {
101      const struct spi_device * spi = to_spi_device(dev);
102      const struct spi_driver * sdrv = to_spi_driver(drv);
103
104      /* Attempt an OF style match */
105      if (of_driver_match_device(dev, drv))
106          return 1;
107
108      /* Then try ACPI */
109      if (acpi_driver_match_device(dev, drv))
110          return 1;
111
112      if (sdrv -> id_table)
113          return !!spi_match_id(sdrv -> id_table, spi);
114
115      return strcmp(spi -> modalias, drv -> name) == 0;
116  }
```

spi_match_device()函数和 i2c_match_device()函数对于设备和驱动的匹配过程基本一样。

第 105 行,of_driver_match_device()函数用于完成设备和驱动匹配。比较 SPI 设备节点的 compatible 属性和 of_device_id 中的 compatible 属性是否相等,如果相等,则表示 SPI 设备和驱动匹配。

第 109 行,acpi_driver_match_device()函数用于 ACPI 形式的匹配。

第 113 行,spi_match_id()函数用于传统的、无设备树的 SPI 设备和驱动匹配过程。比较 SPI 设备名字和 spi_device_id 的 name 字段是否相等,若相等则说明 SPI 设备和驱动匹配。

第 115 行,比较 spi_device 中 modalias 成员变量和 device_driver 中的 name 成员变量是否相等。

24.2   I. MX6U SPI 主机驱动分析

和 I^2C 的适配器驱动一样,SPI 主机驱动一般都由 SOC 厂商编写好了。打开 imx6ull.dtsi 文件,找到如下所示内容:

示例代码24-6   imx6ull.dtsi 文件中的 ecspi3 节点内容
```
1 ecspi3: ecspi@02010000 {
2      #address - cells = <1>;
3      #size - cells = <0>;
4      compatible = "fsl,imx6ul - ecspi", "fsl,imx51 - ecspi";
```

```
5        reg = <0x02010000 0x4000>;
6        interrupts = <GIC_SPI 33 IRQ_TYPE_LEVEL_HIGH>;
7        clocks = <&clks IMX6UL_CLK_ECSPI3>,
8               <&clks IMX6UL_CLK_ECSPI3>;
9        clock-names = "ipg", "per";
10       dmas = <&sdma 7 7 1>, <&sdma 8 7 2>;
11       dma-names = "rx", "tx";
12       status = "disabled";
13  };
```

重点来看一下第 4 行的 compatible 属性值, compatible 属性有两个值"fsl,imx6ul-ecspi"和"fsl,
imx51-ecspi", 在 Linux 内核源码中搜索这两个属性值即可找到 I. MX6U 对应的 ECSPI(SPI)主机
驱动。I. MX6U 的 ECSPI 主机驱动文件为 drivers/spi/spi-imx. c, 在此文件中找到如下内容:

示例代码24-7　spi_imx_driver 结构体

```
694 static struct platform_device_id spi_imx_devtype[] = {
695     {
696         .name = "imx1-cspi",
697         .driver_data = (kernel_ulong_t) &imx1_cspi_devtype_data,
698     }, {
699         .name = "imx21-cspi",
700         .driver_data = (kernel_ulong_t) &imx21_cspi_devtype_data,
...
713     }, {
714         .name = "imx6ul-ecspi",
715         .driver_data = (kernel_ulong_t) &imx6ul_ecspi_devtype_data,
716     }, {
717         /* sentinel */
718     }
719 };
720
721 static const struct of_device_id spi_imx_dt_ids[] = {
722     { .compatible = "fsl,imx1-cspi", .data =
                                &imx1_cspi_devtype_data, },
...
728     { .compatible = "fsl,imx6ul-ecspi", .data =
                                &imx6ul_ecspi_devtype_data, },
729     { /* sentinel */ }
730 };
731 MODULE_DEVICE_TABLE(of, spi_imx_dt_ids);
...
1338 static struct platform_driver spi_imx_driver = {
1339     .driver = {
1340         .name = DRIVER_NAME,
1341         .of_match_table = spi_imx_dt_ids,
1342         .pm = IMX_SPI_PM,
1343     },
1344     .id_table = spi_imx_devtype,
1345     .probe = spi_imx_probe,
1346     .remove = spi_imx_remove,
1347 };
1348 module_platform_driver(spi_imx_driver);
```

第 714 行,spi_imx_devtype 为 SPI 无设备树匹配表。

第 721 行,spi_imx_dt_ids 为 SPI 设备树匹配表。

第 728 行,"fsl,imx6ul-ecspi"匹配项,因此可知 I.MX6U 的 ECSPI 驱动就是 spi-imx.c 这个文件。

第 1338～1347 行,platform_driver 驱动框架,和 I²C 的适配器驱动一样,SPI 主机驱动器采用了 platform 驱动框架。当设备和驱动匹配成功以后 spi_imx_probe()函数就会执行。

spi_imx_probe()函数会从设备树中读取相应的节点属性值,申请并初始化 spi_master,最后调用 spi_bitbang_start()函数(spi_bitbang_start 会调用 spi_register_master()函数)向 Linux 内核注册 spi_master。

对于 I.MX6U 来讲,SPI 主机的最终数据收发函数为 spi_imx_transfer(),此函数通过如下层层调用最终实现 SPI 数据发送:

```
spi_imx_transfer
    -> spi_imx_pio_transfer
        -> spi_imx_push
            -> spi_imx -> tx
```

spi_imx 是一个 spi_imx_data 类型的结构指针变量,其中 tx 和 rx 这两个成员变量分别为 SPI 数据发送和接收函数。I.MX6U SPI 主机驱动会维护一个 spi_imx_data 类型的变量 spi_imx,并且使用 spi_imx_setupxfer()函数来设置 spi_imx 的 tx 和 rx 函数。根据要发送的数据数据位宽的不同,分别有 8 位、16 位和 32 位的发送函数,如下所示:

```
spi_imx_buf_tx_u8
spi_imx_buf_tx_u16
spi_imx_buf_tx_u32
```

同理,也有 8 位、16 位和 32 位的数据接收函数,如下所示:

```
spi_imx_buf_rx_u8
spi_imx_buf_rx_u16
spi_imx_buf_rx_u32
```

我们就以 spi_imx_buf_tx_u8()这个函数为例,看看数据发送是怎么完成的。在 spi-imx.c 文件中找到如下所示内容:

```
                      示例代码 24-8   spi_imx_buf_tx_u8()函数
152 #define MXC_SPI_BUF_TX(type)                              \
153 static void spi_imx_buf_tx_##type(struct spi_imx_data * spi_imx)  \
154 {                                                         \
155     type val = 0;                                         \
156                                                           \
157     if (spi_imx -> tx_buf) {                              \
158         val = * (type *)spi_imx -> tx_buf;                \
159         spi_imx -> tx_buf + = sizeof(type);               \
160     }                                                     \
161                                                           \
162     spi_imx -> count - = sizeof(type);                    \
```

```
163                                                         \
164     writel(val, spi_imx - > base + MXC_CSPITXDATA);     \
165 }
166
167 MXC_SPI_BUF_RX(u8)
168 MXC_SPI_BUF_TX(u8)
```

从示例代码 24-8 可以看出，spi_imx_buf_tx_u8()函数是通过 MXC_SPI_BUF_TX 宏来实现的。第 164 行就是将要发送的数据值写入到 ECSPI 的 TXDATA 寄存器中，这和我们 SPI 裸机实验的方法一样。将第 168 行的 MXC_SPI_BUF_TX(u8)展开就是 spi_imx_buf_tx_u8()函数。其他的 tx 和 rx 函数都是这样实现的，这里就不做介绍了。关于 I.MX6U 的主机驱动程序就讲解到这里，基本思路和 I²C 的适配器驱动程序类似。

24.3 SPI 设备驱动编写流程

24.3.1 SPI 设备信息描述

1. I/O 的 pinctrl 子节点创建与修改

首先肯定是根据所使用的 I/O 来创建或修改 pinctrl 子节点，这个没什么好说的，唯独要注意的就是检查相应的 I/O 有没有被其他的设备所使用，如果有则需要将其删除掉。

2. SPI 设备节点的创建与修改

采用设备树的情况下，SPI 设备信息描述就通过创建相应的设备子节点来完成。可以打开 imx6qdl-sabresd.dtsi 这个设备树头文件，在此文件里面找到如下所示内容：

示例代码 24-9　m25p80 设备节点
```
308 &ecspi1 {
309     fsl,spi - num - chipselects = < 1 >;
310     cs - gpios = < &gpio4 9 0 >;
311     pinctrl - names = "default";
312     pinctrl - 0 = < &pinctrl_ecspi1 >;
313     status = "okay";
314
315     flash: m25p80@0 {
316         #address - cells = < 1 >;
317         #size - cells = < 1 >;
318         compatible = "st,m25p32";
319         spi - max - frequency = < 20000000 >;
320         reg = < 0 >;
321     };
322 };
```

示例代码 24-9 是 I.MX6Q 的一款板子上的一个 SPI 设备节点，在这个板子的 ECSPI 接口上接了一个 M25P80，这是一个 SPI 接口的设备。

第 309 行，设置"fsl,spi-num-chipselects"属性为 1，表示只有一个设备。

第 310 行，设置 cs-gpios 属性，也就是片选信号为 GPIO4_IO09。

第 311 行,设置 pinctrl-names 属性,也就是 SPI 设备所使用的 I/O 名字。

第 312 行,设置 pinctrl-0 属性,也就是所使用的 I/O 对应的 pinctrl 节点。

第 313 行,将 ecspi1 节点的 status 属性改为"okay"。

第 315~320 行,ecspi1 下的 M25P80 设备信息,每一个 SPI 设备都采用一个子节点来描述其设备信息。第 315 行的"m25p80@0"后面的"0"表示 M25P80 的接到了 ECSPI 的通道 0 上。这个要根据自己的具体硬件来设置。

第 318 行,SPI 设备的 compatible 属性值,用于匹配设备驱动。

第 319 行,spi-max-frequency 属性设置 SPI 控制器的最高频率,这个要根据所使用的 SPI 设备来设置,比如在这里将 SPI 控制器最高频率设置为 20MHz。

第 320 行,reg 属性设置 M25P80 这个设备所使用的 ECSPI 通道,和"M25P80@0"后面的"0"一样。

稍后在编写 ICM20608 的设备树节点信息的时候就参考示例代码 24-9 中的内容即可。

24.3.2 SPI 设备数据收发处理流程

SPI 设备驱动的核心是 spi_driver,这个我们已经在 24.1.2 节讲过了。当我们向 Linux 内核注册成功 spi_driver 以后就可以使用 SPI 核心层提供的 API 函数来对设备进行读写操作了。首先是 spi_transfer 结构体,此结构体用于描述 SPI 传输信息,结构体内容如下:

示例代码 24-10 spi_transfer 结构体

```
603 struct spi_transfer {
604     /* it's ok if tx_buf == rx_buf (right?)
605      * for MicroWire, one buffer must be null
606      * buffers must work with dma_*map_single() calls, unless
607      *   spi_message.is_dma_mapped reports a pre-existing mapping
608      */
609     const void    *tx_buf;
610     void          *rx_buf;
611     unsigned      len;
612
613     dma_addr_t    tx_dma;
614     dma_addr_t    rx_dma;
615     struct sg_table tx_sg;
616     struct sg_table rx_sg;
617
618     unsigned      cs_change:1;
619     unsigned      tx_nbits:3;
620     unsigned      rx_nbits:3;
621 #define SPI_NBITS_SINGLE    0x01 /* 1bit transfer */
622 #define SPI_NBITS_DUAL      0x02 /* 2bits transfer */
623 #define SPI_NBITS_QUAD      0x04 /* 4bits transfer */
624     u8      bits_per_word;
625     u16     delay_usecs;
626     u32     speed_hz;
627
628     struct list_head transfer_list;
629 };
```

第 609 行，tx_buf 保存着要发送的数据。

第 610 行，rx_buf 用于保存接收到的数据。

第 611 行，len 是要进行传输的数据长度，SPI 是全双工通信，因此在一次通信中发送和接收的字节数都是一样的，所以 spi_transfer 中也就没有发送长度和接收长度之分。

spi_transfer 需要组织成 spi_message，spi_message 也是一个结构体，内容如下：

示例代码24-11　spi_message 结构体

```
660 struct spi_message {
661     struct list_head      transfers;
662
663     struct spi_device     * spi;
664
665     unsigned              is_dma_mapped:1;
...
678     /* completion is reported through a callback */
679     void                  (*complete)(void *context);
680     void                  *context;
681     unsigned              frame_length;
682     unsigned              actual_length;
683     int           status;
684
685     /* for optional use by whatever driver currently owns the
686      * spi_message ...  between calls to spi_async and then later
687      * complete(), that's the spi_master controller driver.
688      */
689     struct list_head      queue;
690     void                  * state;
691 };
```

在使用 spi_message 之前需要对其进行初始化，spi_message 初始化函数为 spi_message_init()，函数原型如下：

```
void spi_message_init(struct spi_message * m)
```

函数参数含义如下：

m——要初始化的 spi_message。

返回值——无。

spi_message 初始化完成以后需要将 spi_transfer 添加到 spi_message 队列中，这里要用到 spi_message_add_tail()函数，此函数原型如下：

```
void spi_message_add_tail(struct spi_transfer * t, struct spi_message * m)
```

函数参数含义如下：

t——要添加到队列中的 spi_transfer。

m——spi_transfer 要加入的 spi_message。

返回值——无。

spi_message 准备好以后就可以进行数据传输了，数据传输分为同步传输和异步传输，同步传

输会阻塞等待 SPI 数据传输完成,同步传输函数为 spi_sync(),函数原型如下:

```
int spi_sync(struct spi_device * spi, struct spi_message * message)
```

函数参数含义如下:

spi——要进行数据传输的 spi_device。

message——要传输的 spi_message。

返回值——无。

异步传输不会阻塞等待 SPI 数据传输完成,异步传输需要设置 spi_message 中的 complete 成员变量,complete 是一个回调函数,当 SPI 异步传输完成以后此函数就会被调用。SPI 异步传输函数为 spi_async(),函数原型如下:

```
int spi_async(struct spi_device * spi, struct spi_message * message)
```

函数参数含义如下:

spi——要进行数据传输的 spi_device。

message——要传输的 spi_message。

返回值——无。

在本章实验中,我们采用同步传输方式来完成 SPI 数据的传输工作,也就是 spi_sync()函数。

综上所述,SPI 数据的传输步骤如下:

(1) 申请并初始化 spi_transfer,设置 spi_transfer 的 tx_buf 成员变量,tx_buf 为要发送的数据。然后设置 rx_buf 成员变量,rx_buf 保存着接收到的数据。最后设置 len 成员变量,也就是要进行数据通信的长度。

(2) 使用 spi_message_init()函数初始化 spi_message。

(3) 使用 spi_message_add_tail()函数将前面设置好的 spi_transfer 添加到 spi_message 队列中。

(4) 使用 spi_sync()函数完成 SPI 数据同步传输。

通过 SPI 进行 n 字节的数据发送和接收的示例代码如下所示。

示例代码 24-12　SPI 数据读写操作

```
/* SPI 多字节发送 */
static int spi_send(struct spi_device * spi, u8 * buf, int len)
{
    int ret;
    struct spi_message m;

    struct spi_transfer t = {
        .tx_buf = buf,
        .len = len,
    };

    spi_message_init(&m);                  /* 初始化 spi_message */
    spi_message_add_tail(t, &m);           /* 将 spi_transfer 添加到 spi_message 队列 */
    ret = spi_sync(spi, &m);               /* 同步传输 */
    return ret;
}
```

```
/* SPI 多字节接收 */
static int spi_receive(struct spi_device * spi, u8 * buf, int len)
{
    int ret;
    struct spi_message m;

    struct spi_transfer t = {
        .rx_buf = buf,
        .len = len,
    };

    spi_message_init(&m);                    /* 初始化 spi_message */
    spi_message_add_tail(t, &m);             /* 将 spi_transfer 添加到 spi_message 队列 */
    ret = spi_sync(spi, &m);                 /* 同步传输 */
    return ret;
}
```

24.4 硬件原理图分析

本章实验硬件原理图参考《原子嵌入式 Linux 驱动开发详解》26.2 节即可。

24.5 实验程序编写

本实验对应的例程路径为"2、Linux 驱动例程→22_spi"。

24.5.1 修改设备树

1. 添加 ICM20608 所使用的 I/O

首先在 imx6ull-alientek-emmc.dts 文件中添加 ICM20608 所使用的 I/O 信息,在 iomuxc 节点中添加一个新的子节点来描述 ICM20608 所使用的 SPI 引脚,子节点名字为 pinctrl_ecspi3,节点内容如下所示:

```
                    示例代码 24-13   icm20608 IO 节点信息
1 pinctrl_ecspi3: icm20608 {
2        fsl,pins = <
3            MX6UL_PAD_UART2_TX_DATA__GPIO1_IO20    0x10b0  /* CS */
4            MX6UL_PAD_UART2_RX_DATA__ECSPI3_SCLK   0x10b1  /* SCLK */
5            MX6UL_PAD_UART2_RTS_B__ECSPI3_MISO     0x10b1  /* MISO */
6            MX6UL_PAD_UART2_CTS_B__ECSPI3_MOSI     0x10b1  /* MOSI */
7        >;
8    };
```

2. 向 ecspi3 节点追加 icm20608 子节点

在 imx6ull-alientek-emmc.dts 文件中并没有任何向 ecspi3 节点追加内容的代码,这是因为 NXP 官方的 6ULL EVK 开发板上没有连接 SPI 设备。在 imx6ull-alientek-emmc.dts 文件最后面加入如下所示内容:

示例代码 24-14　向 ecspi3 节点加入 icm20608 信息

```
1  &ecspi3 {
2      fsl,spi-num-chipselects = <1>;
3      cs-gpios = <&gpio1 20 GPIO_ACTIVE_LOW>;
4      pinctrl-names = "default";
5      pinctrl-0 = <&pinctrl_ecspi3>;
6      status = "okay";
7
8      spidev: icm20608@0 {
9          compatible = "alientek,icm20608";
10         spi-max-frequency = <8000000>;
11         reg = <0>;
12     };
13 };
```

第 2 行,设置当前片选数量为 1,因为只接了一个 ICM20608。

第 3 行,一定要使用 cs-gpios 属性来描述片选引脚,SPI 主机驱动就会控制片选引脚。

第 5 行,设置 I/O 要使用的 pinctrl 子节点,也就是我们在示例代码 24-13 中新建的 pinctrl_ecspi3。

第 6 行,imx6ull.dtsi 文件中默认将 ecspi3 节点状态(status)设置为"disable",这里我们要将其改为"okay"。

第 8～12 行,icm20608 设备子节点,因为 icm20608 连接在 ECSPI3 的第 0 个通道上,因此@后面为 0。第 9 行设置节点属性 compatible 值为"alientek,icm20608",第 10 行设置 SPI 最大时钟频率为 8MHz,这是 ICM20608 的 SPI 接口所能支持的最大的时钟频率。ICM20608 连接在通道 0 上,因此第 11 行的 reg 为 0。

imx6ull-alientek-emmc.dts 文件修改完成以后应重新编译,得到新的.dtb 文件,并使用新的.dtb 启动 Linux 系统。

24.5.2　编写 ICM20608 驱动

新建名为 22_spi 的文件夹,然后在 22_spi 文件夹中创建 vscode 工程,工作区命名为 spi。工程创建好以后新建 icm20608.c 和 icm20608reg.h 这两个文件,icm20608.c 为 ICM20608 的驱动代码,icm20608reg.h 是 ICM20608 寄存器头文件。先在 icm20608reg.h 中定义好 ICM20608 的寄存器,输入如下内容(有省略,完整的内容请扫描封底二维码获取):

示例代码 24-15　icm20608reg.h 文件内容

```
1  #ifndef ICM20608_H
2  #define ICM20608_H
3  /***************************************************************
4  Copyright © ALIENTEK Co., Ltd. 1998-2029. All rights reserved.
5  文件名    : icm20608reg.h
6  作者      : 左忠凯
7  版本      : V1.0
8  描述      : ICM20608 寄存器地址描述头文件
9  其他      : 无
10 论坛      : www.openedv.com
```

```
11 日志      : 初版 V1.0 2019/9/2 左忠凯创建
12 *********************************************************** /
13 # define ICM20608G_ID              0XAF    /* ID值 */
14 # define ICM20608D_ID              0XAE    /* ID值 */
15
16 /* ICM20608 寄存器
17  * 复位后所有寄存器地址都为0,除了
18  * Register 107(0X6B) Power Management 1    = 0x40
19  * Register 117(0X75) WHO_AM_I              = 0xAF 或 0xAE
20  */
21 /* 陀螺仪和加速度自测(出产时设置,用于与用户的自检输出值比较) */
22 # define  ICM20_SELF_TEST_X_GYRO     0x00
23 # define  ICM20_SELF_TEST_Y_GYRO     0x01
24 # define  ICM20_SELF_TEST_Z_GYRO     0x02
25 # define  ICM20_SELF_TEST_X_ACCEL    0x0D
26 # define  ICM20_SELF_TEST_Y_ACCEL    0x0E
27 # define  ICM20_SELF_TEST_Z_ACCEL    0x0F
...
80 /* 加速度静态偏移 */
81 # define  ICM20_XA_OFFSET_H          0x77
82 # define  ICM20_XA_OFFSET_L          0x78
83 # define  ICM20_YA_OFFSET_H          0x7A
84 # define  ICM20_YA_OFFSET_L          0x7B
85 # define  ICM20_ZA_OFFSET_H          0x7D
86 # define  ICM20_ZA_OFFSET_L          0x7E
87
88 # endif
```

接下来继续编写 icm20608.c 文件,因为 icm20608.c 文件内容比较长,因此这里就将其分开来讲解。

1. icm20608 设备结构体创建

首先创建一个 icm20608 设备结构体,如下所示:

示例代码 24-16　icm20608 设备结构体创建

```
1  # include < linux/types.h >
2  # include < linux/kernel.h >
3  # include < linux/delay.h >
...
22 # include < asm/io.h >
23 # include "icm20608reg.h"
24 /***********************************************************
25 Copyright © ALIENTEK Co., Ltd. 1998 - 2029. All rights reserved.
26 文件名     : icm20608.c
27 作者       : 左忠凯
28 版本       : V1.0
29 描述       : ICM20608 SPI 驱动程序
30 其他       : 无
31 论坛       : www.openedv.com
32 日志       : 初版 V1.0 2019/9/2 左忠凯创建
33 *********************************************************** /
```

```
34 # define ICM20608_CNT 1
35 # define ICM20608_NAME    "icm20608"
36
37 struct icm20608_dev {
38     dev_t devid;                    /* 设备号                  */
39     struct cdev cdev;               /* cdev                   */
40     struct class * class;           /* 类                     */
41     struct device * device;         /* 设备                   */
42     struct device_node   * nd;      /* 设备节点                */
43     int major;                      /* 主设备号                */
44     void * private_data;            /* 私有数据                */
45     int cs_gpio;                    /* 片选所使用的 GPIO 编号 */
46     signed int gyro_x_adc;          /* 陀螺仪 X 轴原始值       */
47     signed int gyro_y_adc;          /* 陀螺仪 Y 轴原始值       */
48     signed int gyro_z_adc;          /* 陀螺仪 Z 轴原始值       */
49     signed int accel_x_adc;         /* 加速度计 X 轴原始值     */
50     signed int accel_y_adc;         /* 加速度计 Y 轴原始值     */
51     signed int accel_z_adc;         /* 加速度计 Z 轴原始值     */
52     signed int temp_adc;            /* 温度原始值              */
53 };
54
55 static struct icm20608_dev icm20608dev;
```

重点看一下第 44 行的 private_data,对于 SPI 设备驱动来说最核心的就是 spi_device。probe()函数会向驱动提供当前 SPI 设备对应的 spi_device,因此在 probe()函数中设置 private_data 为 probe()函数传递进来的 spi_device 参数。

2. ICM20608 的 spi_driver 注册与注销

对于 SPI 设备驱动,首先就是要初始化并向系统注册 spi_driver,ICM20608 的 spi_driver 初始化、注册与注销代码如下:

```
                示例代码 24-17    ICM20608 的 spi_driver 初始化、注册与注销
1    /* 传统匹配方式 ID 列表 */
2   static const struct spi_device_id icm20608_id[] = {
3       {"alientek,icm20608", 0},
4       {}
5   };
6
7    /* 设备树匹配列表 */
8   static const struct of_device_id icm20608_of_match[] = {
9       { .compatible = "alientek,icm20608" },
10      { /* Sentinel */ }
11  };
12
13   /* SPI 驱动结构体 */
14  static struct spi_driver icm20608_driver = {
15      .probe = icm20608_probe,
16      .remove = icm20608_remove,
17      .driver = {
18              .owner = THIS_MODULE,
19              .name = "icm20608",
```

```
20              .of_match_table = icm20608_of_match,
21          },
22      .id_table = icm20608_id,
23 };
24
25 /*
26  * @description    : 驱动入口函数
27  * @param          : 无
28  * @return         : 无
29  */
30 static int __init icm20608_init(void)
31 {
32      return spi_register_driver(&icm20608_driver);
33 }
34
35 /*
36  * @description    : 驱动出口函数
37  * @param          : 无
38  * @return         : 无
39  */
40 static void __exit icm20608_exit(void)
41 {
42      spi_unregister_driver(&icm20608_driver);
43 }
44
45 module_init(icm20608_init);
46 module_exit(icm20608_exit);
47 MODULE_LICENSE("GPL");
48 MODULE_AUTHOR("zuozhongkai");
```

第2~5行,传统的设备和驱动匹配表。

第8~11行,设备树的设备与驱动匹配表,这里只有一个匹配项"alientek,icm20608"。

第14~23行,ICM20608的spi_driver结构体变量,当ICM20608设备和此驱动匹配成功以后第15行的icm20608_probe()函数就会执行。同样,当注销此驱动的时候icm20608_remove()函数会执行。

第30~33行,icm20608_init()函数为ICM20608的驱动入口函数,在此函数中使用spi_register_driver向Linux系统注册上面定义的icm20608_driver。

第40~43行,icm20608_exit()函数为ICM20608的驱动出口函数,在此函数中使用spi_unregister_driver注销掉前面注册的icm20608_driver。

3. probe()和remove()函数

icm20608_driver中的probe()和remove()函数内容如下所示:

```
                    示例代码24-18    probe()和remove()函数
1   /*
2    * @description          :SPI驱动的 probe 函数,当驱动与
3    *                        设备匹配以后此函数就会执行
4    * @param - client       :I²C设备
5    * @param - id           :I²C设备 ID
```

```
6    *
7    */
8  static int icm20608_probe(struct spi_device * spi)
9  {
10     /* 1、构建设备号 */
11     if (icm20608dev.major) {
12         icm20608dev.devid = MKDEV(icm20608dev.major, 0);
13         register_chrdev_region(icm20608dev.devid, ICM20608_CNT,
                                   ICM20608_NAME);
14     } else {
15         alloc_chrdev_region(&icm20608dev.devid, 0, ICM20608_CNT,
                               ICM20608_NAME);
16         icm20608dev.major = MAJOR(icm20608dev.devid);
17     }
18
19     /* 2、注册设备 */
20     cdev_init(&icm20608dev.cdev, &icm20608_ops);
21     cdev_add(&icm20608dev.cdev, icm20608dev.devid, ICM20608_CNT);
22
23     /* 3、创建类 */
24     icm20608dev.class = class_create(THIS_MODULE, ICM20608_NAME);
25     if (IS_ERR(icm20608dev.class)) {
26         return PTR_ERR(icm20608dev.class);
27     }
28
29     /* 4、创建设备 */
30     icm20608dev.device = device_create(icm20608dev.class, NULL,
                       icm20608dev.devid, NULL, ICM20608_NAME);
31     if (IS_ERR(icm20608dev.device)) {
32         return PTR_ERR(icm20608dev.device);
33     }
34
35     /* 初始化 spi_device */
36     spi->mode = SPI_MODE_0; /* MODE0,CPOL = 0,CPHA = 0 */
37     spi_setup(spi);
38     icm20608dev.private_data = spi;          /* 设置私有数据 */
39
40     /* 初始化 ICM20608 内部寄存器 */
41     icm20608_reginit();
42     return 0;
43 }
44
45 /*
46  * @description    : I²C驱动的 remove 函数,移除 I²C 驱动的时候此函数会执行
47  * @param - client : I²C设备
48  * @return         : 0,成功;其他负值,失败
49  */
50 static int icm20608_remove(struct spi_device * spi)
51 {
52     /* 删除设备 */
53     cdev_del(&icm20608dev.cdev);
54     unregister_chrdev_region(icm20608dev.devid, ICM20608_CNT);
```

```
55
56      /* 注销掉类和设备 */
57      device_destroy(icm20608dev.class, icm20608dev.devid);
58      class_destroy(icm20608dev.class);
59      return 0;
60  }
```

第 8～43 行，probe 函数，当设备与驱动匹配成功以后此函数就会执行，第 10～33 行都是标准的注册字符设备驱动。

第 36 行，设置 SPI 为模式 0，也就是 CPOL＝0，CPHA＝0。

第 37 行，设置好 spi_device 以后需要使用 spi_setup 配置一下。

第 38 行，设置 icm20608dev 的 private_data 成员变量为 spi_device。

第 41 行，调用 icm20608_reginit() 函数初始化 ICM20608，主要是初始化 ICM20608 指定寄存器。

第 50～60 行，icm20608_remove() 函数，注销驱动的时候此函数就会执行。

4. ICM20608 寄存器读写与初始化

SPI 驱动最终是通过读写 ICM20608 的寄存器来实现的，因此需要编写相应的寄存器读写函数，并且使用这些读写函数来完成对 ICM20608 的初始化。ICM20608 的寄存器读写以及初始化代码如下：

示例代码 24-19　　ICM20608 寄存器读写以及初始化
```
1   /*
2    * @description     : 从 ICM20608 读取多个寄存器数据
3    * @param - dev     : ICM20608 设备
4    * @param - reg     : 要读取的寄存器首地址
5    * @param - val     : 读取到的数据
6    * @param - len     : 要读取的数据长度
7    * @return          : 操作结果
8    */
9   static int icm20608_read_regs(struct icm20608_dev * dev, u8 reg,
                                  void * buf, int len)
10  {
11
12      int ret = -1;
13      unsigned char txdata[1];
14      unsigned char * rxdata;
15      struct spi_message m;
16      struct spi_transfer * t;
17      struct spi_device * spi = (struct spi_device * )dev -> private_data;
18
19      t = kzalloc(sizeof(struct spi_transfer), GFP_KERNEL);
20      if(!t) {
21          return - ENOMEM;
22      }
23
24      rxdata = kzalloc(sizeof(char) * len, GFP_KERNEL);    /* 申请内存 */
25      if(!rxdata) {
26          goto out1;
```

```
27          }
28
29          /* 一共发送 len+1 字节的数据,第 1 字节为
30          寄存器首地址,一共要读取 len 字节长度的数据, */
31          txdata[0] = reg | 0x80;              /* 写数据的时候首寄存器地址 bit7 要置 1 */
32          t->tx_buf = txdata;                  /* 要发送的数据                    */
33          t->rx_buf = rxdata;                  /* 要读取的数据                    */
34          t->len = len+1;                      /* t->len = 发送的长度+读取的长度   */
35          spi_message_init(&m);                /* 初始化 spi_message             */
36          spi_message_add_tail(t, &m);
37          ret = spi_sync(spi, &m);             /* 同步发送                       */
38          if(ret) {
39              goto out2;
40          }
41
42          memcpy(buf , rxdata+1, len);         /* 只需要读取的数据               */
43
44   out2:
45          kfree(rxdata);                       /* 释放内存                       */
46   out1:
47          kfree(t);                            /* 释放内存                       */
48
49          return ret;
50   }
51
52   /*
53    * @description   : 向 ICM20608 多个寄存器写入数据
54    * @param - dev   : ICM20608 设备
55    * @param - reg   : 要写入的寄存器首地址
56    * @param - val   : 要写入的数据缓冲区
57    * @param - len   : 要写入的数据长度
58    * @return        : 操作结果
59    */
60   static s32 icm20608_write_regs(struct icm20608_dev * dev, u8 reg,
                                     u8 * buf, u8 len)
61   {
62       int ret = -1;
63       unsigned char * txdata;
64       struct spi_message m;
65       struct spi_transfer * t;
66       struct spi_device * spi = (struct spi_device * )dev->private_data;
67
68       t = kzalloc(sizeof(struct spi_transfer), GFP_KERNEL);
69       if(!t) {
70           return -ENOMEM;
71       }
72
73       txdata = kzalloc(sizeof(char) + len, GFP_KERNEL);
74       if(!txdata) {
75           goto out1;
76       }
77
```

```
78      /* 一共发送 len+1 字节的数据,第 1 字节为
79      寄存器首地址,len 为要写入的寄存器的集合, */
80        * txdata = reg & ~0x80;              /* 写数据的时候首寄存器地址 bit8 要清零 */
81      memcpy(txdata+1, buf, len);          /* 把 len 个寄存器复制到 txdata 里        */
82      t->tx_buf = txdata;                   /* 要发送的数据                          */
83      t->len = len+1;                       /* t->len = 发送的长度+读取的长度         */
84      spi_message_init(&m);                 /* 初始化 spi_message                   */
85      spi_message_add_tail(t, &m);
86      ret = spi_sync(spi, &m);         /* 同步发送                              */
87      if(ret) {
88          goto out2;
89      }
90
91  out2:
92      kfree(txdata);                   /* 释放内存 */
93  out1:
94      kfree(t);                        /* 释放内存 */
95      return ret;
96  }
97
98  /*
99   * @description    : 读取 ICM20608 指定寄存器值,读取一个寄存器
100  * @param - dev    : ICM20608 设备
101  * @param - reg    : 要读取的寄存器
102  * @return         : 读取到的寄存器值
103  */
104 static unsigned char icm20608_read_onereg(struct icm20608_dev * dev,u8 reg)
105 {
106     u8 data = 0;
107     icm20608_read_regs(dev, reg, &data, 1);
108     return data;
109 }
110
111 /*
112  * @description    : 向 ICM20608 指定寄存器写入指定的值,写一个寄存器
113  * @param - dev    : ICM20608 设备
114  * @param - reg    : 要写的寄存器
115  * @param - data   : 要写入的值
116  * @return         : 无
117  */
118
119 static void icm20608_write_onereg(struct icm20608_dev * dev,
                                       u8 reg, u8 value)
120 {
121     u8 buf = value;
122     icm20608_write_regs(dev, reg, &buf, 1);
123 }
124
125 /*
126  * @description    : 读取 ICM20608 的数据,读取原始数据,包括三轴陀螺仪,
127  *                 : 三轴加速度计和内部温度
128  * @param - dev    : ICM20608 设备
```

```
129     *  @return       :无
130     */
131  void icm20608_readdata(struct icm20608_dev * dev)
132  {
133      unsigned char data[14] = { 0 };
134      icm20608_read_regs(dev, ICM20_ACCEL_XOUT_H, data, 14);
135
136      dev->accel_x_adc = (signed short)((data[0] << 8) | data[1]);
137      dev->accel_y_adc = (signed short)((data[2] << 8) | data[3]);
138      dev->accel_z_adc = (signed short)((data[4] << 8) | data[5]);
139      dev->temp_adc    = (signed short)((data[6] << 8) | data[7]);
140      dev->gyro_x_adc  = (signed short)((data[8] << 8) | data[9]);
141      dev->gyro_y_adc  = (signed short)((data[10] << 8) | data[11]);
142      dev->gyro_z_adc  = (signed short)((data[12] << 8) | data[13]);
143  }
144
145  /*
146   *  ICM20608 内部寄存器初始化函数
147   *  @param    :无
148   *  @return   :无
149   */
150  void icm20608_reginit(void)
151  {
152      u8 value = 0;
153
154      icm20608_write_onereg(&icm20608dev, ICM20_PWR_MGMT_1, 0x80);
155      mdelay(50);
156      icm20608_write_onereg(&icm20608dev, ICM20_PWR_MGMT_1, 0x01);
157      mdelay(50);
158
159      value = icm20608_read_onereg(&icm20608dev, ICM20_WHO_AM_I);
160      printk("ICM20608 ID = % #X\r\n", value);
161
162      icm20608_write_onereg(&icm20608dev, ICM20_SMPLRT_DIV, 0x00);
163      icm20608_write_onereg(&icm20608dev, ICM20_GYRO_CONFIG, 0x18);
164      icm20608_write_onereg(&icm20608dev, ICM20_ACCEL_CONFIG, 0x18);
165      icm20608_write_onereg(&icm20608dev, ICM20_CONFIG, 0x04);
166      icm20608_write_onereg(&icm20608dev, ICM20_ACCEL_CONFIG2, 0x04);
167      icm20608_write_onereg(&icm20608dev, ICM20_PWR_MGMT_2, 0x00);
168      icm20608_write_onereg(&icm20608dev, ICM20_LP_MODE_CFG, 0x00);
169      icm20608_write_onereg(&icm20608dev, ICM20_FIFO_EN, 0x00);
170  }
```

第 9～50 行，icm20608_read_regs()函数，从 ICM20608 中读取连续多个寄存器数据；注意，在本实验中，SPI 为全双工通信，没有所谓的发送和接收长度之分。要读取或者发送 N 字节就要封装 N＋1 字节，第 1 字节是告诉设备我们要进行读还是写，后面的 N 字节才是我们要读或者发送的数据。因为是读操作，因此在第 31 行设置第一个数据 bit7 位为 1，表示读操作。

第 60～96 行，icm20608_write_regs()函数，向 ICM20608 连续写入多个寄存器数据。此函数和 ICM20608_read_regs()函数区别不大。

第 104～109 行，icm20608_read_onereg()函数，读取 ICM20608 指定寄存器数据。

第 119~123 行,icm20608_write_onereg()函数,向 ICM20608 指定寄存器写入数据。

第 131~143 行,icm20608_readdata()函数,读取 ICM20608 六轴传感器和温度传感器原始数据值,应用程序读取 ICM20608 的时候这些传感器原始数据就会上报给应用程序。

第 150~170 行,icm20608_reginit()函数,初始化 ICM20608,和我们在 SPI 裸机实验中的初始化过程一样。

5. 字符设备驱动框架

ICM20608 的字符设备驱动框架如下:

示例代码 24-20　ICM20608 字符设备驱动

```
1  /*
2   * @description       : 打开设备
3   * @param - inode     : 传递给驱动的 inode
4   * @param - filp      : 设备文件,file 结构体有个叫作 private_data 的成员变
5   *                      量一般在 open 的时候将 private_data 指向设备结构体
6   * @return            : 0,成功;其他,失败
7   */
8  static int icm20608_open(struct inode * inode, struct file * filp)
9  {
10     filp->private_data = &icm20608dev;          /* 设置私有数据 */
11     return 0;
12 }
13
14 /*
15  * @description  : 从设备读取数据
16  * @param - filp : 要打开的设备文件(文件描述符)
17  * @param - buf  : 返回给用户空间的数据缓冲区
18  * @param - cnt  : 要读取的数据长度
19  * @param - offt : 相对于文件首地址的偏移
20  * @return       : 读取的字节数,如果为负值,则表示读取失败
21  */
22 static ssize_t icm20608_read(struct file * filp, char __user * buf,
                       size_t cnt, loff_t * off)
23 {
24     signed int data[7];
25     long err = 0;
26     struct icm20608_dev * dev = (struct icm20608_dev * )filp->private_data;
27
28     icm20608_readdata(dev);
29      data[0] = dev->gyro_x_adc;
30     data[1] = dev->gyro_y_adc;
31     data[2] = dev->gyro_z_adc;
32     data[3] = dev->accel_x_adc;
33     data[4] = dev->accel_y_adc;
34     data[5] = dev->accel_z_adc;
35     data[6] = dev->temp_adc;
36     err = copy_to_user(buf, data, sizeof(data));
37     return 0;
38 }
39
40 /*
```

```
41    *  @description  : 关闭/释放设备
42    *  @param - filp : 要关闭的设备文件(文件描述符)
43    *  @return       : 0,成功;其他,失败
44    */
45  static int icm20608_release(struct inode * inode, struct file * filp)
46  {
47      return 0;
48  }
49
50  /* ICM20608 操作函数 */
51  static const struct file_operations icm20608_ops = {
52      .owner = THIS_MODULE,
53      .open = icm20608_open,
54      .read = icm20608_read,
55      .release = icm20608_release,
56  };
```

字符设备驱动框架没什么好说的,重点是第 22～38 行的 icm20608_read()函数,当应用程序调用 read() 函数读取 ICM20608 设备文件的时候此函数就会执行。此函数调用上面编写好的 ICM20608_readdata()函数读取 ICM20608 的原始数据并将其上报给应用程序。大家注意,在内核中尽量不要使用浮点运算,所以不要在驱动中将 ICM20608 的原始值转换为对应的实际值,因为会涉及浮点计算。

24.5.3 编写测试 App

新建 icm20608App.c 文件,然后在里面输入如下所示内容:

示例代码 24-21 icm20608App.c 文件代码

```
1   #include "stdio.h"
2   #include "unistd.h"
3   #include "sys/types.h"
4   #include "sys/stat.h"
5   #include "sys/ioctl.h"
6   #include "fcntl.h"
7   #include "stdlib.h"
8   #include "string.h"
9   #include < poll.h>
10  #include < sys/select.h>
11  #include < sys/time.h>
12  #include < signal.h>
13  #include < fcntl.h>
14  /*************************************************************
15  Copyright © ALIENTEK Co., Ltd. 1998－2029. All rights reserved.
16  文件名      : icm20608App.c
17  作者        : 左忠凯
18  版本        : V1.0
19  描述        : ICM20608 设备测试 App
20  其他        : 无
21  使用方法    : ./icm20608App /dev/icm20608
22  论坛        : www.openedv.com
```

```
23     日志            : 初版 V1.0 2019/9/20 左忠凯创建
24  ************************************************************ /
25
26  / *
27   *  @description    : main 主程序
28   *  @param - argc  : argv 数组元素个数
29   *  @param - argv  : 具体参数
30   *  @return          : 0,成功;其他,失败
31   * /
32  int main( int argc, char  * argv[ ] )
33  {
34      int fd;
35      char  * filename;
36      signed int databuf[7];
37      unsigned char data[14];
38      signed int gyro_x_adc, gyro_y_adc, gyro_z_adc;
39      signed int accel_x_adc, accel_y_adc, accel_z_adc;
40      signed int temp_adc;
41
42      float gyro_x_act, gyro_y_act, gyro_z_act;
43      float accel_x_act, accel_y_act, accel_z_act;
44      float temp_act;
45
46      int ret = 0;
47
48      if (argc ! = 2) {
49          printf("Error Usage!\r\n");
50          return - 1;
51      }
52
53      filename = argv[1];
54      fd = open(filename, O_RDWR);
55      if(fd < 0) {
56          printf("can't open file % s\r\n", filename);
57          return - 1;
58      }
59
60      while (1) {
61          ret = read(fd, databuf, sizeof(databuf));
62          if(ret == 0) {                    / * 数据读取成功 * /
63              gyro_x_adc = databuf[0];
64              gyro_y_adc = databuf[1];
65              gyro_z_adc = databuf[2];
66              accel_x_adc = databuf[3];
67              accel_y_adc = databuf[4];
68              accel_z_adc = databuf[5];
69              temp_adc = databuf[6];
70
71              / * 计算实际值 * /
72              gyro_x_act = (float)(gyro_x_adc)   / 16.4;
73              gyro_y_act = (float)(gyro_y_adc)   / 16.4;
74              gyro_z_act = (float)(gyro_z_adc)   / 16.4;
```

```
75                accel_x_act = (float)(accel_x_adc)  / 2048;
76                accel_y_act = (float)(accel_y_adc)  / 2048;
77                accel_z_act = (float)(accel_z_adc)  / 2048;
78                temp_act = ((float)(temp_adc) - 25 )  / 326.8 + 25;
79
80                printf("\r\n 原始值:\r\n");
81                printf ("gx = % d, gy = % d, gz = % d\r\n", gyro_x_adc,
                        gyro_y_adc, gyro_z_adc);
82                printf ("ax = % d, ay = % d, az = % d\r\n", accel_x_adc,
                        accel_y_adc, accel_z_adc);
83                printf("temp = % d\r\n", temp_adc);
84                printf("实际值:");
85                printf ("act gx = % .2f°/S, act gy = % .2f°/S,
                        act gz = % .2f°/S\r\n", gyro_x_act, gyro_y_act,
                        gyro_z_act);
86                printf ("act ax = % .2fg, act ay = % .2fg,
                        act az = % .2fg\r\n", accel_x_act, accel_y_act,
                        accel_z_act);
87                printf("act temp = % .2f°C\r\n", temp_act);
88            }
89            usleep(100000); /* 100ms */
90        }
91        close(fd);          /* 关闭文件 */
92        return 0;
93 }
```

第 60～91 行,在 while 循环中每隔 100ms 从 ICM20608 中读取一次数据,读取到 ICM20608 原始数据以后将其转换为实际值,比如陀螺仪的角速度、加速度计的 g 值。注意,我们在 ICM20608 驱动中将陀螺仪和加速度计的测量范围全部设置到了最大,分别为 ±2000g 和 ±16g。因此,在计算实际值的时候陀螺仪使用 16.4,加速度计使用 2048。最终将传感器原始数据和得到的实际值显示在终端上。

24.6 运行测试

24.6.1 编译驱动程序和测试 App

1. 编译驱动程序

编写 Makefile 文件,本章实验的 Makefile 文件和第 1 章实验基本一样,只是将 obj-m 变量的值改为 icm20608.o,Makefile 内容如下所示:

示例代码 24-22 Makefile 文件

```
1 KERNELDIR := /home/zuozhongkai/linux/IMX6ULL/linux/temp/linux - imx - rel_imx_
             4.1.15_2.1.0_ga_alientek
...
4  obj - m : = icm20608.o
...
11 clean:
12  $ (MAKE) - C $ (KERNELDIR) M = $ (CURRENT_PATH) clean
```

第 4 行，设置 obj-m 变量的值为 icm20608.o。

输入如下命令编译出驱动模块文件：

```
make － j32
```

编译成功以后就会生成一个名为 icm20608.ko 的驱动模块文件。

2. 编译测试 App

在 icm20608App.c 这个测试 App 中用到了浮点计算，而 I.MX6U 是支持硬件浮点的，因此在编译 icm20608App.c 的时候就可以使能硬件浮点，这样可以加速浮点计算。使能硬件浮点很简单，在编译的时候加入如下参数即可：

```
－ march－armv7－a－mfpu－neon－mfloat＝hard
```

输入如下命令使能硬件浮点编译 icm20608App.c 这个测试程序：

```
arm－linux－gnueabihf－gcc－march＝armv7－a－mfpu＝neon－mfloat－abi＝hard icm20608App.c
－o icm20608App
```

编译成功以后就会生成 icm20608App 这个应用程序，那么究竟有没有使用硬件浮点呢？使用 arm-linux-gnueabihf-readelf 查看一下编译出来的 icm20608App 就知道了，输入如下命令：

```
arm－linux－gnueabihf－readelf－A icm20608App
```

结果如图 24-1 所示。

```
zuozhongkai@ubuntu:~/linux/IMX6ULL/Drivers/Linux_Drivers/22_spi$ arm-linux-gnueabihf-readelf -A icm20608App
Attribute Section: aeabi
File Attributes
  Tag_CPU_name: "7-A"
  Tag_CPU_arch: v7
  Tag_CPU_arch_profile: Application
  Tag_ARM_ISA_use: Yes
  Tag_THUMB_ISA_use: Thumb-2
  Tag_FP_arch: VFPv3
  Tag_Advanced_SIMD_arch: NEONv1
  Tag_ABI_PCS_wchar_t: 4
  Tag_ABI_FP_rounding: Needed
  Tag_ABI_FP_denormal: Needed
  Tag_ABI_FP_exceptions: Needed
  Tag_ABI_FP_number_model: IEEE 754
  Tag_ABI_align_needed: 8-byte
  Tag_ABI_align_preserved: 8-byte, except leaf SP
  Tag_ABI_enum_size: int
  Tag_ABI_HardFP_use: SP and DP
  Tag_ABI_VFP_args: VFP registers
  Tag_CPU_unaligned_access: v6
zuozhongkai@ubuntu:~/linux/IMX6ULL/Drivers/Linux_Drivers/22_spi$
```

图 24-1　icm20608App 文件信息

从图 24-1 可以看出，FPU 架构为 VFPv3，SIMD 使用了 NEON，并且使用了 SP 和 DP，说明 icm20608App 这个应用程序使用了硬件浮点。

24.6.2　运行测试

将 24.6.1 节编译出来 icm20608.ko 和 icm20608App 这两个文件复制到 rootfs/lib/modules/4.1.15 目录中，重启开发板，进入到目录 lib/modules/4.1.15 中。输入如下命令加载 icm20608.ko 这个驱动模块。

```
depmod                  //第一次加载驱动的时候需要运行此命令
modprobe icm20608.ko    //加载驱动模块
```

当驱动模块加载成功以后使用 icm20608App 来测试,输入如下命令:

```
./icm20608App /dev/icm20608
```

测试 App 会不断地从 ICM20608 中读取数据,然后输出到终端上,如图 24-2 所示。

```
/lib/modules/4.1.15 # ./icm20608App /dev/icm20608

原始值:
gx = 5, gy = 12, gz = -9
ax = 1, ay = 20, az = 2056
temp = 3094
实际值:act gx = 0.30°/S, act gy = 0.73°/S, act gz = -0.55°/S
act ax = 0.00g, act ay = 0.01g, act az = 1.00g
act temp = 34.39°C
```

图 24-2　获取到的 ICM20608 数据

可以看出,开发板静止状态下,Z 轴方向的加速度在 1g 左右,这个就是重力加速度。对于陀螺仪来讲,静止状态下三轴的角速度应该在 0°/s 左右。ICM20608 内温度传感器采集到的温度在 30℃左右,大家可以晃动一下开发板,这个时候陀螺仪和加速度计的值就会有变化。

## 第25章

Linux RS232/485/GPS驱动实验

串口是很常用的一个外设,在 Linux 下通常通过串口和其他设备或传感器进行通信,根据电平的不同,串口分为 TTL 和 RS232。不管是什么样的接口电平,其驱动程序都是一样的,通过外接 RS485 这样的芯片就可以将串口转换为 RS485 信号,正点原子的 I.MX6U-ALPHA 开发板就是这么做的。对于正点原子的 I.MX6U-ALPHA 开发板而言,RS232、RS485 以及 GPS 模块接口全都连接到了 I.MX6U 的 UART3 接口上,因此这些外设最终都归结为 UART3 的串口驱动。本章就来学习如何驱动 I.MX6U-ALPHA 开发板上的 UART3 串口,进而实现 RS232、RS485 以及 GSP 驱动。

25.1 Linux 下 UART 驱动框架

1. uart_driver 注册与注销

同 I^2C、SPI 一样,Linux 也提供了串口驱动框架,我们只需要按照相应的串口框架编写驱动程序即可。串口驱动没有什么主机端和设备端之分,就只有一个串口驱动,而且这个驱动也已经由 NXP 官方编写好了,我们真正要做的就是在设备树中添加所要使用的串口节点信息。当系统启动以后串口驱动和设备匹配成功,相应的串口就会被驱动起来,生成/dev/ttymxcX(X=0,1,…,n)文件。

虽然串口驱动不需要我们去写,但是串口驱动框架还是需要了解的,uart_driver 结构体表示 UART 驱动,uart_driver 定义在 include/linux/serial_core.h 文件中,内容如下:

```
                     示例代码 25-1  uart_driver 结构体
295 struct uart_driver {
296     struct module      * owner;        /* 模块所属者  */
297     const char         * driver_name;  /* 驱动名字    */
298     const char         * dev_name;     /* 设备名字    */
299     int                major;          /* 主设备号    */
300     int                minor;          /* 次设备号    */
301     int                nr;             /* 设备数      */
302     struct console     * cons;         /* 控制台      */
```

```
303
304      /*
305       * these are private; the low level driver should not
306       * touch these; they should be initialised to NULL
307       */
308      struct uart_state      * state;
309      struct tty_driver      * tty_driver;
310  };
```

每个串口驱动都需要定义一个 uart_driver,加载驱动的时候通过 uart_register_driver()函数向系统注册这个 uart_driver,此函数原型如下:

```
int uart_register_driver(struct uart_driver * drv)
```

函数参数含义如下:

drv——要注册的 uart_driver。

返回值——0,成功;负值,失败。

注销驱动的时候也需要注销掉前面注册的 uart_driver,这需要用到 uart_unregister_driver()函数,函数原型如下:

```
void uart_unregister_driver(struct uart_driver * drv)
```

函数参数含义如下:

drv——要注销的 uart_driver。

返回值——无。

2. uart_port 的添加与移除

uart_port 表示一个具体的 port,uart_port 定义在 include/linux/serial_core.h 文件,内容如下(有省略):

示例代码 25-2　uart_port 结构体
```
117  struct uart_port {
118      spinlock_t          lock;              /* port lock       */
119      unsigned long       iobase;            /* in/out[bwl]     */
120      unsigned char __iomem * membase;       /* read/write[bwl] */
...
235      const struct uart_ops  * ops;
236      unsigned int        custom_divisor;
237      unsigned int        line;              /* port index      */
238      unsigned int        minor;
239      resource_size_t     mapbase;           /* for ioremap     */
240      resource_size_t     mapsize;
241      struct device       * dev;             /* parent device   */
...
250  };
```

uart_port 中最主要的就是第 235 行的 ops,ops 包含了串口的具体驱动函数,这个我们稍后再看。每个 UART 都有一个 uart_port,那么 uart_port 是怎么和 uart_driver 结合起来的呢? 这里要

用到 uart_add_one_port()函数,函数原型如下:

```
int uart_add_one_port (struct uart_driver    * drv,
                       struct uart_port       * uport)
```

函数参数含义如下:

drv——此 port 对应的 uart_driver。

uport——要添加到 uart_driver 中的 port。

返回值——0,成功;负值,失败。

卸载 UART 驱动的时候也需要将 uart_port 从相应的 uart_driver 中移除,这需要用到 uart_remove_one_port()函数,函数原型如下:

```
int uart_remove_one_port(struct uart_driver * drv, struct uart_port * uport)
```

函数参数含义如下:

drv——要卸载的 port 所对应的 uart_driver。

uport——要卸载的 uart_port。

返回值——0,成功;负值,失败。

3. uart_ops 实现

在上面讲解 uart_port 的时候说过,uart_port 中的 ops 成员变量很重要,因为 ops 包含了针对 UART 的具体驱动函数,Linux 系统收发数据最终调用的都是 ops 中的函数。ops 是 uart_ops 类型的结构体指针变量,uart_ops 定义在 include/linux/serial_core.h 文件中,内容如下:

示例代码 25-3　uart_ops 结构体

```
49 struct uart_ops {
50   unsigned int    (* tx_empty)(struct uart_port * );
51   void            (* set_mctrl)(struct uart_port * , unsigned int mctrl);
52   unsigned int    (* get_mctrl)(struct uart_port * );
53   void            (* stop_tx)(struct uart_port * );
54   void            (* start_tx)(struct uart_port * );
55   void            (* throttle)(struct uart_port * );
56   void            (* unthrottle)(struct uart_port * );
57   void            (* send_xchar)(struct uart_port * , char ch);
58   void            (* stop_rx)(struct uart_port * );
59   void            (* enable_ms)(struct uart_port * );
60   void            (* break_ctl)(struct uart_port * , int ctl);
61   int             (* startup)(struct uart_port * );
62   void            (* shutdown)(struct uart_port * );
63   void            (* flush_buffer)(struct uart_port * );
64   void            (* set_termios)(struct uart_port * , struct ktermios * new,
65                        struct ktermios * old);
66   void            (* set_ldisc)(struct uart_port * , struct ktermios * );
67   void            (* pm)(struct uart_port * , unsigned int state,
68                   unsigned int oldstate);
69
70   /*
71    * Return a string describing the type of the port
```

```
72    */
73  const char   *(*type)(struct uart_port *);
74
75  /*
76   * Release IO and memory resources used by the port.
77   * This includes iounmap if necessary.
78   */
79  void        (*release_port)(struct uart_port *);
80
81  /*
82   * Request IO and memory resources used by the port.
83   * This includes iomapping the port if necessary.
84   */
85  int    (*request_port)(struct uart_port *);
86  void        (*config_port)(struct uart_port *, int);
87  int    (*verify_port)(struct uart_port *, struct serial_struct *);
88  int    (*ioctl)(struct uart_port *, unsigned int, unsigned long);
89  #ifdef CONFIG_CONSOLE_POLL
90  int    (*poll_init)(struct uart_port *);
91  void        (*poll_put_char)(struct uart_port *, unsigned char);
92  int    (*poll_get_char)(struct uart_port *);
93  #endif
94  };
```

UART 驱动编写人员需要实现 uart_ops,因为 uart_ops 是最底层的 UART 驱动接口,是实实在在地和 UART 寄存器打交道的。关于 uart_ops 结构体中的这些函数的具体含义请参考 Documentation/serial/driver 这个文档。

UART 驱动框架大概就是这些,接下来理论联系实际,看一下 NXP 官方的 UART 驱动文件是如何编写的。

25.2 I.MX6U UART 驱动分析

1. UART 的 platform 驱动框架
打开 imx6ull.dtsi 文件,找到 UART3 对应的子节点,子节点内容如下所示:

示例代码 25-4 UART3 设备节点
```
1  uart3: serial@021ec000 {
2          compatible = "fsl,imx6ul-uart",
3                      "fsl,imx6q-uart", "fsl,imx21-uart";
4          reg = <0x021ec000 0x4000>;
5          interrupts = <GIC_SPI 28 IRQ_TYPE_LEVEL_HIGH>;
6          clocks = <&clks IMX6UL_CLK_UART3_IPG>,
7                  <&clks IMX6UL_CLK_UART3_SERIAL>;
8          clock-names = "ipg", "per";
9          dmas = <&sdma 29 4 0>, <&sdma 30 4 0>;
10         dma-names = "rx", "tx";
11         status = "disabled";
12  };
```

重点看一下第 2 行和第 3 行的 compatible 属性,这里一共有 3 个值: "fsl,imx6ul-uart"、"fsl,
imx6q-uar"和"fsl,imx21-uart"。在 Linux 源码中搜索这 3 个值即可找到对应的 UART 驱动文件,
此文件为 drivers/tty/serial/imx.c,在此文件中可以找到如下内容:

```
                          示例代码 25-5　UART platform 驱动框架
267 static struct platform_device_id imx_uart_devtype[] = {
268     {
269         .name = "imx1 - uart",
270         .driver_data = (kernel_ulong_t) &imx_uart_devdata[IMX1_UART],
271     }, {
272         .name = "imx21 - uart",
273         .driver_data = (kernel_ulong_t)
                            &imx_uart_devdata[IMX21_UART],
274     }, {
275         .name = "imx6q - uart",
276         .driver_data = (kernel_ulong_t)
                        &imx_uart_devdata[IMX6Q_UART],
277     }, {
278         /* sentinel */
279     }
280 };
281 MODULE_DEVICE_TABLE(platform, imx_uart_devtype);
282
283 static const struct of_device_id imx_uart_dt_ids[] = {
284     { .compatible = "fsl,imx6q - uart",.data =
                            &imx_uart_devdata[IMX6Q_UART], },
285     { .compatible = "fsl,imx1 - uart", .data = &imx_uart_devdata[IMX1_UART], },
286     { .compatible = "fsl,imx21 - uart", .data = &imx_uart_devdata[IMX21_UART], },
287     { /* sentinel */ }
288 };
...
2071 static struct platform_driver serial_imx_driver = {
2072     .probe      = serial_imx_probe,
2073     .remove     = serial_imx_remove,
2074
2075     .suspend    = serial_imx_suspend,
2076     .resume     = serial_imx_resume,
2077     .id_table   = imx_uart_devtype,
2078     .driver     = {
2079         .name   = "imx - uart",
2080         .of_match_table = imx_uart_dt_ids,
2081     },
2082 };
2083
2084 static int __init imx_serial_init(void)
2085 {
2086     int ret = uart_register_driver(&imx_reg);
2087
2088     if (ret)
2089         return ret;
2090
```

```
2091     ret = platform_driver_register(&serial_imx_driver);
2092     if (ret != 0)
2093         uart_unregister_driver(&imx_reg);
2094
2095     return ret;
2096 }
2097
2098 static void __exit imx_serial_exit(void)
2099 {
2100     platform_driver_unregister(&serial_imx_driver);
2101     uart_unregister_driver(&imx_reg);
2102 }
2103
2104 module_init(imx_serial_init);
2105 module_exit(imx_serial_exit);
```

可以看出 I.MX6U 的 UART 本质上是一个 platform 驱动,第 267～280 行,imx_uart_devtype 为传统匹配表。

第 283～288 行,设备树所使用的匹配表,第 284 行的 compatible 属性值为"fsl,imx6q-uart"。

第 2071～2082 行,platform 驱动框架结构体 serial_imx_driver。

第 2084～2096 行,驱动入口函数,第 2086 行调用 uart_register_driver()函数向 Linux 内核注册 uart_driver,在这里就是 imx_reg。

第 2098～2102 行,驱动出口函数,第 2101 行调用 uart_unregister_driver()函数注销掉前面注册的 uart_driver,也就是 imx_reg。

2. uart_driver 初始化

在 imx_serial_init()函数中向 Linux 内核注册了 imx_reg,imx_reg 就是 uart_driver 类型的结构体变量。imx_reg 定义如下:

示例代码 25-6   imx_reg 结构体变量

```
1836 static struct uart_driver imx_reg = {
1837     .owner              = THIS_MODULE,
1838     .driver_name        = DRIVER_NAME,
1839     .dev_name           = DEV_NAME,
1840     .major              = SERIAL_IMX_MAJOR,
1841     .minor              = MINOR_START,
1842     .nr                 = ARRAY_SIZE(imx_ports),
1843     .cons               = IMX_CONSOLE,
1844 };
```

3. uart_port 初始化与添加

当 UART 设备和驱动匹配成功以后 serial_imx_probe()函数就会执行,此函数的重点工作就是初始化 uart_port,然后将其添加到对应的 uart_driver 中。在看 serial_imx_probe()函数之前先来看一下 imx_port 结构体,imx_port 是 NXP 为 I.MX 系列 SOC 定义的一个设备结构体,此结构体内部就包含了 uart_port 成员变量,imx_port 结构体内容如下所示(有省略):

示例代码 25-7   imx_port 结构体

```
216 struct imx_port {
```

```
217     struct uart_port        port;
218     struct timer_list       timer;
219     unsigned int            old_status;
220     unsigned int            have_rtscts:1;
221     unsigned int            dte_mode:1;
222     unsigned int            irda_inv_rx:1;
223     unsigned int            irda_inv_tx:1;
224     unsigned short          trcv_delay; /* transceiver delay */
...
243     unsigned long           flags;
245 };
```

第 217 行，uart_port 成员变量 port。

接下来看一下 serial_imx_probe()函数，函数内容如下：

示例代码 25-8　serial_imx_probe()函数

```
1969 static int serial_imx_probe(struct platform_device * pdev)
1970 {
1971     struct imx_port * sport;
1972     void __iomem * base;
1973     int ret = 0;
1974     struct resource * res;
1975     int txirq, rxirq, rtsirq;
1976
1977     sport = devm_kzalloc(&pdev -> dev, sizeof( * sport), GFP_KERNEL);
1978     if (! sport)
1979         return - ENOMEM;
1980
1981     ret = serial_imx_probe_dt(sport, pdev);
1982     if (ret > 0)
1983         serial_imx_probe_pdata(sport, pdev);
1984     else if (ret < 0)
1985         return ret;
1986
1987     res = platform_get_resource(pdev, IORESOURCE_MEM, 0);
1988     base = devm_ioremap_resource(&pdev -> dev, res);
1989     if (IS_ERR(base))
1990         return PTR_ERR(base);
1991
1992     rxirq = platform_get_irq(pdev, 0);
1993     txirq = platform_get_irq(pdev, 1);
1994     rtsirq = platform_get_irq(pdev, 2);
1995
1996     sport -> port.dev = &pdev -> dev;
1997     sport -> port.mapbase = res -> start;
1998     sport -> port.membase = base;
1999     sport -> port.type = PORT_IMX,
2000     sport -> port.iotype = UPIO_MEM;
2001     sport -> port.irq = rxirq;
2002     sport -> port.fifosize = 32;
2003     sport -> port.ops = &imx_pops;
```

```
2004    sport->port.rs485_config = imx_rs485_config;
2005    sport->port.rs485.flags =
2006        SER_RS485_RTS_ON_SEND | SER_RS485_RX_DURING_TX;
2007    sport->port.flags = UPF_BOOT_AUTOCONF;
2008    init_timer(&sport->timer);
2009    sport->timer.function = imx_timeout;
2010    sport->timer.data      = (unsigned long)sport;
2011
2012    sport->clk_ipg = devm_clk_get(&pdev->dev, "ipg");
2013    if (IS_ERR(sport->clk_ipg)) {
2014        ret = PTR_ERR(sport->clk_ipg);
2015        dev_err(&pdev->dev, "failed to get ipg clk: %d\n", ret);
2016        return ret;
2017    }
2018
2019    sport->clk_per = devm_clk_get(&pdev->dev, "per");
2020    if (IS_ERR(sport->clk_per)) {
2021        ret = PTR_ERR(sport->clk_per);
2022        dev_err(&pdev->dev, "failed to get per clk: %d\n", ret);
2023        return ret;
2024    }
2025
2026    sport->port.uartclk = clk_get_rate(sport->clk_per);
2027    if (sport->port.uartclk > IMX_MODULE_MAX_CLK_RATE) {
2028        ret = clk_set_rate(sport->clk_per, IMX_MODULE_MAX_CLK_RATE);
2029        if (ret < 0) {
2030            dev_err(&pdev->dev, "clk_set_rate() failed\n");
2031            return ret;
2032        }
2033    }
2034    sport->port.uartclk = clk_get_rate(sport->clk_per);
2035
2036    /*
2037     * Allocate the IRQ(s) i.MX1 has three interrupts whereas later
2038     * chips only have one interrupt.
2039     */
2040    if (txirq > 0) {
2041        ret = devm_request_irq(&pdev->dev, rxirq, imx_rxint, 0,
2042                        dev_name(&pdev->dev), sport);
2043        if (ret)
2044            return ret;
2045
2046        ret = devm_request_irq(&pdev->dev, txirq, imx_txint, 0,
2047                        dev_name(&pdev->dev), sport);
2048        if (ret)
2049            return ret;
2050    } else {
2051        ret = devm_request_irq(&pdev->dev, rxirq, imx_int, 0,
2052                        dev_name(&pdev->dev), sport);
2053        if (ret)
2054            return ret;
2055    }
```

```
2056
2057     imx_ports[sport->port.line] = sport;
2058
2059     platform_set_drvdata(pdev, sport);
2060
2061     return uart_add_one_port(&imx_reg, &sport->port);
2062 }
```

第1971行,定义一个imx_port类型的结构体指针变量sport。

第1977行,为sport申请内存。

第1987行和第1988行,从设备树中获取I.MX系列SOC UART外设寄存器首地址,对于I.MX6ULL的UART3来说就是0x021EC000。得到寄存器首地址以后对其进行内存映射,得到对应的虚拟地址。

第1992~1994行,获取中断信息。

第1996~2034行,初始化sport,我们重点关注的就是第2003行初始化sport的port成员变量,也就是设置uart_ops为imx_pops,imx_pops就是I.MX6ULL最底层的驱动函数集合,稍后再来看。

第2040~2055行,申请中断。

第2061行,使用uart_add_one_port()向uart_driver添加uart_port,在这里就是向imx_reg添加sport->port。

4. imx_pops结构体变量

imx_pops就是uart_ops类型的结构体变量,保存了I.MX6ULL串口最底层的操作函数。imx_pops定义如下:

示例代码25-9 imx_pops结构体

```
1611 static struct uart_ops imx_pops = {
1612     .tx_empty      = imx_tx_empty,
1613     .set_mctrl     = imx_set_mctrl,
1614     .get_mctrl     = imx_get_mctrl,
1615     .stop_tx       = imx_stop_tx,
1616     .start_tx      = imx_start_tx,
1617     .stop_rx       = imx_stop_rx,
1618     .enable_ms     = imx_enable_ms,
1619     .break_ctl     = imx_break_ctl,
1620     .startup       = imx_startup,
1621     .shutdown      = imx_shutdown,
1622     .flush_buffer  = imx_flush_buffer,
1623     .set_termios   = imx_set_termios,
1624     .type          = imx_type,
1625     .config_port   = imx_config_port,
1626     .verify_port   = imx_verify_port,
1627 #if defined(CONFIG_CONSOLE_POLL)
1628     .poll_init     = imx_poll_init,
1629     .poll_get_char = imx_poll_get_char,
1630     .poll_put_char = imx_poll_put_char,
1631 #endif
1632 };
```

imx_pops 中的函数基本都是和 I. MX6ULL 的 UART 寄存器打交道的,这里就不去详细分析了。简单地了解了 I. MX6U 的 UART 驱动以后再来学习如何驱动正点原子 I. MX6U-ALPHA 开发板上的 UART3 接口。

25.3　硬件原理图分析

本实验要用到的 I. MX6U 的 UART3 接口,I. MX6U-ALPHA 开发板上 RS232、RS485 和 GPS 这 3 个接口都连接到了 UART3 上。下面依次来看一下这 3 个模块的原理图。

1. RS232 原理图

RS232 原理图如图 25-1 所示。

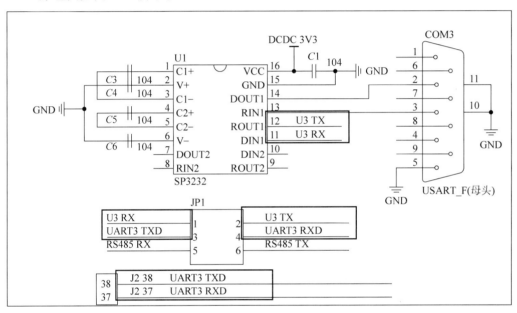

图 25-1　RS232 原理图

从图 25-1 可以看出,RS232 电平通过 SP3232 这个芯片来实现,RS232 连接到了 I. MX6U 的 UART3 接口上,但是要通过 JP1 这个跳线帽设置。把 JP1 的 1-3 和 2-4 连接起来以后 SP3232 就和 UART3 连接到了一起。

2. RS485 原理图

RS485 原理图如图 25-2 所示。

RS485 采用 SP3485 实现,RO 为数据输出端,RI 为数据输入端,RE 是接收使能信号(低电平有效),DE 是发送使能信号(高电平有效)。在图 25-2 中,RE 和 DE 经过一系列的电路,最终通过 RS485_RX 来控制,这样可以省掉一个 RS485 收发控制 I/O,将 RS485 完全当作一个串口来使用,方便我们编写驱动。

3. GPS 原理图

正点原子有一款 GPS＋北斗定位模块,型号为 ATK1218-BD,I. MX6U-ALPHA 开发板留出了这款 GPS 定位模块的接口,接口原理图如图 25-3 所示。

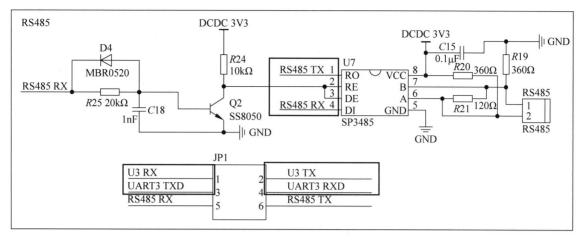

图 25-2 RS485 原理图

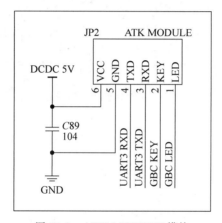

图 25-3 ATK MODULE 模块

从图 25-3 可以看出,GPS 模块用的也是 UART3,因此 UART3 驱动成功以后就可以直接读取 GPS 模块数据了。

25.4 RS232 驱动编写

前面我们已经说过了,I. MX6U 的 UART 驱动 NXP 已经编写好了,不需要我们自己编写。我们要做的就是在设备树中添加 UART3 对应的设备节点。打开 imx6ull-alientek-emmc. dts 文件,在此文件中只有 UART1 对应的 uart1 节点,并没有 UART3 对应的节点,因此可以参考 uart1 节点创建 uart3 节点。

1. UART3 I/O 节点创建

UART3 用到了 UART3_TXD 和 UART3_RXD 这两个 I/O,因此要先在 iomuxc 中创建 UART3 对应的 pinctrl 子节点,在 iomuxc 中添加如下内容:

示例代码 25-10　UART3 引脚 pinctrl 节点

```
1 pinctrl_uart3: uart3grp {
2     fsl,pins = <
3         MX6UL_PAD_UART3_TX_DATA__UART3_DCE_TX        0X1b0b1
4         MX6UL_PAD_UART3_RX_DATA__UART3_DCE_RX        0X1b0b1
5     >;
6 };
```

最后检查一下 UART3_TX 和 UART3_RX 这两个引脚有没有被用作他用,如果有则要将其屏蔽掉,保证这两个 I/O 只用作 UART3。切记。

2. 添加 UART3 节点

默认情况下 imx6ull-alientek-emmc. dts 中只有 uart1 和 uart2 这两个节点,如图 25-4 所示。

```
789 &uart1 {
790     pinctrl-names = "default";
791     pinctrl-0 = <&pinctrl_uart1>;
792     status = "okay";
793 };
794
795 &uart2 {
796     pinctrl-names = "default";
797     pinctrl-0 = <&pinctrl_uart2>;
798     fsl,uart-has-rtscts;
799     /* for DTE mode, add below change */
800     /* fsl,dte-mode; */
801     /* pinctrl-0 = <&pinctrl_uart2dte>; */
802     status = "okay";
803 };
```

图 25-4　uart1 和 uart2 节点

uart1 是 UART1 的 I/O,在正点原子的 I. MX6U-ALPHA 开发板上没有用到 UART2,而且 UART2 默认用到了 UART3 的 I/O,因此需要将 uart2 这个节点删除掉,然后加上 UART3 对应的 uart3,uart3 节点内容如下:

示例代码 25-11　UART3 对应的 uart3 节点

```
1 &uart3 {
2     pinctrl - names = "default";
3     pinctrl - 0 = < &pinctrl_uart3 >;
4     status = "okay";
5 };
```

完成以后重新编译设备树并使用新的设备树启动 Linux,如果设备树修改成功,那么系统启动以后就会生成一个名为/dev/ttymxc2 的设备文件,ttymxc2 就是 UART3 对应的设备文件,应用程序可以通过访问 ttymxc2 来实现对 UART3 的操作。

25.5　移植 minicom

minicom 类似于我们常用的串口调试助手,是 Linux 下很常用的一个串口工具。将 minicom 移植到我们的开发板中,这样就可以借助 minicom 对串口进行读写操作。

1. 移植 ncurses

minicom 需要用到 ncurses,因此需要先移植 ncurses。如果前面已经移植好了 ncurses,那么这里就不需要再次移植了,只需要在编译 minicom 的时候指定 ncurses 库和头文件目录即可。

首先在 Ubuntu 中创建一个目录来存放我们要移植的文件,比如笔者在自己 Ubuntu 系统中的/home/zuozhongkai/linux/IMX6ULL 目录下创建了一个名为 tool 的目录来存放所有的移植文件。然后下载 ncurses 源码,我们已经将 ncurses 源码放到了资料包中,路径为"1、例程源码→7、第三方库源码→ncurses-6.0.tar.gz",将 ncurses-6.0.tar.gz 复制到 Ubuntu 中创建的 tool 目录下,然后进行解压,解压命令如下:

```
tar -vxzf ncurses-6.0.tar.gz
```

解压完成以后就会生成一个名为 ncurses-6.0 的文件夹,此文件夹就是 ncureses 的源码文件夹。在 tool 目录下新建名为 ncurses 的文件夹,用于保存 ncurses 编译结果,一切准备就绪以后就可以编译 ncureses 库了。进入到 ncureses 源码目录下,也就是刚刚解压出来的 ncurses-6.0 目录中,首先是配置 ncureses,输入如下命令:

```
./configure --prefix=/home/zuozhongkai/linux/IMX6ULL/tool/ncurses --host=arm-linux-gnueabihf --target=arm-linux-gnueabihf --with-shared --without-profile --disable-stripping --without-progs --with-manpages --without-tests
```

configure 就是配置脚本,--prefix 用于指定编译结果的保存目录,这里肯定将编译结果保存到我们前面创建的 ncurses 目录中。--host 用于指定编译器前缀,这里设置为 arm-linux-gnueabihf,--target 用于指定目标,这里也设置为 arm-linux-gnueabihf。配置命令写好以后按回车键,等待配置完成,配置成功以后如图 25-5 所示。

```
** Configuration summary for NCURSES 6.0 20150808:

       extended funcs: yes
       xterm terminfo: xterm-new

       bin directory: /home/zuozhongkai/linux/IMX6ULL/tool/ncurses/bin
       lib directory: /home/zuozhongkai/linux/IMX6ULL/tool/ncurses/lib
   include directory: /home/zuozhongkai/linux/IMX6ULL/tool/ncurses/include/ncurses
       man directory: /home/zuozhongkai/linux/IMX6ULL/tool/ncurses/share/man
  terminfo directory: /home/zuozhongkai/linux/IMX6ULL/tool/ncurses/share/terminfo

** Include-directory is not in a standard location
zuozhongkai@ubuntu:~/linux/IMX6ULL/tool/ncurses-6.0$ ls
```

图 25-5　配置成功

配置成功以后输入 make 命令开始编译,编译成功以后如图 25-6 所示。

```
make[1]: Leaving directory '/home/zuozhongkai/linux/IMX6ULL/tool/ncurses-6.0/test'
cd misc && make DESTDIR="" RPATH_LIST="/home/zuozhongkai/linux/IMX6ULL/tool/ncurses/lib" all
make[1]: Entering directory '/home/zuozhongkai/linux/IMX6ULL/tool/ncurses-6.0/misc'
make[1]: Nothing to be done for 'all'.
make[1]: Leaving directory '/home/zuozhongkai/linux/IMX6ULL/tool/ncurses-6.0/misc'
cd c++ && make DESTDIR="" RPATH_LIST="/home/zuozhongkai/linux/IMX6ULL/tool/ncurses/lib" all
make[1]: Entering directory '/home/zuozhongkai/linux/IMX6ULL/tool/ncurses-6.0/c++'
arm-linux-gnueabihf-g++  -o demo ../obj_s/demo.o -L../lib -lncurses++ -L../lib -lform -lmenu -lpanel
-lncurses  -lutil  -Wl,-rpath,/home/zuozhongkai/linux/IMX6ULL/tool/ncurses-6.0/lib -lstdc++ -DHAVE_
CONFIG_H -I. -I../include  -D_GNU_SOURCE -D_FILE_OFFSET_BITS=64  -DNDEBUG -O2  -fPIC
make[1]: Leaving directory '/home/zuozhongkai/linux/IMX6ULL/tool/ncurses-6.0/c++'
zuozhongkai@ubuntu:~/linux/IMX6ULL/tool/ncurses-6.0$
```

图 25-6　编译成功

编译成功以后输入"make install"命令安装,安装的意思就是将编译出来的结果复制到--pfefix 指定的目录中。安装成功以后如图 25-7 所示。

安装成功以后查看一下前面创建的 ncurses 目录,会发现里面多了一些东西,如图 25-8 所示。

```
arm-linux-gnueabihf-ranlib /home/zuozhongkai/linux/IMX6ULL/tool/ncurses/lib/libncurses++_g.a
installing ./cursesapp.h in /home/zuozhongkai/linux/IMX6ULL/tool/ncurses/include/ncurses
installing ./cursesf.h in /home/zuozhongkai/linux/IMX6ULL/tool/ncurses/include/ncurses
installing ./cursesm.h in /home/zuozhongkai/linux/IMX6ULL/tool/ncurses/include/ncurses
installing ./cursesp.h in /home/zuozhongkai/linux/IMX6ULL/tool/ncurses/include/ncurses
installing ./cursesw.h in /home/zuozhongkai/linux/IMX6ULL/tool/ncurses/include/ncurses
installing ./cursslk.h in /home/zuozhongkai/linux/IMX6ULL/tool/ncurses/include/ncurses
installing etip.h in /home/zuozhongkai/linux/IMX6ULL/tool/ncurses/include/ncurses
make[1]: Leaving directory '/home/zuozhongkai/linux/IMX6ULL/tool/ncurses-6.0/c++'
zuozhongkai@ubuntu:~/linux/IMX6ULL/tool/ncurses-6.0$
```

图 25-7　安装成功

```
zuozhongkai@ubuntu:~/linux/IMX6ULL/tool/ncurses$ ls
bin include lib share
zuozhongkai@ubuntu:~/linux/IMX6ULL/tool/ncurses$
```

图 25-8　编译出来的结果

我们需要将图 25-8 中 include、lib 和 share 这 3 个目录中存放的文件分别复制到开发板根文件系统中的/usr/include、/usr/lib 和/usr/share 这 3 个目录下，如果哪个目录不存在，请自行创建。复制命令如下：

```
sudo cp lib/* /home/zuozhongkai/linux/nfs/rootfs/usr/lib/ -rfa
sudo cp share/* /home/zuozhongkai/linux/nfs/rootfs/usr/share/ -rfa
sudo cp include/* /home/zuozhongkai/linux/nfs/rootfs/usr/include/ -rfa
```

然后在开发板根目录的/etc/profile(没有的话自己创建一个)文件中添加如下所示内容：

示例代码 25-12　/etc/profile 文件

```
1 #!/bin/sh
2 LD_LIBRARY_PATH = /lib:/usr/lib: $ LD_LIBRARY_PATH
3 export LD_LIBRARY_PATH
4
5 export TERM = vt100
6 export TERMINFO = /usr/share/terminfo
```

2. 移植 minicom

继续移植 minicom，获取 minicom 源码，我们已经放到了资料包中，路径为"1、例程源码→7、第三方库源码→minicom-2.7.1.tar.gz"。将 minicom-2.7.1.tar.gz 复制到 Ubuntu 中的/home/zuozhongkai/linux/IMX6ULL/tool 目录下，然后在 tool 目录下新建一个名为 minicom 的子目录，用于存放 minicom 编译结果。一切准备好以后就可以编译 minicom 了，先解压 minicom，命令如下：

```
tar -vxzf minicom-2.7.1.tar.gz
```

解压完成以后会生成一个叫作 minicom-2.7.1 的文件夹，这个就是 minicom 的源码，进入到此目录中，然后配置 minicom，配置命令如下：

```
cd minicom-2.7.1/        //进入 minicom 源码目录
./configure CC = arm-linux-gnueabihf-gcc --prefix = /home/zuozhongkai/linux/IMX6ULL/tool/
minicom --host = arm-linux-gnueabihf CPPFLAGS = -I/home/zuozhongkai/linux/IMX6ULL/tool/
ncurses/include   LDFLAGS = -L/home/zuozhongkai/linux/IMX6ULL/tool/ncurses/lib --enable-cfg-
dir = /etc/minicom        //配置
```

CC 表示要使用的 gcc 交叉编译器，--prefix 指定编译出来的文件存放目录，肯定要存放到我们前面创建的 minicom 目录中。--host 指定交叉编译器前缀，CPPFLAGS 指定 ncurses 的头文件路径，LDFLAGS 指定 ncurses 的库路径。

若配置成功，则出现如图 25-9 所示界面。

```
config.status: creating lib/Makefile
config.status: creating src/Makefile
config.status: creating po/Makefile.in
config.status: creating minicom.spec
config.status: creating config.h
config.status: executing depfiles commands
config.status: executing po-directories commands
config.status: creating po/POTFILES
config.status: creating po/Makefile
zuozhongkai@ubuntu:~/linux/IMX6ULL/tool/minicom-2.7.1$
```

图 25-9　配置成功

配置成功以后执行如下命令编译并安装：

```
make
make install
```

编译安装完成以后，前面创建的 minicom 目录内容如图 25-10 所示。

```
zuozhongkai@ubuntu:~/linux/IMX6ULL/tool/minicom$ ls
bin  share
zuozhongkai@ubuntu:~/linux/IMX6ULL/tool/minicom$
```

图 25-10　minicom 安装编译结果

将 minicom 目录中 bin 子目录下的所有文件复制到开发板根目录中的/usr/bin 目录下，命令如下：

```
sudo cp bin/* /home/zuozhongkai/linux/nfs/rootfs/usr/bin/
```

完成以后在开发板中输入"minicom -v"来查看 minicom 工作是否正常，结果如图 25-11 所示。

```
/lib/modules/4.1.15 # minicom -v
minicom version 2.7.1 (compiled Sep 13 2019)
Copyright (C) Miquel van Smoorenburg.

This program is free software; you can redistribute it and/or
modify it under the terms of the GNU General Public License
as published by the Free Software Foundation; either version
2 of the License, or (at your option) any later version.

/lib/modules/4.1.15 #
```

图 25-11　minicom 版本号

从图 25-11 可以看出，此时 minicom 版本号为 2.7.1，minicom 版本号查看正常。输入如下命令打开 minicom 配置界面：

```
minicom - s
```

结果是打不开 minicom 配置界面，提示如图 25-12 所示信息。

```
/ # minicom -s
You don't exist. Go away.
/ #
```

图 25-12　minicom 打开失败

从图 25-12 可以看出，minicom 打开失败。解决方法很简单，新建/etc/passwd 文件，然后在

原子嵌入式Linux驱动开发详解与实战(ARM Linux驱动)

passwd 文件中输入如下所示内容：

示例代码25-13　/etc/passwd 文件
```
1 root:x:0:0:root:/root:/bin/sh
```

完成以后重启开发板。

开发板重启以后再执行"minicom -s"命令,此时 minicom 配置界面就可以打开了,如图 25-13 所示。

如果能出现图 25-13 所示界面,那么就说明 minicom 工作正常了。

图 25-13　minicom 配置界面

25.6　RS232 驱动测试

25.6.1　RS232 连接设置

在测试之前要先将 I.MX6U-ALPHA 开发板的 RS232 与计算机连接起来,首先设置 JP1 跳线帽,如图 25-14 所示。

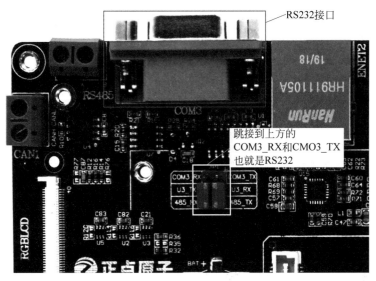

图 25-14　UART3 跳线帽设置

跳线帽设置好以后使用 RS232 线将开发板与计算机连接起来,这里建议使用 USB 转 DB9（RS232）数据线,比如正点原子的 CH340 方案的 USB 转公头 DB9 数据线,如图 25-15 所示。

图 25-15 中所示的数据线是带有 CH340 芯片的,因此当连接到计算机以后就会出现一个 COM 口,这个 COM 口就是我们要使用的 COM 口。比如在作者的计算机上就是 COM5,在 MobaXterm 上新建一个连接,串口为 COM5,波特率为 115200bps。

图 25-15　USB 转 DB9 数据线

25.6.2　minicom 设置

在开发板中输入"minicom -s",打开 minicom 配置界面,然后选中"Serial port setup",如图 25-16 所示。

选中"Serial port setup"以后按回车键,进入设置菜单,如图 25-17 所示。

图 25-16　选中串口设置项

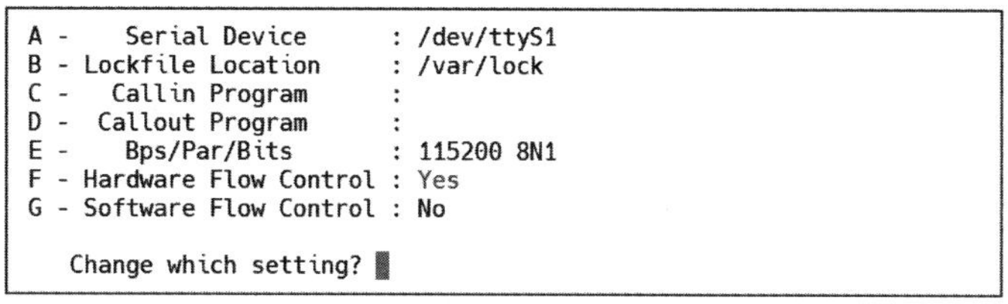

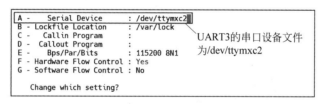

图 25-17　串口设置项

图 25-17 中有 7 个设置项目,分别对应 A、B、⋯⋯、G,比如第一个是选中串口,UART3 的串口文件为/dev/ttymxc2,因此串口设备要设置为/dev/ttymxc2。设置方法就是按下键盘上的 A 键,然后输入/dev/ttymxc2 即可,如图 25-18 所示。

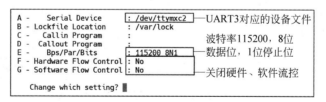

图 25-18　串口设备文件设置

设置完以后按下回车键确认,确认完以后就可以设置其他的配置项。比如 E 设置波特率、数据位和停止位的、F 设置硬件流控的,设置方法都一样,设置完以后如图 25-19 所示。

图 25-19　UART3 设置

都设置完成以后按回车键确认并退出,这时候会退回到如图 25-16 所示的界面,再按下 Esc 键退出如图 25-16 所示的配置界面,退出以后如图 25-20 所示。

图 25-20 就是我们的串口调试界面,可以看出当前的串口文件为/dev/ttymxc2,按下 Ctrl+A 组合键,然后再按下 Z 键就可以打开 minicom 的帮助信息界面,如图 25-21 所示。

从图 25-21 可以看出,minicom 有很多快捷键,本实验打开 minicom 的回显功能,回显功能配置项为"local Echo on/off..E",因此按下 E 键即可打开/关闭回显功能。

```
Welcome to minicom 2.7.1

OPTIONS: I18n
Compiled on Sep 13 2019, 22:31:25.
Port /dev/ttymxc2

Press CTRL-A Z for help on special keys

█
```

图 25-20   minicom 串口界面

```
                    Minicom Command Summary

             Commands can be called by CTRL-A <key>


                Main Functions              Other Functions

Dialing directory..D  run script (Go)....G | Clear Screen.......C
Send files.........S  Receive files......R | cOnfigure Minicom..O
comm Parameters....P  Add linefeed.......A | Suspend minicom....J
Capture on/off.....L  Hangup.............H | eXit and reset.....X
send break.........F  initialize Modem...M | Quit with no reset.Q
Terminal settings..T  run Kermit.........K | Cursor key mode....I
lineWrap on/off....W  local Echo on/off..E | Help screen........Z
Paste file.........Y  Timestamp toggle...N | scroll Back........B
Add Carriage Ret...U

             Select function or press Enter for none.█
```

图 25-21   minicom 帮助信息界面

25.6.3   RS232 收发测试

1．发送测试

首先测试开发板通过 UART3 向计算机发送数据的功能，需要打开 minicom 的回显功能(不打开也可以，但是在 minicom 中看不到自己输入的内容)，回显功能打开以后输入"AAAA"，如图 25-22 所示。

```
Welcome to minicom 2.7.1

OPTIONS: I18n
Compiled on Sep 13 2019, 22:31:25.
Port /dev/ttymxc2, 01:55:57

Press CTRL-A Z for help on special keys
AAAA█——输入"AAAA"，只有打开minicom的回显功能才能显示出来
```

图 25-22   通过 UART3 向计算机发送"AAAA"

图 25-22 中的"AAAA"相当于开发板通过 UART3 向计算机发送"AAAA"，那么计算机就会接收到"AAAA"，MobaXterm 收到的数据如图 25-23 所示。

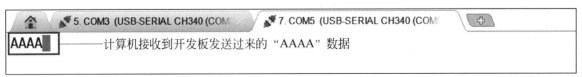

图 25-23   计算机接收到开发板发送过来的数据

可以看出，开发板通过 UART3 向计算机发送数据正常，接下来测试开发板的数据接收功能。

2. 接收测试

接下来测试开发板的 UART3 接收功能，同样，由于笔者没有找到如何打开 MobaXterm 的回显，所以当我们在 COM5 上输入字符以后并不会显示出来，不利于观察，但是开发板可以接收到我们在 COM5 上输入的字符。比如，这里我们输入"123456"，此时开发板接收到的数据如图 25-24 所示。

```
Welcome to minicom 2.7.1

OPTIONS: I18n
Compiled on Sep 13 2019, 22:31:25.
Port /dev/ttymxc2, 01:59:16

Press CTRL-A Z for help on special keys

AAAA123456█ ——开发板接收到计算机发送过来的 "123456"
```

图 25-24　开发板接收到计算机发送过来的数据

UART3 收发测试都没有问题，说明 UART3 驱动工作正常。如果要退出 minicom，则在 minicom 通信界面按下 Ctrl＋A 组合键，然后按下 X 键即可。关于 minicom 的使用这里仅做了简单介绍，大家可以在网上查找更加详细的 minicom 使用教程。

25.7　RS485 测试

前面已经说过了，I.MX6U-ALPHA 开发板上的 RS485 接口连接到了 UART3 上，因此本质上就是一个串口。在 RS232 实验中我们已经将 UART3 的驱动编写好了，所以 RS485 实验就不再需要编写任何驱动程序，可以直接使用 minicom 来进行测试。

25.7.1　RS485 连接设置

首先是设置 JP1 跳线帽，将 UART3 连接到 RS485 接口上，如图 25-25 所示。

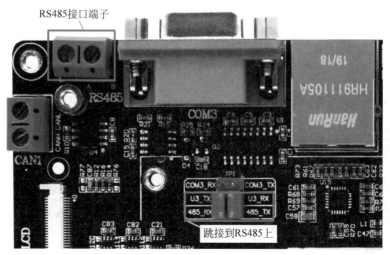

图 25-25　RS485 接口设置

一个板子是不能进行 RS485 通信测试的,还需要另一个 RS485 设备,比如另外一块 I. MX6U-ALPHA 开发板。这里推荐大家使用正点原子的 USB 三合一串口转换器,支持 USB 转 TTL、RS232 和 RS485,如图 25-26 所示。

图 25-26　正点原子的 USB 三合一串口转换器

使用杜邦线将 USB 串口转换器的 RS485 接口和 I. MX6U-ALPHA 开发板的 RS485 连接起来: A 接 A,B 接 B,不能接错了。连接完成以后如图 25-27 所示。

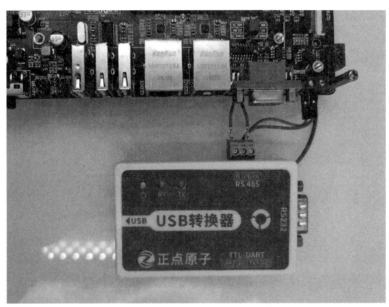

图 25-27　串口转换器和开发板 RS485 连接示意图

串口转换器通过 USB 线连接到计算机上,这里用的是 CH340 版本的,因此不需要安装驱动,如果使用的是 FT232 版本,则需要安装相应的驱动。连接成功以后计算机就会有相应的 COM 口,比如作者的计算机上就是 COM5,接下来就是测试。

25.7.2　RS485 收发测试

RS485 的测试和 RS232 一模一样。USB 多合一转换器的 COM 口为 5,因此使用 MobaXterm 创建一个 COM5 的连接。开发板使用 UART3,对应的串口设备文件为/dev/ttymxc2,因此开发板使用 minicom 创建一个/dev/ttymxc2 的串口连接。串口波特率都选择 115200bps,8 位数据位,1 位停止位,关闭硬件和软件流控。

1. RS485 发送测试

首先测试开发板通过 RS485 发送数据,设置好 minicom 以后,同样输入"AAAA",也就是通过 RS485 向计算机发送"AAAA"。如果 RS485 驱动工作正常,那么计算机就会接收到开发板发送过来的"AAAA"。

2. RS485 接收测试

接下来测试一下 RS485 数据接收。用计算机通过 RS485 向开发板发送"BBBB",然后观察

minicom 是否能接收到"BBBB"。

25.8 GPS 测试

25.8.1 GPS 连接设置

GPS 模块大部分都是串口输出的,这里以正点原子的 ATK1218-BD 模块为例,这是一款使用 GSP+北斗导航的定位模块,模块如图 25-28 所示。

首先要将 I. MX6U-ALPHA 开发板上的 JP1 跳线帽拔掉,不能连接 RS232 或 RS485,否则会干扰到 GSP 模块。UART3_TX 和 UART3_RX 已经连接到了开发板上的 ATK MODULE 上,直接将 ATK1218-BD 模块插到开发板上的 ATK MODULE 接口即可,开发板上的 ATK MODULE 接口是 6 脚的,而 ATK1218-BD 模块是 5 脚的,因此需要靠左插。然后 GPS 需要接上天线,天线的接收头一定要放到户外,因为室内一般是没有 GPS 信号的。连接完成以后如图 25-29 所示。

图 25-28 正点原子 ATK1218-BD 定位模块

图 25-29 GPS 模块连接示意图

25.8.2 GPS 数据接收测试

GPS 我们都是被动接收定位数据的,因此直接打开 minicom,设置好 GPS 对应的串口,比如

/dev/ttymxc2。串口参数根据所使用的具体 GPS 模块来，比如正点原子的 ATK1218-BD 模块串口
参数如下：

（1）波特率设置为 38400bps，因为正点原子的 ATK1218-BD 模块默认波特率就是 38400bps。

（2）8 位数据位，1 位停止位。

（3）关闭硬件和软件流控。

设置好以后如图 25-30 所示。

```
A -    Serial Device      : /dev/ttymxc2
B - Lockfile Location     : /var/lock
C -    Callin Program     :
D -    Callout Program    :
E -      Bps/Par/Bits     : 38400 8N1
F - Hardware Flow Control : No
G - Software Flow Control : No

    Change which setting? ▊
```

图 25-30　串口设置

设置好以后就可以静静地等待 GPS 数据输出，GPS 模块第一次启动可能需要几分钟搜星，等
搜到卫星以后才会有定位数据输出。搜到卫星以后 GPS 模块输出的定位数据如图 25-31 所示。

```
Welcome to minicom 2.7.1

OPTIONS: I18n
Compiled on Sep 13 2019, 22:31:25.
Port /dev/ttymxc2, 17:38:12
                                        模块输出的GPS定位数据
Press CTRL-A Z for help on special keys

$GNGGA,025044.000,2318.1206,N,11319.7449,E,1,04,3.6,31.2,M,-5.4,M,,0000*60
$GNGLL,2318.1206,N,11319.7449,E,025044.000,A,A*48
$GPGSA,A,3,16,31,09,26,,,,,,,,,4.2,3.6,2.1*3A
$GPGSV,2,1,06,16,65,325,30,26,45,025,34,31,34,076,29,08,23,197,09*7A
$GPGSV,2,2,06,32,14,149,14,09,07,322,28*75
$BDGSV,1,1,01,209,66,347,28*68
$GNRMC,025044.000,A,2318.1206,N,11319.7449,E,000.0,000.0,100322,,,A*7D
$GNVTG,000.0,T,,M,000.0,N,000.0,K,A*13
$GNZDA,025044.000,10,03,2022,00,00*4F
$GNGGA,025045.000,2318.1206,N,11319.7449,E,1,04,3.6,31.2,M,-5.4,M,,0000*61
$GNGLL,2318.1206,N,11319.7449,E,025045.000,A,A*49
```

图 25-31　GPS 数据

## 第26章

Linux多点电容触摸屏实验

触摸屏的使用场合越来越多,从手机、平板电脑到快递柜取货的屏幕等,到处都能看到触摸屏。触摸屏也从原来的电阻触摸屏发展到了很流行的电容触摸屏,我们在裸机实验中已经讲解了如何编写电容触摸屏驱动。本章就来学习如何在 Linux 下编写多点电容触摸屏驱动。

26.1　Linux 下电容触摸屏驱动框架简介

26.1.1　多点触摸协议详解

电容触摸屏驱动的基本原理我们已经在《原子嵌入式 Linux 驱动开发详解》的裸机实验中进行了详细的讲解,下面回顾一下几个重要的知识点:

(1) 电容触摸屏采用 I^2C 接口,需要触摸 IC,以正点原子的 ATK7016 屏幕为例,其所使用的触摸屏控制 IC 为 FT5426,因此所谓的电容触摸屏驱动就是 I^2C 设备驱动。

(2) 触摸 IC 提供了中断信号引脚(INT),可以通过中断来获取触摸信息。

(3) 电容触摸屏得到的是触摸位置绝对信息以及触摸屏是否有按下。

(4) 电容触摸屏不需要校准。当然了,这只是理论上的,如果电容触摸屏质量比较差,或者触摸玻璃和 TFT 之间没有完全对齐,那么也是需要校准的。

根据以上几个知识点,我们可以得出电容触摸屏驱动其实就是以下几种 Linux 驱动框架的组合:

(1) I^2C 设备驱动,因为电容触摸 IC 基本都是 I^2C 接口的,因此大框架就是 I^2C 设备驱动。

(2) 通过中断引脚(INT)向 Linux 内核上报触摸信息,因此需要用到 Linux 中断驱动框架。坐标的上报在中断服务函数中完成。

(3) 触摸屏的坐标信息、屏幕按下和抬起信息都属于 Linux 的 input 子系统,因此向 Linux 内核上报触摸屏坐标信息需要使用 input 子系统。必须按照 Linux 内核规定的规则来上报坐标信息。

经过简单的分析,我们发现 I^2C 驱动、中断驱动、input 子系统在前面都已经学过了,唯独没学过的就是 input 子系统下的多点电容触摸协议,这就是我们本章学习的重点。Linux 内核中有一份文档详细讲解了多点电容触摸屏协议,文档路径为 Documentation/input/multi-touch-protocol.txt。

老版本的 Linux 内核是不支持多点电容触摸的(Multi-Touch,MT)。MT 协议是后面加入的,因此如果使用 2.x 版本 Linux 内核的话可能找不到 MT 协议。MT 协议被分为两种类型:Type A 和 Type B,这两种类型的区别如下:

Type A——适用于触摸点不能被区分或者追踪,此类型的设备上报原始数据(此类型在实际使用中非常少见)。

Type B——适用于有硬件追踪并能区分触摸点的触摸设备,此类型设备通过 SLOT 更新某一个触摸点的信息,FT5426 就属于此类型,一般的多点电容触摸屏 IC 都有此能力。

触摸点的信息通过一系列的 ABS_MT 事件(有的资料也叫消息)上报给 Linux 内核,只有 ABS_MT 事件是用于多点触摸的。ABS_MT 事件定义在文件 include/uapi/linux/input.h 中,相关事件如下所示:

```
                              示例代码 26-1   ABS_MT 事件
852  #define ABS_MT_SLOT          0x2f  /* MT slot being modified */
853  #define ABS_MT_TOUCH_MAJOR   0x30  /* Major axis of touching ellipse */
854  #define ABS_MT_TOUCH_MINOR   0x31  /* Minor axis (omit if circular) */
855  #define ABS_MT_WIDTH_MAJOR   0x32  /* Major axis of approaching ellipse */
856  #define ABS_MT_WIDTH_MINOR   0x33  /* Minor axis (omit if circular) */
857  #define ABS_MT_ORIENTATION   0x34  /* Ellipse orientation */
858  #define ABS_MT_POSITION_X    0x35  /* Center X touch position */
859  #define ABS_MT_POSITION_Y    0x36  /* Center Y touch position */
860  #define ABS_MT_TOOL_TYPE     0x37  /* Type of touching device */
861  #define ABS_MT_BLOB_ID       0x38  /* Group a set of packets as a blob */
862  #define ABS_MT_TRACKING_ID   0x39  /* Unique ID of initiated contact */
863  #define ABS_MT_PRESSURE      0x3a  /* Pressure on contact area */
864  #define ABS_MT_DISTANCE      0x3b  /* Contact hover distance */
865  #define ABS_MT_TOOL_X        0x3c  /* Center X tool position */
866  #define ABS_MT_TOOL_Y        0x3d  /* Center Y tool position */
```

在上面这些 ABS_MT 事件中,最常用的就是 ABS_MT_SLOT、ABS_MT_POSITION_X、ABS_MT_POSITION_Y 和 ABS_MT_TRACKING_ID。其中 ABS_MT_POSITION_X 和 ABS_MT_POSITION_Y 用来上报触摸点的(X,Y)坐标信息,ABS_MT_SLOT 用来上报触摸点 ID,对于 Type B 类型的设备,需要用到 ABS_MT_TRACKING_ID 事件来区分触摸点。

对于 Type A 类型的设备,通过 input_mt_sync()函数来隔离不同的触摸点数据信息,此函数原型如下所示:

```
void input_mt_sync(struct input_dev * dev)
```

此函数只有一个参数,类型为 input_dev,用于指定具体的 input_dev 设备。input_mt_sync()函数会触发 SYN_MT_REPORT 事件,此事件会通知接收者获取当前触摸数据,并且准备接收下一个触摸点数据。

对于 Type B 类型的设备,上报触摸点信息的时候需要通过 input_mt_slot()函数区分是哪一个触摸点,input_mt_slot()函数原型如下所示:

```
void input_mt_slot(struct input_dev * dev, int slot)
```

此函数有两个参数：第一个参数是 input_dev 设备，第二个参数 slot 用于指定当前上报的是哪个触摸点信息。input_mt_slot() 函数会触发 ABS_MT_SLOT 事件，此事件会告诉接收者当前正在更新的是哪个触摸点的数据。

不管是哪个类型的设备，最终都要调用 input_sync() 函数来标识多点触摸信息传输完成，告诉接收者处理之前累积的所有消息，并且准备好下一次接收。Type B 和 Type A 相比最大的区别就是 Type B 可以区分出触摸点，因此可以减少发送到用户空间的数据。Type B 使用 SLOT 协议区分具体的触摸点，SLOT 需要用到 ABS_MT_TRACKING_ID 消息，这个 ID 需要硬件提供，或者通过原始数据计算出来。对于 Type A 设备，内核驱动需要一次性将触摸屏上所有的触摸点信息全部上报，每个触摸点的信息在本次上报事件流中的顺序不重要，因为事件的过滤和手指（触摸点）跟踪是在内核空间处理的。

Type B 设备驱动需要给每个识别出来的触摸点分配一个 SLOT，后面使用这个 SLOT 来上报触摸点信息。可以通过 SLOT 的 ABS_MT_TRACKING_ID 事件来新增、替换或删除触摸点。一个非负数的 ID 表示一个有效的触摸点，−1 这个 ID 表示未使用 SLOT。一个以前不存在的 ID 表示这是一个新加的触摸点，一个 ID 如果不存在了就表示被删除了。

有些设备识别或追踪的触摸点信息要比它上报的多，这些设备驱动应该给硬件上报的每个触摸点分配一个 Type B 的 SLOT。一旦检测到某一个 SLOT 关联的触摸点 ID 发生了变化，驱动就应该改变这个 SLOT 的 ABS_MT_TRACKING_ID，使这个 SLOT 失效。如果硬件设备追踪到了比它正在上报的还要多的触摸点，那么驱动程序应该发送 BTN_TOOL_ * TAP 消息，并且调用 input_mt_report_pointer_emulation() 函数，将此函数的第二个参数 use_count 设置为 false。

26.1.2　Type A 触摸点信息上报时序

对于 Type A 类型的设备，发送触摸点信息的时序如下所示（这里以 2 个触摸点为例）：

```
示例代码26-2　Type A 触摸点数据上报时序
1 ABS_MT_POSITION_X x[0]
2 ABS_MT_POSITION_Y y[0]
3 SYN_MT_REPORT
4 ABS_MT_POSITION_X x[1]
5 ABS_MT_POSITION_Y y[1]
6 SYN_MT_REPORT
7 SYN_REPORT
```

第 1 行，通过 ABS_MT_POSITION_X 事件上报第一个触摸点的 X 坐标数据，通过 input_report_abs() 函数实现，下面同理。

第 2 行，通过 ABS_MT_POSITION_Y 事件上报第一个触摸点的 Y 坐标数据。

第 3 行，上报 SYN_MT_REPORT 事件，通过调用 input_mt_sync() 函数来实现。

第 4 行，通过 ABS_MT_POSITION_X 事件上报第二个触摸点的 X 坐标数据。

第 5 行，通过 ABS_MT_POSITION_Y 事件上报第二个触摸点的 Y 坐标数据。

第 6 行，上报 SYN_MT_REPORT 事件，通过调用 input_mt_sync() 函数来实现。

第 7 行，上报 SYN_REPORT 事件，通过调用 input_sync() 函数实现。

我们在编写 Type A 类型的多点触摸屏驱动的时候就需要按照示例代码 26-1 中的时序上报坐

标信息。Linux 内核中也有 Type A 类型的多点触摸屏驱动,找到 st2332.c 这个驱动文件,路径为 drivers/input/touchscreen/st1232.c,找到 st1232_ts_irq_handler()函数,此函数就用于上报触摸点坐标信息。

```
            示例代码26-3  st1232_ts_irq_handler()函数代码段
103 static irqreturn_t st1232_ts_irq_handler(int irq, void * dev_id)
104 {
...
111     ret = st1232_ts_read_data(ts);
112     if (ret < 0)
113         goto end;
114
115     /* multi touch protocol */
116     for (i = 0; i < MAX_FINGERS; i++) {
117         if (!finger[i].is_valid)
118             continue;
119
120       input_report_abs(input_dev, ABS_MT_TOUCH_MAJOR, finger[i].t);
121       input_report_abs(input_dev, ABS_MT_POSITION_X, finger[i].x);
122       input_report_abs(input_dev, ABS_MT_POSITION_Y, finger[i].y);
123       input_mt_sync(input_dev);
124        count++;
125     }
...
140
141     /* SYN_REPORT */
142     input_sync(input_dev);
143
144 end:
145     return IRQ_HANDLED;
146 }
```

第 111 行,获取所有触摸点信息。

第 116~125 行,按照 Type A 类型轮流上报所有的触摸点坐标信息,第 121 和 122 行分别上报触摸点的(X,Y)坐标,也就是 ABS_MT_POSITION_X 和 ABS_MT_POSITION_Y 事件。每上报完一个触摸点坐标,都要在第 123 行调用 input_mt_sync()函数上报一个 SYN_MT_REPORT 信息。

第 142 行,每上报完一轮触摸点信息就调用一次 input_sync()函数,也就是发送一个 SYN_REPORT 事件

26.1.3 Type B 触摸点信息上报时序

对于 Type B 类型的设备,发送触摸点信息的时序如下所示(这里以 2 个触摸点为例):

```
            示例代码26-4  Type B 触摸点数据上报时序
1 ABS_MT_SLOT 0
2 ABS_MT_TRACKING_ID 45
3 ABS_MT_POSITION_X x[0]
4 ABS_MT_POSITION_Y y[0]
```

```
5 ABS_MT_SLOT 1
6 ABS_MT_TRACKING_ID 46
7 ABS_MT_POSITION_X x[1]
8 ABS_MT_POSITION_Y y[1]
9 SYN_REPORT
```

第1行，上报 ABS_MT_SLOT 事件，也就是触摸点对应的 SLOT。每次上报一个触摸点坐标之前要先使用 input_mt_slot() 函数上报当前触摸点 SLOT，触摸点的 SLOT 其实就是触摸点 ID，需要由触摸 IC 提供。

第2行，根据 Type B 的要求，每个 SLOT 必须关联一个 ABS_MT_TRACKING_ID，通过修改 SLOT 关联的 ABS_MT_TRACKING_ID 来完成对触摸点的添加、替换或删除。具体用到的函数就是 input_mt_report_slot_state()，如果是添加一个新的触摸点，那么此函数的第三个参数 active 要设置为 true，Linux 内核会自动分配一个 ABS_MT_TRACKING_ID 值，不需要用户去指定具体的 ABS_MT_TRACKING_ID 值。

第3行，上报触摸点 0 的 X 轴坐标，使用函数 input_report_abs() 来完成。

第4行，上报触摸点 0 的 Y 轴坐标，使用函数 input_report_abs() 来完成。

第5～8行，和第1～4行类似，只是换成了上报触摸点 0 的 (X,Y) 坐标信息

第9行，当所有的触摸点坐标都上传完毕以后就要发送 SYN_REPORT 事件，这使用 input_sync() 函数来完成。

当一个触摸点被移除以后，同样需要通过 SLOT 关联的 ABS_MT_TRACKING_ID 来处理，时序如下所示：

示例代码 26-5　Type B 触摸点移除时序
```
1 ABS_MT_TRACKING_ID − 1
2 SYN_REPORT
```

第1行，当一个触摸点被移除以后，需要通过 ABS_MT_TRACKING_ID 事件发送−1给内核。方法很简单，同样使用 input_mt_report_slot_state() 函数来完成，只需要将此函数的第三个参数 active 设置为 false 即可，不需要用户手动去设置−1。

第2行，当所有的触摸点坐标都上传完毕以后就要发送 SYN_REPORT 事件。

当要编写 Type B 类型的多点触摸屏驱动的时候需要按照示例代码 26-4 中的时序上报坐标信息。Linux 内核中有大量的 Type B 类型的多点触摸屏驱动程序，我们可以参考这些现成的驱动程序来编写自己的驱动代码。这里就以 ili210x 这个触摸驱动 IC 为例，看看 Type B 类型是如何上报触摸点坐标信息的。找到 ili210x.c 这个驱动文件，路径为 drivers/input/touchscreen/ili210x.c，找到 ili210x_report_events() 函数，此函数就是用于上报 ili210x 触摸坐标信息的，函数内容如下所示：

示例代码 26-6　ili210x_report_events() 函数代码段
```
78 static void ili210x_report_events(struct input_dev * input,
79                 const struct touchdata * touchdata)
80 {
81     int i;
82     bool touch;
83     unsigned int x, y;
84     const struct finger * finger;
```

```
85
86          for (i = 0; i < MAX_TOUCHES; i++) {
87              input_mt_slot(input, i);
88
89              finger = &touchdata->finger[i];
90
91              touch = touchdata->status & (1 << i);
92              input_mt_report_slot_state(input, MT_TOOL_FINGER, touch);
93              if (touch) {
94                  x = finger->x_low | (finger->x_high << 8);
95                  y = finger->y_low | (finger->y_high << 8);
96
97                  input_report_abs(input, ABS_MT_POSITION_X, x);
98                  input_report_abs(input, ABS_MT_POSITION_Y, y);
99              }
100         }
101
102         input_mt_report_pointer_emulation(input, false);
103         input_sync(input);
104     }
```

第 86~100 行,使用 for 循环实现上报所有的触摸点坐标,第 87 行调用 input_mt_slot()函数上报 ABS_MT_SLOT 事件。第 92 行调用 input_mt_report_slot_state()函数上报 ABS_MT_TRACKING_ID 事件,也就是给 SLOT 关联一个 ABS_MT_TRACKING_ID。第 97 和 98 行使用 input_report_abs()函数上报触摸点对应的(X,Y)坐标值。

第 103 行,使用 input_sync()函数上报 SYN_REPORT 事件。

26.1.4 MT 其他事件的使用

在示例代码 26-1 中给出了 Linux 所支持的所有 ABS_MT 事件,大家可以根据实际需求将这些事件组成各种事件组合。最简单的组合就是 ABS_MT_POSITION_X 和 ABS_MT_POSITION_Y,可以通过这两个事件上报触摸点。如果设备支持,那么还可以使用 ABS_MT_TOUCH_MAJOR 和 ABS_MT_WIDTH_MAJOR 这两个消息上报触摸面积信息,关于其他 ABS_MT 事件的具体含义,可以查看 Linux 内核中的 multi-touch-protocol. txt 文档。这里我们重点介绍 ABS_MT_TOOL_TYPE 事件。

ABS_MT_TOOL_TYPE 事件用于上报触摸工具类型,很多内核驱动都不能区分出触摸设备的类型是手指还是触摸笔,在这种情况下,这个事件可以忽略掉。目前的协议支持 MT_TOOL_FINGER(手指)、MT_TOOL_PEN(笔)和 MT_TOOL_PALM(手掌)这 3 种触摸设备类型。对于 Type B 类型,此事件由 input 子系统内核处理。如果驱动程序需要上报 ABS_MT_TOOL_TYPE 事件,那么可以使用 input_mt_report_slot_state()函数来完成此工作。

关于 Linux 系统下的多点触摸(MT)协议就讲解到这里。简单总结一下,MT 协议隶属于 Linux 的 input 子系统,驱动通过大量的 ABS_MT 事件向 Linux 内核上报多点触摸坐标数据。根据触摸 IC 的不同,分为 Type A 和 Type B 两种类型,不同的类型其上报时序不同,目前使用最多的是 Type B 类型。接下来我们就根据前面学习过的 MT 协议来编写一个多点电容触摸驱动程序,本章所使用的触摸屏是正点原子的 ATK7084(7 英寸,800×480 像素)和 ATK7016(7 英寸,1024×600

像素)这两款触摸屏,这两款触摸屏都使用 FT5426 这款触摸 IC,因此驱动程序是完全通用的。

26.1.5 多点触摸使用的 API 函数

根据前面的讲解,我们知道 Linux 下的多点触摸协议其实就是通过不同的事件来上报触摸点坐标信息,这些事件都是通过 Linux 内核提供的对应 API 函数实现的。本节介绍一些常见的 API 函数。

1. input_mt_init_slots()函数

input_mt_init_slots()函数用于初始化 MT 的输入 slot,编写 MT 驱动的时候必须先调用此函数初始化 slots,此函数定义在文件 drivers/input/input-mt.c 中,函数原型如下所示:

```
int input_mt_init_slots(    struct input_dev    * dev,
                            unsigned int        num_slots,
                            unsigned int        flags)
```

函数参数含义如下:

dev——MT 设备对应的 input_dev,因为 MT 设备隶属于 input_dev。

num_slots——设备要使用的 slot 数量,也就是触摸点的数量。

flags——其他标识信息,可设置的 flags 如下所示:

```
#define INPUT_MT_POINTER      0x0001  /* pointer device, e.g. trackpad */
#define INPUT_MT_DIRECT       0x0002  /* direct device, e.g. touchscreen */
#define INPUT_MT_DROP_UNUSED  0x0004  /* drop contacts not seen in frame */
#define INPUT_MT_TRACK        0x0008  /* use in-kernel tracking */
#define INPUT_MT_SEMI_MT      0x0010  /* semi-mt device, finger count handled manually */
```

可以采用"|"运算符来同时设置多个 flags 标识。

返回值——0,成功;负值,失败。

2. input_mt_slot()函数

此函数用于 Type B 类型,用于产生 ABS_MT_SLOT 事件,告诉内核当前上报的是哪个触摸点的坐标数据,此函数定义在文件 include/linux/input/mt.h 中,函数原型如下所示:

```
void input_mt_slot(struct input_dev    * dev,
                   int                  slot)
```

函数参数含义如下:

dev——MT 设备对应的 input_dev。

slot——当前发送的是哪个 slot 的坐标信息,也就是哪个触摸点。

返回值——无。

3. input_mt_report_slot_state()函数

此函数用于 Type B 类型,用于产生 ABS_MT_TRACKING_ID 和 ABS_MT_TOOL_TYPE 事件,ABS_MT_TRACKING_ID 事件给 slot 关联一个 ABS_MT_TRACKING_ID,ABS_MT_TOOL_TYPE 事件指定触摸类型(是笔还是手指等)。此函数定义在文件 drivers/input/input-mt.c 中,函数原型如下所示:

```
void input_mt_report_slot_state(  struct input_dev    * dev,
                                  unsigned int        tool_type,
                                  bool                active)
```

函数参数含义如下：

dev——MT 设备对应的 input_dev。

tool_type——触摸类型，可以选择 MT_TOOL_FINGER(手指)、MT_TOOL_PEN(笔)或 MT_TOOL_PALM(手掌)，对于多点电容触摸屏来说一般都是手指。

active——true，连续触摸，input 子系统内核会自动分配一个 ABS_MT_TRACKING_ID 给 slot；false，触摸点抬起，表示某个触摸点无效，input 子系统内核会给 slot 分配一个 −1，表示触摸点溢出。

返回值——无。

4. input_report_abs()函数

Type A 和 Type B 类型都使用此函数上报触摸点坐标信息，通过 ABS_MT_POSITION_X 和 ABS_MT_POSITION_Y 事件实现 X 和 Y 轴坐标信息上报。此函数定义在文件 include/linux/input.h 中，函数原型如下所示：

```
void input_report_abs(  struct input_dev    * dev,
                        unsigned int        code,
                        int                 value)
```

函数参数含义如下：

dev——MT 设备对应的 input_dev。

code——要上报的是什么数据，可以设置为 ABS_MT_POSITION_X 或 ABS_MT_POSITION_Y，也就是 X 轴或者 Y 轴坐标数据。

value——具体的 X 轴或 Y 轴坐标数据值。

返回值——无。

5. input_mt_report_pointer_emulation()函数

如果追踪到的触摸点数量多于当前上报的数量，那么驱动程序使用 BTN_TOOL_TAP 事件来通知用户空间当前追踪到的触摸点总数量，然后调用 input_mt_report_pointer_emulation()函数将 use_count 参数设置为 false；否则将 use_count 参数设置为 true，表示当前的触摸点数量(此函数会获取到具体的触摸点数量，不需要用户给出)。此函数定义在文件 drivers/input/input-mt.c 中，函数原型如下：

```
void input_mt_report_pointer_emulation(struct input_dev    * dev,
                                        bool                use_count)
```

函数参数含义如下：

dev——MT 设备对应的 input_dev。

use_count——true，有效的触摸点数量；false，追踪到的触摸点数量多于当前上报的数量。

返回值——无。

26.1.6 多点电容触摸屏驱动框架

前面已经详细地讲解了Linux下多点触摸屏驱动原理,本节我们来梳理一下Linux下多点电容触摸屏驱动的编写框架和步骤。首先确定驱动需要用到哪些知识点,哪些框架? 根据前面的分析,我们在编写驱动的时候需要注意以下几点:

(1)多点电容触摸芯片的接口,一般都为 I^2C 接口,因此驱动主框架肯定是 I^2C。

(2)Linux 中一般都是通过中断来上报触摸点坐标信息,因此需要用到中断框架。

(3)多点电容触摸属于 input 子系统,因此还要用到 input 子系统框架。

(4)在中断处理程序中按照 Linux 的 MT 协议上报坐标信息。

根据上面的分析,多点电容触摸驱动编写框架以及步骤如下。

1. I^2C 驱动框架

驱动总体采用 I^2C 框架,参考框架代码如下所示:

示例代码26-7 多点电容触摸屏驱动 I^2C 驱动框架

```
1   /* 设备树匹配表 */
2   static const struct i2c_device_id xxx_ts_id[] = {
3      { "xxx", 0, },
4      { /* sentinel */ }
5   };
6
7   /* 设备树匹配表 */
8   static const struct of_device_id xxx_of_match[] = {
9      { .compatible = "xxx", },
10     { /* sentinel */ }
11  };
12
13  /* i2c 驱动结构体 */
14  static struct i2c_driver ft5x06_ts_driver = {
15     .driver = {
16        .owner = THIS_MODULE,
17        .name = "edt_ft5x06",
18        .of_match_table = of_match_ptr(xxx_of_match),
19     },
20     .id_table = xxx_ts_id,
21     .probe    = xxx_ts_probe,
22     .remove   = xxx_ts_remove,
23  };
24
25  /*
26   * @description    :驱动入口函数
27   * @param          :无
28   * @return         :无
29   */
30  static int __init xxx_init(void)
31  {
32     int ret = 0;
33
34     ret = i2c_add_driver(&xxx_ts_driver);
```

```
35
36     return ret;
37 }
38
39 /*
40  * @description    :驱动出口函数
41  * @param          :无
42  * @return         :无
43  */
44 static void __exit xxx_exit(void)
45 {
46     i2c_del_driver(&ft5x06_ts_driver);
47 }
48
49 module_init(xxx_init);
50 module_exit(xxx_exit);
51 MODULE_LICENSE("GPL");
52 MODULE_AUTHOR("zuozhongkai");
```

I^2C 驱动框架已经在第 23 章进行了详细的讲解,此处不再赘述。当设备树中触摸 IC 的设备节点和驱动匹配以后,示例代码 26-7 中第 21 行的 xxx_ts_probe()函数就会执行,我们可以在此函数中初始化触摸 IC、中断和 input 子系统等。

2. 初始化触摸 IC、中断和 input 子系统

初始化操作都是在 xxx_ts_probe()函数中完成的,参考框架如下所示(以下代码中步骤顺序可以自行调整,不一定按照示例框架来):

```
                    示例代码 26-8   xxx_ts_probe()驱动框架
1 static int xxx_ts_probe(struct i2c_client * client, const struct i2c_device_id * id)
2 {
3     struct input_dev * input;
4
5     /* 1、初始化 I²C               */
6     ...
7
8     /* 2、申请中断 */
9     devm_request_threaded_irq(&client->dev, client->irq, NULL,
10            xxx_handler, IRQF_TRIGGER_FALLING | IRQF_ONESHOT,
11            client->name, &xxx);
12    ...
13
14    /* 3、input 设备申请与初始化    */
15    input = devm_input_allocate_device(&client->dev);
16
17    input->name = client->name;
18    input->id.bustype = BUS_I2C;
19    input->dev.parent = &client->dev;
20    ...
21
22    /* 4、初始化 input 和 MT        */
23    __set_bit(EV_ABS, input->evbit);
```

```
24      __set_bit(BTN_TOUCH, input->keybit);
25
26      input_set_abs_params(input, ABS_X, 0, width, 0, 0);
27      input_set_abs_params(input, ABS_Y, 0, height, 0, 0);
28      input_set_abs_params(input, ABS_MT_POSITION_X,0, width, 0, 0);
29      input_set_abs_params(input, ABS_MT_POSITION_Y,0, height, 0, 0);
30      input_mt_init_slots(input, MAX_SUPPORT_POINTS, 0);
31      ...
32
33      /* 5,注册 input_dev              */
34      input_register_device(input);
35      ...
36  }
```

第5～7行,首先肯定是初始化触摸芯片,包括芯片的相关I/O,比如复位、中断等I/O引脚,然后就是芯片本身的初始化,也就是配置触摸芯片的相关寄存器。

第9行,因为一般触摸芯片都是通过中断来向系统上报触摸点坐标信息的,因此我们需要初始化中断,这里又和第12章内容结合起来了。大家可能会发现第9行并没有使用request_irq()函数申请中断,而是采用了devm_request_threaded_irq()函数,为什么使用这个函数呢?是不是request_irq()函数不能使用?答案肯定不是的,这里用request_irq()函数是绝对没问题的。那为何要用devm_request_threaded_irq()呢?这里就简单地介绍一下这个API函数。devm_request_threaded_irq()函数具有如下特点:

(1)用于申请中断,作用和request_irq()函数类似。

(2)此函数的作用是中断线程化,大家如果直接在网上搜索"devm_request_threaded_irq"会发现相关解释很少。但是大家去搜索request_threaded_irq()函数就会有很多相关的博客和帖子。这两个函数在名字上的差别就是前者比后者多了一个devm_前缀(devm_前缀稍后讲解)。大家应该注意到了"request_threaded_irq"相比"request_irq"多了个threaded函数,也就是线程的意思。那么为什么叫中断线程化呢?我们都知道硬件中断具有最高优先级,不论什么时候只要硬件中断发生,那么内核都会终止当前正在执行的操作,转而去执行中断处理程序(不考虑关闭中断和中断优先级的情况),如果中断出现得非常频繁,那么内核将会频繁地执行中断处理程序,导致任务得不到及时处理。中断线程化以后中断将作为内核线程运行,而且可以被赋予不同的优先级。任务的优先级可能比中断线程的优先级高,这样做的目的就是保证高优先级的任务能被优先处理。大家可能会疑问,前面不是说可以将比较耗时的中断放到下半部(bottom half)处理吗?虽然下半部可以被延迟处理,但是依旧先于线程执行,中断线程化可以让这些比较耗时的下半部任务与进程进行公平竞争。

要注意,并不是所有的中断都可以被线程化,重要的中断就不能这么操作。对于触摸屏而言只要手指放到屏幕上,它可能就会一直产生中断(视具体芯片而定,FT5426是这样的)。中断处理程序中需要通过I^2C读取触摸信息并上报给内核,I^2C的速度最大只有400kHz,算是低速外设。不断地产生中断、读取触摸信息、上报信息会导致处理器在触摸中断上花费大量的时间,但是触摸相对来说不是那么重要的事件,因此可以将触摸中断线程化。如果你觉得触摸中断很重要,那么就可以不将其进行线程化处理。总之,要不要将一个中断进行线程化处理是需要自己根据实际情况去衡量的。Linux内核自带的goodix.c(汇顶科技)、mms114.c(MELFAS公司)、zforce_ts.c(zForce公司)等多点电容触摸 IC 驱动程序都采用了中断线程化,当然也有一些驱动没有采用中断线程化。

（3）最后来看一下 devm_前缀,在 Linux 内核中有很多的申请资源类的 API 函数都有对应的 devm_前缀版本。比如 devm_request_irq()和 request_irq()这两个函数,这两个函数都可申请中断。我们使用 request_irq()函数申请中断的时候,如果驱动初始化失败,则要调用 free_irq()函数对申请成功的 irq 进行释放,卸载驱动的时候也需要我们手动调用 free_irq()来释放 irq。假如我们的驱动中申请了很多资源,比如 gpio、irq、input_dev,那么就需要添加很多 goto 语句对其做处理,当这样的标签多了以后代码看起来就不整洁了。带 devm_的函数就是为了处理这种情况而诞生的。带 devm_的函数最大的作用就是：使用 devm_前缀的函数申请到的资源可以由系统自动释放,不需要我们手动处理。

如果使用 devm_request_threaded_irq()函数来申请中断,那么就不需要我们再调用 free_irq()函数对其进行释放。大家可以注意一下,带有 devm_前缀的都是一些和设备资源管理有关的函数。关于带 devm_前缀的函数的实现原理这里就不做详细介绍,我们的重点在于学会如何使用这些 API 函数。感兴趣的人可以查阅一些其他文档或者帖子来看一下带 devm_前缀的函数的实现原理。

第 15 行,接下来就是申请 input_dev,因为多点电容触摸属于 input 子系统。这里同样使用 devm_input_allocate_device()函数来申请 input_dev,也就是我们前面讲解的 input_allocate_device()函数加 devm_前缀版本。申请到 input_dev 以后还需要对其进行初始化操作。

第 23 行和第 24 行,设置 input_dev 需要上报的事件为 EV_ABS 和 BTN_TOUCH,因为多点电容屏的触摸坐标为绝对值,因此需要上报 EV_ABS 事件。触摸屏有按下和抬起之分,因此需要上报 BTN_TOUCH 按键。

第 26~29 行,调用 input_set_abs_params()函数设置 EV_ABS 事件需要上报 ABS_X、ABS_Y、ABS_MT_POSITION_X 和 ABS_MT_POSITION_Y。单点触摸需要上报 ABS_X 和 ABS_Y,对于多点触摸需要上报 ABS_MT_POSITION_X 和 ABS_MT_POSITION_Y。

第 30 行,调用 input_mt_init_slots()函数初始化多点电容触摸的 slots。

第 34 行,调用 input_register_device()函数系统注册前面申请到的 input_dev。

3. 上报坐标信息

最后就是在中断服务程序中上报读取到的坐标信息,根据所使用的多点电容触摸设备类型选择使用 Type A 还是 Type B 时序。由于大多数的设备都是 Type B 类型,因此这里就以 Type B 类型为例讲解一下上报过程。参考驱动框架如下所示：

```
                    示例代码 26-9  xxx_handler()中断处理程序
1   static irqreturn_t xxx_handler(int irq, void * dev_id)
2   {
3
4       int num;                    /* 触摸点数量 */
5       int x[n], y[n];             /* 保存坐标值 */
6
7       /* 1、从触摸芯片获取各个触摸点坐标值 */
8       ...
9
10      /* 2、上报每一个触摸点坐标 */
11      for (i = 0; i < num; i++) {
```

```
12          input_mt_slot(input, id);
13          input_mt_report_slot_state(input, MT_TOOL_FINGER, true);
14          input_report_abs(input, ABS_MT_POSITION_X, x[i]);
15          input_report_abs(input, ABS_MT_POSITION_Y, y[i]);
16      }
17      ...
18
19      input_sync(input);
20      ...
21
22      return IRQ_HANDLED;
23  }
```

进入中断处理程序以后首先肯定是从触摸IC中读取触摸坐标以及触摸点数量,假设触摸点数量保存到num变量,触摸点坐标存放到x和y数组中。

第11~16行,循环上报每一个触摸点坐标,一定要按照Type B类型的时序进行,这部分内容已经在26.1.3节进行了详细的讲解,此处不再赘述。

第19行,每一轮触摸点坐标上报完毕以后就调用一次input_sync()函数发送一个SYN_REPORT事件。

关于多点电容触摸驱动框架就讲解到这里,接下来就实际编写一个多点电容触摸驱动程序。

26.2　硬件原理图分析

本章实验硬件原理图参考《原子嵌入式Linux驱动开发详解》24.2节即可。

26.3　实验程序编写

本试验以正点原子的ATK7084(7英寸,800×480像素分辨率)和ATK7016(7英寸,1024×600像素分辨率)这两款屏幕所使用的FT5426触摸芯片为例,讲解如何编写多点电容触摸驱动。关于FT5426触摸芯片的详细内容在裸机篇已经进行了详细的讲解,此处不再赘述。本实验对应的例程路径为"2、Linux驱动例程→23_multitouch"。

26.3.1　修改设备树

1. 添加FT5426所使用的I/O

FT5426触摸芯片用到了4个I/O:一个复位I/O、一个中断I/O、I2C2的SCL和SDA,所以需要先在设备树中添加I/O相关的信息。复位I/O和中断I/O是普通的GPIO,因此这两个I/O可以放到同一个节点下去描述,I²C的SCL和SDA属于I2C2,因此这两个要放到同一个节点下去描述。首先是复位I/O和中断I/O,imx6ull-alientek-emmc.dts文件中默认有个名为pinctrl_tsc的节点(如果被删除了的话就自行创建),在此节点下添加触摸屏的中断引脚信息,修改以后的pinctrl_tsc节点内容如下所示:

示例代码26-10　pinctrl_tsc节点信息

```
1 pinctrl_tsc: tscgrp {
```

```
2    fsl,pins = <
3        MX6UL_PAD_GPIO1_IO09__GPIO1_IO09      0xF080    /* TSC_INT */
4    >;
5 };
```

触摸屏复位引脚使用的是 SNVS_TAMPER9,因此复位引脚信息要添加到 iomuxc_snvs 节点下,在 iomuxc_snvs 节点新建一个名为 pinctrl_tsc_reset 的子节点,然后在此子节点中输入复位引脚配置信息即可,如下所示:

示例代码 26-11   pinctrl_tsc_reset 子节点内容
```
1 pinctrl_tsc_reset: tsc_reset {
2    fsl,pins = <
3    MX6ULL_PAD_SNVS_TAMPER9__GPIO5_IO09 0x10B0
4    >;
5 };
```

继续添加 I2C2 的 SCL 和 SDA 这两个 I/O 信息,imx6ull-alientek-emmc.dts 中默认已经添加了 I2C2 的 I/O 信息,这是 NXP 官方添加的,所以不需要去修改。找到 pinctrl_i2c2 节点,此节点用于描述 I2C2 的 I/O 信息,节点内容如下所示:

示例代码 26-12   pinctrl_i2c2 节点信息
```
1 pinctrl_i2c2: i2c2grp {
2    fsl,pins = <
3        MX6UL_PAD_UART5_TX_DATA__I2C2_SCL 0x4001b8b0
4        MX6UL_PAD_UART5_RX_DATA__I2C2_SDA 0x4001b8b0
5    >;
6 };
```

最后,一定要检查一下设备树,确保触摸屏所使用的 I/O 没有被其他的外设使用,如果有则需要将其屏蔽掉,保证只有触摸屏用到了这 4 个 I/O。

2. 添加 FT5426 节点

FT5426 这个触摸 IC 挂载 I2C2 下,因此需要向 I2C2 节点下添加一个子节点,此子节点用于描述 FT5426,添加完成以后的 I2C2 节点内容如下所示(省略掉其他挂载到 I2C2 下的设备):

示例代码 26-13   FT5426 节点信息
```
1  &i2c2 {
2     clock_frequency = <100000>;
3     pinctrl-names = "default";
4     pinctrl-0 = <&pinctrl_i2c2>;
5     status = "okay";
6
7     /**************************/
8     /* 省略掉其他的设备节点      */
9     /**************************/
10
11    /* zuozhongkai FT5406/FT5426 */
12    ft5426: ft5426@38 {
13        compatible = "edt,edt-ft5426";
```

```
14          reg = < 0x38 >;
15          pinctrl – names = "default";
16          pinctrl – 0 = < &pinctrl_tsc
17                       &pinctrl_tsc_reset >;
18          interrupt – parent = < &gpio1 >;
19          interrupts = < 9 0 >;
20          reset – gpios = < &gpio5 9 GPIO_ACTIVE_LOW >;
21          interrupt – gpios = < &gpio1 9 GPIO_ACTIVE_LOW >;
22     };
23 };
```

第 12 行,触摸屏所使用的 FT5426 芯片节点,挂在 I2C2 节点下,FT5426 的器件地址为 0x38。

第 14 行,reg 属性描述 FT5426 的器件地址为 0x38。

第 16 行和第 17 行,pinctrl-0 属性描述 FT5426 的复位 I/O 和中断 I/O 所使用的节点为 pinctrl_tsc 和 pinctrl_tsc_reset。

第 18 行,interrupt-parent 属性描述中断 I/O 对应的 GPIO 组为 GPIO1。

第 19 行,interrupts 属性描述中断 I/O 对应的是 GPIO1 组的 IOI09。

第 20 行,reset-gpios 属性描述复位 I/O 对应的 GPIO 为 GPIO5_IO09。

第 21 行,interrupt-gpios 属性描述中断 I/O 对应的 GPIO 为 GPIO1_IO09。

26.3.2 编写多点电容触摸屏驱动

新建名为 23_multitouch 的文件夹,然后在 23_multitouch 文件夹中创建 vscode 工程,工作区命名为 multitouch。工程创建好以后新建 ft5x06.c 这个驱动文件,在里面输入如下所示内容(限于篇幅,部分内容省略掉了,完整的内容请查看驱动源码):

示例代码 26-14　ft5x06.c 文件内容(有省略)

```
1   # include < linux/module.h >
2   # include < linux/ratelimit.h >
...
15  # include < linux/i2c.h >
16  / **********************************************************
17  Copyright © ALIENTEK Co., Ltd. 1998 – 2029. All rights reserved.
18  文件名      : ft5x06.c
19  作者        : 左忠凯
20  版本        : V1.0
21  描述        : FT5X06,包括 FT5206、FT5426 等触摸屏驱动程序
22  其他        : 无
23  论坛        : www.openedv.com
24  日志        : 初版 V1.0 2019/12/23 左忠凯创建
25  ********************************************************** /
26
27  # define MAX_SUPPORT_POINTS        5       / * 5 点触摸    * /
28  # define TOUCH_EVENT_DOWN          0x00    / * 按下        * /
29  # define TOUCH_EVENT_UP            0x01    / * 抬起        * /
30  # define TOUCH_EVENT_ON            0x02    / * 接触        * /
31  # define TOUCH_EVENT_RESERVED      0x03    / * 保留        * /
32
```

```
33   /* FT5X06 寄存器相关宏定义 */
34   #define FT5X06_TD_STATUS_REG        0X02        /* 状态寄存器地址        */
35   #define FT5x06_DEVICE_MODE_REG      0X00        /* 模式寄存器           */
36   #define FT5426_IDG_MODE_REG         0XA4        /* 中断模式            */
37   #define FT5X06_READLEN              29          /* 要读取的寄存器个数     */
38
39   struct ft5x06_dev {
40       struct device_node    * nd;                 /* 设备节点            */
41       int irq_pin, reset_pin;                     /* 中断和复位 I/O       */
42       int irqnum;                                 /* 中断号             */
43       void * private_data;                        /* 私有数据            */
44       struct input_dev * input;                   /* input 结构体        */
45       struct i2c_client * client;                 /* I²C 客户端          */
46   };
47
48   static struct ft5x06_dev ft5x06;
49
50   /*
51    * @description       : 复位 FT5X06
52    * @param - client    : 要操作的 I²C
53    * @param - multidev: 自定义的多点触摸设备
54    * @return            : 0,成功;其他负值,失败
55    */
56   static int ft5x06_ts_reset(struct i2c_client * client,
                                struct ft5x06_dev * dev)
57   {
58       int ret = 0;
59
60       if (gpio_is_valid(dev -> reset_pin)) {           /* 检查 I/O 是否有效 */
61           /* 申请复位 I/O,并且默认输出低电平 */
62           ret = devm_gpio_request_one(&client -> dev,
63                       dev -> reset_pin, GPIOF_OUT_INIT_LOW,
64                       "edt - ft5x06 reset");
65           if (ret) {
66               return ret;
67           }
68           msleep(5);
69           gpio_set_value(dev -> reset_pin, 1);         /* 输出高电平,停止复位 */
70           msleep(300);
71       }
72       return 0;
73   }
74
75   /*
76    * @description   : 从 FT5X06 读取多个寄存器数据
77    * @param - dev   : FT5X06 设备
78    * @param - reg   : 要读取的寄存器首地址
79    * @param - val   : 读取到的数据
80    * @param - len   : 要读取的数据长度
81    * @return        : 操作结果
82    */
83   static int ft5x06_read_regs(struct ft5x06_dev * dev, u8 reg, void * val, int len)
```

```
 84  {
 85      int ret;
 86      struct i2c_msg msg[2];
 87      struct i2c_client * client = (struct i2c_client * )dev->client;
...
101      ret = i2c_transfer(client->adapter, msg, 2);
102      if(ret == 2) {
103          ret = 0;
104      } else {
105          ret = - EREMOTEIO;
106      }
107      return ret;
108  }
109
110  /*
111   * @description    : 向 FT5X06 多个寄存器写入数据
112   * @param - dev    : FT5X06 设备
113   * @param - reg    : 要写入的寄存器首地址
114   * @param - val    : 要写入的数据缓冲区
115   * @param - len    : 要写入的数据长度
116   * @return         : 操作结果
117   */
118  static s32 ft5x06_write_regs(struct ft5x06_dev * dev, u8 reg,
                                   u8 * buf, u8 len)
119  {
120      u8 b[256];
121      struct i2c_msg msg;
122      struct i2c_client * client = (struct i2c_client * )dev->client;
123
124      b[0] = reg;                  /* 寄存器首地址                */
125      memcpy(&b[1],buf,len);       /* 将要写入的数据复制到数组 b 中 */
126
127      msg.addr = client->addr;     /* FT5X06 地址                */
128      msg.flags = 0;               /* 标记为写数据                */
129
130      msg.buf = b;                 /* 要写入的数据缓冲区           */
131      msg.len = len + 1;           /* 要写入的数据长度            */
132
133      return i2c_transfer(client->adapter, &msg, 1);
134  }
135
136  /*
137   * @description    : 向 FT5X06 指定寄存器写入指定的值,写一个寄存器
138   * @param - dev    : FT5X06 设备
139   * @param - reg    : 要写的寄存器
140   * @param - data   : 要写入的值
141   * @return         : 无
142   */
143  static void ft5x06_write_reg(struct ft5x06_dev * dev, u8 reg,u8 data)
144  {
145      u8 buf = 0;
146      buf = data;
```

```
147         ft5x06_write_regs(dev, reg, &buf, 1);
148 }
149
150 /*
151  * @description     : FT5X06 中断服务函数
152  * @param - irq     : 中断号
153  * @param - dev_id  : 设备结构
154  * @return          : 中断执行结果
155  */
156 static irqreturn_t ft5x06_handler(int irq, void * dev_id)
157 {
158     struct ft5x06_dev * multidata = dev_id;
159
160     u8 rdbuf[29];
161     int i, type, x, y, id;
162     int offset, tplen;
163     int ret;
164     bool down;
165
166     offset = 1;       /* 偏移 1,也就是 0x02 + 1 = 0x03,从 0x03 开始是触摸值 */
167     tplen = 6;        /* 一个触摸点有 6 个寄存器来保存触摸值 */
168
169     memset(rdbuf, 0, sizeof(rdbuf));          /* 清除 */
170
171     /* 读取 FT5X06 触摸点坐标从 0x02 寄存器开始,连续读取 29 个寄存器 */
172     ret = ft5x06_read_regs(multidata, FT5X06_TD_STATUS_REG,
                                 rdbuf, FT5X06_READLEN);
173     if (ret) {
174         goto fail;
175     }
176
177     /* 上报每一个触摸点坐标 */
178     for (i = 0; i < MAX_SUPPORT_POINTS; i++) {
179         u8 * buf = &rdbuf[i * tplen + offset];
180
181         /* 以第一个触摸点为例,寄存器 TOUCH1_XH(地址 0x03),各位描述如下: */
182          * bit7:6  Event flag  0:按下 1:释放 2:接触 3:没有事件
183          * bit5:4  保留
184          * bit3:0  X轴触摸点的 11~8 位
185          */
186         type = buf[0] >> 6;                    /* 获取触摸类型 */
187         if (type == TOUCH_EVENT_RESERVED)
188             continue;
189
190         /* 我们所使用的触摸屏和 FT5X06 是反过来的 */
191         x = ((buf[2] << 8) | buf[3]) & 0x0fff;
192         y = ((buf[0] << 8) | buf[1]) & 0x0fff;
193
194         /* 以第一个触摸点为例,寄存器 TOUCH1_YH(地址 0x05)各位描述如下: */
195          * bit7:4  Touch ID   触摸 ID,表示是哪个触摸点
196          * bit3:0  Y轴触摸点的 11~8 位.
197          */
```

```
198              id = (buf[2] >> 4) & 0x0f;
199              down = type ! = TOUCH_EVENT_UP;
200
201              input_mt_slot(multidata - > input, id);
202              input_mt_report_slot_state (multidata - > input,
                                       MT_TOOL_FINGER,  down);
203
204              if (! down)
205                  continue;
206
207              input_report_abs(multidata - > input, ABS_MT_POSITION_X, x);
208              input_report_abs(multidata - > input, ABS_MT_POSITION_Y, y);
209         }
210
211         input_mt_report_pointer_emulation(multidata - > input, true);
212         input_sync(multidata - > input);
213
214 fail:
215         return IRQ_HANDLED;
216
217 }
218
219 / *
220  * @description        : FT5X06 中断初始化
221  * @param - client     : 要操作的 I²C
222  * @param - multidev   : 自定义的多点触摸设备
223  * @return             : 0, 成功; 负值, 失败
224  * /
225 static int ft5x06_ts_irq(struct i2c_client * client,
                          struct ft5x06_dev * dev)
226 {
227     int ret = 0;
228
229     / * 1、申请中断 GPIO * /
230     if (gpio_is_valid(dev - > irq_pin)) {
231         ret = devm_gpio_request_one(&client - > dev, dev - > irq_pin,
232                     GPIOF_IN, "edt - ft5x06 irq");
233         if (ret) {
234             dev_err(&client - > dev,
235                 "Failed to request GPIO % d, error % d\n",
236                 dev - > irq_pin, ret);
237             return ret;
238         }
239     }
240
241     / * 2、申请中断, client - > irq 就是 I/O 中断, * /
242     ret = devm_request_threaded_irq(&client - > dev, client - > irq, NULL,
243                 ft5x06_handler, IRQF_TRIGGER_FALLING | IRQF_ONESHOT,
244                 client - > name, &ft5x06);
245     if (ret) {
246         dev_err(&client - > dev, "Unable to request
                                   touchscreen IRQ. \n");
```

```
247         return ret;
248     }
249
250     return 0;
251 }
252
253 /*
254  * @description        : I²C 驱动的 probe 函数,当驱动与
255  *                       设备匹配以后此函数就会执行
256  * @param - client     : I²C 设备
257  * @param - id         : I²C 设备 ID
258  * @return             : 0,成功;负值,失败
259  */
260 static int ft5x06_ts_probe(struct i2c_client *client,
                              const struct i2c_device_id *id)
261 {
262     int ret = 0;
263
264     ft5x06.client = client;
265
266     /* 1、获取设备树中的中断和复位引脚 */
267     ft5x06.irq_pin = of_get_named_gpio(client->dev.of_node,
                        "interrupt-gpios", 0);
268     ft5x06.reset_pin = of_get_named_gpio(client->dev.of_node,
                        "reset-gpios", 0);
269
270     /* 2、复位 FT5x06 */
271     ret = ft5x06_ts_reset(client, &ft5x06);
272     if(ret < 0) {
273         goto fail;
274     }
275
276     /* 3、初始化中断 */
277     ret = ft5x06_ts_irq(client, &ft5x06);
278     if(ret < 0) {
279         goto fail;
280     }
281
282     /* 4、初始化 FT5X06 */
283     ft5x06_write_reg(&ft5x06, FT5x06_DEVICE_MODE_REG, 0);
284     ft5x06_write_reg(&ft5x06, FT5426_IDG_MODE_REG, 1);
285
286     /* 5,input 设备注册 */
287     ft5x06.input = devm_input_allocate_device(&client->dev);
288     if (!ft5x06.input) {
289         ret = -ENOMEM;
290         goto fail;
291     }
292     ft5x06.input->name = client->name;
293     ft5x06.input->id.bustype = BUS_I2C;
294     ft5x06.input->dev.parent = &client->dev;
295
```

```
296     __set_bit(EV_KEY, ft5x06.input->evbit);
297     __set_bit(EV_ABS, ft5x06.input->evbit);
298     __set_bit(BTN_TOUCH, ft5x06.input->keybit);
299
300     input_set_abs_params(ft5x06.input, ABS_X, 0, 1024, 0, 0);
301     input_set_abs_params(ft5x06.input, ABS_Y, 0, 600, 0, 0);
302     input_set_abs_params(ft5x06.input, ABS_MT_POSITION_X,
                                    0, 1024, 0, 0);
303     input_set_abs_params(ft5x06.input, ABS_MT_POSITION_Y,
                                    0, 600, 0, 0);
304     ret = input_mt_init_slots(ft5x06.input, MAX_SUPPORT_POINTS, 0);
305     if (ret) {
306         goto fail;
307     }
308
309     ret = input_register_device(ft5x06.input);
310     if (ret)
311         goto fail;
312
313     return 0;
314
315 fail:
316     return ret;
317 }
318
319 /*
320  * @description     : I²C驱动的remove函数,移除I²C驱动的时候此函数会执行
321  * @param - client : I²C设备
322  * @return          : 0,成功;负值,失败
323  */
324 static int ft5x06_ts_remove(struct i2c_client *client)
325 {
326     /* 释放input_dev */
327     input_unregister_device(ft5x06.input);
328     return 0;
329 }
330
331
332 /*
333  *   传统驱动匹配表
334  */
335 static const struct i2c_device_id ft5x06_ts_id[] = {
336     { "edt-ft5206", 0, },
337     { "edt-ft5426", 0, },
338     { /* sentinel */ }
339 };
340
341 /*
342  * 设备树匹配表
343  */
344 static const struct of_device_id ft5x06_of_match[] = {
345     { .compatible = "edt,edt-ft5206", },
```

```
346        { .compatible = "edt,edt - ft5426", },
347        { /* sentinel */ }
348 };
349
350 /* I²C驱动结构体 */
351 static struct i2c_driver ft5x06_ts_driver = {
352        .driver = {
353             .owner = THIS_MODULE,
354             .name = "edt_ft5x06",
355             .of_match_table = of_match_ptr(ft5x06_of_match),
356        },
357        .id_table = ft5x06_ts_id,
358        .probe    = ft5x06_ts_probe,
359        .remove   = ft5x06_ts_remove,
360 };
361
362 /*
363  * @description   : 驱动入口函数
364  * @param         : 无
365  * @return        : 无
366  */
367 static int __init ft5x06_init(void)
368 {
369        int ret = 0;
370
371        ret = i2c_add_driver(&ft5x06_ts_driver);
372
373        return ret;
374 }
375
376 /*
377  * @description   : 驱动出口函数
378  * @param         : 无
379  * @return        : 无
380  */
381 static void __exit ft5x06_exit(void)
382 {
383        i2c_del_driver(&ft5x06_ts_driver);
384 }
385
386 module_init(ft5x06_init);
387 module_exit(ft5x06_exit);
388 MODULE_LICENSE("GPL");
389 MODULE_AUTHOR("zuozhongkai");
```

第 39~46 行,定义一个设备结构体,存放多点电容触摸设备相关属性信息。

第 48 行,定义一个名为 ft5x06 的全局变量,变量类型就是上面定义的 ft5x06_dev 结构体。

第 56~73 行,ft5x06_ts_reset()函数,用于初始化 FT5426 触摸芯片,其实就是设置 FT5426 的复位 I/O 为高电平,防止芯片复位。注意在第 62 行使用 devm_gpio_request_one()函数来申请复位 I/O,关于 devm_前缀的作用已经在 26.1.6 节做了详细的讲解。使用 devm_前缀的 API 函数申请

478

的资源不需要我们手动释放,内核会处理,所以这里使用 devm_gpio_request_one()函数申请 I/O
以后不需要我们在卸载驱动的时候手动去释放此 I/O。

第 83～108 行,ft5x06_read_regs()函数,用于连续的读取 FT5426 内部寄存器数据,就是 I^2C
读取函数,在第 23 章有详细的讲解。

第 118～134 行,ft5x06_write_regs()函数,用于向 FT5426 寄存器写入连续的数据,也就是 I^2C
写函数,同样在第 23 章有详细的讲解。

第 143～148 行,ft5x06_write_reg()函数,对 ft5x06_write_regs()函数进行简单封装,向
FT5426 指定寄存器写入一个数据,用于配置 FT5426。

第 156～217 行,ft5x06_handler()函数,触摸屏中断服务函数,触摸点坐标的上报就是在此函数
中完成的。第 172 行通过 ft5x06_read_regs()函数读取 FT5426 的所有触摸点信息寄存器数据,从
0x02 这个地址开始,一共 29 个寄存器。第 178～209 行的 for 循环就是一个一个地上报触摸点坐标
数据,使用 Type B 时序,这个我们已经在前面说了很多次了。最后在第 212 行通过 input_sync()函
数上报 SYN_REPORT 事件。如果理解了前面讲解的 Type B 时序,那么此函数就很好理解了。

第 225～251 行,ft5x06_ts_irq()函数,初始化 FT5426 的中断 I/O,第 231 行使用 devm_gpio_
request_one 函数申请中断 I/O。第 242 行使用函数 devm_request_threaded_irq()申请中断,中断
处理函数为 ft5x06_handler()。

第 260～317 行,当 I^2C 设备与驱动匹配以后此函数就会执行,一般在此函数中完成一些初始化
工作。我们重点来看一下第 287～309 行是关于 input_dev 设备的初始化,第 287～294 行申请并简
单的初始化 input_dev,这个在第 19 章已经讲解过了。第 296 行和第 298 行设置 input_dev 需要上
报的事件为 EV_KEY 和 EV_ABS,需要上报的按键码为 BTN_TOUCH。EV_KEY 是按键事件,
用于上报触摸屏是否被按下,相当于把触摸屏当作一个按键。EV_ABS 是触摸点坐标数据,BTN_
TOUCH 表示将触摸屏的按下和抬起用作 BTN_TOUCH 按键。第 300～303 行调用 input_set_abs
_params()函数设置 EV_ABS 事件需要上报 ABS_X、ABS_Y、ABS_MT_POSITION_X 和 ABS_
MT_POSITION_Y。单点触摸需要上报 ABS_X 和 ABS_Y,多点触摸需要上报 ABS_MT_
POSITION_X 和 ABS_MT_POSITION_Y。第 304 行调用 input_mt_init_slots()函数初始化 slot,
也就是最大触摸点数量,FT5426 是个 5 点电容触摸芯片,因此一共 5 个 slot。最后在 309 行调用
input_register_device 函数向系统注册 input_dev。

第 324～329 行,当卸载驱动的时候 ft5x06_ts_remove()函数就会执行,因为前面很多资源我们
都是用带 devm_前缀的函数来申请的,因此不需要手动释放。此函数只需要调用 input_unregister_
device 来释放掉前面添加到内核中的 input_dev。

第 330 行至结束,此部分与 I^2C 驱动框架类似,相关内容已经在第 23 章中进行了详细的讲解。

26.4 运行测试

26.4.1 编译驱动程序

编写 Makefile 文件,本章实验的 Makefile 文件和第 1 章实验基本一样,只是将 obj-m 变量的值
改为 icm20608.o,Makefile 内容如下所示:

```
                        示例代码 26-15    Makefile 文件
1  KERNELDIR : = /home/zuozhongkai/linux/IMX6ULL/linux/temp/linux - imx - rel_imx_
               4.1.15_2.1.0_ga_alientek
...
4  obj - m : = ft5x06.o
...
11 clean:
12   $ (MAKE) - C $ (KERNELDIR) M = $ (CURRENT_PATH) clean
```

第 4 行,设置 obj-m 变量的值为 ft5x06.o。

输入如下命令编译出驱动模块文件:

```
make - j32
```

编译成功以后就会生成一个名为 ft5x06.ko 的驱动模块文件。

26.4.2   运行测试

编译设备树,然后使用新的设备树启动 Linux 内核。

多点电容触摸屏测试不需要编写专门的 App,将 26.4.1 节编译出来的 ft5x06.ko 复制到 rootfs/lib/modules/4.1.15 目录中,启动开发板,进入到目录 lib/modules/4.1.15 中,输入如下命令加载 ft5x06.ko 这个驱动模块。

```
depmod              //第一次加载驱动的时候需要运行此命令
modprobe ft5x06.ko //加载驱动模块
```

当驱动模块加载成功以后会有如图 26-1 所示的信息提示。

```
/lib/modules/4.1.15 # modprobe ft5x06.ko
input: edt-ft5426 as /devices/platform/soc/2100000.aips-bus/21a4000.i
2c/i2c-1/1-0038/input/input4
/lib/modules/4.1.15 #
```

图 26-1   驱动加载过程

驱动加载成功以后就会生成/dev/input/eventX(X=1,2,3,…),比如本实验的多点电容触摸屏驱动就会在 ALPHA 开发板平台下生成/dev/input/event2 这个文件,如图 26-2 所示。

```
/dev/input # ls
event0  event1  event2   js0    mice
                         电容触摸屏
/dev/input #
```

图 26-2   电容屏对应的 event 设备

不同的平台 event 序号不同,也可能是 event3、event4 等,一切以实际情况为准。输入如下命令查看 event2,也就是多点电容触摸屏上报的原始数据:

```
hexdump /dev/input/event2
```

现在用一根手指触摸屏幕的右上角,然后再抬起,理论坐标值为(1023,0),但是由于触摸误差的原因,大概率不会是绝对的(1023,0),应该是在此值附近的一个触摸坐标值,实际的上报数据如图 26-3 所示。

```
/lib/modules/4.1.15 # hexdump /dev/input/event2
0000000 02bb 0000 9459 0007 0003 002f 0000 0000
0000010 02bb 0000 9459 0007 0003 0039 0005 0000
0000020 02bb 0000 9459 0007 0003 0035 03ec 0000
0000030 02bb 0000 9459 0007 0003 0036 0017 0000
0000040 02bb 0000 9459 0007 0001 014a 0001 0000
0000050 02bb 0000 9459 0007 0003 0000 03ec 0000
0000060 02bb 0000 9459 0007 0003 0001 0017 0000
0000070 02bb 0000 9459 0007 0000 0000 0000 0000
0000080 02bb 0000 e5f8 0008 0003 0039 ffff ffff
0000090 02bb 0000 e5f8 0008 0001 014a 0000 0000
00000a0 02bb 0000 e5f8 0008 0000 0000 0000 0000
```

图 26-3　上报的原始数据

图 26-3 上报的信息是以 input_event 类型呈现的,这个同样在 19.4.2 节做了详细的介绍,这里重点来分析一下,在多点电容触摸屏上其所代表的具体含义。将图 26-3 中的数据进行整理,结果如下所示:

示例代码 26-16　　多点电容触摸信息含义

/***************** input_event 类型 *****************/

/* 编号 */	/* tv_sec */	/* tv_usec */	/* type */	/* code */	/* value */
1 0000000	02bb 0000	9459 0007	0003	002f	0000 0000
2 0000010	02bb 0000	9459 0007	0003	0039	0005 0000
3 0000020	02bb 0000	9459 0007	0003	0035	03ec 0000
4 0000030	02bb 0000	9459 0007	0003	0036	0017 0000
5 0000040	02bb 0000	9459 0007	0001	014a	0001 0000
6 0000050	02bb 0000	9459 0007	0003	0000	03ec 0000
7 0000060	02bb 0000	9459 0007	0003	0001	0017 0000
8 0000070	02bb 0000	9459 0007	0000	0000	0000 0000
9 0000080	02bb 0000	e5f8 0008	0003	0039	ffff ffff
10 0000090	02bb 0000	e5f8 0008	0001	014a	0000 0000
11 00000a0	02bb 0000	e5f8 0008	0000	0000	0000 0000

第 1 行,type 为 0003,说明是一个 EV_ABS 事件,code 为 002f,为 ABS_MT_SLOT 事件,因此这一行就是 input_mt_slot()函数上报的 ABS_MT_SLOT 事件。value=0,说明接下来上报的是第一个触摸点坐标。

第 2 行,type 为 0003,说明是一个 EV_ABS 事件,code 为 0039,也就是 ABS_MT_TRACKING_ID 事件,这一行就是 input_mt_report_slot_state()函数上报 ABS_MT_TRACKING_ID 事件。value=5 说明给 SLOT0 分配的 ID 为 5。

第 3 行,type 为 0003,是一个 EV_ABS 事件,code 为 0035,为 ABS_MT_POSITION_X 事件,这一行就是 input_report_abs()函数上报的 ABS_MT_POSITION_X 事件,也就是触摸点的 X 轴坐标。value=0x03ec=1004,说明触摸点 X 轴坐标为 1004,属于屏幕右上角区域。

第 4 行,type 为 0003,是一个 EV_ABS 事件,code 为 0036,为 ABS_MT_POSITION_Y 事件,这一行就是 input_mt_report_slot_state()函数上报的 ABS_MT_POSITION_Y 事件,也就是触摸点的 Y 轴坐标。value=0x17=23,说明 Y 轴坐标为 23,由此可以看出本次触摸的坐标为(1004,23),处于屏幕右上角区域。

第 5 行,type 为 0001,是一个 EV_KEY 事件,code=014a,为 BTN_TOUCH,value=0x1 表示触摸屏被按下。

第 6 行,type 为 0003,是一个 EV_ABS 事件,code 为 0000,为 ABS_X 事件,用于单点触摸的时

候上报 X 轴坐标。在这里和 ABS_MT_POSITION_X 相同,value 也为 0x3f0＝1008。ABS_X 由 input_mt_report_pointer_emulation()函数上报的。

第 7 行,type 为 0003,是一个 EV_ABS 事件,code 为 0001,为 ABS_Y 事件,用于单点触摸的时候上报 Y 轴坐标。在这里和 ABS_MT_POSITION_Y 相同,value 也为 0x29＝41。ABS_Y 是由 input_mt_report_pointer_emulation()函数上报的。

第 8 行,type 为 0000,是一个 EV_SYN 事件,由 input_sync()函数上报。

第 9 行,type 为 0003,是一个 EV_ABS 事件,code 为 0039,也就是 ABS_MT_TRACKING_ID,value＝0xffffffff＝−1,说明触摸点离开了屏幕。

第 10 行,type 为 0001,是一个 EV_KEY 事件,code＝014a,为 BTN_TOUCH,value＝0x0 表示手指离开触摸屏,也就是触摸屏没有被按下了。

第 11 行,type 为 0000,是一个 EV_SYN 事件,由 input_sync()函数上报。

以上就是一个触摸点的坐标上报过程,和前面讲解的 Type B 类型设备一致。

26.4.3　将驱动添加到内核中

前面一直将触摸驱动编译为模块,每次系统启动以后再手动加载驱动模块,这样很不方便。当我们把驱动调试成功以后一般会将其编译到内核中,这样内核启动以后就会自动加载驱动,不需要再手动执行 modprobe 命令了。本节就来学习如何将 ft5x06.c 添加到 Linux 内核中。

1. 将驱动文件放到合适的位置

首先肯定是在内核源码中找个合适的位置将 ft5x06.c 放进去,ft5x06.c 是一个触摸屏驱动,因此我们需要查找一下 Linux 内核中触摸屏驱动放到了哪个目录下。Linux 内核中将触摸屏驱动放到了 drivers/input/touchscreen 目录下,因此要将 ft5x06.c 复制到此目录下,命令如下:

```
cp ft5x06.c (内核源码目录)/drivers/input/touchscreen/ - f
```

2. 修改对应的 Makefile

修改 drivers/input/touchscreen 目录下的 Makefile,在最下面添加下面一行:

示例代码 26-17　drivers/input/touchscreen/Makefile 添加的内容
```
obj - y    + = ft5x06.o
```

完成以后如图 26-4 所示。

```
87  obj-$(CONFIG_TOUCHSCREEN_TPS6507X)   += tps6507x-ts.o
88  obj-$(CONFIG_TOUCHSCREEN_CT36X_WLD) += vtl/
89  obj-$(CONFIG_TOUCHSCREEN_ZFORCE)     += zforce_ts.o
90  obj-y    += ft5x06.o
91
```

图 26-4　修改后的 Makefile

修改完成以后重新编译 Linux 内核,然后用新的 zImage 启动开发板。如果驱动添加成功,则系统启动的时候就会输出如图 26-5 所示的信息。

从图 26-5 可以看出,触摸屏驱动已经启动了,这时就会自动生成/dev/input/evenvtX。在本实验中将触摸屏驱动添加到 Linux 内核中以后触摸屏对应的是 event1,而不是前面编译为模块对应的 event2,这一点一定要注意。输入如下命令,查看驱动工作是否正常:

```
usb 2-1: new high-speed USB device number 2 using ci_hdrc
input: edt-ft5426 as /devices/platform/soc/2100000.aips-bus/21a4000.i2c/i2c-1/1-0038/input/input2
snvs_rtc 20cc000.snvs:snvs-rtc-lp: rtc core: registered 20cc000.snvs-r as rtc0
i2c /dev entries driver
```

图 26-5 启动信息

hexdump /dev/input/event1　　　　　　　　//查看触摸屏原始数据上报信息

结果如图 26-6 所示。

```
/dev/input # hexdump /dev/input/event1
0000000 5df0 0000 e909 0008 0003 0039 0004 0000
0000010 5df0 0000 e909 0008 0003 0035 03f1 0000
0000020 5df0 0000 e909 0008 0003 0036 004c 0000
0000030 5df0 0000 e909 0008 0001 014a 0001 0000
0000040 5df0 0000 e909 0008 0003 0000 03f1 0000
0000050 5df0 0000 e909 0008 0003 0001 004c 0000
0000060 5df0 0000 e909 0008 0000 0000 0000 0000
0000070 5df0 0000 73a0 0009 0003 0035 03f3 0000
0000080 5df0 0000 73a0 0009 0003 0036 004f 0000
0000090 5df0 0000 73a0 0009 0003 0000 03f3 0000
00000a0 5df0 0000 73a0 0009 0003 0001 004f 0000
00000b0 5df0 0000 73a0 0009 0000 0000 0000 0000
00000c0 5df0 0000 9959 0009 0003 0039 ffff ffff
00000d0 5df0 0000 9959 0009 0001 014a 0000 0000
```

图 26-6 上报的原始数据

可以看出，坐标数据上报正常，说明驱动工作没问题。

26.5　tslib 移植与使用

26.5.1　tslib 移植

tslib 是一个开源的第三方库，用于触摸屏性能调试，使用电阻屏的时候一般使用 tslib 进行校准。虽然电容屏不需要校准，但是由于电容触摸屏加工的原因，有的时候其不一定精准，因此这个时候也需要进行校准。最主要的是 tslib 提供了一些其他软件，我们可以通过这些软件来测试触摸屏工作是否正常。最新版本的 tslib 已经支持了多点电容触摸屏，因此可以通过 tslib 来直观地测试多点电容触摸屏驱动，这个要比查看 eventX 原始数据方便得多。

tslib 的移植很简单，下面介绍具体的步骤如下。

1. 获取 tslib 源码

tslib 源码已经放到资料包中，路径为"7、第三方库源码→tslib-1.21.tar.bz2"。将压缩包发送到 ubuntu 中并解压，得到名为 tslib-1.21 的目录，此目录下就是 tslib 源码。

2. 修改 tslib 源码所属用户

修改解压得到的 tslib-1.21 目录所属用户为当前用户，这一步一定要做，否则在稍后的编译中会遇到各种问题。当前 Ubuntu 的登录用户名为 zuozhongkai，那么修改命令如下：

sudo chown zuozhongkai:zuozhongkai tslib-1.21 -R

3. ubuntu 工具安装

编译 tslib 的时候需要先在 ubuntu 中安装一些文件，防止编译 tslib 过程中出错，命令如下所示：

```
sudo apt - get install autoconf
sudo apt - get install automake
sudo apt - get install libtool
```

4. 编译 tslib

首先在 Ubuntu 中创建一个名为 tslib 的目录存放编译结果，比如我们创建的 tslib 目录路径为 /home/zuozhongkai/linux/IMX6ULL/tool/tslib。

接下来输入如下命令配置并编译 tslib：

```
cd tslib - 1.21/              //进入 tslib 源码目录
./autogen.sh
./configure - - host = arm - linux - gnueabihf - - prefix = /home/zuozhongkai/linux/IMX6ULL/tool/tslib
make                         //编译
make install                 //安装
```

注意，在使用 ./configure 配置 tslib 的时候"--host"参数指定编译器，"--prefix"参数指定编译完成以后的 tslib 文件安装到哪里，这里肯定是安装到我们刚刚创建的 tslib 目录下。

完成以后 tslib 目录下的内容如图 26-7 所示。

```
zuozhongkai@ubuntu:~/linux/IMX6ULL/tool/tslib$ ls
bin  etc  include  lib  share
zuozhongkai@ubuntu:~/linux/IMX6ULL/tool/tslib$ █
```

图 26-7 编译得到的文件

bin 目录下是可执行文件，包括 tslib 的测试工具。etc 目录下是 tslib 的配置文件，lib 目录下是相关的库文件。将图 26-7 中的所有文件复制到开发板的根文件系统中，命令如下：

```
sudo cp * - rf /home/zuozhongkai/linux/nfs/rootfs
```

5. 配置 tslib

打开 /etc/ts.conf 文件，找到下面这一行：

```
module_raw input
```

如果上面这句前面有"♯"，则删除掉"♯"。

打开 /etc/profile 文件，在里面加入如下内容：

示例代码 26-18 /etc/profile 文件添加的内容
```
1 export TSLIB_TSDEVICE = /dev/input/event1
2 export TSLIB_CALIBFILE = /etc/pointercal
3 export TSLIB_CONFFILE = /etc/ts.conf
4 export TSLIB_PLUGINDIR = /lib/ts
5 export TSLIB_CONSOLEDEVICE = none
6 export TSLIB_FBDEVICE = /dev/fb0
```

第 1 行，TSLIB_TSDEVICE 表示触摸设备文件，这里设置为/dev/input/event1，这个要根据具体情况设置。如果你的触摸设备文件为 event2，那么就应该设置为/dev/input/event2，以此类推。

第2行，TSLIB_CALIBFILE表示校准文件，如果进行屏幕校准，则校准结果就保存在这个文件中。这里设置校准文件为/etc/pointercal，此文件可以不存在，校准的时候会自动生成。

第3行，TSLIB_CONFFILE表示触摸配置文件，文件为/etc/ts.conf，此文件在移植tslib的时候会生成。

第4行，TSLIB_PLUGINDIR表示tslib插件目录位置，目录为/lib/ts。

第5行，TSLIB_CONSOLEDEVICE表示控制台设置，这里不设置，因此为none。

第6行，TSLIB_FBDEVICE表示FB设备，也就是屏幕，根据实际情况配置，这里的屏幕文件为/dev/fb0，因此这里设置为/dev/fb0。

全部配置好以后重启开发板，然后就可以进行测试了。

26.5.2 tslib测试

电容屏可以不用校准，如果是电阻屏则要先进行校准。若进行校准，则输入如下命令：

```
ts_calibrate
```

校准完成以后如果不满意，或者不小心对电容屏做了校准，那么直接删除掉/etc/pointercal文件即可。

最后使用ts_test_mt软件来测试触摸屏工作是否正常，以及多点触摸是否有效，执行如下所示命令：

```
ts_test_mt
```

此命令会打开一个触摸测试界面，如图26-8所示。

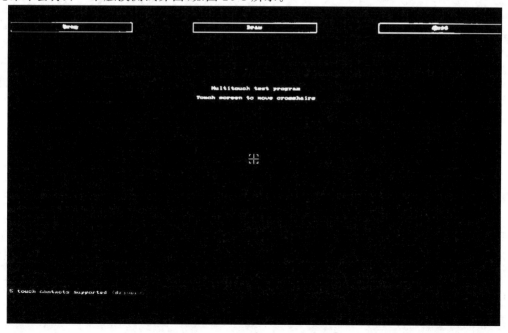

图26-8 ts_test_mt界面

在图 26-8 上有 3 个按钮 Drag、Draw 和 Quit,这 3 个按钮的功能如下:

Drag——拖曳按钮,默认就是此功能,大家可以看到屏幕中间有一个十字光标,我们可以通过触摸屏幕来拖曳此光标。一个触摸点一个十字光标,对于 5 点电容触摸屏,如果 5 个手指都放到屏幕上,那么就有 5 个光标,一个手指一个。

Draw——绘制按钮,按下此按钮就可以在屏幕上进行简单的图形绘制,可以通过此功能检测多点触摸工作是否正常。

Quit——退出按钮,退出 ts_test_mt 测试软件。

单击 Draw 按钮,使用绘制功能,5 个手指一起划过屏幕,如果多点电容屏工作正常,就会在屏幕上留下 5 条线,如图 26-9 所示。

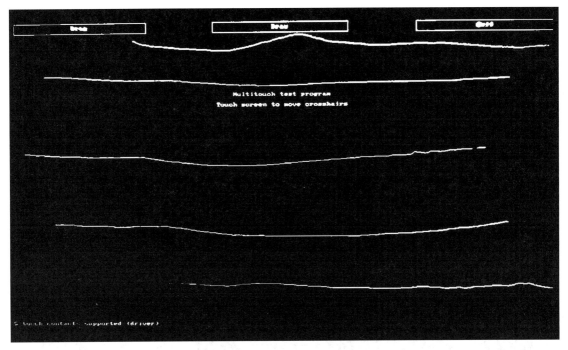

图 26-9　5 点触摸测试

从图 26-9 可以看出,屏幕上有 5 条线,说明 5 点电容触摸工作正常。这 5 跳线都是白色的(图 26-9 中由于拍照并处理的原因,导致 5 条线看起来不是白色的)。

26.6　使用内核自带的驱动

Linux 内核已经集成了很多电容触摸 IC 的驱动文件,比如本章实验所使用的 FT5426。本节就来学习如何使用 Linux 内核自带的多点电容触摸驱动。在使用之前要先将前面我们自己添加到内核的 ft5x06.c 这个文件从内核中去除掉,只需要修改 drivers/input/touchscreen/Makefile 这个文件即可,将下面这一行删除掉:

```
obj-y    += ft5x06.o
```

内核自带的 FT5426 的驱动文件为 drivers/input/touchscreen/edt-ft5x06.c，此驱动文件不仅能够驱动 FT5426，也可以驱动 FT5206、FT5406 等。按照如下步骤来操作，学习如何使用此驱动。

1. 修改 edt-ft5x06.c

edt-ft5x06.c 不能直接使用，需要对其做修改，由于此文件太大，这里就不一一指出来如何修改了。大家可以直接参考我们已经修改好的 edt-ft5x06.c，修改好的 edt-ft5x06.c 放到了资料包中，路径为"1、例程源码→2、Linux 驱动例程→23_multitouch→edt-ft5x06.c"，直接用我们提供的 edt-ft5x06.c 文件替换掉内核自带的 edt-ft5x06.c 即可。若有兴趣则可以对比一下两个文件的差异，看一下我们修改了什么地方。

2. 使能内核自带的 FT5X06 驱动

edt-ft5x06.c 这个驱动默认是没有使能的，我们需要配置 Linux 内核，使能此驱动，通过图形化配置界面即可完成配置。进入 Linux 内核源码目录，输入如下所示命令打开图形化配置界面：

```
make menuconfig
```

配置路径如下：

```
Location:
    -> Device Drivers
      -> Input device support
        -> Generic input layer (needed for keyboard, mouse, ...) (INPUT [ = y])
          -> Touchscreens (INPUT_TOUCHSCREEN [ = y])
            -> < * > EDT FocalTech FT5x06 I2C Touchscreen support
```

配置结果如图 26-10 所示。

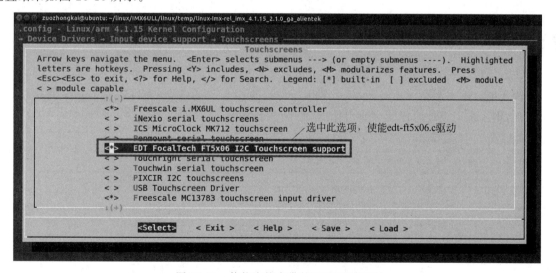

图 26-10　使能内核自带的 FT5X06 驱动

配置好以后重新编译 linux 内核，生成 zImage，但是还不能直接用，要修改设备树。

3. 修改设备树

修改 26.3.1 节中编写的 ft5426 这个设备节点，需要在里面添加 compatible 属性，添加的内容就要参考 edt-ft5x06.c 文件了，edt-ft5x06.c 所支持的 compatible 属性列表如下所示：

```
                示例代码 26-19   edt-ft5x06.c 的 compatible 兼容属性列表
static const struct of_device_id edt_ft5x06_of_match[] = {
    { .compatible = "edt,edt - ft5206", },
    { .compatible = "edt,edt - ft5306", },
    { .compatible = "edt,edt - ft5406", },
    { /* sentinel */ }
};
```

可以看出,edt-ft5x06.c 文件默认支持的 compatible 属性只有 3 个:"edt,edt-ft5206"、"edt,edt-ft5306"和"edt,edt-ft5406"。我们可以修改设备树中的 ft5426 节点,在 compatible 属性值添加一条"edt,edt-ft5406"(在示例代码 26-17 中三选一即可)。或者修改示例代码 26-17 中的 edt_ft5x06_of_match 表,在里面添加一条:

```
{ .compatible = "edt,edt - ft5426", }
```

总之,让 FT5426 这个设备和 edt-ft5x06.c 这个驱动匹配起来。这里选择修改设备树中的 ft5426 节点,修改后的 ft5426 节点内容如下所示:

```
                        示例代码 26-20   ft5426 节点内容
1    ft5426: ft5426@38 {
2        compatible = "edt,edt - ft5426","edt,edt - ft5406";
3        reg = < 0x38 >;
4        pinctrl - names = "default";
5        pinctrl - 0 = < &pinctrl_tsc >;
6        interrupt - parent = < &gpio1 >;
7        interrupts = < 9 0 >;
8        reset - gpios = < &gpio5 9 GPIO_ACTIVE_LOW >;
9        interrupt - gpios = < &gpio1 9 GPIO_ACTIVE_LOW >;
10   };
```

第 2 行,添加 compatible 值"edt,edt-ft5406"。

修改完成以后重新编译设备树,然后使用新得到的.dtb 和 zImage 文件启动 Linux 内核。如果一切正常,则系统启动的时候就会输出如图 26-11 所示信息。

```
mousedev: PS/2 mouse device common for all mice
input: 20cc000.snvs:snvs-powerkey as /devices/platform/soc/2000000.aips-bus/20cc000.snvs/20cc000.snvs
usbcore: registered new interface driver xpad
usb 2-1: new high-speed USB device number 2 using ci_hdrc
input: EP0820M09 as /devices/platform/soc/2100000.aips-bus/21a4000.i2c/i2c-1/1-0038/input/input1
imx6ul-pinctrl 20e0000.iomuxc: pin MX6UL_PAD_RESERVE16 already requested by 1-0038; cannot claim for
imx6ul-pinctrl 20e0000.iomuxc: pin-16 (2040000.tsc) status -22
```

图 26-11   触摸屏 log 信息

直接运行 ts_test_mt 来测试触摸屏是否可以使用。

至此,关于 Linux 下的多点电容触摸驱动就结束了,重点就是掌握 Linux 下的触摸屏上报时序,大多数都是 Type B 类型。

## 第27章

RGB转HDMI实验

目前大多数的显示器都提供了 HDMI 接口，HDMI 的应用范围也越来越广，但是 I.MX6ULL 原生并不支持 HDMI 显示，我们可以通过 RGB 转 HDMI 芯片将 RGB 信号转为 HDMI 信号，这样就可以连接 HDMI 显示器了。本章就来学习如何在正点原子的 I.MX6U-ALPHA 开发板上实现 RGB 转 HDMI。

27.1 RGB 转 HMDI 简介

I.MX6ULL 这颗 SOC 是没有 HDMI 外设，只有 RGB 屏幕接口，因此只能通过 RGB 转 HDMI 的芯片来实现 HDMI 连接。效果虽然没法和原生支持 HDMI 接口的 SOC 比，但了解一下还是可以的。因此本质上来讲还是 RGB 驱动，并非原生的 HDMI 驱动。

正点原子为 I.MX6U-ALPHA 开发板提供了 RGB 转 HDMI 模块，如图 27-1 所示。

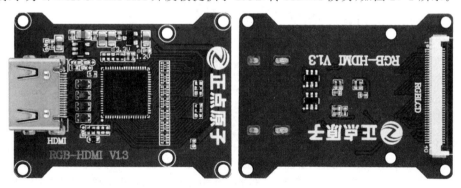

图 27-1　RGB 转 HDMI 模块正反面

图 27-1 中左侧为 RGB 转 HDMI 模块正面，右侧为模块的反面。通过 40 针的 FPC 排线将模块与 ALPHA 开发板的 RGB 接口连接在一起，另一端通过 HDMI 线将模块与显示器连接在一起。

模块使用 Sii9022A 这颗芯片来完成 RGB 转 HDMI，Sii9022A 以前是 Silicon Image 公司出品的，但是 Silicon Image 后来被 Lattice 收购了，所以大家会看到有的 Sii9022A 芯片上面的丝印是"Silicon Image"，有的是"LATTICE"。

Sii9022A 是一款 HDMI 传输芯片，适用于高清便携相机、数字相机和个人移动设备，可以灵活地将其他音视频接口转换为 HDMI 或者 DVI 格式。Sii9022A 支持预编程 HDCP 键码,可以完全自动进行 HDCP 检测和鉴定。Sii9022A 是一个视频转换芯片,支持输入视频格式有 xvYCC、BTA-T1004、ITU-R.656,内置 DE 发生器支持 SYNC 格式(RGB 格式)。输出格式支持 HDMI、HDCP 和 DVI,最高支持 1080P 视频输出、支持 HDMI A、HDMI C 和 Micro-D 连接器。Sii9022A 功能非常多,具体使用什么功能需要进行配置,因此 Sii9022A 提供了一个 I^{2}C 接口用于配置。

27.2　硬件原理图分析

由于 RGB 转 HDMI 模块详细的原理图比较大,这里不做展示,大家自行查看。RGB 转 HDMI 模块的原理图已经放到了资料包中,路径为"2、开发板原理图→正点原子其他模块原理图→ATK-RGB2HDMI 模块 V1.3.pdf"。这里重点来看一下模块原理图中与 ALPHA 开发板的 FPC 连接口,如图 27-2 所示。

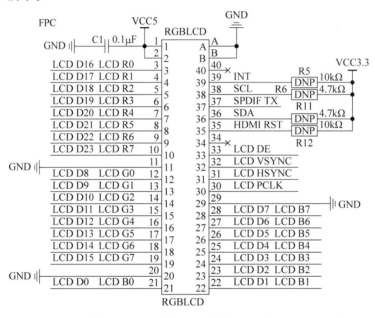

图 27-2　RGB 转 HDMI 模块 FPC 接口

图 27-2 就是 RGB 转 HDMI 模块的 40 针 FPC 接口,使用一根 40 针反向 FPC 连接线与 ALPHA 开发板的 RGB 接口连接,FPC 线一定要短,推荐使用 5cm 长的。从图 27-2 可以看出,HDMI 模块接口主要是 RGB 接口引脚,右上角一路 I^{2}C 接口,这路 I^{2}C 最终连接到了 ALPHA 开发板的触摸屏 I^{2}C 接口上,也就是 I.MX6ULL 的 I2C2 接口。另外还有一个中断 INT 和一个复位 HDMI_RESET 引脚。

27.3　实验驱动编写

27.3.1　修改设备树

1. HDMI 模块 I/O 节点信息添加

HDMI 模块分为两部分:RGB 接口以及 I2C2。I2C2 接口的 I/O 配置已经在 26.3.1 节讲解了怎么修改,这里就不再讲解了。重点说一下 RGB 接口部分的配置。打开 imx6ull-alientek-emmc.dts 文件,在 iomuxc 节点下的 imx6ul-evk 子节点中加入如下内容:

```
                    示例代码 27-1   iomuxc 子节点 imx6ul-evk 中添加的 RGB 引脚信息
1  pinctrl_hdmi_dat: hdmidatgrp {
2      fsl,pins = <
3          MX6UL_PAD_LCD_DATA00__LCDIF_DATA00      0x49
4          MX6UL_PAD_LCD_DATA01__LCDIF_DATA01      0x49
5          MX6UL_PAD_LCD_DATA02__LCDIF_DATA02      0x49
6          MX6UL_PAD_LCD_DATA03__LCDIF_DATA03      0x49
7          MX6UL_PAD_LCD_DATA04__LCDIF_DATA04      0x49
8          MX6UL_PAD_LCD_DATA05__LCDIF_DATA05      0x49
9          MX6UL_PAD_LCD_DATA06__LCDIF_DATA06      0x49
10         MX6UL_PAD_LCD_DATA07__LCDIF_DATA07      0x49
11         MX6UL_PAD_LCD_DATA08__LCDIF_DATA08      0x49
12         MX6UL_PAD_LCD_DATA09__LCDIF_DATA09      0x49
13         MX6UL_PAD_LCD_DATA10__LCDIF_DATA10      0x49
14         MX6UL_PAD_LCD_DATA11__LCDIF_DATA11      0x49
15         MX6UL_PAD_LCD_DATA12__LCDIF_DATA12      0x49
16         MX6UL_PAD_LCD_DATA13__LCDIF_DATA13      0x49
17         MX6UL_PAD_LCD_DATA14__LCDIF_DATA14      0x49
18         MX6UL_PAD_LCD_DATA15__LCDIF_DATA15      0x51
19         MX6UL_PAD_LCD_DATA16__LCDIF_DATA16      0x49
20         MX6UL_PAD_LCD_DATA17__LCDIF_DATA17      0x49
21         MX6UL_PAD_LCD_DATA18__LCDIF_DATA18      0x49
22         MX6UL_PAD_LCD_DATA19__LCDIF_DATA19      0x49
23         MX6UL_PAD_LCD_DATA20__LCDIF_DATA20      0x49
24         MX6UL_PAD_LCD_DATA21__LCDIF_DATA21      0x49
25         MX6UL_PAD_LCD_DATA22__LCDIF_DATA22      0x49
26         MX6UL_PAD_LCD_DATA23__LCDIF_DATA23      0x49
27     >;
28 };
29
30 /* zuozhongkai HDMI RGB */
31 pinctrl_hdmi_ctrl: hdmictrlgrp {
32     fsl,pins = <
33         MX6UL_PAD_LCD_CLK__LCDIF_CLK            0x49
34         MX6UL_PAD_LCD_ENABLE__LCDIF_ENABLE      0x49
35         MX6UL_PAD_LCD_HSYNC__LCDIF_HSYNC        0x49
36         MX6UL_PAD_LCD_VSYNC__LCDIF_VSYNC        0x49
37     >;
38 };
39
40 /* zuozhongkai SII902X  INT */
41 pinctrl_sii902x: hdmigrp-1 {
42     fsl,pins = <
43         MX6UL_PAD_GPIO1_IO09__GPIO1_IO09        0x11
44     >;
45 };
```

另外,还需要在 iomuxc_snvs 节点下的 imx6ul-evk 子节点中加入如下 RGB 转 HDMI 模块复位引脚信息,需要添加的内容如下:

示例代码 27-2　iomuxc_snvs 子节点 imx6ul-evk 中的复位引脚信息

```
1 ts_reset_hdmi_pin: ts_reset_hdmi_mux {
2   fsl,pins = <
3       MX6ULL_PAD_SNVS_TAMPER9__GPIO5_IO09 0x49
4   >;
5 };
```

2. sii902x 节点创建

siii902x 通过 I^2C 接口来进行配置,正点原子 RGB 转 HDMI 模块的 I^2C 接口连接到了 ALPHA 开发板的 I2C2 接口上,因此需要在 I2C2 节点下创建 sii902x 芯片子节点。在 imx6ull-alientek-emmc.dts 文件的 i2c2 节点下添加如下所示内容:

示例代码 27-3　i2c2 节点下添加 sii902x 子节点

```
1 sii902x: sii902x@39 {
2       compatible = "SiI,sii902x";
3       pinctrl - names = "default";
4       pinctrl - 0 = <&pinctrl_sii902x>;
5       interrupt - parent = <&gpio1>;
6       interrupts = <9 IRQ_TYPE_EDGE_FALLING>;
7       irq - gpios = <&gpio1 9 GPIO_ACTIVE_LOW>;
8       mode_str = "1280x720M@60";
9       bits - per - pixel = <16>;
10      resets = <&sii902x_reset>;
11      reg = <0x39>;
12      status = "okay";
13 };
```

第 8 行的 mode_str 设置屏幕的分辨率帧率,这里设置为 1280×720,帧率为 60。

在"/"节点下创建名为 sii902x_reset 的子节点,这个子节点用于描述 sii902x 的复位 I/O,节点内容如下所示:

示例代码 27-4　根节点"/"下添加 sii902x 复位子节点

```
1 sii902x_reset: sii902x - reset {
2       compatible = "gpio - reset";
3       reset - gpios = <&gpio5 9 GPIO_ACTIVE_LOW>;
4       reset - delay - us = <100000>;
5       #reset - cells = <0>;
6       status = "disabled";
7 };
```

3. 修改 lcdif 节点下的像素极性

RGB 接口默认都是连接的 RGB 屏幕,现在换为了 RGB 转 HDMI 模块,因此需要修改一些参数,这里只需要修改一下像素时钟极性属性 pixelclk-active,lcdif 节点下的其他属性全部都不需要修改。只需要将 pixelclk-active 改为 1,如下所示:

示例代码 27-5　修改 lcdif 节点的 pixelclk-active 属性

```
1 &lcdif {
2       pinctrl - names = "default";
3       pinctrl - 0 = <&pinctrl_hdmi_dat
```

```
4              &pinctrl_hdmi_ctrl>;
5     display = <&display0>;
6     status = "okay";
7
8     display0: display {
...
28             pixelclk-active = <1>;
29             };
30     };
31   };
32 };
```

第 28 行仅仅将 pixelclk-active 属性改为 1,lcdif 节点其他属性全部不需要修改。

4. 屏蔽其他复用的 I/O

RGB 转 HDMI 模块的 RESET 和 INT 这两个引脚作为 GPIO 使用,对应 GPIO5_IO09 和 GPIO1_IO09。所有我们要检查整个设备树,找到其他用到 GPIO5_IO09 和 GPIO1_IO09 的地方,然后将其屏蔽掉,在整个设备树中搜索"gpio5 9"和"gpio1 9"这两个字符串,将所有非 HDMI 模块的节点中出现这两个字符串的属性都屏蔽掉。

这一步一定要做,否则加载 sii902x 驱动的时候会要因为 I/O 被其他设备占用而导致驱动加载失败。

27.3.2 使能内核自带的 sii902x 驱动

NXP 提供的 Linux 内核已经继承了 sii902x 驱动了,我们只需要配置使能即可,路径如下:

```
-> Device Drivers
  -> Graphics support
    -> Frame buffer Devices
      -> <*> Si Image SII9022 DVI/HDMI Interface Chip
```

将 sii902x 驱动编译进 Linux 内核中,如图 27-3 所示。

图 27-3　使能 sii902x 驱动

使能以后编译一下内核,看看能不能正常编译,能正常编译的话再进行下一步。

27.3.3 修改 sii902x 驱动

Linux 内核自带的 sii902x 驱动需要做一点小修改,首先打开 drivers/video/fbdev/mxc/mxsfb_sii902x.c 这个文件,我们需要对其中的 sii902x_poweron() 和 sii902x_poweroff() 这两个函数进行修改,修改后的 sii902x_poweron() 和 sii902x_poweroff() 函数如下所示:

示例代码 27-6　修改 mxsfb_sii902x.c 文件

```
1   static void sii902x_poweron(void)
2   {
3       /* Turn on DVI or HDMI */
4       i2c_smbus_write_byte_data(sii902x.client, 0x1A, 0x00);
5       return;
6   }
7
8   static void sii902x_poweroff(void)
9   {
10      /* disable tmds before changing resolution */
11      i2c_smbus_write_byte_data(sii902x.client, 0x1A, 0x10);
12      return;
13  }
```

继续修改 mxsfb_sii902x.c 文件,找到 mxsfb_get_of_property() 函数,我们需要在此函数中配置 sii902x 的中断 I/O,修改后的 mxsfb_get_of_property() 函数如下所示:

示例代码 27-7　mxsfb_get_of_property() 函数

```
1   static int mxsfb_get_of_property(void)
2   {
3       struct device_node * np = sii902x.client->dev.of_node;
4       const char * mode_str;
5       int bits_per_pixel, ret;
6       int irq_pin;
7
8       ret = of_property_read_string(np, "mode_str", &mode_str);
...
19      sii902x.mode_str = mode_str;
20      sii902x.bits_per_pixel = bits_per_pixel;
21
22      irq_pin = of_get_named_gpio(np, "irq-gpios", 0);
23      gpio_direction_output(irq_pin, 1);
24
25      return ret;
26  }
```

示例代码 27-7 中第 6 行、第 22 行和第 23 行这 3 行就是新添加进去的,mxsfb_get_of_property() 函数其他部分均不用做任何修改。

最后在 mxsfb_sii902x.c 文件中添加如下头文件:

示例代码 27-8　在 mxsfb_sii902x.c 文件中添加头文件

```
1   #include <linux/of_gpio.h>
```

至此,mxsfb_sii902x.c 文件修改完成,重新编译 Linux 内核。

27.4 RGB 转 HDMI 测试

使用 FPC 线将 RGB 转 HDMI 模块连接到开发板上的 RGB 屏幕接口上,RGB 转 HDMI 模块通过 HDMI 线连接到显示器上。

使用新编译得到的 zImage 和 imx6ull-alientek-emmc.dtb 启动开发板,如果驱动工作正常,则显示器就会有显示,如图 27-4 所示。

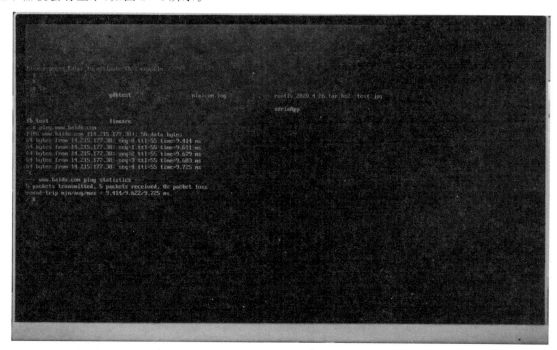

图 27-4　显示器显示

第28章

Linux音频驱动实验

音频是我们最常用到的功能,音频也是 Linux 和 Android 的重点应用场合。I. MX6ULL 带有 SAI 接口,正点原子的 I. MX6ULL ALPHA 开发板通过此接口外接了一个 WM8960 音频 DAC 芯片,本章就来学习如何使能 WM8960 驱动,并且通过 WM8960 芯片完成音乐的播放与录音。

28.1 音频接口简介

28.1.1 为何需要音频编解码芯片

处理器要想"听到"外界的声音,必须把外界的声音转化为自己能够理解的"语言"。处理器能理解的就是 0 和 1,也就是二进制数据。所以我们需要先把外界的声音信号转换为处理器能理解的 0 和 1。在信号处理领域,外界的声音是模拟信号,处理器能理解的是数字信号,因此这里就涉及模拟信号转换为数字信号的过程,而完成这个功能的就是 ADC 芯片。

同理,如果处理器要向外界传达自己的"心声",也就是放音,那么就涉及将处理器能理解的 0 和 1 转化为外界能理解的连续变化的声音,这个过程就是将数字信号转化为模拟信号,而完成这个功能的是 DAC 芯片。

现在我们知道了,处理器如果既想"听到"外界的声音,又想向外界传达自己的"心声",那么就需要同时用到 DAC 和 ADC 这两款芯片。那是不是买两颗 DAC 和 ADC 芯片就行了呢? 答案肯定是可以的,但是音频不单单是能出声、能听到就行。我们往往需要听到的声音动听、效果真实、可以调节音效、对声音能够进行一些处理(需要 DSP 单元)、拥有统一的标准接口、方便开发等。将这些针对声音的各种要求全部叠加到 DAC 和 ADC 芯片上,就会得到一个专门用于音频的芯片,也就是音频编解码芯片,英文名字就是 Audio CODEC,所以我们在手机或者计算机的介绍中看到"CODEC"这个词语,一般说的都是音频编解码。

既然音频 CODEC 的本质是 ADC 和 DAC,那么采样率和采样位数就是衡量一款音频 CODEC 最重要的指标。 比如常见音频采样率有 8kbps、44.1kbps、48kbps、192kbps 甚至 384kbps 和 768kbps,采样位数常见的有 8 位、16 位、24 位、32 位。采样率和采样位数越高,那么音频 CODEC 越能真实地还原声音,也就是大家说的 HIFI。因此大家会看到高端的音频播放器都会有很高的采样率和采样位数,同样价格也会更高。当然了,实际的效果还与其他部分有关,采样率和采样位数只是其中重要的指标之一。

28.1.2 WM8960 简介

前面已经分析了为何需要音频编解码芯片,那是因为专用的音频编解码芯片提供了很多针对音频的特性。我们就以正点原子 ALPHA 开发板所使用的 WM8960 芯片为例,来看一下专用的音频编解码芯片都有哪些特性。

WM8960 是一颗由 Wolfson(欧胜)公司出品的音频编解码芯片,是低功耗、高质量的立体声音频 CODEC。集成 D 类喇叭功放,每个通道可以驱动一个 1W 喇叭(8Ω)。内部集成 3 个立体声输入源,可以灵活配置,拥有一路完整的麦克风接口。WM8960 内部 ADC 和 DAC 都为 24 位,WM8960 主要特性如下所示:

(1) DAC 的 SNR(信噪比)为 98dB,3.3V、48kHz 下 THD(谐波失真)为 −84dB。

(2) ADC 的 SNR(信噪比)为 94dB,3.3V、48kHz 下 THD(谐波失真)为 −82dB。

(3) 3D 增强。

(4) 立体声 D 类功放,可以直接外接喇叭,8Ω 负载下每通道 1W。

(5) 集成耳机接口。

(6) 集成麦克风接口。

(7) 采样率支持 8kbps、11.025kbps、12kbps、16kbps、22.05kbps、24kbps、32kbps、44.1kbps 和 48kbps。

WM8960 整体框图如图 28-1 所示。

下面分析图 28-1 中的 4 部分接口都有什么功能。

(1) 此部分是 WM8960 提供的输入接口,作为立体声音频输入源,一共提供了 3 路,分别为 LINPUT1/RINPUT1、LINPUT2/RINPUT2、LINPUT3/RINPUT3。麦克风或线路输入就连接到此接口上,这部分是需要硬件工程师重点关心的,因为音频选择从哪一路进入需要在设计 PCB 的时候就应该定好。

(2) 此部分是 WM8960 的输出接口,比如输出给耳机或喇叭,SPK_LP/SPK_LN 用于连接左声道的喇叭,支持 1W 的 8Ω 喇叭。SPK_RP/SPK_RN 用于连接右声道的喇叭,同样支持 1W 的 8Ω 喇叭,最后就是 HP_L/HP_R,用于连接耳机。

(3) 此部分是数字音频接口,用于和主控制器连接,有 5 根线,用于主控制器和 WM8960 之间进行数据"沟通"。主控制器向 WM8960 的 DAC 发送的数据,WM8960 的 ADC 向主控制传递的数据都是通过此音频接口来完成的。这个接口非常重要,是驱动开发人员应重点关注的,此接口支持 I^2S 格式。此接口 5 根线的作用如下:

ADCDAT——ADC 数据输出引脚,采集到的音频数据转换为数字信号以后通过此引脚传输给主控制器。

ADCLRC——ADC 数据对齐时钟,也就是帧时钟(LRCK),用于切换左右声道数据,此信号的频率等于采样率。此引脚可以配置为 GPIO 功能,配置为 GPIO 以后 ADC 就会使用 DACLRC 引脚作为帧时钟。

DACDAT——DAC 数据输入引脚,主控器通过此引脚将数字信号输入给 WM8960 的 DAC。

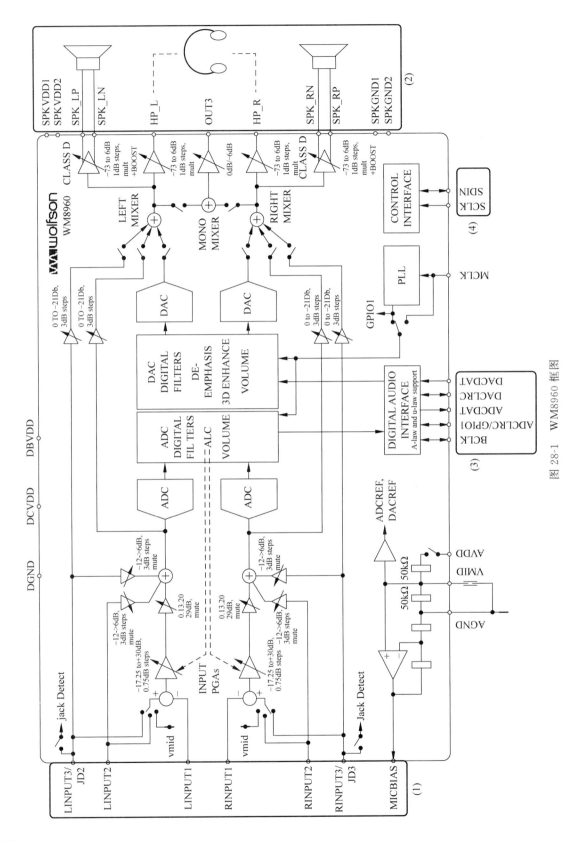

图 28-1　WM8960 框图

DACLRC——DAC 数据对齐时钟,功能和 ADCLRC 一样,都是帧时钟(LRCK),用于切换左右声道数据,此信号的频率等于采样率。

BCLK——位时钟,用于同步。

MCLK——主时钟,WM8960 工作的时候还需要一路主时钟,此时钟由 I. MX6ULL 提供,MCLK 频率等于采样率的 256 或 384 倍,因此大家在 WM8960 的数据手册里面常看到 MCLK＝256fs 或 MCLK＝384fs。

(4) 此部分为控制接口,是一个标准的 I^2C 接口,WM8960 要想工作必须对其进行配置,这个 I^2C 接口就是用于配置 WM8960 的。

28.1.3 I^2S 总线接口

I^2S(Inter-IC Sound)总线有时候也写作 IIS。I^2S 是飞利浦公司提出的一种用于数字音频设备之间进行音频数据传输的总线。和 I^2C、SPI 这些常见的通信协议一样,I^2S 总线用于在主控制器和音频 CODEC 芯片之间传输音频数据。因此,要想使用 I^2S 协议,主控制器和音频 CODEC 都要支持 I^2S 协议,I. MX6ULL 的 SAI 外设就支持 I^2S 协议,WM8960 同样也支持 I^2S,所以本章实验就是使用 I^2S 协议来完成的。I^2S 接口需要 3 根信号线(如果需要实现收和发,那么就要 4 根信号线,收和发分别使用一根信号线)。

SCK——串行时钟信号,也叫作位时钟(BCLK),音频数据的每一位数据都对应一个 SCK,立体声都是双声道的,因此 SCK＝2×采样率×采样位数。比如采样率为 44.1kHz、16 位的立体声音频,那么 SCK＝2×44100×16＝1411200Hz＝1.4112MHz。

WS——字段(声道)选择信号,也叫作 LRCK,也叫作帧时钟,用于切换左右声道数据,WS 为 1 表示正在传输左声道的数据,WS 为 0 表示正在传输右声道的数据。WS 的频率等于采样率,比如采样率为 44.1kHz 的音频,WS＝44.1kHz。

SD——串行数据信号,也就是实际的音频数据,如果要同时实现放音和录音,那么就需要 2 根数据线,比如 WM8960 的 ADCDAT 和 DACDAT,就是分别用于录音和放音。不管音频数据是多少位的,数据的最高位都是最先传输的。数据的最高位总是出现在一帧开始后(LRCK 变化)的第 2 个 SCK 脉冲处。

另外,有时候为了使音频 CODEC 芯片与主控制器之间能够更好地同步,会引入另外一个叫作 MCLK 的信号,也叫作主时钟或系统时钟,一般是采样率的 256 倍或 384 倍。

图 28-2 是一帧立体声音频时序图。

图 28-3 是作者采用逻辑分析仪抓取到的一帧真实的音频时序图,其中通道 0 是 LRCK 时钟,通道 1 为 BCLK,通道 2 是 DACDATA,通道 3 是 MCLK。随着技术的发展,在统一的 I^2S 接口下,出现了不同的数据格式,根据 DATA 数据相对于 LRCK 和 SCLK 位置的不同,出现了 Left Justified(左对齐)和 Right Justified(右对齐)两种格式,这两种格式的时序图如图 28-4 所示。

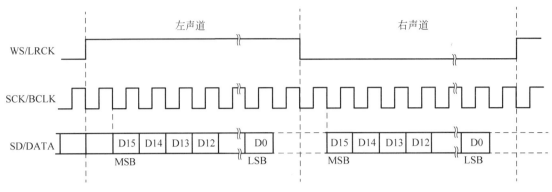

图 28-2　I^2S 时序图

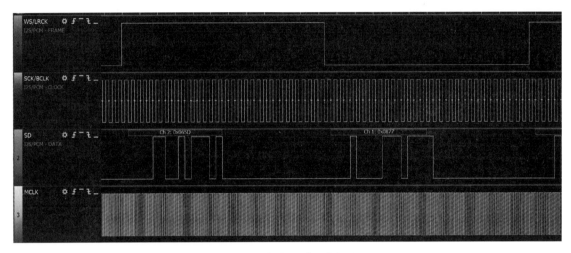

图 28-3　真实的 I^2S 时序图

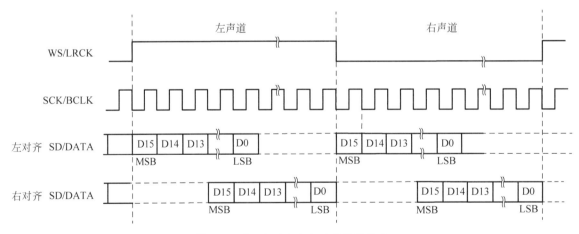

图 28-4　I^2S 左对齐和右对齐数据格式

28.1.4　I. MX6ULL SAI 简介

音频 CODEC 支持 I^2S 协议,那么主控制器也必须支持 I^2S 协议。大家如果学过 STM32F4/

F7/H7 的话应该知道 SAI 接口,因为在 STM32 中就是通过 SAI 接口来连接音频 CODEC。I.MX6ULL 也提供了一个叫作 SAI 的外设,全称为 Synchronous Audio Interface,翻译过来就是同步音频接口。

I.MX6ULL 的 SAI 是一个全双工、支持帧同步的串行接口,支持 I^2S、AC97、TDM 和音频 DSP。SAI 的主要特性如下:

(1) 帧最大为 32 个字。

(2) 字大小可选择 8bit 或 32bit。

(3) 每个接收和发送通道拥有 32×32bit 的 FIFO。

(4) FIFO 错误以后支持平滑重启。

I.MX6ULL 的 SAI 框图如图 28-5 所示。

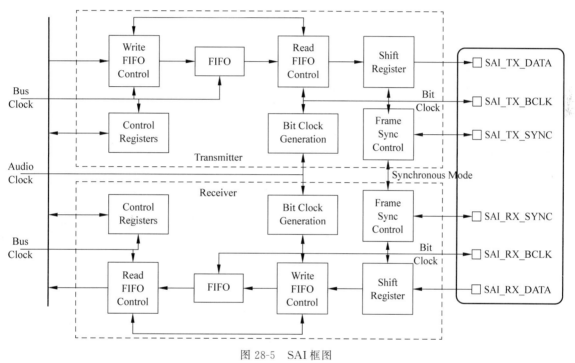

图 28-5　SAI 框图

图 28-5 中右侧"SAI_TX"和"SAI_RX"开头的就是 SAI 外设提供给外部连接音频 CODEC 的信号线,具体连接方法可查看 28.2 节的原理图。

28.2　硬件原理图分析

正点原子 ALPHA 开发板音频原理图如图 28-6 所示。

在图 28-6 中我们重点关注两个接口——SAI 和 I^2C,下面依次来看一下这两个接口:

(1) SAI 接口一共用到了 6 根数据线,这 6 根数据线用于 I.MX6ULL 与 WM8960 之间的音频数据收发。

(2) WM8960 在使用的时候需要进行配置,配置接口为 I^2C,连接到了 I.MX6ULL 的 I2C2 上。

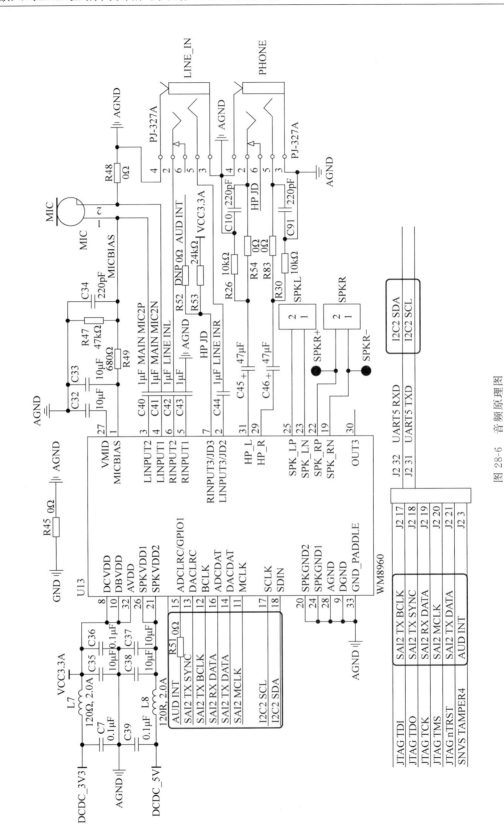

图 28-6　音频原理图

28.3 音频驱动使能

NXP 官方已经写好了 WM8960 驱动，因此我们直接配置内核使能 WM8960 驱动即可，按照如下所示步骤使能 WM8960 驱动。

28.3.1 修改设备树

前面分析原理图的时候已经说过了，WM8960 与 I.MX6ULL 之间有两个通信接口：I^2C 和 SAI，因此设备树中会涉及 I^2C 和 SAI 两个设备节点。其中 I^2C 用于配置 WM8960，SAI 接口用于音频数据传输。下面依次来配置一下这两个接口。

1. WM8960 I^2C 接口设备树

首先配置一下 I^2C 接口，由原理图可知，WM8960 连接到了 I.MX6ULL 的 I2C2 接口上，因此在设备树中的 i2c2 节点下需要添加 WM8960 信息。如果去添加肯定需要看设备树的绑定手册，打开 Documentation/devicetree/bindings/sound/wm8960.txt，此文件仅仅用于描述如何在 I^2C 节点下添加 WM8960 相关信息，此文档适用于所有的主控，不局限于 I.MX6ULL。

设备树里面有两个必要的属性：

compatible——兼容属性，属性值要设置为"wlf,wm8960"。所以大家在 Linux 内核中全局搜索"wlf,wm8960"的话就会找到 WM8960 的 I^2C 驱动文件，此文件为 sound/soc/codecs/wm8960.c。

reg——设置 WM8960 的 I^2C 地址，在正点原子的 ALPHA 开发板中 WM8960 的 I^2C 地址为 0x1A。

还有几个其他的可选属性：

wlf,shared-lrclk——这是一个 bool 类型的属性，如果添加了此属性，WM8960 的 R24 寄存器的 LRCM 位（bit2）就会置 1。当 LRCM 为 1 的时候只有当 ADC 和 DAC 全部关闭以后 ADCLRC 和 DACLRC 时钟才会关闭。

wlf,capless——这也是一个 bool 类型的属性，如果添加了此属性，OUT3 引脚将会使能，并且为了响应耳机插入响应事件，HP_L 和 HP_R 这两个引脚都会关闭。

绑定文档给出的参考节点内容如下所示：

```
                    示例代码28-1    WM8960 I²C 参考节点
codec: wm8960@1a {
    compatible = "wlf,wm8960";
    reg = <0x1a>;

    wlf,shared-lrclk;
};
```

根据 WM8960.txt 这份绑定文档，可以在任意一个主控的 I^2C 节点下添加 WM8960 相关信息了，NXP 官方 I.MX6ULL EVK 开发板使用的也是 WM8960，因此在设备树中添加设备节点这些工作 NXP 已经帮我们做了。打开 imx6ull-alientek-emmc.dts，找到名为 i2c2 的节点，此节点下都是连接到 I2C2 总线上的设备，其中就包括了 WM8960，WM8960 节点信息如下所示：

示例代码 28-2 WM8960 的 i2c2 子节点内容

```
1 codec: wm8960@1a {
2     compatible = "wlf,wm8960";
3     reg = <0x1a>;
4     clocks = <&clks IMX6UL_CLK_SAI2>;
5     clock-names = "mclk";
6     wlf,shared-lrclk;
7 };
```

可以看出,示例代码 28-2 中的内容基本和 wm8960.txt 这个绑定文档中的示例内容一致,只是多了第 4 行和第 5 行的内容,这两行用于描述时钟相关信息。第 4 行指定时钟源为 SAI2,第 5 行指定时钟的名字为 mclk。前面我们说过,为了更好地同步,一般都会额外提供一条 MCLK 时钟。

至此,关于 WM8960 的 I^2C 配置接口设备树就已经添加好了。

2. I.MX6ULL SAI 音频接口设备树

接下来就是 I.MX6ULL 的 SAI 音频接口设备树相关内容的修改了。同样,先查阅一下相应的绑定文档:Documentation/devicetree/bindings/sound/fsl-sai.txt。和我们前面讲过的 I^2C 接口、ECSPI 等接口一样,在 imx6ull.dtsi 文件中会有关于 SAI 相关接口的描述,这部分是 NXP 原厂编写的,我们不需要做任何修改,SAI2 的设备子节点内容如下所示:

示例代码 28-3 I.MX6ULL SAI2 接口子节点

```
1  sai2: sai@0202c000 {
2      compatible = "fsl,imx6ul-sai",
3                "fsl,imx6sx-sai";
4      reg = <0x0202c000 0x4000>;
5      interrupts = <GIC_SPI 98 IRQ_TYPE_LEVEL_HIGH>;
6      clocks = <&clks IMX6UL_CLK_SAI2_IPG>,
7            <&clks IMX6UL_CLK_DUMMY>,
8            <&clks IMX6UL_CLK_SAI2>,
9            <&clks 0>, <&clks 0>;
10     clock-names = "bus", "mclk0", "mclk1", "mclk2", "mclk3";
11     dma-names = "rx", "tx";
12     dmas = <&sdma 37 24 0>, <&sdma 38 24 0>;
13     status = "disabled";
14 };
```

直接搜索 compatible 属性中的这两个兼容值,就会找到 I.MX6ULL 的 SAI 接口驱动文件,路径为 sound/soc/fsl/fsl_sai.c,此驱动文件不需要我们去研究。从第 13 行可以看出,SAI2 默认是关闭的,因此我们需要将其打开,也就是设置 status 属性的值为"okay",这个工作肯定是在具体板子对应的.dts 文件中完成的,其实就是向 SAI2 节点中追加或者修改一些属性值。打开 imx6ull-alientek-emmc.dts 文件,找到如下内容:

示例代码 28-4 向 SAI2 节点追加或修改的内容

```
1  &sai2 {
2      pinctrl-names = "default";
3      pinctrl-0 = <&pinctrl_sai2
4            &pinctrl_sai2_hp_det_b>;
```

```
5        assigned-clocks = <&clks IMX6UL_CLK_SAI2_SEL>,
6                   <&clks IMX6UL_CLK_SAI2>;
7        assigned-clock-parents = <&clks IMX6UL_CLK_PLL4_AUDIO_DIV>;
8        assigned-clock-rates = <0>, <12288000>;
9        status = "okay";
10   };
```

示例代码 28-4 中的内容是 NXP 针对自己的 I.MX6ULL EVK 开发板而添加的,主要是对 SAI2 节点做了 3 方面的修改:SAI2 接口的 pinctrl、相应的时钟、修改 status 为"okay"。我们重点来看一下 pinctrl 的设置,因为关系到 SAI2 接口的 I/O 设置,从 pinctrl-0 属性可以看出这里一共有两组 I/O:pinctrl_sai2 和 pinctrl_sai2_hp_det_b,这两组 I/O 内容如下:

示例代码 28-5 sai2 引脚配置

```
1    pinctrl_sai2: sai2grp {
2      fsl,pins = <
3            MX6UL_PAD_JTAG_TDI__SAI2_TX_BCLK         0x17088
4            MX6UL_PAD_JTAG_TDO__SAI2_TX_SYNC         0x17088
5            MX6UL_PAD_JTAG_TRST_B__SAI2_TX_DATA      0x11088
6            MX6UL_PAD_JTAG_TCK__SAI2_RX_DATA         0x11088
7            MX6UL_PAD_JTAG_TMS__SAI2_MCLK            0x17088
8        >;
9      };
10
11   pinctrl_sai2_hp_det_b: sai2_hp_det_grp {
12     fsl,pins = <
13           MX6ULL_PAD_SNVS_TAMPER4__GPIO5_IO04      0x17059
14       >;
15     };
```

pinctrl_sai2 描述的是 SAI2 接口的 I/O 配置,具体应根据自己板子的实际硬件情况修改,正点原子 ALPHA 开发板上 SAI2 所使用的 I/O 和 NXP 的 EVK 开发板一样,因此这里不需要做任何修改。pinctrl_sai2_hp_det_b 描述的是耳机插入检测引脚,WM8960 支持耳机插入检测,这样当耳机插入以后就会通过耳机播放音乐,拔出耳机以后就会通过喇叭播放音乐。

对于正点原子的 ALPHA 开发板,SAI 部分的设备树信息不需要做任何修改,直接使用 NXP 官方提供的即可。

3. I.MX6ULL sound 节点

最后需要在根节点"/"下创建一个名为 sound 的子节点。作者并没有在 Linux 内核中找到此节点的绑定信息,只有一份在 I.MX 系列芯片中使用 WM8962 芯片的 sound 节点绑定文档,路径为 Documentation/devicetree/bindings/sound/imx-audio-wm8962.txt。虽然不是 WM8960 的绑定文档,但是还是可以参考它。NXP 官方已经针对 EVK 开发板编写了 sound 节点,可以在此基础上针对我们所使用的平台来修改出对应的 sound 节点,修改完成以后的 sound 节点内容如下所示。

示例代码 28-6 sound 节点内容

```
1    sound {
2      compatible = "fsl,imx6ul-evk-wm8960",
3              "fsl,imx-audio-wm8960";
```

```
4      model = "wm8960 - audio";
5      cpu - dai = < &sai2 >;
6      audio - codec = < &codec >;
7      asrc - controller = < &asrc >;
8      codec - master;
9      gpr = < &gpr 4 0x100000 0x100000 >;
10     /*
11      * hp - det = < hp - det - pin hp - det - polarity >;
12      * hp - det - pin: JD1 JD2   or JD3
13      * hp - det - polarity = 0: hp detect high for headphone
14      * hp - det - polarity = 1: hp detect high for speaker
15      */
16     hp - det = < 3 0 >;
17     /* hp - det - gpios = < &gpio5 4 0 >;
18     mic - det - gpios = < &gpio5 4 0 >; */
19     audio - routing =
20         "Headphone Jack", "HP_L",
21         "Headphone Jack", "HP_R",
22         "Ext Spk", "SPK_LP",
23         "Ext Spk", "SPK_LN",
24         "Ext Spk", "SPK_RP",
25         "Ext Spk", "SPK_RN",
26         "LINPUT2", "Mic Jack",
27         "LINPUT3", "Mic Jack",
28         "RINPUT1", "Main MIC",
29         "RINPUT2", "Main MIC",
30         "Mic Jack", "MICB",
31         "Main MIC", "MICB",
32         "CPU - Playback", "ASRC - Playback",
33         "Playback", "CPU - Playback",
34         "ASRC - Capture", "CPU - Capture",
35         "CPU - Capture", "Capture";
36 };
```

下面简单看一下 sound 节点中的几个重要属性。

compatible——非常重要,用于匹配相应的驱动文件,有两个属性值,在整个 Linux 内核源码中搜索这两个属性值即可找到对应的驱动文件,这里找到的驱动文件为 sound/soc/fsl/imx-wm8960.c。

model——最终用户看到的此声卡名字,这里设置为"wm8960-audio"。

cpu-dai——CPU DAI(Digital Audio Interface)句柄,这里是 SAI2 这个节点。

audio-codec——音频解码芯片句柄,也就是 WM8960 芯片,这里为 codec 这个节点。

asrc-controller——asrc 控制器,asrc 全称为 asynchronous sample rate converters,翻译为中文就是异步采样频率转化器。

hp-det——耳机插入检测引脚设置。第一个参数为检测引脚,3 表示 JD3 为检测引脚。第二个参数设置检测电平,设置为 0 的时候,hp 检测到高电平表示插入耳机;设置为 1 的时候,hp 检测到高电平表示是喇叭,也就是耳机被拔出了。

audio-routing——音频器件一系列的连接设置,每个条目都是一对字符串,第一个字符串是连接的 sink,第二个是连接的 source(源)。

28.3.2 使能内核的 WM8960 驱动

设备树配置完成以后就可以使能内核自带的 WM8960 驱动了,直接通过图形化界面配置即可,输入如下命令打开 Linux 内核的图形化配置界面:

```
make menuconfig
```

1. 取消 ALSA 模拟 OSS API

首先取消 ALSA 模拟 OSS,进入如下路径:

```
-> Device Drivers
  -> Sound card support (SOUND [ = y])
    -> Advanced Linux Sound Architecture (SND [ = y])
      -> <> OSS Mixer API                  //不选择
      -> <> OSS PCM (digital audio) API    //不选择
```

结果如图 28-7 所示。

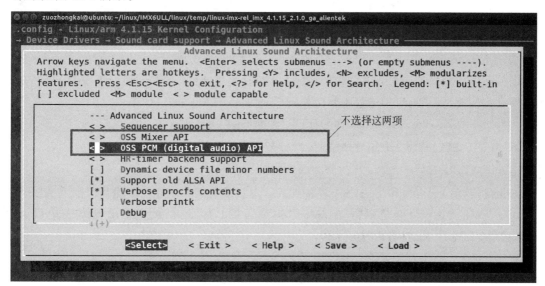

图 28-7 取消 OSS API 接口

2. 使能 I.MX6ULL 的 WM8960 驱动

接下来使能 WM8960 驱动,进入如下路径:

```
-> Device Drivers
  -> Sound card support (SOUND [ = y])
    -> Advanced Linux Sound Architecture (SND [ = y])
      -> ALSA for SoC audio support (SND_SOC [ = y])
        -> SoC Audio for Freescale CPUs
          -> <*> Asynchronous Sample Rate Converter (ASRC) module support
          -> <*> SoC Audio support for i.MX boards with wm8960
```

结果如图 28-8 所示。

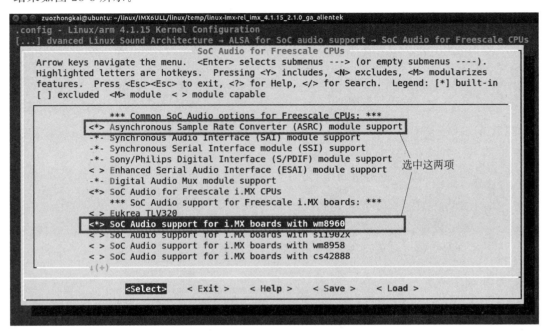

图 28-8　使能 ASRC 和 WM8960 驱动

驱动使能以后重新编译 Linux 内核，编译完成以后使用新的 zImage 和 .dtb 文件启动，如果设备树和驱动都使能，则系统启动过程中就会如图 28-9 所示的 log 信息。

```
imx-wm8960 sound: wm8960-hifi <-> 202c000.sai mapping ok
imx-wm8960 sound: snd-soc-dummy-dai <-> 2034000.asrc mapping ok
imx-wm8960 sound: wm8960-hifi <-> 202c000.sai mapping ok
```

图 28-9　WM8960 信息

系统最终启动以后会打印出 ALSA 设备列表。现在的音频 CODEC 驱动基本都是 ALSA 架构的，本章的 WM8960 驱动也是根据 ALSA 架构编写的。因此在 ALSA 设备列表中就会找到 wm8960-audio 这个声卡，如图 28-10 所示。

```
ALSA device list:
  #0: wm8960-audio
```

图 28-10　WM8960 声卡

进入系统以后查看一下 /dev/snd 目录，看看有没有如图 28-11 所示的文件。

```
/ # ls /dev/snd/
controlC0  pcmC0D0c   pcmC0D0p   pcmC0D1c   pcmC0D1p   timer
/ #
```

图 28-11　ALSA 驱动设备文件

图 28-11 中的这些文件就是 ALSA 音频驱动框架对应的设备文件，这些文件的作用如下：

controlC0——用于声卡控制，C0 表示声卡 0。

pcmC0D0c 和 pcmC0D1c——用于录音的 pcm 设备，其中的 C0D0 和 C0D1 分别表示声卡 0 中的设备 0 和设备 1，最后面的 c 是 capture 的缩写，表示录音。

pcmC0D0p 和 pcmC0D1p——用于播放的 PCM 设备，其中的 C0D0 和 C0D1 分别表示声卡 0 中

的设备 0 和设备 1,最后面的 p 是 playback 的缩写,表示放音。

timer——定时器。

音频驱动使能以后还不能直接播放音乐或录音,还需要移植 alsa-lib 和 alsa-utils。

28.4 alsa-lib 和 alsa-utils 移植

alsa-lib 和 alsa-utils 源码已经放到了资料包中,路径为"1、例程源码→7、第三方库源码→alsa-lib-1.2.2.tar.bz2 和 alsa-utils-1.2.2.tar.bz2"。

28.4.1 alsa-lib 移植

注意 alsa-lib 编译过程中会生成一些配置文件,而这些配置信息的路径都是绝对路径,因此为了保证 Ubuntu 和开发板根文件系统中的路径一致,我们需要在 Ubuntu 和开发板中各创建一个路径和名字完全一样的目录,这里都创建/usr/share/arm-alsa 目录。Ubuntu 中创建命令如下:

```
cd /usr/share              //进入 ubuntu 的/usr/share 目录
sudo mkdir arm-alsa        //创建 arm-alsa 目录
```

最后在开发板根文件系统中也创建一个/usr/share/arm-alsa 目录,命令如下:

```
mkdir /usr/share/arm-alsa(空格)-p    //开发板根文件系统创建 arm-alsa 目录
```

这样 Ubuntu 和开发板根文件系统就都有了一个/usr/share/arm-alsa 目录,我们交叉编译的时候就不怕引用绝对路径了,因为 Ubuntu 和开发板中的配置文件路径是一模一样的。

由于 alsa-utils 要用到 alsa-lib 库,因此要先编译 alsa-lib 库。alsa-lib 就是 ALSA 相关库文件,应用程序通过调用 ALSA 库来对 ALSA 框架下的声卡进行操作。先创建一个名为 alsa-lib 的目录用来保存 alsa-lib 的编译结果,然后将 alsa-lib-1.2.2.tar.bz2 复制到 ubuntu 中并解压,命令如下:

```
tar -vxjf alsa-lib-1.2.2.tar.bz2    //解压 alsa-lib
```

解压完成以后就会得到一个名为 alsa-lib-1.2.2 的文件夹,这个就是 alsa-lib 的源码。进入 alsa-lib-1.2.2 目录,然后配置并编译,命令如下:

```
cd alsa-lib-1.2.2/                          //进入 alsa-lib 源码目录
./configure --host=arm-linux-gnueabihf --prefix=/home/zuozhongkai/linux/IMX6ULL/tool/alsa
-lib --with-configdir=/usr/share/arm-alsa    //配置
```

注意,--with-configdir 用于设置 alsa-lib 编译出来的配置文件存放位置,这里设置为前面创建的/usr/share/arm-alsa 目录。

配置完成以后就可以编译了,命令如下:

```
make                  //编译
sudo make install     //安装
```

可能会出现如图 28-12 所示的错误提示。

```
libtool: error: error: relink 'libatopology.la' with the above command before installing it
Makefile:407: recipe for target 'install-libLTLIBRARIES' failed
make[2]: *** [install-libLTLIBRARIES] Error 1
make[2]: Leaving directory '/home/zuozhongkai/linux/IMX6ULL/tool/alsa-lib-1.2.2/src/topology'
Makefile:595: recipe for target 'install-am' failed
make[1]: *** [install-am] Error 2
make[1]: Leaving directory '/home/zuozhongkai/linux/IMX6ULL/tool/alsa-lib-1.2.2/src/topology'
Makefile:404: recipe for target 'install-recursive' failed
make: *** [install-recursive] Error 1
zuozhongkai@ubuntu:~/linux/IMX6ULL/tool/alsa-lib-1.2.2$
```

图 28-12　错误提示

图 28-12 中提示 libatopology.la 编译失败，这是因为 sudo 会切换到 root 用户下，但是此时 root 用户下的环境变量中没有交叉编译器路径，因此会提示找不到 arm-linux-gnueabihf-gcc，从而导致 libatopology.la 编译失败。解决方法是先切换到 root 用户，重新执行一下/etc/profile 文件，然后直接执行 make install 命令即可，具体如下：

```
sudo － s                              //切换到 root 用户
source /etc/profile                   //执行/etc/profile
make install                          //安装，此时已经工作在 root 下，因此不需要加"sudo"
su zuozhongkai                        //编译完成以后回原来的用户
```

编译完成以后前面创建的 alsa-lib 目录就会保存相应的编译结果，如图 28-13 所示。

```
zuozhongkai@ubuntu:~/linux/IMX6ULL/tool/alsa-lib$ ls
bin  include  lib  share
zuozhongkai@ubuntu:~/linux/IMX6ULL/tool/alsa-lib$
```

图 28-13　alsa-lib 编译结果

ubuntu 中/usr/share/arm-alsa 目录下的内容如图 28-14 所示。

```
zuozhongkai@ubuntu:/usr/share/arm-alsa$ ls
alsa.conf  cards  pcm
zuozhongkai@ubuntu:/usr/share/arm-alsa$
```

图 28-14　编译出来的配置文件

将图 28-13 中 lib 目录下的所有文件复制到开发板根文件系统的/usr/lib 目录下，将图 28-14 中/usr/share/arm-alsa 目录下的所有文件复制到开发板的/usr/share/arm-alsa 目录下，命令如下：

```
cd alsa － lib                               //进入 alsa － lib
sudo cp lib/ * /home/zuozhongkai/linux/nfs/rootfs/lib/ － af
cd /usr/share/arm － alsa                    //进入 arm － alsa 目录,拷贝配置文件
sudo cp * /home/zuozhongkai/linux/nfs/rootfs/usr/share/arm － alsa/ － raf
```

28.4.2　alsa-utils 移植

alsa-utils 是 ALSA 的一些小工具集合，我们可以通过这些小工具测试声卡。将 alsa-utils-1.2.2.tar.bz2 复制到 Ubuntu 中并解压，命令如下：

```
tar － vxjf alsa － utils － 1.2.2.tar.bz2          //解压
```

解压成功以后会得到一个名为 alsa-utils-1.2.2 的文件夹，此文件夹就是 alsa-utils 源码。重新创建一个名为 alsa-utils 的目录，用于存放 alsa-utils-1.2.2 的编译结果。按照如下命令编译 alsa-utils：

```
cd alsa - utils - 1.2.2/                              //进入
./configure - - host = arm - linux - gnueabihf - - prefix = /home/zuozhongkai/linux/IMX6ULL/tool/
alsa - utils - - with - alsa - inc - prefix = /home/zuozhongkai/linux/IMX6ULL/tool/alsa - lib/include/
- - with - alsa - prefix = /home/zuozhongkai/linux/IMX6ULL/tool/alsa - lib/lib/ - - disable - alsamixer
- - disable - xmlto    make                          //编译
sudo make install
```

注意！上面在配置 alsa-utils 的时候使用了--disable-alsamixer 来禁止编译 alsamixer 这个工具,但是这个工具非常重要,它是一个图形化的声卡控制工具,需要 ncurses 库的支持。ncurses 库作者已经交叉编译成功了,但是尝试了很多次设置,就是无法编译 alsa-utils 中的 alsamixer 工具。网上也没有找到有效的解决方法,大家都是禁止编译 alsamixer 的。所以这里就没法使用 alsamixer 这个工具了,但是可以使用 alsa-utils 提供的另外一个工具——amixer。alsamixer 其实就是 amixer 的图形化版本。两者的功能都是一样的,只是 alsamixer 使用起来更人性化一点。本章最后会教大家如何借助其他方法得到 alsamixer 这个强大的声卡控制软件。

编译完成以后就会在前面创建的 alsa-utils 目录下生成 bin、sbin 和 share 这 3 个目录,如图 28-15 所示。

```
zuozhongkai@ubuntu:~/linux/IMX6ULL/tool/alsa-utils$ ls
bin  sbin  share
zuozhongkai@ubuntu:~/linux/IMX6ULL/tool/alsa-utils$
```

图 28-15　编译得到的 alsa-utils 文件

将图 28-15 中 bin、sbin 和 share 这 3 个目录中的所有文件分别复制到开发板根目录下的/bin、/sbin 和/usr/share/alsa 目录下,命令如下:

```
cd alsa - utils
sudo cp bin/ * /home/zuozhongkai/linux/nfs/rootfs/bin/ - rfa
sudo cp sbin/ * /home/zuozhongkai/linux/nfs/rootfs/sbin/ - rfa
sudo cp share/ * /home/zuozhongkai/linux/nfs/rootfs/usr/share/ - rfa
```

打开开发板根文件系统中的/etc/profile 文件,在里面加入如下所示内容:

```
export ALSA_CONFIG_PATH = /usr/share/arm - alsa/alsa.conf
```

ALSA_CONFIG_PATH 用于指定 alsa 的配置文件,这个配置文件是 alsa-lib 编译出来的。

28.5　声卡设置与测试

28.5.1　amixer 的使用方法

1. 查看帮助信息

声卡相关选型默认都是关闭的,比如耳机和喇叭的左右声道输出等。因此我们在使用之前一定要先设置好声卡,alsa-utils 自带了 amixer 这个声卡设置工具。输入如下命令即可查看 amixer 的帮助信息:

```
amixer - - help              //查看 amixer 帮助信息
```

结果如图 28-16 所示。

```
/ # amixer --help
Usage: amixer <options> [command]

Available options:
  -h,--help       this help
  -c,--card N     select the card
  -D,--device N   select the device, default 'default'
  -d,--debug      debug mode
  -n,--nocheck    do not perform range checking
  -v,--version    print version of this program
  -q,--quiet      be quiet
  -i,--inactive   show also inactive controls
  -a,--abstract L select abstraction level (none or basic)
  -s,--stdin      Read and execute commands from stdin sequentially
  -R,--raw-volume Use the raw value (default)
  -M,--mapped-volume Use the mapped volume

Available commands:
  scontrols       show all mixer simple controls
  scontents       show contents of all mixer simple controls (default command)
  sset sID P      set contents for one mixer simple control
  sget sID        get contents for one mixer simple control
  controls        show all controls for given card
  contents        show contents of all controls for given card
  cset cID P      set control contents for one control
  cget cID        get control contents for one control
/ #
```

图 28-16　amixer 帮助信息

从图 28-16 可以看出，amixer 软件命令分为两组：scontrols、scontents、sset 和 sget 为一组；controls、contents、cset 和 cget 为另一组。这两组的基本功能都是一样的，只不过以 s 开头的是 simple(简单)组，这一组命令是简化版，本书最终使用以 s 开头的命令设置声卡，因为可以少输入很多字符。

2. 查看设置项

我们要先看一下都有哪些设置项，先来看一下 scontrols 对应的设置项，输入如下命令：

amixer scontrols　　　　　　　//查看所有设置项

结果如图 28-17 所示。

```
/ # amixer scontrols
Simple mixer control 'Headphone',0
Simple mixer control 'Headphone Playback ZC',0
Simple mixer control 'Speaker',0
Simple mixer control 'Speaker AC',0
Simple mixer control 'Speaker DC',0
Simple mixer control 'Speaker Playback ZC',0
Simple mixer control 'PCM Playback -6dB',0
Simple mixer control 'Mono Output Mixer Left',0
Simple mixer control 'Mono Output Mixer Right',0
Simple mixer control 'Playback',0
Simple mixer control 'Capture',0
Simple mixer control '3D',0
Simple mixer control '3D Filter Lower Cut-Off',0
Simple mixer control '3D Filter Upper Cut-Off',0
```

图 28-17　scontrols 命令对应的设置项

再来看一下 controls 对应的设置项，输入如下命令：

amixer controls　　　　　　　//查看所有设置项

结果如图 28-18 所示。

```
/ # amixer controls
numid=12,iface=MIXER,name='Headphone Playback ZC Switch'
numid=11,iface=MIXER,name='Headphone Playback Volume'
numid=17,iface=MIXER,name='PCM Playback -6dB Switch'
numid=42,iface=MIXER,name='Mono Output Mixer Left Switch'
numid=43,iface=MIXER,name='Mono Output Mixer Right Switch'
numid=41,iface=MIXER,name='ADC Data Output Select'
numid=19,iface=MIXER,name='ADC High Pass Filter Switch'
numid=36,iface=MIXER,name='ADC PCM Capture Volume'
numid=18,iface=MIXER,name='ADC Polarity'
numid=2,iface=MIXER,name='Capture Volume ZC Switch'
numid=3,iface=MIXER,name='Capture Switch'
numid=1,iface=MIXER,name='Capture Volume'
numid=10,iface=MIXER,name='Playback Volume'
numid=23,iface=MIXER,name='3D Filter Lower Cut-Off'
numid=22,iface=MIXER,name='3D Filter Upper Cut-Off'
numid=25,iface=MIXER,name='3D Switch'
numid=24,iface=MIXER,name='3D Volume'
```

图 28-18　controls 命令对应的设置项

由于篇幅原因图 28-17 和图 28-18 中只列出了一部分设置项。整体设置项目还是比较多的,其中很多设置项目非常专业,这里只关注一些最常用的设置即可,比如设置耳机和喇叭音量、设置左右声道音量、设置输入音量等等。

3. 查看设置值

不同的设置项对应的设置值类型不同,先查看一下 scontents 对应的设置值,输入如下命令:

amixer scontents　　　　　　　//查看设置值

结果如图 28-19 所示。

```
/ # amixer scontents
Simple mixer control 'Headphone',0
  Capabilities: pvolume
  Playback channels: Front Left - Front Right
  Limits: Playback 0 - 127
  Mono:
  Front Left: Playback 0 [0%] [-99999.99dB]
  Front Right: Playback 0 [0%] [-99999.99dB]
Simple mixer control 'Headphone Playback ZC',0
  Capabilities: pswitch
  Playback channels: Front Left - Front Right
  Mono:
  Front Left: Playback [off]
  Front Right: Playback [off]
Simple mixer control 'Speaker',0
  Capabilities: pvolume
  Playback channels: Front Left - Front Right
  Limits: Playback 0 - 127
  Mono:
  Front Left: Playback 0 [0%] [-99999.99dB]
  Front Right: Playback 0 [0%] [-99999.99dB]
Simple mixer control 'Speaker AC',0
  Capabilities: volume volume-joined
  Playback channels: Mono
  Capture channels: Mono
  Limits: 0 - 5
  Mono: 0 [0%]
```

图 28-19　scontrols 命令对应的设置项

从图 28-19 可以看出,Headphone 项目就是设置耳机音量的,音量范围为 0～127,当前音量为 0。有些设置项是 bool 类型,只有 on 和 off 两种状态。关于 controls 对应的设置值大家自行输入"amixer controls"命令查看即可。

4. 设置声卡

知道了设置项和设置值,那么设置声卡就很简单了,直接使用下面命令即可:

```
amixer sset 设置项目   设置值
```

或

```
amixer cset 设置项目   设置值
```

5. 获取声卡设置值

如果要读取当前声卡某项设置值的话使用如下命令:

```
amixer sget 设置项目
```

或

```
amixer cget 设置项目
```

28.5.2　音乐播放测试

1. 使用 amixer 设置声卡

第一次使用声卡之前一定要先使用 amixer 设置声卡,打开耳机和喇叭,并且设置喇叭和耳机音量,输入如下命令:

```
amixer sset Headphone 100,100
amixer sset Speaker 120,120
amixer sset 'Right Output Mixer PCM' on
amixer sset 'Left Output Mixer PCM' on
```

2. 使用 aplay 播放 WAV 格式的音频文件

声卡设置好以后就可以使用 aplay 软件播放 WAV 格式的音频文件测试一下,aplay 也是 alsa-utils 提供的。可以在开发板根文件系统下创建一个名为 music 的目录来存放音频文件,然后找一首 WAV 格式的音乐放到开发板根文件系统中,然后输入如下命令播放:

```
aplay test.wav              //播放歌曲
```

如果一切设置正常,就会开始播放音乐。因为 ALPHA 开发板支持麦克风和耳机自动切换,因此如果不插耳机,那么默认从麦克风播放音乐。插上耳机以后麦克风就会停止播放音乐,改为耳机播放音乐。

28.5.3　MIC 录音测试

ALPHA 开发板上有一个麦克风,如图 28-20 所示。

我们可以通过图 28-20 上的这个麦克风(MIC)来完成录音测试。

1. 使用 amixer 设置声卡

同样,第一次使用声卡录音之前要先使用 amixer 设置一下声卡。这里为了方便,我们在开发板

图 28-20　板载麦克风

根文件系统的/music 目录下创建一个名为 mic_in_config.sh 的 shell 脚本,然后在里面输入声卡的设置命令。mic_in_config.sh 脚本内容如下所示:

示例代码 28-7　mic_in_config.sh 脚本内容

```
1  #!/bin/sh
2  #正点原子@ALIENTEK
3  #设置捕获的音量
4  amixer cset name = 'Capture Volume' 90,90
5
6  #PCM
7  amixer sset 'PCM Playback' on
8  amixer sset 'Playback' 256
9  amixer sset 'Right Output Mixer PCM' on
10 amixer sset 'Left Output Mixer PCM' on
11
12 #ADC PCM
13 amixer sset 'ADC PCM' 200
14
15 #耳机/喇叭(麦克风)设置播放音量,直流/交流
16 #Turn on Headphone
17 amixer sset 'Headphone Playback ZC' on
18 #Set the volume of your headphones(98% volume,127 is the MaxVolume)
19 amixer sset Headphone 125,125
20 #Turn on the speaker
21 amixer sset 'Speaker Playback ZC' on
22 #Set the volume of your Speaker(98% volume,127 is the MaxVolume)
23 amixer sset Speaker 125,125
24 #Set the volume of your Speaker AC(80% volume,100 is the MaxVolume)
```

```
25  amixer sset 'Speaker AC' 4
26  ♯Set the volume of your Speaker AC(80% volume,5 is the MaxVolume)
27  amixer sset 'Speaker DC' 4
28
29  ♯音频输入,左声道管理
30  ♯Turn on Left Input Mixer Boost
31  amixer sset 'Left Input Mixer Boost' off
32  amixer sset 'Left Boost Mixer LINPUT1' off
33  amixer sset 'Left Input Boost Mixer LINPUT1' 0
34  amixer sset 'Left Boost Mixer LINPUT2' off
35  amixer sset 'Left Input Boost Mixer LINPUT2' 0
36  ♯Turn off Left Boost Mixer LINPUT3
37  amixer sset 'Left Boost Mixer LINPUT3' off
38  amixer sset 'Left Input Boost Mixer LINPUT3' 0
39
40  ♯音频输入,右声道管理,全部关闭
41  ♯Turn on Right Input Mixer Boost
42  amixer sset 'Right Input Mixer Boost' on
43  amixer sset 'Right Boost Mixer RINPUT1' off
44  amixer sset 'Right Input Boost Mixer RINPUT2' 0
45  amixer sset 'Right Boost Mixer RINPUT2' on
46  amixer sset 'Right Input Boost Mixer RINPUT2' 127
47  amixer sset 'Right Boost Mixer RINPUT3' off
48  amixer sset 'Right Input Boost Mixer RINPUT3' 0
```

给予 mic_in_config.sh 可执行权限并运行,命令如下:

```
chmod 777 mic_in_config.sh          //给予可执行权限
./mic_in_config.sh                  //运行
```

2. 使用 arecord 录制音频

使用 arecord 来录制一段 10 秒的音频,arecord 也是 alsa-utils 编译出来的,输入如下命令:

```
arecord - f cd - d 10 record.wav
```

其中,-f 是设置录音质量,"-f cd"表示录音质量为 cd 级别。-d 是指定录音时间,单位是 s,这条指令就是录制一段 CD 级别 10 秒的 WAV 音频,音频文件名为 record.wav。录制的时候大家就可以对着开发板上的 MIC 说话,直到录制完成。

录制完成以后使用 aplay 播放刚刚录制的 record.wav 音频,大家会发现只有左声道有声音,右声道没有任何声音,这是因为 ALPHA 开发板的 MIC 只接了左声道,因此录出来的音频只有左声道有数据。

3. 单声道 MIC 录制立体声音频

前面测出来 MIC 录出来的只有左声道有声音,那么我们能不能让只接到左声道的 MIC 录制出来的音频是双声道的呢? 这个就要去看 WM8960 的数据手册了,看看能不能配置 WM8960 的右声道 ADC 直接使用左声道的数据。这样左右声道就共同使用一个 MIC,录出来的音频就是双声道的,虽然两个声道的数据是一模一样的。

打开 WM8960 数据手册,找到 R23 寄存器(地址为 0x17),R23 寄存器的 bit3:2 是设置 ADC 数

据的,如图 28-21 所示。

REGISTER ADDRESS	BIT	LABEL	DEFAULT	DESCRIPTION
R5 (05h) ADC and DAC Control (1)	6:5	ADCPOL[1:0]	00	ADC polarity control: 00 = Polarity not inverted 01 = ADC L inverted 10 = ADC R inverted 11 = ADC L and R inverted
R23 (17h) Additional Control (1)	3:2	DATSEL [1:0]	00	ADC Data Output Select 00: left data = left ADC; right data =right ADC 01: left data = left ADC; right data = left ADC 10: left data = right ADC; right data =right ADC 11: left data = right ADC; right data = left ADC

图 28-21　WM8960 R23 寄存器

从图 28-21 可以看出,R23 的 bit3:2 控制着左右声道数据的来源,可选设置如下:

00——左声道数据使用左 ADC,右声道数据使用右 ADC,这个是默认模式。

01——左声道数据使用左 ADC,右声道数据使用左 ADC。

10——左声道数据使用右 ADC,右声道数据使用右 ADC。

11——左声道数据使用右 ADC,右声道数据使用左 ADC。

由于 ALPHA 开发板 MIC 接在了左声道,因此 WM8960 的 R23 寄存器 bit3:2 应该设置为 01,也就是左右声道的数据都使用左 ADC。

打开 Linux 内核中的 wm8960.c 这个文件,找到 WM8960_reg_defaults 数组,此数组保存着 WM8960 的默认配置值,形式为:<寄存器地址,值>。R23 寄存器地址为 0x17,因此找到 0x17 组,默认情况下 0x17 对应的值为 0x01C0,我们将 bit3:2 改为 01 以后 0x17 寄存器的值就变为了 0x01C4。修改后的 wm8960_reg_defaults 寄存器如下所示:

```
                  示例代码 28-8　wm8960_reg_defaults 数组
1  static const struct reg_default wm8960_reg_defaults[] = {
2    {  0x0, 0x00a7 },
...
21   { 0x16, 0x00c3 },
22   /* { 0x17, 0x01c0 }, */
23   { 0x17, 0x01c4 },
24   { 0x18, 0x0000 },
...
53   { 0x37, 0x00e9 },
54 };
```

第 23 行就是将 R23 寄存器的值改为 0x01c4。

修改完成以后重新编译 Linux 内核,然后使用新的内核启动开发板,重新测试 MIC 录音,这个时候录出来的就应该是立体音了。

28.5.4　Line_in 录音测试

如果在 MIC 录音实验中将 R23 的寄存器改为了 0x01c4,那么在进行 LINE_IN 录音测试之前先改回原来的 0X01C0,因为 ALPHA 开发板的 LINE IN 接了双声道,不需要共用左声道数据。当然了,不修改也是可以直接做测试的。

最后进行一下 LINE_IN 测试,也就是线路输入测试,ALPHA 开发板上 LINE_IN 接口如图 28-22 所示。

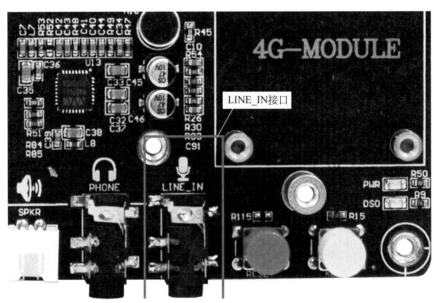

图 28-22　LINE_IN 接口

注意,图 28-22 中的 LINE_IN 不是用来连接话筒的。这里不能接话筒。使用一根 3.5mm 公对公音频线,一头连接到手机或者计算机,另外一头连接到图 28-22 中的 LINE_IN 接口上。

1. 使用 amixer 设置声卡

同样新建一个名为 line_in_config.sh 的 shell 脚本,在此脚本里面输入如下内容:

```
                    示例代码 28-9　line_in_config.sh 脚本内容
1   #!/bin/sh
2   # 正点原子@ALIENTEK
3   # 设置捕获的音量
4   amixer cset name = 'Capture Volume' 100,100
5
6   # PCM
7   amixer sset 'PCM Playback' on
8   amixer sset 'Playback' 256
9   amixer sset 'Right Output Mixer PCM' on
10  amixer sset 'Left Output Mixer PCM' on
11
12  # ADC PCM
13  amixer sset 'ADC PCM' 200
14
```

```
15  # 录音前应该设置耳机或者扬声器的音量为0(下面并没有设置)防止干扰
16  # 耳机/喇叭(麦克风)设置播放音量,直流/交流
17  # Turn on Headphone
18  amixer sset 'Headphone Playback ZC' on
19  # Set the volume of your headphones(98% volume,127 is the MaxVolume)
20  amixer sset Headphone 125,125
21  # Turn on the speaker
22  amixer sset 'Speaker Playback ZC' on
23  # Set the volume of your Speaker(98% volume,127 is the MaxVolume)
24  amixer sset Speaker 125,125
25  # Set the volume of your Speaker AC(80% volume,100 is the MaxVolume)
26  amixer sset 'Speaker AC' 4
27  # Set the volume of your Speaker AC(80% volume,5 is the MaxVolume)
28  amixer sset 'Speaker DC' 4
29
30  # 音频输入,左声道管理
31  # Turn off Left Input Mixer Boost
32  amixer sset 'Left Input Mixer Boost' on
33  # 关闭其他通道输入
34  amixer sset 'Left Boost Mixer LINPUT1' off
35  amixer sset 'Left Input Boost Mixer LINPUT1' 0
36  # 关闭麦克风左声道输入
37  amixer sset 'Left Boost Mixer LINPUT2' on
38  amixer sset 'Left Input Boost Mixer LINPUT2' 127
39  # Line_in 右声道输入关闭
40  amixer sset 'Left Boost Mixer LINPUT3' off
41  amixer sset 'Left Input Boost Mixer LINPUT3' 0
42
43
44  # 音频输入,右声道管理
45  # Turn on Right Input Mixer Boost
46  amixer sset 'Right Input Mixer Boost' on
47  amixer sset 'Right Boost Mixer RINPUT1' off
48  amixer sset 'Right Input Boost Mixer RINPUT1' 0
49  amixer sset 'Right Boost Mixer RINPUT2' off
50  amixer sset 'Right Input Boost Mixer RINPUT2' 0
51
52  # 要想设置成音频输入,请打开 RINPUT3,看原理图可知
53  # 其他的声道通过上面的配置可关闭,这样是为了避免干扰,需要的时候就打开
54  # RINPUT3 打开(关键点)
55  amixer sset 'Right Boost Mixer RINPUT3' on
56  amixer sset 'Right Input Boost Mixer RINPUT3' 127
```

最后,给予 line_in_config.sh 可执行权限并运行,命令如下:

```
chmod 777 line_in_config.sh        //给予可执行权限
./line_in_config.sh                //运行
```

2. 使用 arecord 录制音频

使用 arecord 来录制一段 10 秒的音频,输入如下命令:

```
arecord -f cd -d 10 record.wav
```

录制完成以后使用 aplay 播放刚刚录制的音频文件,由于 ALPHA 开发板上 LINE_IN 是接了左右双声道,因此录制出来的音频是立体声的,不像 MIC 录出来的只有左声道。

28.6 开机自动配置声卡

大家在使用的时候应该会发现开发板重启以后声卡的所有设置都会消失,必须重新设置声卡。也就是说,我们对声卡的设置不能保存。本节我们就来学习一下如何保存声卡的设置。

1. 使用 alsactl 保存声卡设置

声卡设置的保存通过 alsactl 工具来完成,此工具也是 alsa-utils 编译出来的。因为 alsactl 默认将声卡配置文件保存在/var/lib/alsa 目录下,因此先在开发板根文件系统下创建/var/lib/alsa 目录,命令如下:

```
mkdir /var/lib/alsa -p
```

首先使用 amixer 设置声卡,然后输入如下命令保存声卡设置:

```
alsactl -f /var/lib/alsa/asound.state store          //保存声卡设置
```

其中,-f 指定声卡配置文件,store 表示保存。关于 alsactl 的详细使用方法,可输入"alsactl -h"查询。保存成功以后就会生成/var/lib/alsa/asound.state 这个文件,asound.state 中就是关于声卡的各种设置信息,大家可以打开此文件查看一下里面的内容,如图 28-23 所示。

```
state.wm8960audio {
        control.1 {
                iface MIXER
                name 'Capture Volume'
                value.0 63
                value.1 63
                comment {
                        access 'read write'
                        type INTEGER
                        count 2
                        range '0 - 63'
                        dbmin -1725
                        dbmax 3000
                        dbvalue.0 3000
                        dbvalue.1 3000
                }
        }
}
```

图 28-23 asound.state 文件的部分内容

如果要使用 asound.state 中的配置信息来配置声卡,执行如下命令即可:

```
alsactl -f /var/lib/alsa/asound.state restore
```

最后面的参数改为 restore 即可,也就是恢复的意思。

打开/etc/init.d/rcS 文件,在最后面追加如下内容:

```
                        示例代码 28-10  /etc/init.d/rcS 追加内容
1 if [ -f "/var/lib/alsa/asound.state" ]; then
2         echo "ALSA: Restoring mixer setting..."
3         /sbin/alsactl -f /var/lib/alsa/asound.state restore &
4 fi
```

第1行判断/var/lib/alsa/asound.state 这个文件是否存在,如果存在则执行下面的命令。首先输出一行提示符:"ALSA：Restoring mixer setting…",表示设置声卡,最后调用/sbin/alsactl 来执行声卡设置工作。

设置完成以后重启开发板,开发板开机就会自动设置声卡,会输出如图 28-24 所示的内容。

```
Freeing unused kernel memory: 428K (809a3000 - 80a0e000)
ALSA: Restoring mixer setting......  ——设置声卡
```

图 28-24 声卡开机自动设置

直接使用 aplay 播放音乐测试声卡开机自动配置是否正确。

28.7 alsamixer 简介

前面在移植 alsa-utils 的时候说过 alsamixer 是一个图形化的声卡设置工具,但是由于 ncurses 库依赖的原因作者并没有在 alsa-utils 移植的时候编译出 alsamixer,不得已放弃编译 alsa-utils 中的 alsamixer。但是作者用了一个替代的方法,那就是使用 buildroot 编译出 alsamixer,然后将其复制到开发板根文件系统中。因此,如果不了解,就不需要看本节内容了,直接使用 amixer 来配置声卡。从这里也可以看出 buildroot 的强大,再一次建议大家做产品的时候使用 buildroot 或 yocto 来构建根文件系统!

alsamixer 是基于图形化的,直接输入 alsamixer 命令即可打开声卡配置界面,如图 28-25 所示。

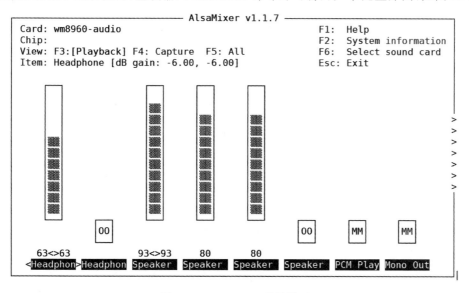

图 28-25 alsamixer 配置界面

F1 键——查看帮助信息。

F2 键——查看系统信息。

F3 键——播放设置。

F4 键——录音设置。

F6 键——选择声卡,多声卡情况下。

Item——设置项全名。

图 28-26 最下面一行就是具体的设置项,比如 Headphone、Headphone Playback ZC 等,通过键盘的左右键选择设置项。使用上下键来调整大小,比如设置耳机音量大小等。有些项目会显示 MM,表示静音,按下键盘上的 M 键,将原来的 MM 改为 OO 状态,M 键用于修改打开或关闭某些项目。

关于 alsamixer 的介绍就到这里,用起来还是很简单的。

## 第29章

Linux CAN驱动实验

CAN是目前应用非常广泛的现场总线之一,主要应用于汽车电子和工业领域,尤其是汽车领域,汽车上大量的传感器与模块都是通过 CAN 总线连接起来的。CAN 总线目前是自动化领域发展的热点技术之一,由于其高可靠性,CAN 总线目前广泛应用于工业自动化、船舶、汽车、医疗和工业设备等方面。I. MX6ULL 自带了 CAN 外设,因此可以开发 CAN 相关的设备。本章就来学习如何驱动 I. MX6U-ALPHA 开发板上的 CAN 接口。

29.1 CAN 协议简介

有关 CAN 协议详细内容请参考开发板资料中由瑞萨电子编写的《CAN 入门教程》,路径为"4、参考资料→CAN 入门教程.pdf",本节参考了该教程。

29.1.1 何为 CAN

CAN 的全称为 Controller Area Network,也就是控制局域网络,简称为 CAN。CAN 最早是由德国 BOSCH(博世)开发的,目前已经是国际标准(ISO 11898),是当前应用最广泛的现场总线之一。BOSCH 主要是做汽车电子的,因此 CAN 一开始主要是为汽车电子准备的,事实也是如此,CAN 协议目前已经是汽车网络的标准协议。当然,CAN 不仅应用于汽车电子产品,经过几十年的发展,CAN 协议的高性能和高可靠性已经得到了业界的认可,目前除了汽车电子以外也广泛应用于工业自动化、医疗、工业和船舶等领域。

以汽车电子为例,汽车上有空调、车门、发动机、大量传感器等,这些部件都是通过 CAN 总线连在一起形成一个网络,车载网络结构如图 29-1 所示。

图 29-1 中各个单元通过 CAN 总线连接在一起,每个单元都是独立的 CAN 节点。同一个 CAN 网络中所有单元的通信速度必须一致,不同的网络之间通信速度可以不同。比如图 29-1 中 125kbps 的 CAN 网络下所有的节点速度都是 125kbps,整个网络由一个网关与其他的网络连接。

CAN 的特点主要体现在以下几方面。

1. 多主控制

在总线空闲时,所有单元都可以发送消息(多主控制),而两个以上的单元同时开始发送消息

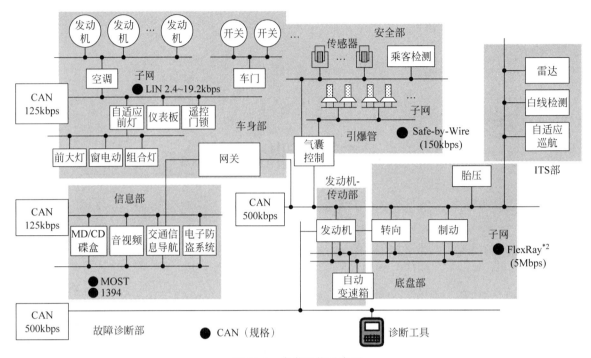

图 29-1 车载网络示意图

时,根据标识符(Identifier,ID)决定优先级。ID 并不是表示发送的目的地址,而是表示访问总线的消息的优先级。两个以上的单元同时开始发送消息时,对各消息 ID 的每个位进行逐个仲裁比较。仲裁获胜(被判定为优先级最高)的单元可继续发送消息,仲裁失利的单元则立刻停止发送而进行接收工作。

2. 系统的柔软性

与总线相连的单元没有类似于"地址"的信息。因此在总线上增加单元时,连接在总线上的其他单元的软硬件及应用层都不需要改变。

3. 通信速度快,距离远

最高 1Mbps(距离小于 40m),最远可达 10km(速率低于 5kbps)。

4. 具有错误检测、错误通知和错误恢复功能

所有单元都可以检测错误(错误检测功能),检测出错误的单元会立即同时通知其他所有单元(错误通知功能),正在发送消息的单元一旦检测出错误,会强制结束当前的发送。强制结束发送的单元会不断反复地重新发送此消息直到成功发送为止(错误恢复功能)。

5. 故障封闭功能

CAN 可以判断出错误的类型是总线上暂时的数据错误(如外部噪声等)还是持续的数据错误(如单元内部故障、驱动器故障、断线等)。由此功能,当总线上发生持续数据错误时,可将引起此故障的单元从总线中隔离出去。

6. 连接节点多

CAN 总线是可同时连接多个单元的总线。可连接的单元总数理论上是没有限制的。但实际上可连接的单元数受总线上的时间延迟及电气负载的限制。降低通信速度,可连接的单元数增加;提高通信速度,则可连接的单元数减少。

29.1.2　CAN 电气属性

CAN 总线使用两根线来连接各个单元:CAN_H 和 CAN_L,CAN 控制器通过判断这两根线上的电位差来得到总线电平,CAN 总线电平分为显性电平和隐性电平两种。显性电平表示逻辑 0,此时 CAN_H 电平比 CAN_L 高,分别为 3.5V 和 1.5V,电位差为 2V。隐形电平表示逻辑 1,此时 CAN_H 和 CAN_L 电压都为 2.5V 左右,电位差为 0V。CAN 总线就通过显性和隐性电平的变化来将具体的数据发送出去,如图 29-2 所示。

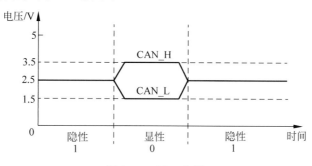

图 29-2　CAN 电平

CAN 总线上没有节点传输数据的时候一直处于隐性状态,也就是说,总线空闲状态的时候一直处于隐性状态。CAN 网络中的所有单元都通过 CAN_H 和 CAN_L 这两根线连接在一起,如图 29-3 所示。

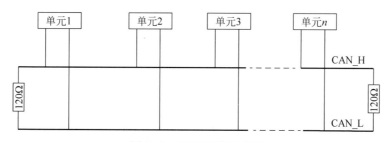

图 29-3　CAN 网络示意图

图 29-3 中所有的 CAN 节点单元都采用 CAN_H 和 CAN_L 这两根线连接在一起,CAN_H 接 CAN_H、CAN_L 接 CAN_L,CAN 总线两端要各接一个 120Ω 的端接电阻,用于匹配总线阻抗,吸收信号反射及回拨,提高数据通信的抗干扰能力以及可靠性。

CAN 总线传输速率可达 1Mbps,最新的 CAN-FD 最高速率可达 5Mbps,甚至更高,CAN-FD 不在本章讨论范围,感兴趣的可以自行查阅相关资料。CAN 传输速率和总线距离有关,总线距离越短,传输速率越快。

29.1.3　CAN 协议

通过 CAN 总线传输数据是需要按照一定协议进行的,CAN 协议提供了 5 种帧格式来传输数据:数据帧、遥控帧、错误帧、过载帧和间隔帧。其中数据帧和遥控帧有标准格式和扩展格式两种:标准格式有 11 位标识符(ID),扩展格式有 29 个标识符(ID)。这 5 中帧的用途见表 29-1。

表 29-1 帧用途

帧类型	帧 用 途
数据帧	用于 CAN 节点单元之间进行数据传输的帧
遥控帧	用于接收单元向具有相同 ID 的发送单元请求数据的帧
错误帧	用于当检测出错误时向其他单元通知错误的帧
过载帧	用于接收单元通知其尚未做好接收准备的帧
间隔帧	用于将数据帧及遥控帧与前面的帧分离开来的帧

1．数据帧

数据帧由 7 段组成：

（1）帧起始，表示数据帧开始的段。

（2）仲裁段，表示该帧优先级的段。

（3）控制段，表示数据的字节数及保留位的段。

（4）数据段，数据的内容，一帧可发送 0～8 字节的数据。

（5）CRC 段，检查帧的传输错误的段。

（6）ACK 段，表示确认正常接收的段。

（7）帧结束，表示数据帧结束的段。

数据帧结构如图 29-4 所示。

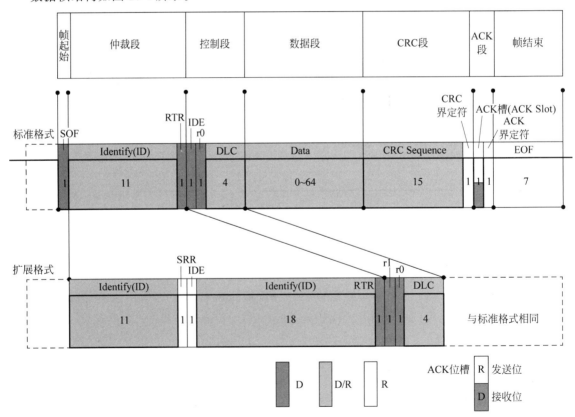

图 29-4　数据帧结构

图 29-4 给出了数据帧标准格式和扩展格式两种帧结构,其中 D 表示显性电平 0、R 表示隐性电平 1,D/R 表示显性或隐性,也就是 0 或 1。下面来简单分析一下数据帧的这 7 个段。

1）帧起始

帧起始很简单,标准格式和扩展格式都是由一个位的显性电平 0 来表示帧起始。

2）仲裁段

仲裁段表示帧优先级,仲裁段结构如图 29-5 所示。

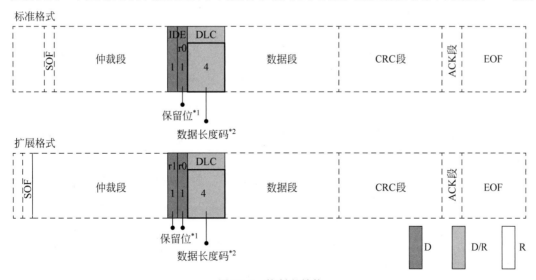

图 29-5 仲裁段结构

标准格式和扩展格式的仲裁段不同,从图 29-5 可以看出,标准格式的 ID 为 11 位,发送顺序是从 ID10～ID0,最高 7 位 ID10～ID4 不能全为隐性(1),也就是禁止 0X1111111XXXXX 这样的 ID。扩展格式的 ID 为 29 位,基本 ID 从 ID28～ID18,扩展 ID 由 ID17～ID0,基本 ID 与标准格式一样,禁止最高 7 位都为隐性。

3）控制段

控制段由 6 个位构成,表示数据段的字节数,标准格式和扩展格式的控制段略有不同,如图 29-6 所示。

图 29-6 控制段结构

图 29-6 中 r1 和 r0 为保留位,保留位必须以显性电平发送。DLC 为数据长度,高位在前,DLC 段有效值范围为 0～8。

4)数据段

数据段也就是帧的有效数据,标准格式和扩展格式相同,可以包含 0～8 字节的数据,从最高位 (MSB)开始发送,结构如图 29-7 所示。

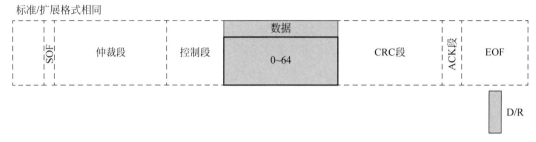

图 29-7　数据段

注意,图 29-7 中数据段为 0～64 位,对应到字节就是 0～8 字节。

5)CRC 段

CRC 段保存 CRC 校准值,用于检查帧传输错误,标准格式和扩展格式相同,CRC 段结构如图 29-8 所示。

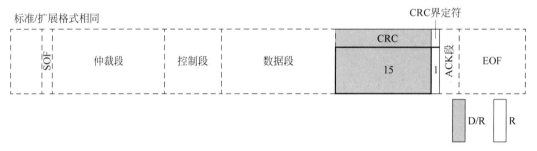

图 29-8　CRC 段结构

从图 29-8 可以看出,CRC 段由 15 位的 CRC 值与 1 位的 CRC 界定符组成。CRC 值的计算范围包括帧起始、仲裁段、控制段、数据段,接收方以同样的算法进行计算,然后用计算得到的 CRC 值与此 CRC 段进行比较,如果不一致的话就会报错。

6)ACK 段

ACK 段用来确认接收是否正常,标准格式和扩展格式相同,ACK 段结构如图 29-9 所示。

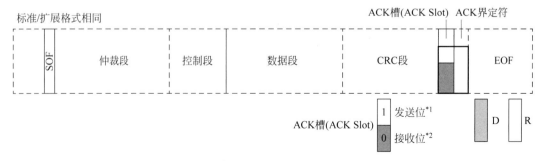

图 29-9　ACK 段结构

从图 29-9 可以看出，ACK 段由 ACK 槽（ACK Slot）和 ACK 界定符两部分组成。发送单元的 ACK，发送 2 个隐性位，而接收到正确消息的单元在 ACK 槽发送显性位，通知发送单元正常接收结束，这个过程叫发送 ACK/返回 ACK。发送 ACK 的是所有接收单元中接收到正常消息的单元。所谓正常消息，是指不含填充错误、格式错误、CRC 错误的消息，这些接收单元既不处于总线关闭态，也不处于休眠状态的所有接收单元中。

7）帧结束

最后就是帧结束段，标准格式和扩展格式相同，帧结束段结构如图 29-10 所示。

图 29-10　帧结束段结构

从图 29-10 可以看出，帧结束段很简单，由 7 位隐性位构成。

2. 遥控帧

接收单元向发送单元请求数据的时候就用遥控帧，遥控帧由 6 个段组成：

（1）帧起始，表示数据帧开始的段。

（2）仲裁段，表示该帧优先级的段。

（3）控制段，表示数据的字节数及保留位的段。

（4）CRC 段，检查帧的传输错误的段。

（5）ACK 段，表示确认正常接收的段。

（6）帧结束，表示数据帧结束的段。

遥控帧结构如图 29-11 所示。

从图 29-11 可以看出，遥控帧结构基本和数据帧一样，最主要的区别就是遥控帧没有数据段。遥控帧的 RTR 位为隐性的，数据帧的 RTR 位为显性的，因此可以通过 RTR 位来区分遥控帧和没有数据的数据帧。遥控帧没有数据，因此 DLC 表示的是所请求的数据帧数据长度，遥控帧的其他段参考数据帧的描述即可。

3. 错误帧

当接收或发送消息出错的时候使用错误帧来通知，错误帧由错误标志和错误界定符两部分组成，错误帧结构如图 29-12 所示。

错误标志有主动错误标志和被动错误标志两种。主动错误标志是 6 个显性位，被动错误标志是 6 个隐性位，错误界定符由 8 个隐性位组成。

4. 过载帧

若接收单元尚未完成接收准备，则会发送过载帧。过载帧由过载标志和过载界定符构成，过载帧结构如图 29-13 所示。

过载标志由 6 个显性位组成，与主动错误标志相同，过载界定符由 8 个隐性位组成，与错误帧中

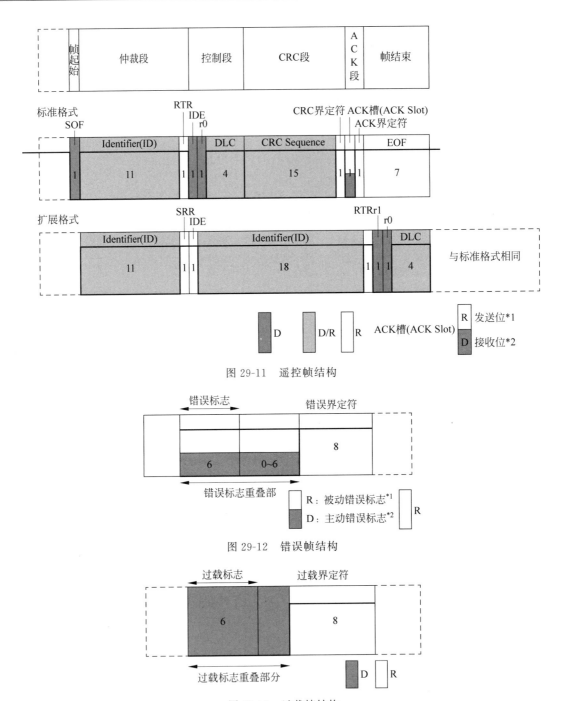

图 29-11　遥控帧结构

图 29-12　错误帧结构

图 29-13　过载帧结构

的错误界定符构成相同。

5. 间隔帧

间隔帧用于分隔数据帧和遥控帧,数据帧和遥控帧可以通过插入帧间隔来将本帧与前面的任何帧隔开,过载帧和错误帧前不能插入帧间隔,间隔帧结构如图 29-14 所示。

图 29-14 中间隔由 3 个隐性位构成,总线空闲为隐性电平,长度没有限制,本状态下表示总线空

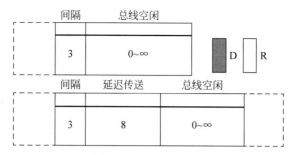

图 29-14 间隔帧结构

闲,发送单元可以访问总线。延迟发送由 8 个隐性位构成,处于被动错误状态的单元发送一个消息后的间隔帧中才会有延迟发送。

29.1.4 CAN 速率

CAN 总线以帧的形式发送数据,但是最终到总线上的就是 0 和 1 这样的二进制数据,这里涉及通信速率,也就是每秒发送多少位数据,前面说了 CAN 2.0 的最高速率为 1Mbps。对于 CAN 总线,一个位分为 4 段:

(1) 同步段(SS)。

(2) 传播时间段(PTS)。

(3) 相位缓冲段 1(PBS1)。

(4) 相位缓冲段 2(PBS2)。

这些段由 Tq(Time Quantum)组成,Tq 是 CAN 总线的最小时间单位。帧由位构成,一个位由 4 个段构成,每个段又由若干个 Tq 组成,这个就是位时序。1 位由多少个 Tq 构成、每个段又由多少个 Tq 构成等,可以任意设定位时序。通过设定位时序,多个单元可同时采样,也可任意设定采样点。各段的作用和 Tq 数如图 29-15 所示。

段 名 称	段 的 作 用	Tq 数	
同步段 (Synchronization Segment,SS)	多个连接在总线上的单元通过此段实现时序调整,同步进行接收和发送的工作。由隐性电平到显性电平的边沿或由显性电平到隐性电平边沿最好出现在此段中	1Tq	
传播时间段 (Propagation Time Segment,PTS)	用于吸收网络上的物理延迟的段。 所谓的网络的物理延迟指发送单元的输出延迟、总线上信号的传播延迟、接收单元的输入延迟。 这个段的时间为以上各延迟时间的和的 2 倍	(1~8)Tq	(8~25)Tq
相位缓冲段 1 (Phase Buffer Segment 1,PBS1)	当信号边沿不能被包含于 ss 段中时,可在此段进行补偿。	(1~8)Tq	
相位缓冲段 2 (Phase Buffer Segment 2,PBS2)	由于各单元以各自独立的时钟工作,细微的时钟误差会累积起来,PBS 段可用于吸收此误差。 通过对相位缓冲段加减 SJW 吸收误差。SJW 加大后允许误差加大,但通信速度下降	(2~8)Tq	
再同步补偿宽度 (reSynchronization Jump Width,SJW)	因时钟频率偏差、传送延迟等,各单元有同步误差。SJW 为补偿此误差的最大值	(1~4)Tq	

图 29-15 一个位的各段及其作用

一个位的构成如图 29-16 所示。

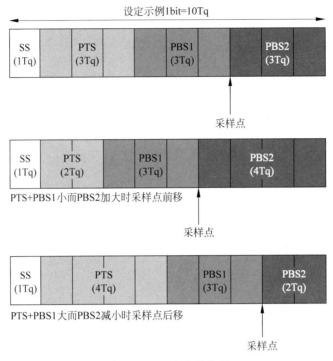

图 29-16　一个位的构成

图 29-14 中的采样点是指读取总线电平，并将读到的电平作为位值的点，位置在 PBS1 结束处。根据这个位时序，我们就可以计算 CAN 通信的波特率了。具体计算方法稍后介绍。前面提到的 CAN 协议具有仲裁功能，下面我们来看看是如何实现的。

在总线空闲态，最先开始发送消息的单元获得发送权。

当多个单元同时开始发送时，各发送单元从仲裁段的第一位开始进行仲裁。连续输出显性电平最多的单元可继续发送。具体实现过程如图 29-17 所示。

在图 29-17 中，单元 1 和单元 2 同时开始向总线发送数据，在开始部分它们的数据格式是一样的，因此无法区分优先级，直到 T 时刻，单元 1 输出隐性电平，而单元 2 输出显性电平，此时单元 1 仲裁失利，立刻转入接收状态工作，不再与单元 2 竞争，而单元 2 则顺利获得总线使用权，继续发送自己的数据。这就实现了仲裁，让连续发送显性电平多的单元获得总线使用权。

关于 CAN 协议就讲到这里，关于 CAN 协议更详细的内容请参考《CAN 入门教程》。

29.1.5　I. MX6ULL FlexCAN 简介

I. MX6ULL 带有 CAN 控制器外设，叫作 FlexCAN，FlexCAN 符合 CAN 2. 0B 协议。FlexCAN 完全符合 CAN 协议，支持标准格式和扩展格式，支持 64 个消息缓冲。I. MX6ULL 自带的 FlexCAN 模块特性如下：

（1）支持 CAN 2.0B 协议，数据帧和遥控帧支持标准和扩展两种格式，数据长度支持 0~8 字节，可编程速度，最高 1Mbps。

（2）灵活的消息邮箱，最高支持 8 字节。

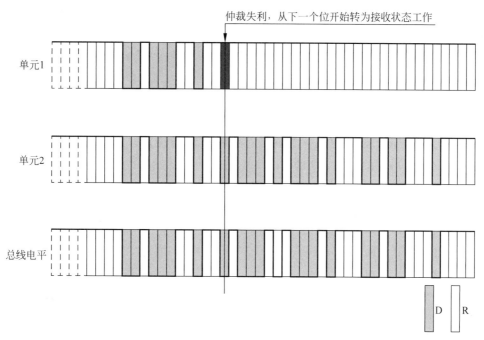

图 29-17 CAN 总线仲裁过程

（3）每个消息邮箱可以配置为接收或发送，都支持标准和扩展这两种格式的消息。

（4）每个消息邮箱都有独立的接收掩码寄存器。

（5）强大的接收 FIFO ID 过滤。

（6）未使用的空间可以用作通用 RAM。

（7）可编程的回测模式，用于进行自测。

（8）可编程的优先级组合。

FlexCAN 支持 4 种模式：正常模式（Normal）、冻结模式（Freeze）、仅监听模式（Listen-Only）和回环模式（Loop-Back），另外还有两种低功耗模式：禁止模式（Disable）和停止模式（Stop）。

1. 正常模式

在正常模式下，FlexCAN 正常接收或发送消息帧，所有的 CAN 协议功能都使能。

2. 冻结模式

当 MCR 寄存器的 FRZ 位置 1 的时候使能此模式，在此模式下无法进行帧的发送或接收，CAN 总线同步丢失。

3. 仅监听模式

当 CTRL 寄存器的 LOM 位置 1 的时候使能此模式，在此模式下帧发送被禁止，所有错误计数器被冻结，CAN 控制器工作在被动错误模式，此时只会接收其他 CAN 单元发出的 ACK 消息。

4. 回环模式

当 CTRL 寄存器的 LPB 位置 1 的时候进入此模式，此模式下 FlexCAN 工作在内部回环模式，一般用来进行自测。从模式下发送出来的数据流直接反馈给内部接收单元。

前面在讲解 CAN 协议的时候分析过 CAN 位时序，FlexCAN 支持 CAN 协议的这些位时序，控制寄存器 CTRL 用于设置这些位时序，CTRL 寄存器中的 PRESDIV、PROPSEG、PSEG1、PSEG2 和 RJW 这 5 个位域用于设置 CAN 位时序。

PRESDIV 为 CAN 分频值，也即是设置 CAN 协议中的 Tq 值，公式如下：

$$f_{Tq} = \frac{f_{CANCLK}}{PRESDIV + 1}$$

f_{CANCLK} 为 FlexCAN 模块时钟，这个根据时钟设置即可，设置好以后就是一个定值，因此只需要修改 PRESDIV 即可修改 FlexCAN 的 Tq 频率值。

Tq 定了以后结合图 29-13 中的各个段来看一下如何设置 FlexCAN 的速率。

SS——同步段(Synchronization Segment)，在 I.MX6ULL 参考手册中叫作 SYNC_SEG，此段固定为 1 个 Tq 长度，因此不需要我们去设置。

PTS——传播时间段(Propagatin Segment)，FlexCAN 的 CTRL 寄存器中的 PROPSEG 位域设置此段，可以设置为 0~7，对应 1~8 个 Tq。

PBS1——相位缓冲段 1(Phase Buffer Segment 1)，FlexCAN 的 CRTL 寄存器中的 PSEG1 位域设置此段，可以设置为 0~7，对应 1~8 个 Tq。

PBS2——相位缓冲段 2(Phase Buffer Segment 2)，FlexCAN 的 CRTL 寄存器中的 PSEG2 位域设置此段，可以设置为 1~7，对应 2~8 个 Tq。

SJW——再同步补偿宽度(reSynchronization Jump Width)，FlexCAN 的 CRTL 寄存器中的 RJW 位域设置此段，可以设置为 0~3，对应 1~4 个 Tq。

FlexCAN 的 CAN 位时序如图 29-18 所示。

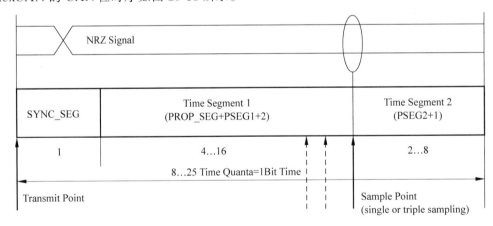

图 29-18　FlexCAN 位时序

由图 29-18 可知，SYNC＋SEG＋(PROP_SEG＋PSEG1＋2)＋(PSEG2＋1)就是总的 Tq，因此 FlexCAN 的波特率就是：

$$CAN\ 波特率 = \frac{f_{Tq}}{总\ Tq}$$

关于 I.MX6ULL 的 FlexCAN 控制器就讲解到这里。如果想更加详细地了解 FlexCAN，请参考《I.MX6ULL 参考手册》的"Chapter 26 Flexible Controller Area Network(FLEXCAN)"部分。

29.2 硬件原理图分析

正点原子 I. MX6U-ALPHA 开发板 CAN 接口原理图如图 29-19 所示。

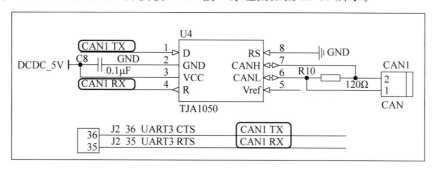

图 29-19 CAN 原理图

图 29-19 中 CAN1_TX 和 CAN1_RX 是 I. MX6ULL FlexCAN1 的发送和接收引脚,对应 I. MX6ULL 的 UART3_CTS 和 UART3_RTS 这两个引脚。TJA1050 是 CAN 收发器,通过 TJA1050 向外界提供 CAN_H 和 CAN_L 总线,R10 是一个 120Ω 的端接匹配电阻。

29.3 实验程序编写

29.3.1 修改设备树

NXP 原厂提供的设备树已经配置好了 FlexCAN 的节点信息(FlexCAN1 和 FlexCAN2),但是 我们还是要来看一下如何配置 I. MX6ULL 的 CAN1 节点。首先看一下 I. MX6ULL 的 FlexCAN 设备树绑定文档,打开 Documentation/devicetree/bindings/net/can/ fsl-flexcan. txt,此文档描述了 FlexCAN 节点下的相关属性信息,这里就不做介绍了,大家自行查阅。

1. FlexCAN1 引脚节点信息

首先肯定是 CAN1 引脚配置信息,打开 imx6ull-alientek-emmc. dts,找到如下所示内容:

```
                    示例代码 29-1  CAN1 引脚信息
1 pinctrl_flexcan1: flexcan1grp{
2   fsl,pins = <
3       MX6UL_PAD_UART3_RTS_B__FLEXCAN1_RX  0x1b020
4       MX6UL_PAD_UART3_CTS_B__FLEXCAN1_TX  0x1b020
5   >;
6 };
```

第 3 行和第 4 行将 UART3_RTS 和 UART3_CTS 这两个引脚分别复用为 FlexCAN1 的 RX 和 TX,电气属性都设置为 0x1b020。

2. FlexCAN1 控制器节点信息

打开 imx6ull. dtsi 文件,找到名为 flexcan1 的节点,内容如下:

```
            示例代码 29-2  imx6ull.dtsi 文件 flexcan1 节点信息
1   flexcan1: can@02090000 {
```

```
 2      compatible = "fsl,imx6ul - flexcan", "fsl,imx6q - flexcan";
 3      reg = < 0x02090000 0x4000 >;
 4      interrupts = < GIC_SPI 110 IRQ_TYPE_LEVEL_HIGH >;
 5      clocks = < &clks IMX6UL_CLK_CAN1_IPG >,
 6              < &clks IMX6UL_CLK_CAN1_SERIAL >;
 7      clock - names = "ipg", "per";
 8      stop - mode = < &gpr 0x10 1 0x10 17 >;
 9      status = "disabled";
10 };
```

注意,示例代码 29-2 中的 flexcan1 节点不需要我们修改,这里只是告诉大家 FlexCAN1 完整节点信息。根据第 2 行的 compatible 属性就可以找到 I. MX6ULL 的 FlexCAN 驱动源文件,驱动文名为 drivers/net/can/flexcan. c。第 9 行的 status 属性为"disabled",所以 FlexCAN1 默认关闭的。在 imx6ull-alientek-emmc. dts 中添加使能 FlexCAN1 的相关操作,找到如下所示代码:

示例代码 29-3　imx6ull-alientek-emmc.dtsi 文件 flexcan1 节点信息
```
1 &flexcan1 {
2     pinctrl - names = "default";
3     pinctrl - 0 = < &pinctrl_flexcan1 >;
4     xceiver - supply = < &reg_can_3v3 >;
5     status = "okay";
6 };
```

第 3 行指定 FlexCAN1 所使用的 pinctrl 节点为 pinctrl_flecan1,也就是示例代码 29-3 中的 pinctrl-0 节点。

第 4 行 xceiver-supply 属性指定 CAN 收发器的电压为 3.3V。

第 5 行将 flexcan1 节点的 status 属性改为"okay",也就是使能 FlexCAN1。

3. 关闭 FlexCAN2 相关节点

I. MX6ULL 带有两个 CAN 控制器: FlexCAN1 和 FlexCAN2,NXP 官方的 EVK 开发板这两个 CAN 接口都用到了,因此 NXP 官方的设备树将这两个 CAN 接口都使能了。但是,正点原子的 I. MX6U-ALPHA 开发板将 FlexCAN2 的 I/O 分配给了 ECSPI3,所以正点原子的 I. MX6U-ALPHA 开发板就不能使用 CAN2,否则无法使用 ECSPI3。关闭 FlexCAN2 节点很简单,在 imx6ull-alientek-emmc. dts 文件中找到名为 flexcan2 的节点,然后将其屏蔽掉即可。

重新编译设备树,我们还需要配置 Linux 内核,使能内核中的 FlexCAN 驱动。

29.3.2　使能 Linux 内核自带的 FlexCAN 驱动

NXP 官方提供的 Linux 内核默认已经集成了 I. MX6ULL 的 FlexCAN 驱动,但是没有使能,因此我们需要配置 Linux 内核,打开 FlexCAN 驱动,具体步骤如下。

1. 使能 CAN 总线

首先打开 CAN 总线子系统,在 Linux 下 CAN 总线是作为网络子系统的,配置路径如下:

```
- > Networking support
    - > < * > CAN bus subsystem support        //打开 CAN 总线子系统
```

使能 Linux 内核 CAN 总线子系统如图 29-20 所示。

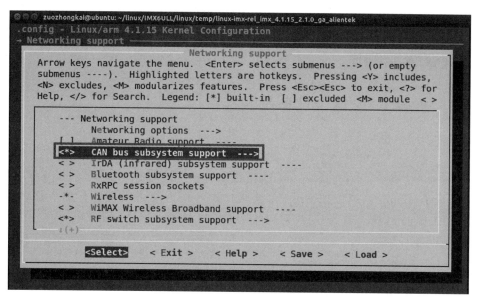

图 29-20　使能 Linux 内核 CAN 总线子系统

2. 使能 Freescale 系列 CPU 的 FlexCAN 外设驱动

接着使能 Freescale 系列 CPU 的 FlexCAN 外设驱动,配置路径如下。

```
-> Networking support
    -> CAN bus subsystem support
        -> CAN Device Drivers
            -> Platform CAN drivers with Netlink support
                -> < * > Support for Freescale FLEXCAN based chips        //选中
```

配置如图 29-21 所示。

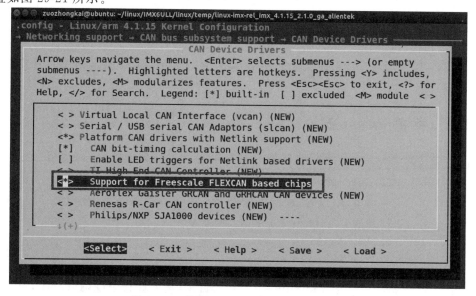

图 29-21　使能 Freescale 的 FlexCAN 驱动

配置好以后重新编译内核,然后使用新的内核和设备树启动开发板。

29.4　FlexCAN 测试

29.4.1　检查 CAN 网卡设备是否存在

使用新编译的内核和设备树启动开发板,然后输入如下命令:

```
ifconfig - a              //查看所有网卡
```

前面我们说了,Linux 系统中把 CAN 总线接口设备作为网络设备进行统一管理,因此如果 FlexCAN 驱动工作正常,则会看到 CAN 对应的网卡接口,如图 29-22 所示。

```
/ # ifconfig -a
can0      Link encap:UNSPEC  HWaddr 00-00-00-00-00-00-00-00-00-00-00-00-00-00-00-00
          NOARP  MTU:16  Metric:1
          RX packets:0 errors:0 dropped:0 overruns:0 frame:0
          TX packets:0 errors:0 dropped:0 overruns:0 carrier:0
          collisions:0 txqueuelen:10
          RX bytes:0 (0.0 B)  TX bytes:0 (0.0 B)
          Interrupt:28

eth0      Link encap:Ethernet  HWaddr 00:04:9F:04:D2:35
          inet addr:192.168.1.251  Bcast:192.168.1.255  Mask:255.255.255.0
          inet6 addr: fe80::204:9fff:fe04:d235/64 Scope:Link
          UP BROADCAST RUNNING MULTICAST  MTU:1500  Metric:1
          RX packets:14658 errors:0 dropped:31 overruns:0 frame:0
          TX packets:3885 errors:0 dropped:0 overruns:0 carrier:0
          collisions:0 txqueuelen:1000
          RX bytes:7093491 (6.7 MiB)  TX bytes:490330 (478.8 KiB)

eth1      Link encap:Ethernet  HWaddr 00:04:9F:04:D2:35
          BROADCAST MULTICAST  MTU:1500  Metric:1
          RX packets:0 errors:0 dropped:0 overruns:0 frame:0
          TX packets:0 errors:0 dropped:0 overruns:0 carrier:0
          collisions:0 txqueuelen:1000
          RX bytes:0 (0.0 B)  TX bytes:0 (0.0 B)
```

图 29-22　当前系统网卡信息

从图 29-22 可以看出,有一个名为 can0 的网卡,这个就是 I.MX6U-ALPHA 开发板上的 CAN1 接口对应的 CAN 网卡设备。如果使能了 I.MX6ULL 上的 FlexCAN2,则会出现一个名为 can1 的 CAN 网卡设备。

29.4.2　移植 iproute2

在移植 ip 命令的时候必须先对根文件系统做备份,防止操作失误导致系统启动失败。切记!

busybox 自带的 ip 命令并不支持对 CAN 的操作,因此需要重新移植 ip 命令。iproute2 的源码已经下载好并放到了资料包中,路径为"1、例程源码→7、第三方库源码→ iproute2-4.4.0.tar.gz"。将 iproute2-4.4.0.tar.gz 发送到 ubuntu 中并解压,命令如下:

```
tar - vxzf iproute2 - 4.4.0.tar.gz
```

解压完成以后会得到一个名为 iproute2-4.4.0 的目录,进入此目录中,打开 Makefile 并修改。在 Makefile 中找到下面这行:

```
CC : = gcc
```

改为

```
CC: = arm - linux - gnueabihf - gcc
```

修改完成以后如图 29-23 所示。

```
 zuozhongkai@ubuntu:~/linux/IMX6ULL/tool/iproute2-4.4.0
24 ADDLIB+=dnet_ntop.o dnet_pton.o
25
26 #options for ipx
27 ADDLIB+=ipx_ntop.o ipx_pton.o
28
29 #options for mpls
30 ADDLIB+=mpls_ntop.o mpls_pton.o        修改后的值
31
32 CC = arm-linux-gnueabihf-gcc
33 HOSTCC = gcc
34 DEFINES += -D_GNU_SOURCE
35 # Turn on transparent support for LFS
36 DEFINES += -D_FILE_OFFSET_BITS=64 -D_LARGEFILE_SOURCE -D_LARGEFILE64_SOURCE
37 CCOPTS = -O2
38 WFLAGS := -Wall -Wstrict-prototypes  -Wmissing-prototypes
39 WFLAGS += -Wmissing-declarations -Wold-style-definition -Wformat=2
40
41 CFLAGS := $(WFLAGS) $(CCOPTS) -I../include $(DEFINES) $(CFLAGS)
-- 插入 --                                          41,26          32%
```

图 29-23   Makefile 修改后的 CC

Makefile 修改完成以后直接使用 make 命令编译,编译成功以后就会在 iproute2 源码的 ip 目录下得到一个名为 ip 的命令,如图 29-24 所示。

```
zuozhongkai@ubuntu:~/linux/IMX6ULL/tool/iproute2-4.4.0/ip$ ls
ifcfg             iplink.c           ipmonitor.c        iptoken.c          Makefile
ip                iplink_can.c       ipmonitor.o        iptoken.o          routef
ip6tunnel.c       iplink_can.o       ipmroute.c         iptunnel.c         routel
ip6tunnel.o       iplink_geneve.c    ipmroute.o         iptunnel.o         rtm_map.c
ipaddress.c       iplink_geneve.o    ipneigh.c          iptuntap.c         rtm_map.o
ipaddress.o       iplink_hsr.c       ipneigh.o          iptuntap.o         rtmon
ipaddrlabel.c     iplink_hsr.o       ipnetconf.c        ipxfrm.c           rtmon.c
ipaddrlabel.o     iplink_ipoib.c     ipnetconf.o        ipxfrm.o           rtmon.o
ip.c              iplink_ipoib.o     ipnetns.c          link_gre6.c        rtpr
ip_common.h       iplink_ipvlan.c    ipnetns.o          link_gre6.o        static-syms.c
ipfou.c           iplink_ipvlan.o    ipntable.c         link_gre.c         tcp_metrics.c
ipfou.o           iplink_macvlan.c   ipntable.o         link_gre.o         tcp_metrics.o
```

图 29-24   编译得到的 ip 命令

以下操作请严格按照教程步骤执行,否则可能会导致系统无法启动。

1. 将交叉编译得到的 ip 复制到开发板中

首先将交叉编译到的 ip 命令复制到开发板中,先不要替换开发板根文件系统中原有的 ip 命令。先复制到开发板根文件系统的其他目录里面,比如这里就复制到/lib/modules/4.1.15 这个目录中,命令如下:

```
sudo cp ip /home/zuozhongkai/linux/nfs/test_rootfs/lib/modules/4.1.15/ - f
```

复制完成以后在开发板上先执行一下新的 ip 命令,查看一下版本号,命令如下:

```
cd lib/modules/4.1.15/
./ip  - V                //执行新的 ip 命令,查看版本号
```

如果新编译的 ip 命令运行正确,则会打印出其版本号,如图 29-25 所示。

```
/lib/modules/4.1.15 # ./ip  -V
ip utility, iproute2-ss160111
/lib/modules/4.1.15 #
```

图 29-25 ip 命令版本号

2. 在开发板根文件系统中用新的 ip 命令替换原来的

注意,此步骤在开发板中执行。开发板根文件系统中原来的 ip 命令是 busybox 自带的,存放在/sbin 目录下。接下来,我们使用新的 ip 命令替换原来的,在开发板中执行如下命令:

```
cd lib/modules/4.1.15/
cp ip /sbin/ip - f
```

复制完成以后将/lib/modules/4.1.15/目录下的 ip 命令删除掉,重启开发板,查看根文件系统是否可以正常启动。正常启动后输入如下命令查看 ip 命令版本号:

```
ip - V              //查看 ip 命令版本号
```

结果如图 29-26 所示。

```
/ # ip -V
ip utility, iproute2-ss160111
/ #
```

图 29-26 ip 命令版本号

至此,iproute2 中的 ip 命令就已经移植好了,稍后的 CAN 测试中我们会使用 ip 命令来设置 CAN0 网卡的相关信息。

3. 替换 ip 命令以后系统启动失败怎么办

如果在替换 ip 命令的时候操作失误可能会导致开发板系统启动失败,如图 29-27 所示。

```
Freeing unused kernel memory: 404K (8099b000 - 80a00000)
Object "it" is unknown, try "ip help".
Kernel panic - not syncing: Attempted to kill init! exitcode=0x00000100

---[ end Kernel panic - not syncing: Attempted to kill init! exitcode=0x00000100
```

图 29-27 替换 ip 命令以后系统启动失败

从图 29-27 可以看出,系统启动失败,提示"Object "it" is unknown, try "ip help".",这是由 ip 命令替换错误导致的! 所以说一定要严格按照本节教程讲解的步骤替换 ip 命令。出现图 29-27 中的错误以后解决方法很简单,把以前的 ip 命令替换回来就行了,这就是前面强烈建议大家对根文件系统做个备份的原因。最简单的方法就是用备份的根文件系统重新做一遍。

29.4.3 移植 can-utils 工具

CAN0 网卡已经出现了,但是工作是否正常还不知道,必须要进行数据收发测试。这里使用 can-utils 这个工具来对 can0 网卡进行测试,因此要先将 can-utils 移植到我们的开发板根文件系统中。can-utils 源码我们已经下载下来放到了资料包中,路径为"1、例程源码→7、第三方库源码→can-utils-2020.02.04. tar. gz"。

在 Ubuntu 中新建一个名为 can-utils 的目录来存放 can-utils 的编译结果。然后将 can-utils 源

码复制到 ubuntu 中并解压,命令如下:

```
tar - vxzf can - utils - 2020.02.04.tar.gz          //解压
```

解压完成以后得到一个名为 can-utils-2020.02.04 的目录,其中存放的就是 can-utils 源码,进入到此目录中,然后配置并编译,命令如下:

```
cd can - utils - 2020.02.04          //进入 can - utils 源码目录
./autogen.sh                         //先执行 autogen.sh,生成配置文件 configure
./configure - - target = arm - linux - gnueabihf - - host = arm - linux - gnueabihf - - prefix = /home/
zuozhongkai/linux/IMX6ULL/tool/can - utils - - disable - static - - enable - shared          //配置
make                                 //编译
make install
```

编译完成以后就在前面创建的 can-utils 目录下就会多出一个 bin 目录,此目录下保存着 can-utils 的各种小工具,如图 29-28 所示。

图 29-28　can-utils 小工具集

将图 29-28 中的 can-utils 小工具全部复制到开发板根文件系统下的/usr/bin 目录下,命令如下:

```
sudo cp bin/ * /home/zuozhongkai/linux/nfs/rootfs/usr/bin/ - f
```

复制完成以后就可以使用这些小工具来测试 CAN 了。

29.4.4　CAN 通信测试

正点原子的 I.MX6U-ALPHA 开发板上只有一个 CAN 接口,因此还需要另外一个 CAN 设备,这里选择使用 USB 转 CAN 设备进行测试。

笔者使用 ILG 品牌的 USBCAN 设备,型号为 USBCAN-I+,如图 29-29 所示。

图 29-29　USBCAN 设备

将开发板和 USB 转 CAN 设备的 CAN 接口连接起来,注意:CAN_H 接 CAN_H,CAN_L 接 CAN_L。

首先设置开发板的 can0 接口,速度为 500kbps,命令如下:

```
ip link set can0 type can bitrate 500000        //设置 can0,速率 500kbps
ifconfig can0 up                                //打开 can0
candump can0 &                                  //candump 后台接收数据
```

按照 USBCAN 说明手册设置好 USB CAN 卡,速度也设置为 500kbps,首先通过 USBCAN 向开发板发送数据,发送的数据如图 29-30 所示。

序号	传输方向	时间标识	帧ID	帧格式	帧类型	数据长度	数据(HEX)
00000000	发送	12:10:37.5...	0x00000001	数据帧	标准帧	0x08	00 01 02 03 04 05 06 07
00000001	发送	12:10:37.5...	0x00000002	数据帧	标准帧	0x08	00 01 02 03 04 05 06 07
00000002	发送	12:10:37.5...	0x00000003	数据帧	标准帧	0x08	00 01 02 03 04 05 06 07
00000003	发送	12:10:37.5...	0x00000004	数据帧	标准帧	0x08	00 01 02 03 04 05 06 07
00000004	发送	12:10:37.5...	0x00000005	数据帧	标准帧	0x08	00 01 02 03 04 05 06 07

图 29-30　USBCAN 发送的数据

从图 29-30 可以看出,USBCAN 设备发送了 5 个数据帧,帧类型为标准帧,这 5 帧数据都是一样的,帧 ID 分别为 0~4。开发板 CAN 接口工作正常的话就会接收到这 5 帧数据,接收到的数据如图 29-31 所示。

```
/ #  can0  001   [8]  00 01 02 03 04 05 06 07
     can0  002   [8]  00 01 02 03 04 05 06 07
     can0  003   [8]  00 01 02 03 04 05 06 07
     can0  004   [8]  00 01 02 03 04 05 06 07
     can0  005   [8]  00 01 02 03 04 05 06 07
```

图 29-31　开发板 CAN 接口接收到的数据

从图 29-31 可以看出,开发板 can0 接口接收到了 5 帧数据,和 USBCAN 发送的一致。也可以通过开发板向 USBCAN 发送数据,输入如下命令发送数据:

```
cansend can0 5A1#11.22.33.44.55.29.77.88
```

USBCAN 接收到数据,如图 29-32 所示。

序号	传输方向	时间标识	帧ID	帧格式	帧类型	数据长度	数据(HEX)
00000000	接收	12:15:33.4...	0x000005a1	数据帧	标准帧	0x08	11 22 33 44 55 66 77 88

图 29-32　USBCAN 接收到的数据

关于 CAN 驱动就讲解到这里。如果要编写 CAN 总线应用,则直接使用 Linux 提供的 SocketCAN 接口,使用方法与网络通信类似,本书不讲解应用编程。

第30章

Linux USB驱动实验

USB 是很常用的接口,目前大多数的设备都是 USB 接口的,比如鼠标、键盘、USB 摄像头等,我们在实际开发中也常常遇到 USB 接口的设备,本章就来学习如何使能 Linux 内核自带的 USB 驱动。注意,本章并不讲解具体的 USB 开发,因为 USB 接口很复杂,不同的设备其协议也不同,这不是简简单单用一章内容就能说完的,USB 驱动开发本身就是一门复杂的课程。所以,如果想要学习如何编写代码开发一个全新的 USB 设备可以跳过本章。

30.1 USB 接口简介

关于 USB 详细的协议内容请参考"USB2.0 协议中文版.pdf"和"USB3.0 协议中文版.pdf",这两份文档已经放到了本书资源的"4、参考资料"中。

30.1.1 什么是 USB

USB 全称为 Universal Serial Bus,即通用串行总线。由 Intel 公司与众多公司提出,用于规范计算机与外部设备的连接与通信。目前 USB 接口已经得到了大范围的应用,已经是计算机、手机等终端设备的必配接口,甚至取代了大量的其他接口。比如最新的智能手机均采用 USB TypeC 取代了传统的 3.5mm 耳机接口,苹果最新的 MacBook 只有 USB TypeC 接口,至于其他的 HDMI、网口等均可以通过 USB TypeC 扩展坞来扩展。

按照大版本划分,USB 目前可以划分为 USB 1.0、USB 2.0、USB 3.0 以及即将到来的 USB 4.0。

USB 1.0:USB 规范于 1995 年第一次发布,由 Intel、IBM、Microsoft 等公司组成的 USB-IF(USB Implement Forum)组织提出。USB-IF 于 1996 年正式发布 USB 1.0,理论速度为 1.5Mbps。1998 年,USBIF 在 USB 1.0 的基础上提出了 USB 1.1 规范。

USB 2.0:USB 2.0 依旧由 Intel、IBM、Microsoft 等公司提出并发布,USB 2.0 分为两个版本:Full-Speed 和 High-Speed,也就是全速(FS)和高速(HS)。USB 2.0 FS 的速度为 12Mbps,USB 2.0 HS 速度为 480Mbps。目前大多数单片机以及低端 Cortex-A 芯片配置的都是 USB 2.0 接口,比如 STM32 和 ALPHA 开发板所使用的 I.MX6ULL。USB 2.0 全面兼容 USB 1.0 标准。

USB 3.0:USB 3.0 同样由 Intel 等公司发布的,USB 3.0 的最大理论传输速度为 5.0Gbps,

USB 3.0 引入了全双工数据传输,USB 2.0 的 480Mbps 为半双工。USB 3.0 中两根线用于发送数据,另外两根用于接收数据。在 USB 3.0 的基础上又提出了 USB 3.1、USB 3.2 等规范,USB 3.1 理论传输速度提升到了 10Gbps,USB 3.2 理论传输速度为 20Gbps。为了规范 USB 3.0 标准的命名,USB-IF 公布了最新的 USB 命名规范,原来的 USB 3.0 和 USB 3.1 命名将不会采用,所有的 3.0 版本的 USB 都命名为 USB 3.2,以前的 USB 3.0、USB 3.1 和 USB 3.2 分别叫作 USB 3.2 Gen1、USB 3.2 Gen2、USB 3.2 Gen 2X2。

USB 4.0:目前还在标准定制中,还没有设备搭载,据说是在 Intel 的雷电接口上改进而来。USB 4.0 的速度将提升到了 40Gbps,最高支持 100W 的供电能力,只需要一根线就可以完成数据传输与供电,极大地简化了设备之间的链接线数。

如果按照接口类型划分:USB 就要分为很多种了。最常见的就是 USB A 插头和插座,如图 30-1 所示。

如果使用过 JLINK 调试器,那么应该见过 USB B 插头和插座,USB B 插头和插座如图 30-2 所示。

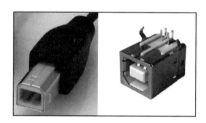

图 30-1　USB A 插头(左)和插座(右)　　图 30-2　USB B 插头(左)和插座(右)

USB 插头在不断缩小,由此产生了 Mini USB 接口,正点原子的 I.MX6ULL-ALPHA 开发板使用的就是 Mini USB。Mini USB 插头和插座如图 30-3 所示。

比 Mini USB 更小的就是 Micro USB 接口了,以前的智能手机基本都是 Micro USB 接口的。Micro USB 插头和插座如图 30-4 所示。

图 30-3　Mini USB 插头(左)和插座(右)　　图 30-4　Micro USB 插头(左)和插座(右)

现在最流行的就是 USB TypeC 了,USB TypeC 插头和插座如图 30-5 所示。

30.1.2　USB 电气特性

由于正点原子 I.MX6U-ALPHA 开发板使用的 Mini USB 接口,因此我们就以 Mini USB 为例讲解一下 USB 的基本电气属性。Mini USB 线一般都是一头为 USB A 插头,另一头为 Mini USB 插头。一共有 4 个触点,也就是 4 根线,这 4 根线的顺序如图 30-6 所示。

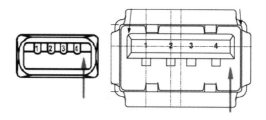

图 30-5　USB TypeC 插头(左)和插座(右)　　　　图 30-6　USB A 插头线序

如图 30-6 所示,USB A 插头从左到右线序依次为 1、2、3、4,第 1 根线为 VBUS,电压为 5V,第 2 根线为 D−,第 3 根线为 D+,第 4 根线为 GND。USB 采用差分信号来传输数据,因此有 D− 和 D+ 两根差分信号线。仔细观察就会发现 USB A 插头的 1 和 4 这两个触点比较长,2 和 3 这两个触点比较短。1 和 4 分别为 VBUS 和 GND,也就是供电引脚,当插入 USB 的时候会先供电,然后再接通数据线。拔出的时候先断开数据线,然后再断开电源线。

再观察一下 Mini USB 插头,会发现 Mini USB 插头有 5 个触点,也就是 5 根线,线序从左往右依次是 1~5。第 1 根线为 VCC(5V),第 2 根线为 D−,第 3 根线为 D+,第 4 根线为 ID,第 5 根线为 GND。可以看出,Mini USB 插头相比 USB A 插头多了一个 ID 线,这个 ID 线用于实现 OTG 功能,通过 ID 线来判断当前连接的是主设备(HOST)还是从设备(SLAVE)。

USB 是一种支持热插拔的总线接口,使用差分线(D− 和 D+)来传输数据,USB 支持两种供电模式:总线供电和自供电,总线供电就是由 USB 接口为外部设备供电,在 USB 2.0 下,总线供电最大可以提供 500mA 的电流。

30.1.3　USB 拓扑结构

USB 是主从结构的,也就是分为主机和从机两部分。主机就是提供 USB A 插座来连接外部的设备,比如计算机作为主机,对外提供 USB A 插座,我们可以通过 USB 线来连接一些 USB 设备,比如声卡、手机等。因此计算机带的 USB A 插座数量就决定了能外接多少个 USB 设备。如果不够用,可以购买 USB 集线器来扩展计算机的 USB 插口,USB 集线器也叫作 USB HUB,USB HUB 如图 30-7 所示。

图 30-7 是一个一拖四的 USB HUB,也就是将一个 USB 接口扩展为 4 个。主机一般会带几个原生的 USB 主控制器,比如 I.MX6ULL 就有两个原生的 USB 主控制器,因此 I.MX6ULL 对外提供两个 USB 接口,这两个接口肯定不够用,正点原子的 ALPHA 开发板上有 4 个 HOST 接口,其中一路是 USB1 的 OTG 接口,其他 3 路就是 USB 2 通过 USB HUB 芯片扩展出来的,稍后我们会讲解其原理图。

图 30-7　USB HUB

虽然我们可以对原生的 USB 口数量进行扩展,但不能对原生 USB 口的带宽进行扩展,比如 I.MX6ULL 的两个原生 USB 口都是 USB 2.0 的,带宽最大为 480Mbps,因此接到下面的所有 USB 设备总带宽最大为 480Mbps。

USB 只能主机与设备之间进行数据通信,USB 主机与主机、设备与设备之间是不能通信的。因此两个正常通信的 USB 接口之间必定有一个主机、一个设备。为此使用了不同的插头和插座来区分主机与设备,比如主机提供 USB A 插座,从机提供 Mini USB、Micro USB 等插座。在一个 USB 系统中,仅有一个 USB 主机,但是可以有多个 USB 设备,包括 USB 功能设备和 USB HUB,最多支持 127 个设备。一个 USB 主控制器支持 128 个地址,地址 0 是默认地址,只有在设备枚举的时候才会使用,地址 0 不会分配给任何一个设备。所以一个 USB 主控制器最多可以分配 127 个地址。整个 USB 的拓扑结构就是一个分层的金字塔形,如图 30-8 所示(摘自"USB2.0 协议中文版.pdf")。

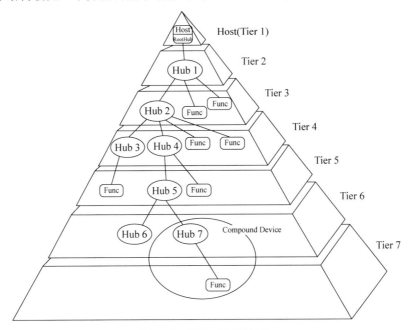

图 30-8　USB 金字塔拓扑

图 30-8 中可以看出从 Root Hub 开始,一共有 7 层,金字塔顶部是 Root Hub,这个是 USB 控制器内部的。图中的 Hub 就是连接的 USB 集线器,Func 就是具体的 USB 设备。

USB 主机和从机之间的通信通过管道(Pipe)来完成。管道是一个逻辑概念,任何一个 USB 设备一旦上电就会存在一个管道,也就是默认管道,USB 主机通过管道来获取从机的描述符、配置等信息。在主机端管道其实就是一组缓冲区,用来存放主机数据,在设备端管道对应一个特定的端点。

30.1.4　什么是 USB OTG

前面我们讲了,USB 分为 Host(主机)和从机(Slave),有些设备可能有时候需要作 HOST,有时候又需要作 Device,配两个 USB 口当然可以实现,但是太浪费资源了。如果一个 USB 接口既可以作 Host 又可以作 Device 那就太好了,这样使用起来方便很多。为此,USB OTG 应运而生,OTG 是 On-The-Go 的缩写,支持 USB OTG 功能的 USB 接口既可以作 Host,也可以作 Device。那么问题来了,一个 USB 接口如何知道应该工作在 Host 还是 Device 呢? 这里就引入了 ID 线这个概念。前面讲解 USB 电气属性的时候已经说过了,Mini USB 插头有 5 根线,其中一条就是 ID 线。ID 线的高低电平表示 USB 口工作在 Host 还是 Device 模式。

ID=1：OTG 设备工作在从机模式。

ID=0：OTG 设备工作在主机模式。

支持 OTG 模式的 USB 接口一般都是 Mini USB 或 Micro USB 等这些带有 ID 线的接口，比如正点原子的 I. MX6ULL-ALPHA 开发板的 USB_OTG 接口就是支持 OTG 模式的，USB_OTG 连接到了 I. MX6ULL 的 USB1 接口上。如果只有一个 Mini USB 或者 Micro USB 接口又想要使用 OTG 的主机模式，那么就需要一根 OTG 线。Mini USB 的 OTG 线如图 30-9 所示。

图 30-9　Mini USB OTG 线

可以看出，Mini USB OTG 线一头是 USB A 插座，另一头是 Mini USB 插头。将 Mini USB 插头插入机器的 Mini USB 口上，需要连接的 USB 设备插到另一端的 USB A 插座上，比如 U 盘。USB OTG 线会将 ID 线拉低，这样机器就知道自己要作为一个主机，用来连接外部的从机设备(U 盘)。

30.1.5　I. MX6ULL USB 接口简介

I. MX6ULL 内部集成了两个独立的 USB 控制器，这两个 USB 控制器都支持 OTG 功能。I. MX6ULL 内部 USB 控制器特性如下：

(1) 有两个 USB 2.0 控制器内核，分别为 Core0 和 Core1，这两个 Core 分别连接到 OTG1 和 OTG2。

(2) 两个 USB 2.0 控制器都支持 HS、FS 和 LS 模式，不管是主机还是从机模式都支持 HS/FS/LS，硬件支持 OTG 信号、会话请求协议和主机协商协议，支持 8 个双向端点。

(3) 支持低功耗模式，本地或远端可以唤醒。

(4) 每个控制器都有一个 DMA。

每个 USB 控制器都有两个模式：正常模式(normal mode)和低功耗模式(low power mode)。每个 USB OTG 控制器都可以运行在高速模式(HS 480Mbps)、全速模式(LS 12Mbps)和低速模式(1.5Mbps)。正常模式下每个 OTG 控制器都可以工作在主机或从机模式下，每个 USB 控制器都有其对应的接口。低功耗模式顾名思义就是为了节省功耗，USB 2.0 协议中要求，设备在上行端口检测到空闲状态以后就可以进入挂起状态。在从机模式下，端口停止活动 3ms 以后 OTG 控制器内核进入挂起状态。在主机模式下，OTG 控制器内核不会自动进入挂起状态，但是可以通过软件设置。不管是本地还是远端的 USB 主/从机都可以通过产生唤醒序列来重新开始 USB 通信。

两个 USB 控制器都兼容 EHCI，这里简单提一下 OHCI、UHCI、EHCI 和 xHCI，这 3 个是用来描述 USB 控制器规格的，区别如下：

OHCI：全称为 Open Host Controller Interface，这是一种 USB 控制器标准，厂商在设计 USB 控制器的时候需要遵循此标准，用于 USB 1.1 标准。OHCI 不仅仅用于 USB，也支持一些其他的接口，比如苹果的 Firewire 等，OHCI 由于硬件比较难，所以软件要求就降低了，软件相对来说比较简单。OHCI 主要用于非 x86 的 USB，比如扩展卡、嵌入式 USB 控制器。

UHCI：全称为 Universal Host Controller Interface，UHCI 是 Intel 主导的一个用于 USB 1.0/

USB 1.1 的标准,与 OHCI 不兼容。与 OHCI 相比 UHCI 硬件要求低,但是软件要求相应就高了,因此硬件成本上就比较低。

EHCI:全称为 Enhanced Host Controller Interface,是 Intel 主导的一个用于 USB 2.0 的 USB 控制器标准。I. MX6ULL 的两个 USB 控制器都是 2.0 的,因此兼容 EHCI 标准。EHCI 仅提供 USB 2.0 的高速功能,至于全速和低速功能就由 OHCI 或 UHCI 来提供。

xHCI:全称为 eXtensible Host Controller Interface,是目前最流行的 USB 3.0 控制器标准,在速度、能效和虚拟化等方面比前 3 个都有较大的提高。xHCI 支持所有速度种类的 USB 设备,xHCI 出现的目的就是为了替换前面 3 个。

关于 I. MX6ULL 的 USB 控制器就简单讲解到这里,至于更详细的内容请参考 I. MX6ULL 参考手册中的"Chapter 56 Universal Serial Bus Controller(USB)"章节。

30.2 硬件原理图分析

正点原子的 I. MX6ULL-ALPHA 开发板 USB 原理图可以分为两部分: USB HUB 以及 USB OTG,下面来看一下这两部分的硬件原理图。

30.2.1 USB HUB 原理图分析

首先来看一下 USB HUB 原理图,I. MX6ULL-ALPHA 使用 GL850G 这个 HUB 芯片将 I. MX6ULL 的 USB OTG2 扩展成了 4 路 HOST 接口,其中一路供 4G 模块使用,因此就剩下了 3 个通用的 USB A 插座,原理图如图 30-10 所示。

图 30-10 中 U10 就是 USB HUB 芯片 GL850G,GL850G 是一款符合 USB 2.0 标准的 USB HUB 芯片,支持一拖四扩展,可以将一路 USB 扩展为 4 路 USB HOST 接口。这里我们将 I. MX6ULL 的 USB OTG2 扩展出了 4 路 USB HOST 接口,分别为 HUB_DP1/DM1、HUB_DP2/ DM2、HUB_DP3/DM3 和 HUB_DP4/DM4。其中 HUB_DP4/DM4 用于 4G 模块,因此对外提供的只有 3 个 USB HOST 接口,这 3 个 USB HOST 接口如图 30-11 所示。

注意,使用 GL850G 扩展出来的 4 路 USB 接口只能用作 HOST。

30.2.2 USB OTG 原理图分析

I. MX6U-ALPHA 开发板上还有一路 USB OTG 接口,使用 I. MX6ULL 的 USB OTG1 接口。此路 USB OTG 既可以作为主机,也可以作为从机,从而实现完整的 OTG 功能,原理图如图 30-12 所示。

图 30-12 中左侧为 Mini USB 插座,当 OTG 作为从机的时候 USB 线接入此接口。右侧为 USB A 插座,当 OTG 作为主机的时候将 USB 设备插入到此接口中。前面我们讲了,只有一个 Mini USB 插座时如果要学习 OTG,那么就需要再购买一个 OTG 线,这样不方便使用。为此正点原子在开发板上集成了一个 USB HOST 接口,这样在做 OTG 实验的时候就不需要再另外单独购买一根 USB OTG 线了。这里就涉及硬件对 USB ID 线的处理,图 30-12 中的 R111 和 R31 就是完成此功能的。我们分两部分来分析,即 OTG 分别工作在主机和从机模式时硬件的工作方式。

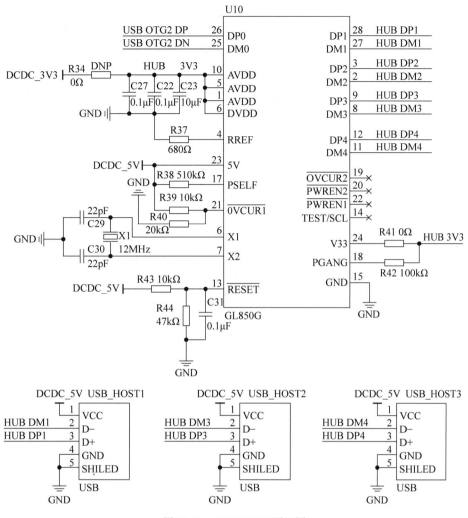

图 30-10   USB HUB 原理图

从机模式：图 30-12 中 USB_OTG_VBUS 是 Mini USB 的电源线，只有插入 Mini USB 线以后 USB_OTG_VBUS 才有效（5V）。插入 Mini USB 线就表示开发板此时要作从机（此时不考虑接 OTG 线的情况），USB_OTG_VBUS 就是计算机供的 5V 电压，由于分压电阻 R111 和 R31 的作用，此时 USB_OTG1_ID 的电压就是 4.5V 左右，很明显这一个高电平。前面我们讲了，当 ID 线为高的时候就表示 OTG 工作在从机模式。

主机模式：主机模式下必须将 Mini USB 线拔出来，将 USB 设备连接到对应的 USB HOST 接口上。Mini USB 线拔出来以后 USB_OTG_VBUS 就没有电压了，此时 USB_OTG1_ID 线就被 R31 这个 100kΩ 电阻下拉到地，因此 USB_OTG1_ID 线的电压就为 0，当 ID 线为 0 的时候就表示 OTG 工作在主机模式。

优点就是省去了购买一根 Mini USB OTG 线的麻烦，便于学习开发，但是在使用的时候要注意以下几点：

（1）我们需要软件设置 USB_OTG1_ID 这个 I/O 的电气属性，默认设置为下拉，也就是默认工

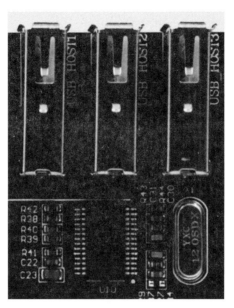

图 30-11　扩展出来的 USB HSOT

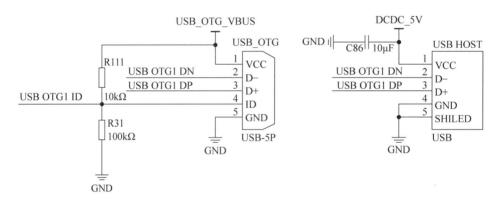

图 30-12　USB OTG 原理图

作在主机模式下。

　　(2) 由于我们修改了 OTG 硬件电路,因此就不能在 Mini USB 接口上接 OTG 线了,如果要使用主机功能,则将设备插到开发板板载的 USB 主机接口上。

　　I. MX6U-ALPHA 开发板上的 USB OTG 接口如图 30-13 所示。

图 30-13　OTG 的 Host 以及 Device 接口

图 30-13 中上面的就是主机接口,下面的是从机接口,两个不能同时使用。

30.3　USB 协议简介

USB 协议中有很多的基础概念,本节就来看一下这些概念。

30.3.1　USB 描述符

顾名思义,USB 描述符就是用来描述 USB 信息的。描述符就是一串按照一定规则构建的字符串,USB 设备使用描述符来向主机报告自己的相关属性信息,常用的描述符如表 30-1 所示。

表 30-1　USB 设备常用描述符

描述符类型	名　字	值
Device Descriptor	设备描述符	1
Configuration Descriptor	配置描述符	2
String Descriptor	字符串描述符	3
Interface Descriptor	接口字符串	4
Endpoint Descriptor	端点描述符	5

下面依次介绍表 30-1 中这 5 个描述符的含义。

1. 设备描述符

设备描述符用于描述 USB 设备的一般信息,USB 设备只有一个设备描述符。设备描述符里面记录了设备的 USB 版本号、设备类型、VID(厂商 ID)、PID(产品 ID)、设备序列号等。设备描述符结构如表 30-2 所示。

表 30-2　设备描述符结构

偏移	域	大小/B	值类型	描　述
0	bLength	1	数字	此设备描述符长度,18 字节
1	bDescriptorType	1	常量	描述符类型,为 0x01
2	bcdUSB	2	BCD 码	USB 版本号
4	bDeviceClass	1	类	设备类
5	bDeviceSubClass	1	子类	设备子类
6	bDeviceProtocol	1	协议	设备协议
7	bMaxPacketSize0	1	数字	端点 0 的最大包长度
8	idVendor	2	ID	厂商 ID
10	idProduct	2	ID	产品 ID
12	bcdDevice	2	BCD 码	设备版本号
14	iManufacturer	1	索引	厂商信息字符串描述符索引值
15	iProduct	1	索引	产品信息字符串描述符索引值
16	iSerialNumber	1	索引	产品序列号字符串描述符索引值
17	bNumConfigurations	1	索引	可能的配置描述符数目

2. 配置描述符

设备描述符的 bNumConfigurations 域定义了一个 USB 设备的配置描述符数量,一个 USB 设备至少有一个配置描述符。配置描述符描述了设备可提供的接口(Interface)数量、配置编号、供电信息等,配置描述符结构如表 30-3 所示。

表 30-3　配置描述符结构

偏移	域	大小/B	值类型	描　　述
0	bLength	1	数字	此配置描述符长度,9 字节
1	bDescriptorType	1	常量	配置描述符类型,为 0x02
2	wTotalLength	2	数字	整个配置信息总长度(包括配置、接口、端点、设备类和厂家定义的描述符)
4	bNumInterfaces	1	数字	此配置所支持的接口数
5	bConfigurationValue	1	数字	该配置的值,一个设备支持多种配置,通过配置值来区分不同的配置
6	bConfiguration	1	数字	描述此配置的字符串描述索引
7	bmAttributes	1	数字	该设备的属性: D7——保留 D6——自给电源 D5——远程唤醒 D4:0——保留
8	bMaxPower	1	数字	此配置下所需的总线电流(2mA)

3. 字符串描述符

字符串描述符是可选的,字符串描述符用于描述一些方便人们阅读的信息,比如制造商、设备名称等。如果一个设备没有字符串描述符,那么其他描述符中与字符串有关的索引值都必须为 0,字符串描述符结构如表 30-4 所示。

表 30-4　字符串描述符结构

偏移	域	大小/B	值类型	描　　述
0	bLength	1	N+2	此字符串描述符长度
1	bDescriptorType	1	常量	字符串描述符类型,为 0x03
2	wLANGID[0]	2	数字	语言标识码 0
…	…	2	数字	…
N	wLANGID[x]	2	数字	语言标识码 x

wLANGID[0]～wLANGID[x]指明了设备支持的语言,具体含义要查阅文档 USB_LANGIDs.pdf,此文档已经放到了资料包中,路径为"4、参考资料→USB_LANGIDs.pdf"。

主机会再次根据自己所需的语言向设备请求字符串描述符,这次主机会指明要得到的字符串索引值和语言。设备返回 Unicode 编码的字符串描述符,结构如表 30-5 所示。

表 30-5　Unicode 编码的字符串描述符结构

偏移	域	大小/B	值类型	描　　述
0	bLength	1	N+2	此字符串描述符长度
1	bDescriptorType	1	常量	字符串描述符类型,为 0x03
2	bString	N	数字	Unicode 编码的字符串

4. 接口描述符

配置描述符中指定了该配置下的接口数量,可以提供一个或多个接口,接口描述符用于描述接口属性。接口描述符中一般记录接口编号、接口对应的端点数量、接口所述的类等，接口描述符结构如表 30-6 所示。

表 30-6　接口描述符结构

偏移	域	大小/B	值类型	描　　述
0	bLength	1	数字	此接口描述符长度，9 字节
1	bDescriptorType	1	常量	描述符类型，为 0x04
2	bInterfaceNumber	1	数字	当前接口编号，从 0 开始
3	bAlternateSetting	1	数字	当前接口备用编号
4	bNumEndpoints	1	数字	当前接口的端点数量
5	bInterfaceClass	1	类	当前接口所属的类
6	bInterfaceSubClass	1	子类	当前接口所属的子类
7	bInterfaceProtocol	1	协议	当前接口所使用的协议
8	iInterface	1	索引	当前接口字符串的索引值

5. 端口描述符

接口描述符定义了其端点数量，端点是设备与主机之间进行数据传输的逻辑接口，除了端点 0 是双向端口，其他的端口都是单向的。端点描述符描述了传输类型、方向、数据包大小、端点号等信息，端点描述符结构如表 30-7 所示。

表 30-7　端点描述符结构

偏移	域	大小/B	值类型	描　　述
0	bLength	1	数字	此端点描述符长度，7 字节
1	bDescriptorType	1	常量	描述符类型，为 0x05
2	bEndpointAddress	1	数字	端点地址和方向： bit3:0——端点号 bit6:4——保留，为零。 bit7——方向，0 输出端点（主机到设备），1 输入端点（设备到主机）
3	bmAttributes	1	数字	端点属性，bit1:0 表示传输类型： 00——控制传输 01——同步传输 10——批量传输 11——中断传输 其他位保留
4	wMaxPacketSize	2	数字	端点能发送或接收的最大数据包长度
6	bInterval	1	子类	端点数据传输中周期时间间隙值，此域对于批量传输和控制传输无效，同步传输此域必须为 1ms，中断传输此域可以设置为 1～255ms

30.3.3　USB 数据包类型

USB 是串行通信，需要一位一位地去传输数据，USB 传输的时候先将原始数据进行打包，所以 USB 中传输的基本单元就是数据包。根据用途的不同，USB 协议定义了 4 种不同的包结构：令牌

(Token)包、数据(Data)包、握手(Handshake)包和特殊(Special)包。这4种包通过包标识符PID来区分,PID共有8位,USB协议使用低4位PID3～PID0,另外的高4位PID7～PID4是PID3～PID0的取反,传输顺序是PID0、PID1、PID2、PID3、……、PID7。令牌包的PID1和PID0为01,数据包的PID1和PID0为11,握手包的PID1和PID0为10,特殊包的PID1和PID0为00。每种类型的包又有多种具体的包,如表30-8所示。

表30-8 数据包结构

PID 类型	PID 名字	PID＜3：0＞	描 述
令牌包	OUT	0001	主机向从机通知将要输出数据
	IN	1001	主机向从机通知将要输入数据
	SOF	0101	帧起始包
	SETUP	1101	开始一个控制传输
数据包	DATA0	0011	偶数据包
	DATA1	1011	奇数据包
	DATA2	0111	适用于高速和等时传输的数据包
	MDATA	1111	
握手包	ACK	0010	确认包,传输正确
	NAK	1010	不确认包,传输错误
	STALL	1110	设备部支持该请求,或者端点挂起
	NYET	0110	接收未响应,未准备好
特殊包	PRE	1100	前导,令牌包
	ERR	1100	错误,握手包
	SPLIT	1000	分裂传输(Split),令牌包
	PING	0100	PING测试,令牌包
	Reserved	0000	保留

一个完整的包分为多个域,所有的数据包都是以同步域(SYNC)开始,后面紧跟着包标识符(PID),最终都以包结束(EOP)信号结束。不同的数据包中间位域不同,一般有包目标地址(ADDR)、包目标端点(ENDP)、数据、帧索引、CRC等,这个要具体数据包具体分析。接下来简单看一下这些数据包的结构。

1. 令牌包

令牌包结构如图30-14所示。

域	SYNC	SETUP(8b)	ADDR(7b)	ENDP(4b)	CRC5(5b)	EOP
示例	00000001	0xB4	0	0	0x08	

图30-14 SETUP令牌包

图30-14是一个SETUP令牌包结构。首先是SYNC同步域,包同步域为00000001,也就是连续7个0,后面跟一个1。如果是高速设备,则是31个0后面跟一个1。紧跟着是PID,这里是SETUP包,为0xB4,大家可能会好奇为什么不是0x2D(00101101),0xB4的原因如下:

(1) SETUP包的PID3～PID0为1101,因此对应的PID7～PID4就是0010。

(2) PID传输顺序为PID0、PID1、PID2、……、PID7,因此按照传输顺序排列此处的PID就是10110100＝0xB4,并不是0x2D。

PID后面跟着地址域(ADDR)和端点域(ENDP),为目标设备的地址和端点号。CRC5 域是 5 位 CRC 值,是 ADDR 和 ENDP 这两个域的校验值。最后就是包结束域(EOP),标记本数据包结束。其他令牌包的结构和 SETUP 基本类似,只是 SOF 令包中间没有 ADDR 和 ENDP 这两个域,而是只有一个 11 位的帧号域。

2. 数据包

数据包结构如图 30-15 所示。

域	SYNC	DATA0(8b)	DATA	DATA	DATA	DATA	CRC16	EOP
示例	00000001	0xC3	字节0	字节1	…	字节N	0	

图 30-15　数据包

数据包比较简单,数据包同样从 SYNC 同步域开始,然后紧跟着是 PID,这里就是 DATA0,PID 值为 0xC3。接下来就是具体的数据,数据完了以后就是 16 位的 CRC 校验值,最后是 EOP。

3. 握手包

握手包结构如图 30-16 所示。

域	SYNC	ACK(8b)	EOP
示例	00000001	0x4B	

图 30-16　ACK 握手包

图 30-16 是 ACK 握手包,首先是 SYNC 同步域,然后就是 ACK 包的 PID,为 0x4B,最后就是 EOP。其他的 NAK、STALL、NYET 和 ERR 握手包结构都是一样的,只是其中的 PID 不同而已。

30.3.4　USB 传输类型

在端点描述符中,bmAttributes 指定了端点的传输类型,一共有 4 种。本节来看一下这 4 种传输类型的区别。

1. 控制传输

控制传输一般用于特定的请求,比如枚举过程、获取描述符、设置地址、设置配置等就是由控制传输来完成的。控制传输分为 3 个阶段:建立阶段(SETUP)、数据阶段(DATA)和状态阶段(STATUS),其中数据阶段是可选的。建立阶段使用 SETUP 令牌包,SETUP 使用 DATA0 包。数据阶段有 0 个、1 个或多个输入(IN)/输出(OUT)事务。数据阶段的所有输入事务必须是同一个方向的,比如都为 IN 或都为 OUT。数据阶段的第一个数据包必须是 DATA1,每次正确传输以后就在 DATA0 和 DATA1 之间进行切换。数据阶段完成以后就是状态阶段,状态阶段的传输方向要和数据阶段相反,比如数据阶段为 IN,那么状态阶段就要为 OUT,状态阶段使用 DATA1 包。比如一个读控制传输格式如图 30-17 所示。

图 30-17　读控制传输阶段

2. 同步传输

同步传输用于周期性、低时延、数据量大的场合,比如音视频传输,这些场合对于时延要求很高,但是不要求数据 100％正确,允许有少量的错误。因此,同步传输没有握手阶段,即使数据传输出错了也不会重传。

3. 批量传输

提起"批量",我们的第一反应就是"多""大"等,因此,批量传输就是用于大批量传输大块数据的。这些数据对实时性没有要求,比如 MSD 类设备(存储设备)、U 盘等。批量传输分为批量读(输入)和批量写(输出)。如果是批量读,那么第一阶段是 IN 令牌包;如果是批量写,那么第一阶段就是 OUT 令牌包。

下面以批量写为例简单介绍一下批量传输过程:

(1) 主机发出 OUT 令牌包,令牌包中包含了设备地址、端点等信息。

(2) 如果 OUT 令牌包正确,也就是设备地址和端点号匹配,那么主机就会向设备发送一个数据(DATA)包,发送完成以后主机进入接收模式,等待设备返回握手包。一切都正确的话设备就会向主机返回一个 ACK 握手信号。

批量读的过程刚好相反:

(1) 主机发出 IN 令牌包,令牌包中包含了设备地址、端点等信息。发送完成以后主机就进入到数据接收状态,等待设备返回数据。

(2) 如果 IN 令牌包正确,那么设备就会将一个 DATA 包放到总线上发送给主机。主机收到这个 DATA 包以后就会向设备发送一个 ACK 握手信号。

4. 中断传输

这里的中断传输并不是传统意义上的硬件中断,而是一种保持一定频率的传输,中断传输适用于传输数据量小、具有周期性并且要求响应速度快的数据,比如键盘、鼠标等产生的数据。中断的断点会在端点描述符中报告自己的查询时间间隔,对于时间要求严格的设备可以采用中断传输。

30.3.5 USB 枚举

当 USB 设备与 USB 主机连接以后主机就会对 USB 设备进行枚举,通过枚举来获取设备的描述符信息,主机得到这些信息以后就知道该加载什么样的驱动、如何进行通信等。USB 枚举过程如下:

(1) 第一回合,当 USB 主机检测到 USB 设备插入以后主机会发出总线复位信号来复位设备。USB 设备复位完成以后地址为 0,主机向地址 0 的端点 0 发送数据,请求设备的描述符。设备得到请求以后就会按照主机的要求将设备描述符发送给主机,主机得到设备发送过来的设备描述符以后,如果确认无误就会向设备返回一个确认数据包(ACK)。

(2) 第二回合,主机再次复位设备,进入地址设置阶段。主机向地址 0 的端点 0 发送设置地址请求数据包,新的设备地址就包含在这个数据包中,因此没有数据过程。设备进入状态过程,等待主机请求状态返回,收到以后设备就会向主机发送一个 0 字节状态数据包,表明设备已经设置好地址了,主机收到这个 0 字节状态数据包以后会返回一个确认包(ACK)。设备收到主机发送的确认包以后就会使用这个新的设备地址,至此设备就得到了一个唯一的地址。

(3) 第三回合,主机向新的设备地址端点 0 发送请求设备描述符数据包,这一次主机要获取整个设备描述符，一共是 18 字节。

（4）和第（3）步类似，接下来依次获取配置描述符、配置集合、字符串描述符等等。

30.4 Linux 内核自带 HOST 实验

30.4.1 USB 鼠标键盘测试

首先做一下 USB HOST 试验，也就是 I. MX6U-ALPHA 开发板作 USB 主机，然后外接 USB 设备，比如 USB 鼠标键盘、USB 转 TTL 串口线、U 盘等设备。Linux 内核已经集成了大量的 USB 设备驱动，尤其是常见的 USB 鼠标键盘、U 盘等。本节就来学习如何使能 Linux 内核常见的 USB 设备驱动。

1. USB 鼠标键盘驱动使能

注意，NXP 官方的 Linux 内核默认已经使能了 USB 鼠标键盘驱动。

USB 鼠标键盘属于 HID 设备，内核已经集成了相应的驱动，NXP 官方提供的 Linux 内核默认已经使能了 USB 鼠标键盘驱动，但是我们还要学习一下如何手动使能这些驱动。输入"make menuconfig"打开 Linux 内核配置界面，首先打开 HID 驱动，按照如下路径找到相应的配置项：

```
-> Device Drivers
    -> HID support
       -> HID bus support (HID [ = y])
            ->  < * >  Generic HID driver          //使能通用 HID 驱动
```

使能驱动以后如图 30-18 所示。

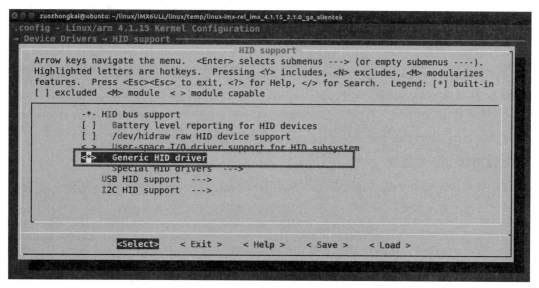

图 30-18 使能 HID 驱动

接下来需要使能 USB 鼠标键盘驱动，配置路径如下：

```
-> Device Drivers
    -> HID support
```

> -> USB HID support
>   ->   < * > USB HID transport layer   //USB 鼠标键盘等 HID 设备驱动

使能驱动以后如图 30-19 所示。

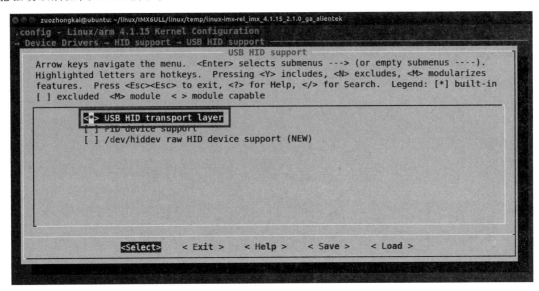

图 30-19   使能 USB 鼠标键盘驱动

大家可以将光标放到图 30-19 中"USB HID transport layer"这一行,然后按下"?"键打开对应的帮助信息就可以看到对于这个配置项的描述,简单总结如下:

此选项对应配置项就是 CONFIG_USB_HID,也就是 USB 接口的 HID 设备。如果要使用 USB 接口的 keyboards(键盘)、mice(鼠标)、joysticks(摇杆)、graphic tablets(绘图板)等其他的 HID 设备,那么就需要选中"USB HID transport layer"。但是要注意一点,此驱动和 HIDBP(Boot Protocol)键盘、鼠标的驱动不能一起使用! 所以大家是在网上查阅 Linux 内核 USB 键盘鼠标驱动的时候,发现推荐使用"USB HIDBP Keyboard (simple Boot) support"和"USB HIDBP Mouse (simple Boot) support"这两个配置项的时候也不要觉得教程这里写错了。

2. 测试 USB 鼠标和键盘

完成以后重新编译 Linux 内核并且使用得到的 zImage 启动开发板。启动以后插入 USB 鼠标,会看到如图 30-20 所示的提示信息。

```
usb 2-1.1: new low-speed USB device number 4 using ci_hdrc
input: Logitech USB Optical Mouse as /devices/platform/soc/2100000.aips-bus/2184200.usb/ci_hdrc.1/usb2/2-1/2-1.1/2-1.1
hid-generic 0003:046D:C077.0003: input: USB HID v1.11 Mouse [Logitech USB Optical Mouse] on usb-ci_hdrc.1-1.1/input0
```

图 30-20   USB 鼠标 log 信息

从图 30-20 可以看出,系统检测到了 Logitech(罗技)的鼠标。如果成功驱动,则会在/dev/input 目录下生成一个名为 eventX(X=0,1,2,3…)的文件,这个就是我们前面讲的输入子系统,鼠标和键盘都是作为输入子系统设备的。这里对应的就是/dev/input/event3 这个设备,使用如♯hexdump/dev/input/event3 查看鼠标的原始输入值。

结果如图 30-21 所示。

```
/ # hexdump /dev/input/event3
0000000 6fe8 0000 19f0 0002 0002 0001 ffff ffff
0000010 6fe8 0000 19f0 0002 0000 0000 0000 0000
0000020 6fe8 0000 3930 0002 0002 0001 fffd ffff
0000030 6fe8 0000 3930 0002 0000 0000 0000 0000
0000040 6fe8 0000 5844 0002 0002 0000 0004 0000
0000050 6fe8 0000 5844 0002 0002 0001 fff9 ffff
0000060 6fe8 0000 5844 0002 0000 0000 0000 0000
0000070 6fe8 0000 7787 0002 0002 0000 000a 0000
0000080 6fe8 0000 7787 0002 0002 0001 fff9 ffff
```

图 30-21　鼠标原始输入值

图 30-21 就是鼠标作为输入子系统设备的原始输入值,这里就不去分析了。我们在移植 GUI 图形库以后就可以直接使用鼠标,比如 QT 等。

注意,有些鼠标可能会出现隔一段时间自动断开重连的现象,我自己用的雷蛇鼠标就不会有这种现象。但是,如果你一直使用这个鼠标,比如用 hexdump 命令一直查看鼠标上报值,或者在 QT 里面一直使用鼠标,那么这些鼠标就不会自动断开并重连。

最后再来测试一下 USB 键盘,屏幕已经驱动起来了,所以我们可以直接将屏幕作为终端,然后接上键盘直接输入命令来进行各种操作。首先将屏幕设置为控制台,打开开发板根文件系统中的 /etc/inittab 文件,然后在里面加入下面这一行:

```
tty1::askfirst: - /bin/sh
```

完成以后重启开发板,此时屏幕就会作为终端控制台,会有"Please press Enter to activate this console."这样提示,如图 30-22 所示。

图 30-22　LCD 屏幕作为终端

接上键盘,然后根据图 30-22 中的提示,按下键盘上的回车键即可使能 LCD 屏幕控制台,然后就可以输入各种命令来执行相应的操作,如图 30-23 所示。

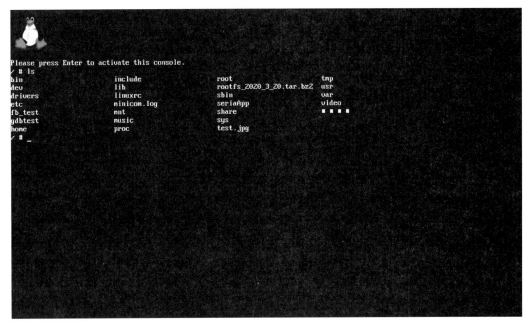

图 30-23　键盘操作终端

30.4.2　U 盘实验

注意,NXP 官方的 Linux 内核默认已经使能了 U 盘。

NXP 提供的 Linux 内核默认也已经使能了 U 盘驱动,因此可以直接插上去使用。但是我们还是需要学习一下如何手动配置 Linux 内核,使能 U 盘驱动。

1. 使能 U 盘驱动

U 盘使用 SCSI 协议,因此要先使能 Linux 内核中的 SCSI 协议,配置路径如下:

```
-> Device Drivers
  -> SCSI device support
    ->  <*> SCSI disk support              //选中此选项
```

结果如图 30-24 所示。

我们还需要使能 USB Mass Storage,也就是 USB 接口的大容量存储设备,配置路径如下:

```
-> Device Drivers
  -> USB support (USB_SUPPORT [ = y])
    -> Support for Host-side USB (USB [ = y])
      -> <*> USB Mass Storage support       //USB 大容量存储设备
```

结果如图 30-25 所示。

2. U 盘测试

准备好一个 U 盘,注意 U 盘要为 FAT32 格式的。NTFS 和 exFAT 由于版权问题所以在 Linux 下的支持不够完善,操作时可能会有问题,比如只能读,不能写或者无法识别等。准备好以后将 U 盘插入到开发板 USB HUB 扩展出来的 HOST 接口上,此时会输出如图 30-26 所示的信息。

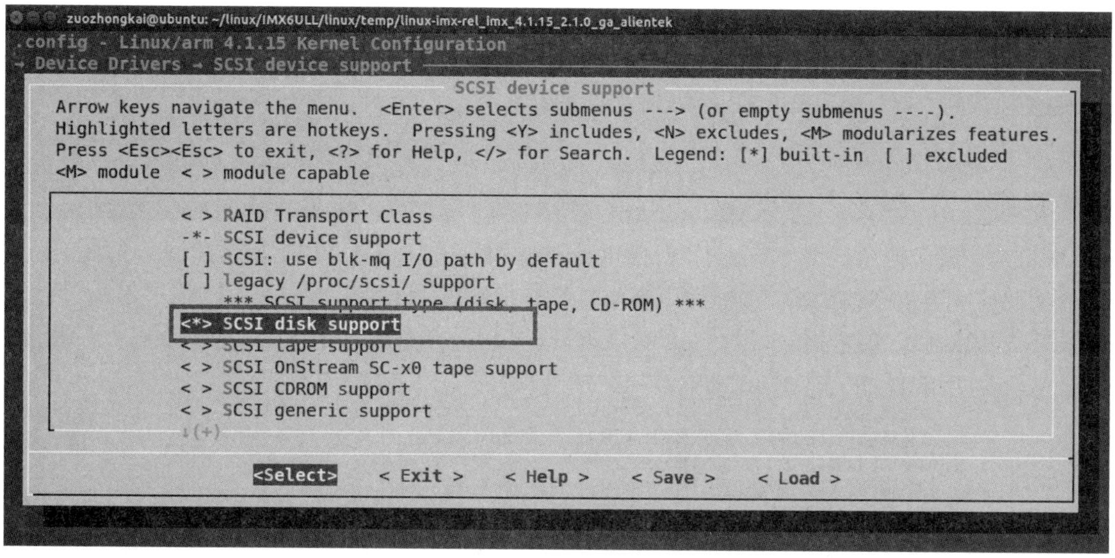

图 30-24　使能 SCSI

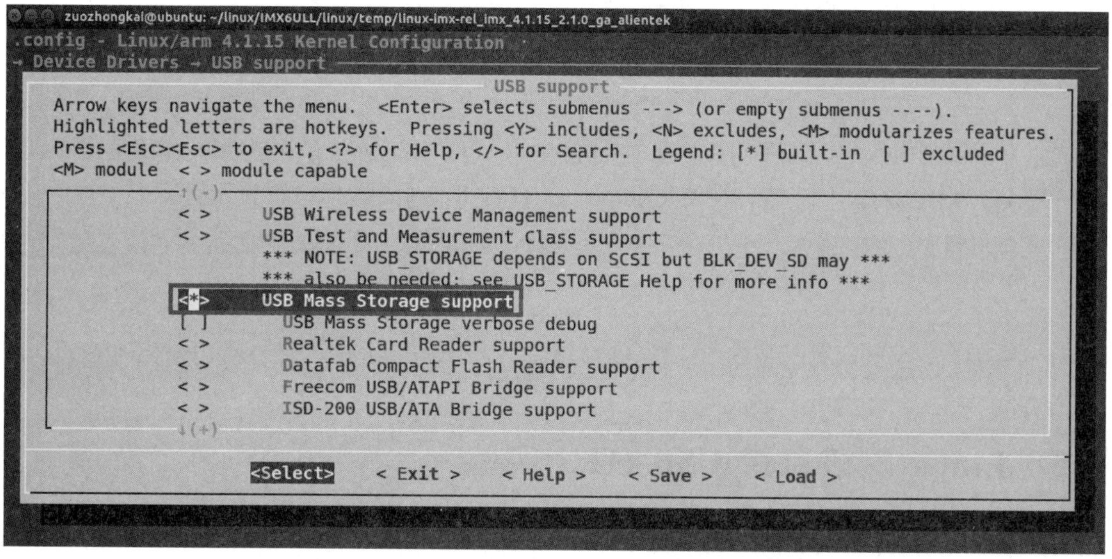

图 30-25　使能 USB 大容量存储设备

```
usb 2-1.4: new high-speed USB device number 4 using ci_hdrc
usb-storage 2-1.4:1.0: USB Mass Storage device detected
scsi host0: usb-storage 2-1.4:1.0
scsi 0:0:0:0: Direct-Access     USB       Flash Disk       1100 PQ: 0 ANSI: 4
sd 0:0:0:0: [sda] 62914560 512-byte logical blocks: (32.2 GB/30.0 GiB)
sd 0:0:0:0: [sda] Write Protect is off
sd 0:0:0:0: [sda] Write cache: enabled, read cache: enabled, doesn't support DPO or FUA
 sda: sda1
sd 0:0:0:0: [sda] Attached SCSI removable disk
```

图 30-26　U 盘 log 信息

从图 30-26 可以看出,系统检测到 U 盘插入,大小为 32GB,对应的设备文件为/dev/sda 和 /dev/sda1,大家可以查看一下/dev 目录下有没有 sda 和 sda1 这两个文件。/dev/sda 是整个 U 盘,

/dev/sda1 是 U 盘的第一个分区,我们一般使用 U 盘的时候都是只有一个分区。要想访问 U 盘,应先对 U 盘进行挂载,理论上挂载到任意一个目录下都可以,这里创建一个/mnt/usb_disk 目录,然后将 U 盘挂载到/mnt/usb_disk 目录下,命令如下:

```
mkdir /mnt/usb_disk - p                                    //创建目录
mount /dev/sda1 /mnt/usb_disk/ - t vfat - o iocharset = utf8    //挂载
```

其中,-t 指定挂载所使用的文件系统类型,这里设置为 vfat,也就是 FAT 文件系统,"-o iocharset"设置硬盘编码格式为 utf8,否则 U 盘中的中文信息会显示乱码。

挂载成功以后进入到/mnt/usb_disk 目录下,输入 ls 命令查看 U 盘文件,如图 30-27 所示。

```
/ # cd /mnt/usb_disk/
/mnt/usb_disk # ls
1, ALIENTEK阿波罗STM32F429开发板入门资料
2, ALIENTEK阿波罗STM32F429开发板视频教程
3, ALIENTEK阿波罗STM32F429开发板原理图
4, 程序源码
5, SD卡根目录文件
6, 软件资料
System Volume Information
阿波罗STM32F429 资料盘(A盘)
阿波罗STM32F429 资料盘(A盘).rar
/mnt/usb_disk #
```

图 30-27 U 盘文件

至此 U 盘就能正常读写操作了,直接对/mnt/usb_disk 目录进行操作就行了。要拔出 U 盘应执行一个 sync 命令进行同步,然后在使用 unmount 进行 U 盘卸载,命令如下所示:

```
sync                      //同步
cd /                      //如果处于/mnt/usb_disk 目录的话先退出来,否则卸载的时候将提示
                          //设备忙,导致卸载失败,切记
umount /mnt/usb_disk      //卸载
```

30.5 Linux 内核自带 USB OTG 实验

30.5.1 修改设备树

注意,如果使用的是正点原子 I. MX6U-ALPHA 开发板,那么就需要修改 OTG ID 引脚的电气属性,因为 ALPHA 开发板为了在板子上集成 OTG 的主机和从机接口,对 ID 线做了修改,至于原因已经在 30.2.2 节讲过了。如果使用的其他 I. MX6ULL 开发板,就要去咨询一下厂商,看看需不需要修改 ID 引脚的电气属性。

查阅原理图可以知道,USB OTG1 的 ID 引脚连接到了 I. MX6ULL 的 GPIO1_IO00 这个引脚上,在 30.2.2 节分析 ALPHA 开发板 USB OTG 原理图的时候已经说过了,USB OTG 默认工作在主机(HOST)模式下,因此 ID 线应该是低电平。这里需要修改设备树中 GPIO1_IO00 这个引脚的电气属性,将其设置为默认下拉。打开设备树 imx6ull-alientek-emmc. dts,在 iomuxc 节点的 pinctrl _hog_1 子节点下添加 GPIO1_IO00 引脚信息,如下所示:

示例代码 30-1 GPIO1_IOIO0 引脚描述信息

```
1  &iomuxc {
2   pinctrl - names = "default";
3   pinctrl - 0 = <&pinctrl_hog_1>;
4   imx6ul - evk {
5       pinctrl_hog_1: hoggrp - 1 {
6           fsl, pins = <
7               ...
8               MX6UL_PAD_GPIO1_IO00__ANATOP_OTG1_ID 0x13058 / * OTG1 ID * /
9           >;
10      };
11  ...
12  };
```

第 8 行就是将 GPIO1_IO00 复用为 OTG1 ID,并且设置电气属性为 0x13058,默认下拉,设备树修改好以后重新编译并用新的设备树启动系统。

30.5.2 OTG 主机实验

系统重启成功以后就可以正常使用 USB OTG1 接口。OTG 既可以作主机,也可以作从机,作主机的话测试方法和 30.4 节一样,直接在 ALPHA 的 OTG HOST 接口上插入 USB 鼠标键盘、U盘等设备。

注意,如果使用正点原子的 ALPHA 开发板,切记不要使用 Mini OTG 线来外接 USB 设备,原因已经在 30.2.2 节说明了,只需要将 USB 设备插入到开发板上的 OTG HOST 接口上即可。

30.5.3 OTG 从机实验

OTG 从机就是将开发板作为一个 USB 设备连接到其他的主机上,这里来做两个 USB 从机实验:模拟 U 盘以及 USB 声卡。

1. 模拟 U 盘实验

模拟 U 盘实验就是将开发板当作一个 U 盘,可以将开发板上的 U 盘或者 TF 卡挂载到 PC 上去,首先需要配置 Linux,配置路径如下:

```
-> Device Drivers
    -> USB support (USB_SUPPORT [ = y])
        -> USB Gadget Support (USB_GADGET [ = y]
            -> [M]USB Gadget Drivers (<choice> [ = m])        //选中 USB Gadget 驱动
                ->[M]Mass Storage Gadget                       //大容量存储
```

如图 30-28 所示。

这里需要将驱动编译为模块。使用的时候直接输入命令加载驱动模块即可。配置好以后重新编译 Linux 内核,会得到 3 个. ko 驱动模块(带路径):

```
drivers/usb/gadget/libcomposite.ko
drivers/usb/gadget/function/usb_f_mass_storage.ko
drivers/usb/gadget/legacy/g_mass_storage.ko
```

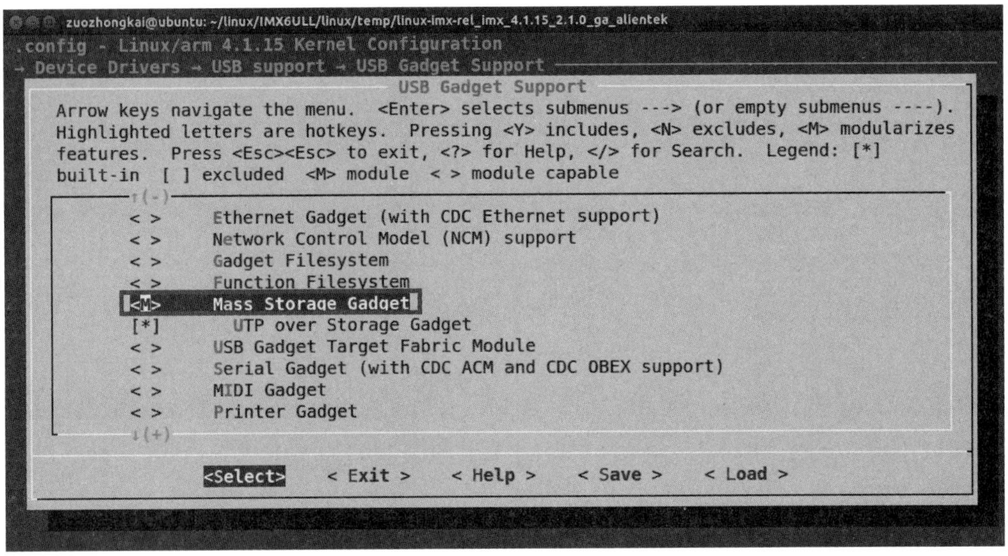

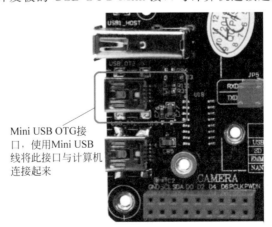

图 30-28　USB Gadget 中大容量存储设备驱动

将上述 3 个 .ko 模块复制到开发板根文件系统中,命令如下:

```
cd drivers/usb/gadget/                //进入 gadget 目录下
sudo cp libcomposite.ko /home/zuozhongkai/linux/nfs/rootfs/lib/modules/4.1.15/
sudo cp function/usb_f_mass_storage.ko /home/zuozhongkai/linux/nfs/rootfs/lib/modules/4.1.15/
sudo cp legacy/g_mass_storage.ko /home/zuozhongkai/linux/nfs/rootfs/lib/modules/4.1.15/
```

复制完成以后使用新编译出来的 zImage 启动开发板,在开发板上插入一个 U 盘,记住这个 U 盘对应的设备文件,比如这里是 /dev/sda 和 /dev/sda1,以后要将 /dev/sda1 挂载到 PC 上,也就是将 /dev/sda1 作为模拟 U 盘的存储区域。

使用 Mini USB 线将开发板的 USB OTG Mini 接口与计算机连接起来,如图 30-29 所示。

Mini USB OTG接口,使用Mini USB 线将此接口与计算机连接起来

图 30-29　Mini USB OTG 接口

连接好以后依次加载 libcomposite.ko、usb_f_mass_storage.ko 和 g_mass_storage.ko 这 3 个驱动文件,顺序不能错了。命令如下:

```
depmod
modprobe libcomposite.ko
modprobe usb_f_mass_storage.ko
modprobe g_mass_storage.ko file = /dev/sda1 removable = 1
```

加载 g_mass_storage.ko 的时候使用 file 参数指定使用的大容量存储设备，这里使用 U 盘对应的/dev/sda1。如果加载成功，那么会出现一个 U 盘，这个 U 盘就是我们的开发板模拟的，如图 30-30 所示。

图 30-30　计算机识别出来的 U 盘

我们可以直接在计算机上对这个 U 盘进行读写操作，实际上操作的就是插在开发板上的 U盘。操作完成以后要退出的话执行如下命令：

```
rmmod g_mass_storage.ko
```

注意，不要将开发板上的 EMMC 或者 NAND 作为模拟 U 盘的存储区域，因为 Linux 下EMMC 和 NAND 使用的文件系统一般都是 EXT3/EXT4 和 UBIFS，这些文件系统类型和Windows 下的不兼容，如果挂载的话就会在 Windows 下提示你格式化 U 盘。

2. USB 声卡实验

USB 声卡就是 USB 接口的外置声卡，一般计算机内部都自带了声卡，但是内部自带的声卡效果相对来说比较差，不能满足很多 HIFI 玩家的需求。USB 声卡通过 USB 接口来传递音频数据，具体的 ADC 和 DAC 过程由声卡完成，摆脱了计算机主板体积的限制，外置 USB 声卡就可以做得很好。ALPHA 开发板板载了音频解码芯片，因此可以将 ALPHA 开发板作为一个外置 USB 声卡，配置 Linux 内核，配置路径如下：

```
-> Device Drivers
  -> USB support (USB_SUPPORT [ = y])
    -> USB Gadget Support (USB_GADGET [ = y]
      -> [M]USB Gadget Drivers          //选中 USB Gadget 驱动
        ->[M] Audio Gadget             //选中音频
          -> UAC 1.0 (Legacy)          //选中 UAC
```

配置结果如图 30-31 所示。

注意，这里也是编译为驱动模块，配置完成以后重新编译内核，得到新的 zImage 和 3 个 .ko 驱动模块文件：

```
drivers/usb/gadget/libcomposite.ko
drivers/usb/gadget/function/usb_f_uac1.ko
drivers/usb/gadget/legacy/g_audio.ko
```

将上述 3 个 .ko 模块复制到开发板根文件系统中，命令如下：

```
cd drivers/usb/gadget/
sudo cp libcomposite.ko /home/zuozhongkai/linux/nfs/rootfs/lib/modules/4.1.15/
sudo cp function/usb_f_uac1.ko /home/zuozhongkai/linux/nfs/rootfs/lib/modules/4.1.15/
sudo cp legacy/g_audio.ko /home/zuozhongkai/linux/nfs/rootfs/lib/modules/4.1.15/
```

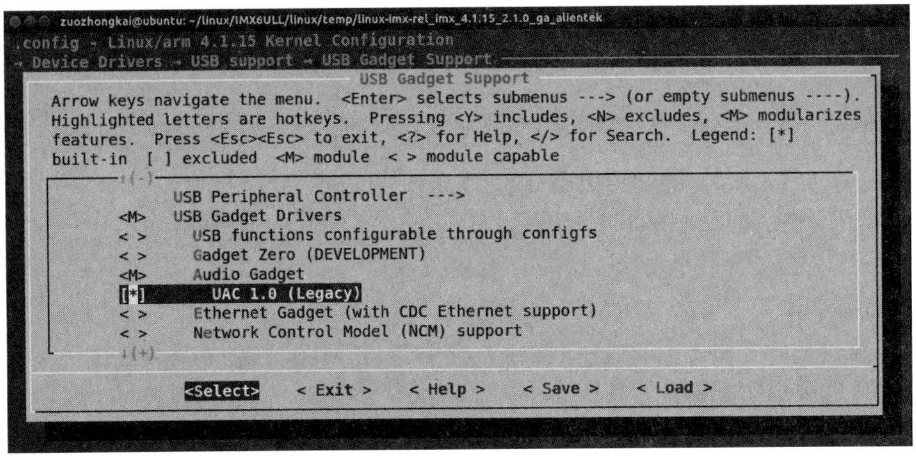

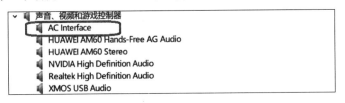

图 30-31　使能 USB Gadget 下的音频驱动

复制完成以后使用新编译出来的 zImage 启动开发板，首先按照 30.5.2 节介绍的方法配置 ALPHA 的声卡，保证声卡播放正常。使用 Mini USB 线将开发板与计算机连接起来，最后依次加载 libcomposite.ko、usb_f_uac1.ko 和 g_audio.ko 这 3 个驱动模块，命令如下：

```
depmod
modprobe libcomposite.ko
modprobe usb_f_uac1.ko
modprobe g_audio.ko
```

加载完成以后稍等一会虚拟出一个 USB 声卡，打开计算机的设备管理器，选择"声音、视频和游戏控制器"，会发现有一个名为"AC Interface"的设备，如图 30-32 所示。

图 30-32　模拟出来的 USB 声卡

图 30-32 中的"AC Interface"就是开发板模拟出来的 USB 声卡，设置 Windows，选择音频输出使用"AC Interface"。Windows 10 下的设置如图 30-33 所示。

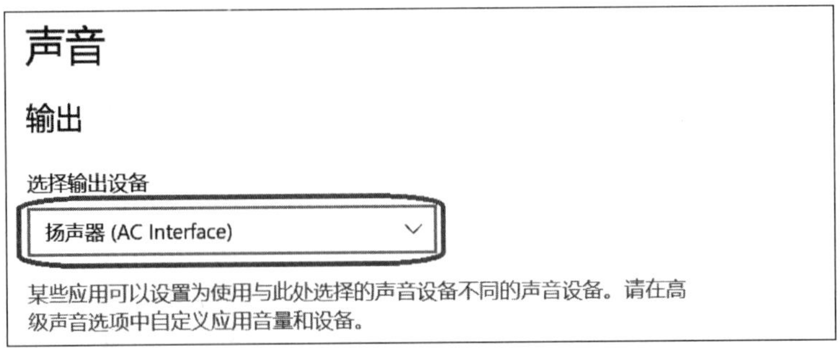

图 30-33　声卡输出设置为 AC Interface

一切设置好以后就可以从开发板上听到计算机输出的声音,此时开发板就完全是一个 USB 声卡设备了。

关于 USB 驱动就讲解到这里,本章并没有深入到 USB 驱动具体编写方式,只是对 USB 的协议做了简单的介绍,后面讲解了一下 Linux 内核自带的 USB HOST 和 DEVICE 驱动的使用,Linux 内核已经集成了大量的 USB 设备驱动,至于其他特殊情况则需要具体情况具体分析了,比如后面讲解的 USB WiFi 和 4G 模块驱动。

第31章

regmap API实验

我们在前面学习 I^2C 和 SPI 驱动的时候,针对 I^2C 和 SPI 设备寄存器的操作都是通过相关的 API 函数进行操作的。这样 Linux 内核中就会充斥着大量的重复、冗余代码,但是这些本质上都是对寄存器的操作,所以为了方便内核开发人员统一访问 I^2C/SPI 设备,引入了 regmap 子系统。本章就来学习如何使用 Regmap API 函数来读写 I^2C/SPI 设备寄存器。

31.1 regmap API 简介

31.1.1 什么是 regmap

Linux 下大部分设备的驱动开发都是操作其内部寄存器,比如 I^2C/SPI 设备的本质都是通过 I^2C/SPI 接口读写芯片内部寄存器。芯片内部寄存器也是同样的道理,比如 I.MX6ULL 的 PWM、定时器等外设初始化,最终都是要落到寄存器的设置上。

Linux 下使用 i2c_transfer 来读写 I^2C 设备中的寄存器,若为 SPI 接口,则使用 spi_write/spi_read 等。I^2C/SPI 芯片非常多,因此 Linux 内核中就会充斥了大量的 i2c_transfer 这类的冗余代码,再者,代码的复用性也会降低。比如 ICM20608 这个芯片既支持 I^2C 接口,也支持 SPI 接口。假设我们在产品设计阶段一开始将 ICM20608 设计为 SPI 接口,但是后面发现 SPI 接口不够用,或者 SOC 的引脚不够用,就需要将 ICM20608 改为 I^2C 接口。这个时候 ICM20608 的驱动就要大改,我们需要将 SPI 接口函数换为 I^2C 的,工作量比较大。

基于代码复用的原则,Linux 内核引入了 regmap 模型,regmap 将寄存器访问的共同逻辑抽象出来,驱动开发人员不需要再去纠结使用 SPI 或者 I^2C 接口 API 函数,统一使用 regmap API 函数。这样做的好处就是统一使用 regmap,降低了代码冗余,提高了驱动的可移植性。regmap 模型的重点在于:

通过 regmap 模型提供的统一接口函数来访问器件的寄存器,SOC 内部的寄存器也可以使用 regmap 接口函数来访问。

regmap 是 Linux 内核为了减少慢速 I/O 在驱动上的冗余开销,提供了一种通用的接口来操作硬件寄存器。另外,regmap 在驱动和硬件之间添加了高速缓存,降低了低速 I/O 的操作次数,提高了访问效率,缺点是实时性会降低。

在如下情况下会使用 regmap：

（1）硬件寄存器操作，比如选用通过 I^{2}C/SPI 接口来读写设备的内部寄存器，或者需要读写 SOC 内部的硬件寄存器。

（2）提高代码复用性和驱动一致性，简化驱动开发过程。

（3）减少底层 I/O 操作次数，提高访问效率。

本章就来重点学习一下如何将第 24 章中编写的 SPI 接口的 ICM20608 驱动改为使用 regmap API。

31.1.2　regmap 驱动框架

1. regmap 框架结构

regmap 驱动框架如图 31-1 所示。

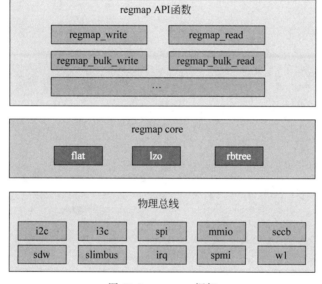

图 31-1　regmap 框架

regmap 框架分为 3 层：

（1）底层物理总线，regmap 就是对不同的物理总线进行封装，目前 regmap 支持的物理总线有 i2c、i3c、spi、mmio、sccb、sdw、slimbus、irq、spmi 和 w1。

（2）regmap 核心层，用于实现 regmap，我们不用关心具体实现。

（3）regmap API 抽象层，regmap 向驱动编写人员提供的 API 接口，驱动编写人员使用这些 API 接口来操作具体的芯片设备，也是驱动编写人员重点要掌握的。

2. regmap 结构体

Linux 内核将 regmap 框架抽象为 regmap 结构体，这个结构体定义在文件 drivers/base/regmap/internal.h 中，结构体内容如下（有省略）：

示例代码 31-1　regmap 结构体

```
51  struct regmap {
52      union {
```

```
53          struct mutex mutex;
54          struct {
55              spinlock_t spinlock;
56              unsigned long spinlock_flags;
57          };
58      };
59      regmap_lock lock;
60      regmap_unlock unlock;
61      void * lock_arg;                 /* This is passed to lock/unlock functions */
62
63      struct device * dev;             /* Device we do I/O on */
64      void * work_buf;                 /* Scratch buffer used to format I/O */
65      struct regmap_format format;     /* Buffer format */
66      const struct regmap_bus * bus;
67      void * bus_context;
68      const char * name;
69
70      bool async;
71      spinlock_t async_lock;
72      wait_queue_head_t async_waitq;
73      struct list_head async_list;
74      struct list_head async_free;
75      int async_ret;
...
89      unsigned int max_register;
90      bool ( * writeable_reg)(struct device * dev, unsigned int reg);
91      bool ( * readable_reg)(struct device * dev, unsigned int reg);
92      bool ( * volatile_reg)(struct device * dev, unsigned int reg);
93      bool ( * precious_reg)(struct device * dev, unsigned int reg);
94      const struct regmap_access_table * wr_table;
95      const struct regmap_access_table * rd_table;
96      const struct regmap_access_table * volatile_table;
97      const struct regmap_access_table * precious_table;
98
99      int ( * reg_read)(void * context, unsigned int reg,
                        unsigned int * val);
100     int ( * reg_write)(void * context, unsigned int reg,
                        unsigned int val);
...
147     struct rb_root range_tree;
148     void * selector_work_buf;  /* Scratch buffer used for selector */
149 };
```

要使用 regmap,肯定要先给驱动分配一个具体的 regmap 结构体实例,稍后会讲解如何分配 regmap 实例。大家可以看到示例代码 31-1 中第 90~100 行有很多的函数以及 table,这些需要驱动编写人员根据实际情况选择性地初始化。regmap 的初始化通过结构体 regmap_config 来完成。

3. regmap_config 结构体

顾名思义,regmap_config 结构体就是用来初始化 regmap 的,这个结构体也定义在 include/ linux/regmap.h 文件中,结构体内容如下:

示例代码 31-2 regmap_config 结构体

```
186 struct regmap_config {
187     const char * name;
188
189     int reg_bits;
190     int reg_stride;
191     int pad_bits;
192     int val_bits;
193
194     bool ( * writeable_reg)(struct device * dev, unsigned int reg);
195     bool ( * readable_reg)(struct device * dev, unsigned int reg);
196     bool ( * volatile_reg)(struct device * dev, unsigned int reg);
197     bool ( * precious_reg)(struct device * dev, unsigned int reg);
198     regmap_lock lock;
199     regmap_unlock unlock;
200     void * lock_arg;
201
202     int ( * reg_read)(void * context, unsigned int reg, unsigned int * val);
203     int ( * reg_write)(void * context, unsigned int reg, unsigned int val);
204
205     bool fast_io;
206
207     unsigned int max_register;
208     const struct regmap_access_table * wr_table;
209     const struct regmap_access_table * rd_table;
210     const struct regmap_access_table * volatile_table;
211     const struct regmap_access_table * precious_table;
212     const struct reg_default * reg_defaults;
213     unsigned int num_reg_defaults;
214     enum regcache_type cache_type;
215     const void * reg_defaults_raw;
216     unsigned int num_reg_defaults_raw;
217
218     u8 read_flag_mask;
219     u8 write_flag_mask;
220
221     bool use_single_rw;
222     bool can_multi_write;
223
224     enum regmap_endian reg_format_endian;
225     enum regmap_endian val_format_endian;
226
227     const struct regmap_range_cfg * ranges;
228     unsigned int num_ranges;
229 };
```

Linux 内核中已经对 regmap_config 各个成员变量进行了详细的讲解,这里只看一些比较重要的。

第 187 行,name:名字。

第 189 行,reg_bits:寄存器地址位数,必填字段。

第 190 行,reg_stride:寄存器地址步长。

第 191 行，pad_bits：寄存器和值之间的填充位数。

第 192 行，val_bits：寄存器值位数，必填字段。

第 194 行，writeable_reg：可选的可写回调函数，若寄存器可写，则此回调函数就会被调用，并返回 true。

第 195 行，readable_reg：可选的可读回调函数，若寄存器可读，则此回调函数就会被调用，并返回 true。

第 196 行，volatile_reg：可选的回调函数，当寄存器值不能缓存的时候此回调函数就会被调用，并返回 true。

第 197 行，precious_reg：当寄存器值不能被读出来的时候此回调函数会被调用，比如很多中断状态寄存器读清零，读这些寄存器就可以清除中断标志位，但是并没有读出这些寄存器内部的值。

第 202 行，reg_read：可选的读操作回调函数，所有读寄存器的操作此回调函数就会执行。

第 203 行，reg_write：可选的写操作回调函数，所有写寄存器的操作此回调函数就会执行。

第 205 行，fast_io：快速 I/O，使用 spinlock 替代 mutex 来提升锁性能。

第 207 行，max_register：有效的最大寄存器地址，可选。

第 208 行，wr_table：可写的地址范围，为 regmap_access_table 结构体类型。后面的 rd_table、volatile_table、precious_table、wr_noinc_table 和 rd_noinc_table 同理。

第 212 行，reg_defaults：寄存器模式值，为 reg_default 结构体类型，此结构体有两个成员变量：reg 和 def，reg 是寄存器地址，def 是默认值。

第 216 行，num_reg_defaults：默认寄存器表中的元素个数。

第 218 行，read_flag_mask：读标志掩码。

第 219 行，write_flag_mask：写标志掩码。

关于 regmap_config 结构体成员变量就介绍这些，其他没有介绍的可自行查阅 Linux 内核中的相关描述。

31.1.3 regmap 操作函数

1. regmap 申请与初始化

前面说了，regmap 支持多种物理总线，比如 I^2C 和 SPI，我们需要根据所使用的接口来选择合适的 regmap 初始化函数。Linux 内核提供了针对不同接口的 regmap 初始化函数，SPI 接口初始化函数为 regmap_init_spi()，函数原型如下：

```
struct regmap * regmap_init_spi(struct spi_device        * spi,
                                const struct regmap_config  * config)
```

函数参数含义如下：

spi——需要使用 regmap 的 spi_device。

config——regmap_config 结构体，需要程序编写人员初始化一个 regmap_config 实例，然后将其地址赋值给此参数。

返回值——申请到的并进过初始化的 regmap。

I^2C 接口的 regmap 初始化函数为 regmap_init_i2c()，函数原型如下：

```
struct regmap * regmap_init_i2c(struct i2c_client        * i2c,
                             const struct regmap_config  * config)
```

函数参数含义如下：

i2c——需要使用 regmap 的 i2c_client。

config——regmap_config 结构体，需要程序编写人员初始化一个 regmap_config 实例，然后将其地址赋值给此参数。

返回值——申请到的并进过初始化的 regmap。

还有很多其他物理接口对应的 regmap 初始化函数，这里就不介绍了，大家查阅 Linux 内核即可，基本和 SPI/I²C 的初始化函数相同

在退出驱动的时候需要释放掉申请到的 regmap，不管是什么接口，全部使用 regmap_exit()这个函数来释放 regmap，函数原型如下：

```
void regmap_exit(struct regmap * map)
```

函数参数含义如下：

map——需要释放的 regmap。

返回值——无。

我们一般会在 probe 函数中初始化 regmap_config，然后申请并初始化 regmap。

2. regmap 设备访问 API 函数

不管是 I²C 或 SPI 等接口，还是 SOC 内部的寄存器，对于寄存器的操作就两种：读和写。regmap 提供了最核心的两个读写操作：regmap_read()和 regmap_write()。这两个函数分别用来读/写寄存器，regmap_read()函数原型如下：

```
int regmap_read (struct regmap   * map,
            unsigned int     reg,
            unsigned int    * val)
```

函数参数含义如下：

map——要操作的 regmap。

reg——要读的寄存器。

val——读到的寄存器值。

返回值——0，读取成功；其他，读取失败。

regmap_write()函数原型如下：

```
int regmap_write(struct regmap   * map,
            unsigned int     reg,
            unsigned int     val)
```

函数参数含义如下：

map——要操作的 regmap。

reg——要写的寄存器。

val——要写的寄存器值。

返回值——0,写成功;其他,写失败。

在 regmap_read()和 regmap_write()的基础上还衍生出了其他一些 regmap 的 API 函数。首先是 regmap_update_bits()函数,看名字就知道,此函数用来修改寄存器指定的 bit,函数原型如下:

```
int regmap_update_bits (struct regmap    * map,
                        unsigned int      reg,
                        unsigned int      mask,
                        unsigned int      val,
```

函数参数含义如下:

map——要操作的 regmap。

reg——要操作的寄存器。

mask——掩码,需要更新的位必须在掩码中设置为 1。

val——需要更新的位值。

返回值——0,写成功;其他,写失败。

比如要将寄存器的 bit1 和 bit2 置 1,那么 mask 应该设置为 0x00000011,此时 val 的 bit1 和 bit2 应该设置为 1,也就是 0xxxxxx11。如果要清除寄存器的 bit4 和 bit7,那么 mask 应该设置为 0x10010000,val 的 bit4 和 bit7 设置为 0,也就是 0x0xx0xxxx。

接下来看一下 regmap_bulk_read()函数,此函数用于读取多个寄存器的值,函数原型如下:

```
int regmap_bulk_read(struct regmap    * map,
                     unsigned int      reg,
                     void             * val,
                     size_t            val_count)
```

函数参数含义如下:

map——要操作的 regmap。

reg——要读取的第一个寄存器。

val——读取到的数据缓冲区。

val_count——要读取的寄存器数量。

返回值——0,写成功;其他,读失败。

另外还有多个寄存器写函数 regmap_bulk_write(),函数原型如下:

```
int regmap_bulk_write(struct regmap    * map,
                      unsigned int      reg,
                      const void       * val,
                      size_t            val_count)
```

函数参数含义如下:

map——要操作的 regmap。

reg——要写的第一个寄存器。

val——要写的寄存器数据缓冲区。

val_count——要写的寄存器数量。

返回值——0,写成功;其他,读失败。

关于 regmap 常用到 API 函数就讲解到这里,还有很多其他功能的 API 函数,大家自行查阅 Linux 内核即可,其中对每个 API 函数都有详细的讲解。

31.1.4 regmap_config 掩码设置

结构体 regmap_config 中有 2 个关于掩码的成员变量:read_flag_mask 和 write_flag_mask,这 2 个掩码非常重要,本节我们来学习一下如何使用这 3 个掩码。我们在学习 ICM20608 的时候讲过了,ICM20608 支持 I^2C 和 SPI 接口,但是当使用 SPI 接口的时候,读取 ICM20608 寄存器的时候地址最高位必须置 1,写内部寄存器时地址最高位要设置为 0。因此这里就涉及对寄存器地址最高位的操作,第 24 章在使用 SPI 接口函数读取 ICM20608 内部寄存器的时候手动将寄存器地址的最高位置 1,代码如下所示:

示例代码 31-3　ICM20608 驱动

```
1   static int icm20608_read_regs (struct icm20608_dev * dev, u8 reg,
                                     void * buf, int len)
2   {
3
...
21      txdata[0] = reg | 0x80;              /* 写数据的时候首寄存器地址 bit7 要置 1 */
22      t -> tx_buf = txdata;                /* 要发送的数据 */
23      t -> rx_buf = rxdata;                /* 要读取的数据 */
24      t -> len = len + 1;                  /* t -> len = 发送的长度 + 读取的长度 */
25      spi_message_init(&m);                /* 初始化 spi_message */
26      spi_message_add_tail(t, &m);
27      ret = spi_sync(spi, &m);             /* 同步发送 */
...
39      return ret;
40  }
```

示例代码 31-3 就是标准的 SPI 驱动,其中第 21 行将寄存器的地址 bit7 置 1,表示这是一个读操作。

当我们使用 regmap 的时候不需要手动将寄存器地址的 bit7 置 1,在初始化 regmap_config 的时候直接将 read_flag_mask 设置为 0x80 即可,这样通过 regmap 读取 SPI 内部寄存器的时候就会将寄存器地址与 read_flag_mask 进行或运算,结果就是将 bit7 置 1,但是整个过程不需要我们来操作,全部由 regmap 框架完成。

同理,write_flag_mask 的用法也是一样的,只是 write_flag_mask 用于写寄存器操作。

打开 regmap-spi.c 文件,这个文件就是 regmap 的 SPI 总线文件,找到如下所示内容:

示例代码 31-4　regmap-spi.c 代码段

```
105 static struct regmap_bus regmap_spi = {
106     .write = regmap_spi_write,
107     .gather_write = regmap_spi_gather_write,
108     .async_write = regmap_spi_async_write,
109     .async_alloc = regmap_spi_async_alloc,
110     .read = regmap_spi_read,
111     .read_flag_mask = 0x80,
112     .reg_format_endian_default = REGMAP_ENDIAN_BIG,
```

```
113        .val_format_endian_default = REGMAP_ENDIAN_BIG,
114 };
...
125 struct regmap * regmap_init_spi(struct spi_device * spi,
126                const struct regmap_config * config)
127 {
128        return regmap_init(&spi->dev, &regmap_spi, &spi->dev, config);
129 }
```

第 105~114 行初始化了一个 regmap_bus 实例：regmap_spi。这里重点看一下第 111 行中 read_flag_mask 默认为 0x80。注意，这里是将 regmap_bus 的 read_flag_mask 成员变量设置为 0x80。regmap_bus 结构体大家自行查看一下，这里就不讲了。

第 125~129 行为 regmap_init_spi()函数，前面说了要想在 SPI 总线中使用 regmap 框架，首先要使用 regmap_init_spi()函数用于并申请一个 SPI 总线的 regmap。从第 128 行可以看出，regmap_init_spi()函数只是对 regmap_init 的简单封装，因此最终完成 regmap 申请并初始化的是 regmap_init()函数。在 regmap_init()函数中找到如下所示内容：

示例代码 31-5　regmap_init()函数代码段

```
598 if (config->read_flag_mask || config->write_flag_mask) {
599     map->read_flag_mask = config->read_flag_mask;
600     map->write_flag_mask = config->write_flag_mask;
601 } else if (bus) {
602     map->read_flag_mask = bus->read_flag_mask;
603 }
```

第 598~601 行就是用 regmap_config 中的读写掩码来初始化 regmap_bus 中的掩码。由于 regmap_spi 默认将 read_flag_mask 设置为 0x80，如果所使用的 SPI 设备不需要读掩码，那么在初始化 regmap_config 的时候一定要将 read_flag_mask 设置为 0x00。

regmap 框架就讲解到这里，接下来学习如何将第 24 章中编写的 ICM20608 驱动改为 regmap 框架。

31.2　实验程序编写

本实验不需要修改设备树，直接使用第 24 章中的 ICM20608 设备树。本实验对应的例程路径为"01、程序源码→02、Linux 驱动例程→26_regmap→spi"。

1. 修改设备结构体，添加 regmap 和 regmap_config

regmap 框架的核心就是 regmap 和 regmap_config 结构体，我们一般都是在自定义的设备结构体中添加这两个类型的成员变量，所以首先在 icm20608_dev 结构体中添加 regmap 和 regmap_config，修改完成以后的 icm20608_dev 结构体内容如下：

示例代码 31-6　修改后的 icm20608_dev 结构体

```
1 struct icm20608_dev {
2     struct spi_device * spi;              /* SPI 设备        */
3     dev_t devid;                          /* 设备号          */
4     struct cdev cdev;                     /* cdev            */
```

```
5    struct class * class;              / * 类              * /
6    struct device * device;            / * 设备             * /
7    struct device_node   * nd;         / * 设备节点           * /
8    signed int gyro_x_adc;             / * 陀螺仪 X 轴原始值     * /
9    signed int gyro_y_adc;             / * 陀螺仪 Y 轴原始值     * /
10   signed int gyro_z_adc;             / * 陀螺仪 Z 轴原始值     * /
11   signed int accel_x_adc;            / * 加速度计 X 轴原始值    * /
12   signed int accel_y_adc;            / * 加速度计 Y 轴原始值    * /
13   signed int accel_z_adc;            / * 加速度计 Z 轴原始值    * /
14   signed int temp_adc;               / * 温度原始值          * /
15   struct regmap * regmap;
16   struct regmap_config regmap_config;
17 };
```

第 15 行,regmap 指针变量,需要使用 regmap_init_spi()函数来申请和初始化 regmap,所以这里是指针类型。

第 16 行,regmap_config 结构体成员变量,用来配置 regmap。

2. 初始化 regmap

一般在 probe()函数中初始化 regmap,这里就是 icm20608_probe()函数,初始化内容如下:

```
                          示例代码 31-7   icm20608_probe()函数
1    static int icm20608_probe(struct spi_device * spi)
2    {
3        int ret;
4        struct icm20608_dev * icm20608dev;
5
6        / * 分配 icm20608dev 对象的空间 * /
7        icm20608dev = devm_kzalloc(&spi - > dev, sizeof( * icm20608dev),
                               GFP_KERNEL);
8        if(! icm20608dev)
9            return - ENOMEM;
10
11       / * 初始化 regmap_config 设置 * /
12       icm20608dev - > regmap_config.reg_bits = 8;        / * 寄存器长度 8bit * /
13       icm20608dev - > regmap_config.val_bits = 8;        / * 值长度 8bit * /
14       icm20608dev - > regmap_config.read_flag_mask = 0x80;   / * 读掩码 * /
15
16       / * 初始化 I²C接口的 regmap * /
17       icm20608dev - > regmap = regmap_init_spi(spi,
                        &icm20608dev - > regmap_config);
18       if (IS_ERR(icm20608dev - > regmap)) {
19           return  PTR_ERR(icm20608dev - > regmap);
20       }
21
22       / * 注册字符设备驱动 * /
23       / * 1、创建设备号 * /
24       ret = alloc_chrdev_region(&icm20608dev - > devid, 0, ICM20608_CNT,
                        ICM20608_NAME);
25       if(ret < 0) {
26           pr_err(" % s Couldn't alloc_chrdev_region, ret = % d\r\n",ICM20608_NAME, ret);
```

```
27        goto del_regmap;
28    }
...
61
62    return 0;
63 destroy_class:
64    device_destroy(icm20608dev->class, icm20608dev->devid);
65 del_cdev:
66    cdev_del(&icm20608dev->cdev);
67 del_unregister:
68    unregister_chrdev_region(icm20608dev->devid, ICM20608_CNT);
69 del_regmap:
70    regmap_exit(icm20608dev->regmap);
71    return -EIO;
72 }
```

第 11~14 行,regmap_config 的初始化,ICM20608 的寄存器地址长度为 8bit,寄存器值也是 8bit,因此 reg_bits 和 val_bits 都设置为 8。由于 ICM20608 通过 SPI 接口读取的时候地址寄存器最高位要设置为 1,因此 read_flag_mask 设置为 0x80。

第 17 行,通过 regmap_init_spi 函数来申请并初始化 SPI 总线的 regmap。

第 70 行,如果要删除 regmap 就使用 regmap_exit()函数。

同理,在 remove()函数中要删除 probe 里面申请的 regmap,icm20608_remove()函数内容如下:

```
                示例代码 31-8    icm20608_remove()函数
1  static int icm20608_remove(struct spi_device *spi)
2  {
3      struct icm20608_dev *icm20608dev = spi_get_drvdata(spi);
4
...
12     /* 4、注销类 */
13     class_destroy(icm20608dev->class);
14     /* 5、删除 regmap */
15     regmap_exit(icm20608dev->regmap);
16     return 0;
17 }
```

第 17 行,卸载驱动的时候使用 regmap_exit()删除掉 probe()函数中申请的 regmap。

3. 读写设备内部寄存器

regmap 已经设置好了,接下来就是使用 regmap API 函数来读写 ICM20608 内部寄存器了。以前我们使用 SPI 驱动框架编写读写函数,现在直接使用 regmap_read()、regmap_write()等函数即可,修改后的 ICM20608 内部寄存器读写函数如下:

```
                示例代码 31-9   ICM20608 寄存器读写函数
1  /*
2   * @description      : 读取 ICM20608 指定寄存器值,读取一个寄存器
3   * @param - dev      : ICM20608 设备
```

```
4   *  @param - reg      :要读取的寄存器
5   *  @return           :读取到的寄存器值
6   */
7   static unsigned char icm20608_read_onereg(struct icm20608_dev * dev,u8 reg)
8   {
9       u8 ret;
10      unsigned int data;
11
12      ret = regmap_read(dev -> regmap, reg, &data);
13      return (u8)data;
14  }
15
16  /*
17   *  @description      :向 ICM20608 指定寄存器写入指定的值,写一个寄存器
18   *  @param - dev      :ICM20608 设备
19   *  @param - reg      :要写的寄存器
20   *  @param - data     :要写入的值
21   *  @return           :无
22   */
23
24  static void icm20608_write_onereg(struct icm20608_dev * dev, u8 reg,u8 value)
25  {
26      regmap_write(dev -> regmap,  reg, value);
27  }
28
29  /*
30   *  @description      :读取 ICM20608 的数据,读取原始数据,包括三轴陀螺仪、
31   *                    :三轴加速度计和内部温度
32   *  @param - dev      :ICM20608 设备
33   *  @return           :无
34   */
35  void icm20608_readdata(struct icm20608_dev * dev)
36  {
37      u8 ret;
38      unsigned char data[14];
39
40      ret = regmap_bulk_read(dev -> regmap, ICM20_ACCEL_XOUT_H, data,14);
41
42      dev -> accel_x_adc = (signed short)((data[0] << 8) | data[1]);
43      dev -> accel_y_adc = (signed short)((data[2] << 8) | data[3]);
44      dev -> accel_z_adc = (signed short)((data[4] << 8) | data[5]);
45      dev -> temp_adc    = (signed short)((data[6] << 8) | data[7]);
46      dev -> gyro_x_adc  = (signed short)((data[8] << 8) | data[9]);
47      dev -> gyro_y_adc  = (signed short)((data[10] << 8) | data[11]);
48      dev -> gyro_z_adc  = (signed short)((data[12] << 8) | data[13]);
49  }
```

第 7～14 行,icm20608_read_onereg()函数用于读取 ICM20608 内部单个寄存器,这里直接使用 regmap_read()函数来完成寄存器读取操作。

第 24～27 行,icm20608_write_onereg()函数用于向 ICM20608 指定寄存器写入数据,这里也直接使用 regmap_write()函数来完成写操作。

第35～49行,icm20608_readdata()函数用于读取ICM20608内部陀螺仪、加速度计和温度计的数据,从ICM20_ACCEL_XOUT_H寄存器开始,连续读取14个寄存器。这里直接使用regmap_bulk_read()函数来显示多个寄存器的读取。

对比第24章中的ICM20608驱动,采用regmap API以后驱动程序精简了很多。具体涉及SPI总线的部分全部由regmap来处理了,驱动编写人员不用管,极大地方便了驱动编写工作。即使将来更换为I²C接口,也只需要更改很少的一部分。

31.3 运行测试

测试App直接使用第24章编写的icm20608App.c即可。测试方法也和第24章一样,输入如下命令:

```
depmod                          //第一次加载驱动的时候需要运行此命令
modprobe icm20608.ko            //加载驱动模块
./icm20608App /dev/icm20608     //App读取内部数据
```

如果regmap API工作正常,那么就会正确初始化ICM20608,并且读出传感器数据,如图31-2所示。

```
/lib/modules/4.1.15 # modprobe icm20608
ICM20608 ID = 0XAE
/lib/modules/4.1.15 # ./icm20608App /dev/icm20608

原始值:
gx = -11, gy = -6, gz = -6
ax = 4, ay = 13, az = 2015
temp = 2552
实际值:act gx = -0.67°/S, act gy = -0.37°/S, act gz = -0.37°/S
act ax = 0.00g, act ay = 0.01g, act az = 0.98g
act temp = 32.73°C
```

图 31-2 获取到的 ICM20608 数据

I²C总线的regmap框架基本和SPI一样,只是需要使用regmap_init_i2c来申请并初始化对应的regmap,同样都是使用regmap_read和regmap_write来读写I²C设备内部寄存器。这里已经将第23章中的AP3216C驱动改为了regmap API接口的,相应的驱动程序已经放到了资料包中,本实验对应的例程路径为"1、程序源码→2、Linux驱动例程→26_regmap→iic"。大家自行查阅,这里就不详细详解了。

## 第32章

Linux IIO驱动实验

工业场合里面有大量的模拟量和数字量之间的转换，也就是我们常说的 ADC 和 DAC。而且随着手机、物联网、工业物联网和可穿戴设备的爆发式发展，传感器的需求只持续增强。比如手机或者手环中的加速度计、光传感器、陀螺仪、气压计、磁力计等，这些传感器本质上都是 ADC。大家注意查看这些传感器的手册，会发现它们内部都会有个 ADC，传感器对外提供 I^2C 或者 SPI 接口，SOC 可以通过 I^2C 或者 SPI 接口来获取到传感器内部的 ADC 数值，从而得到想要测量的结果。Linux 内核为了管理这些日益增多的 ADC 类传感器，特地推出了 IIO 子系统。本章就来学习如何使用 IIO 子系统来编写 ADC 类传感器驱动。

32.1　IIO 子系统简介

IIO 全称是 Industrial I/O，翻译过来就是工业 I/O，大家不要看到"工业"两个字就觉得 IIO 只用于工业领域的。大家一般在搜索 IIO 子系统的时候，会发现大多数讲的都是 ADC，这是因为 IIO 就是为 ADC 类传感器准备的，当然 DAC 类也是可以的。大家常用的陀螺仪、加速度计、电压/电流测量芯片、光照传感器、压力传感器等内部都有 ADC，内部 ADC 将原始的模拟数据转换为数字量，然后通过其他的通信接口，比如 I^2C、SPI 等传输给 SOC。

因此，当你使用的传感器本质是 ADC 或 DAC 器件的时候，可以优先考虑使用 IIO 驱动框架。

32.1.1　iio_dev

1. iio_dev 结构体

IIO 子系统使用结构体 iio_dev 来描述一个具体 IIO 设备，此设备结构体定义在 include/linux/iio/iio.h 文件中，结构体内容如下（有省略）：

示例代码 32-1　iio_dev 结构体

```
474 struct iio_dev {
475     int             id;
476
477     int             modes;
478     int             currentmode;
479     struct device   dev;
```

```
480
481     struct iio_event_interface    * event_interface;
482
483     struct iio_buffer             * buffer;
484     struct list_head              buffer_list;
485     int                           scan_bytes;
486     struct mutex                  mlock;
487
488     const unsigned long           * available_scan_masks;
489     unsigned                      masklength;
490     const unsigned long           * active_scan_mask;
491     bool                          scan_timestamp;
492     unsigned                      scan_index_timestamp;
493     struct iio_trigger            * trig;
494     struct iio_poll_func          * pollfunc;
495
496     struct iio_chan_spec const    * channels;
497     int                           num_channels;
498
499     struct list_head              channel_attr_list;
500     struct attribute_group        chan_attr_group;
501     const char                    * name;
502     const struct iio_info         * info;
503     struct mutex                  info_exist_lock;
504     const struct iio_buffer_setup_ops  * setup_ops;
505     struct cdev                   chrdev;
...
515 };
```

我们来看一下 iio_dev 结构体中几个比较重要的成员变量。

第 477 行,modes 为设备支持的模式,可选择的模式如表 32-1 所示。

表 32-1　模式及其说明

模　　式	说　　明
INDIO_DIRECT_MODE	提供 sysfs 接口
INDIO_BUFFER_TRIGGERED	支持硬件缓冲触发
INDIO_BUFFER_SOFTWARE	支持软件缓冲触发
INDIO_BUFFER_HARDWARE	支持硬件缓冲区

第 478 行,currentmode 为当前模式。

第 483 行,buffer 为缓冲区。

第 484 行,buffer_list 为当前匹配的缓冲区列表。

第 485 行,scan_bytes 为捕获到,并且提供给缓冲区的字节数。

第 488 行,available_scan_masks 为可选的扫描位掩码,使用触发缓冲区的时候可以通过设置掩码来确定使能哪些通道,使能以后的通道会将捕获到的数据发送到 IIO 缓冲区。

第 490 行,active_scan_mask 为缓冲区已经开启的通道掩码。只有这些使能了的通道数据才能被发送到缓冲区。

第 491 行,scan_timestamp 为扫描时间戳,使能以后会将捕获时间戳放到缓冲区中。

第 493 行,当使用缓冲模式的时候,trig 为 IIO 设备当前触发器。

第 494 行,pollfunc 为一个函数,在接收到的触发器上运行。

第 496 行,channels 为 IIO 设备通道,为 iio_chan_spec 结构体类型,稍后会详细讲解 IIO 通道。

第 497 行,num_channels 为 IIO 设备的通道数。

第 501 行,name 为 IIO 设备名字。

第 502 行,info 为 iio_info 结构体类型,这个结构体中有很多函数,需要驱动开发人员编写,非常重要。我们从用户空间读取 IIO 设备内部数据,最终调用的就是 iio_info 中的函数。稍后会详细讲解 iio_info 结构体。

第 504 行,setup_ops 为 iio_buffer_setup_ops 结构体类型,内容如下:

示例代码 32-2 iio_buffer_setup_ops 结构体

```
427 struct iio_buffer_setup_ops {
428     int (* preenable)(struct iio_dev * );          /* 缓冲区使能之前调用 */
429     int (* postenable)(struct iio_dev * );         /* 缓冲区使能之后调用 */
430     int (* predisable)(struct iio_dev * );         /* 缓冲区禁用之前调用 */
431     int (* postdisable)(struct iio_dev * );        /* 缓冲区禁用之后调用 */
432     bool (* validate_scan_mask)(struct iio_dev * indio_dev,
433         const unsigned long * scan_mask);          /* 检查扫描掩码是否有效 */
434 };
```

可以看出,iio_buffer_setup_ops 中都是一些回调函数,在使能或禁用缓冲区的时候会调用这些函数。如果未指定的话就默认使用 iio_triggered_buffer_setup_ops。

继续回到示例代码 32-1 中第 505 行,chrdev 为字符设备,由 IIO 内核创建。

2. iio_dev 申请与释放

在使用之前要先申请 iio_dev,申请函数为 iio_device_alloc(),函数原型如下:

```
struct iio_dev * iio_device_alloc(int sizeof_priv)
```

函数参数含义如下:

sizeof_priv——私有数据内存空间大小,一般我们会将自己定义的设备结构体变量作为 iio_dev 的私有数据,这样可以直接通过 iio_device_alloc()函数同时完成 iio_dev 和设备结构体变量的内存申请。申请成功以后使用 iio_priv()函数来得到自定义的设备结构体变量首地址。

返回值——如果申请成功就返回 iio_dev 首地址,如果失败就返回 NULL。

一般 iio_device_alloc()和 iio_priv()之间的配合使用如下所示。

示例代码 32-3 iio_device_alloc()和 iio_priv()函数的使用

```
1  struct icm20608_dev * dev;
2  struct iio_dev * indio_dev;
3
4  /*  1、申请 iio_dev 内存 */
5  indio_dev = iio_device_alloc(sizeof( * dev));
6  if (!indio_dev)
7   return - ENOMEM;
8
9  /*  2、获取设备结构体变量地址 */
10 dev = iio_priv(indio_dev);
```

第 1 行,icm20608_dev 是自定义的设备结构体。

第 2 行,indio_dev 是 iio_dev 结构体变量指针。

第 5 行,使用 iio_device_alloc()函数来申请 iio_dev,并且一起申请了 icm2060_dev 的内存。

第 10 行,使用 iio_priv()函数从 iio_dev 中提取出私有数据,也就是 icm2608_dev 这个自定义结构体变量首地址。

如果要释放 iio_dev,则需要使用 iio_device_free()函数,函数原型如下:

```
void iio_device_free(struct iio_dev * indio_dev)
```

函数参数含义如下:

indio_dev——需要释放的 iio_dev。

返回值——无。

也可以使用 devm_iio_device_alloc()来分配 iio_dev,这样就不需要我们手动调用 iio_device_free()函数完成 iio_dev 的释放工作。

3. iio_dev 注册与注销

前面分配好 iio_dev 以后就要初始化各种成员变量,初始化完成以后就需要将 iio_dev 注册到内核中,需要用到 iio_device_register()函数,函数原型如下:

```
int iio_device_register(struct iio_dev * indio_dev)
```

函数参数含义如下:

indio_dev——需要注册的 iio_dev。

返回值——0,成功;其他,失败。

如果要注销 iio_dev,则使用 iio_device_unregister()函数,函数原型如下:

```
void iio_device_unregister(struct iio_dev * indio_dev)
```

函数参数含义如下:

indio_dev——需要注销的 iio_dev。

返回值——0,成功;其他,失败。

32.1.2   iio_info

iio_dev 有个成员变量——info,为 iio_info 结构体指针变量,这是我们在编写 IIO 驱动的时候需要着重去实现的,因为用户空间对设备的具体操作最终都会反映到 iio_info 中。iio_info 结构体定义在 include/linux/iio/iio.h 中,结构体定义如下(有省略):

示例代码 32-4   iio_info 结构体

```
352 struct iio_info {
353     struct module          * driver_module;
354     struct attribute_group     * event_attrs;
355     const struct attribute_group     * attrs;
356
```

```
357    int ( * read_raw)(struct iio_dev * indio_dev,
358           struct iio_chan_spec const * chan,
359           int * val,
360           int * val2,
361           long mask);
...
369
370    int ( * write_raw)(struct iio_dev * indio_dev,
371            struct iio_chan_spec const * chan,
372            int val,
373            int val2,
374            long mask);
375
376    int ( * write_raw_get_fmt)(struct iio_dev * indio_dev,
377            struct iio_chan_spec const * chan,
378            long mask);
...
415  };
```

第 355 行,attrs 是通用的设备属性。

第 357 行和第 370 行,分别为 read_raw()和 write_raw()函数,这两个函数就是最终读写设备内部数据的操作函数,需要程序编写人员去实现。比如应用读取一个陀螺仪传感器的原始数据,那么最终完成工作的就是 read_raw()函数,我们需要在 read_raw()函数中实现对陀螺仪芯片的读取操作。同理,write_raw()是应用程序向陀螺仪芯片写数据,一般用于配置芯片,比如量程、数据速率等。这两个函数的参数都是一样的,下面来看一下:

indio_dev——需要读写的 IIO 设备。

chan——需要读取的通道。

val,val2——对于 read_raw()函数来说 val 和 val2 这两个就是应用程序从内核空间读取到数据,一般就是传感器指定通道值,或者传感器的量程、分辨率等。对于 write_raw()来说就是应用程序向设备写入的数据。val 和 val2 共同组成具体值,val 是整数部分,val2 是小数部分。但是 val2 也是对具体的小数部分扩大 N 倍后的整数值,因为不能直接从内核向应用程序返回一个小数值。比如现在有个值为 1.00236,那么 val 就是 1,val2 理论上来讲是 0.00236,但是我们需要对 0.00236 扩大 N 倍,使其变为整数,这里扩大 1000000 倍,那么 val2 就是 2360。因此 val=1,val2=2360。扩大的倍数不能随便设置,而是要使用 Linux 定义的倍数,Linux 内核中定义的数据扩大倍数,或者说数据组合形式如表 32-2 所示。

表 32-2　数据组合表

组　合　宏	描　　述
IIO_VAL_INT	整数值,没有小数。比如 5000,那么就是 val=5000,不需要设置 val2
IIO_VAL_INT_PLUS_MICRO	小数部分扩大 1000000 倍,比如 1.00236,此时 val=1,val2=2360
IIO_VAL_INT_PLUS_NANO	小数部分扩大 1000000000 倍,同样是 1.00236,此时 val=1,val2=2360000
IIO_VAL_INT_PLUS_MICRO_DB	dB 数据,和 IIO_VAL_INT_PLUS_MICRO 数据形式一样,只是在后面添加 db
IIO_VAL_INT_MULTIPLE	多个整数值,比如一次要传回 6 个整数值,那么 val 和 val2 就不够用了。此宏主要用于 iio_info 的 read_raw_multi()函数

组　合　宏	描　　述
IIO_VAL_FRACTIONAL	分数值,也就是 val/val2。比如 val=1,val2=4,那么实际值就是 1/4
IIO_VAL_FRACTIONAL_LOG2	值为 val >> val2,也就是 val 右移 val2 位。比如 val=25600,val2=4,那么真正的值就是 25600 右移 4 位,25600 >> 4=1600

mask——掩码,用于指定我们读取的是什么数据,比如 ICM20608 这样的传感器,它既有原始的测量数据(比如 X、Y、Z 轴的陀螺仪、加速度计等),也有测量范围值或者分辨率。比如加速度计测量范围设置为±16g,那么分辨率就是 32/65536≈0.000488,我们只有读出原始值以及对应的分辨率(量程),才能计算出真实的重力加速度。此时就有两种数据值:传感器原始值、分辨率。Linux 内核使用 IIO_CHAN_INFO_RAW 和 IIO_CHAN_INFO_SCALE 这两个宏来表示原始值以及分辨率,这两个宏就是掩码。至于每个通道可以采用哪几种掩码,需要驱动编写人员在初始化通道的时候设置好。掩码有很多种,稍后讲解 IIO 通道的时候详细讲解。

第 376 行的 write_raw_get_fmt()用于设置用户空间向内核空间写入的数据格式,write_raw_get_fmt()函数决定了 write_raw()函数中 val 和 val2 的含义,也就是表 32-2 中的组合形式。比如我们需要在应用程序中设置 ICM20608 加速度计的量程为±8g,那么分辨率就是 16/65536≈0.000244,我们在 write_raw_get_fmt()函数中设置加速度计的数据格式为 IIO_VAL_INT_PLUS_MICRO。那么在应用程序中向指定的文件写入 0.000244 以后,最终传递给内核驱动的就是 0.000244×1000000=244。也就是 write_raw()函数的 val 参数为 0,val2 参数为 244。

32.1.3　iio_chan_spec

IIO 的核心就是通道,一个传感器可能有多路数据,比如一个 ADC 芯片支持 8 路采集,那么这个 ADC 就有 8 个通道。本章实验用到的 ICM20608,这是一个六轴传感器,可以输出三轴陀螺仪(X、Y、Z)、三轴加速度计(X、Y、Z)和一路温度,也就是一共有 7 路数据,因此就有 7 个通道。注意,三轴陀螺仪或加速度计的 X、Y、Z 这 3 个轴,每个轴都算一个通道。

Linux 内核使用 iio_chan_spec 结构体来描述通道,定义在 include/linux/iio/iio.h 文件中,内容如下:

```
                        示例代码 32-5   iio_chan_spec 结构体
223 struct iio_chan_spec {
224     enum iio_chan_type      type;
225     int                     channel;
226     int                     channel2;
227     unsigned long           address;
228     int                     scan_index;
229     struct {
230         char                sign;
231         u8                  realbits;
232         u8                  storagebits;
233         u8                  shift;
234         u8                  repeat;
235         enum iio_endian     endianness;
236     } scan_type;
```

```
237     long                    info_mask_separate;
238     long                    info_mask_shared_by_type;
239     long                    info_mask_shared_by_dir;
240     long                    info_mask_shared_by_all;
241     const struct iio_event_spec * event_spec;
242     unsigned int            num_event_specs;
243     const struct iio_chan_spec_ext_info * ext_info;
244     const char              * extend_name;
245     const char              * datasheet_name;
246     unsigned                modified:1;
247     unsigned                indexed:1;
248     unsigned                output:1;
249     unsigned                differential:1;
250 };
```

来看一下 iio_chan_spec 结构体中一些比较重要的成员变量：

第 224 行，type 为通道类型，iio_chan_type 是一个枚举类型，列举出了可以选择的通道类型，定义在 include/uapi/linux/iio/types.h 文件里面，内容如下：

示例代码 32-6 iio_chan_type 枚举类型

```
13 enum iio_chan_type {
14     IIO_VOLTAGE,              /* 电压类型                        */
15     IIO_CURRENT,             /* 电流类型                        */
16     IIO_POWER,               /* 功率类型                        */
17     IIO_ACCEL,               /* 加速度类型                      */
18     IIO_ANGL_VEL,            /* 角度类型(陀螺仪)                 */
19     IIO_MAGN,                /* 电磁类型(磁力计)                 */
20     IIO_LIGHT,               /* 灯光类型                        */
21     IIO_INTENSITY,           /* 强度类型(光强传感器)             */
22     IIO_PROXIMITY,           /* 接近类型(接近传感器)             */
23     IIO_TEMP,                /* 温度类型                        */
24     IIO_INCLI,               /* 倾角类型(倾角测量传感器)         */
25     IIO_ROT,                 /* 旋转角度类型                    */
26     IIO_ANGL,                /* 转动角度类型(电机旋转角度测量传感器)   */
27     IIO_TIMESTAMP,           /* 时间戳类型                      */
28     IIO_CAPACITANCE,         /* 电容类型                        */
29     IIO_ALTVOLTAGE,          /* 频率类型                        */
30     IIO_CCT,                 /* 暂时未知的类型                   */
31     IIO_PRESSURE,            /* 压力类型                        */
32     IIO_HUMIDITYRELATIVE,    /* 湿度类型                        */
33     IIO_ACTIVITY,            /* 活动类型(计步传感器)             */
34     IIO_STEPS,               /* 步数类型                        */
35     IIO_ENERGY,              /* 能量类型(卡路里)                 */
36     IIO_DISTANCE,            /* 距离类型                        */
37     IIO_VELOCITY,            /* 速度类型                        */
38 };
```

从示例代码 32-6 可以看出，目前 Linux 内核支持的传感器类型非常丰富，而且支持类型也在不断增加。如果是 ADC，那就是 IIO_VOLTAGE 类型。如果是 ICM20608 这样的多轴传感器，那么就是复合类型了。陀螺仪部分是 IIO_ANGL_VEL 类型，加速度计部分是 IIO_ACCEL 类型，温度部分就是 IIO_TEMP。

继续来看示例代码 32-5 中的 iio_chan_spec 结构体,第 225 行,当成员变量 indexed 为 1 时候, channel 为通道索引。

第 226 行,当成员变量 modified 为 1 的时候,channel2 为通道修饰符。Linux 内核给出了可用 的通道修饰符,定义在 include/uapi/linux/iio/types.h 文件中,内容如下(有省略):

```
                          示例代码 32-7   iio_modifier
40 enum iio_modifier {
41     IIO_NO_MOD,
42     IIO_MOD_X,                /* X轴      */
43     IIO_MOD_Y,                /* Y轴      */
44     IIO_MOD_Z,                /* Z轴      */
...
73 };
```

比如 ICM20608 的加速度计部分,类型设置为 IIO_ACCEL,X、Y、Z 这 3 个轴就用 channel2 的 通道修饰符来区分。IIO_MOD_X、IIO_MOD_Y、IIO_MOD_Z 就分别对应 X、Y、Z 这 3 个轴。通道 修饰符主要是影响 sysfs 下的通道文件名字,后面会讲解 sysfs 下通道文件名字组成形式。

继续回到示例代码 32-5,第 227 行的 address 成员变量用户可以自定义,但是一般会设置为此 通道对应的芯片数据寄存器地址。比如 ICM20608 的加速度计 X 轴这个通道,它的数据首地址就 是 0x3B。address 也可以用作其他功能,自行选择,也可以不使用 address,一切以实际情况为准。

第 228 行,当使用触发缓冲区的时候,scan_index 是扫描索引。

第 229～236 行,scan_type 是一个结构体,描述了扫描数据在缓冲区中的存储格式。下面依次 来看一下 scan_type 各个成员变量的含义。

scan_type.sign——如果为 u,则表示数据为无符号类型;如果为 s,则为有符号类型。

scan_type.realbits——数据真实的有效位数,比如很多传感器说的 10 位 ADC,其真实有效数据 就是 10 位。

scan_type.storagebits——存储位数,有效位数＋填充位。比如有些传感器 ADC 是 12 位的,那 么我们存储的话肯定要用到 2 字节,也就是 16 位,这 16 位就是存储位数。

scan_type.shift——右移位数,也就是存储位数和有效位数不一致的时候,需要右移的位数,这 个参数不总是需要,一切以实际芯片的数据手册为准。

scan_type.repeat——实际或存储位的重复数量。

scan_type.endianness——数据的大小端模式,可设置为 IIO_CPU、IIO_BE(大端)或 IIO_LE(小 端)模式。

第 237 行,info_mask_separate 标记某些属性专属于此通道,include/linux/iio/types.h 文件中 的 iio_chan_info_enum 枚举类型描述了可选的属性值,如下所示:

```
                          示例代码 32-8   iio_chan_info_enum
23 enum iio_chan_info_enum {
24     IIO_CHAN_INFO_RAW = 0,
25     IIO_CHAN_INFO_PROCESSED,
26     IIO_CHAN_INFO_SCALE,
27     IIO_CHAN_INFO_OFFSET,
```

```
...
45      IIO_CHAN_INFO_DEBOUNCE_TIME,
46   };
```

比如ICM20608加速度计的X、Y、Z这3个轴,在sysfs下这3个轴肯定是对应3个不同的文件,我们通过读取这3个文件就能得到每个轴的原始数据。IIO_CHAN_INFO_RAW这个属性表示原始数据,当我们在配置X、Y、Z这3个通道的时候,在info_mask_separate中使能IIO_CHAN_INFO_RAW这个属性,那么就表示在sysfs下生成3个不同的文件分别对应X、Y、Z轴,这3个轴的IIO_CHAN_INFO_RAW属性是相互独立的。

第238行,info_mask_shared_by_type标记导出的信息由相同类型的通道共享。也就是iio_chan_spec.type成员变量相同的通道。比如ICM20608加速度计的X、Y、Z轴的type都是IIO_ACCEL,也就是类型相同。而这3个轴的分辨率(量程)是一样的,那么在配置这3个通道的时候就可以在info_mask_shared_by_type中使能IIO_CHAN_INFO_SCALE这个属性,表示这3个通道的分辨率是共用的,这样在sysfs下就会只生成一个描述分辨率的文件,这3个通道都可以使用这一个分辨率文件。

第239行,info_mask_shared_by_dir标记某些导出的信息由相同方向的通道共享。

第240行,info_mask_shared_by_all表设计某些信息所有的通道共享,无论这些通道的类型、方向如何,全部共享。

第246行,modified为1的时候,channel2为通道修饰符。

第247行,indexed为1的时候,channel为通道索引。

第248行,output表示为输出通道。

第249行,differential表示为差分通道。

32.2   IIO驱动框架创建

前面已经对IIO设备、IIO通道进行了详细的讲解,本节就来学习如何搭建IIO驱动框架。在32.1节分析IIO子系统的时候大家应该看到了,IIO框架主要用于ADC类的传感器,比如陀螺仪、加速度计、磁力计、光强度计等,这些传感器基本都是I^2C或者SPI接口的。因此IIO驱动的基础框架就是I^2C或者SPI,我们可以在I^2C或SPI驱动中再加上第31章讲解的regmap。当然了,有些SOC内部的ADC也会使用IIO框架,那么这个时候驱动的基础框架就是platform。

32.2.1   基础驱动框架建立

我们以SPI接口为例,首先是SPI驱动框架,如下所示:

示例代码32-9 SPI驱动框架
```
1  /*
2   * @description    : SPI驱动的probe函数,当驱动与
3   *                   设备匹配以后此函数就会执行
4   * @param - spi    : SPI设备
5   * @return         : 0,成功;其他,失败
```

```
6      */
7   static int xxx_probe(struct spi_device * spi)
8   {
9       return 0;
10  }
11
12  /*
13   * @description   : SPI 驱动的 remove 函数,移除 SPI 驱动的时候此函数会执行
14   * @param - spi   : SPI 设备
15   * @return        : 0,成功;负值,失败
16   */
17  static int xxx_remove(struct spi_device * spi)
18  {
19      return 0;
20  }
21
22  /* 传统匹配方式 ID 列表 */
23  static const struct spi_device_id xxx_id[] = {
24      {"alientek,xxx", 0},
25      {}
26  };
27
28  /* 设备树匹配列表 */
29  static const struct of_device_id xxx_of_match[] = {
30      { .compatible = "alientek,xxx" },
31      { /* Sentinel */ }
32  };
33
34  /* SPI 驱动结构体 */
35  static struct spi_driver xxx_driver = {
36      .probe = xxx_probe,
37      .remove = xxx_remove,
38      .driver = {
39          .owner = THIS_MODULE,
40          .name = "xxx",
41          .of_match_table = xxx_of_match,
42      },
43      .id_table = xxx_id,
44  };
45
46  /*
47   * @description    : 驱动入口函数
48   * @param          : 无
49   * @return         : 无
50   */
51  static int __init xxx_init(void)
52  {
53      return spi_register_driver(&xxx_driver);
54  }
55
56  /*
57   * @description    : 驱动出口函数
```

```
58      *  @param    :无
59      *  @return   :无
60      */
61  static void __exit xxx_exit(void)
62  {
63      spi_unregister_driver(&xxx_driver);
64  }
65
66  module_init(xxx_init);
67  module_exit(xxx_exit);
68  MODULE_LICENSE("GPL");
69  MODULE_AUTHOR("ALIENTEK");
```

示例代码 32-9 就是标准的 SPI 驱动框架,如果所使用的传感器是 I^2C 接口的,那么就是 I^2C 驱动框架。

32.2.2　IIO 设备申请与初始化

IIO 设备的申请、初始化以及注册在 probe() 函数中完成,在注销驱动的时候还需要在 remove 函数中注销掉 IIO 设备、释放掉申请的一些内存。添加完 IIO 框架以后的 probe() 和 remove() 函数如下所示:

示例代码 32-10　添加 IIO 框架

```
1   /* 自定义设备结构体 */
2   struct xxx_dev {
3       struct spi_device * spi;              /* spi 设备 */
4       struct regmap * regmap;               /* regmap    */
5       struct regmap_config regmap_config;
6       struct mutex lock;
7   };
8
9   /*
10   * 通道数组
11   */
12  static const struct iio_chan_spec xxx_channels[] = {
13
14  };
15
16  /*
17   * @description   :读函数,当读取 sysfs 中的文件的时候最终此函数会执行,
18   *                :此函数会从传感器中读取各种数据,然后上传给应用
19   * @param - indio_dev  :IIO 设备
20   * @param - chan    :通道
21   * @param - val     :读取的值,如果是小数值,则 val 是整数部分
22   * @param - val2    :读取的值,如果是小数值,则 val2 是小数部分
23   * @param - mask    :掩码
24   * @return          :0,成功;其他,错误
25   */
26  static int xxx_read_raw(struct iio_dev * indio_dev,
27                  struct iio_chan_spec const * chan,
```

```
28                     int * val, int * val2, long mask)
29  {
30      return 0;
31  }
32
33  /*
34   * @description        :写函数,当向 sysfs 中的文件写数据的时候最终此函数
35   *                     :会执行,一般在此函数里面设置传感器,比如量程等
36   * @param - indio_dev  :IIO 设备
37   * @param - chan       :通道
38   * @param - val        :应用程序写入值,如果是小数,则 val 是整数部分
39   * @param - val2       :应用程序写入值,如果是小数,则 val2 是小数部分
40   * @return             :0,成功;其他值,错误
41   */
42  static int xxx_write_raw(struct iio_dev * indio_dev,
43              struct iio_chan_spec const * chan,
44              int val, int val2, long mask)
45  {
46      return 0;
47  }
48
49  /*
50   * @description        :用户空间写数据格式,比如我们在用户空间操作 sysfs 来
51   *                     :设置传感器的分辨率,如果分辨率带小数,那么此函数就是用来设置这个
52   *                     :小数传递到内核空间应该扩大多少倍的
53   * @param - indio_dev  :iio_dev
54   * @param - chan       :通道
55   * @param - mask       :掩码
56   * @return             :0,成功;其他,错误
57   */
58  static int xxx_write_raw_get_fmt(struct iio_dev * indio_dev,
59                  struct iio_chan_spec const * chan, long mask)
60  {
61      return 0;
62  }
63
64  /*
65   * iio_info 结构体变量
66   */
67  static const struct iio_info xxx_info = {
68      .read_raw        = xxx_read_raw,
69      .write_raw       = xxx_write_raw,
70      .write_raw_get_fmt = &xxx_write_raw_get_fmt,
71  };
72
73  /*
74   * @description  : SPI 驱动的 probe 函数,当驱动与
75   *               : 设备匹配以后此函数就会执行
76   * @param - spi  : SPI 设备
77   *
78   */
79  static int xxx_probe(struct spi_device * spi)
```

592

```
80  {
81      int ret;
82      struct xxx_dev * data;
83      struct iio_dev * indio_dev;
84
85      /*  1、申请 iio_dev 内存  */
86      indio_dev = devm_iio_device_alloc(&spi->dev, sizeof( * data));
87      if (!indio_dev)
88          return - ENOMEM;
89
90      /* 2、获取 xxx_dev 结构体地址  */
91      data = iio_priv(indio_dev);
92      data->spi = spi;
93      spi_set_drvdata(spi, indio_dev);
94      mutex_init(&data->lock);
95
96      /* 3、初始化 iio_dev 成员变量  */
97      indio_dev->dev.parent = &spi->dev;
98      indio_dev->info = &xxx_info;
99      indio_dev->name = "xxx";
100     indio_dev->modes = INDIO_DIRECT_MODE;        /* 直接模式 /
101     indio_dev->channels = xxx_channels;
102     indio_dev->num_channels = ARRAY_SIZE(xxx_channels);
103
104     iio_device_register(indio_dev);
105
106     /* 4、regmap 相关设置  */
107
108     /* 5、SPI 相关设置 */
109
110     /* 6、芯片初始化  */
111
112     return 0;
113
114 }
115
116 /*
117  * @description    : SPI 驱动的 remove 函数,移除 SPI 驱动的时候此函数会执行
118  * @param - spi    : SPI 设备
119  * @return         : 0,成功;负值,失败
120  */
121 static int xxx_remove(struct spi_device * spi)
122 {
123     struct iio_dev * indio_dev = spi_get_drvdata(spi);
124     struct xxx_dev * data;
125
126     data = iio_priv(indio_dev); ;
127
128     /* 1、其他资源的注销以及释放  */
129
130     /* 2、注销 IIO  */
131     iio_device_unregister(indio_dev);
```

```
132
133     return 0;
134 }
```

第 2~7 行,用户自定义的设备结构体。

第 12 行,IIO 通道数组。

第 16~71 行,这部分为 iio_info,当应用程序读取相应的驱动文件的时候,xxx_read_raw()函数就会执行,我们在此函数中会读取传感器数据,然后返回给应用层。当应用层向相应的驱动写数据的时候,xxx_write_raw()函数就会执行。因此 xxx_read_raw()和 xxx_write_raw()这两个函数是非常重要的!需要我们根据具体的传感器来编写,这两个函数是编写 IIO 驱动的核心。

第 79~114 行,xxx_probe()函数,此函数的核心就是分配并初始化 iio_dev,最后向内核注册 iio_dev。第 86 行调用 devm_iio_device_alloc()函数分配 iio_dev 内存,这里连用户自定义的设备结构体变量内存一起申请了。第 91 行调用 iio_priv()函数从 iio_dev 中提取出私有数据,这个私有数据就是设备结构体变量。第 97~102 行初始化 iio_dev,重点是第 98 行设置 iio_dev 的 info 成员变量。第 101 行设置 iio_dev 的通道。初始化完成以后就要调用 iio_device_register()函数向内核注册 iio_dev。整个过程就是:申请 iio_dev、初始化、注册,和我们前面讲解的其他驱动框架步骤一样。

第 121~134 行,xxx_remove()函数中需要做的就是释放 xxx_probe()函数申请到的 IIO 相关资源,比如第 131 行,使用 iio_device_unregister()注销掉前面注册的 iio_dev。由于前面我们是使用 devm_iio_device_alloc()函数申请 iio_dev 的,因此不需要在 remove()函数中手动释放 iio_dev。

IIO 框架示例就讲解到这里,剩下的就是根据所使用的具体传感器,在 IIO 驱动框架中添加相关的处理。接下来就以正点原子 I.MX6ULL 开发板上的 ICM20608 为例,进行 IIO 驱动实战。

32.3   实验程序编写

接下来直接使用 IIO 驱动框架编写 ICM20608 驱动。ICM20608 驱动核心就是 SPI,第 31 章我们也讲解了如何在 SPI 总线上使用 regmap。因此本章对 ICM20608 驱动底层不做介绍,重点讨论如何套用 IIO 驱动框架,因此关于 ICM20608 芯片内部寄存器、SPI 驱动、regmap 等不会做讲解,有问题可以看前面的相应内容。

本实验对应的例程路径为"01、程序源码→02、Linux 驱动例程→27_iio→spi"。

32.3.1   使能内核 IIO 相关配置

Linux 内核默认使能了 IIO 子系统,但是有一些 IIO 模块没有被选中,这样会导致我们编译驱动的时候会提示某些 API 函数不存在,需要使能的项目如下:

```
-> Device Drivers
  -> Industrial I/O support (IIO [ = y])
    -> [ * ]Enable buffer support within IIO          //选中
    -> < * > Industrial I/O buffering based on kfifo  //选中
```

结果如图 32-1 所示。

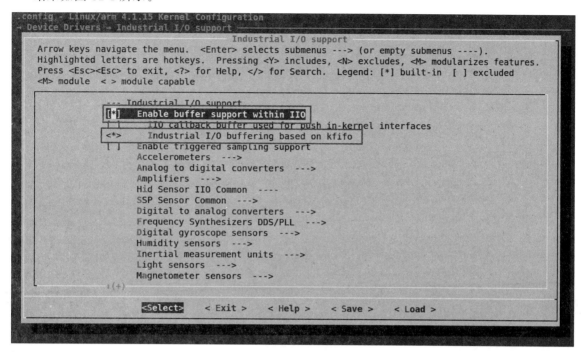

图 32-1　IIO 配置

32.3.2　ICM20608 的 IIO 驱动框架搭建

1. 驱动框架搭建

设备树不需要做任何修改。

首先基于第 31 章的实验,搭建出 ICM20608 的 IIO 驱动框架,IIO 框架部分已经在示例代码 32-10 进行了详细的讲解。新建名为 icm20608.c 的驱动文件,搭建好的 ICM20608 IIO 驱动框架内容如下所示:

```
                  示例代码 32-11    ICM20608 驱动框架
/*******************************************************************
Copyright © ALIENTEK Co., Ltd. 1998 – 2029. All rights reserved.
文件名     : icm20608.c
作者       : 正点原子 Linux 团队
版本       : V1.0
描述       : ICM20608 SPI 驱动程序
其他       : 无
论坛       : www.openedv.com
日志       : 初版 V1.0 2021/03/22 正点原子 Linux 团队创建
           V1.1 2021/08/10
           使用 regmap 读写 SPI 外设内部寄存器.

           V1.2 2021/08/13
           使用 IIO 框架,参考 bma220_spi.c
*******************************************************************/
```

```
1    # include < linux/spi/spi. h>
2    # include < linux/kernel. h>
3    # include < linux/module. h>
4    # include < linux/ init. h>
5    # include < linux/delay. h>
6    # include < linux/ide. h>
7    # include < linux/errno. h>
8    # include < linux/platform_device. h>
9    # include "icm20608reg. h"
10   # include < linux/gpio. h>
11   # include < linux/device. h>
12   # include < asm/uaccess. h>
13   # include < linux/cdev. h>
14   # include < linux/regmap. h>
15   # include < linux/iio/iio. h>
16   # include < linux/iio/sysfs. h>
17   # include < linux/iio/buffer. h>
18   # include < linux/iio/trigger. h>
19   # include < linux/iio/triggered_buffer. h>
20   # include < linux/iio/trigger_consumer. h>
21   # include < linux/unaligned/be_byteshift. h>
22
23   # define ICM20608_NAME    "icm20608"
24
25   # define ICM20608_CHAN(_type, _channel2, _index)        \
26      {                                                    \
27          .type = _type,                                   \
28          .modified = 1,                                   \
29          .channel2 = _channel2,                           \
30          .info_mask_shared_by_type = BIT(IIO_CHAN_INFO_SCALE),     \
31          .info_mask_separate = BIT(IIO_CHAN_INFO_RAW) |            \
32                      BIT(IIO_CHAN_INFO_CALIBBIAS),        \
33          .scan_index = _index,                            \
34          .scan_type = {                                   \
35                  .sign = 's',                             \
36                  .realbits = 16,                          \
37                  .storagebits = 16,                       \
38                  .shift = 0,                              \
39                  .endianness = IIO_BE,                    \
40                  },                                       \
41      }
42
43   /*
44    * ICM20608 的扫描元素,三轴加速度计、
45    * 三轴陀螺仪、1 路温度传感器,1 路时间戳
46    */
47   enum inv_icm20608_scan {
48       INV_ICM20608_SCAN_ACCL_X,
49       INV_ICM20608_SCAN_ACCL_Y,
50       INV_ICM20608_SCAN_ACCL_Z,
51       INV_ICM20608_SCAN_TEMP,
52       INV_ICM20608_SCAN_GYRO_X,
```

```
53          INV_ICM20608_SCAN_GYRO_Y,
54          INV_ICM20608_SCAN_GYRO_Z,
55          INV_ICM20608_SCAN_TIMESTAMP,
56   };
57
58   struct icm20608_dev {
59          struct spi_device * spi;                    /* SPI 设备   */
60          struct regmap * regmap;                     /* regmap     */
61          struct regmap_config regmap_config;
62          struct mutex lock;
63   };
64
65   /*
66    * ICM20608 通道,1 路温度通道,3 路陀螺仪,3 路加速度计
67    */
68   static const struct iio_chan_spec.icm20608_channels[] = {
69          /* 温度通道 */
70          {
71                 .type = IIO_TEMP,
72                 .info_mask_separate = BIT(IIO_CHAN_INFO_RAW)
73                          | BIT(IIO_CHAN_INFO_OFFSET)
74                          | BIT(IIO_CHAN_INFO_SCALE),
75                 .scan_index = INV_ICM20608_SCAN_TEMP,
76                 .scan_type = {
77                          .sign = 's',
78                          .realbits = 16,
79                          .storagebits = 16,
80                          .shift = 0,
81                          .endianness = IIO_BE,
82                          },
83          },
84
85          ICM20608_CHAN(IIO_ANGL_VEL, IIO_MOD_X,INV_ICM20608_SCAN_GYRO_X),
86          ICM20608_CHAN(IIO_ANGL_VEL, IIO_MOD_Y,INV_ICM20608_SCAN_GYRO_Y),
87          ICM20608_CHAN(IIO_ANGL_VEL, IIO_MOD_Z,INV_ICM20608_SCAN_GYRO_Z),
88
89          ICM20608_CHAN(IIO_ACCEL, IIO_MOD_Y, INV_ICM20608_SCAN_ACCL_Y),
90          ICM20608_CHAN(IIO_ACCEL, IIO_MOD_X, INV_ICM20608_SCAN_ACCL_X),
91          ICM20608_CHAN(IIO_ACCEL, IIO_MOD_Z, INV_ICM20608_SCAN_ACCL_Z),
92   };
93
94   /*
95    * @description   : 读取 ICM20608 指定寄存器值,读取一个寄存器
96    * @param - dev   : ICM20608 设备
97    * @param - reg   : 要读取的寄存器
98    * @return        : 读取到的寄存器值
99    */
100  static unsigned char icm20608_read_onereg(struct icm20608_dev * dev,u8 reg)
101  {
102         u8 ret;
103         unsigned int data;
104
```

```
105        ret = regmap_read(dev->regmap, reg, &data);
106        return (u8)data;
107 }
108
109 /*
110  * @description  : 向 ICM20608 指定寄存器写入指定的值,写一个寄存器
111  * @param - dev  : ICM20608 设备
112  * @param - reg  : 要写的寄存器
113  * @param - data : 要写入的值
114  * @return       : 无
115  */
116 static void icm20608_write_onereg(struct icm20608_dev * dev, u8 reg,u8 value)
117 {
118        regmap_write(dev->regmap,   reg, value);
119 }
120
121 /*
122  * @description  : ICM20608 内部寄存器初始化函数
123  * @param - spi  : 要操作的设备
124  * @return       : 无
125  */
126 void icm20608_reginit(struct icm20608_dev * dev)
127 {
128        u8 value = 0;
129
130        icm20608_write_onereg(dev, ICM20_PWR_MGMT_1, 0x80);
131        mdelay(50);
132        icm20608_write_onereg(dev, ICM20_PWR_MGMT_1, 0x01);
133        mdelay(50);
134
135        value = icm20608_read_onereg(dev, ICM20_WHO_AM_I);
136        printk("ICM20608 ID = %#X\r\n", value);
137
138        icm20608_write_onereg(dev, ICM20_SMPLRT_DIV, 0x00);
139        icm20608_write_onereg(dev, ICM20_GYRO_CONFIG, 0x18);
140        icm20608_write_onereg(dev, ICM20_ACCEL_CONFIG, 0x18);
141        icm20608_write_onereg(dev, ICM20_CONFIG, 0x04);
142        icm20608_write_onereg(dev, ICM20_ACCEL_CONFIG2, 0x04);
143        icm20608_write_onereg(dev, ICM20_PWR_MGMT_2, 0x00);
144        icm20608_write_onereg(dev, ICM20_LP_MODE_CFG, 0x00);
145        icm20608_write_onereg(dev, ICM20_INT_ENABLE, 0x01);
146 }
147
148 /*
149  * @description        :读函数,当读取 sysfs 中的文件的时候最终此函数会执行,
150  *                     :此函数中会从传感器里面读取各种数据,然后上传给应用
151  * @param - indio_dev  : iio_dev
152  * @param - chan       :通道
153  * @param - val        :读取的值,如果是小数值,则 val 是整数部分
154  * @param - val2       :读取的值,如果是小数值,则 val2 是小数部分
155  * @param - mask       :掩码
156  * @return             :0,成功;其他,错误
```

```
157      */
158 static int icm20608_read_raw(struct iio_dev * indio_dev,
159              struct iio_chan_spec const * chan,
160              int * val, int * val2, long mask)
161 {
162      printk("icm20608_read_raw\r\n");
163      return 0;
164 }
165
166 /*
167  * @descriptio       :写函数,当向 sysfs 中的文件写数据的时候最终此函数会
168  *                   :执行,一般在此函数里面设置传感器,比如量程等
169  * @param - indio_dev :iio_dev
170  * @param - chan      :通道
171  * @param - val       :应用程序写入的值,如果是小数值,则 val 是整数部分
172  * @param - val2      :应用程序写入的值,如果是小数值,则 val2 是小数部分
173  * @return           :0,成功;其他,错误
174  */
175 static int icm20608_write_raw(struct iio_dev * indio_dev,
176              struct iio_chan_spec const * chan,
177              int val, int val2, long mask)
178 {
179      printk("icm20608_write_raw\r\n");
180      return 0;
181
182 }
183
184 /*
185  * @description       :用户空间写数据格式,比如我们在用户空间操作 sysfs 来设置
186  *                    :传感器的分辨率,如果分辨率带小数,那么此函数就是用来设置这个小数传递
187  *                    :到内核空间应该扩大多少倍的
188  * @param - indio_dev  :iio_dev
189  * @param - chan       :通道
190  * @param - mask       :掩码
191  * @return            :0,成功;其他,错误
192  */
193 static int icm20608_write_raw_get_fmt(struct iio_dev * indio_dev,
194              struct iio_chan_spec const * chan, long mask)
195 {
196      printk("icm20608_write_raw_get_fmt\r\n");
197      return 0;
198
199 }
200
201 /*
202  * iio_info 结构体变量
203  */
204 static const struct iio_info icm20608_info = {
205     .read_raw        = icm20608_read_raw,
206     .write_raw       = icm20608_write_raw,
207     .write_raw_get_fmt = &icm20608_write_raw_get_fmt,
208 };
```

```
209
210 /*
211  * @description    : SPI 驱动的 probe 函数, 当驱动与
212  *                   设备匹配以后此函数就会执行
213  * @param - spi    : SPI 设备
214  * @return         : 0, 成功; 其他, 失败
215  */
216 static int icm20608_probe(struct spi_device * spi)
217 {
218     int ret;
219     struct icm20608_dev * dev;
220     struct iio_dev * indio_dev;
221
222     /*  1、申请 iio_dev 内存 */
223     indio_dev = devm_iio_device_alloc(&spi->dev, sizeof( * dev));
224     if (!indio_dev)
225         return - ENOMEM;
226
227     /* 2、获取 icm20608_dev 结构体地址 */
228     dev = iio_priv(indio_dev);
229     dev->spi = spi;
230     spi_set_drvdata(spi, indio_dev);
231     mutex_init(&dev->lock);
232
233     /* 3、iio_dev 的其他成员变量 */
234     indio_dev->dev.parent = &spi->dev;
235     indio_dev->info = &icm20608_info;
236     indio_dev->name = ICM20608_NAME;
237     indio_dev->modes = INDIO_DIRECT_MODE;            /* 直接模式, 提供 sysfs 接口 */
238     indio_dev->channels = icm20608_channels;
239     indio_dev->num_channels = ARRAY_SIZE(icm20608_channels);
240
241     /* 4、注册 iio_dev */
242     ret = iio_device_register(indio_dev);
243     if (ret < 0) {
244         dev_err(&spi->dev, "iio_device_register failed\n");
245         goto err_iio_register;
246     }
247
248     /* 5、初始化 regmap_config 设置 */
249     dev->regmap_config.reg_bits = 8;                 /* 寄存器长度 8bit      */
250     dev->regmap_config.val_bits = 8;                 /* 值长度 8bit          */
251     dev->regmap_config.read_flag_mask = 0x80;        /* 读掩码设置为 0x80    */
252
253     /* 6、初始化 SPI 接口的 regmap */
254     dev->regmap = regmap_init_spi(spi, &dev->regmap_config);
255     if (IS_ERR(dev->regmap)) {
256         ret = PTR_ERR(dev->regmap);
257         goto err_regmap_init;
258     }
259
260     /* 7、初始化 spi_device */
```

```
261        spi->mode = SPI_MODE_0;  /* MODE0, CPOL = 0, CPHA = 0 */
262        spi_setup(spi);
263
264        /* 初始化 ICM20608 内部寄存器 */
265        icm20608_reginit(dev);
266        return 0;
267
268    err_regmap_init:
269        iio_device_unregister(indio_dev);
270    err_iio_register:
271        return ret;
272    }
273
274    /*
275     * @description    : SPI 驱动的 remove 函数,移除 SPI 驱动的时候此函数会执行
276     * @param - spi    : SPI 设备
277     * @return         : 0,成功;负值,失败
278     */
279    static int icm20608_remove(struct spi_device *spi)
280    {
281        struct iio_dev *indio_dev = spi_get_drvdata(spi);
282        struct icm20608_dev *dev;
283
284        dev = iio_priv(indio_dev);
285
286        /* 1、删除 regmap */
287        regmap_exit(dev->regmap);
288
289        /* 2、注销 IIO */
290        iio_device_unregister(indio_dev);
291        return 0;
292    }
293
294    /* 传统匹配方式 ID 列表 */
295    static const struct spi_device_id icm20608_id[] = {
296        {"alientek,icm20608", 0},
297        {}
298    };
299
300    /* 设备树匹配列表 */
301    static const struct of_device_id icm20608_of_match[] = {
302        { .compatible = "alientek,icm20608" },
303        { /* Sentinel */ }
304    };
305
306    /* SPI 驱动结构体 */
307    static struct spi_driver icm20608_driver = {
308        .probe = icm20608_probe,
309        .remove = icm20608_remove,
310        .driver = {
311                .owner = THIS_MODULE,
312                .name = "icm20608",
```

```
313                    .of_match_table = icm20608_of_match,
314              },
315        .id_table = icm20608_id,
316 };
317
318 /*
319  * @description    :驱动入口函数
320  * @param          :无
321  * @return         :无
322  */
323 static int __init icm20608_init(void)
324 {
325        return spi_register_driver(&icm20608_driver);
326 }
327
328 /*
329  * @description    :驱动出口函数
330  * @param          :无
331  * @return         :无
332  */
333 static void __exit icm20608_exit(void)
334 {
335        spi_unregister_driver(&icm20608_driver);
336 }
337
338 module_init(icm20608_init);
339 module_exit(icm20608_exit);
340 MODULE_LICENSE("GPL");
341 MODULE_AUTHOR("ALIENTEK");
342 MODULE_INFO(intree, "Y");
```

示例代码 32-11 就是在第 31 章例程的基础上添加 IIO 驱动框架得到的,这里我们重点讲解一下 IIO 部分。

第 25~41 行,通道宏定义,用于陀螺仪和加速度计,第 28 行 modified 成员变量为 1,所以 channel2 就是通道修饰符,用来指定 X、Y、Z 轴。第 30 行设置相同类型的通道 IIO_CHAN_INFO_SCALE 属性相同,scale 是比例的意思,在这里就是量程(分辨率),因为 ICM20608 的陀螺仪和加速度计的量程是可以调整的,量程不同分辨率也就不同。陀螺仪或加速度计的 3 个轴也是一起设置的,因此对于陀螺仪或加速度计而言,X、Y、Z 这 3 个轴的量程是共享的。第 31 行,设置每个通道的 IIO_CHAN_INFO_RAW 和 IIO_CHAN_INFO_CALIBBIAS 这两个属性都是独立的,IIO_CHAN_INFO_RAW 表示 ICM20608 每个通道的原始值,这个肯定是每个通道独立的。IIO_CHAN_INFO_CALIBBIAS 是 ICM20608 每个通道的校准值,这个是 ICM20608 的特性,不是所有的传感器都有校准值,一切都要以实际所使用的传感器为准。第 34 行,设置扫描数据类型,也就是 ICM20608 原始数据类型,ICM20608 的陀螺仪和加速度计都是 16 位 ADC,因此这里是通用的:为有符号类型、实际位数 16bit,存储位数 16bit,大端模式(ICM20608 数据寄存器为大端模式)。

第 47~56 行,自定义的扫描索引枚举类型 inv_icm20608_scan,包括陀螺仪、加速度计的 6 个通道,温度计的 1 个通道以及 1 个 ICM20608 时间戳通道。

第58～63行,设备结构体,由于采用了 regmap 和 IIO 框架,因此 ICM20608 的设备结构体非常简单。

第68～92行,ICM20608 通道,这里定义了 7 个通道,分别是 1 个温度通道、3 个陀螺仪通道(X、Y、Z)、3 个加速度计通道(X、Y、Z)。温度通道有 3 个属性:IIO_CHAN_INFO_RAW 为温度通道的原始值;IIO_CHAN_INFO_OFFSET 是 ICM20608 温度 offset 值,这个要查阅数据手册;IIO_CHAN_INFO_SCALE 是 ICM20608 的比例,也就是一个单位的原始值为多少℃,这个也要查阅 ICM20608 的数据手册。可以看出,想要得到 ICM20608 的具体温度值,需要 3 个数据:原始值、offset 值、比例值,也就是应用程序需要能够从 IIO 驱动框架中得到这 3 个值,一般是应用程序读取相应的文件,所以这里就要有 3 个独立的文件分别表示原始值、offset 值、比例值,这就是 3 个属性的来源。剩下的陀螺仪和加速度计通道设置使用宏 ICM20608_CHAN 即可,IIO_MOD_X、IIO_MOD_Y 和 IIO_MOD_Z 分别是 X、Y、Z 这 3 个轴的修饰符。

第204～208行,这部分就是 iio_info,icm20608_read_raw()为读取函数,应用程序读取相应文件的时候此函数执行,icm20608_write_raw()为写函数,应用程序向相应的文件写数据的时候此函数执行。icm20608_write_raw_get_fmt()函数用来设置应用程序向驱动写入的数据格式,icm20608_info 就是具体的 iio_info 变量,初始化 iio_dev 的时候需要用到。

第216行,icm20608_probe()函数,一般在此函数里面申请 iio_dev、初始化并注册,初始化 regmap、初始化 ICM20608 等。第216行通过 devm_iio_device_alloc()函数申请 iio_dev 以及自定义设备结构体内存,这里就是 icm20608_dev。

第234～239行,初始化 iio_dev,第242行,调用 iio_device_register()函数向内核注册 iio_dev。

关于 ICM20608 的 IIO 驱动框架就讲解到这里,接下来就是测试此驱动框架。

2. 驱动框架测试

我们已经搭建好了 ICM20608 的 IIO 驱动框架,通道也已经设置好了,虽然还不能直接读取到 ICM20608 的原始数据,但是可以通过驱动框架来窥探 IIO 在用户空间的存在方式。编译驱动,得到 icm20608.ko 驱动文件。输入如下命令加载 icm20608.ko 这个驱动模块。

```
depmod                    //第一次加载驱动的时候需要运行此命令
modprobe icm20608.ko      //加载驱动模块
```

在 icm20608_probe()函数中设置了打印 ICM20608 ID 值,因此如果驱动加载成功,且 SPI 工作正常的话就会读取 ICM20608 的 ID 值并打印出来,如图 32-2 所示。

```
/lib/modules/4.1.15 # modprobe icm20608.ko
ICM20608 ID = 0XAE
/lib/modules/4.1.15 #
```

图 32-2　ICM20608 驱动加载成功

IIO 驱动框架提供了 sysfs 接口,因此加载成功以后我们可以在用户空间访问对应的 sysfs 目录项,进入目录/sys/bus/iio/devices/,此目录下都是 IIO 框架设备,如图 32-3 所示。

```
/lib/modules/4.1.15 # cd /sys/bus/iio/devices/
/sys/bus/iio/devices # ls
iio:device0  iio:device1
/sys/bus/iio/devices #
```

图 32-3　IIO 设备

从图 32-3 可以看出,此时有两个 IIO 设备:iio:device0 是 I. MX6ULL 内部 ADC,iio:device1 才是 ICM20608。大家进入到对应的设备目录就可以看出对应的 IIO 设备,我们进入图 32-3 中的 iio:device1 目录,此目录下的内容如图 32-4 所示。

```
/sys/bus/iio/devices # cd iio\:device1
/sys/devices/platform/soc/2000000.aips-bus/2000000.spba-bus/2010000.ecspi/spi_master/spi2/spi2.0/iio:device1 # ls
dev                        in_anglvel_scale           in_temp_raw
in_accel_scale             in_anglvel_x_calibbias     in_temp_scale
in_accel_x_calibbias       in_anglvel_x_raw           name
in_accel_x_raw             in_anglvel_y_calibbias     of_node
in_accel_y_calibbias       in_anglvel_y_raw           power
in_accel_y_raw             in_anglvel_z_calibbias     subsystem
in_accel_z_calibbias       in_anglvel_z_raw           uevent
in_accel_z_raw             in_temp_offset
/sys/devices/platform/soc/2000000.aips-bus/2000000.spba-bus/2010000.ecspi/spi_master/spi2/spi2.0/iio:device1 #
```

图 32-4   iio:device1 设备

从图 32-4 可以看出,iio:device1 对应 spi2.0 上的设备,也就是 ICM20608,此目录下有很多文件,比如 in_accel_scale、in_accel_x_calibias、in_accel_x_raw 等,这些就是我们设置的通道。in_accel_scale 就是加速度计的比例,也就是分辨率(量程),in_accel_x_calibias 就是加速度计 X 轴的校准值,in_accel_x_raw 就是加速度计的 X 轴原始值。我们在配置通道的时候,设置了类型相同的所有通道共用 SCALE,所以这里只有一个 in_accel_scale,而 X、Y、Z 轴的原始值和校准值每个轴都有一个文件,陀螺仪和温度计同理。

3. 通道文件命名方式

我们来看一下图 32-4 中这些文件名字组成方式,以 in_accel_x_raw 为例,这是加速度计的 X 轴原始值,驱动代码中此通道的配置内容展开以后如下(演示代码):

示例代码 32-12   加速度计 X 轴通道配置演示代码

```
1   .type = IIO_ANGL_VEL,
2   .modified = 1,
3   .channel2  = IIO_MOD_X,
4   .info_mask_shared_by_type = BIT(IIO_CHAN_INFO_SCALE),
5   .info_mask_separate = BIT(IIO_CHAN_INFO_RAW) |
6           BIT(IIO_CHAN_INFO_CALIBBIAS),
7   .scan_index = INV_ICM20608_SCAN_GYRO_X,
8   .scan_type = {
9       .sign = 's',
10      .realbits = 16,
11      .storagebits = 16,
12      .shift = 0,
13      .endianness = IIO_BE,
14      },
```

第 5 行设置了此通道有 IIO_CHAN_INFO_RAW 和 IIO_CHAN_INFO_CALIBBIAS 这两个专属属性,因此才会有图 32-4 中的 in_accel_x_raw 和 in_accel_x_calibias 这两个文件。

通道属性的命名,也就是图 32-4 中文件的命名模式为[direction]_[type]_[index]_[modifier]_[info_mask],下面来看一下这些命名的含义。

direction——为属性对应的方向,iio_direction 结构体定义了方向,内容如下:

示例代码 32-13   iio_direction 结构体

```
48 static const char * const iio_direction[] = {
```

```
49    [0] = "in",
50    [1] = "out",
51 };
```

可以看出，就有两个方向：in 和 out。

type——也就是配置通道的时候 type 值，type 对应的字符可以参考 iio_chan_type_name_spec，如下：

示例代码 32-14 iio_chan_type_name_spec 结构体

```
53 static const char * const iio_chan_type_name_spec[] = {
54    [IIO_VOLTAGE] = "voltage",
55    [IIO_CURRENT] = "current",
56    [IIO_POWER] = "power",
57    [IIO_ACCEL] = "accel",
58    [IIO_ANGL_VEL] = "anglvel",
59    [IIO_MAGN] = "magn",
...
85    [IIO_GRAVITY]    = "gravity",
86    [IIO_POSITIONRELATIVE]  = "positionrelative",
87    [IIO_PHASE] = "phase",
88    [IIO_MASSCONCENTRATION] = "massconcentration",
89 };
```

所以，当通道的 type 设置为 IIO_ACCEL 的时候，对应的名字就是"accel"。

index——索引，如果配置通道的时候设置了 indexed＝1，那么就会使用通道的 channel 成员变量来替代此部分命名。比如，有个 ADC 芯片支持 8 个通道，那么就可以使用 channel 来表示对应的通道，最终在用户空间呈现的每个通道文件名的 index 部分就是通道号。

modifier——当通道的 modified 成员变量为 1 的时候，channel2 就是修饰符，修饰符对应的字符串参考结构体 iio_modifier_names，内容如下：

示例代码 32-15 iio_modifier_names 结构体

```
91  static const char * const iio_modifier_names[] = {
92    [IIO_MOD_X] = "x",
93    [IIO_MOD_Y] = "y",
94    [IIO_MOD_Z] = "z",
...
131    [IIO_MOD_PM4] = "pm4",
132    [IIO_MOD_PM10] = "pm10",
133 };
```

当通道的修饰符设置为 IIO_MOD_X 的时候，对应的名字就是"x"。

info_mask——属性掩码，也就是属性，不同属性对应的字符如下所示：

示例代码 32-16 iio_chan_info_postfix 结构体

```
136 static const char * const iio_chan_info_postfix[] = {
137    [IIO_CHAN_INFO_RAW] = "raw",
138    [IIO_CHAN_INFO_PROCESSED] = "input",
139    [IIO_CHAN_INFO_SCALE] = "scale",
140    [IIO_CHAN_INFO_OFFSET] = "offset",
```

```
141    [IIO_CHAN_INFO_CALIBSCALE] = "calibscale",
142    [IIO_CHAN_INFO_CALIBBIAS] = "calibbias",
...
161    [IIO_CHAN_INFO_DEBOUNCE_TIME] = "debounce_time",
162    [IIO_CHAN_INFO_CALIBEMISSIVITY] = "calibemissivity",
163    [IIO_CHAN_INFO_OVERSAMPLING_RATIO] = "oversampling_ratio",
164 };
```

可以看出,IIO_CHAN_INFO_RAW 属性对应的就是"raw",IIO_CHAN_INFO_SCALE 属性对应的是"scale"。

综上所述,in_accel_x_raw 组成方式如图 32-5 所示。

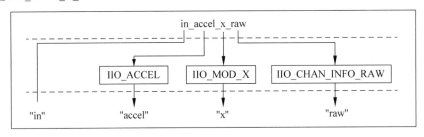

图 32-5　sysfs 文件命名组成方式

其他文件的命名组成方式类似,大家可自行分析。

4. 文件读测试

我们可以测试一下对图 32-5 中的这些文件进行读写操作,看看有什么效果,比如 in_accel_x_raw 文件是 ICM20608 的加速度计 X 轴原始值通道,使用 cat 命令查看此文件内容,结果如图 32-6 所示。

```
/sys/bus/iio/devices # cat iio\:device1/in_accel_x_raw
icm20608_read_raw ——执行驱动里面的icm20608)_read_raw函数
/sys/bus/iio/devices #
```

图 32-6　用户空间读取操作

从图 32-6 可以看出,当用户空间读取相应文件的时候,iio_info 下的 read()函数会被调用,因此关于传感器数据读取的操作都是在此函数中完成的。由于驱动还不完善,大家就先不要测试向指定文件写操作,否则可能会报错,后面再测试写操作。大家也可以读取一下其他文件,比如陀螺仪的 X 轴文件 in_anglvel_x_raw,结果最终都是调用的 icm20608_read_raw()这个函数。

接下来的重点就是完善驱动中的 icm20608_read_raw()函数,实现传感器数据的读取操作。

32.3.3　完善 icm20608_read_raw()函数

应用程序所有的读取操作,最终都会汇总到 iio_info 的 read()函数,这里就是 icm20608_read_raw()函数。由于所有的读取操作都会触发 icm20608_read_raw()函数,比如加速度计、陀螺仪、温度计等,因此我们需要做区分。配置通道的时候设置了 type 值,就可以使用 type 值来区分是陀螺仪、加速度计还是温度计,修改后的 icm20608_read_raw()函数如下:

示例代码32-17　修改后的 icm20608_read_raw()函数
```
1  static int icm20608_read_raw(struct iio_dev * indio_dev,
```

```
2              struct iio_chan_spec const * chan,
3              int * val, int * val2, long mask)
4
5     struct icm20608_dev * dev = iio_priv(indio_dev);
6     int ret = 0;
7     unsigned char regdata = 0;
8     printk("icm20608_read_raw\r\n");
9
10    switch (mask) {
11    case IIO_CHAN_INFO_RAW:                    /* 读取加速度计、陀螺仪、温度传感器原始值 */
12        printk("read raw data\r\n");
13        return ret;
14    case IIO_CHAN_INFO_SCALE:
15        switch (chan -> type) {
16        case IIO_ANGL_VEL:
17            printk("read gyro sacle\r\n");
18            return ret;
19        case IIO_ACCEL:
20            printk("read accel sacle\r\n");
21            return 0;
22        case IIO_TEMP:
23            printk("read temp sacle\r\n");
24            return ret;
25        default:
26            return - EINVAL;
27        }
28    case IIO_CHAN_INFO_OFFSET:                  /* ICM20608 温度传感器 offset 值 */
29        switch (chan -> type) {
30        case IIO_TEMP:
31            printk("read temp offset\r\n");
32            return ret;
33        default:
34            return - EINVAL;
35        }
36        return ret;
37    case IIO_CHAN_INFO_CALIBBIAS:               /* ICM20608 加速度计和陀螺仪校准值 */
38        switch (chan -> type) {
39        case IIO_ANGL_VEL:                      /* 陀螺仪的校准值 */
40            printk("read gyro calibbias\r\n");
41            return ret;
42        case IIO_ACCEL:                         /* 加速度计的校准值 */
43            printk("read accel calibbias\r\n");
44            return ret;
45        default:
46            return - EINVAL;
47        }
48    default:
49        return ret - EINVAL;
50 }
```

607

示例代码 32-17 给出了很多分支,这些分支对应不同的文件读操作。比如我们读取 in_accel_scale 这个文件,这个是加速度计的比例文件,对应的就是第 19 行这个分支,结果如图 32-7 所示。

```
/sys/bus/iio/devices # cat iio\:device1/in_accel_scale
icm20608 read_raw
read accel sacle
/sys/bus/iio/devices #
```

图 32-7   in_accel_scale 文件读取操作

从图 32-7 可以看出,输出了"read accel scale"这行字符串,这行字符串正好是第 19 行的分支。我们就可以在这个分支中读取 ICM20608 的加速度计比例值,也就是量程。其他文件也一样,最终都会对应到相应的分支中,我们只需要在相应的分支中做具体的操作。剩下的操作就是读取 ICM20608 的内部寄存器数据,最终修改好的 icm20608_read_raw()函数和其他一些配套函数如下:

示例代码 32-18   完善的 icm20608_read_raw()函数

```
22  # define ICM20608_TEMP_OFFSET            0
23  # define ICM20608_TEMP_SCALE             326800000
...
65  /* ICM20608 陀螺仪分辨率,对应 250、500、1000、2000,计算方法:
66   * 以正负 250℃ 量程为例,500/2^16 = 0.007629,扩大 1000000 倍,就是 7629
67   */
68  static const int gyro_scale_icm20608[] = {7629, 15258, 30517, 61035};
69
70  /* ICM20608 加速度计分辨率,对应 2、4、8、16 计算方法:
71   * 以正负 2g 量程为例,4/2^16 = 0.000061035,扩大 1000000000 倍,就是 61035
72   */
73  static const int accel_scale_icm20608[] = {61035, 122070,244140, 488281};
74
...
155
156  /*
157   *  @description        :读取 ICM20608 传感器数据,可以用于陀螺仪、加速度计、温度
158   *  @param - dev        : ICM20608 设备
159   *  @param - reg        : 要读取的通道寄存器首地址
160   *  @param - anix       : 需要读取的通道,比如 X,Y,Z
161   *  @param - * val      : 保存读取到的值.
162   *  @return             :0,成功;其他,错误
163   */
164  static int icm20608_sensor_show(struct icm20608_dev * dev, int reg,
165                  int axis, int * val)
166  {
167      int ind, result;
168      __be16 d;
169
170      ind = (axis - IIO_MOD_X) * 2;
171      result = regmap_bulk_read(dev -> regmap, reg + ind, (u8 * )&d, 2);
172      if (result)
173          return - EINVAL;
174      * val = (short)be16_to_cpup(&d);
175
176      return IIO_VAL_INT;
177  }
```

```
178
179  /*
180   * @description        : 读取 ICM20608 陀螺仪、加速度计、温度通道值
181   * @param - indio_dev  : IIO 设备
182   * @param - chan       : 通道
183   * @param - val        : 保存读取到的通道值
184   * @return             : 0,成功;其他,错误
185   */
186  static int icm20608_read_channel_data(struct iio_dev * indio_dev,
187                  struct iio_chan_spec const * chan,
188                  int * val)
189  {
190      struct icm20608_dev * dev = iio_priv(indio_dev);
191      int ret = 0;
192
193      switch (chan->type) {
194      case IIO_ANGL_VEL:                        /* 读取陀螺仪数据 */
195          ret = icm20608_sensor_show(dev, ICM20_GYRO_XOUT_H,
196                      chan->channel2, val);      /* channel2 为 X、Y、Z 轴 */
196          break;
197      case IIO_ACCEL:                           /* 读取加速度计数据 */
198          ret = icm20608_sensor_show(dev, ICM20_ACCEL_XOUT_H,
198                      chan->channel2, val);      /* channel2 为 X、Y、Z 轴 */
199          break;
200      case IIO_TEMP:                            /* 读取温度 */
201          ret = icm20608_sensor_show(dev, ICM20_TEMP_OUT_H,IIO_MOD_X, val);
202          break;
203      default:
204          ret = -EINVAL;
205          break;
206      }
207      return ret;
208  }
209
210  /*
211   * @description : 读函数,当读取 sysfs 中的文件的时候最终此函数会执行,此
212   *             : 函数会从传感器里面读取各种数据,然后上传给应用
213   * @param - indio_dev  : iio_dev
214   * @param - chan       : 通道
215   * @param - val        : 读取的值,如果是小数值,则 val 是整数部分
216   * @param - val2       : 读取的值,如果是小数值,则 val2 是小数部分
217   * @param - mask       : 掩码
218   * @return             : 0,成功;其他,错误
219   */
220  static int icm20608_read_raw(struct iio_dev * indio_dev,
221              struct iio_chan_spec const * chan,
222              int * val, int * val2, long mask)
223  {
224      struct icm20608_dev * dev = iio_priv(indio_dev);
225      int ret = 0;
226      unsigned char regdata = 0;
227
```

```
228        switch (mask) {
229        case IIO_CHAN_INFO_RAW:           /* 读取 ICM20608 加速度计、陀螺仪、温度传感器原始值 */
230            iio_device_claim_direct_mode(indio_dev);          /* 保持 direct 模式 */
231            mutex_lock(&dev->lock);                           /* 上锁            */
232            ret = icm20608_read_channel_data(indio_dev, chan, val);
233            mutex_unlock(&dev->lock);                         /* 释放锁          */
234            iio_device_release_direct_mode(indio_dev);
235            return ret;
236        case IIO_CHAN_INFO_SCALE:
237            switch (chan->type) {
238            case IIO_ANGL_VEL:
239                mutex_lock(&dev->lock);
240                regdata = (icm20608_read_onereg(dev, ICM20_GYRO_CONFIG)& 0X18) >> 3;
241                *val  = 0;
242                *val2 = gyro_scale_icm20608[regdata];
243                mutex_unlock(&dev->lock);
244                return IIO_VAL_INT_PLUS_MICRO;             /* 值为 val + val2/1000000  */
245            case IIO_ACCEL:
246                mutex_lock(&dev->lock);
247                regdata = (icm20608_read_onereg(dev, ICM20_ACCEL_CONFIG) & 0X18) >> 3;
248                *val = 0;
249                *val2 = accel_scale_icm20608[regdata];;
250                mutex_unlock(&dev->lock);
251                return IIO_VAL_INT_PLUS_NANO;              /* 值为 val + val2/1000000000  */
252            case IIO_TEMP:
253                *val = ICM20608_TEMP_SCALE/ 1000000;
254                *val2 = ICM20608_TEMP_SCALE % 1000000;
255                return IIO_VAL_INT_PLUS_MICRO;             /* 值为 val + val2/1000000  */
256            default:
257                return -EINVAL;
258            }
259            return ret;
260        case IIO_CHAN_INFO_OFFSET:                             /* ICM20608 温度传感器 offset 值 */
261            switch (chan->type) {
262            case IIO_TEMP:
263                *val = ICM20608_TEMP_OFFSET;
264                return IIO_VAL_INT;
265            default:
266                return -EINVAL;
267            }
268            return ret;
269        case IIO_CHAN_INFO_CALIBBIAS:                          /* ICM20608 加速度计和陀螺仪校准值 */
270            switch (chan->type) {
271            case IIO_ANGL_VEL:                                 /* 陀螺仪的校准值 */
272                mutex_lock(&dev->lock);
273                ret = icm20608_sensor_show(dev, ICM20_XG_OFFS_USRH,chan->channel2, val);
274                mutex_unlock(&dev->lock);
275                return ret;
276            case IIO_ACCEL:                                    /* 加速度计的校准值 */
277                mutex_lock(&dev->lock);
278                ret = icm20608_sensor_show(dev, ICM20_XA_OFFSET_H,chan->channel2, val);
279                mutex_unlock(&dev->lock);
```

```
280              return ret;
281          default:
282              return – EINVAL;
283          }
284
285      default:
286          return ret – EINVAL;
287      }
288 }
```

第 68 行,gyro_scale_icm20608 是 ICM20608 的陀螺仪比例,也就是陀螺仪不同量程对应的分辨率。ICM20608 陀螺仪为 16bit,可选的量程有 $\pm 250°/s$、$\pm 500°/s$、$\pm 1000°/s$ 和 $\pm 2000°/s$。以 $\pm 250°/s$ 这个量程为例,每个数值对应的度数就是 $500/2^{10} \approx 0.007629°/s$。同理,$\pm 500°/s$ 量程对应的度数为 $0.015258°/s$,± 1000 量程对应的度数为 $0.030517°/s$,± 2000 量程为 $0.061035°/s$。假设现在设置量程为 ± 2000,读取到的原始值为 12540,那么对应的度数就是 $12540 \times 0.061035 \approx 765.37°/s$。注意,这里扩大了 1000000 倍。

第 73 行,accel_scale_icm20608 是 ICM20608 的加速度计比例,也就是加速度计不同量程对应的分辨率,计算方法和陀螺仪一样。这里扩大了 1000000000 倍。

第 164~177 行,icm20608_sensor_show() 函数用于读取加速度计、陀螺仪、温度传感器的原始数据的。

第 186~208 行,icm20608_read_channel_data() 函数用于读取指定通道的数据,根据 type 类型的不同,给 icm20608_sensor_show() 函数传递不同的参数,读取陀螺仪、加速度计或温度数据。

第 220~288 行,修改完善的 icm20608_read_raw() 函数,我们就以读取陀螺仪、加速度计或温度原始数据为例,当应用程序读取这几个通道的原始数据的时候第 229 行的分支会执行。第 232 行直接调用 icm20608_read_channel_data() 函数来根据通道的 type 值来读取 ICM20608 相应的寄存器。其他分支内容大同小异,故不再细讲。

修改完成以后重新编译驱动文件,然后加载新的驱动,测试是否可以正常读取到相应的内容。我们读取一下 in_accel_scale 这个文件,这是加速度计的分辨率,我们默认设置了加速度计量程为 $\pm 16g$,因此分辨率为 0.000488281。结果如图 32-8 所示。

```
/sys/bus/iio/devices # cat iio\:device1/in_accel_scale
0.000488281
/sys/bus/iio/devices #
```

图 32-8　in_accel_scale 内容

从图 32-8 可以看出,此时 in_accel_scale 为 0.000488281,是正确的。这时候有人可能会有疑问:在示例代码 32-18 中,我们设置加速度计 $\pm 16g$ 的分辨率为 488281,也就是扩大了 1000000000 倍,为什么这里读出来的是 0.000488281 这个原始值? 大家注意看示例代码 32-18 中第 245~251 行所在的分支,这部分是读取加速度计的分辨率,读取完成以后在第 251 行返回 IIO_VAL_INT_PLUS_NANO 这个值,这里就是告诉用户空间,小数部分(val2)扩大了 1000000000 倍,因此用户空间得到分辨率以后会除以 1000000000,得到真实的分辨率,$488281/1000000000 = 0.000488281$,所以图 32-8 中得到的值就是 0.000488281。

我们再读取一下 in_accel_z_raw 这个文件,这个文件是加速度计的 Z 轴原始值,静态情况下 Z

轴应该是 $1g$ 的重力加速度计，我们可以读取 in_accel_z_raw 这个文件的值，如图 32-9 所示，然后在结合上面读取到的加速度计分辨率，计算一下对应的 Z 轴重力值，看看是不是 $1g$ 左右。

```
/sys/bus/iio/devices # cat iio\:device1/in_accel_z_raw
2074
/sys/bus/iio/devices #
```

图 32-9   in_accel_z_raw 值

$2074 \times 0.000488281 \approx 1.01g$，此时 Z 轴重力为 $1g$，结果正确。

32.3.4   完善 icm20608_write_raw() 函数

最后完善 icm20608_write_raw() 函数，用户空间向驱动写数据的时候 icm20608_write_raw() 函数会执行。我们可以在用户空间设置陀螺仪、加速度计的量程、校准值等，这时候就需要向驱动写入数据。为了简单起见，本节只实现设置陀螺仪和加速度计的量程，至于其他的设置项大家可以自行实现，修改后的 icm20608_write_raw() 函数和其他相关内容如下：

```
                 示例代码 32-19   完善的 icm20608_write_raw()函数
180 /*
181  * @description        : 设置 ICM20608 传感器,可以用于陀螺仪、加速度计设置
182  * @param - dev        : ICM20608 设备
183  * @param - reg        : 要设置的通道寄存器首地址
184  * @param - anix       : 要设置的通道,比如 X,Y,Z
185  * @param - val        : 要设置的值
186  * @return             : 0,成功;其他,错误
187  */
188 static int icm20608_sensor_set (struct icm20608_dev * dev, int reg,
189                                 int axis, int val)
190 {
191     int ind, result;
192     __be16 d = cpu_to_be16(val);
193
194     ind = (axis - IIO_MOD_X) * 2;
195     result = regmap_bulk_write(dev->regmap, reg + ind, (u8 *)&d, 2);
196     if (result)
197         return - EINVAL;
198
199     return 0;
200 }
...
256 /*
257  * @description        : 设置 ICM20608 的陀螺仪计量程(分辨率)
258  * @param - dev        : ICM20608 设备
259  * @param - val        : 量程(分辨率值)
260  * @return             : 0,成功;其他,错误
261  */
262 static int icm20608_write_gyro_scale(struct icm20608_dev * dev,int val)
263 {
264     int result, i;
265     u8 d;
266
267     for (i = 0; i < ARRAY_SIZE(gyro_scale_icm20608); ++i) {
```

```
268         if (gyro_scale_icm20608[i] == val) {
269             d = (i << 3);
270             result = regmap_write(dev->regmap, ICM20_GYRO_CONFIG, d);
271             if (result)
272                 return result;
273             return 0;
274         }
275     }
276     return -EINVAL;
277 }
278
279 /*
280  * @description   : 设置 ICM20608 的加速度计量程(分辨率)
281  * @param - dev   : ICM20608 设备
282  * @param - val   : 量程(分辨率值)
283  * @return        : 0,成功;其他,错误
284  */
285 static int icm20608_write_accel_scale(struct icm20608_dev *dev, int val)
286 {
287     int result, i;
288     u8 d;
289
290     for (i = 0; i < ARRAY_SIZE(accel_scale_icm20608); ++i) {
291         if (accel_scale_icm20608[i] == val) {
292             d = (i << 3);
293             result = regmap_write(dev->regmap, ICM20_ACCEL_CONFIG, d);
294             if (result)
295                 return result;
296             return 0;
297         }
298     }
299     return -EINVAL;
300 }
...
382 /*
383  * @description   : 写函数,当向 sysfs 中的文件写数据的时候最终此函数会执行,
384  *                : 一般在此函数中设置传感器,比如量程等
385  * @param - indio_dev : iio_dev
386  * @param - chan      : 通道
387  * @param - val   : 应用程序写入的值,如果是小数值,则 val 是整数部分
388  * @param - val2  : 应用程序写入的值,如果是小数值,则 val2 是小数部分
389  * @return        : 0,成功;其他值,错误
390  */
391 static int icm20608_write_raw(struct iio_dev *indio_dev,
392             struct iio_chan_spec const *chan,
393             int val, int val2, long mask)
394 {
395     struct icm20608_dev *dev = iio_priv(indio_dev);
396     int ret = 0;
397
398     iio_device_claim_direct_mode(indio_dev);
399     switch (mask) {
```

613

```
400        case IIO_CHAN_INFO_SCALE:                    /* 设置陀螺仪和加速度计的分辨率 */
401            switch (chan -> type) {
402            case IIO_ANGL_VEL:                       /* 设置陀螺仪 */
403                mutex_lock(&dev -> lock);
404                ret = icm20608_write_gyro_scale(dev, val2);
405                mutex_unlock(&dev -> lock);
406                break;
407            case IIO_ACCEL:                          /* 设置加速度计 */
408                mutex_lock(&dev -> lock);
409                ret = icm20608_write_accel_scale(dev, val2);
410                mutex_unlock(&dev -> lock);
411                break;
412            default:
413                ret = - EINVAL;
414                break;
415            }
416            break;
417        case IIO_CHAN_INFO_CALIBBIAS:                /* 设置陀螺仪和加速度计的校准值   */
418            switch (chan -> type) {
419            case IIO_ANGL_VEL:                       /* 设置陀螺仪校准值          */
420                mutex_lock(&dev -> lock);
421                ret = icm20608_sensor_set(dev, ICM20_XG_OFFS_USRH,
422                                    chan -> channel2, val);
423                mutex_unlock(&dev -> lock);
424                break;
425            case IIO_ACCEL:                          /* 加速度计校准值           */
426                mutex_lock(&dev -> lock);
427                ret = icm20608_sensor_set(dev, ICM20_XA_OFFSET_H,
428                                    chan -> channel2, val);
429                mutex_unlock(&dev -> lock);
430                break;
431            default:
432                ret = - EINVAL;
433                break;
434            }
435            break;
436        default:
437            ret = - EINVAL;
438            break;
439        }
440
441        iio_device_release_direct_mode(indio_dev);
442        return ret;
443 }
444
445 /*
446  * @description    :用户空间写数据格式,比如我们在用户空间操作 sysfs 来设置
447  *                 :传感器的分辨率,如果分辨率带小数,那么此函数就是用来设置这个小数传递到
448  *                 :内核空间应该扩大多少倍的
449  * @param - indio_dev    : iio_dev
450  * @param - chan         : 通道
```

```
451      * @param - mask      :掩码
452      * @return            : 0,成功;其他,错误
453      */
454    static int icm20608_write_raw_get_fmt(struct iio_dev * indio_dev,
455                struct iio_chan_spec const * chan, long mask)
456    {
457        switch (mask) {
458        case IIO_CHAN_INFO_SCALE:
459            switch (chan -> type) {
460            case IIO_ANGL_VEL:
461                return IIO_VAL_INT_PLUS_MICRO;
462            default:
463                return IIO_VAL_INT_PLUS_NANO;
464            }
465        default:
466            return IIO_VAL_INT_PLUS_MICRO;
467        }
468        return - EINVAL;
469    }
470
471    /*
472     * iio_info结构体变量
473     */
474    static const struct iio_info icm20608_info = {
475        .read_raw         = icm20608_read_raw,
476        .write_raw        = icm20608_write_raw,
477        .write_raw_get_fmt = &icm20608_write_raw_get_fmt,
478    };
```

第 188~200 行,icm20608_sensor_set()函数用于设置指定通道,也就是向 ICM20608 的指定寄存器写入数据,用于设置陀螺仪和加速度计的校准值。

第 262~277 行,icm20608_write_gyro_scale()函数用于设置 ICM20608 陀螺仪量程。

第 285~300 行,icm20608_write_accel_scale()函数用于设置 ICM20608 加速度计量程

第 391~443 行,icm20608_write_raw()函数,也就是 iio_info 的 write()函数,用户空间向驱动程序写入数据以后此函数就会执行,这里用来配置 ICM20608 的陀螺仪和加速度量程和校准值。第 400 行的 IIO_CHAN_INFO_SCALE 表示此分支是设置比例(量程),第 404 行设置陀螺仪的量程,第 409 行设置加速度计的量程。第 417 行的 IIO_CHAN_INFO_CALIBBIAS 表示此分支是设置校准值的,第 421 行设置陀螺仪各轴校准值,第 427 行设置加速度计各轴校准值。

第 454~469 行,icm20608_write_raw_get_fmt()函数,也就是 iio_info 的 write_raw_get_fmt()函数。此函数用来指定用户空间写入的数据格式,第 458 行的 IIO_CHAN_INFO_SCALE 分支表示要操作的是比例,也就是用户空间要设置陀螺仪和加速度计的量程。第 460 行表示如果写入的是陀螺仪比例,那么小数部分就要扩大 1000000 倍。第 463 行表示如果是其他的就扩 1000000000 倍,比如加速度计。比如我们在用户空间要设置加速度计量程为 $\pm 4g$,只需要向 in_accel_scale 写入 0.000122070,那么最终传入到驱动里面的就是 $0.000122070 \times 1000000000 = 122070$。

ICM20608 的 IIO 驱动就已经编写完成了,接下来就是编写测试 App。

32.4　测试应用程序编写

32.4.1　Linux 文件流读取

前面我们都是直接使用 cat 命令读取对应文件的内容。如果要连续不断地读取传感器数据就不能用 cat 命令了,需要编写对应的 App 软件。在编写 App 之前先了解一下所要用到的 API 函数。

首先我们要知道,前面使用 cat 命令读取到的文件内容字符串,虽然看起来像是数字。比如我们使用 cat 命令读取到的 in_accel_scale,如图 32-10 所示。

```
/sys/bus/iio/devices # cat iio\:devicel/in_accel_scale
0.000488281
/sys/bus/iio/devices #
```

图 32-10　in_accel_scale 文件内容

图 32-10 中 in_accel_scale 文件内容为"0.000488281",但是这里的"0.000488281"是字符串,并不是具体的数字,所以我们需要将其转换为对应的数字。另外 in_accel_scale 是流文件,也叫作标准文件 I/O 流,因此打开、读写操作要使用文件流操作函数。

1. 打开文件流

打开文件流使用 fopen()函数,函数原型如下:

```
FILE * fopen(const char * pathname, const char * mode)
```

函数参数含义如下:

pathname——需要打开的文件流路径。

mode——打开方式,可选的打开方式如表 32-3 所示。

表 32-3　打开方式

mode	描　　述
r	打开只读文件
r+	打开读写文件
w	打开只写文件,如文件存在则文件长度清零,如文件不存在就自动创建,文件流指针调整到文件头部
w+	打开可读写文件,如文件存在则文件长度清零,如文件不存在就自动创建,文件流指针调整到文件头部
a	以追加的方式打开只写文件,如果文件不存在则新建文件,如果存在则将数据追加到文件末尾
a+	以追加的方式打开读写文件,如果文件不存在则新建文件,如果存在则将数据追加到文件末尾

返回值——NULL,打开错误;其他值,打开成功的文件流指针,为 FILE 类型。

2. 关闭文件流

关闭文件流使用函数 fclose(),函数原型如下:

```
int fclose(FILE * stream)
```

函数参数含义如下:

stream——要关闭的文件流指针。

返回值——0,关闭成功；EOF,关闭错误。

3. 读取文件流

要读取文件流使用 fread()函数,函数原型如下:

```
size_t fread(void * ptr, size_t size, size_t nmemb, FILE * stream)
```

fread()函数用于从给定的输入流中读取最多 nmemb 个对象到数组 ptr 中。

函数参数含义如下:

ptr——要读取的数组中首个对象的指针。

size——每个对象的大小。

nmemb——要读取的对象个数。

stream——要读取的文件流。

返回值——返回读取成功的对象个数,如果出现错误或到文件末尾,那么返回一个短计数值(或者0)。

4. 写文件流

要向文件流写入数据,使用 fwrite()函数,函数原型如下:

```
size_t fwrite(const void * ptr, size_t size, size_t nmemb, FILE * stream);
```

fwrite()函数用于向给定的文件流中写入最多 nmemb 个对象。

函数参数含义如下:

ptr——要写入的数组中首个对象的指针。

size——每个对象的大小。

nmemb——要写入的对象个数。

stream——要写入的文件流。

返回值——返回成功写入的对象个数,如果出现错误或到文件末尾,那么返回一个短计数值(或者0)。

5. 格式化输入文件流

fscanf()函数用于从一个文件流中格式化读取数据,fscanf()函数在遇到空格和换行符的时候就会结束。前面我们说了 IIO 框架下的 sysfs 文件内容都是字符串,比如 in_accel_scale 文件内容为"0.000488281",这是一串字符串,并不是具体的数字,因此我们在读取的时候就需要使用字符串读取格式。在这里就可以使用 fscanf()函数来格式化读取文件内容,函数原型如下:

```
int fscanf(FILE * stream, const char * format, ,[argument...])
```

fscanf()用法和 scanf()类似。

函数参数含义如下:

stream——要操作的文件流。

format——格式。

argument——保存读取到的数据。

返回值——成功读取到的数据个数,如果读到文件末尾或者读取错误则返回 EOF。

32.4.2 编写测试 App

新建名为 icm20608App.c 的文件,输入如下内容:

示例代码 32-20　icm20608App.c 文件代码段

```
/************************************************************************
Copyright © ALIENTEK Co., Ltd. 1998－2029. All rights reserved
文件名     : icm20608.c
作者       : 左忠凯
版本       : V1.0
描述       : ICM20608 设备 IIO 框架测试程序.
其他       : 无
使用方法   : ../icm20608App
论坛       : www.openedv.com
日志       : 初版 V1.0 2021/8/17 左忠凯创建
************************************************************************/
1   # include "stdio.h"
2   # include "unistd.h"
3   # include "sys/types.h"
4   # include "sys/stat.h"
5   # include "sys/ioctl.h"
6   # include "fcntl.h"
7   # include "stdlib.h"
8   # include "string.h"
9   # include < poll.h >
10  # include < sys/select.h >
11  # include < sys/time.h >
12  # include < signal.h >
13  # include < fcntl.h >
14  # include < errno.h >
15
16  /* 字符串转数字,将浮点小数字符串转换为浮点数值 */
17  # define SENSOR_FLOAT_DATA_GET(ret, index, str, member)\
18      ret = file_data_read(file_path[index], str);\
19      dev -> member = atof(str);\
20
21  /* 字符串转数字,将整数字符串转换为整数值 */
22  # define SENSOR_INT_DATA_GET(ret, index, str, member)\
23      ret = file_data_read(file_path[index], str);\
24      dev -> member = atoi(str);\
25
26  /* ICM20608 IIO 框架对应的文件路径 */
27  static char * file_path[] = {
28      "/sys/bus/iio/devices/iio:device1/in_accel_scale",
29      "/sys/bus/iio/devices/iio:device1/in_accel_x_calibbias",
30      "/sys/bus/iio/devices/iio:device1/in_accel_x_raw",
31      "/sys/bus/iio/devices/iio:device1/in_accel_y_calibbias",
32      "/sys/bus/iio/devices/iio:device1/in_accel_y_raw",
33      "/sys/bus/iio/devices/iio:device1/in_accel_z_calibbias",
34      "/sys/bus/iio/devices/iio:device1/in_accel_z_raw",
35      "/sys/bus/iio/devices/iio:device1/in_anglvel_scale",
36      "/sys/bus/iio/devices/iio:device1/in_anglvel_x_calibbias",
37      "/sys/bus/iio/devices/iio:device1/in_anglvel_x_raw",
38      "/sys/bus/iio/devices/iio:device1/in_anglvel_y_calibbias",
39      "/sys/bus/iio/devices/iio:device1/in_anglvel_y_raw",
40      "/sys/bus/iio/devices/iio:device1/in_anglvel_z_calibbias",
```

```
41        "/sys/bus/iio/devices/iio:device1/in_anglvel_z_raw",
42        "/sys/bus/iio/devices/iio:device1/in_temp_offset",
43        "/sys/bus/iio/devices/iio:device1/in_temp_raw",
44        "/sys/bus/iio/devices/iio:device1/in_temp_scale",
45   };
46
47   /* 文件路径索引,要和 file_path 中的文件顺序对应 */
48   enum path_index {
49        IN_ACCEL_SCALE = 0,
50        IN_ACCEL_X_CALIBBIAS,
51        IN_ACCEL_X_RAW,
52        IN_ACCEL_Y_CALIBBIAS,
53        IN_ACCEL_Y_RAW,
54        IN_ACCEL_Z_CALIBBIAS,
55        IN_ACCEL_Z_RAW,
56        IN_ANGLVEL_SCALE,
57        IN_ANGLVEL_X_CALIBBIAS,
58        IN_ANGLVEL_X_RAW,
59        IN_ANGLVEL_Y_CALIBBIAS,
60        IN_ANGLVEL_Y_RAW,
61        IN_ANGLVEL_Z_CALIBBIAS,
62        IN_ANGLVEL_Z_RAW,
63        IN_TEMP_OFFSET,
64        IN_TEMP_RAW,
65        IN_TEMP_SCALE,
66   };
67
68   /*
69    * ICM20608 数据设备结构体
70    */
71   struct icm20608_dev{
72        int accel_x_calibbias, accel_y_calibbias, accel_z_calibbias;
73        int accel_x_raw, accel_y_raw, accel_z_raw;
74
75        int gyro_x_calibbias, gyro_y_calibbias, gyro_z_calibbias;
76        int gyro_x_raw, gyro_y_raw, gyro_z_raw;
77
78        int temp_offset, temp_raw;
79
80        float accel_scale, gyro_scale, temp_scale;
81
82        float gyro_x_act, gyro_y_act, gyro_z_act;
83        float accel_x_act, accel_y_act, accel_z_act;
84        float temp_act;
85   };
86
87   struct icm20608_dev icm20608;
88
89   /*
90    * @description      :读取指定文件内容
91    * @param - filename :要读取的文件路径
92    * @param - str      :读取到的文件字符串
```

```
93     *  @return       : 0,成功;其他,失败
94     */
95    static int file_data_read(char * filename, char * str)
96    {
97        int ret = 0;
98        FILE * data_stream;
99
100       data_stream = fopen(filename, "r");                    /* 只读打开 */
101       if(data_stream == NULL) {
102           printf("can't open file % s\r\n", filename);
103           return -1;
104       }
105
106       ret = fscanf(data_stream, "% s", str);
107       if(!ret) {
108           printf("file read error!\r\n");
109       } else if(ret == EOF) {
110           /* 读到文件末尾后将文件指针重新调整到文件头 */
111           fseek(data_stream, 0, SEEK_SET);
112       }
113       fclose(data_stream);                                   /* 关闭文件 */
114       return 0;
115   }
116
117   /*
118    *  @description   : 获取 ICM20608 数据
119    *  @param - dev   : 设备结构体
120    *  @return        : 0,成功;其他,失败
121    */
122   static int sensor_read(struct icm20608_dev * dev)
123   {
124       int ret = 0;
125       char str[50];
126
127       /* 1、获取陀螺仪原始数据 */
128       SENSOR_FLOAT_DATA_GET(ret, IN_ANGLVEL_SCALE, str, gyro_scale);
129       SENSOR_INT_DATA_GET(ret, IN_ANGLVEL_X_RAW, str, gyro_x_raw);
130       SENSOR_INT_DATA_GET(ret, IN_ANGLVEL_Y_RAW, str, gyro_y_raw);
131       SENSOR_INT_DATA_GET(ret, IN_ANGLVEL_Z_RAW, str, gyro_z_raw);
132
133       /* 2、获取加速度计原始数据 */
134       SENSOR_FLOAT_DATA_GET(ret, IN_ACCEL_SCALE, str, accel_scale);
135       SENSOR_INT_DATA_GET(ret, IN_ACCEL_X_RAW, str, accel_x_raw);
136       SENSOR_INT_DATA_GET(ret, IN_ACCEL_Y_RAW, str, accel_y_raw);
137       SENSOR_INT_DATA_GET(ret, IN_ACCEL_Z_RAW, str, accel_z_raw);
138
139       /* 3、获取温度值 */
140       SENSOR_FLOAT_DATA_GET(ret, IN_TEMP_SCALE, str, temp_scale);
141       SENSOR_INT_DATA_GET(ret, IN_TEMP_OFFSET, str, temp_offset);
142       SENSOR_INT_DATA_GET(ret, IN_TEMP_RAW, str, temp_raw);
143
144       /* 3、转换为实际数值 */
```

```
145        dev->accel_x_act = dev->accel_x_raw * dev->accel_scale;
146        dev->accel_y_act = dev->accel_y_raw * dev->accel_scale;
147        dev->accel_z_act = dev->accel_z_raw * dev->accel_scale;
148
149        dev->gyro_x_act = dev->gyro_x_raw * dev->gyro_scale;
150        dev->gyro_y_act = dev->gyro_y_raw * dev->gyro_scale;
151        dev->gyro_z_act = dev->gyro_z_raw * dev->gyro_scale;
152
153        dev->temp_act = ((dev->temp_raw - dev->temp_offset) /
                              dev->temp_scale) + 25;
154     return ret;
155 }
156
157 /*
158  * @description    : main 主程序
159  * @param - argc   : argv 数组元素个数
160  * @param - argv   : 具体参数
161  * @return         : 0,成功;其他,失败
162  */
163 int main(int argc, char * argv[])
164 {
165     int ret = 0;
166
167     if (argc != 1) {
168         printf("Error Usage!\r\n");
169         return -1;
170     }
171
172     while (1) {
173         ret = sensor_read(&icm20608);
174         if(ret == 0) {                          /* 数据读取成功 */
175             printf("\r\n 原始值:\r\n");
176             printf("gx = %d, gy = %d, gz = %d\r\n",
                        icm20608.gyro_x_raw,
                        icm20608.gyro_y_raw,
                        icm20608.gyro_z_raw);
177             printf("ax = %d, ay = %d, az = %d\r\n",
                        icm20608.accel_x_raw,
                        icm20608.accel_y_raw,
                        icm20608.accel_z_raw);
178             printf("temp = %d\r\n", icm20608.temp_raw);
179             printf("实际值:");
180             printf("act gx = %.2f°/S, act gy = %.2f°/S,
                        act gz = %.2f°/S\r\n", icm20608.gyro_x_act,
                        icm20608.gyro_y_act, icm20608.gyro_z_act);
181             printf("act ax = %.2fg, act ay = %.2fg,
                        act az = %.2fg\r\n", icm20608.accel_x_act,
                        icm20608.accel_y_act,
                        icm20608.accel_z_act);
182             printf("act temp = %.2f°C\r\n", icm20608.temp_act);
183         }
184         usleep(100000);                         /* 100ms */
```

621

```
185      }
186
187      return 0;
188 }
```

第 17～19 行,SENSOR_FLOAT_DATA_GET 宏用于读取指定路径的文件内容,然后将读到的浮点型字符串数据转换为具体的浮点数据。第 19 行使用 atof()函数将浮点字符串转换为具体的浮点数值。

第 22～24 行,SENSOR_INT_DATA_GET 宏用于读取指定路径的文件内容,将读取到的整数型字符串数据转换为具体的整数值,第 24 行使用 atoi()函数将整数字符串转换为具体的整数数值。

atof()和 atoi()这两个函数是标准的 C 库函数,并不需要我们自己编写,添加 stdlib.h 头文件就可以直接调用。这两个函数都只有一个参数,就是要转换的字符串。返回值就是转换成功以后字符串对应的数值。

第 27～45 行,需要操作的文件路径。

第 48～66 行,文件路径索引,顺序要和 file_path 中的文件路径对应。

第 71～85 行,icm20608_dev 结构体为自定义设备结构体,用于保存 ICM20608 传感器数据。

第 95～115 行,file_data_read()函数用于读取指定文件。第一个参数 filename 是要读取的文件路径。第二个参数 str 为读取到的文件内容,为字符串类型,因为本章例程所读取的文件内容都是字符串。第 100 行调用 fopen()函数打开指定的文件流。第 106 行调用 fscanf()函数进行格式化读取,也就是按照字符串方式读取文件,文件内容保存到 str 参数中。当读取到文件末尾的时候,第 111 行调用 fseek()函数将读取指针调整到文件头,以备下次重新读取。第 113 行调用 fclose()函数关闭对应的文件流。

第 122～155 行,sensor_read()函数用于读取 ICM20608 传感器数据,包括陀螺仪、加速度和温度计的原始值,还有加速度计和陀螺仪的分辨率等,最后将获取到的原始值转换为具体的数值。

第 163～188 行,main()函数,在 while 循环中调用 sensor_read()函数读取 ICM20608 数据,并将读到的数据打印出来。

32.4.3　运行测试

输入如下命令编译测试 icm20608App.c 这个测试程序:

```
arm - linux - gnueabihf - gcc icm20608App.c - o icm20608App
```

编译成功以后就会生成 icm20608App 这个应用程序。

将 icm20608.ko 和 icm20608App 这两个文件复制到 rootfs/lib/modules/4.1.15 目录中,重启开发板,进入到目录 lib/modules/4.1.15 中,输入如下命令加载 icm20608.ko 驱动模块:

```
depmod                  //第一次加载驱动的时候需要运行此命令
modprobe icm20608.ko    //加载驱动
```

驱动加载成功以后使用如下命令来测试:

```
./icm20608App
```

如果驱动和 App 工作正常，则会不断地打印出 ICM20608 数据，包括陀螺仪和加速度计的原始数据和转换后的实际数值、温度等，如图 32-11 所示。

```
/lib/modules/4.1.15 # ./icm20608App

原始值:
gx = 2, gy = 11, gz = -9
ax = -10, ay = 17, az = 2054
temp = 4378
实际值:act gx = 0.12°/S, act gy = 0.67°/S, act gz = -0.55°/S
act ax = -0.00g, act ay = 0.01g, act az = 1.00g
act temp = 38.40°C
```

图 32-11　读取到的 ICM20608 数值

另外，我们也编写 AP3216C 这个光传感器的对应的 IIO 驱动，但是由于 AP3216C 没有数据准备就绪中断，因此 AP3216C 的 IIO 驱动没有实现触发缓冲功能。AP3216C 的 IIO 驱动程序已经放到了资料包中，路径为"01、程序源码→02、Linux 驱动例程→27_iio→iic"。

## 第33章

Linux ADC驱动实验

第 32 章我们讲解了如何给 ICM20608 编写 IIO 驱动,ICM20608 本质就是 ADC,因此纯粹的 ADC 驱动也是 IIO 驱动框架的。本章就来学习如何使用 I.MX6ULL 内部的 ADC,并且再学习巩固一下 IIO 驱动。

33.1 ADC 简介

关于 ADC 的介绍,我们已经在《原子嵌入式 Linux 驱动开发详解》的 ADC 裸机篇详细讲解过了。

33.2 ADC 驱动源码简介

33.2.1 设备树下的 ADC 节点

I.MX6ULL 有两个 ADC,但是对应一个 ADC 控制器。本章实验使用 GPIO1_IO01 这个引脚来完成 ADC 实验,而 GPIO1_IO01 就是 ADC1 的通道 1 引脚,所以这里就以 ADC1 为例进行讲解,imx6ull.dtsi 文件中的 adc1 节点信息如下:

示例代码33-1 adc1 节点内容

```
1 adc1: adc@02198000 {
2     compatible = "fsl,imx6ul - adc", "fsl,vf610 - adc";
3       reg = < 0x02198000 0x4000 >;
4     interrupts = < GIC_SPI 100 IRQ_TYPE_LEVEL_HIGH >;
5     clocks = < &clks IMX6UL_CLK_ADC1 >;
6     num - channels = < 2 >;
7     clock - names = "adc";
8     status = "disabled";
9 };
```

第 2 行,compatible 属性值为"fsl,imx6ul-adc"和"fsl,vf610-adc",所以在整个 Linux 源码里面搜索这个两个字符串即可找到 I.MX6ULL 的 ADC 驱动核心文件,这个文件就是 drivers/iio/adc/

vf610_adc. c。

关于 I. MX6ULL 的 ADC 节点更为详细的信息请参考对应的绑定文档：Documentation/devicetree/bindings/iio/adc/vf610-adc. txt。接下来简单分析一下绑定文档，后面需要根据绑定文档修改设备树，使能 ADC 对应的通道。

ADC 相关属性有：

- **compatible**——兼容性属性，必需的，可以设置为"fsl,vf610-adc"。
- **reg**——ADC 控制器寄存器信息。
- **interrupts**——中断属性，ADC1 和 ADC2 各对应一个中断信息。
- **clocks**——时钟属性。
- **clock-names**——时钟名字，可选"adc"。
- **num-channels**——ADC 通道数。
- **vref-supply**——此属性对应 vref 参考电压。

可以看出，ADC 节点的属性还是比较少的。

33. 2. 2 ADC 驱动源码分析

I. MX6ULL 的 ADC 驱动文件就一个 vf610_adc. c，vf610_adc. c 主体框架是 platform，配合 IIO 驱动框架实现 ADC 驱动。

1. vf610_adc 结构体

NXP 自己将 ADC 外设抽象成了结构体 vf610_adc，vf610_adc 就相当于自定义的设备结构体。vf610_adc 结构体贯穿于整个驱动文件，结构体内容如下：

```
                  示例代码 33-2   vf610_adc 结构体
1   struct vf610_adc {
2       struct device * dev;
3       void __iomem * regs;
4       struct clk * clk;
5
6       u32 vref_uv;
7       u32 value;
8       struct regulator * vref;
9       struct vf610_adc_feature adc_feature;
10
11      u32 sample_freq_avail[5];
12
13      struct completion completion;
14  };
```

2. vf610_adc_probe()函数

接下来看一下 vf610_adc_probe()函数，内容如下（有省略）：

```
                     示例代码 33-3   vf610_adc_probe 函数
1   static int vf610_adc_probe(struct platform_device * pdev)
2   {
3       struct vf610_adc * info;
```

```
4       struct iio_dev * indio_dev;
5       struct resource * mem;
6       int irq;
7       int ret;
8       u32 channels;
9
10      indio_dev = devm_iio_device_alloc(&pdev->dev, sizeof(struct vf610_adc));
11        if (!indio_dev) {
12          dev_err(&pdev->dev, "Failed allocating iio device\n");
13          return -ENOMEM;
14        }
15
16      info = iio_priv(indio_dev);
17      info->dev = &pdev->dev;
18
19      mem = platform_get_resource(pdev, IORESOURCE_MEM, 0);
20      info->regs = devm_ioremap_resource(&pdev->dev, mem);
21      if (IS_ERR(info->regs))
22          return PTR_ERR(info->regs);
23
24      irq = platform_get_irq(pdev, 0);
25        if (irq < 0) {
26          dev_err(&pdev->dev, "no irq resource?\n");
27          return irq;
28        }
29
30      ret = devm_request_irq(info->dev, irq,
31                          vf610_adc_isr, 0,
32                          dev_name(&pdev->dev), info);
33      if (ret < 0) {
34      dev_err(&pdev->dev, "failed requesting irq, irq = %d\n", irq);
35          return ret;
36      }
37
38      info->clk = devm_clk_get(&pdev->dev, "adc");
39      if (IS_ERR(info->clk)) {
40          dev_err(&pdev->dev, "failed getting clock, err = %ld\n",
41                  PTR_ERR(info->clk));
42          return PTR_ERR(info->clk);
43      }
44
45      info->vref = devm_regulator_get(&pdev->dev, "vref");
46      if (IS_ERR(info->vref))
47          return PTR_ERR(info->vref);
48
49      ret = regulator_enable(info->vref);
50      if (ret)
51          return ret;
52
53      info->vref_uv = regulator_get_voltage(info->vref);
54
55      platform_set_drvdata(pdev, indio_dev);
```

```
56
57        init_completion(&info->completion);
58
59        ret   = of_property_read_u32(pdev->dev.of_node,
60                      "num-channels", &channels);
61        if (ret)
62            channels = ARRAY_SIZE(vf610_adc_iio_channels);
63
64        indio_dev->name = dev_name(&pdev->dev);
65        indio_dev->dev.parent = &pdev->dev;
66        indio_dev->dev.of_node = pdev->dev.of_node;
67        indio_dev->info = &vf610_adc_iio_info;
68        indio_dev->modes = INDIO_DIRECT_MODE;
69        indio_dev->channels = vf610_adc_iio_channels;
70        indio_dev->num_channels = (int)channels;
71
72        ret = clk_prepare_enable(info->clk);
73        if (ret) {
74            dev_err(&pdev->dev,
75                "Could not prepare or enable the clock.\n");
76            goto error_adc_clk_enable;
77        }
78
79        vf610_adc_cfg_init(info);
80        vf610_adc_hw_init(info);
81
82        ret = iio_device_register(indio_dev);
83        if (ret) {
84            dev_err(&pdev->dev, "Couldn't register the device.\n");
85            goto error_iio_device_register;
86        }
87
88        return 0;
...
96        return ret;
97 }
```

第 10 行,调用 devm_iio_device_alloc() 函数申请 iio_dev,这里也连 vf610_adc 内存一起申请了。

第 16 行,调用 iio_priv() 函数从 iio_dev() 函数中得到 vf610_adc 首地址。

第 24 行,调用 platform_get_irq() 函数获取中断号。

第 30 行,调用 devm_request_irq() 函数申请中断,中断服务函数为 vf610_adc_isr()。

第 64~70 行,初始化 iio_dev,重点是第 67 行的 vf610_adc_iio_info,因为用户空间读取 ADC 数据最终就是由 vf610_adc_iio_info 来完成的。

第 79 行,调用 vf610_adc_cfg_init() 函数完成 ADC 的配置初始化。

第 80 行,调用 vf610_adc_hw_init() 函数来初始化 ADC 硬件。

第 82 行,调用 iio_device_register() 函数向内核注册 iio_dev。

可以看出,vf610_adc_probe() 函数的核心就是初始化 ADC 控制器,然后建立 ADC 的 IIO 驱动框架。

3. vf610_adc_iio_info 结构体

vf610_adc_iio_info 结构体内容如下所示:

示例代码33-4　vf610_adc_iio_info 结构体

```
1 static const struct iio_info vf610_adc_iio_info = {
2     .driver_module = THIS_MODULE,
3     .read_raw = &vf610_read_raw,
4     .write_raw = &vf610_write_raw,
5     .debugfs_reg_access = &vf610_adc_reg_access,
6     .attrs = &vf610_attribute_group,
7 };
```

我们重点来看一下第 3 行的 vf610_read_raw() 函数,因为此函数才是最终向用户空间发送ADC 原始数据的,函数内容如下:

示例代码33-5　vf610_read_raw()函数

```
1  static int vf610_read_raw(struct iio_dev * indio_dev,
2          struct iio_chan_spec const * chan,
3          int * val,
4          int * val2,
5          long mask)
6  {
7      struct vf610_adc * info = iio_priv(indio_dev);
8      unsigned int hc_cfg;
9      long ret;
10
11     switch (mask) {
12       case IIO_CHAN_INFO_RAW:
13       case IIO_CHAN_INFO_PROCESSED:
14           mutex_lock(&indio_dev->mlock);
15           reinit_completion(&info->completion);
16
17           hc_cfg = VF610_ADC_ADCHC(chan->channel);
18           hc_cfg |= VF610_ADC_AIEN;
19           writel(hc_cfg, info->regs + VF610_REG_ADC_HC0);
20           ret = wait_for_completion_interruptible_timeout
21                   (&info->completion, VF610_ADC_TIMEOUT);
22           if (ret == 0) {
23               mutex_unlock(&indio_dev->mlock);
24               return -ETIMEDOUT;
25           }
26           if (ret < 0) {
27             mutex_unlock(&indio_dev->mlock);
28             return ret;
29           }
30
31         switch (chan->type) {
32         case IIO_VOLTAGE:
33               * val = info->value;
34               break;
35         case IIO_TEMP:
```

```
36                  /*
37                   * Calculate in degree Celsius times 1000
38                   * Using sensor slope of 1.84 mV/°C and
39                   * V at 25°C of 696 mV
40                   */
41                  *val = 25000 - ((int)info->value - 864) * 1000000 /1840;
42                  break;
43          default:
44                  mutex_unlock(&indio_dev->mlock);
45                  return -EINVAL;
46          }
47
48          mutex_unlock(&indio_dev->mlock);
49          return IIO_VAL_INT;
50
51      case IIO_CHAN_INFO_SCALE:
52          *val = info->vref_uv / 1000;
53          *val2 = info->adc_feature.res_mode;
54          return IIO_VAL_FRACTIONAL_LOG2;
55
56      case IIO_CHAN_INFO_SAMP_FREQ:
57          *val = info->sample_freq_avail[info->
                adc_feature.sample_rate];
58          *val2 = 0;
59          return IIO_VAL_INT;
60
61      default:
62          break;
63      }
64
65      return -EINVAL;
66  }
```

第12～49行,读取 ADC 原始数据值,第32行 type 值为 IIO_VOLTAGE,也就是读取电压值。这里直接读取 vf610_adc 的 value 成员变量得到 ADC 转换结果,并没有看到读取 ADC 数据寄存器的过程。这是因为真正的 ADC 数据读取过程是在中断服务函数 vf610_adc_isr()中完成。

第51～54行,返回 ADC 对应的分辨率。

4. vf610_adc_isr()函数

函数内容如下:

```
                    示例代码33-6   vf610_read_raw()函数
1  static irqreturn_t vf610_adc_isr(int irq, void *dev_id)
2  {
3      struct vf610_adc *info = (struct vf610_adc *)dev_id;
4      int coco;
5
6      coco = readl(info->regs + VF610_REG_ADC_HS);
7      if (coco & VF610_ADC_HS_COCO0) {
8          info->value = vf610_adc_read_data(info);
9          complete(&info->completion);
```

```
10       }
11
12       return IRQ_HANDLED;
13   }
```

可以看出，vf610_adc_isr()函数很简单，重点就是在第 8 行通过调用 vf610_adc_read_data()函数来读取 ADC 原始值，然后将 ADC 的原始值保存在 vf610_adc 的 value 成员变量中。

33.3   硬件原理图分析

本试验用到的资源如下：

（1）指示灯 LED0。

（2）RGB LCD 接口。

（3）GPIO1_IO01 引脚。

本实验主要用到 I.MX6ULL 的 GPIO1_IO01 引脚，将其作为 ADC1 的通道 1 引脚，正点原子 ALPHA 开发板上引出了 GPIO1_IO01 引脚，如图 33-1 所示。

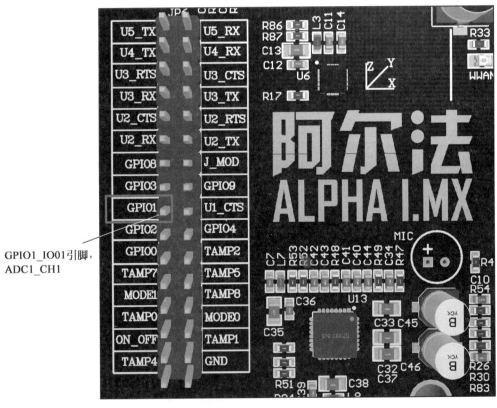

图 33-1　开发板上 GPIO1_IO01 引脚

图 33-1 中的 GPIO1 就是 GPIO1_IO01 引脚，此引脚作为 ADC1_CH1。我们可以使用杜邦线在此引脚上引入一个 0～3.3V 的电压，然后使用内部 ADC 进行测量。

33.4 ADC 驱动编写

33.4.1 修改设备树

ADC 驱动 NXP 已经编写好了，我们只需要修改设备树即可。首先在 imx6ull-alientek-emmc.dts 文件中添加 ADC 使用的 GPIO1_IO01 引脚配置信息：

示例代码 33-7 引脚配置信息

```
1 pinctrl_adc1: adc1grp {
2     fsl,pins = <
3         MX6UL_PAD_GPIO1_IO01__GPIO1_IO01    0xb0
4     >;
5 };
```

接下来在 imx6ull-alientek-emmc.dts 文件中的在 regulators 节点下添加参考电源子节点，内容如下：

示例代码 33-8 reg_vref_adc 子节点

```
1 reg_vref_adc: regulator@2 {
2     compatible = "regulator-fixed";
3     regulator-name = "VREF_3V3";
4     regulator-min-microvolt = <3300000>;
5     regulator-max-microvolt = <3300000>;
6 };
```

最后在 imx6ull-alientek-emmc.dts 文件中向 adc1 节点追加一些内容，内容如下：

示例代码 33-9 adc1 节点

```
1 &adc1 {
2     pinctrl-names = "default";
3     pinctrl-0 = <&pinctrl_adc1>;
4     num-channels = <2>;
5     vref-supply = <&reg_vref_adc>;
6     status = "okay";
7 };
```

33.4.2 使能 ADC 驱动

使能内核里面自带的 I.MX6ULL ADC 驱动，打开 Linux 内核配置界面，配置路径如下：

```
-> Device Drivers
    -> Industrial I/O support
        -> Analog to digital converters
        -> <*> Freescale vf610 ADC driver         //选中
```

结果如图 33-2 所示。

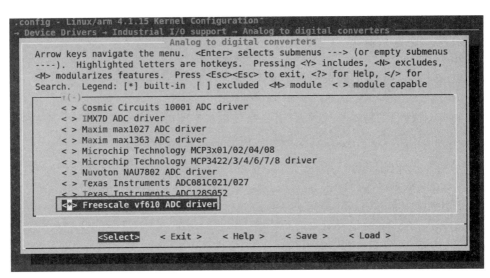

图 33-2　ADC 配置项

33.4.3　编写测试 App

编译修改后的设备树,然后使用新的设备树启动系统。进入/sys/bus/iio/devices 目录下,此目录下就有 ADC 对应的 IIO 设备——iio:deviceX,本章例程如图 33-3 所示。

```
/ # cd /sys/bus/iio/devices/
/sys/bus/iio/devices # ls
iio:device0
/sys/bus/iio/devices #
```

图 33-3　ADC IIO 设备

图 33-3 中的 iio:device0 就是 ADC 设备,因为此时并没有加载其他的 IIO 设备驱动,只有一个 ADC。如果大家还加载了其他 IIO 设备驱动,那么就要依次进入 IIO 设备目录,查看一下都对应的是什么设备。

进入 iio:device0 目录,内容如图 33-4 所示。

```
/sys/devices/platform/soc/2100000.aips-bus/2198000.adc/iio:device0 # ls
dev                              of_node
in_voltage0_raw                  power
in_voltage1_raw                  sampling_frequency_available
in_voltage_sampling_frequency    subsystem
in_voltage_scale                 uevent
name
/sys/devices/platform/soc/2100000.aips-bus/2198000.adc/iio:device0 #
```

图 33-4　iio:device0 目录文件

在标准的 IIO 设备文件目录中,我们只关心 3 个文件:

in_voltage1_ra6w——ADC1 通道 1 原始值文件。

in_voltage_scale——ADC1 比例文件(分辨率),单位为 mV。实际电压值(mV)为 in_voltage1_raw * in_voltage_scale。

作者的开发板此时 in_voltage1_raw 和 in_voltage_scale 文件的内容如下:

经过计算,图 33-5 中实际电压为 $991×0.805664062≈798.4$mV,也就是 0.7984V。

```
/sys/bus/iio/devices # cat iio\:device0/in_voltage1_raw
991
/sys/bus/iio/devices # cat iio\:device0/in_voltage_scale
0.805664062
/sys/bus/iio/devices #
```

图 33-5 当前电压

接下来就编写测试 App,新建 adcApp.c 文件,然后在里面输入如下所示内容:

示例代码 33-10 adcApp.c 文件内容
```
/************************************************************
Copyright © ALIENTEK Co., Ltd. 1998 – 2029. All rights reserved.
文件名    : adcApp.c
作者      : 正点原子 Linux 团队
版本      : V1.0
描述      : ADC 测试应用文件
其他      : 无
使用方法  : ./adcApp
论坛      : www.openedv.com
日志      : 初版 V1.0 2021/09/24 正点原子 Linux 团队创建
************************************************************/
1   # include "stdio.h"
2   # include "unistd.h"
3   # include "sys/types.h"
4   # include "sys/stat.h"
5   # include "sys/ioctl.h"
6   # include "fcntl.h"
7   # include "stdlib.h"
8   # include "string.h"
9   # include < poll.h >
10  # include < sys/select.h >
11  # include < sys/time.h >
12  # include < signal.h >
13  # include < fcntl.h >
14  # include < errno.h >
15
16  /* 字符串转数字,将浮点小数字符串转换为浮点数数值 */
17  # define SENSOR_FLOAT_DATA_GET(ret, index, str, member)\
18      ret = file_data_read(file_path[index], str);\
19      dev – > member = atof(str);\
20
21  /* 字符串转数字,将整数字符串转换为整数数值 */
22  # define SENSOR_INT_DATA_GET(ret, index, str, member)\
23      ret = file_data_read(file_path[index], str);\
24      dev – > member = atoi(str);\
25
26
27  /* ADC IIO 框架对应的文件路径 */
28  static char * file_path[] = {
29      "/sys/bus/iio/devices/iio:device0/in_voltage_scale",
30      "/sys/bus/iio/devices/iio:device0/in_voltage1_raw",
31  };
32
33  /* 文件路径索引,要和 file_path 中的文件顺序对应 */
```

```
34  enum path_index {
35      IN_VOLTAGE_SCALE = 0,
36      IN_VOLTAGE_RAW,
37  };
38
39  /*
40   *  ADC 数据设备结构体
41   */
42  struct adc_dev{
43      int raw;
44      float scale;
45      float act;
46  };
47
48  struct adc_dev imx6ulladc;
49
50  /*
51   * @description        : 读取指定文件内容
52   * @param - filename   : 要读取的文件路径
53   * @param - str        : 读取到的文件字符串
54   * @return             : 0,成功;其他,失败
55   */
56  static int file_data_read(char * filename, char * str)
57  {
58      int ret = 0;
59      FILE * data_stream;
60
61      data_stream = fopen(filename, "r"); /* 只读打开 */
62      if(data_stream == NULL) {
63          printf("can't open file % s\r\n", filename);
64          return - 1;
65      }
66
67      ret = fscanf(data_stream, " % s", str);
68      if(!ret) {
69          printf("file read error!\r\n");
70      } else if(ret == EOF) {
71          /* 读到文件末尾后将文件指针重新调整到文件头 */
72          fseek(data_stream, 0, SEEK_SET);
73      }
74      fclose(data_stream);                        /* 关闭文件 */
75      return 0;
76  }
77
78  /*
79   * @description : 获取 ADC 数据
80   * @param - dev : 设备结构体
81   * @return      : 0,成功;其他,失败
82   */
83  static int adc_read(struct adc_dev * dev)
84  {
85      int ret = 0;
```

```
86        char str[50];
87
88        SENSOR_FLOAT_DATA_GET(ret, IN_VOLTAGE_SCALE, str, scale);
89        SENSOR_INT_DATA_GET(ret, IN_VOLTAGE_RAW, str, raw);
90
91        /* 转换得到实际电压值 mV */
92        dev->act = (dev->scale * dev->raw)/1000.f;
93        return ret;
94    }
95
96    /*
97     * @description    : main 主程序
98     * @param - argc   : argv 数组元素个数
99     * @param - argv   : 具体参数
100    * @return         : 0,成功;其他,失败
101    */
102   int main(int argc, char *argv[])
103   {
104       int ret = 0;
105
106       if (argc != 1) {
107           printf("Error Usage!\r\n");
108           return -1;
109       }
110
111       while (1) {
112           ret = adc_read(&imx6ulladc);
113           if(ret == 0) {                    /* 数据读取成功 */
114               printf("ADC 原始值:%d,电压值:%.3fV\r\n", imx6ulladc.raw,imx6ulladc.act);
115           }
116           usleep(100000); /* 100ms */
117       }
118       return 0;
119   }
```

adcApp.c 就是在第 32 章的应用程序上修改而来的,由于只读取一路 ADC,因此内容反而更简单,这里就不做介绍了。

33.5　运行测试

33.5.1　编译驱动程序和测试 App

由于不需要我们编写 ADC 驱动程序,因此也就不需要编译驱动程序。设备树前面已经编译过了,所以这里就只剩下编译测试 App。由于 adcApp.c 用到了浮点运算,因此我们编译的时候要使能硬件浮点,输入如下编译 adcApp.c 这个测试程序:

```
arm-linux-gnueabihf-gcc -march=armv7-a -mfpu=neon -mfloat-abi=hard adcApp.c -o adcApp
```

编译成功以后就会生成 adcApp 这个应用程序。

33.5.2 运行测试

注意,在测试之前一定要先按照图 33-1 所示,用杜邦线将 GPIO1_IO01 引脚与要测量的电压连接起来。注意,待测电压不能超过 3.3V,否则会烧坏开发板。

输入如下命令,使用 adcApp 测试程序:

```
./adcApp
```

测试 App 会不断读取 ADC 值并输出到终端,我们可以用杜邦线将 GPIO1_IO01 分别接到开发板的 3.3V 和 GND 上,测量结果如图 33-6 所示。

```
/lib/modules/4.1.15 # ./adcApp
ADC原始值: 4085, 电压值: 3.291V
ADC原始值: 4091, 电压值: 3.296V
ADC原始值: 4089, 电压值: 3.294V
ADC原始值: 4076, 电压值: 3.284V
ADC原始值: 4093, 电压值: 3.298V
ADC原始值: 4092, 电压值: 3.297V
ADC原始值: 4092, 电压值: 3.297V
ADC原始值: 4080, 电压值: 3.287V
ADC原始值: 4089, 电压值: 3.294V
ADC原始值: 4076, 电压值: 3.284V
ADC原始值: 4094, 电压值: 3.298V
ADC原始值: 4077, 电压值: 3.285V
ADC原始值: 3729, 电压值: 3.004V
ADC原始值: 3072, 电压值: 2.475V
ADC原始值: 459, 电压值: 0.370V
ADC原始值: 218, 电压值: 0.176V
ADC原始值: 2, 电压值: 0.002V
ADC原始值: 15, 电压值: 0.012V
ADC原始值: 8, 电压值: 0.006V
ADC原始值: 9, 电压值: 0.007V
ADC原始值: 38, 电压值: 0.031V
```

图 33-6 测试结果

从图 33-6 可以看到 ADC 原始值以及对应的电压值,其中 3.3V 和 GND 测量正确。图 33-6 中出现的 3.004V、2.475V、0.370V、0.176 这几个是在杜邦线从 3.3V 移动到 GND 上的时候抖动造成的,并不是测量不准确。

第**34**章

Linux块设备驱动实验

前面我们都是在学习字符设备驱动,本章来学习一下块设备驱动框架,块设备驱动是 Linux 三大驱动类型之一。块设备驱动要远比字符设备驱动复杂得多,不同类型的存储设备又对应不同的驱动子系统。本章重点学习块设备相关驱动概念,不涉及具体的存储设备。最后,我们使用 ALPHA 开发板板载 RAM 模拟一个块设备,学习块设备驱动框架的使用。

34.1　什么是块设备

块设备是针对存储设备的,比如 SD 卡、EMMC、Nand Flash、Nor Flash、SPI Flash、机械硬盘、固态硬盘等。因此块设备驱动其实就是这些存储设备的驱动。块设备驱动相比字符设备驱动的主要区别如下:

(1)块设备只能以块为单位进行读写访问。块是 Linux 虚拟文件系统(VFS)基本的数据传输单位。字符设备是以字节为单位进行数据传输的,不需要缓冲。

(2)块设备在结构上是可以进行随机访问的,对于这些设备的读写都是按块进行的,块设备使用缓冲区来暂时存放数据,等到条件成熟以后再一次性将缓冲区中的数据写入块设备中。这么做的目的是提高块设备的寿命。大家如果仔细观察的话就会发现有些硬盘或者 Nand Flash 就会标明擦除次数(flash 的特性,写之前要先擦除),比如擦除 100000 次等。因此,为了提高块设备寿命引入了缓冲区,数据先写入到缓冲区中,等满足一定条件后再一次性写入到真正的物理存储设备中,这样就减少了对块设备的擦除次数,提高了块设备的寿命。

字符设备是顺序的数据流设备,字符设备是按照字节进行读写访问的。字符设备不需要缓冲区,对于字符设备的访问都是实时的,而且不需要按照固定的块大小进行访问。

不同的块设备结构其 I/O 算法也会不同,比如对于 EMMC、SD 卡、Nand Flash 这类没有任何机械设备的存储设备就可以任意读写任何的扇区(块设备物理存储单元)。但是对于机械硬盘这样带有磁头的设备,读取不同的盘面或者磁道中的数据,磁头都需要进行移动,因此对于机械硬盘而言,将那些杂乱的访问按照一定的顺序进行排列可以有效提高磁盘性能。Linux 里面针对不同的存储设备实现了不同的 I/O 调度算法。

34.2　块设备驱动框架

34.2.1　block_device 结构体

Linux 内核使用 block_device 表示块设备。block_device 为一个结构体,定义在 include/linux/fs.h 文件中,结构体内容如下:

示例代码 34-1　block_device 结构体

```
1  struct block_device {
2      dev_t              bd_dev;                  /* not a kdev_t - it's a search key */
3      int                bd_openers;
4      struct inode     * bd_inode;               /* will die */
5      struct super_block * bd_super;
6      struct mutex       bd_mutex;               /* open/close mutex */
7      struct list_head   bd_inodes;
8      void *             bd_claiming;
9      void *             bd_holder;
10     int                bd_holders;
11     bool               bd_write_holder;
12 #ifdef CONFIG_SYSFS
13     struct list_head   bd_holder_disks;
14 #endif
15     struct block_device * bd_contains;
16     unsigned           bd_block_size;
17     struct hd_struct  * bd_part;
18 /* number of times partitions within this device have been opened. */
19     unsigned           bd_part_count;
20     int                bd_invalidated;
21     struct gendisk    * bd_disk;
22     struct request_queue  * bd_queue;
23     struct list_head   bd_list;
24     /*
25      * Private data.  You must have bd_claim'ed the block_device
26      * to use this.  NOTE:  bd_claim allows an owner to claim
27      * the same device multiple times, the owner must take special
28      * care to not mess up bd_private for that case.
29      */
30     unsigned long      bd_private;
31
32     /* The counter of freeze processes */
33     int                bd_fsfreeze_count;
34     /* Mutex for freeze */
35     struct mutex       bd_fsfreeze_mutex;
36 };
```

对于 block_device 结构体,我们重点关注一下第 21 行的 bd_disk 成员变量,此成员变量为 gendisk 结构体指针类型。内核使用 block_device 来表示一个具体的块设备对象,比如一个硬盘或者分区。如果是硬盘,那么 bd_disk 就指向通用磁盘结构 gendisk。

1. 注册块设备

和字符设备驱动一样，我们需要向内核注册新的块设备、申请设备号，块设备注册函数为
register_blkdev()，函数原型如下：

```
int register_blkdev(unsigned int  major, const char  * name)
```

函数参数含义如下：

major——主设备号。

name——块设备名字。

返回值——如果参数 major 为 1～255，则表示自定义主设备号，返回 0 表示注册成功，返回负
值表示注册失败。如果 major 为 0，则表示由系统自动分配主设备号，这时返回值就是系统分配的
主设备号(1～255)，返回负值表示注册失败。

2. 注销块设备

和字符设备驱动一样，如果不使用某个块设备了就需要注销掉，函数为 unregister_blkdev()，函
数原型如下：

```
void unregister_blkdev(unsigned int major, const char * name)
```

函数参数含义如下：

major——要注销的块设备主设备号。

name——要注销的块设备名字。

返回值——无。

34.2.2　gendisk 结构体

Linux 内核使用 gendisk 来描述一个磁盘设备，这是一个结构体，定义在 include/linux/genhd.h 中，
内容如下：

示例代码 34-2　gendisk 结构体

```
1   struct gendisk {
2      /* major, first_minor and minors are input parameters only,
3       * don't use directly.   Use disk_devt() and disk_max_parts().
4       */
5      int major;                        /* major number of driver */
6      int first_minor;
7      int minors;                       /* maximum number of minors, = 1 for
8                                         * disks that can't be partitioned. */
9
10     char disk_name[DISK_NAME_LEN];    /* name of major driver */
11     char * ( * devnode)(struct gendisk * gd, umode_t * mode);
12
13     unsigned int events;              /* supported events */
14     unsigned int async_events;        /* async events, subset of all */
15
16     /* Array of pointers to partitions indexed by partno.
17      * Protected with matching bdev lock but stat and other
18      * non - critical accesses use RCU.   Always access through
```

```
19      *  helpers.
20      */
21     struct disk_part_tbl __rcu * part_tbl;
22     struct hd_struct part0;
23
24     const struct block_device_operations * fops;
25     struct request_queue * queue;
26     void * private_data;
27
28     int flags;
29     struct device * driverfs_dev;        // FIXME: remove
30     struct kobject * slave_dir;
31
32     struct timer_rand_state * random;
33     atomic_t sync_io;                    /* RAID */
34     struct disk_events * ev;
35 #ifdef  CONFIG_BLK_DEV_INTEGRITY
36     struct blk_integrity * integrity;
37 #endif
38     int node_id;
39 };
```

下面简单看一下 gendisk 结构体中比较重要的几个成员变量：

第 5 行，major 为磁盘设备的主设备号。

第 6 行，first_minor 为磁盘的第一个次设备号。

第 7 行，minors 为磁盘的次设备号数量，也就是磁盘的分区数量，这些分区的主设备号一样，次设备号不同。

第 21 行，part_tbl 为磁盘对应的分区表，为结构体 disk_part_tbl 类型，disk_part_tbl 的核心是一个 hd_struct 结构体指针数组，此数组每一项都对应一个分区信息。

第 24 行，fops 为块设备操作集，为 block_device_operations 结构体类型。和字符设备操作集 file_operations 一样，是块设备驱动中的重点。

第 25 行，queue 为磁盘对应的请求队列，所有针对该磁盘设备的请求都放到此队列中，驱动程序需要处理此队列中的所有请求。

编写块的设备驱动的时候需要分配并初始化一个 gendisk。Linux 内核提供了一组 gendisk 操作函数。下面介绍一些常用的 API 函数。

1. 申请 gendisk

使用 gendisk 之前要先申请，allo_disk() 函数用于申请一个 gendisk，函数原型如下：

```
struct gendisk * alloc_disk(int  minors)
```

函数参数含义如下：

minors——次设备号数量，也就是 gendisk 对应的分区数量。

返回值——成功：返回申请到的 gendisk，失败：NULL。

2. 删除 gendisk

如果要删除 gendisk 可以使用函数 del_gendisk()，函数原型如下：

```
void del_gendisk(struct gendisk    * gp)
```

函数参数含义如下：

gp——要删除的 gendisk。

返回值——无。

3．将 gendisk 添加到内核

使用 alloc_disk()申请到 gendisk 以后系统还不能使用，必须使用 add_disk()函数将申请到的
gendisk 添加到内核中。add_disk()函数原型如下：

```
void add_disk(struct gendisk    * disk)
```

函数参数含义如下：

disk——要添加到内核的 gendisk。

返回值——无。

4．设置 gendisk 容量

每一个磁盘都有容量，所以在初始化 gendisk 的时候也需要设置其容量，使用函数 set_capacity()，
函数原型如下：

```
void set_capacity(struct gendisk    * disk, sector_t    size)
```

函数参数含义如下：

disk——要设置容量的 gendisk。

size——磁盘容量大小，注意这里是扇区数量。块设备中最小的可寻址单元是扇区，一个扇区
一般是 512 字节，有些设备的物理扇区可能不是 512 字节。不管物理扇区是多少，内核和块设备驱
动之间的扇区都是 512 字节。所以 set_capacity()函数设置的大小就是块设备实际容量除以 512 字
节得到的扇区数量。比如一个 2MB 的磁盘，其扇区数量就是(2×1024×1024)/512＝4096。

返回值——无。

5．调整 gendisk 引用计数

内核会通过 get_disk()和 put_disk()这两个函数来调整 gendisk 的引用计数，根据名字就可以
知道，get_disk()是增加 gendisk 的引用计数，put_disk()是减少 gendisk 的引用计数。这两个函数
的原型如下所示：

```
truct kobject * get_disk(struct gendisk    * disk)
void put_disk(struct gendisk    * disk)
```

34.2.3 block_device_operations 结构体

和字符设备的 file _operations 一样，块设备也有操作集，为结构体 block_device_operations。
此结构体定义在 include/linux/blkdev. h 中，结构体内容如下：

示例代码 34-3 block_device_operations 结构体

```
1   struct block_device_operations {
```

```
 2      int ( * open) (struct block_device * , fmode_t);
 3      void ( * release) (struct gendisk * , fmode_t);
 4      int ( * rw_page)(struct block_device * , sector_t, struct page * ,int rw);
 5      int ( * ioctl) (struct block_device * , fmode_t, unsigned,unsigned long);
 6      int ( * compat_ioctl) (struct block_device * , fmode_t, unsigned,unsigned long);
 7      long ( * direct_access)(struct block_device * , sector_t,
 8              void * * , unsigned long * pfn, long size);
 9      unsigned int ( * check_events) (struct gendisk * disk,
10              unsigned int clearing);
11 / *  - >media_changed() is DEPRECATED, use - > check_events() instead * /
12      int ( * media_changed) (struct gendisk * );
13      void ( * unlock_native_capacity) (struct gendisk * );
14      int ( * revalidate_disk) (struct gendisk * );
15      int ( * getgeo)(struct block_device * , struct hd_geometry * );
16 / * this callback is with swap_lock and sometimes page table lock held * /
17      void ( * swap_slot_free_notify) (struct block_device * ,unsigned long);
18      struct module * owner;
19 };
```

可以看出,block_device_operations 结构体中的操作集函数与字符设备的 file_operations 操作集基本类似,但是块设备的操作集函数比较少。我们来看一下其中比较重要的几个成员函数:

第 2 行,open()函数用于打开指定的块设备。

第 3 行,release()函数用于关闭(释放)指定的块设备。

第 4 行,rw_page()函数用于读写指定的页。

第 5 行,ioctl()函数用于块设备的 I/O 控制。

第 6 行,compat_ioctl()函数和 ioctl()函数一样,都是用于块设备的 I/O 控制。区别在于在 64 位系统上,32 位应用程序的 ioctl()会调用 compat_iotl()函数。在 32 位系统上运行的 32 位应用程序调用的就是 ioctl()函数。

第 15 行,getgeo()函数用于获取磁盘信息,包括磁头、柱面和扇区等信息。

第 18 行,owner 表示此结构体属于哪个模块,一般直接设置为 THIS_MODULE。

34.2.4　块设备 I/O 请求过程

如果仔细观察,可以发现 block_device_operations 结构体中并没有 read()和 write()这样的读写函数,那么块设备是怎么从物理块设备中读写数据的? 这就引出了块设备驱动中非常重要的 request_queue、request 和 bio。

1. 请求队列 request_queue

内核将对块设备的读写都发送到请求队列 request_queue 中。request_queue 中是大量的 request(请求结构体),而 request 又包含了 bio,bio 保存了读写相关数据,比如从块设备的哪个地址开始读取、读取的数据长度、读取到哪里,如果是写的话还包括要写入的数据等。我们先来看一下 request_queue,这是一个结构体,定义在文件 include/linux/blkdev.h 中,由于 request_queue 结构体比较长,这里就不列出来了。大家回过头看一下示例代码 34-2 的 gendisk 结构体就会发现里面有一个 request_queue 结构体指针类型成员变量 queue,也就是说,在编写块设备驱动的时候,每个磁盘(gendisk)都要分配一个 request_queue。

1)初始化请求队列

我们首先需要申请并初始化一个 request_queue,然后在初始化 gendisk 的时候将这个 request_queue 地址赋值给 gendisk 的 queue 成员变量。使用 blk_init_queue()函数来完成 request_queue 的申请与初始化,函数原型如下:

```
request_queue * blk_init_queue(request_fn_proc  * rfn, spinlock_t  * lock)
```

函数参数含义如下:

rfn——请求处理函数指针,每个 request_queue 都要有一个请求处理函数,请求处理函数 request_fn_proc 原型如下:

```
void (request_fn_proc) (struct request_queue * q)
```

请求处理函数需要驱动编写人员自行实现。

函数参数含义如下:

lock——自旋锁指针,需要驱动编写人员定义一个自旋锁,然后传递进来,请求队列会使用这个自旋锁。

返回值——失败返回 NULL,成功返回申请到的 request_queue 地址。

2)删除请求队列

当卸载块设备驱动的时候还需要删除掉前面申请到的 request_queue,删除请求队列使用函数 blk_cleanup_queue(),函数原型如下:

```
void blk_cleanup_queue(struct request_queue   * q)
```

函数参数含义如下:

q——需要删除的请求队列。

返回值——无。

3)分配请求队列并绑定制造请求函数

blk_init_queue()函数完成了请求队列的申请以及请求处理函数的绑定,这个一般用于像机械硬盘这样的存储设备,需要 I/O 调度器来优化数据读写过程。但是对于 EMMC、SD 卡这样的非机械设备,可以进行完全随机访问,所以就不需要复杂的 I/O 调度器了。对于非机械设备可以先申请 request_queue,然后将申请到的 request_queue 与"制造请求"函数绑定在一起。先来看一下 request_queue 申请函数 blk_alloc_queue()。函数原型如下:

```
struct request_queue * blk_alloc_queue(gfp_t   gfp_mask)
```

函数参数含义如下:

gfp_mask——内存分配掩码,具体可选择的掩码值请参考 include/linux/gfp.h 中的相关宏定义,一般为 GFP_KERNEL。

返回值——申请到的无 I/O 调度的 request_queue。

我们需要为申请到的请求队列绑定一个"制造请求"函数(其他参考资料将其直接翻译为"制造

请求"函数)。这里需要用到函数 blk_queue_make_request(),函数原型如下:

```
void blk_queue_make_request(struct request_queue    * q, make_request_fn    * mfn)
```

函数参数含义如下:

q——需要绑定的请求队列,也就是 blk_alloc_queue()申请到的请求队列。

mfn——需要绑定的"制造请求"函数,函数原型如下:

```
void (make_request_fn) (struct request_queue    * q, struct bio    * bio)
```

"制造请求"函数需要驱动编写人员实现。

返回值——无。

一般 blk_alloc_queue()和 blk_queue_make_request()是搭配在一起使用的,用于那些非机械的存储设备、无须 I/O 调度器,比如 EMMC、SD 卡等。blk_init_queue()函数会给请求队列分配一个 I/O 调度器,用于机械存储设备,比如机械硬盘等。

2. 请求 request

请求队列(request_queue)中包含的就是一系列的请求(request),request 是一个结构体,定义在 include/linux/blkdev.h 中,限于篇幅,这里就不展开 request 结构体。request 中有一个名为 bio 的成员变量,类型为 bio 结构体指针。前面说了,真正的数据就保存在 bio 里面,所以需要从 request_queue 中取出一个一个的 request,然后再从每个 request 中取出 bio,最后根据 bio 的描述讲数据写入到块设备,或者从块设备中读取数据。

1) 获取请求

我们需要从 request_queue 中依次获取每个 request,使用 blk_peek_request()函数完成此操作,函数原型如下:

```
request  * blk_peek_request(struct request_queue    * q)
```

函数参数含义如下:

q——指定 request_queue。

返回值——request_queue 中下一个要处理的请求(request),如果没有要处理的请求,则返回 NULL。

2) 开启请求

使用 blk_peek_request()函数获取到下一个要处理的请求以后就要开始处理这个请求,这里要用到 blk_start_request()函数,函数原型如下:

```
void blk_start_request(struct request    * req)
```

函数参数含义如下:

req——要开始处理的请求。

返回值——无。

3) 一步到位处理请求

也可以使用 blk_fetch_request()函数来一次性完成请求的获取和开启,blk_fetch_request()函数很简单,内容如下:

```
                    示例代码 34-4  blk_fetch_request()函数源码
1 struct request * blk_fetch_request(struct request_queue * q)
2 {
3     struct request * rq;
4
5     rq = blk_peek_request(q);
6     if (rq)
7         blk_start_request(rq);
8     return rq;
9 }
```

可以看出,blk_fetch_request()就是直接调用了 blk_peek_request()和 blk_start_request()这两个函数。

4)其他和请求有关的函数

关于请求的 API 还有很多,常见的见表 34-1。

表 34-1　请求相关 API 函数

函　　数	描　　述
blk_end_request()	请求中指定字节数据被处理完成
blk_end_request_all()	请求中所有数据全部处理完成
blk_end_request_cur()	当前请求中的 chunk
blk_end_request_err()	处理完请求,直到下一个错误产生
__blk_end_request()	和 blk_end_request()函数一样,但是需要持有队列锁
__blk_end_request_all()	和 blk_end_request_all()函数一样,但是需要持有队列锁
__blk_end_request_cur()	和 blk_end_request_cur()函数一样,但是需要持有队列锁
__blk_end_request_err()	和 blk_end_request_err()函数一样,但是需要持有队列锁

3. bio 结构

每个 request 中会有多个 bio,bio 保存着最终要读写的数据、地址等信息。上层应用程序对于块设备的读写会被构造成一个或多个 bio 结构。bio 结构描述了要读写的起始扇区、要读写的扇区数量、是读取还是写入、页偏移、数据长度等等信息。上层会将 bio 提交给 I/O 调度器,I/O 调度器会将这些 bio 构造成 request 结构,而一个物理存储设备对应一个 request_queue,request_queue 中顺序存放着一系列的 request。新产生的 bio 可能被合并到 request_queue 里现有的 request 中,也可能产生新的 request,然后插入到 request_queue 中合适的位置,这一切都是由 I/O 调度器来完成的。request_queue、request 和 bio 之间的关系如图 34-1 所示。

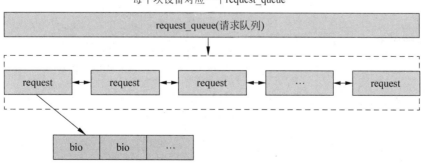

图 34-1　request_queue、request 和 bio 之间的关系

bio 是个结构体,定义在 include/linux/blk_types.h 中,结构体内容如下:

示例代码 34-5　bio 结构体

```
1   struct bio {
2       struct bio              * bi_next;           /* 请求队列的下一个 bio      */
3       struct block_device     * bi_bdev;           /* 指向块设备                */
4       unsigned long           bi_flags;            /* bio 状态等信息            */
5       unsigned long           bi_rw;               /* I/O 操作,读或写           */
6       struct bvec_iter        bi_iter;             /* I/O 操作,读或写           */
7       unsigned int            bi_phys_segments;
8       unsigned int            bi_seg_front_size;
9       unsigned int            bi_seg_back_size;
10      atomic_t                bi_remaining;
11      bio_end_io_t            * bi_end_io;
12      void                    * bi_private;
13  # ifdef CONFIG_BLK_CGROUP
14      /*
15       * Optional ioc and css associated with this bio.   Put on bio
16       * release.   Read comment on top of bio_associate_current().
17       */
18      struct io_context       * bi_ioc;
19      struct cgroup_subsys_state * bi_css;
20  # endif
21      union {
22  # if defined(CONFIG_BLK_DEV_INTEGRITY)
23          struct bio_integrity_payload * bi_integrity;
24  # endif
25      };
26
27      unsigned short          bi_vcnt;             /* bio_vec 列表中元素数量    */
28      unsigned short          bi_max_vecs;         /* bio_vec 列表长度          */
29      atomic_t                bi_cnt;              /* pin count */
30      struct bio_vec          * bi_io_vec;         /* bio_vec 列表 */
31      struct bio_set          * bi_pool;
32      struct bio_vec          bi_inline_vecs[0];
33  };
```

重点来看一下第 6 行和第 30 行,第 6 行为 bvec_iter 结构体类型的成员变量,第 30 行为 bio_vec 结构体指针类型的成员变量。

bvec_iter 结构体描述了要操作的设备扇区等信息,结构体内容如下:

示例代码 34-6　bvec_iter 结构体

```
1 struct bvec_iter {
2     sector_t        bi_sector;       /* I/O 请求的设备起始扇区(512 字节) */
3     unsigned int    bi_size;         /* 剩余的 I/O 数量                   */
4     unsigned int    bi_idx;          /* blv_vec 中当前索引                */
5     unsigned int    bi_bvec_done;    /* 当前 bvec 中已经处理完成的字节数 */
6 };
```

bio_vec 结构体内容如下:

示例代码 34-7　bio_vec 结构体

```
1 struct bio_vec {
```

```
2    struct page   * bv_page;          /* 页   */
3    unsigned int  bv_len;             /* 长度 */
4    unsigned int  bv_offset;          /* 偏移 */
5  };
```

可以看出 bio_vec 就是 page、offset、len 组合，page 指定了所在的物理页，offset 表示所处页的偏移地址，len 就是数据长度。

我们对于物理存储设备的操作不外乎就是将 RAM 中的数据写入到物理存储设备中，或者将物理设备中的数据读取到 RAM 中去处理。数据传输 3 个要素：数据源、数据长度以及数据目的地，也就是要从物理存储设备的哪个地址开始读取、读取到 RAM 中的哪个地址处、读取的数据长度是多少。既然 bio 是块设备最小的数据传输单元，那么 bio 就有必要描述清楚这些信息，其中 bi_iter 这个结构体成员变量就用于描述物理存储设备地址信息，比如要操作的扇区地址。bi_io_vec 指向 bio_vec 数组首地址，bio_vec 数组就是 RAM 信息，比如页地址、页偏移以及长度，"页地址"是 Linux 内核中内存管理相关的概念，这里不讨论 Linux 内存管理，我们只需要知道对于 RAM 的操作最终会转换为页相关操作。

bio、bvec_iter 以及 bio_vec 这 3 个结构体之间的关系如图 34-2 所示。

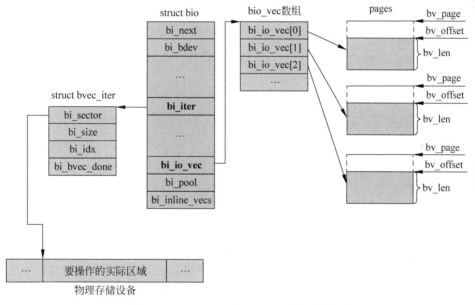

图 34-2 bio、bio_iter 与 bio_vec 之间的关系

1）遍历请求中的 bio

前面说了，请求中包含有大量的 bio，因此就涉及遍历请求中所有 bio 并进行处理。遍历请求中的 bio 使用函数 __rq_for_each_bio()，这是一个宏，内容如下：

```
                    示例代码 34-8  __rq_for_each_bio()函数
#define __rq_for_each_bio(_bio, rq) \
    if ((rq->bio))\
        for (_bio = (rq)->bio; _bio; _bio = _bio->bi_next)
```

_bio 就是遍历出来的每个 bio,rq 是要进行遍历操作的请求,_bio 参数为 bio 结构体指针类型,rq 参数为 request 结构体指针类型。

2）遍历 bio 中的所有段

bio 包含了最终要操作的数据,因此还需要遍历 bio 中的所有段,这里要用到 bio_for_each_segment()函数,此函数也是一个宏,内容如下：

示例代码 34-9　bio_for_each_segment()函数
```
#define bio_for_each_segment(bvl, bio, iter)                    \
    __bio_for_each_segment(bvl, bio, iter, (bio)->bi_iter)
```

第一个 bvl 参数就是遍历出来的每个 bio_vec,第二个 bio 参数就是要遍历的 bio,类型为 bio 结构体指针,第三个 iter 参数保存要遍历的 bio 中 bi_iter 成员变量。

3）通知 bio 处理结束

如果使用"制造请求",也就是抛开 I/O 调度器直接处理 bio 的话。那么在 bio 处理完成以后要通过内核 bio 处理完成,使用 bio_endio()函数,函数原型如下：

```
bvoid bio_endio(struct bio * bio, int error)
```

函数参数含义如下：

bio——要结束的 bio。

error——如果 bio 处理成功就直接填 0,如果失败就填个负值,比如－EIO。

返回值——无。

34.3　使用请求队列实验

关于块设备架构就讲解这些,接下来使用开发板上的 RAM 模拟一段块设备,也就是 ramdisk,然后编写块设备驱动。

34.3.1　实验程序编写

本实验对应的例程路径为"2、Linux 驱动例程→24_ramdisk_withrequest"。

首先是针对机械硬盘如何编写驱动。由于实验程序较长,因此分步骤来讲解。本实验参考自 Linux 内核 drivers/block/z2ram.c。打开实验源码,我们先来看一下相关的宏定义和结构体,代码如下：

示例代码 34-10　宏定义和结构体
```
1   #include <linux/types.h>
...
21  #include <asm/io.h>
22  /*******************************************************
23  Copyright © ALIENTEK Co., Ltd. 1998－2029. All rights reserved.
24  文件名      : ramdisk.c
25  作者        : 左忠凯
26  版本        : V1.0
```

```
27  描述         :内存模拟硬盘,实现块设备驱动,本驱动使用请求队列
28              :参考:drivers/block/z2ram.c
29  其他         :无
30  论坛         :www.openedv.com
31  日志         :初版 V1.0 2020/5/22 左忠凯创建
32  ************************************************************* /
33
34  #define RAMDISK_SIZE (2  *  1024  *  1024)        /*  容量大小为 2MB  */
35  #define RAMDISK_NAME "ramdisk"                     /*  名字          */
36  #define RADMISK_MINOR    3                         /*  表示 3 个磁盘分区!不是次设备号为 3!  */
37
38  /*  ramdisk 设备结构体  */
39  struct ramdisk_dev{
40      int major;                                    /*  主设备号                              */
41      unsigned char * ramdiskbuf;                   /*  ramdisk 内存空间,用于模拟块设备       */
42      spinlock_t lock;                              /*  自旋锁                                */
43      struct gendisk * gendisk;                     /*  gendisk                              */
44      struct request_queue * queue;                 /*  请求队列                              */
45  };
46
47  struct ramdisk_dev ramdisk;                       /*  ramdisk 设备                         */
```

第 34～36 行,实验相关宏定义,RAMDISK_SIZE 就是模拟块设备的大小,这里设置为 2MB,也就是说,本实验中的虚拟块设备大小为 2MB。RAMDISK_NAME 为本实验名字,RADMISK_MINOR 是本实验此设备号数量。注意,不是次设备号。此设备号数量决定了本块设备的磁盘分区数量。

第 39～45 行,ramdisk 的设备结构体。

第 47 行,定义一个 ramdisk 示例。

接下来看一下驱动模块的加载与卸载,内容如下:

示例代码 34-11 驱动模块加载与卸载

```
1  /*
2   *  @description    :驱动入口函数
3   *  @param          :无
4   *  @return         :无
5   */
6  static int __init ramdisk_init(void)
7  {
8      int ret = 0;
9
10     /*  1、申请用于 ramdisk 内存  */
11     ramdisk.ramdiskbuf = kzalloc(RAMDISK_SIZE, GFP_KERNEL);
12     if(ramdisk.ramdiskbuf == NULL) {
13         ret = - EINVAL;
14         goto ram_fail;
15     }
16
17     /*  2、初始化自旋锁  */
18     spin_lock_init(&ramdisk.lock);
```

```
19
20      /* 3、注册块设备 */
21      ramdisk.major = register_blkdev(0, RAMDISK_NAME);          /* 自动分配 */
22      if(ramdisk.major < 0) {
23          goto register_blkdev_fail;
24      }
25      printk("ramdisk major = %d\r\n", ramdisk.major);
26
27      /* 4、分配并初始化 gendisk */
28      ramdisk.gendisk = alloc_disk(RADMISK_MINOR);
29      if(!ramdisk.gendisk) {
30          ret = -EINVAL;
31          goto gendisk_alloc_fail;
32      }
33
34      /* 5、分配并初始化请求队列 */
35      ramdisk.queue = blk_init_queue(ramdisk_request_fn,&ramdisk.lock);
36      if(!ramdisk.queue) {
37          ret = -EINVAL;
38          goto blk_init_fail;
39      }
40
41      /* 6、添加(注册)disk */
42      ramdisk.gendisk->major = ramdisk.major;                    /* 主设备号      */
43      ramdisk.gendisk->first_minor = 0;                          /* 起始次设备号   */
44      ramdisk.gendisk->fops = &ramdisk_fops;                     /* 操作函数      */
45      ramdisk.gendisk->private_data = &ramdisk;                  /* 私有数据      */
46      ramdisk.gendisk->queue = ramdisk.queue;                    /* 请求队列      */
47      sprintf(ramdisk.gendisk->disk_name, RAMDISK_NAME);         /* 名字         */
48      set_capacity(ramdisk.gendisk, RAMDISK_SIZE/512);           /* 设备容量(单位为扇区) */
49      add_disk(ramdisk.gendisk);
50
51      return 0;
52
53 blk_init_fail:
54      put_disk(ramdisk.gendisk);
55 gendisk_alloc_fail:
56      unregister_blkdev(ramdisk.major, RAMDISK_NAME);
57 register_blkdev_fail:
58      kfree(ramdisk.ramdiskbuf);                                 /* 释放内存 */
59 ram_fail:
60      return ret;
61 }
62
63 /*
64  * @description    : 驱动出口函数
65  * @param          : 无
66  * @return         : 无
67  */
68 static void __exit ramdisk_exit(void)
69 {
70      /* 释放 gendisk */
```

```
71    del_gendisk(ramdisk.gendisk);
72    put_disk(ramdisk.gendisk);
73
74    /* 清除请求队列 */
75    blk_cleanup_queue(ramdisk.queue);
76
77    /* 注销块设备 */
78    unregister_blkdev(ramdisk.major, RAMDISK_NAME);
79
80    /* 释放内存 */
81    kfree(ramdisk.ramdiskbuf);
82 }
83
84 module_init(ramdisk_init);
85 module_exit(ramdisk_exit);
86 MODULE_LICENSE("GPL");
87 MODULE_AUTHOR("zuozhongkai");
```

ramdisk_init()和ramdisk_exit()这两个函数分别为驱动入口以及出口函数,我们依次来看一下这两个函数。

第11行,因为本实验是使用一块内存模拟真实的块设备,因此这里先使用kzalloc()函数申请用于ramdisk实验的内存,大小为2MB。

第18行,初始化一个自旋锁,spin_lock_init()函数在分配并初始化请求队列的时候需要用到一次自旋锁。

第21行,使用register_blkdev()函数向内核注册一个块设备,返回值就是注册成功的块设备主设备号。这里我们让内核自动分配一个主设备号,因此register_blkdev()函数的第一个参数为0。

第28行,使用alloc_disk()分配一个gendisk。

第35行,使用blk_init_queue()函数分配并初始化一个请求队列,请求处理函数为ramdisk_request_fn(),具体的块设备读写操作就在此函数中完成,这个需要驱动开发人员去编写,稍后讲解。

第42~47行,初始化第28行申请到的gendisk,重点是第44行设置gendisk的fops成员变量,也就是设置块设备的操作集。这里设置为ramdisk_fops,需要驱动开发人员自行编写实现,稍后讲解。

第48行,使用set_capacity()函数设置本块设备容量大小。注意,这里的大小是扇区数,不是字节数,一个扇区是512字节。

第49行,gendisk初始化完成以后就可以使用add_disk()函数将gendisk添加到内核中,也就是向内核添加一个磁盘设备。

ramdisk_exit()函数就比较简单了,在卸载块设备驱动的时候需要将前面申请的内容都释放掉。第71行和第72行使用del_gendis()和put_disk()函数释放前面申请的gendisk,第75行使用blk_cleanup_queue()函数消除前面申请的请求队列,第78行使用unregister_blkdev()函数注销前面注册的块设备,最后调用kfree来释放掉申请的内存。

在ramdisk_init()函数中设置了gendisk的fops成员变量,也就是块设备的操作集,具体内容如下:

示例代码 34-12　gendisk 的 fops 操作集

```
1  /*
2   * @description     : 打开块设备
3   * @param - dev     : 块设备
4   * @param - mode    : 打开模式
5   * @return          : 0,成功;其他,失败
6   */
7  int ramdisk_open(struct block_device * dev, fmode_t mode)
8  {
9      printk("ramdisk open\r\n");
10     return 0;
11 }
12
13 /*
14  * @description     : 释放块设备
15  * @param - disk    : gendisk
16  * @param - mode    : 模式
17  * @return          : 0,成功;其他,失败
18  */
19 void ramdisk_release(struct gendisk * disk, fmode_t mode)
20 {
21     printk("ramdisk release\r\n");
22 }
23
24 /*
25  * @description   : 获取磁盘信息
26  * @param - dev   : 块设备
27  * @param - geo   : 模式
28  * @return        : 0,成功;其他,失败
29  */
30 int ramdisk_getgeo(struct block_device * dev,
                      struct hd_geometry * geo)
31 {
32     /* 这是相对于机械硬盘的概念 */
33     geo->heads = 2;                 /* 磁头 */
34     geo->cylinders = 32;            /* 柱面 */
35     geo->sectors = RAMDISK_SIZE / (2 * 32 *512);        /* 磁道上的扇区数量 */
36     return 0;
37 }
38
39 /*
40  * 块设备操作函数
41  */
42 static struct block_device_operations ramdisk_fops =
43 {
44     .owner    = THIS_MODULE,
45     .open     = ramdisk_open,
46     .release  = ramdisk_release,
47     .getgeo   = ramdisk_getgeo,
48 };
```

第 42～48 行就是块设备的操作集 block_device_operations。本例程的实现比较简单,仅仅实现了 open、release 和 getgeo,其中 open 和 release 函数都是空函数。重点是 getgeo 函数,第 30～37 行就是 getgeo 的具体实现,此函数用户获取磁盘信息,信息保存在参数 geo 中,为结构体 hd_geometry 类型,如下:

```
                    示例代码 34-13  hd_geometry 结构体
1 struct hd_geometry {
2        unsigned char     heads;          /* 磁头                    */
3        unsigned char     sectors;        /* 一个磁道上的扇区数量      */
4        unsigned short    cylinders;      /* 柱面                    */
5        unsigned long     start;
6 };
```

本例程中设置 ramdisk 有 2 个磁头(head)、一共有 32 个柱面(cylinderr)。知道磁盘总容量、磁头数、柱面数后就可以计算出一个磁道上有多少个扇区了,也就是 hd_geometry 中的 sectors 成员变量。

最后就是非常重要的请求处理函数,使用 blk_init_queue() 函数初始化队列的时候需要指定一个请求处理函数,本例程中注册的请求处理函数如下所示:

```
                     示例代码 34-14  请求处理函数
1  /*
2   * @description    : 处理传输过程
3   * @param - req    : 请求
4   * @return         : 无
5   */
6  static void ramdisk_transfer(struct request * req)
7  {
8    unsigned long start = blk_rq_pos(req) << 9;      /* blk_rq_pos 获取到的是扇区地址,左移 9 位转换
                                                          为字节地址 */
9    unsigned long len   = blk_rq_cur_bytes(req);              /* 大小     */
10
11   /* bio 中的数据缓冲区
12    * 读:从磁盘读取到的数据存放到 buffer 中
13    * 写:buffer 保存这要写入磁盘的数据
14    */
15   void * buffer = bio_data(req - > bio);
16
17     if(rq_data_dir(req) == READ)                         /* 读数据 */
18         memcpy(buffer, ramdisk.ramdiskbuf + start, len);
19     else if(rq_data_dir(req) == WRITE)                    /* 写数据 */
20         memcpy(ramdisk.ramdiskbuf + start, buffer, len);
21
22 }
23
24 /*
25  * @description    : 请求处理函数
26  * @param - q      : 请求队列
27  * @return         : 无
28  */
29 void ramdisk_request_fn(struct request_queue * q)
30 {
```

```
31      int err = 0;
32      struct request * req;
33
34      /* 循环处理请求队列中的每个请求 */
35      req = blk_fetch_request(q);
36      while(req != NULL) {
37
38          /* 针对请求做具体的传输处理 */
39          ramdisk_transfer(req);
40
41          /* 判断是否为最后一个请求,如果不是则获取下一个请求
42           * 循环处理完请求队列中的所有请求.
43           */
44          if (!__blk_end_request_cur(req, err))
45          req = blk_fetch_request(q);
46      }
47  }
```

请求处理函数的重要内容就是完成从块设备中读取数据,或者向块设备中写入数据。首先来看一下第29～47行的ramdisk_request_fn()函数,这个就是请求处理函数。此函数只要一个参数q,为request_queue结构体指针类型,也就是要处理的请求队列,因此ramdisk_request_fn()函数的主要工作就是依次处理请求队列中的所有请求。第35行,首先使用blk_fetch_request()函数获取请求队列中第一个请求,如果请求不为空则调用ramdisk_transfer()函数对请求做进一步的处理,然后就是while循环依次处理完请求队列中的每个请求。第44行使用__blk_end_request_cur()函数检查是否为最后一个请求,如果不是则继续获取下一个,直至整个请求队列处理完成。

ramdisk_transfer()函数完成请求中的数据处理,第8行调用blk_rq_pos()函数从请求中获取要操作的块设备扇区地址,第9行使用blk_rq_cur_bytes()函数获取请求要操作的数据长度,第15行使用bio_data()函数获取请求中bio保存的数据。第17～20行调用rq_data_dir()函数判断当前是读还是写,如果是写则将bio中的数据复制到ramdisk指定地址(扇区);如果是读则从ramdisk中的指定地址(扇区)读取数据放到bio中。

34.3.2 运行测试

编译34.3.1节的驱动,得到ramdisk.ko驱动模块,然后复制到rootfs/lib/modules/4.1.15目录中,重启开发板,进入到目录lib/modules/4.1.15中。输入如下命令加载ramdisk.ko这个驱动模块:

```
depmod                  //第一次加载驱动的时候需要运行此命令
modprobe ramdisk.ko     //加载驱动模块
```

1. 查看 ramdisk 磁盘

驱动加载成功以后就会在/dev/目录下生成一个名为ramdisk的设备,输入如下命令查看ramdisk磁盘信息:

```
fdisk - l              //查看磁盘信息
```

上述命令会将当前系统中所有的磁盘信息都打印出来,其中就包括了 ramdisk 设备,如图 34-3所示。

```
Device       Boot StartCHS    EndCHS      StartLBA    EndLBA     Sectors  Size Id Type
/dev/mmcblk0p1    320,0,1     959,3,16       20480      1044479   1024000  500M  c Win95 FAT32 (LBA)
/dev/mmcblk0p2    768,0,1     815,3,16     1228800     31116287  29887488 14.2G 83 Linux
Disk /dev/ramdisk: 2 MB, 2097152 bytes, 4096 sectors
32 cylinders, 2 heads, 64 sectors/track                      ─── ramdisk磁盘信息
Units: cylinders of 128 * 512 = 65536 bytes

Disk /dev/ramdisk doesn't contain a valid partition table
/lib/modules/4.1.15 # █
```

图 34-3　ramdisk 磁盘信息

从图 34-3 可以看出,ramdisk 已经识别出来了,大小为 2MB,但是同时也提示/dev/ramdisk 没有分区表,因为我们还没有格式化/dev/ramdisk。

2. 格式化/dev/ramdisk

使用 mkfs. vfat 命令格式化/dev/ramdisk,将其格式化成 vfat 格式,输入如下命令:

```
mkfs.vfat /dev/ramdisk
```

格式化完成以后就可以挂载/dev/ramdisk 来访问了,挂载点可以自定义,这里将其挂载到/tmp目录下,输入如下命令:

```
mount /dev/ramdisk /tmp
```

挂载成功以后就可以通过/tmp 来访问 ramdisk 这个磁盘了,进入到/tmp 目录中,可以通过 vi命令新建一个 txt 文件来测试磁盘访问是否正常。

34.4　不使用请求队列实验

34.4.1　实验程序编写

本实验对应的例程路径为“2、Linux 驱动例程→25_ramdisk_norequest”。

前面学习了如何使用请求队列,请求队列会用到 I/O 调度器,适用于机械硬盘这种存储设备。对于 EMMC、SD、ramdisk 这样没有机械结构的存储设备,我们可以直接访问任意一个扇区,因此可以不需要 I/O 调度器,也就不需要请求队列了。本实验就来学习如何使用“制造请求”方法,本实验在 34.3.1 节实验的基础上修改而来,参考了 linux 内核 drivers/block/zram/zram_drv.c。重点来看一下与 34.3.1 节实验不同的地方,首先是驱动入口函数 ramdisk_init,ramdisk_init()函数大部分和 34.3.1 节实验相同,只是本实验中改为使用 blk_queue_make_request()函数设置“制造请求”函数,修改后的 ramdisk_init()函数内容如下(有省略):

```
                  示例代码 34-15  ramdisk_init()函数
1   static int __init ramdisk_init(void)
2   {
...
29
30      /* 5、分配请求队列 */
```

655

```
31    ramdisk.queue = blk_alloc_queue(GFP_KERNEL);
32    if(!ramdisk.queue){
33        ret = - EINVAL;
34        goto blk_allo_fail;
35    }
36
37    /* 6、设置"制造请求"函数 */
38    blk_queue_make_request(ramdisk.queue, ramdisk_make_request_fn);
39
40    /* 7、添加(注册)disk */
41    ramdisk.gendisk->major = ramdisk.major;              /* 主设备号 */
42    ramdisk.gendisk->first_minor = 0;                    /* 起始次设备号 */
43    ramdisk.gendisk->fops = &ramdisk_fops;               /* 操作函数 */
44    ramdisk.gendisk->private_data = &ramdisk;            /* 私有数据 */
45    ramdisk.gendisk->queue = ramdisk.queue;              /* 请求队列 */
46    sprintf(ramdisk.gendisk->disk_name, RAMDISK_NAME);   /* 名字 */
47    set_capacity(ramdisk.gendisk, RAMDISK_SIZE/512);     /* 设备容量 */
48    add_disk(ramdisk.gendisk);
49
...
60    return ret;
61 }
```

ramdisk_init()函数中第31～38行就是与34.3.1节实验不同的地方,这里使用blk_alloc_queue()和blk_queue_make_request()这两个函数取代了34.3.1节实验的blk_init_queue()函数。

第31行,使用blk_alloc_queue()函数申请一个请求队列。

第38行,使用blk_queue_make_request()函数设置"制造请求"函数,这里设置的制造请求函数为ramdisk_make_request_fn(),这个需要驱动编写人员去实现,稍后讲解。

第43行,设置块设备操作集为ramdisk_fops,和34.3.1节实验一模一样,这里就不讲解了。

接下来重点看一下"制造请求"函数ramdisk_make_request_fn(),函数内容如下:

```
                示例代码34-16   ramdisk_make_request_fn()函数
1  /*
2   * @description      : "制造请求"函数
3   * @param - q        : 请求队列
4   * @return           : 无
5   */
6  void ramdisk_make_request_fn(struct request_queue * q, struct bio * bio)
7  {
8      int offset;
9      struct bio_vec bvec;
10     struct bvec_iter iter;
11     unsigned long len = 0;
12
13     offset = (bio->bi_iter.bi_sector) << 9;        /* 获取设备的偏移地址 */
14
15     /* 处理bio中的每个段 */
16     bio_for_each_segment(bvec, bio, iter){
17         char * ptr = page_address(bvec.bv_page) + bvec.bv_offset;
```

```
18          len = bvec.bv_len;
19
20          if(bio_data_dir(bio) == READ)                    /* 读数据 */
21              memcpy(ptr, ramdisk.ramdiskbuf + offset, len);
22          else if(bio_data_dir(bio) == WRITE)              /* 写数据 */
23              memcpy(ramdisk.ramdiskbuf + offset, ptr, len);
24          offset += len;
25      }
26      set_bit(BIO_UPTODATE, &bio->bi_flags);
27      bio_endio(bio, 0);
28  }
```

虽然 ramdisk_make_request_fn()函数第一个参数依旧是请求队列,但是实际上这个请求队列不包含真正的请求,所有的处理内容都在第二个 bio 参数中,所以 ramdisk_make_request_fn()函数中是全部对 bio 的操作。

第 13 行,直接读取 bio 的 bi_iter 成员变量的 bi_sector 来获取要操作的设备地址(扇区)。

第 16～25 行,使用 bio_for_each_segment()函数循环获取 bio 中的每个段,然后对其每个段进行处理。

第 17 行,根据 bio_vec 中的页地址以及偏移地址得到真正的数据起始地址。

第 18 行,获取要处理的数据长度,也就是 bio_vec 的 bv_len 成员变量。

第 20～23 行,和 34.3.1 节实验一样,要操作的块设备起始地址知道了,数据的存放地址以及长度也知道,接下来就是根据读写操作将数据从块设备中读出来,或者将数据写入到块设备中。

第 27 行,调用 bio_endio()函数,结束 bio。

34.4.2　运行测试

测试方法和 34.4.1 节实验一样,参考 34.3.2 节即可。

## 第35章

Linux网络驱动实验

网络驱动是 Linux 的驱动三巨头之一。Linux 下的网络功能非常强大,嵌入式 Linux 中也常常用到网络功能。前面已经讲过了字符设备驱动和块设备驱动,本章就来学习 Linux 的网络设备驱动。

35.1 嵌入式网络简介

35.1.1 嵌入式下的网络硬件接口

提起网络,我们一般想到的硬件就是"网卡"。"网卡"这个概念最早从计算机领域传出来,顾名思义就是能上网的卡。网卡是独立的硬件,如果计算机要上网就要买个网卡插上去,就像现在的显卡一样。但是大家现在观察自己的笔记本或者台式机主板会发现并没有类似显卡的网卡设备,原因是随着技术的不断发展,现在只需要一个芯片就可以实现有线网卡功能,因此网卡芯片都直接放到了主板上。所以大家在接触嵌入式的时候听到"网卡"这两个字,不要急着在开发板上找"卡"一样的东西。

既然现在网卡已经是通过一个芯片来完成了,那么是什么样的芯片呢?这个就要先了解一下嵌入式中的网络硬件方案。首先,嵌入式网络硬件分为两部分:MAC 和 PHY,大家都是通过看数据手册来判断一款 SOC 是否支持网络,如果一款芯片数据手册说自己支持网络,一般都是说这款 SOC 内置 MAC,MAC 是与 I^2C 控制器、SPI 控制器类似的外设。但是光有 MAC 还不能直接驱动网络,还需要另外一个芯片——PHY,因此对于内置 MAC 的 SOC,其外部必须搭配一个 PHY 芯片。但是有些 SOC 内部没有 MAC,也就没法搭配 PHY 芯片了。这些内部没有网络 MAC 的芯片如何上网呢?这里就要牵扯出常见的两个嵌入式网络硬件方案了。

1. SOC 内部没有网络 MAC 外设

我们一般说某个 SOC 不支持网络,说的就是它没有网络 MAC。那么这个芯片就不能上网了吗?显然不是的,既然没有内部 MAC,那么可以找个外置的 MAC 芯片。不过一般这种外置的网络芯片都是 MAC+PHY 一体的。比如三星 Linux 开发板中用得最多的 DM9000,因为三星的芯片基本没有内部 MAC(比如 S3C2440、S5PV210、EXYNOS4412 等),所以三星的开发板都是通过外置的

DM9000 来实现有线网络功能的，DM9000 对 SOC 提供了一个 SRAM 接口，SOC 会以 SRAM 的方式操作 DM9000。

有些外置的网络芯片更强大，内部甚至集成了硬件 TCP/IP 协议栈，对外提供一个 SPI 接口，比如 W5500。这个一般用于单片机领域，单片机通过 SPI 接口与 W5500 进行通信，由于 W5500 内置了硬件 TCP/IP 协议栈，因此单片机就不需要移植软件协议栈，直接通过 SPI 来操作 W5500，简化了单片机联网方案。

这种方案的优点就是让不支持网络的 SOC 能够另辟蹊径，实现网络功能，但缺点就是网络效率不高。因为一般芯片内置的 MAC 会有网络加速引擎，比如网络专用 DMA，网络处理效率会很高。而且此类芯片网速都不快，基本就是 10Mbps/100Mbps。另外，与 PHY 芯片相比，此类芯片的成本也比较高，可选择比较少。

SOC 与外部 MAC＋PHY 芯片的连接如图 35-1 所示。

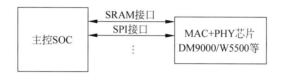

图 35-1　主控 SOC 与外置 MAC＋PHY 芯片连接

2. SOC 内部集成网络 MAC 外设

我们一般说某个 SOC 支持网络，说的就是它内部集成了网络 MAC 外设，此时还需要外接一个网络 PHY 芯片。有人会有疑问：PHY 芯片不能也集成进 SOC 吗？作者目前还没见过将 PHY 也集成到芯片里面的 SOC。

一般常见的通用 SOC 都会集成网络 MAC 外设，比如 STM32F4/F7/H7 系列、NXP 的 I.MX 系列，内部集成网络 MAC 的优点如下：

（1）内部 MAC 外设会有专用的加速模块，比如专用的 DMA，加速网速数据的处理。

（2）网速快，可以支持 10Mbps/100Mbps/1000Mbps 网速。

（3）外接 PHY 可选择性多，成本低。

内部的 MAC 外设会通过 MII 或者 RMII 接口来连接外部的 PHY 芯片，MII/RMII 接口用来传输网络数据。另外，主控需要配置或读取 PHY 芯片，也就是读写 PHY 的内部寄存器，所以还需要一个控制接口，叫作 MIDO。MDIO 与 IIC 很像，也有两根线：一根数据线叫作 MDIO，一根时钟线叫作 MDC。

SOC 内部 MAC 外设与外部 PHY 芯片的连接如图 35-2 所示。

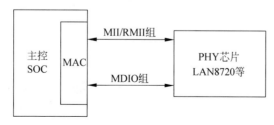

图 35-2　内部 MAC 与外部 PHY 之间的连接

在做项目的时候,如果要用到网络功能,强烈建议大家选择内部带有网络 MAC 外设的主控 SOC。I.MX6ULL 就有两个 10Mbps/100Mbps 的网络 MAC 外设,ALPHA 开发板板载了两颗 PHY 芯片,型号为 LAN8720。因此,本章只讲解 SOC 内部 MAC+外置 PHY 芯片这种方案。

35.1.2　MII/RMII 接口

前面我们说了,内部 MAC 通过 MII/RMII 接口来与外部的 PHY 芯片连接,完成网络数据传输。本节就来学习什么是 MII 和 RMII 接口。

1. MII 接口

MII 全称是 Media Independent Interface,即介质独立接口,它是 IEEE-802.3 定义的以太网标准接口。MII 接口用于以太网 MAC 连接 PHY 芯片,连接示意图如图 35-3 所示。

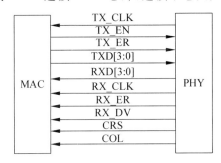

图 35-3　MII 接口

MII 接口一共有 16 根信号线,含义如下:

TX_CLK——发送时钟,如果网速为 100Mbps,那么时钟频率为 25MHz;10Mbps 网速对应的时钟频率为 2.5MHz,此时钟由 PHY 产生并发送给 MAC。

TX_EN——发送使能信号。

TX_ER——发送错误信号,高电平有效,表示 TX_ER 有效期内传输的数据无效。10Mbps 网速下 TX_ER 不起作用。

TXD[3:0]——发送数据信号线,一共 4 根。

RXD[3:0]——接收数据信号线,一共 4 根。

RX_CLK——接收时钟信号,如果网速为 100Mbps,那么时钟频率为 25MHz;10Mbps 网速对应的时钟频率为 2.5MHz,RX_CLK 也是由 PHY 产生的。

RX_ER——接收错误信号,高电平有效,表示 RX_ER 有效期内传输的数据无效。10Mbps 网速下 RX_ER 不起作用。

RX_DV——接收数据有效,作用与 TX_EN 类似。

CRS——载波侦听信号。

COL——冲突检测信号。

MII 接口的缺点就是所需信号线太多,这还没有算 MDIO 和 MDC 这两根管理接口的数据线,因此 MII 接口使用已经越来越少了。

2. RMII 接口

RMII 全称是 Reduced Media Independent Interface,即精简的介质独立接口,也就是 MII 接口

的精简版本。RMII 接口只需要 7 根数据线,相比 MII 直接减少了 9 根,极大地方便了板子布线。RMII 接口连接 PHY 芯片的示意图如图 35-4 所示。

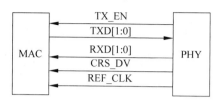

图 35-4　RMII 接口

TX_EN——发送使能信号。

TXD[1:0]——发送数据信号线,一共 2 根。

RXD[1:0]——接收数据信号线,一共 2 根。

CRS_DV——相当于 MII 接口中的 RX_DV 和 CRS 这两个信号的混合。

REF_CLK——参考时钟,由外部时钟源提供,频率为 50MHz。这里与 MII 不同,MII 的接收和发送时钟是分开的,而且都是由 PHY 芯片提供。

除了 MII 和 RMII 以外,还有其他接口,比如 GMII、RGMII、SMII、SMII 等,关于其他接口基本都是大同小异的,这里就不做讲解了。正点原子 ALPAH 开发板上的两个网络接口都是采用 RMII 接口来连接 MAC 与外部 PHY 芯片。

35.1.3　MDIO 接口

MDIO 全称是 Management Data Input/Output,直译过来就是管理数据输入/输出接口,是一个简单的两线串行接口:一根 MDIO 数据线,一根 MDC 时钟线。驱动程序可以通过 MDIO 和 MDC 这两根线访问 PHY 芯片的任意一个寄存器。MDIO 接口支持多达 32 个 PHY。同一时刻内只能对一个 PHY 进行操作,那么如何区分这 32 个 PHY 芯片呢?和 I^2C 一样,使用器件地址即可。同一 MDIO 接口下的所有 PHY 芯片,其器件地址不能冲突,必须保证唯一,具体器件地址值要查阅相应的 PHY 数据手册。

因此,MAC 和外部 PHY 芯片进行连接的时候主要是 MII/RMII 和 MDIO 接口,另外可能还需要复位、中断等其他引脚。

35.1.4　RJ45 接口

网络设备是通过网线连接起来的,插入网线的叫作 RJ45 座,如图 35-5 所示。

RJ45 座要与 PHY 芯片连接在一起,但是中间需要一个网络变压器。网络变压器用于隔离以及滤波等。网络变压器也是一个芯片,外形一般如图 35-6 所示。

但是现在很多 RJ45 座内部已经集成了网络变压器,比如正点原子 ALPHA 开发板所使用的 HR911105A 就是内置网络变压器的 RJ45 座。内置网络变压器的 RJ45 座和不内置的引脚一样,但是一般不内置网络变压器的 RJ45 座会短一点。因此,大家在画板的时候一定要考虑所使用的 RJ45 座是否内置了网络变压器,如果没有内置,则要自行添加网络变压器部分电路。同理,如果你所设计的硬件需要内置网络变压器的 RJ45 座,那么肯定不能随便焊接一个没有内置变压器的 RJ45 座,否则网络无法正常工作。

图 35-5　RJ45 座

图 35-6　网络变压器

RJ45 座上一般有两个灯：一个黄色(橙色)，一个绿色。绿色灯亮表示网络连接正常，黄色灯闪烁说明当前正在进行网络通信。这两个灯由 PHY 芯片控制，PHY 芯片会有两个引脚来连接 RJ45 座上的这两个灯。内部 MAC＋外部 PHY＋RJ45 座(内置网络变压器)就组成了一个完整的嵌入式网络接口硬件，如图 35-7 所示。

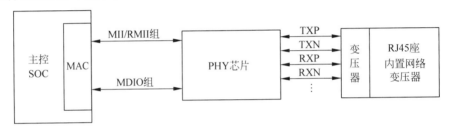

图 35-7　嵌入式网络硬件接口示意图

35.1.5　I.MX6ULL ENET 接口简介

I.MX6ULL 有两个网络接口，也就是两个 MAC 外设，一个 MAC 连接一个 PHY 芯片，形成一个完整的网络接口。本节简单了解一下 I.MX6ULL 自带的 ENET 接口。I.MX6ULL 内部自带的 ENET 外设其实就是一个网络 MAC，支持 10Mbps/100Mbps。实现了三层网络加速，用于加速那些通用的网络协议，比如 IP、TCP、UDP 和 ICMP 等，为客户端应用程序提供加速服务。

I.MX6ULL 内核集成了两个 10Mbps/100Mbps 的网络 MAC，符合 IEEE 802.3—2002 标准，MAC 层支持双工、半双工局域网。MAC 可编程，可以作为 NIC 卡或其他一些交换器件。根据 IETF RFC 2819 协议，MAC 实现了 RMON(Remote Network Monitoring)计数功能。MAC 内核拥有硬件加速处理单元来提高网络性能，硬件加速单元用于处理 TCP/IP、UDP、ICMP 等协议。通过硬件来处理帧头等信息，效果要比用一大堆软件处理要好很多。ENET 外设有一个专用的 DMA，此 DMA 用于在 ENET 外设和 SOC 之间传输数据，并且支持可编程的增强型的缓冲描述符，用于支持 IEEE 1588。

I.MX6ULL 内部 ENET 外设主要特性如下：

(1) 实现了全功能的 IEEE 802.3 规范前导码/SFD 生成、帧填充、CRC 生成和检查。

(2) 支持零长的前导码。

(3) 支持 10Mbps/100Mbps 动态配置。

(4) 兼容 AMD 远端节点电源管理的魔术帧中断检测。

(5) 可以通过如下接口无缝的连接 PHY 芯片：

- 4bit 的 MII 接口,频率为 2.5MHz/25MHz。
- 4bit 的 MII-Lite 接口,也就是 MII 接口取消掉 CRS 和 COL 这两根线,频率也是 2.5MHz/25MHz。
- 2bit 的 RMII 接口,频率为 50MHz。

(6) MAC 地址可编程。

(7) 多播和单播地址过滤,降低更高层的处理负担。

(8) MDIO 主接口,用于管理和配置 PHY 设备。

I. MX6ULL 的 ENET 外设内容比较多,详细介绍请查阅《I. MX6ULL 参考手册》的"Chapter 22 10/100-Mbps Ethernet MAC(ENET)"章节。我们在编写驱动的时候其实并不需要关注 ENET 外设的具体内容,因为这部分驱动是 SOC 厂商编写的,我们重点关注的是更换 PHY 芯片以后哪里需要调整。

35.2 PHY 芯片详解

35.2.1 PHY 基础知识简介

PHY 是 IEEE 802.3 规定的一个标准模块,前面说了,SOC 可以对 PHY 进行配置或者读取 PHY 相关状态,这个就需要 PHY 内部寄存器去实现。PHY 芯片寄存器地址空间为 5 位,在地址 0~31 共 32 个寄存器,IEEE 定义了 0~15 这 16 个寄存器的功能,16~31 这 16 个寄存器由厂商自行实现。也就是说,不管你用哪个厂家的 PHY 芯片,其中 0~15 这 16 个寄存器是一模一样的。仅靠这 16 个寄存器完全可以驱动 PHY 芯片,至少能保证基本的网络数据通信,因此 Linux 内核有通用 PHY 驱动,按道理来讲,不管你使用哪个厂家的 PHY 芯片,都可以使用 Linux 的这个通用 PHY 驱动来验证网络工作是否正常。事实上,在实际开发中可能会遇到一些其他的问题导致 Linux 内核的通用 PHY 驱动工作不正常,这时就需要驱动开发人员去调试了。但是,随着现在的 PHY 芯片性能越来越强大,32 个寄存器可能满足不了厂商的需求,因此很多厂商采用分页技术来扩展寄存器地址空间,以定义更多的寄存器。这些多出来的寄存器可以用于实现厂商特有的一些技术,因此 Linux 内核的通用 PHY 驱动就无法驱动这些特色功能了,这时就需要 PHY 厂商提供相应的驱动源码了,所以大家也会在 Linux 内核中看到很多具体的 PHY 芯片驱动源码。不管 PHY 芯片有多少特色功能,Linux 内核的通用 PHY 驱动绝对可以让 PHY 芯片实现基本的网络通信,因此大家不用担心更换 PHY 芯片以后网络驱动编写是不是会很复杂。

IEEE 802.3 协议英文原版已经放到了资料包中,路径为"4、参考资料→802.3 协议英文原版_2018 年. pdf",此文档有 5600 页,按照 SECTION 进行分类,一共 8 个 SECTION。选中"802. 3-2018_SECTION2",找到"22.2.4 Management functions"节,此章节对 PHY 的前 16 个寄存器功能进行了规定,如图 35-8 所示。

关于这 16 个寄存器的内容协议中也进行了详细的讲解,这里就不分析了。后面会以 ALPHA 开发板所使用的 LAN8720A 这个 PHY 为例,详细地分析 PHY 芯片的寄存器。

Register address	Register name	Basic/Extended	
		MII	GMII
0	Control	B	B
1	Status	B	B
2,3	PHY Identifier	E	E
4	Auto-Negotiation Advertisement	E	E
5	Auto-Negotiation Link Partner Base Page Ability	E	E
6	Auto-Negotiation Expansion	E	E
7	Auto-Negotiation Next Page Transmit	E	E
8	Auto-Negotiation Link Partner Received Next Page	E	E
9	MASTER-SLAVE Control Register	E	E
10	MASTER-SLAVE Status Register	E	E
11	PSE Control register	E	E
12	PSE Status register	E	E
13	MMD Access Control Register	E	E
14	MMD Access Address Data Register	E	E
15	Extended Status	Reserved	B
16 through 31	Vendor Specific	E	E

图 35-8　IEEE 规定的前 16 个寄存器

35.2.2　LAN8720A 详解

虽然本书讲解的是 LAN8720A 这颗 PHY,但是前面说了,IEEE 规定了 PHY 的前 16 个寄存器的功能,因此如果你所使用的板子采用的是其他厂家的 PHY 芯片,也是可以参考本节内容的。

1. LAN8720A 简介

LAN8720A 是低功耗 10Mbps/100Mbps 单以太网 PHY 层芯片,可应用于机顶盒、网络打印机、嵌入式通信设备、IP 电话等领域。I/O 引脚电压符合 IEEE 802.3—2005 标准。LAN8720A 支持通过 RMII 接口与以太网 MAC 层通信,内置 10-BASE-T/100BASE-TX 全双工传输模块,支持 10Mbps 和 100Mbps 速率。LAN8720A 可以通过自协商的方式选择与目的主机最佳的连接方式(速度和双工模式)。支持 HP Auto-MDIX 自动翻转功能,无须更换网线即可将连接更改为直连或交叉连接。

LAN8720A 的主要特点如下:

- 高性能的 10Mbps/100Mbps 以太网传输模块。
- 支持 RMII 接口以减少引脚数。
- 支持全双工和半双工模式。
- 两个状态 LED 输出。
- 可以使用 25MHz 晶振以降低成本。
- 支持自协商功能。

- 支持 HP Auto-MDIX 自动翻转功能。
- 支持 SMI 串行管理接口。
- 支持 MAC 接口。

LAN8720A 功能框图如图 35-9 所示。

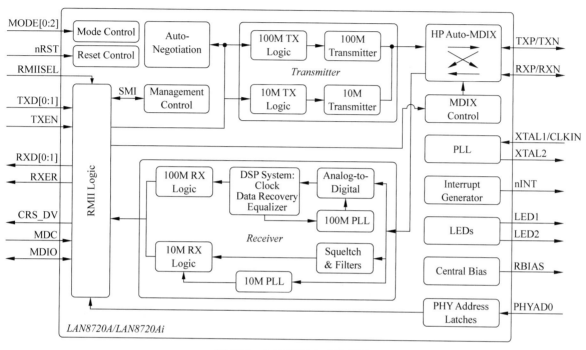

图 35-9　LAN8720A 功能框图

2. LAN8720A 中断管理

LAN8720A 的器件管理接口支持非 IEEE 802.3 规范的中断功能。当一个中断事件发生并且相应事件的中断位使能时，LAN8720A 就会在 nINT（14 脚）产生一个低电平有效的中断信号。LAN8720A 的中断系统提供两种中断模式：主中断模式和复用中断模式。主中断模式是默认的中断模式，LAN8720A 上电或复位后就工作在主中断模式，当模式控制/状态寄存器（十进制地址为17）的 ALTINT 位为 0 时 LAN8720A 工作在主模式，当 ALTINT 位为 1 时工作在复用中断模式。正点原子的 ALPHA 开发板虽然将 LAN8720A 的中断引脚连接到了 I. MX6ULL 上，但是并没有使用中断功能，关于中断的具体用法可以参考 LAN8720A 数据手册的第 29～30 页。

3. PHY 地址设置

MAC 层通过 MDIO/MDC 总线对 PHY 进行读写操作，MDIO 最多可以控制 32 个 PHY 芯片，通过不同的 PHY 芯片地址来对不同的 PHY 操作。LAN8720A 通过设置 RXER/PHYAD0 引脚来设置其 PHY 地址，默认情况下为 0，其地址设置如表 35-1 所示。

表 35-1　LAN8720A 地址设置

RXER/PHYAD0 引脚状态	PHY 地址
上拉	0x01
下拉（默认）	0x00

正点原子 ALPHA 开发板的 ENET1 网络的 LAN8720A 上的 RXER/PHYAD0 引脚为默认状态(原理图上有个 10kΩ 下拉电阻,但是没有焊接),因此 ENET1 上的 LAN8720A 地址为 0。ENET2 网络上的 LAN8720A 上的 RXER/PHYAD0 引脚接了一个 10kΩ 上拉电阻,因此 ENET2 上的 LAN8720A 地址为 1。

4. nINT/REFCLKO 配置

nINTSEL 引脚(2 脚)用于设置 nINT/REFCLKO 引脚(14 脚)的功能。nINTSEL 配置如表 35-2 所示。

表 35-2 nINTSEL 配置

nINTSEL 引脚值	模　　式	nINT/REFCLKO 引脚功能
nINTSEL= 0	REF_CLK Out 模式	nINT/REFCLKO 作为 REF_CLK 时钟源
nINTSEL = 1(默认)	REF_CLK In 模式	nINT/REFCLKO 作为中断引脚

正点原子 ALPHA 开发板的两个 LAN8720A 全都工作在默认的 REF_CLK In 模式下。当 LAN8720A 工作在 REF_CLK In 模式时,50MHz 的外部时钟信号应接到 LAN8720 的 XTAL1/CKIN 引脚(5 脚)上,如图 35-10 所示。

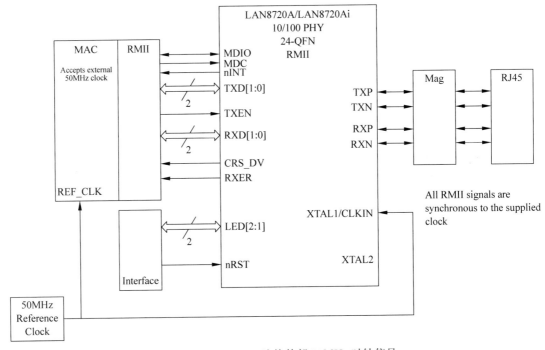

图 35-10　REF_CLK 连接外部 50MHz 时钟信号

为了降低成本,LAN8720A 可以从外部的 25MHz 的晶振中产生 REF_CLK 时钟。使用此功能时应工作在 REF_CLK Out 模式时。当工作在 REF_CLO Out 模式时 REF_CLK 的时钟源如图 35-11 所示。

前面说了,正点原子的 ALPHA 开发板工作在 REF_CLK In 模式下,因此需要外部 50MHz 时钟信号,I.MX6ULL 有专用的网络时钟引脚,因此 ALPHA 开发板是通过 I.MX6ULL 的 ENET1_REF_CLK 和 ENET2_REF_CLK 这两个网络时钟引脚来为 LAN8720A 提供 50MHz 的时钟。

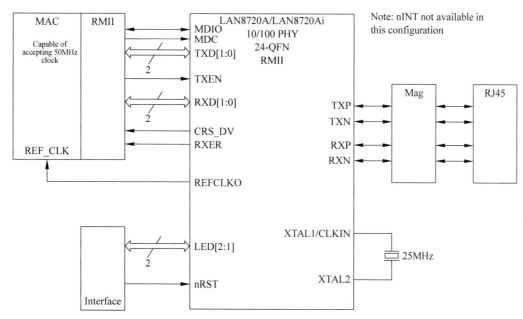

图 35-11 REF_CLK Out 模式时的 REF_CLK 时钟源

5. LAN8720A 内部寄存器

LAN8720A 的前 16 个寄存器满足 IEEE 的要求,在这里只介绍几个常用的寄存器。首先是 BCR(Basic Control Rgsister)寄存器,地址为 0,BCR 寄存器各位如表 35-3 所示。

表 35-3 BCR 寄存器

位	描　　述	类　　型
15	**软件复位** 1:软件复位,此位自动清零	R/W
14	**回测** 0:正常运行 1:使能回测模式	R/W
13	**速度选择** 0:10Mbps 1:100Mbps 注意:当使用自动协商功能时此位失能	R/W
12	**自动协商功能** 0:关闭自动协商功能 1:打开自动协商功能	R/W
11	**掉电(power down)** 0:正常运行 1:进入掉电模式 注意:进入掉电模式前自动协商功能必须失能	R/W
10	**隔离** 0:正常运行 1:PHY 的 RMII 接口电气隔离	R/W

位	描　　述	类　　型
9	**重启自动协商功能** 0：正常运行 1：重启自动协商功能 注意：此位会被自动清零	R/W SC
8	**双工模式** 0：半双工 1：全双工 注意：开启自动协商功能后此位失效	R/W
7：0	保留	RO

我们说的配置 PHY 芯片,重点就是配置 BCR 寄存器,由于 LAN8720A 是个 10Mbps/100Mbps 的 PHY,因此表 35-3 中没有体现出 1000Mbps 相关的配置。但是 10Mbps/100Mbps 相关的配置是和 IEEE 的规定完全相符的。大家可以选择一个其他的 10Mbps/100Mbps 的 PHY 芯片对比看一下,比如 NXP 官方 EVK 开发板使用的 KSZ8081。

接下来看一下 BSR(Basic Status Register)寄存器,地址为 1。此寄存器为 PHY 的状态寄存器,通过此寄存器可以获取到 PHY 芯片的工作状态,BSR 寄存器各位如表 35-4 所示。

表 35-4　BSR 寄存器

位	描　　述	类　　型
15	**100BAST-T4** 0：不支持 T4 1：支持 T4	RO
14	**100BAST-TX 全双工** 0：不支持 TX 全双工 1：支持 TX 全双工	RO
13	**100BAST-TX 半双工** 0：不支持 TX 半双工 1：支持 TX 半双工个	RO
12	**10BAST-T 全双工** 0：不支持 10Mbps 全双工 1：支持 10Mbps 全双工	RO
11	**10BAST-T 半双工** 0：不支持 10Mbps 半双工 1：支持 10Mbps 半双工	RO
10：6	保留	RO
5	**自动协商完成** 0：自动协商功能未完成 1：自动协商功能完成	RO
4	**远端错误** 0：无远端错误 1：检测到远端错误	RO/HL

续表

位	描　述	类　型
3	**自协商功能** 0：不能执行自协商功能 1：可以执行自协商功能	RO
2	**连接状态** 0：连接断开 1：连接建立	RO/LL
1	**Jabber 检测** 0：未检测到 Jabber 1：检测到 Jabber	RO/LH
0	**扩展功能** 0：不支持扩展寄存器 1：支持扩展寄存器	RO

从表 35-4 可以看出,和 IEEE 标准规定相比,LAN8720A 的 BSR 寄存器少了几位。这个没关系,不管什么 PHY 芯片,只要它实现了的位与 IEEE 规定相符就可以。通过读取 BSR 寄存器的值可以得到当前的连接速度、双工状态和连接状态等。

接下来看一下 LAN8720A 的两个 PHY ID 寄存器,地址为 2 和 3,后面就称为寄存器 2 和寄存器 3。这两个寄存器都是 PHY 的 ID 寄存器。IEEE 规定寄存器 2 和寄存器 3 为 PHY 的 ID 寄存器,这两个寄存器组成一个 32 位的唯一 ID 值。

LAN8720A 的 ID 寄存器 2 如表 35-5 所示。

表 35-5　PHY ID 寄存器 2

位	描　述	类　型	默　认　值
15:0	PHY ID 号,对应 OUI 的 3～18 位,bit15 对应 OUI 的 bit3,bit0 对应 OUI 的 bit18。和寄存器 3 的 bit15:10 共同组成 22 位 ID	R/W	0007h

ID 寄存器 3 如表 35-6 所示。

表 35-6　PHY ID 寄存器 3

位	描　述	类　型	默　认　值
15:10	PHY ID 号,对应 OUI 的 19～24 位,bit15 对应 OUI 的 19 位,bit10 对应 OUI 的 24 位	R/W	110000h
9:4	厂商型号 ID	R/W	001111b
3:0	厂商版本 ID	R/W	视具体版本而定

最后来看一下 LAN8720A 的特殊控制/状态寄存器,此寄存器地址为 31,寄存器内容是 LAN8720A 厂商自定义的,此寄存器的各个位如表 35-7 所示。

表 35-7　LAN8720A 特殊控制/状态寄存器

位	描　述	类　型
15:13	保留	RO

续表

位	描　　述	类　　型
12	自协商完成 0：自协商未完成或者自协商关闭 1：自协商完成	RO
11:5	保留	R/W
4:2	速度指示 001：10BASE-T 半双工 101：10BAST-T 全双工 010：100BAST-TX 半双工 110：100BAST-TX 全双工	RO
1:0	保留	RO

对于特殊控制/状态寄存器中我们关心的是 bit2～bit4 这 3 位,因为通过这 3 位来确定连接的状态和速度。关于 LAN8720A 这个 PHY 就讲解到这里。

35.3　Linux 内核网络驱动框架

35.3.1　net_device 结构体

Linux 内核使用 net_device 结构体表示一个具体的网络设备,net_device 是整个网络驱动的灵魂。网络驱动的核心就是初始化 net_device 结构体中的各个成员变量,然后将初始化完成以后的 net_device 注册到 Linux 内核中。net_device 结构体定义在 include/linux/netdevice.h 中,net_device 是一个庞大的结构体,内容如下(有省略):

```
                        示例代码 35-1　net_device 结构体
1    struct net_device {
2        char                    name[IFNAMSIZ];
3        struct hlist_node       name_hlist;
4        char                    * ifalias;
5        /*
6         *  I/O specific fields
7         *  FIXME: Merge these and struct ifmap into one
8         */
9        unsigned long           mem_end;
10       unsigned long           mem_start;
11       unsigned long           base_addr;
12       int                     irq;
13
14       atomic_t                carrier_changes;
15
16       /*
17        *  Some hardware also needs these fields (state,dev_list,
18        *  napi_list,unreg_list,close_list) but they are not
19        *  part of the usual set specified in Space.c.
20        */
```

```
21
22      unsigned long                    state;
23
24      struct list_head                 dev_list;
25      struct list_head                 napi_list;
26      struct list_head                 unreg_list;
27      struct list_head                 close_list;
...
60      const struct net_device_ops      * netdev_ops;
61      const struct ethtool_ops         * ethtool_ops;
62  #ifdef CONFIG_NET_SWITCHDEV
63      const struct swdev_ops           * swdev_ops;
64  #endif
65
66      const struct header_ops          * header_ops;
67
68      unsigned int                     flags;
...
77      unsigned char                    if_port;
78      unsigned char                    dma;
79
80      unsigned int                     mtu;
81      unsigned short                   type;
82      unsigned short                   hard_header_len;
83
84      unsigned short                   needed_headroom;
85      unsigned short                   needed_tailroom;
86
87      /* Interface address info. */
88      unsigned char                    perm_addr[MAX_ADDR_LEN];
89      unsigned char                    addr_assign_type;
90      unsigned char                    addr_len;
...
130 /*
131  * Cache lines mostly used on receive path (including eth_type_trans())
132  */
133     unsigned long                    last_rx;
134
135     /* Interface address info used in eth_type_trans() */
136     unsigned char                    * dev_addr;
137
138
139 #ifdef CONFIG_SYSFS
140     struct netdev_rx_queue    * _rx;
141
142     unsigned int                     num_rx_queues;
143     unsigned int                     real_num_rx_queues;
144
145 #endif
...
158 /*
159  * Cache lines mostly used on transmit path
```

```
160     */
161     struct netdev_queue      *_tx     ___cacheline_aligned_in_smp;
162     unsigned int             num_tx_queues;
163     unsigned int             real_num_tx_queues;
164     struct Qdisc             *qdisc;
165     unsigned long            tx_queue_len;
166     spinlock_t               tx_global_lock;
167     int                      watchdog_timeo;
...
173     /* These may be needed for future network-power-down code. */
174
175     /*
176      * trans_start here is expensive for high speed devices on SMP,
177      * please use netdev_queue->trans_start instead.
178      */
179     unsigned long            trans_start;
...
248     struct phy_device        *phydev;
249     struct lock_class_key *qdisc_tx_busylock;
250 };
```

下面介绍一些关键的成员变量,如下:

第 2 行,name 是网络设备的名字。

第 9 行,mem_end 是共享内存结束地址。

第 10 行,mem_start 是共享内存起始地址。

第 11 行,base_addr 是网络设备 I/O 地址。

第 12 行,irq 是网络设备的中断号。

第 24 行,dev_list 是全局网络设备列表。

第 25 行,napi_list 是 NAPI 网络设备的列表入口。

第 26 行,unreg_list 是注销(unregister)的网络设备列表入口。

第 27 行,close_list 是关闭的网络设备列表入口。

第 60 行,netdev_ops 是网络设备的操作集函数,包含了一系列的网络设备操作回调函数,类似字符设备中的 file_operations,稍后会讲解 netdev_ops 结构体。

第 61 行,ethtool_ops 是网络管理工具相关函数集,用户空间网络管理工具会调用此结构体中的相关函数获取网卡状态或者配置网卡。

第 66 行,header_ops 是头部的相关操作函数集,比如创建、解析、缓冲等。

第 68 行,flags 是网络接口标志,标志类型定义在 include/uapi/linux/if.h 文件中,为一个枚举类型,内容如下:

示例代码 35-2   网络标志类型

```
1  enum net_device_flags {
2      IFF_UP              = 1 << 0,        /* sysfs */
3      IFF_BROADCAST       = 1 << 1,        /* volatile */
4      IFF_DEBUG           = 1 << 2         /* sysfs */
5      IFF_LOOPBACK        = 1 << 3         /* volatile */
6      IFF_POINTOPOINT     = 1 << 4         /* volatile */
```

```
7      IFF_NOTRAILERS      = 1 << 5          /* sysfs */
8      IFF_RUNNING         = 1 << 6          /* volatile */
9      IFF_NOARP           = 1 << 7          /* sysfs */
10     IFF_PROMISC         = 1 << 8          /* sysfs */
11     IFF_ALLMULTI        = 1 << 9          /* sysfs */
12     IFF_MASTER          = 1 << 10         /* volatile */
13     IFF_SLAVE           = 1 << 11         /* volatile */
14     IFF_MULTICAST       = 1 << 12         /* sysfs */
15     IFF_PORTSEL         = 1 << 13         /* sysfs */
16     IFF_AUTOMEDIA       = 1 << 14         /* sysfs */
17     IFF_DYNAMIC         = 1 << 15         /* sysfs */
18     IFF_LOWER_UP        = 1 << 16         /* volatile */
19     IFF_DORMANT         = 1 << 17         /* volatile */
20     IFF_ECHO            = 1 << 18         /* volatile */
21 };
```

继续回到示例代码 35-1 接着看 net_device 结构体。

第 77 行，if_port 指定接口的端口类型。如果设备支持多端口，则通过 if_port 来指定所使用的端口类型。可选的端口类型定义在 include/uapi/linux/netdevice.h 中，为一个枚举类型，如下所示：

示例代码 35-3　端口类型

```
1   enum {
2       IF_PORT_UNKNOWN = 0,
3       IF_PORT_10BASE2,
4       IF_PORT_10BASET,
5       IF_PORT_AUI,
6       IF_PORT_100BASET,
7       IF_PORT_100BASETX,
8       IF_PORT_100BASEFX
9   };
```

第 78 行，dma 是网络设备所使用的 DMA 通道，不是所有的设备都会用到 DMA。

第 80 行，mtu 是网络最大传输单元，为 1500。

第 81 行，type 用于指定 ARP 模块的类型，以太网的 ARP 接口为 ARPHRD_ETHER，Linux 内核所支持的 ARP 协议定义在 include/uapi/linux/if_arp.h 中，大家自行查阅。

第 88 行，perm_addr 是永久的硬件地址，如果某个网卡设备有永久的硬件地址，那么就会填充 perm_addr。

第 90 行，addr_len 是硬件地址长度。

第 133 行，last_rx 是最后接收的数据包时间戳，记录的是 jiffies。

第 136 行，dev_addr 也是硬件地址，是当前分配的 MAC 地址，可以通过软件修改。

第 140 行，_rx 是接收队列。

第 142 行，num_rx_queues 是接收队列数量，在调用 register_netdev() 注册网络设备的时候会分配指定数量的接收队列。

第 143 行，real_num_rx_queues 是当前活动的队列数量。

第 161 行，_tx 是发送队列。

第 162 行，num_tx_queues 是发送队列数量，通过 alloc_netdev_mq() 函数分配指定数量的发送队列。

第 163 行,real_num_tx_queues 是当前有效的发送队列数量。

第 179 行,trans_start 是最后的数据包发送的时间戳,记录的是 jiffies。

第 248 行,phydev 是对应的 PHY 设备。

1. 申请 net_device

编写网络驱动的时候首先要申请 net_device,使用 alloc_netdev() 函数来申请 net_device,这是一个宏,宏定义如下:

```
                          示例代码 35-4   alloc_netdev
1 #define alloc_netdev(sizeof_priv, name, name_assign_type, setup) \
2   alloc_netdev_mqs(sizeof_priv, name, name_assign_type, setup, 1, 1)
```

可以看出,alloc_netdev 的本质是 alloc_netdev_mqs()函数,此函数原型如下

```
struct net_device  * alloc_netdev_mqs ( int           sizeof_priv,
                                        const char  * name,
                                        void        ( * setup) (struct net_device * ))
                                        unsigned int   txqs,
                                        unsigned int   rxqs);
```

函数参数含义如下:

sizeof_priv——私有数据块大小。

name——设备名字。

setup——回调函数,初始化设备的设备后调用此函数。

txqs——分配的发送队列数量。

rxqs——分配的接收队列数量。

返回值——如果申请成功则返回申请到的 net_device 指针,失败则返回 NULL。

事实上网络设备有多种,大家不要以为就只有以太网一种。Linux 内核支持的网络接口有很多,比如光纤分布式数据接口(FDDI)、以太网设备(Ethernet)、红外数据接口(InDA)、高性能并行接口(HPPI)、CAN 网络等。内核针对不同的网络设备在 alloc_netdev()的基础上提供了一层封装,比如本章讲解的以太网,针对以太网封装的 net_device 申请函数是 alloc_etherdev(),这也是一个宏,内容如下:

```
                          示例代码 35-5   alloc_etherdev()函数
1 #define alloc_etherdev(sizeof_priv) alloc_etherdev_mq(sizeof_priv, 1)
2 #define alloc_etherdev_mq(sizeof_priv, count) alloc_etherdev_mqs(sizeof_priv, count, count)
```

可以看出,alloc_etherdev()最终依靠的是 alloc_etherdev_mqs()函数,此函数就是对 alloc_netdev_mqs()的简单封装,函数内容如下:

```
                          示例代码 35-6   alloc_etherdev_mqs()函数
1 struct net_device * alloc_etherdev_mqs(int sizeof_priv,
2                           unsigned int txqs,
3                           unsigned int rxqs)
4 {
```

```
5     return alloc_netdev_mqs(sizeof_priv, "eth%d", NET_NAME_UNKNOWN,
6                 ether_setup, txqs, rxqs);
7 }
```

第 5 行调用 alloc_netdev_mqs() 来申请 net_device，注意这里设置网卡的名字为"eth%d"，这是格式化字符串，大家进入开发板的 Linux 系统以后看到的 eth0、eth1 这样的网卡名字就是从这里来的。同样，这里设置了以太网的 setup 函数为 ether_setup()，不同的网络设备其 setup 函数不同，比如 CAN 网络中 setup 函数就是 can_setup()。

ether_setup() 函数会对 net_device 做初步的初始化，函数内容如下所示：

示例代码 35-7　ether_setup() 函数

```
1  void ether_setup(struct net_device * dev)
2  {
3      dev -> header_ops        = &eth_header_ops;
4      dev -> type              = ARPHRD_ETHER;
5      dev -> hard_header_len   = ETH_HLEN;
6      dev -> mtu               = ETH_DATA_LEN;
7      dev -> addr_len          = ETH_ALEN;
8      dev -> tx_queue_len      = 1000;        /* Ethernet wants good queues */
9      dev -> flags             = IFF_BROADCAST|IFF_MULTICAST;
10     dev -> priv_flags       |= IFF_TX_SKB_SHARING;
11
12     eth_broadcast_addr(dev -> broadcast);
13 }
```

关于 net_device 的申请就讲解到这里，对于网络设备而言，使用 alloc_etherdev() 或 alloc_etherdev_mqs() 来申请 net_device。NXP 官方编写的网络驱动就是采用 alloc_etherdev_mqs() 来申请 net_device。

2．删除 net_device

当我们注销网络驱动的时候需要释放掉前面已经申请到的 net_device，释放函数为 free_netdev()，函数原型如下：

```
void free_netdev(struct net_device * dev)
```

函数参数含义如下：

dev——要释放掉的 net_device 指针。

返回值——无。

3．注册 net_device

net_device 申请并初始化完成以后就需要向内核注册 net_device，要用到的函数为 register_netdev()，函数原型如下：

```
int register_netdev(struct net_device * dev)
```

函数参数含义如下：

dev——要注册的 net_device 指针。

返回值——0,注册成功；负值,注册失败。

4. 注销 net_device

既然有注册,必然有注销,注销 net_device 使用函数 unregister_netdev(),函数原型如下:

```
void unregister_netdev(struct net_device * dev)
```

函数参数含义如下:

dev——要注销的 net_device 指针。

返回值——无。

35.3.2　net_device_ops 结构体

net_device 有一个非常重要的成员变量——netdev_ops,为 net_device_ops 结构体指针类型,这就是网络设备的操作集。net_device_ops 结构体定义在 include/linux/netdevice. h 文件中,net_device_ops 结构体中都是一些以 ndo_开头的函数,这些函数就需要网络驱动编写人员去实现,不需要全部都实现,根据实际驱动情况实现其中一部分即可。结构体内容如下所示(结构体比较大,这里有省略):

示例代码 35-8　net_device_ops 结构体

```
1    struct net_device_ops {
2        int         (* ndo_init)(struct net_device * dev);
3        void        (* ndo_uninit)(struct net_device * dev);
4        int         (* ndo_open)(struct net_device * dev);
5        int         (* ndo_stop)(struct net_device * dev);
6        netdev_tx_t (* ndo_start_xmit) (struct sk_buff * skb,
7                        struct net_device * dev);
8        u16         (* ndo_select_queue)(struct net_device * dev,
9                        struct sk_buff * skb,
10                       void * accel_priv,
11                       select_queue_fallback_t fallback);
12       void        (* ndo_change_rx_flags)(struct net_device * dev,
13                          int flags);
14       void        (* ndo_set_rx_mode)(struct net_device * dev);
15       int         (* ndo_set_mac_address)(struct net_device * dev,
16                          void * addr);
17       int         (* ndo_validate_addr)(struct net_device * dev);
18       int         (* ndo_do_ioctl)(struct net_device * dev,
19                          struct ifreq * ifr, int cmd);
20       int         (* ndo_set_config)(struct net_device * dev,
21                          struct ifmap * map);
22       int         (* ndo_change_mtu)(struct net_device * dev,
23                          int new_mtu);
24       int         (* ndo_neigh_setup)(struct net_device * dev,
25                          struct neigh_parms * );
26       void        (* ndo_tx_timeout) (struct net_device * dev);
...
36   # ifdef CONFIG_NET_POLL_CONTROLLER
37       void        (* ndo_poll_controller)(struct net_device * dev);
38       int         (* ndo_netpoll_setup)(struct net_device * dev,
```

```
39                 struct netpoll_info * info);
40    void         (* ndo_netpoll_cleanup)(struct net_device * dev);
41  #endif
...
104   int          (* ndo_set_features)(struct net_device * dev,
105                  netdev_features_t features);
...
166 };
```

第 2 行,ndo_init()函数,当第一次注册网络设备的时候此函数会执行,设备可以在此函数中做一些需要推后初始化的内容,不过一般驱动中不使用此函数,虚拟网络设备可能会使用。

第 3 行,ndo_uninit()函数,卸载网络设备的时候此函数会执行。

第 4 行,ndo_open()函数,打开网络设备的时候此函数会执行,网络驱动程序需要实现此函数,非常重要! 以 NXP 的 I. MX 系列 SOC 网络驱动为例,会在此函数中做如下工作:

- 使能网络外设时钟。
- 申请网络所使用的环形缓冲区。
- 初始化 MAC 外设。
- 绑定接口对应的 PHY。
- 如果使用 NAPI 则要使能 NAPI 模块,通过 napi_enable()函数来使能。
- 开启 PHY。
- 调用 netif_tx_start_all_queues()来使能传输队列,也可能调用 netif_start_queue()函数。
- ……

第 5 行,ndo_stop()函数,关闭网络设备的时候此函数会执行,网络驱动程序也需要实现此函数。以 NXP 的 I. MX 系列 SOC 网络驱动为例,会在此函数中做如下工作:

- 停止 PHY。
- 停止 NAPI 功能。
- 停止发送功能。
- 关闭 MAC。
- 断开 PHY 连接。
- 关闭网络时钟。
- 释放数据缓冲区。

第 6 行,ndo_start_xmit()函数,当需要发送数据的时候此函数就会执行,此函数有一个参数为 sk_buff 结构体指针,sk_buff 结构体在 Linux 的网络驱动中非常重要,sk_buff 保存了上层传递给网络驱动层的数据。也就是说,要发送出去的数据都保存在 sk_buff 中。关于 sk_buff 稍后会做详细的讲解。如果发送成功则此函数返回 NETDEV_TX_OK;如果发送失败则返回 NETDEV_TX_BUSY,并且需要停止队列。

第 8 行,ndo_select_queue()函数,当设备支持多传输队列的时候选择使用哪个队列。

第 14 行,ndo_set_rx_mode()函数,此函数用于改变地址过滤列表,根据 net_device 的 flags 成员变量来设置 SOC 的网络外设寄存器。比如 flags 可能为 IFF_PROMISC、IFF_ALLMULTI 或 IFF_MULTICAST,分别表示混杂模式、单播模式或多播模式。

第 15 行, ndo_set_mac_address()函数, 此函数用于修改网卡的 MAC 地址, 设置 net_device 的 dev_addr 成员变量, 并且将 MAC 地址写入到网络外设的硬件寄存器中。

第 17 行, ndo_validate_addr()函数, 验证 MAC 地址是否合法, 也就是验证 net_device 的 dev_addr 中的 MAC 地址是否合法, 直接调用 is_valid_ether_addr()函数。

第 18 行, ndo_do_ioctl()函数, 用户程序调用 ioctl 的时候此函数就会执行, 比如 PHY 芯片相关的命令操作, 一般会直接调用 phy_mii_ioctl()函数。

第 22 行, ndo_change_mtu()函数, 更改 MTU 大小。

第 26 行, ndo_tx_timeout()函数, 当发送超时的时候函数会执行, 一般都是网络出问题了导致发送超时。一般可能会重启 MAC 和 PHY, 重新开始数据发送等。

第 37 行, ndo_poll_controller()函数, 使用查询方式来处理网卡数据的收发。

第 104 行, ndo_set_features()函数, 修改 net_device 的 features 属性, 设置相应的硬件属性。

35.3.3　sk_buff 结构体

网络是分层的, 对于应用层而言不用关心具体的底层是如何工作的, 只需要按照协议将要发送或接收的数据打包好即可。打包好以后都通过 dev_queue_xmit()函数将数据发送出去, 接收数据使用 netif_rx()函数即可。下面依次来看一下这两个函数。

1. dev_queue_xmit()函数

此函数用于将网络数据发送出去, 函数定义在 include/linux/netdevice.h 中, 函数原型如下:

```
static inline int dev_queue_xmit(struct sk_buff  * skb)
```

函数参数含义如下:

skb——要发送的数据, 这是一个 sk_buff 结构体指针, sk_buff 是 Linux 网络驱动中一个非常重要的结构体, 网络数据就是以 sk_buff 保存的, 各个协议层在 sk_buff 中添加自己的协议头, 最终由底层驱动将 sk_buff 中的数据发送出去。网络数据的接收过程恰好相反, 网络底层驱动将接收到的原始数据打包成 sk_buff, 然后发送给上层协议, 上层会取掉相应的头部, 然后将最终的数据发送给用户。

返回值——0, 发送成功; 负值, 发送失败。

dev_queue_xmit()函数太长, 这里就不详细分析了。dev_queue_xmit()函数最终是通过 net_device_ops 操作集中的 ndo_start_xmit()函数来完成最终发送了, ndo_start_xmit()是由网络驱动编写人员去实现的, 整个流程如图 35-12 所示。

2. netif_rx()函数

上层接收数据的话使用 netif_rx()函数, 但是最原始的网络数据一般是通过轮询、中断或 NAPI 的方式来接收。netif_rx 函数定义在 net/core/dev.c 中, 函数原型如下:

```
int netif_rx(struct sk_buff * skb)
```

函数参数含义如下:

skb——保存接收数据的 sk_buff。

返回值——NET_RX_SUCCESS 成功, NET_RX_DROP 数据包丢弃。

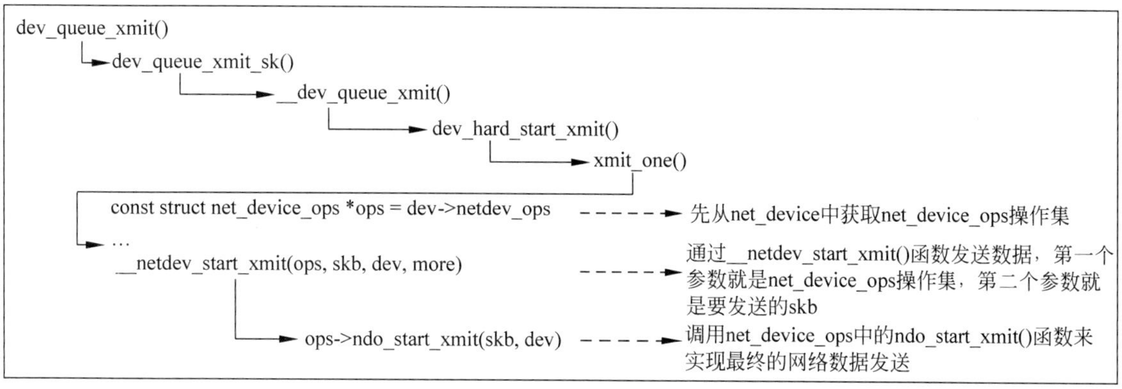

图 35-12 dev_queue_xmit 执行流程

我们重点来看一下 sk_buff 这个结构体，sk_buff 是 Linux 网络重要的数据结构，用于管理接收或发送数据包，sk_buff 结构体定义在 include/linux/skbuff.h 中，结构体内容如下（由于结构体比较大，为了节省篇幅只列出部分重要的内容）：

```
                       示例代码 35-9  sk_buff 结构体
1   struct sk_buff {
2       union {
3           struct {
4               /* These two members must be first. */
5               struct sk_buff         * next;
6               struct sk_buff         * prev;
7
8               union {
9                   ktime_t            tstamp;
10                  struct skb_mstamp skb_mstamp;
11              };
12          };
13          struct rb_node   rbnode; /* used in netem & tcp stack */
14      };
15      struct sock        * sk;
16      struct net_device  * dev;
17
18      /*
19       * This is the control buffer. It is free to use for every
20       * layer. Please put your private variables there. If you
21       * want to keep them across layers you have to do a skb_clone()
22       * first. This is owned by whoever has the skb queued ATM.
23       */
24      char               cb[48] __aligned(8);
25
26      unsigned long      _skb_refdst;
27      void               (* destructor)(struct sk_buff * skb);
...
37      unsigned int       len, data_len;
38      __u16              mac_len, hdr_len;
...
```

```
145    __be16                       protocol;
146    __u16                        transport_header;
147    __u16                        network_header;
148    __u16                        mac_header;
149
150    /* private: */
151    __u32                        headers_end[0];
152    /* public: */
153
154    /* These elements must be at the end, see alloc_skb() for details.  */
155    sk_buff_data_t               tail;
156    sk_buff_data_t               end;
157    unsigned char                * head, * data;
158    unsigned int                 truesize;
159    atomic_t                     users;
160 };
```

第 5~6 行,next 和 prev 分别指向下一个和前一个 sk_buff,构成一个双向链表。

第 9 行,tstamp 表示数据包接收时或准备发送时的时间戳。

第 15 行,sk 表示当前 sk_buff 所属的 Socket。

第 16 行,dev 表示当前 sk_buff 从哪个设备接收到或者发出的。

第 24 行,cb 为控制缓冲区,不管哪个层都可以自由使用此缓冲区,用于放置私有数据。

第 27 行,destructor()函数,当释放缓冲区的时候可以在此函数里面完成某些动作。

第 37 行,len 为实际的数据长度,包括主缓冲区中数据长度和分片中的数据长度。data_len 为数据长度,只计算分片中数据的长度。

第 38 行,mac_len 为连接层头部长度,也就是 MAC 头的长度。

第 145 行,protocol 为协议。

第 146 行,transport_header 为传输层头部。

第 147 行,network_header 为网络层头部

第 148 行,mac_header 为链接层头部。

第 155 行,tail 指向实际数据的尾部。

第 156 行,end 指向缓冲区的尾部。

第 157 行,head 指向缓冲区的头部,data 指向实际数据的头部。data 和 tail 指向实际数据的头部和尾部,head 和 end 指向缓冲区的头部和尾部。结构如图 35-13 所示。

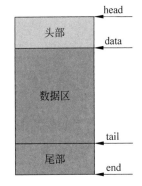

图 35-13　sk_buff 数据区结构示意图

针对 sk_buff 内核提供了一系列的操作与管理函数。下面简单介绍一些常见的 API 函数。

1) 分配 sk_buff

要使用 sk_buff 必须先分配,首先来看一下 alloc_skb()这个函数,此函数定义在 include/linux/skbuff. h 中,函数原型如下:

```
static inline struct sk_buff * alloc_skb(unsigned int    size,
                                         gfp_t           priority)
```

函数参数含义如下:

size——要分配的大小,也就是 skb 数据段大小。

priority——为 GFP MASK 宏,比如 GFP_KERNEL、GFP_ATOMIC 等。

返回值——分配成功就返回申请到的 sk_buff 首地址,失败就返回 NULL。

在网络设备驱动中常常使用 netdev_alloc_skb()来为某个设备申请一个用于接收的 skb_buff,此函数也定义在 include/linux/skbuff.h 中,函数原型如下:

```
static inline struct sk_buff * netdev_alloc_skb (struct net_device    * dev,
                                                  unsigned int          length)
```

函数参数含义如下:

dev——要给哪个设备分配 sk_buff。

length——要分配的大小。

返回值——分配成功就返回申请到的 sk_buff 首地址,失败就返回 NULL。

2) 释放 sk_buff

当使用完成以后就要释放掉 sk_buff,释放函数可以使用 kfree_skb(),函数定义在 include/linux/skbuff.c 中,函数原型如下:

```
void kfree_skb(struct sk_buff * skb)
```

函数参数含义如下:

skb——要释放的 sk_buff。

返回值——无。

对于网络设备而言最好使用如下所示释放函数:

```
void dev_kfree_skb (struct sk_buff    * skb)
```

函数只有一个参数 skb,就是要释放的 sk_buff。

3) skb_put()、skb_push()、sbk_pull()和 skb_reserve()

这 4 个函数用于变更 sk_buff。先来看一下 skb_put()函数,此函数用于在尾部扩展 skb_buff 的数据区,也就将 skb_buff 的 tail 后移 n 字节,从而导致 skb_buff 的 len 增加 n 字节,原型如下:

```
unsigned char * skb_put(struct sk_buff   * skb, unsigned int    len)
```

函数参数含义如下:

skb——要操作的 sk_buff。

len——要增加多少字节。

返回值——扩展出来的那一段数据区首地址。

skb_put()函数操作之前和操作之后的数据区如图 35-14 所示。

skb_push()函数用于在头部扩展 skb_buff 的数据区,函数原型如下所示:

```
unsigned char * skb_push(struct sk_buff    * skb, unsigned int    len)
```

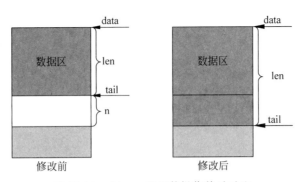

图 35-14　skb_put()函数操作前后对比

函数参数含义如下：

skb——要操作的 sk_buff。

len——要增加多少字节。

返回值——扩展完成以后新的数据区首地址。

skb_push()函数操作之前和操作之后的数据区如图 35-15 所示。

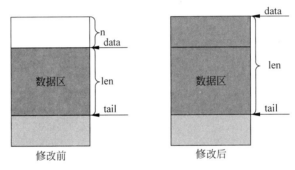

图 35-15　skb_push()函数操作前后对比

sbk_pull()函数用于从 sk_buff 的数据区起始位置删除数据，函数原型如下所示：

```
unsigned char * skb_pull(struct sk_buff    * skb, unsigned int    len)
```

函数参数含义如下：

skb——要操作的 sk_buff。

len——要删除的字节数。

返回值——删除以后新的数据区首地址。

skb_pull()函数操作之前和操作之后的数据区如图 35-16 所示。

sbk_reserve()函数用于调整缓冲区的头部大小，方法很简单，将 skb_buff 的 data 和 tail 同时后移 n 字节即可，函数原型如下所示：

```
static inline void skb_reserve(struct sk_buff    * skb, int    len)
```

函数参数含义如下：

skb——要操作的 sk_buff。

len——要增加的缓冲区头部大小。

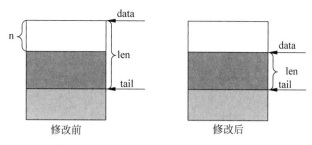

图 35-16 skb_pull()函数操作前后对比

返回值——无。

35.3.4 网络 NAPI 处理机制

如果使用过单片机应该都知道,像 I^2C、SPI、网络等这些通信接口,接收数据有两种方法:轮询或中断。Linux 中的网络数据接收也有轮询和中断两种方法。中断的好处就是响应快,数据量小的时候处理及时,速度快,但是一旦当数据量大,而且都是短帧的时候会导致中断频繁发生,在中断自身处理上消耗大量的 CPU 处理时间。轮询恰好相反,响应没有中断及时,但是在处理大量数据的时候不需要消耗过多的 CPU 处理时间。Linux 在这两个处理方式的基础上提出了另外一种网络数据接收的处理方法——NAPI(New API)。NAPI 是一种高效的网络处理技术。NAPI 的核心思想就是不全部采用中断来读取网络数据,而是采用中断来唤醒数据接收服务程序,在接收服务程序中采用 POLL 的方法来轮询处理数据。这种方法的好处就是可以提高短数据包的接收效率,减少中断处理的时间。目前 NAPI 已经在 Linux 的网络驱动中得到了大量的应用,NXP 官方编写的网络驱动都是采用的 NAPI 机制。

关于 NAPI 详细的处理过程这里不做讨论,本节简单讲解一下如何在驱动中使用 NAPI。Linux 内核使用结构体 napi_struct 表示 NAPI,在使用 NAPI 之前要先初始化一个 napi_struct 实例。

1. 初始化 NAPI

首先要初始化一个 napi_struct 实例,使用 netif_napi_add()函数,此函数定义在 net/core/dev.c 中,函数原型如下:

```
void netif_napi_add(struct net_device    * dev,
                    struct napi_struct    * napi,
                    int ( * poll)(struct napi_struct * , int),
                    int                  weight)
```

函数参数含义如下:

dev——每个 NAPI 必须关联一个网络设备,此参数指定 NAPI 要关联的网络设备。

napi——要初始化的 NAPI 实例。

poll——NAPI 所使用的轮询函数,非常重要,一般在此轮询函数中完成网络数据接收的工作。

weight——NAPI 默认权重(weight),一般为 NAPI_POLL_WEIGHT。

返回值——无。

2. 删除 NAPI

如果要删除 NAPI,则使用 netif_napi_del()函数即可,函数原型如下:

```
void netif_napi_del(struct napi_struct    * napi)
```

函数参数含义如下:

napi——要删除的 NAPI。

返回值——无。

3. 使能 NAPI

初始化完 NAPI 以后,必须使能才能使用,使用函数 napi_enable(),函数原型如下:

```
inline void napi_enable(struct napi_struct    * n)
```

函数参数含义如下:

n——要使能的 NAPI。

返回值——无。

4. 关闭 NAPI

关闭 NAPI 使用 napi_disable()函数即可,函数原型如下:

```
void napi_disable(struct napi_struct * n)
```

函数参数含义如下:

n——要关闭的 NAPI。

返回值——无。

5. 检查 NAPI 是否可以进行调度

使用 napi_schedule_prep()函数检查 NAPI 是否可以进行调度,函数原型如下:

```
inline bool napi_schedule_prep(struct napi_struct * n)
```

函数参数含义如下:

n——要检查的 NAPI。

返回值——如果可以调度则返回真,如果不可调度则返回假。

6. NAPI 调度

如果可以调度就进行调度,使用__napi_schedule()函数完成 NAPI 调度,函数原型如下:

```
void __napi_schedule(struct napi_struct * n)
```

函数参数含义如下:

n——要调度的 NAPI。

返回值——无。

也可以使用 napi_schedule()函数来一次完成 napi_schedule_prep()和__napi_schedule()这两个函数的工作。napi_schedule()函数内容如下所示:

示例代码 35-10 napi_schedule()函数
```
1 static inline void napi_schedule(struct napi_struct * n)
2 {
3     if (napi_schedule_prep(n))
4         __napi_schedule(n);
5 }
```

从示例代码 35-10 可以看出, napi_schedule()函数就是对 napi_schedule_prep()和 __napi_schedule()的简单封装,一次完成判断和调度。

7. NAPI 处理完成

NAPI 处理完成以后需要调用 napi_complete()函数来标记 NAPI 处理完成,函数原型如下:

```
inline void napi_complete(struct napi_struct * n)
```

函数参数含义如下:

n——处理完成的 NAPI。

返回值——无。

35.4 I.MX6ULL 网络驱动简介

35.4.1 I.MX6ULL 网络外设设备树

35.3 节我们对 Linux 的网络驱动框架进行了简单介绍,本节就来简单分析一下 I.MX6ULL 的网络驱动源码。I.MX6ULL 有两个 10Mbps/100Mbps 的网络 MAC 外设,因此 I.MX6ULL 网络驱动主要就是这两个网络 MAC 外设的驱动。这两个外设的驱动都是一样的,我们分析其中一个就行了。首先肯定是设备树,NXP 的 I.MX 系列 SOC 网络绑定文档为 Documentation/devicetree/bindings/net/fsl-fec.txt,此绑定文档描述了 I.MX 系列 SOC 网络设备树节点的要求。

1. 必要属性

compatible:这个肯定是必需的,一般是"fsl,<soc>-fec",比如 I.MX6ULL 的 compatible 属性就是"fsl,imx6ul-fec",和"fsl,imx6q-fec"。

reg——SOC 网络外设寄存器地址范围。

interrupts——网络中断。

phy-mode——确定网络所使用的 PHY 接口模式是 MII 还是 RMII。

2. 可选属性

phy-reset-gpios——PHY 芯片的复位引脚。

phy-reset-duration——PHY 复位引脚复位持续时间,单位为毫秒。只有当设置了 phy-reset-gpios 属性时此属性才会有效,如果不设置此属性 PHY 芯片复位引脚的复位持续时间默认为 1ms,数值不能大于 1000ms,大于 1000ms 就会强制设置为 1ms。

phy-supply——PHY 芯片的电源调节。

phy-handle——连接到此网络设备的 PHY 芯片句柄。

fsl,num-tx-queues——此属性指定发送队列的数量,如果不指定则默认为 1。

fsl,num-rx-queues——此属性指定接收队列的数量,如果不指定则默认为 2。

fsl,magic-packet——此属性不用设置具体的值,直接将此属性名字写到设备树中即可,表示支持硬件魔术帧唤醒。

fsl,wakeup_irq——此属性设置唤醒中断索引。

stop-mode——如果此属性存在则表明 SOC 需要设置 GPR 位来请求停止模式。

3. 可选子节点

mdio:可以设置名为 mdio 的子节点,此子节点用于指定网络外设所使用的 MDIO 总线,主要作为 PHY 节点的容器,也就是在 mdio 子节点下指定 PHY 相关的属性信息,具体信息可以参考 PHY 的绑定文档 Documentation/devicetree/bindings/net/phy.txt。

PHY 节点相关属性内容如下:

interrupts——中断属性,可以不需要。

interrupt-parent——中断控制器句柄,可以不需要。

reg——PHY 芯片地址,必需的。

compatible——兼容性列表,一般为 ethernet-phy-ieee802.3-c22 或 ethernet-phy-ieee802.3-c45,分别对应 IEEE 802.3 的 22 簇和 45 簇,默认是 22 簇。也可以设置为其他值,如果不知道 PHY 的 ID,则 compatible 属性可以设置为"ethernet-phy-idAAAA.BBBB",AAAA 和 BBBB 的含义如下:

AAAA——PHY 的 16 位 ID 寄存器 1 值,也就是 OUI 的 bit3~18,十六进制格式。

BBBB——PHY 的 16 位 ID 寄存器 2 值,也就是 OUI 的 bit19~24,十六进制格式。

max-speed——PHY 支持的最高速度,比如 10Mbps、100Mbps 或 1000Mbps。

打开 imx6ull.dtsi,找到如下 I.MX6ULL 的两个网络外设节点:

示例代码 35-11　网络节点信息

```
1  fec1: ethernet@02188000 {
2      compatible = "fsl,imx6ul-fec", "fsl,imx6q-fec";
3      reg = <0x02188000 0x4000>;
4      interrupts = <GIC_SPI 118 IRQ_TYPE_LEVEL_HIGH>,
5                   <GIC_SPI 119 IRQ_TYPE_LEVEL_HIGH>;
6      clocks = <&clks IMX6UL_CLK_ENET>,
7               <&clks IMX6UL_CLK_ENET_AHB>,
8               <&clks IMX6UL_CLK_ENET_PTP>,
9               <&clks IMX6UL_CLK_ENET_REF>,
10              <&clks IMX6UL_CLK_ENET_REF>;
11     clock-names = "ipg", "ahb", "ptp",
12              "enet_clk_ref", "enet_out";
13     stop-mode = <&gpr 0x10 3>;
14     fsl,num-tx-queues = <1>;
15     fsl,num-rx-queues = <1>;
16     fsl,magic-packet;
17     fsl,wakeup_irq = <0>;
18     status = "disabled";
19  };
20
21 fec2: ethernet@020b4000 {
22     compatible = "fsl,imx6ul-fec", "fsl,imx6q-fec";
23     reg = <0x020b4000 0x4000>;
```

```
24        interrupts = <GIC_SPI 120 IRQ_TYPE_LEVEL_HIGH>,
25                    <GIC_SPI 121 IRQ_TYPE_LEVEL_HIGH>;
26        clocks = <&clks IMX6UL_CLK_ENET>,
27                 <&clks IMX6UL_CLK_ENET_AHB>,
28                 <&clks IMX6UL_CLK_ENET_PTP>,
29                 <&clks IMX6UL_CLK_ENET2_REF_125M>,
30                 <&clks IMX6UL_CLK_ENET2_REF_125M>;
31        clock-names = "ipg", "ahb", "ptp",
32                "enet_clk_ref", "enet_out";
33        stop-mode = <&gpr 0x10 4>;
34        fsl,num-tx-queues = <1>;
35        fsl,num-rx-queues = <1>;
36        fsl,magic-packet;
37        fsl,wakeup_irq = <0>;
38        status = "disabled";
39    };
```

fec1 和 fec2 分别对应 I. MX6ULL 的 ENET1 和 ENET2,至于节点的具体属性就不分析了,上面在讲解绑定文档的时候就已经详细介绍过了。示例代码 35-11 是 NXP 官方编写的,我们不需要去修改,但是示例代码 35-11 是不能工作的,还需要根据实际情况添加或修改一些属性。打开 imx6ull-alientek-emmc. dts,找到如下内容:

```
                    示例代码 35-12    imx6ull-alientek-emmc.dts 中的网络节点
1  &fec1 {
2       pinctrl-names = "default";
3       pinctrl-0 = <&pinctrl_enet1
4               &pinctrl_enet1_reset>;
5       phy-mode = "rmii";
6       phy-handle = <&ethphy0>;
7       phy-reset-gpios = <&gpio5 7 GPIO_ACTIVE_LOW>;
8           phy-reset-duration = <200>;
9       status = "okay";
10 };
11
12 &fec2 {
13      pinctrl-names = "default";
14      pinctrl-0 = <&pinctrl_enet2
15              &pinctrl_enet2_reset>;
16      phy-mode = "rmii";
17      phy-handle = <&ethphy1>;
18      phy-reset-gpios = <&gpio5 8 GPIO_ACTIVE_LOW>;
19          phy-reset-duration = <200>;
20      status = "okay";
21
22      mdio {
23          #address-cells = <1>;
24          #size-cells = <0>;
25
26          ethphy0: ethernet-phy@0 {
27                  compatible = "ethernet-phy-ieee802.3-c22";
```

```
28                      reg = <0>;
29              };
30
31          ethphy1: ethernet - phy@1 {
32          compatible = "ethernet - phy - ieee802.3 - c22";
33          reg = <1>;
34              };
35      };
36 };
```

示例代码 35-12 是作者在移植 Linux 内核的时候已经根据 ALPHA 开发板修改后的,并不是 NXP 官方原版节点信息,所以会有一点出入,这个不要紧。

第 1～10 行,ENET1 网口的节点属性,第 3 行和第 4 行设置 ENET1 所使用的引脚 pinctrl 节点信息,第 5 行设置网络对应的 PHY 芯片接口为 RMII,这个要根据实际的硬件来设置。第 6 行设置 PHY 芯片的句柄为 ethphy0,MDIO 节点会设置 PHY 信息。其他的属性信息就很好理解了,基本已经在上面讲解绑定文档的时候说过了。

第 12～36 行,ENET2 网口的节点属性,基本和 ENET1 网口一致,区别就是多了第 22～35 行的 mdio 子节点,前面讲解绑定文档的时候说了,mido 子节点用于描述 MIDO 总线,在此子节点内会包含 PHY 节点信息。这里一共有两个 PHY 子节点:ethphy0 和 ethphy1,分别对应 ENET1 和 ENET2 的 PHY 芯片。比如第 26 行的"ethphy0:ethernet-phy@0"就是 ENET1 的 PHY 节点名字,"@"后面的 0 就是此 PHY 芯片的芯片地址,reg 属性也是描述 PHY 芯片地址的,这一点和 I^2C 设备节点很像。

最后就是设备树中网络相关引脚的描述,打开 imx6ull-alientek-emmc.dts,找到如下所示内容:

示例代码 35-13　网络引脚 pinctrl 信息

```
1  pinctrl_enet1: enet1grp {
2      fsl,pins = <
3          MX6UL_PAD_ENET1_RX_EN__ENET1_RX_EN          0x1b0b0
4          MX6UL_PAD_ENET1_RX_ER__ENET1_RX_ER          0x1b0b0
5          MX6UL_PAD_ENET1_RX_DATA0__ENET1_RDATA00     0x1b0b0
6          MX6UL_PAD_ENET1_RX_DATA1__ENET1_RDATA01     0x1b0b0
7          MX6UL_PAD_ENET1_TX_EN__ENET1_TX_EN          0x1b0b0
8          MX6UL_PAD_ENET1_TX_DATA0__ENET1_TDATA00     0x1b0b0
9          MX6UL_PAD_ENET1_TX_DATA1__ENET1_TDATA01     0x1b0b0
10        MX6UL_PAD_ENET1_TX_CLK__ENET1_REF_CLK1       0x4001b009
11     >;
12 };
13
14 pinctrl_enet2: enet2grp {
15     fsl,pins = <
16         MX6UL_PAD_GPIO1_IO07__ENET2_MDC             0x1b0b0
17         MX6UL_PAD_GPIO1_IO06__ENET2_MDIO            0x1b0b0
18         MX6UL_PAD_ENET2_RX_EN__ENET2_RX_EN          0x1b0b0
19         MX6UL_PAD_ENET2_RX_ER__ENET2_RX_ER          0x1b0b0
20         MX6UL_PAD_ENET2_RX_DATA0__ENET2_RDATA00     0x1b0b0
21         MX6UL_PAD_ENET2_RX_DATA1__ENET2_RDATA01     0x1b0b0
22         MX6UL_PAD_ENET2_TX_EN__ENET2_TX_EN          0x1b0b0
```

```
23          MX6UL_PAD_ENET2_TX_DATA0__ENET2_TDATA00      0x1b0b0
24          MX6UL_PAD_ENET2_TX_DATA1__ENET2_TDATA01      0x1b0b0
25          MX6UL_PAD_ENET2_TX_CLK__ENET2_REF_CLK2       0x4001b009
26    >;
27  };
28
29  /* enet1 reset zuozhongkai */
30  pinctrl_enet1_reset: enet1resetgrp {
31       fsl,pins = <
32        /* used for enet1  reset */
33        MX6ULL_PAD_SNVS_TAMPER7__GPIO5_IO07          0x10B0
34          >;
35  };
36
37  /* enet2 reset zuozhongkai */
38  pinctrl_enet2_reset: enet2resetgrp {
39       fsl,pins = <
40        /* used for enet2  reset */
41         MX6ULL_PAD_SNVS_TAMPER8__GPIO5_IO08         0x10B0
42       >;
43    };
```

pinctrl_enet1 和 pinctrl_enet1_reset 是 ENET1 所有的 I/O 引脚 pinctrl 信息。之所以分两部分，是因为 ENET1 的复位引脚为 GPIO5_IO07，而 GPIO5_IO07 对应的引脚就是 SNVS_TAMPER7，要放到 iomuxc_snvs 节点下，所以就分成了两部分。

注意第 16 行和第 17 行，这两行设置 GPIO1_IO07 和 GPIO1_IO06 为 ENET2 的 MDC 和 MDIO，大家可能会有疑问：为什么不将其设置为 ENET1 的 MDC 和 MDIO 呢？经过作者实测，在开启两个网口的情况下，将 GPIO1_IO07 和 GPIO1_IO06 设置为 ENET1 的 MDC 和 MDIO 会导致网络工作不正常。前面说了，一个 MDIO 接口可以管理 32 个 PHY，所以设置 ENET2 的 MDC 和 MDIO 以后也可以管理 ENET1 上的 PHY 芯片。

35.4.2 I.MX6ULL 网络驱动源码简介

1. fec_probe()函数简介

对于 I.MX6ULL 而言网络驱动主要分为两部分：I.MX6ULL 网络外设驱动以及 PHY 芯片驱动，网络外设驱动是 NXP 编写的，PHY 芯片有通用驱动文件，有些 PHY 芯片厂商还会针对自己的芯片编写对应的 PHY 驱动。总体来说，SOC 内置网络 MAC+外置 PHY 芯片这种方案我们是不需要编写什么驱动的，基本可以直接使用。但是为了学习，我们还是要简单分析一下具体的网络驱动编写过程。

首先来看一下 I.MX6ULL 的网络控制器部分驱动，从示例代码 35-12 中可以看出，compatible 属性有两个值"fsl,imx6ul-fec"和"fsl,imx6q-fec"，通过在 Linux 内核源码中搜索这两个字符串即可找到对应的驱动文件，驱动文件为 drivers/net/ethernet/freescale/fec_main.c，打开 fec_main.c，找到如下所示内容：

示例代码 35-14 I.MX 系列 SOC 网络平台驱动匹配表
```
1  static const struct of_device_id fec_dt_ids[] = {
```

```
2      { .compatible = "fsl,imx25 - fec", .data =
           &fec_devtype[ IMX25_FEC], },
3      { .compatible = "fsl,imx27 - fec", .data =
           &fec_devtype[ IMX27_FEC], },
4      { .compatible = "fsl,imx28 - fec", .data =
           &fec_devtype[ IMX28_FEC], },
5      { .compatible = "fsl,imx6q - fec", .data =
           &fec_devtype[ IMX6Q_FEC], },
6      { .compatible = "fsl,mvf600 - fec", .data =
           &fec_devtype[ MVF600_FEC], },
7      { .compatible = "fsl,imx6sx - fec", .data =
           &fec_devtype[ IMX6SX_FEC], },
8      { .compatible = "fsl,imx6ul - fec", .data =
           &fec_devtype[ IMX6UL_FEC], },
9      { /* sentinel */ }
10   };
11
12   static struct platform_driver fec_driver = {
13       .driver = {
14           .name     = DRIVER_NAME,
15           .pm = &fec_pm_ops,
16           .of_match_table = fec_dt_ids,
17       },
18       .id_table = fec_devtype,
19       .probe   = fec_probe,
20       .remove = fec_drv_remove,
21   };
```

第 8 行,匹配表包含"fsl,imx6ul-fec",因此设备树和驱动匹配上,当匹配成功以后第 19 行的 fec_probe()函数就会执行。下面简单分析一下 fec_probe()函数,函数内容如下:

示例代码 35-15　fec_probe()函数

```
1    static int fec_probe(struct platform_device * pdev)
2    {
3        struct fec_enet_private * fep;
4        struct fec_platform_data * pdata;
5        struct net_device * ndev;
6        int i, irq, ret = 0;
7        struct resource * r;
8        const struct of_device_id * of_id;
9        static int dev_id;
10       struct device_node * np = pdev -> dev.of_node, * phy_node;
11       int num_tx_qs;
12       int num_rx_qs;
13
14       fec_enet_get_queue_num(pdev, &num_tx_qs, &num_rx_qs);
15
16       /* Init network device */
17       ndev = alloc _etherdev_mqs(sizeof(struct fec_enet_private),
18                   num_tx_qs, num_rx_qs);
19       if (!ndev)
```

```
20          return - ENOMEM;
21
22      SET_NETDEV_DEV(ndev, &pdev -> dev);
23
24      /* setup board info structure */
25      fep = netdev_priv(ndev);
26
27      of_id = of_match_device(fec_dt_ids, &pdev -> dev);
28      if (of_id)
29          pdev -> id_entry = of_id -> data;
30      fep -> quirks = pdev -> id_entry -> driver_data;
31
32      fep -> netdev = ndev;
33      fep -> num_rx_queues = num_rx_qs;
34      fep -> num_tx_queues = num_tx_qs;
35
36  #if !defined(CONFIG_M5272)
37      /* default enable pause frame auto negotiation */
38      if (fep -> quirks & FEC_QUIRK_HAS_GBIT)
39          fep -> pause_flag |= FEC_PAUSE_FLAG_AUTONEG;
40  #endif
41
42      /* Select default pin state */
43      pinctrl_pm_select_default_state(&pdev -> dev);
44
45      r = platform_get_resource(pdev, IORESOURCE_MEM, 0);
46      fep -> hwp = devm_ioremap_resource(&pdev -> dev, r);
47      if (IS_ERR(fep -> hwp)) {
48          ret = PTR_ERR(fep -> hwp);
49          goto failed_ioremap;
50      }
51
52      fep -> pdev = pdev;
53      fep -> dev_id = dev_id++;
54
55      platform_set_drvdata(pdev, ndev);
56
57      fec_enet_of_parse_stop_mode(pdev);
58
59      if (of_get_property(np, "fsl,magic - packet", NULL))
60          fep -> wol_flag |= FEC_WOL_HAS_MAGIC_PACKET;
61
62      phy_node = of_parse_phandle(np, "phy - handle", 0);
63      if (!phy_node && of_phy_is_fixed_link(np)) {
64          ret = of_phy_register_fixed_link(np);
65          if (ret < 0) {
66              dev_err(&pdev -> dev,
67                  "broken fixed - link specification\n");
68              goto failed_phy;
69          }
70          phy_node = of_node_get(np);
71      }
```

```
72          fep -> phy_node = phy_node;
73
74          ret = of_get_phy_mode(pdev -> dev.of_node);
75          if (ret < 0) {
76              pdata = dev_get_platdata(&pdev -> dev);
77              if (pdata)
78                  fep -> phy_interface = pdata -> phy;
79              else
80                  fep -> phy_interface = PHY_INTERFACE_MODE_MII;
81          } else {
82              fep -> phy_interface = ret;
83          }
84
85          fep -> clk_ipg = devm_clk_get(&pdev -> dev, "ipg");
86          if (IS_ERR(fep -> clk_ipg)) {
87              ret = PTR_ERR(fep -> clk_ipg);
88              goto failed_clk;
89          }
90
91          fep -> clk_ahb = devm_clk_get(&pdev -> dev, "ahb");
92          if (IS_ERR(fep -> clk_ahb)) {
93              ret = PTR_ERR(fep -> clk_ahb);
94              goto failed_clk;
95          }
96
97          fep -> itr_clk_rate = clk_get_rate(fep -> clk_ahb);
98
99          /* enet_out is optional, depends on board */
100         fep -> clk_enet_out = devm_clk_get(&pdev -> dev, "enet_out");
101         if (IS_ERR(fep -> clk_enet_out))
102             fep -> clk_enet_out = NULL;
103
104         fep -> ptp_clk_on = false;
105         mutex_init(&fep -> ptp_clk_mutex);
106
107         /* clk_ref is optional, depends on board */
108         fep -> clk_ref = devm_clk_get(&pdev -> dev, "enet_clk_ref");
109         if (IS_ERR(fep -> clk_ref))
110             fep -> clk_ref = NULL;
111
112         fep -> bufdesc_ex = fep -> quirks & FEC_QUIRK_HAS_BUFDESC_EX;
113         fep -> clk_ptp = devm_clk_get(&pdev -> dev, "ptp");
114         if (IS_ERR(fep -> clk_ptp)) {
115             fep -> clk_ptp = NULL;
116             fep -> bufdesc_ex = false;
117         }
118
119         pm_runtime_enable(&pdev -> dev);
120         ret = fec_enet_clk_enable(ndev, true);
121         if (ret)
122             goto failed_clk;
123
```

```
124     fep->reg_phy = devm_regulator_get(&pdev->dev, "phy");
125     if (!IS_ERR(fep->reg_phy)) {
126         ret = regulator_enable(fep->reg_phy);
127         if (ret) {
128             dev_err(&pdev->dev,
129                 "Failed to enable phy regulator: %d\n", ret);
130             goto failed_regulator;
131         }
132     } else {
133         fep->reg_phy = NULL;
134     }
135
136     fec_reset_phy(pdev);
137
138     if (fep->bufdesc_ex)
139         fec_ptp_init(pdev);
140
141     ret = fec_enet_init(ndev);
142     if (ret)
143         goto failed_init;
144
145     for (i = 0; i < FEC_IRQ_NUM; i++) {
146         irq = platform_get_irq(pdev, i);
147         if (irq < 0) {
148             if (i)
149                 break;
150             ret = irq;
151             goto failed_irq;
152         }
153         ret = devm_request_irq(&pdev->dev, irq, fec_enet_interrupt,
154                         0, pdev->name, ndev);
155         if (ret)
156             goto failed_irq;
157
158         fep->irq[i] = irq;
159     }
160
161     ret = of_property_read_u32(np, "fsl,wakeup_irq", &irq);
162     if (!ret && irq < FEC_IRQ_NUM)
163         fep->wake_irq = fep->irq[irq];
164     else
165         fep->wake_irq = fep->irq[0];
166
167     init_completion(&fep->mdio_done);
168     ret = fec_enet_mii_init(pdev);
169     if (ret)
170         goto failed_mii_init;
171
172     /* Carrier starts down, phylib will bring it up */
173     netif_carrier_off(ndev);
174     fec_enet_clk_enable(ndev, false);
175     pinctrl_pm_select_sleep_state(&pdev->dev);
```

```
176
177        ret = register_netdev(ndev);
178        if (ret)
179            goto failed_register;
180
181        device_init_wakeup(&ndev->dev, fep->wol_flag &
182                    FEC_WOL_HAS_MAGIC_PACKET);
183
184        if (fep->bufdesc_ex && fep->ptp_clock)
185            netdev_info(ndev, "registered PHC device %d\n", fep->dev_id);
186
187        fep->rx_copybreak = COPYBREAK_DEFAULT;
188        INIT_WORK(&fep->tx_timeout_work, fec_enet_timeout_work);
189        return 0;
...
206        return ret;
207 }
```

第 14 行,使用 fec_enet_get_queue_num() 函数来获取设备树中的"fsl,num-tx-queues"和"fsl,num-rx-queues"这两个属性值,也就是发送队列和接收队列的大小,设备树中这两个属性都设置为 1。

第 17 行,使用 alloc_etherdev_mqs() 函数申请 net_device。

第 25 行,获取 net_device 中私有数据内存首地址,net_device 中的私有数据用来存放 I.MX6ULL 网络设备结构体,此结构体为 fec_enet_private。

第 30 行,接下来所有以"fep->"开头的代码行就是初始化网络设备结构体各个成员变量,结构体类型为 fec_enet_privatede,这个结构体是 NXP 自己定义的。

第 45 行,获取设备树中 I.MX6ULL 网络外设(ENET)相关寄存器起始地址,ENET1 的寄存器起始地址为 0x02188000,ENET2 的寄存器起始地址为 0x020B4000。

第 46 行,对第 45 行获取到的地址做虚拟地址转换,转换后的 ENET 虚拟寄存器起始地址保存在 fep 的 hwp 成员中。

第 57 行,使用 fec_enet_of_parse_stop_mode() 函数解析设备树中关于 ENET 的停止模式属性值,属性名字为 stop-mode,我们没有用到。

第 59 行,从设备树查找"fsl,magic-packet"属性是否存在,如果存在则说明有魔术包,有魔术包的话就将 fep 的 wol_flag 成员与 FEC_WOL_HAS_MAGIC_PACKET 进行或运算,也就是在 wol_flag 中做登记,登记支持魔术包。

第 62 行,获取"phy-handle"属性的值,phy-handle 属性指定了 I.MX6ULL 网络外设所对应获取 PHY 的设备节点。在设备树的 fec1 和 fec2 两个节点中 phy-handle 属性值分别为:

```
phy-handle = <&ethphy0>;
phy-handle = <&ethphy1>;
```

而 ethphy0 和 ethphy1 都定义在 mdio 子节点下,内容如下所示:

```
mdio {
    #address-cells = <1>;
    #size-cells = <0>;
```

```
ethphy0: ethernet – phy@0 {
    compatible = "ethernet – phy – ieee802.3 – c22";
    reg = < 0 >;
};
ethphy1: ethernet – phy@1 {
    compatible = "ethernet – phy – ieee802.3 – c22";
    reg = < 1 >;
};
};
```

可以看出，ethphy0 和 ethphy1 都是与 MDIO 相关的，而 MDIO 接口是配置 PHY 芯片的，通过一个 MDIO 接口可以配置多个 PHY 芯片，不同的 PHY 芯片通过不同的地址进行区别。正点原子 ALPHA 开发板中 ENET 的 PHY 地址为 0x00，ENET2 的 PHY 地址为 0x01。这两个 PHY 地址要通过设备树告诉 Linux 系统，下面两行代码@后面的数值就是 PHY 地址：

```
ethphy0: ethernet – phy@2
ethphy1: ethernet – phy@1
```

并且 ethphy0 和 ethphy1 节点中的 reg 属性也是 PHY 地址。如果要更换其他的网络 PHY 芯片，那么第一步就是要修改设备树中的 PHY 地址。

第 74 行，获取 PHY 工作模式，函数 of_get_phy_mode() 会读取属性 phy-mode 的值，phy-mode 中保存了 PHY 的工作方式，即 PHY 是 RMII 还是 MII，IMX6ULL 中的 PHY 工作在 RMII 模式。

第 85 行、第 91 行、第 100 行、第 108 行和第 113 行，分别获取时钟 ipg、ahb、enet_out、enet_clk_ref 和 ptp，对应结构体 fec_enet_private 有如下成员函数：

```
struct clk * clk_ipg;
struct clk * clk_ahb;
struct clk * clk_ref;
struct clk * clk_enet_out;
struct clk * clk_ptp;
```

第 120 行，使能时钟。

第 136 行，调用函数 fec_reset_phy() 复位 PHY。

第 141 行，调用函数 fec_enet_init() 初始化 enet，此函数会分配队列、申请 DMA、设置 MAC 地址，初始化 net_device 的 netdev_ops 和 ethtool_ops 成员，如图 35-17 所示。

```
3298        ndev->netdev_ops = &fec_netdev_ops;
3299        ndev->ethtool_ops = &fec_enet_ethtool_ops;
```

图 35-17 设置 netdev_ops 和 ethtool_ops

从图 35-17 可以看出，net_device 的 netdev_ops 和 ethtool_ops 成变量分别初始化成了 fec_netdev_ops 和 fec_enet_ethtool_ops。fec_enet_init() 函数还会调用 netif_napi_add() 来设置 poll 函数，说明 NXP 官方编写的此网络驱动是 NAPI 兼容驱动，如图 35-18 所示。

从图 35-18 可以看出，通过 netif_napi_add() 函数向网卡添加了一个 NAPI 示例，使用 NAPI 驱动要提供一个 poll 函数来轮询处理接收数据，此处的 poll 函数为 fec_enet_rx_napi()，后面分析网络数据接收处理流程的时候详细讲解此函数。

| 3301 | writel(FEC_RX_DISABLED_IMASK, fep->hwp + FEC_IMASK); |
| 3302 | netif_napi_add(ndev, &fep->napi, fec_enet_rx_napi, NAPI_POLL_WEIGHT); |

图 35-18　netif_napi_add()函数

最后,fec_enet_init()函数会设置 IMX6ULL 网络外设相关硬件寄存器。

第 146 行,从设备树中获取中断号。

第 153 行,申请中断,中断处理函数为 fec_enet_interrupt(),这个函数是重点。后面会分析此函数。

第 161 行,从设备树中获取属性"fsl,wakeup_irq"的值,也就是唤醒中断。

第 167 行,初始化完成量 completion,用于一个执行单元等待另一个执行单元执行完某事。

第 168 行,函数 fec_enet_mii_init()完成 MII/RMII 接口的初始化,此函数的重点是图 35-19 中的两行代码。

| 2100 | fep->mii_bus->read = fec_enet_mdio_read; |
| 2101 | fep->mii_bus->write = fec_enet_mdio_write; |

图 35-19　mdio 读写函数

mii_bus 下的 read 和 write 这两个成员变量分别是读/写 PHY 寄存器的操作函数,这里设置为 fec_enet_mdio_read()和 fec_enet_mdio_write(),这两个函数就是 I.MX 系列 SOC 读写 PHY 内部寄存器的函数,读取或者配置 PHY 寄存器都会通过这两个 MDIO 总线函数完成。fec_enet_mii_init()函数最终会向 Linux 内核注册 MIDO 总线,相关代码如下所示:

```
示例代码 35-16　fec_enet_mii_init()函数注册 mdio 总线
1  node = of_get_child_by_name(pdev->dev.of_node, "mdio");
2  if (node) {
3    err = of_mdiobus_register(fep->mii_bus, node);
4    of_node_put(node);
5  } else {
6    err = mdiobus_register(fep->mii_bus);
7  }
```

示例代码 35-16 中第 1 行就是从设备树中获取 mdio 节点,如果节点存在则会通过 of_mdiobus_register()或者 mdiobus_register()来向内核注册 MDIO 总线。如果采用设备树则使用 of_mdiobus_register()来注册 MDIO 总线,否则就使用 mdiobus_register()函数。

继续回到示例代码 35-17,接着分析 fec_probe()函数。

第 173 行,先调用函数 netif_carrier_off()通知内核,先关闭链路,phylib 会打开。

第 174 行,调用函数 fec_enet_clk_enable()使能网络相关时钟。

第 177 行,调用函数 register_netdev()注册 net_device。

2. MDIO 总线注册

MDIO 我们讲了很多次了,就是用来管理 PHY 芯片的,分为 MDIO 和 MDC 两根线。Linux 内核专门为 MDIO 准备一个总线,叫作 MDIO 总线,采用 mii_bus 结构体表示,定义在 include/linux/phy.h 文件中,mii_bus 结构体如下所示:

```
示例代码 35-17　mii_bus 结构体
1  struct mii_bus {
```

```
2       const char  * name;
3       char id[MII_BUS_ID_SIZE];
4       void * priv;
5       int ( * read)(struct mii_bus * bus, int phy_id, int regnum);
6       int ( * write)(struct mii_bus * bus, int phy_id, int regnum,u16 val);
7       int ( * reset)(struct mii_bus * bus);
8
9       / *
10         * A lock to ensure that only one thing can read/write
11         * the MDIO bus at a time
12         * /
13      struct mutex mdio_lock;
14
15      struct device * parent;
16      enum {
17          MDIOBUS_ALLOCATED = 1,
18          MDIOBUS_REGISTERED,
19          MDIOBUS_UNREGISTERED,
20          MDIOBUS_RELEASED,
21      } state;
22      struct device dev;
23
24      / * list of all PHYs on bus * /
25      struct phy_device * phy_map[PHY_MAX_ADDR];
26
27      / * PHY addresses to be ignored when probing * /
28      u32 phy_mask;
29
30      / *
31         * Pointer to an array of interrupts, each PHY's
32         * interrupt at the index matching its address
33         * /
34      int * irq;
35 };
```

重点是第 5 行和第 6 行的 read()和 write()函数,这两个函数就是读/些 PHY 芯片的操作函数,不同的 SOC 其 MDIO 主控部分是不一样的,因此需要驱动编写人员去编写。我们前面在分析 fec_probe()函数的时候已经讲过了,fec_probe()函数会调用 fec_enet_mii_init()函数完成 MII 接口的初始化,其中就包括初始化 mii_bus 下的 read()和 write()这两个函数。最终通过 of_mdiobus_register()或者 mdiobus_register()函数将初始化以后的 mii_bus 注册到 Linux 内核,of_mdiobus_register()函数其实最终也是调用的 mdiobus_register()函数来完成 mii_bus 注册的。of_mdiobus_register()函数内容如下(限于篇幅,有省略):

```
              示例代码 35-18  of_mdiobus_register()函数
1  int of_mdiobus_register(struct mii_bus * mdio, struct device_node * np)
2  {
3      struct device_node * child;
4      const __be32 * paddr;
5      bool scanphys = false;
```

```
6       int addr, rc, i;
7
8       /* Mask out all PHYs from auto probing.   Instead the PHYs listed
9        * in the device tree are populated after the bus has been         * registered */
10      mdio->phy_mask = ~0;
11
12      /* Clear all the IRQ properties */
13      if (mdio->irq)
14          for (i = 0; i < PHY_MAX_ADDR; i++)
15                  mdio->irq[i] = PHY_POLL;
16
17      mdio->dev.of_node = np;
18
19      /* Register the MDIO bus */
20      rc = mdiobus_register(mdio);
21      if (rc)
22          return rc;
23
24      /* Loop over the child nodes and register a phy_device for each         one */
25      for_each_available_child_of_node(np, child) {
26          addr = of_mdio_parse_addr(&mdio->dev, child);
27          if (addr < 0) {
28                  scanphys = true;
29                  continue;
30          }
31
32          rc = of_mdiobus_register_phy(mdio, child, addr);
33          if (rc)
34          continue;
35      }
36
37      if (!scanphys)
38          return 0;
39
...
62      return 0;
63  }
```

第 20 行,调用 mdiobus_register()函数向 Linux 内核注册 MDIO 总线。

第 25 行,轮询 mdio 节点下的所有子节点,比如示例代码 35-12 中的"ethphy0:ethernet-phy@0"和"ethphy1:ethernet-phy@1"这两个子节点,这两个子节点描述的是 PHY 芯片信息。

第 26 行,提取设备树子节点中 PHY 地址,也就是"ethphy0:ethernet-phy@0"和"ethphy1:ethernet-phy@1"这两个子节点对应的 PHY 芯片地址,分别为 0 和 1。

第 32 行,调用 of_mdiobus_register_phy()函数向 Linux 内核注册 PHY。

简单总结一下,of_mdiobus_register()函数有两个主要的功能:一个是通过 mdiobus_register()函数向 Linux 内核注册 MDIO 总线;另一个就是通过 of_mdiobus_register_phy()函数向内核注册 PHY。

接下来简单分析一下 of_mdiobus_register_phy()函数,看看是如何向 Linux 内核注册 PHY 设备。of_mdiobus_register_phy()函数内容如下所示:

示例代码 35-19　of_mdiobus_register_phy()函数

```
1   static int of_mdiobus_register_phy(struct mii_bus * mdio, struct device_node * child,
2                       u32 addr)
3   {
4       struct phy_device * phy;
5       bool is_c45;
6       int rc;
7       u32 phy_id;
8
9       is_c45 = of_device_is_compatible(child,
10                      "ethernet - phy - ieee802.3 - c45");
11
12      if (!is_c45 && !of_get_phy_id(child, &phy_id))
13          phy = phy_device_create(mdio, addr, phy_id, 0, NULL);
14      else
15          phy = get_phy_device(mdio, addr, is_c45);
16      if (!phy || IS_ERR(phy))
17          return 1;
18
19      rc = irq_of_parse_and_map(child, 0);
20      if (rc > 0) {
21          phy -> irq = rc;
22          if (mdio -> irq)
23              mdio -> irq[addr] = rc;
24      } else {
25          if (mdio -> irq)
26              phy -> irq = mdio -> irq[addr];
27      }
28
29      /* Associate the OF node with the device structure so it
30       * can be looked up later */
31      of_node_get(child);
32      phy -> dev.of_node = child;
33
34      /* All data is now stored in the phy struct;
35       * register it */
36      rc = phy_device_register(phy);
37      if (rc) {
38          phy_device_free(phy);
39          of_node_put(child);
40          return 1;
41      }
42
43      dev_dbg(&mdio -> dev, "registered phy % s at address % i\n",
44          child -> name, addr);
45
46      return 0;
47  }
```

第 9 行，使用函数 of_device_is_compatible()检查 PHY 节点的 compatible 属性是否为
"ethernet-phy-ieee802.3-c45"，如果是则要做其他的处理，这里设置的 compatible 属性为"ethernet-

phy-ieee802.3-c22"。

第 15 行,调用 get_phy_device()函数获取 PHY 设备,此函数中会调用 phy_device_create()来创建一个 phy_device 设备并返回。

第 19 行,获取 PHY 芯片的中断信息,这里并未用到。

第 36 行,调用 phy_device_register()函数向 Linux 内核注册 PHY 设备。

从上面的分析可以看出,向 Linux 内核注册 MDIO 总线的时候也会同时向 Linux 内核注册 PHY 设备,流程如图 35-20 所示。

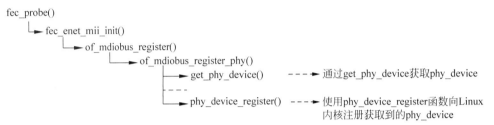

图 35-20 MDIO 总线注册流程

注册 MIDO 总线的时候会从设备树中查找 PHY 设备,然后通过 phy_device_register()函数向内核注册 PHY 设备。接下来就来学习一下 PHY 子系统。

3. fec_drv_remove()函数简介

卸载 I.MX6ULL 网络驱动的时候 fec_drv_remove()函数就会执行,函数内容如下所示:

```
                        示例代码 35-20   fec_drv_remove()函数
1   static int fec_drv_remove(struct platform_device * pdev)
2   {
3       struct net_device * ndev = platform_get_drvdata(pdev);
4       struct fec_enet_private * fep = netdev_priv(ndev);
5
6       cancel_delayed_work_sync(&fep - > time_keep);
7       cancel_work_sync(&fep - > tx_timeout_work);
8       unregister_netdev(ndev);
9       fec_enet_mii_remove(fep);
10      if (fep - > reg_phy)
11          regulator_disable(fep - > reg_phy);
12      if (fep - > ptp_clock)
13          ptp_clock_unregister(fep - > ptp_clock);
14      of_node_put(fep - > phy_node);
15      free_netdev(ndev);
16
17      return 0;
18  }
```

第 8 行,调用 unregister_netdev()函数注销前面注册的 net_device。

第 9 行,调用 fec_enet_mii_remove()函数来移除掉 MDIO 总线相关的内容,此函数会调用 mdiobus_unregister()来注销掉 mii_bus,并且通过函数 mdiobus_free()释放掉 mii_bus

第 15 行,调用 free_netdev()函数释放掉前面申请的 net_device。

35.4.3 fec_netdev_ops 操作集

fec_probe()函数设置了网卡驱动的 net_dev_ops 操作集为 fec_netdev_ops,fec_netdev_ops 内容如下:

示例代码 35-21 fec_netdev_ops 操作集

```
1  static const struct net_device_ops fec_netdev_ops = {
2      .ndo_open           = fec_enet_open,
3      .ndo_stop           = fec_enet_close,
4      .ndo_start_xmit     = fec_enet_start_xmit,
5      .ndo_select_queue   = fec_enet_select_queue,
6      .ndo_set_rx_mode    = set_multicast_list,
7      .ndo_change_mtu     = eth_change_mtu,
8      .ndo_validate_addr  = eth_validate_addr,
9      .ndo_tx_timeout     = fec_timeout,
10     .ndo_set_mac_address = fec_set_mac_address,
11     .ndo_do_ioctl       = fec_enet_ioctl,
12 #ifdef CONFIG_NET_POLL_CONTROLLER
13     .ndo_poll_controller = fec_poll_controller,
14 #endif
15     .ndo_set_features   = fec_set_features,
16 };
```

1. fec_enet_open()函数简介

打开一个网卡的时候 fec_enet_open()函数就会执行,函数源码如下所示(限于篇幅原因,有省略):

示例代码 35-22 fec_enet_open()函数

```
1  static int fec_enet_open(struct net_device * ndev)
2  {
3      struct fec_enet_private * fep = netdev_priv(ndev);
4      const struct platform_device_id * id_entry =
5              platform_get_device_id(fep->pdev);
6      int ret;
7
8      pinctrl_pm_select_default_state(&fep->pdev->dev);
9      ret = fec_enet_clk_enable(ndev, true);
10     if (ret)
11         return ret;
12
13     /* I should reset the ring buffers here, but I don't yet know
14      * a simple way to do that.
15      */
16
17     ret = fec_enet_alloc_buffers(ndev);
18     if (ret)
19         goto err_enet_alloc;
20
21     /* Init MAC prior to mii bus probe */
22     fec_restart(ndev);
23
```

```
24      / * Probe and connect to PHY when open the interface * /
25      ret = fec_enet_mii_probe(ndev);
26      if (ret)
27          goto err_enet_mii_probe;
28
29      napi_enable(&fep->napi);
30      phy_start(fep->phy_dev);
31      netif_tx_start_all_queues(ndev);
32
...
47
48      return 0;
49
50  err_enet_mii_probe:
51      fec_enet_free_buffers(ndev);
52  err_enet_alloc:
53      fep->miibus_up_failed = true;
54      if (!fep->mii_bus_share)
55          pinctrl_pm_select_sleep_state(&fep->pdev->dev);
56      return ret;
57  }
```

第 9 行,调用 fec_enet_clk_enable()函数使能 ENET 时钟。

第 17 行,调用 fec_enet_alloc_buffers()函数申请环形缓冲区 buffer,此函数中会调用 fec_enet_alloc_rxq_buffers()和 fec_enet_alloc_txq_buffers()这两个函数分别实现发送队列和接收队列缓冲区的申请。

第 22 行,重启网络,一般连接状态改变、传输超时或者配置网络的时候都会调用 fec_restart()函数。

第 25 行,打开网卡的时候调用 fec_enet_mii_probe()函数来探测并连接对应的 PHY 设备。

第 29 行,调用 napi_enable()函数使能 NAPI 调度。

第 30 行,调用 phy_start()函数开启 PHY 设备。

第 31 行,调用 netif_tx_start_all_queues()函数来激活发送队列。

2. fec_enet_close()函数简介

关闭网卡的时候 fec_enet_close()函数就会执行,函数内容如下:

示例代码35-23　fec_enet_close()函数

```
1   static int fec_enet_close(struct net_device * ndev)
2   {
3       struct fec_enet_private * fep = netdev_priv(ndev);
4
5       phy_stop(fep->phy_dev);
6
7       if (netif_device_present(ndev)) {
8           napi_disable(&fep->napi);
9           netif_tx_disable(ndev);
10          fec_stop(ndev);
11      }
```

```
12
13      phy_disconnect(fep->phy_dev);
14      fep->phy_dev = NULL;
15
16      fec_enet_clk_enable(ndev, false);
17      pm_qos_remove_request(&fep->pm_qos_req);
18      pinctrl_pm_select_sleep_state(&fep->pdev->dev);
19      pm_runtime_put_sync_suspend(ndev->dev.parent);
20      fec_enet_free_buffers(ndev);
21
22      return 0;
23  }
```

第 5 行,调用 phy_stop()函数停止 PHY 设备。

第 8 行,调用 napi_disable()函数关闭 NAPI 调度。

第 9 行,调用 netif_tx_disable()函数关闭 NAPI 的发送队列。

第 10 行,调用 fec_stop()函数关闭 I. MX6ULL 的 ENET 外设。

第 13 行,调用 phy_disconnect()函数断开与 PHY 设备的连接。

第 16 行,调用 fec_enet_clk_enable()函数关闭 ENET 外设时钟。

第 20 行,调用 fec_enet_free_buffers()函数释放发送和接收的环形缓冲区内存。

3. fec_enet_start_xmit()函数简介

I. MX6ULL 的网络数据发送是通过 fec_enet_start_xmit()函数来完成的。这个函数将上层传递过来的 sk_buff 中的数据通过硬件发送出去,函数源码如下:

示例代码 35-24　fec_enet_start_xmit()函数
```
1  static netdev_tx_t fec_enet_start_xmit(struct sk_buff * skb, struct net_device * ndev)
2  {
3      struct fec_enet_private * fep = netdev_priv(ndev);
4      int entries_free;
5      unsigned short queue;
6      struct fec_enet_priv_tx_q * txq;
7      struct netdev_queue * nq;
8      int ret;
9
10     queue = skb_get_queue_mapping(skb);
11     txq = fep->tx_queue[queue];
12     nq = netdev_get_tx_queue(ndev, queue);
13
14     if (skb_is_gso(skb))
15         ret = fec_enet_txq_submit_tso(txq, skb, ndev);
16     else
17         ret = fec_enet_txq_submit_skb(txq, skb, ndev);
18     if (ret)
19         return ret;
20
21     entries_free = fec_enet_get_free_txdesc_num(fep, txq);
22     if (entries_free <= txq->tx_stop_threshold)
23         netif_tx_stop_queue(nq);
```

```
24
25     return NETDEV_TX_OK;
26 }
```

此函数的参数第一个参数 skb 就是上层应用传递下来的要发送的网络数据,第二个参数 ndev 就是要发送数据的设备。

第 14 行,判断 skb 是否为 GSO(Generic Segmentation Offload),如果是 GSO 则通过 fec_enet_txq_submit_tso()函数发送,如果不是则通过 fec_enet_txq_submit_skb 发送。

这里简单讲一下 TSO 和 GSO。

TSO:全称是 TCP Segmentation Offload,利用网卡对大数据包进行自动分段处理,降低 CPU 负载。

GSO:全称是 Generic Segmentation Offload,在发送数据之前先检查一下网卡是否支持 TSO,如果支持,就让网卡分段,如果不支持,就由协议栈进行分段处理,分段处理完成以后再交给网卡去发送。

第 21 行,通过 fec_enet_get_free_txdesc_num()函数获取剩余的发送描述符数量。

第 23 行,如果剩余的发送描述符的数量小于设置的阈值(tx_stop_threshold)则调用函数 netif_tx_stop_queue()来暂停发送,通过暂停发送来通知应用层停止向网络发送 skb,发送中断中会重新开启的。

4. fec_enet_interrupt()中断服务函数简介

前面说了 I.MX6ULL 的网络数据接收采用 NAPI 框架,所以肯定要用到中断。fec_probe()函数会初始化网络中断,中断服务函数为 fec_enet_interrupt(),函数内容如下:

示例代码 35-25 fec_enet_interrupt()函数

```
1  static irqreturn_t fec_enet_interrupt(int irq, void * dev_id)
2  {
3      struct net_device * ndev = dev_id;
4      struct fec_enet_private * fep = netdev_priv(ndev);
5      uint int_events;
6      irqreturn_t ret = IRQ_NONE;
7
8      int_events = readl(fep->hwp + FEC_IEVENT);
9      writel(int_events, fep->hwp + FEC_IEVENT);
10     fec_enet_collect_events(fep, int_events);
11
12     if ((fep->work_tx || fep->work_rx) && fep->link) {
13         ret = IRQ_HANDLED;
14
15         if (napi_schedule_prep(&fep->napi)) {
16             /* Disable the NAPI interrupts */
17             writel(FEC_ENET_MII, fep->hwp + FEC_IMASK);
18             __napi_schedule(&fep->napi);
19         }
20     }
21
22     if (int_events & FEC_ENET_MII) {
23         ret = IRQ_HANDLED;
```

```
24        complete(&fep->mdio_done);
25    }
26
27    if (fep->ptp_clock)
28        fec_ptp_check_pps_event(fep);
29
30    return ret;
31 }
```

从上面的代码可以看出中断服务函数非常短,而且也没有见到有关数据接收的处理过程,那是因为 I.MX6ULL 的网络驱动使用了 NAPI,具体的网络数据收发是在 NAPI 的 poll 函数中完成的,中断中只需要进行 NAPI 调度即可,这个就是中断的上半部和下半部处理机制。

第 8 行,读取 NENT 的中断状态寄存器 EIR,获取中断状态。

第 9 行,将第 8 行获取到的中断状态值又写入 EIR 寄存器,用于清除中断状态寄存器。

第 10 行,调用 fec_enet_collect_events() 函数统计中断信息,也就是统计都发生了哪些中断。fep 中成员变量 work_tx 和 work_rx 的 bit0、bit1 和 bit2 用来做不同的标记,work_rx 的 bit2 表示接收到数据帧,work_tx 的 bit2 表示发送完数据帧。

第 15 行,调用 napi_schedule_prep() 函数检查 NAPI 是否可以进行调度。

第 17 行,如果使能了相关中断就要先关闭这些中断,向 EIMR 寄存器的 bit23 写 1 即可关闭相关中断。

第 18 行,调用 __napi_schedule() 函数来启动 NAPI 调度,这个时候 NAPI 的 poll 函数就会执行,在本网络驱动中就是 fec_enet_rx_napi() 函数。

5. fec_enet_interrupt() 中断服务函数简介

fec_enet_init() 函数初始化网络的时候会调用 netif_napi_add() 来设置 NAPI 的 poll 函数为 fec_enet_rx_napi(),函数内容如下:

```
                    示例代码 35-26   fec_enet_rx_napi() 函数
1  static int fec_enet_rx_napi(struct napi_struct * napi, int budget)
2  {
3      struct net_device * ndev = napi->dev;
4      struct fec_enet_private * fep = netdev_priv(ndev);
5      int pkts;
6
7      pkts = fec_enet_rx(ndev, budget);
8
9      fec_enet_tx(ndev);
10
11     if (pkts < budget) {
12         napi_complete(napi);
13         writel(FEC_DEFAULT_IMASK, fep->hwp + FEC_IMASK);
14     }
15     return pkts;
16 }
```

第 7 行,调用 fec_enet_rx() 函数进行真正的数据接收。

第 9 行,调用 fec_enet_tx() 函数进行数据发送。

第 12 行，调用 napi_complete()函数来宣布一次轮询结束。

第 13 行，设置 ENET 的 EIMR 寄存器，重新使能中断。

35.4.4　Linux 内核 PHY 子系统与 MDIO 总线简介

35.4.3 节在讲解 MDIO 总线的时候说过，注册 MDIO 总线的时候也会向内核注册 PHY 设备，本节就来简单了解一下 PHY 子系统。PHY 子系统就是用于 PHY 设备相关内容的，分为 PHY 设备和 PHY 驱动，和 platform 总线一样，PHY 子系统也是一个设备、总线和驱动模型。

1. PHY 设备

首先看一下 PHY 设备，Linux 内核使用 phy_device 结构体来表示 PHY 设备，结构体定义在 include/linux/phy.h 中，结构体内容如下：

```
                    示例代码 35-27    phy_device 结构体
1   struct phy_device {
2       /* Information about the PHY type */
3       /* And management functions */
4       struct phy_driver * drv;          /* PHY 设备驱动      */
5       struct mii_bus * bus;             /* 对应的 MII 总线    */
6       struct device dev;                /* 设备文件          */
7       u32 phy_id;                       /* PHY ID            */
8
9       struct phy_c45_device_ids c45_ids;
10      bool is_c45;
11      bool is_internal;
12      bool has_fixups;
13      bool suspended;
14
15      enum phy_state state;             /* PHY 状态          */
16      u32 dev_flags;
17      phy_interface_t interface;        /* PHY 接口          */
18
19      /* Bus address of the PHY (0 - 31) */
20      int addr;                         /* PHY 地址(0~31)     */
21
22      /*
23        * forced speed & duplex (no autoneg)
24        * partner speed & duplex & pause (autoneg)
25        */
26      int speed;                        /* 速度              */
27      int duplex;                       /* 双工模式          */
28      int pause;
29      int asym_pause;
30
31      /* The most recently read link state */
32      int link;
33
34      /* Enabled Interrupts */
35      u32 interrupts;                   /* 中断使能标志 */
36
37      /* Union of PHY and Attached devices' supported modes */
```

```
38      /* See mii.h for more info */
39      u32 supported;
40      u32 advertising;
41      u32 lp_advertising;
42      int autoneg;
43      int link_timeout;
44
45      /*
46       * Interrupt number for this PHY
47       * -1 means no interrupt
48       */
49      int irq;                                      /* 中断号 */
50
51      /* private data pointer */
52      /* For use by PHYs to maintain extra state */
53      void * priv;                                  /* 私有数据 */
54
55      /* Interrupt and Polling infrastructure */
56      struct work_struct phy_queue;
57      struct delayed_work state_queue;
58      atomic_t irq_disable;
59      struct mutex lock;
60      struct net_device * attached_dev;             /* PHY芯片对应的网络设备 */
61      void ( * adjust_link)(struct net_device * dev);
62  };
```

一个 PHY 设备对应一个 phy_device 实例,然后需要向 Linux 内核注册这个实例。使用 phy_device_register()函数完成 PHY 设备的注册,函数原型如下:

```
int phy_device_register(struct phy_device * phy)
```

函数参数含义如下:

phy——需要注册的 PHY 设备。

返回值——0,成功;负值,失败。

PHY 设备的注册过程一般是先调用 get_phy_device()函数获取 PHY 设备,此函数内容如下:

示例代码 35-28　get_phy_device()函数

```
1   struct phy_device * get_phy_device(struct mii_bus * bus, int addr, bool is_c45)
2   {
3       struct phy_c45_device_ids c45_ids = {0};
4       u32 phy_id = 0;
5       int r;
6
7       r = get_phy_id(bus, addr, &phy_id, is_c45, &c45_ids);
8       if (r)
9           return ERR_PTR(r);
10
11      /* If the phy_id is mostly Fs, there is no device there */
12      if ((phy_id & 0x1fffffff) == 0x1fffffff)
13          return NULL;
```

```
14
15       return phy_device_create(bus, addr, phy_id, is_c45, &c45_ids);
16   }
```

第 7 行,调用 get_phy_id()函数获取 PHY ID,也就是读取 PHY 芯片的那两个 ID 寄存器,得到
PHY 芯片 ID 信息。

第 15 行,调用 phy_device_create()函数创建 phy_device,此函数先申请 phy_device 内存,然后
初始化 phy_device 的各个结构体成员,最终返回创建好的 phy_device。phy_device_register()函数
注册的就是这个创建好的 phy_device。

2. PHY 驱动

PHY 驱动使用结构体 phy_driver 表示,结构体也定义在 include/linux/phy.h 文件中,结构体
内容如下(限于篇幅,省略了注释部分):

示例代码35-29　phy_driver 结构体

```
1    struct phy_driver {
2        u32 phy_id;                                    /* PHY ID      */
3        char * name;
4        unsigned int phy_id_mask;                      /* PHY ID 掩码 */
5        u32 features;
6        u32 flags;
7        const void * driver_data;
8
9        int ( * soft_reset)(struct phy_device * phydev);
10        int ( * config_init)(struct phy_device * phydev);
11       int ( * probe)(struct phy_device * phydev);
12       int ( * suspend)(struct phy_device * phydev);
13       int ( * resume)(struct phy_device * phydev);
14       int ( * config_aneg)(struct phy_device * phydev);
15       int ( * aneg_done)(struct phy_device * phydev);
16       int ( * read_status)(struct phy_device * phydev);
17       int ( * ack_interrupt)(struct phy_device * phydev);
18       int ( * config_intr)(struct phy_device * phydev);
19       int ( * did_interrupt)(struct phy_device * phydev);
20       void ( * remove)(struct phy_device * phydev);
21       int ( * match_phy_device)(struct phy_device * phydev);
22       int ( * ts_info)(struct phy_device * phydev,
                          struct ethtool_ts_info * ti);
23       int  ( * hwtstamp)(struct phy_device * phydev, struct ifreq * ifr);
24       bool ( * rxtstamp)(struct phy_device * dev, struct sk_buff * skb, int type);
25       void ( * txtstamp)(struct phy_device * dev, struct sk_buff * skb, int type);
26       int ( * set_wol)(struct phy_device * dev, struct ethtool_wolinfo * wol);
27       void ( * get_wol)(struct phy_device * dev, struct ethtool_wolinfo * wol);
28       void ( * link_change_notify)(struct phy_device * dev);
29       int ( * read_mmd_indirect)(struct phy_device * dev, int ptrad,
30              int devnum, int regnum);
31       void ( * write_mmd_indirect)(struct phy_device * dev, int ptrad,
32              int devnum, int regnum, u32 val);
```

```
33    int ( * module_info)(struct phy_device * dev,
34                    struct ethtool_modinfo * modinfo);
35    int ( * module_eeprom)(struct phy_device * dev,
36                    struct ethtool_eeprom * ee, u8 * data);
37
38    struct device_driver driver;
39 };
```

可以看出,phy_driver 重点是大量的函数,编写 PHY 驱动的主要工作就是实现这些函数,但是不一定全部实现,稍后会简单分析一下 Linux 内核通用 PHY 驱动。

1) 注册 PHY 驱动

phy_driver 结构体初始化完成以后就需要向 Linux 内核注册,PHY 驱动的注册使用 phy_driver_register()函数,注册 PHY 驱动的时候会设置驱动的总线为 mdio_bus_type,也就是 MDIO 总线,关于 MDIO 总线稍后会讲解,函数原型如下:

```
int phy_driver_register(struct phy_driver * new_driver)
```

函数参数含义如下:

new_driver——需要注册的 PHY 驱动。

返回值——0,成功;负值,失败。

2) 连续注册多个 PHY 驱动

一个厂家会生产多种 PHY 芯片,这些 PHY 芯片内部差别一般不大,如果一个个地去注册驱动将会导致一堆重复的驱动文件,因此 Linux 内核提供了一个连续注册多个 PHY 驱动的函数 phy_drivers_register()。首先准备一个 phy_driver 数组,一个数组元素就表示一个 PHY 芯片的驱动,然后调用 phy_drivers_register()一次性注册整个数组中的所有驱动,函数原型如下:

```
int phy_drivers_register(struct phy_driver * new_driver, int n)
```

函数参数含义如下:

new_driver——需要注册的多个 PHY 驱动数组。

n——要注册的驱动数量。

返回值——0,成功;负值,失败。

3) 卸载 PHY 驱动

卸载 PHY 驱动使用 phy_driver_unregister()函数,函数原型如下:

```
void phy_driver_unregister(struct phy_driver * drv)
```

函数参数含义如下:

new_driver——需要卸载的 PHY 驱动。

返回值——无。

3. MDIO 总线

如前所述,PHY 子系统也是遵循设备、总线、驱动模型的,设备和驱动就是 phy_device 和 phy_driver。总线就是 MDIO 总线,因为 PHY 芯片是通过 MIDO 接口来管理的,MDIO 总线最主要的工作就是匹配 PHY 设备和 PHY 驱动。在文件 drivers/net/phy/mdio_bus.c 中有如下定义：

示例代码 35-30　MDIO 总线
```
1 struct bus_type mdio_bus_type = {
2     .name        = "mdio_bus",
3     .match       = mdio_bus_match,
4     .pm          = MDIO_BUS_PM_OPS,
5     .dev_groups  = mdio_dev_groups,
6 };
```

示例代码 35-30 定义了一个名为 mdio_bus_type 的总线，这个就是 MDIO 总线，总线的名字为 mdio_bus，重点是总线的匹配函数为 mdio_bus_match()。此函数内容如下：

示例代码 35-31　mdio_bus_match()匹配函数
```
1  static int mdio_bus_match(struct device * dev,
                             struct device_driver * drv)
2  {
3      struct phy_device * phydev = to_phy_device(dev);
4      struct phy_driver * phydrv = to_phy_driver(drv);
5
6      if (of_driver_match_device(dev, drv))
7          return 1;
8
9      if (phydrv -> match_phy_device)
10         return phydrv -> match_phy_device(phydev);
11
12     return (phydrv -> phy_id & phydrv -> phy_id_mask) ==
13         (phydev -> phy_id & phydrv -> phy_id_mask);
14 }
```

第 6 行，采用设备树时应先尝试使用 of_driver_match_device()来对设备和驱动进行匹配，也就是检查 compatible 属性值与匹配表 of_match_table 中的内容是否一致。但是对于本章内容而言，并不是通过 of_driver_match_device()来完成 PHY 驱动和设备匹配的。

第 9 行和第 10 行，检查 PHY 驱动有没有提供匹配函数 match_phy_device()，如果有则直接调用 PHY 驱动提供的匹配函数完成与设备的匹配。

第 12 行和第 13 行，如果上面两个匹配方法都无效则使用最后一种，phy_driver 中有两个成员变量 phy_id 和 phy_id_mask，表示此驱动所匹配的 PHY 芯片 ID 以及 ID 掩码，PHY 驱动编写人员需要给这两个成员变量赋值。phy_device 也有一个 phy_id 成员变量，表示此 PHY 芯片的 ID，phy_device 中的 phy_id 是在注册 PHY 设备的时候调用 get_phy_id()函数直接读取 PHY 芯片内部 ID 寄存器得到的。很明显 PHY 驱动和 PHY 设备中的 ID 要一样，这样才能匹配起来。所以最后一种方法就是对比 PHY 驱动和 PHY 设备中的 phy_id 是否一致，这里需要与 PHY 驱动中的 phy_id_mask 进行与运算，如果结果一致则说明驱动和设备匹配。

如果 PHY 设备和 PHY 驱动匹配，那么就使用指定的 PHY 驱动，如果不匹配的话就使用 Linux 内核自带的通用 PHY 驱动。

4. 通用 PHY 驱动

前面多次提到 Linux 内核已经集成了通用 PHY 驱动，通用 PHY 驱动名字为"Generic PHY"。

打开 drivers/net/phy/phy_device.c，找到 phy_init()函数，内容如下：

示例代码 35-32　phy_init()函数

```
1  static int __init phy_init(void)
2  {
3      int rc;
4
5      rc = mdio_bus_init();
6      if (rc)
7            return rc;
8
9      rc = phy_drivers_register(genphy_driver,
10               ARRAY_SIZE(genphy_driver));
11     if (rc)
12        mdio_bus_exit();
13
14     return rc;
15 }
```

phy_init()是整个 PHY 子系统的入口函数，第 9 行会调用 phy_drivers_register()函数向内核直接注册一个通用 PHY 驱动——genphy_driver，也就是通用 PHY 驱动，也就是说，Linux 系统启动以后默认已经存在了通用 PHY 驱动。

genphy_driver 是一个数组，有两个数组元素，表示有两个通用的 PHY 驱动：一个是针对 10Mbps/100Mbps/1000Mbps 网络的，另一个是针对 10Gbps 网络的。genphy_driver 定义在 drivers/net/phy/phy_device.c 中，内容如下：

示例代码 35-33　通用 PHY 驱动

```
1  static struct phy_driver genphy_driver[] = {
2  {
3      .phy_id        = 0xffffffff,
4      .phy_id_mask   = 0xffffffff,
5      .name          = "Generic PHY",
6      .soft_reset    = genphy_soft_reset,
7      .config_init   = genphy_config_init,
8      .features      = PHY_GBIT_FEATURES | SUPPORTED_MII |
9          SUPPORTED_AUI | SUPPORTED_FIBRE |
10         SUPPORTED_BNC,
11     .config_aneg   = genphy_config_aneg,
12     .aneg_done     = genphy_aneg_done,
13     .read_status   = genphy_read_status,
14     .suspend       = genphy_suspend,
15     .resume        = genphy_resume,
16     .driver        = { .owner = THIS_MODULE, },
17 }, {
18     .phy_id        = 0xffffffff,
19     .phy_id_mask   = 0xffffffff,
20     .name          = "Generic 10G PHY",
21     .soft_reset    = gen10g_soft_reset,
22     .config_init   = gen10g_config_init,
23     .features      = 0,
```

```
24      .config_aneg           = gen10g_config_aneg,
25      .read_status           = gen10g_read_status,
26      .suspend               = gen10g_suspend,
27      .resume                = gen10g_resume,
28      .driver                = {.owner = THIS_MODULE, },
29 } };
```

genphy_driver 数组有两个元素：genphy_driver[0] 为 10Mbps/100Mbps/1000Mbps 的 PHY
驱动，名字为"Generic PHY"，genphy_driver[1] 为 10G 的 PHY 驱动，名字为"Generic 10G PHY"。
注意，很多另外编写的 PHY 驱动也会用到通用 PHY 驱动的一些函数，比如正点原子 ALPHA 开发
板所用的 LAN8720A 是 SMSC 公司的产品，此公司针对自家的所有 PHY 芯片编写了一个驱动文
件 smsc.c，这驱动文件中用到了大量的通用 PHY 驱动相关函数。

5. LAN8720A 驱动

最后来看一下 LAN8720A 的 Linux 驱动，LAN8720A 的驱动文件为 drivers/net/phy/smsc.c，
这个文件是 SMSC 针对自家的一些 PHY 芯片编写的驱动文件，其中就包含了 LAN8720A 这个
PHY 芯片。默认情况下，LAN8720A 这个驱动是没有打开的，我们需要配置 Linux 内核，打开此驱
动选项，配置路径如下：

```
-> Device Drivers
  -> Network device support
    -> PHY Device support and infrastructure
      -> Drivers for SMSC PHYs
```

配置界面如图 35-21 所示。

图 35-21 使能 LAN8720A 驱动

选中图 35-21 中的"Drivers for SMSC PHYs",然后编译内核即可。

打开 smsc.c,找到如下所示内容(限于篇幅,有省略):

示例代码 35-34 通用 PHY 驱动

```
1   static struct phy_driver smsc_phy_driver[] = {
2   {
3       .phy_id         = 0x0007c0a0,           /* OUI = 0x00800f, Model# = 0x0a */
4       .phy_id_mask    = 0xfffffff0,
5       .name           = "SMSC LAN83C185",
...
24      .driver         = { .owner = THIS_MODULE, }
25  }, {
26      .phy_id         = 0x0007c0b0,           /* OUI = 0x00800f, Model# = 0x0b */
27      .phy_id_mask    = 0xfffffff0,
28      .name           = "SMSC LAN8187",
...
47      .driver         = { .owner = THIS_MODULE, }
48  }, {
49      .phy_id         = 0x0007c0c0,           /* OUI = 0x00800f, Model# = 0x0c */
50      .phy_id_mask    = 0xfffffff0,
51      .name           = "SMSC LAN8700",
...
70      .driver         = { .owner = THIS_MODULE, }
71  }, {
72      .phy_id         = 0x0007c0d0,           /* OUI = 0x00800f, Model# = 0x0d */
73      .phy_id_mask    = 0xfffffff0,
74      .name           = "SMSC LAN911x Internal PHY",
...
92      .driver         = { .owner = THIS_MODULE, }
93  }, {
94      .phy_id         = 0x0007c0f0,           /* OUI = 0x00800f, Model# = 0x0f */
95      .phy_id_mask    = 0xfffffff0,
96      .name           = "SMSC LAN8710/LAN8720",
97
98      .features       = (PHY_BASIC_FEATURES | SUPPORTED_Pause
99                      | SUPPORTED_Asym_Pause),
100     .flags          = PHY_HAS_INTERRUPT | PHY_HAS_MAGICANEG,
101
102     /* basic functions */
103     .config_aneg    = genphy_config_aneg,
104     .read_status    = lan87xx_read_status,
105     .config_init    = smsc_phy_config_init,
106     .soft_reset     = smsc_phy_reset,
107
108     /* IRQ related */
109     .ack_interrupt  = smsc_phy_ack_interrupt,
110     .config_intr    = smsc_phy_config_intr,
111
112     .suspend        = genphy_suspend,
113     .resume         = genphy_resume,
114
115     .driver         = { .owner = THIS_MODULE, }
```

```
116 } };
117
118 module_phy_driver(smsc_phy_driver);
```

从示例代码 35-34 可以看出,smsc_phy_driver 还是支持了不少 SMSC 家的 PHY 芯片,比如 LAN83C185、LAN8187、LAN8700 等等,当然了,肯定也包括了 LAN8720 系列,第 93~116 行就是 LAN8710/LAN8720 系列 PHY 驱动。

第 94 行,PHY ID 为 0x0007c0f0。

第 95 行,PHY 的 ID 掩码为 0xfffffff0,也就是前 28 位有效,在进行匹配的时候只需要比较前 28 位,第 4 位不用比较。

第 96 行,驱动名字为"SMSC LAN8710/LAN8720",系统启动以后,打开网卡就会提示当前 PHY 驱动名字为"SMSC LAN8710/LAN8720"。

最后,第 118 行使用 module_phy_driver()(本质是一个宏)来完成 smsc_phy_driver 的注册。

此驱动中的成员函数有一些是 SMSC 自己编写的,有一些是直接用的通用 PHY 驱动的,比如第 103 行的 genphy_config_aneg、第 112 行的 genphy_suspend 等。

35.5　网络驱动实验测试

35.5.1　LAN8720 PHY 驱动测试

首先做驱动修改,这个已经在 Linux 移植章节做了详细的讲解,参考修改即可。系统启动以后就会打印出当前 PHY 驱动名字为"SMSC LAN8710/LAN8720",如图 35-22 所示:

```
fec 20b4000.ethernet eth0: Freescale FEC PHY driver [SMSC LAN8710/LAN8720] (mii_bus:
phy_addr=20b4000.ethernet:01, irq=-1)
IPv6: ADDRCONF(NETDEV_UP): eth0: link is not ready
```

图 35-22　网络 PHY 驱动信息

从图 35-22 可以看出,此时 PHY 驱动使用的是"SMSC LAN8710/8720",当我们使用 ifconfig 命令打开网卡的时候也会提示当前 PHY 驱动名字。至于网络的测试就很简单了,大家可以 ping 一下主机或者 Ubuntu 的地址,如果能 ping 通则说明网络工作正常。

35.5.2　通用 PHY 驱动测试

如前所述,按道理来讲通用 PHY 驱动肯定是可以驱动任何 PHY 芯片的,但是有时候现实就是这样不讲道理,作者一开始就是使用通用 PHY 驱动来驱动 LAN8720,结果失败了! 经过搜索发现,在 I.MX6ULL 下使用 LAN8720 的话需要对 ENET1_TX_CLK 和 ENET2_TX_CLK 这两个引脚进行简单的配置,需要修改 fec_main.c 文件中的 fec_probe()函数。修改完成以后就可以尝试使用通用 PHY 驱动,不保证会成功。首先配置 Linux 内核,关闭自带的 LAN8720 驱动即可,然后重新编译 Linux 内核,使用新的 Linux 内核启动即可。

系统启动以后就会使用通用 PHY 驱动,会输出如图 35-23 所示的信息。

从图 35-23 可以看出,此时网卡驱动名字为"Generic PHY",说明使用的是通用 PHY 驱动。

```
fec 20b4000.ethernet eth0: Freescale FEC PHY driver [Generic PHY] (mii_bus:phy_addr=20b4000.ethe
rnet:01, irq=-1)
IPv6: ADDRCONF(NETDEV_UP): eth0: link is not ready
```

图 35-23 通用 PHY 驱动信息

35.5.3 DHCP 功能配置

我们以前做实验的时候,开发板的 IP 地址都是手动设置的,但是自己设置 IP 地址很容易和网络中其他设备的 IP 地址冲突,最好的办法就是让路由器自动分配 IP 地址,通过路由器分配到的 IP 地址肯定是在本网络中独一无二的。我们需要通过 udhcpc 命令来实现从路由器动态申请 IP 地址,udhcpc 命令已经集成到了 busybox 中,所以不需要另外移植。

另外,还需要一个文件,否则直接使用 udhcpc 申请 IP 地址会失败。在 busybox 源码中找到 examples/udhcpc/simple.script,将其复制到开发板的/usr/share/udhcpc 目录下(如果没有的话请自行创建此目录),复制完成以后将根文件系统下的 simple.script 并且重命名为 default.script,命令如下:

```
cd busybox-1.29.0/examples/udhcpc
cp simple.script /home/zuozhongkai/linux/nfs/rootfs/usr/share/udhcpc/default.script
                                                            //复制并重命名
```

完成以后就可以使用 udhcpc 来给指定的网卡申请 IP 地址了,通过"-i"参数来指定给哪个网卡申请 IP 地址,"-i"参数后面紧跟要申请 IP 地址的网卡名字。比如,这里以正点原子的 ALPHA 开发板为例,给 eth1 这个网卡申请 IP 地址,命令如下:

```
ifconfig eth1 up           //打开 eth1 网卡
udhcpc -i eth1             //为 eth1 网卡申请 IP 地址
```

申请过程如图 35-24 所示。

```
/ # udhcpc -i eth1
udhcpc: started, v1.29.0
Setting IP address 0.0.0.0 on eth1
udhcpc: sending discover
udhcpc: sending select for 192.168.1.156
udhcpc: lease of 192.168.1.156 obtained, lease time 86400
Setting IP address 192.168.1.156 on eth1
Deleting routers
route: SIOCDELRT: No such process
Adding router 192.168.1.1
Recreating /etc/resolv.conf
 Adding DNS server 192.168.1.1
/ #
```

图 35-24 udhcpc 申请 IP 地址过程

从图 35-24 可以看出,eth1 申请到的 IP 地址是 192.168.1.156,并且也修改了/etc/resolv.conf 文件中 DNS 服务器地址。可以输入 ifconfig 命令来查看 eth1 网卡的详细信息,这里就不演示了。

第36章

Linux WiFi驱动实验

WiFi 的使用已经很常见了，手机、平板电脑、汽车等等，虽然可以使用有线网络，但是有时候很多设备存在布线困难的情况，此时 WiFi 就是一个不错的选择。正点原子 I. MX6U-ALPHA 开发板支持 USB 和 SDIO 这两种接口的 WiFi，本章就来学习如何在 I. MX6U-ALPHA 开发板上使用 USB 和 SDIO 这两种 WiFi。

36.1　WiFi 驱动添加与编译

正点原子的 I. MX6U-ALPHA 开发板目前支持两种接口的 WiFi：USB 和 SDIO，其中 USB WiFi 使用的芯片为 RTL8188EUS 或 RTL8188CUS，SDIO 接口的 WiFi 使用的芯片为 RTL8189FS，也叫作 RTL8189FTV。这两个都是 Realtek 公司出品的 WiFi 芯片。WiFi 驱动不需要我们编写，因为 Realtek 公司提供了 WiFi 驱动源码，因此我们只需要将 WiFi 驱动源码添加到 Linux 内核中，然后通过图形化界面配置，选择将其编译成模块即可。

图 36-1　RTL8188EUS/CUS USB WiFi

正点原子 I. MX6U-ALPHA 开发板默认会赠送一个 RTL8188EUS/CUS USB WiFi，如图 36-1 所示。

另外，正点原子还有一款采用 RTL8189FTV 芯片的 SDIO WiFi，如图 36-2 所示。

36.1.1　向 Linux 内核添加 WiFi 驱动

1. RTL81xx 驱动文件浏览

WiFi 驱动源码已经放到了资料包中，路径为"1、例程源码→5、模块驱动源码→1、RTL8XXX WIFI 驱动源码→realtek"。realtek 目录下就存放着 RTL8188EUS 和 RTL8189FS 这两个芯片的驱动源码，如图 36-3 所示。

其中 rtl8188EUS 下存放着 RTL8188EUS 驱动，RTL8189FS 存放着 RTL8189FS/FTV 的驱动文件，rtl8192CU 下存放着 RTL8188CUS 和 RTL8192CU 的驱动。注意，正点原子 ALPHA 开发板

图 36-2　RTL8189 SDIO WiFi

rtl8188EUS	2020-04-01 16:53	文件夹	
rtl8189FS	2020-04-01 16:53	文件夹	
rtl8192CU	2020-04-01 16:53	文件夹	
Kconfig	2019-09-14 21:04	文件	1 KB
Makefile	2019-09-14 21:04	文件	1 KB

图 36-3　RTL8xxx WiFi 驱动

赠送的 USB WiFi 模块分为 RTL8188EUS 和 RTL8188CUS 两种,这两种 USB WiFi 驱动是不一样的。Kconfig 文件是 WiFi 驱动的配置界面文档,这样可以通过 Linux 内核图形化配置界面来选择是否编译 WiFi 驱动。Kconfig 文件内容如下所示:

示例代码 36-1　Kconfig 文件内容

```
1  menuconfig REALTEK_WIFI
2      tristate "Realtek wifi"
3
4  if REALTEK_WIFI
5
6  choice
7      prompt "select wifi type"
8      default RTL8189FS
9
10 config RTL8189FS
11     depends on REALTEK_WIFI
12     tristate "rtl8189fs/ftv sdio wifi"
13
14 config RTL8188EUS
15      depends on REALTEK_WIFI
16   tristate "rtl8188eus usb wifi"
17
18 config RTL8192CU
19     depends on REALTEK_WIFI
20     tristate "Realtek 8192C USB WiFi"
21
22 endchoice
23 endif
```

Makefile 文件内容如下所示

```
                          示例代码 36-2    Makefile 文件内容
1 obj - $ (CONFIG_RTL8188EUS) += rtl8188EUS/
2 obj - $ (CONFIG_RTL8189FS) += rtl8189FS/
3 obj - $ (CONFIG_RTL8192CU) += rtl8192CU/
```

2. 删除 Linux 内核自带的 RTL8192CU 驱动

本教程所使用的 Linux 内核已经自带了 RTL8192CU/8188CUS 驱动,但是经过测试,Linux 内核自带的驱动不稳定。因此不建议大家使用。最好使用图 36-3 中我们提供的 rtl8192CU 驱动。在编译之前要先将内核自带的驱动屏蔽掉,否则可能导致编译出错。方法很简单,打开 drivers/net/wireless/rtlwifi/Kconfig,找到下面所示内容然后删除掉:

```
                示例代码 36-3    drivers/net/wireless/rtlwifi/Kconfig 文件内容
1  config RTL8192CU
2  tristate "Realtek RTL8192CU/RTL8188CU USB Wireless Network Adapter"
3  depends on USB
4  select RTLWIFI
5  select RTLWIFI_USB
6  select RTL8192C_COMMON
7  --- help ---
8  This is the driver for Realtek RTL8192CU/RTL8188CU 802.11n USB
9  wireless network adapters
10
11  If you choose to build it as a module, it will be called rtl8192cu
```

将示例代码 36-3 中的 1~11 行内容从 drivers/net/wireless/rtlwifi/Kconfig 中删除掉。

继续打开 drivers/net/wireless/rtlwifi/Makefile,找到下面的内容:

```
                示例代码 36-4    drivers/net/wireless/rtlwifi/Makefile 文件内容
1 obj - $ (CONFIG_RTL8192CU)            += rtl8192cu/
```

将示例代码 36-4 中这一行从 drivers/net/wireless/rtlwifi/Makefile 中屏蔽掉,这样 Linux 内核自带的 RTL8192CU/8188CU 驱动就屏蔽掉了。

3. 将 RTL81xx 驱动添加到 Linux 内核中

将 realtek 整个目录复制到 Ubuntu 下 Linux 内核源码中的 drivers/net/wireless 目录下,此目录下存放着所有 WiFi 驱动文件。复制完成以后此目录如图 36-4 所示。

```
zuozhongkai@ubuntu:~/linux/IMX6ULL/linux/temp/linux-imx-rel_imx_4.1.15_2.1.0_ga_alientek/driv
ers/net/wireless$ ls
adm8211.c       atmel_cs.c     hostap            Makefile          ray_cs.h      wl3501_cs.c
adm8211.h       atmel.h        ipw2x00           modules.builtin   rayctl.h      wl3501.h
airo.c          atmel_pci.c    iwlegacy          modules.order     realtek       zd1201.c
airo_cs.c       b43            iwlwifi           mwifiex           rndis_wlan.c  zd1201.h
airo.h          b43legacy      Kconfig           mwl8k.c           rsi           zd1211rw
at76c50x-usb.c  bcmdhd         libertas          orinoco           rt2x00
at76c50x-usb.h  brcm80211      libertas_tf       p54               rtl818x
ath             built-in.o     mac80211_hwsim.c  prism54           rtlwifi
atmel.c         cw1200         mac80211_hwsim.h  ray_cs.c          ti
zuozhongkai@ubuntu:~/linux/IMX6ULL/linux/temp/linux-imx-rel_imx_4.1.15_2.1.0_ga_alientek/driv
ers/net/wireless$
```

图 36-4   复制完成的 wireless 目录

图 36-4 中框选出来的就是我们刚刚复制进来的 realtek 目录。

4. 修改 drivers/net/wireless/Kconfig

打开 drivers/net/wireless/Kconfig,在里面加入下面这一行内容:

```
source "drivers/net/wireless/realtek/Kconfig"
```

添加完以后的 Kconfig 文件内容如下所示:

示例代码 36-5　drivers/net/wireless/Kconfig 文件内容
```
1 #
2 # Wireless LAN device configuration
3 #
4
5 menuconfig WLAN
...
286 source "drivers/net/wireless/rsi/Kconfig"
287 source "drivers/net/wireless/realtek/Kconfig"
286
289 endif # WLAN
```

第 287 行就是添加到 drivers/net/wireless/Kconfig 中的内容,这样 WiFi 驱动的配置界面才会出现在 Linux 内核配置界面上。

5. 修改 drivers/net/wireless/Makefile

打开 drivers/net/wireless/Makefile,在里面加入下面的内容:

```
obj-y += realtek/
```

修改完以后的 Makefile 文件内容如下所示:

示例代码 36-6　drivers/net/wireless/Makefile 文件内容
```
1 #
2 # Makefile for the Linux Wireless network device drivers.
3 #
4
5 obj-$(CONFIG_IPW2100) += ipw2x00/
...
62 obj-$(CONFIG_CW1200)    += cw1200/
63 obj-$(CONFIG_RSI_91X)   += rsi/
64
65 obj-y + = realtek/
```

第 65 行,编译 realtek 中的内容,至此,Linux 内核要修改的内容就全部完成了。

36.1.2　配置 Linux 内核

在编译 RTL8188 和 RTL8189 驱动之前需要先配置 Linux 内核。

1. 配置 USB 支持设备

配置路径如下:

```
-> Device Drivers
  -> < * > USB support
    -> < * > Support for Host - side USB
      -> < * > EHCI HCD (USB 2.0) support
      -> < * > OHCI HCD (USB 1.1) support
      -> < * > ChipIdea Highspeed Dual Role Controller
        -> [ * ] ChipIdea device controller
        -> [ * ] ChipIdea host controller
```

2. 配置支持 WiFi 设备

配置路径如下:

```
-> Device Drivers
  -> [ * ] Network device support
    -> [ * ] Wireless LAN
      -> < * > IEEE 802.11 for Host AP (Prism2/2.5/3 and WEP/TKIP/CCMP)
        -> [ * ] Support downloading firmware images with Host AP driver
        -> [ * ] Support for non - volatile firmware download
```

配置完如图 36-5 所示。

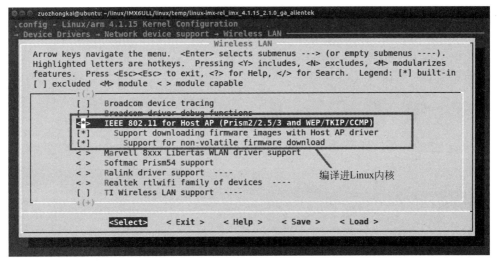

图 36-5　配置支持 WiFi 设备

3. 配置支持 IEEE 802.11

配置路径如下:

```
-> Networking support
  -> - * - Wireless
    -> [ * ] cfg80211 wireless extensions compatibility
    -> < * > Generic IEEE 802.11 Networking Stack (mac80211)
```

配置结果如图 36-6 所示。

配置好以后重新编译一下 Linux 内核,得到新的 zImage,后面使用新编译出来的 zImage 启动系统。

图 36-6　IEEE 802.11 配置项

36.1.3　编译 WiFi 驱动

执行"make menuconfig"命令,打开 Linux 内核配置界面,然后按照如下路径选择将 RTL81xx 驱动编译为模块:

```
-> Device Drivers
  -> Network device support (NETDEVICES [ = y])
    -> Wireless LAN (WLAN [ = y])
      -> Realtek wifi (REALTEK_WIFI [ = m])
        -> rtl8189ftv sdio wifi
        -> rtl8188eus usb wifi
        -> Realtek 8192C USB WiFi
```

配置结果如图 36-7 所示。

图 36-8 中的配置界面就是我们添加进去的 WiFi 配置界面,选中"rtl8189fs/ftv sdio wifi"、"rtl8188eus usb wifi"和"Realtek 8192C USB WiFi",将其编译为模块。执行如下命令编译模块:

```
make modules - j12                  //编译驱动模块
```

编译完成以后就会在 rtl8188EUS、rtl8189FS 和 rtl8192CU 文件夹下分别生成 8188eu. ko、8189fs. ko 和 8192cu. ko 这 3 个. ko 文件,结果如图 36-9 所示。

图 36-9 中的 8188eu. ko、8189fs. ko 和 8192cu. ko 就是我们需要的 RTL8188EUS、RTL8189FS 和 RTL8188CUS/8192CU 的驱动模块文件,将这 3 个文件复制到 rootfs/lib/modules/4. 1. 15 目录中,命令如下:

```
sudo cp 8189fs.ko /home/zuozhongkai/linux/nfs/rootfs/lib/modules/4.1.15/ - rf
sudo cp 8188eu.ko /home/zuozhongkai/linux/nfs/rootfs/lib/modules/4.1.15/ - rf
sudo cp 8192cu.ko /home/zuozhongkai/linux/nfs/rootfs/lib/modules/4.1.15/ - rf
```

图 36-8　WiFi 配置界面

图 36-9　编译结果

因为我们重新配置过 Linux 内核,因此也需要使用新的 zImage 启动,将新编译出来的 zImage 镜像文件复制到 Ubuntu 中的 tftpboot 目录下,命令如下:

```
cp arch/arm/boot/zImage /home/zuozhongkai/linux/tftpboot/ - f
```

然后重启开发板。

36.1.4　驱动加载测试

1. RTL8188 USB WiFi 驱动测试

重启以后我们试着加载一下 8188eu. ko、8189fs. ko 和 8192cu. ko 这 3 个驱动文件,首先测试一下 RTL8188 的驱动文件,将 RTL8188 WiFi 模块插到开发板的 USB HOST 接口上。进入到目录 lib/modules/4. 1. 15 中,输入如下命令加载 8188eu. ko 这个驱动模块:

```
depmod                  //第一次加载驱动的时候需要运行此命令
modprobe 8188eu.ko      //RTL8188EUS 模块加载 8188eu.ko 模块
modprobe 8192cu.ko      //RTL8188CUS 模块加载 8192cu.ko 模块
```

驱动加载成功后如图 36-10 所示。

```
/lib/modules/4.1.15 # modprobe 8188eu.ko
RTL871X: module init start
RTL871X: rtl8188eu v4.3.0.9_15178.20150907
RTL871X: build time: Dec 13 2021 18:38:10
bFWReady == _FALSE call reset 8051...
RTL871X: rtw_ndev_init(wlan0)
usbcore: registered new interface driver rtl8188eu
RTL871X: module init ret=0
/lib/modules/4.1.15 #
```

图 36-10　RTL8188 驱动加载成功

输入"ifconfig -a"命令,查看 wlanX(X=0,1,…,n)网卡是否存在,一般都是 wlan0,除非板子上有多个 WiFi 模块在工作,结果如图 36-11 所示。

```
sit0        Link encap:IPv6-in-IPv4
            NOARP  MTU:1480  Metric:1
            RX packets:0 errors:0 dropped:0 overruns:0 frame:0
            TX packets:0 errors:0 dropped:0 overruns:0 carrier:0
            collisions:0 txqueuelen:0
            RX bytes:0 (0.0 B)  TX bytes:0 (0.0 B)                 WiFi对应的网卡

wlan0       Link encap:Ethernet  HWaddr 00:13:EF:F2:22:A0
            BROADCAST MULTICAST  MTU:1500  Metric:1
            RX packets:0 errors:0 dropped:0 overruns:0 frame:0
            TX packets:0 errors:0 dropped:0 overruns:0 carrier:0
            collisions:0 txqueuelen:1000
            RX bytes:0 (0.0 B)  TX bytes:0 (0.0 B)

/lib/modules/4.1.15 #
```

图 36-11　当前开发板所有网卡

从图 36-11 中可以看出,当前开发板有一个叫作 wlan0 的网卡,这个就是 RTL8188 对应的网卡。

2. RTL8189 SDIO WIFI 驱动测试

测试完 RTL8188 以后,再来测试一下 RTL8189 这个 SDIO WIFI,因为 I.MX6U-ALPHA 开发板的 SDIO WIFI 接口与 SD 卡共用一个 SDIO 接口。因此 SD 卡和 SDIO WIFI 只能二选其一,一次只能一个工作,所以测试 RTL8189 SDIO WIFI 的时候需要拔插 SD 卡。SDIO WiFi 接口原理图如图 36-12 所示。

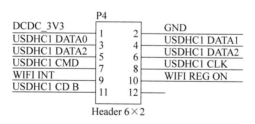

图 36-12　SDIO WiFi 接口

测试开始之前要先将 SD 卡拔出,然后将 RTL8189 SDIO WiFi 模块插入到 SDIO WiFi 插座上,如图 36-13 所示。

SDIO WiFi 与开发板连接好以后就可以测试了,输入如下命令加载 8189fs.ko 这个驱动模块:

```
depmod                //第一次加载驱动的时候需要运行此命令
modprobe 8189eu.ko    //加载驱动模块
```

驱动加载成功后如图 36-14 所示。

从 36-14 可以看出,RTL8189 SDIO WiFi 驱动加载成功,同样使用"ifconfig -a"命令查看一下是

723

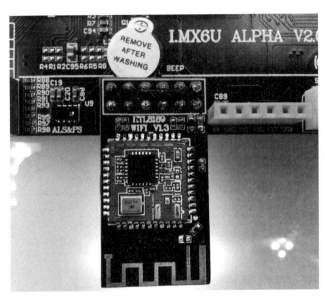

图 36-13　SDIO WiFi 连接图

```
/lib/modules/4.1.15 # modprobe 8189fs.ko
RTL871X: module init start
RTL871X: rtl8189fs v4.3.24.8_22657.20170607
RTL871X: HW EFUSE
RTL871X: hal_com_config_channel_plan chplan:0x20
RTL871X: rtw_regsty_chk_target_tx_power_valid return _FALSE for band:0, path:0, rs:0, t:-1
RTL871X: rtw_ndev_init(wlan0) if1 mac_addr=30:4a:26:b0:64:c4
RTL871X: module init ret=0
/lib/modules/4.1.15 #
```

图 36-14　RTL8189 驱动加载成功

否有 wlanX(x=0,1,…,n)网卡存在,如果有的话就说明 RTL8189 SDIO WiFi 驱动工作正常。

不管是 RTL8188 USB WiFi 还是 RTL8189 SDIO WiFi,驱动测试都工作正常,但不能联网该怎么办呢? WiFi 要想联网,需要移植一些其他第三方组件,否则无法连接路由器,接下来我们就移植这些第三方组件。

36.2　wireless tools 工具移植与测试

36.2.1　wireless tools 移植

wireless tools 是操作 WIFI 的工具集合,包括以下工具:

(1) iwconfig——设置无线网络相关参数。

(2) iwlist——扫描当前无线网络信息,获取 WiFi 热点。

(3) iwspy——获取每个节点链接的质量。

(4) iwpriv——操作 WirelessExtensions 特定驱动。

(5) ifrename——基于各种静态标准命名接口。

我们最常用的就是 iwlist 和 iwconfig 这两个工具,首先获取到相应的源码包。该源码包在资料包中的路径为“1、例程源码→7、第三方库源码→iwlist_for_visteon-master. tar. bz2”。将 iwlist_for_visteon-master. tar. bz2 复制到 Ubuntu 中前面创建的 tool 目录下,复制完成以后将其解压,生成

iwlist_for_visteon-master 文件夹。进入到 iwlist_for_visteon-master 文件夹里面，打开 Makefile 文件，修改 Makefile 中的 CC、AR 和 RANLIB 这 3 个变量，修改后的值如图 36-15 所示。

```
10
11 ## Compiler to use (modify this for cross compile).
12 CC = arm-linux-gnueabihf-gcc
13 ## Other tools you need to modify for cross compile (static lib only).
14 AR = arm-linux-gnueabihf-ar
15 RANLIB = arm-linux-gnueabihf-ranlib          ──────修改CC、AR和RANLIB
16
```

图 36-15　修改后的 CC、AR 和 RANLIB 值

图 36-15 中 CC、AR 和 RANLIB 这 3 个变量是所使用的编译器工具，将其改为我们所使用的 arm-linux-gnueabihf-xxx 工具即可。修改完成以后就可以使用如下命令编译：

```
make clean          //先清理一下工程
make                //编译
```

编译完成以后就会在当前目录下生成 iwlist、iwconfig、iwspy、iwpriv、ifrename 这 5 个工具，另外还有很重要的 libiw.so.29 这个库文件。将这 5 个工具复制到开发板根文件系统下的/usr/bin 目录中，将 libiw.so.29 这个库文件复制到开发板根文件系统下的/usr/lib 目录中，命令如下：

```
sudo cp iwlist iwconfig iwspy iwpriv ifrename /home/zuozhongkai/linux/nfs/rootfs/usr/bin/ -f
sudo cp libiw.so.29 /home/zuozhongkai/linux/nfs/rootfs/usr/lib/ -f
```

复制完成以后可以测试 iwlist 是否工作正常。

36.2.2　wireless tools 工具测试

这里主要测试 iwlist 工具。要测试 iwlist 工具，先测试一下 iwlist 工具能不能工作，输入 iwlist 命令，如果输出图 36-16 所示信息就表明 iwlist 工具工作正常。

```
/lib/modules/4.1.15 # iwlist
Usage: iwlist [interface] scanning [essid NNN] [last]
              [interface] frequency
              [interface] channel
              [interface] bitrate
              [interface] rate
              [interface] encryption
              [interface] keys
              [interface] power
              [interface] txpower
              [interface] retry
              [interface] ap
              [interface] accesspoints
              [interface] peers
              [interface] event
              [interface] auth
              [interface] wpakeys
              [interface] genie
              [interface] modulation
/lib/modules/4.1.15 #
```

图 36-16　iwlist 工具

正式测试 iwlist 之前得先让 WiFi 模块工作起来。RTL8188 或 RTL8189 都可以，以 RTL8188 USB WiFi 为例，先将 RTL8188 WiFi 模块插到开发板的 USB HOST 接口上，然后加载 RTL8188 驱动模块 8188eu.ko，驱动加载成功以后在打开 wlan0 网卡，命令如下：

```
modprobe 8188eu.ko          //加载 RTL8188 驱动模块
ifconfig wlan0 up           //打开 wlan0 网卡
```

wlan0 网卡打开以后就可以使用 iwlist 命令查找当前环境下的 WiFi 热点信息,也就是无线路由器,输入如下命令:

```
iwlist wlan0 scan
```

上述命令就会搜索当前环境下的所有 WiFi 热点,然后将这些热点的信息输出,包括 MAC 地址、ESSID(WiFi 名字)、频率、速率、信号质量等等,如图 36-17 所示。

```
/lib/modules/4.1.15 # iwlist wlan0 scan
wlan0     Scan completed :
          Cell 01 - Address: 88:F8:72:8D:F3:18
                    ESSID:"ZZK"
                    Protocol:IEEE 802.11bgn
                    Mode:Master
                    Frequency:2.412 GHz (Channel 1)
                    Encryption key:on
                    Bit Rates:300 Mb/s
                    Extra:rsn_ie=30140100000fac040100000fac040100000fac020000
          IE: IEEE 802.11i/WPA2 Version 1
                    Group Cipher : CCMP
                    Pairwise Ciphers (1) : CCMP
                    Authentication Suites (1) : PSK
          IE: Unknown: DD880050F204104A0001101044000102103B0001031047001063041258728DF31C10210006487561776569102300045753787810240007323031372D31311042000F31323334353637105400080006050F20400011011001141445534C204D6F64656D2F5746574657210080002068010490006003720054D6F646Quality=100/100  Signal level=100/100
                    Extra:fm=0003
```

图 36-17　扫描到的 WiFi 热点信息

在扫描到的所有热点信息中找到自己要连接的 WiFi 热点,比如我要连接到图 36-17 中的 ZZK 这个热点上。要想连接到指定的 WiFi 热点上就需要用到 wpa_supplicant 工具,所以接下来就是移植此工具。

36.3　wpa_supplicant 移植

36.3.1　openssl 移植

wpa_supplicant 依赖于 openssl,因此需要先移植 openssl,openssl 源码已经放到了资料包中,路径为"1、例程源码→7、第三方库源码→openssl-1.1.1d.tar.gz"。将 openssl 源码压缩包复制到 Ubuntu 中前面创建的 tool 目录下,然后使用如下命令将其解压:

```
tar -vxzf openssl-1.1.1d.tar.gz
```

解压完成以后就会生成一个名为 openssl-1.1.1d 的目录,然后再新建一个名为 openssl 的文件夹,用于存放 openssl 的编译结果。进入到解压出来的 openssl-1.1.1d 目录中,然后执行如下命令进行配置:

```
./Configure linux-armv4 shared no-asm --prefix=/home/zuozhongkai/linux/IMX6ULL/tool/openssl
CROSS_COMPILE=arm-linux-gnueabihf-
```

上述配置中 linux-armv4 表示 32 位 ARM 凭条,并没有 linux-armv7 这个选项。CROSS_COMPILE 用于指定交叉编译器。配置成功以后会生成 Makefile,输入如下命令进行编译:

```
make
make install
```

编译安装完成以后的 openssl 目录内容如图 36-18 所示。

```
zuozhongkai@ubuntu:~/linux/IMX6ULL/tool/openssl$ ls
bin  include  lib  share  ssl
zuozhongkai@ubuntu:~/linux/IMX6ULL/tool/openssl$
```

图 36-18　编译并安装成功的 openssl 目录

图 36-18 中的 lib 目录是我们需要的，将 lib 目录下的 libcrypto 和 libssl 库复制到开发板根文件系统中的/usr/lib 目录下，命令如下：

```
sudo cp libcrypto.so* /home/zuozhongkai/linux/nfs/rootfs/lib/ -af
sudo cp libssl.so* /home/zuozhongkai/linux/nfs/rootfs/lib/ -af
```

36.3.2　libnl 库移植

在编译 libnl 之前先安装 biosn 和 flex，命令如下：

```
sudo apt-get install bison
sudo apt-get install flex
```

wpa_supplicant 也依赖于 libnl，因此还需要移植一下 libnl 库，libnl 源码已经放到了资料包中，路径为“1、例程源码→7、第三方库源码→libnl-3.2.23.tar.gz”。将 libnl 源码压缩包复制到 Ubuntu 中前面创建的 tool 目录下，然后使用如下命令将其解压：

```
tar -vxzf libnl-3.2.23.tar.gz
```

解压完成以后会得到 libnl-3.2.23 文件夹，然后再新建一个名为“libnl”的文件夹，用于存放 libnl 的编译结果。进入到 libnl-3.2.23 文件夹中，然后执行如下命令进行配置：

```
./configure --host=arm-linux-gnueabihf --prefix=/home/zuozhongkai/linux/IMX6ULL/tool/
libnl/
```

--host 用于指定交叉编译器的前缀，这里设置为 arm-linux-gnueabihf，--prefix 用于指定编译结果存放目录，这里肯定要设置为刚刚创建的 libnl 文件夹。配置完成以后就可以执行如下命令对 libnl 库进行编译、安装：

```
make -j12                    //编译
make install                 //安装
```

编译安装完成以后的 libnl 目录如图 36-19 所示。

```
zuozhongkai@ubuntu:~/linux/IMX6ULL/tool/libnl$ ls
etc  include  lib  sbin  share
zuozhongkai@ubuntu:~/linux/IMX6ULL/tool/libnl$
```

图 36-19　编译安装完成后的 libnl 目录

我们需要使用图 36-19 中 lib 目录下的 libnl 库文件，将 lib 目录下的所有文件复制到开发板根文件系统的/usr/lib 目录下，命令如下所示：

```
sudo cp lib/* /home/zuozhongkai/linux/nfs/rootfs/usr/lib/ -rf
```

36.3.3　wpa_supplicant 移植

接下来移植 wpa_supplicant，wpa_supplicant。源码放在资料包的"1、例程源码→7、第三方库源码→wpa_supplicant-2.7.tar.gz"路径下，将 wpa_supplicant-2.7.tar.gz 复制到 Ubuntu 中，输入如下命令进行解压：

```
tar - vxzf wpa_supplicant - 2.7.tar.gz
```

解压完成以后会得到 wpa_supplicant-2.7 目录，进入到此目录中，wpa_supplicant-2.7 目录内容如图 36-20 所示。

```
zuozhongkai@ubuntu:~/linux/IMX6ULL/tool$ cd wpa_supplicant-2.7/
zuozhongkai@ubuntu:~/linux/IMX6ULL/tool/wpa_supplicant-2.7$ ls
CONTRIBUTIONS  COPYING  hs20  README  src  wpa_supplicant
zuozhongkai@ubuntu:~/linux/IMX6ULL/tool/wpa_supplicant-2.7$
```

图 36-20　wpa_supplicant-2.7 目录

进入图 36-20 中的 wpa_supplicant 目录下，然后进行配置，wpa_supplicant 的配置比较特殊，需要将 wpa_supplicant 下的 defconfig 文件复制一份并重命名为 .config，命令如下：

```
cd wpa_supplicant/
cp defconfig .config
```

完成以后打开 .config 文件，在里面指定交叉编译器、openssl、libnl 库和头文件路径，设置如下：

```
                    示例代码 36-7    .config 文件需要添加的内容
1 CC = arm - linux - gnueabihf - gcc
2
3 ♯ openssl 库和头文件路径
4 CFLAGS += - I/home/zuozhongkai/linux/IMX6ULL/tool/openssl/include
5 LIBS += - L/home/zuozhongkai/linux/IMX6ULL/tool/openssl/lib   - lssl - lcrypto
6
7 ♯ libnl 库和头文件路径
8 CFLAGS += - I/home/zuozhongkai/linux/IMX6ULL/tool/libnl/include/libnl3
9 LIBS += - L/home/zuozhongkai/linux/IMX6ULL/tool/libnl/lib
```

CC 变量用于指定交叉编译器，这里就是 arm-linux-gnueabihf-gcc；CFLAGS 指定需要使用的库头文件路径；LIBS 指定需要用到的库路径。编译 wap_supplicant 的时候需要用到 openssl 和 libnl 库，所以示例代码 36-7 中指定了这两个的库路径和头文件路径。上述内容在 .config 中的位置见图 36-21。

```
46 # Use libnl 3.2 libraries (if this is selected, CONFIG_LIBNL20 is ignored)
47 CONFIG_LIBNL32=y                                        添加进来内容
48
49 CC = arm-linux-gnueabihf-gcc
50 CFLAGS += -I/home/zuozhongkai/linux/IMX6ULL/tool/libopenssl/include
51 LIBS += -L/home/zuozhongkai/linux/IMX6ULL/tool/libopenssl/lib  -lssl -lcrypto
52
53 CFLAGS += -I/home/zuozhongkai/linux/IMX6ULL/tool/libnl/include/libnl3
54 LIBS += -L/home/zuozhongkai/linux/IMX6ULL/tool/libnl/lib
55
```

图 36-21　添加到 .config 中的内容

.config 文件配置好以后就可以编译 wpa_supplicant 了，使用如下命令编译：

```
export PKG_CONFIG_PATH = /home/zuozhongkai/linux/IMX6ULL/tool/libnl/lib/pkgconfig: $ PKG_CONFIG_PATH
                //指定 libnl 库 pkgconfig 包位置
make - j12        //编译
```

首先使用 export 指定了 libnl 库的 pkgconfig 路径，环境变量 PKG_CONFIG_PATH 中保存着 pkgconfig 包路径。在 tool/libnl/lib/ 下有个名为 pkgconfig 的目录，如图 36-22 所示。

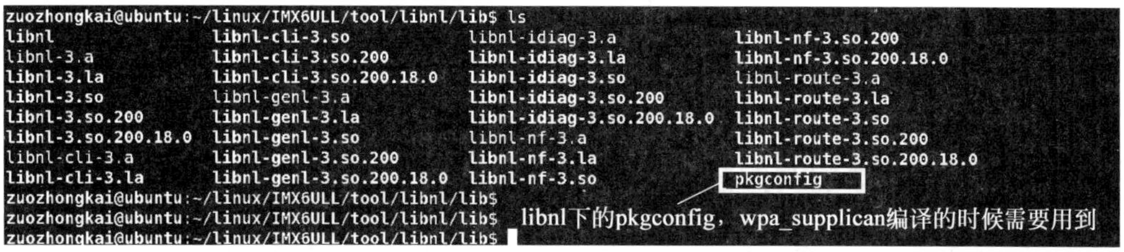

图 36-22 libnl 的 pkgconfig 目录

编译 wpa_supplicant 的时候需要指定 libnl 的 pkgconfig 路径，否则会提示 libnl-3.0 或者 libnl-3.0.pc 找不到等错误。编译完成以后就会在本目录下生成 wpa_supplicant 和 wpa_cli 这两个软件，如图 36-23 所示。

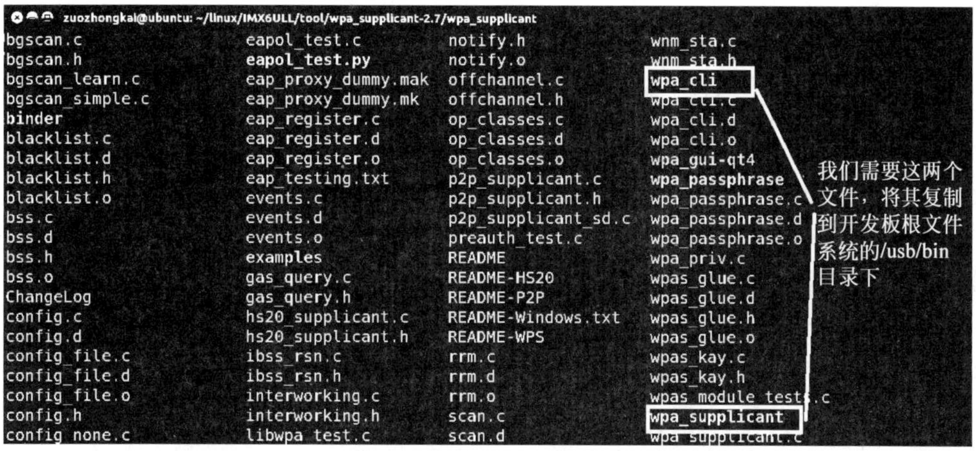

图 36-23 编译出来的 wpa_cli 和 wpa_supplicant 文件

将图 36-23 中的 wpa_cli 和 wpa_supplicant 这两个文件复制到开发板根文件系统的 /usr/bin 目录中，命令如下：

```
sudo cp wpa_cli wpa_supplicant /home/zuozhongkai/linux/nfs/rootfs/usr/bin/ - f
```

复制完成以后重启开发板，输入"wpa_supplicant -v"命令查看一下 wpa_supplicant 版本号。如果 wpa_supplicant 工作正常，则会打印出版本号，如图 36-24 所示。

从图 36-24 可以看出，wpa_supplicant 的版本号输出正常，说明 wpa_supplicant 移植成功。接下来就是使用 wpa_supplicant 将开发板的 WiFi 链接到路由器上，实现 WiFi 上网功能。

```
/lib/modules/4.1.15 # wpa_supplicant -v
wpa_supplicant v2.7
Copyright (c) 2003-2018, Jouni Malinen <j@w1.fi> and contributors
/lib/modules/4.1.15 #
```

图 36-24   wpa_supplicant 版本号

36.4   WiFi 联网测试

不管是 USB WiFi 还是 SDIO WiFi,都可以按如下操作步骤联网:

(1) 插上 WiFi 模块,如果是板子集成的就不需要这一步。如果是 SDIO WiFi,则应确保 WiFi 所使用的 SDIO 接口没有插其他的模块,比如 SD 卡,防止其他模块对 SDIO WiFi 造成影响。

(2) 加载 RTL8188 或者 RTL8189 驱动模块。

(3) 使用 ifconfig 命令打开对应的无线网卡,比如 wlan0 或 wlan1 等。

(4) 无线网卡打开以后使用 iwlist 命令扫描一下当前环境下的 WiFi 热点,一来测试一下 WiFi 工作是否正常,二来检查一下自己要连接的 WiFi 热点能不能扫描到,扫描不到的话肯定就没法连接了。

当上述步骤确认无误以后就可以使用 wpa_supplicant 来将 WiFi 连接到指定的热点上,实现联网功能。

36.4.1   RTL8188 USB WiFi 联网测试

注意! RTL8188EUS 请使用 8188eu.ko 驱动,RTL8188CUS 请使用 8192cu.ko 驱动!

首先测试一下 RTL8188 USB WiFi 联网测试,确保 RTL8188 能扫描出要连接的 WiFi 热点,比如要连接 ZZK 这个 WiFi,iwlist 扫描到的此 WiFi 热点信息如图 36-25 所示。

```
Cell 01 - Address: 88:F8:72:8D:F3:18
          ESSID:"ZZK"
          Protocol:IEEE 802.11bgn
          Mode:Master
          Frequency:2.412 GHz (Channel 1)
          Encryption key:on
          Bit Rates:300 Mb/s
          Extra:rsn_ie=30140100000fac040100000fac040100000fac020000
          IE: IEEE 802.11i/WPA2 Version 1
              Group Cipher : CCMP
              Pairwise Ciphers (1) : CCMP
```

图 36-25   ZZK WiFi 热点

扫描到要连接的 WiFi 热点以后就可以连接了,先在开发板根文件系统的/etc 目录下创建一个名为 wpa_supplicant.conf 的配置文件,此文件用于配置要连接的 WiFi 热点以及 WiFi 秘密,比如要连接到 ZZK 这个热点上,因此 wpa_supplicant.conf 文件内容如下所示:

示例代码 36-8   wpa_supplicant.conf 文件内容
```
1 ctrl_interface = /var/run/wpa_supplicant
2 ap_scan = 1
3 network = {
4   ssid = "ZZK"
5   psk = "xxxxxxxx"
6 }
```

第4行,ssid是要连接的WiFi热点名字,这里要连接的是ZZK这个WiFi热点。

第5行,psk就是要连接的WiFi热点密码,根据自己的实际情况填写即可。

注意,wpa_supplicant.conf文件对于格式要求比较严格,"="前后一定不能有空格,也不要用TAB键来缩进,比如第4行和第5行的缩进应该采用空格,否则会出现wpa_supplicant.conf文件解析错误。最重要的一点:wpa_supplicant.conf文件内容要自己手动输入,不要偷懒复制粘贴。

wpa_supplicant.conf文件编写好以后再在开发板根文件系统下创建一个/var/run/wpa_supplicant目录,wpa_supplicant工具要用到此目录,命令如下:

```
mkdir /var/run/wpa_supplicant - p
```

一切准备好以后就可以使用wpa_supplicant工具让RTL8188 USB WiFi连接到热点上,输入如下命令:

```
wpa_supplicant - D wext - c /etc/wpa_supplicant.conf - i wlan0 &
```

当RTL8188连接上WiFi热点以后会输出如图36-26所示的信息。

```
RTL871X: recv eapol packet
RTL871X: send eapol packet
RTL871X: set pairwise key camid:4, addr:88:f8:72:8d:f3:18, kid:0, type:AES          连接成功
wlan0: WPA: Key negotiation completed with 88:f8:72:8d:f3:18 [PTK=CCMP GTK=CCMP]
wlan0: CTRL-EVERTL871X: set group key camid:5, addr:88:f8:72:8d:f3:18, kid:1, type:AES
NT-CONNECTED - Connection to 88:f8:72:8d:f3:18 completed [id=0 id_str=]
```

图36-26　连接成功

接下来就是最后一步了——设置wlan0的IP地址。这里使用udhcpc命令从路由器申请IP地址,输入如下命令:

```
udhcpc - i wlan0                    //从路由器获取IP地址
```

IP地址获取成功以后会输出如图36-27所示的信息。

```
/lib/modules/4.1.15 # udhcpc -i wlan0
udhcpc: started, v1.29.0
Setting IP address 0.0.0.0 on wlan0
udhcpc: sending discover
udhcpc: sending select for 192.168.1.191
udhcpc: lease of 192.168.1.191 obtained, lease time 86400
Setting IP address 192.168.1.191 on wlan0
Deleting routers
route: SIOCDELRT: No such process
Adding router 192.168.1.1
Recreating /etc/resolv.conf
 Adding DNS server 114.114.114.114
/lib/modules/4.1.15 #
```

图36-27　wlan0网卡WiFi地址获取成功

从图36-27可以看出,wlan0的IP地址获取成功,IP地址为192.168.1.191。可以输入如下命令查看wlan0网卡的详细信息:

```
ifconfig wlan0
```

结果如图36-28所示。

可以通过计算机ping一下wlan0的192.168.1.191这个IP地址,如果能ping通则说明RTL8188 USB WiFi工作正常。也可以直接在开发板上使用wlan0来ping一下百度网站,输入如

```
/lib/modules/4.1.15 # ifconfig wlan0
wlan0     Link encap:Ethernet  HWaddr 00:13:EF:F2:22:A0
          inet addr:192.168.1.191  Bcast:192.168.1.255  Mask:255.255.255.0
          inet6 addr: fe80::213:efff:fef2:22a0/64 Scope:Link
          UP BROADCAST RUNNING MULTICAST  MTU:1500  Metric:1
          RX packets:2692 errors:0 dropped:695 overruns:0 frame:0
          TX packets:11 errors:0 dropped:3 overruns:0 carrier:0
          collisions:0 txqueuelen:1000
          RX bytes:625813 (611.1 KiB)  TX bytes:1783 (1.7 KiB)

/lib/modules/4.1.15 #
```

图 36-28　wlan0 网卡详细信息

下命令：

```
ping - I 192.168.1.191 www.baidu.com
```

-I 是指定执行 ping 操作的网卡 IP 地址，我们要使用 wlan0 去 ping 百度网站，因此要通过-I 指定 wlan0 的 IP 地址。如果 WiFi 工作正常，则可以 ping 通百度网站，如图 36-29 所示。

```
/lib/modules/4.1.15 # ping -I 192.168.1.191 www.baidu.com
PING www.baidu.com (180.101.49.42) from 192.168.1.191: 56 data bytes
64 bytes from 180.101.49.42: seq=0 ttl=52 time=91.562 ms
64 bytes from 180.101.49.42: seq=1 ttl=52 time=57.841 ms
64 bytes from 180.101.49.42: seq=2 ttl=52 time=66.411 ms
64 bytes from 180.101.49.42: seq=3 ttl=52 time=54.542 ms
```

图 36-29　百度网站 ping 成功

至此，RTL8188 USB WiFi 就完全驱动起来了，大家就可以使用 WiFi 来进行网络通信了。

36.4.2　RTL8189 SDIO WiFi 联网测试

RLT8189 SDIO WiFi 的测试和 RTL8188 USB WiFi 的测试方法基本一致。如果插了 SD 卡，则先将 SD 卡从 I.MX6U-ALPHA 开发板上拔出，因为 I.MX6U-ALPHA 开发板的 SD 卡和 SDIO WiFi 共用一个 SDIO 接口。插入 RTL8189 SDIO WiFi 模块，然后加载 RTL8189 驱动，并且打开对应的 wlan0(如果只有 RTL8189 一个 WiFi)网卡，使用 iwlist 命令搜索要连接的 WiFi 热点是否存在，如果存在就可以连接了。

RTL8189 SDIO WiFi 同样使用 wpa_supplicant 来完成热点连接工作，因此同样需要创建/etc/wpa_supplicant.conf 文件，具体过程参考 36.4.1 节。一切准备就绪以后输入如下命令来完成 WiFi 热点连接：

```
wpa_supplicant - Dnl80211  - c /etc/wpa_supplicant.conf - i wlan0 &
```

若使用 RTL8189 则应该使用-Dnl80211，这里不要填错了。WiFi 热点连接成功以后会输出如图 36-30 所示的信息。

```
RTL871X: recv eapol packet                    WiFi连接成功
RTL871X: send eapol packet
RTL871X: set pairwise key camid:4, addr:88:f8:72:8d:f3:18, kid:0, type:AES
wlan0: WPA: Key negotiation completed with 88:f8:72:8d:f3:18 [PTKRTL871X: set group key
8:72:8d:f3:18, kid:1, type:AEC
=CCMP GTK=CCMP]
wlan0: CTRL-EVENT-CONNECTED - Connection to 88:f8:72:8d:f3:18 completed [id=0 id_str=]
```

图 36-30　RTL8189 SDIO WiFi 连接成功

使用 udhcpc 命令获取 IP 地址,命令如下:

```
udhcpc - i wlan0
```

IP 地址获取过程如图 36-31 所示。

```
/lib/modules/4.1.15 # udhcpc -i wlan0
udhcpc: started, v1.29.0
Setting IP address 0.0.0.0 on wlan0
udhcpc: sending discover
udhcpc: sending select for 192.168.1.72
udhcpc: lease of 192.168.1.72 obtained, lease time 86400
Setting IP address 192.168.1.72 on wlan0
Deleting routers
route: SIOCDELRT: No such process
Adding router 192.168.1.1
Recreating /etc/resolv.conf
 Adding DNS server 114.114.114.114
/lib/modules/4.1.15 #
```

图 36-31　udhcpc 获取 IP 地址过程

从图 36-31 可以看出,wlan0 的 IP 地址为 192.168.1.72。在开发板上使用 wlan0 网卡 ping 一下百度网址来测试一下 WiFi 工作是否正常,输入如下命令:

```
ping - I 192.168.1.172 www.baidu.com
```

ping 成功后结果如图 36-32 所示。

```
/lib/modules/4.1.15 # ping -I 192.168.1.72 www.baidu.com
PING www.baidu.com (180.101.49.42) from 192.168.1.72: 56 data bytes
64 bytes from 180.101.49.42: seq=0 ttl=52 time=36.808 ms
64 bytes from 180.101.49.42: seq=1 ttl=52 time=38.075 ms
64 bytes from 180.101.49.42: seq=2 ttl=52 time=37.939 ms
```

图 36-32　ping 百度网站测试成功

至此,如何在 I.MX6U-ALPHA 开发板上使用 WiFi 就全部讲解完了,包括 USB WiFi 和 SDIO WiFi。其实不管是在 I.MX6U 上,还是在其他的 SOC 上,USB WiFi 和 SDIO WiFi 的驱动是类似的,大家可以参考本章内容将 RTL8188、RTL8189 这两款 WiFi 的驱动移植到芯片或者开发板上。

第37章

Linux 4G通信实验

前面学习了如何在 Linux 中使用有线网络或者 WiFi，但是使用有线网络或者 WiFi 有很多限制，因为要布线，即使是 WiFi 也需要先布线，然后再接个路由器。有很多场合是不方便布线的，这时就是 4G 大显身手的时候，产品可以直接通过 4G 连接到网络，实现无人值守。本章就来学如何在 I. MX6U-ALPHA 开发板中使用 4G 来实现联网功能。

37.1　4G 网络连接简介

提起 4G 网络连接，大家可能会觉得很难，其实对于嵌入式 Linux 而言，4G 网络连接非常简单！大家可以看一下其他的嵌入式 Linux 或者 Android 开发板，4G 模块都是 MiniPCIE 接口的，包括很多 4G 模块都是 MiniPCIE 接口的。但是稍微深入研究一下就会发现，这些 4G 模块虽然用了 MiniPCIE 接口，但是实际上的通信接口都是 USB，所以 4G 模块的驱动就转换为了 USB 驱动。而这些 4G 模块厂商都提供了详细的文档讲解如何在 Linux 下使用 4G 模块，以及如何修改 Linux 内核加入 4G 模块驱动。正点原子的 I. MX6U-ALPHA 开发板也有一个 MiniPCIE 形式的 4G 模块接口，虽然外形是 MiniPCIE 的，但是实质是 USB 的。I. MX6U-ALPHA 开发板的 4G 模块原理图如图 37-1 所示。

图 37-1 中的 U8 就是 MiniPCIE 接口，MiniPCIE 接口连接到了 GL850 这个 HUB 芯片的 DP2 和 DM2，也就是 GL850 的 USB2 接口上。U11 就是 Nano SIM 接口，I. MX6U-ALPHA 开发板使用 Nano SIM 卡，大家可以直接拿自己的手机卡进行测试。I. MX6U-ALPHA 开发板的 4G 接口位置如图 37-2 所示。

在使用之前需要将 4G 模块插入如图 37-2 所示的 MiniPCIE 接口上，然后上紧两边的螺丝，将 Nano SIM 卡插入到图 37-2 中的 Nano SIM 座上，注意 Nano SIM 卡的方向，金属触点朝下。

理论上所有的 MiniPCIE 接口的 4G 模块都可以连接到正点原子的 I. MX6U-ALPHA 开发板上，因为这些 4G 模块都遵循同样的接口标准，但是大家在使用的时候还是要详细地看一下 4G 模块的接口引脚描述。不同的 4G 模块其驱动形式也不同，本章介绍两款 4G 模块在 I. MX6U-ALPHA 开发板上的使用：一个是上海移远公司的 EC20，另外一个是高新兴物联的 ME3630。这两款 4G 模块都有 MiniPCIE 接口，如图 37-3 所示。

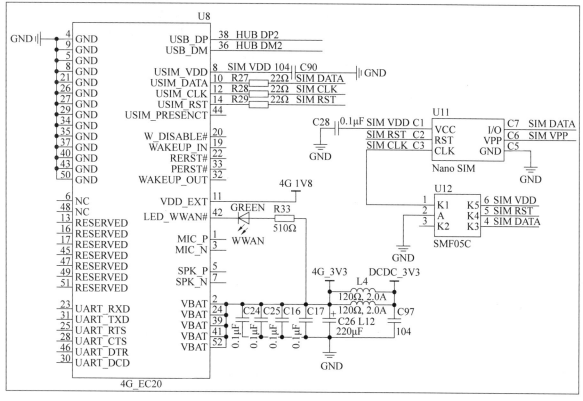

图 37-1 4G 模块原理图

图 37-2 ALPHA 开发板 4G 接口

图 37-3(a)是高新兴物联的 ME3630-W 4G 模块,图 37-3(b)是上海移远的 EC20 4G 模块。本章就分别介绍如何在 I.MX6U-ALPHA 开发板上使用 EC20 和 ME3630 这两个 4G 模块。

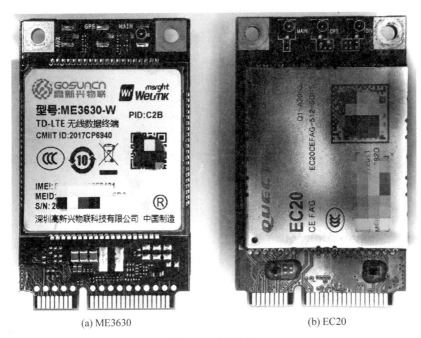

(a) ME3630　　　　　　　　(b) EC20

图 37-3　4G 模块

4G 模块工作是需要天线的,因此在选购 4G 模块的时候一定要记得购买天线,否则无法进行测试。一般 MiniPCIE 接口的 4G 模块留出来的天线接口为 IPEX 座,因此购买天线的时候也要选择 IPEX 接口的,或者使用 IPEX 转 SMA 线来转接。

37.2　高新兴 ME3630 4G 模块实验

37.2.1　ME3630 4G 模块简介

ME3630 是一款 LTE Cat.4 七模全网通 4G 模块,在 LTE 模式下可以提供 50Mbps 上行速率以及 150Mbps 的下行速率,并支持回退到 3G 或 2G 网络。此模组支持分集接收,分集接收是终端产品支持双天线以提高通信质量和通信可靠性的无线连接技术。ME3630 支持多种网络协议,比如 PAP、CHAP、PPP 等。拥有多种功能,比如 GNSS、Remote wakeup、SMS、支持 FoTA 空中升级等。ME3630 4G 模块广泛应用于智能抄表、安防信息采集、工业路由器、车载通信以及监控等等 M2M 领域。ME3630 4G 模组特性如下:

(1) 一路 USB 2.0 接口。

(2) 一路 UART 接口。

(3) SIM 卡接口支持 1.8V/3.0V。

(4) 内置 TCP、UDP、FTP 和 HTTP 等协议。

(5) 支持 RAS/ECM/NDIS。

(6) 支持 AT 指令。

ME3630 4G 模块有多种配置,比如纯数据版本、集成 GNSS 版本、全网通版本等等,本节主要使用 ME3630 的数据通信功能,因此推荐大家购买全网通数据版,如果想要定位功能的话就购买全网通数据＋GNSS 版本(至于其他版本大家根据自己的实际需求选择即可)。在正式使用 ME3630 4G 模块之前,请先将其插入到开发板的 MiniPCIE 座上、上紧螺、插入 Nano SIM 卡、接上天线,如图 37-4 所示。

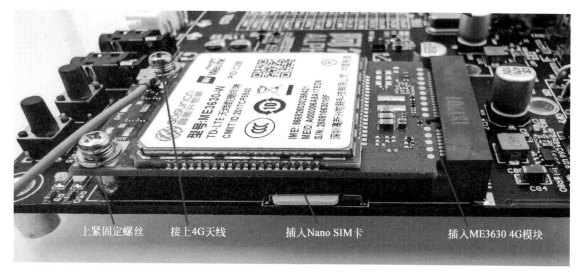

上紧固定螺丝　接上4G天线　插入Nano SIM卡　插入ME3630 4G模块

图 37-4　ALPHA 开发板连接 ME3630 模块

一切准备就绪以后就可以开始驱动 ME3630 4G 模块了。

37.2.2　ME3630 4G 模块驱动修改

1. 添加 USB 设备信息

需要先在 Linux 内核中添加 ME3630 的 USB 设备信息。打开 Linux 源码的 drivers/usb/serial/option.c 文件,找到 option_ids 数组,然后在里面添加 ME3630 的 PID 和 VID,需要添加的内容如下:

示例代码 37-1　ME3630 PID 和 VID 信息
```
1 { USB_DEVICE(0x19d2, 0x0117) },        /* ME3630 */
2 { USB_DEVICE(0x19d2, 0x0199) },
3 { USB_DEVICE(0x19d2, 0x1476) },
```

完成以后的 option_ids 数组如图 37-5 所示。

```
630 static const struct usb_device_id option_ids[] = {
631     { USB_DEVICE(0x19d2, 0x0117) }, /* ME3630*/        ME3630的
632     { USB_DEVICE(0x19d2, 0x0199) },                    PID和VID信息
633     { USB_DEVICE(0x19d2, 0x1476) },
634     { USB_DEVICE(OPTION_VENDOR_ID, OPTION_PRODUCT_COLT) },
```

图 37-5　添加 PID 和 VID 后的 option_ids 数组

2. 添加 ECM 支持程序

ME3630 支持 ECM 接口,可以通过 ECM 接口轻松联网。如果要使用 ECM 接口,则需要修改 drivers/usb/serial/option.c 文件中的 option_probe()函数。找到此函数,然后在里面输入如下内容:

示例代码 37-2 option_probe()函数中需要添加的内容

```
1   /* EM3630 */
2   if (serial->dev->descriptor.idVendor == 0x19d2 &&
3       serial->dev->descriptor.idProduct == 0x1476 &&
4       serial->interface->cur_altsetting->desc.bInterfaceNumber == 3)
5       return -ENODEV;
6
7   if (serial->dev->descriptor.idVendor == 0x19d2 &&
8       serial->dev->descriptor.idProduct == 0x1476 &&
9       serial->interface->cur_altsetting->desc.bInterfaceNumber == 4)
10      return -ENODEV;
11
12  if (serial->dev->descriptor.idVendor == 0x19d2 &&
13      serial->dev->descriptor.idProduct == 0x1509 &&
14      serial->interface->cur_altsetting->desc.bInterfaceNumber == 4)
15      return -ENODEV;
16
17  if (serial->dev->descriptor.idVendor == 0x19d2 &&
18      serial->dev->descriptor.idProduct == 0x1509 &&
19      serial->interface->cur_altsetting->desc.bInterfaceNumber == 5)
20      return -ENODEV;
```

添加完成以后的 option_probe()函数如图 37-2 所示。

```
1889  if (dev_desc->idVendor == cpu_to_le16(SAMSUNG_VENDOR_ID) &&
1890      dev_desc->idProduct == cpu_to_le16(SAMSUNG_PRODUCT_GT_B3730) &&
1891      iface_desc->bInterfaceClass != USB_CLASS_CDC_DATA)
1892      return -ENODEV;                          需要添加的内容
1893
1894  /* EM3630 */
1895  if (serial->dev->descriptor.idVendor == 0x19d2 &&
1896      serial->dev->descriptor.idProduct == 0x1476 &&
1897      serial->interface->cur_altsetting->desc.bInterfaceNumber == 3)
1898      return -ENODEV;
1899
1900  if (serial->dev->descriptor.idVendor == 0x19d2 &&
1901      serial->dev->descriptor.idProduct == 0x1476 &&
1902      serial->interface->cur_altsetting->desc.bInterfaceNumber == 4)
1903      return -ENODEV;
1904
1905  if (serial->dev->descriptor.idVendor == 0x19d2 &&
1906      serial->dev->descriptor.idProduct == 0x1509 &&
1907      serial->interface->cur_altsetting->desc.bInterfaceNumber == 4)
1908      return -ENODEV;
1909
1910  if (serial->dev->descriptor.idVendor == 0x19d2 &&
1911      serial->dev->descriptor.idProduct == 0x1509 &&
1912      serial->interface->cur_altsetting->desc.bInterfaceNumber == 5)
1913      return -ENODEV;
```

图 37-6 向 option_probe()添加的内容

3. 配置 Linux 内核

要配置 Linux 内核,首先使能 USBNET 功能,路径如下:

```
-> Device Drivers
    -> - * - Network device support
        -> USB Network Adapters
            -> - * - Multi-purpose USB Networking Framework
```

配置结果如图 37-7 所示。

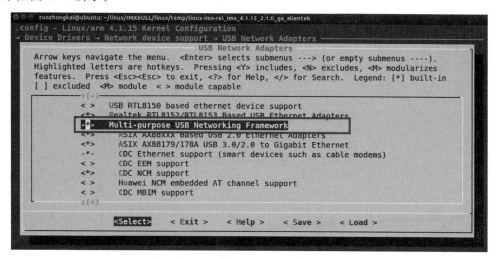

图 37-7　使能 USB 网络

接下来还需要使能 USB 串口 GSM、CDMA 驱动，配置路径如下：

```
-> Device Drivers
    -> [ * ] USB support
        -> < * > USB Serial Converter support
            -> < * > USB driver for GSM and CDMA modems
```

配置结果如图 37-8 所示。

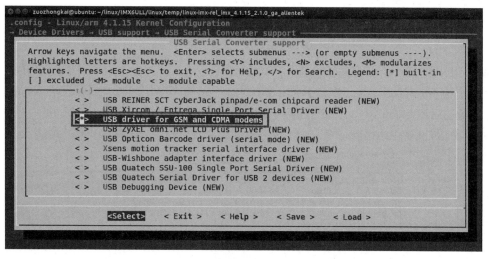

图 37-8　USB GSM 和 CDMA

继续配置 Linux 内核,使能 USB 的 CDC ACM 模式,配置路径如下:

```
-> Device Drivers
  -> [ * ] USB support
    -> < * > Support for Host - side USB
      -> < * > USB Modem (CDC ACM) support
```

配置结果如图 37-9 所示。

```
zuozhongkai@ubuntu:~/linux/iMX6ULL/linux/temp/linux-imx-rel_imx_4.1.15_2.1.0_ga_alientek
.config - Linux/arm 4.1.15 Kernel Configuration
-> Device Drivers -> USB support
┌───────────────────────────── USB support ─────────────────────────────┐
│ Arrow keys navigate the menu. <Enter> selects submenus ---> (or empty submenus ----). │
│ Highlighted letters are hotkeys. Pressing <Y> includes, <N> excludes, <M> modularizes │
│ features. Press <Esc><Esc> to exit, <?> for Help, </> for Search. Legend: [*] built-in │
│ [ ] excluded  <M> module  < > module capable │
│ ┌─↑(-)──────────────────────────────────────────────────────────────┐ │
│ │    < >      i.MX21 HCD support                                      │ │
│ │    [ ]      HCD test mode support                                   │ │
│ │    *** USB Device Class drivers ***                                 │ │
│ │    <*>      USB Modem (CDC ACM) support                             │ │
│ │    < >      USB Printer support                                     │ │
│ │    < >      USB Wireless Device Management support                  │ │
│ │    < >      USB Test and Measurement Class support                  │ │
│ │    *** NOTE: USB_STORAGE depends on SCSI but BLK_DEV_SD may ***     │ │
│ │    *** also be needed; see USB_STORAGE Help for more info ***       │ │
│ │    <*>      USB Mass Storage support                                │ │
│ └─↓(+)──────────────────────────────────────────────────────────────┘ │
│          <Select>  < Exit >  < Help >  < Save >  < Load > │
└────────────────────────────────────────────────────────────────────────┘
```

图 37-9　使能 USB 的 CDC ACM 功能

关于 Linux 内核的配置到此为止,编译一下 Linux 内核,然后使用新的 zImage 启动开发板。如果已经插上 ME3630,那么系统启动以后就会输出如图 37-10 所示的信息。

```
usb 2-1.2: new high-speed USB device number 4 using ci_hdrc
option 2-1.2:1.0: GSM modem (1-port) converter detected
usb 2-1.2: GSM modem (1-port) converter now attached to ttyUSB0
option 2-1.2:1.1: GSM modem (1-port) converter detected
usb 2-1.2: GSM modem (1-port) converter now attached to ttyUSB1
option 2-1.2:1.2: GSM modem (1-port) converter detected
usb 2-1.2: GSM modem (1-port) converter now attached to ttyUSB2
```

图 37-10　ME3630 虚拟 USB 信息

从图 37-10 可以看出,ME3630 虚拟出了 3 个 USB 设备,分别为 ttyUSB0~ttyUSB2。对于支持 ECM 接口的 4G 模块来说,比如 ZM5330/ZM8620/ME3620/ME3630。如果模块工作在 ECM 模式下,可以通过运行"ifconfig -a"命令查看对应的网卡,网卡的名字可能为 usbX/ecmX/ethX 等,X 是具体的数字,如果存在的话就说明 ECM 接口驱动加载成功。输入"ifconfig -a"命令,会发现多了一个名为 usb0 的网卡,如图 37-11 所示。

```
usb0      Link encap:Ethernet  HWaddr D2:0C:38:85:9B:CB
          BROADCAST MULTICAST  MTU:1500  Metric:1
          RX packets:0 errors:0 dropped:0 overruns:0 frame:0
          TX packets:0 errors:0 dropped:0 overruns:0 carrier:0
          collisions:0 txqueuelen:1000
          RX bytes:0 (0.0 B)  TX bytes:0 (0.0 B)
```

图 37-11　ME3630 对应的 usb0 网卡

37.2.3 ME3630 4G 模块 ppp 联网测试

1. 使能 Linux 内核 ppp 功能

ME3630 支持通过 ppp 拨号上网,也是支持使用 ECM 接口上网。我们先来学习一下如何通过 ppp 拨号上网。首先需要配置 Linux 内核,打开 Linux 内核的 ppp 功能,配置路径如下:

```
-> Device Drivers
    -> [ * ] Network device support
        -> < * > PPP (point-to-point protocol) support
            -> < * > PPP BSD-Compress compression
            -> < * > PPP Deflate compression
            -> [ * ] PPP filtering
            -> < * > PPP MPPE compression (encryption)
            -> [ * ] PPP multilink support
            -> < * > PPP over Ethernet
            -> < * > PPP support for async serial ports
            -> < * > PPP support for sync tty ports
```

配置完成以后如图 37-12 所示。

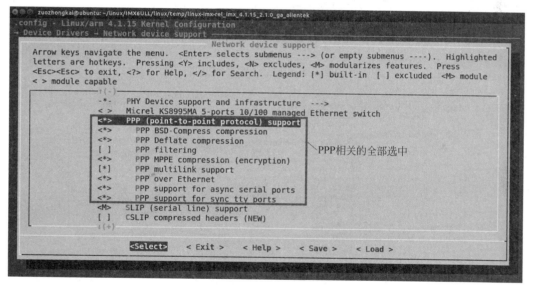

图 37-12 Linux 内核 ppp 使能

配置完成以后重新编译一下 Linux 内核,得到新的 zImage 镜像文件,然后使用新的 zImage 镜像文件启动开发板。

2. 移植 pppd 软件

我们需要通过 pppd 这个软件来实现 ppp 拨号上网,这个软件需要我们移植。

在移植之前先删除掉/usr/sbin/chat 这个软件。

我们使用 Busybox 制作根文件系统的时候会生成/usr/sbin/chat 这个软件,稍后移植 pppd 的时候也会编译出 chat 软件,因此需要将根文件系统中原来的/usr/sbin/chat 软件删除掉,否则我们移植的 chat 软件工作将会出问题。

pppd 源码已经放到了资料包中,路径为"1、例程源码→7、第三方库源码→ppp-2.4.7.tar.gz",将 ppp-2.4.7.tar.gz 复制到 Ubuntu 下并解压,解压以后会生成一个名为 ppp-2.4.7 的文件夹。进入到 ppp-2.4.7 文件夹中,然后编译 pppd 源码,命令如下:

```
cd ppp-2.4.7/
./configure                      //配置
make CC = arm-linux-gnueabihf-gcc  //编译
```

如果编译失败,则提示 bison 和 flex 这两个"not found",这时需要安装这两个库,命令如下:

```
sudo apt-get install bison
sudo apt-get install flex
```

编译完成以后就会在当前目录下生成 chat/chat、pppd/pppd、pppdump/pppdump 和 pppstats/pppstats 这 4 个文件,将这 4 个文件复制到开发板根文件系统中的/usr/bin 目录下,命令如下:

```
sudo cp chat/chat /home/zuozhongkai/linux/nfs/rootfs/usr/bin/ -f
sudo cp pppd/pppd /home/zuozhongkai/linux/nfs/rootfs/usr/bin/ -f
sudo cp pppdump/pppdump /home/zuozhongkai/linux/nfs/rootfs/usr/bin/ -f
sudo cp pppstats/pppstats /home/zuozhongkai/linux/nfs/rootfs/usr/bin/ -f
```

完成以后输入"pppd -v"查看一下 pppd 的版本号,如果 pppd 版本号显示正常则说明 pppd 移植成功,如图 37-13 所示。

```
/ # pppd -v
pppd: unrecognized option '-v'
pppd version 2.4.7
Usage: pppd [ options ], where options are:
        <device>      Communicate over the named device
        <speed>       Set the baud rate to <speed>
        <loc>:<rem>   Set the local and/or remote interface IP
                      addresses.  Either one may be omitted.
        asyncmap <n>  Set the desired async map to hex <n>
        auth          Require authentication from peer
        connect <p>   Invoke shell command <p> to set up the serial line
        crtscts       Use hardware RTS/CTS flow control
        defaultroute  Add default route through interface
        file <f>      Take options from file <f>
        modem         Use modem control lines
        mru <n>       Set MRU value to <n> for negotiation
See pppd(8) for more options.
/ #
```

图 37-13 pppd 版本号信息

3. ppp 上网测试

在使用 ppp 进行拨号上网之前需要先创建 4 个文件,这 4 个文件必须放到同一个目录下。在开发板根文件系统下创建/etc/gosuncn 目录,进入到刚刚创建的/etc/gosuncn 目录下,然后新建一个名为"ppp-on"的 shell 脚本文件,在 ppp-on 文件中输入如下所示内容:

示例代码 37-3 ppp-on 文件内容

```
1 #!/bin/sh
2 clear
3 OPTION_FILE = "gosuncn_options"
4 DIALER_SCRIPT = $(pwd)/gosuncn_ppp_dialer
5 exec pppd file $OPTION_FILE connect "chat -v -f ${DIALER_SCRIPT}"
```

再新建一个名为 gosuncn_options 的文件,在文件中输入如下所示内容:

示例代码 37-4　gosuncn_options 文件内容

```
1  /dev/ttyUSB2
2  115200
3  crtscts
4  modem
5  persist
6  lock
7  noauth
8  noipdefault
9  debug
10 nodetach
11 user Anyname
12 password Anypassword
13 ipcp - accept - local
14 ipcp - accept - remote
15 defaultroute
16 usepeerdns
17 noccp
18 nobsdcomp
19 novj
20 dump
```

第 1 行，如果是联通或移动的卡就是用 ttyUSB2，如果是电信的卡就是用 ttyUSB0。

第 11 行和第 12 行，这两行内容和所使用的卡有关，如果是联通或者移动的卡就按照上面的写，如果是电信的卡，则改为如下所示内容：

```
user card
password card
```

再新建一个名为 gosuncn_ppp_dialer 的文件，输入如下所示内容：

示例代码 37-5　gosuncn_ppp_dialer 文件内容

```
1  ABORT       "NO CARRIER"
2  ABORT       "ERROR"
3  TIMEOUT     120
4  ""          ATE
5  SAY         "ATE"
6  ECHO        ON
7  OK          ATH
8  OK          ATP
9  OK          AT + CGDCONT = 1,\"IP\",\"3GNET\"
10 OK          ATD * 99#
11 CONNECT
```

第 9 行和第 10 行是网络 APN 码，如果是联通卡，那么第 9 行和第 10 行内容如下：

```
OK              AT + CGDCONT = 1,\"IP\",\"3GNET\"
OK              ATD * 99#
```

如果是电信卡,那么第 9 行和第 10 行内容如下:

```
OK              AT + CGDCONT = 1,\"IP\",\"CMNET\"
OK              ATD * 99#
```

如果是移动卡,那么第 9 行和第 10 行内容如下:

```
OK              AT + CGDCONT = 1,\"IP\",\"CMNET\"
OK              ATD * 99#
```

最后新建一个名为 disconnect 的 shell 脚本,输入如下所示内容:

示例代码 37-6　disconnect 文件内容

```
1 #!/bin/sh
2 killall pppd
```

这 4 个文件编写完成以后要赋予 ppp-on 和 disconnect 这两个文件可执行权限,命令如下:

```
chmod 777 ppp - on disconnect
```

完成以后输入如下命令连接 4G 网络:

```
./ppp - on &
```

在 ME3630 连接 4G 网络的过程中,可能会出现如图 37-14 所示的错误提示。

```
noccp            # (from gosuncn_options)
nobsdcomp        # (from gosuncn_options)
Can't create lock file /var/lock/LCK..ttyUSB2: No such file or directory
```

图 37-14　ppp 拨号上网错误提示

从图 37-14 可以看出,提示"Can't create lock file /var/lock/LCK..ttyUSB2",检查根文件系统是否存在/var/run 和/var/lock 这两个目录。如果没有则手动创建这两个目录,命令如下:

```
mkdir /var/run          //创建/var/run 目录
mkdir /var/lock         //创建/var/lock 目录
```

完成以后重新输入"./pppd-on &"命令连接 4G 网络,连接成功以后会出现如图 37-15 所示的信息。

```
not replacing existing default route via 192.168.1.1
local  IP address 10.147.220.128  ──4G模块IP地址
remote IP address 10.147.220.129
primary   DNS address 120.80.80.80
secondary DNS address 120.80.80.80
```

图 37-15　4G 网络连接信息

ppp 拨号成功以后就会生成一个名为 ppp0 的网卡,如图 37-16 所示。

4. 联网测试

可以通过 ping 百度网址来测试网络 4G 网卡工作是否正常。首先查看一下当前开发板路由信息,输入如下命令:

```
ppp0        Link encap:Point-to-Point Protocol
            inet addr:10.147.220.128  P-t-P:10.147.220.129  Mask:255.255.255.255
            UP POINTOPOINT RUNNING NOARP MULTICAST  MTU:1500  Metric:1
            RX packets:4 errors:0 dropped:0 overruns:0 frame:0
            TX packets:3 errors:0 dropped:0 overruns:0 carrier:0
            collisions:0 txqueuelen:3
            RX bytes:68 (68.0 B)  TX bytes:54 (54.0 B)

/etc/gosuncn #
```

图 37-16   ppp0 网卡信息

```
ip route show
```

当前路由信息如图 37-17 所示。

```
/etc/gosuncn # ip route show
default via 192.168.1.1 dev eth0
10.147.220.129 dev ppp0  proto kernel  scope link  src 10.147.220.128
192.168.1.0/24 dev eth0  proto kernel  scope link  src 192.168.1.137
/etc/gosuncn #
```

图 37-17   当前路由信息

从图 37-17 可以看出，当前模式使用的网关为 192.168.1.1，也就是有线网络。我们需要将 4G 模块的网关添加进去，输入如下命令：

```
route add default gw 10.147.220.128
```

注意，10.147.220.128 是 4G 模块 IP 地址，添加完成输入"ip route show"查看一下当前的默认路由表，如图 37-18 所示。

```
/etc/gosuncn # ip route show
default via 10.147.220.128 dev ppp0  scope link
default via 192.168.1.1 dev eth0
10.147.220.129 dev ppp0  proto kernel  scope link  src 10.147.220.128
192.168.1.0/24 dev eth0  proto kernel  scope link  src 192.168.1.137
/etc/gosuncn #
```

图 37-18   当前系统路由表

路由表添加完成以后，使用 4G 模块 ping 百度官网即可，命令如下：

```
ping – I 10.147.220.128 www.baidu.com
```

结果如图 37-19 所示。

```
/etc/gosuncn # ping -I 10.147.220.128 www.baidu.com
PING www.baidu.com (163.177.151.110) from 10.147.220.128: 56 data bytes
64 bytes from 163.177.151.110: seq=0 ttl=53 time=40.459 ms
64 bytes from 163.177.151.110: seq=1 ttl=53 time=34.165 ms
64 bytes from 163.177.151.110: seq=2 ttl=53 time=29.347 ms
64 bytes from 163.177.151.110: seq=3 ttl=53 time=29.197 ms
64 bytes from 163.177.151.110: seq=4 ttl=53 time=28.243 ms
```

图 37-19   ME3630 4G 模块 ping 百度官网

37.2.4   ME3630 4G 模块 ECM 联网测试

对于支持 ECM 接口的模块可以直接通过 ECM 上网，ME3630 模块支持 ECM 接口，重启开发板，输入"ifconfig -a"命令可以看到有一个名为 usb0 的网卡，如图 37-20 所示。

这个 usb0 网卡就是 ECM 接口对应的网卡，在开发板根文件系统的/etc/ppp/gosuncn(37.2.3 节创建的)目录下创建一个名为 ecm_on 的 shell 脚本，内容如下：

```
usb0        Link encap:Ethernet  HWaddr 42:44:B3:EB:99:F2
            BROADCAST MULTICAST  MTU:1500  Metric:1
            RX packets:0 errors:0 dropped:0 overruns:0 frame:0
            TX packets:0 errors:0 dropped:0 overruns:0 carrier:0
            collisions:0 txqueuelen:1000
            RX bytes:0 (0.0 B)  TX bytes:0 (0.0 B)
```

图 37-20   usb0 网卡

示例代码 37-7   ecm_on 文件内容

```
1 #!/bin/sh
2 clear
3 OPTION_FILE = "gosuncn_options"
4 DIALER_SCRIPT = $ (pwd)/gosuncn_ecm_dialer
5 exec pppd file $ OPTION_FILE connect "chat - v - f ${DIALER_SCRIPT}"
```

最后再创建一个名为 gosuncn_ecm_dialer 的文件,文件内容如下:

示例代码 37-8   gosuncn_ecm_dialer 文件内容

```
1    ABORT         "NO CARRIER"
2    ABORT         "ERROR"
3    TIMEOUT       120
4    ""            ATE
5    SAY           "ATE"
6    ECHO          ON
7    OK            ATH
8    OK            ATP
9    OK            AT + ZSWITCH = L
10 OK              AT + ZECMCALL = 1
1  OK              1AT + CGDCONT = 1, "IP", "3GNET"
12 OK              1ATD * 99 #
13 CONNECT
```

第 11 行和第 12 行是网络 APN 码,如果是联通卡,那么第 11 行和第 12 行内容如下:

```
OK            AT + CGDCONT = 1,\"IP\",\"3GNET\"
OK            ATD * 99 #
```

如果是电信卡,那么第 11 行和第 12 行内容如下:

```
OK            AT + CGDCONT = 1,\"IP\",\"CTNET\"
OK            ATD * 99 #
```

如果是移动卡,那么第 11 行和第 12 行内容如下:

```
OK            AT + CGDCONT = 1,\"IP\",\"CMNET\"
OK            ATD * 99 #
```

最后赋予 ecm-on 这个文件可执行权限,命令如下:

```
chmod 777   ecm-on
```

完成以后输入如下命令连接 4G 网络：

```
./ecm - on &
```

连接成功以后打开 usb0 网卡，命令如下：

```
ifconfig usb0 up          //打开 usb0 网卡
```

usb0 网卡打开以后输入如下命令获取 IP 地址：

```
udhcpc - i usb0          //获取 IP 地址
```

IP 地址获取过程如图 37-21 所示。

```
/etc/gosuncn # udhcpc -i usb0
udhcpc: started, v1.29.0
Setting IP address 0.0.0.0 on usb0
udhcpc: sending discover
udhcpc: sending select for 10.230.128.77
udhcpc: lease of 10.230.128.77 obtained, lease time 43200
Setting IP address 10.230.128.77 on usb0
Deleting routers
route: SIOCDELRT: No such process
Adding router 10.230.128.78
Recreating /etc/resolv.conf
 Adding DNS server 120.80.80.80
 Adding DNS server 221.5.88.88
/etc/gosuncn #
```

图 37-21   usb0 网卡获取 IP 地址过程

从图 37-21 可以看出，usb0 网卡获取到的 IP 地址为 10.230.128.77，然后 ping 一下百度官网，如果能 ping 通则说明 ME3630 的 ECM 接口联网成功。

至此，ME3630 4G 模块的网络连接就已经全部测试完成，大家可以在正点原子的 ALPHA 开发板上使用 4G 上网了。

37.2.5   ME3630 4G 模块 GNSS 定位测试

注意，ME3630-C3C 的 GNSS 要用无源天线，不能使用有源天线，否则无法定位。

有些型号的 ME3630 带有 GNSS 功能，也就是 GPS 定位。在 37.2.2 节移植 ME3630 驱动的时候我们知道最终会出现 3 个 ttyUSB 设备，分别为 ttyUSB0～ttyUSB2，其中 ttyUSB1 为 GNSS 接口。如果以前用过其他的 GPS 模块就应该知道，GPS 模块是串口输出的，ME3630 也一样的，只不过 ME3630 是 USB 转串口，ttyUSB1 就是 ME3630 转出来的 GNSS 串口。所以我们可以直接使用 minicom 来查看 ttyUSB1 输出的 GNSS 信息。ME3630 的 GNSS 定位使用 ttyUSB1 接口，波特率为 115200bps，因此本节中的 minicom 配置如图 37-22 所示。

```
A -    Serial Device        : /dev/ttyUSB1
B - Lockfile Location        : /var/lock
C -    Callin Program        :
D -    Callout Program       :
E -      Bps/Par/Bits        : 115200 8N1
F - Hardware Flow Control : No
G - Software Flow Control : No

    Change which setting? █
```

图 37-22   minicom 配置

使用 AT 指令配置 ME3630

ME3630-C3C 默认是关闭了 GNSS 定位输出功能的,必须先使用 AT 指令配置,ME3630 的详细 AT 指令请参考"高新兴物联 ME3630&ME3630-W 模组 AT 指令手册_V3.1.pdf"的"11.GPS 相关指令"部分。此文档已经放到了资料包中,路径为"1、例程源码→5、模块驱动源码→3、4G 模块→高新兴物联→ME3630"。

AT 指令配置过程如下(其中加粗部分是 AT 指令,OK 为 ME3630 返回值):

示例代码 37-9　ME3630-C3C AT 指令配置 GPS

```
ATI                              //查看固件信息

Manufacturer: GOSUNCNWELINK
Model: ME3630 - W
Revision: ME3630C3CV1.0B03
IMEI: 864863045876287

OK

AT + ZGINIT                      //初始化 GPS

OK

AT + ZGMODE = 3                  //设置定位模式

OK

AT + ZGPORT = 0                  //定位信息从 AT、MODEM、UART 三个口同时上报

OK

AT + ZGNMEA = 31                 //设置 GPS 数据为 NMEA 格式

OK

AT + ZGPSR = 1                   //使能 ZGPSR 数据

OK

AT + ZGRUN = 2                   //连续定位模式

OK
```

AT 指令配置完成以后 ME3630 就会开始搜星,注意,GPS 天线一定要放到室外! 等 ME3630 搜星结束以后就会输出 NEMA 格式的定位信息,如图 37-23 所示。

在实际的应用开发中大家可直接解析 NEMA 格式数据,然后得到具体的经/纬度、速度、高度、UTC 时间等信息。

```
$GLGSV,3,1,10,78,21,213,16,82,08,305,18,79,29,270,19,65,23,037,34*69
$GLGSV,3,2,10,81,34,350,31,66,55,116,,80,05,322,,88,28,053,*6B
$GLGSV,3,3,10,87,04,085,,67,23,177,*63
$GPGSV,4,1,14,02,35,299,32,04,10,061,23,11,,,27,12,17,316,28*43
$GPGSV,4,2,14,19,59,045,25,05,50,043,,09,,,,13,01,052,*42
$GPGSV,4,3,14,17,57,064,,20,86,064,,21,12,057,,29,10,112,*79
$GPGSV,4,4,14,31,00,279,,32,76,149,*7E
$BDGSV,3,1,09,11,26,317,20,12,51,019,37,22,29,047,44,01,43,122,,0,4*60
$BDGSV,3,2,09,10,70,240,,13,51,295,,14,09,201,,16,08,170,,0,4*6A
$BDGSV,3,3,09,25,22,178,,0,4*5C
$GPGGA,033153.00,2318.130320,N,11319.737000,E,1,03,3.2,25.2,M,-5.0,M,,*47
$GPVTG,211.7,T,214.0,M,0.0,N,0.0,K,A*21
$GPRMC,033153.00,A,2318.130320,N,11319.737000,E,0.0,211.7,310721,2.4,W,A*26
$GPGSA,A,2,02,12,19,,,,,,,,,,3.3,3.2,0.9*32
```

图 37-23　GNSS 定位信息

37.3　EC20 4G 模块实验

37.3.1　EC20 4G 模块简介

EC20 有多种不同的配置，比如全网通纯数据版本、语音版、带 GNSS 版等等，建议大家购买的时候至少要选择全网通数据版，因为我们使用 4G 模块主要还是用于数据通信的。移远的 EC20 4G 模块采用 LTE 3GPP Rel. 11 技术，支持最大下行速率 150Mbps，最大上行速率 50Mbps。EC20 4G 模块特性如下：

(1) 一路 USB 2.0 高速接口，最高可达 480Mbps。

(2) 一组模拟语音接口（可选）。

(3) 1.8V/3.0V SIM 接口。

(4) 1 个 UART 接口。

(5) W_DISABLE♯（飞行模式控制）。

(6) LED_WWAN♯（网络状态指示）。

EC20 也支持 AT 指令，本书不讲 AT 指令，关于 AT 指令的使用请参考 EC20 的相关文档。在正式使用 EC20 4G 模块之前，请先将其插入到开发板的 MiniPCIE 座上，然后上紧螺丝、插入 Nano SIM 卡、接上天线，如图 37-24 所示。

图 37-24　连接好 4G 模块

一切准备就绪以后就可以开始驱动 EC20 4G 模块了。

37.3.2　EC20 4G 模块驱动修改

1. 添加 USB 设备信息

我们需要先在 Linux 内核中添加 EC20 的 USB 设备信息。因为前面说了，EC20 4G 模块用的是 USB 接口。打开 Linux 源码的 drivers/usb/serial/option. c 文件，首先定义 EC20 的 ID 宏，内容如下：

示例代码 37-10　EC20 4G 模块 ID

```
1 / * EC20 4G * /
2 # define QUECTEL_VENDOR_ID              0X2C7C
3 # define QUECTEL_PRODUCT_EC20           0X0125
```

完成以后如图 37-25 所示。

```
511
512  /* VIA Telecom */
513  #define VIATELECOM_VENDOR_ID        0x15eb
514  #define VIATELECOM_PRODUCT_CDS7     0x0001
515                                                  ─── EC20 4G ID信息
516  /* EC20 4G */
517  #define QUECTEL_VENDOR_ID           0X2C7C
518  #define QUECTEL_PRODUCT_EC20        0X0125
```

图 37-25　EC20 ID 添加位置

在 drivers/usb/serial/option. c 文件中找到 option_ids 数组，在此数组里面加入如下内容：

示例代码 37-11　option_ids 数组添加 EC20 ID 信息

```
{ USB_DEVICE(QUECTEL_VENDOR_ID, QUECTEL_PRODUCT_EC20) },          / * EC20 4G * /
```

添加完成以后 option_ids 数组如图 37-26 所示。

```
630 static const struct usb_device_id option_ids[] = {
631    { USB_DEVICE(QUECTEL_VENDOR_ID, QUECTEL_PRODUCT_EC20) }, /* EC20 4G */
632    { USB_DEVICE(OPTION_VENDOR_ID, OPTION_PRODUCT_COLT) },
633    { USB_DEVICE(OPTION_VENDOR_ID, OPTION_PRODUCT_RICOLA) },
```

图 37-26　修改后的 option_ids 数组

继续在 drivers/usb/serial/option. c 文件中找到 option_probe( )函数，在此函数中添加如下内容：

示例代码 37-12　option_probe( )函数添加的代码

```
1  / * EC20  * /
2  if (dev_desc - > idVendor == cpu_to_le16(0x05c6) &&
3     dev_desc - > idProduct == cpu_to_le16(0x9003) &&
4     iface_desc - > bInterfaceNumber > = 4)
5     return - ENODEV;
6
7  if (dev_desc - > idVendor == cpu_to_le16(0x05c6) &&
8     dev_desc - > idProduct == cpu_to_le16(0x9215) &&
9     iface_desc - > bInterfaceNumber > = 4)
```

```
10      return – ENODEV;
11
12 if (dev_desc – > idVendor == cpu_to_le16(0x2c7c) &&
13    iface_desc – > bInterfaceNumber > = 4)
14      return – ENODEV;
```

添加完成以后的 option_probe()函数如图 37-27 所示。

```
1885    if (dev_desc->idVendor == cpu_to_le16(SAMSUNG_VENDOR_ID) &&
1886        dev_desc->idProduct == cpu_to_le16(SAMSUNG_PRODUCT_GT_B3730) &&
1887        iface_desc->bInterfaceClass != USB_CLASS_CDC_DATA)
1888        return -ENODEV;
1889
1890    /* EC20  */
1891    if (dev_desc->idVendor == cpu_to_le16(0x05c6) &&
1892        dev_desc->idProduct == cpu_to_le16(0x9003) &&           添加到option_probe()
1893        iface_desc->bInterfaceNumber >= 4)                       中的代码
1894        return -ENODEV;
1895
1896    if (dev_desc->idVendor == cpu_to_le16(0x05c6) &&
1897        dev_desc->idProduct == cpu_to_le16(0x9215) &&
1898        iface_desc->bInterfaceNumber >= 4)
1899        return -ENODEV;
1900
1901    if (dev_desc->idVendor == cpu_to_le16(0x2c7c) &&
1902        iface_desc->bInterfaceNumber >= 4)
1903        return -ENODEV;
1904
1905    /* Store the blacklist info so we can use it during attach. */
1906    usb_set_serial_data(serial, (void *)blacklist);
```

图 37-27 修改后的 option_probe()函数

继续在 drivers/usb/serial/option.c 文件中找到 option_1port_device 结构体变量,在里面加入休眠唤醒接口,如图 37-28 所示。

```
1843      .read_int_callback = option_instat_callback,
1844 #ifdef CONFIG_PM
1845      .suspend          = usb_wwan_suspend,
1846      .resume           = usb_wwan_resume,
1847      .reset_resume     = usb_wwan_resume,
1848 #endif                            添加的休眠唤醒接口
1849 };
```

图 37-28 添加的休眠唤醒接口

打开 drivers/usb/serial/usb_wwan.c 文件,在 usb_wwan_setup_urb()函数中添加零包处理代码,添加完成后的 usb_wwan_setup_urb()函数如下所示:

```
                  示例代码 37-13  修改后的 usb_wwan_setup_urb()函数
1 static struct urb * usb_wwan_setup_urb(struct usb_serial_port * port,
2                    int endpoint,
3                    int dir, void * ctx, char * buf, int len,
4                    void ( * callback) (struct urb * ))
5 {
6     struct usb_serial * serial = port – > serial;
```

```
7      struct urb * urb;
8
9      urb = usb_alloc_urb(0, GFP_KERNEL); /* No ISO */
10     if (!urb)
11         return NULL;
12
13     usb_fill_bulk_urb(urb, serial -> dev,
14             usb_sndbulkpipe(serial -> dev, endpoint) | dir,
15             buf, len, callback, ctx);
16
17     /* EC20 */
18     if (dir == USB_DIR_OUT) {
19         struct usb_device_descriptor * desc =
20                 &serial -> dev -> descriptor;
20         if (desc -> idVendor == cpu_to_le16(0x05c6) &&
21             desc -> iProduct == cpu_to_le16(0x9090))
22             urb -> transfer_flags | = URB_ZERO_PACKET;
23
24         if (desc -> idVendor == cpu_to_le16(0x05c6) &&
25             desc -> iProduct == cpu_to_le16(0x9003))
26             urb -> transfer_flags | = URB_ZERO_PACKET;
27
28         if (desc -> idVendor == cpu_to_le16(0x05c6) &&
29             desc -> iProduct == cpu_to_le16(0x9215))
30             urb -> transfer_flags | = URB_ZERO_PACKET;
31
32         if (desc -> idVendor == cpu_to_le16(0x2c7c))
33             urb -> transfer_flags | = URB_ZERO_PACKET;
34     }
35
36     return urb;
37 }
```

第 18～34 行就是要添加到 usb_wwan_setup_urb()函数中的零包处理代码。至此,Linux 内核需要修改的地方就完了。编译一下 Linux 内核,检查一下代码修改有没有问题。

2. 配置 Linux 内核

我们需要配置 Linux 内核,使能 USB NET、GSM、CDMA 驱动等,配置方法和我们在 37.2.2 节讲解的 ME3630 4G 模块的配置方法一样,大家参考 37.2.2 节即可。配置完成以后编译一下 Linux 内核,然后使用新的 zImage 启动开发板。如果已经插上 EC20,那么系统启动以后就会输出如图 37-29 所示的信息。

```
usb 2-1.2: GSM modem (1-port) converter now attached to ttyUSB0
option 2-1.2:1.1: GSM modem (1-port) converter detected
usb 2-1.2: GSM modem (1-port) converter now attached to ttyUSB1
option 2-1.2:1.2: GSM modem (1-port) converter detected
usb 2-1.2: GSM modem (1-port) converter now attached to ttyUSB2
option 2-1.2:1.3: GSM modem (1-port) converter detected
usb 2-1.2: GSM modem (1-port) converter now attached to ttyUSB3
```

图 37-29 EC20 虚拟出的 USB 接口

从图 37-29 可以看出,多了 ttyUSB0～ttyUSB3,这 4 个 tty 接口就是 EC20 虚拟出来的。这 4 路 ttyUSB 的含义见表 37-1。

表 37-1　4 路 ttyUSB 函数

ttyUSB	描　　述	ttyUSB	描　　述
ttyUSB0	DM	ttyUSB2	AT 指令接口
ttyUSB1	GPS 的 NMEA 信息输出接口	ttyUSB3	PPP 连接或 AT 指令接口

我们用到最多的就是 ttyUSB1 和 ttyUSB2,如果购买的 EC20 模块带有 GPS 功能,那么可以通过 ttyUSB1 接口读取 GPS 数据。如果想使用 EC20 的 AT 指令功能,那么使用 ttyUSB2 接口即可。

3. 添加移远官方的 GobiNet 驱动

移远为 EC20 提供了 GobiNet 驱动,驱动源码已经放到了资料包中,路径为"1、例程源码→5、模块驱动源码→3、4G 模块→移远 EC20\EC20_R2.1_Mini_PCIe-C→05 Driver→Linux→GobiNet→Quectel_ WCDMA&LTE _ Linux&Android _ GobiNet _ Driver _ V1.3.0. zip"。将 Quectel_WCDMA&LTE_Linux&Android_GobiNet_Driver_V1.3.0/src 下的所有 .c 和 .h 文件复制到 Linux 内核中的/driver/net/usb 目录下,也就是如图 37-30 所示的文件。

20_R2.1_Mini_PCIe-C › 05 Driver › Linux › GobiNet › Quectel_WCDMA&LTE_Linux&Android_GobiNet_Driver_V1.3.0 › src

名称	修改日期	类型	大小
GobiUSBNet.c	2017-08-15 15:58	sourceinsight.c_file	50 KB
QMI.c	2016-10-25 13:04	sourceinsight.c_file	39 KB
QMI.h	2016-10-25 13:04	H 文件	10 KB
QMIDevice.c	2016-10-26 11:46	sourceinsight.c_file	113 KB
QMIDevice.h	2016-10-25 13:04	H 文件	11 KB
Structs.h	2017-02-24 10:37	H 文件	14 KB

图 37-30　需要复制的文件

复制完成以后打开 Linux 内核的 drivers/net/usb/Makefile 文件,在此文件末尾加入如下内容:

示例代码 37-14　修改后的 drivers/net/usb/Makefile 文件

```
1 obj - $ (CONFIG_USB_GOBI_NET) + = GobiNet.o
2 GobiNet - objs : = GobiUSBNet.o QMIDevice.o QMI.o
```

最后在 drivers/net/usb/Kconfig 文件中加入如下内容:

示例代码 37-15　drivers/net/usb/Kconfig 要添加的内容

```
1 config USB_GOBI_NET
2   tristate"Gobi USB Net driver for Quectel module"
3   help
4   Support Quectelmodule.
5
6   A modemmanager with support for GobiNet is recommended.
7   Tocompile this driver as a module, choose M here: the module will be calledGobiNet.1
```

上述内容在 drivers/net/usb/Kconfig 文件中的位置如图 37-31 所示。

完成以后打开 Linux 内核配置界面,使能前面添加的 Gobi 驱动,配置路径如下:

```
-> Device Drivers
  -> [ * ] Network device support
    -> - * - USB Network Adapters
      -> < * > Gobi USB Net driver for Quectel module
```

```
575
576  config USB_GOBI_NET
577      tristate"Gobi USB Net driver for Quectel module"
578      help
579      Support Quectelmodule.
580
581      A modemmanager with support for GobiNet is recommended.
582      Tocompile this driver as a module, choose M here: the module will be calledGobiNet.
583
584  endif # USB_NET_DRIVERS        添加的内容
585
```

图 37-31　内容要添加的位置

配置结果如图 37-32 所示。

图 37-32　使能 Gobi 驱动

配置完成以后重新编译一下 Linux 内核,然后使用新的 zImage 启动开发板。启动以后检查 /dev/qcqmi2 这个文件是否存在,如果存在则说明 Gobi 驱动工作成功。至此,EC20 的驱动就已经修改完成了,接下来就是使用 EC20 来实现联网。

37.3.3　quectel-CM 移植

要使用 EC20,需要用到移远公司提供的 quectel-CM 软件,这个软件是网络管理工具,软件源码已经放到了资料包中,路径为"1、例程源码→5、模块驱动源码→3、4G 模块→移远 EC20-> EC20_ R2.1_Mini_PCIe-C→05 Driver→Linux→GobiNet→WCDMA&LTE_QConnectManager_ Linux&Android_V1.1.34.zip"。将 WCDMA&LTE_QConnectManager_Linux&Android_V1.1. 34.zip 这个压缩包进行解压,得到 quectel-CM 这个文件夹,然后将 quectel-CM 文件夹复制到 Ubuntu 中。复制完成以后进入到 Ubuntu 中的 quectel-CM 文件夹,使用如下命令进行交叉编译:

```
make CROSS_COMPILE = arm - linux - gnueabihf -
```

编译完成以后得到一个名为 quectel-CM 的软件,如图 37-33 所示。

图 37-33　编译出来的 quectel-CM 软件

将图 37-33 中编译出来的 quectel-CM 软件复制到开发板根文件系统的/usr/bin 目录下,命令如下:

```
sudo cp quectel - CM /home/zuozhongkai/linux/nfs/rootfs/usr/bin/ - f
```

复制完成以后就可以使用 quectel-CM 软件来实现 EC20 联网测试了。

37.3.4 EC20 上网测试

在开发板上输入如下命令完成 EC20 的 4G 网络连接:

```
quectel - CM - s 3gnet &
```

其中,-s 指定 APN 类型,移动卡的 APN 为 cmnet,联通卡的 APN 为 3gnet,电信卡的 APN 为 cenet。注意,quectel-CM 软件会使用到 udhcpc 来获取 IP 地址,所以一定要确保当前根文件系统下存在 udhcpc。当 4G 网络连接成功以后就会获取到 IP 地址,如图 37-34 所示。

```
/ # quectel-CM -s 3gnet &
/ # [01-01_03:55:21:014] WCDMA&LTE_QConnectManager_Linux&Android_V1.1.34
[01-01_03:55:21:016] quectel-CM profile[1] = 3gnet7//0, pincode = (null)
[01-01_03:55:21:021] Find /sys/bus/usb/devices/2-1.2 idVendor=2c7c idProduct=0125
[01-01_03:55:21:022] Find /sys/bus/usb/devices/2-1.2.1.4/net/eth2
[01-01_03:55:21:022] Find usbnet_adapter = eth2
[01-01_03:55:21:023] Find /sys/bus/usb/devices/2-1.2.1.4/GobiQMI/qcqmi2
[01-01_03:55:21:024] Find qmichannel = /dev/qcqmi2
[01-01_03:55:21:060] Get clientWDS = 7
[01-01_03:55:21:092] Get clientDMS = 8
[01-01_03:55:21:124] Get clientNAS = 9
[01-01_03:55:21:156] Get clientUIM = 10
[01-01_03:55:21:188] Get clientWDA = 11
[01-01_03:55:21:220] requestBaseBandVersion EC20CEHCR06A03M1G
[01-01_03:55:21:317] requestGetSIMStatus SIMStatus: SIM_READY
[01-01_03:55:21:317] requestSetProfile[1] 3gnet///0
[01-01_03:55:21:381] requestGetProfile[1] 3gnet///0
[01-01_03:55:21:413] requestRegistrationState2 MCC: 460, MNC: 1, PS: Attached, DataCap: LTE
[01-01_03:55:21:445] requestQueryDataCall IPv4ConnectionStatus: DISCONNECTED
[01-01_03:55:21:509] requestRegistrationState2 MCC: 460, MNC: 1, PS: Attached, DataCap: LTE
[01-01_03:55:21:540] requestSetupDataCall WdsConnectionIPv4Handle: 0x86acec90
[01-01_03:55:21:636] requestQueryDataCall IPv4ConnectionStatus: CONNECTED
[01-01_03:55:21:668] ifconfig eth2 up
[01-01_03:55:21:710] busybox udhcpc -f -n -q -t 5 -i eth2
udhcpc: started, v1.29.0
[01-01_03:55:21:755] Setting IP address 0.0.0.0 on eth2
udhcpc: sending discover
udhcpc: sending select for 10.46.114.150
udhcpc: lease of 10.46.114.150 obtained, lease time 7200
[01-01_03:55:21:928] Setting IP address 10.46.114.150 on eth2
[01-01_03:55:21:942] Deleting routers
route: SIOCDELRT: No such process
[01-01_03:55:21:955] Adding router 10.46.114.149
[01-01_03:55:21:968] Recreating /etc/resolv.conf
[01-01_03:55:21:981]  Adding DNS server 120.80.80.80
[01-01_03:55:21:985]  Adding DNS server 221.5.88.88
```

图 37-34　EC20 4G 网络连接成功并获取到 IP 地址

从图 37-34 可以看出,EC20 对应的网卡名字为 eth2,输入"ifconfig eth2"即可查看 eth2 网卡的详细信息,如图 37-35 所示。

```
/ # ifconfig eth2
eth2      Link encap:Ethernet  HWaddr 86:78:17:49:D8:C5
          inet addr:10.46.114.150  Bcast:10.46.114.151  Mask:255.255.255.252
          inet6 addr: fe80::8478:17ff:fe49:d8c5/64 Scope:Link
          UP BROADCAST RUNNING NOARP MULTICAST  MTU:1500  Metric:1
          RX packets:2 errors:0 dropped:0 overruns:0 frame:0
          TX packets:5 errors:0 dropped:0 overruns:0 carrier:0
          collisions:0 txqueuelen:1000
          RX bytes:612 (612.0 B)  TX bytes:824 (824.0 B)
```

图 37-35　eth2 网卡详细信息

参考 ME3630 的网络测试方法,测试 EC20 是否能够 ping 通百度网址,如果 ping 通百度官网,则表示 EC20 4G 模块在开发板上工作正常。